AF844719

HANDBUCH DER BODENLEHRE

HERAUSGEGEBEN VON

DR. E. BLANCK

O. Ö. PROFESSOR UND DIREKTOR DES AGRIKULTURCHEMISCHEN UND BODENKUNDLICHEN INSTITUTS DER UNIVERSITÄT GÖTTINGEN

SIEBENTER BAND

SPRINGER-VERLAG BERLIN HEIDELBERG GMBH

DER BODEN IN SEINER CHEMISCHEN UND BIOLOGISCHEN BESCHAFFENHEIT

BEARBEITET VON

PROFESSOR DR. E. BLANCK-GÖTTINGEN · DR. G. HAGER-BONN
PROFESSOR DR. R. W. HOFFMANN-GÖTTINGEN
PROFESSOR DR. H. LUNDEGÅRDH-STOCKHOLM
DR. K. MAIWALD-BRESLAU · DR. A. RIESER-WIL (SCHWEIZ)
PROFESSOR DR. A. RIPPEL-GÖTTINGEN
DR. FR. STEINRIEDE-MÜNSTER i. W.

MIT 72 ABBILDUNGEN

SPRINGER-VERLAG BERLIN HEIDELBERG GMBH

ISBN 978-3-662-01931-3 ISBN 978-3-662-02226-9 (eBook)
DOI 10.1007/978-3-662-02226-9

ALLE RECHTE, INSBESONDERE DAS DER ÜBERSETZUNG
IN FREMDE SPRACHEN, VORBEHALTEN.
COPYRIGHT 1931 BY SPRINGER-VERLAG BERLIN HEIDELBERG
URSPRUNGLICH ERSCHIENEN BEI JULIUS SPRINGER IN BERLIN 1931
SOFTCOVER REPRINT OF THE HARDCOVER 1ST EDITION 1931

Vorwort.

Auch die Herausgabe des vorliegenden siebenten Bandes des Handbuches hat leider darunter zu leiden gehabt, daß zwei Beiträge nicht zur rechten Zeit beschafft werden konnten, so daß in aller Eile Ersatz geschafft werden mußte. Herr Dr. K. MAIWALD-Breslau übernahm in entgegenkommender Weise den einen Beitrag, den andern mußte der Herausgeber in der noch zur Verfügung stehenden Zeit erledigen. Es sei Herrn Dr. MAIWALD auch an dieser Stelle bestens gedankt.

Für die bei den Korrekturen und der Anfertigung des Autoren- wie Sachregisters geleistete aufopfernde Mitarbeit spreche ich auch diesmal den Herren Dr. F. GIESECKE und Dr. F. KLANDER sowie Fräulein Dr. E. VON OLDERSHAUSEN und Fräulein M. SCHÄFER meinen wärmsten Dank aus.

Göttingen im Februar 1931.

E. BLANCK.

Inhaltsverzeichnis.

B. Die chemische Beschaffenheit des Bodens.

Seite

1. Anorganische Bestandteile des Bodens 1

a) Die hauptsächlichsten Bodenkonstituenten, ihre Natur und Feststellung. Von Professor Dr. E. BLANCK, Göttingen 1

b) Die Mineralbestandteile des Bodens und die Methoden ihrer Erkennung. Von Ökonomierat Dr. FR. STEINRIEDE, Münster i. W. (Mit 7 Abbildungen) 23

Optische Untersuchung der Bodenminerale 23
Untersuchung im gewöhnlichen (nicht polarisierten) Lichte 23
Untersuchung im polarisierten Lichte 28
Einfache chemische Untersuchung der Bodenminerale 33
Erkennung der Bodenminerale 36
Gang der Untersuchung 38

c) Die Kolloidbestandteile des Bodens und die Methoden ihrer Erkennung. Von Dr. G. HAGER, Direktor der Landw. Versuchsstation, Bonn. (Mit 6 Abbildungen) 45

Der dispersoide Zustand des Bodens und seine Erkennung 45
Der Boden als disperses System 45
Die Eigenschaften der festen Bodendispersion in kolloidchemischer Beziehung 58
Die Adsorption von Gasen, Flüssigkeiten, kristalloid gelösten Stoffen und Kolloiden 58
Der Basenaustausch 58
Verteilungs- und Zustandsänderungen von Bodenanteilen als Ursache günstiger oder ungünstiger Bodenbeschaffenheit 65
Methoden zur Untersuchung der Bodendispersität und der dispersoiden bzw. kolloiden Eigenschaften der Böden und Bodenanteile 80
Die Methoden zur Bestimmung der dispersen Anteile der Böden 81
Die Bestimmung der Bodenoberfläche als Maß der Bodendispersität . . . 82
Die Farbstoffadsorption als Maß für den Gehalt der Böden an Kolloiden 84
Allgemeine Untersuchungsmethoden der dispersoiden bzw. kolloiden Bodenanteile 87
Spezielle Bestimmungs- und Gewinnungsmethoden der Bodenkolloide . . . 95
Methoden zum Studium der Eigenschaften der kolloiden Bodenanteile und eingetretener Zustandsänderungen 98

2. Organische Bestandteile des Bodens. Von Privatdozent Dr. K. MAIWALD, Breslau. (Mit 1 Abbildung) 113

Herkunft und Bildungsweise der organischen Bodenbestandteile 116
Bezeichnungsweise (Definitionen) 116
Herkunft, Bildungsweise (und Abbau) der organischen Bodenbestandteile . 120
Schema der Umwandlung organischer Substanz und der Bildung von Humusstoffen im Boden 138
Gehalt der Böden an organischen Bestandteilen und Methoden zur Bestimmung ihrer Menge und chemischen Beschaffenheit 139
Gehalt der Böden an organischen Bestandteilen 139
Methoden zur Bestimmung von Menge und Beschaffenheit der organischen Bodenbestandteile 143
Gewinnung von Ausgangsmaterial für chemische Untersuchungen an Humusstoffen 149

Seite

Zustandsformen der organischen Bestandteile des Bodens (und verwandter Stoffe), zugleich Übersicht über die bisherigen Hauptarbeitsrichtungen auf diesem Forschungsgebiet 157
Die chemische Beschaffenheit der organischen Bodenbestandteile nach den Ergebnissen der Hauptforschungsrichtungen 158
Humusbegleitstoffe 158
Echte Humusstoffe des Bodens 161
Wege zur Aufklärung der Humuschemie durch Untersuchung nahe verwandter Stoffe 188
Zusammenfassender Rückblick 202

3. Die chemische Gesamtanalyse des Bodens. Von Dr. A. Rieser, Wil (Schweiz) 205
Vorbereitung der Substanz zur Analyse 205
Aufschluß der Substanz zur Bestimmung der Einzelbestandteile 206
Die Bestimmung der einzelnen Bestandteile 209

C. Die biologische Beschaffenheit des Bodens.

1. Niedere Pflanzen. Von Professor Dr. A. Rippel, Göttingen. (Mit 21 Abbildungen 239
Systematische Übersicht 239
Allgemeine Vorbemerkungen über die Lebensbedingungen der Mikroorganismen im Boden 245
Allgemeines über Erkennungsmethoden 248
Allgemeines über die Zahl und die Verbreitung der Mikroorganismen im Boden 256
Die Mikroorganismen des Stickstoffumsatzes 266
Eiweißzersetzung und Ammoniakbildung 266
Die Mikroorganismen der Nitratbildung 274
Denitrifikation und Nitratreduktion 280
Die stickstoffbindenden in Symbiose mit höheren Pflanzen lebenden Mikroorganismen 283
Freilebende stickstoffbindende Mikroorganismen 295
Mycorrhiza 308
Die Mikroorganismen der Zersetzung der Zellulose und der übrigen Zellwandbestandteile 313
Die Mikroorganismen des Abbaus der übrigen organischen Stoffe 322
Die Mikroorganismen der Umwandlungen anorganischer Stoffe 326
Wasserstoffoxydierende Bakterien 326
Schwefelbakterien 327
Eisenorganismen 331
Algen 333

2. Höhere Pflanzen in ihrer Einwirkung auf den Boden. Von Professor Dr. H. Lundegårdh, Stockholm. (Mit 21 Abbildungen) 336
Die Beteiligung der höheren Pflanzen an der Bodenbildung 336
Weitere Veränderungen des Bodens unter dem Einfluß der Vegetation . . . 354
Spezielle Einflüsse der Vegetation auf die Bodeneigenschaften 370

3. Die Tiere (Leben und Wirken der für den Boden wichtigen Tiere). Von Professor Dr. R. W. Hoffmann, Göttingen. (Mit 16 Abbildungen) 381
Protozoen 382
Niedere Würmer 386
Höhere Würmer 390
Arthropoden 413
Wirbeltiere 426

Namenverzeichnis 438

Sachverzeichnis 449

B. Die chemische Beschaffenheit des Bodens.

1. Anorganische Bestandteile des Bodens.

a) Die hauptsächlichsten Bodenkonstituenten, ihre Natur und Feststellung.

Von E. BLANCK, Göttingen.

Unter Bodenkonstituenten versteht man die für die Beschaffenheit des Bodens grundlegenden agronomischen Einheiten stofflicher Natur. Man unterscheidet anorganische und organische Konstituenten, insofern ihre substantielle Beschaffenheit für die Abkunft aus je einem der beiden Reiche der Körperwelt spricht. Die Bodenkonstituenten bedingen nicht nur die substantielle Natur des Bodens, sondern bestimmen auch in gleichem Maße den strukturellen Aufbau desselben, sie sind, kurz gesagt, die wertbestimmenden Bestandteile, nach denen man seit alters her gewohnt ist, einen Boden vom landwirtschaftlichen wie auch wissenschaftlichen Standpunkt aus zu benennen und zu beurteilen. Sie sind somit nach jeder Richtung hin für den Boden von größter Bedeutung, und wenn dieses auch keinesfalls bestritten werden kann, so herrscht trotz alledem in einigen Fällen eine große Unsicherheit in ihrer Abtrennung voneinander, da auch hier, wie so oft in der Natur, die Übergangsformen ineinander fließen, und nicht zuletzt aus dem Grunde, weil ihre Individualität nicht einem, sondern mehreren Einteilungsprinzipien ihre Kennzeichnung verdankt. Denn es sind nicht lediglich chemisch-stoffliche Eigenarten, die zu ihrer Aufstellung geführt haben, sondern ebenso haben ihre physikalischen Eigenschaften als Merkmal für ihre Sonderstellung gedient. Dies tritt sofort in Erscheinung, wenn man die Bodenkonstituenten, und zwar sind dies bekanntermaßen die Steine, der Sand, Ton, Kalk, Humus oder organische Substanz und das Wasser, ihrer Natur nach betrachtet, denn während der Begriff „Stein" ein rein physikalischer zum Unterschied von Sand und Ton ist, verbindet man mit dem Begriff „Sand" und „Ton" außerdem immer noch eine gewisse chemische Beschaffenheit beider Körper. Kalk, Humus und Wasser sind dagegen Bodenbestandteile, deren Selbständigkeit auf Grund stofflicher Natur bedingt ist, wenn auch beim Kalk unter Umständen die physikalische Beschaffenheit von Bedeutung werden kann, denn man kennt bekanntermaßen auch Kalksande und spricht von solchen, ganz abgesehen davon, daß Kalk und Humus die physikalischen Zustände des Bodens im höchsten Maße beherrschen. Besonders in den feinen und feinsten Sanden tritt gegenüber Ton die schwierige Abtrennung beider Substanzen in Erscheinung. Das gilt nicht nur für die physikalische, sondern ebenso sehr für die chemische Natur beider Körper. Eine strenge Einheitlichkeit besteht also nicht und kann nach Lage der Dinge auch nicht erwartet werden, zumal des weiteren durch innige Vermischung zweier Hauptbodenbestandteile auch Bodenkonstituenten zweiter Art hervorgehen, wie z. B. durch Mischung der Konstituenten Sand und Ton der Konstituent Lehm, durch Mischung von Ton und Kalk der Konstituent

Mergel, die allerdings nicht mehr zu den eigentlichen Bodenkonstituenten gerechnet werden, wennschon sie auch als solche maßgebend für die besondere Natur und Beschaffenheit der nach ihnen benannten Bodenarten sind.

Die Bodenkonstituenten sind, wie schon betont worden ist, seit jeher maßgebend für die Bezeichnung und Beschaffenheit der Bodenarten gewesen, und die verschiedensten Methoden, sowohl physikalischer als auch chemischer Art, sind herangezogen worden, um die einzelnen Konstituenten des Bodens zu ermitteln, aber keine von all diesen Bemühungen hat diese Aufgabe so gut zu lösen vermocht, wie das leider fast ganz in Vergessenheit geratene Verfahren von SCHLOESING-GRANDEAU[1], an das allerdings in Hinsicht auf eine prägnante Lösung der Frage nach der Anteilnahme der einzelnen Bodenkonstituenten am Aufbau des Bodens keine übertriebenen Ansprüche gestellt werden dürfen, jedoch die Aufgabe für die Verhältnisse des praktischen Bedarfes in durchaus zufriedenstellender und zweckmäßiger Weise gelöst hat, da es vor allen Dingen auch das einzige Verfahren ist, welches in einem Gang sein Ziel erreicht, während man sonst stets genötigt ist, getrennt durchgeführte, mechanische und chemische Analysen für diesen Zweck zu benutzen.

Kurz erläutert ist der Gang dieser Methode folgender: Nachdem eine übliche Trockensubstanzermittlung zur Bestimmung des Wassers in gesonderter Probe durchgeführt worden ist, werden zur Bestimmung des Kalkes und Sandes je 10 g lufttrockene Feinerde in einer Porzellanschale mit destilliertem Wasser zu einem steifen Teige angerührt und durch weiteren Zusatz von Wasser unter Zuhilfenahme des Zeigefingers zerteilt, worauf man absetzen läßt und die feinen Teilchen unter Vermeidung der Benutzung von zu großen Wassermengen abdekantiert. „Die Gesamtmenge der von diesen Teilen der Operation herrührenden Flüssigkeit darf $^1/_5$ oder $^1/_4$ Liter nicht übersteigen. Hat man dieselbe in einem Becherglase von 250 Cc. vereinigt, so setzt man tropfenweise Salpetersäure oder Salzsäure zu, bis der kohlensaure Kalk vollständig aufgelöst worden ist. Handelt es sich um einen mittelreichen Boden, so geht die Zersetzung in der Kälte von Statten, hat man dagegen mit stark kalkhaltigen Böden zu tun, so empfiehlt es sich, auf dem Sandbade schwach zu erhitzen und jedesmal zu warten, bis die Kohlensäureentwicklung aufgehört hat, bevor man neue Mengen Säure zusetzt. Jedenfalls muß die Flüssigkeit nach mehrmaligem Umrühren noch deutlich sauer sein. Der Zweck dieser Operation ist die Auflösung des Kalkes, die Zersetzung seiner Verbindung mit dem Thone und den Humussubstanzen. Dann läßt man die Flüssigkeit sich klären, was ungefähr $^1/_4$—$^1/_2$ Stunde erfordert, decantiert, bringt schließlich den ganzen Rückstand auf ein Filter und wäscht mit destilliertem Wasser so lange aus, bis das Filtrat mit oxalsaurem Ammoniak keine Spur Kalk anzeigt. Enthält der Boden mehr als 4—5 % kohlensauren Kalk, so kann man denselben durch Differenz bestimmen; erreicht jedoch der Kalkgehalt diese Grenze nicht, so empfiehlt es sich, in dem Filtrate eine directe Bestimmung des Kalkes vorzunehmen."

Der auf dem Filter befindliche aus Sand und Ton bestehende Rückstand wird nach Durchstoßen des Filters in ein $^1/_4$ l-Becherglas gespült und dort mit 0,5 g Ätzalkali oder 2—3 cm^3 NH_3 versetzt. Diese Agentien haben 4—5 Stunden auf das Ton-Humus-Gemisch einzuwirken, wobei oftmals umgerührt wird, um die dem Ton anhaftenden Humusteile in Lösung zu bringen. Dann wird mit destilliertem Wasser aufgefüllt, energisch umgerührt und abermals während 24 Stunden stehen gelassen, worauf die überstehende Flüssigkeit mit Hilfe eines

[1] GRANDEAU, L.: Handbuch für agrikulturchemische Analysen, S. 105—108. Berlin 1879.

Hebers in ein $1^1/_2$ l fassendes Gefäß dekantiert wird, dann ersetzt man „die abgezogene Flüssigkeit durch Wasser, rührt um und läßt wieder 24 Stunden stehen. Hat man dieses Auswaschen unter Beobachtung der nötigen Vorsichtsmaßregeln 4-, 5-, 6-mal wiederholt, bis die überstehende Flüssigkeit vollkommen klar ist, so hat man in dem Gefäße von $1^1/_2$ Liter den gesamten Thon und die in Kali gelöste Humussubstanz. In dem kleineren Becherglase bleibt ein Gemisch von Sand verschiedener Feinheit zurück, welches man mit Hülfe der bei der mechanischen Erdanalyse üblichen Schlämmethode in gröberen und feineren Sand zerlegen kann".

Was die Bestimmung des Tons anbelangt, so ist darauf hinzuweisen, daß sich der Ton infolge des zur Auflösung der Humussubstanz hinzugesetzten Kalis manchmal sofort abscheidet, doch erweist es sich vorteilhafter, zu seiner vollständigen Koagulation 5—6 g Chlorkalium hinzuzufügen, denn dann bleibt der Humus für sich allein in Lösung. Hat sich die Flüssigkeit völlig geklärt, so wird sie abgehoben und durch ein Filter dekantiert und darauf der Ton mit destilliertem Wasser ausgewaschen. Der bei 105^0 getrocknete Ton wird schließlich nach erreichter Gewichtskonstanz gewogen. Zu der vom Ton abgetrennten, dunkel gefärbten Flüssigkeit setzt man Essigsäure bis zur deutlich sauren Reaktion, kocht zur Vertreibung der Kohlensäure auf und fällt mit Bleiacetat, bis die überstehende Flüssigkeit farblos ist, dann läßt man absetzen, filtriert, wäscht aus, trocknet das Filter, löst die Humussubstanz von diesem und trocknet bei 100^0 und wägt schließlich den Humus, evtl. unter Berücksichtigung vorhandener Mineralsubstanz und von Bleiacetat, indem diese durch Veraschung festgestellt werden.

Die auf diese Weise ermittelten Bodenkonstituenten bedürfen nun aber einer eingehenderen Kennzeichnung, die hier jedoch nur insoweit vorgenommen werden soll, als dieselben nicht schon an anderen Stellen des Handbuchs einer näheren Besprechung unterzogen worden sind.

Über den Begriff „Stein" bzw. „Steine" im Boden brauchen wir uns hier nicht besonders zu verbreiten, da nach konventioneller Übereinkunft alle Anteile eines Bodens über 5 mm Korngröße solchen zugerechnet werden und dasjenige, was zwischen 5 und 2 mm Korngröße liegt, als Grand, Kies oder Grus Bezeichnung findet, obgleich auch von diesen letzteren Anteilen im Gegensatz zur Feinerde, d. h. zum eigentlichen Boden, von Steinchen gesprochen werden kann[1]. Hier handelt es sich also durchaus um einen petrographisch-mechanischen Begriff, und was die stoffliche Natur der Steine anbelangt, so kann sie bekanntermaßen sehr verschieden sein, je nach der Abkunft vom Muttergestein des Bodens oder, da es sich auch um Gerölleinlagerungen handeln kann, entsprechend der substantiellen Natur dieser, d. h. mit anderen Worten, alle Gesteins- und Mineralarten können hieran Anteil nehmen, wie solches des näheren in einem der folgenden Abschnitte gezeigt wird[2].

Auch hinsichtlich des Sandes bedarf es hier gleichfalls keiner weitgehenden Auseinandersetzungen, da an anderer Stelle des Handbuches auf diesen Bodenkonstituenten eingehend eingegangen worden ist und auch die Ermittlung des Sandgehaltes der Böden ausreichende Behandlung gefunden hat[3]. Nur ergänzend hierzu sei darauf hingewiesen, daß Sand- und Quarzgehalt eines Bodens durchaus nicht identisch zu sein brauchen. Gewiß besteht im allgemeinen der hauptsächlichste Gehalt an Sand aus Quarz bzw. SiO_2, aber infolge des schon hervorgehobenen Tatbestandes, nämlich, daß der Sand zuförderst ein physikalisch-

[1] Vgl. hierzu Bd. 6 dieses Handbuches, S. 1. — Ferner auch F. WAHNSCHAFFE u F. SCHUCHT: Anleitung zur wissenschaftlichen Bodenuntersuchung, 4. Aufl., S. 19. Berlin 1924.

[2] Vgl. diesen Band des Handbuches, S. 23—45.

[3] Vgl. Bd. 6 dieses Handbuches, S. 7—27.

mechanischer bzw. petrographischer Begriff ist, kann auch an Stelle des Quarzes ein anderes Mineralmaterial treten, wie vor allem Feldspat, Augit, Pyroxen oder sonstige harte Minerale. Auch kennt man sog. Magnetsande, wie sie vornehmlich in Strandsandbildungen infolge ihres hohen spez. Gewichtes gesondert vorkommen, die ganz aus dem Mineral Magnetit oder auch Zirkon zusammengesetzt sind.

Wie chemisch recht verschieden und durchaus nicht mit reiner Kieselsäure übereinstimmend die im Boden vorhandenen Sandanteile zusammengesetzt sind, zeigen die diesbezüglichen von F. GIESECKE[1] ausgeführten Untersuchungen über die chemische Zusammensetzung der nach der ATTERBERGschen Schlämmanalyse zerlegten Bodenanteile, wobei hier nicht nur auf die Sandfraktionen Rücksicht genommen, sondern der besseren Einsicht in den chemischen Aufbau des Gesamtbodens halber, auch die Analysen der übrigen Fraktionen mitgeteilt werden sollen. Sechs von den genannten, derartig untersuchten Böden ergaben nachstehendes Resultat:

1. Schwerer, hellgrauer Tonboden von Deppoldshausen bei Göttingen[2].

	mm	Glühverlust	SiO_2	Fe_2O_3	Al_2O_3	CaO	MgO
Ton	unter 0,002	11,81	45,52	12,45	22,21	3,28	3,66
Feiner Schluff .	0,002—0,006	10,48	50,61	10,08	18,01	4,26	5,03
Grober Schluff .	0,006—0,02	13,57	55,02	5,28	10,31	7,28	6,00
Mehlsand . . .	0,02 —0,06	10,80	62,00	2,01	4,62	10,02	9,94
Feinsand	0,06 —0,2	14,44	53,16	1,78	2,16	15,26	10,25
Sand	0,2 —2,0	20,16	39,54	0,35	2,01	20,40	12,81

2. Röt-Buntsandsteinverwitterungsboden, Tonboden von Reinhausen bei Göttingen.

	mm	Glühverlust	SiO_2	Fe_2O_3	Al_2O_3	CaO	MgO
Ton	unter 0,002	12,28	48,33	10,10	22,50	2,15	4,05
Feiner Schluff .	0,002—0,006	9,08	54,09	7,11	17,39	4,80	3,69
Grober Schluff .	0,006—0,02	7,40	65,89	4,04	14,16	2,25	2,97
Mehlsand . . .	0,02 —0,06	3,06	78,72	4,02	5,53	3,20	5,09
Feinsand	0,06 —0,2	2,34	83,63	1,63	1,00	5,10	6,23
Sand	0,2 —2,0	4,96	79,09	1,09	0,25	6,06	7,03

3. Sandiger Lehmboden von Leveste bei Gehrden in Hannover.

	mm	Glühverlust	SiO_2	Fe_2O_3	Al_2O_3	CaO	MgO
Ton	unter 0,002	12,08	46,86	17,27	18,46	2,82	1,10
Feiner Schluff .	0,002—0,006	9,25	54,95	13,53	13,01	2,99	2,93
Grober Schluff .	0,006—0,02	3,30	70,49	12,41	9,56	1,27	1,65
Mehlsand . . .	0,02 —0,06	0,96	87,32	3,70	2,20	3,13	1,98
Feinsand	0,06 —0,2	0,88	90,00	1,76	1,03	5,21	1,02
Sand	0,2 —2,0	13,56	66,62	0,34	0,50	18,04	0,14

4. und 5. Grauwackenverwitterungsböden an der Straße von Andreasberg nach Sonnenberg im Harz.

	mm	Glühverlust	SiO_2	Fe_2O_3	Al_2O_3	CaO	MgO
Ton	unter 0,002	13,96	39,28	21,60	18,68	3,24	1,02
Feiner Schluff .	0,002—0,006	9,53	52,00	17,00	18,58	1,40	0,94
Grober Schluff .	0,006—0,02	7,27	55,76	16,51	15,82	1,92	1,86
Mehlsand . . .	0,02 —0,06	5,19	57,52	15,80	14,24	1,98	1,50
Feinsand	0,06 —0,2	3,11	65,00	15,20	10,41	1,78	2,58
Sand	0,2 —2,0	2,29	67,16	13,20	9,78	2,10	2,61

[1] GIESECKE, F.: Die Hygroskopizität in ihrer Abhängigkeit von der chemischen Bodenbeschaffenheit. Chem. Erde 3, 98 (1928).

[2] Alle Zahlen sind Prozentzahlen, bezogen auf Trockensubstanz.

	mm	Glühverlust	SiO_2	Fe_2O_3	Al_2O_3	CaO	MgO
Ton	unter 0,002	13,43	43,49	13,50	27,13	0,30	0,60
Feiner Schluff .	0,002—0,006	12,06	52,94	10,66	21,76	1,00	0,56
Grober Schluff .	0,006—0,02	9,95	60,02	8,89	20,03	0,37	0,54
Mehlsand . . .	0,02 —0,06	6,92	65,99	7,96	16,13	0,51	2,24
Feinsand	0,06 —0,2	3,18	70,36	5,33	15,85	1,51	3,01
Sand	0,2 —2,0	1,92	82,14	3,90	8,14	0,91	0,59

6. Stark eisenschüssiger, schwach humoser, sandiger Lehm von Greiz in Thüringen.

	mm	Glühverlust	SiO_2	Fe_2O_3	Al_2O_3	CaO	MgO
Ton	unter 0,002	13,31	44,18	18,43	21,45	1,20	0,73
Feiner Schluff .	0,002—0,006	11,53	50,13	14,29	20,01	0,80	0,70
Grober Schluff .	0,006—0,02	8,06	61,92	10,06	15,12	1,87	1,76
Mehlsand . . .	0,02 —0,06	7,53	64,84	8,53	13,94	2,01	1,51
Feinsand	0,06 —0,2	4,56	65,43	7,90	12,35	3,85	3,04
Sand	0,2 —2,0	1,72	78,02	4,80	9,12	2,06	1,26

Diese Befunde lassen zwar deutlich erkennen, daß mit Zunahme der Korngröße im allgemeinen ein Anwachsen des SiO_2-Gehaltes gleichsinnig verläuft, jedoch solches nicht ständig der Fall ist, wie z. B. im Boden 1, 2 und 3, und zwar aus dem Grunde, weil hier vermutlich Kalkbruchstücke bzw. Kalksteinchen am Aufbau des Sandes beteiligt sind. Aber auch dort, wo solches nicht zutrifft, erreichen die Kieselsäurewerte der Sandfraktionen nur ausnahmsweise eine Höhe bis zu 90% (Boden 3, Fraktion: feiner Sand) und weisen durch ihren z. T. recht erheblichen Gehalt an Al_2O_3 auf die Gegenwart von Feldspatsubstanz od. dgl. hin.

Über die Natur und Beschaffenheit des Bodenkonstituenten „Ton" sind die an dieser Stelle zu machenden Angaben gleichfalls beschränkt, da die typische Eigenart des Tons, die durch seine Kolloidnatur bedingt ist, an anderem Orte eingehende Berücksichtigung findet[1], und auch die chemische Zusammensetzung des Tons und seine Entstehungsbedingungen gleichfalls schon Behandlung erfahren haben[2], so daß hier nur auf den Ton als Bodenkonstituent, wie er vermittels der verschiedenen Isolierungsmethoden aus dem Boden gewonnen wird, in seiner chemischen Zusammensetzung zurückzukommen ist, wobei der eigentliche Kolloidton aus den oben dargelegten Gründen abermals ausscheidet. Ferner sind hier alle mit der Beschaffenheit des Tons in Verbindung stehenden Erscheinungen physikalischer und chemischer Art ausgeschlossen, weil auch sie im vorliegenden Bande an anderen Stellen[3] eingehende Klarstellung erfahren. Ähnliches gilt für die sich an die Tonsubstanz des Bodens einschließlich aller ihrer Folgeerscheinungen eng anschließende Körperwelt der sog. austauschfähigen Körper, fälschlich auch wohl Bodenzeolithe genannt[4], die ihrer vermutlichen

[1] Vgl. diesen Band des Handbuches, S. 55—58. — Ferner P. Ehrenberg: Die Bodenkolloide, S. 85—133. Dresden u. Leipzig 1915. — P. Rohland: Die Tone. Wien u. Leipzig 1909. — B. Frosterus: Die Konsistenzeigenschaften der Tone. Geol. Komm. Finnland. Geotechniska Meddel. **1920**, Nr. 24. — P. L. Gile: Nature of the Colloidal Soil Material. Chemical Catalog Company. — R. S. Holmes: Variations of the colloidal material in typical areas of the leonardtown silt loam soil. J. agricult. Res. Washington 1, **36**, Nr. 5, 459 (1928). — R. Wache: Beitrag zur Bestimmung und Bewertung der Kolloide im Boden. Mitt. Labor. preuß. geol. Landesanst. **1921**, H. 2. — H. Stremme: Die Chemie des Kaolins. Fortschr. Min., Krist. u. Petr. **2**, 87 (1912).

[2] Vgl. Bd. 1 u. 2 dieses Handbuches.

[3] Vgl. vorliegenden Band des Handbuches, S. 8—23 und 58—65.

[4] Vgl. R. Gans (Ganssen): Zeolithe und ähnliche Verbindungen, ihre Konstitution und Bedeutung. Jb. kgl. preuß. geol. Landesanst. **26**, 179 (1906), **27** (1908). — Die Bedeutung der Nährstoffanalyse. Ebenda **23** (1902). — Konstitution der Zeolithe, ihre Herstellung und technische Verwendung. Ebenda **27**, 63 (1906). — Über die chemische oder

chemischen Zusammensetzung nach hier nur anhangsweise am Schluß behandelt werden sollen.

Betrachten wir zunächst die chemische Zusammensetzung des nach der Methode SCHLOESING-GRANDEAU gewonnenen Tons, so liegt hier eine Untersuchung von E. BLANCK[1] vor, aus der sich ergibt, daß in dem aus sieben Böden isolierten Rohton ein Verhältnis von $SiO_2 : Al_2O_3 + Fe_2O_3$ wie

1,7 : 1 2,4 : 1 2,5 : 1 1,8 : 1 2,0 : 1 1,9 : 1 2,0 : 1

besteht, während man bei Gegenwart chemisch reinen Tons (entsprechend der FORCHHAMMERschen Kaolinformel) ein Verhältnis von 1,2 SiO_2 : 1,0 $Al_2O_3 + Fe_2O_3$ unter Voraussetzung des Ersatzes von Tonerde durch Eisenoxyd, bezogen auf glühverlustfreie Masse, erwarten müßte, so daß auch hier nur von einer annähernd zutreffenden Zusammensetzung entsprechend der des reinen Tons die Rede sein kann. In einer späteren sich hieran anschließenden Arbeit[2] hat der gleiche Autor den nach der ATTERBERGschen Schlämmanalyse erhaltenen Bodenkonstituenten Ton gleichfalls einer chemischen Untersuchung unterzogen und bei Heranziehung von sechs weiteren Böden das nachstehend wiedergegebene Verhältnis der Kieselsäure zur Summe der Sesquioxyde festgestellt:

1,3 : 1,0 1,1 : 1,0 1,6 : 1,0 1,6 : 1,0 1,1 : 1,0 1,4 : 1,0,

so daß er zu dem Schluß gelangte, daß der nach der ATTERBERGschen Methode aus dem Boden abgesonderte Rohton eine erheblich einheitlichere Zusammensetzung in chemischer Beziehung aufzuweisen hat, als dasjenige Produkt, das nach dem SCHLOESING-GRANDEAUschen Verfahren erhalten wird, und daß die Zusammensetzung des Rohtons nach ATTERBERGS Methode, wenn sie auch nicht völlig der chemischen Beschaffenheit reinen Tons oder Kaolins entspricht, so doch immerhin diesem in seiner Zusammensetzung schon recht nahe kommt. Ein weiterer Beitrag E. BLANCKS[3] hat dann versucht, noch nähere Einsicht in die Zusammensetzung des nach ATTERBERGS Methode gewonnenen Bodenkonstituenten Ton zu erbringen. Er analysierte nicht nur die Gesamtfraktion Rohton eines strengen Tonbodens aus der Gegend von Postelberg in Böhmen, wie nachstehende Befunde dartun, sondern bestimmte auch in den einzelnen

Fraktion	Gefunden in %			Berechnetes Molekularverhältnis		
	Al_2O_3	SiO_2	Glühverlust	Al_2O_3	SiO_2	H_2O
Rohton	39,3	45,98	15,27	1	2,00	2,23
Feiner Schluff . .	33,35	49,61	15,27	1	2,53	2,60
Grober Schluff . .	25,45	61,18	11,47	1	4,08	2,56
Mehlsand	15,70	74,78	7,73	1	8,10	2,79

Teilfraktionen des Rohtons die Zusammensetzung. Das Ergebnis dieser Untersuchungen stellte sich folgendermaßen:

physikalische Natur der kolloidalen wasserhaltigen Tonerdesilikate. Cbl. Min. usw. **1913**, 699, 728; **1914**, 273, 299. — K. K. GEDROIZ: Der adsorbierende Bodenkomplex. Dresden u. Leipzig: Theodor Steinkopff 1929.

[1] BLANCK, E.: Über die chemische Zusammensetzung des nach der Methode SCHLOESING-GRANDEAU gewonnenen Tons. J. Landw. **1912**, 75.

[2] BLANCK, E.: Über die chemische Zusammensetzung des nach der Schlämmethode von ATTERBERG erhaltenen Tons. Landw. Versuchsstat. **91**, 85 (1918).

[3] BLANCK, E. u. F. PREISS: Ein weiterer Beitrag zur chemischen Beschaffenheit des nach ATTERBERGS Schlämmethode gewonnenen Tons. J. Landw. **1921**, 73. — Es sei ferner darauf hingewiesen, daß auch schon F. SESTINI ähnliche Untersuchungen durchgeführt hat. F. SESTINI: Über die chemisch-physikalische Analyse der Tonböden. Landw. Versuchsstat. **25**, 47 (1880). — Die Untersuchungen J. DUMONTS (C. r. **1904**, t. 138, 215), H. PUCHNERS: Über die Verteilung von Nährstoffen in den verschieden feinen Bestandteilen des Bodens. Landw. Versuchsstat. **66**, 463 (1907) und D. MEYERS (Landw. Jb. **1900**, 913) erstrecken sich dagegen auf die Verteilung der Pflanzennährstoffe in den verschiedenen Korngrößen des Bodens.

Fraktion des Tons	Gefunden in %			Berechnetes Molekularverhältnis		
	Al_2O_3	SiO_2	Glühverlust	Al_2O_3	SiO_2	H_2O
1	40,30	45,11	15,74	1	1,90	2,21
2	40,05	45,20	15,52	1	1,92	2,19
3—5	40,15	44,17	15,94	1	1,87	2,25
6—9	38,50	45,24	16,25	1	2,00	2,40
10—14	36,13	46,58	17,55	1	2,19	2,76
15—26	34,13	48,35	17,78	1	2,41	2,96

Wie aus diesen Zahlen hervorgeht, war die Übereinstimmung der Zusammensetzung des Rohtons mit der FORCHHAMMERschen Tonformel eine sehr gute, insofern hier das Verhältnis von $1\,Al_2O_3 : 2\,SiO_2 : 2\,H_2O$ besteht. Innerhalb des Tons läßt sich aber trotz ziemlicher Gleichartigkeit in der Zusammensetzung der einzelnen Teilfraktionen, wenigstens bis zur Fraktion 10, erkennen, daß eine Verschiebung in dem Sinne eintritt, daß eine allmähliche Anreicherung der Abschlämmprodukte an SiO_2, also an Sand, erfolgt und sich insofern die letzten Teilfraktionen des Rohtons der Zusammensetzung des feinen Schluffs nähern. Wenn auch in dem vorliegenden Fall ein strenger Ton zur Untersuchung herangezogen worden war, dessen Molekularverhältnis von $Al_2O_3 : SiO_2 : H_2O = 1 : 3{,}07 : 2{,}80$ betrug, so lassen die Befunde doch erkennen, daß der nach der ATTERBERGschen Methode ermittelte Bodenkonstituent Ton auch in chemischer Hinsicht recht gut mit reinem Ton im chemischen Sinne übereinstimmt.

Da schließlich der Bodenkonstituent „Humus" zu den organischen seiner Art gehört und als solcher in einem nachfolgenden Kapitel[1] getrennt zur Behandlung steht und ferner der Konstituent Wasser schon eine nach allen Richtungen hin eingehende Besprechung[2] erfahren hat, so fallen diese beiden Konstituenten hier fort. Auch der Konstituent Kalk bedarf hier nicht der näheren Erörterung, da er sowohl in dieser Eigenschaft als auch hinsichtlich seines Vermögens die verschiedensten Einflüsse in und auf den Boden auszulösen, in den nachstehenden Kapiteln wie auch in anderen Bänden des Handbuches eingehende Berücksichtigung findet.

Wenn nun auch bisher die austauschfähigen Körper des Bodens nicht zu den eigentlichen Bodenkonstituenten gerechnet worden sind, so bedürfen sie doch hier hinsichtlich ihrer vermutlichen chemischen Zusammensetzung, wie schon erwähnt, einer besonderen Berücksichtigung[3], da ihnen als Urheber gewisser, sehr wesentlicher Eigenschaften des Bodens, namentlich in letzterer Zeit, eine außerordentliche Bedeutung für die Natur des Bodens zugeschrieben wird. Die Frage nach der chemischen Natur dieser auch fälschlich Bodenzeolithe genannten Körper steht im engsten Zusammenhange mit den Erscheinungen der im Boden stattfindenden Absorptionen von in Lösung befindlichen Stoffen aller Art. Seit dem Bekanntwerden dieser, zunächst durchaus rätselhaften Erscheinung ist die Forschung unausgesetzt bemüht gewesen, ihre Ursache aufzudecken, und man glaubte sie in der Anwesenheit von Zeolithen oder zeolithartigen Substanzen im Boden gefunden zu haben. Auch heute noch vertritt eine große Anzahl Agrikulturchemiker und Bodenkundler diese wenig zutreffende Ansicht. Mit dieser Auffassung verbindet sich nämlich im allgemeinen die Ansicht, daß man es in diesen Körpern mit Substanzen zu tun habe, die ihrer chemischen Beschaffenheit nach mit den Vertretern der gleichnamigen Mineralgruppe, wenn auch vielleicht

[1] Siehe vorliegenden Band des Handbuches, S. 113f.

[2] Vgl. dieses Handbuch **5**, 47—97; **6**, 66—253.

[3] Hier folgt der Verfasser namentlich seinen früheren Ausführungen in Fühlings Landw. Ztg. **62**, 560 (1913): E. BLANCK, Die Beschaffenheit der sogenannten Bodenzeolithe.

nicht völlig identisch, so doch mindestens sehr ähnlich seien. Diese Anschauung von der Natur der den Basenaustausch erzeugenden Körper steht nun aber nicht nur mit der Beschaffenheit der der Zeolithgruppe angehörenden Minerale im Widerspruch, sondern auch ganz besonders mit ihren Entstehungsbedingungen in der Ackererde, denn die Verwitterung ist nicht imstande, Körper von der Art der Zeolithe zu erzeugen. Nur die historische Entwicklung unserer Erkenntnis vom Wesen der Absorption läßt es gewissermaßen gerechtfertigt erscheinen, wenn man auch heute noch von zeolithartigen Substanzen des Bodens spricht. Die Annahme von der Gegenwart zeolithartiger Körper ist lediglich als unmittelbare Folge der mit einem Basenaustausch verbundenen Absorptionsvorgänge des Bodens zu betrachten, und es erscheint unzweifelhaft, daß ohne Feststellung dieses Vermögens niemals an die Existenz derartiger Substanzen im Boden gedacht worden wäre. Die Entwicklung unserer Kenntnisse von den Absorptionserscheinungen zeigt dieses am besten, sie soll daher in aller Kürze zur Wiedergabe gebracht werden, jedoch nur insoweit, als auf die Ursache dieser Erscheinungen Bezug genommen wird, d. h. also, was die chemische Zusammensetzung dieses Bodenkomplexes anbetrifft.

Das Problem nahm seinen Anfang 1850 mit J. T. Way, denn dessen Vorgänger Gazzeri, Lambruschini, Bronner, Huxtable und Thompson hatten zwar die Absorption beobachtet[1], aber nicht versucht, die Erscheinung auf bestimmte Substanzen des Bodens zurückzuführen. Erst Way[2] hat hier den entscheidenden Schritt getan, indem er die Absorption anorganischen Bestandteilen des Bodens zuschrieb, und zwar speziell „wasserhaltigen Silikaten". Er schloß aus seinen Untersuchungen, daß sowohl im Ton als in den Ackererden wasserhaltige Silikate vorhanden sein müßten, die Veranlassung zu diesen Vorgängen böten. Um seine Anschauung zu stützen, stellte er künstliche Silikate aus Kieselsäure, Tonerde und einem Metalloxyd her, und es gelang ihm, in diesen die bei der Absorption wirksamen Stoffe im reinen Zustande zu erhalten. Jedoch J. v. Liebig[3] wandte sich mit größter Schärfe gegen diese neue Lehre, indem er darauf hinwies, daß die Ansicht, nach welcher die von Way künstlich dargestellten Doppelsilikate natürlich vorkommende Bestandteile der Ackererde sein sollten, des Beweises völlig entbehre und „daß auf ihrer Anwesenheit die Absorption des Ammoniaks aus Ammoniaksalzen infolge der Entstehung von Doppelsalzen mit Ammoniak als alkalische Basis beruhe", durch keinen Versuch Ways genügend sichergestellt worden sei. Er erklärte vielmehr den ganzen Vorgang als eine rein physikalische Erscheinung, doch mußte er späterhin die Feststellungen Ways bestätigen, trotzdem sich Henneberg und Stohmann[4], Brustlein[5] und Peters[6] der Erklärungsweise Liebigs mehr oder weniger eng angeschlossen hatten.

Eine für jene und auch noch spätere Zeiten eigenartige Auffassung über die Natur der den Absorptionsgang erzeugenden Körper vertrat Mulder[7]. Seine Ansichten waren so abweichend von den üblichen Vorstellungen seiner Zeit von

---

[1] Vgl. G. Wiegner: Zum Basenaustausch in der Ackererde. J. Landw. **60**, 111 (1902). — W. Detmer: Die naturwissenschaftlichen Grundlagen der allgemeinen landwirtschaftlichen Bodenkunde, S. 308. Leipzig u. Heidelberg 1876. — R. Biedermann: Einige Beiträge zu der Frage der Bodenabsorption. Landw. Versuchsstat. **11**, 1 (1869).

[2] Way, J. T.: J. roy. agricult. Soc. England **11**, **13** (1850); zit. nach G. Wiegner.

[3] Liebig, J. v.: Ann. Chem. u. Pharm. **94**, 383.

[4] Henneberg, W., u. F. Stohmann: Ann. Chem. u. Pharm. **107**, 152; J. Landw. **3**, 35 (1859).

[5] Brustlein, F.: Ann. Chim. et Phys. **56**, 157 (1859).

[6] Peters, E.: Über die Absorption von Kali durch Ackererde. Landw. Versuchsstat. **2**, 113 (1860).

[7] Mulder, G. J.: Die Chemie der Ackerkrume **1**. Berlin 1861.

der Natur dieser Substanzen, daß noch W. DETMER in seiner Bodenkunde[1] bemerkt, „die Darstellungen sind in so wenig übersichtlicher Weise gegeben, daß es einige Schwierigkeit hat, MULDERS persönliche Stellung zu den in Rede stehenden Fragen zu erkennen“. MULDERS Ansichten kamen nämlich, so eigenartig es klingen dürfte, den neueren und neuesten Anschauungen auf diesem Gebiet z. T. durchaus nahe, und es muß uns heute geradezu als merkwürdig erscheinen, daß eine in vielen Punkten so gesunde und zutreffende Vorstellung, wie es die seine war, von späteren Forschern weder beachtet, noch erwähnt worden ist. Vielleicht liegt dieses aber daran, daß MULDER nicht den richtigen Weg wählte, seine Ansichten zu stützen, denn den Beweis der gelartigen Beschaffenheit seiner „Zeolithen“ fand er, wie es den Anschein hat, lediglich in der kolloidalen Kieselsäureabscheidung bedingt, welche auftritt, wenn die betreffenden Substanzen mit gewissen Lösungsmitteln behandelt werden. Nach MULDERS Auffassung besteht ein Ackerboden im wesentlichen aus den Bestandteilen Sand, Kalk, Klei und Humus. In ihnen liegt, wie er sich ausdrückt, „aber keineswegs die Essenz des Bodens als Ackerkrume“. Er nennt diese Körper indifferente Gemenge zum Unterschied von den aktiven Bestandteilen des Bodens und denkt sich „nun weiter, so wie wirklich in Ackerboden vorkommen, Kieselsäure in gallertartiger Form; man kann sie aus jedem Ackerboden durch kohlensaures Kali extrahieren; also Hydrat von Kieselsäure. Ferner ein oder mehr Zeolithe, Hydrate, kieselsaure Salze, welche auch Tonerde gebunden haben. Sie sind wohl unbekannt, was ihre Form betrifft, aber fehlen in keinem Ackerboden, durch schwache Salzsäure zieht man sie aus. Die gallertartige Kieselsäure und die Zeolithen gehören zu den chemisch aktiven Bestandteilen des Bodens und müssen ganz und gar von dem Teile der Klei unterschieden werden, welches wie Kaolin in Salzsäure unauflöslich ist und deshalb gerade nicht unter die besonders chemisch wirkenden Stoffe des Bodens aufgenommen werden kann. Von dem kaolinartigen Teile nehmen wir an, daß er sich in chemischer Ruhe befindet, während wir dem Doppelsilikate von Alaunerde, welches in Salzsäure auflöslich ist, einen wirksamen Teil zuerkennen. Die Zeit kann dem kaolinartigen Teil auflöslich, aktiv machen; sofern er noch in Salzsäure unauflöslich ist, ist er physisch wirksam, nicht chemisch“[2].

Unter den Zeolithen versteht er somit „Kieselsäure-Hydrat-Verbindungen des Bodens“, die in Wasser sehr wenig, wohl aber in verdünnter Salzsäure auflöslich sind. Man erhält sie nach ihm aus der Ackererde, wenn man diese mit Wasser behandelt und daraufhin mit jener Säure auszieht. Er nimmt an, daß ein oder mehrere Zeolithe, in jeder Erdart jedoch andere, vorhanden sind. Sie sind nicht nur im Hydratzustande zugegen, sondern befinden sich auch in gallertartiger Ausbildung, und er schreibt ihnen eine Zusammensetzung von der allgemeinen Formel $m\,SiO^3$, $n\,RO + o\,SiO^3$, $p\,R^2O^3$ und SiO^3, $n\,RO$ zu, d. i. eine Formel, die eine gewisse Ähnlichkeit mit der viel später von J. M. VAN BEMMELEN[3] für sein Verwitterungssilikat aufgestellten nicht verkennen läßt. Über das Vorkommen seiner Zeolithe im Boden äußert sich MULDER folgendermaßen, was hier nicht versäumt sein möge, wörtlich wiederzugeben, um damit die seiner Zeit weit vorauseilenden Ansichten MULDERS gebührend zu kennzeichnen: „Die erste[4] der beiden genannten Verbindungen kommt vorzüglich im tonerdereichen Boden, die letztere[5] vorzüglich im tonerdearmen vor, aber in jedem guten Ackerboden beide, darin liegt das Wesentliche der Tauglichkeit eines Bodens, denn in ihnen wird aufgenommen und durch sie abgegeben, und da sie gelatinös, sind es

[1] DETMER, W.: a. a. O., S. 338. [2] MULDER, G. J.: a. a. O., S. 383.
[3] BEMMELEN, J. M. VAN: Z. anorg. Chem. **42**, 299.
[4] Im Hydratzustand. [5] Im gallertartigen Zustand.

gerade die Substanzen, wodurch der Boden eine solch ansehnliche Flächenanziehung auf alles ausüben kann, was mit ihm in Berührung kommt[1]." Die Kieselsäure denkt er sich z. T. durch Tonerde vertreten, denn er schreibt: „Wo die Menge gallertartiger Kieselsäure in einem Boden geringe ist, füllt die Tonerde die Stelle der Kieselsäure aus und bildet ein Aluminat, welches unauflöslich im Wasser ist, wie die genannten Silikate[2]." Für ein noch besseres Mittel als die genannten Bodenauszüge, um zu den gallertartigen Zeolithsubstanzen zu kommen, hält er einen Auszug des Portlandzements mit verdünnten Säuren. Mit einem derartig gewonnenen Produkt lassen sich nach ihm die wichtigen Einflüsse studieren, „welche die genannten Zeolithen auf alles, was den Boden betrifft, ausüben". Dennoch war er sich der Schwierigkeiten wohl bewußt, die sich der Erforschung des chemischen Aufbaues seiner Zeolithe entgegenstellten und sah daher von einer solchen Feststellung mit Recht ab. „Ich achte es nicht von Wert," so erklärt er ausdrücklich, „die Doppelsilikate der Ackerkrume in ihrer genauen Zusammensetzung kennen zu lernen, denn dieselbe wird unendlich verschieden sein. Hier handelt es sich auch nicht um eine chemische Formel, sondern um die Existenz eines gallertartigen Silikats, wodurch Kalk, Magnesia, Alkalien, Eisenoxyd gebunden werden können — um jetzt nichts anderes zu erwähnen[3]." Man darf in bezug auf diesen letzten Satz wohl zum Ausdruck bringen, wie vorteilhaft sich eine solche Auffassung gegenüber den späteren Bemühungen der Mineralogen auszeichnet, einem jeden amorphen, homogenen oder inhomogenen Gemisch oder Gemenge durch eine chemische Formel den Charakter eines wohl definierten mineralogisch-kristallographischen Individuums zu verleihen. Auch über die Bildung der Zeolithe im Boden äußerte er sich. Seine Vorstellung darüber ging dahin, daß er dem Einfluß der Alkalien auf die durch Verwitterung frei gewordene Kieselsäure und Tonerde das Vermögen zuschrieb, diese in den Zustand gesetzt zu haben, mit Kalk, Magnesia, Eisenoxyd usw. Silikate bilden zu können. Die uns noch heute häufig begegnende Ansicht, daß durch die Bodenbearbeitung sowie durch sonstige Kulturmaßnahmen eine Vermehrung der Zeolithe verursacht werden könne, scheint er gleichfalls geteilt zu haben, denn er sagt an anderer Stelle: „Die Zeolithen zu bilden, heißt einen Boden in Kultur bringen[4]."

Demgegenüber vertrat F. RAUTENBERG[5] anfänglich die Auffassung, daß die Tonerde und das Eisenoxyd diejenigen Körper des Bodens seien, welche die Absorptionsvorgänge auslösen, da er mit dem Gehalt des Bodens an diesen Stoffen das Vermögen desselben absorbierend zu wirken als in Einklang stehend festzustellen und im voraus zu berechnen vermochte. Späterhin[6] versuchte er, die einzelnen Bodenbestandteile in möglichst reinem Zustande auf ihr Vermögen in genannter Richtung zu prüfen und untersuchte zu diesem Zweck Eisenoxyd, Tonerde, Bolus und Kaolin, doch zeigte sich, daß nur der Bolus, jedoch in hohem Maße, als absorptionsfähig in Frage komme, so daß er seine vormals geäußerte Ansicht aufgab und nur solche Silikate für die Erscheinung verantwortlich machte, von welchen er annahm, daß sie wie im Bolus, nämlich als Tonerdekalksilikate vorhanden seien. E. HEIDEN[7] hielt wiederum die wasserhaltigen Doppelsilikate vornehmlich für die Ursache der Absorption. Aus der Gegenwart löslicher Basen in verdünnter Salzsäure des Bodenauszuges schloß

---

[1] MULDER, G. J.: a. a. O., S. 385. [2] Ebenda S. 385.
[3] MULDER, G. J.: a. a. O., S. 387. [4] Ebenda S. 398.
[5] RAUTENBERG, F.: Über das geognostische Vorkommen und die Absorptionsfähigkeit verschiedener Bodenarten. Chem. Zbl. **1863**, 97.
[6] RAUTENBERG, F.: Über die Abhängigkeit der Absorptionsfähigkeit der Ackererde von deren einzelnen Bestandteilen. Inaug.-Dissert., Göttingen und Chem. Zbl. **1863**, 129.
[7] HEIDEN, E.: Lehrbuch der Düngelehre, 1. Aufl. 1866; 2. Aufl., S. 546, 1879.

er, „daß in der Ackererde in verdünnter Salzsäure lösliche, also wasserhaltige Silikate vorhanden" seien, die er kurzweg als Zeolithe bezeichnete, und von denen er glaubte, daß er sie im Boden als sicher anwesend nachgewiesen habe. Über ihre nähere Beschaffenheit äußerte er sich jedoch nicht. Auch W. KNOP[1] machte zur Hauptsache die wasserhaltigen Silikate für die in Rede stehenden Erscheinungen verantwortlich, betonte aber nebenbei stets den Einfluß des Eisenoxydes und der Tonerde, so daß nach ihm die Absorption nicht von einem einzigen Gemengteil des Ackerbodens, sondern am wesentlichsten von der Menge der aufgeschlossenen Silikatbasen bei gleichzeitigem Vorhandensein von Sesquioxydsilikat hervorgerufen wird[2]. Wenn man von ihm auch keinen direkten Hinweis auf die Natur dieser Substanzen erfährt, so scheint es doch, als wenn auch von ihm zum Zustandekommen des Vorganges ein gewisser Aggregatzustand der Materie als erforderlich gehalten wird. „Das Ammoniak wird nicht gebunden von freier Kieselsäure, wenig von eisenfreien, sauren und schlecht verwitterten Silikaten, stärker und stark von gut verwitterten sauren und besonders von basischen Silikaten, seien diese wasserfrei oder wasserhaltig. Es wird nicht gebunden von Silikaten in dichtem, gefrittetem oder glasigem und kristallinischem Zustand. Das Silikat muß erdig zerfallen oder doch porös von erdigem Bruch sein[3]." Damit lehnt er aber sicherlich den kristallisierten Zustand dieser Körper ab. R. BIEDERMANN[4] stellte sich zwar auch auf den Standpunkt, daß die Zeolithe als die Ursache des Basenaustausches anzusehen seien, doch glaubte er gegenüber KNOP annehmen zu müssen, daß sich die Absorption noch besser der „Kieselsäureton-Differenz" anpasse als dem Gehalt des Bodens an Silikatbasen. Erstere erhält er durch Abzug der in einem Boden gefundenen Kieselsäure- und Tonmenge von der Summe aller Bestandteile. Diese Größe schließt also die Silikatbasen nach KNOP mit ein, jedoch vermehrt um die Karbonate und evtl. Sulfate des Kalkes. Da aber diese nach KNOPS Versuchen keine Absorption hervorrufen, so ist es nach BIEDERMANN denkbar, „daß in den vorliegenden Fällen die vorhandenen Carbonate nicht ursprüngliche Bestandteile des Bodens waren, sondern daß sie sich erst, als Zersetzungsproduct des Silicats und der verwitterten Monoxyde des letzteren, unter Mithilfe der atmosphärischen Kohlensäure gebildet hätten, so daß diese Übereinstimmung besagen würde, die Absorption sei eine Function der Verwitterung im Allgemeinen, und die Menge der sich stetig durch Verwitterung des Silicats bildenden Carbonate könnte somit immerhin, wenn auch nur indirekt, in Beziehung zur Größe der Absorption stehen"[5]. Aus den von ihm erkannten und betonten Beziehungen zwischen aufgeschlossenen Silikatbasen und Glühverlust zieht er den Schluß, „daß mit zunehmender Verwitterung der Gehalt an wasserhaltigen Silikaten und somit der Wassergehalt im allgemeinen steigt[6]". R. STREHL[7] gelangte zu ähnlichen Anschauungen wie KNOP in Hinsicht auf die Beziehungen der Absorption zu den basischen Silikaten, doch scheint ihm dabei auch ein Einfluß des Eisenoxydes vorhanden zu sein, und er sucht RAUTENBERGS widersprechende Resultate dadurch zu erklären, daß die Absorption allein vom Eisenoxydgehalt abhängig sei. Desgleichen ging

[1] KNOP, W.: Kreislauf des Stoffes 1, 244. — Bonitierung der Ackererde. Leipzig 1871.

[2] Vgl. R. STREHL: Analysen einiger Ackererden und Absorptionsbestimmungen derselben. Landw. Versuchsstat. 17, 64 (1873).

[3] KNOP, W.: a. a. O., S. 38.

[4] BIEDERMANN, R.: Einige Beiträge zur Frage der Bodenabsorption. Landw. Versuchsstat. 11, 1, 81 (1869).

[5] BIEDERMANN, R.: Über die Beziehungen zwischen Absorption des Bodens und Fruchtbarkeit desselben. Landw. Versuchsstat. 15, 35 (1872).

[6] Ebenda S. 42.

[7] STREHL, R.: a. a. O., S. 64, 65.

J. FREY[1] von der Voraussetzung aus, daß neben den wasserhaltigen Doppelsilikaten auch noch andere Bestandteile des Bodens in genannter Richtung wirksam sein könnten, wie z. B. Eisenoxydhydrat, Tonerdehydrat, Kieselsäurehydrat u. dgl. m. Er hält die wasserhaltigen Silikate jedoch für unbestimmbar, doch ließe sich wohl ermitteln, ob ein Boden daran reich oder arm sei, wie dieses durch den in verdünnten Säuren löslichen Basenanteil wiedergegeben werde. Experimentelle Prüfungen führen ihn aber zu der Auffassung, den Einfluß des Eisengehaltes der Tone auf die Absorption zu verneinen. Ferner sieht der Genannte in der Ungleichheit der Löslichkeitsverhältnisse der verschiedenen Gebirgsarten, die auch in deren Verwitterungsprodukten wiederkehrt, ein Moment, welches das von KNOP aufgestellte Gesetz, nach welchem „die Absorption steigt mit der Höhe der aufgeschlossenen Silikatbasen und der Höhe von Sesquioxydsilikaten" modifiziert wird, indem „die Löslichkeit der Substanzen an und für sich" mit in Frage kommt.

Ausgehend von der Tatsache, daß die Ackererden sowohl durch Salzsäure zerlegbare wie unzerlegbare Silikate führen, die teils aus den Gesteinen stammen, teils durch Verwitterung hervorgegangen sind und sich als solche stets wasserhaltig erweisen, sieht EICHHORN[2] auf Grund nachstehend wiedergegebenen Gedankenganges die Gegenwart von Zeolithen im Boden für erwiesen: „Können wir nun durch Fortnahme solcher Silikate aus den Ackererden durch Behandeln derselben mit Salzsäure oder durch Zerstören, wenn sie wasserhaltig sind, durch Glühen die Absorptionskraft der Ackererden aufheben, oder, wie es nur zu erwarten steht, erheblich herabdrücken, so haben wir wohl darin einen Beweis, daß diese leicht zerlegbaren, besonders die wasserhaltigen Doppelsilikate es sind, welche bei den Absorptionserscheinungen in den Ackererden einen großen Einfluß ausüben." Auch J. M. VAN BEMMELEN, auf dessen spätere Ansichten über die die Absorption in der Ackererde hervorrufenden Körper noch besonders einzugehen sein wird, schrieb anfänglich[3] den im Boden als vorhanden angenommenen zeolithischen Silikaten gedachtes Vermögen zu, weil sich die natürlichen Zeolithe und künstlich hergestellte zeolithische Silikate hinsichtlich der sie auslösenden Umsetzungen gleich verhielten im Gegensatz zu dem an löslichen Silikaten armen Ton und Kaolin, ebensowenig wie er Eisen und Aluminiumoxydhydrate hierfür fähig hielt. Ferner wandte sich F. ULLIK[4] entschieden dagegen, daß die Absorption eine Eigenschaft, die nur der Tonerde zukomme, sei, indem er mit Recht darauf hinwies, daß auch „kompakte Gesteinsstücke" ein derartiges Vermögen besäßen, wie solches aus seinen eigenen Untersuchungen wie denjenigen von TH. DIETRICH und FEICHTINGER hervorginge, und wenn er auch ein für seine Schlußfolgerungen wenig beweiskräftiges Material herangezogen hatte, so stellte er doch den Satz auf, daß die Absorption eine allen, auch den sog. unzersetzbaren Silikaten, zukommende Erscheinung sei. Jedoch nahm er andererseits auch an, daß die auf nassem Wege erhaltenen Silikate, die auch im Boden frisch durch den Verwitterungsvorgang erzeugt vorhanden seien, zumeist gerade diejenigen Verbindungen wären, welche den Vorgang bewerkstelligen.

Besonders die klassischen Arbeiten J. LEMBERGS[5] auf dem Gebiete der Silikatumwandlungen, die er während der Jahre 1870—1888 ausführte, und in

---

[1] FREY, J.: Untersuchungen über das Absorptionsvermögen der Ackererde. Landw. Versuchsstat. **18**, 3 (1875).

[2] EICHHORN: Einige Beiträge zu den Absorptionserscheinungen in der Ackererde. Landw. Jb. **4**, 1 (1875).

[3] BEMMELEN, J. VAN: Das Absorptionsvermögen der Ackererde. Landw. Versuchsstat. **21**, 135 (1878).

[4] ULLIK, F.: Beiträge zur Kenntnis der Absorptionserscheinungen. Landw. Versuchsstat. **23**, 347 (1879).

[5] LEMBERG, J.: Z. dtsch. geol. Ges. **22**, **24**, **28**, **29**, **35**, **37**, **39**, **40**.

denen die natürlichen wasserhaltigen Silikate, die Zeolithe, wie ihr Absorptionsvermögen eine große Rolle spielten, führten mehr und mehr zu der Ansicht, die im Boden befindlichen, absorbierend wirkenden Substanzen als solche anzusehen. Seit dieser Zeit spricht man von zeolithischen Bestandteilen des Bodens mit einer Zuversicht, als wenn ihre Gegenwart im Boden als selbstverständlich vorausgesetzt werden müßte, und zwar wird ihre Anwesenheit besonders deswegen als sichergestellt erachtet, weil die Zeolithe schlechthin als die Verwitterungsprodukte der Feldspäte sowie anderer Silikate aufgefaßt werden, wofür nachstehende Literaturhinweise sprechen. So liest man z. B. bei W. DETMER[1]: „Die im Boden vorhandenen leicht zersetzbaren Silikate repräsentieren nun der Hauptsache nach Zeolithe.“ Bei F. W. DAFERT[2] heißt es: „Unter den häufigen tonigen Bestandteilen des Bodens sind noch von ganz besonderer Wichtigkeit jene, welche zeolithischer Natur sind, d. h. aus den wasserfreien Feldspaten durch Hydratisierung (Aufnahme von Wasser) bei der fortschreitenden Verwitterung hervorgehen und einen gewissen Grad von Löslichkeit abwechselnd erhalten und teilweise wieder verlieren ohne daß sie der Gefahr des Ausgewaschenwerdens ausgesetzt sind“, woran er anschließend die natürlichen Zeolithe aufzählt und als Beispiel ihrer Zusammensetzung auf die Formel des Analcims als eines wasserhaltigen Doppelsilikates des Natriums und Aluminiums hinweist. Auch RAMANNS Bodenkunde in erster Auflage läßt in gleicher Richtung Anklänge erkennen, denn obgleich es ihm „auffällig“ erscheint, „daß im Erdboden bisher mikroskopisch erkennbare Zeolithe nicht nachgewiesen waren, und daß die Bestandteile, welche man als Träger der Absorptionswirkung des Bodens betrachten muß, den Charakter der ‚Tonmineralien‘ tragen“[3], und trotzdem er die Untersuchungen VAN BEMMELENS[4] kannte und würdigte[5], so glaubte er dennoch zu jener Zeit für die Zeolithe eintreten zu müssen, denn es heißt unter anderem wörtlich bei ihm: „Die Zeolithe zeichnen sich durch ihre, bei Mineralien seltene Reaktionsfähigkeit und durch die Leichtigkeit aus, mit welcher ein Austausch der Basen gegeneinander erfolgt. Die meisten Vorgänge der Absorption im Erdboden lassen sich ohne Schwierigkeit in ähnlicher Weise künstlich an zeolithischen Mineralien hervorrufen. Aus diesem Gunde hat man das Vorkommen solcher im Erdboden angenommen, und wenn auch der exakte Nachweis derselben noch aussteht, so sprechen doch so viele Gründe dafür und erklären sich zahlreiche Erscheinungen so einfach, daß man gut tut, einstweilen bei dieser Annahme stehenzubleiben[6].“ In der zweiten Auflage seines Werkes[7] spricht er sich, anlehnend an STEINRIEDE[8], für ihre Benennung als „Argillite“ aus, da kaolinartige Aggregate vermutlich identisch mit den hypothetischen Zeolithen des Bodens seien, während er in der neuesten Auflage[9] seiner Bodenkunde ganz auf dem Standpunkt moderner kolloidchemischer Forschung bezüglich der Natur dieser Gebilde steht. Es mag auch noch bemerkt sein, daß E. WÜLFING[10] für diese Körperwelt den Namen „Geolith“ vorgeschlagen hat, jedoch ohne damit durchzudringen.

---

[1] DETMER, W.: a. a. O., S. 455.
[2] DAFERT, F. W.: Kleines Lehrbuch der Bodenkunde, S. 182. Neudamm 1885.
[3] RAMANN, E.: Forstliche Bodenkunde und Standortslehre, S. 129. Berlin: Julius Springer 1893.
[4] BEMMELEN, J. M. VAN: Landw. Versuchsstat. **21**, **22**, 35.
[5] RAMANN, E.: a. a. O., S. 135.
[6] Ebenda S. 166.
[7] RAMANN, E.: Bodenkunde, 2. Aufl., S. 26. Berlin: Julius Springer 1905.
[8] STEINRIEDE, F.: Anleitung zur mineralogischen Bodenanalyse, S. 6, 99, 100. Leipzig 1889.
[9] RAMANN, E.: Bodenkunde, 3. Aufl., S. 54. Berlin: Julius Springer 1911.
[10] WÜLFING, E.: Jh. Ver. Naturkde. Württ. **56**, 35.

Weiter behandelt auch L. MILCH[1] die Frage nach der Gegenwart der Zeolithe im Boden im bejahenden Sinne, wenn er auch „zeolithähnliche Verbindungen" anzunehmen für richtiger hält. Bei ihm trägt die Auffassung einen besonders deutlich ausgeprägten, mineralogischen Charakter, indem sie sich lediglich auf Analogieschlüsse rein mineralogischer Vorgänge stützt. Aus dem Absorptionsvermögen der Zeolithe wie der künstlichen Produkte gleicher Art auf der einen Seite und der gleichwertigen Eigenschaft des Ackerbodens auf der anderen Seite, verbunden mit der Annahme, „daß die Bildung von zeolithähnlichen Körpern aus den im Boden befindlichen Lösungen sehr leicht möglich ist", weil Nephelin, Leucit und Feldspate Umwandlungen in genannter Richtung erleiden können, wird geschlossen, daß die „Absorption der Ackererde Zeolithen, richtiger zeolithähnlichen Neubildungen in der Ackererde" zuzuschreiben sei. Allerdings wird zugegeben, daß die unmittelbare Umwandlung der Feldspate in Zeolithe „kein weit verbreiteter Vorgang" ist, und daß er sich nur in den Gesteinen selbst häufig vollzieht. Es geht aus den Argumentationen MILCHS besonders deutlich hervor, wie wenig die rein mineralogischen Tatsachen geeignet erscheinen, die Anwesenheit der Zeolithe im Boden darzutun. Zudem ist darauf hinzuweisen, daß der Basenaustausch durchaus nicht allein auf Zeolithe oder zeolithartige Substanzen zurückgeführt werden braucht, denn außer den kolloidalen Komplexen sind noch eine Reihe anderer Körper, wie auch Minerale anderer Art befähigt, diesen Vorgang auszulösen, worauf wiederholt von verschiedenen Seiten hingewiesen worden ist[2].

Sodann hat sich R. GANSSEN (GANS[3]) der genannten Frage besonders angenommen unter sorgfältiger experimenteller Prüfung der Geschehnisse, wobei er gleichfalls zu dem Resultat des Vorkommens zeolithischer Substanzen im Boden gelangt ist. Bei Untersuchungen einer größeren Anzahl von Diluvialböden zeigte sich der Gehalt an in Salzsäure löslicher Tonerde, mit dem Gehalt an Ton zunehmend, und der Basenaustausch trat nur dann ein, wenn ein größerer Kalkgehalt mit dem Ton verbunden war. Hieraus schloß GANS, daß die wasserhaltigen Kalktonerdesilikate diejenigen Substanzen sein müßten, welche den Basenaustausch bewirkten, demnach also wahrscheinlich zeolithisches Material darstellten. Löslichkeitsversuche mit natürlichem Desmin hatten sodann ergeben, daß fast die ganze Menge Tonerde und aller Kalk durch 21 proz. Salzsäure in der Kälte in Lösung ging, und daß das Verhältnis von Tonerde zu Kalk ständig, selbst bei verschiedenster Konzentration der Salzsäure einen konstanten Wert behielt. Daher müsse es möglich sein, war die weitere Folgerung des Genannten, mit Hilfe einer solchen Säure, das zeolithische Material, wenn auch nicht ganz, so doch zur Hauptsache zu gewinnen, oder doch jedenfalls die chemische Zusammensetzung der Zeolithe einwandfrei zu rekonstruieren[4]. Da aber im Boden die alkalischen Erden und Alkalien nicht nur im Verband mit Zeolithen zugegen sind, so war ein Überschuß dieser gegenüber dem vorauszusetzenden Verhältnis zur Tonerde zu erwarten, nicht aber durfte eine geringere Menge gefunden werden. Die Untersuchung von vier Tonböden bestätigte dieses und

[1] MILCH, L.: Die Grundlagen der Bodenkunde, S. 90, 91. Leipzig u. Wien 1899.

[2] STREMME, H. u. B. AARNIO: Die Bestimmung des Gehaltes anorganischer Kolloide in zersetzten Gesteinen und deren tonigen Umlagerungsprodukten. Z. prakt. Geol. **19**, 331 (1911). — GLINKA, K.: Untersuchungen im Bereiche der Verwitterungsprozesse. Trav. Soc. Natural. St. Petersburg **1906**, 1. — DITTRICH, M.: Chemisch-geologische Untersuchungen über Absorptionserscheinungen bei zersetzten Gesteinen. Mitt. großherzogl. bad. geol. Landesanst. **5** (1905). — BLANCK, E.: Gestein und Boden in ihrer Beziehung zur Pflanzenernährung. Landw. Versuchsstat. **77**, 135 (1912).

[3] GANSSEN, R. (GANS): Zeolithe und ähnliche Verbindungen, ihre Konstitution und Bedeutung. Jb. kgl. preuß. geol. Landesanst. **26**, 179 (1902), Berlin 1908.

[4] GANSSEN, R. (GANS): Die Bedeutung der Nährstoffanalyse usw. Jb. preuß. geol. Landesanst. **23**, 182—186.

ließ erkennen, daß die chemischen Verbindungsverhältnisse hier ähnlich denen der natürlichen Zeolithe seien, und somit zog GANS den Schluß, daß vom chemischen Gesichtspunkt aus die Annahme des Vorhandenseins zeolithischer Verbindungen im Boden volle Berechtigung habe. Den zu erhebenden Einwand, daß kristallisierte Körper von der Natur der Zeolithe im Boden bisher nicht bekannt geworden seien, glaubte er durch die Annahme ihres amorphen Zustandes entkräften zu können, da infolge der feinkörnigen, dichten Beschaffenheit des Bodens und der hohen Konzentration der aufeinander einwirkenden Lösungen eine Ausbildung der ausgeschiedenen Körper im kristallinen Zustande nicht zustande kommen könne. Hiermit gibt aber GANS den wesentlichen Unterschied zwischen Oberflächen- und säkularer Verwitterung zu, der gegen eine Bodenzeolithbildung spricht und worauf noch zurückzukommen sein wird. Die Bedingungen der Ausbildung kristallographisch charakterisierter Körper sind bekanntermaßen den Entstehungsvorgängen des Bodens fremd, sie treten nur in den sich zersetzenden Gesteinen unter besonderen Bedingungen auf, so ist es unter anderem BRAUNS auch nur bei Anwendung höherer Temperatur und höheren Druckes gelungen, aus Kieselsäure-, Tonerde-, Kalk- und Natronlösungen kristallisierte Zeolithe zu erhalten, während unter gewöhnlichen Verhältnissen die ausfallenden Körper amorph blieben. Infolge des gleichartigen Verhaltens der Zeolithe und der zeolithischen Bodenbestandteile beim Austausch der Basen machte es GANS weiter wahrscheinlich, daß die tonerdehaltigen Zeolithe in zwei Gruppen zu zerlegen seien. Die einen enthalten die Erdalkalien und Alkalien größtenteils an Kieselsäure gebunden, sie vermögen in kurzer Zeit nur in sehr geringem Grade einen Basenaustausch herbeizuführen. GANS benennt sie Tonerdedoppelsilikate, während er im Gegensatz hierzu Alumosilikate unterscheidet, welche die Erdalkalien und Alkalien vorwiegend an Tonerde gebunden enthalten und schon innerhalb kurzer Zeit ihre Basen fast vollständig auszutauschen gestatten. Diesen hat er späterhin[1] noch eine dritte Gruppe von solchen Zeolithen hinzugefügt, deren Basen innerhalb kurzer Zeit nicht austauschbar sind, und zwar vermutlicherweise infolge einer mehrfachen Bindung an Kieselsäure und Tonerde. Nach ihm finden sich Aluminatsilikate neben Tonerdedoppelsilikaten in den von ihm untersuchten natürlichen Zeolithen, sowie in den Bodenzeolithen der oberen verwitterten Schichten der Ackererde. Die tieferen, unverwitterten Schichten der Ackererde führen nur Aluminatsilikate, was darauf zurückgeführt wird, daß die in den oberen, verwitterten Schichten zirkulierende Kohlensäure den Aluminaten einen Teil ihrer Basen entzieht, was in den unteren unverwitterten Schichten infolge des Fehlens der Kohlensäure nicht eintreten kann. E. HEINE[2] läßt sogar im Anschluß an diese Feststellungen die Feldspate sich unmittelbar bei der Verwitterung „mit einer unendlich feinen, sich langsam auflösenden und immer wieder erneuernden Hülle zeolithischer Substanz" umgeben, was deutlich zum Ausdruck bringt, wie sehr die Anschauung von der Gegenwart der Zeolithe im Boden Fuß gefaßt hat.

In Lösung befindliche Stoffe werden nun aber nicht nur allein von Zeolithen absorbiert, sondern es handelt sich hier um eine Kolloidkörpern ganz allgemein zukommende Erscheinung, worauf insbesondere J. M. VAN BEMMELEN die Aufmerksamkeit gelenkt hat. Seine Forschungen[3] haben die Absorptionsvorgänge

---

[1] GANSSEN, R. (GANS): Konstitution der Zeolithe, ihre Herstellung und technische Verwendung. Jb. preuß. geol. Landesanst. **27**, 63 (1906).

[2] HEINE, E.: Die praktische Bodenuntersuchung, S. 16. Berlin: Gebr. Bornträger 1911

[3] Hier sei bezüglich der Literatur auf die in Buchform erschienene Zusammenfassung seiner Arbeiten, hrsg. von WO. OSTWALD: J. M. VAN BEMMELEN: Die Absorption, Dresden 1910, hingewiesen.

in einem ganz neuen Lichte erscheinen lassen und haben dargetan, daß es besonders die kolloiden Substanzen sind, die unter Bildung eigenartiger Verbindungen den Basenaustausch des Bodens regeln. Die hierdurch neu entstandenen Verbindungen bezeichnete er kurzweg als „Absorptionsverbindungen". Sie besitzen nach ihm ein inkonstantes Molekularverhältnis und sind schon dadurch scharf gegenüber den „rein chemischen Verbindungen", wie sie in den meisten Mineralien und anderen chemischen Körpern vorliegen, gekennzeichnet. Die Kolloide der Kieselsäure, des Aluminiums- und Eisenoxydhydrats bilden solche Verbindungen mit Wasser, Basen, Säuren und Salzen, sowohl jedes für sich, als auch namentlich im Gemisch miteinander. Es ist daher eine weitere Frage, ob man berechtigt ist, auch im Boden derartige Substanzen als entstehend und anwesend anzunehmen. Auf diese Frage gibt uns die moderne Verwitterungslehre Antwort, denn sie sieht nicht nur die Gegenwart solcher Körper im Boden für möglich an, sondern erklärt einen großen Teil der durch die chemische Gesteinsverwitterung hervorgegangenen Substanzen als von kolloider Beschaffenheit[1]. Zwar ist keinesfalls zu leugnen, daß die im Boden auftretenden Absorptionserscheinungen sowohl durch die Gegenwart von Zeolithen als von kolloidalen Absorptionsverbindungen im Sinne VAN BEMMELENS erklärt werden können. Aber außer den oben angeführten Gründen spricht vor allen Dingen die Beschaffenheit der Verwitterungsprodukte gegen die Annahme des Vorhandenseins von ersteren, und wenn auch zugegeben werden muß, daß unsere heutigen Kenntnisse von der Beschaffenheit der in der Natur vorkommenden anorganischen amorphen Körper immer noch nicht befriedigend sind, so spricht doch die Gesamtnatur der durch die Verwitterung erzeugten feinsten Teile der Ackererde für die kolloide Beschaffenheit. Amorphe, wasserhaltige Silikate wie Allophan, Halloysit, Montmorillonit, werden von H. STREMME[2] als Gemenge von Tonerde- und Kieselsäuregel angesehen, und er erhielt Fällungen derartiger Gele durch Aufeinanderwirkung von Natriumsilikat und Aluminiumacetatlösungen. Sie zeigten sowohl in chemischer als auch physikalischer Beziehung große Übereinstimmung mit jenen Körpern. Er zog daraus den Schluß, daß die genannten amorphen wasserhaltigen Silikate, die in ihrer Zusammensetzung mit Kaolinit und sonstigen Tonsubstanzen so große Ähnlichkeit haben, doch von diesen durch ihre Entstehungsweise zu trennen sind, da sie wahrscheinlich als Niederschläge aus wässerigen Lösungen aufzufassen seien. Die besagten Tone hätten dagegen als unlösliche Zersetzungsrückstände der Feldspate zu gelten. Hierauf baute er seine Unterscheidung von Allophantonen und Feldstpatresttonen auf. Das Vorhandensein von Aluminium- und Kieselsäureverbindungen im gelösten Zustande im Boden als Ausfluß der Verwitterungsvorgänge ist eine selbstverständliche Erscheinung, so daß alle Bedingungen vorhanden sind, um die Anwesenheit solcher Allophantone im Boden annehmen zu können. Aber auch durch Auslaugung entstandene Tonerdekieselsäuregele kommen in der Ackererde vor, und gerade diesen schreibt CORNU das Vermögen zu, durch Absorption stoechiometrische Verbindungen bilden zu können. Er hält einen Teil der sog. Bodenzeolithe für nichts anderes als für die kolloiden Formen kristalloider Zeolithe[3]. Auch wird von THUGUTT der von VAN BEMMELEN aus seinem Verwitterungssilikat herausgelöste Anteil A als eine dem Cimolit ähnlich zusammengesetzte Substanz betrachtet, und H. STREMME glaubt, daß in diesem Komplex der allophanoide Anteil der Böden enthalten sei, der nach den Analysen den Nährstoffträger dar-

[1] Siehe dieses Handbuch 1, 13; 2, 154—159.
[2] STREMME, H.: Über Fällungen der gemengten Gele von Tonerde und Kieselsäure. Cbl. Min. 1908, 622.
[3] CORNU, F.: Adsorptionsverbindungen im Mineralreich. Kolloid-Z. 4, 297 (1909).

stelle[1]. Den Hauptanteil der Böden an Ton machen die Allophantone jedenfalls aber nicht aus, vielmehr dürfte dieser der Gruppe der Tone entsprechen, die von STREMME als Feldspatresttone bezeichnet worden sind, um damit deutlich die Natur ihrer Entstehung zum Ausdruck zu bringen. Da die Allophantone in chemischer wie physikalischer Hinsicht große Ähnlichkeiten mit den Zeolithen aufweisen, so hat sie STREMME[2] für eine kolloidale Modifikation derselben erklärt.

Was nun die Zusammensetzung und Konstitution des kolloiden Verwitterungssilikates anbelangt, so hält es VAN BEMMELEN[3] für ein Gemisch „von chemischen Verbindungen $(SiO_2)m$, $(Al_2O_3)n$, $(MO)o$, $(H_2O)p$ (worin m, n, o, p ganze, einfache, variable Zahlen sind)", so daß es sich nach ihm um einen Komplex von Kieselsäure, Tonerde und kleinen Mengen alkalischer Basen in unbestimmten Verhältnissen handelt. Auch F. CORNU[4] will nichts von der Aufstellung dessen, was einer chemischen Formel gleich sehen könnte, wissen, da er solches für die Natur der kompliziert zusammengesetzten Gele als etwas Widersinniges ansieht. In Hinsicht auf die kolloide Beschaffenheit des im Boden befindlichen Absorptionskomplexes erweisen sich die Ansichten STREMMES über die Natur der Allophantone nicht unähnlich denen von VAN BEMMELEN, und wenn STREMME ferner annimmt, daß die Allophantone die kolloide Modifikation der Zeolithe seien, so dürfte der Gegensatz zwischen Kolloid- und Zeolithwirkung zur Erklärung der im Boden stattfindenden Absorptionsvorgänge behoben sein. Besonders die neuesten Anschauungen vom Wesen unserer Körperwelt lassen, worauf noch zurückzukommen sein wird, einen derartigen Ausweg offen. Nach R. VAN DER LEEDEN[5] hat jedoch die Annahme der Gegenwart von Zeolithen im Boden keine Berechtigung, während A. HIMMELBAUER[6] enge Beziehungen zwischen Zeolithen und manchen Allophantonen nicht zu leugnen vermag.

Da nun die Untersuchungen über die Natur der natürlichen Zeolithe, worauf gleichfalls noch Bezug zu nehmen sein wird, mehr und mehr ihren besonderen Charakter als eigenartig konstituierte, kolloide Körper dargetan haben, so sind die Schwierigkeiten der Deutung der stofflichen Natur der den Basenaustausch im Boden verursachenden Körper noch größer geworden, insofern die vormals scharfe Trennung der Zeolithe als kristallisierte, chemisch wohl definierte Verbindungen von einem kolloiden Gelgemisch nicht mehr aufrecht erhalten werden kann, wenn damit auch keineswegs zum Ausdruck gelangt, daß Zeolithe als solche oder zeolithartige Substanzen im Sinne wohl charakterisierter Körper im Boden angenommen werden können. So ist es trotz eifriger Bemühungen T. SEKI[7] auch nicht gelungen, das Vorhandensein von Zeolithen in Lehmen Japans nachzuweisen. Nach ihm sind die Aggregate in diesen aus amorphen, Tonerde und Kieselsäure enthaltenen Substanzen aufgebaut. Er hält sie für Allophanoide, die er als die Zersetzungsprodukte der Plagioklase anspricht. Nach ihm bildet der kolloidale Allophan, vermengt mit Brauneisen, den Hauptanteil der Argillitoide, die zur Hauptsache die Zersetzungsprodukte des Lehms darstellen. Allerdings spricht auch er noch von Silikaten, so vom allophan-

---

[1] STREMME, H.: Allophan, Halloysit und Montmorillonit usw. Cbl. Min. **1907**, 211.
[2] STREMME, H.: Die Verwitterung der Silikatgesteine. Landw. Jb. **40**, 338 (1911).
[3] BEMMELEN, J. M. VAN: Z. anorg. Chem. **42**, 299.
[4] CORNU, F.: Über die Verbreitung gelartiger Körper im Mineralreiche. Cbl. Min. **1909**, 333.
[5] LEEDEN, R. VAN DER: Über das Verhalten einiger durch Verwitterung entstandener Tonerde-Kieselsäure-Mineralien. Cbl. Min. **1911**, 139.
[6] HIMMELBAUER, A.: Die Bedeutung der Kolloidchemie für die Mineralogie. Fortschr. Min. usw. **3**, 56 (1913).
[7] SEKI, T.: Zwei vulkanogene Lehme aus Japan. Landw. Versuchsstat. **79/80**, 871 (1913).

ähnlichen Tonerdesilikat als dem Hauptgemengeteil der Argillitoide, kaolinähnlichen Tonerdesilikat als Hauptbestandteil des Argillits usw. Ebenso äußert sich J. H. ABERSON[1] dahin, daß die als „wasserhaltigen Doppelsilikate" bezeichneten Verbindungen des Bodens unbekannt seien, wenngleich sie nach ihm auch Silikatcharakter besitzen und er sie aller Wahrscheinlichkeit nach für Aluminiumsilikate anspricht.

Während D. J. HISSINK[2], anlehnend an VAN BEMMELEN, den Verwitterungskomplex in der Ackererde als ein mechanisches Gemisch von leicht zersetzbaren anorganischen wie organischen Absorptionsverbindungen auffaßt und den durch GANSSEN künstlich hergestellten Permutit als ein solches Gelgemenge betrachtet, handelt es sich bei G. WIEGNER[3] im sog. Doppelsilikat gleichfalls um eine Absorptions- oder Kolloidverbindung zwischen Aluminiumhydroxyd und Kieselsäuregel, worauf sogleich nach Besprechung der neueren Untersuchungen GANSSENS näher eingegangen werden soll. Denn ungeachtet dessen hat R. GANSSEN (GANS[4]) seine Untersuchungen über die chemische Natur besagter Körper des Bodens weitergeführt und dargelegt, daß man auf Grund der denselben zukommenden konstanten Molekularverhältnisse berechtigt sei, die nunmehr auch von ihm als kolloidal angesehenen Aluminiumsilikate als chemische Verbindungen zu betrachten, so daß ihre kolloide Beschaffenheit nicht gegen die Annahme einer chemischen Verbindung spreche. Er stellt für sie die Formel 3^+ Mol. SiO_2, 1 Mol. Al_2O_3, 1 Mol. Base auf, wobei das Pluszeichen an der Molekülzahl der SiO_2 zum Ausdruck bringen soll, daß auch mehr denn 3 Mol. Kieselsäure an der Zusammensetzung des Silikates beteiligt sein können. „Die kolloidalen wasserhaltigen Aluminatsilikate haben mit den Zeolithen somit", so schließt er, „chemische Zusammensetzung und variablen Dampfdruck gemeinsam, desgleichen zeigen sie beide den leichten schnellen Austausch gegen neutrale Salzlösungen, die leichte Zersetzbarkeit durch Säure und gleiches sonstiges Verhalten". Infolgedessen scheint es ihm berechtigter, diesen Silikaten die Bezeichnung „zeolithische" oder „zeolithartige" zu verleihen, im Gegensatz zu STREMMES Allophantonen, wobei der Ausdruck zeolithisch oder zeolithartig seiner Ansicht nach erkennen lassen soll, „daß diese Verbindungen den Zeolithen zwar ähnlich sind, daß jedoch irgend eine Eigenschaft fehlt, um ihnen das Recht auf die Bezeichnung ‚Zeolith' zu bewilligen; die nicht vorhandene Kristallform verhindert es". Mit diesem Zugeständnis ist sicherlich eine Überbrückung der früher bestehenden scharfen Gegensätze in der Auffassung vom Wesen der sog. Bodenzeolithe gleichfalls herbeigeführt worden. Allophantone können zwar nach ihm aus diesen zeolithischen Verbindungen hervorgehen, jedoch entspricht ihre Zusammensetzung nicht der obigen, von ihm aufgestellten Formel, sondern der größte Teil des Basenanteils und auch ein erheblicher der Kieselsäure sind fortgeführt. Das von STREMME für die künstlich hergestellten Aluminatsilikate gefundene inkonstante Molekularverhältnis führt GANSSEN auf die von jenem befolgten Versuchsbedingungen zurück, und aus dem Verlauf des Absorptionsvorganges im Boden schließt er, daß ein mechanisches Gemenge von Tonerde- und Kieselsäurehydraten hier nur in geringem Grade vorhanden sein könne, die Hauptmenge der durch Zersetzung der Silikate mit Salzsäure erhaltenen Kiesel-

---

[1] ABERSON, J. H.: Das Absorptionsvermögen der Ackererde. Kolloid-Z. **10**, 13 (1912).

[2] HISSINK, D. J.: Die Festlegung des Ammoniakstickstoffs durch Permutit und Tonboden. Landw. Versuchsstat. **81**, 377 (1913).

[3] WIEGNER, G.: Zum Basenaustausch in der Ackererde. J. Landw. **60**, 133, 204 (1902).

[4] GANSSEN, R. (GANS): Über die chemische oder physikalische Natur der kolloidalen wasserhaltigen Tonerdesilikate. Cbl. Min. usw. **1913**, 699—712, 728—741. — Ferner ebenda **1914**, 273—279, 299—306.

säure und Tonerde sei dagegen stets im Silikatverband vorhanden. Über die Entstehung dieser kolloidalen zeolithischen Silikate im Boden verbreitet sich R. GANSSEN in mehreren anderen Veröffentlichungen[1] und führt mit H. KAPPEN[2] die Reaktionsverhältnisse der Mineralböden auf sie (außer auf Humus) zurück. M. TRÉNEL und J. WUNSCHIK[3], welche die Vorgänge der Entbasung am künstlichen Permutit näher studieren, gelangen zu dem Ergebnis, daß derselbe nach teilweiser Entziehung seiner Basen im wesentlichen ein Gelgemisch von Hydraten der Sesquioxyde und der Kieselsäure hervorgehen lasse, nach völliger Entbasung aber einen Restkörper, der zur Hauptsache aus Kieselsäure bestehe. Da nun als selbstverständlich angenommen werden muß, daß sich beim Vorhandensein der dem Permutit analogen „Zeolithe" im Boden auch hier dieser Vorgang abspielen wird, so ist auch durch diese Ermittelungen eine weitere Annäherung in den gegensätzlichen Ansichten über die Natur der in Rede stehenden Körperwelt erfolgt.

G. WIEGNER[4] hat demgegenüber, wie schon kurz erwähnt, einen anderen Standpunkt vertreten, der sich am besten durch seine nachstehenden Worte wiedergeben läßt: „Die Austauschzeolithe, die die Träger des Basenaustausches im Boden sind, sind feste Dispersoide und mit schwankendem gegenseitigen Verhältnis von Aluminiumhydroxyd zu Kieselsäure, das bedingt ist durch die Ausfällung von Ultramikronen von wechselnder Größe. Der Wassergehalt dieser Verbindungen ist variabel, die Dampfdruckerscheinungen lassen sich nach ZSIGMONDY am besten kapillar-chemisch erklären", und ferner heißt es bei ihm: „Diese gemengten Gele aus Aluminiumhydroxyd und Kieselsäure stellen Austauschzeolithe im Boden des humiden und semihumiden Klimas dar, es sind z. T. die tonigen Bestandteile unserer schweren Böden, kurz die austauschfähigen Bestandteile der Tone. Die eigentümlichen Reaktionsverhältnisse bestimmen unsere Bodenkonzentrationen vor allem im Braunerdegebiet. Diese gemengten Gele haben große innere Oberflächen; denn sie bestehen aus einem Ultramikronenhaufen mit unzähligen, nur ca. 5 $\mu\mu$ im Durchmesser fassenden, kilometerlangen Kapillaren. In Systemen mit solcher inneren Oberflächenentwicklung beginnen die Kapillargesetze, die ja die Erscheinungen unserer Dispersoide überhaupt in dem Maße beherrschen, daß man die ganze Disziplin der Dispersoid- oder Kolloidchemie auch treffend Kapillarchemie genannt hat, eine große Rolle zu spielen[5]. Indem er sich mit GANSSEN auseinandersetzt, fügt er des weiteren hinzu: „Unbestritten ist nunmehr, daß die vorliegenden Stoffe im Boden Gele sind, Gele mit ultramikroskopischen Dispersitäten. Die physikalischen und chemischen Auswirkungen müssen um so komplizierter und variabler werden, je gröber die Dispersitäten der zur Beobachtung stehenden Komponenten des Geles sind. Aluminiumhydroxyd ist kolloiddispers, Kieselsäure ebenfalls. Daß die Mengenverhältnisse zwischen Aluminiumhydroxyd und Kieselsäure sehr schwanken, geben selbst die extremsten Chemiker, die sich mit diesen Gelen befaßten, zu. Selbst R. GANS, der am trotzigsten unter der chemischen Eingangs-

---

[1] GANSSEN, R.: Boden und Düngung. Z. Pflanzenernährg usw. A 2, 370 (1923). — Die Bestimmung der Bodenreaktion. Ebenda A 8, 332 (1926/27). — Ferner M. TRÉNEL: Enthalten die Bodenzeolithe direkt austauschbare Wasserstoffionen? Ebenda A 9, 121 (1927.)

[2] KAPPEN, H.: Die Bodenazidität, S. 5. Berlin: Julius Springer 1929. — Vgl. auch dieses Handbuch 8.

[3] TRÉNEL, M., u. J. WUNSCHIK: Über den Chemismus der mineralischen Bodenazidität. Z. Pflanzenernährg. usw. A 17, 257, 296 (1930). — Ferner M. TRÉNEL: Elektrodialyse und das Problem der mineralischen Bodenazidität. Ergebnisse der Agrikulturchemie, S. 221. 1929.

[4] WIEGNER, G.: Boden und Bodenbildung, 4. Aufl., S. 42. Dresden u. Leipzig: Theodor Steinkopff 1926. — Vgl. auch: Die Festlegung des Stickstoffs durch sogenannte Zeolithe. J. Landw. 61 (1913). — WIEGNER, G., u. Graf S. ROSTWOROWSKI: Die Adsorption der Phosphorsäure durch Zeolithe. Ebenda 60 (1912).

[5] WIEGNER, G.: Boden und Bodenbildung, S. 34. 1926.

pforte in unser Absorptionsfeld stehen geblieben ist, und der den hier vorliegenden Boden- oder Austauschzeolithen in seliger Molekularerinnerung die Formel $Al_2O_3 \cdot 3^+ SiO_2 \cdot MeO$ mit schwankendem Wassergehalt gibt, versieht schüchtern die Zahl 3 von dem Kieselsäuremolekül mit einem Kreuz, um anzudeuten, daß 3 Mole SiO_2 das Minimum seien, daß aber auch größere Molzahlen vorkommen. Auch kleinere können für das Verhältnis Al_2O_3 zu SiO_2 auftreten, wie wir getrost hinzusetzen können ... Steht man der rein chemischen Anschauung noch etwas wohlwollend gegenüber, so kann man aus dem gegenseitigen Verhältnis von Aluminiumoxyd zu Kieselsäureanhydrid Molekülformeln ausrechnen, wie 'SIGMOND es allerdings mit Vorbehalt tat, der bei seinen Versuchen Aluminiumhydroxyd und Kieselsäure im variablen Anfangsmengenverhältnis gegenseitig ausfällte[1]." A. v. 'SIGMOND[2] hat dargetan, daß diese Hypothese den Tatsachen nicht gerecht zu werden vermag.

Infolge der vielseitigen und noch nicht geklärten Widersprüche hat dann schon vor einiger Zeit E. BLANCK[3] empfohlen, von adsorptionsfähigen Gelgemengen anstatt von Zeolithen als den Erzeugern der im Boden sich abspielenden Austauschreaktionen zu sprechen, um hierdurch alle Irrtümer hinsichtlich der stofflichen Zusammensetzung dieser Körper zu beseitigen, denn es steht jedenfalls fest, daß die Zeolithe, die nur in gewissen Eruptivgesteinen zu Hause sind, von jenen dadurch scharf unterschieden sind, daß sie nicht durch Verwitterung hervorgehen, sondern das Produkt von Tiefenzersetzungserscheinungen sind und infolgedessen durch ihre kristallographische Ausbildung ganz besonders charakterisiert sind. Betrachtet man ihre chemische Natur aber etwas näher, so muß man allerdings zugeben, daß man über ihre Konstitution wie über ihre sonstigen Verhältnisse wenig aufgeklärt ist, und daß sich in neuerer und neuester Zeit die Ansicht mehr und mehr Geltung verschafft, in ihnen Körper, die auf der Grenze amorpher Ausbildung stehen, vor sich zu haben. Es vergleichen z. B. E. MALLARD und G. FRIEDEL[4] die Zeolithe mit einem durchtränkten Schwamm, und von F. ZAMBONINI wird die Ansicht vertreten, daß sie den Kieselsäuregelen vergleichbar seien und ihnen eine Zellenstruktur zuzuschreiben sei. Auch DOELTER[5] sieht in ihnen nicht molekulare, feste Lösungen, sondern Adsorptionen, desgleichen E. SOMMERFELD[6], und J. R. KATZ[7] betrachtet sie als quellende Kristalle, die mit Wasser Mischkristalle bilden. „Allerdings ist zu bedenken," so äußert sich F. RINNE[8], „daß für diese beiden Zustände keine scharfen Grenzen und mithin keine ausschlaggebende Kennzeichen bestehen, sie gehen ineinander über. Die molekulare Verteilung ist lediglich der Grenzfall der gröberen, kolloidalen Dispersion. Im Grunde genommen ist ja auch molekulares Gefüge inhomogen, insofern kleinste Teilchen und Zwischenräume wechseln, wie das Beugungserscheinungen mittels Röntgenstrahlen neuerdings sinnfällig gemacht haben. Immerhin erscheint es den jetzt vorliegenden Erfahrungen in der Tat am meisten angemessen, die Zeolithe und Metazeolithe als kristalline Substanzen mit amikro-

[1] WIEGNER, G.: Boden und Bodenbildung, S. 38, 39. 1926.

[2] 'SIGMOND, A. v.: Über die Charakterisierung des Bodens auf Grund des salzsauren Bodenauszuges. Internat. Mitt. Bodenkde. 5, 224 (1915). — Vgl. auch D. J. HISSINK: Über die Bedeutung der chemischen Bodenanalyse. Ebenda S. 1.

[3] BLANCK, E.: a. a. O., S. 581. — Vgl. auch F. BEHREND u. G. BERG: a. a. O., S. 316.

[4] Vgl. F. RINNE: Kristallographisch-chemischer Ab- und Umbau, insbesondere von Zeolithen. Fortschr. Min. usw. 3, 56 (1913)

[5] DOELTER, C.: Physikalisch-chemische Mineralogie, S. 168 (1905).

[6] SOMMERFELD, E.: Beiträge zur Kenntnis wasserhaltiger Mineralien. Tübingen 1902.

[7] KATZ, J. R.: Koninklijke Akademie van Wetenschappen te Amsterdam 19, 781. — Vgl. auch D. J. HISSINK: Die Festlegung des Ammoniakstickstoffs durch Permutit und Tonboden. Landw. Versuchsstat. 81, 377f., 392 (1913).

[8] RINNE, F.: a. a. O., S. 169.

skopischem Kolloidzustand aufzufassen." Insbesondere sind die Ent- und Wiederbewässerungsverhältnisse der Zeolithe sowie die Frage, ob das Wasser in den Zeolithen ionogen oder molekular gebunden ist, studiert[1]. O. WEIGEL[2] hat diese letztere Frage durch Messung der Elektrizitätsleitung zu lösen gesucht, was insofern für unsere Zwecke von Bedeutung ist, als sich hierdurch ergeben hat, daß sich die Zeolithe in einem höchst kennzeichnenden Gegensatz zu den Permutiten, die in glasiger, amorpher Silikatmasse ein rein elektrolytisches Ionenleitungsvermögen aufweisen, befinden, während in den Zeolithen das Wasser molekular eingelagert ist und sie keine beweglichen Ionen besitzen.

Auch D. N. PRIANISCHNIKOW[3] hat nach einem Ausgleich, wenn auch allerdings in sehr einfacher Weise, gesucht, indem er von der Annahme ausgeht, daß die zusammengesetzten wasserhaltigen Silikate als Träger der Absorptionserscheinungen im Boden anzusehen seien und da diese, außer der fest gebundenen Tonerde, zum Austausch befähigte Basen enthielten und der ganze Komplex Kolloideigenschaften besitze, so meint er, komme ihm der Einfachheit wegen die kurze Bezeichnung „zeolithähnlicher" oder „Zeolithanteil" des Bodens zu. Freilich weiß er nicht darüber zu entscheiden, ob die Bodenzeolithe bestimmte chemische Verbindungen nach dem Typus der Doppelsalze, oder ob es Mischungen von Kolloiden seien, jedoch glaubt er in Rücksichtnahme auf die Ansichten von GEDROIZ diesem zustimmen zu müssen, d. h. ersterer Auffassung den Vorzug zu geben. K. K. GEDROIZ[4], der sich sehr eingehend mit dem Problem von der Natur des „adsorbierenden Bodenkomplexes" befaßt hat, versteht unter diesem oder der Summe aus „adsorptiven Mineral" und „Humat"-Anteil des Bodens, wobei uns hier nur das erstere interessiert, den Teil des Bodens, der sich in nachstehend wiedergegebener Weise kennzeichnen läßt: „1. Chemisch besteht der adsorbierende Komplex aus wasserunlöslichen salzartigen Aluminosilikaten (mineralischer Anteil des adsorbierenden Komplexes, ungenau auch zeolithischer Teil des Bodens genannt) und organischen und organo-mineralischen Verbindungen (organischer Anteil des adsorbierenden Komplexes oder Humatanteil des Bodens). 2. Physikalisch ist er die Gesamtheit der Verbindungen, die in fein zerteiltem Zustande im Boden vorhanden sind; dieser hochdisperse feste Bodenbestandteil, der ultramechanische Bodenanteil, fällt höchstwahrscheinlich angenähert zusammen mit dem Kolloidanteil des Bodens; es ist aber möglich, daß einen gewissen Anteil an den Reaktionen dieses Komplexes auch Teilchen nehmen, die den kolloiden der Größenordnung nach benachbart, jedoch gröber sind, also die Fraktion mit Teilchendurchmessern zwischen 0,001 mm und 0,00025 mm. In den Böden sind gewöhnlich die kolloiden Teilchen des adsorbierenden Komplexes (Primärteilchen des Komplexes) nicht in freiem, selbständigem Zustande vorhanden, sondern sie sind zu Aggregaten von verschiedener Größe vereinigt (Sekundärteilchen des adsorbierenden Komplexes), ferner bilden sie Aggregate

---

[1] BEUTELL, A., u. K. BLASCHKE: Ist die Existenz kristallisierter Hydrosilikate mit größtem oder absorbiertem Wasser erwiesen? Cbl. Min. **1915**, 195. — MERWIN, H. E.: J. Wash. Acad. Sci. **4**, 494 (1914); Z. Krist. **55**, 113 (1915). — STOKLASSA, G: Neues Jb. Min., Beilgbd. **42**, 1 (1917). — RINNE, F.: Ber. sächs. Ges. Wiss. Leipzig **72**, 15 (1920). — SCHEUMANN, K. H.: Ebenda **73**, 1 (1921). — VEGARD, L., u. H. SCHJELDRUP: Ann. d. Phys. **54**, 159 (1917). — GÜNTHER-SCHULTZE, A.: Z. phys. Chem. **89**, 168 (1914); Z. Elektrochem. **26**, 472 (1920). — Siehe auch W. EITEL: Physikalisch-chemische Mineralogie und Petrologie, S. 105—107. Dresden u. Leipzig: Theodor Steinkopff 1925. — F. BEHREND u. G. BERG: a. a. O., S. 316.

[2] WEIGEL, O.: Sitzgsber. Ges. Naturwiss. Marburg **1919**; Cbl. Min. **1922**, 164, 201; Z. Krist. **58**, 183 (1923).

[3] PRIANISCHNIKOW, D. N.: Die Düngerlehre, S. 56. Berlin 1923.

[4] GEDROIZ, K. K.: Der adsorbierende Bodenkomplex. Kolloidchem. Beih. Dresden u. Leipzig: Theodor Steinkopff 1929.

mit den gröberen Teilchen des Bodens, wobei sie als Zement dienen, der diese gröberen Teilchen verklebt; außerdem vermögen die Primärteilchen sowie die feineren Sekundärteilchen des absorbierenden Komplexes mit größerer oder geringerer Festigkeit an der Oberfläche von Teilchen gröberer Bodenfraktionen zu haften. Die erwähnten beiden Eigenschaften im Verein verleihen dem adsorbierenden Komplex die Eigentümlichkeiten, durch die er sich von dem ganzen übrigen Teil des Bodens unterscheidet und auf Grund deren man ihm einen besonderen Platz zuweisen muß[1]."

Seiner Entstehungsweise nach ist der mineralische Adsorptionskomplex auch nach ihm ein Produkt der chemischen und biologisch-chemischen Verwitterung, worauf hier nicht näher eingegangen werden soll. Es sind die Salze der Kieselsäuren, die komplexen Aluminoferri- und Aluminokieselsäuren, sowie die entsprechenden freien Säuren, die ihn aufbauen, jedoch von seiner Natur als einem mechanischen Gelgemisch der Hydroxyde des Aluminiums, Eisens und der Kieselsäure will er nichts wissen, da ein solches, indem er sich auf die Untersuchungen R. BRADFIELDS[2] mit Kolloidton stützt, an HCl und Ätzalkalien bzw. Alkalikarbonaten viel mehr Aluminium und Kieselsäure abgeben müßte, als dieses in der Tat der Fall sei. Er hält diesen Anteil daher für ein „Aluminosilikat" und äußert sich über dessen mutmaßliche Gewinnung und Beschaffenheit dahingehend, daß zwar „keine Verfahren zur unmittelbaren Erforschung"[3] des mineralischen Adsorptionskomplexes bekannt seien, jedoch in der von ihm vorgeschlagenen Methode die Möglichkeit bestehe, den zu „untersuchenden Boden vor dem Schlämmen mit Natrium zu sättigen"[4], ob dadurch allerdings eine vollständige Isolierung des adsorbierenden Komplexes herbeigeführt werde, vermag er nicht zu beurteilen, doch erreiche man jedenfalls auf diese Weise eine weit vollständigere Loslösung, als dies durch irgend ein anderes Mittel geschehen könne. Als erste Annäherung zu dessen Kenntnis glaubt er aber den Bodenanteil unter 0,001 mm als Grenze annehmen zu dürfen, „d. h. den adsorbierenden Bodenkomplex der Tonfraktion des Bodens gleichzusetzen"[5]. Damit wird aber das Problem von der chemischen Beschaffenheit des Adsorptionskomplexes zu einem der der chemischen Natur der Bodenkolloide bzw. des Kolloidtons, das späteren Darlegungen überlassen bleiben muß, denn wie GEDROIZ zusammenfassend sagt, „kann man offenbar mit gutem Recht den adsorbierenden Bodenkomplex ... dem kolloidzerteilten Anteil des Bodens gleichsetzen, d. h. der Gesamtheit der Bodenteilchen, deren Größe unterhalb etwa 0,25 μ liegt"[6]. Allerdings lasse sich eine scharfe Grenze nicht ziehen. Hinsichtlich der chemischen Untersuchung des Kolloidtons liegen zwar eine größere Anzahl von Arbeiten vor, jedoch sei an dieser Stelle aus den schon dargelegten Gründen nur auf diese[7] hingewiesen, da die Frage nach seiner chemischen Zusammensetzung den Erörterungen über die Natur der Kolloidbestandteile des Bodens zufällt.

---

[1] GEDROIZ, K. K.: a. a. O., S. 4.
[2] BRADFIELD, R.: The Chemical Nature of Colloidal Clay. J. amer. Soc. Agron. **17**, 256 (1925).
[3] GEDROIZ, K. K.: a. a. O., S. 12. [4] GEDROIZ, K. K.: a. a. O., S. 24.
[5] GEDROIZ, K. K.: a. a. O., S. 13. [6] GEDROIZ, K. K.: a. a. O., S. 47.
[7] Vgl. u. a. M. S. ANDERSON u. S. G. MATTSON: The Relations between Properties and Chemical Composition of Soil Colloids. Science **62**, 114 (1925). — S. MATTSON: The Relation between the Electrokinetic Behaviour and the Base Exchange Capacity of Soil Colloids. J. amer. Soc. Agron. **18**, 458 (1926). — BRADFIELD, R.: The Chemical Nature of Colloidal clay. Ebenda **17**, 253 (1925). — P. L. GILE: Nature of the Colloidal Soil Material. Colloid Symposium Monogr. **3**, 216 (1925). — D. W. IWANOW: Der adsorbierende Komplex des Tschernosems. J. landw. Wiss. (russ.) **3**, 268 (1926). — A. F. JOSEPH: Clays as Soil Colloids. Soil Sci. **20**, 89 (1925). — V. NOVÁK u. L. SMOLIK: Sur la quantité et la composition de l'argile colloidale des sols. Act. IV. Conf. Internat. Pédol. Rome **2**, 128 (1926). —

Überblickt man kurz zusammenfassend die Entwicklung des Problems der chemischen Beschaffenheit der den Basenaustausch im Boden regelnden Substanzen, so zeigt sich, daß der zunächst bestehende scharfe Gegensatz in den Ansichten, der einerseits seinen Ausdruck in der Annahme der Gegenwart von Zeolithen, andererseits von im kolloiden Zustande vorliegenden Hydroxyden im Boden fand, mehr und mehr abgeschwächt wird, indem von der einen Seite die kolloide Natur der als Silikatverbindungen angenommenen zeolithischen Substanz zugegeben, und letzten Endes der Kolloidton bzw. ein bestimmter Teil der feinsten Bodenteilchen für die ganze Erscheinung in Anspruch genommen wird. Trotzdem herrscht aber in vielen Punkten durchaus noch keine Klarheit und kein Einverständnis, doch läßt sich deutlich aus allem ,,Für" und ,,Wider" erkennen, daß die Bezeichnung ,,Zeolithe" für die fragliche Körperwelt, wie sie wieder ganz besonders in neuester Zeit aus Bequemlichkeitsgründen oder Gründen der ,,Sachlichkeit" angewandt wird, als durchaus verfehlt angesehen werden muß.

b) Die Mineralbestandteile des Bodens und die Methoden ihrer Erkennung.

Von FR. STEINRIEDE, Münster i. W.

Mit 7 Abbildungen.

Optische Untersuchung der Bodenminerale.

Die optischen Eigenschaften der Minerale bieten (neben dem spez. Gewichte) die geeignetsten Mittel zur Erkennung derselben. Die Methoden der optischen Untersuchung der Minerale haben in neuerer Zeit für die Zwecke der Mineraluntersuchung, besonders durch die Vervollkommnung des dazu benutzten Mikroskops, des sog. Polarisationsmikroskops, große Fortschritte gemacht[1].

Untersuchung im gewöhnlichen (nicht polarisierten) Lichte.

Im gewöhnlichen Lichte kann man unter dem Mikroskop beobachten:

Die Form- und Texturverhältnisse der Bodenkörner (d. h. ob sie körnig, blätterig, schuppig, splitterig, faserig sind, ob sich Spaltrisse zeigen, usw.). Bei blattartigen Mineralien kann man vollkommene Parallelflächigkeit feststellen (Glimmer, Chlorite), oder doch eine flächenartige Ausbildung (Feldspäte) erkennen. Die Umrisse sind nur selten geradlinig, nämlich wenn die Kristallform erhalten blieb (Zirkon, Rutil, Turmalin).

Die Einschlüsse. Manche Minerale sind von kennzeichnenden Einschlüssen durchsetzt, z. B. Quarz von Gasblasen, Flüssigkeiten, Glas oder Kriställchen von Apatit und Magnetit. Auch die Kalifeldspäte, Mikroklin und Orthoklas, und die Plagioklase, besonders Albit, enthalten zahlreiche Einschlüsse von Eisenoxyd, Magnetit usw. Zuweilen häufen sich die kristallinen Einschlüsse an gewissen Stellen ihrer Wirte an. Man unterscheidet nach ihrer Anordnung zentrale, peripherische und zonare Einlagerungen. Die Menge der Einzeleinschlüsse ist oft

Vgl. auch Kolloid-Z. 1922. — W. O. ROBINSON u. R. S. HOLMES: The Chemical Composition of Soil Colloids. U. S. Dep. Agricult. Bull. 1924, 1311. — P. L. GILE, H. E. MIDDLETON, W. O. ROBINSON, W. H. FRY u. M. S. ANDERSON: Estimation of Colloidal Material in Soils by Adsorption. Ebenda Bull. 1924, 1193. — K. K. GEDROIZ: Die ultramechanische Zusammensetzung des Bodens usw. J. exper. Landw. (russ.) 22, 29 (1924).

[1] Eine genauere Beschreibung des Polarisationsmikroskops findet sich in E. WEINSCHENK-I. STINY: Das Polarisationsmikroskop. 5. u. 6. Aufl. Freiburg i. Br. 1925. — H. ROSENBUSCH u. E. A. WÜLFING: Mikroskopische Physiographie der Mineralien, 5. Aufl., 1. Stuttgart 1921 bis 1924. — FR. STEINRIEDE: Anleitung zur mineralogischen Bodenanalyse, 2. Aufl. Leipzig: W. Engelmann 1921.

so groß, daß man von gegenseitiger Durchdringung mehrerer stofflich verschiedener Körper sprechen kann.

Farbe und Durchsichtigkeit. Die Färbung der Minerale entsteht dadurch, daß die Lichtarten (Rot, Grün, Blau usw.) beim Durchgang durch einen Körper verschieden stark zurückgehalten (absorbiert) werden. Bei geringer und für alle Lichtarten gleichmäßiger Zurückhaltung der Farbe erscheint der Körper farblos und durchsichtig. Ist die Zurückhaltung der Lichtarten verschieden, z. B. für Rot anders als für Grün, so erscheint er gefärbt. Läßt er wenig Licht durch, so ist er schwach durchsichtig (durchscheinend) und undurchsichtig, wenn er auch in dünnsten Schichten kein Licht durchläßt. Die Färbung und Durchsichtigkeit der Mineralkörner ist abhängig von der Dicke des gefärbten Körpers, so daß Mineralkörner, die in dickeren Körnern undurchsichtig sind, in dünneren durchscheinend bis fast durchsichtig erscheinen. Die Färbung bzw. die geringe Durchsichtigkeit kann beruhen auf einer Eigenfarbe, und nur diese hat diagnostischen Wert, mag sie im durchfallenden oder reflektierten Lichte auftreten. — Bei Mineralien, die an sich farblos sind, deren Farbe von einem zugemischten Farbstoff herrührt, mag dieser von erkennbaren und begrenzten Körnchen, Täfelchen oder Nädelchen herstammen, oder mag er nicht getrennt von der gefärbten Masse wahrzunehmen sein (dilutes Pigment), ist die Farbe nur selten und mit Vorsicht zur Bestimmung zu verwenden. Der Grad oder die Intensität der Färbung ist abhängig von der Dicke der gefärbten Masse; je dicker diese, desto mehr Licht wird zurückgehalten, bis alle Strahlen ausgelöscht werden. Zur Bezeichnung der Farben können die OSTWALDschen Farbentafeln und Farbentonleitern[1] benutzt werden. Nicht selten kann man aus der Beobachtung der Minerale im reflektierten Lichte Schlüsse auf ihre Art ziehen. Man blendet dazu das Unterlicht völlig ab; das reflektierte Licht gibt dann Auskunft über die Farbe, den Metallglanz usw., und bei geglühten Mineralien, ob sie geschmolzen sind usw.

Stärke der Lichtbrechung. Die Feststellung des Brechungsindex ist zur Erkennung der Minerale ein hervorragendes Mittel. Die Geschwindigkeit des Lichtes ist abhängig von der Natur des durchlaufenen Mittels. Im luftleeren Raume ist die Geschwindigkeit größer als in der Luft, in der Luft größer als im Wasser, in diesem schneller als in einem festen Körper. In einem homogenen Körper, z. B. in der Luft, pflanzt sich das Licht in gerader Richtung fort. Tritt aber ein Lichtstrahl von einem Mittel, z. B. Luft, und zwar in schräger Richtung an die Oberfläche eines anderen Mittels, z. B. Wasser, so wird er geknickt, gebeugt oder gebrochen. Ist das zweite Mittel (z. B. Wasser) dichter als das erste Mittel (z. B. Luft), so wird die Richtung des Lichtstrahles dem Lote, das man sich auf dem Treffpunkt des Lichtstrahles errichtet denken kann, genähert, zugebrochen. Verläuft umgekehrt ein Lichtstrahl aus einem dichteren Mittel, z. B. Wasser, schräg zur Oberfläche in ein dünneres Mittel, z. B. Luft, so wird er in der Ebene der Zeichnung vom Lote abgebrochen. Die beiden Winkel des Strahles mit dem Lote nennt man den Einfallswinkel (α) und den Brechungswinkel (β). Es steht fest, daß der Sinus des Einfallwinkels zu dem Sinus des Brechungswinkels in einem unabänderlichen Verhältnis steht, das man als Brechungsindex, Brechungsexponent oder Brechungskoeffizient $= n$ bezeichnet. Hiernach ist $n = \sin\alpha : \sin\beta$. Die in der Literatur angegebenen Brechungsindizes beziehen sich auf den Eintritt der Strahlen aus der Luft in das betreffende Mittel. Es ist z. B. der Brechungsindex für Wasser $n = 1{,}333$, für Flußspat $n = 1{,}433$, für Crownglas $n = 1{,}530$. — Wird der Einfallswinkel so groß, daß der Brechungswinkel

[1] OSTWALD, W.: Leipzig: Verlag Unesma, Kantstraße.

$= 90^0$ ist, so tritt der gebrochene Strahl nicht in das dünnere Mittel aus, wird vielmehr vollkommen zurückgeworfen, reflektiert. Den betreffenden Einfallswinkel nennt man den Grenzwinkel. Die gänzliche Zurückwerfung (Totalreflexion) tritt in den meisten Fällen ein, wenn frei liegende Kristallkörner unter dem Mikroskop betrachtet werden. Nur solche, welche von parallelen, glatten Flächen begrenzt werden, die annähernd senkrecht zur Achse des Mikroskops liegen, lassen das Licht ohne Totalreflexion durch. Sind die Flächen der Kristalle uneben und rauh, so werfen die rauhen Stellen teilweise das Licht voll zurück, was besonders am Rande der Fall ist. Die Ränder der Kristalle erscheinen dann dunkel, und zwar um so dunkler, je größer der Unterschied zwischen den Brechungsindizes der Luft (= 1) und des Kristalles ist. Betrachtet man z. B. Quarz in Luft und dann in Wasser, so wird die Totalreflexion erheblich geringer, der Rand wird heller. Ersetzt man Wasser durch Glyzerin, so wird der Rand noch schmaler, und er verschwindet ganz, wenn man Quarz in Nelkenöl einbettet. Diese Abnahme der Totalreflexion bis zum Verschwinden hat ihren Grund in der Annäherung der Brechungsindizes an den des Quarzes (Quarz und Nelkenöl $n = 1{,}544$, Glyzerin $n = 1{,}463$, Wasser $n = 1{,}333$, Luft $n = 1{,}000$). Solche und ähnliche Feststellungen haben zum Ausbau der Einbettungsmethode geführt.

Einbettungsmethode[1]: Bettet man ein Gemenge von Mineralkörnern in Nelkenöl ein ($n = 1{,}544$), so verschwindet Quarz, der im Wasser durch stark dunkle Ränder auffiel; andere Minerale mit ähnlichem Index werden kaum sehbare Ränder zeigen. Es fragt sich dann, ob diese oder die stärker hervortretenden Mineralkörner einen höheren oder niederen Index besitzen als Nelkenöl, und wie man überhaupt feststellen kann, wer stärker das Licht bricht, das Mineral oder die Einbettungsflüssigkeit. Das kann geschehen durch folgende Methoden:

Die BECKEsche Methode. Durch eine Blende mit kleiner Öffnung schafft man ein kleines Sehfeld, stellt mit starkem Objektiv auf die Grenzlinie zwischen Mineral und Einbettungsflüssigkeit ein und hebt den Tubus ein wenig mit der Mikrometerschraube. Es erscheint dann auf der Seite, welche dem stärker brechenden Mittel angehört, ein heller Saum. Senkt man den Tubus aus dieser Einstellung etwas, so tritt umgekehrt der helle Saum in dem schwächer brechenden Mittel auf. Der Grund zu dieser Erscheinung liegt in der völligen Zurückwerfung der Lichtstrahlen an der Grenze zweier Mittel (Mineral und Einbettungsflüssigkeit). Diese Methode ist besonders geeignet für dünne, flache Mineralteilchen.

Das BRUNsche Verfahren[2]. Ist bei der Einbettung von Mineralkörnern der Index der Flüssigkeit bekannt und stellt man dann auf die Mitte eines Kornes ein und hebt den Tubus ein wenig, so wird das Korn, falls es einen höheren Index hat als die umgebende Flüssigkeit, heller, falls es einen niedrigeren hat, dunkler.

Verfahren SCHROEDER VAN DER KOLK[3]. Man nehme monochromatisches Licht[4], Kondensor, schwaches Objektiv und fange mittels eines undurchsichtigen Schirmes die linke Seite und die Mitte des Lichtkegels ab. Dann gilt die Regel: Wenn der Vorderrand des Körnchens, der dem Schirm am nächsten ist, hell ist, so ist sein Brechungsindex größer als der der Flüssigkeit und umgekehrt.

---

[1] SPANGENBERG, K.: Die Einbettungsmethode. Fortschr. Min. 7, 3—64 (1922).

[2] BRUN, A.: Arch. Sci. phys. et math. Genève 32 (1894).

[3] SCHROEDER VAN DER KOLK, I. L. C u. E. H. M. BEEKMANN: Tabellen zur mikroskopischen Bestimmung der Mineralien, S. 3—5. Wiesbaden 1906.

[4] Farbgläser mit bestimmten Durchlassungskoeffizienten sind zu beziehen von Schott u. Gen. in Jena.

Welche Flüssigkeiten sind für die Einbettung geeignet? Diese sollen: 1. nicht lösend auf Minerale einwirken; 2. sich mit möglichst vielen anderen Flüssigkeiten mischen lassen ohne sich zu zersetzen, besonders zu trüben; 3. sich möglichst wenig bei der Aufbewahrung verändern. Mit Rücksicht auf diese Anforderungen seien unter anderem folgende Flüssigkeiten[1] empfohlen:

	n bei 15°	Spez. Gew.	Siedepunkt °C
Wasser	1,33	1,00	100
Aethylalkohol, 40proz.	1,37	0,81	78
Heptan	1,39	0,71	98
1 Glyzerin + 1 Wasser	1,40	—	—
Chloroform	1,45	1,53	61
Rizinusöl	1,48	0 96	265
Bucheckernöl	1,50	0,92	—
Zedernholzöl	1,51	0,98	237
Monochlorbenzol	1,52	1,13	132
Nelkenöl	1,54	1,05	253
Nitrobenzol	1,55	1,20	209
Monobrombenzol	1,56	1,52	155
Monobromphenol	1,58	—	194
Bittermandelöl	1,60	1,04	180
Monojodbenzol	1,62	1,85	188
α-Monochlornaphthalin	1,64	1,50	263
α-Monobromnaphthalin	1,66	1,50	277
Kaliumquecksilberjodidlösung	1,72	3,20	—
Methylenjodid	1,75	3,34	180

Die Anzahl dieser Flüssigkeiten[2] wird völlig ausreichen, da man durch Mischung von Flüssigkeiten mit nahe gelegenen Indizes und möglichst gleichem Siedepunkt (damit nicht während der Beobachtung der Index sich ändert) sich Flüssigkeiten mit dazwischen liegenden Indizes herstellen kann. Durch Verdünnung des konzentrierten Glyzerins mit Wasser kann man alle Abstufungen der Indizes zwischen 1,473 und 1,397 (nD) erzielen[3]. Durch Verdünnung von Kaliumquecksilberjodidlösung mit Wasser erhält man $nD = 1{,}733$ bis $nD = 1{,}418$ nach dem spez. Gewichte[4]. Wieviel man von jeder Flüssigkeit zur Erzielung eines Index zu nehmen hat, kann man nach der Formel $n_1 v_1 + n_2 v_2 = n(v_1 + v_2)$ (v = Volum) berechnen.

Um den Index von Flüssigkeiten ohne Refraktometer nachprüfen zu können, kann man nach dem Vorschlage von Michel-Lévy[5] eine Serie von etwa 16 Mineralien mit bekanntem Brechungsindex (Indikatoren) zusammenstellen.

Doppelbrechende Körper. In Gasarten, Flüssigkeiten und isotropen (amorphen, d. h. gestaltlosen und regulär kristallisierenden) Körpern verbreitet sich das Licht nach allen Richtungen mit derselben Schnelligkeit. Auf solche Körper beziehen sich die obigen Ausführungen über die Brechung der Lichtstrahlen. Anders ist es bei den doppelbrechenden (anisotropen) Körpern. Betrachtet man einen Punkt, einen Strich auf weißem Papier durch eine planparallele Glasplatte, so erscheint das Bild nur einmal an dem Platze des Punktes

[1] Die einzelnen Flüssigkeiten können in kleinen Gläsern bezogen werden von E. Merck in Darmstadt oder Schuchardt in Görlitz.

[2] Eine erheblich größere Zahl findet sich aufgeführt in F. Emich: Lehrbuch der Mikrochemie, S. 27. München 1926. — Schroeder van der Kolk, I. L. C. u. Beekmann, E. H. M.: a. a. O., S. 12. — Fr. Steinriede: a. a. O., S. 51.

[3] Siehe Tab. 20 in W. Behrens u. E. Küster: Tabellen zum Gebrauch bei mikroskopischen Arbeiten. Leipzig 1908.

[4] Vgl. E. Weinschenk u. I. Stiny: a. a. O., S. 42. — Fr. Steinriede: a. a. O., S. 53.

[5] Michel-Lévy: Etude sur la détermination des Feldspats etc., S. 58—63. Paris 1894.

oder des Striches. Sieht man aber denselben Gegenstand — etwa den Strich — durch eine planparallele Kalkspatplatte, die nicht senkrecht zur optischen Achse geschnitten ist, so erscheint das Bild des Striches doppelt. Man muß deshalb annehmen, daß die durch den Kalkspat gegangenen Lichtstrahlen in zwei Teile gespalten worden sind. Denjenigen Strahl, welcher sich so verhielt, wie beim Durchgang durch Glas, Flußspat, Steinsalz, nennen wir den ordentlichen Strahl (ω), den anderen, den außerordentlichen Strahl (ε). Ein anderer Versuch lehrt dasselbe. Blickt man durch eine oben bezeichnete Platte von Glas usw. auf eine kleine Öffnung in einem dunklen Schirm, so sieht man die Öffnung einmal auf derselben Stelle, auf der man sie ohne Platte sehen würde. Dieselbe Öffnung, durch die Kalkspatplatte gesehen, erscheint doppelt. Dreht man die Kalkspatplatte auf dem Papier über einem Punkte, so bewegt sich der ordentliche Strahl (ω) nicht, da er bei senkrechtem Einfall des Lichtes keine Ablenkung erleidet. Der andere Strahl aber, der außerordentliche (ε), wird auch bei senkrecht auffallendem Lichte aus seiner Richtung abgelenkt.

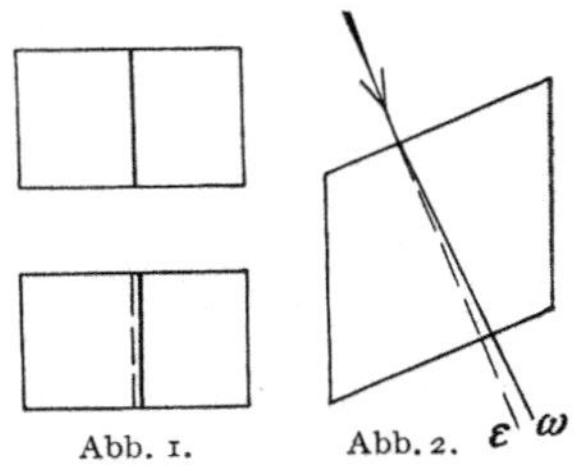

Abb. 1. Abb. 2.

Abb. 1—2. Durch eine Kalkspatplatte verlaufender Lichtstrahl. (Aus Fr. Steinriede: Anleitung zur mineralogischen Bodenanalyse, 2. Aufl. Leipzig: W. Engelmann 1921.)

Optisch einachsige Kristalle. Nur eine Richtung gibt es im Kalkspat, überhaupt in allen hexagonalen und quadratischen Kristallen, in welchen die Lichtstrahlen nicht doppelt gebrochen werden, das ist die Richtung der optischen Achse. In diesen beiden Kristallsystemen fällt die optische Achse mit der kristallographischen Hauptachse zusammen, und eine weitere optische Achse gibt es nicht. Man nennt solche Kristalle mit nur einer optischen Achse (Richtung der kristallographischen Hauptachse) mit einem ordentlichen und einem außerordentlichen Strahl *optisch einachsige Kristalle.* Der Unterschied der Lichtbrechung der beiden Strahlen ist am größten, wenn das Licht sich senkrecht zur optischen Achse fortbewegt. Der Unterschied wird gleich Null, wenn die Fortbewegung mit der der optischen Achse zusammenfällt. Dazwischen ist die Doppelbrechung um so geringer, je kleiner der Winkel der Fortpflanzungsrichtung mit der optischen Achse ist, um so größer, je größer dieser Winkel ist. Die Geschwindigkeit des ordentlichen Strahles ($\mathfrak{o}$) und des außerordentlichen Strahles ($\mathfrak{e}$) ist gleich dem reziproken Werte des Brechungsindex, also $\mathfrak{o} = \frac{1}{\omega}$ und $\mathfrak{e} = \frac{1}{\varepsilon}$. Ist der Index $\omega > \varepsilon$, so nennt man den Kristall (optisch) negativ, ist umgekehrt der Index $\varepsilon > \omega$, so ist er (optisch) positiv. Der Unterschied zwischen dem größten und kleinsten Index heißt die *Stärke der Doppelbrechung.* Diese beträgt z. B. für Kalkspat 0,17, für Orthoklas 0,01; sie ist also beim Kalkspat 17mal so stark wie beim Orthoklas, was bei der Höhe der Interferenzfarben zum Ausdruck kommt (siehe daselbst).

Optisch zweiachsige Kristalle. Durch planparallele Platten der rhombischen, monoklinen und triklinen Kristalle wird das Licht in zwei außerordentliche Strahlen zerlegt, welche senkrecht zueinander polarisiert sind, z. B. bei Andalusit- und Staurolithplatten. Ein ordentlicher Strahl, welcher sich nach allen Seiten gleich fortpflanzt, ist nicht vorhanden. Die höchste und die niedrigste Lichtbrechung finden wir in einem Prisma, in welchem die Fortpflanzung der Lichtstrahlen gleichlaufend mit der kristallographischen Achse *a* erfolgt; die Schwingungen erfolgen dann parallel zu den beiden anderen Achsen; sie sind die Achsen größter und kleinster Lichtgeschwindigkeit. Für alle anderen Schwingungsrichtungen liegen die Indizes zwischen diesen beiden äußersten Werten.

Die Hauptschwingungsrichtungen des Lichts kann man bezeichnen nach der Lichtbrechung als α = kleinste, β = mittlere, γ = größte Lichtbrechung und $\mathfrak{a}$ = größte, $\mathfrak{b}$ = mittlere und $\mathfrak{c}$ = kleinste Lichtgeschwindigkeit.

Als Ebene der optischen Achsen bezeichnet man diejenige Ebene, in welcher die beiden optischen Achsen liegen. Die Richtungen, welche die optischen Achsen halbieren, heißen Mittellinien (Bisektrizen). Die Halbierende des spitzen Winkels heißt die spitze, die des stumpfen die stumpfe Mittellinie; beide Mittellinien stehen senkrecht aufeinander. Die auf der Ebene der optischen Achsen stehende Senkrechte ist die Richtung der optischen Normale, welche die der mittleren Lichtbrechung (β) ist. Ist die spitze Mittellinie die Richtung kleinster Lichtbrechung (α), so heißt der Kristall optisch negativ, im anderen Falle optisch positiv.

Untersuchung im polarisierten Lichte.

Nach der neueren elektromagnetischen Lichtlehre beschreiben die Aetherteilchen, welche das Licht fortpflanzen, im gewöhnlichen Lichte Schwingungen um ihre Ruhelage. Gewöhnlich haben sie die Form einer Ellipse. Das Licht kann aber durch gewisse Ursachen gezwungen werden, eine bestimmte Schwingungslage beizubehalten: Es wird einseitig oder — wie man sagt — polarisiert. Die Polarisation kann bewirkt werden durch Zurückwerfung oder durch Doppelbrechung des Lichtes. Durch jede Zurückwerfung des Lichtes (Reflexion) wird es mehr oder weniger polarisiert, am vollständigsten aber, wenn die Lichtstrahlen auf eine ebene Fläche in einem, von dem Stoffe abhängigen Winkel, dem Polarisationswinkel, einfallen. In diesem Falle erfolgen die Aetherschwingungen nach der Zurückwerfung nur noch in einer Ebene, die senkrecht zur Polarisationsebene steht. Der Polarisationswinkel ist für Glas 57^0. Stellt man den unter diesem Winkel polarisierten Strahlen einen ebenen Glasspiegel so entgegen, daß seine Spiegelfläche senkrecht zu der des polarisierenden Spiegels steht (gekreuzte Stellung), so werden die Lichtstrahlen ausgelöscht. Die Polarisation des Lichts ist nicht vollständig; es geht viel Licht dabei verloren. Die vollständigste Polarisation, verbunden mit größter Lichtmenge, erfolgt durch Doppelbrechung. Dabei stehen die Schwingungsrichtungen der in zwei verschiedene vollpolarisierte Lichtstrahlen zerlegten Strahlen senkrecht aufeinander. Eine Turmalinplatte, die parallel zur optischen Achse geschnitten ist, zeigt dem bloßen Auge nur die Eigenfarbe. Legt man eine gleiche Platte auf die erste mit den Achsen parallel, so geht das Licht durch beide Platten; nur die Färbung ändert sich (Änderung der Plattendicke). Dreht man aber die zweite Platte in ihrer Ebene auf der ersten, so wird das Licht immer geringer, bis es ganz verschwindet, wenn die Achsen beider Platten zueinander senkrecht stehen. Dreht man die Platte weiter, so erscheint das Licht wieder, wird immer heller, am hellsten, wenn beide Platten parallel stehen. Hier hat man Polarisation durch Doppelbrechung mit Änderung der Farben vor sich. Als einfachster Polarisationsapparat kann die Turmalinzange dienen, welche in jedem Arme drehbare, parallel zur optischen Achse (kristalline Hauptachse) geschnittene Turmalinkristalle trägt. Zu besseren Polarisationsmikroskopen verwendet man aber aus Kalkspat gefertigte Nicolsche Prismen. Diese bestehen aus zwei durch Kanadabalsam verkittete Kalkspatstücken, welche so geschnitten sind, daß von den beiden senkrecht zueinander polarisierten Strahlen nur der außerordentliche hindurchgeht, der ordentliche aber ganz zurückgeworfen wird. Die Polarisation beruht hier auf der Doppelbrechung der Kalkspatkristalle.

Beobachtung im parallelen polarisierten Lichte (im p. p. L.). Einschaltung des unteren Nikols (des Polarisators), Ausschaltung des oberen Nicols (des Analysators). Mehrfarbigkeit (Pleochroismus).

Sieht man im gewöhnlichen Lichte durch einen parallelflächigen Kristall, so erblickt man eine Mischfarbe (Flächenfarbe). Anders ist dieses im polarisierten Lichte der Fall. Dreht man eine farbige Mineralplatte auf dem Tische eines Mikroskops mit Polarisator (ohne Analysator) und es treten dabei Farbenänderungen ein, so ist es ein doppelbrechendes. Nacheinander kann man die Farben einer bestimmten Richtung und die Unterschiede der Färbung bei verschiedenen Richtungen beim Drehen des Tisches beobachten. Die Verschiedenfarbigkeit in verschiedenen Richtungen nennt man Mehrfarbigkeit (Pleochroismus). Zur Beobachtung eignen sich außer Platten aus Turmalin solche aus Hornblende, Glaukophan, Rutil, Strahlstein. Die Farbenstärke ist bei demselben Kristalle abhängig von der Dicke und der Lage. Die meisten Minerale besitzen in der Hauptzone die größere zurückhaltende Kraft, der Turmalin dagegen zeigt in der Hauptzone die lichteren Farben. Auf künstlichem Wege kann man Mehrfarbigkeit z. B. durch Glühen besonders der eisenhaltigen Minerale erzeugen; Minerale der Olivin- und Hornblendegruppen nehmen durch das Glühen stärker an Mehrfarbigkeit zu als Augit. — Faserige und schuppige Aggregate kann man durch Anilinfarben, z. B. Methylenblau, anfärben und dadurch Mehrfarbigkeit bewirken. Undurchsichtige Minerale lassen häufig eine Oberflächenmehrfarbigkeit beim Drehen des Tisches erkennen, besonders wenn man das Licht durch ein Prisma senkrecht auffallen läßt.

Untersuchung im parallelen polarisierten Lichte zwischen zwei Nicols; Interferenzfarben. Die Beobachtungen werden meistens zwischen gekreuzten Nicols ($\times$N) gemacht, wobei sich die Hauptschnitte der Nicols senkrecht schneiden und das Gesichtsfeld dunkel ist.

Läßt man einfarbiges, z. B. Na-Licht, bei $\times$N durch einen isotropen Körper gehen, so gelangt es unverändert an den Analysator und wird hier ausgelöscht (nicht durchgelassen). Das Feld bleibt dunkel, auch wenn man den Tisch dreht. Einfachbrechende (isotrope) Körper bleiben in allen Stellungen zwischen $\times$N dunkel. Ebenso verhalten sich optisch einachsige Körper für Lichtstrahlen parallel der optischen Achse. Im übrigen erleiden anisotrope Körper zwischen $\times$N nur dann keine Änderung, wenn ihre Schwingungsrichtungen in den Schwingungsrichtungen der beiden Nicols liegen. Bilden diese aber einen schiefen Winkel miteinander, so wird das aus dem Polarisator austretende Licht im Kristall in zwei Teilstrahlen zerlegt. Bei der abermaligen Zerlegung dieser Teilstrahlen im Analysator entstehen daraus zwei gleiche, entgegengesetzt gerichtete Lichtteile, die sich vernichten müßten, wenn sie gleichzeitig beim Analysator eintreffen würden. Das ist nicht der Fall, da sich die einzelnen Farben verschieden schnell fortpflanzen. Sie verstärken sich, wenn die Verzögerung der Wellenlänge $^1/_2\,\lambda$ oder $\frac{x}{2}\lambda$ beträgt, vernichten sich, wenn sie λ oder x ausmacht. Im Analysator entsteht daher immer eine gewisse Farbe (Interferenzfarbe). Bei einer vollen Drehung um 360^0 werden doppelbrechende Kristalle zwischen $\times$ Nicols 4mal dunkel und dazwischen hell. Die größte Helligkeit wird erreicht, wenn die Schwingungsrichtungen im Kristall 45^0 mit denen des Nicols bilden. Die Verdunkelung ist auch die Auslöschungsstellung; wenn die Kristalle gerade Kanten haben, kann sie als Mittel zur Feststellung des Kristallsystems dienen.

Die Stärke der Doppelbrechung. Bei der Interferenz der Lichtstrahlen kommt es darauf an, ob die Schwingungen der beiden Nicols zueinander parallel ($\parallel$) oder senkrecht ($\perp$) sind. Bei parallelen Nicols ($\parallel$N) treten diejenigen Farben besonders hervor, welche bei gekreuzten Nicols ($\times$N) ausgelöscht werden und umgekehrt. Unter $\parallel$N sieht man die Ergänzungsfarben derjenigen, die bei $\times$N erscheinen. Welche Farben auftreten, hängt ab: 1. Von der Stärke der Doppelbrechung (des Unterschiedes zwischen dem größten und kleinsten Brechungsindex) des Kristalles: $\omega - \varepsilon$, $\gamma - \alpha$. Je größer dieser Unterschied ist, desto stärker (höher, lebhafter) die Interferenzfarbe. 2. Von der Lage der Elastizitätsachsen (Vektoren) zu den Flächen des Kristalles. Man kann nicht immer die größte oder kleinste Doppelbrechung zu sehen erwarten. 3. Von der Dicke des Kristalles. Ganz dünne Teilchen lassen kaum eine Interferenz wahrnehmen; es erscheint ein schwaches Weißgrau. Überschreitet das Mineralkorn eine von der Stärke seiner Doppelbrechung abhängige Dicke, so sieht man das Weiß höherer Ordnung und dazwischen mehr oder weniger lebhafte Farben in mehreren Ordnungen. Beim Calcit ($\omega - \varepsilon = 0{,}172$) erscheint das Meergrün III. Ordnung unter $\times$N bereits bei 0,667 μ Dicke. Wenn die Stärke der Doppelbrechung und die Dicke eines Kristalls bekannt sind, so kann man die Interferenzfarbe berechnen oder, wenn diese und die Dicke bekannt sind, so läßt sich die Doppelbrechung ableiten. Es fragt sich, wie die Dicke einer Mineralplatte sich bestimmen läßt. Zunächst mißt man die scheinbare Dicke (D_1) der Platte, indem man das Mikroskop zuvörderst auf einen Punkt der oberen Fläche und dann der unteren Fläche einstellt und liest darauf die D_1 an der Mikrometerschraube ab. Selbstverständlich muß vorher die Tubusführung genau geprüft und die Einstellung auf die Punkte sorgfältig vorgenommen sein. D_1 ist nur die scheinbare Dicke der Platte, weil die Strahlen des unteren Punktes gebrochen sind und daher dieser scheinbar gehoben ist. Die wirkliche Dicke der Platte D ist deshalb $D = n D_1$. Dividiert man den Gangunterschied (die Wegedifferenz, Verzögerung) in die Millionstel ($\mu\mu$) der NEWTONschen Farbenskala, welche der Farbe der Farbentafel entspricht, durch die Dicke, so erhält man (annähernd) den Wert der Doppelbrechung ($\omega - \varepsilon$, $\gamma - \alpha$). Bei Körnern empfiehlt sich die Längenmessung (in der Ebene des Objekttisches) statt der Dickenmessung, weil die Längen genauer gemessen werden können als die Dicken, da Fehler der Mikrometerschraube dabei fortfallen. Bei der Längenmessung sind Okular- und Objektivmikrometer zu verwenden[1].

Die Farbenfolge (unter $\times$ Nicols) von einem Violett zum nächsten bezeichnet man als eine Ordnung. Die Farbenordnung der Interferenzfarben nach NEWTON-QUINCKE gestaltet sich auszugsweise wie folgt (s. nebenstehende Tabelle).

Farbenvergleicher für die Interferenzfarben. Will man die Interferenzfarben in die Skala richtig einordnen, so muß man sie mit Farbentafeln der Interferenzfarben vergleichen. Zuerst stellte man solche Farbentafeln als Kunstdrucke her[2]. Diese Farbentafeln haben den Nachteil, daß sie die Natur nicht völlig getreu wiedergeben und mit der Zeit verblassen. Deshalb ging man dazu über, die natürlichen Farben durch keilförmig geschliffene einfache Kristalle, meist Quarz, immer neu hervorzubringen. Diese Quarzkeile haben eine Länge von 4—5 cm; sie liefern die vier ersten Farbenordnungen, was genügt. Zieht man einen solchen Keil seiner Länge nach unter dem Objektive her und läßt den Nicol einen Winkel von 45^0 zu den Schwingungsrichtungen des Keiles bilden, so kann man die Farbenordnungen nacheinander betrachten. Einen genaueren Farbenvergleicher hat E. WEINSCHENK[3] angegeben. Durch eine Reihe von Kompensatoren (Viertelwellenblättchen, Gips- oder Quarz-

---

[1] ROSENBUSCH, H. u. E. A. WÜLFING: Physiographie 1, 438. 1927. — JOHANNSEN, A.: Petrographic methods, S. 298. 1918.

[2] Interferenzfarbenskala, gezeichnet von E. A. WÜLFING (35 + 24 cm), Sep. aus ROSENBUSCH, H. u. E. A. WÜLFING: Physiographie. Stuttgart: Schweizerbart. Für sich zu beziehen (2,20 RM.).

[3] WEINSCHENK, E. und STINY, I.: a. a. O., S. 92.

Wegedifferenz in $\mu\mu$	Interferenzfarbe zwischen gekreuzten Nicols	Interferenzfarbe zwischen parallelen Nicols	Ordnung
0	schwarz	lebhaft weiß	I. Ordnung
97	lavendelgrau	gelblichweiß	
234	grünlichweiß	braun	
306	hellgelb	indigo	
430	braungelb	graublau	
551	tiefrot	gelblichgrün	
575	violett	grünlichgelb	
664	blau (himmelblau)	orange	II. Ordnung
747	grün	hellkarminrot	
910	rein gelb	indigo	
998	lebhaft orangerot	grünlichblau	
1128	hellbläulichviolett	gelblichgrün	
1258	grünlichblau	fleischfarben	III. Ordnung
1334	meergrün	braunrot	
1376	glänzend grün	violett	
1495	fleischfarben	meergrün	
1621	mattpurpur	mattmeergrün	
1652	violettgrau	gelblichgrün	
1711	mattmeergrün	gelblichgrau	IV. Ordnung
1811	hellgrün	karmin	
1927	hellgrünlichgrau	graurot	
2007	weißlichgrau	blaugrau	

blättchen, mit Rot Violett I. Ordnung u. a.) kann man feststellen, ob die Interferenzfarben sich summieren (verstärken) oder sich aufheben. Da diese Hilfsmittel bei der Untersuchung der Bodenminerale jedoch nicht erforderlich sind, soll nicht näher darauf eingegangen werden.

Untersuchung im konvergenten polarisierten Lichte (im k. p. L.). Das im p. p. L. benutzte Mikroskop wird so verändert, daß man auf den Polarisator ein System von Sammellinsen (Kondensor) aufsetzt. Dieses rückt man möglichst nahe an das recht dünne Objektglas, und der zu untersuchende Kristall wird mit einem möglichst dünnen Deckglas bedeckt. Ein starkes Objektiv wird bei kleinen Objekten mit Immersion benutzt. Das Okular wird entfernt, aber der Analysator belassen. Dann ist der Strahlengang etwa folgender:

Die von dem Spiegel *S* (Abb. 3) durch den Polarisator und den Kondensor *L* gesandten Strahlen werden in ihrer Richtung konvergent (zusammenläufig) gemacht; sie vereinigen sich in dem Kristalle (*K*). Von hier aus treten die stark divergenten Strahlen in das Objektivsystem (*L'*), wodurch sie in ihrem Brennpunkte (*F*) innerhalb des Tubus zu einem Luftbilde vereinigt werden. Das Bild ist äußerst klar, aber klein, wenn man es ohne Okular durch den Analysator sieht (Lassaulx). Dieses Bild kann man vergrößert betrachten, wenn man Okular mit Analysator im Tubus beläßt, darüber aber in passendem Abstande eine Lupe hält (Klein). Ein weiteres Verfahren, das Achsenbild vergrößert und deutlich zu sehen, vermittelt die Bertrandsche Linse. Diese, eine schwache Sammellinse in einem Rohr, wird durch Verschiebung des Rohres in einem anderen Rohre auf das Interferenzbild (Achsenbild) eingestellt. Sie liefert ein vergrößertes Bild, welches durch das Okular betrachtet werden kann. Die Bertrandsche Linse schaltet man jetzt meistens durch eine seitliche Spalte in den

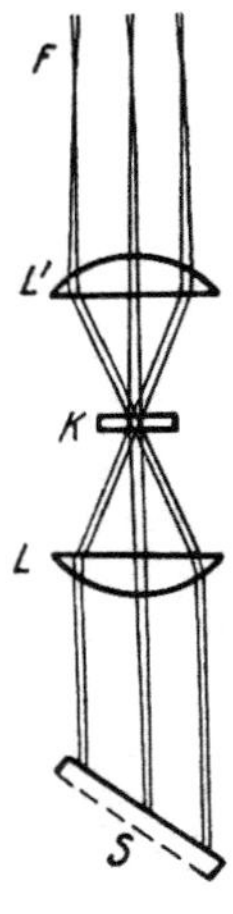

Abb. 3. Strahlengang i. k. p. L. *S* = Spiegel *L* = Kondensorlinsen *K* = Kristall *L'* = Objektivlinsen *F* = Brennpunkte der aus dem Objektiv kommenden Strahlenbündel (Aus Fr. Steinriede: Anleitung zur mineralogischen Bodenanalyse, 2. Aufl. Leipzig: W. Engelmann 1921.)

Tubus etwas über den Brennpunkt der Objektivlinse ein, man kann sie durch Zahn und Trieb etwas heben oder senken. Das Bild ist dann durch das Okular zu betrachten. Wenn die Kristalle nur einen kleinen Teil des Gesichtsfeldes ausfüllen, so kann man auf den oberen Tubusrand (nach Entfernung des Okulars) einen undurchsichtigen Deckel mit einem kleinen Loche legen. Durch dieses erblickt man mit einer Lupe das Achsenbild des Kristalles. Zur Ausschließung der Totalreflexion zwischen Objektivlinse und Objekt wird die Luft durch eine passende Flüssigkeit (Wasser, Glyzerin oder Öl) verdrängt, und das seitliche Oberlicht wird durch einen Licht nicht hindurchlassenden Schirm ferngehalten. Bei dünnen, schwach doppelbrechenden Kristallen, welche kein deutliches Achsenbild liefern, kann man sich eines dünnen Gipsblättchens bedienen, welches für sich Violett I. Ordnung gibt. Das Kreuz wird dann violett, zwei gegenüberliegende Viertelkreise blau, die anderen beiden erscheinen orange. Isotrope Minerale verhalten sich im k. p. L. wie im p. p. L., d. h. sie bleiben bei × Nicols dunkel. Optisch einachsige Minerale, in welchen das Licht parallel der optischen Achse hindurchgeht, verhalten sich im p. p. L. wie isotrope Minerale, im k. p. L. hingegen zeigen sie eine Interferenzfigur, bei hinreichender Dicke ein dunkles Kreuz mit Ringen (siehe Abb. 4), das sich bei voller Drehung des Objekttisches nicht verändert. Bei parallelen Nicols tritt ein lichtes Kreuz an Stelle des dunklen. Bei sehr dünnen Mineralplatten ist das Kreuz verwaschen. Verlaufen Strahlenbündel nicht parallel den optischen Achsen, weicht ihre Richtung vielmehr im spitzen Winkel davon ab, so bleibt bei einer Drehung des Tisches der Mittelpunkt der Interferenzfigur nicht im Mittelpunkte des Tisches, bzw. des Gesichtsfeldes, sondern dreht sich um diesen herum, um so weiter, je größer der Winkel der Abweichung wird, aber immer in der Drehrichtung des Objekttisches, während bei zweiachsigen Kristallen die Drehrichtung umgekehrt erfolgt. Die Entfernung der Ringe von einander richtet sich nach der Dicke der Kristallplatte. — Die Interferenzfigur (Achsenbild) wird hervorgebracht durch die Doppelbrechung des Kristalles. Bei optisch zweiachsigen Kristallen hängt die entstehende Interferenzfigur ganz davon ab, wie das Licht durch das Mineral hindurchgeht. Es sind besonders vier Richtungen zu beachten, nämlich 1. die der spitzen Mittellinie, 2. der stumpfen Mittellinie, 3. der optischen Normale und 4. der beiden optischen Achsen. In Platten senkrecht zur 1. Mittellinie (spitzen Bisektrix) erscheinen die Linien gleichen Gangunterschiedes ringartig um die Austrittspunkte der beiden Achsen und verschmelzen nach außen zu lemniskatenartigen Formen. Das Licht, welches in der Richtung der 2. Mittellinie durch den Kristall geschickt wird, verhält sich ungefähr wie bei der 1. Mittellinie. Es kann aber der Fall eintreten, daß die Achsen außerhalb des Gesichtsfeldes austreten und die Hyperbeln in das Gesichtsfeld eintreten wie ein Kreuz, welches sich öffnet und dann verschwindet. Wenn das Licht in der Richtung der optischen Normale sich fortbewegt, so ist es ähnlich, als wenn es in einachsigen Kristallen in der Richtung senkrecht zur optischen Achse hindurchgeht. Verläuft das Licht in der Richtung der optischen Achsen, so tritt an Stelle des Kreuzes ein einziger dunkler Balken, falls die Schwingungsrichtung der Platte mit denen der Nicols übereinstimmt.

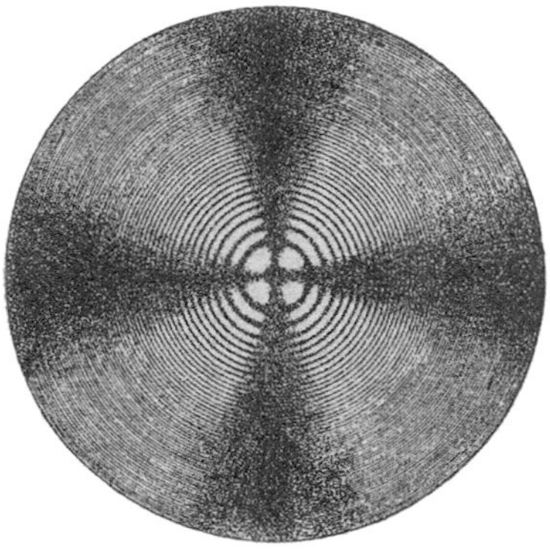

Abb. 4. Achsenbild einachsiger Kristalle. (Aus Fr. Steinriede: Anleitung zur mineralogischen Bodenanalyse, 2. Aufl. Leipzig: W. Engelmann 1921.)

Um den Fall eines zweiachsigen Kristalles mit sehr spitzer Mittellinie und den Unterschied von einachsigen Kristallen, senkrecht zur optischen Achse geschnitten, zu studieren, nimmt man zweckmäßig den Muscovit, der als Lampen- oder Ofenglimmer leicht zu haben ist. Da die Schiefe der spitzen Mittellinie nur 0,5 bis kaum 2^0 beträgt, so weicht das Zentrum der Interferenzfigur nur wenig vom Zentrum des Gesichtsfeldes ab; beim Drehen des Tisches aber fliehen die Arme des Kreuzes zu Hyperbeln auseinander. Auf die Streuung (Dispersion) der optischen Achsen, die Messung der Winkel der optischen Achsen und die Art der Doppelbrechung optisch zweiachsiger Kristalle und die Benutzung von Drehvorrichtungen (Halbkugel u. a.) hier näher einzugehen, erscheint überflüssig, da die behandelten Methoden zur Erkennung der wichtigeren Bodenminerale völlig ausreichen. Für diese ist die Untersuchung im k. p. L. dadurch von geringerer Bedeutung, weil die übergroße Zahl derselben keine planparallele Form aufweist und der Staubsand dafür zu kleine Körner enthält.

Erkennung der Aggregate. Aggregate sind verbundene Anhäufungen von Einzelmineralien ohne kristallographische Gesetzmäßigkeit; die Einzelminerale liegen derart neben-, über- und untereinander, daß, falls sie doppelbrechend sind, ihre optischen Hauptschnitte nicht zusammenfallen und sie daher unter × Nicols in keiner Stellung völlig dunkel erscheinen. Ihre Anordnung (Textur) erkennt man am besten im polarisierten Lichte. Sind die Teile der Aggregate sehr klein, so zeigen sie bei × Nicols fast gleiche Aufhellung. Weiter kennzeichnen sich die Aggregate dadurch, daß sie begierig organische Farbstoffe (Methylenblau, Fuchsin usw.) aufnehmen und gegen Auswaschungsversuche festhalten (absorbieren); sie sind also farbliebend (chromatophil). Ganz besonders farbliebend sind die Kolloide, welche die Farbstoffe nicht bloß zwischen den Einzelteilchen auf der Fläche auflagern, sondern auch, falls sie in quellbarem Zustande zugegen sind, unter Aufquellen die Farbstoffe in die Teilchen selbst eindringen lassen und dort festhalten.

Einfache chemische Untersuchung der Bodenminerale.

Unter „einfache chemische Untersuchung“ sollen hier die Untersuchung der Löslichkeitsverhältnisse und die chemischen Reaktionen verstanden werden, soweit sie zur Erkennung der Mineralien dienlich sind. Von den Reaktionen kommen besonders die mikrochemischen in Betracht, da sie bei sehr geringem Untersuchungsmaterial anwendbar sind und sehr genaue Ergebnisse liefern, und zwar in der Regel in kurzer Zeit und mit geringen Mitteln. Mikrochemische Reaktionen sind solche, deren Ergebnisse durch das Mikroskop festzustellen sind. Um die Reaktionen ausführen zu können, sind die zu untersuchenden Proben in der Regel in löslichen Zustand überzuführen.

Die Feststellung der Löslichkeit der Bodenminerale kann an sich schon zu ihrer Erkennung beitragen, indem diese dadurch in Gruppen geschieden werden. Die Grenzen derselben sind allerdings z. T. nicht scharf, da die Löslichkeit von einer Reihe von Umständen abhängig ist[1]. Die Lösung dient aber ferner dazu, die Reaktionen vorzubereiten. Die Lösung der Bodenkornprobe wird versucht 1. in verdünnter Salzsäure (10%), ohne Erhitzung, 2. in konzentrierter kalter Salzsäure (spez. Gewicht 1,19), 3. in heißer konzentrierter Schwefelsäure, 4. in kalter rauchender Flußsäure, 5. nach dem Schmelzen oder dem Aufschließen mit Alkalikarbonaten in HCl.

Von den im Boden festgestellten Mineralien (siehe S. 39) sind löslich: 1. in verdünnter HCl: Calcit, Apatit, Limonit, Magnetit, Tonerdehydratgel[2], Eisen-

[1] STEINRIEDE, FR.: a. a. O., S. 42.

[2] Diese Gele sind enthalten in den feinsten abschlämmbaren Teilen.

oxyde, Hydratgel[1], Ferrophosphatgel[1]; 2. in kalter rauchender Salzsäure (1,19): Chlorit, Labradorit; 3. in heißer rauchender HCl: eisenreiche Hornblenden und Augite, Andesin, Oligoklas, Ilmenit, Eisenoxydulsilikatgel[1], Tonerdekieselsäuregel[1]. 4. Von den in heißer rauchender HCl nicht löslichen Mineralien sind löslich a) in heißer konzentrierter Schwefelsäure: Fluorit, Biotit, Klinochlor, Zirkon, Titanit, Tonerdekieselsäuregel; b) in kalter rauchender HF: Quarz, alle Feldspate, eisenarme Hornblenden und Augite, Epidot, Muscovit. 5. Erst nach dem Schmelzen oder schon nach starkem Glühen sind löslich: Granate, Epidot, Biotite, Muscovit, Augite, Hornblenden.

Die Prüfung auf Löslichkeit kann man so ausführen, daß man ein Gemisch von Bodenkörnern, das man durch ein mechanisches Trennungsverfahren erhielt, in einem Tiegelchen oder Schälchen zuerst mit verdünnter HCl behandelt und dann das Gelöste abfiltriert. Den ungelösten Teil kontrolliert man u. d. M. (unter dem Mikroskop), welche Kornarten etwa in Lösung gegangen sind. Sind Minerale gelöst, so würde durch mikrochemische Prüfung festzustellen sein, um welche es sich handelt. — Den ungelösten Anteil behandelt man darauf mit kalter oder auch gleich mit heißer rauchender HCl und verfährt mit dem Rückstand[2] und Filtrat wie vorhin usw.

In vielen Fällen will man einzelne oder mehrere, anscheinend gleiche Bodenkörner auf Löslichkeit untersuchen bzw. in Lösung bringen. Für diesen Zweck kann man die Bodenkornprobe auf einen reinem Objektträger ausbreiten und u. d. M. nur bei schwacher Vergrößerung oder bequemer mit Hilfe eines Lupen- oder Präparierstativs durch eine feine Pinzette oder eine Präpariernadel, deren Spitze man mit einer Spur Glyzerin befeuchtet hat, oder das zugespitzte Ende eines weichen Holzstäbchens oder einen dünnen Wachsfaden die gewünschten Körnchen auf einen anderen, reinen Objektträger übertragen. Bleiben verschiedene Körnchen an der auslesenden Spitze haften, so taucht man sie in einen Wassertropfen, in welchem die Körnchen abfallen und trennt sie dann. Nach einem anderen Verfahren ritzt man in einen Objektträger eine feine Rinne ein, in die man wenig Bodenkörner gibt. Führt man diese Rinne über eine Mikroskopblende mit kleiner Öffnung, so kann man das gewünschte Mineralkorn leicht auslesen. Die ausgelesenen Mineralkörner kann man Lösungsversuchen, und nach erfolgter Lösung, mikrochemischen Reaktionen unterwerfen.

Einzelne Bodenkörner kann man auch auf ihre Löslichkeit hin prüfen, indem man sie auf einem mit Kanadabalsam überzogenen Objektträger mit einem feinen Pinsel gleichmäßig verteilt und den Balsam etwas erwärmt. Alsdann sind die Körnchen etwas in den Balsam eingesunken und haften fest. U. d. M. sucht man die Körner auf, über deren Natur man Aufklärung sucht. Mit einer Stahlnadel umzieht man ein solches Korn mit einem Ring, den man mittels eines feinen Pinsels durch in Chloroform gelösten Balsam erhöht. Je nach der infolge der optischen Untersuchung vermuteten Natur des Körnchens gibt man auf dasselbe einen Tropfen rauchender HCl, verdünnter H_2SO_4, und HF und legt ein Deckglas darauf, wobei das Objektiv zu schützen ist. Die zu behandelnden Mineralkörner müssen mindestens die Größe eines Stecknadelkopfes haben.

Mikrochemische (und einige makrochemische) Reaktionen. Bei den mikrochemischen Reaktionen sucht man in der Regel wohlcharakterisierte Kristalle zu erzielen, deren Formen man nur u. d. M. genau erkennen kann. Auch

---

[1] S. Anm. 2 S. 33.

[2] Bringt man mit Säuren behandelte Präparate u. d. M., so ist vorher die Objektivlinse zu schützen, indem man ein Deckgläschen mittels Glyzerin oder auch Wasser auf die Linse heftet. Ganz besonders gilt das für Präparate, die mit Flußsäure oder Kieselflußsäure behandelt sind.

kommen gefärbte Niederschläge in Frage (z. B. beim Eisen usw.). Die mikrochemischen Untersuchungsmethoden haben in den letzten Jahrzehnten eine ungewöhnlich reiche Ausbildung erfahren[1].

Erforderliche Gerätschaften. 1. Polarisationsmikroskop; 2. zwei Platindrähte, die in Glasröhren eingeschmolzen sind (eine gerade, eine mit einer Öse am Ende); 3. halbkugeliger Platinlöffel, der obere Rand an einer Stelle zum Anfassen flach ausgezogen, Durchmesser etwa 13 mm; 4. Pinzette und Zange, beide möglichst mit Platinspitze; 5. Platinblech; 6. Hornspatel; 7. Brenner; 8. Porzellan- und Glasgeräte, besonders Objektträger 48 × 28 mm, auch einige hohlgeschliffene; 9. Filtrierapparat nach STRENG[2] oder BEHRENS-KLEY[3].

Dem Anfänger ist zu raten, die angeführten Reaktionen zuerst an reinem bekannten Material bei verschiedener Verdünnung der Lösung auszuführen. Zur Feststellung des Natriumions z. B. bringt man ein Tröpfchen des Reagens (Uranylacetat gelöst in der zehnfachen Menge verdünnter Essigsäure) auf einen Objektträger und setzt ein Körnchen NaCl zu, ohne zu erwärmen. Die Reaktion tritt sofort, spätestens nach $^1/_2$ Minute ein. Es bilden sich fast ausschließlich erst kleine und fast farblose, später lichtgelbe bis zu 70 μ große, scharf ausgebildete Tetraeder. Bisweilen sind die Ecken der Tetraeder abgestumpft[4].

Die zu untersuchenden Bodenkörner sind in Lösung zu bringen (siehe oben). Dieses geschieht auf einem Objektträger, im Platinlöffelchen (HF, NH_4F) oder im Platindraht mit Öse (Soda). Die erhaltene Lösung verdünnt man etwas und bringt davon je einen Tropfen auf einen reinen Objektträger. In der Regel setzt man einen Tropfen Reagens daneben und verbindet beide mit einem spitzen Glasstab, einem Glasfaden usw. Schwer lösliche Stoffe (Gips, Alaun) bilden deutlichere Kristalle aus verdünnten Lösungen. Für solche Fälle setzt man zwischen Lösungs- und Reagenströpfchen einen Tropfen destilliertes Wasser und bringt die drei Tropfen in Verbindung. Sie dienen zum Nachweis der Kationen (K, Na, Ca usw.) und der Anionen (PO_4''', SO_4'', F', CO_3'', SiO_3'' usw.). Wegen ihrer großen Empfindlichkeit und raschen Ausführbarkeit sind sie in vielen Fällen durch andere Methoden nicht zu ersetzen. Das gilt besonders für den Nachweis von K, Na, Ca, Mg, Al und PO_4'''. Bei der geringen Anzahl von Mineralien, die häufiger im kultivierten Boden vorkommen, sollen nachfolgend nur folgende Reaktionen mitgeteilt werden.

Für Aluminium: Nachweis als Cäsiumalaun. Der Lösung in H_2SO_4, welche keinen großen Überschuß an freien Säuren, wohl aber etwas Schwefelsäure enthalten soll, wird ein Körnchen Cäsiumchlorid zugefügt. Es bilden sich die kleinen regulären Kriställchen von Cäsiumalaun (Oktaeder, Würfel). Bei starker Übersättigung entstehen sternförmige Gebilde. Da man die schönsten Kristalle bei 0,2—1% Al erhält, so nehme man Tropfen verschiedener Verdünnung. — Kalzium als Gips. Man versetzt die schwach-salzsaure Probelösung mit verdünnter Schwefelsäure. Mit dieser bilden die Ca-Salze Gips in langen Nadeln. Die Winkel der rhomboidal begrenzten Kristalle sind meist 53°, aber auch 28°. Aus konzentrierten Lösungen erhält man Nadelbüschel. Die Gipsreaktion wird in ihrer Empfindlichkeit beeinträchtigt durch die Gegenwart starker Säuren, von Al und Fe und einer großen Menge von Alkalisalzen. — Eisen als $Fe_4 \cdot 3Fe(CN)_6$ (Berlinerblau). Diese Reaktion ist die einfachste und sicherste. Sind nur sehr

[1] Vgl. FR. EMICH: Lehrbuch der Mikrochemie, 2. Aufl. München 1926. — H. BEHRENS u. P. KLEY: Mikrochemische Analyse, 4. Aufl. Leipzig u. Hamburg 1921. — C. W. C. FUCHS u. R. BRAUNS: Anleitung zum Bestimmen der Mineralien, 6. Aufl. Gießen 1913. — In diesen Werken finden sich weitere Literaturangaben.

[2] STEINRIEDE, FR.: a. a. O., S. 97. [3] BEHRENS, H. u. KLEY, P.: a. a. O., S. 16.

[4] Wer diese Reaktion selbst verfolgt hat, bedarf keiner Abbildung der Kristallbilder, wie sie die Spezialwerke bringen.

geringe Mengen Fe vorhanden, so wird man doch die blauen Flöckchen u. d. M. bei Vergrößerungen nicht über 200 gut wahrnehmen können. Fluor. Auf Fluor braucht man bei Bodenmineralien keine Reaktion auszuführen, weil der etwa in Frage kommende Fluorit durch seine optischen Eigenschaften usw. leicht zu erkennen und für den Boden ohne Bedeutung ist. — Kalium als K_2PtCl_6. Der erwärmte Probetropfen, welcher neutral oder schwach mit HCl angesäuert sein kann, wird mit einem Tropfen 10proz. Platinchloridlösung versetzt. Ein Überschuß des Reagens ist erwünscht. Es entstehen zitronengelbe Oktaeder. War der Probetropfen zu konzentriert, so bilden sich Dendriten. — Magnesium als NH_4MgPO_4. Zu einem Tropfen der zu prüfenden Lösung auf dem Objektträger setzt man einen Tropfen NH_4Cl und fügt Ammoniak dazu, erwärmt und legt ein Körnchen Natriumphosphat am Rande in die Lösung. In der Nähe des Körnchens entstehen dendritische Kristalle, weiter davon entfernt sechsstrahlige Sterne, X-förmige Gestalten und Sargdeckelformen. Die Kristalle gehören dem rhombischen System an und polarisieren schwach; ihr Brechungsvermögen ist nicht sehr verschieden von dem der Lösung. — Natrium als Natrium-Uranyl-Acetat (vgl. die Anweisung S. 35). — Phosphate als phosphormolybdänsaures Ammoniak. P kommt in Bodenmineralien hauptsächlich im Apatit vor, der in Salzsäure löslich ist. Als Reagens benutzt man eine Lösung von 1 g Ammonmolybdat in 12 cm^3 Salpetersäure (1,18), das beim Zusammentreffen mit Phosphaten besonders in gelinder Wärme im auffallenden Lichte gelbliche, im durchfallenden Lichte grünliche Kristalle des regulären Systems (Rhombendodekaeder) bildet. — SiO_2 (Quarz) kann man mikrochemisch nachweisen, indem man das feingepulverte Mineral mit HF eine Zeitlang erwärmt. Man setzt einen Tropfen der entstandenen Lösung auf einen mit Kollodiumaether überzogenen Objektträger und weist in diesem das Silicium durch ein Körnchen NaCl als Na_2SiF_6 nach.

Bei den Silikaten treten die optischen Eigenschaften mehr in den Vordergrund. Zu empfehlen ist indessen die Färbemethode nach Becke[1]. Man überzieht einen Objektträger in der Mitte mit Kanadabalsam, verteilt auf ihm gleichmäßig die zu untersuchende Bodenkornprobe und erwärmt den Balsam soweit, daß die Körnchen einsinken und nach dem Erkalten des Balsams festhaften. Nun ätzt man die Körner $^1/_4$—1 Minute mit HF. Der Quarz wird gelöst, die Feldspäte werden oberflächlich unter Abscheidung von kieselflußsaurer Tonerde zersetzt. Nachdem man die Kieselfluorwasserstoffsäure vorsichtig abgespült oder mit Fließpapier abgesaugt hat, wird die geätzte Fläche mit einem Anilinfarbstoffe, z. B. Methylenblau, benetzt. Nach 5—10 Minuten wird der freie Farbstoff unter Vermeidung heftiger Bewegung abgespült. Nun benetzt man das Präparat mit Lavendelöl, bedeckt es dann mit in Aether gelöstem Kanadabalsam und schließlich mit einem Deckglase. Die Flußsäure darf nicht zu lange einwirken, damit nicht auch Glimmer und andere Silikate angeätzt und mitgefärbt werden. Die kalkreichen Feldspäte färben sich am intensivsten, die kalireichen am schwierigsten.

Titan, Zirkon. Da die wenigen Ti- und Zr-haltigen Mineralien, die nur als unwesentliche Gemengteile des Bodens vorkommen, durch schwere Löslichkeit und optisch genügend gekennzeichnet sind, so wird darauf verzichtet, die bezüglichen Mikroreaktionen mitzuteilen.

Erkennung der Bodenminerale.

Die Erkennung der Bodenminerale hat einen wissenschaftlichen und einen praktischen Zweck. Wissenschaftlich ist zu erforschen, wie aus den Felsarten der Boden entsteht und wie die Minerale des Bodens unter der Einwirkung der

[1] Vgl. Fr. Steinriede: a. a. O., S. 161f.

Witterungseinflüsse, der Bearbeitung und Düngung des Bodens und der Tätigkeit der auf ihm wachsenden Pflanzen (Ausscheiden von Kohlensäure und anderen Säuren) sich weiter zersetzen. Für die Bodenwirtschaft (Landwirtschaft usw.) soll die Erkennung feststellen, welche Nährstoffe und in welcher Zeit der Boden nach seinem Mineralbestande künftig zu liefern imstande oder in welchem Maße ihm eine nachschaffende Kraft eigen ist. Besteht z. B. ein Sandboden zu einem nicht unerheblichen Teile aus Feldspäten oder anderen zersetzlichen kalihaltigen Mineralien, so läßt sich eine größere, seinem Gehalte entsprechende Fruchtbarkeit von ihm erwarten, als wenn er fast nur aus Quarz besteht. „Ein steriler Sand," so folgert E. BLANCK[1] aus seinen Versuchen, „gibt seine Nährstoffe rasch an die Pflanzen ab, verarmt sehr schnell an Nährstoffen und wird schon im vierten Jahre bei Ausschluß jeder Düngung völlig untauglich für den Pflanzenbau." Welche für die Bodenwirtschaft und damit auch für die Volkswirtschaft schwerwiegende Folgen aus der ungenügenden Kenntnis der Verwitterungsvorgänge im Boden sich ergeben, zeigt folgendes Beispiel. E. A. MITSCHERLICH ist der Ansicht, daß „die Veränderungen und Umwandlungen des Bodens sehr gering sind oder sich mehr oder weniger erst in sehr langen Zeitperioden bemerkbar machen"[2]. In konsequenter Weise folgert derselbe Autor[3] daraus, „daß dem Boden nach jeder Ernte wieder ebenso viele Nährstoffe zuzuführen seien, als er in der Ernte abgegeben habe. Verfahre man in dieser Weise, so sei es schließlich vollkommen gleichgültig, wie groß der Grundvorrat des Bodens an Pflanzennährstoffen ist, da diese dann stets für die nächste Ernte ausreichen werden." Welche ungeheure Verschwendung die Bodenbewirtschafter (Landwirte, Gärtner usw.) treiben würden, wenn sie diesem Rate blindlings folgten, geht aus der nachfolgend zu erhärtenden Tatsache hervor, daß der kultivierte Boden fortgesetzt jährlich durch die Zersetzung seiner Bestandteile den Pflanzen eine größere oder geringere Menge von Nährstoffen zur Verfügung stellt, je nachdem welche und wieviel verwitterungsfähige, nährstoffhaltige Mineralien (Feldspäte, Glimmer usw.) er enthält. Das geht zunächst daraus hervor, daß in forstlicher Nutzung stehende Wälder in dem abgelieferten Holze fortgesetzt dem Boden Nährstoffe entziehen, die nicht durch Düngung ersetzt werden. Weiter ist allgemein bekannt, daß die Urböden Nord- und Südamerikas usw., die der Acker- und Gartenwirtschaft dienstbar gemacht wurden, viele Jahrzehnte lang große Ernten ohne jede Düngung lieferten[4]. Die dem Boden entzogenen mineralischen Nährstoffe können doch sicherlich nur von den sich zersetzenden Mineralen herstammen.

Außer diesen indirekten Beweisen, daß die Pflanzen jährlich dem Boden aus dem Mineralschatz Nährstoffe entnehmen, ist durch zahlreiche direkte Versuche evident dargetan, daß sie fortgesetzt Jahr für Jahr sowohl aus dem Gestein als aus dem bebauten Boden erhebliche Mengen an Aschenbestandteilen entnehmen, die nicht zugefügt waren. Versuche über die Aufnahme von Nährstoffen aus zerkleinertem Gestein haben in großer Zahl TH. DIETRICH, E. BLANCK und E. HASELHOFF angestellt[5]. Ebenso liegen viele Versuche über die Verwitterung der einzelnen Bodenminerale vor[6]. Unwiderlegliche Beweise, daß die bebauten Böden jährlich den Pflanzen erhebliche Mengen an minera-

[1] BLANCK, E.: Die Veränderung eines sterilen Sandes durch Pflanzenkultur. J. Landw. **62**, 129—140 (1914).
[2] MITSCHERLICH, E. A.: Bodenkunde, 1. Aufl., S. 354. Berlin 1905.
[3] MITSCHERLICH, E. A.: Bodenkunde, 4. Aufl., S. 230. Berlin 1923.
[4] KRAFFT, G., u. C. FRUWIRTH: Ackerbaulehre, 10. Aufl., S. 179. Berlin 1915.
[5] Vgl. dieses Handbuch, **2**, 257—262.
[6] Vgl. den Abschnitt über „Chemische Verwitterung" in diesem Handbuch, **2**, 191 ff.

lischen Nährstoffen liefern, bieten die ungedüngten Parzellen der Dauerversuche in Rothamsted und Woburn in England und von Halle, Göttingen und Leipzig in Deutschland. In Rothamsted begann der Dauerversuch mit ununterbrochen Weizen auf Weizen 1843 und der mit Gerste auf Gerste 1851. In Woburn fingen die gleichen Versuche 1876 an[1]. Die Versuche in Rothamsted sind bis jetzt durchgeführt[2], ebenso die in Halle[3], jedenfalls auch die anderen. Die Erträge der ungedüngten Parzelle gingen zwar zurück; diese versagte bis jetzt aber nicht völlig. Die Parzelle in Halle brachte in 43 Jahren — sie war Jahr für Jahr mit Winterroggen bestellt — an Körnern 721,4 dz, an Stroh 1366,5 dz. Das ergibt insgesamt ohne jede Zufuhr eine Entnahme von 66,79 dz/ha an Aschenbestandteilen aus dem Boden. Daraus geht hervor, daß der Hallesche Versuchsboden — ein sandiger Diluviallehm — eine große nachschaffende Kraft besitzt. Dabei ist zu beachten, daß die nur mit Stickstoff gedüngte Parzelle ungefähr um die Hälfte mehr an Körnern und Stroh hergab als die ungedüngte Parzelle, also der N noch mehr Mineralstoffe löslich machte. Dringend zu wünschen erscheint im Interesse der Förderung der Bodenwissenschaft, bei den Dauerversuchen den Werdegang der Mineralzersetzung von Zeit zu Zeit durch eine mineralogische Analyse des Bodens zu verfolgen.

Es wird vereinzelt gesagt, das, was die mineralogische Bodenuntersuchung für Wissenschaft und Praxis leiste, das könne ebensogut die chemische Analyse erreichen. Das ist nicht richtig; vielmehr ist richtig, wie WM. J. MCCAUGHEY[4] sagt, daß beide einander ergänzen, wie die petrographische Untersuchung des Gesteins dessen chemische Analyse. „Die chemische Analyse enthüllt uns nicht die Natur der chemischen Elemente, wie sie im Boden gefunden werden . . . Die mineralogische Untersuchung andererseits beschäftigt sich hauptsächlich mit der Feststellung der chemischen Verbindungen, in welchen die Elemente vereinigt sind." „Ein anderer Vorteil der mineralogischen Untersuchung vor der chemischen liegt in der Schnelligkeit ihrer Ausführung, in der annähernden Feststellung der chemischen Zusammensetzung des Bodens und endlich in den geringen Unkosten der Methode[5]."

Gang der Untersuchung.

Zunächst fragt es sich, auf welche Mineralien wir bei der Untersuchung zu achten haben. Nach den bisherigen Untersuchungen kommen nur wenige, für den Boden bedeutsame Minerale in Betracht. Neben den in der 2. Auflage meiner „Anleitung zur mineralogischen Bodenanalyse" (Leipzig 1921) zusammengestellten Analysen liegen jetzt 116 mineralogische Analysen von typischen Böden der Vereinigten Staaten Nordamerikas (U. S. A.) vor, veröffentlicht in vier Bulletins of the U. S. Dep. Agricult. Bur. Soils[6]. Die Zusammenstellung der

[1] HOFFMANN, W.: Statische Untersuchungen. Arb. dtsch. Landw.-Ges. H. 251.

[2] Mitt. dtsch. Landw.-Ges. **1928**, 286.

[3] Die Einfelderwirtschaft auf dem Versuchsfelde des Instituts für Pflanzenbau usw. in Halle. 2. Bericht von TH. RÖMER u. IHLE: Kühn-Arch. **9**, 13ff.

[4] MCCAUGHEY, WM. J.: Mineralogical Soil Analysis. J. Ind. Engin. Chem. **5**, Nr. 7, 23.

[5] An weiteren Veröffentlichungen über mineralogische Bodenuntersuchung erschienen u. a.: J. HENDRICK u. G. NEWLANDS: Die mineralogische Zusammensetzung von schottischen Böden. J. agricult. Sci. **15**, 257 (1925); ref. Z. Pflanzenernährg. usw. A **10** (1927). — J. VAN BAREN: Microsc., phys. and chem. studies of limestone and limestone-soils etc. Comm. Geol. Inst. Agr. Univ. Wageningen; ref. Geol. Zbl. B **40**, 132 (1928).

[6] Bull. Nr. 79: The color of soils (1911); Nr. 91: The microscopic determination of soil-forming minerals (1913); Nr. 122: The inorganic composition of some important American soils (1914); Nr. 551: Variation in the chemical composition of soils. In den Bulletins Nr. 79, 122 und 551 sind neben den Ergebnissen der mineralogischen Analyse auch die der chemischen angegeben. Die mineralogischen Analysen sind ausgeführt von W. J. MCCAUGHEY und WM. H. FRY, Scientist, die auch Bull. 91 verfaßten.

Ergebnisse dieser 116 Analysen zeigt, daß Quarz in allen Bodenproben, und zwar in Mengen von 15—96 % festgestellt wurde; sein Anteil nimmt von den feineren zu den gröberen Fraktionen zu. Weiter wurden in den 116 Bodenproben gefunden: Zirkon 95mal, Rutil 88mal, Turmalin und Magnetit 82mal, Orthoklas 80mal, Epidot 71mal, Hornblende und Muscovit 70mal, Mikroklin 64mal, Biotit 59mal, Chlorite 43mal, Plagioklase[1] 34mal, Apatit 26mal (teilweise als Einschluß im Quarz), Sillimanit 23mal, Granat 19mal, Albit und Oligoklas 15mal, Labradorit 14mal, Augit 10mal, Hämatit 9mal, Ilmenit und Cyanit 8mal, Andesin, Hypersthen und Titanit 7mal, Pyroxene (Gruppe) 6mal, Fluorit und Zoisit 4mal, Phlogopit 3mal, Diallag, Calcit, Dolomit, Andalusit, Pyrophyllit 2mal, Sericit, Glaukophan, Enstatit, Aktinolith, Limonit, Staurolith, Kordierit, Axinit, Korund, Iddingsit, Serpentin 1mal.

Von diesen Mineralien kommt eine größere Anzahl so selten vor, daß sie wenigstens für praktische Zwecke keine Bedeutung haben. Andere finden sich zwar häufig, wie Zirkon, Rutil, Turmalin, Granat, machen aber wegen ihrer Kleinheit eine zu vernachlässigende Gesamtmenge aus, und es kommt hinzu, daß sie auch in konzentrierter HCl nicht löslich sind und daher den Pflanzen keine beachtliche Nahrung bieten können. Calcit und Dolomit sind in bebauten Böden, welche dauernd dem Regen ausgesetzt sind, nicht zu finden, wohl aber in Böden, welche dem Kalk- oder Dolomitgestein auflagern. Unter Berücksichtigung dieser Umstände kann man sich auf die Erkennung folgender Bodenminerale beschränken:

1. Quarz (auch Opal und Chalcedon) als Hauptbodengerüstteil.
2. Orthoklas und Mikroklin.
3. Plagioklase und zwar Albit, Oligoklas, Andesin, Labradorit.
4. Glimmer: Muscovit und Biotit.
5. Chlorite (mit Glaukonit).
6. Epidot.
7. Hornblende (mit Glaukophan).
8. Pyroxene, besonders Augit.
9. Magnetit, Hämatit, Limonit.
10. Apatit.
11. Calcit.
12. Dolomit.

Vorbereitung der Bodenprobe. Die Art der Untersuchung von groben, feinen und feinsten Bodenkörnern ist sehr verschieden, so daß es sich empfiehlt, zunächst eine Trennung der Bodenprobe nach der Größe ihrer Teilchen vorzunehmen. Dieses geschieht durch die mechanische Bodenanalyse[2]. Für die Erkennung der Bodenminerale genügt es, die Bodenprobe in vier Korngrößen (Fraktionen) zu zerlegen und zwar: 1. in Körner > 1 mm (Steine, Grus, Grand, sehr grober Sand); 2. in mittleren Sand, etwa 0,05—1 mm; 3. in feinsten Sand, Staubsand, silt, 0,05—0,005 mm oder Staub, Schluff 0,02—0,002 mm, je nach der angewandten Analysenmethode, und 4. in Ton, Schlamm, < 0,005 oder < 0,002 mm.

Den Ton (Schlamm) untersucht man nicht mineralogisch, um die einzelnen Bestandteile zu bestimmen. Ein großer Teil desselben besteht aus organischen Stoffen und Kolloiden, die keine festen Formen besitzen. Ein anderer Teil setzt sich zusammen aus noch kleineren Mineralien als der Staubsand, und zwar zum

[1] Das heißt zur Gruppe der Plagioklase gehörig, ähnlich wie Chlorite zu den Chloriten gehören.

[2] Vgl. dieses Handbuch **6**, 1—28.

großen Teil derselben Art. Auch Kaolinit findet sich darunter. Die Teilchen sind aber zu klein, um sie mit den jetzigen Mitteln mineralogisch sicher bestimmen zu können. Die 4. Fraktion eignet sich mehr für die chemische Untersuchung; sie enthält von allen Fraktionen die meisten Nährstoffe.

Durch ihre zahlreichen mineralogischen Bodenuntersuchungen fanden McCaughey und Fry[1], daß die nährstoffliefernden Bodenkörner zahl- und gewichtsmäßig zunehmen mit steigender Feinheit der Körner, und abnehmen mit zunehmender Vergröberung; die groben bis gröbsten Körner bestehen fast nur noch aus Quarz. Diese Feststellungen werden durch die chemischen Untersuchungen von J. König und J. Hasenbäumer[2] bestätigt. Unter den Ergebnissen ihrer Untersuchungen heißt es: „Die feinsten Bestandteile des Bodens weisen eine auffallende Anreicherung an Pflanzennährstoffen auf, die mit der Vergröberung der Fraktionen gleichmäßig abnimmt; jedoch enthalten auch die groben und gröbsten Anteile des Bodens noch, wenn auch nur geringe Menge Pflanzennährstoffe[3]."

Die Bodenbestandteile ($>$ 1 mm): Steine, Kies oder Grus, Grand (sehr grober Sand) untersucht man zuerst makroskopisch, d. h. mit dem unbewaffneten Auge und der Lupe. Etwaige Gesteinstrümmer lassen ahnen, was bei der mikroskopischen Untersuchung der feineren Teile des Bodens ($<$ 1 mm) zu erwarten ist. Die gröberen Bodenkörner ($>$ 1 mm) kann man nach den Anleitungen von Fuchs-Brauns[4], von Kobell-Oebbeke[5] u. a. bestimmen. Sollte diese Art der Bestimmung versagen, so zertrümmert man das Bodenkorn durch Schlag oder Druck in einem Stahl- oder Achatmörser, so daß sich möglichst gute Spaltstücke ergeben und untersucht das Pulver wie die Fraktionen unter 1 mm.

Untersuchung der feineren Bodenkörner ($<$ 1 mm). 1. Zuerst bringt man eine kleine Probe der Bodenfraktion auf den Objektträger, fügt einen Tropfen Wasser hinzu und bedeckt mit einem Deckglas, läßt dann ein wenig verdünnte Salzsäure unter das Deckglas treten. Ist Calcit vorhanden, so tritt lebhafte Gasentwicklung ein. Hat diese aufgehört oder ist sie überhaupt nicht eingetreten, so läßt man einen Tropfen konzentrierte HCl zufließen. Erfolgt nun lebhafte Gasentwicklung, so ist auf Dolomit zu schließen. 2. Eine größere Probe der Bodenfraktion glüht man auf dem Platinbleche bis zur Rotglut, um die organischen Teile (Pflanzenreste, Humus, kohlige Stoffe) zu zerstören. Dabei können Kieselskelette zurückbleiben. — Will man die organischen Stoffe in der ursprünglichen Probe erkennen, so setzt man einen Farbstoff (Methylenblau, Fuchsin o. a.) zu, der begierig aufgenommen und festgehalten wird. 3. Um Magnetit aus der Bodenfraktion zu entfernen, verteilt man sie möglichst gleichmäßig auf einem glatten Stück Papier, so daß die einzelnen Körner Bewegungsmöglichkeit haben, und führt einen Hufeisenmagneten oder ein magnetisiertes Messer mehrmals in derselben Richtung unter der Probe her. Der Magnetit folgt dem Magneten. 4. Um die Glimmer und blätterigen Chlorite abzusondern, welche bei der folgenden Trennung nach dem spez. Gewichte hinderlich sind, kann man die Innenseite eines größeren Glastrichters anhauchen und im Kreise randlich kleine Mengen der Bodenkörner streuen. Die blätterigen Minerale haften, die körnigen fallen durch die Öffnung. Die haftenden Blättchen kann man sammeln, indem man den Trichterrand auf eine mit glattem Papier belegte

[1] McCaughey, Wm.: Bull. U. S. Dep. Agricult. **122**, 16ff. (1917).

[2] König, J. u. J. Hasenbäumer: Zur Beurteilung neuer Verfahren für die Untersuchung des Bodens. L. J. B **56**, 430—470. — Vgl. F. Giesecke, chem. Erde, **3**, 98 (1928).

[3] Dasselbe fand W. Ludorf: Die Gemengteile des Bodens usw. L. J. **65**, 779 (1927).

[4] Fuchs, C. W. C. u. R. Brauns: Anleitung zum Bestimmen der Mineralien. Gießen 1921.

[5] Kobell, Franz von u. Oebbeke, K.: Tafeln zur Bestimmung der Mineralien. München 1921.

Platte aufstößt oder die Blättchen mit einer Federfahne auf glattes Papier fegt. Reinigen kann man das Glimmerpulver durch Wiederholung des Verfahrens. Statt über die Innenseite eines Glastrichters kann man die glimmerhaltigen Bodenkörner über rauhes Papier gleiten lassen, welches die Glimmerblättchen zurückhält. Auch diese Blättchen kann man mit der Federfahne sammeln. 5. Die nach Entfernung der organischen Stoffe, des Magnetits und der blättchenartigen Minerale verbleibenden Bodenkörner (sei es der 2. oder 3. Fraktion = 0,05 bis 1 mm oder 0,05—0,005 bzw. 0,02—0,002 mm) trennt man nach der Dichte. Diese Trennung und die nach dem Brechungsindex genügen fast restlos zur Erkennung der wenigen Bodenmineralien.

Trennung der Bodenkörner nach der Dichte. Die wichtigsten Bodenminerale[1] haben folgende Dichte:

Opal	2,21	Chlorite	2,80
Orthoklas	2,56	Muscovit	2,83
Mikroklin	2,56	Dolomit	2,89
		Biotit	3,01
Chalcedon	2,62	Apatit	3,19
Albit	2,63	Augit	3,36
Oligoklas	2,64	Epidot	3,39
Quarz	2,65	Limonit	3,70
Andesin	2,68	Magnetit	5,15
Labradorit	2,70	Hämatit	5,20
Calcit	2,72		

Diese Übersicht läßt es zweckmäßig erscheinen, die Bodenkörner durch zwei Flüssigkeiten mit der Dichte von 2,61 und von 2,75 in drei Gruppen zu trennen. Dann hat man in der ersten Gruppe die Kalifeldspäte, in der zweiten den Quarz und die Plagioklase und in der dritten die übrigen Minerale, die man nach dem Brechungsindex usw. optisch leicht unterscheiden kann. Die Ausführung der Trennung nach der Dichte erfolgt mittels spezifisch schwerer Flüssigkeiten, von denen sich die organischen am besten eignen, weil sie klar durchsichtig und leicht beweglich sind, daher den Bodenkörnern beim Sinken und Steigen wenig Widerstand entgegensetzen. Die zweckmäßigsten dieser Flüssigkeiten sind:

Flüssigkeit	Dichte	Bemerkungen
Aethylenbromid	2,18—2,19	In allen Verhältnissen miteinander mischbar
Acetylentetrabromid	2,97—3,00	
Bromoform	2,90—2,91	Mit Benzol oder Toluol verdünnbar
CLERICIsche Lösung	bis 4,275	Mit Wasser in allen Verhältnissen mischbar

Vor Benutzung der spezifisch schweren Flüssigkeit ist ihre Dichte festzustellen. Das geschieht am schnellsten und sichersten durch die WESTFALsche Waage[2]. Während der Trennungsarbeiten bedient man sich der Indikatoren, deren spez. Gewicht bekannt ist. Dazu kann man Minerale bestimmter Herkunft verwenden. Da diese aber nicht ganz eben und deshalb schwer zu reinigen sind, nimmt man jetzt die von LINCK angegebenen Glaswürfel[3], deren Dichte auf einer Fläche angegeben ist. Der Abstand der Dichte dieser Würfel innerhalb

[1] Vgl. S. 39.
[2] Zu beziehen durch G. Westphal (Inh. E. Raute) in Celle, Prov. Hannover.
[3] Zu beziehen von Dr. F. Krantz in Bonn u. a. Beim Gebrauch der Würfel rührt man in den Flüssigkeiten zweckmäßig mit einem Stäbchen aus Hartgummi um und nimmt sie mit Hornlöffelchen heraus.

der Dichte von 2,24—3,55 beträgt 0,025—0,14. Ihre Kantenlänge beträgt 6 mm. Mit Hilfe dieser Indikatoren kann man aus zwei Flüssigkeiten verschiedener Dichte eine Flüssigkeit mit dazwischenliegender Dichte herstellen. Die Durchführung der Trennung kann in verschiedener Weise erfolgen.

1. Das einfachste Gerät ist ein schlankes Becherglas von mäßigem Inhalt. Besonders eignet es sich, wenn größere Mengen von Bodenkörnern zu trennen sind. Man füllt das Glas bis zu etwa drei Viertel mit der Trennungsflüssigkeit, gibt das zu trennende Korngemisch hinein, rührt mit einem Glasstabe um und läßt stehen, bis das leichtere und schwerere Pulver sich scharf getrennt haben. Dann senkt man einen konischen Glaskörper in das Glas, so daß die leichteren Körner aus ihm herausgedrängt werden (siehe Abb. 5).

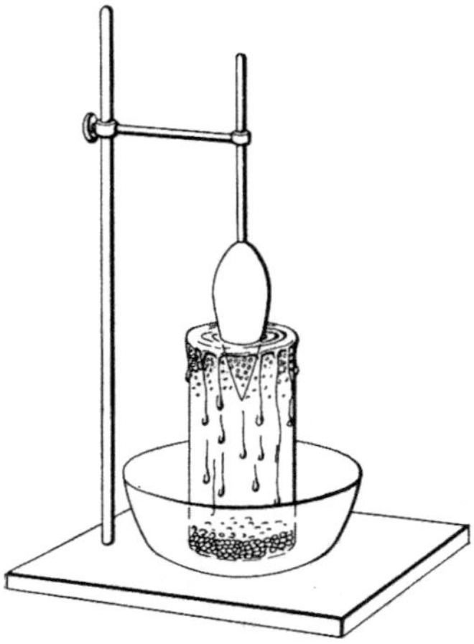

Abb. 5. Trennung von Mineralpulvern mittels schwerer Flüssigkeiten.
(Aus FR. STEINRIEDE: Anleitung zur mineralogischen Bodenanalyse. 2. Aufl., S. 35. Leipzig: W. Engelmann 1921.)

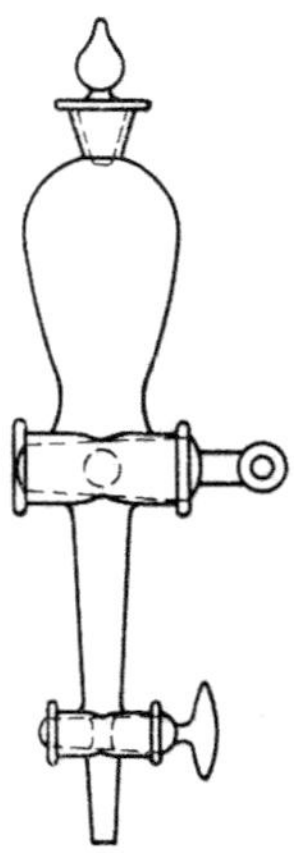

Abb. 6. Trennungsapparat.
(Nach BROEGGER.)

2. Zur Trennung kleiner Mengen von Körnern eignet sich der BROEGGERsche Apparat mit zwei Hähnen[1] (siehe Abb. 6).

In den oberen konischen Teil wird die Lösung mit der erforderlichen Dichte, der Indikator und die Körnerprobe bei geschlossenem unteren Hahn eingefüllt und der Stöpsel aufgesetzt. Das Gefäß wird gründlich geschüttelt und dann aufrecht (mit dem Stutzen nach unten) gestellt, bis sich die schweren Körner zwischen oberem und unterem Hahn abgesetzt haben. Der obere Hahn wird dann geschlossen. Da aber einige leichtere Körnchen von schwereren mitgenommen und einige schwerere Körner von leichteren schwimmend erhalten werden, so ist es gut, den Apparat nochmals kräftig zu schütteln und umgekehrt zu stellen, bis nach einiger Zeit die Scheidung beider Teile in jedem Teilraum des Apparats sich vollzogen hat. Dann neigt man den Apparat vorsichtig, bis das schwerere Pulver sich langsam an der unteren Wand nach unten bewegt, das leichtere an der oberen Wand nach oben. Jetzt öffnet man den oberen Hahn, und das leichtere Pulver gleitet an der oberen Wand in den oberen Raum, das schwerere nach unten in den unteren Raum. Hierauf schließt man den oberen Hahn und öffnet den unteren und läßt das schwerere Pulver in einen Becher laufen.

3. Am schnellsten und schärfsten trennt man die Bodenkörner durch die Zentrifuge[2], die bei der Trennung des Staubsandes nicht zu entbehren ist. Als Zentrifugengefäß, das man an Stelle des Zentrifugenglases Nr. 2179 in die „Ecco"-Zentrifuge einsetzen kann, hat sich der von FRITZ SCHRÖDER, Münster-Westfalen, angegebene Scheidetrichter (siehe Abb. 7)[3] bewährt. Er ist aus einem Stück gefertigt. Der Innenraum wird aber durch einen Schliffhahn (*C*) in zwei Teile (*A* u. *B*) geteilt. Das Öffnen und Schließen des Hahnes erfolgt am besten mit

[1] Zu beziehen durch Greuner & Friedrichs G. m. b. H. in Stützerbach i. Thür. und C. Desaga G. m. b. H. in Heidelberg.

[2] Zu beziehen u. a. durch die Firma Franz Hugershoff in Leipzig.

[3] SCHRÖDER, FRITZ: Scheidetrichter zum Einsetzen in die Zentrifuge usw. Cbl. Min. usw. A **1930**. S. 38—46. — Auf diese Arbeit machte Professor Dr. ERNST, Münster i. W. den Verfasser aufmerksam.

einer Flachzange, deren Backen mit Kork belegt sind[1]. Zur Handhabung: Beim Einfüllen der schweren Flüssigkeit hält man das Glas etwas schräg, damit die Luft aus dem unteren Raume gut entweichen kann. Man gibt das Mineralgemisch zu, rührt mit einem Platindraht um, den man mit einigen Tropfen Lösung wieder abspült und schleudert. Darauf schließt man den Hahn (welcher vorher hauchdünn einzufetten war), entleert den oberen Raum, spült aus und trocknet. Zur Entleerung des unteren Raumes dreht man das Gefäß langsam um und hält es dabei etwas schräg. Dadurch gleitet der Bodensatz an der Wand nach dem Hahne zu und wird beim Öffnen des Hahnes von der überstehenden Flüssigkeit fast restlos auf das Filter gespült. Man gibt etwas entsprechende Waschflüssigkeit in das Gefäß, wiederholt denselben Vorgang und bringt das Produkt (nach Abfiltrieren der schweren Lösung) zu dem ersten auf das Filter. — Als schwere Flüssigkeiten (Lösungen) wurden von F SCHRÖDER nur Acetylentetrabromid und Clericillösung verwendet. — Zur Feststellung der Genauigkeit dieser Methode wurde ein künstliches Gemisch von 4 Mineralen der Trennung unterzogen. Die eingewogene Menge wurde — in drei Versuchen — zu 99% bis zu $99^3/_4$% der eingewogenen Menge wiedergewonnen. Weitere Versuche zeigten, daß diese Methode ,,der geometrischen Gesteinsanalyse ebenbürtig und die Genauigkeit der aus der gemischten Analyse errechneten Mineralgehalte oft übertreffen dürfte".

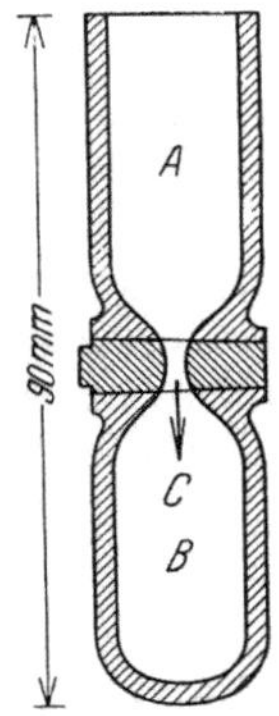

Abb. 7. Längsschnitt des Scheidetrichters nach FRITZ SCHRÖDER ($^3/_4$ der wirklichen Größe).

Wo eine Zentrifuge nicht zur Verfügung steht, kann man nach dem Vorschlage von MCCAUGHEY und FRY[2] eine einfache Zentrifuge herstellen durch eine eiserne Scheibe, in welche eine durch eine Flansche festgehaltene Röhre paßt. In der Scheibe finden sich zwei gegenüber liegende Löcher, in welchen zwei 2—3 Fuß lange Drähte befestigt sind, die zu einem ringförmigen Halter führen, der dazu dient, die Röhre im Kreise zu schwingen.

Mittels der Trennung nach dem spez. Gewichte kann man den Quarz fast restlos von den Kalifeldspäten und den Plagioklasen isolieren; bei der Scheidung der letzteren von einander kann man den BRÖGGERschen Apparat anwenden. GRAHAM[3] benutzt ein großes Probierrohr mit doppelt durchbohrtem Kork. Durch diesen führen ein Rührer und das Ende einer Bürette, die eine Flüssigkeit zur Verdünnung der im Rohr enthaltenen schweren Flüssigkeit enthält; 3—6 Indikatoren, z. T. leichter, z. T. schwerer als die zu bestimmenden Minerale, werden in die schwere Lösung eingeführt. Beim Schweben der einzelnen Indikatoren wird notiert, welche Minerale der Dichte des betreffenden Indikators entsprechen.

Wenn man die zu bestimmenden Bodenkörner mittels schwerer Flüssigkeiten von 2,61 und 2,75 Dichte in drei Gruppen von 2,21—2,56, 2,62—2,72 und schwerer geteilt hat, dann lassen sich die einzelnen Minerale nicht schwer erkennen.

Gruppe 1 enthält hauptsächlich die Kalifeldspäte, vielleicht etwas Quarz (mit Lufteinschlüssen) oder selten Opal.

Die Kalifeldspäte, Orthoklas und Mikroklin, kann man unterscheiden dadurch, daß letzterer infolge polysynthetischer Zwillingsbildung eine Gitterstruktur zeigt und auf der Basis (001) eine Auslöschungsschiefe von +15 bis

[1] Die Firma O. E. Kobe in Münster i. W. liefert den Scheidetrichter für 5 RM.
[2] MCCAUGHEY, W. J., W. H. FRY: Bur. soils Bull. **91**, 8 (1913).
[3] GRAHAM, R. P. D.: Trans. roy. Soc. Canada **1917** (3), 9, 51—53.

$+17^0$ besitzt. Ferner gibt Mikroklin im k. p. L. ein unsymmetrisches Achsenbild. Gegen die Verwitterungseinflüsse ist Mikroklin widerstandsfähiger als Orthoklas. In den amerikanischen Böden wurden 0—26% Kalifeldspäte gefunden. — Über etwa vorkommenden Quarz siehe Gruppe 2.

Gruppe 2 enthält wesentlich nur Quarz und einige natronreiche Plagioklase: Albit, Oligoklas, Andesin und Labradorit. Chalcedon dürfte nur selten vorkommen; wenn aber, so würde er leicht als meist radialfaseriges Aggregat zu erkennen sein. Die Fasern zeigen parallele Auslöschung. Wenn etwa vorkommender Calcit noch nicht entfernt ist, so fällt er durch die Höhe seiner Interferenzfarben auf.

Quarz und Feldspäte unterscheiden sich 1. durch den Mangel an Spaltbarkeit des Quarzes, 2. der Quarz ist optisch einachsig, die Feldspäte sind optisch zweiachsig; 3. Lichtbrechung und Doppelbrechung sind bei Feldspäten etwas geringer als beim Quarz; 4. durch das Fehlen der Zwillingsbildung beim Quarz.

Wenn erwünscht, kann man das Mengenverhältnis von Feldspat und Quarz nach BECKE[1] feststellen: Man überzieht ein Objektglas mit Kanadabalsam, verteilt darauf gleichmäßig die zu untersuchenden Bodenkörner und erwärmt den Balsam, bis die Körner einsinken. Dann ätzt man diese — etwa $^1/_4$—1 Minute — mit HF. Der Quarz wird gelöst, die Feldspäte werden nur oberflächlich zersetzt. Spült man die HF vorsichtig ab, so daß die Zersetzungsprodukte nicht mitgeführt werden und benetzt die Körner mit einem Anilinfarbstoff, z. B. Methylenblau — etwa 5—10 Minuten — und spült dann den freien Farbstoff weg, so bleiben die Feldspäte stark gefärbt, die Quarze nicht gefärbt zurück. Um nun die Mengenverhältnisse festzustellen, bedeckt man das Präparat mit in Aether gelöstem Kanadabalsam und dann mit einem Deckglase.

Die Plagioklase kann man nach der Dichte (Verfahren von GRAHAM, S. 43) oder mit dem BROEGGERschen Apparate (S. 42) erkennen.

Gruppe 3. Die Minerale dieser Gruppe lassen sich leicht nach ihren optischen Eigenschaften unterscheiden.

Die Glimmer und Chlorite[2] sind entsprechend ihrer blätterigen Gestalt aus den Sanden entfernt. Von den Glimmern sind die Chlorite verschieden durch ihre in der Regel grüne Farbe und ihren deutlichen Pleochroismus, während der Muscovit farblos und der Biotit braun, selten grünlich, ohne Pleochroismus bei Spaltflächenlage ist. Die Umgrenzung von Chloritkristallen ist hexagonal. Brechungsindex für Chlorite ist 1,576—1,585, für Biotit 1,638, für Muscovit 1,603. In zweifelhaften Fällen entscheidet die Mikroreaktion für Chlorite und Biotit auf Fe und Mg, für Muscovit auf K.

Von den Eisenmineralen ist des Magnetits schon gedacht (siehe S. 40). Alle zeichnen sich dadurch von den übrigen Mineralien der Gruppe aus, daß sie völlig undurchsichtig sind. Hämatit ist meist dünntafelig mit lappigen und zackigen Umgrenzungen (Eisenglimmer), auch kommt er vielfach als Einschluß in anderen Mineralien vor. Limonit erscheint in der Regel als Aggregat faserig oder kryptokristallin.

Die noch übrigen, spezifisch schweren Minerale unterscheidet man leicht nach dem Brechungsindex; dieser beträgt bei Apatit 1,64, bei Hornblende 1,65, bei Augit 1,71, bei Epidot 1,77.

Apatit erscheint in langen, dünnen, säulenförmigen Formen, selten kurzkörnig. Im durchfallenden Lichte ist er farblos, selten gefärbt. Häufig enthält er Einschlüsse, tritt aber auch selbst als Einschluß im Quarz auf. Bei etwaigem Zweifel gibt die Reaktion auf P_2O_5 Sicherheit.

[1] BECKE: T. M. P. M. 10, 89 (1889); 12, 257.

[2] Die einzelnen Chloritarten zu bestimmen, erscheint nicht nötig.

Hornblende findet sich in Säulen, Körnern und Stengeln. Im durchfallenden Lichte erscheint sie farblos bis grünlich. Ihr Pleochroismus ist im Gegensatz zu den Pyroxenen stark.

Die Pyroxene kommen relativ wenig vor, weil sie sich leicht zersetzen; am meisten tritt der Augit in kurzen, gedrungenen Säulen auf. Seine Farbe im durchfallenden Lichte ist grünlich, bräunlich oder violett, sein Pleochroismus geringer als der der Hornblende.

Epidot unterscheidet sich von den Pyroxenen und ähnlichen Mineralien durch die Lage der optischen Achsenebene senkrecht zur Längsrichtung, angegeben durch die Spaltrisse. Farbe im durchfallenden Lichte grün, gelb, braun (Pistazit), farblos, rötlich (Klinozoisit). Wenn er lebhaft gefärbt ist, so ist starker Pleochroismus vorhanden.

Unter den spezifisch schweren Mineralien finden sich, aber quantitativ in unbedeutenden Mengen, die unlöslichen und harten Mineralien[1]: Zirkon, Rutil, Turmalin und Granate, die aber für den Boden keine Bedeutung besitzen, weil sie weder Nährstoffe liefern, noch als Gerüstteile in Betracht kommen.

c) Die Kolloidbestandteile des Bodens und die Methoden ihrer Erkennung.

Von **G. Hager**, Bonn.

Mit 6 Abbildungen.

Der dispersoide Zustand des Bodens und seine Erkennung.

Der Boden als disperses System.

Eine günstige Bodenstruktur ist für ein gesundes und freudiges Wachstum der Pflanzen wie auch der nützlichen Kleinlebewesen, der verborgenen Freunde des Landmannes, von größter Bedeutung. A. Atterberg[2] beobachtete, daß die Wurzelhaare der Gramineen in einem Sand von weniger als 0,02 mm Durchmesser bei fester Lagerung nicht mehr in die Zwischenräume des Sandes hineinzuwachsen vermochten. Die Wasserkapazität und die Wasserführung werden weiter von der Größe der Einzelteilchen, ihrer Struktur und der Art der gegenseitigen Lagerung beeinflußt.

Ein verschlämmter Boden ist wasserundurchlässig, trocknet daher schlecht ab und bleibt kalt. Luft vermag in einen solchen Boden, der sich in Einzelkornstruktur befindet, kaum noch einzudringen, die Kleinlebewesen werden also in ihrer Entwicklung gehemmt. Er bildet daher einen sehr ungünstigen Standort für die Pflanzen. Die Saat läuft nach Schlagregen infolge der verhärteten Bodendecke und infolge von Sauerstoffmangel mangelhaft auf, und die wenigen aufgegangenen Pflänzchen führen ein kümmerliches Dasein.

Die Ursache einer solchen ungünstigen Strukturveränderung ist nichts weiter als die Erhöhung des Verteilungsgrades des Systems Boden—Wasser, mit anderen Worten, ein eingetretener Peptisationsvorgang[3]. Einmal sind die Krümel des garen Bodens unter dem Einfluß elektrolytarmen Bodenwassers oder der aufteilenden Ionen zerfallen; dann aber haben auch die Einzelteilchen, soweit sie quellungs- bzw. hydratationsfähig sind, durch Aufnahme von Wasser eine schleimige Beschaffenheit angenommen. Weiter zeigt ein humusarmer Sandboden für das gute Gedeihen der meisten Kulturpflanzen die ungünstigsten Voraussetzungen. Er vermag kein Wasser zu halten, die Pflanzen leiden bereits

[1] Wegen dieser Eigenschaften haben sie in der Regel ihre Kristallform bewahrt.

[2] Atterberg, A.: Studien auf dem Gebiete d r Bodenkunde. Landw. Versuchsstat. 69, 127 (1908).

[3] Vgl. dieses Handbuch 1, 209, 214, 217

bei kurzem Ausbleiben von Regen unter Wassermangel. Die Nährstoffe der Düngemittel werden leicht ausgewaschen. Kurz, magere Ernten sind die Regel.

Das Gegenteil bilden die schweren Tonböden. Infolge des hohen Verteilungsgrades und der feinen Hohlräume zwischen den Teilchen halten diese Böden das Wasser fest, trocknen schlecht ab und zeigen besonders in nassen Jahren sehr unerwünschte Eigenschaften, welche die Bearbeitung und die Bestellungsarbeiten ungemein erschweren und die Erträge ungünstig beeinflussen. Abhilfe dagegen schafft nur die Verringerung der Dispersität des Bodens durch Kalkung und Zuführung organischer Substanz. Erstere läßt die Einzelteilchen (Protone oder Monone) zu Sekundärteilchen zusammentreten. Der Humus bildet mit den Tonteilchen Sekundärteilchen von großer Festigkeit, die dem schweren Boden die Eigenschaften eines anscheinend tonärmeren verleihen.

Der Sandboden mit seinen ebenfalls ungünstigen physikalischen und chemischen Eigenschaften wird durch eine Steigerung des Verteilungsgrades verbessert. In dieser Richtung wirken Ton, z. B. Tonmergel, Stallmist und Gründüngung.

Sehr anschaulich zeigt die folgende Zusammenstellung von G. WIEGNER[1] die Abhängigkeit gewisser Bodeneigenschaften von der Dispersität.

Relativ hohe Dispersität (Rohton)	Relativ mitttlere Dispersität (Schluff und Feinsand)	Relativ geringe Dispersität (Feinsand und Grobsand)
Hohe Wasserkapazität, schlechte Wasserführung	→ ←	Geringe Wasserkapazität, gute Wasserführung
Hohe Kohäsion	→ ←	Geringe Kohäsion
Hoher Nährstoffgehalt	→ ←	Geringer Nährstoffgehalt
Gute chemische, schlechte physikalische Eigenschaften	→ ←	Schlechte chemische, gute physikalische Eigenschaften
Kalter, untätiger, schwer bearbeitbarer, nährstoffreicher Boden mit geringer Auswaschung	→ ←	Warmer, tätiger, leicht bearbeitbarer, lockerer, nährstoffarmer Boden mit hoher Auswaschung

Diese Beispiele zeigen schon, daß es sich bei Strukturveränderungen des Bodens um dispersoidchemische bzw. kolloidchemische Vorgänge im engeren Sinne handelt. G. WIEGNER[2] bezeichnet den Boden als reversible Dispersion, die in ihrer Zerteilung, z. B. auf Elektrolytzusatz, nach Art eines mehr oder weniger leicht verschiebbaren Dispersitätsgleichgewichtes reagiert. Nach neueren Untersuchungen scheint es aber, daß ein Boden auch praktisch irreversible Dispersitätsänderungen erfahren kann. So enthalten basenaustauschsaure Böden infolge adsorbierten, positiv geladenen Eisen- und Aluminiumhydroxydes[3] Flockenteilchen, die der Aufteilung durch Wasser widerstehen und erst durch aufteilende Ionen, z. B. OH-Ionen des Ammoniaks, dispergiert werden können. Fernerhin lassen Versuche des Verfassers den Schluß zu, daß die Strukturveränderungen der Böden durch Kalkdüngung[4] auch durch Einwirkung größerer Mengen Wassers nicht immer in kurzer Zeit rückgängig gemacht werden.

---

[1] WIEGNER, G.: Boden- und Bodenbildung, S. 14. Dresden u. Leipzig 1926.

[2] WIEGNER, G.: a. a. O., S. 17.

[3] KAPPEN, H.: Studien an sauren Mineralböden aus der Nähe von Jena. Landw. Versuchsstat. **88**, 31 (1916).

[4] HAGER, G.: J. Landw. **65**, 306, 307 (1917). Bei Einwirkung sehr großer Wassermengen auf wenig Boden, erfährt der Boden allerdings eine Aufteilung der Krümel, die aber unter natürlichen Verhältnissen (viel Boden, wenig Wasser) im allgemeinen ausbleibt (S. 70).

Je fester die Ionen und Kolloide, welche die Dispersitätsveränderung verursacht haben, gebunden sind, um so stärker und anhaltender sind die Wirkungen[1].

Gäbe es Methoden, die eine genaue Bestimmung der Bodenoberfläche, also der Gesamtoberfläche aller Teilchen gestatten, so würden die erhaltenen Befunde eine wertvolle Unterlage für die Beurteilung der Bodeneigenschaften abgeben können. Leider fehlen zur Zeit, wie an späterer Stelle dargelegt werden wird, solche Untersuchungsverfahren.

Neben grobdispersen Anteilen finden sich in den meisten Böden, abgesehen von den humusarmen Sandböden, auch Bestandteile höheren Dispersitätsgrades bis hinab zu den Teilchen kolloider Größenordnung. Auch Teile maximaldisperser Verteilung, z. B. Salze, fehlen nicht.

J. M. VAN BEMMELEN hat sich wohl als erster mit kolloidchemischen Forschungen auf dem Gebiete der Bodenkunde beschäftigt. Er versteht unter den kolloiden Bestandteilen der Ackererde:

a) Gewebereste der Pflanzen, die tierischen Reste,
b) die Humussubstanzen,
c) das kolloide Eisenoxyd (oder Oxydul),
d) die kolloide Kieselsäure,
e) die amorphen zeolithischen Silikate,

welche durch Verwitterung entstanden sind. Heute, da bekannt ist, daß zwischen Kolloiden und Kristalloiden keine prinzipiellen Unterschiede bestehen, ist es richtiger zu sagen: Die genannten Stoffe finden sich im Boden im kolloiden Zustande vor. In diesen Ausführungen sei der von P. EHRENBERG[2] gewählten Einteilung im wesentlichen gefolgt, sie lautet:

1. Kleinlebewesen,
2. die kolloide Kieselsäure,
3. das kolloide Eisenoxyd,
4. die kolloide Tonerde,
5. die kolloiden Humusstoffe,
6. feinste Sande,
7. der Ton.

K l e i n l e b e w e s e n. In jedem Boden finden sich Kleinlebewesen, vor allem Bakterien, in wechselnder Menge vor. Sie sind für die Bodengare und die Fruchtbarkeit der meisten Böden von größter Bedeutung. Im allgemeinen bevorzugen sie milde, humushaltige, schwach saure bis schwach alkalische Böden. Ein gewisser Feuchtigkeitsgehalt ist ihrem Wachstum günstig. Sie können jedoch vorübergehend auch Trockenheit vertragen. Kolloidchemisch betrachtet sind sie ein Emulsionskolloid[3], die elektrische Ladung ist negativ. Die Zahl der im tätigen Boden vorhandenen Bakterien ist zwar gewaltig, doch ist ihre Masse infolge der Kleinheit und des geringen Gewichtes des einzelnen Lebewesens nur gering. Bedeutung für kolloidchemische Vorgänge erhalten sie vor allem durch ihre Stoffwechselprodukte, z. B. gewisse Säuren, vor allem die Kohlensäure. Für die Bodengare ist nach neuen Anschauungen die Kohlensäure als Lösungsmittel des Kalks und der Magnesia von Wichtigkeit. Diese Basen setzen infolge ihrer ausflockenden Wirkung den Dispersitätsgrad des Bodens herab, und zwar wirken sie in dieser Beziehung nicht nur auf die Teilchen der Sole, also der Bodenlösung, sondern auch auf die Gele[4].

---

[1] Vgl. dieses Handbuch 1, 214.
[2] EHRENBERG, P.: Die Bodenkolloide, 3. Aufl. Dresden u. Leipzig: Th. Steinkopff, 1921.
[3] Vgl. dieses Handbuch 1, 205. [4] Vgl. dieses Handbuch 1, 214.

Die Bakterien[1] werden von gewissen Bodenbestandteilen adsorbiert. Im einzelnen scheinen sich, wie die Versuche von KARPINSKAJA[2] zeigen, die verschiedenen Bakterienarten, die Böden und ihre Bestandteile nicht gleich zu verhalten. Nach Ansicht dieses Forschers sollen die Bakterien infolge der Adsorption eigenartige Depressionszustände erleiden, die sich in verminderter Lebenstätigkeit äußern.

Die kolloide Kieselsäure. Die Pflanzen enthalten bekanntlich größere oder geringere Mengen von Kieselsäure, welche nach neuen Anschauungen nur als Ion aufgenommen sein kann. Es entstammt diese Kieselsäure den Verwitterungsvorgängen im Boden, bei denen die Kohlensäure und die Hydrolyse eine hervorragende Rolle spielen. Die molekulardispers gelöste Kieselsäure geht leicht in die kolloid gelöste über. Während die erstere Gefrierpunktserniedrigung zeigt, nimmt diese in dem Maße ab, wie die Dispersität sich verringert, die Teilchen also größer werden. Den Untersuchungen ZSIGMONDYS[3] nach kommt der kolloidgelösten Kieselsäure ebenso, wie den meisten anderen kolloiden Lösungen ein osmotischer Druck gegen das Filtrat zu, der mit der Vergröberung der Kieselsäureteilchen abnimmt. Meist sind die Amikronen der Kieselsäure negativ geladen. Sie wandern daher im elektrischen Strom zur Anode. Das Kieselsäuresol ist gegen koagulierende Elektrolyte als Emulsionskolloid verhältnismäßig widerstandsfähig, weil das diesen Kolloiden angelagerte Wasser das Zusammenballen der Teilchen zu Flocken erschwert. Über die Struktur des Kieselsäuregels ist bereits an anderer Stelle[4] eingehend berichtet, so daß sich hier eine nochmalige Besprechung erübrigt.

Infolge seiner großen inneren Oberfläche sind die Kapillarkräfte außerordentlich wirksam. Derartige hochdisperse Körper zeigen unter anderem ein starkes Bindungsvermögen für Dämpfe, Ammoniakgas und Farbstoffe basischer Natur. Letztere Eigenschaften sprechen für die Säurenatur der Kieselsäure, ebenso die Fähigkeit, die Basen aus den Lösungen der Hydroxyde und der Salze schwacher Säuren adsorbieren zu können. So z. B. wird Kalziumbikarbonat unter Bindung des Kalkes und Freiwerden der Kohlensäure zersetzt. Wenn das Kieselsäuregel in wäßriger Suspension kaum Säureeigenschaften zeigt, so liegt dies daran, daß die Kieselsäure eine unlösliche und schwache Säure ist, also Wasserstoffionen höchstens in Spuren abspaltet, woraus sich ihre geringe Reaktionsfähigkeit erklärt. SCHWARZ[5] ist es auch gelungen, Kieselsäuren mit bestimmten Wassergehalten herzustellen, die er als Hydrate dieser Säure ansieht. Reine, aus Kieselsäuretetraaethylester hergestellte Kieselsäure zeigt nach den Untersuchungen von A. v. OERTZEN[6] eine Leitfähigkeit von $0{,}30 \cdot 10^{-4}$, während die des reinen Wassers $0{,}0384 \cdot 10^{-6}$ beträgt. Dieser Befund spricht dafür, daß sich an der inneren und äußeren Oberfläche des Kieselsäuregels Wasserstoffionen, die allerdings nur langsam und nur zum kleinen Teil in Reaktion zu treten vermögen, vorfinden.

Kolloide mit entgegengesetzter elektrischer Ladung fällen sich mehr oder minder vollständig aus, sofern bei der Teilchenvereinigung die Ladungen teil-

---

[1] SCHRÖDER, K.: Inaug.-Dissert., Marburg 1891. — FRANKLAND, P. F.: Proc. roy. Soc. **38**, 379 (1867).

[2] KARPINSKAJA, N.: Zur Frage: Adsorption der Bakterien durch den Boden. J. Landw. Wiss. Moskau **3**, 587 (1926); ref. Z. Pflanzenernährg. usw. A **10**, 375 (1927—28).

[3] ZSIGMONDY, R.: Kolloidchemie **2**, 5. Aufl., 66. Leipzig 1927.

[4] Vgl. dieses Handbuch **1**, 220.

[5] SCHWARZ, ROBERT: Ber. **57**, 1477 (1924); **58** (1925); Z. Elektrochem. **32**, 415 (1926).

[6] OERTZEN, A. v.: Inaug.-Dissert., S. 30, Bonn 1927. — Weitere Literatur: EHRENBERG, P.: Die Bodenkolloide, 3. Aufl., S. 45f. Dresden u. Leipzig. — Vgl. auch G. WIEGNER: Über Wasserstoff- und Hydroxylionen in den Ionenschwärmen um suspendierte Teilchen und dispergierte Ultramikronen. Kolloid-Z. **51**, 49 (1930).

weise oder ganz aufgehoben werden. Nach den Anschauungen von VAN BEMMELEN[1], H. STREMME[2] und besonders von G. WIEGNER[3] entstehen die austauschfähigen Verbindungen des Bodens, die als Adsorptionsverbindungen im Sinne VAN BEMMELENs aufzufassen sind, in der Weise, daß positiv geladenes Aluminiumoxyd mit negativ geladener Kieselsäure im Solzustand zusammentrifft[4]. Werden dann bei der Teilchenvereinigung die positiven und negativen Ladungen teilweise oder vollständig ausgeglichen, so erfolgt Ausfällung der Adsorptionsverbindungen von Kieselsäure und Tonerde. Diese Gele sind die zeolithähnlichen Verbindungen unserer Böden, welche die Eigenschaft haben, adsorbierte Kationen gegen andere auszutauschen.

$$\boxed{Al(OH)_3} + \boxed{nH_2O\, mSiO_2} = \boxed{Al(OH)_3 \,|\, nH_2O\, mSiO_2}$$

Im Solzustand positiv	Im Solzustand negativ	Ausgefällt, ungefähr elektrisch neutral, gemengtes Aluminiumhydroxyd-Kieselsäuregel

Überwiegt der Betrag der einen Ladung den der entgegengesetzten erheblich, so bleibt die Fällung aus, es erfolgt nur eine Umladung[5].

Diese Theorie ist recht problematisch. Denn einmal ist durchaus nicht bewiesen, daß im Boden die beiden Kolloide in einem solchen Verhältnis auftreten, so daß durch Entladung unter das kritische Potential[6] gegenseitige Fällung eintritt. Kann doch nach neueren Untersuchungen das Aluminiumoxyd auch negative Ladung[7] tragen! Schließlich scheint es noch gar nicht einmal festzustehen, daß die durch gegenseitige Fällung der beiden Kolloide erhaltenen Adsorptionsverbindungen überhaupt befähigt sind, Basen austauschbar zu binden.

Den Versuchen von W. N. SIMAKOV[8] nach bringt das Kieselsäuresol das Sol von Tonerde zur vollständigen Koagulation, wenn auf einen Teil Al_2O_3 7,204 bis 16,007 Teile SiO_2 kommen! GANSSEN[9], KAPPEN[10] und Mitarbeiter haben aber festgestellt, daß sich SiO_2 und Al_2O_3 in einem ganz anderen Verhältnis zueinander im Boden vorfinden, nämlich in einem solchen von 3 Mol SiO_2 : 1 Mol Al_2O_3.

Die kolloide Tonerde. Das Aluminium findet sich in den meisten Böden in erheblicher Menge vor. Nur in den Böden mit hohem Gehalt an Rohhumus wird es unter der Wirkung der kolloiden sauren Humusstoffe ausgewaschen.

Ob das Tonerdegel in den Böden Europas in größeren Mengen vorkommt, ist noch zweifelhaft; wohl aber findet es sich in den Böden der tropischen Gegenden, z. B. als kristallisiertes Hydrat (Hydrargillit).

Das Hydrosol der Tonerde bildet sich hauptsächlich bei der Hydrolyse von Tonerdeverbindungen, vor allem der Tonerdesilikate.

---

[1] BEMMELEN, J. M. VAN: Die Adsorption, S. 81—144. Dresden u. Leipzig: Th. Steinkopff 1910.

[2] STREMME, H.: Über Fällung der gemengten Gele von Tonerde und Kieselsäure. Cbl. Min. **1908**, 622, 661; **1911**, 207; Mber. dtsch. geol. Ges. **1910**, 122; Landw. Jb. **1911**, 338.

[3] WIEGNER, G.: Boden und Bodenbildung, 4. Aufl., S. 34. Dresden u. Leipzig: Th. Steinkopff 1926.

[4] Vgl. vorliegenden Band des Handbuches, S. 12 f.

[5] Vgl. dieses Handbuch **1**, 212.

[6] Vgl. dieses Handbuch **1**, 210, 212.

[7] MATTSON, S. E.: Die Beziehungen zwischen Ausflockung, Adsorption und Teilchenladung mit besonderer Berücksichtigung der Hydroxylionen. Inaug.-Dissert., Breslau 1922.

[8] SIMAKOV, W. N.: Über die Wechselwirkung der Sole von Eisenoxydhydrat, Aluminiumoxydhydrat, Kieselsäure und Manganperoxyd. Kolloid-Z. **39**, 207. — Vgl. auch K. K. GEDROIZ: Der adsorbierende Bodenkomplex. Sonderausgabe aus den Kolloidchem. Beih. Dresden u. Leipzig: Th. Steinkopff 1929.

[9] GANSSEN, R.: Kann man die Düngebedürftigkeit des Ackerbodens auf Grund des Salzsäureauszuges feststellen? Mitt. Labor. preuß. geol. Landesanst. **1920**, H. 1, S. 9.

[10] KAPPEN, H. u. H. LIESEGANG: Weitere Untersuchungen zur Austauschazidität. Landw. Versuchsstat. **99**, 213 (1922).

Die Beständigkeit des Sols wird mit der Abnahme des Elektrolytgehaltes geringer. Man hat im Laboratorium sowohl Sole hergestellt, die schon durch Spuren von Salzen oder durch Umgießen koagulieren, als auch solche, die äußerst beständig sind und mit wenig Wasser eine zähflüssige Lösung bilden, welche sich zu einer farblosen, durchsichtigen, gummiähnlichen Masse eindicken läßt. Diese Hydrosole sind unter Umständen gute Schutzkolloide. Im Boden wird die Tonerde in Solform nur dort längere Zeit vorkommen, wo sie durch ein Schutzkolloid[1], vor allem die Humussäuren, geschützt ist. Die Teilchen des Sols sind nach S. E. MATTSON[2] in reinem Zustand negativ geladen. Enthalten sie aber gewisse Ionen, so kann die elektrische Ladung positiv sein.

Das ausgeflockte Gel enthält stets Wasser in wechselnden Mengen gebunden. Wenn auch die Adsorption des Wassers z. T. durch Kapillarwirkung[3] erklärt werden kann, lassen doch neuere Untersuchungen auf die Existenz von Hydraten schließen. Nach HABER[4] finden sich im Mineralreich und in den Niederschlägen, die man im Laboratorium herstellt, folgende Hydrate:

	γ-Reihe	Formel	α-Reihe
1.	Hydrargillit	$Al(OH)_3$	—
2.	Bauxit	$AlOOH$	Diaspor
3.	γ-Aluminiumoxyd	Al_2O_3	Korund

Der Zukunft muß es überlassen bleiben, zu entscheiden, ob in dem Tonerdegel das Wasser wenigstens teilweise als echtes Hydratwasser chemisch gebunden ist, oder ob die Verhältnisse hier ähnlich wie beim Kieselsäuregel liegen. Bei diesem findet sich das Wasser in den amikroskopisch feinen Kapillaren gebunden vor. Die kolloid gelöste Tonerde wird auch durch Kolloide mit entgegengesetzter Ladung ausgeflockt, sofern dabei die elektrische Ladung der Teilchen ganz oder zum Teil aufgehoben wird. Auf die WIEGNERsche Theorie der Entstehung der Austauschzeolithe ist bereits in einem vorhergehenden Abschnitt eingegangen, so daß sich hier eine nochmalige Besprechung erübrigt[5].

Das kolloide Eisenoxyd. Wohl alle Böden enthalten Eisenverbindungen in wechselnder Menge. Die Farbe der Böden hängt im wesentlichen von den Humusbeimengungen und dem Gehalt und der Form der vorhandenen Eisenverbindungen ab. Näheres ist über die Art der Bindung und das quantitative Vorkommen der Eisenverbindungen nicht bekannt, da mangels geeigneter Untersuchungsmethoden eine Trennung der verschiedenen Eisenverbindungen ausgeschlossen ist. In welchen Mengen das kolloide Eisenoxyd in unseren Böden enthalten ist, läßt sich daher ebenfalls nicht sagen.

Da das Eisen eine sehr schwache Base ist, unterliegen seine Verbindungen mit Säuren in wäßriger Lösung der Hydrolyse. Das Eisenoxyd kann dann unter bestimmten Voraussetzungen durch adsorbierte aufladende Ionen als Hydrosol in Lösung bleiben. Das reine kolloide Eisenoxyd trägt nach den MATTSONschen Untersuchungen negative Ladung; durch Verunreinigungen wird sie unter Umständen positiv. In der Bodenlösung dürften die Eisenoxydteilchen daher zuweilen eine positive Ladung tragen. Das Sol zeigt eine schwache Leitfähigkeit und geringen osmotischen Druck gegen sein Ultrafiltrat. Die Koagulation des Eisenoxyds kann durch entgegengesetzt geladene Ionen und Kolloide[6] erfolgen.

---

[1] Vgl. dieses Handbuch 1, 213. [2] MATTSON, S. E.: a. a. O., S. 91.

[3] Vgl. dieses Handbuch 1, 221. — VAN BEMMELEN, J. M.: Die Adsorption, S. 44f. Dresden u. Leipzig: Th. Steinkopff 1910.

[4] HABER, F.: Naturwiss. 13, 1007 (1925). — ZSIGMONDY, R.: Kolloidchemie, 5. Aufl. 2, 140. Leipzig 1927.

[5] Vgl. S. 49. [6] Vgl. S. 48.

Den DUCLAUXschen[1] Untersuchungen nach versagt die HARDYsche Fällungsregel bei diesem Sol. Während die meisten Elektrolyte das Eisenoxyd ohne Rücksicht auf die Wertigkeit der Anionen nur entsprechend der Äquivalenz fällten, waren von den Anionen Cl' und NO_3' ganz erheblich größere Mengen notwendig. Es kommt dies nach ZSIGMONDY[2] daher, daß diese Ionen im Gegensatz zu den Anionen anderer Elektrolyte mit den Oberflächenmolekülen keine schwerlöslichen, undissoziierten Verbindungen bilden, sondern leicht abdissoziieren und daher den Teilchen infolge Aufladung Beständigkeit verleihen. Erst durch Vermehrung der Konzentration der Cl- und NO_3-Ionen in dem Dispersionsmittel wird die Abdissoziation dieser Ionen zurückgedrängt, und damit werden die Teilchen entladen und ausgeflockt.

Über die Ausfällung des kolloid gelösten Eisenoxyds durch Humuslösung ist bereits an anderer Stelle[3] berichtet worden.

Unter bestimmten Bedingungen tritt aber auch Humussäure als Schutzkolloid für Eisenoxyd auf und verhindert seine Ausfällung.

Das ausgeflockte Eisenoxydgel enthält stets erhebliche Mengen von Wasser. Den Untersuchungen von VAN BEMMELEN[4] nach ist das Wasser im frischen Gel nicht als Hydratwasser gebunden, sondern als Adsorptionswasser. Durch Altern unter Wasser bilden sich jedoch echte Hydrate, die auch als Minerale sich vorfinden.

J. BÖHM[5] hat die Existenz von zwei kristallographisch verschiedenen Formen von Hydraten und Oxyden des Eisens festgestellt, nämlich:

γ-Reihe		α-Reihe
fehlt	$Fe(OH)_3$	fehlt
Rubinglimmer	FeO_2H	Goethit
γ-Eisenoxyd	Fe_2O_3	Eisenglanz

Außerdem gibt es aber auch amorphe Hydroxyde, deren Zusammensetzung noch festzustellen ist.

Die kolloiden Humusstoffe. Auch die Humusstoffe sind kolloide Zerteilungen.

In weiter zurückliegender Zeit war die Tätigkeit der Forscher im wesentlichen darauf gerichtet, chemisch reine Körper von einheitlicher Zusammensetzung aus den natürlichen Humusstoffen zu gewinnen. Die Einstellung der Forscher zu diesen war also eine rein chemische. Im Anschluß an die VAN BEMMELENschen Untersuchungen trat dann eine einseitige Auffassung der Humussubstanzen als Adsorptionsverbindungen im Sinne VAN BEMMELENS stark hervor. Da Verbindungen dieser Art je nach den obwaltenden Verhältnissen aus den verschiedensten Stoffen und Körpern in stets wechselnden Mengenverhältnissen sich bilden können, wurde das Streben der alten Forscher als von vornherein hoffnungslos angesehen. Das Suchen nach Stoffen bestimmter und stets einheitlicher Zusammensetzung versprach also bei solchen Anschauungen keinen praktischen Erfolg. Gewisse Eigenschaften der Humusstoffe, z. B. Wirkungen hervorzubringen, die sonst nur Säuren zukommen, suchte man daher als Folge der stark entwickelten Oberfläche zu erklären.

Eine zu einseitige Anschauung in diesem oder jenem Sinne schadet natürlich nur jeder Forschung. Denn der Charakter einer Adsorptionsverbindung schließt das Vorhandensein von Körpern mit Säureeigenschaften und chemisch wohl-

[1] DUCLAUX, J.: J. de Chim. **5**, 29f. (1907).
[2] ZSIGMONDY, R.: Kolloidchemie **2**, 5. Aufl. S. 135.
[3] Vgl. dieses Handbuch **1**, 212. [4] BEMMELEN, J. M. VAN: a. a. O., S. 145.
[5] BÖHM, J. u. NICLASSEN: Z. anorg. Chem. **132** (1923). — BÖHM, J.: Ebenda **149**, 203 (1925). — ZSIGMONDY, R.: a. a. O. **2**, 130.

definierter Verbindungen nicht aus. Die Reindarstellung solcher Stoffe wird unsere Kenntnisse und Forschungen ebenso befruchten, wie das Studium der Humusstoffe in kolloidchemischer Beziehung. Die Aufgabe zu einseitiger Anschauungsstandpunkte in neuerer Zeit hat sich daher nur als nützlich erwiesen.

An dieser Stelle können die Humusstoffe nur von kolloidchemischen Gesichtspunkten aus behandelt werden. In unseren meisten Böden finden sich organische Stoffe in allen Übergangsstufen von der noch wenig zersetzten Pflanzensubstanz bis zu dem ausgesprochen strukturlosen kolloiden Humus. Genaue Trennungsmethoden des letzteren von den mehr oder weniger zersetzten Pflanzenteilen gibt es zur Zeit noch nicht, weil für die Lösung der Humusstoffe wohl geeignete Stoffe auch z. T. die noch nicht humifizierte Pflanzen- und Stalldüngersubstanz in Lösung gehen lassen. Nach RAMANN[1] verläuft die Humusbildung in drei allgemein unterscheidbaren Stufen:

1. Stärkere oder schwächere Zersetzung der abgestorbenen organischen Reste durch chlorophyllfreie Organismen aller Art, unter Erhaltung der organisierten Zellstruktur und mehr oder weniger der ursprünglichen Form.

2. Zerkleinerung der Massen durch Tiere und Mischung mit den Mineralteilen des Bodens.

3. Zerstörung der organisierten Zellstruktur, Verbrauch der leichter angreifbaren Bestandteile der Abfallreste und Hervortreten der ausgesprochen kolloiden Eigenschaften der noch erhaltenen organischen Verbindungen. —

Die Humusstoffe sind typische Kolloide. Der Dispersitätsgrad wechselt natürlich je nach der Entstehungsart und dem Alter des Humus[2].

Seinem ganzen Verhalten nach kann man den kolloiden Humus zu den hydrophilen oder lyophilen Kolloiden bzw. Emulsoiden rechnen. Das Sol des Humus ist daher gegen Elektrolyte verhältnismäßig unempfindlich. Es enthält in der Hauptsache Amikronen und ist daher dialysierbar. Die elektrische Leitfähigkeit ist gering. So z. B. fanden A. BAUMANN und E. GULLY[3] bei ungereinigtem Brei aus Hochmoor Werte von $100 \cdot 10^{-6}$ bzw. $105 \cdot 10^{-6}$. Die elektrische Teilchenladung ist negativ. In der Natur kommt das Humussol überall dort vor, wo die stark fällenden mehrwertigen, schwer lösliche Salze bildenden Ca- und Mg-Ionen fehlen. Beim Gefrieren des Sols erfolgt eine Durchbrechung der die Kolloidteilchen umgebenden Wasserhüllen und eine irreversible Teilchenausflockung. Der Dispersitätsgrad wird gleichzeitig kleiner. Man kann daher aus gefrorenem und wieder aufgetautem Hochmoor das vorher festgehaltene Wasser zum erheblichen Teil auspressen.

Besonders wichtig für die Bodenbildungs- und Bodenumbildungsvorgänge ist die Eigenschaft der Humuslösung, Schutzwirkung auf Tonsuspensionen auszuüben. Durch sauren Humus, der beim Fehlen von Kalk und Magnesia im Boden teilweise in Lösung geht, werden daher die feinen Bodenteilchen kolloid gelöst und wandern in den Untergrund[4]. Deshalb verarmen Böden mit einer Deckschicht von saurem Humus im Laufe der Zeit an Feinerdebestandteilen, ebenso an Eisenoxyd und Aluminiumoxyd. Der Boden wird schneeweiß. Im Untergrund erfolgt unter gewissen Bedingungen wieder eine Ausflockung der Kolloide, und es kommt damit zur Bildung von verhärteten Untergrundschichten[4].

[1] RAMANN, E.: Bodenkunde, 3. Aufl., S. 152. Berlin: Julius Springer 1911.

[2] Über die Einteilung der Humusstoffe siehe SVEN ODÉN: Die Huminsäuren. Kolloidchem. Beih. **11**, 33. Dresden u. Leipzig: Th. Steinkopff 1919.

[3] BAUMANN, A. u. E. GULLY: Untersuchungen über die Humussäuren II. Mitt. bayer. Moorkulturanst. **4** (1910).

[4] AALTONEN, V. T.: Zur Kenntnis der Ausfällung des Eisens im Boden. — Versuche zur Klärung der Schutzwirkung von wäßrigen Humusauszügen. Acta forestalia Fennica **25** (1923); ref. Z. Pflanzenernährg. usw. A **10**, 58.

An dem Säurecharakter des sauren Humus ist nach den Versuchen von B. TACKE und H. SÜCHTING[1], S. ODÉN[2], P. EHRENBERG und BAHR[3], G. FISCHER[4], H. KAPPEN[5] u. a. nicht zu zweifeln.

Das vom Wasser durch Verdampfen befreite Humuskolloid zeigt Quellungserscheinungen, doch vermag getrockneter Humus nicht mehr die gleiche Wassermenge festzuhalten wie der frische. Es deutet dies auf eine Vergröberung der Zerteilung hin.

Hydroxylionen begünstigen die Quellung.

Im Gegensatz zu dem sauren Humus und dem Na- und K-Humat, die alle auch im trockenen Zustand noch hochdispers sind, zeigt das Ca- und Mg-Humat ganz andere Eigenschaften. Infolge der Koagulation durch die zweiwertigen Kationen ist diese Humusform nur grobdispers und stellt ein lockeres, krümeliges Gebilde dar. Dieser gesättigte oder milde Humus ist für das Bodengefüge, das Bakterienleben und das Pflanzenwachstum von denkbar günstigster Wirkung. Die mineralischen Bodenteilchen sind in milden humosen Böden von Humusschichten eingehüllt oder durch Humus zu Krümeln vereinigt. Schwere Tonböden werden dadurch lockerer, wärmer und lassen sich besser bearbeiten. Leichte Böden werden dagegen bindiger, halten das Wasser fester als ohne Humus, werden also in ihrer Beschaffenheit ebenfalls verbessert. Kolloidchemisch ausgedrückt setzt der milde Humus bei schweren Böden den Dispersitätsgrad herab, bei Sandböden steigert er ihn.

Da der Humus als hydrophiles Kolloid eine verhältnismäßig geringe Empfindlichkeit gegen Elektrolyte besitzt, macht sich die Wirkung aller die Bodenstruktur ungünstig beeinflussender Salze, wie des Kochsalzes, des Kainits und des Natronsalpeters, nach eigenen[6] Versuchen auf humushaltigen Böden nicht in dem Maße geltend wie auf humusarmen Böden. Dasselbe gilt auch für andere, das Bodengefüge ungünstig verändernde Einflüsse, z. B. die des Schlagregens und der unsachgemäßen Bodenbearbeitung. Ebenso wie die Zeolithe und zeolithähnlichen Verbindungen besitzt der Humus die Eigenschaft, die gebundenen Basen z. T. gegen andere leicht auszutauschen. In guten Kulturböden findet sich vorwiegend neben Magnesia Kalk im Humus vor. Ein solcher kalkgesättigter Boden ist, wie bereits erwähnt, von grobdisperser Beschaffenheit. Treten aber z. B. infolge Meerwasserüberschwemmungen einwertige Kationen an die Stelle der zweiwertigen, so neigt der Humus ähnlich wie der Ton und der saure Humus dazu, in die Solform überzugehen und damit mittelbar und unmittelbar die physikalische Bodenbeschaffenheit zu verschlechtern.

Wird nun der Humus infolge gewisser Einwirkungen der gebundenen Basen beraubt, der Boden also sauer, so gehen die Tonerde und das Eisenoxyd in Lösung und treten neben Wasserstoff in den Humaten an die Stelle der vorhandenen Kationen in austauschbarer Ionenform. Ein solcher Humus reagiert bei Gegenwart von Neutralsalzen stark sauer. Einmal entstehen durch Basenaustausch die betreffenden Salze des Aluminiums und des Eisens in der Lösung[7]. Da diese

---

[1] TACKE, B. u. H. SÜCHTING: Über Humussäuren. Landw. Jb. **41**, 717; **45**, 195.

[2] ODÉN, S.: Ber. dtsch. chem. Ges. (1) **45**, 651. — Die Humussäuren und die Bodenazidität. Internat. Bodenkde. **6**, 81; Kolloid-Z. **14**, 123.

[3] EHRENBERG, P. u. F. BAHR: Beiträge zum Beweis der Existenz von Humussäuren und zur Klärung ihrer Wirkungen vom Standpunkt der allgemeinen und theoretischen Chemie. J. Landw. **61**, 427.

[4] FISCHER, G.: Die Säuren und Kolloide des Humus. Kühn-Arch. **4**, 1.

[5] KAPPEN, H.: Zu den Ursachen der Azidität der durch Ionenaustausch sauren Böden Landw. Versuchsstat. **89**, 53f.

[6] HAGER, G.: J. Landw. **68**, 76.

[7] KAPPEN, H.: Landw. Versuchsstat. **88**, 13f. (1916); **89**, 73 (1917).

infolge Hydrolyse z. T. in die Base und die freie Säure zerfallen[1], nimmt die Lösung eine saure Reaktion an. Weiterhin sind nach Versuchen H. KAPPENS die Humussäuren, die sich ja in dem natürlichen sauren Humus vorfinden, imstande, Neutralsalze, also Salze von starken Säuren mit starken Basen, unter Bindung der Base und Bildung von Humaten und Freiwerden einer entsprechenden Menge Säure zu zersetzen. Dieser Forscher[2] ist der Anschauung, daß die durch die Gegenwart der Salze gesteigerte Adsorption der OH-Ionen die Umsetzung einleitet. Mit den OH-Ionen werden die zugehörigen Kationen an die Grenzfläche geschleppt. Hier geht dann die Adsorption bald in die chemische Bindung unter Bildung von Humaten über.

Feinste Sande. Während es sich bei den bisher behandelten Kolloiden meist um typische Gele handelte, die infolge ihrer außerordentlich feinen Struktur sich durch eine große äußere und innere Oberfläche auszeichnen und starke Adsorptionsfähigkeit besitzen, setzen sich die feinsten Sande größtenteils aus massigen Einzelteilchen zusammen, die höchstens oberflächlich von Verwitterungs- und Zersetzungsprodukten gelartiger Natur, z. B. Kieselsäure, bedeckt sind. In der Hauptsache bestehen diese Sande jedoch aus verwitterten Teilchen von Quarz, Feldspat, Glimmer usw. Je feiner die Teilchen sind, um so größer wird im Verhältnis zur Masse die Oberfläche. Spezifische Oberflächenwirkungen[3] zeigen daher im erkenntlichen Maße eigentlich nur die Teilchen höchsten Feinheitsgrades. Aber auch die Form muß berücksichtigt werden. Denn den Untersuchungen E. A. MITSCHERLICHS[4] nach beträgt die Größe der Oberfläche eines Sandkornes von tertiärem Sand und Seesand bei Annahme

von Kugelform	$0{,}001464\ cm^2$	bzw.	$0{,}002296\ cm^2$
,, Würfelform	0,001817 ,,	,,	0,003168 ,,

Für je 1 g des Sandes beträgt die Oberflächengröße bei Annahme

von Kugelform	$94{,}31\ cm^2$	bzw.	$71{,}52\ cm^2$
,, Würfelform	130,12 ,,	,,	98,70 ,,

H. HELLRIEGEL[5] beobachtete, daß Hohenbockaer Sand, der den Untersuchungen von P. EHRENBERG[6] nach einen Teilchendurchmesser von etwa 0,25 mm hat, Flockungserscheinungen zeigt. Je feinkörniger ein Sand ist, um so mehr macht sich der Einfluß von Elektrolyten, sei es in der Richtung der Koagulation, sei es der Peptisation, bemerkbar. Die Sandteilchen sind in wäßriger Suspension negativ geladen. Die Ionen des Dispersionsmittels wirken nach Maßgabe ihrer Adsorbierbarkeit[2]. Ebenso hat Ionenabdissoziation[7], z B. von OH' oder $Ca^{\cdot\cdot}$, einen Einfluß auf den Dispersitätsgrad.

Ganz besonders hat sich A. ATTERBERG mit dem Studium der Eigenschaften der feinen Sande befaßt. Seinen Untersuchungen nach zeigt bereits Sand von 0,05—0,02 mm Durchmesser auf Zugabe von Chlornatrium und Salzsäure Koagulationserscheinungen. Im stärkeren Maße treten sie erst bei einer Teilchengröße unter 0,02 mm auf. Ausgesprochene Flockenbildung bleibt aber auch bei

[1] Vgl. dieses Handbuch 1, 202.

[2] KAPPEN, H. u. W. HÜMMELCHEN: Die Neutralsalzzersetzung durch Kolloide. Z. Pflanzenernährg. usw. A 3, 289 (1924). — KAPPEN, H.: Über Wesen und Bedeutung der Bodenazidität. A. a. O., S. 217. — Vgl. auch H. TALLMANN: Die Wasserstoffaktivität in Dispersionen und kolloiddispersen Systemen. Kolloidchem. Beih. 30, 334f. (1930).

[3] Vgl. dieses Handbuch 1, 222.

[4] MITSCHERLICH, E. A.: Bodenkunde für Land- und Forstwirte, 4. Aufl., S. 74. Berlin: Parey 1923.

[5] HELLRIEGEL, H.: Vegetationsversuche über den Kalibedarf einiger Pflanzen. Abschnitt: Die Methode der Sandkultur. Arb. dtsch. Landw.-Ges. Berlin 34, 12 (1898).

[6] EHRENBERG, P.: a. a. O., S. 77. [7] Vgl. dieses Handbuch 1, 215 und diesen Band S. 73.

der feinsten Sandkörnung von 0,002—0,001 mm aus. Aus reinem oder schwach alkalischem Wasser setzen sich die Teilchen dicht aneinander gelagert ab. Infolge dieser dichten Lagerung ist zur Zerteilung des Bodensatzes öfteres Umschütteln notwendig. In salzhaltigen Lösungen, in stärker sauren und alkalischen Flüssigkeiten erhielt dieser Forscher lockere Bodensätze; meist waren sie sogar noch mehr oder weniger flüssig. Eine Ausnahme machte nur der in gesättigtem Kalkwasser entstandene Bodensatz.

Die flüssigen feinen Sande spielen in der Natur eine erhebliche Rolle. Hauptsächlich scheinen sie in den kälteren Zonen vorzukommen, wo sie z. B. bei Eisenbahnbauten Schwierigkeiten verursachen.

Sandteilchen von weniger als 2 μ Durchmesser zeigen BROWNsche[1] Bewegung. Diffusion ist bisher kaum beobachtet worden, weil die in der Natur vorkommenden Sande den dafür notwendigen Feinheitsgrad noch nicht besitzen.

Ton. Die alte Auffassung, daß der Ton verunreinigter Kaolin sei, ist heute kaum noch aufrechtzuerhalten, da sich der erstere von letzterem durch seine Bildsamkeit, die starke Adsorptionsfähigkeit, die Hygroskopizität und auch die chemische Zusammensetzung ganz erheblich unterscheidet.

Die von der internationalen Kommission[2] für die mechanische und physikalische Bodenuntersuchung festgesetzte Nomenklatur der Korngrößen der Böden ist folgende:

Körner größer als	2 cm:	Stein und Geröll
,, von	2 —0,2 cm:	Kies
,, ,,	0,2 —0,02 cm:	Grobsand
,, ,,	0,02 —0,002 cm:	Feinsand
,, ,,	0,002—0,0002 cm:	Schluff
,, feiner als	0,0002 cm:	Kolloidton oder Rohton.

Da die Kolloide im speziellen die Teilchen von ungefähr 0,0001—0,0000001 mm Durchmesser umfassen[3], haben die nach dieser Nomenklatur kleinsten Körner noch nicht den Durchmesser der Kolloide, weshalb vielleicht die Bezeichnung „Rohton" richtiger ist als „Kolloidton".

Auf jeden Fall finden sich in dieser Körnergruppe die Bodenteilchen vor, welche dem Tonboden im wesentlichen seine charakteristischen Eigenschaften verleihen. Das ganze Verhalten dieses Rohtons ist nämlich z. T. eine Folge seiner außerordentlich feinen Beschaffenheit. Es ist das Verdienst P. EHRENBERGS[4], die in der ganzen Literatur zerstreuten Angaben der Forscher, welche sich mit der Erforschung dieser Frage befaßt haben, gesammelt und „soweit möglich" unter einem einheitlichen Gesichtspunkt verarbeitet zu haben. Danach ist der hochdisperse Zustand für die Eigenschaften des Tones wohl die Voraussetzung. Aber schon die Beobachtung, daß feinste Sande, die z. T. auch dem Tonboden eigentümliche Mängel zeigen, in mancher Beziehung sich ganz anders verhalten als die abgeschlämmten Rohtonbestandteile, weist darauf hin, daß der Feinheitsgrad allein die Toneigenschaften nicht bedingt. Bilden doch feinste Sande beim Eintrocknen niemals eine harte Masse wie der Ton, sondern zerfallen beim Aufdrücken mit dem Finger.

Die Mineralien und Gesteinstrümmer setzen der Zerkleinerung und Verwitterung um so größeren Widerstand entgegen, je härter und widerstandsfähiger sie gegen chemische Einflüsse (Hydrolyse, Wirkung der Kohlensäure) sind.

---

[1] Vgl. dieses Handbuch 1, 206.

[2] Bericht über die Sitzung der Internat. Komm. für die mechanische und physikalische Bodenuntersuchung. Internat. Mitt. Bodenkde. 4, 30 (1914).

[3] Vgl. dieses Handbuch 1, 204.

[4] EHRENBERG, P.: Die Bodenkolloide, 3. Aufl., S. 89f. Dresden u. Leipzig 1922. Hier auch ganz ausführliche Literaturangaben.

Gegenüber dem harten, nur aus SiO_2 bestehenden und daher schwer löslichen Quarz wird der zersetzliche Feldspat stärker der Zerkleinerung und dem Zerfall unterliegen. Er wird den Untersuchungen von CUSHMAN[1] nach durch Wasser allein bereits oberflächlich zersetzt. Alkali geht in Lösung, Kieselsäure und Tonerde scheiden sich z. T. als Aluminiumkieselsäure in kolloider Zerteilung als Hülle um die Feldspatteilchen ab, die in Lösung gegangene Kationen zu binden vermag. Wird infolge mechanischer und anderer Einflüsse diese Hülle zerrissen, schreitet die Zersetzung unter weiterer Massenabnahme fort. Die Folge der geringen Widerstandsfähigkeit gewisser Gesteinsbestandteile, wie eben des Feldspats, im Gegensatz zu dem harten unzersetzlichen Quarz ist eine Zerkleinerung und völlige Veränderung des ursprünglichen Gesteins in chemischer und physikalischer Beziehung. Es entstehen aus wohlkristallisierten Stoffen teilweise hydratisierte Gele mit stark entwickelter Oberfläche, großem Adsorptionsvermögen und oftmals mit ausgeprägtem Säurecharakter. Teilchen dieser Art sind hauptsächlich in den feinsten Abschlämmungsprodukten der Böden, dem Kolloid- oder Rohton, enthalten und verleihen ihnen die typischen Toneigenschaften.

Bei der Behandlung von Feldspatpulver z. B. mit kohlensäurehaltigem Wasser erhält man ein basenaustauschsaures und daher auch zum Basenaustausch befähigtes Produkt. Es müssen sich also zeolithähnliche Verbindungen gebildet haben, für die ja das Basenaustauschvermögen charakteristisch ist. Denn der unzersetzte Feldspat reagiert in feiner Verteilung mit Wasser alkalisch und ist zum Basenaustausch unfähig. — Auf Grund des Gesagten müssen die Bodenteilchen um so ärmer an Kieselsäure werden, je kleiner sie sind. Der Gehalt an Tonerde und Eisenoxyd muß dagegen zunehmen. Die Untersuchungen A. D. HALLS[2] bestätigen dies.

Annähernde Teilchendicke in mm	Prozente des ursprünglichen Bodens	Enthalten in Prozenten an		
		Kieselsäure	Eisenhydroxyd	Aluminiumhydroxyd
0,2 —0,04	24	94,6	1,1	3,4
0,04 —0,01	35	92,0	1,2	6,2
0,01 —0,004	11	88,3	1,8	8,5
0,004—0,002	6	61,7	7,0	23,4
unter 0,002	24	45,9	12,2	30,9

Der Wassergehalt der lufttrockenen Fraktionen eines Bodens steigt mit zunehmendem Feinheitsgrad der Bodenanteile an, wie die Untersuchungen von KÖNIG und HASENBÄUMER[3] zeigen:

	Ursprüngl. Boden %	< 0,002 mm %	0,002 bis 0,01 mm %	0,01 bis 0,05 mm %	0,05 bis 0,1 mm %	0,1 bis 0,25 mm %	0,25 bis 0,5 mm %
Wassergehalt	1,647	10,73	5,665	2,45	0,75	0,15	0,08

Dieser mit der Dispersität ansteigende Wassergehalt deutet darauf hin, daß der Gehalt an Gelen mit großer äußerer und innerer[4] Oberfläche in den feinsten Bodenanteilen am größten ist.

---

[1] CUSHMAN, A. S.: Über Gesteinszersetzung unter dem Einfluß von Wasser. Chem. News **93** (1906).

[2] Vgl. P. EHRENBERG: Die Bodenkolloide, S. 91f., besonders S. 97.

[3] KÖNIG, J. u. J. HASENBÄUMER: Zur Beurteilung neuer Verfahren für die Untersuchung des Bodens. Landw. Jb. **56**, 450 (1921).

[4] Vgl. dieses Handbuch **1**, 220.

Dasselbe geht aus den Versuchen von F. GIESECKE[1] hervor, nach denen die Hygroskopizität in den Fraktionen hoher Dispersität ebenfalls am größten ist. Er fand unter anderem bei drei Bodenproben folgende Hygroskopizitätswerte in Prozenten:

	Boden 1 Schwererer Tonboden	Boden 2 Buntsandsteinverwitterungsboden	Boden 3 Sandiger Lehmboden
Ton	18,67 ± 0,09	15,71 ± 0,06	14,29 ± 0,08
Feiner Schluff	13,47 ± 0,19	9,13 ± 0,03	8,90 ± 0,06
Grober Schluff	6,15 ± 0,06	4,34 ± 0,04	3,69 ± 0,00
Mehlsand	4,12 ± 0,05	1,80 ± 0,03	1,14 ± 0,10
Feinsand	2,10 ± 0,02	1,34 ± 0,05	0,85 ± 0,04
Sand	0,70 ± 0,01	0,95 ± 0,01	0,70 ± 0,02

Durch einen hohen Wassergehalt sind nun neben der Kieselsäure die Zeolithe und zeolithähnlichen Verbindungen, wie der Permutit, ausgezeichnet. Da nun die feinsten Bodenanteile ferner durch ein hohes Basenaustauschvermögen gekennzeichnet sind, besteht dieser Rohton zum mindesten zu einem großen Teil aus zeolithähnlichen Verbindungen. KÖNIG und HASENBÄUMER[2] fanden nämlich, als sie die verschiedenen nach dem ATTERBERGschen Schlämmverfahren erhaltenen Bodenfraktionen auf ihr Basenaustauschvermögen prüften, folgende Zahlen:

Bodenfraktion mm	Kalk aus 100 g Boden gelöst durch 10 proz. Chlorkaliumlösung g
± 0,002	3,550
0,002—0,01	0,675
0,01 —0,05	0,513
0,05 —0,10	0,225
0,10 —0,25	0,080
0,25 —0,50	0,040
0,50 —1,0	0,040
Ursprünglicher Boden	0,382

Auf Grund des Gesagten bestehen also die Fraktionsanteile kleiner als 0,002 mm zu einem großen Teil aus zeolithähnlichen Verbindungen, die durch eine hohe Hygroskopizität und ein starkes Basenaustauschvermögen ausgezeichnet sind. Gleichzeitig sind sie die Träger der Fruchtbarkeit, soweit anorganische Bestandteile in Frage kommen. Natürlich sind diese Verbindungen im Boden noch durch andere Stoffe, wie Quarz und Glimmerteilchen, verunreinigt.

Der Gehalt der in der Natur vorkommenden Tone an Kolloidton im engsten Sinne ist nur sehr gering. TH. SCHLÖSING[3] der Ältere gibt 0,59% an, P. EHRENBERG und G. GIVEN[4] erhielten aus hochbildsamem Ton von Gäbersdorf-Beckern in Schlesien nur rund 1% Kolloidton. Die Zusammensetzung der geglühten Substanz war:

SiO_2	53,2%	CaO	0,9%
Al_2O_3	42,0%	MgO	0,7%
Fe_2O_3	2,5%	Na_2O	0,6%
		K_2O	0,8%

Natürlich sagt diese Analyse nur so viel, daß der Ton im wesentlichen aus einer Verbindung von Kieselsäure und Tonerde besteht. Der Basengehalt wird je nach seinem Sättigungsgrad wechseln.

---

[1] GIESECKE, F.: Über die Beziehungen zwischen der mechanischen Zusammensetzung und der Hygroskopizität eines Bodens. J. Landw. **76**, 33 (1928); Chem. Erde **3**, 118 (1927).

[2] KÖNIG, J. u. J. HASENBÄUMER: Landw. Jb. **56**, 452 (1921).

[3] SCHLÖSING, TH.: E. Frémys Encyclop. chim. **10**, 67. (Paris 1885).

[4] EHRENBERG, P. u. G. GIVEN: Der Kolloidton. Kolloid-Z. **17**, 33 (1915). — Weitere Literatur siehe bei P. EHRENBERG: Die Bodenkolloide S. 44f.

Der Kolloidton der zuletzt genannten Forscher hatte folgende Eigenschaften. Das Sol war im auffallenden Lichte opaleszierend, im durchfallenden Lichte ziemlich klar, nur etwas gelblich. Durch Koagulierungsmittel trat eine sofortige Ausflockung ein, nicht aber durch Gefrieren. Die durchschnittliche Teilchengröße betrug 140 $\mu\mu$. Der eingetrocknete Kolloidton, das Hydrogel, hat ungefähr das Aussehen von trockener Gelatine oder arabischem Gummi. In dünner Schicht ist er, gegen das Licht gehalten, fast durchsichtig und läßt es mit gelblicher Farbe durchfallen. Mit wenig Wasser quellen die Stückchen auf und bilden eine zähe, klebrige Masse. Der Kolloidton ist demnach als Emulsionskolloid anzusprechen.

Die Eigenschaften der festen Bodendispersion in kolloidchemischer Beziehung.

Die Adsorption von Gasen, Flüssigkeiten, kristalloid gelösten Stoffen und Kolloiden.

Hierüber ist bereits an anderer Stelle[1] berichtet worden.

Der Basenaustausch.

In dem Abschnitt „Gesetze der Kolloidchemie" sind bereits einige kurze Angaben über den Basenaustausch auf Grund der älteren Literatur mitgeteilt. Mit Absicht sind dort die eingehenden neuen Arbeiten über den Basenaustausch von G. WIEGNER und seinen Mitarbeitern nicht zur Erörterung gestellt, weil eine solche Besprechung, die natürlich eingehend sein muß, aus dem Rahmen eines kurzen Abschnitts über „die Gesetze der Kolloidchemie" zu sehr herausfallen würde. An dieser Stelle ist es jedoch erforderlich, das für das Verständnis der Basenaustauschvorgänge im Boden Wichtigste aus den Untersuchungsergebnissen des genannten Forschers und seiner Mitarbeiter, soweit es der zu Verfügung stehende Raum gestattet, mitzuteilen.

Gewisse Substanzen sind imstande, in fester Form mit Stoffen bzw. Ionen in Reaktion zu treten und eine andere chemische Zusammensetzung anzunehmen, ohne jedoch dabei ihre äußere Gestalt zu verändern. Neben den natürlichen Zeolithen des Mineralreichs sind gewisse Feinerdebestandteile unserer Böden, ferner die Humate und schließlich die von GANSSEN hergestellten künstlichen Zeolithe u. a. zu einer solchen Umwandlung befähigt, und zwar sind die Kationen dieser Verbindungen durch andere, mit bestimmten Ausnahmen[2], austauschbar. FREUNDLICH[3] hat für diese Stoffe den Namen Permutoide vorgeschlagen.

Bringt man sie daher mit Salzlösungen anderer Kationen zusammen, dann tritt ein Teil der Kationen der Lösung in die festen Permutoide an Stelle der vorhandenen Kationen, die im äquivalenten Verhältnis in die Lösung austreten. Soweit nicht durch Entstehung unlöslicher Verbindungen dieser Basenaustausch ein vollständiger wird, stellt sich bald ein Gleichgewichtszustand ein, indem also der Austausch nicht weiter fortschreitet. Schon ältere Versuche lassen erkennen, daß die Austauschfähigkeit der Kationen gewissen Gesetzmäßigkeiten unterliegt. Der Engländer S. T. WAY[4] hat sich wohl zuerst eingehend mit dem Studium dieser ungemein interessanten Erscheinungen befaßt.

Seit der technischen Herstellung der künstlichen Zeolithe, der sog. Permutite, durch GANSSEN hat man fast allgemein diese für das Studium der Basenaus-

---

[1] Vgl. dieses Handbuch 1, 224f.

[2] KAPPEN, H. u. B. FISCHER: Über den Ionenaustausch der zeolithischen Silikate bei Beteiligung hydrolytisch gespaltener Salze. Z. Pflanzenernährg. usw. A **12**, 8f.

[3] FREUNDLICH, H.: Kolloidchemie und Biologie. Dresden u. Leipzig: Th. Steinkopff 1924.

[4] WAY, S. T.: On the power of soils to absorb manure. J. roy. agricult. Soc. England 11, 313 (1850). — Ausführliche Literaturangaben bei G. WIEGNER: Zum Basenaustausch in der Ackererde. J. Landw. **60**, 111 (1912). — ROTHMUND, V. u. G. KORNFELD: Der Basenaustausch im Permutit. Z. anorg. u. allg. Chem. **103**, 129 (1918).

tauschvorgänge benutzt, da sie käuflich für wenig Geld zu erhalten sind und ferner durch ein hohes Austauschvermögen ausgezeichnet sind. R. GANSSEN[1] stellte auf Grund seiner Versuche für den Verlauf des Basenaustausches folgende Formel auf:

$$K = \frac{\frac{x}{m \cdot n - x}}{\frac{a}{g - a}};$$

wobei bedeuten:

K = Gleichgewichtskonstante,
x = adsorbierte Menge Kationen,
m = Permutitmenge,
n = höchst austauschbare Menge Kationen auf 1 g Permutit,
g = Gesamtmenge Salz ohne Rücksicht auf die Konzentration,
a = Menge der Kationen im Gleichgewicht ohne Rücksicht auf die Konzentration.

G. WIEGNER[2] teilt den Standpunkt GANSSENS, der in dem Basenaustausch einen rein chemischen Vorgang erblickte, nicht. Kolloidchemisch eingestellt, betrachtete dieser Forscher, wie bereits in Band 1 dargelegt wurde, die Permutoide als Absorptionsverbindungen im Sinne VAN BEMMELENS. Bei konstantem Lösungsvolumen ergab sich die Gültigkeit der bekannten Adsorptionsisotherme

$$\frac{x}{m} = K \cdot e^{\frac{1}{p}},$$

wobei

$\frac{x}{m}$ = adsorbierte Menge je Gramm Adsorbens,
e = Konzentration im Gleichgewicht in Millimol,
$\frac{1}{p}$ u. K = Konstanten

sind.

Dagegen sind die Permutoide und die zeolithähnlichen Verbindungen des Bodens nach GANSSEN chemische Verbindungen von der ungefähr gleichmäßigen Zusammensetzung

$$Me_2O \cdot Al_2O_3 \cdot SiO_2 \cdot 5\,H_2O.$$

V. ROTHMUND und G. KORNFELD[3] fassen wiederum die Permutoide, die ineinander unbegrenzt löslich sind, als chemische Verbindung auf. Sie sind also feste Lösungen.

A. GÜNTHER-SCHULZE[4] betrachtet die Austauschvorgänge als Diffusion. Der Grad des Austausches wird durch die Ionenkonzentration bedingt. E. RAMANN[5] hält den Basenaustausch für eine Ionenreaktion. Die Umsetzung ist von dem Ionenverhältnis abhängig. Auf Grund der Reaktionsfähigkeit der Permutoide, des schnellen Verlaufs der Gleichgewichtseinstellung, müssen die austauschfähigen Basen dieser Permutoide in ihnen in Ionenform sich vorfinden.

---

[1] GANSSEN, R.: Jb. preuß. geol. Landesanst. u. Bergakad. **26**, 179 (1905); Cbl. Min., Geol. u. Paläont. **1913**, Nr. 22/23, 699.

[2] WIEGNER, G.: Über die chemische oder physikalische Natur der kolloiden wasserhaltigen Tonerdesilikate. Cbl. Min., Geol. u. Paläont. **1914**, 262; J. Landw. **60**, 142f.

[3] ROTHMUND, V. u. G. KORNFELD: Der Basenaustausch im Permutit. Z. anorg. u. allg. Chem. **103**, 129f. (1918).

[4] GÜNTHER-SCHULZE, A.: Die Ionendiffusion im Permutit und Natrolith. Z. physik. Chem. **89**, 168f. (1918). — Die Abhängigkeit der Basengleichgewichte im Permutit von der Konzentration der umgebenden Lösung. Z. Elektrochem. **28**, 85f. (1922).

[5] RAMANN, E. u. A. SPENGEL: Der Basenaustausch der Silikate. Z. anorg. u. allg. Chem. **105**, 82f.

Die Kationenadsorption der Permutoide ist von H. FREUNDLICH[1] als polare Adsorption in Anlehnung an die Begriffsaufstellung der polaren und apolaren Adsorption durch L. MICHAELIS und RONA[2] bezeichnet worden. Bei der polaren Adsorption werden die Kationen und Anionen eines Elektrolyten nicht im äquivalenten Verhältnis gebunden. Eine apolare Adsorption ist dagegen die Adsorption der Nichtelektrolyte durch Adsorbentien, sowie auch die der starken Elektrolyte durch Kohle, sofern Äquivalentadsorption erfolgt. Mit WIEGNER und KAPPEN[3] können wir die modernen Anschauungen über die Bindung der Ionen im Kristall der Elektrolyte auf die Bindung der Ionen im Permutit übertragen. Alle Salze, ferner die Basen, Oxyde und Sulfide zeigen im festen Zustand ein Ionengitter. Die den Kristall aufbauenden Teilchen sind also als Ionen vorhanden, z. B. beim Kochsalzkristall nicht als NaCl-Molekül, sondern als Na- und Cl-Ionen. Man nennt solche Verbindungen polare oder heteropolare. Diese Ionen haben eine eigene Elektronenbahn. Solche Substanzen besitzen daher eine hohe Dissoziationsfähigkeit und sind außerordentlich reaktionsfähig.

Die unpolaren Verbindungen enthalten die Teilchen in Atom- oder Molekülform, die eine gemeinsame Elektronenbahn aufweisen. Da vorgebildete Ionen fehlen, reagieren solche Stoffe langsam. Zu ihnen gehören vor allem die meisten organischen Verbindungen, die keine Elektrolyte sind. Andere Stoffe wieder gehören weder ersteren noch der letzteren Gruppe an, sondern stellen Übergangsformen von der einen zur anderen Gruppe dar.

Die Permutoide und zeolithischen Verbindungen sind auf Grund ihres Verhaltens mit Recht von den beiden genannten Forschern den polaren oder heteropolaren Verbindungen zugezählt. Ob sie im übrigen als chemische Verbindungen oder als Adsorptionsverbindungen aufzufassen sind, muß fürs erste dahingestellt bleiben. Verfasser möchte glauben, daß es tatsächlich chemische Verbindungen sind, allerdings ungewöhnlicher Art.

Daß der gegenseitige Austausch der Kationen stets im äquivalenten Verhältnis erfolgt, ist durch zahlreiche Untersuchungen von J. T. WACH, R. GANSSEN, F. SINGER, G. WIEGNER u. a. bewiesen.

Weitere Versuche über die Austauschfähigkeit der verschiedenen Ionen und ihre Haftfestigkeit zeitigten nun gewisse Gesetzmäßigkeiten.

So fanden V. ROTHMUND und G. KORNFELD[4], daß die einwertigen Ionen die Kupfer- und Silberionen in folgender ansteigender Reihe in verdünnten Lösungen zu verdrängen imstande waren.

$$Li < Na < NH_4 < K < Rb < Tl.$$

E. RAMANN[5] und Mitarbeiter fanden ähnliches:

Na	verdrängt	weniger	stark	als	K, NH_4
Mg	,,	,,	,,	,,	Na, K, NH_4, Ca
Ca	,,	,,	,,	,,	K, NH_4

Ungefähr gleich stark verdrängen K und NH_4, Na und Ca. Die hier festgestellte Reihenfolge in der Verdrängungsfähigkeit stellt nichts anderes dar als die sog. HOFMEISTERsche[6] Reihe. Dieser hatte nämlich beobachtet, daß die

[1] FREUNDLICH, H.: Kapillarchemie, 2. Aufl., S. 279f. 1922.
[2] MICHAELIS, L. u. P. RONA: Kapillarchemie, 2. Aufl., S. 279f. 1922.
[3] KAPPEN, H.: Z. Pflanzenernährg. usw. A **12**, 25.
[4] ROTHMUND, V., u. G. KORNFELD: Der Basenaustausch im Permutit. Z. anorg. u. allg. Chem. **108**, 215f. (1919). — KORNFELD, G.: Z. Elektrochem. **23**, 173f. (1917).
[5] RAMANN, E.: Der Basenaustausch im Permutit. Z. anorg. u. allg. Chem. **114**, 90 bis 104 (1920).
[6] Hofmeisters Beitr. **5**, 276 (1904).

Salze in ihrer Fähigkeit, Kolloide zu koagulieren, sich in eine bestimmte Reihe einordnen. Diese Reihe findet sich bei verschiedenen Kolloiden wieder.

Für die Kationen fand er die Reihe

$$Li > Na > K > NH_4 > Mg .$$

HOFMEISTER sprach auch bereits aus, daß die Stellung eines Ions in dieser Reihe durch seinen Hydratationsgrad bedingt ist.

G. WIEGNER[1] und seine Mitarbeiter haben nun in eingehendem Studium die der Basenaustauschfähigkeit zugrunde liegenden Gesetzmäßigkeiten aufgeklärt. Neben anderen Ursachen, wie der Wertigkeit und der dadurch bedingten Haftfestigkeit, der Bildung schwer löslicher Verbindungen, ist ihren Untersuchungen nach die verschiedene Hydratation der Ionen der Grund der wechselnden Haft- und Verdrängungsfähigkeit der Kationen.

Schon frühzeitig versuchte man gewisse Anomalien im Verhalten der starken Elektrolyte auf eine Hydratation der Ionen zurückzuführen, d. h. auf die Bildung von Wasserhüllen um die Ionen. Die Ursache solcher Wasserschichten kann natürlich nur die elektrische Ladung der Ionen sein, welche anziehend auf die Wassermoleküle wirkt. Gleichzeitig erfahren hierbei die Wasserteilchen unter dem Einfluß des elektrischen Feldes eine Richtung. Die positiven H-Ionen der Moleküle wenden sich also dem Ion mit der entgegengesetzten Ladung zu. Bei den Anionen sitzt die freie Ladung in der Peripherie in Form des Valenzelektrons. Die Anziehung der Wassermoleküle wird daher durch die Größe des Atomradius wenig beeinflußt. Der Sitz der freien Ladung des Kations ist aber der Atomkern. Die Anziehungskraft auf die Wassermoleküle muß also mit der zunehmenden Größe der Atome schnell abnehmen.

Aus den Untersuchungen von RIESENFELD und REINHOLD[2] sowie BRAGG[3] ergeben sich folgende Beziehungen zwischen Ionendurchmesser und Hydratation bei unendlicher Verdünnung:

	Li	Na	NH_4	K	Rb	Cs	
Durchmesser des Ions nach BRAGG in 10^{-7} mm (Angström-Einheiten)	3,0	3,55	—	4,15	4,5	4,75	
Hydratationszahlen	120	66	16	17	14	13	Mol H_2O auf Mol Ion

Ähnlich liegen die Verhältnisse bei den zweiwertigen Ionen. Der Wasserstoff bildet eine Ausnahme. Er ist nur wenig hydratisiert. Man kann dies mit der außerordentlichen Kleinheit des Atomes begründen. Denn es können sich um ein solches, winziges Atom nur wenige Moleküle Wasser anlagern, da mit der Entfernung die Anziehungskraft rasch abnimmt. FAJANS[4] nimmt dagegen an, daß dem Wasserstoffion die Formel $(H_2O)H' — OH'$ zukommt, daß also das Ionvolumen groß und damit die Hydratation gering ist. Nebenbei sei bemerkt, daß in neuester Zeit M. BORN und P. DEBYE u. a. die Ansicht vertreten, daß die Hydratation nur eine sekundäre Erscheinung sei; die wechselnde Polarisierbarkeit der Ionen sei die wahre Ursache für die Anomalien der starken Elektrolyte.

Den WIEGNERschen Anschauungen nach ist nun, soweit keine chemischen Vorgänge in die Umsetzung eingreifen, der je nach der Größe des Atomradius wechselnde Hydratationsgrad die Ursache für die Verdrängungs- bzw. Haft-

[1] WIEGNER, G.: Dispersität und Basenaustausch. Kolloid-Z. Erg.-Bd. **36**, 341. — WIEGNER, G., R. GALLAY u. H. GESSNER: Wasserbindung im Boden. Kolloid-Z. **35**, 313. — JENNY, H.: Kationen- und Anionenumtausch an Permutitgrenzflächen. Kolloidchem. Beih. **23**, H. 10—12. — GALLAY, R.: Beitrag zur Kenntnis der Tonkoagulation. Kolloidchem. Beih. **21**, H. 7—12.

[2] RIESENFELD u. REINHOLD: Z. phys. Chem. **66**, 672 (1919). — Vgl. auch G. WIEGNER: Die Huminsäuren. Kolloid-Z. Erg.-Bd. **36**, 341.

[3] BRAGG: zit. nach G. WIEGNER. [4] FAJANS, K.: Vortrag, in Zürich gehalten 1923.

fähigkeit der Kationen. Der Vorstellung dieses Forschers[1] nach ist das elektrische Potential eines Teilchens von der Hydratation der Kationen in der Außenschicht der HELMHOLTZschen Doppelschicht[2] abhängig, und zwar ist es um so höher, je größer der Abstand der Kationen von dem Innenbeleg der Teilchen ist. Denn stark hydratisierte Ionen können im allgemeinen nicht so nah an ihn herantreten, wie nur wenig hydratisierte Ionen. Die Wasserhüllen hindern die ersteren daran. Gemäß dem Satz von der Entropie strebt das Ultramikron nach einer Erniedrigung seines Potentials durch Auswahl solcher Ionen, die eben infolge geringerer Hydratation möglichst nahe an die Innenschicht herantreten. Das wenig hydratisierte Cäsiumion wird daher das stark hydratisierte Lithiumion aus der Permutitgrenzfläche leicht verdrängen. Um das Gegenteil zu erreichen, werden große Mengen Lithiumionen notwendig sein, also eine hohe Konzentration des Lithiumsalzes, um das Cäsium durch Lithium zu ersetzen. Ob man nun mit G. WIEGNER als Innenionenbelag der Teilchen OH-Ionen oder aber nach anderen Anschauungen negative Ionen der Permutitsäure annimmt, ist für das Verständnis dieses Vorganges unwesentlich. Ebenso ordnen sich die zweiwertigen Kationen der Atomgröße entsprechend ein: z. B.

$$\mathrm{Mg} < \mathrm{Ca} < \mathrm{Sr} < \mathrm{Ba}$$

Um die Gesetzmäßigkeiten des Basenein- und -austausches eingehend zu erfassen und zum Ausdruck zu bringen, unterscheiden WIEGNER und seine Mitarbeiter beim Umtausch der Ionen ein besonderes Eintausch- und ein besonderes Austauschvermögen. Starke Hydratation z. B. erschwert den Eintausch im Permutit, geringe begünstigt ihn. Die FREUNDLICHsche Adsorptionsisotherme[3] hat der genannte Forscher[4] zu einer Umtauschisotherme umgeformt unter Berücksichtigung der Konzentration des auftretenden Ions:

$$y = k \cdot \left(\frac{c}{a - c}\right)^{\frac{1}{p}};$$

Es bedeuten dabei:

y = umgetauschte Menge auf 1 g Permutit,
a = Konzentration der zugesetzten Menge,
c = Konzentration nach Einstellung des Gleichgewichtes,
$a - c$ = umgetauschte Menge,
k und $\frac{1}{p}$ = Konstanten.

Nach JENNY hat sich im allgemeinen die Brauchbarkeit dieser Formel bei der Auswertung der Konstanten herausgestellt. Die Versuche dieses Forschers ergaben:

Umtauschkonstanten affiner Kurven.

	Li	Na	K	NH_4	Rb	Cs	H	$\frac{1}{p}$
NH_4-Permutit . . .	15,21	29,462	45,070	—	56,747	57,982	66,315	0,273
Ca-Permutit	3,50	6,066	8,896	11,425	11,550	13,112	58,117	0,550

	Mg	Ca	Sr	Ba	$\frac{1}{p}$
NH_4-Permutit . . .	29,802	48,128	49,882	69,137	0,088

[1] JENNY, H.: Kationen- und Anionenumtausch an Permutitgrenzflächen. Kolloidchem. Beih. **23**, 453. — Vgl. P. VAGELER u. J. WOLTERSDORF: Beiträge zur Frage des Basenaustausches und der Aziditäten. Z. Pflanzenernährg. usw. A **15**, 329. — R. W. BELING: Zum Reaktionsgleichgewicht beim Kationenaustausch von Permutiten. Ebenda **18**, 292f.

[2] Vgl. dieses Handbuch **1**, 209, 215, 216.

[3] Vgl. dieses Handbuch **1**, 223. [4] JENNY, H.: Kolloidchem. Beih. **23**, H. 10—12, 443.

Die Eintauschfähigkeit der Ionen nimmt mit Ausnahme des Wasserstoffs, der eigentlich am Anfang der Reihe stehen müßte, mit steigendem Atomgewicht zu. Das anomale Verhalten des Wasserstoffs kann, wie auf S. 61 ausgeführt ist, auf die winzige Größe des H-Atoms, die jede stärkere Hydratation aus dem oben erwähnten Grunde ausschließt oder auf einen anderen Bau des H-Atoms ($(H_2O)H' — OH'$) zurückgeführt werden. Da die Aluminiumkieselsäure eine schwache Säure ist, kann auch das Wasserstoffion beim Eintausch zur Bildung der undissoziierten bzw. schwach dissoziierten Säure Anlaß geben; daher verdrängt das Wasserstoffion alle anderen Kationen leicht aus dem Permutit. Die elektrische Doppelschicht verschwindet dann.

JENNY leitet aus seinen Untersuchungen den Satz ab: Die Umtauschkonstanten sind den Ionenvolumen direkt proportional.

Auf Grund des Gesagten müssen natürlich unter sonst gleichen Bedingungen die Ionen mit hohem Eintauschvermögen eine geringe Austauschfähigkeit zeigen. Es ergibt sich dann nach JENNY[1] folgendes Bild:

Li — Na — K — Rb — Cs
steigender Austausch ← → steigender Eintausch

und ebenso bei den zweiwertigen Ionen:

Mg — Ca — Sr — Ba
steigender Austausch ← → steigender Eintausch.

Den energischen Eintausch und das hartnäckige Festhalten des H zeigen die Untersuchungsergebnisse des gleichen Forschers[2] sehr schön:

Eintausch des H-Ions				Austausch des H-Ions aus H-Permutit[2]			
In NH_4-Permutit		In Ca-Permutit		Mit NH_4Cl		Mit $CaCl_2$	
Millimol	Prozent	Millimol	Prozent	Millimol	Prozent	Millimol	Prozent
3,98	95,9	2,50	62,65	0,04	1,0	0,03	0,75

Diese beim Basenumtausch auftretenden Gesetzmäßigkeiten können nun durch gewisse Umstände Störungen erleiden. So beobachteten V. ROTHMUND[3] und G. KORNFELD, daß die Austauschfähigkeit der Alkaliionen gegenüber Silber eines Silberpermutites je nach der Konzentration wechselt. Während in verdünnten Lösungen die Eintauschfähigkeit in der bekannten Reihenfolge $Li < Na < NH_4 < K < Rb$ zunimmt, kehrt sich diese Reihe mit der Steigerung der Konzentration um. GALLAY[4] sieht die Ursache dieser Erscheinung wohl mit Recht in der Abnahme der Hydratation bei höherer Konzentration. An die Stelle der hydrodynamischen tritt die elektrodynamische Wirkung. Ähnliches stellte H. JENNY bei seinen Versuchen über den Eintausch einwertiger und zweiwertiger Ionen fest. In hoher Konzentration tauschten ungefähr gleich gut ein:

$\frac{1}{2}$ Mg	wie	Li
$\frac{1}{2}$ Ca, $\frac{1}{2}$ Sr	,,	Na
$\frac{1}{2}$ Ba	,,	K

[1] JENNY, H.: Kationen- und Anionenaustausch an Permutitgrenzflächen. a. a. O., S. 454.

[2] Der zu diesen Versuchen benutzte H-Permutit war der Analyse nach allerdings weitgehend zersetzt. Das Aluminium war bereits z. T. herausgelöst.

[3] ROTHMUND, V. u. G. KORNFELD: Z. anorg. u. allg. Chem. **108**, 215f. (1919).

[4] GALLAY, R.: Beitrag zur Kenntnis der Tonkoagulation. Kolloidchem. Beih. **21**, H. 7 bis 12, 475.

In den verdünnten Lösungen fand er folgendes:

½ Mg	besser	als	Li
½ Ca	,,	,,	Na
½ Ba	,,	,,	K

Aber auch die Entstehung unlöslicher Verbindungen kann nach JENNY Umtauschanomalien verursachen. So führt er gewisse Unregelmäßigkeiten bei den zweiwertigen Kationen in hoher Konzentration auf die Bildung unlöslicher Hydroxyde zurück. Die Kationen der alkalischen Erden sollen z. B. seiner Ansicht nach mit den OH-Ionen des Innenbelags zu schwer löslichen bzw. unlöslichen Hydroxyden zusammentreten. Der Eintausch nimmt damit den Charakter einer reinen chemischen Reaktion an. Umgekehrt scheinen die zweiwertigen Kationen im Permutit auch fester zu haften, weil es eben unter diesen Umständen an reaktionsfähigen Kationen fehlt, denn das ausgefallene Hydroxyd $Mg(OH)_2$ ist sehr schwer löslich und die Konzentration der Mg-Ionen an der Grenzfläche daher außerordentlich gering[1]. Der genannte Forscher betrachtet diese Anomalien der zweiwertigen Kationen als einen Beweis dafür, daß in der negativen Innenschicht wirklich OH-Ionen vorhanden sind. Verfasser kann dieser Anschauung nicht folgen. Im Widerspruch zu ihr steht die Tatsache, daß auch Kationen in reaktionsfähiger Form in Permutiten sich vorfinden, die sich dieser Anschauung nach mit den OH-Ionen des Innenbelags unbedingt zu vollständig unlöslichen Hydroxyden vereinigen müßten, sofern diese Theorie richtig wäre. Es sei nur unter anderem an den Silber-, Kupfer- und Eisenoxydulpermutit erinnert. Weshalb bleiben denn in ihnen die Basen in Ionenform bestehen? Silberoxyd bzw. -hydroxyd, Kupferhydroxyd und Ferrohydroxyd sind doch unlöslich?

Es bleiben also noch Widersprüche bestehen, und das letzte Wort über den Aufbau der Permutite ist noch nicht gesprochen. Vermutlich sind die natürlichen Zeolithe nichts anderes als kristallisierte Altersformen der rezenten Permutite. Die zeolithähnlichen Verbindungen der Böden stehen im Alter und damit auch in ihrem Aufbau und ihrem Verhalten in der Mitte. Wenn nach den Versuchen der Permutit und die kristallisierten Zeolithe bezüglich des Eintausches der Ferriionen sich anders verhalten als die ähnlichen Verbindungen des Bodens, so liegt dies an dem besonderen Bau dieser Stoffe. Bei dem noch frischen Permutit macht die durch die hohe Dispersität und die noch lose Bindung der Basen verstärkte Hydrolyse den Eintausch der Ferriionen unmöglich. Das Eisen wird als Eisenoxyd oberflächlich auf den Teilchen niedergeschlagen. Bei den kristallisierten Zeolithen dagegen verhindert der Feinbau der Materie das Eindringen der Ferriionen in das Silikatgitter des Zeolithes. Sind doch die Hohlraumdurchmesser in ihm bereits von molekularen Dimensionen! Größere Moleküle vermögen daher nicht mehr in das Gitter einzudringen[2]. Über die Ein- und Austauschfähigkeit des Wasserstoffs sind die Ansichten noch geteilt. Hierüber bringt H. KAPPEN[3] eine zusammenfassende Abhandlung, auf die nur verwiesen werden kann. In neuester Zeit scheint es diesem Forscher[4] auch gelungen

[1] JENNY, H.: a. a. O., S. 463.

[2] Vgl. dieses Handbuch 1, 221. — R. ZSIGMONDY: Kolloidchemie 2, 95—98 (1927).

[3] KAPPEN, H. u. B. FISCHER: Über den Ionenaustausch der zeolithischen Silikate bei Beteiligung hydrolytisch gespaltener Salze. Z. Pflanzenernährg. usw. A 12, 8f.

[4] Vgl. dieses Handbuch 1, 229. — Vgl. auch G. WIEGNER: Über Wasserstoff- und Hydroxylionen in den Ionenschwärmen um suspendierte Teilchen und dispergierte Ultramikronen. Kolloid-Z. 51, 49 (1930). — G. WIEGNER u. H. PALMANN: Über Wasserstoff- und Hydroxylschwarmionen um suspendierte Teilchen und dispergierte Ultramikronen. Sonderabdruck aus den Verh. 2. Komm. u. d. Alkalisubkomm. d. Internat. bodenkundl. Ges. Budapest, T. B 1929.

zu sein, den bisher fehlenden Beweis für die Umtauschfähigkeit des Wasserstoffs in den Permutiten zu erbringen.

Das Verhalten der Aluminiumkieselsäure und ihrer Salze — sie soll einmal rein chemisch betrachtet werden — ähnelt dem der schwachen Säuren und ihrer Salze. Während eine schwache Säure, z. B. die Essigsäure, nur wenig in die Ionen dissoziiert ist und ihre wäßrige Lösung daher nur ganz geringe Mengen Wasserstoffionen enthält, sind die so gut wie vollständig dissoziierten Salze ungemein reaktionsfähig. Ähnlich liegen die Verhältnisse vielleicht beim Permutit und den Zeolithen. Der Wasserstoffpermutit enthält nur Spuren Wasserstoffionen, ist daher wenig reaktionsfähig und tauscht seinen Wasserstoff nur langsam und schwierig aus. Die Salze des Permutites enthalten aber die Basen in Ionenform. Sie sind daher im allgemeinen sehr umtauschfähig. Im einzelnen bestehen jedoch auch in dieser Hinsicht Unterschiede, wobei Hydratation der Ionen, Löslichkeit, Wertigkeit, chemische Umsetzungen usw. den Grad des Umtausches beeinflussen.

Verteilungs- und Zustandsänderungen von Bodenanteilen als Ursache günstiger oder ungünstiger Bodenbeschaffenheit.

Koagulationsvorgänge als Ursache günstiger Veränderung des Bodengefüges. Der Boden stellt, wie bereits an anderer Stelle dargelegt wurde, ein disperses System dar. Das Wasser bildet das Dispersionsmittel, die Bodenteilchen stellen die disperse Phase[1] dar. Bei Trockenheit kann sich das Verhältnis umkehren. Der Zerteilungsgrad des Sandbodens ist niedrig, der des schweren Tonbodens hoch. Da beiden extremen Bodenarten für die Bearbeitung, für den Wasserhaushalt und für das Zustandekommen der Bodengare gewisse Nachteile anhaften, sucht man sie durch Zugabe von Stoffen, welche den Verteilungsgrad günstig verändern, in der Dispersität zu verbessern. Man verwendet bei Sandböden Ton und Humus bzw. Pflanzensubstanz, bei schweren Böden nur organische Stoffe. Eine günstige Veränderung des Bodengefüges schwerer und mittelschwerer Böden ist aber auch kolloidchemisch dadurch möglich, daß man die feinen Einzelteilchen durch Zusatz geeigneter Koagulationsmittel zur Bildung von Flocken veranlaßt. Die Protone treten dann miteinander zu Polyonen zusammen. Als ein solches Koagulationsmittel hat sich in der landwirtschaftlichen Praxis seit langer Zeit der Kalk[2] in basischer Form bewährt, sei es als kohlensaurer Kalk, sei es als gebrannter Kalk, in neuester Zeit auch Branntkalk genannt. Zum Teil wird der in feiner Form dem Boden einverleibte Kalk von den Bodenbestandteilen ohne gleichzeitigen Basenaustausch adsorbiert[3]. Der Rest geht in kohlensauren Kalk über. Durch das kohlensäurehaltige Bodenwasser geht ein Teil des Kalkes als Kalziumbikarbonat in Lösung und bewahrt die entstandenen Krümel vor dem Zerfall. Neben diesen Koagulationsvorgängen ist

[1] Siehe dieses Handbuch 1, 204.

[2] Vgl. auch P. Ehrenberg: Die Bodenkolloide, S. 563—609. Dresden u. Leipzig: Th. Steinkopff 1922. — G. Hager: Bodenstruktur und Kolloidchemie. Z. Pflanzenernährg. usw. A **2**, 292.

[3] Hager, G.: Die Umwandlung des Ätzkalkes im Boden und die Löslichkeit der gebildeten Kalkverbindungen in ihren Beziehungen zur Theorie der Kalkwirkung. J. Landw. **65**, 273. — Blanck, E. u. W. Lohmann: Über die Umwandlung des Ätzkalkes in kohlensauren Kalk im Boden. Z. Pflanzenernährg. usw. A **3**, 91; B **4**, 66. — Lemmermann, O. u. L. Fresenius: Untersuchungen über Verhalten von Kalk im Boden. Ebenda A **3**, 1. — Renner, W.: Der Einfluß verschiedener Düngesalze, zumal von Kalk und Phosphaten, auf die Struktur des Bodens. Ebenda B **4**, 417. — Ramann, E.: Die chemisch-physikalischen Wirkungen von Ätzkalk und kohlensaurem Kalk in Mineralböden. Ebenda A **3**, 257. — Scheffer, F.: Über die Art der Umwandlung des Ätzkalkes im Boden und ihre Ursachen. Dissert., Göttingen 1925.

auch nach den Arbeiten G. WIEGNERS und seiner Mitarbeiter die Dehydratation der Teilchen infolge Eintausches wenig hydratisierter Ionen, z. B. der Kalziumionen, mit die Ursache für die günstige Kalkwirkung. Darüber wird späterhin berichtet werden. Im einzelnen sind die Koagulationsvorgänge außerordentlich verwickelt. Besonders G. WIEGNER hat sie in letzter Zeit eingehend durchgearbeitet.

Er unterscheidet[1]:

a) Rasche perikinetische Koagulation von monodispersen Systemen.
b) Langsame perikinetische Koagulation von monodispersen Systemen.
c) Rasche perikinetische Koagulation von polydispersen Systemen.
d) Langsame perikinetische Koagulation von polydispersen Systemen.
e) Rasche orthokinetische Koagulation von polydispersen Systemen.
f) Langsame orthokinetische Koagulation von polydispersen Systemen.

Hierbei bedeutet perikinetische Koagulation die durch die nach allen Seiten wirkende BROWNsche Bewegung bedingte Koagulation. Der Zusammenstoß der Teilchen läßt die Flocken entstehen.

Erfolgen die Zusammenstöße vorwiegend in einer Richtung, wie es z. B. bei der Bewegung der Teilchen durch die Schwerkraft der Fall ist, so liegt orthokinetische Koagulation vor.

Im monodispersen System sind die Teilchen von gleicher, im polydispersen System von verschiedener Größe. Der Boden ist natürlich ein polydisperses Gebilde. — Schon 1911 hatte der genannte Forscher[2] darauf hingewiesen, daß bei der Koagulation polydisperser Systeme die kleineren Teilchen das Bestreben haben, sich an größere anzulagern. Größere Ultramikronen wirken für kleinere als Koagulationskerne.

Daher ergeben die Untersuchungen WIEGNERS[3] und seiner Mitarbeiter, daß die Koagulation in einem Sol von zwei verschieden großen Teilchenwerten rascher verläuft als die in einem System mit der gleichen Anzahl gleich großer Teilchen.

Im Boden legen sich also die kleinsten Teilchen an die größeren Bodenteilchen an. Aus diesem Grunde enthalten letztere oft einen Überzug von Ton, Humus, Kieselsäure usw., der für die Eigenschaften der Böden von Bedeutung sein kann. So ergaben Untersuchungen von J. DUMONT[4] an einem kalkarmen argentinischen Boden folgendes:

Zusammensetzung	Sand %	Schlamm %	Ton %	Humus %
des Erdbodens	81,25	10,30	3,2	1,65
der Überzugsmasse . .	37,80	30,50	15,20	16,50

Je nachdem nun diese Hüllen einen hydrophilen oder hydrophoben Charakter annehmen, werden die Eigenschaften des Bodens verschlechtert oder verbessert.

Bereits in Band 1 dieses Handbuches[5] ist auf gewisse, allerdings nicht immer streng auftretende Gesetzmäßigkeiten bei Koagulationsvorgängen hingewiesen.

Die sog. HARDYsche Regel lautet: Die Anionen bedingen hauptsächlich die Koagulation der positiven Kolloide, die Kationen im wesentlichen die der negativen Kolloide.

---

[1] WIEGNER, G.: Über Koagulation. Z. Pflanzenernährg. usw. A 11, 185f.
[2] WIEGNER, G.: Kolloid-Z. **8**, 227 (1911).
[3] MÜLLER, H.: Die Theorie der Koagulation polydisperser Systeme. Kolloid-Z. **38**, 1, 2 (1926). — WIEGNER, G., u. P. TUORILA: Über die rasche Koagulation polydisperser Systeme. Ebenda **38**, 3f.
[4] DUMONT, J.: C. r. **149**, 1087. [5] S. 211.

H. SCHULZE[1] erkannte zuerst, daß der Fällungswert der wirksamen Ionen von der Zahl ihrer elektrischen Ladungen, also der Wertigkeit, abhängt. Diese Regel hat aber nur bedingte Gültigkeit, da der Fällungswert noch durch andere Umstände, z. B. starke Adsorbierbarkeit der fällenden Ionen, beeinflußt wird.

Fernerhin wurde auch an der angegebenen Stelle mehrfach betont, daß der Ausflockungsvorgang mit dem Zusammenballen der Teilchen nicht beendigt ist, sondern daß die Vergröberung der dispersen Phase noch fortschreitet, daß sich also das Gel prinzipiell nicht anders verhält als das Sol (G. WIEGNER[2]). Ferner ist bereits seit längerer Zeit bekannt, daß die durch einwertige Ionen gefällten Flocken eine schwammige bzw. gallertartige Beschaffenheit aufweisen im Gegensatz zu den körnigen, durch mehrwertige Ionen erhaltenen Koagulaten.

Im vorhergehenden Abschnitt ist auf die Bedeutung der Ionenhydratation für den Basenaustausch bereits ausführlich hingewiesen. Während nun bisher in der Bodenkolloidchemie bei dem Koagulationsvorgang der Boden- und Tonaufschwemmungen nur der Elektrolytgehalt des Dispersionsmittels, also des Wassers, berücksichtigt worden ist, haben sich G. WIEGNER[3] und R. GALLAY auf Grund von Beobachtungen, nämlich daß unter gewissen Voraussetzungen die Salze der einwertigen Metalle fast ebensogut ausflocken wie die Salze zweiwertiger Metalle, eingehend mit Untersuchungen über den Einfluß des Basenaustausches auf den Koagulationsvorgang befaßt. Da ja, wie bereits erwähnt, die feinsten Bodenanteile in hohem Maße zum Basenaustausch befähigt sind, muß natürlich beim Zusatz irgend eines Neutralsalzes zu einer Bodensuspension ein mehr oder minder starker Austausch der in den Tonteilchen gebundenen Kationen durch die des zugefügten Elektrolyten erfolgen, der auf den Verlauf der Koagulation von Einfluß ist.

Ton ist im Wasser negativ geladen. Mit WIEGNER geben wir einem Tonteilchen folgendes Formelbild:

Al_2O_3 / SiO_2	SiO_3''	$H^{\cdot}$, $H^{\cdot}$ } allgemein Kationen
	$Al(OH)_3$	

Die negative Ladung erhält also das Teilchen durch ein oberflächliches Säureanion. In der Außenschicht umgeben die Kationen das Teilchen. Je nach der Entfernung der Kationen von dem Innenbelag der elektrischen Doppelschicht erhöht bzw. erniedrigt sich die Teilchenladung. Den WIEGNERschen[4] Untersuchungen nach steigert sich die Stabilität einer Tonsuspension mit der Zunahme der Hydratation der Kationen. Also:

Stabilität ⟶

H-Ton, Cs-Ton, Rb-Ton, K-Ton, NH_4-Ton, Na-Ton, Li-Ton, Ba-Ton, Sr-Ton, Ca-Ton, Mg-Ton.

Die starke Hydratation[5] der auf der rechten Seite der Reihe befindlichen Kationen, z. B. des Li, verhindert das nahe Herantreten dieser Ionen im Außenschwarm an die Ionen des Innenbelegs. Das Teilchenpotential ist infolgedessen

[1] SCHULZE, H.: J. prakt. Chem. (2) **25**, 431f; **27**, 320f.
[2] WIEGNER, G.: Boden und Bodenbildung in kolloidchemischer Betrachtung, S. 20. Dresden u. Leipzig: Th. Steinkopff 1926.
[3] WIEGNER, G.: Dispersität und Basenaustausch (Ionenaustausch). Kolloid-Z. Erg.-Bd. **36**, 341f. — GALLAY, R.: Beitrag zur Kenntnis der Tonkoagulation. Kolloidchem. Beih. **21**, 431f. — WIEGNER, G., R. GALLAY u. H. GESSNER: Wasserbindung im Boden. Kolloid-Z. **35**, 313. — TUORILA, P.: Über Beziehungen zwischen Koagulation, elektrokinetischen Wanderungsgeschwindigkeiten, Ionenhydratation und chemischer Beeinflussung. Kolloidchem. Beih. **27**, 44.
[4] WIEGNER, G.: Kolloid-Z., Erg.-Bd. **36**, 347. [5] Vgl. S. 60f.

hoch. Umgekehrt kann sich das nur wenig hydratisierte Cs-Ion nahe an den Innenbelag anlagern, die Teilchenladung und damit die Stabilität des Sols ist mäßig.

Fügt man nun zu einem solchen Tonsol einen Elektrolyten mit dem gleichen Kation, z. B. zu Na-Ton NaCl, so drückt die Elektrolytkonzentration das Potential der Tonteilchen dadurch herab, daß die Na-Ionen infolge verminderter Hydratation — die Na-Ionen der Lösung entziehen den Na-Ionen der Teilchen das Hydratationswasser — nahe an die Anionen der Innenschicht sich anlagern. Die Teilchenladung sinkt unter das kritische Potential[1], und damit tritt Zusammenballung der Tonteilchen ein. Sind aber die Kationen des Elektrolyten und der dispersen Phase nicht dieselben, so liegt keine einfache Konzentrationsfällung mehr vor, da nach Maßgabe der Hydratation der Ionen und ihrer Haftintensität Basenaustausch eintritt. Die Konzentration der Kationen in dem Zerteilungsmittel verringert sich, und dafür treten Kationen der zerteilten Phase in das Dispersionsmittel über.

Auf Grund des früher Gesagten[2] verdrängen Cs-Ionen in Wasser weitgehend die Li-Ionen des Tones, weil dadurch das Potential der Teilchen erniedrigt wird. Zum Ersatz der Cs-Ionen im Ton durch Li-Ionen muß die Konzentration der Li-Ionen in dem Dispersionsmittel sehr groß sein, da ja durch den Eintritt der Li-Ionen in den Außenschwarm infolge ihrer Hydratation eine Aufladung der Tonteilchen erfolgt. Um daher einen Cs-Ton durch Li-Salze zu fällen, sind verhältnismäßig große Mengen davon notwendig.

Ein Li-Ton wird durch einwertige Kationen in der Reihe der abnehmenden Hydratation geflockt[3]

$$\mathrm{NaCl} < \mathrm{KCl} < \mathrm{NH_4Cl} < \mathrm{RbCl} < \mathrm{CsCl} < \mathrm{HCl}\,.$$

Für einen Cs-Ton ergibt sich die gleiche Reihe

$$\mathrm{LiCl} < \mathrm{NaCl} < \mathrm{KCl}\,.$$

Haftintensität am Tonteilchen, Dehydratation und koagulierende Wirkung der Ionen laufen parallel. — Diese Gesetzmäßigkeiten gelten auch für die zweiwertigen Kationen. Hier besteht die Reihe

$$\mathrm{Mg} < \mathrm{Ca} < \mathrm{Sr} < \mathrm{Ba}\,.$$

Für die Bodenverhältnisse ist aber besonders das gleichzeitige Vorhandensein von einwertigen und zweiwertigen Kationen in den Bodenteilchen und der Bodenlösung von Bedeutung. Das zweiwertige Kation flockt stärker aus als das einwertige, aber letzteres wird fester von den Teilchen[4] gebunden. Ein Ca-Ton tauscht daher seine Ca-Ionen leicht gegen Na-Ionen aus. Das Koagulationsverhalten wird durch die äußeren Oberflächenschichten der Sekundärteilchen bestimmt. Aber trotzdem findet auch an der Oberfläche der Primärteilchen oder Monone im Innern der Polyone (Sekundärteilchen) Austausch statt. Daher ändern auch Flocken noch ihre Struktur, je nachdem eine Hydratation bzw. Dehydratation der Einzelteilchen durch die eingetauschten Kationen erfolgt. Bei stark ausgebildeten Wasserhüllen um die Protone sind die Koagulate schwammig oder schleimig, beim Fehlen der Wasserhüllen körnig.

Die Konzentration der dispersen Phase hat nun auf den Kationenaustausch und die Koagulation großen Einfluß. Ein Ca-Ton setzt sich mit KCl des Dispersionsmittels bis zum Gleichgewicht um; K-Ionen treten in die Tonteilchen ein, und dafür tritt in das Zerteilungsmittel eine äquivalente Menge Kalzium-

---

[1] Vgl. dieses Handbuch 1, 210. [2] S. 60.
[3] Bezüglich des Wasserstoffes siehe S. 64. [4] WIEGNER, G.: a. a. O., S. 349.

ionen aus. Da diese eine stärkere Koagulationswirkung zeigen als die K-Ionen, erscheint die Wirkung der letzteren verstärkt. Setzt man aber nur wenig KCl zu viel Ca-Ton, so tritt fast vollständiger Austausch der Ca-Ionen im Ton durch K-Ionen ein, wir haben also eine reine Konzentrationswirkung von $CaCl_2$. Ein Kalziumton ist gegen Elektrolyte außerordentlich empfindlich, trägt daher den Charakter eines hydrophoben Kolloids. K-, Na- und NH_4-Ton ähneln in ihrem Verhalten mehr einem hydrophilen Kolloid, flocken also erst bei höherer Elektrolytkonzentration aus. Die Kalziumsalze verlieren daher von diesen infolge des Basenaustausches teilweise die starke Koagulationskraft.

Nach GALLAY[1] stellt der koagulierte Boden in Form einer konzentrierten Suspension ein System dar, in dem der Basenaustausch zur vollsten Geltung kommt. Die Wirkung der Kalkdüngung ist oft eine Folge des Basenaustausches. Die adsorbierten Basen des Tones bestimmen in erster Linie das Flockungsvermögen der Düngesalze. Kalksalze werden daher nur dann eine genügende Koagulationswirkung zeigen, wenn die gebundenen Kationen zweiwertig sind. Eine schwache und einmalige Kalkung bleibt unter Umständen oft wirkungslos, weil der für die Flockung nötige Eintausch der zweiwertigen Kationen nicht erfolgt.

Zu dieser Anschauung ist noch ergänzend folgendes zu sagen: Selbstverständlich ist es für die Bodenstruktur von höchster Bedeutung, daß in den zeolithähnlichen Bestandteilen möglichst nur zweiwertige Kationen, vor allem Ca-Ionen, gebunden sind. Nun bestehen die meisten besseren Böden aber, abgesehen von den ausgesprochenen Tonböden, nur zu einem geringen Teil aus solchen merklich zum Basenaustausch befähigten Tonbestandteilen. Der größere Teil ist anderer Art, er besteht aus Feinsand usw. Welche Rolle spielt er denn nun bei der Entstehung der Bodengare? Irgendeine Dispersitätsveränderung müssen diese Bodenanteile doch auch erfahren! Auf Grund eigener, nicht veröffentlichter Versuche wird der durch eine Kalkdüngung in basischer Form zugefügte Kalk von den Bodenbestandteilen nur zum ganz geringen Teil austauschfähig gebunden. Der größte Teil ist jedenfalls nach einem Zeitraum von 1—2 Monaten noch so fest gebunden, daß er nicht ausgetauscht werden kann. Dieser Kalk muß auch zu der Krümelstruktur in Beziehung stehen. Er bildet fernerhin ein Kalkreservoir für die Bodenlösung, so daß diese stets eine zur Ausfällung der Kolloide bzw. zur Erhaltung der Flocken nötige Kalziumbikarbonatmenge enthält. Nochmals sei betont, daß die Wirkung der Ionen sich nicht nur auf das Sol, sondern auch auf das Gel erstreckt. Da die Bildung des Kalziumbikarbonates von der Anwesenheit genügender Kohlensäuremengen abhängig ist, sind indirekt die Bodenbakterien als Erzeuger dieser Kohlensäure[2] für die Entstehung der Bodengare erforderlich, ebenso der Humus als Nährstoff für diese Kleinlebewesen. Der Humus begünstigt auch insofern die Bodengare, als er die Feinerdeteilchen zu Krümeln vereinigt. Der Verteilungsgrad des schweren Bodens wird also erniedrigt. Die aus eignen Versuchen[3], sowie solchen von MATTSON[4] sich ergebende große Widerstandsfähigkeit der Ton-Humus-Krümel gegen die die Krümelstruktur zerstörenden Einflüsse ist für die Erhaltung der Bodengare ebenso wesentlich, wie

[1] GALLAY, R.: Kolloidchem. Beih. **21**, 472.

[2] Auch die Wurzeln der Kulturpflanzen beteiligen sich an der Erzeugung der CO_2. — Vgl. A. W. GROH: Die Anwendung des Auspressens von Erde zur Ermittlung des Gehalts des Bodens an gelösten Kalksalzen in verschiedenen Jahreszeiten und unter verschiedenen Pflanzen unter Berücksichtigung der Beziehung zur Strukturbildung des Bodens. Internat. Mitt. Bodenkde **13**, 107 (1923).

[3] Weiteres über die Ursachen der schädlichen Wirkung der Kali- und Natronsalze auf die Struktur des Bodens. J. Landw. **68**, 76.

[4] MATTSON, S. E.: Kolloidchem. Beih. **14**, 68.

ein genügender Vorrat des Bodens an in kohlensäurehaltigem Wasser löslichem Kalk. Lösliche Kalksalze, z. B. Chlorkalzium, können nicht die Wirkung des Kalkes in basischer Form auf den Boden ausüben, weil die Ca-Ionen wohl am Basenaustausch teilnehmen, nicht aber der festen Bindung durch die Bodenteilchen unterliegen, wie die Ca-Ionen der basischen Kalkverbindungen. Mit den Niederschlägen werden sie schnell ausgewaschen, die entstandenen Flocken zerfallen rasch wieder, eine wirkliche dauernde Strukturverbesserung wird nicht erzielt. So beobachtete der Verfasser, daß ein mit 0,4% CaO in Form von $CaCl_2$ gedüngter Boden keine Strukturverbesserung ganz im Gegensatz zu dem mit 0,4% Ätzkalk gedüngten zeigte, und welch letzterer alle Merkmale einer guten Bodengare aufwies. Nach Entfernung des $CaCl_2$ aus dem einen Boden durch Auswaschen zeigte dieser gegenüber dem mit der gleichen Wassermenge behandelten Ätzkalkboden sogar eine verringerte Durchlässigkeit. Weiter war die Bruchfestigkeit der aus dem ausgewaschenen Boden geformten Ziegel bei dem Ätzkalkboden im Vergleich zu denen des ungedüngten und des $CaCl_2$-Bodens gering. Bei dem Abschlämmen von 10 g des getrockneten salzfreien Bodens in 30 cm hohen und 2,4 cm weiten Zylindern bis zum Klarwerden der überstehenden Wasserschicht verblieben folgende Schlämmrückstände in Prozenten:

	Ungekalkt	0,4% Ätzkalk	0,4% CaO in Form von $CaCl_2$	0,4% CaO in Form von Gips
	78,73	79,90	77,54	77,62
	78,64	79,21	77,53	77,86
	78,61	79,53	77,23	77,42
	78,62	79,77	77,48	77,42
im Mittel:	78,67	79,60	77,45	77,58

Dieser einfache Versuch zeigt die besondere Wirkung[1] des Ätzkalkes. Ist doch der Schlämmrückstand des $CaCl_2$- und $CaSO_4$-Bodens sogar noch geringer als der des ungedüngten Bodens! Dieser Befund spricht wirklich nicht dafür, daß ein Boden dadurch allein ein günstiges Gefüge erhält, daß die Basen der zeolithähnlichen Verbindungen vollständig aus den zweiwertigen bestehen. Der Kalk in basischer Form wird eben zum größten Teil nicht austauschbar gebunden. Dadurch erhalten die Krümel eine gewisse Widerstandsfähigkeit. Auch die feinen Sande haben noch meist die Eigenschaft, die Ca-Ionen des basischen Kalkes zu binden. Enthält die Bodenlösung dann noch genügend Kalk in Form des $CaH_2(CO_3)_2$, kommt es zu einer starken Koagulation, die sich auch auf die Gele, z. B. die Überzugshüllen der Bodenteilchen erstreckt.

$$\boxed{SiO_2}\,SiO_3'' + Ca^{\cdot\cdot} = \boxed{SiO_2}\,SiO_3Ca$$

negativ geladen — elektrisch neutral, daher Ausflockung

Den Untersuchungen des Verfassers[2] nach ist der hydrolytisch saure Boden sogar imstande, kohlensauren Kalk zu zersetzen und den Kalk zu binden. Nur nimmt dieser Vorgang Monate in Anspruch. Darauf beruht im wesentlichen die langsame Wirkung des Kalziumkarbonates.

Der Humus des Bodens nimmt unter der Einwirkung des Kalkes die Eigenschaften eines hydrophoben Kolloids an, was sich ebenfalls günstig auf das

[1] HAGER, G.: J. Landw. **65**, 303—309. — ZYL, J. P. VAN: Über die Bodenlösung. Ihre Gewinnung, Zusammensetzung und Anwendung bei der Schlämmanalyse. Inaug.-Dissert., Göttingen 1916. J. Landw. **64**, 201. — RENNER, W.: Z. Pflanzenernähig. usw. B **4**, 417f.

[2] HAGER, G.: J. Landw. **65**, 272. — Vgl. auch E. BLANCK u. W. LOHMANN: Über die Umwandlung des Ätzkalkes in kohlensauren Kalk im Boden. Z. Pflanzenernährg. usw. A **3**, 91. — E. BLANCK u. F. SCHEFFER: Ein weiterer Beitrag zur Umwandlung des Ätzkalkes usw. Ebenda B **4**, 66.

Bodengefüge auswirkt. Als Natriumhumat oder saurer Humus zeigt er dagegen das typische Verhalten eines hydrophilen Kolloids und übt daher einen ungemein ungünstigen Einfluß auf den Bodenzustand aus.

Schließlich sei noch bemerkt, daß Austrocknen und Frost ebenfalls eine Dispersitätsvergröberung verursachen können. Verschiedene Forscher konnten denn auch beobachten, daß Trocknen der Böden ein Löslichwerden[1] von Nährstoffen bewirkt. Die Dispersitätsverringerung läßt adsorbierte Nährstoffe wieder in Lösung gehen.

Ähnlich wie der basische Kalk wirkt die Magnesia in basischer Form auf den Boden. Das Bodengefüge wird ebenfalls günstig beeinflußt, wenn auch die Wirkung der Magnesia infolge der geringen Löslichkeit der im Boden entstandenen Verbindungen die des Kalkes nicht erreicht.

In diesem Sinne äußert sich A. MAUSBERG[2]. Zwar kommt R. GALLAY auf Grund seiner Versuche zu dem Schluß, daß die Magnesiumverbindungen infolge der starken Hydratation der Mg-Ionen ungünstig auf den Boden einwirken, doch sprechen weder die Beobachtungen MAUSBERGS, noch die Versuche des Verfassers für die Behauptung R. GALLAYS[3]. Letzterer sagt z. B.: „Tatsächlich vermindern diejenigen Alkalisalze und Erdalkalisalze die Durchlässigkeit des Bodens, deren Kationen am meisten hydratisiert sind (Natrium, Magnesium).“ Beim Natrium trifft das Gesagte zu, beim Magnesium aber nicht. Denn die Versuche des Verfassers haben einwandfrei ergeben, daß von einer Verminderung der Durchlässigkeit der Böden durch Magnesiasalze[4] nicht die Rede sein kann.

Peptisationsvorgänge als Ursache ungünstiger Veränderungen des Bodengefüges. Während die Koagulation in der Vereinigung der Primärteilchen zu Sekundärteilchen besteht, also eine Dispersitätsvergröberung darstellt, erfolgt bei der Peptisation ein Zerfall der Flocken und Krümel in die Einzelteilchen, also eine Steigerung des Verteilungsgrades. Wie bereits mehrfach betont, treten solche Koagulations- und Peptisationsvorgänge nicht nur beim Sol, sondern auch beim Gel ein. Letzteres erscheint bei der Verringerung des Zerteilungszustandes trocken, körnig und porös. Dasselbe Gel nimmt dagegen bei einer Erhöhung der Dispersität einen schwammigen oder schleimigen Charakter an. Es ist verständlich, daß koagulierte Gele dem Boden günstige, dispergierte Gele unerwünschte Eigenschaften verleihen müssen. Aber z. T. kann die Zerteilung in den Böden soweit gehen, daß auch die Krümel in die Primärteilchen zerfallen. In der Bodenlösung treten dann die Kolloide, wie der Ton und der Humus, in Solform auf und wandern in den Untergrund, wo sie zu der Entstehung von verhärteten Untergrundschichten Veranlassung geben können. Entweder werden die Teilchen der Bodenlösung durch den dicht gelagerten und feinporigen Untergrundboden abfiltriert oder wieder koaguliert, z. B. durch Kalk oder Bildung von einer Adsorptionsverbindung[5]. Nach SAHLBOM[6] kann die Ausfällung auch in der Weise erfolgen, daß das Potential der Teilchen, welches durch das Eindringen des Sols in die Kapillaren entsteht (Strömungströme),

---

[1] TACKE, B.: Untersuchungen über die Phosphorbindungen des Moorbodens. Landw. Jb., Erg.-Bd. **27** (4), 303 (1898). — KÖNIG, J. u. J. HASENBÄUMER: Die Bedeutung neuer Bodenforschung für die Landwirtschaft. Ebenda **55**, 191. — Vgl. auch P. EHRENBERG: Landw. Versuchsstat. **72**, 257.

[2] MAUSBERG, A.: Wie beeinflußt die Düngung die Beschaffenheit des Bodens und seine Eignung für bestimmte Futtergewächse? Landw. Jb. **45**, 29f. (1913).

[3] GALLAY, R.: Kolloidchem. Beih. **21**, besonders S. 486, 487.

[4] HAGER, G.: J. Landw. **66**, 241f., besonders S. 256—259; vgl. auch S. 76 dieses Bandes.

[5] Vgl. dieses Handbuch **1**, 212; diesen Bd., S. 70.

[6] Vgl. A. EICHINGER: Ber. über die in den Jahren 1911—1915 zu Amani ausgeführten Versuche.

sie an die Wandungen der Hohlräume treibt; dort koagulieren sie infolge Verminderung des elektrischen Potentials.

Die schlechten Eigenschaften eines Bodens[1] in Einzelkornstruktur sind ja hinreichend bekannt. Er trocknet im Frühjahr schlecht ab, bleibt daher lange naß und kalt. Im trockenen Zustand bildet er harte Schollen und läßt sich ungemein schlecht bearbeiten. Durch Schlagregen verschlämmt und verkrustet er. Das Gedeihen der Kulturpflanzen, vor allem der Rüben, läßt zu wünschen übrig, besonders in sehr nassen und sehr trockenen Jahren[2]. In ersteren läßt der verdichtete Boden das Wasser nicht ablaufen. Es fehlt den Wurzeln und Kleinlebewesen infolgedessen der Sauerstoff. Da ein Boden in Einzelkornstruktur das Wasser schlecht zu halten vermag, leiden die Pflanzen dagegen in trockenen Jahren außerordentlich auf einem solchen Boden unter Wassermangel.

Gewisse Kolloide können ohne besondere Maßnahmen leicht durch einfaches Auflösen peptisiert werden, z. B. der Leim, Gummiarabikum und das humussaure Natrium.

Man nennt solche Kolloide Emulsionskolloide oder hydrophile Kolloide. Andere Kolloide wiederum, wie kolloides Gold und Silber, lassen sich nur sehr schwer peptisieren. Das Sol ist gegen koagulierende Einflüsse sehr empfindlich. Man gewinnt es daher am einfachsten mit Hilfe geeigneter Schutzkolloide[3]. Eine Mittelstelle nehmen nun gewisse Gele ein, die sich zwar nicht ohne weiteres peptisieren lassen, jedoch durch elektrische Aufladung der Teilchen zerteilt werden können. Hierher gehören vor allem der Ton und andere Bestandteile des Bodens, z. B. feinste Sande. Voraussetzung für die Peptisationsfähigkeit ist ein nicht zu fester Zusammenhang der Einzelteilchen in den Flocken und Krümeln. Wenn z. B. ein humus- und kalkreicher Boden trotz falscher Bearbeitungs- und Düngungsmaßnahmen oft noch günstige Strukturverhältnisse zeigt, so liegt der Grund hierfür in der festen Beschaffenheit der mechanisch zusammengehaltenen Krümel. Die elektrische Aufladung genügt dann zum Auseinanderfallen der Krümel nicht.

Die elektrische Ladung der Teilchen, welche zu ihrer gegenseitigen Abstoßung Veranlassung gibt, kommt dadurch zustande, daß die Teilchen vorzugsweise von einem Elektrolyten nur die eine Ionenart fest an der Oberfläche adsorbieren, während die entgegengesetzt geladenen Ionen in einem gewissen Abstand von dem elektrischen Innenbelag das Teilchen umschwirren. Je weiter die Außenionen von den Innenionen abdissoziiert sind, um so stärker ist das elektrische Potential der Teilchen und um so größer die Stabilität des Sols und das Bestreben der Krümel zu zerfallen. Die negative Ladung der Tonteilchen kann nur durch Ionen des gleichen Ladungssinns bedingt sein. Ob die Ionenadsorption auf chemische oder physikalische bzw. chemisch-physikalische Vorgänge zurückzuführen ist, kann dahingestellt bleiben[4].

Bereits oben wurde bemerkt, daß die Stabilität der Tone der einwertigen Basen vom Cs-Ton bis zum Li-Ton ansteigt, und zwar infolge der zunehmenden Hydratation der Kationen. Die Hydratationszahl[5] des Cs beträgt nur 13, die des Li dagegen 120. Je stärker ein Ion hydratisiert ist, um so weiter rückt es in der Außenschicht der elektrischen Doppelschicht infolge der Wasserhüllen

[1] EHRENBERG, P.: Die Bodenkolloide, S. 60—636, 1922.

[2] HAGER, G.: Bodenstruktur und Kolloidchemie. Z. Pflanzenernährg. usw. A **2**, 292. — Die Änderung des Bodengefüges durch natürliche und künstliche Düngemittel. Mitt. dtsch. Landw.-Ges. **1929**, 143.

[3] Vgl. dieses Handbuch **1**, 213.

[4] Vgl. dieses Handbuch **1**, 215. — G. HAGER: J. Landw. **68**, 86; Z. Pflanzenernährg. usw. A **2**, 292f.; Sonderabdruck aus Handbuch der biologischen Arbeitsmethoden: Die Methoden der Untersuchung der Bodenkolloide und ihrer Eigenschaften, S. 320f.

[5] Siehe S. 67.

von dem Innenbeleg ab. Damit erhalten die Tonteilchen eine starke elektrische Aufladung und stoßen sich gegenseitig ab. Das Sol bleibt beständig. Da die Cs-Ionen nur wenig hydratisiert sind, können sie ungehindert durch Wasserhüllen nahe an den elektrischen Innenbeleg der Teilchen herantreten. Infolge der schwächeren Aufladung ist die gegenseitige Abstoßung der Teilchen und damit die Stabilität des Sols geringer als die des Li-Tons.

Die Ca-Ionen erteilen den Teilchen infolge der durch die Zweiwertigkeit bedingten Art der Bindung und ihrer geringen Hydratation ein nur kleines elektrisches Potential. Ein Kalzium-Tonsol ist daher außerordentlich empfindlich, weil das Potential der Teilchen z. B. durch geringe Elektrolytmengen sofort unter das kritische Potential[1] sinkt und damit Ausflockung erfolgt.

Ein Ersatz der Kationen in der Außenschicht der elektrischen Doppelschicht durch andere muß daher meist zu einer Änderung der elektrischen Ladung und damit zu einer Veränderung der Flockenstruktur führen. Stark adsorbierbare Kationen wie die des Cs und Ca erteilen den Bodenteilchen die Eigenschaft, feste, körnige Krümel zu bilden. Stark hydratisierte Ionen lassen dagegen infolge starker Aufladung die Krümel vollständig zerfallen, oder erteilen ihnen durch die Wasserhüllen zum mindesten eine schwammige unerwünschte Beschaffenheit. Daher müssen Natrium- und in geringerem Grade Ammonium- und Kaliumsalze die Bodenstruktur ungünstig beeinflussen. Das ist tatsächlich der Fall[2]. Wenn nun diese Verschlechterung des Bodengefüges erst nach dem Auswaschen der Salze z. B. des Chlornatriums in die Erscheinung tritt, so hat dies folgende Bewandtnis:

In praktisch chlornatriumfreier Lösung ist der Na-Ton beständig, weil das elektrische Potential der Teilchen infolge der Abdissoziation der Na-Ionen hoch ist. Enthält das Dispersionsmittel jedoch NaCl, wie es bei Meerwasserüberschwemmungen und starker Kainitdüngung der Fall ist, dann wirkt dem Hydratationsbestreben der Na-Ionen des Tones die Hydratationskraft der Na-Ionen des Verteilungsmittels entgegen. Infolgedessen sind die Na-Ionen des Tones nur wenig hydratisiert, solange das Dispersionsmittel (Bodenlösung) noch NaCl in wesentlicher Menge enthält. Die Na-Ionen im Außenschwarm der elektrischen Doppelschicht treten daher nahe an den Innenbeleg der Teilchen heran mit dem Erfolg, daß das Potential der Tonteilchen unter das kritische Potential sinkt. Ihre Ausflockung ist die Folge, und das Bodengefüge bleibt also noch günstig.

Mit dem Auswaschen der NaCl-Lösung aber lagern die Na-Ionen[3] des Außenschwarmes Wasser an, dissoziieren infolgedessen von den Ionen des Innenbelegs ab und der Zerfall der Krümel tritt infolge Erhöhung des Teilchenpotentials ein. Die Bodengare verschwindet. Der Boden nimmt Einzelkornstruktur an.

Fernerhin kann auch die Bildung von Natrium- und Kaliumkarbonat zur Zerstörung der Krümelstruktur Veranlassung geben. Diese schädlichen Verbindungen können entstehen durch:

1. Umsetzung von Kalziumbikarbonat mit Alkalisulfaten. Das entstandene Alkalibikarbonat geht unter CO_2-Abgabe in das Karbonat über; der ausfallende Gips macht die Umkehr der Reaktion unmöglich.

2. Umsetzung von Kalziumbikarbonat evtl. auch Magnesiumbikarbonat mit den Alkalizeolithen und Alkalihumaten.

---

[1] Vgl. dieses Handbuch **1**, 210.

[2] Ehrenberg, P.: Die Bodenkolloide, S. 343—346, 609f. 1922. — Hissink, D. J.: Chem. Weekbl. **4**, 441. — Die Einwirkung verschiedener Salzlösungen auf die Durchlässigkeit des Bodens. Internat. Mitt. Bodenkde. **6**, 142. — Hager, G.: a. a. O., S. 300f. — Wiegner, G. u. Mitarbeiter: vgl. Anm. 3, S. 67.

[3] Gallay, R.: Kolloidchem. Beih. **21**, 485f.

3. Zersetzung der Alkalizeolithe durch Hydrolyse und Einwirkung von CO_2.

4. Anwendung des physiologisch alkalischen Natronsalpeters. Die Pflanzen nehmen die Anionen wohl auf, lassen jedoch die Natriumionen als Natriumkarbonat je nach der Pflanzenart[1] in wechselnden Mengen im Boden zurück.

Die Karbonate der Alkalien liefern nun infolge Hydrolyse OH-Ionen. Diese werden sehr stark von den Bodenteilchen gebunden und erteilen ihnen ein hohes elektrisches Potential, da die zugehörigen einwertigen Kationen abdissoziieren und es auf diese Weise zu einer Aufladung der Teilchen kommt. Peptisation und Zerfall der Krümel ist die Folge. Gleichzeitig geht der Humus als Natriumhumat in Lösung und wirkt als Schutzkolloid. Er erleichtert die Peptisation und schützt die kolloide Lösung vor der Koagulation[2]. Die Aufladung der Bodenteilchen durch die OH-Ionen verläuft schematisch nach folgender Formel:

$$\underset{\text{schwach negativ geladen (S. 70)}}{\boxed{T}} + OH' + Na^{\cdot} = \underset{\text{stark negativ geladen}}{\boxed{T}^{OH'}} \vdots\, Na^{\cdot}$$

oder chemisch aufgefaßt:

$$\boxed{T}^{SiO_3H_2} + 2\,OH' + 2\,Na^{\cdot} = \underbrace{\boxed{T}^{SiO_3''} \vdots\, 2\,Na^{\cdot}}_{\text{Das Teilchen mit den dazu gehörigen Ionen bildet die Mizelle}} + H_2O.$$

Quellung und Ionenhydratation in ihren Beziehungen zur Bodenstruktur. Quellungserscheinungen finden wir bei hydrophilen Kolloiden, z. B. Gelatine, Gummiarabikum, Kolloidton[3] und Humus. Selbstverständlich sind sie bei Böden wenig erwünscht, weil sie zu einer Bildung von Rissen und zur Verhärtung beim Austrocknen der Böden führen. Vorbedingung für die Quellung ist eine gewisse Verwandtschaft zwischen der dispersen Phase und dem Dispersionsmittel — sie muß größer sein als die zwischen den Einzelteilchen der dispersen Phase — und eine poröse Beschaffenheit des Kolloids, welche das Eindringen der Flüssigkeit zwischen die Ultrateilchen gestattet. Die Sekundärteilchen zerfallen in die Primärteilchen, welche sich unter Aufnahme des Solvatationsmittels vergrößern und schließlich flüssig werden. Die Aufnahme des Dispersionsmittels durch die disperse Phase wird teils als Adsorption[4], teils als feste Lösung aufgefaßt.

Bei dem Eintrocknen bleibt ein quellbares Gel unverändert und nimmt an Volumen bis zur Bildung einer hornartigen Masse gleichmäßig ab. Der umgekehrte Vorgang stellt die Quellung dar.

Von den Bodenstoffen zeigen besonders der Humus und der hochdisperse Ton Quellungserscheinungen. Es scheint, als ob alle Einwirkungen, welche die Peptisation begünstigen und die Koagulation hemmen, die Quellung fördern. Quellungsvorgänge zeigen unsere gewachsenen europäischen Mineralböden im allgemeinen selten, wohl aber Moorböden und die schweren amerikanischen Böden. Bei Laboratoriumsversuchen fand E. WOLLNY beim Anfeuchten trockenen Donautorfes eine Volumenvermehrung von 46—84%. Lehm und Kaolin zeigten eine solche von 22 und 36,5%. Schwinden zeigen aber auch unsere

[1] KRÜGER, W.: Einfluß der Düngung und des Pflanzenwuchses auf Bodenbeschaffenheit und Bodenerschöpfung. Landw. Jb. **34**, 783.

[2] HAGER, G.: J. Landw. **66**, 241—286; **68**, 73—105.

[3] Vgl. S. 56. — EHRENBERG, P.: Die Bodenkolloide, S. 103.

[4] FREUNDLICH, H.: Kapillarchemie, S. 920. Leipzig 1922. — Vgl. auch WO. OSTWALD: Die Welt der vernachlässigten Dimensionen, S. 97. Dresden u. Leipzig: Th. Steinkopff 1927. — KATZ, I. R.: Die Gesetze der Quellung. Dresden u. Leipzig 1916.

schweren Mineralböden im schlechten Garezustand deutlich. Es bilden sich Risse im Boden, die eben eine Folge der Volumenverminderung sind. Im übrigen sind unsere Kenntnisse über die Quellungsvorgänge in den Böden[1] außerordentlich gering. Das Gebiet harrt noch der eingehenden Bearbeitung.

Auf Grund gewisser Tatsachen müssen wir annehmen, daß nicht nur die Teilchen eines quellenden Kolloids von Wasserhüllen umgeben sind, sondern daß auch die Teilchen aller Sole und dispergierten Gele von solchem verdichteten Wasser umgeben sind. Je stärker und zäher diese Hülle ist, um so beständiger sind die Sole. Sie wechselt von Kolloid zu Kolloid. Je höher das elektrische Teilchenpotential ist, um so mehr sind diese Hüllen unter der Wirkung des elektrischen Feldes ausgebildet. Sie verleihen dem Sol die Beständigkeit und lassen ein Gel gallertartig erscheinen.

Solche Wasserhüllen fehlen vermutlich auch im Boden nicht; besonders werden sie bei allen Peptisationsvorgängen im Boden eine ebenfalls sich nur ungünstig auswirkende Begleiterscheinung sein und Wirkungen hervorrufen, die denen der Quellungsvorgänge ähneln.

Nun haben in neuester Zeit G. WIEGNER[2] und seine Mitarbeiter auf Grund eingehender Untersuchungen über Hydratation der Ionen und über die Eigenschaften der Sole die Anschauung entwickelt, daß die wechselnde Hydratation der von den zum Basenaustausch befähigten Bodenanteilen gebundenen Kationen die günstige bzw. die ungünstige Bodenbeschaffenheit bedinge. Besonders R. GALLAY betrachtet einseitig die Verschlechterung des Bodengefüges durch Natronsalze z. B. als eine ausschließliche Folge des Eintausches der hydratisierten Na-Ionen in die zeolithähnlichen Verbindungen des Bodens. Die Wasserhüllen um die Na-Ionen der Teilchen sollen ihnen eine schwammige Beschaffenheit verleihen, so daß die Bodenteilchen infolgedessen aneinander kleben; dadurch wird der Boden undurchlässig und hart und zeigt beim Abtrocknen die Bildung von Rissen.

Alle stark hydratationsfähigen Kationen sollen dieser Auffassung nach durch ihren Eintausch in die zeolithähnlichen Verbindungen die Bodenstruktur verschlechtern, die wenig hydratisierten Kationen sie dagegen verbessern.

Ohne Zweifel ergeben unter anderem die Versuche R. GALLAYS[3] einwandfrei, daß die Viskosität der Tonsole außerordentlich von der Hydratation der adsorbierten Kationen abhängt, wie z. B. die folgende Zusammenstellung zeigt:

Durchlaufszeit von verschieden hydratisierten Tonen bei der Koagulation mit verschiedenen Elektrolyten.

Konzentration: 89,97 g Ton i. L.

Zugesetzter Elektrolyt	Maximale Durchlaufszeiten in Sekunden bei der Koagulation mit $\frac{n}{50}$ Lösungen		
	K-Ton	NH_4-Ton	Na-Ton
CsCl	581,6	745,6	unmeßbar groß
RbCl	121,6	141,3	1926,8
KCl	84,0	90,8	1488,5
NH_4Cl	79,1	85,1	1308,7
NaCl	55,3	58,0	526,8
LiCl	49,2	53,1	377,4

[1] Vgl. P. EHRENBERG: a. a. O., S. 146—152, 192—198, 206—214 usw.

[2] WIEGNER, G.: a. a. O., S. 313, besonders R. GALLAY: Beitrag zur Kenntnis der Tonkoagulation. Kolloidchem. Beih. **21**, 431f. — G. WIEGNER: Dispersität und Basenaustausch. Kolloid-Z., Erg.-Bd. **36**, 341.

[3] GALLAY, R.: a. a. O., S. 484f. — Eine Bestätigung bilden die Versuche von A. F. JOSEPH u. H. B. OAKLEY: Die Eigenschaften schwerer alkalischer Böden, die verschiedene austauschbare Basen enthalten. J. agricult. Sci. **19**, 121; ref. Chem. Cbl. **100** (1), 1254.

Die Ionen behalten also auch im adsorbierten Zustand ihre spez. Hydratation. Der Natriumboden besitzt daher auch im koagulierten Zustand die größte Viskosität. Die ausgeflockten Teilchen bleiben zäh an der Wand des Meßgefäßes haften.

Der genannte Forscher schließt aus seinen Versuchen, daß einzig die Hydratation der adsorbierten Kationen die Ursache des schädigenden Einflusses gewisser Salze auf das Bodengefüge sei, denn tatsächlich verminderten diejenigen Alkali- und Erdalkalisalze die Durchlässigkeit des Bodens, deren Kationen am meisten hydratisiert seien. Zunächst führt nach seinen Anschauungen die Gegenwart dieser Salze zur Koagulation der Bodenteilchen, also zur Krümelstruktur und zu einer Erhöhung des Durchlässigkeitsvermögens. Infolge Basenaustausches werden die vorhandenen Kationen teilweise oder ganz durch Natriumionen ersetzt. Der erhebliche Gehalt der Bodenlösung an Magnesium- und Natriumionen verhindert jedoch noch die Hydratation der adsorbierten Kationen, da der Kraft, die zur Hydratisierung der ausgeflockten Teilchen führt, die Hydratationskraft der in der Außenflüssigkeit enthaltenen Ionen entgegen wirkt. Nach dem Auswaschen der Salze der Bodenlösung aber erlischt diese Gegenkraft, die adsorbierten Na- und Mg-Ionen binden Wassermoleküle. Damit saugt sich der Boden voll Wasser und vergrößert sein Volumen. Der Na-Boden z. B. erhält eine viskose, schleimige Beschaffenheit. Die Durchlässigkeit geht zurück. Beim Austrocknen verkrustet der Boden. Die Kalksalze dagegen beeinflussen die Bodenstruktur günstig, und zwar gerade infolge der geringen Hydratation der Kalziumionen.

Leider sind diese Schlüsse nur aus Versuchen gezogen worden, die an Solen ausgeführt sind. Mit den praktischen Ergebnissen anderer Forscher stimmen sie kaum überein.

Vor allem haben die Versuche des Verfassers[1] einwandfrei ergeben, daß die Magnesiasalze nicht wie die Natron- und Kalisalze den Boden nach dem Auswaschen der Salze verdichten, sondern zum mindesten die Durchlässigkeit nicht ungünstig beeinflussen. Weiterhin schreibt A. MAUSBERG[2]: „Den 18 Jahre lang stets mit Ätzkalk als einzigem Dungstoff behandelten Feldstreifen kennzeichnen alle Merkmale der Gare, wie vorzüglich Lockerheit, dunkle Farbe, gesteigerte Wirksamkeit vorteilhafter Bodenorganismen, zeitiges Abtrocknen nach Regen, Konservierung der Feuchtigkeit in Dürreperioden. Das Magnesiabeet besitzt die Eigenschaften des vorgenannten in durchweg um ein Geringes abgeschwächtem Maße."

Die Versuchsergebnisse von A. v. NOSTITZ[3] sind zur Begründung der GALLAYschen Anschauungen ungeeignet, weil die Hydratation der Ionen unter den von diesem Forscher gewählten Versuchsbedingungen nicht eintreten konnte und die beobachtete, verschieden starke Verhärtung der Böden auf das Verkitten der Bodenteilchen durch die jeweilig in der Kristallform wechselnden Salzkristalle zurückzuführen ist. Schließlich haben die wenigen Durchlaufversuche dieses Forschers auch ergeben, daß die Durchlässigkeit in den Magnesiaröhren nur ganz allmählich zurückging ganz im Gegensatz zu den Kaliröhren, in denen der Boden in kurzer Zeit so verschlämmte, daß keine Flüssigkeit mehr durchlief.

Die Magnesiasalze spielen daher bei der Bodenverschlämmung durch Meerwasser und Kainit keine Rolle, sondern die Ursache hierfür bilden allein die Natronsalze bzw. Natron- und Kalisalze.

Aber auch bei diesen Verbindungen ist weniger eine eventuelle Hydratation ihrer Ionen die Ursache, sondern die an früherer Stelle besprochene Peptisation

---

[1] HAGER, G.: J. Landw. **66**, Tab. S. 256—259.

[2] MAUSBERG, A.: Landw. Jb. **45**, 29f., besonders S. 68.

[3] NOSTITZ, A. v.: Zur verkrustenden Wirkung der Magnesiumsalze (Kalidüngesalze). Landw. Vers.-Stat. **99**, 27—40 (1922).

aller Bodenanteile infolge elektrischer Aufladung, sei es nun durch Ionenabdissoziation oder Ionenadsorption. Für einen solchen Peptisationsvorgang spricht deutlich die Beobachtung, daß nach dem Ersatz der Salzlösung durch Wasser das ablaufende Wasser stets durch Ton und Humus getrübt[1] ist. Beide Kolloide sind eben unter Zerfall der Krümel und Flocken in die Einzelteile teilweise in die Solform übergegangen. Übrigens bewirkt eine starke elektrische Aufladung der Bodenteilchen in der Regel auch die Ausbildung von Wasserhüllen, welche selbstverständlich, wie bereits gesagt, auf das Bodengefüge ungünstig wirken. Soll nun die Hydratation der Ionen tatsächlich die Hauptrolle bei der Verdichtung der Böden spielen, dann muß der Wassergehalt der Böden in schlechtem Zustand höher als der der gut gekrümelten Böden sein, da ja die Na-Ionen Wasserhüllen aufweisen. Wie steht es nun mit dem experimentellen Beweis dieser Theorie?

H. JENNY[2] hat die Richtigkeit der Überlegung, daß der Wassergehalt der Permutite sich mit den eingetauschten Kationen auf Grund ihrer Hydratation gesetzmäßig ändern muß, durch Versuche zu prüfen versucht. Ammoniumpermutit wurde so lange mit LiCl, NaCl, KCl, HCl ausgewaschen, bis keine NH_4-Reaktion mehr eintrat. Dann wurde mit einer Wasserstrahlpumpe das Wasser abgesaugt, bis keine Tropfen mehr abliefen, und sodann eine Minute lang Luft durchgesaugt. Dann wurden die feuchten Permutite sofort gewogen, geglüht und wieder gewogen. Es ergab sich:

Wassergehalt äquivalenter nasser Permutite.

Li-Permutit	Na-Permutit	K-Permutit
60,64%	57,50%	53,48%

Hier finden wir also tatsächlich die HOFMEISTERsche Reihe[3] wieder. Bei einem anderen Versuch fehlt aber der notwendig höhere Wassergehalt des Na-Permutites gegenüber dem Ca-Permutit.

	Natriumpermutit	Kalziumpermutit
Konzentration der Kationen in 1 g nassem Permutit	3,7 normal	3,6 normal
Wassergehalt in %	57,6	57,57

Hier versagt die Hydratationstheorie. Der Wassergehalt des Na-Permutites müßte gegenüber dem Ca-Permutit infolge der stärkeren Hydratation der Na-Ionen und ihrer Einwertigkeit höher liegen.

Ein zu anderen Zwecken ausgeführter Versuch[4] des Verfassers zeigt aber in Übereinstimmung mit der praktischen Beobachtung, daß verschlämmte Böden eine geringere wasserhaltende Kraft zeigen als gekalkte Böden in gutem Garezustand, und daß der Wassergehalt eines dicht geschlämmten K-Bodens niedriger ist als der eines Kalziumbodens. Nach Ablauf des überschüssigen Wassers wurde in der 15 cm betragenden, obersten Bodenschicht der Röhren der Versuchsreihe Wasser, KCl und K_2SO_4 der Wassergehalt bestimmt und gefunden:

Wasser $28{,}11 \pm 0{,}13$ KCl $27{,}07 \pm 0{,}041$ K_2SO_4 $27{,}05 \pm 0{,}11$.

Demnach weniger durch: KCl $1{,}04\% \pm 0{,}14$; K_2SO_4 $1{,}06\% \pm 0{,}17$.

---

[1] Siehe u. a. G. HAGER: a. a. O. **66**, 257, 259; **68**, 77, 101—103. — E. BLANCK: Ein Beitrag zur Kenntnis der Wirkung künstlicher Dünger auf die Durchlässigkeit des Bodens für Wasser. Landw. Jb. **38**, 863 (1909).

[2] JENNY, H.: Kolloidchem. Beih. **23**, 451—453. [3] Vgl. S. 60.

[4] HAGER, G.: a. a. O., S. 66, 263.

Die Bedeutung der Ionenhydratation für die Bodenstruktur ist auf Grund dieser Beobachtungen durch R. GALLAY zum mindesten stark überschätzt, denn das Gegenteil des nach dieser Anschauung zu Erwartenden trat tatsächlich ein. Der Grund für die Abnahme der Wasserkapizität ist natürlich lange bekannt, er ist in der Verringerung des Porenvolumens des Bodens zu suchen. An die Stelle grober Kanäle mit größerem Fassungsraum sind enge Kapillaren getreten. Umgekehrt wird die wasserhaltende Kraft eines Bodens nicht dadurch erhöht, daß die doch nur wenig hydratisierten Ca-Ionen in die zeolithähnlichen Bodenteilchen eintreten, sondern daß die Einzelteilchen zu Flocken und Krümeln zusammentreten. So wird das Porenvolumen[1] vergrößert, und der Boden vermag mehr Wasser zu halten.

Der Wert der Hydratationstheorie für das vorliegende Gebiet scheint dem Verfasser fürs erste im wesentlichen darin zu liegen, daß sie die Gesetzmäßigkeiten des Kationenein- und -austausches erfaßt, und daß sie die leichte Abdissoziationsfähigkeit der Li- und Na-Ionen in den zeolithähnlichen Verbindungen in verständlicher Weise begründet. Ob der Hydratationsvorgang nun Erscheinungen hervorzurufen vermag, die sich mit denen der Quellung in allem decken, ist wohl noch fraglich. Denn die typische Quellung wird durch Molekularattraktion zwischen den Molekülen der dispersen Phase und denen des Dispersionsmittels bedingt, während es sich bei der Kationenhydratation eigentlich nur um eine Beeinflussung der Wassermoleküle im elektrischen Felde handelt.

Besonders ungünstig verhalten sich die Alkaliböden, die sich in ariden Gegenden Ungarns, Spaniens, Rußlands, der Vereinigten Staaten und Kanadas[2] vorfinden. Als Gegenmittel gegen die „Sodakrankheit" dieser Böden dienen die Stoffe, welche das Natriumkarbonat beseitigen und die einen Ersatz der einwertigen Ionen, vor allem der Na-Ionen in den Humaten und zeolithähnlichen Verbindungen durch Ca-Ionen bewirken. Zu diesen gehört der Gips, der sich mit Na_2CO_3 zu kohlensaurem Kalk und Natriumsulfat umsetzt und gleichzeitig die einwertigen Ionen in den genannten Verbindungen verdrängt, ferner der Schwefel[3], der infolge Oxydation zu Schwefelsäure die Soda zerstört, sowie Alaun, Torf u. a., die in der gleichen Richtung wirken. Auch physiologisch saure Düngemittel werden bei nicht zu starker Alkalität der Böden günstig wirken. Der Wasserstoff der entstehenden Säuren zersetzt einmal die Soda, dann verdrängt er aber auch die schädlichen Na- und K-Ionen aus den zeolithischen Verbindungen der Böden, und schließlich hat er eine starke fällende Wirkung. So konnten denn auch H. NIKLAS[4] und Mitarbeiter keinen ungünstigen Einfluß der Kalisalze auf das Bodengefüge beobachten, weil neben den Kalisalzen noch Superphosphat und schwefelsaures Ammoniak gegeben worden waren.

Ähnliche Ergebnisse zeitigten auch die Untersuchungen MAUSBERGS[5]. — Durch eine geschickte Düngerzusammenstellung lassen sich daher Schädigungen des Bodengefüges auch auf empfindlichen schweren Böden vermeiden, besonders wenn auf solchen Böden für die öftere Zufuhr von Kalk und Humus gesorgt wird. Natürlich ist es völlig verfehlt, auf Böden der genannten Art neben Kainit noch

---

[1] HAGER, G.: J. Landw. **65**, 296, 297.

[2] EHRENBERG, P.: a. a. O. S. 347f.

[3] JOFFE, J. S. u. H. C. MCLEAN: Die Entstehung alkalischer Böden und die physikalischen Wirkungen ihrer Behandlung. Soil Sci. **17**, 395; **18**, 14, 133, 237. — HAYNES, I. D.: Soil Sci. **25**, 443. — SANNELS, CH.: Die Oxydation von Schwefel in alkalischen Böden und die Wirkung auf die ersetzbaren Basen. Hilgardia **1**, 1f.; ref. Dtsch. landw. Rdsch. **3**, 375.

[4] NIKLAS, H., A. STROBEL u. K. SCHARRER: Der Einfluß einer zwölfjährigen Kalidüngung auf die Ernteerträge sowie die Physik, Chemie und Mykologie des Bodens. Landw. Versuchsstat. **105**, 105f.

[5] MAUSBERG, A.: a. a. O., S. 45f.

einseitig Natronsalpeter als Stickstoffdünger zu benutzen. Es stehen heute der Landwirtschaft so viele treffliche Stickstoffdüngemittel, die auch die Bodenstruktur zum mindesten nicht ungünstig beeinflussen, zur Verfügung, daß der Ersatz des Natronsalpeters durch andere Stickstoffdüngemittel keine Schwierigkeiten verursacht.

Der Einfluß der bisher noch nicht behandelten Düngemittel auf das Bodengefüge. An dieser Stelle ist vielleicht noch ein kurzer Hinweis auf die Beeinflussung des Bodengefüges durch die wichtigsten noch nicht besprochenen Düngemittel[1] angebracht. Denn der Garezustand eines Bodens ist für das Wachstum der Pflanzen ebenso wichtig wie eine sachgemäße Düngung. Ja, man kann durchaus mit Recht sagen, daß ein günstiger Garezustand, der nichts anderes als einen optimalen Koagulationszustand des dispersen Bodensystems darstellt, überhaupt erst die Voraussetzung für eine günstige Wirkung der Düngemittel ist. Leider ist unser Wissen auf diesem Gebiet noch recht lückenhaft, denn Untersuchungen über die Wirkung der Düngemittel auf das Bodengefüge liegen im Vergleich zu den Arbeiten auf anderen Wissensgebieten nur in geringer Anzahl vor. Dann aber sind die Versuchsbedingungen und die Untersuchungsmethoden oft so gewählt, daß eine Übertragung der Ergebnisse und Schlüsse auf die Verhältnisse des freien Landes nur mit Vorsicht möglich ist. — Das Superphosphat hat auf das Bodengefüge kaum einen bedeutsamen Einfluß. Das Thomasmehl und das Rhenaniaphosphat verhalten sich ähnlich, da die in diesen Düngemitteln dem Boden zugeführten Kalkmengen gering sind. Um durch Kalk die Bodenstruktur im günstigen Sinne zu verändern, sind selbst auf schwach sauren Böden erhebliche Kalkgaben nötig. Das schwefelsaure Ammoniak zeigt bei dauernd einseitiger Anwendung eine nur mäßig die Struktur verbessernde Wirkung. Aus diesem Düngesalz bilden sich bekanntlich durch die Tätigkeit der Pflanzen und Kleinlebewesen der Böden Schwefelsäure und Salpetersäure, deren Wasserstoffionen die adsorbierten Kationen der Bodenteilchen verdrängen und diese ausflocken. Aus diesem Grunde konnte bei den langjährigen Düngungsversuchen in Bonn-Poppelsdorf, Pommritz i. Sa. und in Rothamsted keine ungünstige Veränderung des Bodengefüges festgestellt werden. Ja, die Bodenbeschaffenheit war befriedigend, und die Wasser- und Wärmeverhältnisse ließen wenig zu wünschen übrig.

Solange der Boden noch genügend Kalk enthält, werden die nützlichen Kleinlebewesen zusagende Lebensbedingungen finden. Mit der Entkalkung und Versauerung des Bodens werden aber für sie die Verhältnisse ungünstig. Der Boden zeigt dann nur noch einen rein chemisch bedingten Krümelzustand, der natürlich

---

[1] Heiden, E.: Denkschrift zur Feier des 25 jährigen Bestehens der agrikulturchemischen Versuchsstation Pommritz. Hannover 1883. — Ehrenberg, P.: Die Bodenkolloide. Hier sorgfältige und ausführliche Literaturzusammenstellung. — Mausberg, A.: a. a. O., S. 45. — Hall, A. D.: The Soil. London 1908. — Neuere Literatur: Hager, G.: J. Landw. **66**, 241; 68, **73** — Z. Pflanzenernährg. usw. A **2**, 292. — Fick, J. C.: Untersuchungen über den Einfluß der Jauche auf den Boden. J. Landw. **75**, 215f. — Joseph, A. F. u H. B. Oakley: Die Eigenschaften schwerer alkalischer Böden. J. agricult. Sci. **19**, 121 (1929); ref. Chem. Zbl. **1**, 1254 (1929). — Blanck, E. u. F. Alten: Untersuchungen und Versuche mit Kalksalpeter. J. Landw. **74**, 39. — Renner, W.: Der Einfluß verschiedener Düngesalze, zumal von Kalk und Phosphaten, auf die Struktur des Bodens. Z. Pflanzenernährg. usw. B **4**, 417f. — Luther, H.: Der Einfluß verschiedener Stickstoffdüngungen auf die Struktur des Bodens. Ebenda A **12**, 227f. — Hager, G.: Die Änderung des Bodengefüges durch natürliche und künstliche Düngemittel. Mitt. dtsch. Landw.-Ges. **44**, 143. — Hübenthal, Herrmann, C. v. Seelhorst u. W. Geilmann: Über den Einfluß von Düngung und Pflanzenwuchs auf die Fallkurve von Wasser und Bodengemischen. J. Landw. **69**, 5. — Oldershausen, E. v.: Der Einfluß künstlicher Bodensäuerung auf Boden und Pflanze. Inaug.-Dissert., Göttingen 1930. — Kappen, H.: Die Bodenazidität. (S. 180f.: Die Bedeutung der Versauerung für die physikalischen Bodeneigenschaften.) Berlin: Julius Springer 1929.

nicht die Vorteile des biologisch-chemisch erzeugten Garezustandes für das Pflanzenleben besitzt.

Vermutlich werden sich andere physiologisch saure Düngemittel z. T. ähnlich wie z. B. das salzsaure Ammoniak verhalten. Der Kalkammonsalpeter, der Ammonsulfatsalpeter (Leuna- und Montan-Salpeter), Kalkammon und Kalkammonsalpeter werden das Bodengefüge zum mindesten nicht ungünstig beeinflussen. Ein Düngemittel, das freies Ammoniak enthält, also die Jauche, wird auf sehr schweren empfindlichen Böden unter Umständen vorübergehend die Krümel zerfallen lassen, da ja NH_4OH aufteilend wirkt. RUSSELL[1] warnt daher sogar vor der Anwendung von Jauche auf schweren Böden, die leicht zum Verkrusten neigen.

Da das Ammoniumkarbonat der Jauche auf nicht zu kalkarmen und sauren Böden infolge von Nitrifikation bald in Salpetersäure übergeht, dürfte die ungünstige Wirkung der Jauche schnell ein Ende finden. Ähnlich verhalten sich der Kalkstickstoff und der Harnstoff, aus denen ja im Boden ebenfalls kohlensaures Ammoniak entsteht. Doch sind praktisch keine unerwünschten Folgen zu erwarten, da ja die verhältnismäßig geringen Gaben ebenso wie die bald einsetzende Nitrifikation eine weitgehende Aufteilung der Bodenkrümel verhindern.

Schließlich wird auch das Nitrophoska keine bedeutsame Veränderung des Bodengefüges hervorrufen. Vorübergehend kann wohl in Böden mit kohlensaurem Kalk durch Umsetzung kohlensaures Ammoniak entstehen, das jedoch bald in Salpetersäure umgewandelt wird. Daher ist dieses Düngemittel nach den Untersuchungen R. W. BELINGS[2] auch physiologisch sauer. Die Wasserstoffionen der entstehenden Salpetersäure werden dann auf das Bodengefüge in geringem Grade günstig einwirken.

Methoden zur Untersuchung der Bodendispersität und der dispersoiden bzw. kolloiden Eigenschaften der Böden und Bodenanteile.

Die Untersuchungsmethoden der Bodenkolloide und ihrer Eigenschaften sind zur Zeit oft noch wenig durchgearbeitet. Zum Teil fehlt es überhaupt noch an Verfahren, welche z. B. geeignet sind, eingetretene Dispersitätsveränderungen mit großer Genauigkeit festzustellen. Grobe Veränderungen des Zerteilungsgrades und des Bodengefüges lassen sich u. a. wohl mit Hilfe der Schlämmanalyse in einer zweckentsprechenden Form und der Hygroskopizitätsbestimmung[3] experimentell erfassen, bei geringen Veränderungen des Dispersitätsgrades versagen aber die bekannten Methoden meistenteils. In neuester Zeit haben besonders G. WIEGNER und Mitarbeiter in ausgezeichneten Untersuchungen Methoden der reinen Kolloidchemie, z. B. die Viskosimetrie, zur Erforschung bodenkundlicher Fragen mit Erfolg herangezogen. Ob aber die von diesen Forschern auf Grund solcher Versuche gezogenen Schlüsse in allen Fällen ohne weiteres auf die Vorgänge im Boden übertragen werden können, darüber sind die Meinungen noch geteilt. Hier klaffen zwischen den theoretischen Versuchsergebnissen und den Beobachtungen auf freiem Felde noch große Widersprüche, die der Auf-

---

[1] RUSSELL, E. J.: Boden und Pflanze (deutsch von HANS BREHM). S. 169. Dresden u. Leipzig: Th. Steinkopff 1914.

[2] BELING, R. W.: Die physiologische Reaktion des Nitrophoska. Z. Pflanzenernährg. usw. B **6**, 562f.

[3] Vgl. u. a. E. BLANCK: Beiträge zur Kenntnis der chemischen und physikalischen Beschaffenheit der Roterden. J. Landw. **1912**, 73. — E. BLANCK u. J. M. DOBRESCU: Weitere Beiträge zur Beschaffenheit rot gefärbter Bodenarten. Landw. Versuchsstat. **84**, 443 (1904). — E. BLANCK u. F. ALTEN: Beiträge zur Kennzeichnung und Untersuchung der Roterden. Ebenda **103**, 72 (1924).

klärung harren. Es sei hier nur auf den Einfluß der Magnesiumverbindungen auf das Bodengefüge auf Grund der Arbeiten von WIEGNER[1] und Mitarbeitern und auf Grund der Versuche des Verfassers und der Beobachtungen MAUSBERGS[2] auf dem Versuchsfeld Bonn-Poppelsdorf hingewiesen.

Trotzdem ist mit Befriedigung zu sagen, daß besonders durch die Untersuchungen WIEGNERS, EHRENBERGS und ihrer Mitarbeiter und anderer Forscher viele erfolgreiche Arbeit in den letzten Jahren geleistet ist, so daß an die Stelle dunklen empirischen Tappens zielbewußtes Arbeiten nach exakten wissenschaftlichen Methoden getreten ist.

Die Methoden zur Bestimmung der dispersen Anteile der Böden.

Die Schlämmanalyse. Da an anderer Stelle dieses Handbuches über die Methoden der Schlämmanalyse und ihre Ausführung berichtet wird, können sie hier übergangen werden. Dagegen sind vielleicht einige Erläuterungen darüber angebracht, ob die Schlämmanalyse in dieser oder jener Ausführung geeignet ist, Aufschluß über eingetretene Dispersitätsänderung der Böden zu geben.

An und für sich ist ja der eigentliche Zweck der Schlämmanalyse, die Bodenanteile ihrer Größe nach in verschiedene Gruppen zu zerlegen und so einen quantitativen Einblick in die Größe der Bodenbestandteile zu erhalten. Auf die Schwächen dieser Methoden, die Anteile der Größe nach richtig zu erfassen, braucht hier nicht eingegangen zu werden[3].

Ist nun der Zweck der Schlämmanalyse, die Größenordnung der Einzelteilchen, auch Primärteilchen oder Monone genannt, festzustellen, so sind bei Böden, deren Krümel schwer zerfallende Gebilde darstellen, vorbereitende Maßnahmen notwendig, um diese Krümel vor der Schlämmanalyse in die Einzelteilchen zu zerlegen. So hat H. KAPPEN[4] Ammoniak benutzt, um durch Eisenoxyd zusammengeballte Krümel in stark basenaustauschsauren Böden zu dispergieren. Im allgemeinen ist bei der Benutzung chemischer Mittel Vorsicht geboten, da leicht durch chemische Umwandlungen und ihre Folgen die Versuchsresultate getrübt werden können. Die beste Vorbereitung für den genannten Zweck dürfte, soweit nicht besondere Verhältnisse vorliegen, wohl mechanische Behandlung mit destilliertem Wasser in der Kälte sein. Durch Kochen kann eine Koagulation gewisser Bodenanteile erfolgen, vor allem des Ca-Tones[5]. Bei humosen Böden macht die Zerteilung besondere Schwierigkeiten. Vielleicht kommt man mit Ammoniak auch hier zum Ziel. Natürlich soll die Schlämmanalyse stets mit destilliertem Wasser ausgeführt werden. Der Elektrolytgehalt der Böden spielt bei den Methoden, wo auf den Boden immer wieder neues Wasser zur Einwirkung gelangt, keine Rolle, wohl dagegen bei der Benutzung des WIEGNERschen Schlämmzylinders. Hier stören die Elektrolyte. Deshalb befreite R. GALLAY[6] bei dem Arbeiten mit diesem Apparat den mit Wasser behandelten Boden durch mehrmaliges Absaugen durch eine Porzellankerze (Pukallkerze) von den Salzen.

---

[1] S. 75. [2] S. 76.

[3] MITSCHERLICH, E. A.: Bodenkunde für Land- und Forstwirte, 4. Aufl., S. 49f. Berlin 1923.

[4] KAPPEN, H.: Studien an sauren Mineralböden aus der Nähe von Jena. Landw. Versuchsstat. **88**, 43f. — BLANCK, E. u. F. ALTEN: Ein Beitrag zur Frage nach der Vorbehandlung der Böden mit Ammoniak für die ATTERBERGsche Schlämmanalyse. J. Landw. **73**, 39f. — HISSINK, D. J.: Bericht über die Sitzung der Internationalen Kommission für die mechanische und physikalische Bodenuntersuchung. Internat. Mitt. Bodenkde. **4**, 11. — GALLAY, R.: Kolloidchem. Beih. **21**, 437f. — GERICKE, S.: Versuche über die Vorbereitung und Ausführung der Schlämmanalyse nach ATTERBERG. Fortschr. Landw. **1927**, 455.

[5] NOLTE, O.: Der Einfluß des Kochens und des Schüttelns auf feine Mineralteilchen. Landw. Versuchsstat. **93**, 247.

[6] GALLAY, R.: a. a. O., S. 437.

Will man jedoch mit Hilfe der Schlämmanalyse nicht die Einzelteilchen erfassen, sondern die Flocken und Krümel, wird man in dieser Hinsicht sehr oft auf Schwierigkeiten stoßen, nämlich dann, wenn die Einzelteilchen nur lose aneinanderhaften. Die Ausflockung stellt in den meisten Fällen einen reversiblen Vorgang dar. Wird die Konzentration der natürlichen Bodenlösung, die meistens verhältnismäßig hoch ist, durch die Verdünnung beim Schlämmen stark herabgesetzt, so werden unter Umständen Koagulationsionen wieder an die Flüssigkeit abgegeben bzw. es kommt zu einer Ionenabdissoziation, und Peptisation infolge Aufladung ist die Folge. Aus diesem Grunde wird die Schlämmanalyse die Strukturverhältnisse um so weniger richtig wiedergeben, je lockerer die Einzelteilchen in den Krümeln aneinander haften. Man muß daher in solchen Fällen noch zu anderen Methoden greifen, welche eingetretene Zustandsänderungen des dispersen Bodensystems festzustellen gestatten, und die Schlämmung vorsichtig ohne langes vorheriges Schütteln evtl. unter Verwendung schwacher Elektrolytlösungen[1] vornehmen. Außerdem führt nach Erfahrungen des Verfassers das „gebrochene“ Schlämmen in solchen Fällen sehr oft zum Ziel. Man schlämmt bei diesem Verfahren nicht bis zum Klarwerden der Lösung, sondern nur eine gewisse Zeit oder führt eine bestimmte Anzahl von Schlämmungen[2] aus. Schließlich ist es für das Resultat auch von Bedeutung, ob die Schlämmanalyse mit dem frischen oder dem lufttrockenen Boden ausgeführt wird.

Nach den Versuchen von VAN ZYL[3] sind die Krümel des trockenen Bodens erheblich fester als die des frischen Bodens. Aus diesem Grunde sollen besonders bei Schlämmanalysen, die den Zweck haben, eingetretene Dispersitätsänderungen festzustellen, möglichst nur die frischen Bodenproben benutzt werden. Natürlich sagt die Schlämmanalyse direkt nichts über die chemischen und physikalischen Eigenschaften der Schlämmprodukte aus. Daher ist sie unter gewissen Umständen noch durch weitere Untersuchungen zu ergänzen. Denn für die Eigenschaften der Böden in chemischer, kolloidchemischer, physikalischer und biologischer Beziehung ist es von grundlegender Bedeutung, ob die Anteile einer Schlämmfraktion aus kristallinischen, massigen Gesteinstrümmern oder aber aus kolloiden Tonbestandteilen[4] sich zusammensetzen.

Die Bestimmung der Bodenoberfläche als Maß der Bodendispersität.

Mit Hilfe der Benetzungswärme. Bei der Benetzung einer festen Grenzfläche durch eine Flüssigkeit wird Wärme entwickelt. Sie stellt die Adsorptionswärme von Dämpfen bei ihrem Sättigungsdruck dar. PARKS[5] hat bewiesen, daß diese Benetzungswärme der Grenzflächengröße proportional ist. Der Gedanke liegt daher nahe, sie zur Bestimmung der Bodenoberfläche und damit der Bodendispersität zu benutzen. In Deutschland hat vor allem E. A. MITSCHERLICH[6] eine Methode zur Bestimmung der Benetzungswärme der Böden

---

[1] ZYL, J. P. VAN: Über die Bodenlösung, ihre Gewinnung, Zusammensetzung und Anwendung bei der Schlämmanalyse. J. Landw. **64**, 244.

[2] HAGER, G.: J. Landw. **65**, 307.

[3] ZYL, J. P. VAN: Weitere Untersuchungen über die Beschaffenheit der Bodenkrümel. Internat. Mitt. Bodenkde. **7**, 90f.

[4] GIESECKE, F.: Über die Beziehungen zwischen der mechanischen Zusammensetzung und der Hygroskopizität eines Bodens. J. Landw. **76**, 33f.

[5] PARKS: Phil. Mag. (6) **4**, 240.

[6] MITSCHERLICH, E. A.: Beurteilung der physikalischen Eigenschaften des Ackerbodens mit Hilfe seiner Benetzungswärme. J. Landw. **46**, 255. — Zur Methodik der Bestimmung der Benetzungswärme des Ackerbodens. Ebenda **48**, 71. — Untersuchungen über die physikalischen Bodeneigenschaften. Landw. Jb. **30**, 361. — Zur Methodik der Benetzungswärme des Ackerbodens. Ebenda **31**, 577. — RODEWALD, H.: Z. phys. Chem. **33**, 593f. — JANERT, H.: Neue Methoden zur Bestimmung der wichtigsten physikalischen Grund-

ausgearbeitet. Sie ist von den physikalischen Eigenschaften der Böden, so von der Größe und Form der Bodenteilchen und den spezifischen Adhäsionskonstanten abhängig. Da es sehr zweifelhaft ist, ob mit Hilfe dieser Methode die Bodenoberfläche wirklich genau gemessen werden kann, hat sie in der Bodenkunde und Agrikulturchemie keine Verbreitung gefunden, zumal selbst MITSCHERLICH sie durch die Methode der Hygroskopizitätsbestimmung ersetzt hat. In anderen Staaten, vor allen den Vereinigten Staaten von Amerika, hat die Bestimmung der Benetzungswärme eine größere Verbreitung gefunden als bei uns.

Mit Hilfe der Hygroskopizität[1]. Nach der RODEWALDschen Hypothese soll mittels der Hygroskopizitätsbestimmung diejenige Wassermenge festgestellt werden, welche die Bodenoberfläche gerade mit einer Molekülschicht Wasser bedeckt. Sie soll daher gestatten, mit Hilfe einer Formel die Gesamtbodenoberfläche zu berechnen. Diese Hypothese RODEWALDS ist von P. VAGELER[2] und K. PFEIFFER[3] mit Recht angezweifelt worden. P. EHRENBERG hat ebenfalls nachgewiesen, daß die nach der angegebenen Formel berechnete Bodenfläche viel zu groß ist, und daß die theoretische Annahme MITSCHERLICHS einen Irrtum darstellt. Bereits an anderer Stelle hat der Verfasser[4] darauf hingewiesen, daß nach den Forschungen ZSIGMONDYS und seiner Schüler die RODEWALDsche Annahme unrichtig ist. Die Bestimmung der Hygroskopizität bietet daher keine Möglichkeit, die Größe der Bodenoberfläche zu bestimmen. In eingehenden Untersuchungen hat denn auch in neuester Zeit A. NEUGEBOHRN[5] den Beweis erbracht, daß

---

konstanten des Bodens. Landw. J. **66**, 425. — ANDERSON, M. S.: Die Benetzungswärme der Bodenkolloide. J. agricult. Res. **28**, 927f. — PATE, W. W.: Soil Sci. **20**, 329. — BOUJOUCOS, G. J.: Science **60**, 320; Soil Sci. **19**, 153, 477; **20**, 67. — BESEMER, L.: Die Bestimmung der äußeren Bodenoberfläche durch die Benetzung mit organischen Flüssigkeiten. Arch. Bot. **24**, 182. — MIRTSCH, H.: Eine Bestimmungsmethode der Benetzungswärme. Ebenda **28**, 451. — ZUNKER, F.: Die Bestimmung der spezifischen Oberfläche des Bodens. Landw. J. **58**, 159f.

[1] RODEWALD, H. u. E. A. MITSCHERLICH: Die Bestimmung der Hygroskopizität. Landw. Versuchsstat. **59**, 433. — MITSCHERLICH, E. A.: Bodenkunde für Land- und Forstwirte, 4. Aufl., 66f. Berlin: P. Parey. — RODEWALD, H.: Theorie der Hygroskopizität. Landw. J. **31**, 675. — MITSCHERLICH, E. A., F. SCHEEFFER u. R. FLOESS: Die Bestimmung der äußeren Bodenoberfläche. Ebenda **40**, 645. — PFEIFFER, K.: Beiträge zur Frage der mechanischen Bodenanalyse und die Bestimmung der Bodenoberfläche mittels Benetzungswärme und Hygroskopizität. Ebenda **41**, 1. — FLOESS, R.: Die Hygroskopizitätsbestimmung, ein Maßstab zur Bonitierung des Ackerbodens. Ebenda **42**, 255. — STEMPEL, G.: Über die Beziehungen zwischen der physikalischen Bodenbeschaffenheit und der Ertragsfähigkeit der Getreidearten. Ebenda **46**, 367. — SCHEEFFER, F.: Eine Methode zur Bestimmung der äußeren und somit auch der inneren Oberfläche. J. Landw. **57**, 121. — EHRENBERG, P. u. G. v. ROMBERG: Zur Frostwirkung auf den Erdboden. Ebenda **61**, 73. — RODEWALD, H. u. A. MITSCHERLICH: Die Bestimmung der Hygroskopizität. Landw. Versuchsstat. **59**, 433. — ROMBERG, G. v.: Praktische Winke für die Ausführung von Hygroskopizitätsbestimmungen nach RODEWALD-MITSCHERLICH. Ebenda **75**, 483. — CZERMAK, W.: Ein Beitrag zur Erkenntnis der Veränderungen der sog. physikalischen Bodeneigenschaften durch Frost, Hitze und die Beigabe einiger Salze. Ebenda **76**, 75. — HOFFMANN, R.: Untersuchungen über die Veränderung der Bodenoberfläche. Ebenda **85**, 123. — NEUGEBOHRN, A.: Die Bestimmung der Bodenoberfläche durch Flüssigkeitsadsorption. Inaug.-Dissert., Breslau 1927. — NATH PURI, A.: J. agricult. Sci. **15**, 272. — NATH PURI, A., E. M. CROWTHER u. B. A. KEEN: Die Beziehungen zwischen Dampfdruck und Wassergehalt des Bodens. Ebenda **15**, 68. — WACHE, R.: Beitrag zur Bestimmung und Bewertung der Kolloide im Boden. Mitt. Labor. preuß. geol. Landesanst. **2** (1921). — ODEN, S.: Trans. Soc. **17**, 244. — HEINRICH, FR.: Inaug.-Dissert., Königsberg 1926.

[2] VAGELER, P.: Die RODEWALD-MITSCHERLICHsche Theorie der Hygroskopizität vom Standpunkt der Kolloidchemie und ihr Wert zur Beurteilung der Böden. Fühlings Landw. Ztg. **61**, 77f.

[3] PFEIFFER, K.: Beiträge zur Frage der mechanischen Bodenanalyse und der Bestimmung der Bodenoberfläche mittels Benetzungswärme und Hygroskopizität. Landw. J. **41**, 1f.

[4] HAGER, G.: Handb. d. biolog. Arbeitsmethoden. S. 337—339.

[5] NEUGEBOHRN, A.: Inaug.-Dissert., Breslau 1927.

das MITSCHERLICHsche Verfahren auf irrigen theoretischen Grundlagen beruht und daher für den genannten Zweck völlig unbrauchbar ist. Denn das nach dieser Methode ermittelte angebliche Hygroskopizitätswasser setzt sich aus Adsorptions-, Hydrat-, Quellungs- und bei feinerdereichen Böden vor allem aus Kapillar- und Ultrakapillarwasser zusammen. — Zur Feststellung gröberer Änderungen des Dispersitätsgrades von Böden in qualitativer Beziehung läßt sich aber die Methode trotzdem mit Erfolg benutzen.

Nach W. O. ROBINSON[1] soll sich eine 3,3 gew.-proz. Schwefelsäure sehr gut eignen, um den Kolloidgehalt eines Bodens annähernd zu bestimmen. 1 g Kolloidsubstanz soll nämlich 0,3 g Wasser unter bestimmten Versuchsbedingungen adsorbieren.

Die Methodenvorschrift lautet: 2—4 g lufttrockener Boden, der durch das Feinmaschensieb Nr. 100 gegangen ist, werden in flache Wägegläschen eingewogen und diese in ein Vakuumgefäß über 3,3proz. Schwefelsäure gebracht. Das Gefäß wird dann auf einen Unterdruck von 40—50 mm Quecksilbersäule ausgepumpt und fünf Tage lang in einem Thermostaten bei 30° C gehalten. Dann wird das Gläschen gewogen, bei 110° C 18 Stunden trocknen gelassen und wieder gewogen. Die Differenz zwischen den beiden Gewichten ergibt die Menge des aufgenommenen Wassers. Die mit Hilfe dieser Methode gefundenen Zahlen haben selbstverständlich ebenfalls nur relativen Wert, da das für die MITSCHERLICHsche Methode Gesagte im verstärkten Maße auch für dieses Verfahren gilt. ANDERSON und MATTSON[2] haben eine 30proz. Schwefelsäure vorgeschlagen.

MITSCHERLICH hat dann weiter eine Methode zur Bestimmung der äußeren Oberfläche ausgearbeitet. Er ging dabei von der Annahme aus, daß wohl Wasser in die intermizellaren Hohlräume eindringe und die Teilchen zum Quellen bringe, nicht aber organische Flüssigkeiten dazu befähigt seien. Da nach den Untersuchungen von W. BACHMANN[3] Kieselsäuregel auch organische Flüssigkeiten (Chloroform, Aethyljodid, Benzol, Acetylentetrabromid) nach Maßgabe der vorhandenen Hohlräume aufnimmt, hat auch dieses Verfahren einen sehr zweifelhaften Wert. Denn aus der starken Reaktionsfähigkeit der Bodenpermutoide beim Basenaustausch kann man mit einiger Gewißheit auf eine Größe der Ultrakapillaren in den Permutoidteilchen schließen, welche das Eindringen der Moleküle der organischen Flüssigkeiten in sie gestattet. Bei den kristallisierten Zeolithen, wie dem Chabasit, ist dies bereits nicht mehr der Fall. Aethyläther und Benzol wird von diesem daher nicht mehr aufgenommen. Der Basenaustausch erfolgt den Versuchen H. KAPPENS[4] nach in den kristallisierten Zeolithen infolgedessen auch nur langsam und träge[5].

Die Farbstoffadsorption als Maß für den Gehalt der Böden an Kolloiden.

Es gibt bekanntlich basische und saure Farbstoffe. Erstere sind Salze von Farbbasen, z. B. Methylviolett, Malachitgrün, Fuchsin, Methylenblau, letztere Natron- oder Kalksalze von Säuren (Sulfonsäuren, Karbonsäuren). Hierher gehören die meisten Azofarbstoffe und Nitrofarbstoffe (z. B. Kongorot,

---

[1] ROBINSON, W. O.: J. physic. Chem. **26**, 647. — GILE, P. L. u. W. O. ROBINSON: U. S. Dep. Agricult. Bull. **1924**, 1193. — MAIWALD, K.: Kolloidchem. Beih. **27**, 265—269.

[2] ANDERSON, A. u. MATTSON: U. S. Dep. Agricult. Bull. **1926**, 1452. — K. MAIWALD ebenda.

[3] BACHMANN, W.: Z. anorg. Chem. **79**, 202. — ZSIGMONDY, R.: Kolloidchemie, 5. Aufl., **2**, 77, 78, 95—98. 1927. — Vgl. auch A. NEUGEBOHRN: Inaug.-Dissert., S. 20f.

[4] H. KAPPEN u. B. FISCHER: Z. Pflanzenernährg. usw. A **12**, 8f.

[5] Über neuere Versuche, die absolute Bodenoberfläche mit Hilfe der Wasserabgabe und -aufnahmekurven zu bestimmen, siehe H. KURON: Versuche zur Feststellung der Gesamtoberfläche an Erdböden, Tonen und verwandten Stoffen. Z. Pflanzenernährg. usw. A **18**, 179.

Pikrinsäure). Der Färbe- bzw. Adsorptionsprozeß kann nun bei den Bodenkolloiden ein physikalischer Vorgang sein (feste Lösung) oder auf der Fällung durch elektrisch entgegengesetzt geladene Bodenteilchen beruhen. Ferner spielen chemische Reaktionen dabei eine Rolle, z. B. bei der Bildung des Aluminiumlackes des Alizarins, oder adsorbierte Basen oder Säuren erteilen der zu färbenden Substanz überhaupt erst die Fähigkeit, den Farbstoff aufzunehmen. Da diese Vorgänge nun im wechselnden Verhältnis nebeneinander verlaufen, ergeben sich große Bedenken gegen Färbemethoden als Mittel zur Bestimmung der Kolloide. Schließlich können Farbbasen den Untersuchungen J. KÖNIGS[1] und seiner Mitarbeiter nach auch durch Basenaustausch vom Boden aufgenommen werden; äquivalente Mengen der adsorbierten Basen, vor allem Kalk gehen dafür in Lösung. Weiter ist zu berücksichtigen, daß die Kolloide dem Dispersitätsgrade entsprechend wechselnde Mengen Farbstoff aufnehmen. Kaolin, unverwitterte Silikate, Quarzpulver färben ebenfalls an. Adsorbierte Elektrolyte ändern das Adsorptionsvermögen. Auch Pflanzenteile und Kleinlebewesen sind gegen Farbstoffe nicht indifferent. Die adsorbierten Farbstoffe können weiterhin die Ladung der Teilchen ändern und so koagulierend wie peptisierend wirken. Ferner ist bei der Ausführung von Färbemethoden zu berücksichtigen, daß der Reinheitsgrad der Farbstoffe von Einfluß auf das Resultat ist. Verunreinigungen sind oft ausschlaggebend. Daher sind nur chemisch reine Farbstoffe zu verwenden, genaue Bezeichnung derselben ist notwendig. Viele kolloide Farbstoffe zeigen in Lösung die Erscheinung des Alterns. Einflüsse aber, welche Teilchenvergröberung herbeiführen, begünstigen das Anfärben. Der Verteilungsgrad des Farbstoffes im Wasser muß also stets der gleiche sein. Da sich die Farbstoffe, je nach ihrer basischen oder sauren Natur, gegen die Bestandteile des Bodens verschieden verhalten, so müssen zu den Versuchen basische und saure Farbstoffe benutzt werden. Durch Kalziumkarbonat dürfen sie keine Veränderung erleiden. Typisch kolloide Farbstoffe sind z. B. in wäßriger Lösung: Nachtblau, Diaminblau, Immendialblau, Anilinblau, Alkaliblau, Indigo, Indulin, Kongorot, Benzopurpurin. Molekulardispers in Wasser gelöst sind z. B. Methylviolett, Säurefuchsin, Safranin, Methylenblau, Brillantgrün.

Das Verfahren von J. KÖNIG, J. HASENBÄUMER und C. HASSLER[2]: Je 5 g lufttrockener Boden werden in graduierte, mit eingeschliffenem Glasstopfen versehene Standzylinder gegeben und diese mit der Versuchslösung zu 100 cm^3 aufgefüllt. Die anzuwendende Farblösung wird dem Adsorptionsvermögen des

[1] KÖNIG, J.: Landw. Jb. **55**, 221. — Siehe auch L. MICHAELIS: Die Wasserstoffionenkonzentration **1**, 2. Aufl., 210.

[2] KÖNIG, J., J. HASENBÄUMER u. C. HASSLER: Bestimmung der Kolloide im Boden. Landw. Versuchsstat. **75**, 385. — Weitere Literatur über diesen Gegenstand: W. R. WILLIAMS: Forschgn. Geb. Agrikult.-Phys. **18**, 270. — B. SJOLLEMA: Anwendung von Farbstoffen bei Bodenuntersuchungen. J. Landw. **53**, 67. — P. EHRENBERG: Kolloid-Z. **5**, 100. — A. EMMERLING u. F. SIEDEN: Verh. Ges. dtsch. Naturforsch. (1) **2**, 76 (1904); 155 (1905). — P. ROHLAND: Die Tone. Z. anorg. Chem. **56**, 46. — F. CORNU: Kolloid-Z. **4**, 303. — H. E. ASHLEY: Dep. Int. U. S. geol. Surv. Bull. **388** (Washington 1909). — M. GÓRSKI: Ein Beitrag zur Bestimmung der Kolloide im Ackerboden. Z. landw. Versuchswes. Österreich **15**, 1201. — R. VAN DER LEEDEN u. F. SCHNEIDER: Über neuere Methoden der Bodenanalyse und der Bestimmung der Kolloidstoffe im Boden. Internat. Mitt. Bodenkde. **2**, 81. — E. DITTLER: Über die Einwirkung organischer Farbstoffe auf Mineralgele. Kolloid-Z. **5**, 93. — W. Graf zu LEININGEN: Ebenda **19**, 169. — L. PELET u. L. GRAND: Über die Bindung einiger Farbstoffe durch unlösliche Mineralsubstanzen. Chemiker-Ztg. **31**, 803. — F. K. CAMERON u. H. E. PATTEN: J. phys. Chem. **11**, 581. — L. PELET u. JOLIVET: Kolloid-Z. **3**, 242. — K. K. GEDROIZ: J. exper. Landw. **15**, 214. — J. KÖNIG u. Mitarbeiter: Landw. Jb. **55**, 217; **56**, 458, 462. — P. L. GILE, H. E. MIDDELTON, W. O. ROBINSON, W. H. FRY u. M. S. ANDERSON: U. S. Dep. Agricult. **1122** (1922); **1193** (1924). — J. A. WILKINSON u. W. HOFF: J. physic. Chem. **29**, 808 (1925); Kolloid-Z. **39**, 239.

Bodens angepaßt und enthält bei Versuchen mit Sand — lehmigem Sand — und Schieferboden 1 g, mit Lehm- und Kalkboden 2 g und bei Versuchen mit Tonboden 3 g Farbstoff im Liter. Die Zylinder werden dann ins Dunkle gestellt und täglich 2—3 mal kräftig umgeschüttelt (weil sich leicht ein Teil des Bodens festsetzt und sich dann nicht an der Adsorption beteiligt). Darauf läßt man drei Tage absitzen und pipettiert dann den größten Teil der überstehenden klaren Lösung in Flaschen, welche genau die Größe der mit der Vergleichslösung gefüllten Probeflaschen besitzen. Hierauf läßt man abermals 1—2 Tage stehen und vergleicht dann mit den Farblösungen von bekanntem Gehalt die dunklen Töne im durchfallenden Lichte gegen den Himmel, die hellen vor weißem Papier. Letzteres bietet noch den Vorteil, daß etwa noch vorhandene weißliche Schwebeteilchen wirkungslos werden und nur der Farbstoff sichtbar ist. —

Was die Farbstoffe anbelangt, so eignen sich nach den genannten Forschern für den vorliegenden Zweck nur wenige, nämlich das schon von SJOLLEMA benutzte Methylviolett und ferner Methylgrün, ersteres entschieden am besten, weil sich seine Farbe durch die saure oder alkalische Reaktion des Bodens nicht verändert, die Lösung des Methylgrüns hingegen vor der Benutzung blau ist und nach der Behandlung mit dem Boden ins Grünliche umschlägt. Von anderen Teerfarbstoffen, welche von ihnen weiter geprüft wurden, ist noch Methylenblau geeignet, doch ist seine Lösung bei gleichem Gehalt wie an Methylviolett viel zu intensiv gefärbt, während der Boden im Vergleich zu jenem nur etwa den dritten Teil des Gewichtes von dem Farbstoff aufnimmt. Das Filtrieren der mit dem Boden geschüttelten Farblösungen ist zu vermeiden, da sowohl Papier wie Asbest von dem Farbstoff etwas zurückhalten. Die Klärung der benutzten Lösungen kann infolgedessen nur durch Absitzenlassen oder Zentrifugieren erfolgen.

Die nach dieser oder einer ähnlichen Methode erhaltenen Zahlen haben natürlich nur relative Bedeutung und sagen über den Gehalt an Kolloiden nichts aus. Sie können wohl unter Umständen zur Beurteilung der Böden mit herangezogen werden. Zur Lösung wissenschaftlich exakter Fragen werden die Färbemethoden jedoch infolge der ihnen anhaftenden Mängel und Unvollkommenheiten vorläufig kaum zu brauchen sein. Es bedarf noch eines eingehenden Studiums und sorgfältiger Untersuchungen, bevor die Färbemethode evtl. Anspruch auf wissenschaftliche Exaktheit machen kann. Andere Forscher haben Malachitgrün, Alizarin usw. benutzt. Die Versuche sind jedoch meist über Vorversuche nicht gediehen. Sie können deshalb hier übergangen werden. Nach den KÖNIGschen Versuchen scheinen der Ton und der Humus vorwiegend an der Bindung der Farbstoffe beteiligt zu sein.

Verwendet man Methylenblau zu den Versuchen, so macht die kolorimetrische Feststellung der nicht adsorbierten Farbstoffmengen infolge der starken Farbkraft dieser Substanz Schwierigkeiten.

Man kann sie dann in folgender Weise[1] bestimmen. Ein bestimmtes Volumen der Methylenblaulösung wird in ein Becherglas gegeben und allmählich mit der Lösung des sauren Farbstoffes Kristallponceau[2] versetzt. Um zu erfahren, ob der Zusatz des Farbstoffes genügt, bringt man einen Tropfen des Lösungsgemisches auf Filtrierpapier und prüft den auslaufenden Rand und den Niederschlag um den Tropfen auf seine Farbe, d. h. bis dieser die Farbe des hinzugegebenen Farbstoffes zeigt. Kristallponceau und Methylenblau vereinigen sich im Verhältnis von 2 Mol des letzteren auf 1 Mol des ersteren miteinander unter Bildung einer der Formel $C_{52}H_{50}N_8S_4O_7$ entsprechenden chemischen Verbindung.

[1] PELET, L. u. V. GARNTI: Volumetrische Bestimmung des Methylenblaues. Chemiker-Ztg. Cöthen, Rep. **1904**, 323.

[2] Kristallponceau extra rein B. A. S. F.

Allgemeine Untersuchungsmethoden der dispersoiden bzw. kolloiden Bodenanteile.

Allgemeine Arbeitsmethoden. Bei bodenkundlichen und bodenkolloidchemischen Untersuchungen ist man natürlich gezwungen, Methoden und Untersuchungsverfahren zu benutzen, die im allgemeinen bisher seltener in den Laboratorien verwendet wurden. Wenn es auch an dieser Stelle nicht möglich ist, auf die einzelnen allgemeinen kolloidchemischen Untersuchungsmethoden einzugehen, so sollen doch einige oft angewandte allgemeine Arbeitsmethoden hier mitgeteilt werden. Im übrigen muß natürlich auf die Spezialwerke und die Kataloge wissenschaftlicher Apparate verwiesen werden, da ein Eingehen auf die Einzelheiten dieser physikalisch-chemischen Methoden doch zu weit führen würde.

Filtrieren. Um Flüssigkeiten von gröberen suspendierten Bestandteilen zu befreien, bedient man sich natürlich der Filter. Die Porenweite der üblichen Filter ist nach H. BECHHOLD und R. LUCAS[1] die folgende (größte Porenweite).

Filtrierpapier Schleicher & Schüll:

Nr. 1450	ca. 4,8 μ	Nr. 566	1,7 μ
Nr. 598	3,3 μ	Nr. 602, extra hart	1,5 μ
Nr. 597	2,9 μ	Chamberland-Kerze	0,2—0,4 μ
Nr. 602, hart	2,2 μ	Reichel-Kerze	0,16—0,18 μ

Ultrafiltrieren. Die Herstellung durchaus geeigneter und auch haltbarer Ultrafilter kann z. B. nach Wo. OSTWALD[2] in folgender Weise erfolgen:

Einfache Ultrafilter für Kolloidanalysen. Man legt ein gewöhnliches Papierfilter dicht an die Wandungen eines Trichters an, befeuchtet es mit heißem Wasser und entfernt das anhängende Wasser durch Ausschwenken. Auf das nasse und noch warme Filter gibt man nun von einer gewöhnlichen pharmazeutischen (4proz.) Kollodiumlösung 20—30 cm³. Durch Drehen des Filters erhält man eine erste Kollodiumschicht auf dem Papier. Der Überfluß an Kollodium ist sorgfältig abzugießen. In der Spitze des Filters darf kein Tropfen zurückbleiben. Nun läßt man es an der Luft einige Minuten trocknen, wobei man zweckmäßig das festgewordene Filter vorübergehend aus dem Trichter herausnimmt. Dann wird es ein zweites Mal in der gleichen Weise mit einer Kollodiumschicht überzogen. Nach dem Trocknen bringt man das Filter in destilliertes Wasser; nach ungefähr einer halben Stunde ist es gebrauchsfertig.

Sehr gut lassen sich solche Utrafilter aus den Filterhütchen von Schleicher & Schüll für den vorliegenden Zweck verwenden.

Vor dem Gebrauch werden diese Filter einmal mit destilliertem Wasser ausgewaschen. Sie sind sehr dauerhaft und können wiederholt und monatelang benutzt werden. Durch Auswaschen unter der Wasserleitung entfernt man die anhängenden abfiltrierten Teilchen vom Filter. Man kann auch diese Filter bei genügender Dicke der Kollodiumschicht benutzen, um mit Hilfe einer Saugflasche und der Wasserstrahlpumpe das Filtrieren zu beschleunigen. Durch Verdünnen der 4proz. Kollodiumlösung mit Aetheralkohol (7 Teile Aether + 1 Teil Alkohol) lassen sich Ultrafilter mit größerer Filtrationsgeschwindigkeit, aber natürlich geringerer Dichte, erzielen. Die Durchlässigkeit der Filter wird mit dem käuflichen Nachtblau, Kongorot und Kollargol geprüft. Einwandfreie mit 4proz.

---

[1] Vgl. Wo. OSTWALD: Kleines Praktikum der Kolloidchemie. 6. Aufl. S. 26.

[2] OSTWALD, Wo.: Kleines Praktikum der Kolloidchemie, 6. Aufl., S. 26. Dresden u. Leipzig: Th. Steinkopff 1926. Das theoretische wie praktische Studium dieses Büchleins kann dringend nur jedem geraten werden, der keine Gelegenheit gehabt hat, sich an einer Hochschule diesen Stoff anzueignen. — Vgl. auch E. MÜLLER: Eine einfache Methode zur Herstellung von Ultrafiltern. Kolloid-Z. 37, 237.

Kollodium hergestellte Filter müssen alle drei Lösungen zu ultrafiltrieren gestatten.

Sehr gute Ultrafilter lassen sich auch nach ZSIGMONDY in jeglicher Form und Größe dadurch erzielen, daß man die konzentrierte Kollodiumlösung in Glasgefäße der gewünschten Form eingießt, den Überschuß unter Drehen ablaufen läßt und nach dem Abdunsten des Alkohols Wasser in das Gefäß gibt. Die Membranen lösen sich leicht von der Wand ab. Das Hauptaugenmerk ist auf die richtige Alkoholverdunstung beim Eintrocknen zu richten. Je mehr Alkohol verdunstet, um so dichter werden die Häutchen. Filter, die beim Wasserzusatz noch zu viel Alkohol und Aether enthalten, trüben sich und sind unbrauchbar. Durch Übung findet man bald den richtigen Augenblick für die Wasserzugabe. Diese zarten, unter Wasser aufzubewahrenden Hüllen eignen sich sehr gut für osmotische Versuche. Sie werden mittels eines Gummifadens an einer mit Gummistopfen versehenen Steigröhre befestigt.

Die Industrie stellt heute auch ausgezeichnete und haltbare Ultrafiltrationsapparate her, die zu einem verhältnismäßig wohlfeilen Preis bezogen werden können. Näheres darüber ist aus den Anzeigen der Hersteller zu ersehen[1].

WO. OSTWALD hat auch einige bemerkenswerte Versuche gemacht, um die Veränderung des Dispersitätsgrades von Schlämmprodukten durch Feststellung der Filtriergeschwindigkeit unter konstantem Druck mit Hilfe von Ultrafiltern nachzuweisen. Es zeigte sich dabei, daß die Kalkung des Bodens die Filtriergeschwindigkeit außerordentlich beschleunigte. Näheres ist in der Originalarbeit nachzulesen[2].

Dialyse. Um Sole oder auch Gele von Verunreinigungen zu befreien, benutzt man Dialysatoren. Für präparative Zwecke, also zur Reinigung größerer Kolloidmengen, sind die alten GRAHAMschen Schalendialysatoren (mit Pergament bespannte Glaszylinder) gut geeignet, ebenso die, falls sie dicht sind, sehr wirksamen Pergamentschläuche[3], welche stets am Boden gestützt oder seitlich an das Dialysatorgefäß gelegt werden müssen. Ferner sind die Sterndialysatoren nach R. ZSIGMONDY[4], sowie gut gereinigte, speziell mit Aether entfettete Schweinsblasen zu empfehlen.

Einen sehr einfachen Dialysierapparat hat auch WO. OSTWALD[5] angegeben. Man schneidet aus einem Bogen Pergamentpapier eine große runde Scheibe, die über einem ERLENMEYER- oder Rundkolben zu einem Beutel gefaltet wird. Das zu reinigende Kolloid wird hineingegossen, der Beutel mit einer Schnur geschlossen und in (möglichst fließendes) destilliertes Wasser hineingehängt. Man kann auch aus Pergamentpapier in bekannter Weise ein möglichst großes Faltenfilter schneiden und dieses in einen passenden Trichter bringen. Dieser hat an der Ausflußöffnung ein Stückchen Gummischlauch mit Glasspitze und Schraubenquetschhahn. Das zu dialysierende Kolloid gibt man in das Filter. Bei geschlossenem Quetschhahn wird der Raum zwischen Filter und Trichterwand mit destilliertem Wasser ausgefüllt. Sorgt man für Zuführung von stetig fließendem, destilliertem Wasser aus einer höher stehenden großen Flasche und entsprechendem Abfluß des verbrauchten Wassers, so kann man auf diese Weise ein Kolloid sehr schnell reinigen.

Auch die Extraktionshülsen aus Papierstoff, wie sie z. B. bei der Fettextraktion vielfach benutzt und von der Firma Schleicher & Schüll bis zu sehr

---

[1] Siehe unter anderem im Katalog der Vereinigten Göttinger Werke.

[2] OSTWALD, WO.: Quantitative Filtrationsanalyse als dispersoidanalytische Methode. Kolloid-Z. **36**, 46.

[3] Bezugsquelle: C. Dessaga, Heidelberg, und Dr. Grübler & Co., Leipzig.

[4] ZSIGMONDY, R.: Kolloidchemie **1**, 21.

[5] OSTWALD, WO.: a. a. O., S. 22.

großen Dimensionen geliefert werden, eignen sich nach Wo. OSTWALD sehr gut zur Herstellung von Dialysatoren. Sie werden mit warmem, destilliertem Wasser gut angefeuchtet, dann die angewärmte Kollodiumlösung (4proz.) in die noch warmen Hülsen gegossen und durch einmaliges Drehen eine möglichst dünne, erste Kollodiumschicht erzeugt. Man gießt das übrige Kollodium wieder heraus und achtet sorgfältig darauf, daß nicht etwa ein Kollodiumtropfen im Boden der Hülse übrig bleibt. Nach 5 Minuten Trocknen gießt man in derselben Weise eine zweite, möglichst dünne Schicht und läßt das überschüssige Kollodium wiederum sorgfältig herauslaufen. Nach 5—10 Minuten Trocknen taucht man die ganze Hülse in kaltes Wasser. Nach 20—30 Minuten Wässern ist der Dialysator gebrauchsfertig. Zweckmäßig stellt man sich gleich eine Serie von 5—6 solcher Dialysatoren auf einmal her, wobei man bei der Herstellung keine Pausen für Trockenzeit usw. zu machen braucht. Sehr brauchbar sind auch die Dialysatoren nach ZSIGMONDY und HEYER[1].

Gewinnung von Suspensionen und Solen mit Teilchen verschiedener Größe bzw. einer ganz bestimmten Größenordnung aus Böden und anderen Versuchssubstanzen. Für die Ausführung mancher Versuche, z. B. von Koagulations- und Peptisationsversuchen, sind die Bodenanteile unter Umständen zuweilen in verschiedene Fraktionen zu zerlegen, deren Teilchengröße bekannt oder sogar eine ganz bestimmte sein soll. Sofern man im Besitz einer Zentrifuge mit einstellbarer Tourenzahl ist, können die verschiedenen Teilchengruppen mit ihrer Hilfe erhalten werden. Man kann z. B. nach UNGERER[2] Fraktionen von solchen Teilchen gewinnen, die 2, $3^1/_2$, $4^1/_2$ usw. Minuten zum Absetzen brauchen. Da die so erhaltenen Fraktionen noch nicht genügend homogen sind, wird die über dem Bodensatz befindliche Flüssigkeit abgegossen, das Zentrifugenglas von neuem mit der als Dispersionsmittel benutzten Flüssigkeit aufgefüllt und so lange umgeschüttelt, bis sich der fest anhaftende Bodensatz vollständig zerteilt hat. Das Zentrifugieren wird dann unter genauem Einhalten derselben Winkelgeschwindigkeit und Schleuderzeit so oft wiederholt, bis die über dem Bodensatz befindliche Flüssigkeit nur noch opalesziert.

Nach G. WIEGNER[3] kann man die STOKEsche Formel (siehe unten) zur Bestimmung der Teilchengröße auch für die Bestimmung der Teilchengröße durch Zentrifugieren benutzen. Die Beschleunigungskonstante der Schwerkraft wird zu diesem Zweck durch die der Zentrifugalkraft ersetzt. Ist:

s = der Radius der Zentrifuge,
c = die Geschwindigkeit der zentrifugierten Flüssigkeit,
n = die Anzahl der Umdrehungen der Zentrifuge in einer Sekunde,

dann ist nach G. WIEGNER:

$$v = \frac{8}{9} \frac{(D-d)\, r^2 \pi^2 n^2 s}{\eta},$$

wobei v = die Fallgeschwindigkeit der Teilchen beim Sedimentieren (cm sec^{-1}), r = der Teilchenradius, D = Dichte der dispersen Phase, d = Dichte des Dispersionsmittels, η = die innere Reibung des Dispersionsmittels ist.

TUORILA[4] verfährt folgendermaßen, um eine Teilchensuspension bestimmter Größenordnung zu erhalten: z. B. 30 g Kaolin werden in destilliertem Wasser eine halbe Stunde gekocht und das Volumen der Suspension dann durch Zusatz von destilliertem Wasser auf 1250 cm^3 gebracht. Ein Teil der Suspension wird

[1] ZSIGMONDY, R. u. R. HEYER: a. a. O., S. 22.
[2] UNGERER, E.: Inaug.-Dissert., Göttingen 1921.
[3] TUORILA, P.: Über die rasche und langsame Koagulation von polydispersen Systemen. Kolloidchem. Beih. **22**, besonders S. 320, 329.
[4] TUORILA, P.: a. a. O. S. 320.

in einem großen Meßzylinder (etwa 6 cm Durchmesser) in einem Zimmer mit konstanter Temperatur (14° C) sedimentieren gelassen. Mit einer am unteren Ende horizontal abgebogenen Pipette entnimmt man sodann vorsichtig aus verschiedenen Horizonten der sedimentierenden Flüssigkeit zu verschiedenen Zeiten nach Beginn der Sedimentation kleine Proben. Die Zahl der Teilchen im Kubikzentimeter der gewonnenen Probe und auch der Ausgangssuspension wird mit Hilfe des Spaltultramikroskops bestimmt. Ebenfalls wird das spez. Gewicht des gebrauchten Kaolins (2,7) und das der verschiedenen Proben mit Hilfe des Pyknometers gemessen. Aus den spez. Gewichten läßt sich der Kaolingehalt der Probe berechnen; aus dem Gehalt, sowie aus der Teilchenzahl im Kubikzentimeter ergibt sich dann der durchschnittliche Teilchenradius. Die Größe der Teilchen in der Kaolinsuspension bestimmte TUORILA[1] auch durch Zentrifugieren. Kleine Mengen derselben wurden einige Zeit zentrifugiert. Dann wurde sofort mit einer am unteren Ende rechtwinklig abgebogenen Pipette der größte Teil der Suspension horizontal abgesaugt. Die Zahl der Ultramikronen wurde mit dem Spaltultramikroskop gezählt, die Kaolinmenge in der entnommenen Probe mit Hilfe des Pyknometers bestimmt. Aus diesen Zahlen ließ sich dann der durchschnittliche Radius der Teilchen berechnen.

Auch im Sedimentierzylinder, z. B. dem ATTERBERGschen Schlämmzylinder, lassen sich die Bodenanteile oder die einer anderen Versuchssubstanz der Größe nach in verschiedene Fraktionen zerlegen. Nach der STOKEschen Formel ist

$$v = \frac{2}{9} \frac{r^2 (D - d) g}{\eta},$$

wobei g die Beschleunigungskonstante der Schwerkraft ist. Über die Bedeutung der anderen Buchstaben in C-, G-, S-Einheiten siehe oben.

Methoden zur Bestimmung der Teilchengröße von Suspensionen, Solen usw. bei Teilchen mikroskopischer Größenordnung mit Hilfe der STOKEschen Formel. Hierüber ist bereits im vorhergehenden das Notwendige mitgeteilt. Sobald man die Viskosität sowie die Dichte der dispersen Phase und des Dispersionsmittels kennt und die Fallgeschwindigkeit sich messen läßt, ist die Bestimmung auf diesem Wege möglich. Da die innere Reibung des Wassers sich bei 1° Temperaturschwankung bereits um 2% ändert, ist Konstanthalten der Versuchstemperatur unerläßlich. Da ferner die Viskosität des Wassers von dem Gehalt an fester Substanz abhängig ist, soll der Gehalt 3% nicht übersteigen.

Um praktisch an einem Beispiel zu erläutern, in welcher Weise eine solche Bestimmung ausgeführt werden kann, sei ein Versuch von E. UNGERER[2] hier mitgeteilt, der sich mit Versuchen zur Klärung der Schichtenbildung in Tontrübungen und deren Verwendung zur Ermittelung der Teilchengröße eingehend beschäftigt hat.

Ultramarin von verschiedener und bekannter Größe seiner Teilchen wurde in 50 cm hohe und 2,5 cm weite Glaszylinder gegeben und konzentriertes Ammoniak zwecks Vermeidung von Ausflockungen (2,5 g NH_3 auf 1 l Wasser) zugefügt. Der Gehalt an fester Substanz überstieg 3% nicht. Zur Erzeugung einer gleichmäßigen Temperatur wurden die Zylinder in einen mit Rührwerk versehenen, mit Elektrizität heizbaren Thermostaten gestellt. Es wurden Teilchen von zwei oder drei verschiedenen Größen benutzt. Beim Stehen der Aufschwemmungen setzten sie sich dann unter Schichtenbildung langsam ab.

---

[1] TUORILA, P.: a. a. O., S. 322.
[2] UNGERER, E.: a. a. O., Inaug.-Dissert., S. 24. Göttingen 1921.

Die Ablesung der abgesetzten Schichten wurde zu verschiedenen Zeiten vorgenommen. Die Grenzflächen der Schichten ließen sich mit annähernder Sicherheit direkt ablesen. Die Messungen wurden auf 0,1 cm genau vorgenommen. Nach jeder Messung wurden die Zylinder, um einer Beeinflussung durch die aus der Glaswand gelösten Alkalien vorzubeugen, neu beschickt. Die Viskosität des Dispersionsmittels (Wasser mit Zusatz von 1 % konzentrierten Ammoniaks) wurde aus der Formel

$$\eta_{15} = \frac{\eta \cdot t \cdot d}{t_1 \cdot d_1}$$

mit Hilfe eines OSTWALDschen Viskosimeters bei Zimmertemperatur ermittelt. Das Viskosimeter wurde zuvor mit Kaliumbichromat und Schwefelsäure gründlich gereinigt.

t = Durchlaufszeit des Dispersionsmittels . . . . . = 35,2''
t_1 = Durchlaufszeit des Wassers bei . . . . 18,5° = 37,5''
d = Dichte des Dispersionsmittels bei . . . . 18,5° = 0,9982
d_1 = Dichte des Wassers bei . . . . 18,5° = 0,9985
η = innere Reibung des Wassers bei . . . . 18,5° = 0,01043
η_{15} = 0,009786

Die Dichte der Ultramarinteilchen wurde mit Hilfe des Pyknometers bestimmt, unter Berücksichtigung der Korrektion infolge Temperatur und Ausdehnung. Es ergab sich

für Ultramarinviolettblau 9	der Wert 2,39
„ Ultramarinblau 8	„ „ 2,28
„ Ultramarinrot 11	„ „ 2,34
	Mittel: 2,34

Die Ultramarinfarben zeigten somit keinen Unterschied im spez. Gewicht. Die Geschwindigkeit v wurde genau gemessen in Zentimetern pro Sekunde.

$\eta = 0,009786$ $g = 981$
$D = 2,34$ v in cm/sec
$d = 0,9982$

Versuch 1.

Temperatur °C	Fallzeit Stunden	Fallhöhe der oberen Schicht cm	Fallhöhe der unteren Schicht cm	Teilchengröße der oberen Schicht Durchmesser μ	Teilchengröße der unteren Schicht Durchmesser μ
18,5	7	2,7	7,9	1,20	2,05
	10	4,6	11,3	1,31	2,05
	16	8,3	17,1	1,39	1,99
	18	9,4	18,9	1,39	1,98
	18	6,6	19,1	1,17	1,99
	22	6,1	24,7	1,02	2,04
	23	10,3	24,8	1,29	2,00
	24	12,1	26,8	1,36	2,04
	24	7,8	27,3	1,10	2,05
			Mittel:	1,26 ± 0,029	2,01 ± 0,013

Teilchengröße der Ausgangstrübung . . . 1,23 2,09
Differenz der Mittel 0,03 0.08

$\sqrt{R_1^2 + R_2^2} = \pm 0,029 \pm 0,062$

Differenz der Mittel = . . fachen Fehler 1. 1,3

Mit Hilfe des Mikroskops. Auch auf diesem Wege lassen sich die Teilchen messen; bezüglich von Einzelheiten muß auf die mikroskopischen Spezialwerke verwiesen werden. Man kommt schon meistens mit einem mit Mikrometerskala versehenen Okular aus. Die Augenlinse des Okulars wird dann so verschoben, daß das Bild des Mikrometers in die Sehweite fällt. Die Teilchen, welche lebhaft BROWNsche Bewegung zeigen, werden in schwache Gelatinelösung eingebettet.

Bei Teilchen submikroskopischer Größenordnung. Die Feststellung der Teilchengröße kann auf verschiedenen Wegen[1] erreicht werden:

1. Aus der Fallgeschwindigkeit.
2. Aus der Diffusionskonstante.
3. Aus dem Sedimentationsgleichgewicht.
4. Aus der BROWNschen Bewegung.
5. Aus dem osmotischen Druck.
6. Durch Ultrafiltration.
7. Aus der Dialyse.
8. Aus der modifizierten EINSTEIN-HATSCHEKschen Formel.
9. Durch mikroskopische Auszählung der Teilchen nach chemischer Vergrößerung.
10. Durch direkte Auszählung im Ultramikroskop.
11. Aus den Abständen der Teilchen und einigen anderen Verfahren.

An dieser Stelle kann auf Einzelheiten nicht eingegangen werden und muß auf die Literatur[1] verwiesen werden.

Verfahren zur Feststellung der Teilchenzahl in Suspensionen, Solen usw. Die Bestimmung der Teilchenzahl erfolgt mit Hilfe des Mikroskopes bzw. des Ultramikroskopes. Da eine eingehende Beschäftigung mit den Apparaten und den Zählverfahren in einem Handbuch der Bodenkunde unmöglich ist, kann nur auf die einschlägige Literatur[2] verwiesen werden.

Methoden zur Bestimmung des Ladungssinnes und der Ladungsgröße der Teilchen. Kolloide Teilchen wandern vielfach im elektrischen Strom, tragen daher eine elektrische Ladung. Da sie teils positiv, teils negativ geladen sein können, wird es unter Umständen auch für bodenkundliche Untersuchungen notwendig, die elektrische Ladung einer Bodensuspension bzw. eines Sols festzustellen oder sogar die Ladungsgröße zu bestimmen.

Zur makroskopischen Untersuchung eignet sich recht gut der von COEHN angegebene Apparat.

In ein U-förmig gebogenes Glasrohr[3], 15—20 cm hoch, 2—3 cm im Durchmesser, werden zwei Elektroden (Platin- oder Silberdraht), die zu einer horizontalen Spirale aufgedreht sind, durch zwei Korke eingeführt. Um evtl. Gas entweichen zu lassen, besitzen die Korkstopfen noch eine Bohrung oder einen seitlichen Einschnitt. Man füllt das zu untersuchende Kolloid oder die Suspension ein und schickt den Gleichstrom hindurch. Ist das Kolloid gefärbt, so kann man z. B. nach einer Viertelstunde an der Aufklärung in einem Schenkel Elektrophorese und Sinn der elektrischen Ladung erkennen. Ist das Kolloid farblos, so schickt man den Strom z. B. eine halbe Stunde hindurch, öffnet ihn, entfernt die Korkstopfen ohne Erschütterung, pipettiert aus jedem Schenkel die obersten 10—20 cm³ ab und bestimmt in ihnen die Konzentration des Kolloides.

---

[1] KUHN, A.: Die Methoden zur Bestimmung der Teilchengröße. Kolloid-Z. **37**, 365f. Ausführliche Literaturangaben dort. — HAHN, F. v.: Dispersoidanalyse. Die Methoden der Teilchengrößenbestimmung und ihre theoretischen Grundlagen. 1928.

[2] HEIMSTÄDT, O.: Apparate und Arbeitsmethoden der Ultramikroskopie und Dunkelfeldbeleuchtung, S. 20—24. Stuttgart 1915. — WESTGREN, A.: Z. anorg. u. allg. Chem. **93**, 31; Z. phys. Chem. **92**, 750f. — TUORILA, P.: Kolloidchem. Beih. **22**, 191f., besonders 220f. — WIEGNER, G. u. P. TUORILA: Kolloid-Z. **38**, 7.

[3] OSTWALD, Wo.: Kleines Praktikum der Kolloidchemie, 6. Aufl., S. 70f. Dresden u. Leipzig 1920. — COEHN, A.: Z. Elektrochem. **15**, 653.

Zur quantitativen Bestimmung der Wanderungsgeschwindigkeit eignet sich besser die von A. v. GALECKI[1] vorgeschlagene Zusammenstellung der NERNSTschen Einrichtung mit dem COEHNschen Apparat.

Weiterhin kann die Wanderungsgeschwindigkeit der Teilchen im Mikroskop oder Ultramikroskop[2] direkt gemessen werden. Diese Methode ist die genaueste, wenn sie auch Zeit und Arbeit erfordert.

Im folgenden sei der Mikroüberführungsapparat nach S. E. MATTSON[3] beschrieben.

Der Apparat, der zur Messung der Kataphoresebewegung der Teilchen benutzt wurde, ist in Abb. 8 wiedergegeben.

Er besteht aus einem Kapillarröhrchen mit einem inneren Durchmesser von 2,5 mm. Ein größerer Durchmesser ist nicht empfehlenswert wegen des Auftretens von Konvektionsstörungen. An jedem Ende ist ein größeres Röhrchen angeschmolzen, in welchem die Elektroden sich befinden. Die Entfernung zwischen den Elektroden beträgt 22 cm. In der Mitte, und zwar auf der oberen Seite des Kapillarröhrchens, ist eine Öffnung *O* angebracht und auf dem Schliff ein Stück planes Glas mit Kanadabalsam aufgeklebt. Das Röhrchen *B* ist mit Gummistopfen geschlossen, durch welche zwei kleine Röhrchen hindurchgehen, die mit Klammern H_1 und H_2 geschlossen werden können. Der Apparat wird mit Siegellack auf Holz gekittet und mit Klammern auf dem Tisch des Mikroskops befestigt. Der Apparat wird in *A* gefüllt und durch H_2 entleert. MATTSON arbeitete nun folgendermaßen:

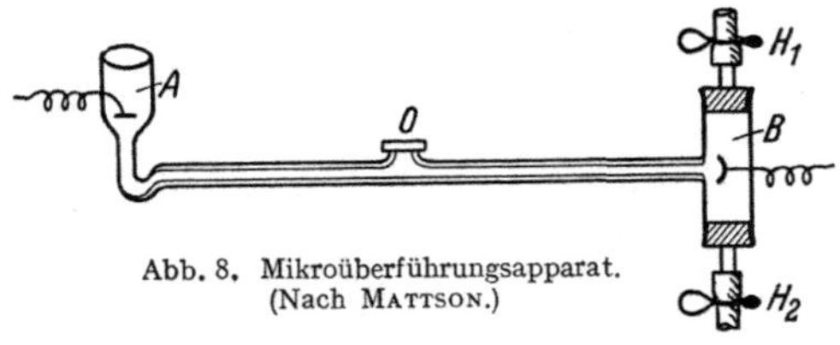

Abb. 8. Mikroüberführungsapparat. (Nach MATTSON.)

Die optischen Apparate des SIEDENTOPF-ZSIGMONDYschen Ultramikroskops wurden benutzt. Das Licht der Bogenlampe wurde durch eine Küvette, welche eine konzentrierte Alaunlösung und etwas $CuSO_4$ enthielt, und durch ein Fernobjektiv von 100 mm Brennweite und das Mikroskopobjektiv *A A* geleitet. Das letztere wurde so eingestellt, daß der Brennpunkt sich in der Mitte des Kapillarröhrchens unmittelbar unter dem Objektiv des Mikroskops bildete.

Als Objektiv des Mikroskops benutzte der Genannte das AB-System, welches zusammen mit dem Meßokular 4 eine Vergrößerung von 100 Diametern bei 170 mm Tubuslänge ergab. Das Okularmikrometer besaß 8 Teilstriche. Jeder Teilstrich entsprach 0,1 mm des Objektivmikrometers. Die 8 Teilstriche entsprachen daher 800 μ.

Mit dieser Zusammenstellung waren die Kolloidteilchen nicht sichtbar, sondern nur gröbere Teilchen. Zu dem ersteren Zweck muß ein stärkeres Mikroskop benutzt werden. Aber der Kapillarröhrchendurchmesser ist dann zur Benutzung einer stärkeren Optik zu groß.

Es muß darauf aufmerksam gemacht werden, daß es nicht, wie bei gewöhnlichen ultramikroskopischen Arbeiten, gleichgültig ist, auf welche Schicht innerhalb des Röhrchens eingestellt wird. Die Teilchen in der mittleren Schicht bewegen sich mit einer anderen Geschwindigkeit und sogar oftmals in entgegengesetzter Richtung als die Teilchen an der Wand. Dies kommt daher, daß das Wasser selbst sich in Bewegung befindet. Sie wird durch die Potential-

[1] GALECKI, A. VON: Z. anorg. Chem. **74**, 199.
[2] OSTWALD, WO.: a. a. O., S. 73f.
[3] MATTSON, S. E.: Die Beziehungen zwischen Ausflockung, Adsorption und Teilchenladung mit besonderer Berücksichtigung der Hydroxylionen. Inaug.-Dissert., S. 87. Breslau 1922.

differenz zwischen der Lösung und dem Glas herbeigeführt. Das Wasser bewegt sich an der Glasoberfläche entlang in der Richtung einer der Elektroden, für gewöhnlich ist es die Kathode.

Das Glas würde, wenn es pulverisiert wäre, sich in entgegengesetzter Richtung bewegen. Diese Bewegung des Wassers verursacht eine Konvektionsstörung. Um das hydrostatische Gleichgewicht herbeizuführen, strömt das Wasser durch die mittlere Schicht zurück. In einer zylindrischen Schicht irgendwo zwischen der Mitte und dem Rande befindet sich daher das Wasser in Ruhe. Von einigen Bemerkungen von M. v. SMOLUCHOWSKI[1] ausgehend, fand H. FAXÉN[2], daß diese Stelle in dem Abstande 0,7 Halbmesser des Rohres von der Achse gelegen ist. In dieser Schicht allein bewegen sich die Teilchen mit einer Geschwindigkeit, die ihrer wahren Geschwindigkeit entspricht. Die Werte stellen daher nicht die absolute Geschwindigkeit dar, sind aber gut vergleichbare Werte, wenn das Mikroskop, einmal eingestellt, während der ganzen Dauer der Messung nicht verändert wird.

Die Elektroden wurden mit einer 220 Volt starken Gleichstromleitung verbunden. Der Strom wurde durch zwei hintereinander geschaltete Metallfadenlampen geleitet. Dies gab ein Potentialgefälle zwischen den Platinelektroden von ungefähr $\pm$ 180 Volt.

Mittels einer Sekundenstoppuhr wurde die Zeit, welche ein Teilchen gebrauchte, um sich über die Teilstriche zu bewegen, gemessen. Die Teilchen konnten in der Regel während 10—20 Sekunden beobachtet werden. Aber in der Suspension, welche 0,0003 n NaOH enthielt, legten die Teilchen die ganzen 800 μ in weniger als 5 Sekunden zurück. In einer Konzentration von 0,00135 n $Ca(OH)_2$ brauchten die Quarzteilchen 20 Sekunden, um diese Strecke zurückzulegen. Eine Anzahl von Versuchen ergab Werte, die zwischen 19,5 und 20,5 Sekunden schwankten. Dieses bedeutet einen Fehler von 5%. Für diese Wanderungsgeschwindigkeit, welche die mittlere Geschwindigkeit darstellt, waren die Fehler selten größer. Bei größerer Geschwindigkeit betrug der Fehler oft 10% und sogar mehr. Bei sehr langsam sich bewegenden Teilchen war der Fehler auch groß.

Der Strom wurde mittels Kommutators umgeschaltet und die Geschwindigkeit dreimal in jeder Richtung gemessen. Die Wanderungsgeschwindigkeit in μ/sec auf 1 Volt/cm wurde durch Division der beobachteten Geschwindigkeit durch das Potentialgefälle für 1 cm erhalten. Das letztere ergab sich durch Division der beobachteten Potentialunterschiede zwischen den zwei Elektroden durch die Entfernung zwischen ihnen. Die so erhaltenen Werte wichen ein wenig von 8,4 Volt/cm infolge der Erweiterung der Röhrchen in der Nähe der Elektroden ab; aber weil die Messungen nur vergleichende, keine absoluten Werte ergeben, ist der Fehler ausgeschaltet.

In höheren Konzentrationen bilden sich Gasblasen um die Elektroden. Dies wirkt störend. Mit der obigen Anordnung der Elektroden und der angewandten Spannung ist die Konzentration des Elektrolyten auf 3—5 Hundertstel normal begrenzt. —

Weiterhin hat P. TUORILA[3] eine ultramikroskopische Methode zur Bestimmung der Ladungsgröße kolloider Teile ausgearbeitet und auch eingehend beschrieben. Die quantitative Bestimmung der Wanderungsgeschwindigkeit der Kolloidteilchen im elektrischen Potentialgefälle erfolgt mit Hilfe des Spalt-

---

[1] SMOLUCHOWSKI, M. v.: GRÄTZS Handbuch der Elektrizität und des Magnetismus 2, 383. 1921.

[2] FAXÉN, H.: Briefliche Mitteilung an MATTSON.

[3] TUORILA, P.: Kolloid-Z. 44, 11—22 (1928).

ultramikroskopes. Eine Zusammenstellung der Methoden zur Bestimmung der Ladungsgröße kolloider Teilchen hat ferner H. R. KRUYT[1] gegeben. Auf beide Abhandlungen kann hier nur hingewiesen werden.

Spezielle Bestimmungs- und Gewinnungsmethoden der Bodenkolloide.

Bereits an anderer Stelle wurde darauf hingewiesen, daß es zur Zeit nicht mehr angängig ist von Kolloiden als einer besondere Gruppe von Substanzen zu sprechen, die sich gegenüber den Kristalloiden in verschiedener Hinsicht abweichend verhalten, sondern man spricht richtiger von einem kolloiden Zustand und bezeichnet ihn als einen allgemein möglichen Zustand der Materie. Erhellt schon hieraus, daß die Bestimmung des Kolloidgehaltes eines Bodens auf kaum überwindliche Schwierigkeiten stoßen muß, wie es ja praktisch tatsächlich der Fall ist, versprechen Versuche, die im kolloiden Zustand im Boden vorhandenen Stoffe rein zu erhalten und analytisch zu bestimmen, ebenfalls zur Zeit nur wenig Erfolg, u. a. schon aus dem Grunde, weil sie, wie der Humus, der Ton und der Feinsand Adsorptionsverbindungen, schwer trennbare Gemische oder auch Überzüge und Hüllen bilden. Exakte Methoden, diese Kolloide, wie den Humus, den Ton, die Kieselsäure, das Eisenoxyd, das Aluminiumoxyd und den Feinsand rein zu gewinnen und zu bestimmen, gibt es daher kaum. Da die Humusstoffe und Mineralbestandteile der Böden, unter die ja in chemischer Beziehung die Kolloide auch fallen, an anderen Stellen dieses Handbuches[2] behandelt werden, kann hier nur vom Gesichtspunkte des Kolloidchemikers aus eine kurze kritische Besprechung erfolgen.

Der Humus. Die organische Substanz des Bodens insgesamt interessiert den kolloidchemisch eingestellten Bodenkundler nur wenig, weil sie sich in allen Übergangsstufen von der frischen Pflanzensubstanz bis zu dem ausgesprochen strukturlosen, kolloiden Humus in den Böden vorfindet. Aus diesem Grunde sind für ihn Methoden, die den Gehalt an der gesamten organischen Substanz zu bestimmen gestatten, von untergeordneter Bedeutung. Dagegen haben für den Kolloidchemiker diejenigen Verfahren großen Wert, mit deren Hilfe er imstande ist, die kolloiden Humusstoffe der Böden zu bestimmen und zu gewinnen. SVEN ODÉN[3] unterscheidet bei den Humusstoffen die Humuskohle, die weder löslich noch dispergierbar ist, und die Humussäure, die schwer löslich, aber dispergierbar ist. Als dritte Gruppe reiht sich die Hymatomelansäure an, die sich ebenfalls durch ihre Schwerlöslichkeit auszeichnet, aber suspensoide bis kolloide Lösungen gibt. Schließlich folgen noch die Fulvosäuren, die echte Lösungen geben.

Man hat, um die wirklichen Humusstoffe zu gewinnen, mehrere Verfahren ausgearbeitet. Hier sind vor allem die Extraktionsverfahren zu nennen, bei denen mit Hilfe von Natronlauge, Natriumkarbonat, Ammoniak, Pyridin die kolloiden Humustoffe gelöst werden sollen. Andere Forscher haben sie direkt zu bestimmen versucht, so z. B. mit Wasserstoffsuperoxyd und Acetylbromid. Da die Löslichkeit der verschiedenen Humusstoffe in den vorgeschlagenen Lösungsmitteln wechselt, werden die Resultate je nach der Benutzung des schwachen Ammoniaks oder der starken Natronlage niedriger oder höher ausfallen. Weiterhin werden aber auch andere Stoffe z. B. Pektine, Ligninsäuren, Oxy-

---

[1] KRUYT, H. R.: Die Methoden zur Bestimmung der Teilchengröße. Kolloid-Z. **37**, 358—365. Dort auch weitere Literaturangaben. — KRUYT, H. R. u. P. C. VAN DER WILLIGEN: Ebenda **46**, 23. — GRINTEN, VAN DER: Dissert., Zürich 1925; C. r. **178**, 2083.

[2] Siehe S. 1f., 113f. des vorliegenden Bandes.

[3] ODÉN, SVEN: Die Huminsäuren. Kolloidchem. Beih. 11.

zellulosen von den genannten Substanzen in wäßriger Lösung gelöst. Die erhaltenen Humusstoffe sind daher unrein, und die Werte fallen zu hoch aus. Schließlich können die starken Laugen unter Umständen Zersetzungen und unerwünschte Umsetzungen verursachen.

Daher haften allen Extraktionsverfahren große Mängel an. Nach U. SPRINGER[1], der die Verfahren zur Gewinnung und Bestimmung der Humusstoffe kritisch geprüft hat, eignet sich unter gewissen Einschränkungen 5prozentige Natronlauge für den vorliegenden Zweck noch am besten.

Für Studien an den kolloiden Humusstoffen ist der Forscher auf die Extraktionsmethode mit nachfolgender Reinigung angewiesen. Besonders W. THAER[2], SVEN ODÉN[3], P. EHRENBERG und F. BAHR[4] haben sich mit der Herstellung von möglichst reinen Humusstoffen[5] befaßt. Da das Verfahren der letzteren verhältnismäßig reine Humussäuren liefert, sei es hier mitgeteilt:

Der Moorboden oder Moortorf wird zunächst mit 2proz. Salzsäure 24 Stunden stehen gelassen, dann auf einem gewöhnlichen Filter so lange gewaschen, bis ungefähr 500 cm^3 Waschflüssigkeit, auf 3—4 cm^3 eingedampft, keine Chlorreaktion mehr geben. Man bedient sich dabei mit Vorteil einer Vorrichtung nach Art der SOXHLET-Apparate. Ganz läßt sich die Salzsäure durch Auswaschen mit H_2O nicht entfernen. Diese Beobachtung ist auch von SVEN ODÉN gemacht worden. Die gereinigte Moorerde wird nun mit 4proz. Ammoniak überschichtet und einige Tage zur Lösung der Humussubstanz an einem warmen Ort stehen gelassen. Nach dem Abfiltrieren bzw. Absaugen wird nochmals durch ein Kollodiumfilter filtriert. Das Ultrafiltrat wird dann in einem Vakuumkolben bei 55^0 C so lange eingedampft, bis der Ammoniakgeruch der Lösung verschwunden ist. Die Lösung ist alsdann neutral, und es genügen sehr geringe Mengen Salzsäure, um die gesamte Humussäure zu fällen. Da die so erhaltene Suspension sich schlecht absetzt, so wird sie auf ein kleineres Volumen gebracht, indem man das Wasser durch Kollodiumhaut abtropfen läßt. Das Kolloid setzt sich hierbei wohl an das Kollodium an, läßt sich aber durch Schütteln wieder vollkommen suspensieren. Man kann durch Kollodiumhäute das ultrafiltrierte und dann gefällte Humuskolloid auswaschen, wie man Niederschläge auf einem Filter auswäscht. Es erleidet dabei keine Veränderung. Offenbar bleiben alle klebefähigen Substanzen bei der ersten Ultrafiltration zurück. Der letzte Rest von anhaftenden Elektrolyten wird dann mittels eines Dialysators entfernt. Das Äquivalentgewicht dieser Humussäure betrug rund 230, stimmte also mit dem von SVEN ODÉN gefundenen nicht überein[6].

---

[1] SPRINGER, U.: Die Bestimmung der organischen, insbesondere der humifizierten Substanzen im Boden. Z. Pflanzenernährg. usw. A **11**, 313—359. — DEGTJAREFF, W. TH.: Die Bestimmung der organischen Substanz im Boden durch Wasserstoffsuperoxyd und Chromsäure. Soil Sci. **29**, 239. — SIMON, K.: Über die Herstellung von Humusextrakten mit neutralen Mitteln. Z. Pflanzenernährg. usw. **14**, 252. — KOTZMANN, L.: Vergleichende Prüfung der verschiedenen Humusbestimmungsmethoden. Ref. Dtsch. landw. Rdsch. **5**, 377.

[2] THAER, W.: Der Einfluß von Kalk und Humus auf die mechanische und physikalische Beschaffenheit von Ton-, Lehm- und Sandboden. 1928. J. Landw. **59**, 45.

[3] ODÉN, SVEN: Kolloidchem. Beih. **11**; Ber. dtsch. chem. Ges. **35**, 651.

[4] EHRENBERG, P. u. F. BAHR: Beiträge zum Beweis der Existenz von Humussäuren und zur Erklärung ihrer Wirkung vom Standpunkt der allgemeinen und theoretischen Chemie. J. Landw. **61**, 441f., 468f.

[5] Weitere Literatur über diesen Gegenstand bei U. SPRINGER: a. a. O., S. 358, 359 sowie bei S. ODÉN: Die Huminsäuren.

[6] Diese Unstimmigkeit kann nicht auffallen, da ja bei der Extraktion auch andere Stoffe noch mitgelöst werden und das Rohmaterial nicht das gleiche war. Schließlich stellt die auf diesem Wege erhaltene Humussäure keine chemisch einheitliche Verbindung dar, sondern eine Adsorptionsverbindung im Sinne VAN BEMMELENS. Für kolloidchemische Untersuchungen ist dies aber meist von geringer Bedeutung.

Die exakteste Methode zur Bestimmung der humifizierten Substanz im Boden ist nach den bisherigen Beobachtungen das Acetylbromidverfahren[1]. Nach U. SPRINGER bietet dieses Verfahren vielleicht auch die Möglichkeit, Huminsäuren von größter Reinheit herzustellen.

Da die Humusstoffe und die organische Substanz der Böden an anderer Stelle dieses Handbuches eingehend behandelt werden, sei bezüglich weiterer Einzelheiten auf sie verwiesen[2].

Der kolloide Ton. Um den Kolloidton zu erhalten, empfiehlt sich der von G. GIVEN[3] eingeschlagene Weg. 2 kg Ton werden mit der zwei- bis vierfachen Menge an destilliertem Wasser zu einem Brei angerührt, mit verdünnter Salpetersäure oder Salzsäure bis zur deutlich sauren Reaktion versetzt und 1—2 Tage unter öfterem Umrühren stehen gelassen. Die überstehende Flüssigkeit wird nun abgehebert und der Ton so lange unter erneutem Zusatz von H_2O ausgewaschen, bis er dispergiert und sich nicht mehr absetzt. Darauf wird er mit 10 l Wasser in Breiform gebracht und mit 490 l destilliertem Wasser, welches 250 cm³ konzentriertes Ammoniak enthält, in einem großen Tongefäß gemischt. Die Masse wird gut umgerührt und 6 Monate stehen gelassen. Nach dieser Zeit ist die Lösung bei auffallendem Licht mehr oder minder opaleszierend, bei durchfallendem Licht aber ziemlich klar, jedoch nur etwas gelblich gefärbt. Um den Kolloidton zu erhalten, wird die Lösung mittels eines Ultrafilters von geeigneter Dichte filtriert. Aus 7 l Flüssigkeit erhielt GIVEN 0,3003 g Kolloidton. Die Größe der Teilchen betrug im Mittel 140 $\mu\mu$.

Für die Bestimmung des Tons in den Böden sind verschiedene Methoden vorgeschlagen worden. Die Schwächen der Methoden beruhen, soweit es sich im Prinzip dabei um ein Abschlämmen handelt, in der Schwierigkeit, die Adsorptionshüllen um die Bodenteilchen abzulösen und zu dispergieren. Ferner hat die Trennung mit Hilfe der Schlämmverfahren den Nachteil, daß sich z. B. die feinsten Sande (Quarz, Glimmer, Feldspat) von dem zeolithischen Ton quantitativ kaum trennen lassen. K. MAIWALD[4] nimmt mit Recht an, daß die Beobachtungen F. GIESECKES[5] über die Hygroskopizität der von ihm mit dem ATTERBERGschen Schlämmzylinder erhaltenen Fraktionen auf solche Adsorptionshüllen schließen lassen. Denn die Sandfraktion zeigte bei 6 Böden immerhin noch eine Hygroskopizität von 0,7—4,1 %. Wenn man daher den Ton möglichst vom Humus und Sand trennen will, wird man sich bei der Vorbereitung des Bodens für das Abschlämmen nicht auf Zerreiben der Krümel mit dem Finger oder eine andere die Überzüge um die Sandteilchen nicht lösende Behandlung beschränken, sondern mit Hilfe von Ammoniak usw. die Hüllen zu zerstören versuchen. Im übrigen scheint sich aber der ATTERBERGsche Schlämmzylinder für die Gewinnung des Tons den Untersuchungen von E. BLANCK[6] und Mitarbeitern nach gut zu bewähren.

---

[1] KARRER, P. u. B. BODING-WIEGER: Helvet. chim. Acta **4**, 700; **6**, 817. — SPRINGER, U.: Z. Pflanzenernährg. usw. A **11**, 313 (1928).

[2] Vgl. Bd. **4**, 124f.

[3] GIVEN, G.: Inaug.-Dissert., Göttingen 1915; Kolloid-Z. **17**, 33. Hier auch Angaben über die Eigenschaften des Kolloidtons. — Vgl. auch P. EHRENBERG: Die Bodenkolloide, 3. Aufl., S. 98f. — Über die GIVENsche Methode zur Bestimmung des Kolloidgehaltes der Tonböden siehe Ref. Z. Pflanzenernährg. usw. A **10**, 249 (G. R. MAC CARTHEY).

[4] MAIWALD, K.: Kolloidchem. Beih. **27**, 266. [5] GIESECKE, F.: Chem. Erde **3**, 98.

[6] BLANCK, E.: Über die chemische Zusammensetzung des nach der Schlämmethode von ATTERBERG erhaltenen Tons. Landw. Versuchsstat. **91**, 85. — Über die chemische Zusammensetzung des nach der Methode SCHLOESING-GRANDEAU gewonnenen Tons. J. Landw. **60**, 75. — Ein weiterer Beitrag zur chemischen Beschaffenheit des nach ATTERBERGS Schlämmethode gewonnenen Tons. Ebenda **69**, 73. — KÖNIG, J. u. Mitarbeiter: Landw. Jb. **56**, 439. — Vgl. auch S. 6 dieses Bandes.

Ferner haben noch SCHLÖSING und GRANDEAU[1] eine Methode ausgearbeitet, die von E. ARNTZ modifiziert ist, aber gegenüber dem Verfahren mit dem ATTERBERGschen Schlämmzylinder nur Nachteile aufweist.

Die sonstigen im Boden im kolloiden Zustand vorkommenden Stoffe. Die Bestimmung des Eisenoxyd- und Aluminiumoxydgels im Boden stößt auf außerordentliche Schwierigkeiten, weil eine Trennung dieser Verbindungen von den sonstigen Eisen- und Aluminiumverbindungen der Böden bisher noch nicht gelungen ist.

Bei der freien kolloiden Kieselsäure liegen die Verhältnisse ähnlich. Zwar glaubte S. v. PIEDZICKI[2] durch 90 Minuten langes Erwärmen des Bodens mit 10proz. Natronlauge vorhandenes Kieselsäuregel lösen zu können, doch hält B. v. HORVÁTH[3] mit Recht die Verwendung einer so hochprozentigen Natronlauge für bedenklich, weil sie wahrscheinlich auch andere Verbindungen, vor allem Silikate und Tonerdesilikate mit angreift. B. SJOLLEMA[4] hat Diaethylamin als Trennungsmittel von Quarz und Kieselsäure vorgeschlagen. Ob sich diese Substanz aber wirklich hierfür eignet, muß zur Zeit noch dahingestellt bleiben.

Methoden zum Studium der Eigenschaften der kolloiden Bodenanteile und eingetretener Zustandsänderungen[5].

Koagulations- und Peptisationsversuche. Die Ausflockung der Teilchen einer Boden- oder Tonsuspension durch Elektrolyte, z. B. Kalziumhydroxyd, hat schon seit langem die Forscher beschäftigt, und man hat diese Er-

---

[1] SCHLÖSING, Th. u. GRANDEAU, L.: Agrikulturchemische Methoden, S. 106. Thaerbibl. Berlin: P. Parey 1884. — ARNTZ, E.: Studien über Tonbestimmung im Boden. Landw. Versuchsstat. **70**, 294. — Vgl. auch F. WAHNSCHAFFE u. F. SCHUCHT: Anleitung zur wissenschaftlichen Bodenuntersuchung, 4. Aufl., S. 145. Berlin: P. Parey.

[2] PIEDZICKI, S. v.: Mitt. landw. Inst. Univ. Leipzig **2**, 45.

[3] HORVÁTH, B. v.: Über den Gehalt der Böden an amorpher Kieselsäure. Internat. Mitt. Bodenkde. **6**, 288.

[4] SJOLLEMA, B.: Trennung von Quarz und amorpher Kieselsäure. J. Landw. **50**, 371.

[5] SCHEERER, TH.: Ann. Chem. **82**, 425. — SCHLÖSING, TH.: Ann. chim. (5) **2**, 517. — HILGARD, E. W.: Forschgn. Geb. Agrikulturphys. **2**, 441. — MAYER, A.: Ebenda **2**, 251. — SACHSE, R. u. A. BECKER: Die Wirkung des Kalkes auf die Flockung verschiedener Böden. Landw. Versuchsstat. **45**, 137. — BODLÄNDER, G.: Neues Jb. Min., Geol. usw. **2**, 147. — WHITNEY, M. u. STRAW: J. amer. chem. Soc. **29**, 325. — HARDY, W. B.: Z. phys. Chem. **33**, 385. — ROHLAND, P.: Die Wirkung der Hydroxylionen auf Tone und tonige Böden bei der Mergelung. Landw. Jb. **44**, 437. — MASCHHAUPT, J. G.: Einige Bemerkungen zu Professor Dr. ROHLANDS: Die Wirkung der Hydroxylionen auf Tone und tonige Böden bei der Mergelung. Landw. Versuchsstat. **83**, 467. — WIEGNER, G.: Der Einfluß von Elektrolyten auf die Koagulation von Tonsuspensionen. Ebenda **84**, 283. — GIVEN, G.: a. a. O. — HAGER, G.: Die schädlichen Wirkungen der Kali- und Natronsalze auf die Struktur des Bodens und ihre Ursachen. J. Landw. **66**, 241. — Weiteres über die Ursachen der schädlichen Wirkung der Kali- und Natronsalze auf die Struktur des Bodens. Ebenda **68**, 73. — HISSINK, D. J.: Pseudo-unregelmäßige Reihen bei einer Bodensuspension. Internat. Mitt. Bodenkde. **10**, 14; Chem. Weekbl. **15**, 153. — ODÉN, SVEN: Die Koagulation der Tone und die Schutzwirkung der Humussäure. J. Landw. **67**, 366. — MATTSON, S. E.: a. a. O. — BLANCK, E.: Der Einfluß des Kalkes auf die Wasserbewegung im Boden. Landw. Jb. **38**, 715. — GEHRING, A. u. O. WEHRMANN: Studien über die Einwirkung des Kalkes auf den Boden. Landw. Versuchsstat. **103**, 279. — GEHRING, A.: Über die Veränderung einiger physikalischer Eigenschaften des Bodens unter dem Einfluß von Kalk. Z. Pflanzenernährg. usw. B **8**, 239. — Über die Einwirkung einiger Naturkalke und Mergel sowie einiger Ca- und Mg-Verbindungen auf den Ackerboden. Ebenda **4**, 113. — NOLTE, O.: Über die Einwirkung von Salzlösungen auf den Boden. Landw. Versuchsstat. **98**, 135; **102**, 219. — NIKLAS, H., A. STROBEL u. K. SCHARRER: Der Einfluß einer zwölfjährigen Kalidüngung auf die Ernteerträge sowie die Physik, Chemie und Mykologie des Bodens. Ebenda **105**, 120. — RENNER, W.: Der Einfluß verschiedener Düngesalze, zumal von Kalk und Phosphaten, auf die Struktur des Bodens. Z. Pflanzenernährg. usw. B **4**, 417. — LUTHER, H.: Der Einfluß verschiedener Stickstoffdüngemittel auf die Struktur des Bodens. Ebenda A **12**, 227. — HAGER, G.: Die Methoden zur Untersuchung der Bodenkolloide und ihrer Eigenschaften.

scheinung benutzt, um gewisse Veränderungen des Bodengefüges, z. B. durch Kalkdüngung, zu erklären. Ohne Zweifel sind solche Untersuchungen durchaus geeignet bei sachgemäßer Versuchsanstellung unsere Kenntnisse zu fördern und zu erweitern. Da jedoch unter natürlichen Verhältnissen im gewachsenen Boden die Verhältnisse doch andere sind als in einer Bodenaufschwemmung, empfiehlt es sich, auf diese Versuchsanstellung sich nicht zu beschränken und daher eingetretene Zustandsänderungen nicht allein durch Koagulations- oder Peptisationsversuche festzustellen, sondern noch die Schlämmanalyse[1], die Bestimmung der Hygroskopizität, der Durchlässigkeit, Kohärenz u. a. Methoden mit heranzuziehen. Nur dann bleibt man vor Trugschlüssen bewahrt. So konnte der Verfasser beobachten, daß gekalkte in bester Struktur befindliche Bodenproben bei Schlämmversuchen zuweilen Erscheinungen eintretender Peptisation zeigten. Sie waren lediglich eine Folge der Behandlung der Krümel bei der Schlämmung mit elektrolytfreiem Wasser. Die Schlußfolgerung, daß der Kalk das Bodengefüge also ungünstig beeinflußt habe, ist natürlich verfehlt; denn gleichzeitig angestellte Durchlässigkeitsbestimmungen, sowie Hygroskopizitätsmessungen ergaben das Gegenteil und bestätigten die augenscheinliche Beobachtung einer günstigen Bodenstrukturveränderung, wie die der trockenen Beschaffenheit, der Lockerheit der Krümel, der braunen Farbe usw. Man darf daher von einer Methode nicht alles erwarten. Durch geschickte Vereinigung der Versuchsmethoden lassen sich dagegen Widersprüche oft klären.

Über die Herstellung der Suspensionen für die Koagulationsversuche sind bereits früher einige Angaben[2] gemacht. Man darf vor allem nicht vergessen, daß unter Umständen der natürliche Elektrolytgehalt des Bodens z. B. an Gips die Versuchsergebnisse trüben kann. Der Boden oder der Ton ist in solchen Fällen von diesen Salzen durch mehrmaliges Absaugen des Dispersionsmittels zu befreien, so z. B. mit Hilfe einer Pukallkerze. Ferner ist für den quantitativen Verlauf der Koagulation von Bedeutung, ob ein polydisperses System vorliegt, also ein Sol, in dem sich Teilchen verschiedener Größe vorfinden, oder ein monodisperses System, in dem alle Teilchen vor der Koagulation gleich groß sind[3]. Denn in einem System ersterer Art fördern die gröberen Teilchen die Koagulation der feineren Teilchen. Wenn daher die gröberen Teilchen koagulieren, so klären sie bei ihrer fallenden Bewegung die Suspension. Die minimale Flockungskonzentration wächst mit steigender Dispersität der Suspension. Weiterhin ist

Handbuch der biologischen Arbeitsmethoden. Berlin u. Wien. — BLANCK, E. u. E. HAHNE: Untersuchungen und Versuche mit Kalksalpeter der Badischen Anilin- und Sodafabrik. J. Landw. **74**, 51. — FICK, C. J.: Untersuchungen über den Einfluß der Jauche auf den Boden und über die Ausnutzung des Kalis und der Phosphorsäure in der Jauche durch die Pflanze. Ebenda **75**, 215. — ENGELS, O.: Der Einfluß von Kalk in Form von Ätzkalk und kohlensaurem Kalk auf die physikalische Beschaffenheit verschiedener Bodenarten. Landw. Versuchsstat. **83**, 409. — MAUSBERG, A.: Wie beeinflußt die Düngung die Beschaffenheit des Bodens und seine Eignung für bestimmte Kulturgewächse? Landw. Jb. **45**, 29. — NEUGEBOHRN, A.: a. a. O. — ALLAM, F.: Beitrag zur Kenntnis der Beeinflussung der Dispersität des Tones durch Elektrolyte. Chem. Erde **5**, 276. — ZYL, J. P. VAN: Über die Bodenlösung: ihre Gewinnung, Zusammensetzung und Anwendung bei der Schlämmanalyse. J. Landw. **64**, 201. — GALLAY, R.: Beitrag zur Kenntnis der Tonkoagulation. Kolloidchem. Beih. **21**, 431. — WIEGNER, G.: Über Koagulation. Z. Pflanzenernährg. usw. A **11**, 185. — Dispersität und Ionenaustausch. Kollod-Z., Erg.-Bd. **36**, 341. — WIEGNER, G. u. P. TUORILA: Über die rasche Koagulation polydisperser Systeme. Kolloid-Z. **38**, 3. — TUORILA, P.: Über die rasche und langsame Koag ulation von polydispersen Systemen. Kolloidchem. Beih. **22**, 192. — Über Beziehungen zwischen Koagulation, elektrokinetischen Wanderungsgeschwindigkeiten, Ionenhydratation und chemischer Beeinflussung. Ebenda **27**, 44. — MÜLLER, H.: Die Theorie der Koagulation polydisperser Systeme. Kolloid-Z **38**, 1. — TACKE, BR. u. TH. ARND: Physikalische und chemische Studien an schweren Tonböden. Internat. Mitt. Bodenkde. **13**, — GIESECKE, F. Z. Pflanzenernährg. usw. A. **8**, 222 (1926/27).

[1] Siehe Anm. 1 auf S. 98. [2] S. 95 f. [3] Siehe S. 89 f.

den Untersuchungsergebnissen G. WIEGNERS und seiner Mitarbeiter nach der Basenaustausch auch für die Koagulationsvorgänge von größter Bedeutung; er darf daher bei Untersuchungen dieser Art nicht übersehen werden. Schließlich decken sich die Gesetzmäßigkeiten bei der raschen Koagulation nicht mit denen der langsamen Koagulation. GALLAY stellte fest, daß die Viskosität des Koagulums und die Hydratation der ausgeflockten Teilchen von der Hydratation der adsorbierten Ionen abhängt. — Diese Umstände sind bei früheren Untersuchungen fast allgemein vernachlässigt worden. Erst G. WIEGNER und Mitarbeiter haben in eingehenden schwierigen Untersuchungen Klarheit über diese Verhältnisse geschaffen. Sie müssen natürlich bei Koagulationsversuchen berücksichtigt werden. Die Herstellung der Suspensionen erfolgt am besten durch einfaches Schütteln des Bodens oder des Tons mit destilliertem Wasser. Manchmal kann auch Kochen des von Elektrolyten befreiten Bodens oder Tons mit destilliertem Wasser die Zerteilung fördern[1]. Vorbehandlung mit Säuren ist nicht zu empfehlen. Die Feststellung von Zustandsänderungen, also z. B. einer Koagulation, kann erfolgen:

durch makroskopische Beobachtung,

durch mikroskopische bzw. ultramikroskopische Auszählung der Teilchen der Suspension,

durch Bestimmung der Viskosität der Suspension.

Die einfachste Feststellung einer Dispersitätsveränderung ist die makroskopische Beobachtung. P. TUORILA[2] benutzte für diesen Zweck sehr sorgfältig mit Kaliumbichromat und Schwefelsäure in der Hitze gereinigte Reagensgläser von 30 cm^3 Fassungsraum. In diese Gläser wurden verschiedene genau abgemessene Mengen der zu prüfenden Elektrolytlösungen gegeben. Durch Zusatz von Wasser wurde das Gesamtvolumen der Flüssigkeit auf 15 cm^3 gebracht. Die Reagensgläser wurden genau bezeichnet und auf ein Gestell gesetzt, welches auf einem Fensterbrett stand, so daß die Reagensgläser im hellen Tageslicht gut mit einander verglichen werden konnten. Dann wurden in jedes Reagenzglas 5 cm^3 Tonsuspension schnell hinzu gegeben und die Mischung kräftig durchgeschüttelt. Um gut beobachten zu können, benutzt man verdünnte Suspensionen. Dann setzt die Koagulation nicht sofort, sondern erst nach einigen Minuten ein, und die Beobachtung wird erleichtert. Der genannte Forscher stellte als charakteristische Größen der Koagulation fest:

Die Zeit bis zur Entstehung der ersten kleinen Flocken, d. h. diejenige Zeit, nach der die Koagulation makroskopisch deutlich sichtbar wird.

Die Reihenfolge, in der die Koagulation in den Reagensgläsern deutlich sichtbar wird. Nr. 1 bedeutet, daß das betreffende System in der kürzesten Zeit koaguliert, darauf folgen Nr. 2, 3, 4 usw. Wenn zwei Systeme dieselbe Nummer erhalten, so bedeutet dies, daß sie gleich schnell koagulieren. Durch Parallelversuche überzeugt man sich von der Richtigkeit der Beobachtungen. Die nachfolgende Zusammenstellung aus den Untersuchungen von P. TUORILA[3] gibt ein Bild über die Art der Versuchsdurchführung:

Koagulation einer Tonsuspension in Gegenwart verschiedener Mengen von LiCl, NaCl, KCl, CsCl, $AgNO_3$ und HCl.

Θ (absolute Temperatur) = 287—288. Die Zahl der Tonteilchen zu Beginn der Koagulation im Koagulationsgemisch war $251{,}2 \cdot 10^8$ pro 1 cm^3. Die Gewichtsmenge der Tonteilchen im Koagulationsgemisch war 0,940 g pro Liter und der durchschnittliche Teilchenradius = 152 $\mu\mu$.

[1] TUORILA, P.: Kolloidchem. Beih. **22**, 316.

[2] TUORILA, P.: a. a. O. **27**, 76f. [3] TUORILA, P.: a. a. O., S. 78.

T_f = Flockungszeit in Minuten, d. h. die Zeit bis zur Entstehung von makroskopischen Flocken.

Nr. = Ordnungsnummer. (Die kleinste Nummer entspricht der raschesten Flockung.)

Konzentration der Elektrolyte Millimol im Liter	Elektrolyt											
	LiCl		NaCl		KCl		CsCl		$AgNO_3$		HCl	
	Flockungszeiten und Ordnungsnummern											
	T_f	Nr.	T_f	Nr.	T_f	Nr.	T_f	Nr.	T_f	Nr.	T_f	Nr.
0	∞	—	∞	—	∞	—	∞	—	∞	—	∞	—
1	∞	—	∞	—	∞	—	∞	—	∞	—	7	4
2	∞	—	∞	—	3500	25	3000	24	∞	—	6	3
4	2200	23	1500	22	90	18	45	17	120	19	5	2
8	140	21	120	20	18	13	15	12	26	15	5	2
16	33	16	33	16	13	10	11	7	11	8	5	1
20	21	14	21	14	11	9	9	6	9	6	5	1
30	14	11	14	11	9	6	7	4	7	4	5	1
50	9	6	9	6	8	5	—	—	—	—	—	—

Es ist deutlich ersichtlich, daß die Elektrolyte nach der zunehmenden Koagulationswirkung in folgender Reihe angeordnet werden können:

$$\text{LiCl} < \text{NaCl} < \text{KCl} < \text{CsCl} < \text{HCl}.$$

S. E. MATTSON[1] benutzte für seine Versuche Reagensgläser von 10 cm³ Inhalt, die mit passenden Gummistopfen versehen waren. Zu 1 cm³ Suspension, der 10 mg Quarz oder Ton enthielt, wurden 4 cm³ Elektrolytlösung zugesetzt. Die Elektrolytlösung wurde mit einer 5 cm³-Pipette, die mit reinem Wasser gefüllt bei Zimmertemperatur genau 100 Tropfen faßte, abgemessen. Ein Tropfen war daher gleich 1:20 cm³ und 1 Tropfen 0,1 *n*-Lösung war gleich 1:200 Millimol. Die Bildung der Flocken wurde durch Halten der Röhrchen gegen das Licht beobachtet und der Zeitraum zwischen der Mischung und der Bildung sichtbarer Flocken Ausflockungsdauer genannt. Eine zweite Beobachtung des Klärungsgrades wurde nach einer bestimmten Anzahl Stunden gemacht. Um bei solchen Versuchen gleichzeitig ein Bild über eingetretene Adsorptionserscheinungen zu erhalten, ist eine Untersuchung des Dispersionsmittels auf p_H, Gehalt an Elektrolyten usw. mit ihnen zu verbinden.

Bei Suspensionen mit verhältnismäßig hohem Gehalt an disperser Phase kann man auch nach bestimmten Zeitabschnitten den abgesetzten Anteil der dispersen Phase durch Eindampfen des Bodensatzes und Wägung des getrockneten Rückstandes bestimmen. Man hebert zu diesem Zweck mit einem Heber eine stets genau gleich hohe Wassersäule über dem Bodensatz ab und spült den Rückstand quantitativ in eine gewogene Platin-, Quarz- oder Porzellanschale über. Der Verfasser benutzte zu solchen Versuchen 30 cm hohe 100 cm³ fassende Zylinder. Das Heberende muß natürlich nach oben umgebogen sein, damit nicht der abgesetzte Anteil des Tons oder des Bodens mit abgehebert wird. Besonders bei Peptisationsversuchen an Böden hat sich eine solche Versuchsanordnung gut bewährt[2], um den Verlauf der Koagulation bzw. auch der Peptisation anschaulich darzustellen.

Für die bodenkundliche Forschung kann auch das Studium der gegenseitigen Ausfällung von Kolloiden mit Erfolg benutzt werden. Diese Fällung tritt ein, wenn die Kolloidteilchen eine ungefähr gleich große, aber entgegengesetzte Ladung tragen, und diese durch das Zusammentreten der Teilchen

[1] MATTSON, S. E.: a. a. O., S. 13. — Vgl. auch WO. OSTWALD: Kleines Praktikum der Kolloidchemie, 6. Aufl., S. 125f.

[2] HAGER, G.: J. Landw. **68**, 78.

unter das kritische Potential herabgesetzt wird. Daher tritt die Flockung nur bei einem ganz bestimmten Mischungsverhältnis der beiden Suspensionen ein, und das Koagulationsoptimum ist oft erst nach langen Versuchen zu finden. Man muß also sehr sorgfältig und systematisch bei solchen Versuchen vorgehen, um ein richtiges Ergebnis[1] zu erhalten.

Auch die Ultramikroskopie gestattet, Zustandsänderungen in Suspensionen und Solen durch Veränderung der Teilchenzahl nachzuweisen. Die Handhabung der ultramikroskopischen Apparate ist aus den Anweisungsvorschriften der Hersteller zu ersehen. Besonders viel wird das Spaltultramikroskop nach SIEDENTOPF-ZSIGMONDY (Zeiß-Jena) benutzt, ferner u. a. der Paraboloid- oder Kardioid-Kondensor von der gleichen Firma. Auf Einzelheiten kann an dieser Stelle natürlich nicht eingegangen werden. Es seien nur einige Beobachtungen und Erfahrungen hier mitgeteilt, die R. GALLAY[2] bei seinen Untersuchungen über die Tonkoagulation gemacht hat. Die Suspensionen wurden 24 Stunden absitzen gelassen und dann soweit verdünnt, daß die Zahl der auszuzählenden Teilchen in $729\,\mu^3$ nie mehr als 4 betrug. Nach Zugabe des Elektrolyten in konzentrierter Lösung wurde die Suspension eine halbe Minute geschüttelt und dann die Teilchenzahl durch 300 Zählungen festgestellt. Die einzelnen Zählungen bezogen sich in den meisten Fällen auf eine einzige Masche des im Okular angebrachten Netzes, d. h. auf ein einziges Teilvolumen der beleuchteten Lösung $9 \cdot 9 \cdot 9\,\mu^3$ oder $9 \cdot 9 \cdot 18\,\mu^3$. Die Ergebnisse einiger aufeinander folgender Zählungen, gebildet aus dem arithmetischen Mittel von 300 Einzelzählungen, stimmten bei beständigen Suspensionen überein, nicht aber bei koagulierten Suspensionen. Bei Berücksichtigung einer größeren Anzahl Maschen fielen die Resultate besser aus. Dabei verfuhr GALLAY so, daß er nicht allein ein Quadrat, sondern abwechselnd zwölf verschiedene Quadrate berücksichtigte. Als anschauliches Beispiel eines Koagulationsversuches mit Hilfe der ultramikroskopischen Auszählung sei ein Versuch von GALLAY[3] über den Einfluß des Dispersitätsgrades auf den Verlauf der Flockung hier mitgeteilt.

Zwei Tonsuspensionen wurden 12 und 36 Stunden absetzen gelassen. Dann wurden sie soweit verdünnt, daß die Auszählung möglich war, und daß die Zahl der Teilchen in der Raumeinheit bei beiden Suspensionen gleich war. Nach Zugabe der gleichen Elektrolytmenge zeigte es sich, daß die Verminderung der Teilchenzahl bei der gröberen Suspension, die nach zwölfstündigem Absetzenlassen erhalten wurde, größer war als die der feineren, die nach 36stündiger Sedimentation gewonnen war.

Verminderung der Teilchenzahl bei der Koagulation.

KCl-Konzentration	1. Feinere Fraktion		2. Gröbere Fraktion	
	Anzahl der Teilchen in Prozenten der Anfangszahl	Abnahme in Prozenten	Anzahl der Teilchen in Prozenten der Anfangszahl	Abnahme in Prozenten
$\frac{n}{1000}$	90,5	9,5	75,0	25,0
$\frac{n}{100}$	79,8	10,7	48,2	26,8
$\frac{n}{10}$	52,4	27,4	26,3	21,9
$\frac{n}{1}$	35,7	16,7	26,3	0,0

[1] OSTWALD, WO.: a. a. O., S. 147f.

[2] GALLAY, R.: Kolloidchem. Beih. **21**, 442, 448, 464, 477. — TUORILA, P.: Ebenda **22**, 196, 220, 265, 272, 279, 313, 316, 320. [3] GALLAY, R.: a. a. O., S. 450.

Schließlich lassen sich Koagulations- und Peptisationsvorgänge oft sehr gut mit Hilfe der Viskosimetrie[1] nachweisen. Unter Viskosität oder Zähigkeit versteht man die Eigenschaft von Flüssigkeiten, sich einer Bewegung ihrer Teile zu widersetzen (Wo. OSTWALD[2]). Ein Maß für diese Größe in erster Annäherung ist die Zeit, welche ein gegebenes Flüssigkeitsvolumen braucht, um eine gegebene Kapillare zu durchfließen. Von mehreren Forschern ist diese Bestimmung der Viskosität zu Untersuchungen über die Koagulation benutzt worden. Die Flockung verursacht nämlich eine Vergrößerung der Viskosität und damit eine Verminderung der Durchlaufgeschwindigkeit durch eine Kapillare. Die Viskosimetrie hat der Ultramikroskopie gegenüber, abgesehen von der Billigkeit, den Vorteil, daß sich mit ihrer Hilfe auch die Koagulation konzentrierter Suspensionen mit groben Teilchen verfolgen läßt. Jedoch müssen die gröbsten Bodenanteile durch Absetzenlassen entfernt werden, um eine Verstopfung der Kapillare zu vermeiden. Nach GALLAY[2] sind die Teilchen mit einem Durchmesser über 0,05 mm unbedingt zu entfernen. Dies erfolgt am einfachsten durch Absetzenlassen. Der Gehalt der Suspension kann mittels des Pyknometers bestimmt werden. Bei konzentrierten Suspensionen ist übrigens der Verlauf der Koagulation mehr von den Ionen der Teilchen als denen des zugefügten Elektrolyten abhängig[3].

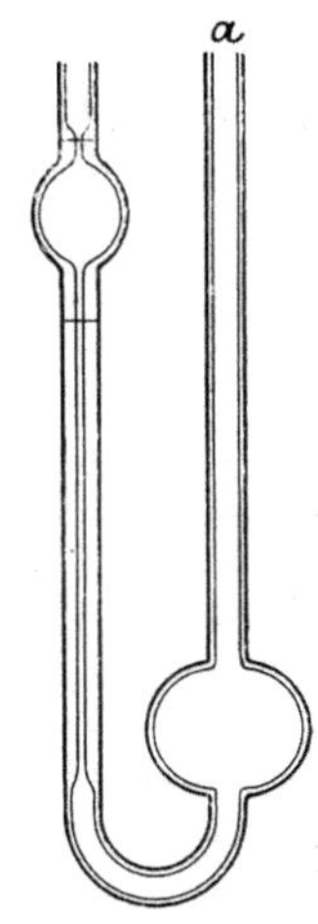

Abb. 9. Viskosimeter. (Nach Wo. OSTWALD.)

Meist wird das einfache Viskosimeter nach Wo. OSTWALD[4] benutzt. Es besteht aus einem U-Rohr mit einem kapillaren, pipettenähnlichen Schenkel, an dem oberhalb und unterhalb der Pipettenkugel eine Marke angebracht ist (Abb. 9). Man gibt stets dasselbe Volumen Flüssigkeit in das Rohr, saugt dieselbe am kapillaren Schenkel hoch und mißt mit der Stechuhr die Durchlaufszeit des markierten Volumens. Da die Viskosität stark mit steigender Temperatur abnimmt, muß bei konstanter Temperatur gearbeitet werden. Die Reinigung des Viskosimeters erfolgt in der Weise, daß man Wasser, Kaliumbichromat usw. mit der Wasserstrahlluftpumpe hindurchsaugt. Beim Aufsaugen der Flüssigkeit dürfen keine Luftblasen in die Kapillare gelangen. Am einfachsten drückt man die Flüssigkeit im kapillaren Schenkel durch Einblasen von Luft bei *a* nach oben.

Besonders gut eignet sich das Viskosimeter, um die verschiedene Struktur der Flocken infolge geringerer oder stärkerer Adsorption von Wassermolekülen festzustellen. Die folgende Zusammenstellung (siehe S. 104) von GALLAY[5] zeigt den Einfluß der gebundenen Kationen auf das Wasserbindungsvermögen der Teilchen ganz ausgezeichnet.

Die Na-Ionen sind viel stärker hydratisiert als die K-Ionen. Beim Ausflocken ist ein Teil dieses gebundenen Wassers in die Koagulate übergegangen, woraus sich die hohe Viskosität des Na-Tons nach der Koagulation erklärt. Außerdem zeigt die Zusammenstellung die stärkere Koagulationswirkung der wenig hydratisierten Kationen, vor allem der Cs-Ionen, im Gegensatz zu der schwachen der stark hydratisierten Ionen.

---

[1] OSTWALD, Wo.: a. a. O., S. 35f.

[2] OSTWALD, Wo.: ebenda. — Siehe auch R. GALLAY: a. a. O., S. 444f., 453, 467, 478, 484.

[3] Ebenda S. 466.

[4] OSTWALD, Wo.: a. a. O., S. 36. — THIEL, A.: Physikochemisches Praktikum, S. 113. Berlin 1926.

[5] GALLAY: a. a. O., S. 484.

Durchlaufszeiten von verschieden hydratisierten Tonen bei der Koagulation mit verschiedenen Elektrolyten.

(Konzentration 89,97 g Ton i. L.)

Zugesetzter Elektrolyt	Maximale Durchlaufszeit in Sekunden bei der Koagulation mit $\frac{n}{50}$ Lösungen		
	K-Ton	NH_4-Ton	Na-Ton
CsCl	581,6	745,6	unmeßbar groß
RbCl	121,6	141,3	1926,8
KCl	84,0	90,8	1488,5
NH_4Cl	79,1	85,1	1308,7
NaCl	55,3	58,0	526,8
LiCl	49,2	53,1	377,4

Die Bestimmung der Durchlässigkeit, der Wasserkapazität, des kapillaren Wasseraufsteigevermögens, der Kohärenz und des Porenvolumens der Böden. Da wir mit aller Bestimmtheit noch nicht wissen, ob die Versuchsergebnisse an Aufschwemmungen in jeder Beziehung ohne weiteres auf den gewachsenen Boden übertragen werden können, ist es unerläßlich, noch weitere Methoden zur Feststellung eingetretener Zustandsänderungen im Boden heranzuziehen, z. B. die Bestimmung der Hygroskopizität, der Wasserdurchlässigkeit, des kapillaren Wasseraufsteigevermögens, der Kohärenz, des Porenvolumens, der Filtriergeschwindigkeit nach WO. OSTWALD[1] und schließlich der Schlämmanalyse[2] in geeigneter Durchführung. Teils sind diese Methoden mit Mängeln behaftet, teils stellen sie auch keine exakten, wissenschaftlichen Verfahren dar; man muß daher kritisch auswählen, welche Methoden für einen bestimmten Zweck die geeignetesten sind. Weiter ist die Empfindlichkeit der Verfahren oft so gering, daß sich Veränderungen des Dispersitätsgrades des Bodensystems nicht nachweisen lassen. Die nach den verschiedenen Methoden gewonnenen Ergebnisse werden dann natürlich nicht gleichsinnig ausfallen. So beobachteten TACKE und ARND[3], daß sich eine Zustandsänderung der Böden infolge Düngungsmaßnahmen nur durch die Vermehrung des Hohlraumvolumens und der Wasserkapazität, sowie Verminderung der Hygroskopizität nachweisen ließ. Die anderen angewandten Methoden führten nicht zum Ziel. Die Böden wurden untersucht auf spez. Gewicht, spez. Volumen, Volumgewicht, Hohlraumvolumen, Wasserkapazität, Hygroskopizität, Korngröße, Ausrollbarkeit und Festigkeitszahl. Daß sich aber mit nicht einmal ganz exakt wissenschaftlichen Methoden, wie z. B. der Bestimmung der Wasserdurchlässigkeit, manche Fragen bei geschickter Versuchsanordnung beantworten lassen, zeigen unter anderem die Versuche des Verfassers[4]. Im allgemeinen muß die Anzahl der Wiederholungen bei den angegebenen Verfahren um so größer sein, je größer die Versuchsfehler sind. Da über die in Frage kommenden Methoden näheres eingehend an anderer Stelle dieses Handbuches[5] mitgeteilt wird, dürften diese allgemeinen Ausführungen hier genügen.

Die Ausführung von Adsorptionsversuchen. Die Behandlung von Adsorptionsversuchen kann sich an dieser Stelle auf solche beschränken, welche

[1] OSTWALD, WO.: Quantitative Filtrationsanalyse als dispersoidanalytische Methode. Kolloid-Z. **36**, 46.

[2] S. 81 f.

[3] TACKE, B. u. TH. ARND: Internat. Mitt. Bodenkde. **13**, 6f. — Vgl. auch A. MAUSBERG: Landw. Jb. **45**, 29f.

[4] HAGER, G.: J. Landw. **65**, 295; **66**, 251; **68**, 76f; Handbuch der biologischen Arbeitsmethoden, a. a. O., S. 381f.

[5] Siehe dieses Handbuch Bd. 6.

die Erforschung kolloidchemischer Fragen in der Bodenkunde bezwecken. Hier sind vor allem die Basenaustauschvorgänge und die Gesetzmäßigkeiten zu nennen, welche den quantitativen Verlauf des Basenaustausches bestimmen. G. WIEGNER[1] u. a. haben nachgewiesen, daß der Basenaustausch der FREUNDLICHschen Adsorptionsisotherme gemäß verläuft. Um die den Adsorptionsvorgängen zugrunde liegenden Gesetzmäßigkeiten festzustellen, kann man entweder die Menge des Adsorbens variieren oder die des Adsorbendums bei gleicher Flüssigkeitsmenge. Wie die Feststellung z. B. erfolgt, nämlich ob die Adsorption der FREUNDLICHschen Adsorptionsisotherme gemäß verläuft, wird unten näher besprochen werden.

Bei Basenaustauschversuchen kann man nun so verfahren, daß man eine bestimmte Bodenmenge mit einem bekannten Volumen einer reinen Salzlösung [NH_4Cl, NH_4NO_3, KNO_3, $Ca(NO_3)_2$] usw. von bekanntem Gehalt eine gewisse Zeit schüttelt und dann analytisch den Gehalt der Lösung feststellt. Die Konzentration richtet sich nach dem Versuchsplan. Meist wird 0,1 oder 0,01 normale oder molare Lösung benutzt. Bei sehr feinen Untersuchungen wird die benutzte Lösungsmenge am besten gewogen. Der Ersatz der Kationen in den Austauschzeolithen durch die Kationen der Lösung verläuft bis zur Einstellung eines Gleichgewichtszustands. Meist ist dieses schon in einigen Minuten erreicht. Um festzustellen, ob das Gleichgewicht ein echtes ist, schüttelt man zunächst die Substanzmenge mit einer Lösung doppelter Konzentration und verdünnt dann bis zur halben Konzentration, in einem zweiten Versuche die gleiche Substanzmenge mit der von Anfang an verdünnten Lösung. Das Resultat muß das gleiche sein, gleichgültig, ob die Einstellung des Gleichgewichts von oben oder unten erfolgt. Die tabellarische Zusammenstellung eines Versuchsresultates kann z. B. in der von G. WIEGNER[2] gewählten Anordnung erfolgen.

Nr.	Silikatmenge	Menge der NH_4Cl-Lösung	Gehalt an NH_4 vor der Adsorption		Nach dem Schutteln in Milliäquivalenten						
			Millimol	entspr. NH_3	NH_4	entspr. NH_3	$\frac{Ca}{2}$	entspr. Ca	K	entspr. K	Summe
	g	g		g		g		g		g	
1	4,9983	110,28	34,060	0,5814	24,807	0,4203	6,387	0,1280	3,326	0,1300	34,520
2	4,9988	105,07	17,084	0,2916	10,208	0,1742	4,616	0,0925	2,475	0,0968	17,299
3	5,0004	102,99	10,291	0,1757	5,019	0,0857	3,490	0,0699	2,069	0,0809	10,578
4	4,9999	101,93	6,825	0,1165	2,792	0,0477	2,541	0,0509	1,732	0,0677	7,065
5	4,9984	100,83	3,467	0,0592	0,882	0,0151	1,678	0,0336	1,184	0,0462	3,744

Die Kationen sind so ausgetauscht, daß die absorbierte Menge NH_4 nahezu äquivalent der Menge des verdrängten Kalziums und Kaliums ist. Um nun z. B. die Gültigkeit der FREUNDLICHschen Isotherme für den vorliegenden Fall festzustellen, verfährt man folgendermaßen[3]:

Bekanntlich sagt diese, daß

$$\frac{x}{m} = a \cdot c^{\frac{1}{n}}$$

ist, wobei $\frac{x}{m}$ die adsorbierte Menge gelösten Stoffes auf die Mengeneinheit des Adsorbens, c die Konzentration des nicht adsorbierten, in Lösung befindlichen

[1] WIEGNER, G.: J. Landw. 60, 130f.

[2] WIEGNER, G.: J. Landw. 60, 141. — Vgl. auch H. JENNY: Kationen- und Anionenaustausch an Permutitgrenzflächen. Kolloidchem. Beih. 23, 433.

[3] WIEGNER, G.: J. Landw. 60, 130. — HISSINK, D. J.: Die Festlegung des Ammoniakstickstoffs durch Permutit und Tonboden und die Zugänglichkeit des Permutitstickstoffs für die Pflanze. Landw. Versuchsstat. 81, 377.

Anteils, a und $\frac{1}{n}$ Konstanten bedeuten, die von der Natur der beteiligten Stoffe und von der Temperatur abhängen. Am einfachsten erfolgt die Prüfung, indem die Logarithmen von $\frac{x}{m}$ und c gegeneinander in ein rechtwinkliges Koordinatensystem auf Millimeterpapier eingetragen werden. Die FREUNDLICHsche Beziehung $\frac{x}{m} = a \cdot c^{\frac{1}{n}}$ läßt sich auflösen zu:

$$\log \frac{x}{m} = \frac{1}{n} \log c + \log a .$$

Bei vorliegendem Versuch von G. WIEGNER errechnen sich nun aus obiger Tabelle folgende Werte für $\frac{x}{m}$ und c.

Nr.	$\frac{x}{m}$ beobachtet	c	Nr.	$\frac{x}{m}$ beobachtet	c	Nr.	$\frac{x}{m}$ beobachtet	c
1	1,851	0,2250	3	1,054	0,0487	5	0,515	0,0088
2	1,376	0,0972	4	0,807	0,0274			

Wie oben angegeben, werden nun die Logarithmen dieser Werte in das Koordinatensystem eingetragen. Die Schnittpunkte der Geraden, welche durch die eingetragenen Werte parallel der Abszisse und Ordinate gelegt werden, ergeben verbunden und verlängert eine Gerade, nämlich

$$\log \frac{x}{m} = \frac{1}{n} \log c + \log a .$$

$\frac{1}{n}$ stellt die Tangente des Neigungswinkels der Geraden gegen die $\log c$-Achse dar. Das Verhältnis der beiden Katheten in dem sich ergebenden Dreieck ist also $\frac{1}{n}$, im vorliegenden Falle

$$\frac{0{,}529}{1{,}36} = \frac{1}{n} = 0{,}389 ,$$

$\log a$ ist der Abstand der Geraden auf der Ordinate von der $\log c$-Achse, denn für $\log c = 0$ wird $\log a = \log \frac{x}{m}$, also im vorliegenden Falle $\log a = 0{,}529 \cdot a = 3{,}38$.

Diese Konstanten werden nun in die Gleichung eingesetzt.

$$\frac{x}{m} = 3{,}38 \cdot c^{0{,}389} ,$$

$$\frac{x}{m} = 3{,}38 \cdot 0{,}2250^{0{,}389} ,$$

$$\log \frac{x}{m} = 0{,}389 \cdot \log 0{,}2250 + \log 3{,}38 ,$$

hieraus ergibt sich

$$\frac{x}{m} = 0{,}2769 ,$$

$$\frac{x}{m} = 1{,}892 ; \text{ gefunden } 1{,}851 .$$

Andere Formeln sind unter anderem von G. C. SCHMIDT[1], KROECKER[2], E. A. MITSCHERLICH[3] und R. GANSSEN[4] aufgestellt.

---

[1] SCHMIDT, G. C.: Z. phys. Chem. **77**, 641. [2] KROECKER: Dissert., Berlin 1892.
[3] MITSCHERLICH, E. A.: Lösung und Absorption im Boden. Landw. Jb. **46**, 413.
[4] GANSSEN, R.: Jb. preuß. geol. Landesanst. u. Bergakad. **26**, 179f.; Cbl. Min., Geol. u. Paläont. Nr. 22/23, 699f. — Vgl. auch V. ROTHMUND u. G. KORNFELD: Der Basenaus-

In neuester Zeit hat dann G. WIEGNER die FREUNDLICHsche Isotherme zu einer Umtauschisotherme unter Berücksichtigung der Konzentration des auftretenden Ions modifiziert:

$$y = k \cdot \left(\frac{c}{a - c}\right)^{\frac{1}{p}};$$

wobei

y = umgetauschte Menge auf 1 g Permutit,
a = Konzentration der zugesetzten Lösung,
c = Konzentration nach Einstellung des Gleichgewichts,
$a - c$ = umgetauschte Menge,
k und $\frac{1}{p}$ = Konstanten.

Um die Umtauschkonstanten zu erhalten, ging H. JENNY[1] von den reinen Basenpermutiten, wie Na-Permutit usw., aus.

„Meist wurden 500 g Permutit in großen gläsernen Standzylindern mit 1 l gesättigter Salzlösung versetzt und tüchtig gerührt. Nach mindestens eintägigem Stehenlassen wurde die überstehende Lösung abgegossen und von neuem gesättigte Salzlösung zugefügt. Die Umsetzungen wurden so lange wiederholt, bis kein Kalzium in der Salzlösung mehr nachweisbar war. Dann wurde der Permutit getrocknet und zum zweiten Male mit der betreffenden Salzlösung behandelt. In der Regel tauschte noch Kalzium aus. Das Trocknen und Auswaschen wurde so lange fortgesetzt, bis die Reaktionsprüfung auf Kalziumionen negativ ausfiel. Jetzt begann eine längere Reinigung mit destilliertem Wasser, um die Chlorionen auszuwaschen. Auch hier wurde gewaschen und getrocknet, bis kein Chlor mehr als Silberchlorid nachweisbar war. Das vollständig umgesetzte und gereinigte Material wurde an der Luft getrocknet, im Mörser zerrieben und durch zwei Siebe von 1 mm und 0,1 mm gesiebt, so daß eine durch die beiden Siebdurchmesser begrenzte Korngröße vorhanden war.

„Der ganze Herstellungsprozeß dauerte jeweils mehrere Monate, weil große Permutitmengen umgesetzt wurden, und weil das Kalziumion an der Permutitoberfläche sehr fest haftet. Doch bietet gerade das hartnäckige Festhalten des Kalziums Gewähr, daß mit den letzten Spuren von Kalzium auch andere Kationen, die viel leichter austauschen, vollständig umgesetzt sind.

„Zu den Adsorptionsversuchen wurden stets 1proz. Permutitlösungen verwendet, d. h. 1 g Permutit wurde im 100 cm^3-Kölbchen mit der Salzlösung bis zur Marke aufgefüllt. Der Temperaturbereich lag zwischen 18^0 und 22^0 C. Die fertig beschickten Kölbchen wurden täglich mehrmals umgeschüttelt und frühestens nach 8—10 Tagen analysiert. Die zugesetzten Salzlösungen waren reinste Produkte von C. A. F. KAHLBAUM. Es wurden etwa $^1/_2$-normale Stammlösungen hergestellt, deren Gehalt genau bestimmt war. In den meisten Fällen wurde das aus dem Permutit heraustretende Kation $(a - c)$ bestimmt, nachdem die Äquivalenz des Umtausches auch bei diesen Versuchen festgestellt war. Nur beim Natriumpermutit geschah die Ermittelung der ausgetauschten Ionen durch Differenzbestimmung der zugesetzten Salzlösungen."

Das Weitere ist aus der Originalarbeit von H. JENNY zu ersehen.

Die Untersuchung der Quellung der Bodenkolloide. Der Humus und der hochdisperse Ton, der Kolloidton, zeigen typische Quellungserschei-

tausch im Permutit. Z. anorg. u. allg. Chem. **103**, 129f. — GÜNTHER-SCHULZE, A.: Die Ionendiffusion im Permutit und Natrolith. — Die Abhängigkeit der Basengleichgewichte im Permutit von der Konzentration der umgebenden Lösung. Z. Elektrochem. **28**, 85; Z. phys. Chem. **89**, 168f. Weitere Literatur siehe S. 109.

[1] JENNY, H.: Kationen- und Anionenumtausch an Permutitgrenzflächen. Kolloidchem. Beih. **23**, 433f.

nungen[1]. Leider sind diese, abgesehen von ganz einfachen Versuchen, bisher trotz der großen Bedeutung für die Bodenstruktur nicht näher untersucht, so daß wir über die Einflüsse der Düngesalze, Frost usw. auf das Quellungsvermögen der genannten Kolloide so gut wie nichts wissen. Es sind daher auch keine besonderen Methoden zur Untersuchung der Quellung der Bodenkolloide vorhanden. Voraussichtlich ist es aber möglich, in Anlehnung an die kolloidchemischen Quellungsversuche mit organischen Kolloiden, wie Gelatine und Stärke, derartige Untersuchungen auszuführen. Die Verwendung von reinem Humus und Kolloidton ist möglichst dabei anzustreben. Die Hydratation der Jonen ist zu berücksichtigen. Die Quellungsvorgänge können qualitativ und quantitativ unter anderem gemessen werden durch Änderung des Gewichtes, des Volumens und des Quellungsdruckes.

J. M. VAN BEMMELEN[2] hat die Quellung in Flüssigkeitsdampf mit der Wägemethode untersucht. Die gepulverten Substanzen werden in flachen Wägegläschen in Exsikkatoren, welche Schwefelsäure-Wasser-Gemische wechselnder Zusammensetzung von bekanntem Dampfdruck enthalten, gestellt und die Gewichtszunahme nach Einstellung des Gleichgewichts ermittelt. Graphisch lassen sich dann die Resultate darstellen. Die hygrometrischen Linien (Dampfdruck-Konzentrations-Isotherme) lassen sich erhalten durch Eintragung der Resultate des Quellungsgrades (die von 1 g trockener Substanz im Gleichgewicht aufgenommene Wassermenge) und der dazu gehörigen relativen Dampfspannungen in ein Koordinatensystem in bekannter Weise. Voraussetzung für diese Methode ist, daß die Kolloide nicht porös sind.

Vielleicht läßt sich auch bei den Bodenkolloiden Humus und Kolloidton in feiner Pulverform die Quellung volumetrisch nach M. H. FISCHER[2] in kalibrierten, unten verschlossenen Glasröhren durch die beobachtete Volumenvermehrung messen.

Der Quellungsdruck des Kolloidtons könnte vielleicht in der Weise[3] festgestellt werden, daß auf den Boden einer mit einem Steigrohr versehenen Tonzelle eine Schicht trockenen Kolloidtons gebracht und der Rest der Zelle und des Steigrohres mit Quecksilber gefüllt wird. Dann taucht man die Tonzelle in Wasser bzw. die Versuchslösung. Die Flüssigkeit dringt durch die Zelle, läßt das Kolloid quellen und bedingt so eine Volumenzunahme des Gels, die von dem auf dem Gel ruhenden Druck abhängt. Man wird in dieser oder ähnlicher Weise auch die Quellungsdrucke der Bodenkolloide messen können und Aufschluß über die Natur der Gele und den Einfluß von Salzen usw. auf ihre Eigenschaften erhalten.

Ferner kann die Quellung bei Stoffen in feinkörniger Beschaffenheit auch viskosimetrisch gemessen werden. Die Viskosität verändert sich durch die Quellung der dispersen Phase[4].

Untersuchungen der Struktur der Bodengele durch Bestimmung des Druckkonzentrationsdiagramms. Es wurde bereits erwähnt, daß unter anderem die Schlämmanalysen sowie die Koagulations- und Peptisationsversuche wohl Aufschluß geben über die Teilchengröße irgend eines Bodens sowie über die Bedingungen, unter welchen ein Zusammentreten von Teilchen zu Flocken oder umgekehrt eine Auflösung von Krümeln erfolgt, nicht aber darüber, ob die Teilchen Gelstruktur haben oder aber kristallin sind. Ebenso ist es mit den genannten

---

[1] KATZ, J. R.: Die Gesetze der Quellung. Dresden u. Leipzig 1916.

[2] OSTWALD, WO.: a. a. O., S. 90.

[3] FREUNDLICH, H.: Handwörterbuch der Naturwissenschaften **6**, 780. Jena: Fischer 1912.

[4] Vgl. auch P. A. THIESSEN: Methoden zur quantitativen Bestimmung von Quellungsgrößen. Kolloid-Z. **37**, 406.

Methoden nicht immer möglich, festzustellen, ob unter dem Einfluß von Elektrolyten, Frost usw. Strukturveränderungen der Gelteilchen erfolgen, die natürlich für das Verhalten des Bodens von Bedeutung sind. Für Versuche über Dispersitätsveränderungen der Gele unter gewissen Bedingungen müssen möglichst reine Gele, z. B. Kieselsäure, Permutit, Tonerde von einer Größe der Teilchen benutzt werden, die Krümelbildung bzw. Krümelzerfall ausschließt. Auch Quellung kann die Resultate beeinflussen und zu Fehlschlüssen Anlaß geben.

Soweit bisher derartige Versuche in der Bodenkunde vorliegen, haben sich die Forscher[1] z. T. mit der MITSCHERLICHschen Hygroskopizitätsbestimmung beholfen.

Einen tieferen Einblick in die Struktur und Strukturveränderungen der Gele gewährt nun die Bestimmung des Druckkonzentrationsdiagramms (Entwässerungsisotherme) nach VAN BEMMELEN[2] und R. ZSIGMONDY[3] und seinen Schülern. Mit Hilfe dieser Methoden haben die genannten Forscher ihre grundlegenden Arbeiten über das Verhalten der Gele und ihre Struktur ausgeführt. In neuester Zeit hat sie SVEN ODÉN[4] für bodenkundliche Untersuchungen herangezogen, um mit ihrer Hilfe festzustellen, ob die Humusstoffe durch Kalkung ihr Wasserverbindungsvermögen ändern, also eine Verteilungsveränderung erleiden.

Für bodenkolloidchemische Untersuchungen eignet sich im allgemeinen das alte, einfache Verfahren von VAN BEMMELEN gut, weil meist eine größere Anzahl von Proben neben einander zu untersuchen ist und die ZSIGMONDYschen Vakuumapparate auch recht teuer sind. Die letzteren haben dafür den Vorzug, daß sich in ihnen der Gleichgewichtszustand schneller einstellt. Das erstere Verfahren ist sehr einfach. Die zu prüfenden Gele werden in Exsikkatoren gebracht, die mit Schwefelsäure wechselnder Konzentration gefüllt sind. Man kann so durch Anwendung einer größeren Anzahl von verschiedenen Schwefelsäure-Wassergemischen Abstufungen der Dampfspannung zwischen der des reinen Wassers (12,7 mm bei 15°C) und derjenigen der konzentrierten Schwefelsäure (Null) erhalten. Reines Wasser zu benutzen empfiehlt sich nicht, da Taubildung infolge geringer Temperaturschwankungen kaum zu vermeiden ist. Man bringt zuerst das Gel in den Gasraum der verdünnten Schwefelsäure, wägt des öfteren, bis das Gewicht des Gels von einem Tag zum andern sich nicht mehr ändert. Dann kommt die Versuchssubstanz in den Exsikkator mit der konzentrierteren Säure; man wartet bis Gewichtskonstanz eingetreten ist, darauf wird die Säure wieder durch eine andere von höherer Konzentration ersetzt usw. Zuletzt wird dann der Gesamtwassergehalt festgestellt und die Resultate auf die trockene Substanz bezogen. Bei nicht zersetzlichen Gelen kann der Gesamtwassergehalt auch durch schwaches Glühen festgestellt werden. Natürlich ist die Temperatur während des Versuchs konstant zu halten. Man stellt die Exsikkatoren sehr zweckmäßig in einen dunklen Raum (Thermostaten). Die Ausführung einer solchen Unter-

---

[1] STREMME, H. u. B. AARNIO: Die Bestimmung des Gehaltes anorganischer Kolloide in zersetzten Gesteinen usw. Z. prakt. Geol. **19**, H. 10. — GANSSEN, R.: Jb. geol. Landesanst. **23**, H. 1. — Die Charakterisierung des Bodens nach der molekularen Zusammensetzung des durch Salzsäure zersetzlichen silikatischen Anteils des Bodens (der zeolithischen Silikate). Internat. Mitt. Bodenkde. **3**, 563. — TISHER, E. A.: Einige Feuchtigkeitsverhältnisse von Kolloiden. Proc. roy. Loc. London A **1923**, 103, 139, 663. — WACHE, R.: Beitrag zur Bestimmung und Bewertung der Kolloide im Boden. Mitt. Labor. preuß. geol. Landesanst. **1921**, Heft 2.

[2] BEMMELEN, VAN J. M.: Die Adsorption. Dresden u. Leipzig: Th. Steinkopff 1910. — SPRING, W.: Rec. trav. schim. Pays-Bas. **25**, 253.

[3] ZSIGMONDY, R. u. Mitarbeiter: Z. anorg. Chem. **75**, 189.

[4] ODÉN, SVEN: Die Bedeutung der Kalkung von Humusböden. Internat. Mitt. Bodenkde. **9**, 375. — Die Huminsäuren. Kolloidchem. Beih. **11**, 174.

suchung ergibt sich übersichtlich aus der folgenden tabellarischen Versuchszusammenstellung, die der SVEN ODÉNschen Veröffentlichung[1] entnommen ist.

Wägegläschen + Torf (über P_2O_5 getrocknet)	10,5246
Wägegläschen	10,1044
Trockensubstanz	0,4202

a	b	c	d	e	f	g
Tag der Beobachtung	Wäge-gläschen + Torf	Gewicht des fest-gehaltenen Wassers		Konzen-tration der Schwefel-säure	Dampfdruck	
		in g	in %		berechnet	relativ
20. Nov. 1915	10,7343					
27. Nov. 1915	10,7346					
5. Dez. 1915	10,7341					
11. Dez. 1915	10,7377					
18. Dez. 1915	10,7292					
29. Dez. 1915	10,7290					
11. Jan. 1916	10,7326					
21. Jan. 1916	10,7316	0,2070	49,2			
29. Jan. 1916	10,7314	0,2068	49,2	5,5%	15,0	97,4
5. Febr. 1916	10,7236					
12. Febr. 1916	10,7222					
21. Febr. 1916	10,7186					
29. Febr. 1916	10,7086					
6. März 1916	10,7133	0,1887	44,9			
13. März 1916	10,7141	0,1895	45,1	10,8%	14,5	94,2
18. März 1916	10,7000					
27. März 1916	10,6991					
3. April 1916	10,6965	0,1719	40,9			
8. April 1916	10,6952	0,1706	40,6	16,3	13,9	90,3
15. April 1916	10,6820					
24. April 1916	10,6771					
29. April 1916	10,6748	0,1502	35,7			
5. Mai 1916	10,6744	0,1498	35,7	23,5	12,9	83,8
13. Mai 1916	10,6552					
20. Mai 1916	10,6548					
27. Mai 1916	10,6544					
7. Juni 1916	10,6533	0,1287	30,6			
15. Juni 1916	10,6528	0,1282	30,5	30,5	11,6	75,3
8. Aug. 1916	10,6046	0,0800	19,0			
5. Sept. 1916	10,6046	0,0800	19,0	48,2	6,3	40,9
23. Sept. 1916	10,5683					
1. Okt. 1916	10,5530	0,0284	6,8			
9. Okt. 1916	10,5532	0,0286	6,8	73,4	0,7	5,4
14. Okt. 1916	10,5282			} P_2O_5		
21. Okt. 1916	10,5246					

Soll die Wiederbewässerungsisotherme festgestellt werden, dann darf der Gesamtwassergehalt erst am Schluß des Versuches bestimmt werden. Auch ist zu prüfen, ob nicht bereits das Trocknen über konzentrierter Schwefelsäure eine unerwünschte Dispersitätsveränderung des Geles bewirkt.

Das Druckkonzentrationsdiagramm erhält man nun durch Eintragen der gefundenen Wassergehalte der Gele bei den verschiedenen Schwefelsäure-Wasser-Gemischen nebst den dazugehörigen Dampfdrucken in ein Koordinatensystem in bekannter Weise. Abb. 10 zeigt das Diagramm, welches SVEN ODÉN bei Versuchen mit ungekalktem und gekalktem Waldhumus erhalten hat. Die

[1] ODÉN, SVEN: Die Huminsäuren. Kolloidchem. Beih. 11, 181 (1919).

gefundenen Kurven sind die gleichen; eine Strukturänderung des Humus ist infolge der Kalkung nicht eingetreten.

Den ZSIGMONDYschen Vakuumapparat zeigt Abb. 11. Er besteht aus einem ziemlich großen (ca. 400 cm³ fassenden) Gefäß *A*, welches zur Aufnahme der Flüssigkeit dient, die den erforderlichen Dampfdruck liefert (in diesem Falle Wasser-Schwefelsäure-Mischungen). Hieran schließen sich das Quecksilbermanometer *B*, an dem der jeweilig vorhandene Dampfdruck des Systems abgelesen wird, die Vakuumpräzisionshähne C_1 und C_2 und der Quecksilberverschluß FF_1G, ferner das kleine, ebenfalls durch den Hahn C_3 verschließbare Gefäß *D*, in das die zu untersuchende Substanz gebracht wird. Die ganze Apparatur wird durch den Hahn C_2 mittels einer GAEDE-Pumpe bei *H* luftleer gemacht. Sämtliche Hähne werden mit Ramsay-Fett gedichtet[1].

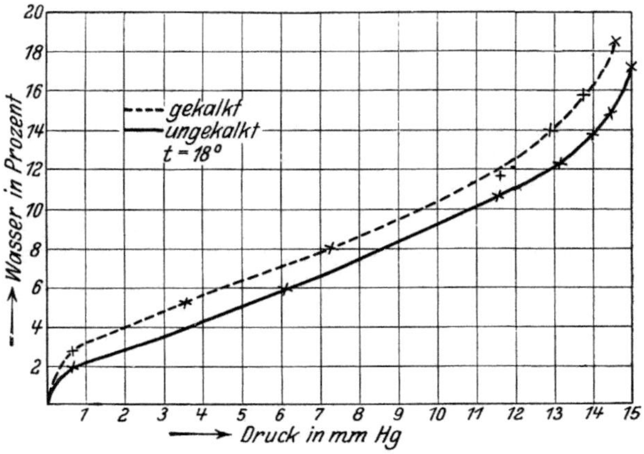

Abb. 10. Druckkonzentrationsdiagramm.

Die Ausführung der Versuche geschieht nun einfach in der Weise, daß einige Gramm der Versuchssubstanz in das Gefäß *D* gegeben werden, während *A* mit reinem Wasser gefüllt ist. Danach wird die ganze Apparatur luftleer gemacht, wobei das Wasser ins Sieden gerät. Das Manometer stellt sich hierbei auf den Druck ein, welcher der Spannung des Wasserdampfes bei der herrschenden Temperatur entspricht. Nach Entfernung der Luft wird der Hahn C_2 geschlossen; hat sich dann das Gleichgewicht zwischen Bodenprobe und Wasser eingestellt, so wird der Hahn C_3 geschlossen und C_2 geöffnet, worauf das Gefäß *D* entfernt und vermittels eines Drahtes an einem Waagebalken aufgehängt und gewogen wird. Da das Gewicht vom „Wägegefäß (mit Wasserdampf) + Draht + Fett" vorher ermittelt ist, erhält man jetzt das Gewicht der feuchten Substanz.

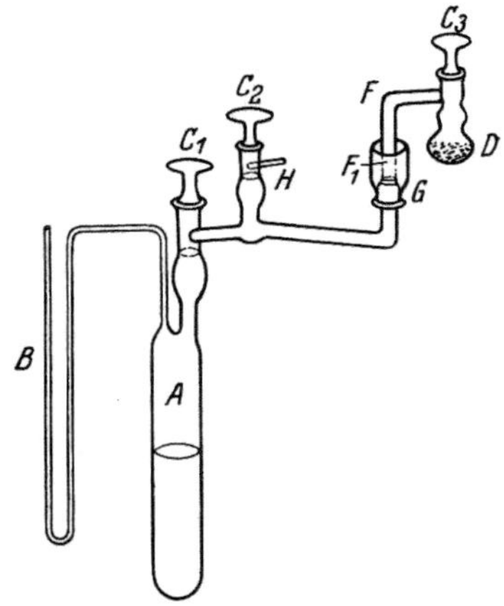

Abb. 11. Vakuumapparat. (Nach ZSIGMONDY.)

Nach den Beobachtungen SVEN ODÉNs tritt bei Verwendung reinen Wassers starke Taubildung auf. Man verwendet daher ebenfalls bei diesem Apparat von Anfang an verdünnte Schwefelsäure. Im übrigen ist der Gang der Untersuchung der gleiche wie der bei der VAN BEMMELENschen Arbeitsmethode.

Einen ähnlichen Apparat hat A. NEUGEBOHRN[2] zu seinen Versuchen über die Abgabe bzw. Aufnahme von Wasser und Benzol durch Boden benutzt. Er ist in Abb. 12 zur Wiedergabe gelangt.

---

[1] Vgl. R. ZSIGMONDY: Kolloidchemie 1, 5. Aufl., 73f. Bei den neueren Apparaten ist an Stelle des Quecksilberverschlusses FF_1G ein Normalschliff angebracht.

[2] NEUGEBOHRN, A.: Die Bestimmung der Bodenoberfläche durch Flüssigkeitsadsorption. Inaug.-Dissert., Breslau 1927.

Der Apparat besteht völlig aus Glas. Das Gefäß G, dessen Inhalt ungefähr 1000 cm³ beträgt, dient zur Aufnahme der Flüssigkeit, welche die Wasser- bzw. Benzoldämpfe liefert, nach deren Spannung sich das Manometer M einstellt. Die zur Untersuchung kommenden Bodenproben sind in den Kölbchen K_1, K_2 enthalten, die durch die Hähne H_{k_1} und H_{k_2} abgesperrt werden. Zum Abschluß des Gefäßes G dient der Hahn H_1, des ganzen Apparates der Hahn H_2, an dem sich der Stutzen S befindet, auf den der Schlauch, der zur Vakuumpumpe führt, aufgesetzt wird. Die Kölbchen K_1, K_2 sind mit dem anderen Teil des Apparates durch die Schliffe D_1, D_2 verbunden; am Schliff D_{P_h} ist ferner ein hahnloses Kölbchen angeschlossen, das bei den Versuchen mit Benzol mit Phosphorpentoxyd beschickt wird, um alle Spuren von Wasserdampf, die im Laufe des Versuches etwa in den Apparat gelangen, zu absorbieren. Das Kölbchen ist mit Rücksicht auf die Übersichtlichkeit der Abb. 12 nicht eingezeichnet worden; ebenso sind aus demselben Grunde nur zwei Kölbchen zur Aufnahme der Versuchsböden wiedergegeben, während den zur Anwendung gekommenen

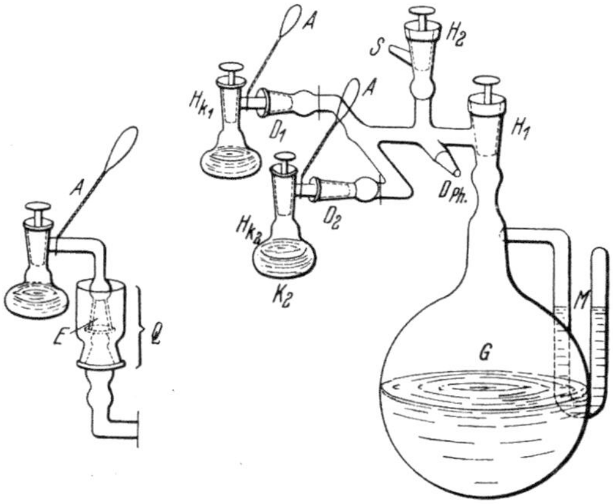

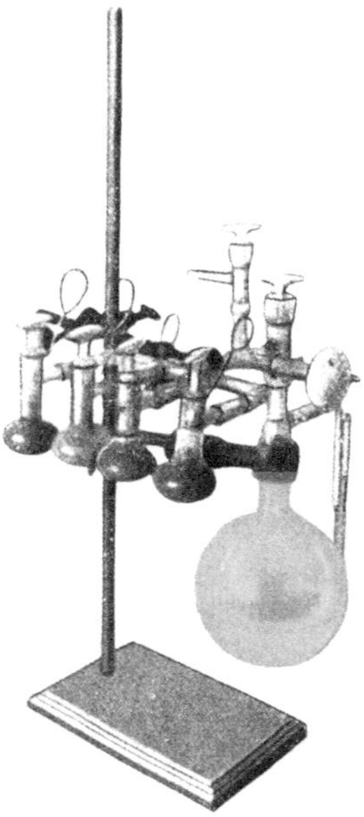

Abb. 12. Schematische Übersicht. Abb. 13. Aufstellung des Apparates.
Abb. 12 und 13. Vakuumapparat. (Nach NEUGEBOHRN.)

Apparaten nicht zwei, sondern je vier Kölbchen angeschlossen waren, wie das Lichtbild Abb. 13 erkennen läßt; das P_2O_5-Kölbchen verdeckt im Lichtbild teilweise den Hahn H_1. Alle Schliffe und Hähne wurden mit Ramsay-Fett, weiche Sorte (bezogen von E. Leybold, Köln), geschmiert und gedichtet. Da diese Schmiere in Benzol stark quillt, so wurden bei den Benzolversuchen die unteren, den Benzoldämpfen zugänglichen Teile der Hahnschliffe, ebenso der entsprechende Teil des Schliffes D_{P_h} mit einer Schmiere bedient, die aus einer geeigneten Auflösung von Dextrin und Glyzerin bestand. Bei den Verbindungsschliffen D_1 und D_2 war diese Vorsicht bei der fast täglichen Erneuerung ihrer Schmiere nicht notwendig. Zum Evakuieren des Apparates wurde eine GAEDEsche Quecksilberdampfstrahlpumpe benutzt, die ein Vakuum von $1{,}10^{-4}$ mm Hg erreichen läßt. Jedes Kölbchen war mit einer Aluminiumdrahtschlinge A versehen, die zum Aufhängen bei der Wägung dient; zu jeder Wägung wurde die am Schliff D haftende Schmiere durch ein mit Benzol getränktes Tuch sorgfältig entfernt[1].

[1] Über die weitere Verwendung dieses Apparats siehe die auf S. 37f. angeführte Arbeit.

2. Organische Bestandteile des Bodens[1].

Von K. MAIWALD, Breslau.

Mit 1 Abbildung.

Die Forschung über die chemische Natur der organischen Bodenbestandteile ist jetzt etwa 150 Jahre alt[2] und nimmt seit rund 100 Jahren[3] einen ziemlich großen Raum im bodenkundlichen Arbeitsgebiet und in mehreren Grenzgebieten ein. Trotz sehr zahlreicher Einzeluntersuchungen ist die wissenschaftliche Ausbeute bisher aber nicht recht befriedigend; der Grund dafür liegt darin, daß gerade im Bereich der organischen Bodenbestandteile eine starke Überlagerung der verschiedensten Erscheinungen stattfindet, ein Umstand, der bekanntlich stets ein Problem schwer angreifbar für Aufklärungsversuche macht. Die weiterschreitende Forschung hat nun, ähnlich wie in der physikalischen Chemie auf die Auffindung von Grenzgesetzen, so auch hier auf eine möglichst einfache Deutung der zugrunde liegenden Vorgänge und der entstehenden Stoffe gedrängt, weil nur ein solcher Weg wissenschaftlich aussichtsvoll schien. In diesem Bestreben kam z. B. W. DETMER zu der damals vielversprechenden Annahme einer einzigen „Huminsäure" $C_{60}H_{54}O_{27}$ im Boden, die allein oder höchstens im Gemenge mit anderen bekannten organischen und anorganischen Stoffen alle beobachteten Eigenschaften der organischen Bodensubstanz erklären sollte[4]. Dieser an sich gangbaren Arbeitsrichtung der Isolierung einer bestimmten organischen Verbindung (oder auch mehrerer) im Boden ist trotz der darauf angewandten Mühe bisher aber nicht die volle, alles umfassende Deutung der chemischen Natur der im Boden sich bildenden Humuskörper geglückt, die doch das Hauptziel sein muß. Gerade neuerdings finden sich wieder Stimmen[5], welche die komplexe und durch biologische Vorgänge stark beeinflußte Beschaffenheit der organischen Bodensubstanzen betonen und die bessere Berücksichtigung dieser Vielgestaltigkeit auch bei umfassenden, modernen Einzelforschungen, wie denjenigen von SVEN ODÉN[6] über Huminsäuren, wünschten. Besonders wenn es sich um Untersuchungen am jährlich bearbeiteten Kulturboden handelt, kommen noch weitere veränderliche Faktoren hinein, und die Ansicht von O. SCHREINER[7] trifft zu, daß man meist nicht mit einem genau bestimmbaren chemischen Zustand der organischen Bodensubstanz rechnen darf, sondern das dynamische Gleichgewicht erkennen lernen muß, welches sich ständig ändern kann gemäß der Zufuhr von neuen Ausgangsstoffen der Humusbildung, den Änderungen in den physikalisch-chemischen Grundbedingungen (Klima, anorganisches Bodengerüst, Feldbearbeitung, Anwendung von Düngestoffen) und den möglichen Änderungen der dabei höchst wichtigen mikrobiellen Tätigkeit. Man geht sogar so weit, zu be-

[1] Dieser Abschnitt konnte Herrn Dr. MAIWALD aus technischen Gründen erst kurz vor Drucklegung des 7. Bandes übertragen werden. Der Herausgeber.

[2] ACHARD, F. K.: Chemische Untersuchung des Torfs. Crells Chem. Ann. **2**, 391 (1786). — BENNIE, J. B. DE: Ebenda **1**, 163 (1784).

[3] SPRENGEL, C.: Über Pflanzenhumus, Humussäure und humussaure Salze. Kastners Arch. ges. Naturlehre **8**, 145 (1826).

[4] DETMER, W.: Die natürlichen Humuskörper des Bodens und ihre landwirtschaftliche Bedeutung. Landw. Versuchsstat. **14**, 248 (1871).

[5] Zum Beispiel S. A. WAKSMAN: The origin and nature of the soil organic matter or soil „humus". I. Introductory and historical. Soil Sci. **22**, 123 (1926). Weitere ähnliche Arbeiten dieses Autors vgl. S. 134 u. 135.

[6] ODÉN, SVEN: Die Huminsäuren; chemische, physikalische und bodenkundliche Forschungen. Kolloidchem. Beih. **11**, 75 (1919) oder Sonderheft mit gleichem Titel, 2. Aufl. Dresden u. Leipzig 1922.

[7] SCHREINER, O. u. P. R. DAWSON: The chemistry of humus formation. Proc. and Pap. 1. Internat. Congr. Soil Sci. **3**, 255 (Washington DC. 1928).

zweifeln, ob gegenwärtig die Arbeiten über die organischen Stoffe des Bodens überhaupt Aussicht auf Erfolg versprechen, und zwar wegen der Unzahl der meist im Boden herrschenden, noch gar nicht genau bekannten und regulierbaren Bedingungen und ferner auch wegen der hierbei überhaupt noch fehlenden grundlegenden Vorarbeit der organischen Chemie auf dem Gebiet humifizierter Pflanzen- und Tiersubstanz[1].

Den zuerst genannten Grund berührt besonders das folgende Urteil von A. STEBUTT[2]: „Die Humusfrage ist die Frage der Erforschung der variablen Erscheinungen. Dazu braucht man gewisse Methoden, ähnlich wie in der Mathematik, welche konstante Größen und Variable auf verschiedenen methodologischen Wegen analysiert. Es mangelt nun in der ganzen Bodenkunde, besonders aber in der Humusfrage, an Methoden zur Untersuchung des ewig Veränderlichen." A. STEBUTT rückt also hier die Anschauung von der funktionellen Abhängigkeit der Humuskörper von den jeweils herrschenden Bedingungen in den Vordergrund, eine Anschauung, nach der man ihnen also nicht mehr Konstitutionsformeln der organischen Chemie geben dürfte, sondern ihnen gewissermaßen eine bewegliche, alle in Betracht kommenden Faktoren enthaltende Funktionsgleichung zuteilen müßte, die erst allen Bildungsmöglichkeiten und den damit zusammenhängenden Eigenschaften der organischen Bodenbestandteile gerecht werden würde. Eine solche Einstellung, die man bei der Durchprüfung der vorhandenen Literatur wohl verstehen kann, führt dazu, die bisherigen Untersuchungen über organische Bodenstoffe in einem etwas anderen Licht als gewöhnlich zu sehen, und sie nur immer für einen sehr beschränkten, nämlich für die gerade in dem betreffenden Versuch eingehaltenen Bedingungen gelten zu lassen. Damit fällt aber auch meist die Berechtigung weg, aus ihnen allgemein gültige Ergebnisse abzuleiten; es erübrigt sich ferner der Meinungsstreit, welche der oft recht stark von einander abweichenden Ergebnisse und der daraus abgeleiteten Anschauungen über die chemische Natur der organischen Bodenbestandteile nun richtig seien — sie müssen jede an dem ihnen zukommenden, besonderen Platz gewertet werden.

Der bei der augenblicklichen Sachlage aussichtsvollste Weg, in einem kurzen Abschnitt dieses Handbuchs über das ganze Gebiet der Chemie der organischen Bodenbestandteile Rechenschaft abzulegen, wird also dieser sein, in großen Linien mehr die Forschungsbestrebungen darzulegen, als die dabei gewonnenen Einzelergebnisse zu bringen, deren Aufzählung entweder den Druckraum überschreiten oder zu einer subjektiv gefärbten Auswahl führen würde. Die Erwähnung der hierher gehörigen Literatur, besonders der neuzeitlichen, wird aber jederzeit die Beschäftigung mit Einzelfragen ermöglichen.

Eine solche mehr umfassende, chemische und biologische Gesichtspunkte vereinigende und auch nach Grenzgebieten hinüberschauende Betrachtung des Humusproblems ist ab und zu schon geboten worden. Übersichtsdarstellungen dieser Art stammen von v. OLLECH[3], dessen Schrift von 1890 trotz ihres Alters lesenswert bleibt, von E. WOLLNY[4], der bei seiner Behandlung der Humusbildungen ausdrücklich „nicht allein die einschlägigen Forschungen auf che-

[1] So enthält auch E. ABDERHALDENS großes Handbuch der biochemischen Arbeitsmethoden (bzw. die 2. Aufl. davon: Handbuch der biologischen Arbeitsmethoden, im Erscheinen) noch keinen Abschnitt mit speziellen Methoden zur Untersuchung von Humuskörpern, nur in der 2. Aufl. den Abschnitt von J. STOKLASA: Methoden zur biochemischen Untersuchung des Bodens, Abt. XI, T. 3, 1. 1925.

[2] STEBUTT, A.: Diskussionsbemerkung. Verh. 2. Komm. Internat. bodenkundl. Ges., Teil B, S. 25, Budapest 1929.

[3] OLLECH, v.: Über den Humus und seine Beziehung zur Bodenfruchtbarkeit. Berlin 1890.

[4] WOLLNY, E.: Die Zersetzung der organischen Stoffe und die Humusbildungen mit Rücksicht auf die Bodenkultur. Heidelberg 1897

mischem Gebiet, sondern auch jene in den Bereich der Betrachtungen zieht, welche in bakteriologischer, pflanzenphysiologischer und physikalischer Hinsicht bei Beurteilung der in Frage kommenden Naturprozesse Beachtung verdienen", von P. EHRENBERG[1], dessen kurzer Beitrag von 1910 zum Meinungsstreit über die Natur der Humuskörper einen allgemeinen Standpunkt wahrt; schon mehr der Neuzeit gehört an die gute Übersicht von H. PAGE über die Rolle der organischen Stoffe im System Boden[2] und die Forschungsrichtung von S. A. WAKSMAN, dessen Anschauungen besonders über die entscheidende stoffliche Mitwirkung der Kleinlebewesen des Bodens bei der Humusbildung in vielen Arbeiten wiederholt werden, von denen eine der letzten[3] alles Wesentliche enthält[4].

Neben solchen Übersichtsdarstellungen, deren Zahl kaum erheblich vermehrt werden kann, ohne daß man Arbeiten hinzunehmen müßte, die den Leser bald zu einer vorläufig nicht recht erwünschten einseitigen Einstellung in molekular-chemischer, kolloid-chemischer, biologischer oder angewandt-chemischer Richtung verleiten würden, bestehen noch die Zusammenfassungen von Einzelergebnissen über organische Bodenbestandteile, die meist für jede der genannten Forschungsrichtungen gesondert aufgestellt sind, die als Quellenverzeichnisse selbstverständlich unbedingt nötig und von bleibendem Wert sind. Man findet sie meist als Abschnitte bodenkundlicher Werke und in Handbüchern verwandter Wissenschaften. Die wichtigsten solcher Zusammenstellungen aus den letzten 20 Jahren stammen von O. EULER[5], F. LÖHNIS[6] mit Betonung der biologischen Seite, E. RAMANN[7], der „die Erkenntnis, daß es Humussäuren nicht gibt", in die letzte von ihm selbst besorgte Auflage seiner „Bodenkunde" hineingearbeitet hat; V. GRAFE (und G. ZEMPLÉN)[8], F. CZAPEK[9], Ad. MAYER[10] und P. S. KOSSOWITSCH[11], welcher in seinem Lehrbuch die Auffassung vertritt, daß das Prinzip der Humifizierung von Pflanzenstoffen hauptsächlich in dem Vorgang der Dehydratation beruhe, daß also bei der Humusbildung die organischen Verbindungen der Pflanze die Elemente des Wassers O und H verlieren; G. ANDRÉ[12], P. EHRENBERG[13], D. N.

---

[1] EHRENBERG, P.: Bildung und Eigenschaften der Humussubstanzen. Chemiker-Ztg. 34, 1157 (1910).

[2] PAGE, H.: The part played by organic matter in the soil system. Trans. Faraday Soc. 17, 272 (1922).

[3] WAKSMAN, S. A.: Chemical nature of soil organic matter, methods of analysis, and the rôle of microorganisms in its formation and decomposition. Verh. 2. Komm. Internat. bodenkundl. Ges., Teil A, S. 172, Budapest 1929.

[4] Nachtrag: Neueste Übersichtsdarstellung dieser Art, die im Text nur auf S. 187 berücksichtigt werden konnte, von A. SCHMUCK: Zur Frage vom Chemismus der organischen Stoffe des Bodens. Pedology (Moskau) 25, 5 (1930). — Vgl. auch Anm. 4, S. 116.

[5] EULER, O.: Grundlagen und Ergebnisse der Pflanzenchemie 1, 74 (1908).

[6] LÖHNIS, F.: Handbuch der landwirtschaftlichen Bakteriologie (S. 526: Die Dissimilationsprozesse bei der Zersetzung der Ernterückstände und der organischen Düngemittel; S. 543: Die Humifizierung der organischen Substanzen; S. 561: Die Zersetzung der Humusbestandteile). Berlin 1910.

[7] RAMANN, E.: Bodenkunde, 3. Aufl. (S. 135—238: Humus und Humusbildung; S. 159: Chemie der Humusstoffe). Berlin 1911.

[8] GRAFE, V.: Gummisubstanzen, Hemizellulosen, Pflanzenschleime, Pektinstoffe, Huminsubstanzen. E. ABDERHALDENS Biochemisches Handlexikon 2, 1—113. Berlin 1911 (darin S. 94: Die Huminsubstanzen; Nachtrag dazu von G. ZEMPLÉN: Ebenda 8, 20. 1914).

[9] CZAPEK, F.: Biochemie der Pflanzen 1, 292, 3. Aufl. Jena 1922.

[10] MAYER, AD.: Die Bodenkunde, 7. Aufl., 6. Vorl., S. 79. Heidelberg 1914.

[11] KOSSOWITSCH, P. S.: Kurzes Lehrbuch der Bodenkunde (russ.), 2. Aufl. Petrograd 1916.

[12] ANDRÉ, G.: Chimie du sol I (Kap. 8: Constitution chimique de la matière organique des sols, S. 281). Paris 1921.

[13] EHRENBERG, P.: Die Bodenkolloide, 3. Aufl. (S. 52: Die Humuskolloide; S. 72: Die kolloiden Verbindungen von Kieselsäure, Humussubstanzen, Eisenhydroxyd, Tonerde; S. 123: Ton und Humus). Dresden u. Leipzig 1922.

PRJANISCHNIKOW[1], T. L. LYON und H. O. BUCKMAN[2], A. ZACHAROW[3], der die Gedankengänge von A. A. SCHMUCK[4] verwertet, und von A. MÖLLER[5]. Aus Nordamerika liegt eine bis 1927 fortgeführte bibliographische Übersicht bodenkundlicher Arbeiten vor, aus der man eine große Anzahl der oft in Einzelheften der amerikanischen Versuchsstationen verstreuten Forschungen auf unserm Gebiet wenigstens dem Titel nach ersehen kann[6].

Die bisherige Aufzählung von wichtiger Literatur soll übrigens nicht etwa eine Darstellung vom geschichtlichen Werdegang des hier besprochenen Forschungsgebiets ersetzen, wie man sie als Einführung zu unserem Abschnitt erwarten könnte. Bemerkungen zu einem geschichtlichen Rückblick sollen vielmehr erst später[7] gegeben werden, da es sich als notwendig erwiesen hat, künftig auch die historischen Angaben nach ihrer Zugehörigkeit zu bestimmten Hauptforschungsrichtungen im Gebiet der Humuschemie zu werten, damit nicht, wie bisher bei einfacher Aneinanderreihung der Daten, die Entwicklung der Humusforschung zu sehr den Eindruck eines Zickzackkurses macht, damit vielmehr das Vorwärtsstreben auf mehreren, etwa parallel laufenden Forschungswegen richtiger zum Ausdruck kommt, die natürlich nicht immer gleichmäßig schnell und weit gefördert, sondern im Laufe der Jahre verschieden stark beachtet und oft unter Verdammung der bis dahin auf benachbarten Wegen gefundenen Ergebnisse gewertet wurden.

Herkunft und Bildungsweise der organischen Bodenbestandteile.

Bezeichnungsweise, Definitionen.

Zu den organischen Bodenbestandteilen, wie sie jede willkürlich genommene Probe eines humushaltigen Erdbodens zeigt, gehören die Überreste des Pflanzen- und Tierlebens auf und in dem Boden, also abgestorbene Pflanzenteile, Kotstücke und Reste von Tierkörpern, ferner lebende und tote Mikroorganismen des Bodens (Bakterien, Pilze, Protozoen), weiterhin Umwandlungs- und Stoffwechselprodukte jener Gruppen, die bei der Verwesung und mikrobiellen Zersetzungstätigkeit entstehen, und endlich gewisse, ziemlich wenig veränderliche Endkörper, die im Verlauf verwickelter physikalisch-chemischer und biologischer Prozesse aus allen jenen Gruppen und durch ihr Aufeinanderwirken gebildet werden. Die organische Bodenmasse, und zwar Ausgangsstoffe, Zwischenstufen und Endkörper zusammengenommen, ist also eine Mischung organischer Verbindungen von beinahe hoffnungslos komplexer Natur. Sie gibt bei reichlichem

---

[1] PRJANISCHNIKOW, D. N.: Die Düngerlehre (nach der 5. russ. Aufl. hrsg. von M. v. WRANGELL; S. 73: Die organische Substanz des Bodens). Berlin 1923.

[2] LYON, T. L. u. H. O. BUCKMAN: The nature and properties of soils (Kap. 5: The organic matter of the soil, S. 99). New York 1923. (Neue, verbess. Auflage eben erschienen.)

[3] ZACHAROW, A.: Lehrbuch der Bodenkunde (russ.). Leningrad u. Moskau 1928.

[4] SCHMUCK, A. A.: Zur Kenntnis der Chemie der organischen Stoffe des Bodens. Abh. Kuban. landw. Inst. (russ.) 1, 1 (1923).

[5] MÖLLER, A.: Der Waldbau I (Naturwissenschaftliche Grundlagen) (darin Abschnitt über Humus als Pflanzennährstoff, die Frage der Stickstoffumsetzung und ihre waldbauliche Bedeutung; die Darstellung ist trotz des erst kürzlich erfolgten Erscheinens vollkommen veraltet). Berlin 1929.

[6] U. S. Dep. Agricult., Library: A classified list of soil publications of the United States and Canada. Bibliogr. Contrib. Nr. 13, 550 S. (Washington D. C. 1927) (vgl. Stichworte: Organic compounds isolated from soils, S. 215; organic compounds — beneficial, S. 216; organic compounds — toxic, S. 217; amides, S. 224; carbon, S. 226; humus, S. 227; organic matter, S. 237; soil biochemistry, S. 290; organic matter — transformations in soil, S. 331; destruction of toxic organic compounds, S. 333; humus requirement, S. 417; organic matter requirement, S. 424).

[7] S. 202.

Auftreten den oberen Bodenschichten die kennzeichnende dunkle, braune bis schwarze Farbe und übertrifft das Mineralgerüst des Bodens durch Lockerheit, Quellbarkeit mit Wasser und durch kolloide Zustandsform. Als altherkömmliche Bezeichnung für organische Bodenbestandteile besitzen wir den Ausdruck „Humus", der oftmals so gebraucht wird, daß er die geschilderte *gesamte* organische Masse umfaßt, der aber besser beschränkt bleiben sollte auf solche Anteile davon, die schon die Beschaffenheit der bräunlich-schwarzen Endkörper angenommen haben, also strukturlos geworden sind und weder mit dem Auge, noch mit dem Mikroskop, weder durch den Geruch noch mit anderen äußeren Hilfsmitteln von der Bodenmasse abgetrennt werden können. Um Unklarheiten weiterhin auszuschalten, definieren wir:

Organische Stoffe im Boden	=	abgestorbene, unveränderte Abfallstoffe und Überreste des Pflanzen- und Tierreichs (einschl. *lebender* und toter Mikroorganismen des Bodens)	+	organische Bodenbestandteile im engeren Sinne.

Die unveränderten Ausgangsstoffe[1] sind ihrer chemischen Natur nach verhältnismäßig gut definierte organische Substanzen, nämlich die bekannten Bausteine des pflanzlichen und tierischen[2] Organismus, hauptsächlich Zellulose, Pektinstoffe und andere Kohlenhydrate, Lignin, Eiweißverbindungen, Fette, Wachse, Harze usw., die alle farblos oder höchstens schwach gefärbt sind, wie sie von K. REHORST[3] beschrieben wurden. Allerdings bestehen sie in dieser Form nicht lange im Boden, sondern werden bald, aber mit verschiedener Geschwindigkeit und Vollständigkeit, durch den Einfluß von Wasser, Sauerstoff und Mikrobentätigkeit verändert. Die dabei entstehenden *Abbauprodukte* können bereits zu der Gruppe der organischen Bodenbestandteile im engeren Sinne gezählt werden, da das ganze vielphasige System Boden für manche Eigentümlichkeiten ihrer Bildung verantwortlich ist. Wir schlagen für sie den Namen „Humusbegleitstoffe" vor und trennen weiter in dieser Weise:

Organische Bodenbestandteile im engeren Sinne	=	Humusbegleitstoffe	+	echte Humusstoffe

Zu den Humusbegleitstoffen gehören gut bekannte, einfachere Substanzen, Aminosäuren, organische Säuren, Alkohole, Aldehyde, Basen, welche bei den von K. REHORST[4] bereits dargestellten Abbauvorgängen der Pflanzen- und Tiersubstanz entstehen, die in dieser Weise nicht nur unter den geregelten Bedingungen des Laboratoriumsversuches, sondern auch im Boden ähnlich vor sich gehen. Ihre Isolierung aus dem Boden ist nicht immer möglich, da die nach und nach entstehenden, jeweils nur geringen Mengen immer rasch wieder innerhalb der mikrobiellen Umsetzungsvorgänge verschwinden. Doch ist eine große Anzahl solcher Zwischenstufen bei den Arbeiten des amerikanischen *Bureau of Soils* gefunden

---

[1] Ähnlich der Bezeichnung „Waldstreu" beim Waldboden (vgl. darüber S. 119) wäre es vielleicht angebracht, allgemein für jeden Boden von der „Bodenstreu" zu sprechen, um diese noch unveränderten organischen Reste kurz bezeichnen zu können. Ihre Bedeutung ist hier allerdings meist geringer als im Walde; bei der Probenahme wird ein Boden gewöhnlich sogar „an der Oberfläche frei gemacht", d. h. der größte Teil jener oben aufliegenden Bodenstreu wird einfach entfernt.

[2] Die Körpersubstanz von im Boden noch *lebenden größeren* Tieren kann natürlich nicht den Ausgangsstoffen zugerechnet werden, wohl aber die Körpermasse der *lebenden Mikroben*, die gering ist und praktisch auch gar nicht aus dem Boden abgetrennt werden könnte.

[3] REHORST, K.: Pflanzensubstanz und Tiersubstanz. BLANCKS Handbuch der Bodenlehre 1, 152. Berlin 1929.

[4] REHORST, K.: Zersetzung der organischen Substanz. Ebenda 2, 224. Berlin 1929.

worden[1]. Der ihnen neuerdings dort gegebene Name „non-humus constituents of the humus extract"[2], der also zeigen soll, daß sie zwar den organischen Bodenstoffen im engeren Sinne angehören, aber durchaus nicht den Charakter von echten Humuskörpern haben, wird vielleicht besser durch die vom Verfasser vorgeschlagene Bezeichnung Humusbegleitstoffe sinngemäß ersetzt.

Die verbleibenden „echten Humusstoffe" stellen im Mineralboden unserer Klimate den größten Anteil an der gesamten organischen Bodenmasse dar. Sie sind im Gegensatz zu den rasch sich verändernden Gruppen der Ausgangssubstanzen und Humusbegleiter verhältnismäßig beständig; doch läuft ein langsamer Abbau durch die Tätigkeit mancher Mikroben und der atmosphärischen Kräfte immer nebenher, so daß eine sichere stoffliche Zusammensetzung für den Humus einer Erdprobe eigentlich zu keiner Zeit gegeben werden kann. Ebenso ist der Weg ihrer Entstehung noch nicht ganz aufgeklärt; vielmehr besteht trotz der eben beschriebenen Beziehungen zu den Ausgangsstoffen und den Humusbegleitern zwischen diesen beiden Gruppen einerseits und den echten Humuskörpern anderseits gerade an der entscheidenden Stelle noch eine Kluft, die bisher erst mit verschiedenen Hypothesen über das Wesen der Humifizierung zu überbrücken versucht wurde.

Natürliche, echte Humusstoffe sind daher vorläufig noch als wenig genau bekannte organische Substanzen ungewisser Herkunft anzusprechen und können definiert werden als eine Gruppe dunkel gefärbter, amorpher Naturstoffe, die im Boden aus pflanzlicher und tierischer Masse unter dem vereinigten Einfluß von chemischen und biologischen Umsetzungen (also durch Einwirkungen von atmosphärischen Kräften und Mikroorganismen) erzeugt werden und einen charakteristischen Bodenbestandteil darstellen. Ihre Zusammensetzung ist nicht einheitlich; sie sind vielmehr ein Gemenge von physikalisch und chemisch sich ähnlich verhaltenden, in Alkalien mehr oder weniger leichtlöslichen Substanzen, deren Abtrennung aus dem Boden und Trennung von einander ohne Änderung des natürlichen Zustandes wahrscheinlich noch nicht gelungen ist. Ihr chemischer Aufbau (Konstitution) ist bisher nicht genau bekannt; auch Erfolge in der Isolierung bestimmter, besser definierter Huminsäuren[3] und bei der Nachahmung der Humusbildung durch synthetische Modellversuche[4] haben noch keine befriedigende Aufklärung in dieser Frage gebracht.

Es fragt sich, ob die oben aufgestellte einfache Gliederung:

$$\text{Organische Stoffe im Boden} = \text{organische Ausgangsstoffe} + (\text{Humusbegleiter} + \text{echte Humusstoffe})$$

auch für den bei uns weitverbreiteten Kulturboden gültig ist, dem in Form von Stallmist und anderen kompostierten, organischen Düngern häufig Stoffe von unsicherer Zusammensetzung zugeführt werden, bei denen Humifizierungsvorgänge bereits außerhalb des Bodens stattgefunden haben, wie es verrotteter Stalldünger ja schon dem bloßen Auge zeigt[5,6]. Grundsätzlich ändert sich aber

[1] Einzelheiten darüber vgl. S. 158.

[2] SHOREY, E. C.: Non-humus constituents of the humus extract. Proc. and Pap. 1. Internat. Congr. Soil Sci. 3, 264 (Washington D. C. 1928).

[3] Vgl. S. 150. [4] Vgl. S. 193.

[5] LÖHNIS, F.: a. a. O. [Anm. 6, S. 115], Abschnitt: Auftreten von humosen Bestandteilen im rottenden Dünger, S. 445.

[6] Für jede auf den „angeführten Ort" [= a. a. O.] verwiesene Literaturstelle ist aus Gründen der Übersichtlichkeit, Eindeutigkeit und Bequemlichkeit für den Leser in eckiger Klammer die Nummer der Seite und Anmerkung beigefügt, wo die betreffende Veröffentlichung zum erstenmal in diesem Handbuchabschnitt vom Verfasser (MAIWALD) voll erwähnt wurde. — Die Titel ausländischer Arbeiten sind oftmals, außer bei einzelnen wichtigen Untersuchungen, zum schnelleren Überblick in deutscher Übersetzung gegeben.

damit für unsere Auffassung nichts; organische Düngemittel solcher Art stellen demnach nicht nur Ausgangsmaterial dar, sondern enthalten schon weitere Umwandlungsstufen auf dem Wege zu den Humusendkörpern oder sogar schon diese selbst.

Während der „Humusgehalt“ älterer Bodenanalysen häufig die unveränderten pflanzlichen und tierischen Überreste mit umfaßt, nämlich gefunden auf dem Wege der Gesamtkohlenstoffbestimmung im Boden unter Benutzung eines angenommenen durchschnittlichen Kohlenstoffgehalts für die gesamte organische Masse, entsprechen die „humifizierten Stoffe“ mancher neueren Bodenanalysen ungefähr dem Gehalt an echten Humuskörpern, ermittelt durch besondere Extraktionsmethoden, bei denen eine Trennung zwischen Ausgangs- und humifizierten Stoffen möglich ist[1]. Die an sich geringe Menge von Humusbegleitern kann auf diesen Wegen überhaupt nicht genauer erfaßt werden.

Für den Waldbau ist es zweckmäßig gewesen, die Gruppe des „Auflagehumus“ noch gesondert zu bezeichnen. Die Menge des dem Boden jährlich zugeführten organischen Ausgangsmaterials (Waldstreu, schwedisch: „Förna“ genannt) ist im Walde im Vergleich zum freien Lande größer, die Möglichkeit seiner Vermischung mit dem Waldboden geringer, so daß sich zwischen die Decke des letztjährigen Laubfalles und den wirklichen Bodenhumus im Walduntergrund die mehr oder weniger starke, in chemischer und physikalischer Beschaffenheit andersartige Schicht des „Auflagehumus“ einschiebt, der je nach den Bildungsbedingungen in einer der nachstehend unterschiedenen drei Hauptarten vorkommen wird. Die Vorschläge von R. ALBERT[2] zur Benennung dieser Gruppen sind von MAIWALD in folgender Übersicht zusammengefaßt:

Gliederung der organischen Bestandteile des Waldbodens.

<table>
<tr><td colspan="2">Streu, Waldstreu (schwedisch: Förna)</td><td>Laub (und Zweige, Rinde usw.), frisch gefallen, mit den ersten Kennzeichen beginnender Humifizierung</td></tr>
<tr><td rowspan="3">Auflagehumus (drei verschiedene, mögliche Ausbildungsformen, im Profil des Waldbodens ist aber gewöhnlich nur eine davon anzutreffen)</td><td>Moder</td><td>äußerlich einheitliche, strukturlose, lockere, dunkle, erdartige Masse, entstanden durch rasche Humifizierung (auch Feinhumus genannt)</td></tr>
<tr><td>Rohhumus (nach RAMANN)</td><td>Ergebnis einer wenig glatten Humifizierung, Pflanzenstruktur noch erkennbar, lockeres, faseriges Gefüge (auch Grobhumus genannt)</td></tr>
<tr><td>Auflagetorf (nach ALBERT)</td><td>torfartiger Charakter infolge zäher Verfestigung der Masse, so daß Stücke herausgebrochen werden können, saure Reaktion (auch Trockentorf genannt, doch soll dieser Name aus verschiedenen stichhaltigen Gründen vermieden werden)</td></tr>
<tr><td colspan="2">Bodenhumus</td><td>bestehend aus Resten humifizierter Wurzeln, aus Teilen des Auflagehumus, die durch Tiere oder Wasser tiefer gebracht wurden, aus Mikrobenleibern usw.</td></tr>
</table>

Die amerikanische Bezeichnung „forest floor“ (Waldbodendecke) bedeutet Streu und Auflagehumus zusammen[3]. Mancher tätige, gute Waldboden besteht

[1] Vgl. S. 145.

[2] ALBERT, R.: Die Bezeichnung der Humusformen des Waldbodens. Forstarch. **5**, 103 (1929).

[3] ALWAY, F. J. u. P. M. HARMER: Studien über die glazialen Böden in Minnesota. II. Die Waldbodendecke. Soil Sci. **23**, 57 (1927).

fast nur aus Streu und Bodenhumus und nähert sich damit den Verhältnissen des freien Landes. Obwohl die Humusbildung in der fast ausschließlich organischen Schicht des Auflagehumus eines Waldes anders verlaufen wird als die Humusbildung im Grasland oder Kulturboden, so reiht sie sich doch auch wieder in die früher gegebene Gliederung ein: Ausgangsstoffe (Waldstreu), Humusbegleitstoffe (hauptsächlich im Auflagehumus vertreten) und echte Humusstoffe (im Auflagehumus fast rein, ohne sandige Beimengungen vorkommend; im tieferen Bodenhumus mit Mineralteilen gemischt wie im freien Land). Moor und Torf als reinste Humusbildungen schließen unsere Reihe. Die besonderen bodenbildenden Eigenschaften von Humusablagerungen sind von B. TACKE[1] und von F. GIESECKE[2] in dem entsprechenden Abschnitt dieses Handbuchs bereits beschrieben worden. Unser Augenmerk ist mehr auf den stofflichen Charakter der organischen Bodensubstanz gerichtet, der für Mineralboden, Waldboden, Moorboden grundsätzlich als gleich oder ähnlich anzunehmen ist, obwohl gerade hierin die Forschung künftig nicht zu sehr verallgemeinern dürfte, sondern die spezifischen Eigenschaften der Humuskörper dieser drei und noch anderer Ausbildungsformen unterscheiden lernen müßte.

Herkunft, Bildungsweise (und Abbau) der organischen Bodenbestandteile.

Zahlreiche Untersuchungen der angewandten Chemie auf dem Gebiete der Landwirtschaft und des Waldbaus beschäftigen sich mit der Bildung, Beschaffenheit und Wirkung der Humusstoffe im Boden. Methodik und Ziel solcher Arbeiten ist sehr wechselnd; bald besteht die Arbeitsweise ganz allgemein nur in der Feststellung von Ertragssteigerungen (oder auch -minderungen) der Ernte nach Zugabe von organischer Masse, hauptsächlich in Form von Stall- oder Gründüngung, bald werden Begleiterscheinungen der Humusbildung aus irgendwelchem organischen Material untersucht und gemessen, also etwa: das Schwinden der Trockensubstanz der sich schwärzenden Massen; die prozentische Erhöhung ihres Kohlenstoffgehalts; die Entwicklung von Kohlendioxyd als Gradmesser der mikrobiellen Zersetzung; die Mineralisierung (oder Festlegung) von Stickstoff; die Löslichkeit von Stoffgruppen des sich langsam verändernden Ausgangsmaterials in Wasser, Alkohol, Lauge; Veränderungen in der Wasserstoffionenkonzentration des Substrats; das Schicksal der Pentosane als Typus der sich am schnellsten umsetzenden Anteile der Ausgangsstoffe; die relative Beständigkeit des Lignins, ermittelt durch Analyse des Methoxylgehalts usw. Wie man sieht, sind dies alles wichtige Merkmale der Humusbildung, ihre einzelne Bestimmung wird aber kaum je das erstrebte vollständige und endgültige Bild des Umsetzungsvorganges geben, dazu ist dieser von allzu verwickelter Natur. Erst neuerdings bemüht man sich, solche natürlichen Zersetzungsvorgänge mit organischer Pflanzenmasse so durchzuführen, daß die Grundbedingungen konstant und vollständig bekannt sind und die eintretenden Veränderungen durch geeignete Methoden ermittelt werden können[3].

In den Untersuchungen der ersten Art, die gleichwohl wichtige Einzelzüge für unser Problem geliefert haben, wird Ausgangsmaterial von unsicherer oder nicht näher untersuchter Zusammensetzung (Stalldünger verschiedenster Her-

---

[1] TACKE, B.: Die Humusböden der gemäßigten Breiten. BLANCKS Handbuch der Bodenlehre 4, 124. Berlin 1930. — Vgl. auch C. F. MARBUT: Die Beziehung vom Bodentyp zur organischen Substanz. J. Amer. Soc. agron. 21, 943 (1929).

[2] GIESECKE, F.: Tropische und subtropische Humus- und Bleicherdebildungen. Ebenda S. 184.

[3] Vgl. S. 124.

kunft und Verrottungsstufe[1], grüne Pflanzenteile irgendwelcher Art, Stroh, Ernterückstände, Torfmull, Teile der Waldstreu) der Zersetzung im Ackerboden oder in einem anderen Medium überlassen und dann mit Hilfe der oben erwähnten Teilerscheinungen Verlauf und Ergebnis der Humusbildung gemessen. Von der darüber vorliegenden Literatur sollen, obwohl sie erst Vorstufen zur exakten Behandlung der Humusfrage darstellt, Beispiele aus neuerer Zeit gegeben werden, an deren Titel man die beschriebene Arbeitsrichtung meist schon erkennen kann[2].

---

[1] Im besonderen Fall werden dem Boden vorbereitete „Humusdünger" zugeführt, bei denen die Verhältnisse in bezug auf Beschaffenheit der Ausgangsmasse wohl am meisten verwickelt sind: HASELHOFF, E.: Versuche über die Wirkung besonderer Humuspräparate, insbesondere der sogenannten Humuskieselsäure auf das Pflanzenwachstum. Landw. Jb. **47**, 345 (1915). — BLANCK, E.: Über neue Tabakdüngemittel. Naturwiss. Z.Land- u. Forstwirtsch. **3**, 265 (1905). — LEMMERMANN, O. u. H. WIESSMANN: Untersuchungen über die Wirkung des humussauren Ammoniaks. Fühlings Landw. Ztg. **69**, 281 (1921). — GEHRING, A.: Beitrag zur Aufklärung der Düngewirkung organischer Substanzen. Cbl. Bakter. II **57**, 241 (1922). — PICHLER, F.: Über Mikrobenkulturen zur Impfung des Bodens, insbesondere über den Welser Naturdünger N. D. Wien. landw. Ztg. **75**, 446 (1925). — LEMMERMANN, O.: Untersuchungen über die Bedeutung der Bodenkohlensäure für die Ernährung der Pflanzen und über die Wirkung einiger Humus- bzw. Kohlensäuredünger. Z. Pflanzenernährg. usw. B **5**, 70 (1926). — DENSCH, A.: Versuche mit Humunit (und Biohumus). Ebenda B **8**, 142 (1929). — HASELHOFF, E., F. HANN u. W. ELBERT: Versuche über die Wirkung von Stallmist und Humunit. Landw. Versuchsstat. **110**, 247 (1930).

[2] LEMMERMANN, O., K. ASO, H. FISCHER u. L. FRESENIUS: Untersuchungen über die Zersetzung der Kohlenstoffverbindungen verschiedener organischer Substanzen im Boden, speziell unter dem Einfluß von Kalk. Landw. Jb. **41**, 217 (1911). — PIETERS, A. J.: Green Manuring, a Review of the American Literature. J. Amer. Soc. Agron. **9**, 62, 109, 162 (1917). — GORTNER, R. A.: Über Bildung von Humus aus Dünger. Soil Sci. **3**, 1 (1917). — MERKLE F. G.: Die Zersetzung der organischen Masse im Boden. J. Amer. Soc. Agron. **10**, 281 (1918). — MÖLLER, A. u. E. HAUSENDORFF: Humusstudien. Z. Forst- u. Jagdwes. **53**, 789 (1921); krit. Ref. darüber von H. SÜCHTING, Z. Pflanzenernährg. usw. A **1**, 177 (1922): Der Waldhumus ist bei weitem der beste, der überhaupt nicht entsteht! — HESSELMAN, H.: Über die Humusdecke des Nadelwaldes. Akt. 4. Internat. bodenkundl. Konf. Rom 1924, **2**, 625 (1926). — BALKS, R.: Untersuchungen über die Bildung und Zersetzung des Humus im Boden. Landw. Versuchsstat. **103**, 221 (1925). — KNICKMANN, E. u. M. HELBIG: Untersuchungen über Bodenverhagerung. Z. Pflanzenernährg. usw. A **5**, 209 (1925). — NĚMEC, A.: Über die Humusbildung aus der toten Bodendecke der Waldböden. C. r. Acad. Sci. Paris **182**, 590 (1926). — Über den Humifizierungsgrad der toten Waldbodendecke. Mitt. internat. bodenkundl. Ges. **2**, 266 (1926). — THORNE, CHAS. E.: The function of organic matter in the soil. J. Amer. Soc. Agron. **18**, 767 (1926). — HILL, H. H.: Zersetzung der organischen Masse im Boden. J. agricult. Res. **33**, 77 (1926). — BACH, M.: Die Zersetzung des Stalldüngers im Boden und seine Ausnutzung durch Pflanzen. Landw. Versuchsstat. **104**, 245 (1926). — CAUDA, A.: Humifizierungsversuche (ital.). Staz. Sperim. Agrar. Ital. **59**, 99 (1926). — KÖNIG, J., J. HASENBÄUMER u. TH. KLEBERG: Einfluß des Waldhumus auf Boden und Wachstum des Waldes. Veröff. Landw.-Kammer Westfalen **32** (1927). — KLEBERG, TH.: Zersetzungsvorgänge im Waldhumus. Landw. Jb. **66**, 317 (1927). — VATER, H.: Beiträge zur Kenntnis der Humusauflage von Fichte und Kiefer. Mitt. sächs. forstl. Versuchsanst. Tharandt **3**, 129 (1928). — HELBIG, M. u. E. JUNG: Experimentelle Untersuchungen über Waldstreuzersetzung. Allg. Forst- u. Jagdztg. **105**, 236 (1929). — SÜCHTING, H.: Die Bekämpfung des Humus der Waldböden. Z. Forst- u. Jagdwes. **61**, 349 (1929). — SAUERLANDT, W.: Untersuchungen über Bildung und Zersetzung von Humus im Stalldünger und Boden. Wiss. Arch. Landw. A **2**, 434 (1929). — WAKSMAN, S. A. u. Mitarbeiter: Chemische und mikrobiologische Grundzüge der Zersetzung von Gründüngung im Boden. J. Amer. Soc. agron. **21**, 1 (1929). — Chemische und mikrobiologische Grundzüge der Umwandlung organischer Substanz bei der Herstellung von künstlichem Stalldünger. Ebenda **21**, 533 (1929). — Chemische und mikrobiologische Grundzüge der Umwandlung von organischer Masse des Stalldüngers im Boden. Ebenda **21**, 795 (1929). — NĚMEC, A.: Beiträge zur Kenntnis der chemischen Vorgänge bei der Humuszersetzung im Walde. Forstwiss. Zbl. **41**, 90, 117, 178 (1929); Z. Pflanzenernährg. usw. A **18**, 65 (1930). — FEHÉR, D.: Untersuchungen über die zeitlichen Änderungen der Azidität und des Humusgehaltes des Waldbodens. Wiss. Arch. Landw. A **4**, 74 (1930). — LEMMERMANN, O. u. Mitarbeiter: Die Bedeutung des Kohlenstoff-Stickstoff-Verhältnisses und anderer chemischer Eigenschaften der organischen Stoffe für ihre Wirkung. Z. Pflanzenernährg. usw. A **17**, 321 (1930).

Im besonderen ist die „Bodenatmung", die dauernde Entwicklung von Kohlendioxyd aus dem Boden, als direkter Anzeiger für Humusbildungsvorgänge oft untersucht worden, obwohl die Zersetzung derselben Menge von Ausgangssubstanz je nach der Art der einwirkenden Mikroben und den Außenbedingungen verschiedene Mengen CO_2 liefern kann, so daß die mitunter angenommene Parallelität zwischen Humusgehalt und Kohlensäureproduktion des Bodens gar nicht besteht. So können Sandböden und humose Lehmböden trotz verschiedenen Humusgehalts ziemlich gleiche Mengen CO_2 entbinden, Torfboden (ungedüngt) liefert dagegen trotz hohen Humusgehalts oft viel weniger. Die Messung des Kohlendioxyds wird ferner auch nicht viel Klarheit im einzelnen über die chemischen Umbildungsvorgänge selbst schaffen, da CO_2 sowohl bei der Zersetzung der Ausgangsmasse, also der Bildung der Humuskörper, wie auch bei deren Abbau entsteht, wenn auch dies nur in geringerer Menge je Zeiteinheit der Fall ist. Werden die Versuche aber über lange Zeit, etwa über 1000 Tage ausgedehnt[1], so spielt dies eine Rolle, ohne daß die beiden Herkunftsquellen des CO_2 auseinandergehalten werden könnten. Endlich ist gerade aus der Messung der CO_2-Abgabe nichts weiter über die chemische Natur der gebildeten Humusendkörper zu entnehmen[2]. Die stärkste CO_2-Entbindung findet übrigens durchschnittlich nicht in der obersten Bodenschicht statt, sondern in 5—15 cm Tiefe, da hier die Mikroorganismen nicht so oft einer periodischen Austrocknung ausgesetzt, sondern beständiger tätig sind[3]. A. G. DOJARENKO gibt für den Vorgang der „Bodenatmung" eine Anzahl physikalisch-chemischer Gesetzmäßigkeiten an: Beziehung zur Gasabsorption im Boden, zur Zusammensetzung der darüber lagernden Luft, zum elektrischen Feld und zur Radioaktivität des Bodens[4], die neben jenen biologisch bedingten Besonderheiten auch zeigen, daß der Zusammenhang zwischen CO_2-Entbindung und Humusbestand nicht allzu eng gedacht werden darf.

In rein biologisches Gebiet, das hier nur gestreift werden kann, fällt die Frage nach dem Schicksal des Stickstoffs bei der Humusbildung, besonders in ihrer Anwendung auf die Nutzbarmachung dieses wichtigen Pflanzennährstoffs in der Landwirtschaft und im Waldbau. Die Zersetzung der organischen Ausgangsmasse kann zur Mineralisierung des Stickstoffs, also zur Bereitstellung für die höheren Pflanzen, führen, indem über die Ammoniakstufe hinweg durch

[1] LEMMERMANN, O. u. H. WIESSMANN: Über den Verlauf der Kohlensäurebildung im Boden. Z. Pflanzenernährg. usw. A 3, 387 (1924). Dort weitere Literatur über Arbeiten derselben Autoren.

[2] LUNDEGÅRDH, H.: Die natürliche Kohlensäureproduktion des Bodens und die Bedeutung dieses Umstandes für die Düngerlehre. Nord. Jordbr. Forskn. 5/6, 371 (1923/24). — WAKSMAN, S. A. u. R. L. STARKEY: Kohlendioxydentwicklung (Mikrobiologische Bodenanalyse, T. 7). Soil Sci. **17**, 141 (1924). — PETERSEN, E. J.: Untersuchungen betreffend die Beziehungen zwischen der Kohlensäureproduktion des Bodens, seiner chemischen Beschaffenheit und seiner mikrobiellen Aktivität. Nord. Jordbr. Forskn. **8**, 446 (1926). — APPLEMAN, C. O.: Der Gehalt von Kohlensäure in der Bodenluft. Soil Sci. **24**, 241 (1927). — MELIN, E.: Die Lebenstätigkeit der Mikroorganismen in der Humusdecke einiger Waldtypen, gemessen an der CO_2-Produktion. Skogshogsk. Festskr. **1928**, 503. — FEHÉR, D.: Untersuchungen über den zeitlichen Verlauf der Bodenatmung und der Mikrobentätigkeit des Waldbodens. Biochem. Z. **206**, 416 (1929); auch ebenda **199**, 251 (1928) u. früher. — Ältere Literatur seit BOUSSINGAULT bei F. LÖHNIS: a. a. O., S. 530 [vgl. Anm. 6, S. 115].

[3] DÖNHOFF, G.: Untersuchungen über die Größe und die Bedeutung der Bodenatmung bei landwirtschaftlich kultivierten Pflanzen. Kühn Arch. **15**, 457 (1927).

[4] DOJARENKO, A. G.: Die Bodenatmung als Faktor der Gasabsorption im Boden, der Zusammensetzung der oberirdischen Luft, des elektrischen Feldes über dem Boden und der Radioaktivität des Bodens. J. Landw.-Wiss. Moskau **3**, 779 (1926). — Die Bodenluft als ein Bestandteil des Bodens. Ebenda **3**, 147 (1926). — Eine neue gute Übersicht über diese physikalische Seite der „Bodenatmung" durch G. BLOHM u. H. MAGERS: Die Durchlüftung des Bodens als physikalische Eigenschaft. Fortschr. Landw. **5**, 713 (1930).

nitrifizierende Bakterien Nitrate gebildet werden; sie kann aber auch genau umgekehrt eine Festlegung von schon im Boden vorgebildetem Nitratstickstoff zur Folge haben, sobald das später noch zu besprechende Kohlenstoff-Stickstoff-Verhältnis bei dem Abbauvorgang so ungünstig ist, daß die dabei tätigen Mikroben viel Stickstoff als Zuschuß brauchen (ein gewisser Anteil Stickstoff wird ja stets in dieser Weise zurückgehalten). Der Stickstoff würde in diesem Falle erst einen langwierigen Umweg über Körpersubstanz der Kleinlebewesen und nachfolgende teilweise Humifizierung dieses Mikrobenplasmas durchmachen, bis er bei dem schwer und langsam verlaufenden Abbau der Humusstoffe selbst erst wieder mineralisiert werden kann. Für die Stickstoffbilanz des Bodens ist also, ähnlich wie für die Kohlendioxyderzeugung, Bildung und Abbau von Humus überhaupt nicht genauer zu trennen, sondern fließt ineinander über. Bei der großen praktischen Bedeutung dieser Frage der Rückgewinnung von organisch festgelegtem Stickstoff für den Ernährungskreislauf in der Pflanzenwelt und der anderen Frage einer Luftstickstoffbindung durch Bodenbakterien, denen Humus als passende Energiequelle dient, hat man sich auch mit dem Gedanken beschäftigt, den Stoffumsatz im Boden durch Humusvermehrung und beschleunigte Humuszersetzung möglichst zu steigern und die Humuszersetzung selbst durch Kulturmaßnahmen so zu lenken, daß die entstehenden Zerfallsprodukte möglichst umfassend der Energiebestreitung der stickstoffsammelnden Organismen dienen können[1].

Die Erwähnung aller dieser biologischen Vorgänge, die im natürlichen Boden dauernd vor sich gehen[2], geschieht hauptsächlich, um zu zeigen, wie weit wir uns durch eine bloße molekular-chemische oder dispersoid-chemische Betrachtung des Humusproblems von der Wirklichkeit entfernen und damit in den schon von J. v. LIEBIG gerügten Irrtum verfallen würden[3], der in der Meinung bestände,

[1] REMY, TH.: Untersuchungen über Stickstoffsammlungsvorgänge in ihrer Beziehung zum Bodenklima. Cbl. Bakter. II **22**, 561 (1909). — FALCK, R.: Erweiterte Denkschrift über die Bedeutung der Fadenpilze für die Nutzbarmachung der Abfallstoffe zur Baumernährung im Walde und über die Möglichkeit einer nachträglichen pilzlichen Aufschließung des Trockentorfs. Mykol. Unters. u. Ber. (FALCK) **2**, 38 (1923).

[2] EHRENBERG, P.: Die Bewegung des Ammoniak-Stickstoffs in der Natur. Mitt. landw. Inst. Univ. Breslau **4**, 47 (1907). — PFEIFFER, TH., L. FRANK, K. FRIEDLÄNDER u. P. EHRENBERG: Der Stickstoffhaushalt des Ackerbodens. Ebenda **4**, 715 (1909); **5**, 657 (1910). — LÖHNIS, F. u. H. H. GREEN: Über die Entstehung und Zersetzung von Humus, sowie über dessen Einwirkung auf die Stickstoffassimilation. Cbl. Bakter. II **40**, 52 (1914). — SÜCHTING, H., A. RÖMER u. M. KÜHNE: Der Abbau der organischen Stickstoffverbindungen des Waldhumus durch biologische Vorgänge. Z. Pflanzenernährg. usw. A **1**, 113 (1922). — SÜCHTING, H.: Der Abbau der organischen Stickstoffverbindungen des Waldhumus durch biologische Vorgänge. Forstwiss. Zbl. **47**, 108, 174, 264 (1925). — WILSON, B. D. u. J. K. WILSON: Erklärung für die Wirkung von Lieschgras- und Kleegrasrückständen im Boden auf Nitratdepression. Coll. Agricult. Ithaca N. Y. Memoir **95** (1925). — HESSELMAN, H.: Studien über die Humusdecke des Nadelwaldes, ihre Eigenschaften und ihre Abhängigkeit vom Waldbau. Medd. Stat. Skogsförsöksanst. **22**, 169 (1926). — Die Bedeutung der Stickstoffmobilisierung aus der Rohhumusdecke für die erste Entwicklung der Kiefern- und Fichtenpflanzen. Ebenda **23**, 339 (1927). — AALTONEN, T. V.: Über die Umsetzungen der Stickstoffverbindungen im Waldboden (deutsch, mit engl. Zus.). Comm. ex inst. quaest. forest. Finlandiae edit. **10** (Helsinki 1926). — ZOLCINSKI, J.: Über bedeutende Stickstoffverluste bei der Verwesung und Humifizierung der stickstoffreichen Pflanzen (besonders Leguminosen), I u. II (poln.). Roczn. Nauk Rolnicz. i. Lesnych **17**, 349, 377 (1927). — FEHÉR, D.: Untersuchungen über den N-Stoffwechsel des Waldbodens. Biochem. Z. **207**, 350 (1929). — LÖHNIS, F.: Mikroorganismen im Boden (Unterabschnitt: Über Bildung und Zersetzung des Humus). Cbl. Bakter. II **54**, 285 (1921), mit 230 Literaturstellen, als Ergänzung zu F. LÖHNIS: a. a. O. [Anm. 6, S. 115]. — American Society of Agronomy: Symposium on „Soil organic matter and green manuring". J. Amer. Soc. Agron. **21**, 943—993 (1929). Arbeiten von C. F. MARBUT, T. L. LYON, J. C. RUSSEL, P. S. BURGESS, J. E. GREAVES.

[3] LIEBIG, J. v.: Die organische Chemie in ihrer Anwendung auf Agrikultur und Physiologie, 4. Aufl., S. 253. 1842.

daß organische Substanzen, sich selbst überlassen, sich ohne weitere äußere Ursachen zu verändern vermögen. Es wird zwar der stofflichen Natur der Humuskörper nur durch exakte chemische Untersuchung näher zu kommen sein, aber die Biologie hat bei diesem Ziel wichtige Handreichungen zu tun.

Die Vorstellung, daß fertig gebildete Humuskörper nun ihrerseits wieder einem langsamen Abbau unterliegen, stammt erst aus neuerer Zeit, denn F. HOPPE-SEYLER behauptet von ihnen noch dieses[1]: „Sie zeigen eine so außerordentliche Beständigkeit, daß man ein Recht hat, sie unter den an der Oberfläche und im Boden obwaltenden Verhältnissen als unzerstörbar anzusehen. Sie sind den beständigsten Mineralien an die Seite zu stellen. Sie gewähren einer großen Zahl der verschiedensten Tiere, auch vielfach Spaltpilzen, anderen Pilzen, Algen Wohnung und Substrat, aber keine Pflanze und kein Tier ist imstande, sie zu verdauen und als Nahrung zu verwenden, und kein Spaltpilz ruft in ihnen eine Zersetzung hervor. Fallen sie nicht schließlich einem Brande oder einer von außen her durch andere Stoffe veranlaßten Oxydation anheim, so scheinen sie ewig im wesentlichen ungeändert zu bleiben." Im Gegensatz zu dieser Auffassung glaubt man jetzt, daß auch echte Humuskörper abbaufähig sind; wir werden bei ihrer biochemischen Kennzeichnung noch auf diese besonders für den Waldboden wichtige Frage zurückkommen und führen hier nur die neuen Befunde von R. PISTOR an[2], der im Gegensatz zu den älteren allgemein gerichteten Untersuchungen die Abbautätigkeit von acht Pilzarten einzeln prüfte und dabei fand, daß alle untersuchten Arten die Humusstoffe in geringem Umfange zu zersetzen vermögen, und zwar die besseren (nicht sauren) Humussorten mehr als die schlechteren. —

S. A. WAKSMAN verwendet bei neuen Versuchen über die Humifizierung pflanzlicher Masse einen Analysengang, der über den größten Teil der Ausgangsstoffe genaue Rechenschaft gibt[3]. Er unterscheidet: in kaltem Wasser lösliche Anteile (Zucker, Aminosäuren); in heißem Wasser lösliche Anteile (Stärke, Pektinstoffe, Tannine, Harnsäure); Hemizellulosen, gefunden durch Hydrolyse mit heißer verdünnter Mineralsäure und Bestimmung der reduzierenden Zucker; Zellulosen, gefunden durch Hydrolyse mit kalter 80proz. Schwefelsäure mit nachfolgendem, mehrstündigem Kochen nach reichlicher Verdünnung; Lignine, bestimmt durch ihre Unlöslichkeit in dieser Schwefelsäure unter Berücksichtigung des Gehalts an Asche und Stickstoff; aetherlösliche Bestandteile (Fette, Wachse); Rohprotein; alkoholische Anteile. Die letzte Fassung dieser Methode ist in einer anderen Versuchsreihe mit Torf zu finden[4]; sie wurde auf verschiedenes Ausgangsmaterial angewandt (Maisstroh, Roggenstroh, Eichenblätter, Luzernepflanzen), das sich nach Impfung mit einem frischen Bodenaufguß unter optimalen Bedingungen in bezug auf Feuchtigkeit und Temperatur (+25 bis 27° C) in glasierten Tongefäßen zersetzen konnte, bei einigen Versuchsreihen nach Zu-

[1] HOPPE-SEYLER, F.: Über Huminsubstanzen, ihre Entstehung und ihre Eigenschaften. Hoppe-Seylers Z. physiol. Chem. **13**, 66 bzw. 118 (1889).

[2] PISTOR, R.: Beiträge zur Kenntnis der biologischen Tätigkeit von Pilzen in Waldböden. Abschn. V. Humusabbau durch Pilze. Cbl. Bakter. II **80**, 395 (1930).

[3] WAKSMAN, S. A. u. F. G. TENNEY: Composition of natural organic materials and their decomposition in the soil. I. Methods of quantitative analysis of plant materials. Soil Sci. **24**, 275 (1927). II. Einfluß des Alters der Pflanzen auf die Art und Schnelligkeit ihrer Zersetzung (Roggenpflanzen). Soil Sci. **24**, 317 (1927). III. Einfluß der Beschaffenheit der Pflanzen auf die Schnelligkeit ihrer Zersetzung. Soil Sci. **26**, 155 (1928). IV. Die Beschaffenheit und Zersetzungsgeschwindigkeit der verschiedenen organischen Stoffgruppen in verschiedenem pflanzlichen Ausgangsmaterial bei Luftzutritt. Soil Sci. **28**, 55 (1929).

[4] WAKSMAN, S. A., u. K. R. STEVENS: Beitrag zur chemischen Zusammensetzung von Torf. I. Chemische Natur der organischen Komplexe im Torf und Analysenmethoden. Soil Sci. **26**, 113 (1928).

fügung einer schwachen Mineralsalzlösung, die durch ihren Gehalt an Diammonphosphat für sehr stickstoffarme Ausgangssubstanzen Bedeutung hatte. Die sich zersetzende Masse wurde in Abständen in aliquoten Proben nach derselben Methode untersucht, um so die Veränderungen in den einzelnen Stoffgruppen zu ermitteln. Für Maisstroh (reife Stengel und Blätter) ergibt sich z. B. folgendes Bild[1]:

Abbau der verschiedenen organischen Stoffgruppen von Maisstroh (ohne Zufügung von Nährsalzen).

Organische Stoffgruppen	Urspr. Masse in g	Nach .... Tagen verblieb an Zersetzungsrückständen							
		27 Tage		68 Tage		205 Tage		405 Tage	
		Rückstand in g	in % d. urspr. Masse	Rückstand in g	in % d. urspr. Masse	Rückstand in g	in % d. urspr. Masse	Rückstand in g	in % d. urspr. Masse
Gesamt-Trockenmasse	203,0	129,0	*63,5*	92,5	*45,6*	59,5	*29,3*	41,2	*20,3*
Aetherlöslicher Anteil	3,7	2,5	*70*	0,9	*24*	0,5	*13*	0,14	*3,8*
In kaltem Wasser lösliche organische Bestandteile	21,5	4,4	*20,3*	5,3	*24,7*	1,7	*7,8*	1,8	*8,2*
In heißem Wasser lösliche organische Bestandteile	7,2	3,2	*45*	2,8	*39*	2,5	*34*	3,8	*52*
Hemizellulosen	35,8	21,1	*58,9*	14,7	*41,2*	9,1	*25,5*	4,4	*12*
Zellulosen	60,2	34,0	*56,4*	20,8	*34,6*	8,0	*13,2*	2,0	*3,3*
Lignin	22,9	23,6	*103*	18,2	*79,4*	14,0	*60,9*	9,8	*43*
Rohprotein	4,0	5,6	*141*	4,3	*108*	5,4	*134*	5,3	*133*

Die nach 14 Monaten noch zu findenden dunkel gefärbten Zersetzungsreste sahen einem im Boden gebildeten Humus ähnlich; sie bestanden nach dieser Zeit, wie die letzte Spalte der Tabelle zeigt, hauptsächlich aus dem Lignin des Maisstrohs, aus Protein und anderen komplexen Stickstoffkörpern, deren Menge sich durch die Tätigkeit der Mikroben sogar erhöht hatte, aus Hemizellulosen, für die WAKSMAN sowohl pflanzliche als mikrobielle Herkunft annimmt, endlich aus den Resten der übrigen Stoffgruppen, die zu dieser Zeit nahe am Verschwinden waren (Zellulose, aether- und kaltwasserlösliche Anteile). Die relative Beständigkeit der in heißem Wasser löslichen Stoffgruppe erklärt WAKSMAN neben der Festigkeit der Tannine ebenfalls mit einem Zuwachs an mikrobiell neugebildeter Substanz. Berechnet man aus WAKSMANs Zahlen die prozentische Bewegung der Stoffgruppen zwischen Anfangs- und Endzustand, also bezogen auf 203,0 g ursprüngliche Masse bzw. 41,2 g Gesamtrückstand nach 405 Tagen, so ergeben sich folgende Veränderungen in Prozentanteilen (der Richtungssinn durch den Pfeil ausgedrückt): Gesamte Trockenmasse 100 → 100; aetherlöslicher Anteil 1,8 → 0,3; kaltwasserlösliche organische Bestandteile 10,6 → 4,3; heißwasserlösliche organische Bestandteile 3,6 → 9,3 (relativer Zuwachs!); Hemizellulosen 17,6 → 10,4; Zellulosen 29,6 → 4,8 (starke relative Abnahme); Lignin 11,3 → 24,0 (Zuwachs!); Rohprotein 2,0 → 13,0 (starker relativer Zuwachs!).

Im Durchschnitt ist für verschiedenes organisches Ausgangsmaterial der Verlauf der Zersetzung etwa der folgende: die wasserlöslichen Anteile werden zuerst von den Mikroben zersetzt; alsdann kommen die Pentosane (Hemizellulosen) an die Reihe und wenig später die Zellulosen. Trotz dieser Reihenfolge und trotz des höheren absoluten Anfangsgehalts der Gesamtmasse an Zellulose, verschwindet diese aber rascher und vollständiger als die Hemizellulosen. Als

[1] WAKSMAN, S. A.: a. a. O. [Anm. 3, S. 124], Arbeit IV, Tab. 4, S. 61; alle Zahlen sind gegenüber dem Original um eine oder zwei Dezimalen gekürzt, um im Rahmen der möglichen Genauigkeit zu bleiben.

Erklärung dafür nimmt WAKSMAN an, daß von den Hemizellulosen zwar die Pentosane rascher angegriffen werden als Zellulose, andere Hemizellulosen (Galaktane, Mannane) dafür aber widerstandsfähiger sind; außerdem wird mit fortschreitender Mikrobentätigkeit Hemizellulose neu gebildet in Form von Schleimsubstanzen der Bakterienleiber und Pilzmyzelien. Lignine sind ziemlich beständig und erhöhen langsam ihren prozentischen Anteil an der Endmasse. Pflanzliches Eiweiß wird rasch abgebaut; aber solange noch unverbrauchte Reste der Kohlenhydrate vorhanden sind, wird nur wenig Stickstoff als Ammoniak wirklich frei gemacht; vielmehr läuft die Synthese von mikrobiellem Eiweiß, wozu jener Stickstoff verwendet wird, dauernd nebenher[1].

Ganz allgemein wird jede Zersetzung von organischen Stoffen pflanzlichen oder tierischen Ursprungs im Boden durch folgende Hauptfaktoren beeinflußt: 1. Chemische Zusammensetzung des Ausgangsmaterials, im Falle von pflanzlichen Rückständen abhängig von Alter, Art und Ernährungszustand der ursprünglichen Pflanzen; 2. Gegenwart von genügend Stickstoff für die beim Zersetzungsvorgang tätigen Mikroorganismen; im Fall von N-reichen Rückständen (jungen Gründüngungspflanzen, Leguminosen) geht die Humifizierung immer schnell vor sich, sie kann aber bei N-armem Material (besonders Stroh, auch herbstlich vergilbten Blättern) durch Mangel an solchem „Betriebsstickstoff" stark verzögert werden; 3. Art und Menge der zersetzenden Mikroorganismen; 4. Grundbedingungen des Substrats, in dem die Humifizierung stattfindet, hauptsächlich Luftführung, Wassergehalt, Temperatur, Reaktion (p_H).

Mit Versuchszahlen der obigen Art kommt man dem Ziel der Erkennung der Natur der Humuskörper aber auch wieder nur um einen kleinen Schritt näher, denn einmal würde bei anderem Ausgangsmaterial und anders gelenkten Zersetzungsbedingungen die Tabelle wieder anders lauten, und dann ist mit der Analyse auf „Lignin", „Rohprotein" und die übrigen Bestandteile, die nur über rund zwei Drittel des Rückstandes überhaupt Auskunft gibt — über 27,25 g von 41,2 g Gesamtrückstand = 66%; erst das übrige Drittel besteht vielleicht wesentlich aus echten Humusstoffen? —, die Frage noch nicht gelöst: Was ist nun eigentlich das dunkle Humusstoffgemisch, und wie entsteht es aus den uns bekannten pflanzlichen oder tierischen Stoffgruppen?

A. G. TRUSSOW hat die Hauptstoffgruppen des Pflanzenkörpers (Kohlenhydrate, Fette, Eiweiß, Amide) getrennt der Humifizierung unter natürlichen Bedingungen durch Zufügung einiger Tropfen eines Wasserauszuges von frischem Boden unterworfen und die Menge der nach gewisser Zeit gebildeten Humusstoffe (wasserlösliche und alkalilösliche „Humussäure") chemisch und kolorimetrisch bestimmt[2]. Zellulose, Hemizellulosen, Stärke und Zuckerarten

---

[1] Wenn in diesen und ähnlichen Zersetzungsversuchen anderer Autoren nachgewiesen wird, daß gewisse Stoffgruppen rasch verschwinden, andere dagegen sehr lange nachweisbar bleiben, und dann kurzer Hand geschlossen wird, daß die Humuskörper also nur aus diesen (den beständigen Stoffgruppen) entstanden sein können, so ist dies eine mindestens im sprachlichen Ausdruck sehr unklare Darstellung. Man könnte eben so gut und mit scheinbar mehr Berechtigung auf Humusbildung aus den rasch verschwindenden Stoffen schließen (wie es auch geschehen ist, vgl. auf S. 128 die Arbeit GROSSKOPFS), da ja die anderen unverändert übrigbleiben. Im Grunde steckt in der obigen Ausdrucksweise der richtige Gedanke, daß erfahrungsgemäß nur die an sich beständigen Stoffgruppen überhaupt zu einer (dann erst später wirklich erfolgenden) Umwandlung in Humus geeignet sind; dann sollte man diesen Sinn aber auch richtig herausarbeiten. Die Humusforschung ist voll von solchen und manchen anderen störenden Ungenauigkeiten der Darstellung!

[2] TRUSSOW, A. G.: Die Humusbildung aus Bestandteilen des Pflanzenorganismus. Landw. u. Forstw. **74**, 233 (1914) (russ.). — Beiträge zum Studium des Bodenhumus. Teil 1: Die Bildungsprozesse der „Humussäure". Lief. 26 u. 27 im Sammelwerk von P. SEMIATSCHENSKY u. S. KRAWKOW: Beiträge zum Studium russischer Böden. Petrograd 1917 (russ.).

werden unter diesen Bedingungen nicht humifiziert, wohl aber die Lignine vermöge ihrer (vermuteten) Phenol- und Chinongruppen. Mit Hilfe von atmosphärischem Sauerstoff und alkalischer Reaktion erfolgt bei ihnen die Umbildung zu Humus wahrscheinlich über Kondensationsprodukte aus oxychinonähnlichen Zwischenbausteinen. Bei der ebenfalls von TRUSSOW einzeln durchgeführten Humifizierung der Eiweißstoffe tritt zuerst hydrolytische Spaltung ein, dann Oxydation und Kondensation der Hydrolysenprodukte. Von diesen sind besonders Pyrrol- und Benzolverbindungen zur Humusbildung geeignet, unter ihnen am besten solche mit Phenolgruppen. Die Menge der entstehenden „Humussäure" ist nach TRUSSOW dem Phenolgehalt solcher Abbauprodukte direkt proportional; Agentien der Humusbildung sind hydrolysierende Fermente. Gerbstoffe, pflanzliche Fette und Öle, Harze und auch Chlorophyll können ebenfalls in Humuskörper übergehen, aber nicht organische Säuren, Gummi- und Korksubstanz. Nach diesen Untersuchungen sind natürliche Humusstoffe, sofern ihre Bildung auch bei der Gesamtzersetzung organischer Masse ebenso verläuft wie bei dem oben durchgeführten isolierten Abbau einzelner Stoffgruppen, also ein verwickeltes Gemisch von humifizierten Abkömmlingen von hauptsächlich Ligninen und Eiweißstoffen, daneben von Gerbstoffen, Fetten und Ölen, also ein Gemisch von Komponenten, die voraussichtlich nicht gleich zusammengesetzt sein werden, da sie sich schon durch den vorhandenen oder fehlenden N-Gehalt unterscheiden. —

Diesen Befunden sind viele ähnliche an die Seite zu stellen, die aber meist nur eine der Stoffgruppen betreffen, so daß sie nicht jenes eben entworfene Gesamtbild ergeben. So erhielt bereits F. HOPPE-SEYLER[1] bei Versuchen keine humusartigen Stoffe aus Zellulose und nahm an, daß bei ihrer Entstehung Stoffe der aromatischen Reihe (ligninartige und Gerbstoffe, Pyrogallol, Pyrokatechin) mitwirken müßten. Die späteren Autoren hielten aber meist ohne nähere Nachprüfung an der alten Anschauung fest, daß „die in Verwesung begriffene Holzfaser" der Körper sei, den man Humus nennt, und daß der Kohlenstoff der Zellulose, als des Hauptbestandteils pflanzlicher Rückstände, deshalb auch hauptsächlich in ihm vertreten sei.

C. WEHMER[2] bringt Einzelheiten über die Zersetzung von Fichtenholz durch den Hausschwamm. Holzmasse liefert dabei zur Hälfte Kohlendioxyd, Wasser und Pilzsubstanz und zur Hälfte ligninreiche, umgewandelte „morsche" Substanz von huminartiger Beschaffenheit und Zusammensetzung. Ähnliche Arbeiten stammen von BRAY und ANDREWS[3], R. FALCK und Mitarbeiter[4], zuletzt von K. KÜRSCHNER, der die Umwandlung von Lignin (nach „Abspaltung und Aufzehrung seines Kohlenhydratanteils") in widerstandsfähige, polymere, aromatische Komplexe von brauner Farbe beobachtete, die er als Humussäuren bezeichnet[5].

[1] HOPPE-SEYLER, F.: Über die Gärung der Zellulose mit Bildung von Methan und Kohlensäure. Hoppe-Seylers Z. physiol. Chem. **10**, 401 (1886). — Über Huminsubstanzen usw. a. a. O., S. 421 [Anm. 1, S. 124]. — E. FREMY: C. r. Acad. Sci. Paris **88**, 1048 (1879), nimmt „vasculose" als Muttersubstanz der Humusstoffe an.

[2] WEHMER, C.: Zum Abbau der Holzsubstanz durch Pilze. Ber. dtsch. chem. Ges. **48**, 130 (1915).

[3] BRAY, M. W. u. T. M. ANDREWS: Chemische Veränderungen von gemahlenem Holz während des Zerfalls. J. Ind. Engin. Chem. **16**, 137 (1924).

[4] FALCK, R.: Über korrosive und destruktive Holzzersetzung und ihre biologische Bedeutung. Ber. dtsch. bot. Ges. **44**, 652 (1927). — FALCK, R. u. W. HAAG: Der Lignin- und der Zelluloseabbau des Holzes, zwei verschiedene Zersetzungsprozesse durch holzbewohnende Fadenpilze. Ber. dtsch. chem. Ges. **60**, 225 (1927).

[5] KÜRSCHNER, K.: Über die humifizierende Einwirkung von Merulius lacrimans auf Hölzer (ein Beitrag zur Kenntnis der Huminkörper). Z. angew. Chem. **40**, 224 (1927).

W. GROSSKOPF[1] findet eine Zunahme des Humusgehalts bei der Humifizierung von Fichtennadeln, die proportional mit der Abnahme des Lignins verläuft und schließt daraus auf den Übergang von Lignin in Humuskörper („Reinhumus" = Unlösliches in Acetylbromid):

Abnahme der organischen Pflanzenstoffe und Zunahme der Humusstoffe bei der Humusbildung aus Fichtennadeln (in Proz. der mit Aether und Alkohol vorbehandelten organischen Substanz).

Art der Probe	Zellbaustoffe			Humusstoffe Reinhumus
	Pentosane	Zellulose	Lignin	
Grüne Nadeln	12,2	26,3	37,6	—
Waldstreu	8,8	21,9	22,0	29,3
Moder	6,0	19,5	20,8	39,1
Auflagetorf	5,3	14,0	14,2	41,6
Baummoostorf	3,1	2,4	9,1	59,6

Lignin nimmt hierbei von den Nadeln nach der Streu dreimal so stark ab wie die Zellulose, so daß (graphisch gedacht) nach GROSSKOPF nur der Steilabfall der Ligninkurve dem Steilanstieg der Reinhumuskurve im gleichen Abschnitt entspricht[2].

J. KÖNIG trennt die drei Hauptbestandteile jeder Zellmembran, Zellulose, Lignin und Kutin, in der folgenden methodischen Weise[3], bei der auch die vielen gleitenden Übergänge zwischen den Stoffgruppen und außerdem zwischen Ausbildungsstufen jeder Gruppe (Proto-, Hemi- und Orthoformen) zum Ausdruck kommen: Einige Hexosane (Mannan, Galaktan) können sich wie die leichtlöslichen Pentosane verhalten; Glykosan als eigentlicher Zellulosebestandteil hat Ähnlichkeit mit „farblosen Ligninen", während „braunes Lignin" mit Kutin zusammen weitgehend unlöslich ist und erst durch Oxydation von ihm getrennt werden kann.

<table>
<tr><th>Bestandteile der Zellmembran (rechts) behandelt auf verschiedenen Wegen (unten) verhalten sich wie folgt:</th><th>Pentosane Mannan Galaktan</th><th>Glykosan (eigentliche Zellulose)</th><th>Farblose Lignine</th><th>Braungefärbte Lignine</th><th>Kutin</th></tr>
<tr><td>Wasser allein unter Druck (Protoform)</td><td colspan="3">alle zum geringen Teil löslich</td><td colspan="2" rowspan="3">unlöslich</td></tr>
<tr><td>2—3 proz. Salz- oder Schwefelsäure unter Druck oder durch Kochen (Hemiform)</td><td>bis auf geringe Mengen löslich</td><td colspan="2">zum Teil löslich</td></tr>
<tr><td>72 proz. Schwefel- oder 42 proz. Salzsäure in der Kälte (Orthoform)</td><td>letzte Reste löslich</td><td>völlig löslich</td><td>zum Teil löslich</td></tr>
<tr><td>Wasserstoffsuperoxyd und Ammoniak</td><td>—</td><td>—</td><td colspan="2">völlig oxydierbar</td><td>unangegriffen</td></tr>
</table>

J. KÖNIG denkt bei diesen Löslichkeitsstufen der Pentosane, Hexosane und Lignine aber nicht an scharfe Abgrenzungen, sondern weist ausdrücklich auf

[1] GROSSKOPF, W.: Wie verändern sich stofflich und morphologisch die Fichtennadeln bei der Bildung von Auflagehumus in geschlossenen Fichtenreinbeständen? Tharandter Forstl. Jb. **79**, 343 (1928).

[2] Hier also eine gerade entgegengesetzt wie sonst gezogene Schlußfolgerung [vgl. Anm. 1, S. 126!].

[3] KÖNIG, J.: Die Formgebilde der Zellmembran und ihr Verhalten bei der Zersetzung derselben. Biochem. Z. **171**, 261 (1926). — KÖNIG, J. u. E. RUMP: Chemie und Struktur der Pflanzenzellmembran. Berlin 1914. Dort grundlegende Literatur.

allmähliche Übergänge hin, die sich auch noch je nach Art und Alter der Pflanzen verschieben können; besonders nimmt ja mit der Zellmembranmasse als solcher im Alter auch ihre Verhärtung und Verholzung zu. Das Verhalten der Zellmembranstoffe gegen chemische Lösungsmittel entspricht ziemlich gut auch ihrer mikrobiellen Abbaufähigkeit im Boden. Die oben enthaltenen Übergänge und die weiter noch gemachten Einschränkungen zeigen aber deutlich, wie wenig scharf man die wirklich beständigen und dann unter atmosphärischen Einflüssen sich langsam weiter in Humusstoffe umwandelnden Gruppen abgrenzen kann. Alle ligninartigen Substanzen gehören aber wohl sicher zu ihnen.

Der von der FISCHER-SCHRADERschen Lignintheorie von der Entstehung der Kohle geschaffene Anstoß führt zu weiteren Untersuchungen über die Umwandlungsmöglichkeiten des Lignins, bei denen sich stets Beziehungen zu Humusstoffen ergeben[1]. Diese Theorie soll aber hier noch nicht näher berührt werden, weil ihre Anwendung auf vorliegendes Problem durch Hineinziehung geologisch begründeter Verhältnisse noch weitere Verwicklungen bringen würde, und weil sie infolge der Beschränkung auf den Gedanken der Inkohlung für die in Rede stehenden Zwecke auch nicht umfassend genug ist. Darunter versteht man die milde Form der Verkohlung, kenntlich an weitgehender Kohlenstoffanreicherung, die in geologischen Zeiträumen aus einstigem Pflanzenmaterial Braunkohle und Steinkohle entstehen ließ. Die Vertorfung kann als einleitendes Stadium solcher Inkohlung angesehen werden, die entsprechend der geringen Zeitspanne bisher erst wenig wirksam war. Es besteht aber keine Veranlassung, auch den in jedem Mineralboden täglich neu verlaufenden typischen Vorgang der Humusbildung aus organischen Resten nur unter dem Gesichtspunkt einer chemischen Inkohlung zu betrachten. Das wäre eine unerwünschte Festlegung auf einen einzigen physikalisch-chemischen Prozeß zur Deutung der Humifizierung, der allerdings bisher bei der häufig geschilderten Entwicklungsreihe: Pflanzenmoder→Humuskörper→Torf→Kohlearten immer die größte Beachtung fand, vielleicht auch deswegen, weil durch ihn wahrscheinlich der Menge nach die meisten Humusendkörper entstehen, nämlich diejenigen aus der Ligninumwandlung. Sie kann nach allen Befunden, die vorliegen, als chemische Kondensation zyklisch gebauter Stoffgruppen des Lignins unter Molekülvergrößerung gedacht werden, die übrigens im Boden erst eintritt, nachdem durch die vorangegangene mikrobielle Aufschließung der Ligninkomplex aus dem Strukturverband der pflanzlichen Ausgangsmasse frei und mit dem Sauerstoff der Luft reaktionsfähig gemacht worden ist.

Diesem Vorgang an die Seite zu stellen, ist die ebenfalls durch rein chemische Umsetzungen gegebene Möglichkeit, daß die Gerbstoffe der Grundmasse in die schon lange bekannten Phlobaphene[2] und weiter in humusähnliche Stoffe über-

[1] FISCHER, F., H. SCHRADER u. A. FRITSCH: Über den Methoxylgehalt vermodernder Pflanzenstoffe. Ges. Abh. z. Kenntn. d. Kohle 5, 530 (1920). — TROPSCH, H.: Ligningehalt in Laubblättern. Ebenda 6, 289 (1921). — SCHRADER, H.: Über das Verhalten von Zellulose, Lignin, Holz und Torf gegen Bakterien. Ebenda 6, 173 (1921). — PICTET, A. u. M. GAULIS: Sur la lignine et ses relations avec la houille. Helvet. chim. Acta 6, 627 (1923). — WEHMER, C.: Untersuchungen über Umwandlung von Lignin, Zellulose und Holzsubstanz in Huminstoffe durch Pilze. Brennstoffchemie 6, 101 (1925). — GROSSKOPF, W.: Über die Umwandlung des Lignins in Huminsäuren und Humine bei der Bildung von Humus und Braunkohlen aus Nadelholzresten. Ebenda 7, 293 (1926). — WEHMER, C.: Lignin und Huminstoffe bei der pilzlichen Holzzersetzung. Ber. dtsch. bot. Ges. 45, 536 (1927).

[2] STÄHELIN, C. u. J. HOFSTETTER: Chemische Untersuchung einiger Rinden. Ann. Chem. u. Pharm. 51, 63 (1844). Dort Einführung des Namens Phlobaphene für (anhydridähnliche) Umwandlungsstufen von Gerbsäuren. — HLASIWETZ, H.: Über die Beziehungen der Gerbsäure, Glucoside, Phlobaphene und Harze. Ebenda 143, 290 (1867). — Neuester Beitrag zu dieser Frage von M. BERGMANN u. G. POJARLIEFF: Zur Kondensation der Catechin-Gerbstoffe. Naturwiss. 18, 1114 (1930).

gehen (oder aber als Phlobaphene dem Humus überhaupt nur beigemengt sind, ähnlich wie Wachse, Harze, Sterine, vgl. unten). AD. MAYER[1] hat die verschiedensten organischen Substanzen in geschlossenen Flaschen, mit reinem Sand und Wasser vermischt (also unter für die Vermehrung von Aerobiern ungünstigen Bedingungen), jahrelang der Zersetzung überlassen und nur aus Gerbsäure unzweifelhaft Humuskörper erhalten, eben weil unter diesen Verhältnissen vermutlich keine andere als diese Art der Humusbildung möglich war. Ferner können aber auch in der verwesenden organischen Masse die Gerbstoffe und die Proteine nach ihrer Spaltung durch die Mikroorganismen zusammentreten, dabei aufeinander einwirken und sehr beständige Gerbstoff-Eiweißverbindungen bilden. Es würde sich also im Boden ein Vorgang ähnlich der Ledergerbung vollziehen, von der wir sonst wissen, daß sie zu widerstandsfähigen Endkörpern (= Leder) führt. E. WOLLNY[2] erwähnt die Verzögerung der Zersetzung von Pflanzenmaterial (z. B. eiweißreichen Sojablättern) nach Befeuchtung mit Tanninlösung, gemessen an der verminderten CO_2-Abgabe gegenüber unbehandelten, sich zersetzenden Teilen, was durch die teilweise Festlegung des Pflanzeneiweiß durch den Gerbstoff erklärlich wäre. W. MOELLER[3] faßt alle Gerbungsvorgänge mit ein- oder mehrwertigen Phenolen — in reinem Zustand oder auch infolge Spaltung aus pflanzlichen Gerbstoffen erhalten — als „Humingerbung" zusammen. Er stellt sich vor, daß sowohl Abbaustoffe der Proteine als auch Bestandteile der Zellmembran (?) durch Gerbung zur Bildung von Humuskörpern führen können, und erklärt damit das gesetzmäßige Verschwinden der Gerbstoffe bei gleichzeitiger Bildung von Humussäure in faulenden Hölzern. In Humussäure niedergeschlagener Gerbstoff ist darin durch keine bekannte Gerbstoffreaktion mehr nachzuweisen und läßt sich mit Wasser nicht wieder ausziehen. Die Menge der gerbsäureartigen Stoffe im Moostorf untersuchte kürzlich B. TACKE[4].

Der Mechanismus der Humusbildung aus pflanzlichen Ölen, Fetten, Wachsen, Harzen, Sterinen und Chlorophyll ist noch nicht genauer bekannt. Es ist möglich, daß geringe Mengen dieser im Boden beständigen Stoffe in wenig verändertem Zustand einfach zu Beimengungen des Humus werden und in die dunkle Masse eingehen, ohne selbst den typischen Humuscharakter zu haben. M. RUBNER[5] gibt folgendes Beispiel für die Beständigkeit von Fetten im Boden:

Vom Anfangsgewicht wurden zersetzt	Nach 1 Jahr %	Nach 10 Jahren %
Butterfett	23	38
Lebertran	10	70
Ölsäure	10	?

Die von A. G. TRUSSOW schon beschriebene Humifizierung von Eiweißkörpern[6] gehört zur biochemischen Seite der Humusbildung, bei der im Gegensatz zur Entstehung von „Ligninhumus" und „Gerbstoffhumus" eine Mitwirkung von Mikroorganismen bis zum Ende des Prozesses notwendig ist, und zwar durch Lieferung der die Oxydation der Humusvorstufen bewirkenden Fermente. Das System: zyklische Eiweißreste als Humusvorstufen (entstanden beim mikrobiellen Abbau der Eiweißkörper der Pflanze und des Tieres), Luftsauerstoff und Fermentwirkung ähnelt nun in allen Teilen der bio-

[1] MAYER, AD.: a. a. O., Fußnote S. 83 [Anm. 10, S. 115].
[2] WOLLNY, E.: a. a. O., S. 112 [Anm. 4, S. 114].
[3] MOELLER, W.: Humussäure und Gerbsäure I—III. Der Gerber **1916**, Nr. 1000, 1003, 1008, 1009; Collegium (Hamburg) **1916**, 330, 356, 385, 452; Chem. Zbl. **1916 II**, 856; **1917 I**, 30, 440.
[4] TACKE, BR.: Enthält Moostorf gerbsäureartige Stoffe? Jb. Moorkde. **13**, 21 (1926).
[5] RUBNER, M.: Notiz über die Zersetzung von Fetten im Boden. Arch. f. Hyg. **91**, 290 (1922).
[6] Vgl. S. 127, nicht die Umsetzung mit Gerbstoffen.

chemisch bekannten Melaninbildung. Da der Begriff „Melanin" nur ein Sammelname für braunschwarze bis schwarze Pigmente ist, die sich vornehmlich aus phenolartigen Stoffen durch Oxydation unter biologischer Katalyse bilden, also selbst nichts über Einheitlichkeit und Konstitution der dabei entstehenden gefärbten Körper aussagen will, so können wir ihn auch auf den Vorgang der Humifizierung von Eiweißresten übertragen und kurz von der biochemisch gebildeten „Melaningruppe des Humus" oder von „Melaninhumus" sprechen. Bei sehr rasch verlaufendem Abbau gerade absterbender Pflanzen- oder Tierreste können die Fermente vielleicht auch aus den ursprünglichen Zellen[1] geliefert werden (z. B. bei frisch geschnittenen Kartoffelscheiben, bei tierischen Pigmentzellen). Für die Hauptmasse der in den Boden gelangenden Reste, nämlich für die toten, dürren Pflanzenteile, werden die Fermente für einen melanotischen Prozeß aber stets von den Mikroorganismen des Bodens stammen müssen.

Die in letzter Zeit besonders von S. A. WAKSMAN betonte mikrobielle Mitwirkung bei der Humusbildung[2] betrifft hauptsächlich einen anderen Punkt, nicht die eben berührte biochemische Katalyse (die in der Literatur bisher noch nicht so eng mit dem Humifizierungsvorgang verknüpft worden ist). WAKSMAN weist vor allem darauf hin, daß bei lebhafter mikrobieller Aufschließung von organischer Substanz eine gar nicht geringe Synthese von neuem Plasma der Mikrobenleiber eintritt, entstehend aus dem Kohlenstoff der leicht abbaufähigen Kohlenhydrate und dem leicht verwertbaren Stickstoff der Eiweißkörper der Ausgangsmasse (unter Umständen auch, bei N-armem Material, unter Verbrauch von schon im Boden vorhandenem Nitratstickstoff = Eintreten der bekannten „Salpeterfestlegung" nach Zufügung von frischer organischer Masse). Dieses Mikrobenplasma, hauptsächlich Eiweißverbindungen und N-haltige Zellmembranstoffe, kann nun seinerseits eine nicht zu vernachlässigende Quelle für echte Bodenhumusstoffe werden, indem bei der Autolyse oder nach Zersetzung durch andere Mikroorganismen hierbei ebenfalls schwer zerstörbare Reste zurückbleiben, die humifiziert werden, und zwar auf Wegen, denen WAKSMAN nicht weiter nachgeht, die von den oben beschriebenen Umwandlungen von ursprünglichen pflanzlichen und tierischen Resten aber grundsätzlich nicht verschieden zu sein brauchen. Da starke Verholzung der Zellen bei Mikroorganismen nicht eintritt, wird der Weg der Ligninhumusbildung dabei die geringste Rolle spielen; wohl aber wird sich bei biochemischer Oxydation von mikrobiellen Eiweißresten ein „Melaninhumus 2. Ordnung" bilden, der am besten in dieser Weise bezeichnet wird, um zum Ausdruck zu bringen, daß sein Stickstoffanteil nicht direkt, sondern erst auf dem Umweg über synthetisiertes Mikrobenplasma hinweg in den Humus übergegangen ist. Ebenso kann durch Zusammentreten von solchen Eiweißresten ehemaliger Mikrobenleiber mit Gerbstoffen ein „Gerbstoffhumus 2. Ordnung" entstehen, bei dem also der rein chemische Vorgang der Gerbung an einem Zwischenmaterial einsetzt, das erst durch die Tätigkeit der Mikroorganismen aus der ursprünglichen organischen Masse neu gebildet wurde.

Wie man gerade an dem letzten Beispiel sieht, in dem chemische und biologische Prozesse einander ablösen, ist der bisher oft gebrauchte Ausdruck „Mitwirkung der Mikroorganismen bei der Humusbildung" ziemlich vieldeutig und muß in Zukunft, wenn die gegebenen Überlegungen richtig sind, weitaus schärfer gefaßt werden. Diese Mitwirkung verläuft nämlich im wesentlichen in folgenden drei Richtungen:

---

[1] BOAS, F. u. F. MERKENSCHLAGER: Pflanzliche Tyrosinasen. Biochem. Z. 155, 155 (1925). — MERKENSCHLAGER, F.: Das Schwarzwerden der Kartoffelknolle. Nachrbl. dtsch. Pflanzenschutzdienst 1929, 20.

[2] Siehe unten S. 134.

1. Aufschließung von pflanzlichen und tierischen Resten durch die Mikroorganismen, wodurch Vorstufen der Humusbildung nach kurzer Zeit frei und reaktionsfähig werden; die wichtigsten davon sind: Lignine (aus der Verbindung mit den übrigen Zellmembranstoffen befreit), schwer zersetzbare zyklische Eiweißreste (mit Benzol- und Pyrrolkernen), ferner Gerbstoffe, Wachse, Harze, Sterine[1].

2. Synthese von mikrobiellem Protoplasma im Verlauf von Vorgang 1; Stoffgruppen dieses neuen Plasmas, besonders eiweißartige, werden nach dem Absterben der Mikroorganismen nun ebenfalls zu Vorstufen der Humusbildung, ganz entsprechend wie aus dem ursprünglichen organischen Material (die hierbei entstehenden Humusstoffe tragen den Namen „2. Ordnung" oder „sekundär gebildet", womit der längere Bildungsweg über eine dazwischen liegende mikrobielle Synthese hinweg angedeutet werden soll).

3. Lieferung von oxydierenden Fermenten zur Ermöglichung der „melaninartigen" Humusbildung (= Humusentstehung aus Eiweißresten durch biologische Oxydation). Wie oben erwähnt, werden die Fermente dafür überwiegend von den Mikroorganismen geliefert werden, da Fermente aus lebenden Pflanzen- oder Tierzellen nur in Ausnahmefällen wirksam sein können; bei einer „Melaninhumusbildung 2. Ordnung" (Humifizierung von Resten von neu synthetisiertem Mikrobeneiweiß, vgl. Vorgang 2) stammen die Fermente ausschließlich von den Mikroorganismen selbst.

Die Anschauungen über die Tragweite dieser vorbereitenden (1), stofflichen (2) und biokatalytischen (3) Beteiligung der Mikroorganismen bei der Humusbildung im Boden waren bisher sehr verschieden, zum Teil vielleicht wegen der nicht vorgenommenen Gliederung dieser Funktionen. Die Notwendigkeit der mikrobiellen Aufschließung (1) ist wohl für natürliche Bodenvorgänge zuletzt immer richtig gewürdigt, die weitere Mitwirkung (2) und (3) aber von chemischer Seite oft vernachlässigt worden. In diesem Falle dachte man sich die Humusbildung als wesentlich darin bestehend, daß geeignete widerstandsfähige Stoffgruppen der zersetzten Ausgangsmasse unter dem Einfluß der atmosphärischen Kräfte in einem langsam verlaufenden physikalisch-chemischen Prozeß in echte Humusstoffe übergehen (Vorgang der Inkohlung). Nimmt man also geeignete Humusvorstufen in reiner, bekannter Form und unterwirft sie in vitro denselben chemischen Einflüssen (Oxydation, Wasserentziehung) mit beschleunigterem Wirkungsgrade, so müßte man auch künstlich Humuskörper erhalten können. Versuche dieser Art sind alt[2] und haben auch meist „humusähnliche" Stoffe ergeben.

Über die eigentliche „Mitwirkung" der Mikroorganismen bei der Humusbildung (ohne Auseinanderhaltung von stofflicher und biokatalytischer Richtung) waren die Meinungen bisher geteilt. Ad. Mayer äußerte sich noch ablehnend[3]: „Eine wesentliche Mitwirkung von Organismen bei der Humifikation in dem Sinne, daß Humusstoffe Endprodukte eines durch dieselben bewirkten Umsatzes

[1] Diese Aufschließung umfaßt natürlich katalytische Einwirkungen der Mikroorganismen, besonders fermentative Hydrolyse; diese Vorgänge liegen aber nicht auf dem direkten Wege zur Humusbildung (vgl. den gesondert beschriebenen Vorgang 3), sondern führen sowohl zum gänzlichen Abbau mancher Stoffgruppen als zur Schaffung von Humusvorstufen. Aus Gründen der Übersichtlichkeit sei deshalb der Vorgang der allgemeinen Aufschließung hier vorangestellt, der für die natürlichen Verhältnisse im Boden zwar unbedingt wichtig ist, aber z. B. bei synthetischen Versuchen zur Humusbildung im Laboratorium durch die Wahl geeigneter, schon rein vorhandener Humusvorstufen als Ausgangspunkt der Humifizierung umgangen und ersetzt werden kann. Die wesentliche biochemische Rolle der Mikroorganismen für die eigentliche Humusbildung liegt also in der Lieferung gewisser oxydierender Fermente im Rahmen des Vorgangs 3.

[2] Vgl. S. 193: Synthetische Versuche zur Humusbildung.

[3] Mayer, Ad.: a. a. O., S. 83 [Anm. 10, S. 115].

seien, ist nicht bewiesen, was natürlich vorbereitende Mitwirkung nicht ausschließt." Aus der Darstellung von A. D. Hall, die er von der Überführung der organischen Substanz „in den dunkelfarbigen, als Humus bekannten Komplex" gibt, ist nichts Genaues zu ersehen[1]: „These changes, at one time regarded as purely chemical, are now recognized as dependent upon the vital processes of certain minute organisms, universally distributed throughout cultivated soil, and subject to the laws of nutrition, multiplication, life, and death, as hold for the higher organisms with which we are more generally familiar".

Schon P. Kostytschew[2] erwähnt aber bei seiner Schilderung der Bakterien und Pilze als Regler des N-Gehaltes der organischen Bodenmasse, daß die Zellwände der Pilze nicht aus gewöhnlicher Zellulose bestehen, sondern mit stickstoffhaltigen Substanzen vermengt sind, Derivaten des Glykosamins $C_6H_{11}(NH_2)O_5$, die sich durch große Beständigkeit gegen Abbau auszeichnen. Er weiß ferner, daß die dunkle Farbe der organischen Zersetzungsprodukte erst bei Mitwirkung von Hyphomyceten entsteht (melaninartige Bildung?), während nach seinen Beobachtungen Bakterien keine dunklen, als Humusstoffe zu bezeichnenden Endkörper zu liefern vermögen. B. Frank[3] betonte 1888, daß der Waldhumus keineswegs nur als ein Trümmerhaufen einstiger Pflanzenteile anzusehen sei, „sondern er ist zum Teil eine lebende Masse von zahllosen Pilzfäden, welche ihn nach allen Richtungen durchsetzen und oft einen wesentlichen Teil seiner organischen Substanz ausmachen". Obwohl diese „lebende Masse" noch keine echten Humuskörper in unserem Sinne darstellt, hat wohl aber der Schluß, daß sie nach dem Absterben der Pilze Humusvorstufen liefern wird, für diesen Autor und spätere Forscher nahe gelegen. Die besondere Bedeutung gerade der niederen Pilze, allein und zusammen mit den Bodenbakterien, für die Humusbildung ist dann auch laufend durch Arbeiten belegt worden[4]. Das Vermögen der Pilze, auftretende organische Säuren durch Abbau rasch zu zerstören und damit die Reaktion immer wieder auf den Neutralpunkt zurückzuführen, wirkt insgesamt begünstigend auf die Zersetzungsvorgänge im Boden, weil die meisten der sonst noch dabei beteiligten niederen Organismen in saurer Umgebung nicht gedeihen können.

P. Dehérain[5] hat schon 1902 den Bodenhumus als ein Gemenge von lignin- und proteinartigen Stoffen gedeutet, indem er neben richtiger Erkennung der

[1] Hall, A. D.: The Soil, 2. Aufl., S. 168. London 1908.

[2] Kostytschew, P.: Untersuchung über die Bildung und Eigenschaften des Humus. Ann. agronom. **17**, 17 (1891); Wollny's Forsch. auf d. Geb. d. Agrikulturphysik **15**, 33. (1892.)

[3] Frank, B.: Ber. dtsch. bot. Ges. **6**, 263 (1888).

[4] Beijerinck, M. W.: Über Chinonbildung durch Streptothrix chromogenus und Lebensweise dieses Mikroben. Cbl. Bakter. II **6**, 2 (1900). — Koning, C. J.: Beiträge zur Kenntnis des Lebens der Humuspilze und der chemischen Vorgänge bei der Humusbildung. Arch. neerl. Sci. Exact. et Nat. (2) **9**, 34 (1902). — Ehrenberg, P.: a. a. O. 1907 [Anm. 2, S. 123]. — Ramann, E.: Bodenkunde, 3. Aufl. (S. 432: Fadenpilze). Berlin 1911. — Kossowicz, A.: Einführung in die Agrikulturmykologie, S. 79. Berlin 1912. — Winterstein, E. u. C. Reuter: Über die stickstoffhaltigen Bestandteile der Pilze. Cbl. Bakter. II **34**, 566 (1912). — Waksman, S. A.: Gibt es eine Pilzflora des Bodens? Soil Sci. **3**, 565 (1917). — Die Bedeutung der Schimmeltätigkeit im Boden. Ebenda **6**, 137 (1918). — Waksman, S. A. u. R. E. Curtis: Die Aktinomyceten des Bodens. Ebenda **1**, 99 (1916); **6**, 309 (1918). — Waksman, S. A.: Das Wachstum der Pilze im Boden. Ebenda **14**, 81 (1922). — Falck, R.: Denkschrift, die düngerbewohnenden Fadenpilze und die Entstehung der — Kohlensäure und Salpetersäure dissimilierenden — Humussubstanzen betreffend. Mykol. Unters. u. Ber. (Falck) **2**, 11 (1923). — Erweiterte Denkschrift über die Bedeutung der Fadenpilze usw. a. a. O. [Anm. 1, S. 123]. — Jasevoli, G.: Zur Kenntnis der Fadenpilze im Ackerboden. Bull. Ort. Bot. R. Univ. Neapel **7**, 217 (1924). — Wehmer, C.: a. a. O. 1925 [Anm. 1, S. 129]. — Waksman, S. A. u. H. Heukelekian: Kohlenstoff- und Stickstoffumwandlung bei der Zellulosezersetzung durch Fadenpilze. J. biol. Chem. **66**, 323 (1925).

[5] Dehérain, P. P.: Traité de chimie agricole, 2. Aufl. Paris 1902.

Beständigkeit des Lignins auch den Stickstoffgehalt der natürlichen Humusstoffe in Betracht zog und diesen von der mikrobiellen Eiweißsynthese (im Verlauf der Aufzehrung abbaufähiger Kohlenhydrate) herstammend erklärte. Diese richtigen Anschauungen wurden aber rund 25 Jahre wenig beachtet, bis Untersuchungen von E. C. LATHROP[1], A. G. TRUSSOW[2], A. A. SCHMUCK[3] und zuletzt hauptsächlich von S. A. WAKSMAN[4] immer nachdrücklicher auf die stoffliche Beteiligung der Mikroorganismen an der Humusbildung hinwiesen.

S. A. WAKSMAN geht von der Tatsache aus, daß natürlicher Bodenhumus stets etwa 2—3,5% Stickstoff enthält, daß bei auf chemischen Wegen daraus gewonnenen Fraktionen der Stickstoffgehalt zwar künstlich vermindert, aber nie ganz beseitigt werden kann, also für echte Humusstoffe kennzeichnend ist, während Lignin als die meistens herangezogene Hauptquelle stickstoffrei ist. Nun kann der beobachtete Stickstoffgehalt entweder nur direkt von den Eiweißstoffen der Ausgangsmasse herrühren oder mit neu synthetisiertem Mikrobenplasma zusammenhängen. Die erste Möglichkeit, obwohl vorhanden und, wie wir sahen, vermutlich zum Entstehen von „Gerbstoffhumus" und „Melaninhumus 1. Ordnung" führend, kann aber angesichts des verhältnismäßig hohen Stickstoffgehalts des Gesamthumus nicht die einzige sein, da an sich die Zufügung von N-haltigen Stoffen zum Boden die Mikrobentätigkeit außerordentlich fördert und damit auch viel Stickstoff mineralisiert wird. Nun zeigte E. C. LATHROP[5], daß bei solcher Eiweißzersetzung im Boden eine Umwandlung in eiweißartige Stoffe mit veränderten Eigenschaften, nämlich großer Beständigkeit gegen weitere Abbauvorgänge, stattfindet. Es gibt nun zwar einen Weg der Synthese humusähnlicher Stoffe durch Aufeinanderwirkung von Zucker und Aminosäure[6], bei dem N-haltige dunkle Körper entstehen, aber dieser Zusammentritt kann im natürlichen Boden kaum in nennenswertem Umfang erfolgen, da die beiden dazu nötigen Komponenten in sehr geringer Ausgangsmenge vorhanden sind und rasch mikrobiell umgesetzt werden. Es bleibt also die Überführung von pflanzlichem, organischem Stickstoff in die Eiweißsubstanz der Mikrobenleiber als die hauptsächliche Erklärung für die beobachteten Erscheinungen übrig. Eine Vorstellung von den dabei umgesetzten Stoffmengen ergibt die folgende Überschlagsberechnung:

Von 100 Teilen Ausgangsmasse werden 10—30 Teile (Gruppen: Lignin, Kutin, Fette, Wachse, Harze, Tannine) nach der mikrobiellen Aufschließung ziemlich unverändert zurückbleiben, während 70—90 Teile (Gruppen der wasserlöslichen Stoffe, Hemizellulosen, Zellulose, Proteine) vollkommen umgewandelt, aber nicht nur in Form von Kohlendioxyd, Ammoniak und Wasser mineralisiert werden, sondern nun unter folgenden Bedingungen teilweise als Körpersubstanz

---

[1] LATHROP, E. C.: Protein decomposition in soils. Soil Sci. 1, 509 (1916). — The organic nitrogen compounds of soils and fertilizers. J. Franklin Inst. 183, 169, 303, 465 (1917).

[2] TRUSSOW, A. G.: a. a. O. [Anm. 2, S. 126].

[3] SCHMUCK, A. A.: a. a. O. [Anm. 4, S. 116].

[4] WAKSMAN, S. A.: The origin and nature of the soil organic matter or soil „humus". Soil Sci. 22 (1926). I. Introductory and historical, S. 123. II. Method of determining humus in the soil, S. 221. III. The nature of the substances contributing to the formation of humus, S. 323. IV (mit F. G. TENNEY). The decomposition of the various ingredients of straw and of alfalfa meal by mixed and pure cultures of microorganisms, S. 395. V. The rôle of microorganisms in the formation of „humus" in the soil, S. 421. — WAKSMAN, S. A.: What is humus? Proc. nat. Acad. Sci. U. S. A. 11, 463 (1925). — Die Natur des organischen Bodenbestandteiles und die Rolle von Mikroorganismen in seiner Bildung und Zersetzung. Naturwiss. 15, 689 (1927). — Außerdem a. a. O. 1929 [Anm. 3, S. 115].

[5] LATHROP, E. C.: a. a. O. [Anm. 1, diese Seite).

[6] Vgl. den dritten Weg der Synthese huminoider Stoffe, S. 198.

der Mikroorganismen neu erscheinen[1]: zum Abbau von 30—35 Teilen Kohlenhydrate von der Form der Zellulose brauchen die Organismen im Durchschnitt (Pilze und Bakterien gemischt, weshalb nur mit sehr runden Mittelzahlen gerechnet werden kann) nach WAKSMANs Versuchen etwa 1 Teil verfügbaren Stickstoff, für die obigen 70—90 zu verarbeitenden Teile (einschließlich der Kohlenstoffanteile von Proteinen) also 2—2,5 Teile Stickstoff. Dabei entstehen neben den gasförmigen Stoffwechselprodukten 20—30 Teile eines sehr N-reichen (5 bis 10 % N-haltigen) Mikrobenplasmas, von dem gewisse Anteile nach dem Absterben der Organismen der weiteren Zersetzung widerstehen und in Humus übergehen können. Die stickstoffreie Ligninhumusgruppe und die stickstoffhaltige Mikrobenhumusgruppe vereinigen sich dabei zu einer Gesamthumusmasse, in welcher der N-Gehalt je nach dem Mischungsverhältnis beider Anteile sich vermindert und gewöhnlich auf den Durchschnitt von 2—3 % N sinkt. 20 Teile Ligninreste und 10 Teile schwer zersetzliches Mikrobenplasma mit etwa 7 % N-Gehalt würden schließlich also 30 Teile Endhumus mit rund 2 % N ergeben, was auch der Volumenverminderung der organischen Masse beim Humifizierungsprozeß ungefähr entspricht. Ein aus pflanzlichen Proteinresten direkt durch melaninartige Bildung entstehender Humusanteil ist bei dieser Überschlagsrechnung vernachlässigt, da WAKSMAN seine Menge für nicht bedeutend hält.

Auf diesem Wege kommt WAKSMAN unter Zusammenfassung aller bisher bekannten Forschungsergebnisse zu folgender Vorstellung von der Natur der echten Humustoffe: „The soil ‚humus‘ or that part of the soil organic matter which gives to it its dark color and which is more or less resistant to decomposition, is a result of the accumulation of substances of plant origin on the one hand, largely the lignins and to some extent the fats and waxes and perhaps certain nitrogenous substances, and on the other hand, substances synthesized by microorganisms, nitrogenous in nature“[2].

Bei Mitberücksichtigung von tierischen Resten, die viel Eiweißstoffe in den Boden bringen, werden die von WAKSMAN hier nur unbestimmt mit dem Ausdruck „gewisse N-haltige Körper“ belegten Gruppen des früher geschilderten Gerbstoffhumus und des Melaninhumus 1. Ordnung wahrscheinlich etwas stärker hervortreten. Ferner sind, gestützt auf sämtliche bestehenden Anschauungen und deshalb etwas abweichend von WAKSMANs Formulierung, die Hauptgruppen humusliefernder Stoffe (Lignine, Eiweißreste, Gerbstoffe usw.) hier vorläufig noch als „Vorstufen“ der eigentlichen Humusbildung bezeichnet worden, aus denen durch typische, im einzelnen noch nicht völlig aufgeklärte Prozesse erst die echten Humuskörper entstehen, Prozesse, welche in physikalisch-chemischer Richtung ganz allgemein als Kondensation (Inkohlungsvorgang) oder Wechselfällung (Gerbstoff-Eiweiß-Verbindungen) und in biochemischer Richtung als Melaninbildung (fermentative Oxydation von Eiweißresten pflanzlicher, tierischer und mikrobieller Herkunft) betrachtet werden können[3]. Die Entfernung von der „Vorstufe“ zum Humuskörper braucht dabei gar nicht groß und die noch not-

[1] WAKSMAN, S. A.: Einfluß der Mikroorganismen auf das Kohlenstoff-Stickstoff-Verhältnis des Bodens. J. agricult. Sci. (Cambridge) **14**, 555 (1924). — WAKSMAN, S. A. u. H. HEUKELEKIAN: Zelluloseabbau (Mikrobiologische Bodenanalyse VIII). Soil Sci. **17**, 275 (1924). — WAKSMAN, S. A.: Die Zellulose und ihre Zersetzung durch Kleinlebewesen im Boden. Mitt. internat. bodenkundl. Ges. **2**, 309 (1926); Internat. agrikult. wiss. Rdsch., N. F. **2**, 811 (1926). — Zellulose als Quelle von „Humus“ im Boden. Proc. and Pap. 1. Internat. Congr. Soil Sci. **3**, 690 (Washington 1928).

[2] WAKSMAN, S. A.: a. a. O. 1926, Arbeit V, S. 436 [Anm. 4, S. 134]. — Eine etwas längere, aber dasselbe besagende Definition für Humus vgl. bei S. A. WAKSMAN: a. a. O. 1929, S. 190 [Anm. 3, S. 115].

[3] Auch S. A. WAKSMAN gebraucht gelegentlich in bezug auf den vom Lignin abstammenden Humusanteil einen vorsichtigeren Ausdruck: „The lignins or rather that group of com-

wendige Umwandlung quantitativ nicht bedeutend zu sein. Sie würde, wenn Humus wirklich nur ein mechanisch entstandenes Gemenge aus jenen als beständig erkannten Hauptstoffgruppen wäre, überhaupt wegfallen, wofür aber vorläufig noch keine Beweise vorliegen. Im Falle der Melaninhumusbildung aber wird die Gleichsetzung von Vorstufe (Eiweißkörper) und Endstoff (Humuskörper) nicht gut möglich sein. Bei der Ligninhumusbildung kann man nichts voraussagen; hier würde die Gleichsetzung: restliches Lignin = Ligninhumus nur erlaubt sein, wenn eine Ansicht durch Versuchsergebnisse erhärtet werden könnte, die kürzlich erst wieder E. BIILMANN in folgender Weise ausgedrückt hat[1]: „Humus ist ja ein Gemisch, also ist es sehr möglich, daß Humus eine ungefärbte Grundsubstanz enthält, die durch eine dunkle Begleitsubstanz gefärbt ist, und die Farbe dieser Begleitsubstanz ist vielleicht durch chromophore Gruppen gewöhnlicher Art, also evtl. chinoide Gruppen entstanden." Jene ungefärbte Grundsubstanz könnte Lignin sein. Es ist aber augenblicklich vorsichtiger und angemessener, die abbaubeständigen Stoffgruppen der organischen Ausgangsmasse, wie es hier geschehen ist, als Vorstufen zur Humusbildung im Boden zu bezeichnen. —

Der Einfluß der im Boden lebenden Tiere erstreckt sich neben der Veränderung seiner Struktur auch auf die Zerstörung von organischer Masse, hängt also mit der Humusbildung zusammen. Grundsätzlich Neues ergibt die Berücksichtigung dieses Vorgangs aber nicht[2], da der Weg frischer organischer Bestandteile des Bodens durch den Körper z. B. von Würmern oder Insekten nur ein Umweg ist, auf dem die sonst übliche mikrobielle Zersetzung derselben Pflanzenreste nur eingeleitet wird. An den abgeschiedenen Kotteilen greift dann ein Heer Kleinlebewesen an und vollendet erst die Humusbildung. Hierbei ist die Mitwirkung niedrig stehender Tiergruppen (Protozoen) schon durch die Wahl des allgemeineren Ausdrucks „Mikroorganismen" bei unseren Ausführungen mit einbezogen worden. Höhere Tiere und ihre Kotabscheidungen sind Ausgangsmaterial an sich für die Humusbildung. Die dazwischen stehenden Gruppen der Würmer und Insekten sind oft auf Menge und andere Umstände der in ihrem Verdauungskanal umgesetzten organischen Substanz untersucht worden[3]. Zur eigentlichen Humusbildung sind sie aber, wie erwähnt, nicht befähigt, sondern ersetzen nur bis zu einem gewissen Grade die erste mikrobielle Aufschließung der organischen Bodenmasse oder leiten diese ein.

Übersichtlich dargestellt, bewegen sich also die Hauptprozesse, die zur Entstehung von Humus im Boden führen in folgender Richtung:

---

plexes which, for lack of a better name, we may term the lignin-humus complexes. . . ." a. a. O. 1929, S. 181 [Anm. 3, S. 115].

[1] BIILMANN, E.: Diskussionsbemerkung. Verh. 2. Komm. internat. bodenkundl. Ges. Budapest, T. B **1929**, 23.

[2] DARWIN, CH.: The formation of vegetable mould through the action of worms, 1881 (S. 31: Es ist angenommen worden, daß die Flüssigkeit, mit welcher der Wurm die Blätter befeuchtet, deren Zerfall beschleunige, aber eine große Anzahl Blätter wurde zweimal aus den Wurmröhren gezogen und viele Wochen feucht unter einer Glocke gehalten; die Teile, welche vom Wurm befeuchtet worden waren, zerfielen nicht deutlich schneller als die übrigen Teile).

[3] DARWIN, CH.: Trans. geol. Soc. **5**, 505 (1837); a. a. O. 1881 [Anm. 2, diese Seite]. — HENSEN, V.: Über die Fruchtbarkeit des Erdbodens in ihrer Abhängigkeit von den Leistungen der in der Erdrinde lebenden Würmer. Landw. Jb. **11**, 661 (1882). — RAMANN, E.: Bodenkunde, 3. Aufl. (S. 487: Wurmarten; S. 491: Insekten). Berlin 1911. — JEGEN, G.: Die Bedeutung der Enchytraciden für die Humusbildung. Landw. Jb. Schweiz **34**, 55 (1920). — COBB, N. A.: The mononchs, a genus of free-living predatory nematodes (Contribution to a science of nematodology VI, mit 75 Abb.). Soil Sci. **3**, 431 (1917). — FALCK, R.: Denkschrift, a. a. O. [Anm. 4, S. 133]; hier bezüglich Mitwirkung einer Fliege (Ceiara agilii).

1. Mikrobielle Aufschließung der organischen Masse = Bildung von Humusvorstufen. Auseinanderbrechen der pflanzlichen oder tierischen Zellmasse in Stoffgruppen, von denen einige durch besondere Eignung (Beständigkeit gegen weiteren mikrobiellen Abbau, Gehalt an Phenolgruppen usw.) im Verlauf der Prozesse unter 2 Humuskörper ergeben können; ferner Synthese von neuem Plasma in Form von Zellsubstanz der Mikroorganismen, aus dem gewisse Stoffgruppen (hauptsächlich N-haltige) nach Autolyse oder nach Zersetzung durch andere Mikroorganismen ebenfalls Humus bilden können.

2. Eigentliche Bildung von Humuskörpern.

Es wird gebildet	aus Vorstufen, die das ursprüngliche pflanzliche und tierische Material liefert (besonders Lignine, Gerbstoffe, Eiweiß)	aus Vorstufen, die das im Verlauf von Vorgang 1) neu synthetisierte Mikrobenplasma nach dem Tode der Organismen liefert
durch physikalisch-chemische Prozesse	Ligninhumus (N-frei), daneben Gerbstoffhumus (N-haltig im Falle von Eiweißanteilen)	Gerbstoffhumus (2. Ordnung, durch „Gerbung“ von Mikrobeneiweiß)
durch biochemische Prozesse	Melaninhumus aus Eiweißresten; die oxydierenden Fermente dazu liefern die ursprünglichen pflanzlichen oder tierischen Zellen oder (vorherrschend) die Mikroorganismen	Melaninhumus (2. Ordnung) aus Mikrobeneiweiß; die Fermente dafür stammen immer von Mikroorganismen.

Die Bildung von Ligninhumus ist im allgemeinen wohl der im Boden quantitativ vorherrschende Vorgang, zugleich der einzige, der nach der Entstehung der betreffenden Humusvorstufen ohne stoffliche oder biokatalytische Mitwirkung von Bodenorganismen (die in der rechten bzw. in der unteren Hälfte des Schemas entscheidend ist) zustande kommt, so daß hauptsächlich nur dieser Vorgang die Aussicht hat, im Laboratorium mit definierten Ausgangsstoffen auf rein chemischem Wege nachgeahmt zu werden und dabei „künstlichen Humus“ zu liefern. Dieses künstliche Erzeugnis wird aber, wie man sieht, immer nur einem gewissen Anteil des sonst entstehenden natürlichen Humusgemenges entsprechen, also auch nicht dessen sämtliche Eigenschaften getreu zeigen können.

Die Bildung von Melaninhumus (sekundär) aus mikrobiell neu synthetisierter Ausgangsmasse entspricht in unserer Darstellung dem von WAKSMAN betonten, parallel gehenden zweiten, und zwar biochemisch ablaufenden Vorgang. Die anderen Bildungsmöglichkeiten werden aus schon genannten Gründen mehr zurücktreten.

Der Trennungsstrich zwischen physikalisch-chemischen und biochemischen Prozessen darf nicht als besonders scharf gedacht werden, denn es sind Fälle bekannt, bei denen der Reaktionsmechanismus über diese Grenze übergreift: Melaninartige Stoffe können, im Laboratorium wenigstens, auch mit anderen als nur biologischen Katalysatoren gewonnen werden[1]; ferner beobachteten H. PRINGSHEIM und W. FUCHS[2] den bakteriellen Abbau von Ligninsäure, wobei rund 50% der Säure verschwand und ein Teil der zurückgewonnenen Hälfte im Gegensatz zur ursprünglichen Ligninsäure alkohollöslicher und kohlenstoffreicher, also in gewisser Weise humusähnlicher geworden war. Da die ziemlich

[1] Vgl. Vorgang der Melanoidinbildung, S. 197.

[2] PRINGSHEIM, H. u. W. FUCHS: Über den bakteriellen Abbau von Ligninsäuren. Ber. dtsch. chem. Ges. 56, 2095 (1923).

Schema der Umwandlung organischer Substanz und der Bildung von Humusstoffen im Boden (Entwurf MAIWALD).

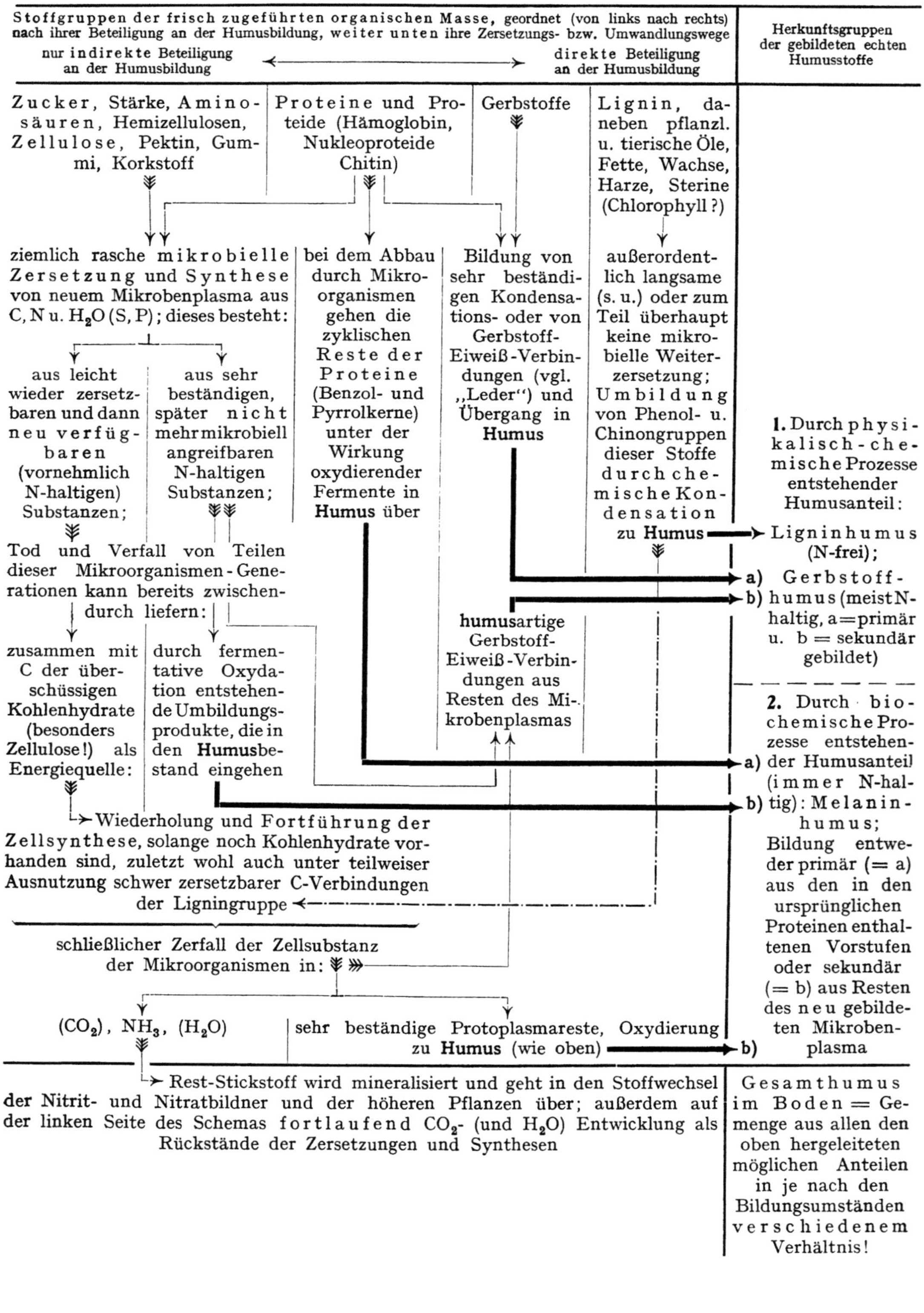

undurchsichtigen Verhältnisse des Bodens für eine gegenseitige Maskierung von chemischen und biologischen Prozessen leider gerade sehr günstig sind, wird man in manchen Fällen nicht sicher sagen können, ob gewisse Veränderungen chemischer oder biologischer Natur sind[1].

Der Gesamtvorgang chemischer und mikrobieller Veränderungen von organischen Bodenbestandteilen ist in dem Schema auf S. 138 zusammengefaßt. Es verfolgt noch genauer als die Übersicht auf S. 137 die Umwandlung sämtlicher Stoffgruppen, schließt sowohl ihre Mineralisierung, wie ihre organische Festlegung in Humusendkörpern ein und gibt eine wenigstens grundsätzliche Vorstellung von den innerhalb des Gesamtablaufs noch möglichen Zwischenvorgängen, bei denen fortlaufend, als Folge des Werdens und Vergehens von Mikrobengenerationen, humusartige Endprodukte entstehen können. Damit werden auch die bisher nacheinander beschriebenen Erscheinungen örtlich und funktionell erst in die richtige Beziehung zueinander gerückt. Das Schema umfaßt auf diese Weise die Hauptmöglichkeiten der Humusentstehung im Boden und gibt in seinen Stichworten ein Bild von der eigentlichen Natur dieses wichtigen Bodenbestandteiles, den man vorläufig als ein Gemenge von mehreren, auf verschiedenen Wegen entstandenen Anteilen in je nach den Bildungsumständen wechselndem Verhältnis ansehen muß.

Gehalt der Böden an organischen Bestandteilen und Methoden zur Bestimmung ihrer Menge und chemischen Beschaffenheit.

Für Angaben sowohl über den „Humusgehalt" von Böden wie über die chemische Natur der gefundenen organischen Stoffe ist die Kenntnis der Methoden, nach welchen solche Ergebnisse gewonnen wurden, vorläufig unerläßlich, weil noch nicht, wie in anderen Gebieten der analytischen Chemie, hierfür eine eindeutige, einigermaßen genaue Untersuchungsmethode besteht, die stillschweigend zugrunde läge, so daß allein die erhaltenen Versuchszahlen gedeutet zu werden brauchten, höchstens mit Berücksichtigung der rein analytischen, geringen Fehlermöglichkeit. Vielmehr hat bei den meisten Angaben über die Menge und Art der organischen Bodenbestandteile die Kenntnis des angewandten Untersuchungsweges bisher noch ebenso viel zu bedeuten wie irgend welche gemessenen Versuchszahlen selbst, und zwar ist dieses aus Gründen, die aus dem hier folgenden Abschnitt hervorgehen, der Fall.

Gehalt der Böden an organischen Bestandteilen.

Die Menge der organischen Bestandteile in einzelnen Bodenarten schwankt in weiten Grenzen und zeigt im allgemeinen keinen Zusammenhang mit seinem anorganischen Aufbau, dem Korngrößenverhältnis der Mineralkörner. Die Eigenschaftsreihe sandig ↔ tonig wird vielmehr oft gerade überkreuzt von der Reihe humusarm ↔ humusreich, so daß der Gehalt an organischer Bodenmasse, mit dem man beim Kulturboden auch gewöhnlich den Begriff der Fruchtbarkeit verbindet, wegen solcher unregelmäßigen Wechselbeziehungen zum anorganischen Bodengerüst durchaus kein untrüglicher Maßstab für bestimmte bodenkundliche Eigenschaften, für Anbaufähigkeit und landwirtschaftliche Verwendung ist. Der Ermittelung des organischen Bodenanteils wurde früher mehr Beachtung geschenkt als heute, wo man weiß, wie unsicher die Methoden dafür sind, und erkennt, daß eine Zahl für den Gesamtgehalt an organischen Stoffen (übrigens fälschlich oft noch als „Humusgehalt" bezeichnet) noch nicht viel über den wahren Gehalt dieses Bodens an echten Humusstoffen aussagen kann, auf

[1] Vgl. ähnliche Schwierigkeiten bei dem System: Boden — Bodenfeuchtigkeit — Bodenorganismen. — BRIERLEY, WM. B.: Trans. Faraday Soc. 17, 300 (1922).

den es ankommt; denn diesen möchten wir unterschieden wissen von dem Anteil der noch unzersetzten oder halbzersetzten organischen Ausgangsstoffe, welche der Jahreszeit oder der Fundstelle nach mehr von Zufälligkeiten abhängen können. Der von früher her übliche Weg, den Boden der Elementaranalyse auf Kohlenstoff zu unterwerfen und von dem gefundenen Kohlenstoff (bzw. dem gewogenen CO_2) auf die organische Masse umzurechnen, enthält auch die in Zukunft nicht aufrecht zu erhaltende Annahme, daß deren Kohlenstoffgehalt rund 58% beträgt[1].

Mit diesen Einschränkungen sind die folgenden, wenigen, z. T. schon alten Zahlen zu betrachten, die den Gehalt an organischer Masse (meist bestimmt als C-Gehalt mal 1,72) in der lufttrockenen Bodenprobe nach Auswahl aus Tabellen von a) v. OLLECH[2], b) E. WOLLNY[3], c) P. KOSSOWITSCH[4],

Bodenart	Bemerkungen über Vorkommen, Anbauwert, Fundort u. a.	Gehalt an organischen Bestandteilen	Angabe entnommen von (vgl. Text)
Lehmiger Sandboden	Weinbergsboden	0,34	a)
Liasverwitterungsboden	fruchtbare Ackererde	0,63	a)
Tonig-lehmiger Boden	Ackerboden, Mittelfranken	0,87	d)
Reiner Sandboden	unfruchtbar, Lauenburg	0,93	a)
Diluvialsandböden	Kiefernboden, Eberswalde	0,56—1,8	b)
Lehmiger Sand des oberen Diluvialmergels	Ackerkrume, Umgegend Berlin (2 Proben)	1,1—1,2	a)
Sandiger Lehmboden	Ackererde, Umgegend Leipzig	1,4	a)
Lößboden	Magdeburger Börde (fruchtbar)	1,8	a)
Roter schwerer Lehmboden	Alluvium, Südharz	2,0—3,5	a)
Alluvium des Nils	Ackererde bei Kairo	2,2	a)
Sandig-lehmiger Tschernosjem	Gouvernement Charkow (geringster Gehalt aus 50 russischen Tschernosjemarten)	2,3	c)
Sandig-lehmige bis tonige Böden	Alluvium, Böhmen und Mähren	2,8	a)
Diluvialböden	kalkhaltig, Umgegend München	2,7—5,0	b)
Sandiger Boden	dänische Heideböden	0,3—3,3	b)
Strenger Lehmboden	Alluvium, Schlesien	3,6	a)
Buntsandsteinboden	Ackerkrume, Württemberg (im Untergrund nur 0,6% org. Best.)	4,0	a)
Tonböden	Alluvium, Umgegend Prag	4,1—6,2	a)
Sandboden	humusreich, Mittelfranken	4,9	d)
Marschboden	Oldenburg (dabei auch Wühlerde)	5,2—6,0	a)
Flußsumpfboden	Oderbruch, Alluvium	5,6	a)
Tschernosjem	Mittelwerte von 50 russ. Proben	6,0—10,0	c)
Moormergel	Jungalluvium, Brandenburg	10,0	a)
Marschboden, frisch eingedeicht	am Dollart, Nordsee	12,0	a)
Sandig-lehmiger Dolomitboden	sehr humusreich, Oberbayern	13,5	d)
Schwach lehmiger Sandboden	Waldboden, Oberbayern	15,0	d)
Tschernosjem	Gouvernement Ufa, Acker (höchster Gehalt aus 50 russischen Tschernosjemarten)	19,8	c)
Buchentorf	Dänemark, z. T. mullartige Proben	34—62	b)
Niederungsmoor	Cunrau	69—75	b)
Niederungsmoor	Donaumoos bei Neuburg	69—78	b)
Hochmoortorf	Oberbayern (12% Wasser, 3% Asche)	85	d)

[1] Über Herkunft dieser Zahl und neuere Anschauungen vgl. S. 144.
[2] OLLECH, V.: a. a. O. [Anm. 3, S. 114].
[3] WOLLNY, E.: a. a. O., S. 193 [Anm. 4, S. 114].
[4] KOSSOWITSCH, P.: Die Schwarzerde (Tschernosiom), Tab. 19. Wien, Berlin u. London 1912; auch Internat. Mitt. Bodenkde. 1, 199 (1912).

d) U. SPRINGER[1] angeben. Sie zeigen die ungemeine Mannigfaltigkeit der Erscheinungen gerade bei den Mineralböden, bei denen der organische Gehalt, der Gehalt an anorganischen Feinbestandteilen (roh durch die Bezeichnungen sandig, lehmig, tonig u. a. ausgedrückt) und der landwirtschaftliche Anbauwert durchaus keine Beziehungen untereinander aufweisen.

Mit den auf S. 145 noch genauer zu besprechenden Methoden hat man versucht, auch die Menge der echten Humusstoffe des Bodens für sich allein zu bestimmen, und sie als „humifizierte Substanz", Humifizierungsgrad, Vertorfungsgrad bei reinen Humusablagerungen bezeichnet. Dazu kann sowohl ihre Löslichkeit in basischen Lösungsmitteln (Ammoniak, Natronlauge, Sodalösung, Pyridin), wie ihre Beständigkeit gegen Reagentien, welche die noch nicht humifizierte Substanz aufzulösen vermögen (Acetylbromid, hydrolytisch einwirkende Schwefelsäure bestimmter Konzentration), oder ihre Oxydierbarkeit durch Wasserstoffperoxyd (mit Messung des entstehenden Kohlendioxyds) benutzt werden. Keine dieser Methoden ist absolut richtig, vielmehr werden wegen der unscharfen Übergänge zwischen Ausgangsmasse, Humusvorstufen und den auf verschiedenen Wegen gebildeten Humusgemengteilen je nach Eigenschaft und Wirkungsbedingungen des Reagens bald schwach oder gar nicht humifizierte Stoffgruppen mit gelöst oder aber schwerer angreifbare Humusendkörper übrig gelassen, so daß der so gefundene humifizierte Anteil, ausgedrückt in Prozenten der gesamten organischen Masse, zwar für die meisten Böden unseres Klimas in dem Bereich von 50—60% liegt, aber je nach der Methode für denselben Boden ebensogut 40% oder 70% lauten kann, wie folgende Auslese aus Ergebnissen von U. SPRINGER[2] zeigt, wobei nur Mineralböden und nur brauchbare Methoden herangezogen worden sind. Nach anderen dort noch geprüften Verfahren erhält man sogar einerseits rund 20% und andererseits rund 90% Humusanteile für dieselben Böden:

	Bodenart (sämtlich aus Süddeutschland)							
	Tonig-lehmiger Boden	Schwach lehmiger Sand-boden	Sand-boden	Ton-boden	Fein-sandiger Lehm-boden	Sandig-lehmiger Dolomit-boden	Sandiger Lehm-boden	Mooriger Wald-boden
Kohlenstoffgehalt in %	0,50	1,10	2,80	3,31	4,37	7,83	8,35	8,59
Gesamtgehalt an organischen Bestandteilen (= % C mal 1,72)	0,87	1,88	4,88	5,75	7,55	13,52	14,42	14,83
Von 100 Teilen des organischen Gesamtgehalts beträgt die „humifizierte Substanz", festgestellt nach den angegebenen Methoden:								
mittels Azetylbromid	57	55	53	50	49	65	49	50
„ Wasserstoffperoxyd	48	50	63	54	56	66	70	?
„ 4—5% Ammoniak (GRANDEAU)	40	58	39	36	59	51	53	47
„ Pyridin (PIETTRE)	47	47	44	56	56	46	47	66
„ 5% NaOH, oxydimetrisch	64	67	71	67	73	77	71	71
„ 5% Na_2CO_3, oxydimetrisch	45	43	47	43	44	51	50	55
Organischer Gesamtgehalt der Böden bei Annahme von 50% C-haltiger organischer Masse (= % gefundener C mal 2,0, vgl. oben)	1,0	2,2	5,6	6,6	8,7	15,7	16,7	17,2

[1] SPRINGER, U.: Die Bestimmung der organischen, insbesondere der humifizierten Substanz in Böden, Tab. 9. Z. Pflanzenernährg. usw. A 11, 313 (1928).

[2] SPRINGER, U.: a. a. O., S. 352, Tab. 9,

Sind nun zwar solche Zahlen über den echten Humusanteil für jeden einzelnen Boden sehr wenig eindeutig und deshalb kaum zu verwenden, so zeigt der Vergleich der Ergebnisse jeder Methode bei diesen Böden mit recht verschieden hohem Humusgehalt, wie doch durchschnittlich die Humifizierung überall denselben Stand erreicht hat und, nach der am meisten aussichtsvollen Acetylbromidmethode gemessen, rund 50—60% beträgt. Diese Einheitlichkeit hängt wohl sicher mit der Herkunft der Böden aus dem gleichen Klimagebiet zusammen, bei denen also trotz verschieden hohen absoluten Humusgehalts der Humifizierungsvorgang ein ziemlich beständiges Gleichgewicht zwischen jährlich zugeführter organischer Masse und daraus entstehenden, bzw. wieder langsam aufgezehrt werdenden Humuskörpern eingeht. Die letzte Zeile dieser Aufstellung ist übrigens mit der Annahme berechnet, daß die organische Masse des Bodens durchschnittlich nur einen Kohlenstoffgehalt von rund 50% besitzt, der Umrechnungsfaktor also 2,0 statt 1,72 für 58% angenommenen C-Gehalt beträgt. Die dadurch um rund ein Siebentel erhöhten Zahlen haben dann etwa dieselbe Berechtigung, wie die in der zweitobersten Zeile aufgeführten organischen Gehalte dieser Böden. Von der Umrechnung auf organische Substanz sollte man deshalb besser ganz absehen und sich auf die Angabe der gefundenen Prozente Gesamtkohlenstoff beschränken.

Mangels ähnlich genauer, neuer Untersuchungen lassen sich für andere Klimagebiete entsprechende Zahlenbeziehungen nicht geben. W. O. ROBINSON[1] findet bei Anwendung der Wasserstoffperoxydmethode auf amerikanische Böden unter den von ihm inne gehaltenen Bedingungen 80—90% der aus der Kohlenstoffverbrennung berechneten organischen Gehaltswerte der Böden und bemerkt selbst, daß damit kein klar definierter Anteil der gesamten organischen Bodenmasse bestimmt sei, jedoch augenscheinlich aber mehr als der echte Humus. F. K. CAMERON[2] gibt als Durchschnitt der Vereinigten Staaten von Nordamerika für die Bodenkrume einen Gehalt von 2,06% und für die tieferen Schichten (subsoil) von 0,83% organischen Bestandteilen an; das sind aber Zahlen, die wegen der Verwischung aller Einzelzüge bei einem derartig großen Gebiet, das auch humusreiche Schwarzerde in seinen Prärien aufweist, nur bedingten Wert haben. Für die russischen Untersuchungen über Tschernosjem und seine Eigenschaften[3] ist die Kenntnis seines organischen Gehalts, der im Mittel bei 6—10% der lufttrocknen Bodenmasse liegt, immer wichtig gewesen; hier haben auch zuerst die Bestrebungen eingesetzt, den Bodenhumus ohne Verwendung starker Reagentien aus dem Boden zu isolieren und zu bestimmen, um dessen Eigenschaften möglichst unverändert zu erhalten[4]. RUSSEL und MCRUER[5] finden bei jungfräulichen Prärieböden, daß dort die jeweilige Textur, d. i. die anorganische Gliederung des Bodens nach Korngrößenklassen, die Grundlage ist, nach welcher sich die Anhäufung von Humusbestandteilen und damit auch von Stickstoff richtet. Nach JOSEPH und WHITFIELD[6] besteht für humusarme schwere Alkaliböden ungefähr eine umgekehrt proportionale Beziehung zwischen Gehalt an Salzen und organischer Masse.

---

[1] ROBINSON, W. O.: The determination of organic matter in soils by means of hydrogen peroxide. J. agricult. Res. **34**, 339 (1927).

[2] CAMERON, F. K.: Vergleich der organischen Bestandteile in verschiedenen Bodentypen. J. Amer. chem. Soc. **27**, 256 (1905).

[3] KOSSOWITSCH, P.: Die Schwarzerde. a. a. O., S. 120 [Anm. 4, S. 140]. [4] Vgl. S. 155.

[5] RUSSEL, J. R. u. W. G. MCRUER: Die Beziehung von organischen Bestandteilen und Stickstoffgehalt zu Bodenart und Bodentyp in jungfräulichen Prärieböden. Soil Sci. **24**, 421 (1927).

[6] JOSEPH, A. F. u. B. W. WHITFIELD: The organic matter in heavy alkaline soils. J. agricult. Sci. (Cambridge) **17**, 1 (1927).

V. AGAFONOFF[1] vergleicht die Verwitterungsdecke auf den aus örtlich anstehendem Gestein aufgebauten Mauerresten einer gallisch-römischen Siedlung mit der Beschaffenheit des natürlichen Wiesenbodens der nahen Umgebung und findet neben der äußeren Ähnlichkeit auch Übereinstimmung im Gehalt an organischen Bestandteilen, nämlich 3,2% im Wiesenboden und 2,9% im Boden auf den Mauerresten, der nicht älter als 2000 Jahre sein kann. In diesem Zeitraum, oder in noch kürzerer Zeit, hat sich also hier das Humusgleichgewicht ebenso eingestellt wie in dem sicher viel älteren, natürlichen Boden der Umgebung. Erwähnt sei, daß nach Beobachtungen von H. MIEHE[2] die in den Blattnischen von humussammelnden Epiphyten aufgespeicherten organischen Reste eine ähnliche Humifizierung durchmachen wie die Umwandlung organischer Masse im Erdboden.

Methoden zur Bestimmung von Menge und Beschaffenheit der organischen Bodenbestandteile.

Der einfache Weg, den organischen Anteil eines Bodens durch den Gewichtsverlust beim Glühen der Bodenprobe zu bestimmen, ist meist nicht gangbar, da Hydratwasser und flüchtige Stoffe dabei ebenfalls weggehen und einen zu hohen Gehalt an organischen Anteilen vortäuschen. H. W. WILEY gibt folgende methodischen Beispiele für die dadurch auftretenden Fehler, die je nach der Vortrocknung des Bodens noch verschieden hoch ausfallen, da zwischen dem üblichen Bereich von 100 bis 150° C schon ein Teil des Hydratwassers ausgetrieben wird[3]:

	Gehalt des Bodens in 100 Teilen		
	Organische Bestandteile, aus der gefundenen Menge Kohlenstoff berechnet	Glühverlust, Bodenprobe vorher getrocknet	
		bis 100° C	bis 150° C
Boden von alter Weide . . .	6,12	9,27	8,50
Ackerboden	2,44	5,95	5,61
Tonboden, Untergrund	0,65	5,82	4,76

Nur bei sandigen, also tonarmen und zugleich humusreichen Bodenarten (Waldboden, Moorerde, Torfboden) kann die Glühverlustbestimmung für praktische Zwecke von Nutzen sein[4], für humusärmere, tonhaltige Böden, also für die Mehrzahl der Kulturböden, ist das Verfahren aber unbrauchbar. D. J. HISSINK[5] nimmt für holländische Böden im Durchschnitt an, daß die Menge des im Glühverlust mit enthaltenen Hydratwassers 6,3% des Tongehalts der betreffenden Bodenprobe beträgt und rechnet für 100 Teile absolut trockenen Bodens dann in der Weise, wie nachfolgendes Beispiel zeigt:

Glühverlust 11,5 Teile; Tongehalt der Bodenprobe 55,0 Teile, davon 6,3% Hydratwasser = 3,5 Teile; also wahre organische Substanz 11,5 minus 3,5 = 8,0 Teile.

---

[1] AGAFONOFF, V.: Sur la limite d'accumulation de l'humus dans les sols à propos d'observations sur des sols de la Nièvre. C. r. Acad. Sci. Paris **176**, 828 (1923).

[2] MIEHE, H.: Kgl. sächs. Ges. Wiss., Math.-physik. Kl. **32**, 376 (1911).

[3] WILEY, H. W.: Principles and practice of agricultural analysis **1**, 352 (1906).

[4] Ausführung vgl. F. WAHNSCHAFFE u. F. SCHUCHT: Anleitung zur wissenschaftlichen Bodenuntersuchung, S. 75, 4. Aufl. Berlin 1924. — J. STOKLASA u. E. G. DOERELL: Handbuch der biophysikalischen und biochemischen Durchforschung des Bodens. Berlin 1926. Die flüchtige Aneinanderreihung zahlreicher Methoden zur Bestimmung des organischen Bodenanteils auf S. 112—132 bedeutet keinen Fortschritt.

[5] HISSINK, D. J.: Diskussionsmitteilung. Verh. 2. Komm. internat. bodenkundl. Ges. Budapest, T. B **1929**, 20.

Der exakte analytische Weg zur Ermittelung des gesamten organischen Bodenanteils ist seine Oxydierung zu Kohlendioxyd und Wasser durch Verbrennung des Bodens und Messung des entwickelten CO_2 unter Berücksichtigung des Karbonatgehalts im Boden. Über methodische Vorteile der trockenen oder nassen Verbrennung unterrichten am besten die neuen gründlichen Untersuchungen von U. SPRINGER in dieser Frage[1]. Das Bestreben nach analytischer Genauigkeit wird aber hierbei empfindlich durchkreuzt, und die zur C-Bestimmung aufgewandte Mühe bei der nachfolgenden Umrechnung auf organische Bodenmasse wenig belohnt durch die Ungewißheit, welchen prozentischen C-Gehalt der organische Anteil der betreffenden Bodenprobe überhaupt besitzt? Seit langer Zeit nimmt man an[2], daß die organische Bodenmasse, d. h. also frische und humifizierte Teile zusammengenommen, 58 % C enthält; dieser Wert wurde aber meist an einem durch Extraktion mit Lösungsmitteln, und zwar besonders Alkalien, aus dem Boden isolierten Teil der gesamten organischen Masse gewonnen und braucht nicht typisch für diese selbst zu sein. Vielmehr wissen wir, daß manche sehr beständigen, in Alkali nicht löslichen Humusstoffe (Humine, Humuskohle, mit 62—66 % C) kohlenstoffreicher und die doch stets vorhandenen, noch nicht völlig humifizierten Anteile (Zellulose mit 44 % C, Pektinstoffe mit rund 40 % C, Lignin mit rund 55 % C) kohlenstoffärmer sind. Wollte man diese Sachlage rechnerisch berücksichtigen, so wären weitere Annahmen über die im Verhältnis zueinander vorhandenen Mengen dieser Stoffgruppen nötig, und zwar noch dazu unter der Voraussetzung, daß dieses Verhältnis bei allen Böden durchschnittlich das gleiche sei, was in verschiedenen Klimaten und angesichts großer, möglicher Unterschiede in der Beschaffenheit der organischen Ausgangssubstanz, wie z. B. absterbender Grasteppich, Ernterückstände und Waldstreu, sicher nicht der Fall ist. READ und RIDGELL[3] glauben, durch eine besondere Kombination von Methoden genaue Zahlen für den Kohlenstoffgehalt organischer Bodensubstanz bieten zu können; er beträgt für 37 amerikanische Böden im Durchschnitt 49,3 %, mit Einzelwerten, die überall zwischen 30,2 und 56,3 % C verstreut liegen. Für tiefere Bodenschichten beträgt er sogar nur im Durchschnitt 39,2 % mit Einzelwerten von 13,3 (!) bis 56,6 % C. Danach dürfte man also höchstens mit einem C-Gehalt von rund 50 % der organischen Bodenmasse rechnen (Faktor: % C mal 2,0, statt % C mal 1,72 wie üblich), doch wird man damit den starken individuellen Unterschieden zwischen den einzelnen Bodenarten auch nicht gerecht[4].

Auf denselben Gehalt von 50 % C bezieht auch C. J. SCHOLLENBERGER eine im Reagensglas auszuführende Annäherungsmethode zur nassen Verbrennung

---

[1] SPRINGER, U.: Die Bestimmung der organischen, insbesondere der humifizierten Substanz im Boden. Z. Pflanzenernährg. usw. A 11, 313 (1928). — Die Bestimmung und Charakterisierung der organischen Substanz im Boden. Ebenda A 12, 309 (1928).

[2] SCHULZE, F.: Anleitung zur Untersuchung der Ackererde auf ihre wichtigsten physikalischen Eigenschaften und Bestandteile. J. prakt. Chem. 46, 241 (1849). — WOLFF, E.: Entwurf zur Bodenanalyse. Z. anal. Chem. 3, 58 (1864) oder Landw. Versuchsstat. 6, 141 (1864). — BEMMELEN, J. M. VAN: Über die Bestimmung des Wassers, des Humus ... im Ackerboden. Landw. Versuchsstat. 37, 279 (1891).

[3] READ, J. W. u. R. H. RIDGELL: On the use of the conventional carbon factor in estimating soil organic matter. Soil Sci. 13, 1 (1922).

[4] Die Richtigkeit der Befunde von READ und RIDGELL hängt wesentlich von der Ausführung der Gesamtbestimmung der organischen Bodenmasse in ihren Beispielen ab, da sie zu ihr ja die durch Verbrennung ermittelte Kohlenstoffmenge in Beziehung setzen, um die C-Prozente zu erhalten. Einige sehr niedrige Gehaltszahlen bei tieferen Bodenschichten, die nur 13—20% C in ihrer organischen Masse haben sollen, mahnen hier zur Vorsicht! Herr Dr. U. SPRINGER, München, stimmte brieflich meiner Ansicht bei.

des Gesamtkohlenstoffs[1]. W. O. ROBINSON[2] kommt im Verlauf von methodischen Untersuchungen zu einem Gehalt von 56—60% C im organischen Anteil von 20 Böden, allerdings unter der Annahme, daß die nach Oxydation und Zersetzung durch Wasserstoffperoxyd im Boden noch übrig bleibende, verbrennliche Masse reiner Kohlenstoff sei, und glaubt damit die alte Ansicht stützen zu können. Bei derartig erheblichen Meinungsverschiedenheiten und wegen der in Zukunft viel mehr zu betonenden grundsätzlichen Forderung, die besonderen Eigenschaften jedes Bodens nicht durch summarische Behandlung zu verwischen, ist also von der Berechnung des Gehalts an organischen Bodenbestandteilen, der ungenau auch „Humusgehalt" genannt wird, abzuraten; man sollte vielmehr nur den durch Elementarverbrennung ermittelten Gesamtkohlenstoffgehalt eines Bodens zu seiner Kennzeichnung angeben.

Die Vorschläge, aus der Menge des im Boden zu findenden organischen Stickstoffs mit einem vereinbarten Verhältnisfaktor auf die Menge der organischen Bestandteile zu schließen, müssen ähnlich beurteilt werden, da der durchschnittliche N-Gehalt der organischen Masse in diesen Untersuchungen sowohl mit 5%[3] als mit 6,24%[4] angenommen wurde. —

Von den Methoden zur Bestimmung des humifizierten Anteils der organischen Substanz, deren wenig einheitliche Ergebnisse an ausgewählten Bodenproben schon auf S. 141 besprochen wurden, hält U. SPRINGER[5] das Verfahren mit Acetylbromid für das aussichtsvollste, bei dem ursprüngliche Pflanzenstoffe, besonders alle noch unveränderten Zellmembranteile, glatt gelöst, die echten Humusstoffe aber nicht angegriffen werden. Diese von P. KARRER für Torf vorgeschlagene Methode[6], bei der nach Herauslösung von noch nicht umgewandelten Pflanzenteilen die humifizierte Substanz übrig bleibt und noch durch Glühen von den Aschenbestandteilen getrennt wird, ist in dieser Ausführung für Mineralböden nicht geeignet, da hier Mineralgerüst und Asche einen zu großen Anteil bilden und auch die schon erwähnte Schwierigkeit mit dem als Glühverlust mitbestimmten Hydratwasser auftreten würde. U. SPRINGER geht

[1] SCHOLLENBERGER, C. J.: Eine Schnellmethode zur annähernden Bestimmung der im Boden enthaltenen organischen Substanz. Soil Sci. **24**, 65 (1927).

[2] ROBINSON, W. O.: The determination of organic matter in soils by means of hydrogen peroxide. J. agricult. Res. **34**, 339 (1927).

[3] SCHOLLENBERGER, C. J.: a. a. O. [Anm. 1, diese Seite].

[4] READ, J. W. u. R. H. RIDGELL: a. a. O. [Anm. 3, S. 144].

[5] SPRINGER, U.: a. a. O. 1928 [Anm. 1, S. 144, 1. Arbeit]; es werden außer dem Verfahren mit Acetylbromid (S. 346) dort folgende Methoden vergleichend geprüft: Methode GRANDEAU (Ammoniakextraktion), Methode PIETTRE (Pyridinextraktion), kolorimetrische Methode mit 5proz. Sodalösung als Extraktionsmittel, oxydimetrische Methode mit Kaliumpermanganat in 5proz. Lösungen von NaOH und Na_2CO_3 als Extraktionsmittel, Wasserstoffperoxydmethode (nach J. KÖNIG bzw. W. O. ROBINSON), Methode LAPICQUE-BARBÉ (Chlorverbrauch aus Natriumhypochlorit). Zu SPRINGERS erschöpfendem Quellenverzeichnis von 50 methodischen Arbeiten zur Humusbestimmung können noch folgende ähnliche Untersuchungen aus jüngster Zeit genannt werden: PAGE, H. J.: Kritische Untersuchungen zur Bestimmung der organischen Substanz im Boden. Verh. 2. Komm. internat. bodenkundl. Ges. Groningen, T. A **1926**, 130. — SCHOLLENBERGER, C. J.: a. a. O. [Anm. 1, diese Seite]. — BORKOWSKI, R.: Untersuchung über die Humusbildung von Torfböden (mit kolorimetrischer Methode nach Zerkleinerung der Masse auf 1 μ Durchmesser und Ausziehen mit 0,74proz. NaOH). Roczn. Nauk Rolnicz. i. Lesnych **18**, 210 (1927). — ROBINSON, W. O.: a. a. O. [Anm. 2, diese Seite]. — KOTZMANN, L.: Vergleichende Untersuchungen über die verschiedenen Humusbestimmungsmethoden. Verh. 2. Komm. internat. bodenkundl. Ges. Budapest, T. A **1929**, 198 oder Mezögazdasági Kutatások (ungar. landw. Forschgn.) **1**, 21 (1928). — STOCKFISCH, K. u. W. BENADE: Untersuchung von Mooren für balneologische Zwecke. Z. angew. Chem. **42**, 663 (1929).

[6] KARRER, P. u. B. BODING-WIEGER: Zur Kenntnis des Lignins. Helvet. chim. Acta **6**, 817 (1923). — KARRER, P., u. FR. WICHNER: Ebenda **4**, 700 (1921).

deshalb bei Mineralböden in folgender Weise vor: Je nach Humusgehalt werden 1—10 g Boden in einem 100 cm³-Kölbchen mit rund 50 cm³ Acetylbromid versetzt und zwei Tage lang im Soxhletapparat bei einer Temperatur von 40° C behandelt. Danach wird die überstehende Flüssigkeit in einen Goochtiegel dekantiert, der Boden mit weiterem Acetylbromid in den Tiegel gespült und damit noch wiederholt nachgewaschen, bis das Filtrat farblos abläuft. Der Rückstand wird gut abgesaugt und bei 90° C (Siedepunkt des Acetylbromids ist 81° C) ½ Stunde getrocknet, dann mit Aether bis zur Farblosigkeit des Filtrats ausgewaschen. Darauf wird der Rückstand samt Asbest des Tiegels in einen Verbrennungskolben überführt und die von U. Springer für die Kohlenstoffbestimmung bevorzugte Verbrennung mit Chromsäure angeschlossen. Der gefundene „Humuskohlenstoff" stammt also aus der humifizierten, vom Acetylbromid nicht gelösten organischen Substanz und kann in diesem Fall mit einiger Berechtigung mit dem bekannten Faktor 1,72 (entsprechend 58% C-Gehalt) auf „Reinhumus" umgerechnet werden. Führt man eine Verbrennung mit demselben Boden ohne Vorbehandlung mit Acetylbromid aus, so erhält man außerdem den organischen Gesamtkohlenstoff und aus dem Verhältnis Humuskohlenstoff : Gesamtkohlenstoff ein weiteres wichtiges Kennzeichen für den Zustand der organischen Bodenmasse.

Zu den Methoden, bei denen durch alkalische Extraktionsmittel, umgekehrt wie beim Acetylbromidverfahren, die Humusstoffe selbst aus der Bodenprobe herausgelöst und danach im Extraktionsmittel bestimmt werden, gehört das viel gebrauchte, aber jetzt in dieser Form verlassene Verfahren von L. Grandeau[1]. Je nach Dauer der Extraktion und der Stärke des Extraktionsmittels und anderen Versuchsbedingungen kommt man bei diesen Methoden zu recht verschiedenen Ergebnissen, da Humusstoffe je nach Herkunft, Alter und Zustandsform in verschiedenem Grade alkalilöslich sind, so daß auf diese Weise zwar wohl stets die leichter löslichen huminsäureartigen Anteile bestimmt, von den in Alkali schwerer löslichen neutralen Huminen aber wechselnde Mengen und daneben übrigens auch Gruppen nicht humifizierter Substanz, wie Oxyzellulosen, mit extrahiert werden. Gegenüber dem von Grandeau angewandten 4—5proz. Ammoniak, das hauptsächlich nur humussäureartige Stoffe löst[2], und der Möglichkeit, mit starken Alkalien, gegebenenfalls unter Überdruck, zu arbeiten, um auch die Humine ganz zu erfassen, hält U. Springer eine halbstündige Behandlung mit 5% Natronlauge für einen gangbaren Mittelweg und empfiehlt im einzelnen folgende Arbeitsweise mit absichtlich großem Überschuß von Lösungsmittel[3]: Je nach dem Humusgehalt werden 1—20 g Boden entsprechend rund 0,2 g organischer Substanz in einem Erlenmeyerkolben mit 100 cm³ 5proz. Salzsäure übergossen, ½ Stunde lang auf 50—70° C erwärmt, in einen Goochtiegel überführt und die Salzsäure durch wiederholtes Dekantieren mit Waschwasser größtenteils entfernt. Hierauf wird der Tiegelinhalt samt Asbest mit Hilfe von

---

[1] Grandeau, L.: Recherches experimentales sur le rôle des matières organiques du sol dans la nutrition des plantes. Ann. Stat. Agron. de l'Est. 1, 224 (1878). Vgl. S. 2 und 95 dieses Bandes.

[2] Neuerdings wieder von Sven Odén [Brennstoffchemie 7, 165 (1926)] zur quantitativen Bestimmung von Gesamthuminsäuren in humusreichem Material in folgender Weise verwendet: Die lufttrockene, feingepulverte, schon von Wachs, Harz und Lignin befreite Substanz wird mit doppelt-normalem Ammoniak auf dem Wasserbade 1 Tag lang und alsdann im Autoklaven unter Druck bei 110° C 3—5 Stunden lang erhitzt. Dann wird zentrifugiert und der Rückstand bestimmt; die Gewichtsdifferenz zur behandelten Ausgangsmenge entspricht den gelösten Gesamthuminsäuren. Nach K. Stockfisch u. W. Benade [Z. angew. Chem. **42**, 663 (1929)] kann die Erhitzung auf dem Wasserbade weggelassen werden, ohne die relative Genauigkeit der Methode zu schädigen.

[3] Springer, U.: a. a. O., S. 340 [Anm. 1, S. 144, 1. Arbeit].

100 cm^3 5proz. Natronlauge in den Kolben zurückgespült und die Flüssigkeit mit aufgesetztem Trichterchen zur Rückleitung von Kondensationswasser genau $^1/_2$ Stunde auf dem Drahtnetz im Sieden gehalten. Man bringt den Extrakt samt Bodenkörper möglichst vollständig in einen 250 cm^3-Kolben und füllt unter Berücksichtigung des Volumens der Bodenprobe, nämlich 2,5 g Boden entsprechend 1 cm^3 Mehrvolumen, zur Marke auf. Nach beendeter Sedimentation des Bodens, die meist schon nach 24 Stunden erfolgt ist, wird ein größerer Teil der überstehenden dunklen, aber klaren Flüssigkeit vorsichtig abgehebert und zur Bestimmung der gelösten Humusstoffe verwandt. Diese erfolgt am sichersten nicht auf gewichtsanalytischem Wege, bei dem leicht Störungen durch nicht abgesetzte Tonteilchen auftreten können, sondern durch oxydimetrische Bestimmung mit n/100 Kaliumpermanganat, nach dem von C. ASCHMANN und H. FABER[1] empfohlenen und von U. SPRINGER im Rahmen dieses gesamten Analysenganges noch verbesserten Verfahren.

S. A. WAKSMAN zieht ebenfalls Natronlauge dem Ammoniak zur Extraktion vor, da man damit mehr Humusstoffe herauslöst und außerdem deren Stickstoffgehalt bestimmen kann, ohne, wie im Falle von Ammoniak, ein Zurückhalten von Stickstoff aus dem Extraktionsmittel durch die Humusstoffe und damit einen Fehler in der Bestimmung befürchten zu müssen. Er hält wesentlich andere Versuchsbedingungen inne als U. SPRINGER und teilt durch fraktionierte Ausfällung den extrahierten Humus in eine α-Fraktion und eine β-Fraktion in der Weise[2], daß er keine Vorbehandlung mit verdünnter Salzsäure vornimmt, da diese die Menge der extrahierbaren Stoffe angeblich nicht erhöht, sondern mitunter sogar erniedrigt. 50 g Boden werden mit 50 cm^3 einer 2,5proz. Natronlauge im Autoklaven bei 1 Atm. Druck $^1/_2$ Stunde lang extrahiert und dann 48 Stunden stehengelassen. Die überstehende Lösung wird abfiltriert und die Extraktion mit neuen 50 cm^3 des Extraktionsmittels unter den gleichen Bedingungen wiederholt. Der zweite Extrakt wird durch dasselbe Filter geschickt, der Boden selbst auf das Filter gebracht und mit Lauge und zuletzt mit destilliertem Wasser gewaschen. Dem Gesamtfiltrat wird warme 10proz. Salzsäure zugesetzt, bis sich ein Niederschlag bildet, darauf noch einmal eine gewisse, der Hälfte der bis dahin verbrauchten Säure entsprechende Menge Säure zugefügt und das Ganze geschüttelt, wobei ein Teil des Niederschlags wieder in Lösung gehen kann. Der Niederschlag wird filtriert, gewaschen, 12—14 Stunden bei 65—70° C getrocknet und gewogen; er ist die α-Fraktion der Humusstoffe mit einem niedrigen Aschengehalt von gewöhnlich 0,8—1,5 % und einem Stickstoffgehalt von 2,8—3,5 %. Das noch rotbraune Filtrat wird alsdann mit 2—3proz. Natronlauge sorgfältig neutralisiert, wobei sich die β-Fraktion abscheidet, die ebenfalls filtriert, bei 90—100° C getrocknet und gewogen wird. Sie besteht nur zu 30—50 % aus organischen Stoffen, das übrige bilden Al_2O_3 und zweiwertige Basen, der Stickstoffgehalt beträgt nur 0,8—1,5 %. Nach U. SPRINGER[3] ist es zweifelhaft, ob diese β-Fraktion nicht erst im Verlauf der Extraktion unter der Einwirkung der Natronlauge entsteht, und zwar z. T. aus Huminsäuren, z. T. aus unzersetzten oder schwach zersetzten Stoffen von labiler Konstitution, nämlich durch chemische Umwandlung oder durch Änderung des Dispersitätsgrades. In diesem Falle wäre die Vorstellung hinfällig, daß bereits im Boden eine gewisse Menge β-Fraktion der Humusstoffe vorläge, im Mineralboden z. B. mehr als im Torf, wie WAKSMAN fand. —

[1] ASCHMANN, C. u. H. FABER: Zur Bestimmung der Humussubstanz in der Ackererde. Chemiker-Ztg. **23**, 61 (1899).

[2] WAKSMAN, S. A.: Method of determining humus in the soil (On the origin and nature of soil organic matter or soil „humus" II). Soil Sci. **22**, 221 (1926).

[3] SPRINGER, U.: a. a. O., S. 316 [Anm. 1, S. 144, 2. Arbeit].

Von besser definierten Stoffgruppen der organischen Ausgangssubstanz können hauptsächlich Pentosane, Zellulose und der Methoxylgehalt als Maßstab für Lignine nach Methoden der organischen und technischen Chemie bestimmt werden. Diese Verfahren finden meist mehr auf reine Humusablagerungen (Waldstreu, Moorboden, Torf) Anwendung, weil dort die Verhältnisse wegen des Fehlens eines überwiegenden anorganischen Anteils, wie ihn das Mineralgerüst des gewöhnlichen Bodens darstellt, für solche Untersuchungen günstiger liegen. So enthalten die Sphagnen, die Haupttorfbildner des Hochmoors, beträchtliche Mengen Pentosane, z. B. Sphagnum cuspidatum 14,7 % desselben, deren Abnahme bis auf etwa 2 % bei zunehmender Vertorfung analytisch gut verfolgt werden kann und ein Urteil über Alter und Reife eines Torfes erlaubt (vgl. Pentosanbestimmung nach Tollens: Destillation mit 12proz. Salzsäure, Fällung des übergehenden Furfurols mit Phloroglucin und Wägung des Phloroglucids; siehe auch Schwalbe und Sieber[1], mit Angaben über die bis ins kleinste festgelegten Abmessungen der dazu nötigen Apparatur bei dieser auf Vereinbarung beruhenden und von den technischen Versuchsbedingungen abhängigen Methode). Die Zellulose kann durch quantitative Verzuckerung gemessen[2] oder im Sinne der Verfahren zur Ermittelung des Vertorfungsgrades durch Wägung des Rückstandes nach einer in folgender Weise geleiteten Säurehydrolyse bestimmt werden[3]: Es wird die Substanz in 72proz. Schwefelsäure bis zur Zerstörung von vorher etwa erkennbarer Zellstruktur gelöst, dann die Lösung mit Wasser bis zu einer Konzentration von 2—3 % Schwefelsäure verdünnt, 5 Stunden gekocht, danach filtriert, getrocknet, gewogen, verascht und die Asche zurückgewogen. Das Verfahren ist also der Acetylbromidmethode auf S. 145 grundsätzlich ähnlich und müßte für Mineralböden gegebenenfalls in entsprechender Weise durch eine sich anschließende Kohlenstoffverbrennung erweitert werden. Die Methoxylbestimmung nach Zeisel-Fanto und ihre gewisse Schwierigkeiten enthaltende Anwendung auf die Ermittelung der Methoxylgruppen von Ligninen unterzieht W. Fuchs[4] einer methodischen Besprechung. S. Odén und S. Lindberg[5] lösen aus Torf oder auch zum Vergleich aus frischem, unvertorftem Pflanzenmaterial in einem Analysengang nach einander folgende Stoffgruppen heraus: Wachs, Harz, usw. durch 6—8stündige Aetherextraktion; Lignine durch 12stündiges Erhitzen mit viel schwefliger Säure in Autoklaven, der abfiltrierte Extrakt enthält neben Lignin aber auch hydrolisierte Pentosane und Hexosane; die Gesamthuminsäuren durch Erhitzen mit 2 *n*-Ammoniak und Zentrifugieren des Gemisches[6], die alkalische Lösung enthält dann die Huminsäuren, aber auch Pektinsäuren; Zellulose durch 3stündiges Digerieren des Rückstandes mit Schweitzers Reagens; es verbleibt dann noch ein kleiner unlöslicher Rest, bei Torf im Betrage von 10—20 %, bei vergleichsweise untersuchtem Haferstroh nur 1 % der Ausgangsmenge.

---

[1] Schwalbe u. Sieber: Die chemische Betriebskontrolle in der Zellstoff- und Papierindustrie, S. 88. 1922.

[2] Kiesel, A. u. N. Semiganowski: Zellulosebestimmung durch quantitative Verzuckerung. Ber. dtsch. chem. Ges. **60**, 333 (1927).

[3] Keppeler, G.: Bestimmung des Vertorfungsgrades von Moor- und Torfproben. Mitt. Ver. Fördg. Moorkultur i. Dtsch. Reiche **1920**, 3 oder J. Landw. **68**, 43 (1920). — Blacher, C.: Zur Bestimmung des Vertorfungsgrades der Moorsubstanz. Brennstoffchemie **6**, 49 (1925).

[4] Fuchs, W.: Die Chemie des Lignins, S. 52. Berlin 1926. — Die Methode selbst ist auch zu finden bei A. Kirpal u. Th. Bühn: Ber. dtsch. chem. Ges. **47**, 1084 (1914) oder bei Houben-Weyl: Die Methoden der organischen Chemie **3**, 144. Leipzig 1923.

[5] Odén, S. u. S. Lindberg: Einige Torfanalysen im Lichte neuzeitlicher Theorien der Kohlebildung. Brennstoffchem. **7**, 165 (1926).

[6] Vgl. Anm. 2, S. 146.

E. C. SHOREY[1] bedauert, im Sinne des Kulturwertes des Bodens gesprochen, daß auf die doch sehr unsichere Bestimmung von humifizierten Stoffen im Boden im allgemeinen mehr Wert gelegt wird, als auf die Ermittelung des noch nicht umgewandelten organischen Anteils nach Menge und Beschaffenheit, denn dieser verdiene die größere Beachtung. Es kann nach ihm nicht deutlich genug betont werden, daß vom biologischen und biochemischen Standpunkt aus Menge und Art des noch unzersetzten organischen Ausgangsmaterials als Stoff- und Energiequelle das Wichtigste für den Boden ist, während die Humifizierung eine untätige, schwer zersetzliche Masse daraus entstehen läßt. — Die eben erwähnten Analysenmethoden könnten hierin Abhilfe bringen, ebenso die Bestimmung des Verhältnisses Humuskohlenstoff zu Gesamtkohlenstoff[2].

Verfahren zur Bestimmung des „Säuregehalts" von Böden haben eine zu lose Beziehung zur eigentlichen Menge der Humusstoffe, um hier aufgenommen werden zu können. Dies gilt auch für humusreiche Ablagerungen, wo zwar ein engeres Verhältnis zwischen Humusanteil und Azidität vorliegen kann, was aber nicht bis zu solcher Proportionalität geht, daß die Aziditätsbestimmung den Maßstab für die vorhandene Humusmenge abgeben kann.

Gewinnung von Ausgangsmaterial für chemische Untersuchungen an Humusstoffen.

Die wissenschaftliche Forschung über die chemische Natur der echten Humusstoffe steht vor der eigenartigen Sachlage, daß reines, natürliches Ausgangsmaterial für molekular-chemische, dispersoid-chemische oder sonst erwünschte Untersuchungen nicht zur Verfügung steht, sondern daß die zu prüfende Humussubstanz erst aus dem Boden isoliert werden muß, wo sie im Gemenge mit dem noch unzersetzten organischen Anteil, den löslichen Salzen und dem Mineralgerüst vorliegt. Die Folge davon ist, daß dieselben Methoden, vornehmlich der oben beschriebene Weg der Extraktion mit Alkali, welche zur quantitativen Bestimmung von Humusstoffen ohne genauere Berücksichtigung ihrer stofflichen Qualität dienen und dafür ausreichend sind, auch zur Darstellung von Humusstoffen aus dem Boden zum Zwecke weiterer qualitativer Untersuchungen an ihnen verwendet werden. Dies ist ein Umstand, der meist stillschweigend hingenommen wird, aber doch für den augenblicklichen Stand vorliegenden Gebietes sehr kennzeichnend ist. Die methodischen Erfahrungen der physikalischen Chemie geben manches Beispiel dafür, daß der Frage, was eine unbekannte, zu prüfende Erscheinung oder ein Stoff sei, meist erst die andere Frage, wie man diese betreffende Erscheinung oder den Stoff zu messen habe, vorangestellt werden mußte, um erst nach exakter Erledigung der zweiten Frage mit Erfolg an die Lösung der ersten herangehen zu können. Wollte man diesen Weg auf die im übertragenen Sinne etwa ähnliche Sachlage bei der Humusforschung anwenden, so zeigt sich dies: solange es nicht möglich ist, x g des quantitativ aus 100 g einer Bodenprobe abgetrennten reinen, natürlichen, unveränderten Humusanteils, womöglich noch zerlegt in seine Hauptherkunftsgruppen[3], dem Spezialforscher als Ausgangspunkt für die weiteren Untersuchungen vorzulegen — wovon man angesichts der Willkürlichkeit der oben beschriebenen messenden Methoden für den Humusgehalt im Boden noch weit entfernt ist —, solange werden Konstitutionsforschungen mit den größten Schwierigkeiten zu kämpfen haben. Tatsächlich

---

[1] SHOREY, E. C.: Report on the determination of organic matter from the laboratories of soil fertility investigations, U. S. Department of Agriculture. Verh. 2. Komm. internat. bodenkundl. Ges. Budapest, T. B 1929, S. 87.

[2] Vgl. S. 146. [3] Vgl. Schema S. 138.

sind schon mehrfach Bedenken erhoben worden[1], ob die durch alkalische Extraktion gewonnenen Humusstoffe die genauere Prüfung auf chemische Konstitution und Molekulargewicht überhaupt lohnen, weil sie bereits durch den Extraktionsvorgang gegenüber dem im Boden bestehenden Zustand verändert sein könnten, und weil außerdem die Frage, was zufällige, mitgeschleppte Verunreinigung und was konstituierender Bestandteil ist, in vielen Fällen noch nicht geklärt werden kann.

Die schon von den Forschern des vorigen Jahrhunderts, BERZELIUS, MULDER, HERMANN u. a., ausgeführte übliche Isolierung der echten Humusstoffe aus dem Boden und ihre Zerlegung in Hauptgruppen, die dann getrennt weiter untersucht werden können, geht grundsätzlich den folgenden Weg, der sich auf ihre verschiedene Löslichkeit in Alkalien und Alkohol stützt:

Den Ausgangspunkt bildet humushaltiger Naturboden, und zwar vorzugsweise humusreiche Ablagerungen wie Torf. Der Ausgangsstoff ist also niemals frei von Aschenbestandteilen und von noch nicht vollständig humifizierten organischen Resten, deren Verhalten gegenüber den angewandten Lösungsmitteln ungewiß ist. Durch Behandeln mit verdünnter Säure und anschließendes Auswaschen werden Karbonate, adsorbierte Basen und Elektrolyte entfernt bzw. nach rein chemischer Auffassung werden die Huminsäuren aus den mit zwei- und dreiwertigen Basen gebildeten Humaten und hymatomelansauren Salzen in Freiheit gesetzt. Die Trennung erfolgt durch Extraktion mit verdünnten Alkalien in:

I. Humine (Humuskohle) = alkaliunlöslicher Anteil der Humusstoffe (aber in konzentrierteren oder heißen Alkalien zum Teil löslich), meist vermischt mit unlöslichen Anteilen unzersetzter organischer Substanz. Der C-Gehalt der Humine ist hoch, er liegt um 65% herum. Ein Teil dieser Kohlenstoffverbindungen kann im Mineralboden nur schwer oder gar nicht von den feinsten Mineralbestandteilen (Kolloiden) getrennt werden, sondern bildet mit diesen zusammen den „adsorbierenden Komplex". Im gesamten Analysengang verbleibt dieser alkaliunlösliche Humusanteil unbeachtet im Extraktionsrückstand, obwohl er gar nicht gering ist; man faßt ihn als „schwerlösliche Modifikation" der Huminsäuren oder als deren Anhydrid auf; wiederholte Extraktion mit Alkali kann weitere Anteile löslich machen, so daß keine scharfe Grenze zur Humussäure (der nächstverwandten Huminsäure, siehe u.) besteht.

II. Huminsäuren = alkalilöslicher Anteil der Humusstoffe. Durch Absitzenlassen, Filtrieren oder Zentrifugieren wird der alkalische Extrakt von den Huminen und Mineralteilen eines Bodens abgetrennt und enthält damit allein die Huminsäuren, daneben aber auch alkalilösliche Verbindungen aus unzersetzter organischer Masse, und bei der üblichen Gewinnung aus Moostorf, besonders Beimengungen alkalilöslicher Kohlenhydrate (Xylan, Araban), worauf G. KEPPELER[2] hinweist, und von Pektinsäuren. Der braunschwarze Extrakt wird angesäuert und dadurch geschieden in:

a) Wasserlösliche Huminsäuren, die beim Ansäuern nicht ausfallen, sondern gelöst bleiben. Sie geben dem sauren Filtrat eine gelbe Farbe (Fulvosäuren nach SV. ODÉN), haben niedrigen C-Gehalt und werden als Stufen einer weniger weit fortgeschrittenen Humifizierung betrachtet;

b) nicht-wasserlösliche Huminsäuren, auch „rohe Humussäure" genannt, die beim Ansäuern von Extrakt II als schleimiger, schwarzbrauner Niederschlag ausfallen und durch Zentrifugieren von den löslichen Huminsäuren a) getrennt werden können. Durch siedenden Alkohol wird b) weiter zerlegt in:

---

[1] Siehe S. 154. [2] KEPPELER, G.: a. a. O. [Anm. 3, S. 148].

1. Hymatomelansäuren = in Alkohol löslich, aber nur anfangs, nach dem Trocknen dagegen schwer oder unlöslich in Alkohol werdend, mit einem C-Gehalt von etwas über 60%;

2. Humussäuren = in Alkohol unlöslich, mit einem C-Gehalt von rund 58%. Durch Wiederlösen in Lauge erhält man eine Alkalihumatlösung. Sie ist der hauptsächliche Ausgangspunkt für viele Forschungen über die chemische Natur des „Humus", oder besser gesagt, des auf diese Weise fraktionierten Humusanteils im Boden. Der Weg der Gewinnung solcher Humussäure sei deshalb mit den Einzelanweisungen SVEN ODÉNs hier als Beispiel gegeben, da die Kenntnis dafür für die Beurteilung anderer Forschungsrichtungen nützlich ist[1].

Darstellung von Humussäure nach SVEN ODÉN: Eine Methode, völlig „reine Humussäure" zu erhalten, ist nicht bekannt. Man tut im allgemeinen gut, von solchen pflanzlichen Überresten auszugehen, welche genügend lange Zeit der Luft und dem Wasser ausgesetzt gewesen sind, um „gut humifiziert" zu sein. Denn da besonders die Pektinsäuren von Humussäure schwer zu trennen sind, jene aber mit der Zeit wohl in Humus umgewandelt werden, erhält man aus älterem Material verschiedener Herkunft eine Humussäure von konstanteren Eigenschaften, als wenn man z. B. von rezentem Torf ausgeht.

Die am besten naturfrische und nicht getrocknete Probe wird, wenn sie aschenreich, besonders reich an Kalk ist, erst mit verdünnter, etwa einprozentiger Salzsäure verrührt und auf ein Filtriertuch gebracht, wonach zuerst mit Salzsäure bis zum Verschwinden der Kalkreaktion im Filtrat, dann mit Wasser bis zum „Durchgehen" der Humusstoffe gewaschen wird. Liegen, wie besonders beim Sphagnumtorf, ziemlich aschenarme Humusablagerungen vor, dann kann diese Behandlung mit Säure, wodurch die Humate und hymatomelansauren Salze zersetzt werden, fortfallen.

Es wird dann mit reinem Wasser zu einem dicken Brei verrührt und unter Rühren bis zum Sieden des Wassers erhitzt. Man fährt damit etwa eine halbe Stunde fort, wobei das verdampfende Wasser, da die Masse nicht eintrocknen darf, ersetzt wird. Durch diese Behandlungsweise wird erreicht, daß ein Teil der Humuskolloide in nicht wieder dispergierbare Koagulate übergeht.

Sodann wird der warme Brei entweder, um kieselsäurefreie Präparate zu erhalten, mit 4 *n*-Ammoniak im Überschuß oder, wenn man besonders stickstofffreie Präparate erstrebt, mit NaOH ausgerührt und über Nacht an einem warmen Platze bei etwa 30—80° C stehen gelassen. Dadurch bildet die schwerlösliche Humussäure mit Ammoniak lösliches Ammoniumhumat (bzw. mit NaOH Na-Humat), aber gleichzeitig gehen auch kolloide Stoffe, teils mit, teils ohne Mitwirkung des Alkalis, in Lösung. Unter diesen letzteren befinden sich harzartige Substanzen sowie die Hymatomelansäure. Durch Zentrifugieren wird der unlösliche Rest von der Flüssigkeit getrennt. Durch wiederholte Behandlung dieses Restes mit Lauge kann man aufs neue Humussäure entziehen und erst nach 15—20maliger Behandlung sind die alkalilöslichen Bestandteile, praktisch genommen, entfernt..

Die vereinigten Ammoniakextrakte[2], welche eine braune, fast schwarze Flüssigkeit bilden, werden dann mit NaCl bis zur Konzentration 2 n versetzt und in Ruhe stehen gelassen. Die kolloiden Substanzen flocken hierbei aus; da aber die Koagulationsflocken fast dasselbe spez. Gewicht wie die Flüssigkeit besitzen und sehr langsam sedimentieren, verfährt man am besten so, daß die Flüssigkeit

[1] ODÉN, SVEN: Die Huminsäuren; chemische, physikalische und bodenkundliche Forschungen. Kolloidchem. Beih. **11**, 75 (1919) oder Sonderausgabe aus d. Kolloidchem. Beih., Dresden u. Leipzig 1919 oder (unverändert) 1922, S. 54 d. Sonderausg.

[2] Für die Extraktion mit NaOH gilt im folgenden dasselbe.

eine Woche lang so gut wie möglich vor inneren Strömungen geschützt wird, wobei sich das Koagulat auf dem Boden sammelt. Dann wird die überstehende Lösung vorsichtig abgehebert und außerdem zentrifugiert.

Die Lösung versetzt man bis zu deutlich saurer Reaktion mit HCl, läßt sie einige Stunden stehen und scheidet dann die schleimige, dunkelschwarzbraune Fällung, welche die freie Humussäure und Hymatomelansäure enthält, durch Zentrifugieren von der gelben Flüssigkeit ab. Diese enthält außer den anorganischen Salzen die „Fulvosäuren".

Die Fällung wird danach mehrmals mit siedendem Alkohol ausgewaschen, wodurch die Hymatomelansäure entfernt wird. Man darf diese Auswaschung nicht ins Unbegrenzte fortsetzen, denn die freie Humussäure gibt, ohne sich in Alkohol zu lösen, damit teilweise eine Suspension, die schwer sedimentiert.

Die Humussäure wird dann in Lauge gelöst und stellt nun eine von Kolloiden fast ganz freie Alkalihumatlösung dar. —

Die Menge der auf diese Weise aus humusreichen Ablagerungen extrahierbaren „rohen Humussäure" (Humussäure + Hymatomelansäure + alkalilösliche Verunreinigungen) hängt von der Herkunft der Probe und dem Extraktionsverfahren ab und beträgt meist 10—30% der Probe (bei mehrfacher Behandlung mit Lauge):

Extrahierte Probe	Extraktionsmittel	Gehalt an „roher Huminsäure" %
Subatlantischer Sphagnumtorf . . .	10 proz. Natronlauge	6,6
„ „ . . .	20 proz. „	8,9
Moostorf (Hochmoor b. Bremen) . .	4 proz. Ammoniak	rund 10,0[1]
Subborealer Sphagnumtorf	10 proz. Natronlauge	18,6
„ „	20 proz. „	21,4
Sumpfniedermoortorf	20 proz. „	32,0
Vaginatum-Moortorf	20 proz. „	23,7

Während diese Forschungsrichtung sich also bemüht, ein möglichst reines Präparat „Humussäure", gleichgültig woher, darzustellen und ihre Aufmerksamkeit unter Übergehung der übrigen Humusanteile hauptsächlich auf ihre weitere Prüfung richtet, haben O. SCHREINER und E. SHOREY einen ähnlichen Analysengang auf einen Mineralboden mit nur rund 2% Gehalt an organischen Bestandteilen angewendet[2]. Sie bestimmen dabei auch die Menge Kohlenstoff in jeder der einzelnen Fraktionen und machen darauf aufmerksam, daß überall in den üblichen Extraktionsgruppen auch die Humusbegleitstoffe auftreten können, von denen sie eine ganze Reihe isolierten und definierten, während sie die eigentlichen Humusstoffe als „Komponenten unbekannter Identität" bezeichnen und auf ihre Prüfung verzichten. Die Belegzahlen für die Verteilung des Kohlenstoffs auf die einzelnen Fraktionen ist in der folgenden Übersicht das wichtigste:

Ausgangspunkt: Mineralboden mit 0,955% organischem Gesamtstickstoff (= 100 Teile Gesamt-C für die weitere Berechnung). Durch Extraktion mit 2 proz. Natronlauge wird die organische Masse geteilt in:

---

[1] EHRENBERG, P. u. F. BAHR: Beiträge zum Beweis der Existenz von Humussäuren und zur Erklärung ihrer Wirkungen vom Standpunkt der allgemeinen und theoretischen Chemie. J. Landw. 61, 427 (1913). Die übrigen Zahlen dieser Tabelle nach E. MELIN u. G. LARSSON: Untersuchungen im SVEN ODÉNschen Laboratorium; zit. nach SVEN ODEN: a. a. O., S. 83 [Anm. 1, S. 151].

[2] SCHREINER, O. u. E. C. SHOREY: Chemical nature of soil organic matter. U. S. Dep. Agricult. Bur. Soils Bull. 74, 47 (Washington 1910).

I. Unlöslicher organischer Anteil, enthält 24 Teile vom Gesamt-C. Komponenten unbekannter Beschaffenheit (sonst: „Humine" genannt).

II. Alkalilösliche organische Masse, enthält 76 Teile vom Gesamt-C, sie wird durch Ansäuern und Filtrieren getrennt in:

a) saures Filtrat, enthält 39 Teile vom Gesamt-C; die Hauptmenge ist nicht identifizierbar, daneben treten zahlreiche definierte Humusbegleitstoffe[1] auf (sonst zusammengefaßt als „Fulvosäuren" nach SVEN ODÉN);

b) Niederschlag, enthält 37 Teile vom Gesamt-C; er wird durch siedenden Alkohol getrennt in:

1. alkohollöslicher Anteil, er enthält 21 Teile vom Gesamt-C (sonst „Hymatomelansäuren" genannt). Die Extraktion mit Petrolaether ergibt noch eine Fraktionierung in:

α) Petrolaether-unlöslicher Anteil, er enthält 19 Teile vom Gesamt-C, daraus sind einige definierte wachsartige Humusbegleitstoffe isoliert;

β) Petrolaether-löslicher Anteil, er enthält 2 Teile vom Gesamt-C, hieraus sind zahlreiche Humusbegleitstoffe isoliert;

2. alkoholunlöslicher Anteil, er enthält 16 Teile vom Gesamt-C und ist von unbekannter Beschaffenheit (sonst „Humussäuren" genannt).

Der Vergleich dieser Arbeitsweise mit der „Humussäure-Forschung", der bisher fehlte, weil beide Richtungen sich ziemlich fremd gegenüberstehen, zeigt zwei bemerkenswerte Punkte. Es scheint nämlich, daß die von SCHREINER und SHOREY mit den Namen, „Komponenten unbekannter Beschaffenheit" belegte und von Sv. ODÉN und vielen Vorläufern als Humussäure bezeichnete Fraktion IIb2[2] noch am ehesten rein gewonnen werden kann, jedenfalls keine von den sonst gefundenen Humusbegleitstoffen als Beimengungen enthält, so daß sie ein ganz günstiger Ausgangspunkt für Konstitutionsuntersuchungen wäre. Fulvosäuren und Hymatomelansäuren sind dagegen nach SCHREINER und SHOREY gewöhnlich reichlich mit Humusbegleitstoffen gemengt; der alkaliunlösliche Anteil ist wegen der Schwerlöslichkeit und der Vermischung mit unzersetzten organischen Ausgangsstoffen ebenso wenig zu weiteren Untersuchungen geeignet. Ferner scheint die Menge des Niederschlags IIb nach Ansäuerung des Alkaliextrakts für Mineralböden einerseits und humusreiche Ablagerungen andererseits ungefähr im gleichen Bereich zu liegen, denn sie beträgt unter Vernachlässigung des verschieden hohen prozentigen C-Gehaltes der einzelnen Fraktionen bei SCHREINER und SHOREY rund 40% und bei MELIN und LARSSON bis zu 30% der organischen Gesamtmasse[3]. Nach Abtrennung der Hymatomelansäure, wofür bei den beiden letzten Autoren leider keine Zahlen vorliegen, könnte der Anteil der eigentlichen Humussäure an der organischen Masse im Mineralboden wie im Torf ungefähr der gleiche sein. Diese Übereinstimmung bedeutet, daß man bei Verwendung der bequemer und in größerer Menge isolierbaren Humussäure aus Torf als Ausgangspunkt für die Untersuchung dieses charakteristischen Humusanteils sich etwa im gleichen Verhältnis zum Gesamthumus bewegt wie im Mineralboden. Das ist ein Umstand, der die neuerdings[4] manchmal betonte Kluft zwischen der Forschung Sv. ODÉNscher Richtung und den Verhältnissen im durchschnittlichen Boden weniger groß erscheinen läßt. Es zeigt sich allerdings ebenso deutlich, daß in beiden Fällen, auch bei Darstellung von Humussäure aus Mineralboden, die Ergebnisse nur für rund 10—20% der jeweils vorhandenen organischen Gesamtmasse zutreffen

[1] Zusammensetzung dieser Humusbegleitstoffe s. u. S. 158.
[2] Nach obiger Anordnung, S. 150 bzw. 153.
[3] Siehe oben Tab. S. 152 und dortige Anm. 1, Torf aschefrei gerechnet.
[4] WAKSMAN, S. A.: a. a. O. in mehreren Arbeiten [Anm. 4, S. 134]. — PAGE, H. J.: a. a. O., S. 276 [Anm. 2, S. 115].

können, während der überwiegende Teil des organischen Kohlenstoffs in Verbindungen steckt, zu deren Aufklärung noch wenig (Hymatomelansäure) oder gar nichts (Humine, wasserlösliche Huminsäuren) unternommen wurde, oder in Verbindungen, welche in dieser Gruppierung nach der Alkalilöslichkeit überhaupt noch nicht richtig erfaßt und enthalten sind, nämlich stickstoffhaltige Humusanteile vom Typus des Melaninhumus, die man trotz ihrer Wichtigkeit häufig einfach übersehen hat. Die Erkennung von Humusbegleitstoffen in Form bekannter organischer Körper gleicht diese Lücke nur zum kleinsten Teil aus, denn die Menge dieser im Boden leicht wieder veränderlichen Stoffe ist immer gering. Ein Restteil des organischen Kohlenstoffs ist natürlich auch noch in unzersetzter pflanzlicher und tierischer Zellmasse enthalten.

Die methodischen Richtlinien der Internationalen Bodenkundlichen Gesellschaft für die zukünftige Bearbeitung der Humusfrage[1] tragen der geschilderten Sachlage in zweifacher Hinsicht Rechnung, indem vorgeschlagen wird, daß 1. Analysenzahlen nur so weit ausgewertet werden sollen, daß die chemische Zusammensetzung eine offene Frage bleibt, also z. B. von der Gesamtkohlenstoffmenge *nicht* auf eine organische Masse zweifelhaften C-Gehaltes umgerechnet wird, und daß 2. neben die Beziehung aller Ergebnisse auf den Gesamt-C-Gehalt die entsprechende Beziehung auf den Gesamt-N-Gehalt des Bodens tritt, wodurch der biochemisch entstandene Humusanteil Berücksichtigung findet. Die Kennzeichnung der organischen Bodenmasse soll in drei Richtungen erfolgen, für welche aber die analytischen Einzelheiten in den meisten Fällen noch einheitlich festgesetzt werden müssen:

1. Bestimmung von Gesamt-C und Gesamt-N in organischer Bindung im Boden.
2. Fraktionierte Analyse mit dem Ziel, den humifizierten Anteil näher zu charakterisieren, und zwar auf folgenden Wegen:
   a) Bestimmung von C und N im Extrakt mit heißer, verdünnter Natronlauge,
   b) Bestimmung von C und N im Acetylbromidauszug,
   c) Bestimmung von C und N im Auszug mit heißem, verdünntem Wasserstoffsuperoxyd,
   d) Reduktionsfähigkeit des Alkaliauszuges (bereitet wie in a) für Kaliumpermanganat und andere Oxydationsmittel,
   e) Farbstärke des Alkaliauszuges (bereitet wie in a), gemessen an einer Standardfarbe.
3. Fähigkeit der organischen Bodensubstanz, durch Mikroorganismen abgebaut zu werden, gemessen an der Produktion von Kohlendioxyd, Ammoniak und Nitratstickstoff im feuchten Boden. —

Gegen die übliche Extraktion der Humusstoffe durch alkalische Lösungsmittel ist nicht selten der schwerwiegende Einwand erhoben worden, daß im Verlauf des Einwirkens des Reagens *bereits eine chemische Umformung* des *Humuskomplexes* eintritt. H. SCHRADER[2] untersucht die Autoxydation der natürlichen Humusstoffe und stellt fest, daß sie in Gegenwart von Alkalien eine starke und beschleunigte Sauerstoffaufnahme zeigen und damit, jedoch die „Humine" z. T. nicht so leicht, erst in den Zustand der alkalilöslichen Huminsäuren übergehen. W. ELLER[3] betont, daß die Extraktion mit Ammoniak zu Komplexen führt, die begierig Ammoniak aufgenommen haben und sich dadurch vom natürlichen Humus unterscheiden. Er macht ferner darauf aufmerksam[4], daß es überhaupt bedenklich erscheint, die Einteilung der Humusfraktionen lediglich auf Löslichkeitseigenschaften zu begründen, denn die Löslichkeit kann in den hier

---

[1] Verh. 2. Komm. internat. bodenkundl. Ges. Budapest, T. A **1929**, S. 68.

[2] SCHRADER, H.: Über die Autoxydation des Lignins, der natürlichen Humusstoffe und der Kohlen und ihre Beeinflussung durch Alkalien. Brennstoffchemie **3**, 161 (1922).

[3] ELLER, W.: Die Synthese der Huminsäuren. Brennstoffchemie **3**, 49 (1922).

[4] ELLER, W.: Einige Eigenschaften und Reaktionen der Huminsäuren. Liebigs Ann. **442**, 160 (1925).

vorliegenden kolloiden oder halbkolloiden Systemen vielleicht nur Funktion der Teilchengröße sein, braucht also keine spezifische Eigenschaft darzustellen. So wurde z. B. für Huminsäuren mehrfach beobachtet, daß die frisch ausgefällten, trockenen Präparate in Alkalien leicht löslich waren, während sie nach einigen Monaten nur noch teilweise in Lösung gingen. A. N. SOKOLOWSKI[1] behauptet ebenfalls, daß das GRANDEAUsche Verfahren des Ausziehens mit Ammoniak äußerst irreführend für die Humusfrage gewesen sei und bewirkt habe, daß natürliche Humusstoffe des Bodens eigentlich noch nie untersucht worden seien. U. SPRINGER[2] findet beim Erproben der kolorimetrischen Methode zur Humusbestimmung, daß die Farbtiefe alkalischer Humusauszüge überhaupt nicht konstant bleibt, sondern in kurzer Zeit eine deutliche Schwächung erleidet, und zwar im Durchschnitt mehrerer Versuche mit Hochmoortorf, Mineralboden und Acidum huminicum Merck nach 24 Stunden um 10—20% und nach 48 Stunden um weitere 10% der ursprünglichen Farbstärke abgenommen hat. Er erklärt dies mit Zersetzungserscheinungen unter dem Einfluß der anwesenden OH-Ionen.

Daran anknüpfend hat K. SIMON[3] die Herstellung von Humusauszügen durch möglichst milde chemische Eingriffe, unter Vermeidung von alkalischen Reagentien, versucht und bei Anwendung von Natriumfluorid oder Natriumoxalat bereits Erfolge erzielt, die vielleicht einen neuen Abschnitt der Humusforschung eröffnen können, was auch der Autor selbst erhofft. N. B. VERNANDER und A. N. SOKOLOWSKI[4] verzichten bei der Abtrennung von Schwarzerdehumus überhaupt außer Ionenumtausch auf chemische Eingriffe und gewinnen auf folgende Weise eine „Pseudolösung" von Humus: Natürlicher Boden wird mit 1 *n*-Natriumchloridlösung zum Ersatz des adsorbierten Ca durch Na gewaschen. Danach wird das Chlor durch Waschen mit Natriumsulfat entfernt. Es tritt volle Aufteilung der feinsten Teilchen ein. Durch 24stündiges Absitzenlassen einer 10 cm dicken Flüssigkeitsschicht trennt man den Kolloidton $< 1\,\mu$ ab, d. i. eine schwarze, humushaltige Aufschwemmung, die natürlich noch mit Mineralteilen vermengt ist. Diese wird unter Druck durch eine Berkefeld-Kerze filtriert, und zwar ununterbrochen, so daß infolge allmählicher Verstopfung der Poren der Filterkerze zuletzt eine außerordentlich feinteilige organische Fraktion hindurchgeht, die nach Entfernung des Natriumsulfats durch Dialyse nur noch 2,2% Asche enthält. Zu kolloidchemischen Arbeiten hat man ebenfalls gelegentlich die Humusabtrennung und Reinigung durch gelinde chemische Eingriffe vorgenommen, so u. a. durch Behandlung mit kaltem oder heißem Wasser, Fällung mit Alkohol, Destillation im Vakuum und Dialyse[5]. Besonders G. FISCHER[6] legte größten Wert darauf, die natürliche Humusform seiner Torf- und Bodenproben nicht

---

[1] SOKOLOWSKI, A. N.: Einige Bemerkungen zur Methodik der Bodenanalyse. Ber. landw. Inst. Charkow **1925**, 31.

[2] SPRINGER, U.: Beitrag zur kolorimetrischen Bestimmung der Humusstoffe. Brennstoffchemie **8**, 17 (1927). — a. a. O., S. 332 [Anm. 1, S. 144, 1. Arbeit].

[3] SIMON, K.: Über die Herstellung von Humusextrakten mit neutralen Mitteln. (Vorläufige Mitt.) Z. Pflanzenernährg. usw. A **14**, 252 (1929). — Über die Vermeidung alkalischer Wirkung bei der Darstellung und Reinigung von Huminsäuren. Ebenda A **18**, 323 (1930). Die ausführlichen Arbeitsvorschriften müssen dort eingesehen werden, da die Hauptmitteilung von SIMON erst während der Korrektur dieses Bandes erschien.

[4] VERNANDER, N. B. u. A. N. SOKOLOWSKI: Study of humus; chernozem humus as a polydisperse system. Pap. and Proc. 1. Internat. Congr. Soil Sci. (Washington) **3**, 367 (1928). — Chemische Gehalte dieser Fraktionen vgl. unten S. 177.

[5] THAER, W.: Kolloidchemische Studien am Humus aus gekalktem und ungekalktem Boden. J. Landw. **60**, 1 (1912). — ODÉN, SVEN: Kolloidchemische Untersuchungen an Humusstoffen. I. Untersuchung an Sphagnumtorf. Ark. kemi K. Svenska Vet. Akad. **4**, Nr. 24 (1912). — AARNIO, B.: Experimentelle Untersuchungen zur Frage der Ausfällung des Eisens in Podsolböden. Internat. Mitt. Bodenkde. **3**, 131 (1913).

[6] FISCHER, G.: Die Säuren und Kolloide des Humus. Kühn-Arch. **4**, 1 (1914).

durch chemische Eingriffe zu verändern; allerdings mußte er dabei auf die Untersuchung einiger Böden verzichten, da eine Isolierung der Humuskolloide wegen zu geringer Wasserlöslichkeit nicht gelang. Seine Methode ist kurz wiedergegeben folgende: 1—2 kg eines humosen Bodens werden mit 4 l destilliertem Wasser 48 Stunden lang vermittels eines Rührwerkes aufgeschlämmt, dann die gleiche Zeit absitzen gelassen, schließlich die überstehende Flüssigkeit abgehebert und der ganze Vorgang unter allmählicher Verkürzung der Zeit bis zur Gewinnung von rund 50 l Flüssigkeit wiederholt. Dann wird die gesamte Menge durch Watte filtriert und darauf vermittels Saugfiltration durch gehärtete Papierfilter, Asbest und Pukalltonkerzen der Größe II geschickt. Das letzte Filtrat wird, um jede Berührung mit den Bakterien der Luft auszuschalten, direkt in Destillationsgefäße geleitet und im Vakuum einer Ölpumpe von 2—3 mm Quecksilbersäule bei + 30° C eingeengt. Eine zweite Methode von G. Fischer beruht auf der gesteigerten Löslichkeit der organischen Substanz in heißem Wasser. Das am Rückflußkühler 16 Stunden lang gekochte Bodenmaterial wird dann ebenso wie vorher weiter behandelt, nur erfolgt die Einengung des letzten Filtrats auf freier Flamme.

O. Schreiner und B. E. Brown[1] untersuchten den nicht wasserlöslichen und nicht alkalilöslichen organischem Bodenanteil auf einem ausschließlich physikalischen Wege durch Abtrennung mit Flüssigkeiten verschiedener Dichte und Auslesen mit Mikroskop und Lupe. —

Mit den bisher schon berührten methodischen Unterschieden im Vorgehen der Humusforschung sind die Möglichkeiten verschiedener Arbeitsweise noch nicht einmal erschöpft, vielmehr treten noch weitere Richtungen und Abarten hinzu, wenn man genauer den Ausgangspunkt der jeweiligen Untersuchungen, also die besondere Zustandsform der organischen Bodenstoffe, mit denen experimentiert wurde, betrachtet. Sämtliche Glieder der Reihe: Mineralboden (neutrales Substrat, Typus Tschernosjem, Kulturböden) — humusreiche Übergangsböden (besonders organische Stoffe des Waldbodens) — überwiegend humose Ablagerungen (saures Substrat, Typus Moor), anschließend die verwandten, in geologischen Zeiträumen entstandenen Bildungen: älterer Torf — Braunkohle — Steinkohle, und endlich die vielen synthetisch gewonnenen humusähnlichen Stoffe, aus deren Prüfung man Fingerzeige für die Natur der echten Humusstoffe zu gewinnen hofft, sind in der großen Schar der Arbeiten schon zum Ausgangspunkt gemacht worden, wobei die Ergebnisse nicht immer in der notwendigen vorsichtigen Weise auf das betreffende Material beschränkt, sondern oft auf den „Humus an sich" ausgedehnt wurden. Ebenso finden wir Forschungen an den verschiedensten Punkten der zusammenhängenden Bildungsreihe: frische, in Zersetzung begriffene organische Substanz — Zwischenstufen (mikrobielle Stoffwechselprodukte, Humusbegleitstoffe, Humusvorstufen) — echte Humuskörper, und zwar innerhalb aller der vorher genannten, nach bodenkundlichen Gesichtspunkten abgegrenzten Haupttypen. Dadurch entstehen eine Anzahl von Forschungsrichtungen, deren Ergebnisse wegen der erheblichen Unterschiede im Untersuchungsmaterial kaum verglichen werden können, obwohl dies oft geschehen ist, und erklärlicherweise zur Feststellung von Unstimmigkeiten und zu manchem nicht immer fruchtbaren Meinungsaustausch darüber führte.

Der Besprechung solcher Einzelergebnisse im nächsten Abschnitt sei deshalb hier die Übersicht S. 157 vorausgeschickt, welche die Hauptforschungsrichtungen, jede an der ihr eigentümlichen Stelle im gesamten Forschungsgebäude der Hu-

---

[1] Schreiner, O. u. B. E. Brown: Occurence and nature of carbonized material in soils. U. S. Dep. Agricult. Bur. Soils Bull. **90** (1912).

Zustandsformen der organischen Bestandteile des Bodens (und verwandter Stoffe), zugleich Übersicht über die bisherigen Hauptarbeitsrichtungen auf diesem Forschungsgebiet (Entwurf MAIWALD).

Auftreten des organischen Materials in bodenkundlichen (geologischen, künstlichen) Typen ↓	Auftreten des Untersuchungsmaterials in der natürlichen Übergangsreihe: organische Ausgangsstoffe → humifizierte Endkörper: Pflanzen- und Tiersubstanz in Zersetzung	Zwischenstufen durch Tätigkeit der Mikroorganismen im Boden	Echte Humusstoffe (und Abbaustufen)	Hauptsächliche Bildungsweise der entstehenden Humusstoffe
Mineralboden (Typus Tschernosjem, Kulturböden)	(infolge rascher Zersetzung sind organische Ausgangsstoffe nur in relativ geringer Menge im Boden zu finden)	mikrobielles Leben reichlich vorhanden und damit auch Zerfalls- und Stoffwechselprodukte (z. T. Humusvorstufen bildend)	Humus in neutralem Substrat, stickstoff- und basenhaltig; meist untersucht als „matière noire“ nach GRANDEAU (HILGARD) oder als Teil des adsorbierenden Komplexes (russische Forscher)	Biochemische u. chemische Vorgänge in enger Wechselwirkung, Mitwirkung der Bodenorganismen wesentlich ↕
	zahlreiche „Humusbegleitstoffe“ (untersucht vom Bureau of Soils, U.S.A.)	↑	(„Soil humus“ von WAKSMAN, mit Betonung des mikrobiell entstehenden Anteils)	
Übergang: Boden mit beginnender Anreicherung von saurem Humus (podsoliger Typus) besonders organische Stoffe des Waldbodens	halbzersetzte Ausgangsstoffe bilden einen immer größeren Anteil an der organischen Gesamtmasse ↓	Richtung der Zunahme mikrobieller Tätigkeit und ihrer wesentlichen Mitwirkung bei der Humusbildung	weniger genau bekannte Zwischenformen, z. B. Waldhumusformen verschiedenster Entstehung; forstliche Untersuchungen	
Boden mit überwiegend organischem Anteil (Typus Moor)	halbzersetzte Planzenmasse besonders hervortretend (untersucht als Sphagnumkolloide von BAUMANN und GULLY)	(Mikroorganismentätigkeit schwach oder fehlend wegen Ungunst des sauren Substrats)	Humus in saurem Substrat, Isolierung chemisch definierbarer Huminsäuren durchgeführt (SV. ODÉN und Vorläufer, W. FUCHS)	Überwiegend physikalisch-chemische Vorgänge unter Einfluß von Zeit und atmosphärischen Kräften
älterer Torf — Braunkohle — Steinkohle	geologisch-chemische Erwägungen: Lignintheorie der Kohle? Oxyzellulosetheorie der Kohle?		fortschreitende Inkohlung in der Reihe Pflanzenmoder — Huminsäuren — Humine — Braunkohle — Steinkohle (F. FISCHER und Mitarbeiter, J. MARCUSSON)	Endpunkt von Humifizierungsvorgängen aus geologischer Vorzeit
synthetisch gewonnene humusähnliche Stoffe	Ausgangspunkt: definierte organ. Verbindungen, die auch im Pflanzen- und Tierkörper und im mikrobiellen Stoffwechsel vorkommen	Die auf verschiedenen Wegen synthetisch zu erhaltenden dunklen, amorphen Körper (= künstliche Humusstoffe) stimmen in ihren Eigenschaften mehr oder weniger gut mit natürlichen Humusstoffen überein (viele Autoren, vgl. S. 194 bis 198).		chemische Kondensierungsvorgänge unter konstanten Bedingungen des Laboratoriums

muschemie, zeigt. Die Darstellung ist, um alle Beziehungen, sowohl Unterschiede wie Ähnlichkeiten, richtig wiederzugeben, in graphischer Form gehalten, wobei die zuletzt genannten Hauptgruppen des möglichen Ausgangsmaterials gleichsam die Achsen bilden (links und oben), während die Arbeitsrichtungen mit den Namen ihrer bekanntesten Vertreter an dem ihnen zukommenden Platz des mittleren Feldes stehen. Die rein analytische Arbeitsweise der einzelnen Forscher, ob molekular-chemisch, dispersoid-chemisch, biochemisch u. a., gibt noch weitere Variationsmöglichkeiten, die bei der Darstellung schon in die dritte Dimension führen würden, weshalb sie im Schema nur mit Andeutungen gestreift wurden.

Das so entstandene Schema vereinigt die Ausführungen der vorangegangenen Seiten mit einigen noch später zu erwähnenden Sondergebieten in kürzester Form und gibt wohl die Möglichkeit, die durcheinander laufenden Beziehungen unseres Humusproblems am schnellsten aufzusuchen und zu erkennen. Dieses Gesamtbild des augenblicklichen Standes der Forschungen über organische Bodenbestandteile und verwandte Stoffe läßt zugleich ahnen, daß der Stoßseufzer des vorigen Jahrhunderts, der Humus sei in Wahrheit „chemicorum crux et scandalum", auch heutzutage seine Berechtigung noch nicht ganz verloren hat!

Die chemische Beschaffenheit der organischen Bodenbestandteile nach den Ergebnissen der Hauptforschungsrichtungen.

Die weitere Besprechung wird sich an die im vorstehenden Schema durchgeführte und im vorigen Abschnitt näher begründete Aufteilung des Gebietes in Hauptarbeitsrichtungen halten, da nur auf diese Weise eine übersichtliche Darstellung der Humuschemie möglich ist, die in dieser Form vielleicht keinem der Einzelforscher auf molekular-chemischem, kolloid-chemischem, biochemischem und angewandt-chemischem Gebiet von seinem Standpunkt aus ganz zutreffend erscheinen mag, die aber der augenblicklichen Sachlage doch wohl am besten entspricht. Eine historische Aneinanderreihung der bisher gewonnenen Erkenntnisse wäre dagegen ziemlich verwirrend und deshalb unfruchtbar.

Von den organischen Bodenbestandteilen im engeren Sinne, die wir allein betrachten[1], sollen die Humusbegleitstoffe nach den amerikanischen Forschungen kurz geschildert und dann die echten Humusstoffe von verschiedenen Seiten in ihrer chemischen Natur beleuchtet werden. Da die Aufklärung der Humuschemie aber auch von noch anderen Arbeitsrichtungen her gefördert worden ist, nämlich durch die Untersuchung nahe verwandter Stoffe, so müssen auch diese umfangreichen Forschungen, bei denen schon äußerlich die Worte Humus, Humine Huminsäuren ebenso häufig wie in der eigentlichen Bodenlehre auftreten, hier berücksichtigt werden. Es sind hauptsächlich die drei Gebiete: Struktur und Entstehung der Kohlen, Synthese von künstlichen humusähnlichen Stoffen durch Modellversuche des Laboratoriums und Beziehung zwischen Humifizierung und der biochemisch gut studierten Melaninbildung.

Humusbegleitstoffe.

Diese wohldefinierten organischen Stoffe, welche E. C. SHOREY kürzlich[2] mit dem Namen non-humus constituents of the humus-extract belegte, sind Zwischenstufen und Begleiterscheinungen der Humifizierung pflanzlicher und tierischer Masse im Boden. Im Falle, daß diese Verbindungen schon sowieso als Bestandteile der verwesenden Gewebe bekannt sind, was für viele von ihnen zu-

---

[1] Vgl. Definition S. 117.

[2] SHOREY, E. C.: a. a. O. 1928 [Anm. 2, S. 118]; vgl. dagegen die vom Verfasser dieses Beitrages gewählte und vorgeschlagene Benennung auf S. 118 oben.

trifft, könnte man annehmen, daß sie sich bis zum Augenblick der Untersuchung im Boden gehalten und weiter nicht verändert haben. In der Mehrzahl der Fälle ist es aber doch ziemlich unsicher, ob die gefundenen Humusbegleiter wirklich unveränderte Bausteine der Gewebe oder aber das Ergebnis der vielfältigen mikrobiellen Umsetzungsvorgänge sind. Manche Begleitstoffe, wie z. B. Trithiobenzaldehyd[1], sind überhaupt nicht als ein natürlicher Bestandteil von Pflanze oder Tier bekannt und auch als unmittelbare Abbaustufen der in lebenden Geweben enthaltenen organischen Schwefelverbindungen schwer zu erklären. Nun ergibt aber Amygdalin als Aufspaltungsprodukt Benzaldehyd; durch Einwirkung von mikrobiell gebildetem Schwefelwasserstoff könnte dann daraus Trithiobenzaldehyd entstehen.

Das solche Verbindungen beim Humifizierungsvorgang sämtlich wohl nur intermediär auftreten, ergibt sich schon aus ihrer geringen Menge. Sie beträgt oftmals nur einige Milligramme für 100 kg Boden und erscheint deshalb, als prozentischer Anteil ausgedrückt, ziemlich geringfügig. Auf die im Wurzelbereich der Pflanzen, nämlich bis zur Pflugsohle eines Ackers, vorhandene Bodenmenge berechnet, ergibt sich aber, daß diese Humusbegleitstoffe etwa von derselben Größenordnung sind wie die einem Acker in einer üblichen Kunstdüngergabe zugeführten Pflanzennährstoffe. Eine Wirkung auf das Pflanzenwachstum oder das mikrobielle Leben im Boden ist also nicht ausgeschlossen, sofern sie überhaupt eine Wirkung in fördernder oder hemmender Richtung ausüben können.

Die Arbeiten des amerikanischen Bureau of Soils über Humusbegleiter sind hauptsächlich in einigen Bulletins niedergelegt[2]. Zusammenfassungen dieser vielfältigen Ergebnisse stammen von E. C. LATHROP[3] und J. J. SKINNER[4]. Zu gleicher Zeit sind ähnliche Isolierungen von C. S. ROBINSON[5] und S. L. JODIDI[6] ausgeführt worden. Der methodische Gang zum Auffinden der Humusbegleitstoffe wurde bereits auf S. 153 erwähnt. Die meisten entstammen dem sauren Filtrat der wie üblich ausgeführten Humusextraktion, nach Ausfällung und Abtrennung der alkalilöslichen Huminsäuren. Sie treten also meist vermischt mit den noch nicht weiter untersuchten „Fulvosäuren" nach SV. ODÉN auf. Fast alle Klassen von organischen Stoffen sind auf diese Weise gefunden und bestimmt worden; über die folgenden aus Mineralböden mit durchschnittlichem, niedrigem Humusgehalt gewonnenen Humusbegleiter liegen genauere Unterlagen vor[7]:

---

[1] SHOREY, E. C.: Some organic soil constituents. U. S. Dep. Agricult. Bur. Soils Bull. **88**, 26 (1913).

[2] SCHREINER, O. u. E. C. SHOREY: The isolation of harmful organic substances from soils. U. S. Dep. Agricult. Bur. Soils Bull. **53** (1909). — Chemical nature of soil organic matter. Ebenda **74** (1910). — SCHREINER, O. u. E. C. LATHROP: Examination of soils for organic constituents, especially dihydroxystearic acid. Ebenda **80** (1911). — SCHREINER, O. u. 3 Mitarbeiter: A beneficial organic constituent of soils: Creatinine. Ebenda **83** (1911). — SCHREINER, O. u. J. J. SKINNER: Nitrogenous soil constituents and their bearing on soil fertility. Ebenda **87** (1912). — SHOREY, E. C.: Some organic soil constituents. Ebenda **88** (1913).

[3] LATHROP, E. C.: J. Franklin Inst. **183**, 169, 303, 465 (1917).

[4] SKINNER, J. J.: Soil aldehydes. J. Franklin Inst. **186**, 186, 289, 449, 547, 723 (1918). Mit 85 Literaturangaben aus dem Gebiet.

[5] ROBINSON, C. S.: Organic nitrogenons compounds in peat soils. Michigan Agricult. Exp. Stat. Techn. Bull. **7** (1911). — Two compounds isolated from peat soils. J. Amer. chem. Soc. **33**, 564 (1911).

[6] JODIDI, S. L.: The chemistry of humus with special reference to the relation of humus to the soil and to the plant. J. Franklin Inst. **176**, 565 (1913). Dort auch frühere Arbeiten desselben Autors. — Über den gegenwärtigen Stand der Bodenchemie mit besonderer Berücksichtigung der organischen Verbindungen. Landw. Versuchsstat. **85**, 359 (1914).

[7] Die Ziffern der Bulletins, in denen ein Teil dieser Stoffe beschrieben ist, beziehen sich sämtlich auf die Anm. 2, diese Seite.

Alkohole, Zucker und Fettsäuren.

Mannit [$C_6H_8(OH)_6$, zuweilen in größerer Menge gefunden], Bull. 88.
Rhamnose [Methylpentose $CH_3 \cdot (CHOH)_4 \cdot CHO \cdot H_2O$], Bull. 88.
Oxalsäure (selten gefunden, aber dann zuweilen in größerer Menge), Bernsteinsäure, Zuckersäure [$C_4H_4(OH)_4COOH)_2$], Acrylsäure [$CH_2 : CH \cdot COOH$], sämtlich Bull. 88.
α-Krotonsäure [$CH_3 \cdot CH : CH \cdot COOH$][1].
Dioxystearinsäure [häufig gefunden, $CH_3 \cdot (CH_2]_{14} \cdot (CHOH)_2 \cdot COOH$], Bull. 53.
Trioxystearinsäure [$CH_3 \cdot (CH_2)_{13} \cdot (CHOH)_3 \cdot COOH$]
Oxybehensäure [$CH_3 \cdot (CH_2)_{19} \cdot CHOH \cdot COOH$] } [2].
Ölsäure [$C_{17}H_{33}COOH$]

Cyan- und Kohlensäure- (Harnstoff-) Derivate.

Cyanursäure [häufig und mitunter auch in größerer Menge gefunden $(CONH)_3$][3].
Histidin
Arginin } [Eiweißspaltungsprodukte, α-Aminosäuren], Bull. 74 und[4].
Lysin [α, ε-Diaminocapronsäure], Bull. 88.
Harnsäuregruppe: Xanthin [2,6-Dioxypurin]
Hypoxanthin [6-Oxypurin] } Bull. 74 und[5].
Cytosin [2-Oxy-6-aminopyrimidin]
Adenin [6-Aminopurin], Bull. 88.
Cholin [organische Base, $HO \cdot CH_2 \cdot CH_2 \cdot N(CH_3)_3 \cdot OH$], Bull. 88.
Kreatinin [Guanidingruppe, $C_4H_7ON_3$], Bull. 83 und[6].

Isozyklische Verbindungen (Benzolderivate).

Benzoësäure [selten gefunden, aber dann mitunter in größerer Menge] } [7,8].
p-Oxybenzoësäure [$HO \cdot C_6H_4 \cdot COOH$]
Salizylaldehyd [o-Oxybenzaldehyd $C_6H_4 \cdot OH \cdot COH$] } Bull. 88.
Trithiobenzaldehyd [selten gefunden, $(C_6H_5 \cdot CSH)_3$]
Vanillin [aromatischer Oxyalkohol][7].

Heterozyklische und komplexe Verbindungen.

Pikolinkarbonsäure [$C_5H_3N(CH_3)COOH$], Bull. 53 und[9].
Histidin [s. o. schon als Aminosäure erwähnt].
Die oben schon erwähnten Stoffe aus der Harnsäuregruppe.
Nukleinsäuren [phosphorreiche zusammengesetzte Eiweißstoffe, bei hydrolytischer Spaltung zerfallend in Purinbasen (z. B. Adenin s. o.), Pyrimidinderivate (z. B. Cytosin s. o.), Zucker und Phosphorsäure], Bull. 88.

Für gewöhnlich kann man diese im Gange der Humusextraktion gefundenen Begleitstoffe nicht unmittelbar aus dem Boden durch Ausziehen mit Wasser oder organischen Lösungsmitteln gewinnen, vielleicht deswegen nicht, weil sie von dem kolloiden Humus festgehalten werden und in ein Lösungsmittel erst übergehen,

---

[1] WALTERS, E. H. u. L. E. WISE: α-Crotonic acid a soil constituent. J. agricult. Res. 6 (1916).

[2] SHOREY, E. C.: a. a. O. 1928, Hinweis auf noch unveröffentlichte Ergebnisse [Anm. 2, S. 218].

[3] SHOREY, E. C. u. E. H. WALTERS: A nitrogenous soil constituent tetracarbonimid. J. agricult. Res. 2 (1914). — WISE, L. E. u. E. H. WALTERS: Isolation of cyanuric acid from soil. Ebenda 10 (1917). — The identity of cyanuric acid with so-called „tetracarbonimid". J. amer. chem. Soc. 39 (1917).

[4] SCHREINER, O. u. E. C. SHOREY: The presence of arginine and histidine in soils. J. of biol. Chem. 8 (1910).

[5] SCHREINER, O. u. E. C. SHOREY: Pyrimidine derivatives and purine bases in soils. J. of biol. Chem. 8 (1910).

[6] SHOREY, E. C.: The isolation of creatinine from soils. J. Amer. chem. Soc. 34 (1912). — SULLIVAN, M. X.: The origin of creatinine in soils. Ebenda 33, 2035 (1911).

[7] SHOREY, E. C.: The presence of some benzene derivatives in soils. J. agricult. Res. 5 (1916).

[8] WALTERS, E. H.: The isolation of p-hydroxy-benzoic acid from soils. J. amer. chem. Soc. 39 (1917).

[9] SHOREY, E. C.: Organic nitrogen in Hawaiian soils. Ann. Rep. Hawaii Agricult. Exp. Stat. 1906. — SCHREINER, O. u. E. C. SHOREY: The isolation of picoline carboxylic acid from soils and its relation to soil fertility. J. Amer. chem. Soc. 30 (1908).

wenn die kolloiden Stoffe ausgefällt worden sind. Die Frage, ob jene Verbindungen etwa aus anderen Körpern erst durch die Art der analytischen Behandlung hervorgehen, ist deshalb nahe liegend. Doch weisen die Autoren darauf hin, daß bei ihrer Isolierung aus dem Boden nur ähnliche Methoden angewandt wurden, wie zur Untersuchung der organischen Zusammensetzung von lebender Pflanzen- und Tiersubstanz, welche als fehlerfrei gilt. Es ist andererseits keine Zellmasse (Pflanze, Tier, Mikroorganismen) bekannt, welche z. B. Mannit, Vanillin oder Salizylaldehyd durch bloßes Behandeln mit verdünnten Alkalien bei Zimmertemperatur ergibt, so daß ihr Auffinden im Boden wirklich auf die Entstehung von neuen, für den Humifizierungsvorgang charakteristischen Stoffen hinweist. Ihre Bindungsform mag allerdings durch die Analyse etwas verändert werden, indem viele Säuren wohl im Boden als Salze von Fe, Al oder Ca vorliegen[1].

An das Auffinden der Humusbegleitstoffe sind Untersuchungen über ihre physiologische Wirkung auf das pflanzliche und mikrobielle Leben angeschlossen worden, die ernährender, fördernder oder hemmender Natur sein könnte; doch ist eine solche Wirkung leider nur sehr schwer eindeutig festzustellen[2]. Zeitweise glaubte man, mit diesen „Hilfssubstanzen" alles Wachstums („auximones" nach BOTTOMLEY) eine neue Stütze für die alte THAERsche Humustheorie beibringen zu können. M. MATTERN untersuchte kürzlich aetherlösliche Stoffe im Buchenrohhumus[3], die eine hemmende Wirkung auf die Nitritbakterien ausüben. Da dabei die eindeutige Bestimmung der vermuteten Dioxystearinsäure nicht gelang, wurden Nitrifizierungsversuche unter Zusatz von kleinen Mengen dieser Säure zum Substrat ausgeführt, die tatsächlich eine Übereinstimmung in der Wirkung des Zusatzes und der natürlichen hemmenden Stoffe ergaben. Trotzdem hält M. MATTERN die Gleichsetzung beider für den Boden, also die Anwesenheit gerade von Dioxystearinsäure im Buchenrohhumus, noch nicht für bewiesen.

Echte Humusstoffe des Bodens.

Die vorangegangene Besprechung der Humusbegleitstoffe trennt diese Stoffgruppe deutlich genug von den echten Humusstoffen des Bodens ab und läßt ihr an Menge geringes und oft ziemlich zufälliges Auftreten im Boden erkennen, so daß wohl nicht die mitunter geäußerte Meinung entstehen kann, daß man die eigentlichen Humusstoffe durch weiteres analytisches Arbeiten in dieser Richtung eines Tages einmal als ein Gemisch aus solchen wohldefinierten Verbindungen aufklären könnte. Der echte Bodenhumus hat seinen besonderen chemischen Charakter, nur ist er uns leider noch sehr wenig bekannt, und zwar hauptsächlich wegen seiner komplexen Natur, die eine einfache und übersichtliche Ermittlung seiner Entstehung und Zusammensetzung mit den bisher zugänglichen wissenschaftlichen Hilfsmitteln noch unmöglich macht. Fast alle mit dem Anschein der Sicherheit auftretenden Analysenzahlen in chemischen Untersuchungen an Humusstoffen haben unter diesen Umständen einen nur bedingten Wert. Ihnen gegenüber besitzen die zwar vorläufig nicht zahlenmäßig genau zu belegenden Erörterungen über die Entstehung des Bodenhumus, wie sie in der Übersicht auf S. 138 zusammengestellt wurden, beinahe einen Vorteil,

---

[1] MACH, F.: (Vorkommen von oxalsaurem Kalk im Waldboden.) Ber. bad. landw. Versuchsanst. Augustenberg **1911**, 39.

[2] SKINNER, J. J.: Beneficial effect of creatinine and creatine on growth. Bot. Gaz. **54**, 152 (1912). — TRUOG, E. u. J. SYKORA: Soil constituents which inhibit the action of the plant toxins. Soil Sc. **3**, 333 (1917). — SKINNER, J. J.: Soil aldehydes. a. a. O. [Anm. 4, S. 159]. — CLARK, N. A.: The soil organic matter and growth promoting accessory substances. Ind. Engin. Chem. **16**, 249 (1924).

[3] MATTERN, M.: Die Physiognomie eines Buchenwaldes. Bot. Arch. **22**, 1 (1928).

nämlich den der allgemeineren Gültigkeit für das gesamte Problem. Aus diesem Grunde wurden sie auch der Darstellung der Humuszusammensetzung vorausgeschickt, die ihrerseits nun ziemlich kurz gefaßt werden kann, teils weil die betreffenden Ergebnisse besser in den später angeführten Einzelarbeiten jeder Forschungsrichtung aufzusuchen sind, wie z. B. in der erschöpfenden Monographie von Sv. ODÉN über die Huminsäuren[1], z. T. aber auch, weil die Einzelanalysen von der Arbeitsweise und dem Ausgangsmaterial des jeweiligen Forschers abhängen und deshalb nicht gut mit einander verglichen werden können. Eine Vorstellung davon gab schon die Gruppierung der Hauptarbeitsrichtungen in der Übersicht auf S. 157 und der methodische Hinweis auf S. 149, daß bei Untersuchungen über Bodenhumus bisher hauptsächlich die Schwierigkeit bestand, kein reines, unverändertes, gleichmäßiges Ausgangsmaterial zu haben. Nach dessen Herkunft müßte man mindestens drei große Versuchsgruppen auseinanderhalten: Untersuchungen über Humus aus saurem, aus neutralem und aus alkalischem Substrat, wenigstens solange das Vorhandensein eines spezifischen Humuskörpers, der unter dem Einfluß verschiedener Reaktion nur geringe Änderungen seiner Eigenschaften zeigt, nicht bewiesen ist. Über die letztgenannte Gruppe, die den Humus aus Salzböden betrifft, aber auch für einseitig physiologisch alkalisch gedüngte Ackerflächen, z. B. Zuckerrübenfelder mit basisch gewordener Reaktion, in Betracht käme, liegen nur wenige Beobachtungen vor. Weit mehr wurde über die neutrale und vor allem über die saure Humusgruppe gearbeitet, welche beiden aber infolge des zwischen ihnen bestehenden gleitenden Überganges meist nicht gehörig getrennt werden. Die Übertragung der zahllosen Ergebnisse über Humus aus mehr oder weniger saurem Substrat, aus dem die Isolierung spezifischer Huminsäuren möglich erscheint, wenn sie auch noch stark umstritten ist, auf das Gesamtvorkommen der echten Humusstoffe des Bodens, hat dann weitere Unstimmigkeiten und Widersprüche zur Folge gehabt. —

Vom molekular-chemischen Standpunkt aus ist besonders die Gruppe der alkalilöslichen und mit Säure fällbaren Huminsäuren bearbeitet worden, weil sie eher als die unlöslichen Humine und die wasserlöslichen Fulvosäuren typische Ergebnisse für die Konstitution von Humus erhoffen ließen. Wenige Beispiele für Elementaranalysen dieses alkalilöslichen und mit den verschiedensten Namen belegten Anteils, z. T. noch in Fraktionen nach der Alkohollöslichkeit getrennt, sind unten aus den letzten 90 Jahren aufgeführt. Die Angabe des Gehalts an Sauerstoff, der 30—40 % beträgt, ist dabei fortgelassen, weil er meist nur als Differenz berechnet wurde und deshalb die Analysenfehler auf sich vereinigt; im Schwanken des Stickstoffgehalts prägt sich sowohl die verschiedene Herkunft des untersuchten Humus wie auch mitunter das Bestreben der Autoren aus, den gewonnenen Extrakt nicht nur asche-, sondern auch stickstoffrei zu machen.

Die Schwankungen dieser Gehaltszahlen zeigen, daß es nicht möglich ist, eine chemische Bruttoformel für die Zusammensetzung von alkalilöslichem Humus oder Fraktionen dieses Humus zu bilden; schon die Ungewißheit, ob der Stickstoffgehalt für ihn eigentümlich oder nur eine Beimengung ist, verhindert dies. Trotzdem hat man es zeitweilig versucht. G. J. MULDER[2] stellte die Verbindung $C_{24}H_{18}O_9$ auf, und W. DETMER[3] gab seiner nach langwieriger Reinigung fast stickstoffrei und aschefrei gemachten Huminsäure die Formel $C_{60}H_{54}O_{27}$ und wollte ihre Entstehung durch Oxydation von 13 Mol $C_5H_{10}O_5$ in folgender Weise erklären:

$$13\,C_5H_{10}O_5 + 10\,O = C_{60}H_{54}O_{27} + 5\,CO_2 + 38\,H_2O\,.$$

[1] ODÉN, SVEN: a. a. O. [Anm. 1, S. 151].
[2] MULDER, G. J.: Die Chemie der Ackerkrume I u. II. Berlin 1861/62.
[3] DETMER, W.: a. a. O. [Anm. 4, S. 113].

Autor	Bezeichnung der Humussubstanz	Prozentischer Gehalt an C	N	H	Literaturstelle
R. HERMANN	Humussäuren	57,5—58,3	6,5— 7,0	4,8—5,2	J. prakt. Chem. **22**, 68 (1841); **23**, 379 (1841); **25**, 193 (1842)[vgl.Anm.1, diese Seite]
	Quellsatzsäuren (jetzt: Hymatomelansäuren)	62,6—63,1	5,4—15,0	4,1—4,8	
W. DETMER	Gereinigte Huminsäure	59,5—60,0	0,18	4,2—4,9	1871[Anm.4,S.113]
	Torfhumus, Oberfläche	57,8	0,8	5,4	
	,, 7 Fuß tief	62,0	2,1	5,2	
	,, 14 ,, ,,	64,1	4,1	5,0	
O. PITSCH	Matière noire	44,5—49,1	5,2	5,2—5,6	1881[Anm.3,S.164]
C. G. EGGERTZ	13 Mullproben	40,8—56,2	2,6—6,4	4,3—6,6	1888[Anm.4,S.164]
BERTHELOT u. ANDRÉ	Humus von Meudon	56—62	2—6	5	C. r. Paris **116**, 666 (1893)
TOLLENS u. TACKE	Natürlicher Moorhumus	54,5	4,1	5,1	J. Landw. **46**, 343 (1898)
	Torfhumus	64,3	1,7	6,9	
MALKOMESIUS u. ALBERT	Huminsäure aus Braunkohle	60,0	1,1	4,4	1904[Anm.6,S.173]
M. BERTHELOT	Laubhumus	54,0	2,0	5,8	C. r. Paris **141**, 433 (1905)
	Komposthumus	53,3	3,6	5,6	
MICHELET u. SEBELIEN	Moorhumus	44,1—60,8	3,1—4,0	6,4—7,8	Chemikerztg. **30**, 356 (1906)
	Ackerhumus	38,7—60,3	3,0—4,0	6,8—8,0	
	Tschernosjemhumus	44,8	3,9	6,9	
SV. ODÉN	Reine Humussäure	58,2	—	4,3	1919[Anm.1,S.151]
	,, Hymatomelansäure	62,2	—	5,3	
H. K. EHLANDT	Huminsäure I	63,0	0,9	3,9	1924[Anm.2,S.173]
	,, II	60,0	0,77	3,1	
	,, III	62,9	0,7	4,7	
STADNIKOW u. KORSCHEW	Huminsäure (Acidum huminic. Merck)	58,6	3,6	4,9	1929[Anm.4,S.173]
A. SCHMUCK	Lösliche Huminsäure (A)	62,2	3,4	4,2	Pedology (Moskau) **25**, 36 (1930)
	Unlösliche ,, (E)	61,8	3,3	4,2	

R. HERMANN[1] berücksichtigte dagegen die tatsächlich zu findenden Unterschiede in Humuspräparaten je nach Herkunft und Fraktionierung und nahm zwölf Arten von Humusstoffen an mit Bruttoformeln vom einfacheren N-freien Kohlenhydrat $C_{12}H_6O_7$ bis zu einer hochmolekularen N-haltigen Verbindung $C_{70}H_{70}O_{28}N_7$[2].

Eine spätere Gruppe von Forschern hat auf die schwierige und unsichere Isolierung von bestimmten Huminsäuren verzichtet und den alkalischen Bodenauszug in Bausch und Bogen als „matière noire" des Bodens auf seine Eigenschaften untersucht. Dieser Name ist mit den Arbeiten von L. GRANDEAU[3] verknüpft, obwohl bereits F. K. ACHARD[4] Alkalien als Lösungsmittel für Torfhumus verwandt hat und die vollständige Methode der Vorbehandlung des Bodens

[1] HERMANN, R.: Untersuchungen über den Moder. J. prakt. Chem. **22**, 65 (1841); **23**, 375 (1841); **25**, 189 (1842).

[2] Aufzählung der Namen in der Synonymitätstabelle auf S. 170 oben.

[3] GRANDEAU, L.: Recherches sur le rôle des matières organiques dans les phénomènes de la nutrition des plantes. Nancy 1872; auch C. r. Acad. Sci. Paris **72**, 988 (1872). — a. a. O. 1878 [Anm. 1, S. 146].

[4] ACHARD, F. K.: a. a. O. [Anm. 2, S. 113].

mit verdünnter Säure, Ausziehen mit Alkali und Fällen der Huminsäuren durch Ansäuern des Extraktes schon bei C. SPRENGEL[1] vorhanden ist. Der auf diesem Wege immer gefundene, oftmals ziemlich hohe Gehalt der dunklen Masse an Stickstoff und Asche (P, S, Fe_2O_3, Al_2O_3, SiO_2) führte GRANDEAU zu seiner Theorie von der besonderen physiologischen Bedeutung der organisch-mineralischen matière noire als Nährstoffquelle für die Pflanzen, die daraus besser als unmittelbar aus dem Boden ihre Nahrung aufzunehmen vermöchten. Er leitete dies aus dem meist hohen Gehalt fruchtbarer Böden an Humusasche ab, aber gerade so unwahrscheinlich hohe Aschenprozente wie 13,7% für den Humus in einem guten Ackerboden oder 51,4% für Tschernosjemhumus weisen auf einen trotz aller Vorsicht unterlaufenen analytischen Fehler hin, nämlich auf die Anwesenheit von feinstem, in der Schwebe bleibendem Schlamm (Rohton), der im dunklen Ammoniakauszug dieser kolloidreichen Böden wahrscheinlich unbemerkt enthalten war. GRANDEAUs Arbeitsweise und Ansichten sind nachdrücklich durch J. M. VAN BEMMELEN mit folgenden Gründen[2] bekämpft worden: „Die Bestimmung desjenigen Teiles des Humus in einer Ackererde, der durch verdünnte Alkalien gelöst wird (vor oder nach Behandlung der Erde mit einer verdünnten Säure) und der zu gleicher Zeit sich lösenden mineralischen Bestandteile kann uns wenig lehren. Solche einfache Mittel sind vollständig ungenügend, um den Wert des Humus zu beurteilen und um zu entscheiden, wieviel alkalische Basen, Phosphorsäure pp. an die Humussubstanzen gebunden sind. Die Unrichtigkeit der Betrachtungen und Schlußfolgerungen GRANDEAUs über seine sog. matière noire ist durch die Untersuchungen von O. PITSCH[3] zur Genüge bewiesen."

Gleichwohl sind früher[4] wie auch bis in die letzte Zeit hinein eine große Anzahl von Untersuchungen im Sinne von GRANDEAU weiter ausgeführt worden, auf die VAN BEMMELENs Einwand ebenfalls zutrifft, nämlich, daß der ziemlich grobe und für uns in seinen Folgen undurchsichtige Vorgang der Alkaliextraktion des Bodens wohl nicht die richtige Grundlage für weitgehende Schlüsse auf die Zusammensetzung der echten Humusstoffe bietet. Solche Arbeiten betreffen teils die Menge und allgemeine Beschaffenheit der matière noire[5] und ihre Be-

---

[1] SPRENGEL, C.: a. a. O. [Anm. 3, S. 113].

[2] BEMMELEN, J. M. VAN: Die Zusammensetzung der Ackererde. Landw. Versuchsstat. **37**, 347 (1890); „alkalische Basen" [im Zitat] = Alkalimetalle.

[3] PITSCH, O.: Untersuchungen über die im Boden durch Alkalien ausziehbaren Humusstoffe, zugleich eine Beleuchtung der Theorie von GRANDEAU bezüglich der Rolle, welche die organischen Substanzen des Bodens bei der Ernährung der Pflanzen spielen. Landw. Versuchsstat. **26**, 1 (1881).

[4] EGGERTZ, C. G.: Studien und Untersuchungen über die Humuskörper der Acker- und Moorerde. Dissert., Lund 1888; Medd. K. landbr.-akad. experimentalfält. Stockholm **3**, (1888); ref. Biedermanns Zbl. Agrikulturchem. **18**, 75 (1889). — EGGERTZ, C. G. u. NILSON: Chemische Untersuchungen von Moor- und Torfböden. Medd. K. landbr.-akad. experimentalfält. Stockholm **7** (1889).

[5] FRAPS, G. S. u. N. C. HAMNER: Untersuchungen über die ammoniaklöslichen organischen Bestandteile des Bodens. Texas Agricult. Exp. Stat. Bull. **129** (1910). — STEWART, ROB.: Quantitative Verhältnisse von Kohlenstoff, Phosphor und Stickstoff im Boden. Illinois Agricult. Exp. Stat. Bull. **145** (1910); die Richtigkeit dieser Ergebnisse wird aus analytischen Gründen angezweifelt von POTTER u. BENTON: Soil Sci. **2**, 291 (1916). — GORTNER, R. A.: The organic matter of the Soil. I. Einige Ergebnisse über Humus, Humuskohlenstoff und Humusstickstoff. Soil Sci. **2**, 395 (1916); II. Untersuchung von Kohlenstoff und Stickstoff in 17 aufeinanderfolgenden Auszügen, mit einigen Beobachtungen über die Natur des schwarzen Farbstoffs im Boden. Ebenda **2**, 539 (1916); III. Über die Bildung von Humus aus Dünger. Ebenda **3**, 1 (1917); IV (mit W. M. SHAW). Einige Angaben über Humusphosphorsäure. Ebenda **3**, 99 (1917); V (mit C. A. MORROW): Untersuchung über die Stickstoffverteilung in verschiedenen Bodenarten. Ebenda **3**, 297 (1917). — SMOLIK, L.: Über Menge und Charakter der matière noire in einigen mährischen Böden.

ziehungen zum Pflanzenwachstum[1], teils die Menge und Bindungsform von wichtigen Bestandteilen, wie Stickstoff, Phosphorsäure und Schwefel.

Bei der Beurteilung des Stickstoffgehalts ist vor noch nicht langer Zeit erst der Fehler ausgemerzt worden, der E. W. HILGARD unterlief[2], welcher für Böden im ariden Klima einen sehr hohen N-Gehalt im Humus annahm, gestützt auf folgende Zahlen, die den Unterschied gegenüber Böden im humiden Klima zeigen sollten:

Prozentische Mittelzahlen von Humusanalysen humider und arider Böden in Nordamerika.

	Humide Böden Mittel von 466 Analysen	Aride Böden Mittel von 313 Analysen
Humus (matière noire nach GRANDEAU)	2,7	0,75
Stickstoffgehalt im Humus	5,5	15,9 (Irrtum!)
Stickstoffmenge im Gesamtboden . . .	0,12	0,10

Anscheinend hat hierbei das Ausziehen der ariden Böden mit Ammoniak nach GRANDEAU zu einem methodischen Fehler geführt, der den Stickstoffgehalt rund dreimal so hoch erscheinen läßt, als er wirklich ist. Jedenfalls haben die hohen N-Prozente bei der Nachprüfung nicht bestätigt werden können[3].

Die schon von A. G. DOJARENKO[4] ausgeführte Trennung des Humusstickstoffs nach hauptsächlichen Bindungsformen in Amid-N ($RCONH_2$, beim Kochen mit Salzsäure wird Ammoniak abgespalten) und Aminosäure-N (RNH_2COOH, bei Einwirkung von HNO_2 entweicht der Stickstoff gasförmig) ergibt für Schwarzerde folgendes Bild:

Schwarzerde aus dem Gouvernement	Stickstoff im Humus	Von 100 Teilen Humusstickstoff sind	
	%	Aminosäure-N	Amid-N
Nishni-Nowgorod	2,7	49	11
Tula	3,4	54	12
Samara	2,6	49	11
Samara	3,3	70	10
Tula	4,6	22	11

Vollständigere Analysen über den organischen Stickstoff eines einzelnen podsolierten Bodens unter dem Einfluß verschiedener, jahrelang durchgeführter Kulturmaßnahmen gibt S. M. DRATSCHEW[5]:

Zemědělský Arch. **1924**, 180. — Étude sur la composition chimique de l'humus et le climat. Actes 4. Conf. internat. pédol. Rome 1924, **2**, 617 (1926).

[1] WEIR, W.: The effect of removing the soluble humus from a soil on its productiveness. J. agricult. Sci. (Cambridge) **7**, 246 (1915). — CROWTHER, E. M.: Weitere Untersuchungen über den Einfluß der Beseitigung des löslichen Humus eines Bodens auf dessen Ertragsfähigkeit. Ebenda **15**, 303 (1925).

[2] HILGARD, E. W. u. M. E. JAFFA: Über den Stickstoffgehalt des Bodenhumus in der ariden und humiden Region. Agricult. Sci. **8**, 165 (1894); WOLLNYS Forschgn. Geb. Agrikulturphysik **17**, 478 (1894). — HILGARD, E. W.: Die Böden arider und humider Länder. Internat. Mitt. Bodenkde. **1**, 415 (1911). — Soils, S. 135. New York 1906.

[3] LIPMAN, C. B.: Vorläufige Mitteilung über den Stand der Humusfrage in ariden Böden. Soil Sci. **1**, 285 (1916). — ALWAY, F. J. u. E. S. BISHOP: Nitrogen content of the humus of arid soils. J. agricult. Res. **5**, 909 (1916). — JENNY, H.: Relation of temperature to the amount of nitrogen in soils. Soil Sci. **27**, 169 (1929).

[4] DOJARENKO, A. G.: Die Huminsubstanzen als stickstoffhaltiger Bodenbestandteil. Ann. landw. Inst. Moskau **1901**. — Der Stickstoff des Humus. Landw. Versuchsstat. **56**, 311 (1902).

[5] DRATSCHEW, S. M.: Einige Veränderungen der organischen Stoffe eines lange Zeit brachliegenden Podsolbodens. J. landw. Wiss. Moskau **4**, 11 (1927).

Bodenprobe, genommen von	Gesamt-humus	Gesamt-stickstoff	Hydrolysierbarer Stickstoff			Nicht hydrolysierbarer Stickstoff
			Amid-N	Mono-amino-N	Diamino-N	
	in mg berechnet auf 100 g trockenen Boden					
Rasenfeld, 13 Jahre nicht bearbeitet und mit Rasen bedeckt gelassen .	2219	158,5	24,8	18,0	87,3	27,1
Ungedüngtes Versuchsfeld, nach 13-jähriger ununterbrochener Brache	1270	91,0	22,2	12,1	38,3	19,1
Gedüngtes Versuchsfeld, das 13 Jahre hindurch jährlich 20 t/ha Stalldünger erhielt	2140	123,7	29,5	16,2	50,0	30,1

Während S. L. Jodidi[1], J. Valmari[2], R. S. Potter und R. S. Snyder[3] in ähnlich summarischer Weise die Hauptbindungsgruppen des organischen Stickstoffs untersuchen, hat S. Suzuki[4] bei der Hydrolyse eines Humuspräparats bestimmte Eiweißabbaustufen feststellen können, wie Alanin, Leuzin, Asparagin, Tyrosin. Dies zeigt, daß Einweißkörper im Boden wohl nicht viel anders zersetzt werden als bei saurer Hydrolyse oder tierischer Verdauung und ergibt Beziehungen zu den bereits bei den Humusbegleitstoffen[5] erwähnten Eiweißbausteinen. Gerade aus diesem Grund könnte man aber aus Suzukis Befund schließen, daß der organische Bodenstickstoff zum großen Teil der Chemie der hydrolisierten Proteine und der N-haltigen pflanzlichen Nichteiweißstoffe folgt und nur zu einem gewissen, der Menge und Konstitution nach nicht näher bekannten Anteil den echten Humusstoffen angehört. Weitere Einzelheiten zur Stickstofffrage bringt die spätere biochemische Erörterung[6].

Über die Bindungsweise und die Bedeutung von Phosphor und Schwefel im Humus besteht noch keine Klarheit; die vielen an einem Konglomerat wie der „matière noire" ausgeführten Arbeiten konnten wohl auch kaum eine solche schaffen. Nach dem Verlauf der Humusbildung zu urteilen, kann man mit der Entstehung organischer Phosphor- oder Schwefelverbindungen zwar rechnen, wie L. Grandeau im Rahmen seiner schon erwähnten Humustheorie annahm. Doch betonte dagegen van Bemmelen[7], daß auch mineralisierte Phosphate und Sulfate von den Humuskolloiden derart in Lösung gehalten werden können, daß die Ionenreaktionen auf diese Elemente verdeckt sind und eine organische Bindung nur vorgetäuscht wird. M. Schmoeger[8] schloß aus der Beobachtung, daß ein auf 150—160° C erwärmter humoser Boden mehr Phosphorsäure in Lösung schickt als vorher, daß diese in derselben Weise wie in Nukleinkörpern gebunden sein könnte, die ebenfalls die Phosphorsäure bei 150° leicht abgeben. J. Dumont zeigte[9], daß bei der Fällung von Alkalihumat mit Phosphorsäure rund 6% P_2O_5 von der ausfallenden Huminsäure festgehalten werden, bei Fällung mit Mono-

[1] Jodidi, S. L.: Chemical nature of organic nitrogen in the soil I u. II. J. Amer. chem. Soc. **33**, 1226 (1911); **34**, 94 (1912).

[2] Valmari, J.: Untersuchungen über die Lösbarkeit und Zersetzbarkeit der Stickstoffverbindungen im Boden. Dissert., Helsingfors 1912; Abh. agrikulturwiss. Ges. Finnland **3** (1912).

[3] Potter, R. S. u. R. S. Snyder: Amino-acid nitrogen of soil and the chemical groups of amino-acids in the hydrolysed soil and their humic acids. J. Amer. chem. Soc. **37**, 2219 (1915).

[4] Suzuki, S.: Studium über Humusbildung I—III. Bull. landw. Inst. K. Univ. Tokyo **7**, 95, 419, 513 (1906/07).

[5] S. 160. [6] S. 182.

[7] Bemmelen, J. M. van: a. a. O., S. 350 [Anm. 2, S. 164].

[8] Schmoeger, M.: Über den Phosphor im Moorboden. Ber. dtsch. chem. Ges. **26**, 386 (1893); Landw. Jb. **25**, 1025 (1896).

[9] Dumont, J.: Les composés phosphohumiques du sol. C. r. Acad. Sci. Paris **143**, 186 (1906).

kalziumphosphat sogar 8—12 % P_2O_5, die dadurch unlöslich in Wasser und verdünnter Essigsäure werden. Da Eisen- und Tonerdephosphate im Boden beim Extrahieren den größten Teil ihrer Phosphorsäure an Alkali abgeben, so darf man nicht den gesamten P_2O_5-Gehalt des Humusauszuges als organisch gebunden betrachten; bei der anschließenden Fällung der Huminsäuren geht auch nur ein Teil davon in den Niederschlag über, während der aus den anorganischen Phosphaten stammende Teil im sauren Filtrat bleibt, und zwar nach Beobachtungen von E. A. DAVRISCHEWA in folgendem Verhältnis (Gehalt in Promille P_2O_5)[1]:

	Schwarzerde von Samara	Podsol von Moskau	Boden von Suchum
Gesamt-P_2O_5 in Bodenauszug mit 1% NaOH (sorgfältig schlammfrei gemacht)	0,59	0,87	0,84
Nach Ansäuern mit den Humusstoffen gefällt	0,35	0,27	0,37
Im sauren Filtrat bleibt	0,24	0,59	0,46

Zahlreiche andere Arbeiten über organisch gebundenen Phosphor des Bodens[2] oder solche, in denen dieses Problem von anderen Richtungen her berührt wird[3], haben nichts grundsätzlich Neues bringen können.

E. MELIN untersucht die von Pflanzenwurzeln im Boden abgeschiedenen Phosphatide[4], die trotz ihrer geringen Menge stimulierend auf das Wachstum von Pilzen wirken und damit ein wichtiger bodenökologischer Faktor sind. Beim Zerfall z. B. eines Diamino-Monophosphatids kommen unter den Spaltungsprodukten vor: Palmitinsäure, Ölsäure, Cholin, Glyzerin, Phosphorsäure, Kohlenhydrate, so daß hier, ähnlich wie beim Eiweißstickstoff im Boden, eine Beziehung zu den Humusbegleitstoffen hinübergeht und damit wieder zeigt, daß keineswegs alle im Boden auftretenden organischen Verbindungen, und zwar die noch unzersetzten, frisch hinzugekommenen Zellmassen dabei ausgeschlossen, den echten Humusstoffen zuzurechnen sind.

Über den sich im biologischen Kreislauf der Reduktion und Mineralisation ganz ähnlich wie Stickstoff verhaltenden Schwefel als Humusbestandteil ist, z. T. wegen seiner nicht so großen Wichtigkeit als Pflanzennährstoff und der geringen Zahl von Arbeiten darüber, noch weniger bekannt. A. RIPPEL[5] fand im alkalilöslichen Humusanteil eines Ackerbodens nicht weniger als 1,06 %

[1] DAVRISCHEWA, E. A.: Russ. Arbeit aus der Akademie Petrowskoje; zit. bei D. N. PRJANISCHNIKOW: a. a. O., S. 87 [Anm. 1, S. 116].

[2] ASO, K.: Über organische Verbindungen der Phosphorsäure im Boden. Bull. landw. Inst. ksl. Univ. Tokyo **6**, 277 (1904). — FRAPS, G. S.: Die ammoniaklösliche Phosphorsäure des Bodens. Amer. chem. J. **39**, 579 (1908). — Organisch gebundene Phosphorsäure des Bodens. Texas Agricult. Exp. Stat. Bull. **136** (1911). — POTTER, R. S. u. T. H. BENTON: Der organische Phosphor des Bodens. Soil Sci. **2**, 291 (1916). Mit ausführlicher historischer Einleitung. — GORTNER, R. A. u. W. M. SHAW: Einige Angaben über Humusphosphorsäure. Ebenda **3**, 99 (1917). — AUTEN, J. T.: Gehalt an organischem Phosphor einiger Böden von Iowa. Ebenda **13**, 119 (1922). — Organischer Phosphor der Bodenarten. Ebenda **16**, 281 (1923). — NĚMEC, A.: Über den Phosphorsäuregehalt von Waldhumusböden. Forstwiss. Zbl. **51**, 721 (1929).

[3] STOKLASA, J.: Biochemischer Kreislauf des Phosphations im Boden. Cbl. Bakter. II **29**, 385 (1911). — MARTIN u. WIRBEL: Chemische Reaktion des Bodens. Ann. chim. anal. appl. **1**, 246 (1919). — WRANGELL, M. v.: Studien über Bodenphosphate I—V. Landw. Jb. **63**, 627 (1926). — PARKER, F. W. (mit W. H. PIERRE bzw. J. F. FUDGE): Studien über den Phosphorgehalt der Böden I—III. Soil Sci. **24**, 109, 119, 129 (1927).

[4] MELIN, E.: Die Phosphatide als ökologischer Faktor im Boden. Sv. bot. Tidskr. **18**, 460 (1924).

[5] RIPPEL, A.: Zur Kenntnis des Schwefelkreislaufs im Boden. J. Landw. **76**, 7 (1928). — RIGOSTAND, L.: Die Rolle des Schwefels bei der Bildung der Ackerkrume. C. r. Acad. Sci. Paris **190**, 199 (1930).

Schwefel und macht darauf aufmerksam, daß der in schwer mineralisierbarer Form in Humusstoffen festgelegte Schwefel noch kaum beachtet worden ist[1], obwohl seine langsame Überführung in Schwefelsäure ein wichtiger Faktor für die sog. freie oder aktive Azidität des sauren Humus wie für die Gesteinsverwitterung ist. E. BLANCK und Mitarbeiter[2] fanden nämlich, daß die in Gesteinen zirkulierenden Verwitterungslösungen und viele Gesteinsausblühungen aus Sulfaten (nicht aus Nitraten) bestehen; da aber eingehende Kenntnisse über Humusschwefel noch fehlen, haben sich im einzelnen noch keine genaueren Beziehungen zwischen hohem SO_3-Gehalt von Verwitterungslösungen und den auf dem Gestein lagernden Humusbildungen feststellen lassen.

Die mikrobielle Umwandlung des Schwefels aus schwefelhaltigen Eiweißkörpern erfolgt etwa auf dem Wege: Protein → Cystin → (Cystein) → H_2S → S → H_2SO_4. Cystin ist bis jetzt noch nicht im Boden festgestellt worden, würde auch mehr der Gruppe der Humusbegleitstoffe zugerechnet werden müssen, unter denen eine andere schwefelhaltige Verbindung, Trithiobenzaldehyd, schon erwähnt wurde. Über die Humifizierung schwefelhaltiger organischer Masse und eine spez. Beteiligung von Schwefel am Aufbau echter Humusstoffe, welche also einen Parallelweg zu der oben gezeigten mikrobiellen Umwandlung geben müßte, mit Protein und Schwefelsäure als gleichen Anfangs- und Endpunkten, liegen noch keine Versuchsergebnisse vor. —

Die zeitweilige starke Betonung kolloidchemischer Gesichtspunkte in der Humusfrage durch A. BAUMANN und E. GULLY[3] und der von mehreren Seiten her erfolgte starke Widerspruch[4] führte zu neuen Untersuchungen an Humuspräparaten, die, im Gegensatz zu der stofflich sehr uneinheitlichen matière noire, möglichst rein gewonnen und mit neuen analytischen Hilfsmitteln untersucht wurden. SV. ODÉN[5] bringt 1912 die folgenden wesentlichen Ergebnisse über die alkalilösliche, in Alkohol unlösliche Humussäure aus Torf: „Es wurde durch Leitfähigkeitsmessungen nachgewiesen, daß die Einwirkung von NH_4OH auf die Humussäure als eine wirkliche Salzbildung zu betrachten ist. — Es wurde die

---

[1] WAKSMAN, S. A.: Principles of soil microbiology. Baltimore 1925. Hier ist der Schwefelgehalt des Humus überhaupt nicht erwähnt, ebenso nicht bei F. LÖHNIS: Vorlesungen über landwirtschaftliche Bakteriologie. Berlin 1926. Kurze Hinweise auf Humusschwefel bei F. LÖHNIS: a. a. O. [Anm. 6, S. 115] auf S. 557, 705.

[2] BLANCK, E. u. W. GEILMANN: Chemische Untersuchungen über Verwitterungserscheinungen im Buntsandstein. Tharandter Forstl. Jb. **75**, 89 (1924). — KLANDER, F.: Über die im Buntsandstein wandernden Verwitterungslösungen in ihrer Abhängigkeit von den äußeren Faktoren. Chem. Erde **2**, 49 (1925). — BLANCK, E. u. L. ZAPFF: Über Tiefenverwitterungserscheinungen im Buntsandstein des Reinhardswaldes. Chem. Erde **2**, 446 (1925). — BLANCK, E. u. H. KEESE: Über die sogenannte Kaolinitisierung eines Granits unter Rohhumusbedeckung im Schwarzwald. Chem. Erde **4**, 33 (1929). — BLANCK, E.: Die biologische Verwitterung als Ausfluß der in Zersetzung begriffenen organischen Substanz. BLANCKS Handbuch der Bodenlehre **2**, 263. 1929. Ferner: Graf W. ZU LEININGEN-WESTERBURG: Die Humussäureverwitterung im Lichte neuerer Forschungen. Forstwiss. Zbl. **52**, 298 (1930).

[3] BAUMANN, A. u. E. GULLY: 1910—13, nähere Erwähnung im betreffenden Abschnitt, S. 175.

[4] TACKE, BR. u. H. SÜCHTING: Über Humussäuren. Landw. Jb. **41**, 717 (1911). — TACKE, BR., A. DENSCH u. TH. ARND: Über Humussäuren. Ebenda **45**, 195 (1903). — RINDELL, A.: Über die chemische Natur der Humussäuren. Internat. Mitt. Bodenkde. **1**, 67 (1911). — Bemerkungen zu E. GULLY: Untersuchungen über die Humussäuren usw. III u. IV. Ebenda **3**, 456 (1913). — SÜCHTING, H.: Kritische Betrachtungen über Humussäuren, Humus und Humusböden. Fühlings Landw. Ztg. **61**, 465 (1912). Der Schriftstreit mit BR. TACKE, der sich S. 586, 810 u. 813 daran anschließt, hat mit vorliegendem Problem nichts mehr zu tun.

[5] ODÉN, SVEN: Zur Kenntnis der Humussäure des Sphagnumtorfes. Ber. dtsch. chem. Ges. **35**, 651 (1912); Punkte 4—6, S. 660.

Neutralisation von Natronlauge durch Humussäure mittels Leitfähigkeitsbestimmungen verfolgt und das Äquivalentgewicht der Humussäure annähernd auf 339 bestimmt. — Die Leitfähigkeitsmessungen von Natriumhumat beim Verdünnen machen es wahrscheinlich, daß die Humussäure eine dreibasische Säure ist." Der Beweis für den wichtigen ersten Satz liegt in folgendem Gedankengang und Versuch von Sv. ODÉN: Die Dissoziation einer wäßrigen Ammoniaklösung ist ziemlich klein und beträgt für 0,1 *n* NH_4OH nur rund 5%. Die Leitfähigkeit dieser Lösung wird trotz der größeren Beweglichkeit von OH-Ionen ebenfalls klein sein im Vergleich zu einer Ammoniumsalzlösung gleicher Normalität, weil deren Dissoziation ziemlich vollständig ist. Fügt man nun zu einer wäßrigen Humussäureaufschwemmung einerseits, sowie zu einem gleichen Volumen Wasser anderseits langsam steigende Mengen von verdünntem Ammoniak, mißt fortlaufend die Leitfähigkeit, so können beim Vergleich der beiden Reaktionssysteme folgende drei Fälle eintreten:

1. Die Humussubstanz hat keine Einwirkung auf die zugesetzte Base; in diesem Fall bleibt die Leitfähigkeit beider Systeme dieselbe, jedoch vorausgesetzt, daß man bei der Aufschwemmung die durch die schwebenden Humusteilchen etwa bedingte Leitfähigkeit in Abzug bringt.

2. Die Humussubstanz adsorbiert die Base, wodurch die Leitfähigkeit der Aufschwemmung relativ kleiner werden muß als die der humusfreien wäßrigen Ammoniaklösung.

3. Die Humussubstanz ist eine Säure und bildet mit dem zugefügten Ammoniak ein Salz. Hierbei müßte sich (den Grund vgl. oben) eine relative Steigerung der Leitfähigkeit im Vergleich mit der humusfreien Lösung zeigen.

Tatsächlich trat auch der dritte Fall ein bei einem Versuch, in dem 0,182 *n*-Ammoniak in Stufen von je 2 cm^3 einerseits zu 100 cm^3 einer Humussäuresuspension (mit 0,1775 g organischer Trockensubstanz) und anderseits zu 100 cm^3 Wasser zugesetzt und die Leitfähigkeit beider Systeme bei 17° C gemessen wurde[1]:

Zugesetzte Menge NH_3	Normalität	Leitfähigkeit in rez. Ohm		Differenz zwischen beiden Systemen
		wäßrige Lösung	Humatlösung	
0 cm^3	—	$2 \cdot 10^{-6}$	$9 \cdot 10^{-6}$	$7 \cdot 10^{-6}$
2 ,,	0,0036	$65{,}8 \cdot 10^{-6}$	$216{,}4 \cdot 10^{-6}$	$150{,}6 \cdot 10^{-6}$
4 ,,	0,0070	$93{,}3 \cdot 10^{-6}$	$270{,}8 \cdot 10^{-6}$	$177{,}5 \cdot 10^{-6}$
6 ,,	0,0103	$113{,}3 \cdot 10^{-6}$	$299{,}9 \cdot 10^{-6}$	$186{,}6 \cdot 10^{-6}$
8 ,,	0,0135	$130{,}1 \cdot 10^{-6}$	$317{,}1 \cdot 10^{-6}$	$187{,}0 \cdot 10^{-6}$
10 ,,	0,0165	$144{,}9 \cdot 10^{-6}$	$332{,}1 \cdot 10^{-6}$	$187{,}2 \cdot 10^{-6}$

Mit dem Auffinden dieses charakteristischen Verhaltens betrachtet Sv. ODÉN das Vorhandensein einer typischen Humussäure als erwiesen. Bei der Weiterarbeit auf diesem Gebiet schließt er an die ältere Konstitutionsforschung eines SPRENGEL, BERZELIUS, MULDER, HERMANN, DETMER an[2] und ordnet deren durch verschiedene Namengebung nicht leicht mit einander vergleichbare Ergebnisse, sofern sie es noch lohnen, mit Hilfe der folgenden Synonymitätstabelle[3]:

[1] ODÉN, SVEN: Die Huminsäuren; chemische, physikalische und bodenkundliche Forschungen. Kolloidchem. Beih. **11**, 75 (1919) oder Sonderausgabe mit gleichem Titel, 2. Aufl., Dresden u. Leipzig 1922, Tab. 3, S. 74. — The application of physico-chemical methods to the study of humus. Trans. Faraday Soc. **17**, 288 (1922).

[2] Vgl. S. 162 u. 163.

[3] ODÉN, SVEN: a. a. O: Synonymitätstabelle, S. 50, 51 der Sonderausgabe (für vorliegende Zwecke hier etwas gekürzt und verändert).

Autoren	In Lauge unlösliche Humusstoffe	In Lauge lösliche Humusstoffe: in Alkohol unlöslich	In Lauge lösliche Humusstoffe: in Alkohol löslich	Wasserlösliche Humusstoffe
Älteste Forschung	Sammelnamen wie: Magma unguinosum, Humus, terreau, Dammerde.			
C. Sprengel 1826	Humuskohle	Humussäure		—
J. J. Berzelius 1 39	Humin	minsäure		Quellsäure (Krensäure), Quellsatzsäure (Apokrensäure).
G. J. Mulder 1840	Humin, Ulmin	Huminsäure	Ulminsäure (?)	Gluzinsäure, Apogluzinsäure
R. Hermann 1841	Anitrohumin, Nitrohumin, Nitrolin	Eigentliche Humussäuren: Anitrohumussäure, Zuckerhumussäure, Holzhumussäure, Metaholzhumussäure	Satzsäuren: Torfsäure oder Torfsatzsäure, Ulminsäure, Anitrosatzsäure, Satzsäure, Akkersatzsäure, Tulasche Ackersatzsäure, sibir. Ackersatzsäure, Porlaquellsatzsäure (?)	Quellsäuren: Holzquellsäure, Torfquellsäure, Anitokrensäure, Ackerquellsäure, Porlaquellsäure[1]. Oxykrensäuren: Holzoxykrensäure, Torfoxykrensäure, Humusoxykrensäure, Anitrooxykrensäure, Humusextrakt.
W. Detmer 1871	—	Huminsäure		—
F. Hoppe-Seyler 1889	Humin	Huminsäure	Hymatomelansäure	—
Sv. Odén 1919	Humuskohle (Humin: vielleicht Anhydrid der Humussäure; Ulmin: vielleicht Anhydrid der Hymatomelansäure)	Humussäure	Hymatomelansäure	Fulvosäuren
		Huminsäuren		

Die neue Namengebung durch Sv. Odén, die in ihren Hauptzügen auf F. Hoppe-Seyler zurückgeht, beruht auf den folgenden, voraussichtlich für die Zukunft feststehenden Eigenschaften der Humusstoffe gegenüber chemischen Lösungsmitteln (Einteilung der Humusstoffe nach Sv. Odén, unter Weglassung der dort[2] verzeichneten „sonstigen charakteristischen Eigenschaften", da diese noch nicht genügend gesichert sind)[3]: Tab. S. 171 oben.

Diese verschiedenen, nach ihrer Löslichkeit abgegrenzten Humusgruppen sind keine unveränderlichen Stoffe, sondern gehen wohl allmählich, vielleicht unter Bildung von Zwischenstufen, ineinander über, so daß im Boden alle diese Gruppen vorhanden sind. Über ihre chemische Veränderung bei solchen Übergängen ist aber noch nichts bekannt. Sv. Odén glaubt[4], daß die Umbildung von einer Humusgruppe in die andere unter natürlichen Verhältnissen, nämlich bei neutraler bis saurer Reaktion des Bodens, vorzugsweise in der Richtung nach größeren Stoffaggregaten, und zwar entweder größeren Molekeln oder gröber dispersen Teilchen, von schwererer Löslichkeit verläuft. Ultrafiltrierte, echte Lösungen

[1] Genannt nach der Porlaquelle in Schweden, wo Berzelius diese Säure fand.
[2] Odén, Sven: a. a. O., S. 33 der Sonderausgabe [Anm. 1, S. 169].
[3] Vgl. auch den ausführlichen Trennungsgang im methodischen Abschnitt, S. 150.
[4] Odén, Sven: a. a. O., S. 111 der Sonderausgabe [Anm. 1, S. 169].

Name der Humusstoffe	Verhalten gegen die Lösungsmittel			Salze	Farbe
	Wasser	Alkohol	Lauge		
Humuskohle	Weder löslich, noch dispergierbar	Nicht löslich	Nicht löslich[1], aber quellungsfähig	Nur Adsorptionskomplexe bekannt	Schwarz
Humussäure	Schwer löslich, aber dispergierbar, wobei Suspensionen entstehen	Nicht löslich, aber etwas dispergierbar	Löslich	Alkalisalze in Wasser löslich, in Alkohol dispergierbar. Andere Salze schwer löslich, aber im Wasser dispergierbar	Schwarzbraun mit einem Stich ins Rote
Hymatomelansäure	Schwer löslich, aber leicht dispergierbar, wobei suspensoide bis kolloide Lösungen entstehen	Echt löslich	Löslich		Braun mit Stich ins Gelbe
Fulvosäuren	Geben echte, leicht diffundierende Lösungen	Echt löslich	Löslich	Die meisten Salze wasserlöslich	Goldgelb bis blaßgelb

der Fulvosäuren scheiden in kurzer Zeit Submikronen aus, und im Verlauf einiger Monate hat sich ein schon von BERZELIUS beobachteter „Extraktabsatz" gebildet[2], der einem Gemisch von Humussäure und Hymatomelansäure ähnelt. Ebenso gibt die alkoholische Lösung der Hymatomelansäure eine Abscheidung von Humussäure, und Humussäure geht durch Erhitzen auf 100° C unter starkem Wasserverlust in eine harte Masse vom Charakter der Humuskohle über, welche, wenigstens unmittelbar nach solcher Trocknung, nicht mehr in Lauge löslich ist. K. BERLIN[3] erhält in Versuchen über die Oxydation von Huminsäuren noch mehr solcher Übergänge und gibt dafür folgendes Schema, das durch den Übergang Hymatomelansäure ⇢ Humussäure wohl noch erweitert werden kann, an:

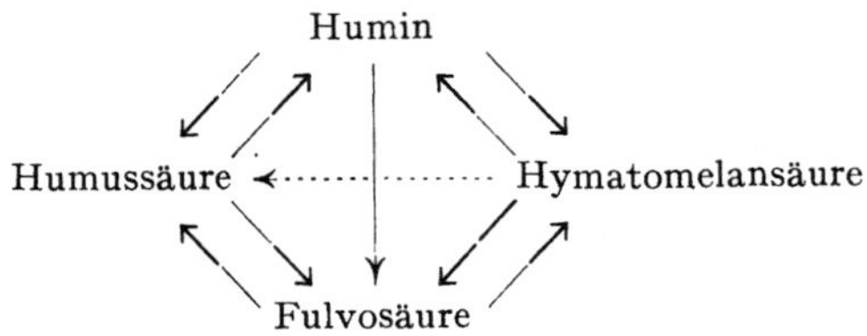

Während Humuskohle und Fulvosäuren die nur unter entsprechenden Sammelnamen zusammengefaßten schwer- bzw. leichtlöslichen Flügelgruppen der Humusstoffe sind, hält SV. ODÉN die beiden laugelöslichen Huminsäuren für bestimmte chemische Verbindungen. Er bezeichnet die Humussäure „als eine vierbasische, mittelstarke Säure, welche im Wasser sehr schwer löslich ist, aber leicht kolloide Lösungen gibt. Die Formel $(HOCO)_4C_{60}H_{52}O_{24}$ steht in keinem Widerspruch zu den analytischen Ergebnissen verschiedener Forscher, doch ist ihr keine besondere Bedeutung beizumessen, weshalb nur die Formel $H_4(R_{Hum})$ benutzt wird, wo R_{Hum} etwa einem Radikal $C_{64}H_{52}O_{32} = 1332$ entspricht"[4]. Die alkohollösliche Hymatomelansäure entsteht, da im natürlichen Humus nur wenige in Alkohol lösliche Stoffe vorkommen, wohl zu einem Teil erst aus der

[1] In konzentrierter oder heißer Lauge z. T. löslich; die Abgrenzung gegenüber den laugelöslichen Huminsäuren hängt also z. T. von der angewandten Methode ab.

[2] BERZELIUS, J. J.: Lehrbuch der organischen Chemie, S. 1122—1144. Stockholm 1828 (schwed.).

[3] BERLIN, K.: Über die Oxydation der Huminsäuren, S. 13. Dissert., Jena 1926.

[4] ODÉN, SVEN: a. a. O., S. 102 der Sonderausgabe [Anm. 1, S. 169].

Humussäure durch deren Hydrolyse bei der Alkalibehandlung. Als Eigenschaften der Hymatomelansäure gibt SV. ODÉN vorläufig[1] nur die Hauptunterscheidungsmerkmale gegenüber der Humussäure an; es sind Alkohollöslichkeit, mehr ins Braune gehender Farbton, niedrigeres Äquivalentgewicht (etwa 250, gegenüber etwa 340 der Humussäure), etwas höherer Kohlenstoffgehalt (etwa 62%, gegenüber 58% der Humussäure), größere Neigung sowohl der Hymatomelansäure als auch ihrer Salze zur Dispergierung, wodurch kolloide Lösungen von größerer Beständigkeit als die der Humussäure entstehen. D. J. W. KREULEN trennt einen phenollöslichen Anteil der Huminsäuren ab und nennt ihn Pyrohymatomelansäure[2]. Sie nimmt eine Mittelstellung zwischen der Hymatomelansäure und den in Alkohol unlöslichen „Resthumussäuren" ein. Nach dieser Auffassung wären die Huminsäuren eine Reihe immer höherer Polymeren, auf die als Lösungsmittel nacheinander Alkohol — Phenol — Alkalilauge wirken.

P. EHRENBERG und F. BAHR[3] vertiefen unsere Vorstellung vom Säurecharakter der Humussäure dadurch, daß sie die Aufnahme von Ammoniakgas einerseits und der ihm physikalisch nahestehenden schwefligen Säure andererseits durch eine gereinigte Humussäure miteinander vergleichen, wobei die auftretenden Unterschiede nur als Mitwirkung chemischer Kräfte, also nicht nur als Adsorptionserscheinung, d. h. also damit als Salzbildung gedeutet werden können. Sie erhalten Beziehungen, die auf eine drei- oder vierbasische Säure hinweisen, die aber keine entsprechend gebauten Salze ergibt, da sie amorph ist und mit ihren Salzen in allen Verhältnissen feste Lösungen zu bilden vermag. Die Affinität der Humussäure zu einer bestimmten Base ist deshalb eine mit dem Grad der Sättigung sich stetig ändernde Größe, die für völlige Sättigung sehr klein ist, bei Abspaltung der Base aber rasch wächst. V. A. BECKLEY[4] isoliert später aus gleichem Ausgangsmaterial eine drei- und eine vierbasische Säure, welche aber wegen teilweiser Unlöslichkeit in Pyrimidin auch nicht einheitlicher Natur sind.

W. FUCHS[5] hat sich neuerdings bemüht, bei Konstitutionsermittelungen mit Verbindungen zu arbeiten, die sich nicht gar zu weit von natürlichen Humusstoffen entfernen, wie es bei den auf S. 190 erwähnten Untersuchungen über die Struktur der Kohlen oft der Fall ist. Ein gelinde bereitetes und den ursprünglichen Huminsäuren noch sehr nahe stehendes Oxydationsprodukt ist die Nitrohuminsäure[6]. Sie wird erhalten durch Einwirkung verdünnter Salpetersäure bei Temperaturen bis höchstens 60° C auf Huminsäure, wobei diese ohne Gewichtsverlust in eine acetonlösliche Substanz übergeht. Dieses Löslichwerden ist zur Ermittelung der konstituierenden Gruppen und Einzelbausteine von großem Vorteil, da die Hauptschwierigkeit der Humusforschung bisher darin bestand,

---

[1] ODÉN, SVEN: a. a. O., S. 108 der Sonderausgabe.

[2] KREULEN, D. J. W.: Beitrag zur Kenntnis der Humussäure. Die Pyrohymatomelansäure. Chem. Weekbl. **1929**, 101.

[3] EHRENBERG, P. u. F. BAHR: Beiträge zum Beweis der Existenz von Humussäuren und zur Erklärung ihrer Wirkungen vom Standpunkt der allgemeinen und theoretischen Chemie. J. Landw. **61**, 427 (1913).

[4] BECKLEY, V. A.: The preparation and fractionation of humid acid. J. agricult. Sci. (Cambridge) **11**, 66 (1921).

[5] FUCHS, W.: Über das Huminsäureproblem. Festschrift HÖNIG: Über Naturprodukte, S. 89. Dresden u. Leipzig 1923. — FUCHS, W. u. H. LEOPOLD: Über Huminsäuren. I. Methylierung und Ammoniakbehandlung einiger Huminsäurepräparate. Brennstoffchemie **8**, 73 (1927); II. Einwirkung von Thionylchlorid, von Brom sowie von Chlordioxyd auf einige Huminsäurepräparate. Ebenda **8**, 101 (1927). — FUCHS, W.: Über Fortschritte in der Chemie der Huminsäuren und der Kohlen. Z. angew. Chem. **41**, 851 (1928).

[6] FUCHS, W.: Über die sogenannte Nitrohuminsäure. Brennstoffchemie **9**, 178 (1928). — SCHELLENBERG, A.: Ebenda **2**, 389 (1921). Dort weitere Literatur.

daß man kein neutrales Lösungsmittel für Huminsäuren kannte[1]. Als knappste Zusammenfassung der Ergebnisse der bisherigen Versuche mit Nitrohuminsäure als Ausgangsprodukt gibt W. FUCHS die nachstehende Formel des Methylderivates:

$$C_{59}H_{35}O_{17}N\,[(COOCH_3)_4\,(OCH_3)_2\,(C:NOH)\,(CO)]\,.$$

Man erkennt die vier Karboxylgruppen der zugrunde liegenden Säure, den Gehalt an Methoxyl und an konstitutionell eingetretenem Stickstoff. Die daraus abzuleitende Formel der freien Säure heißt nach W. FUCHS $C_{61}H_{44}O_{22}(COOH)_4$. Sie unterscheidet sich von der Formel $C_{60}H_{52}O_{24}(COOH)_4$ von Sv. ODÉN, also hauptsächlich durch einen Mindergehalt an Wasserstoff. Das Molekulargewicht beträgt rund 1300, aus Versuchen am Methylderivat 1305, an der Säure 1258.

H. K. EHLANDT[2] gewinnt durch Behandeln mit 5—6proz. Salzsäure bei 60° C, unter Vermeidung von Lauge, drei durch ihre Löslichkeit in Alkohol und Fällbarkeit durch Aether unterschiedene Huminsäuren aus Braunkohle mit ziemlich hohem Kohlenstoffgehalt[3] und mit dem gegen die bisher berichteten Werte bedeutend niedrigeren Äquivalentgewicht 181, 218 bzw. 176. Doch schließen auch G. STADNIKOW und P. KORSCHEW[4] aus der von Huminsäure (= Humussäure, hergestellt durch Reinigung aus Acidum huminicum Merck) adsorbierten Menge von $Ba(OH)_2$ auf ein Äquivalentgewicht der Säure von 147 mit der Begründung, daß bei ihren Versuchen nicht nur wie bei Sv. ODÉN allein die Karboxylgruppen, sondern auch die Phenolhydroxylgruppen bei der Salzbildung mit reagierten. Ihre Huminsäure verhält sich dabei grundsätzlich wie die Stearinsäure, während künstlich aus Zucker hergestellte Humussäure eine auf bloße Adsorption hin deutende Kurve gibt. Dieses Ergebnis wird noch gestützt durch die recht verwickelte Austauschreaktion des Bariumhumats gegen Alkalisalze, welche aber durch die Bildung gemischter, wasserunlöslicher Barium-Alkali-Humate erklärt werden kann. Damit nähert sich diese Huminsäure in ihren Eigenschaften schon stark den Seifen und manchen Farbstoffen, die kolloidchemischen Gesetzen unterliegen[5].

Mehrere der genannten Untersuchungen und auch manche ältere[6] nehmen Braunkohle, Kasselerbraun, Acidum huminicum Merck als Ausgangspunkt, weshalb die damit gewonnenen Ergebnisse immerhin den Vorbehalt tragen müssen, nicht von frischem, so zu sagen lebendem Humus zu stammen. Kasselerbraun ist eine besonders leicht in Lauge lösliche Braunkohle[7]; technisch gewertet, besitzt sie den vollen Vertorfungsgrad 100. Acidum huminicum Merck wird fabrikmäßig aus Torfstreu gewonnen durch Aufschließen mit Natronlauge und Fällen mit Säure in technisch stets gleicher Weise. Nach mehreren Prüfungen hat das Präparat etwa folgende Zusammensetzung[8]: Es sind in der lufttrockenen Masse

---

[1] Einen Fortschritt bringt hierin K. SIMON mit der schon S. 155 erwähnten Methode der Extraktion mit Natriumfluorid und der Feststellung: „Jedenfalls kann nun die Huminsäure durch so milde Mittel isoliert und gereinigt werden, wie selten ein komplizierter Naturstoff sonst, so daß die Bedenken, die bisher der Erforschung ihrer physiologischen Eigenschaften an isolierten Präparaten entgegenstanden, nunmehr grundsätzlich überwunden sein dürften." a. a. O., 2. Arbeit, S. 335 [Anm. 3, S. 155].

[2] EHLANDT, H. K.: Die natürlichen Huminsäuren. Dissert., Techn. Hochsch. Breslau 1924.

[3] Vgl. Tabelle S. 163, drittletzter Autor.

[4] STADNIKOW, G. u. P. KORSCHEW: Zur Kenntnis der Huminsäuren. Kolloid-Z. 47, 136 (1929).

[5] Literatur darüber vgl. S. 179, Anm. 3.

[6] MALKOMESIUS, PH. u. R. ALBERT: Studien über Humussäuren. J. prakt. Chem. 178 (N. F. 70), 509 (1904).

[7] Die Firma G. E. Habichs Söhne in Veckerhagen a. Weser stellen dasselbe her.

[8] STADNIKOW, G. u. P. KORSCHEW: a. a. O. [s. o.]. — KREUBER: Brennstoffchemie 9, 197 (1928).

17 % Wasser und 2,4 % Asche vorhanden, der organische Anteil besteht zu 13 % aus wasserlöslichen Stoffen (Fulvosäuren), zu 25 % aus alkohollöslicher Hymatomelansäure und zu 62 % aus Humussäure, die von manchen Autoren „gereinigte Huminsäure" genannt wird (Elementaranalyse)[1]. —

Nach den in ihren Ergebnissen nicht recht befriedigenden molekularchemischen Untersuchungen der ersten Forschergruppe bis etwa 1870 geschah das Abschwenken der Arbeitsrichtung nicht nur auf das schon geschilderte Gebiet der matière noire, sondern es entstand auch, den allgemeinen chemischen Fortschritten entsprechend, die kolloidchemische Betrachtungsweise im Rahmen des Humusproblems. Die auf diesem Wege in den letzten Jahrzehnten erhaltenen Beobachtungen über kolloidchemische Eigenschaften der Humusstoffe, sei es ihr ultramikroskopisches Verhalten, die Empfindlichkeit der Sole gegen Elektrolyte, die innere Reibung, die Schutzwirkung auf andere Kolloide, die Wasserbindung von Humusgelen, oder praktisch umgekehrt: die Entwässerung z. B. von Torf, der Basenumtausch an ihrer Oberfläche usw., sind so überaus mannigfaltig, daß hier nur die grundsätzliche Einstellung ganzer Forschergruppen erwähnt werden kann, besonders auch, weil G. Hager[2] schon diese Einzelheiten über die kolloiden Bestandteile des Bodens im vorangegangenen Abschnitt dieses Bandes bringt.

A. König berichtet 1882[3] bereits über eine ganze Reihe von Vorläufern seiner Untersuchungen über das Adsorptionsvermögen humoser Medien. J. M. van Bemmelen erkennt und beweist die grundsätzliche Ähnlichkeit zwischen den Adsorptionserscheinungen, die von Humusstoffen ausgehen, und den entsprechenden, welche anorganische Gele (Dioxyde von Si, Mn, Sn) zeigen[4]. Er beginnt den Abschnitt über die Humussubstanzen mit der folgenden, treffenden Beschreibung ihrer kolloiden Natur:

„Die Humussubstanzen, sowohl die aus Pflanzenüberresten in der Natur gebildeten, als auch solche, die durch Einwirkung von Säuren oder Basen auf Kohlehydrate dargestellt sind, besitzen keine einfache Zusammensetzung. Alle Anstrengungen, welche man gemacht hat, um sie durch Lösungsmittel, Wasser, Alkohol, Säuren, Alkalien — durch Abscheiden aus ihren Lösungen mittels einer Säure oder mittels Metallsalze (als Kupferverbindung, Bleiverbindung usw.) — in chemische Individuen zu trennen, sind resultatlos geblieben. Geinsäure, Krensäure, Apokrensäure, Ulmussäure, Humussäure, Ulmin und Humin sind keine einheitlichen Substanzen, und die dafür gegebenen Formeln haben keinen Wert. Dieselben sind amorph und kolloider Natur, aus kolloiden Substanzen durch chemische Umsetzungen, Spaltungen, Wasserabspaltungen und Oxydationen entstanden und haben außerdem molekulare Modifikationen erlitten. Da alle diese Änderungen in verschiedenem Maße, je nach den zeitlichen Umständen von Feuchtigkeit, Luftzutritt, Temperatur, Licht und wahrscheinlich auch von gewissen Fermenten, abhängig sind, so trifft man die Humussubstanzen in der Natur in allen Stadien an."

Diese richtige Auffassung von Humusstoffen als einem Adsorptionskomplex, einem „Coagulum, welches sich bildet, indem Kolloide und Harze durch Elektro-

---

[1] Vgl. Tabelle S. 163, vorletzte Zeile. [2] Hager, G.: siehe S. 45f. dieses Bandes.

[3] König, A.: Über das Absorptionsvermögen humoser Medien. Landw. Jb. **11**, 1 (1882); ältere Versuche S. 2. — Petermann, A.: Versuche über die Dialyse des Ackerbodens. Biedermanns Zbl. Agrikulturchem. **12**, 361 (1883).

[4] Bemmelen, J. M. van: Die Absorptionsverbindungen und das Absorptionsvermögen der Ackererde. Landw. Versuchsstat. **35**, 68 (1888). Dort II, 3: Die Humussubstanzen, S. 108. — Die Absorption; gesammelte Abhandlungen über Kolloide und Absorption (neu hrsg. von Wo. Ostwald). Dresden 1910. Vorstehende Untersuchung darin abgedruckt S. 80 bzw. 117.

lyte zum Ausflocken gebracht werden", wie es später A. J. VAN SCHERMBEEK nennt[1], wurde etwas einseitig von A. BAUMANN und E. GULLY übertrieben, welche die Auffassung vertreten, daß es überhaupt keine spezifischen Humussubstanzen im Boden gibt, besonders keine Stoffe mit Säurecharakter, was VAN BEMMELEN immerhin mit der folgenden Erklärung offen und im Bereich der Möglichkeit gelassen hatte[2]: „Ob eine eigentliche chemische Verbindung zwischen Humussäure und einem Metalloxyd stattfinden kann, und welche, oder ob eine chemische Verbindung in den kolloiden Komplexen verborgen ist, das können wir bis jetzt noch nicht feststellen." Nach BAUMANN und GULLY[3] soll jegliche Säureerscheinung nur vorgetäuscht werden durch Spaltung eines Neutralsalzes an der die Kationen stark adsorbierenden Oberfläche kolloider organischer Substanzen im Boden. Sie versuchen dies besonders für die Blätter der Sphagnummoose des Hochmoors zu zeigen, deren chlorophyllfreie Zwischenzellen (hyaline Zellen) vermöge der großen Oberfläche der gequollenen Zellhäute die Fähigkeit haben sollen, „Pflanzennährstoffe aus den verdünntesten Lösungen aufnehmen zu können; sie bilden einen Fangapparat für Pflanzennährstoffe, den die im Hochmoor wachsenden, nur auf die Nährstoffe in den atmosphärischen Niederschlägen angewiesenen Sphagnen notwendig brauchen. Dann ist aber das, was man Sphagnumsäure und Humussäure genannt hat, nichts anderes als die Zellhaut der hyalinen Sphagnumzellen"[4]. Daran wird noch eine Theorie über die selbsttätige Regulierung der Nährstoffaufnahme durch wechselndes Umladen der Zellhäute angeschlossen. Alle diese Folgerungen gehen aber zu weit, denn verallgemeinert man die Annahme, daß im Moostorf keine Substanzen zugegen sind, deren chemischer Aufbau die Ursache ihres sauren Charakters ist, so müßten alle an sich chemisch indifferenten Substanzen allein durch den Übergang in den kolloiden Zustand die Fähigkeit erlangen, Säurewirkungen hervorzurufen, was von B. TACKE und H. SÜCHTING nachgeprüft, aber für Stärke und Filtrierpapier nicht bestätigt wurde, während Stearinsäure und Moostorf sich in den Ergebnissen glichen[5]. In dem gesamten über diese Fragen durchgeführten Schriftstreit, dessen gegen BAUMANN und GULLY gerichteter Teil bereits bei der Besprechung der Huminsäuren[6] erwähnt wurde, kommen nicht wenige Versuche vor, um deren Reproduzierbarkeit und Gültigkeit der daraus gezogenen Folgerungen es wohl ziemlich schlecht bestellt ist.

---

[1] SCHERMBEEK, A. J. VAN: Über Humussäuren. J. prakt. Chem. **183** (N. F. 75), 517 (1907).

[2] BEMMELEN, J. M. VAN: a. a. O., S. 124 [Anm. 4, S. 174, Ausgabe OSTWALD].

[3] BAUMANN, A. u. E. GULLY: Untersuchungen über die Humussäuren I—IV. Mitt. kgl. bayer. Moorkulturanst. **3**—**5** (1909—13). I. (BAUMANN): Geschichte der Humussäuren. Ebenda **3**, 52 (1909); II. (BAUMANN u. GULLY): Die freien Humussäuren des Hochmoores; ihre Natur, ihre Beziehungen zu den Sphagnen und zur Pflanzenernährung. Ebenda **4**, 31 (1910); auch Z. angew. Chem. **23**, 1760 (1910) u. Z. prakt. Geol. **18**, 389 (1910); III. (GULLY): Die chemische Zusammensetzung und das Basenabsorptionsvermögen der Sphagnen, die Abhängigkeit derselben vom Standorte und die Bedeutung der einzelnen Nährstoffe bei der Bildung von Hochmoor. Ebenda **5**, 1 (1913); IV. (GULLY): Die Untersuchungen von Prof. Dr. TACKE und Prof. Dr. SÜCHTING über die Humussäuren. Ebenda **5**, 85 (1913). — GULLY, E. Zur „Azidität" des Bodens; die Humussäuren im Lichte neuzeitlicher Forschungsergebnisse. Landw. Jb. Bayern **5**, 221 (1915); Internat. Mitt. Bodenkde. **5**, 133, 232, 347 (1915). — WIELER, A.: Über den sauren Charakter der pflanzlichen Zellhäute und seine Beziehung zur Humusbildung. Ber. dtsch. bot. Ges. **30**, 394 (1912); Z. angew. Chem. **25**, 2011 (1912). — SKENE, M. u. GL. L. STUART: Die in Salzlösungen durch Sphagnen frei gemachte Säure. Nature **115**, 605 (1925).

[4] BAUMANN, A. u. E. GULLY: a. a. O. 1910, S. 137 [vorige Anm., Arbeit II: die gesperrten Worte dort sogar in Fettdruck].

[5] TACKE, BR. u. H. SÜCHTING: a. a. O. 1911 [Anm. 4, S. 168].

[6] S. 168, Anm. 4.

Mit dem Wiederauffinden der bereits 1874 von TH. SCHLÖSING dem Älteren erwähnten[1], aber in der folgenden Zeit nicht weiter beachteten Schutzwirkung von Humuskolloiden auf Tonaufschwemmungen eröffnet E. FICKENDEY[2] eine große Reihe von Untersuchungen, in denen bestimmten kolloiden Eigenschaften der organischen Bodenbestandteile genauer nachgegangen wird. Die Versuche erfolgen nun auch an weniger stark durch chemische Eingriffe verändertem Material. W. THAER[3] hat wohl überhaupt als Erster das eigentliche Bodenhydrosol gewonnen; G. FISCHER[4] arbeitet bewußter auf dieses Ziel hin nach der früher beschriebenen vollkommeneren Methode zur Abtrennung von Humuskolloiden aus Moostorf oder Bodenarten. Alle die im einzelnen gefundenen kolloiden Eigenschaften der organischen Bodensubstanz[5] haben die größte Bedeutung für das gesamte Werden des Bodens. Man erkannte dies noch deutlicher, als eine aufmerksame Beobachtung die gleichen Erscheinungen der Ausflockung, Umladung, Schutzwirkung, Salz- und Frostempfindlichkeit, wie in den Laboratoriumsversuchen, auch im freien Felde wiederfand, was allerdings wegen der dort stattfindenden gegenseitigen Überkreuzung vieler Vorgänge nicht so einfach ist, aber, gestützt auf die schon erhaltene Aufklärung ihres kolloidchemischen Mechanismus, in den meisten Fällen gelang. Die umfassende Darstellung und Anwendung solcher die Struktur- und chemischen Umsetzungsverhältnisse des Bodens beherrschenden kolloiden Eigenschaften der Humusstoffe erfolgte 1915 durch P. EHRENBERG[6]. Er berührt auch schon das wichtige Kapitel des Zusammentretens der Kieselsäure, Tonerde, des Eisenhydroxyds und der Humusstoffe in kolloiden Verbindungen, wenn auch mit der Einschränkung, daß „wegen ihrer so außerordentlich wechselnden Zusammensetzung, deren Grundlagen leider noch nicht genügend geklärt sein dürften, über die kolloiden Silikate, Humate, Eisen- und Tonerdeverbindungen des Bodens nicht viel mitzuteilen ist"[7].

Der Untersuchung dieser Kolloidkomplexe haben sich besonders die russischen Bodenkundler angenommen, da sie erkannt haben, daß gerade die Wechselreaktionen zwischen dem sogenannten aktiven Humusanteil und den

---

[1] SCHLÖSING, TH.: Détermination de l'argile dans la terre arable. C. r. Acad. Sci. Paris **78**, 1276 (1874); S. 1279: „La dose de chlorhydrate (d'ammoniaque) nécessaire pour coaguler l'argile varie selon la quantité d'humate en dissolution; il en faut jusqu'à 20 grammes, quand celui-ci est très abondant, ce qui démontre une fois de plus l'attraction que le colloide humique exerce sur le colloide minéral." Zit. nach P. EHRENBERG: Die Bodenkolloide, 3. Aufl., S. 125. Dresden u. Leipzig 1922.

[2] FICKENDEY, E.: Notiz über Schutzwirkung von Kolloiden in Tonsuspensionen und natürlichen Tonböden. J. Landw. **54**, 342 (1906).

[3] THAER, W.: Kolloidchemische Studien am Humus aus gekalktem und ungekalktem Boden. J. Landw. **60**, 1 (1912); Teil der Dissert. (mit erweitertem Titel), Göttingen 1910.

[4] FISCHER, G.: Die Säuren und Kolloide des Humus. Kühn-Arch. **4**, 1 (1914); die Beschreibung seiner Methode vgl. S. 155 u. 156 des vorliegenden Beitrages.

[5] ASCHAN, O.: Die wasserlöslichen Humusstoffe (Humussole) der nordischen Süßgewässer. Z. prakt. Geol. **15**, 56 (1907); J. prakt. Chem. **185** (N. F. **77**), 172 (1908). — AARNIO, B.: Experimentelle Untersuchungen zur Frage der Ausfällung des Eisens in Podsolböden. Internat. Mitt. Bodenkde. **3**, 131 (1913). — ODÉN, SVEN: Zur Kolloidchemie der Humusstoffe. Kolloid-Z. **14**, 123 (1914). — Die Humussäure und Hymatomelansäure als Kolloide. a. a. O., S. 114 der Sonderausgabe [Anm. 2, S. 169]. — AALTONEN, V. T.: Zur Kenntnis der Ausfällung des Eisens im Boden. — Versuche zur Klärung der Schutzwirkungen von wäßrigen Humusauszügen. Acta forest. Fennica **25** (1923). — OSTWALD, W. u. A. STEINER: Beiträge zur Kolloidchemie von Humussäure und Torf. Kolloidchem. Beih. **21**, 97 (1925). — BLANCK, E. u. F. ALTEN: Experimentelle Beiträge zur Entstehung der Mediterran-Roterde. Landw. Versuchsstat. **103**, 85 (1924).

[6] EHRENBERG, P.: Die Bodenkolloide, 3. Aufl. (S. 52: Die Humuskolloide; S. 72: Die kolloiden Verbindungen von Kieselsäure, Humussubstanzen, Eisenhydroxyd, Tonerde; S. 123: Ton und Humus). Dresden u. Leipzig 1922.

[7] EHRENBERG, P.: a. a. O., S. 76 [vorige Anm.].

kolloid aufgeteilten anorganischen Bodenteilen ein sehr bezeichnendes Moment in der Bodenbildung sind. Es kommt ihnen dabei weniger auf die genaue Formulierung des chemischen Zustandes der mitwirkenden Stoffe an, als auf die Beobachtung des möglichst ungestörten und natürlichen Ablaufs der Umsetzungen. Humusstoffe werden hierbei nicht mehr von Tonbestandteilen zu trennen versucht, was ja für die molekularchemische Betrachtungsweise Grunderfordernis ist, sondern sie bilden mit ihnen zusammen die ,,Schlammfraktion" oder den adsorbierenden Komplex, in dessen von A. TH. TJULIN vorgeschlagenem Symbol[1] schon die enge Vereinigung von kolloiden Silikaten (SiO_2), Sesquioxyden (R_2O_3) und Humusstoffen (C) zum Ausdruck kommt:

Adsorbierender Komplex des Bodens =

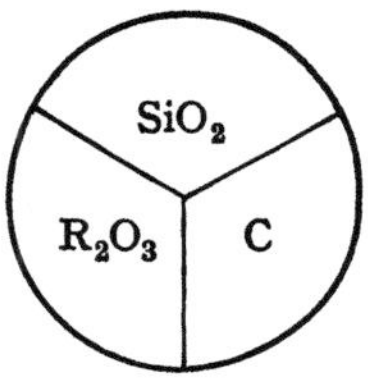

\+ an der Oberfläche salzartig gebundene Kationen Na, K, NH_4, H, Ca, Mg . . .

Nach A. N. SOKOLOWSKI[2] besitzt dieser Komplex zwei Ausbildungsformen, nämlich den aktiven Anteil, welcher immer in unstabilem Gleichgewicht mit adsorbiertem Kalk steht, und den passiven Komplex, welcher mit Kalk nicht reagiert, sondern eine unlösliche Mischung von Ton und Humus ist. Dieser unlösliche Komplex kann nur durch Kochen mit Wasser und dadurch auch nur unvollständig, am besten durch Oxydation mit Wasserstoffsuperoxyd vom übrigen Bodengerüst getrennt werden[3]. Der aktive, kalkhaltige Komplex ist ein Faktor der guten Bodenstruktur und könnte etwa mit der matière noire gleich gesetzt werden, sofern man diese in natürlichem Zustande, ohne die durch die Einwirkung der Lauge wahrscheinlich eintretenden chemischen Veränderungen, erhalten könnte. Mit der schon erwähnten Methode zur Gewinnung von Pseudohumuslösungen zeigten N. B. VERNANDER und A. N. SOKOLOWSKI neuerdings[4], daß die chemische Zusammensetzung der Humusfraktion dem Dispersitätsgrade entsprechend wechselt und zu ihm in Beziehung steht:

Nr. der Fraktion	Dauer der Filtration durch Berkefeld-Kerze	Zusammensetzung des organischen Anteils der Fraktion in Prozenten				Aschengehalt der gesamten Fraktion[5]
		C	N	H	O	
0 (grob)	Nicht filtriert	56,6	4,3	5,8	34,3	64,4
1	44 Minuten	—	4,2	—	—	—
4	4 Stunden	—	3,7	—	—	—
9 (fein)	10 ,,	36,7	3,5	7,2	52,6	2,2

Die Fraktionen unterschieden sich schon äußerlich, so gab z. B. beim Eindampfen die gröbste von ihnen Flocken von intensiv schwarzer Farbe, die feinste

[1] TJULIN, A. TH.: Gesichtspunkte über die Zusammensetzung des adsorbierenden Komplexes. Versuchserg. landw. Versuchsstat. Perm 1, 1 (1927); Arbeitsgem. landw. Versuchsstat. des Uralgebietes.

[2] SOKOLOWSKI, A. N.: Einige Eigenschaften der Bodenkolloide. Ann. landw. Akad. Petroskoje (Moskau) 1—4, 85—275 (1919).

[3] Vgl. die Ähnlichkeit mit einer der Methoden zur Bestimmung des humifizierten Anteils, Tabelle S. 141.

[4] VERNANDER, N. B. u. A. N. SOKOLOWSKI: Study of humus; chernozem humus as a polydisperse system. Pap. and Proc. 1. Internat. Congr. Soil Sci. (Washington) 3, 367 (1928). — Methode zur Gewinnung einer Pseudohumuslösung, vgl. S. 155 des vorliegenden Beitrags.

[5] Reste des zur Aufteilung benutzten Natriumsulfats sind durch Dialyse vorher entfernt worden.

ein schwarzes Pulver mit bräunlichem Stich. Der nach KJELDAHL bestimmte Gesamtstickstoff wurde in einen unlöslichen Anteil (N im Rückstand nach sechsstündigem Kochen mit verdünnter Salzsäure am Rückflußkühler, danach filtrieren und auswaschen), in NH_3-Stickstoff [durch Destillieren des Filtrats mit $Mg(OH)_2$] und in Aminostickstoff (rechnerische Differenz) zerlegt, wobei sich folgende starken Unterschiede zwischen den Fraktionen ergaben:

Humusfraktion Nr.	Von 100 Teilen Gesamtstickstoff der Fraktion sind		
	unloslich	NH_3-Stickstoff	Aminostickstoff
0 (grob)	35,0	14,9	50,1
1	41,2	13,4	45,5
4	53,1	12,8	34,1
9 (fein)	68,5	24,0	7,5

Die Autoren schließen aus diesen Unterschieden in der Bindungsform des Stickstoffs auf Änderungen im chemischen Aufbau, die ein und derselbe Humuskomplex beim Übergang von gröberer zu feinerer Aufteilung im Laufe der Zeit erleiden kann, und denken dabei an eine Dichterlagerung, an Bildung von Verbindungen mit Ringschluß und auch an vielleicht hineinspielende biochemische Reaktionen, durch welche der Stickstoff langsam bis zu zwei Drittel seiner Menge in schwerlöslicher Form festgelegt wird.

K. K. GEDROIZ[1] verzichtet vorläufig noch darauf, den organischen Anteil des adsorbierenden Komplexes, mit dem er aber in seinen Überlegungen unbedingt rechnet, chemisch genauer zu untersuchen und zu definieren:

„Irgend etwas über die Zusammensetzung des organischen Anteils des adsorbierenden Komplexes auszusagen, ist gegenwärtig noch nicht möglich. Sicher ist nur das eine, daß er, wie auch der Humus des Bodens überhaupt, viele verschiedenartige Verbindungen enthält. Welcher Art diese Verbindungen sind, wissen wir nicht, auch stehen uns noch keine geeigneten Methoden zur Verfügung, um Licht in diese Frage zu bringen. Wir kennen auch noch nicht die elementare Zusammensetzung dieser Bestandteile als Ganzes und können daher nicht beurteilen, wie weit sein Aufbau für die verschiedenen Böden einheitlich ist. Trotzdem wäre es schon denkbar, auf dieses Problem näher einzugehen, denn es besteht die Möglichkeit, den gesamten Humusanteil vom Boden abzutrennen, etwa nach dem von mir vorgeschlagenen Verfahren (Sättigung des Bodens mit Natrium und nachfolgendes Auswaschen desselben mit Wasser, bis ein farbloses Filtrat abläuft)."

D. W. IWANOW untersuchte bereits den abgetrennten Humuskomplex in dieser Weise[2], und M. A. WINOKUROW macht folgende Aussagen über den Humatanteil in dem mit den Jahreszeiten nach Menge und Eigenschaften schwankenden adsorbierenden Komplex[3]: „Die Änderung der Menge des aktiven Komplexes geht nicht nur auf Kosten des Humatanteils, sondern auch des zeolithischen (anorganischen) Anteils; zwischen den Änderungen des aktiven Komplexes und des Humatanteils besteht eine direkte Beziehung. — Der Gehalt an hochdispersen Teilchen, in Prozenten des aktiven Komplexes ausgedrückt, ist sehr

[1] GEDROIZ, K. K.: Der adsorbierende Komplex und die adsorbierten Bodenkationen als Grundlage der genetischen Bodenklassifikation. Übersetzung der 2. russ. Aufl. durch H. KURON. Kolloidchem. Beih. **29**, 149 (1929); auch Sonderausgabe aus den Kolloidchem. Beih., 111 S. Dresden u. Leipzig 1929; Zitat S. 11 der Sonderausgabe.

[2] IWANOW, D. W.: Die Dispersität der organischen Stoffe des adsorbierenden Komplexes im Boden. J. landw. Wiss. Moskau **3**, 477 (1926).

[3] WINOKUROW, M. A.: Beiträge zur Erforschung der Dynamik des adsorbierenden Bodenkomplexes. Westsibir. landw. Versuchsstat., bodenkundl. Labor. H. **14** (1927); **20** (1928); Punkt 10 und 12 der Ergebnisse von 1928. Ref. Z. Pflanzenernährg. usw. A **14**, 387 (1929).

starken zeitlichen Schwankungen unterworfen; außerdem wurde in ihm ein starkes Überwiegen der mineralischen Substanz über den Glühverlust beobachtet; letzteres steht in einem gewissen Widerspruch zu der Anschauung, daß der Humatkomplex der beweglichere Teil des adsorbierenden Komplexes ist."
A. DEMOLON und G. BARBIER[1] ahmen die im Boden stattfindende Komplexbildung nach durch Mischen einer Humussäure (Extrakt aus künstlichem Strohdünger) mit einem aus Ziegellehm gewonnenen entbasten Ton. Das Festhalten der Humussäure durch den Ton ist bei hoher H-Ionenkonzentration der Mischung am stärksten, und die aufgenommenen Basen, besonders Ca, bestimmen die Lage eines Gleichgewichts zwischen dem organischen und anorganischen Anteil des Komplexes.

Russische Forscher haben ferner beobachtet[2], daß „Schlamm", also der adsorbierende Komplex, Adsorptionswirkungen auf Bakterien ausübt, wobei diese wahrscheinlich z. T. absterben und den organischen Anteil des Komplexes auf diese Weise vermehren helfen.

Durch die Eigenschaft, außer in der Klasse der echt löslichen Alkalihumate nur kolloide Lösungen zu bilden, zeigen die Humussubstanzen auch Beziehungen zu den sog. kolloiden Elektrolyten, nämlich den Seifen und Farbstoffen wie Kongorot, mit denen sie mehrfach verglichen wurden[3]. —

Sv. ODÉN[4] schätzt die Normalität der Wasseraufschwemmung der schwer-, aber immerhin etwas löslichen Humussäure auf etwa 0,00002-normal, was also, wenn bei Basenarmut im Boden freie Humussäure auftritt, dem Substrat einen Wasserstoffexponenten p_H von 4—5 geben würde. Bekanntlich werden oftmals höhere Grade der Säurekonzentration im Boden gemessen, um deren Erklärung, sofern es sich nicht um gelegentlich vorkommende starke Säuren, wie z. B. Schwefelsäure, handelt, die Bodenaziditätsforschung sich lebhaft bemüht. Ihre Ergebnisse gehen uns hier nur so weit etwas an, als sie, unter Ausschaltung der Einflüsse von Kohlensäure und anorganischen Silikatkomplexen, nur allein die Säurewirkungen der Humusstoffe, gemessen durch Neutralsalzzersetzung oder Austauschazidität, betreffen. Eigenartigerweise stützen sich bislang die Konstitutionsforschung über Humusstoffe und diese Aziditätsforschung in ihren Befunden gegenseitig recht wenig, denn H. KAPPEN betont[5], daß der Kampf um die Aufklärung der Natur der Humusstoffe auf die praktisch so wichtige und wissenschaftlich so interessante Frage der Neutralsalzzersetzung durch Humusstoffe kein neues Licht geworfen habe, und gibt andererseits zu, daß er über chemische Einzelheiten dieses Vorganges aus seinen Versuchen auch nichts von Bedeutung ableiten könne[6]: „Ganz sicherlich muß schon die Eigenart des reagierenden Systems — eine wasserunlösliche Säure in kolloidaler Form tritt in Reaktion mit einem in Wasser gelösten Neutralsalz — von ausschlaggebender Bedeutung

[1] DEMOLON, A. u. G. BARBIER: Conditions de formation et constitution du complexe argilo-humique des sols. C. r. Acad. Sci. Paris 188, 654 (1929).

[2] KARPINSKAJA, N.: Zur Frage der Adsorption der Bakterien durch den Boden. J. Landw.-Wiss. (Moskau) 3, 587 (1926) (russ.). — MINENKOW: Adsorption von Bakterien durch verschiedene Bodentypen. Zbl. Bakter. II 78, 109 (1929).

[3] BAYLISS, W. M.: Kolloid-Z. 6, 23 (1910). — MCBAIN, J. W.: Brit. Assoc. 3. Rep. on Colloid-Chem. 1920, 2. — KAWAMURA: J. physic. Chem. 30, 1364 (1926). — RJASANOW, B.: Zum Studium der Wechselwirkung der Huminsäure und der Stearinsäure mit Salzen. J. Landw.-Wiss. (Moskau) 4, 695 (1927). — STADNIKOW, G. u. P. KORSCHEW: a. a. O. [Anm. 4, S. 173].

[4] ODÉN, Sv.: a. a. O., S. 73 der Sonderausgabe [Anm. 1, S. 169].

[5] KAPPEN, H.: Die Bodenazidität, nach agrikulturchemischen Gesichtspunkten dargestellt (S. 138: Die Neutralsalzzersetzung durch Humusstoffe). Berlin 1929.

[6] HEIMANN, H. Berichterstatter H. KAPPEN: Die Neutralsalzzersetzung durch Humusstoffe. Z. Pflanzenernährg. usw. A 1, 345 (1922); Zit. von S. 396.

für den Ablauf der Reaktion sein. Dazu kommt, daß sich eine unlösliche Verbindung bei der Reaktion bildet, wahrscheinlich ebenfalls von kolloidaler Beschaffenheit, deswegen diffusionsunfähig und die Oberfläche der freien Säure verändernd."

Die allgemeinste Bezeichnung für Humusstoffe von saurer Natur ist die von G. WIEGNER und H. GESSNER vorgeschlagene[1]:

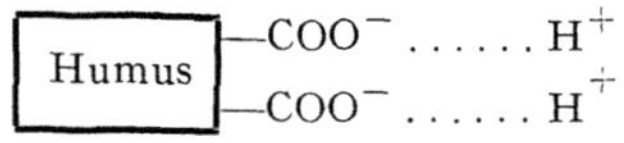

Hier sind also von der Oberfläche der schwerlöslichen, kolloiden Humussäure, die mehrere COOH-Gruppen besitzt, Wasserstoffionen abdissoziiert. Ein gewisser Teil von auftretender Azidität, wie er mit der schon lange bekannten und noch jetzt verwendeten Methode von B. TACKE[2] durch Verrühren der Bodenprobe im Wasserstoffstrom mit Kalziumkarbonat und Bestimmung der nicht durch die freie Humussäure ausgetriebenen Restkohlensäure gemessen werden kann, beruht also sicher auf dem spez. chemischen Aufbau der Humussäure, wie SV. ODÉN es verlangt und nicht nur auf einer Adsorptionswirkung kolloider Substanzen, wie A. BAUMANN und E. GULLY annahmen, wobei eine Neutralsalzlösung durch starke Adsorption der Base zersetzt und auf diesem Wege die Säurenatur jener Substanzen nur vorgetäuscht sein sollte (sog. Theorie der Adsorptionszersetzung bei Humusböden)[3]. Andererseits läßt das obige Symbol auch den Spielraum, daß bei Dispersitätsänderungen die Zahl der abdissoziierten Wasserstoffionen wachsen kann, so daß die Deutung von SV. ODÉN[4] wohl fallen gelassen werden kann, daß stärkere Säuregrade nur auf Verdrängung von freien Säuren, die vorher schon als Verunreinigung dem Humus anhafteten, durch eine hinzugebrachte Salzlösung beruhen (sog. Theorie der Adsorptionsverdrängung). Je nachdem nun bei großem Mangel an ein- und zweiwertigen Metallbasen die abdissoziierten H-Ionen oder aber die z. T. oder ganz durch absichtliche Behandlung mit Aluminiumchlorid an ihre Stelle getretenen Al- (und im Boden auch Fe-)Ionen mit einem Neutralsalz reagieren, liegen die von H. KAPPEN ausführlich studierten Formen der echten Neutralsalzzersetzung oder der Austauschazidität vor. Für den ersten Fall findet er, allerdings nur bei besonders vorbereiteten Humuspräparaten (= ungereinigten Huminsäuren), die folgende Äquivalenz zwischen der in einer Kaliumsulfat-Humusaufschwemmung auftretenden und im Filtrat titrierbaren Säure und der dabei durch das Humuspräparat aufgenommenen Menge Kalium[5].

	Humuspräparat, gewonnen			
	aus Torf	aus Braunkohle	aus Zucker	aus Hydrochinon
Titrationsazidität, gemessen durch cm^3 $n/10$ NaOH	19,0	21,6	11,1	22,1
mg K_2O in der Asche des Humuspräparats	88,2	99,7	49,6	101,7
mg K_2O, berechnet aus der gemessenen Azidität	89,2	101,7	52,3	103,9

[1] WIEGNER, G. u. H. GESSNER: Die Bedeutung der p_H-Bestimmung in der Bodenkunde. Kolloid-Z. **40**, 209 (1926).
[2] TACKE, B.: Über die Bestimmung der freien Humussäuren im Moorboden. Chemiker-Ztg. **21**, 174 (1897). — SÜCHTING, H.: Eine verbesserte Methode zur Bestimmung der Azidität von Böden. Z. angew. Chem. **21**, 151 (1908). — Kritische Studien über die Humussäuren. I. Eine verbesserte Methode zur Bestimmung des Säuregehaltes von Böden. Landw. Versuchsstat. **70**, 13 (1909). — VINCENT, V.: Die Azidität und die organische Substanz des Bodens. Ann. Soc. agronom. franç. **41**, 241 (1924). — ARND, TH.: Die Humussäuren in ihrem Einfluß auf das Mikrobenleben im Moorboden und die Methoden der Aziditätsbestimmung. Z. Pflanzenernährg. usw. A **4**, 53 (1925).
[3] Vgl. S. 175. [4] ODÉN, SV.: a. a. O., S. 67 der Sonderausgabe [Anm. 1, S. 169].
[5] KAPPEN, H.: a. a. O. 1922, S. 376, 377, Mittelzahlen [Anm. 5, S. 179].

Der andere Fall der Austauschazidität beruht auf dem Umtauschvorgang:

$$\text{Aluminiumhumat} + \text{Kaliumsalz} \rightleftarrows \text{Kaliumhumat} + \text{Aluminiumsalz},$$

worauf die hydrolytische Spaltung des sich bildenden Al- (und im Boden auch Fe-) Salzes die Ursache der sauren Reaktion wird. Beide Vorgänge, echte Neutralsalzzersetzung und Austauschazidität, können am gleichen Humusmaterial stattfinden. Diese Überlagerung ist mit ein Grund für die anfänglich vorhanden gewesene Unsicherheit in der Beurteilung der im Boden auftretenden Humusazidität[1], da einerseits Sv. ODÉN für die schwache Humussäure eine echte Neutralsalzzersetzung für unmöglich hielt[2], aber andererseits eine typische Austauschazidität meist auch nicht vorliegen konnte, weil es ganz selten glückte, eine Äquivalenz zwischen Säure und im Filtrat erscheinenden Sesquioxyden zu finden, was man, ähnlich wie bei reinen Mineralböden, sonst fordern müßte.

Man könnte sich für diese Vorgänge das von KAPPEN gegebene Bild vielleicht in folgender Weise noch etwas erweitern: Die freie Humussäure des organischen Komplexes wird wohl mit dem Kalium oder Natrium des zugesetzten Neutralsalzes ein Salz bilden, das unter den herrschenden Adsorptionsverhältnissen als unlöslich anzusehen ist, denn die Alkalihumate sind ja sonst eigentlich löslich. Damit würde der Vorgang etwa mit der folgenden wohlbekannten Reaktion in gewisser Weise verglichen werden können, wobei es im Boden auf das noch mit anwesende Anion eines Neutralsalzes wenig oder gar nicht ankommt:

$$H_2S + Zn^{+} = ZnS_{\text{unlöslich}} + 2\,H^{+}$$

$$\text{Humussäure} + x\,K^{+} = \text{K-Humat}_{\text{unlöslich}} + x\,H^{+}$$

In beiden Fällen dürfte also das Treibende dabei die Bildung eines unter den gegebenen Versuchsbedingungen unlöslichen Produkts sein. Diese Darstellung würde gleichzeitig auch die Umsetzung von entsprechenden Aluminium- oder Eisenhumaten mit umfassen, da diese wohl weitgehend hydrolysiert sind, nämlich als Salze aus schwacher Säure und schwacher Base, so daß im organischen Komplex auch freie Säure und Aluminium- bzw. Eisenhydroxyde vorhanden sein würden.

Vor kurzem wies F. EHRLICH auf eine mögliche Beziehung der Humussäure des Ackerbodens zu den Pektinstoffen und deren Abbauprodukten hin, die eine von ihm näher bestimmte Gruppe von Polysacchariden mit sowohl Kohlenhydrat- als auch Säurecharakter sind: „Es ist durchaus wahrscheinlich, daß mit den vermodernden Pflanzenteilen beträchtliche Mengen Pektinstoffe in den Boden gelangen, die z. T. der Einwirkung der Bakterien dadurch entzogen werden, daß sich aus ihnen die schwerlösliche Tetragalakturonsäure abscheidet, die sich weiterhin mit Mineralsubstanzen zu unlöslichen, schwer angreifbaren Salzen vereinigt. Allmählich wird ein Abbau durch Bakterienstoffwechsel eintreten, der aber auch wieder zu Säuren führen muß. Es scheint aber auch möglich, daß durch irgend welche Umsetzungen die Tetrasäure selbst, die an Stärke der Ameisen- und Milchsäure vergleichbar ist, in Freiheit gesetzt wird und durch langsame Entsendung von Wasserstoffionen zur Azidität des Bodens beiträgt[3]."

Einige mehr auf das praktische Ziel der Bodenkalkung gerichtete Untersuchungen über Menge und Beschaffenheit der sauer reagierenden Humusstoffe sind für die besonderen Verhältnisse der Humussandböden Hollands von D. J. HISSINK ausgeführt worden[4]. —

[1] GILLESPIE, L. J. u. E. WISE: Action of normal salts on humus and other experiments on soil acidity. J. Amer. chem. Soc. **40**, 796 (1918).
[2] ODÉN, Sv.: a. a. O., S. 72 der Sonderausgabe [Anm. 1, S. 169].
[3] EHRLICH, F.: Neue Untersuchungen über Pektinstoffe. Z. angew. Chem. **40**, 1305 (1927).
[4] HISSINK, D. J.: Die Beziehungen zwischen dem p_H, dem Kalkfaktor, dem Sättigungszustand (V) und Humus (S) einiger Sandböden. Versl. Landbouwk. Onderz. Rijksland-

Die biochemische Betrachtungsweise des Humusproblems hat bisher den großen Vorteil gebracht, wenigstens der Herkunft der schwarzen Humusstoffe des Bodens genauer nachzugehen, wenn sie auch noch nicht viel über ihre chemische Natur ermitteln konnte[1], da das Hineinbeziehen der mikrobiellen Tätigkeit, verbunden mit so vielen, meist noch unbekannten und nicht kontrollierbaren Faktoren, gerade das Gegenteil von einer Beschränkung auf ganz wenige klare Versuchsbedingungen ist, wie sie die molekular-chemische Forschung anstrebt und zum Vorwärtskommen nötig hat. Man erkennt dies auch daran, daß viele biochemische Humusarbeiten sich wieder auf die gesamte organische Masse im Boden beziehen, nicht nur auf die echten Humusstoffe, obwohl dies nicht immer klar zum Ausdruck kommt, wie auch das dabei oft gefundene typische Mengenverhältnis der Hauptbestandteile C:N = rund 10:1 anzeigt. Für eine echte Humusfraktion, etwa ein Huminsäuregemisch („rohe Humussäure") mit meist rund 60% C und 3% N, wäre dieses Verhältnis ja etwa 20:1. Der biochemischen Einstellung wird dafür wieder zugute gehalten, daß sie viel mehr die im Boden herrschenden natürlichen Verhältnisse berücksichtigt, welche die Beschränkung aller Aufmerksamkeit auf eine vierbasische reine Humussäure keineswegs rechtfertigen oder mindestens durch deren Auffindung nur zu einem kleinen Teil geklärt worden sind.

Das C/N-Verhältnis ist jüngst wieder stärker auch zur Kennzeichnung von erst teilweise humifizierten Düngermassen herangezogen worden[2]. Dabei besitzt der Wert 20:1 ebenfalls eine Bedeutung, denn er ist nämlich die praktisch gefundene Höchstgrenze für brauchbare organische Dünger. Bei einem weiteren Verhältnis als 20:1 tritt eine Heranziehung und Festlegung von Bodenstickstoff, verbunden mit Ernteverminderung ein[3]. Es bestehen also, in runden Zahlen wiedergegeben, folgende typische C/N-Verhältnisse:

---

bouwproefstat. **31**, 225 (1926). — Die Beziehung zwischen den Größen p_H, V und S (Humus) bei einigen Humusböden. Das Äquivalentgewicht der Humussubstanz. Verh. 2. Komm. internat. bodenkundl. Ges. Groningen, T. A **1926**, 198. — HISSINK, D. J. u. JAC. VAN DER SPEK: Über Titrationskurven von Humusböden. Ebenda T. A **1926**, 72. — HISSINK, D. J.: Zusammenhang zwischen der Azidität des Bodens und der Zersetzung der organischen Substanz im Boden. Festschrift J. STOKLASA, S. 211. Berlin 1928. — SCHAILE, O.: Kurzer Überblick über die Methoden der Humussäurenbestimmung und einige vergleichende Untersuchungen derselben. Landw. Versuchsstat. **105**, 209 (1927).

[1] CHRISTENSEN, H. R. u. H. L. JENSEN: Bakteriologische Methoden für die Untersuchung der Bodenfruchtbarkeit. Abt. II. Physiologische Untersuchungen. Mitt. internat. bodenkundl. Ges. **2**, 327 (1926). — POPP, M.: Die Tätigkeit der Kleinlebewesen im Dünger und im Boden. Mitt. dtsch. Landw.-Ges. **42**, 210 (1927). — STOKLASA, J.: Die biochemischen Vorgänge bei der Humusbildung durch die Mikroorganismen im Boden. Beitr. Biol. Pflanz. **17**, 272 (1929). — WAKSMAN, S. A.: Die Natur des organischen Bodenbestandteils und die Rolle von Mikroorganismen bei seiner Bildung und Zersetzung. Naturwiss. **15**, 689 (1927). — Der gegenwärtige Stand der Bodenmikrobiologie und ihre Anwendung auf Bodenfruchtbarkeit und Pflanzenwachstum. Fortschr. naturwiss. Forschg. (Herausgeber E. ABDERHALDEN), N. F. Heft **10** (S. 86: Organische Bodensubstanz). Berlin u. Wien 1930.

[2] BROWN, P. E. u. F. E. ALLISON: Einfluß einiger humusbildender Stoffe mit engem und weitem Stickstoff-Kohlenstoff-Verhältnis auf das Bakterienleben. Soil Sci. **1**, 49 (1916). — LEMMERMANN, O.: Untersuchungen über verschiedene Düngungsfragen. Arb. dtsch. Landw.-Ges. **1919**, H. 297, Abschn. III. — WAKSMAN, S. A.: Einfluß der Mikroorganismen auf das Kohlenstoff-Stickstoff-Verhältnis des Bodens. J. agricult. Sci. (Cambridge) **14**, 555 (1924). — CHRISTENSEN, H. R. u. H. L. JENSEN: a. a. O. [Anm. 1, s. oben], Abschn. IIg: Das Kohlenstoff-Stickstoff-Verhältnis im Boden. — ITANO, A. u. S. ARAKAWA: Das Kohlenstoff-Stickstoff-Verhältnis. Ber. Ohara-Inst. landw. Forschgn. **3**, 331 (1927).

[3] LEMMERMANN, O., W. JESSEN u. H. ENGEL,: Die Bedeutung des Kohlenstoff-Stickstoff-Verhältnisses und anderer chemischer Eigenschaften der organischen Stoffe für ihre Wirkung. Z. Pflanzenernährg. usw. A **17**, 321 (1930).

N-armes Getreidestroh	rund	100 : 1
Baumlaub, Haferstroh	,,	50 : 1
Strohiger, wenig verrotteter („schlechter") Stalldünger; auch Timotheeheu	etwa	30 : 1
Grenze für brauchbare organische Dünger		20 : 1
Guter Stalldünger	etwa	15 : 1
N-reiche organische Stoffe (Stroh von Leguminosen, Rübenblätter)	,,	11 : 1
Organische Bestandteile des Bodens insgesamt		10 : 1
Echte Humusstoffe des Bodens		? : 1
Huminsäurengemisch („rohe Humussäure")	rund	20 : 1

Das engste Verhältnis von organisch gebundenem Kohlenstoff zu Stickstoff liegt also im Bereich der organischen Gesamtmasse des Bodens. W. R. Leighty und E. C. Shorey[1] finden neuerdings erhebliche Abweichungen von dem üblicherweise angenommenen Durchschnittsverhältnis 10:1, besonders bei Untersuchung des Bodenprofils in verschiedenen Tiefen. Doch gibt der Durchschnitt aller Analysen wieder 10,5:1, der Durchschnitt aller Proben der Oberfläche im besonderen 12,8:1. Für den eigentlichen Bodenhumus ohne die jährlich frisch hinzukommenden organischen Abfallstoffe ist das C/N-Verhältnis überhaupt noch nicht genau bekannt. Teile davon, wie die Huminsäuren, besitzen bereits wieder ein weiteres Verhältnis, nämlich ein solches von rund 20:1, wobei es noch ungewiß bleibt, ob dies konstitutionell begründet ist, oder ob es nur mit der Darstellungsweise zusammenhängt.

Das C/N-Verhältnis von rund 10:1 im Boden bedeutet den normalen Stand, bei dem sich Zuwachs und Abbau von Humusstoffen, Pflanzenleben auf dem Boden und Tätigkeit der Mikroorganismen die Waage halten. Wird es zugunsten des Kohlenstoffs auf mehr als 20:1 verschoben, wie z.B. durch Einbringen von Stroh in den Boden, so tritt ein Mangel an „Betriebsstickstoff" für die Zersetzungsvorgänge der organischen Masse und die anschließende Humifizierung ein, und die Folge ist, daß aller erreichbare Stickstoff festgelegt und einige Zeitlang keiner mehr mineralisiert wird und für höhere Pflanzen zur Verfügung steht. Im seltener vorkommenden, entgegengesetzten Fall, bei einem Verhältnis des C:N von etwa 5:1, wird sich wegen des relativen Stickstoffüberschusses der mineralisiert werdende Stickstoffanteil langsam ansammeln, so daß bei unbebautem Boden die Gefahr der N-Auswaschung entsteht. Die Humifizierung führt also allgemein vom weiten C/N-Verhältnis der organischen Masse, wie es Stroh und absterbende Gräser zeigen, zum engeren Verhältnis des Bodenhumus; beim Kulturboden tritt als Ausgangspunkt auch das mittlere Verhältnis des eingebrachten Stalldüngers oder der stickstoffreichen Gründüngungspflanzen auf.

Die Verfolgung dieses für die natürlich entstehenden Humustoffe und ihre Vorstufen wichtigen C/N-Verhältnisses ist unmittelbar verknüpft mit der Frage nach der Umsetzung der ziemlich großen in den Boden gelangenden Zellulosemassen. Deren Beteiligung an der Humusbildung ist, wie wir wissen[2], nur indirekt, indem ein großer Teil bei mikrobiellen Umsetzungen im Boden verzehrt und veratmet, und ein anderer Teil unter Verbrauch von Stickstoff als mikrobielles Protoplasma festgelegt wird, das nach dem Absterben der Mikroorganismen je nach seiner Widerstandsfähigkeit wieder weiter als Baustoff dient oder schließlich in kleinerer Menge in die schwer zersetzlichen dunklen Humusstoffe eingeht[3]. Die zahlreichen neueren biochemischen Arbeiten über die Umsetzung der Zellulose im Boden sind also keine direkte Stütze so zu sagen für eine Zellulosetheorie des Humus

[1] Leighty, W. R. u. E. C. Shorey: Some carbon-nitrogen relations in soils. Soil Sci. 30, 257 (1930).
[2] Vgl. das Schema auf S. 138.
[3] = sekundäre Melaninhumusbildung, vgl. die Definition S. 131.

bzw. der Kohle, für welche eine solche nämlich besteht, sondern betreffen nur jene indirekte Beteiligung an der Humusbildung[1].

S. A. WAKSMAN[2] bringt folgende Werte für den Gang der Zelluloseumsetzung und Entstehung eines humusartigen schwarzen Rückstandes in Versuchen, bei denen Filtrierpapier unter Zusatz einer Stickstoffquelle mit Sand vermischt und mit einer Aufschwemmung aus frischer Gartenerde geimpft und dann ein Jahr lang bei optimaler Durchfeuchtung und 25—28° Bruttemperatur der Zersetzung überlassen wurde; nach dieser Zeit war praktisch alles Papier verschwunden und die übrig bleibende dunkelbraune Masse bestand aus Teilchen des weißen Sandes, die von kolloider organischer Substanz umgeben waren:

Die Zersetzung von 253 g Zellulose ergibt mit 2690 mg zugesetztem Ammoniakstickstoff am Ende einen organischen Rückstand von 71,8 g;

durch Analyse wurden von den Ausgangsstoffen darin noch unverändert gefunden: 25,5 g Zellulose und 1180 mg Stickstoff;

also war entstanden aus 227,5 g Zellulose unter Überführung von 1510 mg N in organische Bindung ein humusähnlicher Rückstand von 46,3 g mit 3,3% N, d. i. der Menge nach ein Fünftel des Gewichts der ursprünglichen Zellulose.

Dieser Rückstand wurde zu dieser Zeit und dann nochmals nach weiteren 4 Monaten, als er sich noch etwas vermindert hatte, nämlich von 46,3 g auf 39,5 g, genauer in Fraktionen zerlegt und untersucht, um einen Einblick in seinen Aufbau zu gewinnen[3]:

Zerlegung in Fraktionen	Gefundene Masse g	Gehalt an organischem Stickstoff mg	N %
Gesamtrückstand der Humifizierung nach 12 Monaten .	46,3	1510	3,26
davon löslich in kaltem Wasser	9,05	199	2,2
,, ,, ,, 2proz. H_2SO_4	8,90	—	—
,, ,, ,, 4proz. NaOH	19,01	988	5,2
im laugelöslichen Anteil fällbar mit HCl (= Huminsäuren)	1,47	58	4,0
unlöslich (= Humuskohle, Humine)	9,35	—	—
Gesamtrückstand der Humifizierung nach 16 Monaten .	39,5	1126	2,85
davon löslich in kaltem Wasser	11,94	—	—
,, ,, ,, 2proz. H_2SO_4	1,72	—	—
,, ,, ,, 5proz. NaOH	10,05	—	—
im laugelöslichen Anteil fällbar mit HCl	2,10	100	5,8
unlöslich	11,24	—	—

[1] CHARPENTIER, C.: Studien über den Einfluß des Rindviehstallmistes auf die Zersetzung der Zellulose in der Ackererde. Dissert., Tavastehus 1921. — BARTHEL, CHR.: Die Wirkung des Stalldüngers auf den Zerfall der Zellulose im Ackerboden. Nord. Jordbrugsforsk. **1923/24**, 298. — WAKSMAN, S. A. u. H. HEUKELEKIAN: Zelluloseabbau (Mikrobiologische Bodenanalyse VIII). Soil Sci. **17**, 275 (1924). — ANDERSON, J. A.: Der Einfluß des aufnehmbaren Stickstoffs auf die Zerlegung der Zellulose im Boden. Ebenda **21**, 115 (1926). — WAKSMAN, S. A. u. H. HEUKELEKIAN: Kohlenstoff- und Stickstoffumwandlung bei der Zellstoffzersetzung durch Fadenpilze. J. of biol. Chem. **66**, 323 (1925). — WAKSMAN, S. A.: Die Zellulose und ihre Zersetzung durch Kleinlebewesen im Boden. Mitt. internat. bodenkundl. Ges. **2**, 309 (1926); Internat. agrikult.-wiss. Rdsch., N. F. **2**, 811 (1926). — BARTHEL, CHR. u. N. BENGTSEN: Die Zersetzung inkrustierter Zellulose im Boden. 1. Stroh und Sägespäne in Lehm- und Sandböden. 2. Stoppeln und Wurzeln verschiedener Pflanzenarten in Sandböden. Kgl. Landb. Akad. Handl. och Tidskr. **1926**, 249; **1927**, 309. — WINOGRADSKY, S.: Untersuchungen über die Zersetzung des Zellstoffs im Boden. C. r. Acad. Sci. Paris **184**, 493 (1927). — DUBOS, R. J.: Einfluß von Außenbedingungen auf die Tätigkeit der Zellulosezersetzer im Boden. Ecology **9**, 12 (1928).

[2] WAKSMAN, S. A.: Cellulose as a source of „humus" in the soil. Pap. and Proc. 1. Internat. Congr. Soil Sci. **3**, 690 (Washington D. C. 1928).

[3] WAKSMAN, S. A.: a. a. O., S. 697, 698; obige Tabelle erst zusammengestellt aus einzelnen Textangaben.

Der wasserlösliche Teil des humusähnlichen Rückstandes ist hier ziemlich hoch, wahrscheinlich deswegen, weil bei dieser künstlich nachgeahmten Humuserzeugung die weiteren Umsetzungen ausblieben, die sonst im Boden infolge des dauernden Nachströmens von organischem Rohmaterial und der deshalb ununterbrochenen Tätigkeit zahlreicher Mikrobengruppen den leichtlöslichen Anteil rasch aufzehren. Der laugelösliche Anteil des Rückstandes enthält mit Säure fällbare, also huminsäureähnliche Stoffe mit ziemlich hohem Stickstoffgehalt. Ein unlöslicher Anteil ähnelt der Bildung der Humuskohle (Humine) im Boden. Der Versuch von WAKSMAN zeigt also die Entstehung eines dunklen organischen Rückstandes auf rein biochemischem Wege aus absterbendem Mikrobenplasma, der alle Humuseigenschaften besitzt und ebenfalls, wenn man will, in die üblichen chemischen Fraktionen Humine, Huminsäuren, wasserlösliche Anteile zerlegt werden kann.

Für kürzere Zeiträume, also für den Anfang der Zersetzung, wenn erst etwa eine Mikrobengeneration die Zellsynthese durchgeführt hat und der Kohlenstoff noch nicht durch öftere Autolyse der Zellen, wie sie nach S. WINOGRADSKY für die Zellulosezerstörer typisch ist[1], und Neusynthese aufgebraucht worden ist, sieht die Kohlenstoffbilanz für einige Mikroorganismen in Reinkultur folgendermaßen aus[2]:

Organismus	Zersetzung der Zellulose			Verhalten des Kohlenstoffs (in mg C)			Von 100 Teilen Kohlenstoff aus zersetzter Zellulose sind als Zellmasse festgelegt	Verhältnis zersetzter Zellulose zu verbrauchtem Stickstoff
	im Substrat	Dauer in Tagen	zersetzte Menge mg C	als CO_2 entwichen	in Zellmasse festgelegt[3]	Summe		
Trichoderma	Lösung	17	125	71	55	126	44	etwa 32 : 1
	,,	38	327	183	138	321	42	
	Sand	14	409	126	267	393	65	
	Boden	21	400	210	195	405	49	
Penicillium	Sand	18	288	142	156	298	52	etwa 33 : 1
	Boden	21	255	162	102	264	40	
Spirochaeta	Sand	30	200	99	80	179	40	etwa 27 : 1
	Boden	30	254	159	85	244	33,5	

Der bei dieser Plasmasynthese verbrauchte Stickstoff bewegte sich für die geprüften Organismen etwa im Verhältnis: zersetzte Zellulose zu Stickstoff = rund 30:1, d. i. ein Verhältnis, das bereits zu den früheren Berechnungen[4] verwendet wurde. Mit zunehmender Zeit, bei über 42 Tage laufenden Versuchen mit Spirochaeta, steigt es auf über 50:1. Wahrscheinlich ist also der einmal schon verarbeitete Stickstoff den nachfolgenden Mikrobengruppen z. T. wieder zugänglich, während sich der Verbrauch von Kohlenstoff durch die ständig veratmete Kohlensäure natürlich weiter erhöht.

Der Stickstoff durchläuft bei diesen Umwandlungsvorgängen Bindungsformen innerhalb der Humusstoffe, die der Erforschung noch recht wenig zugänglich und über die erst rückwärts einige Schlüsse möglich sind, wenn man den Abbau von Humusstoffen und das dabei stattfindende Freiwerden von einem

---

[1] WINOGRADSKY, S.: a. a. O. 1927 [Anm. 1, S. 184].

[2] WAKSMAN, S. A.: a. a. O. 1928 [Anm. 2, S. 184].

[3] Berechnet bei Pilzen aus der Beziehung: Stickstoffgehalt mal 9, mit der Annahme, daß Pilzmyzel 45 % C und rund 5 % N enthält; berechnet bei Bakterien aus der Beziehung: Stickstoffgehalt mal 6, mit der Annahme, daß Bakterienzellen 45—48 % C und 8—10 % N enthalten. Die nach rechts hin noch folgenden Spalten wurden vom Verfasser aus WAKSMANS Zahlen berechnet; die letzte Spalte wurde zum Vergleich aus einem anderen Versuch WAKSMANS übernommen.

[4] Vgl. S. 135 oben.

Teil dieses festgelegten Stickstoffs verfolgt. H. SÜCHTING berichtet über dieses für die Waldwirtschaft besonders wichtige Problem[1]: „Kiefernhumus enthält eine große Menge organischer Stickstoffverbindungen. Diese Stoffe sind durch normale biologische Zersetzungsvorgänge nicht abbaufähig. Nur ein kleiner Teil an Stickstoffverbindungen, die offenbar andere chemische Struktur als die Hauptmasse der Stickstoffsubstanzen haben, unterliegt sehr rasch dem Abbau bis zu Mineralverbindungen. Sind diese wohl eiweißähnlichen Stoffe zersetzt, dann ist von weiterem Abbau des großen Restes der Stickstoffsubstanzen — wohl heterozyklischer Natur — so gut wie gar nicht die Rede." Aus Kiefernhumus mit 52,6 g organischem Gesamtstickstoff konnten im Gefäßversuch fünf aufeinanderfolgende Ernten nur folgende geringen Stickstoffmengen entnehmen: 1,19 g, 0,25 g, 0,24 g, 0,0 g und 0,02 g, d. h. zusammen nur 1,7 g N oder $3^1/_4$% der Gesamtmenge. S. LOGWINOWA[2] fand, daß beim Kompostieren von Torf nur der Stickstoff des adsorbierten Ammoniaks in die Nitratform überging und der gesamte organische Stickstoff unverändert und wirkungslos für das Pflanzenwachstum blieb.

Die Ursache für diese Unbeweglichkeit und geringe physiologische Verwertbarkeit des Humusstickstoffs hängt mit dem inneren Bau dieser Körper zusammen, die wohl den Phenolabkömmlingen sechsgliedriger Heterozyklen vom Charakter des Pyridins ähnlich sehen werden:

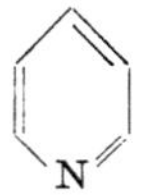

Pyridin C_5H_5N

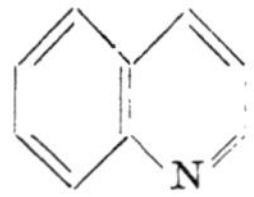

Chinolin

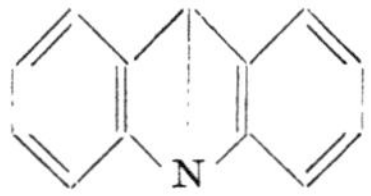

Acridin

Stoffe mit solcher Struktur, die bei dem oben noch nicht vermerkten Eintreten von zwei oder mehr phenolartigen OH-Gruppen ins Molekel zugleich sauer werden, sind außerordentlich widerstandsfähig gegen den Angriff von Mikroorganismen und entsprechen am ehesten der in vielen Versuchen gefundenen Sachlage, daß der in den echten Humusstoffen festgelegte Stickstoff sich nur sehr schwer und langsam wieder in den Kreislauf der pflanzlichen und tierischen Aufbaustoffe einreiht[3]. Die für die Vorstufen des Pigmentes Melanin schon erwiesene Stellung des Stickstoffs im heterozyclischen Fünferring von Indolabkömmlingen[4] wäre aber ebenfalls für die Humusstoffe denkbar.

Das Verhalten der Elemente Phosphor und Schwefel beim Eingehen in die Humusbindung, über das noch wenig bekannt ist, muß wohl ähnlich gedacht

---

[1] SÜCHTING, H.: Der Abbau der organischen Stickstoffverbindungen des Waldhumus durch biologische Vorgänge. Z. Pflanzenernährg. usw. A **1**, 113 (1922). — SÜCHTING, H., A. RÖMER u. A. KÜHNE: Der Abbau der organischen Stickstoffverbindungen des Waldhumus durch biologische Vorgänge. Forstwiss. Zbl. **47**, 108, 174, 264 (1925).

[2] LOGWINOWA, S.: Torf als Stickstoffquelle. Trans. Inst. Fertilizers **56**, 5 (1929) (russ.).

[3] FITTBOGEN, J.: Über die Veränderungen, welche der in organischer Verbindung enthaltene Stickstoff des Bodens unter dem Einfluß verschiedener, als Dünge- und Meliorationsmittel gebräuchlicher Substanzen erfährt. Landw. Jb. **3**, 109 (1874). — REINITZER, F.: Über die Eignung der Huminsubstanzen zur Ernährung von Pilzen. Bot. Ztg. **58**, 59 (1900). — NIKITINSKY, J.: Über die Zersetzung der Huminsäure durch physikalisch-chemische Agentien und durch Mikroorganismen. Jb. wiss. Bot. **37**, 365 (1902). — EHRENBERG, P. u. F. BAHR: Zur Verwendung von Waldhumus in der Landwirtschaft. J. Landw. **61**, 325 (1913). — SCHMIDT, E. W.: Torf als Energiequelle für stickstoffassimilierende Bakterien. Zbl. Bakter. II **52**, 281 (1920). — KUDRIAWZEWA, A.: Die Umwandlung der Stickstoffverbindungen im Boden im Zusammenhang mit der Nitrifikation. J. Landw.-Wiss. (Moskau) **1**, 297 (1924) (russ.). — BATHAM, H. N.: Nitrifikation in Böden. Soil Sci. **20**, 337 (1925); **24**, 187 (1927).

[4] Vgl. die Entstehung von Melanin S. 200.

werden, wie es eben für den Stickstoff angedeutet wurde. Eine gewisse Menge dieser beiden, ja auch schon am Aufbau der Eiweißstoffe beteiligten Elemente wird jedenfalls in sehr fester organischer Bindung vorliegen[1], so daß ein Gesamtmolekel des basenfreien, nicht willkürlich in chemische Fraktionen getrennten Humus, sofern dieser überhaupt ein spezifischer, einheitlicher Körper und nicht nur ein Gemenge ist, ganz roh etwa dem unten stehenden Typus entsprechen müßte. Das vorgeschlagene vorläufige Formelbild soll den Stickstoff allgemein in zyklischer Stellung zeigen, ohne Beschränkung auf die gerade gewählte chinolinartige Bindungsform (siehe o.), ferner die Möglichkeit veranschaulichen, daß die bei Humusstoffen gefundenen Methoxylgruppen sowohl am Ringkörper wie in der Seitenkette stehen können:

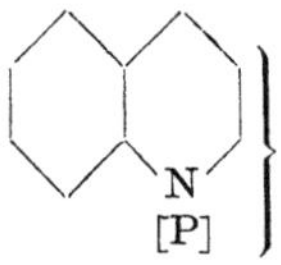

$(-OH)_x$
$(-OCH_3)_y$
$[-\mathbf{C_mH_nO_p \cdot (OCH_3)_r}\,(?)\,\mathbf{\cdot (COOH)_4}]_z$.

Wie man sieht, hat die molekularchemische Forschung bisher das Hauptaugenmerk auf den im Strukturbilde fettgedruckten Teil des Komplexes gerichtet[2], unter möglichster Abtrennung der zyklisch gebundenen Elemente N, P und vielleicht auch des S, die nur für Verunreinigungen gehalten werden, während die biochemische Arbeitsrichtung deren Beteiligung am Aufbau der Humusstoffe gerade als typisch für die Verhältnisse im Boden ansieht.

Das entworfene Strukturbild nimmt schon einige Ergebnisse des nächsten Abschnittes voraus. Dort wird ausführlicher über die Chemie humusverwandter Stoffe berichtet werden, besonders über Lignin und Melanin, aus deren Bau man einige Schlüsse auch auf den Humuskomplex ziehen kann. Strukturelemente dieser beiden Stoffgruppen kehren in dem Humusbilde wieder, nämlich, dem Lignin entsprechend, der isozyklische Ring mit Hydroxyl- und Methoxylgruppen und der längeren Seitenkette von aliphatischem Charakter[3] und, dem Melanin entsprechend, der stickstoffhaltige, heterozyklische Ring, der möglicherweise als ein Fünf- anstatt eines Sechserringes oder auch in beiden Typen zugleich auftritt, und zwar ebenfalls mit phenolartigen OH-Gruppen. Bei dieser Auffassung würde der Vorgang der Humifizierung von organischer Masse also nicht allein darin bestehen, daß sich schwarze Kondensationsprodukte der Lignine und zugehöriger Ausgangsstoffe einerseits und schwarze Oxydationsprodukte von Eiweißresten anderseits bilden und sich im Boden als „Ligninhumus" und „Melaninhumus" in beliebigem, meist aber ungefähr gleichem Verhältnis vermischen, sondern es würde das Zusammentreten von beiden derartig entstandenen schwarzen Körperklassen zu einem größeren Komplex erst den typischen Humusstoff ergeben.

A. Schmuck, der ebenfalls die Wichtigkeit jener beiden, von ihm als „stickstofflose Gruppe" und als „Bodeneiweiß" bezeichneten Hauptgruppen betont, drückt ganz kürzlich einen ähnlichen Gedanken wie folgt aus[4]:

---

[1] Näheres über den adsorbtiv festgehaltenen mineralischen Anteil siehe S. 166—168.

[2] Vgl. die Formeln von W. Fuchs und von Sv. Odén auf S. 173.

[3] In dieser Seitenkette ist die Gruppe $C_mH_nO_p$ vielleicht nicht ganz so groß wie z. B. in Sv. Odéns Formel $C_{60}H_{52}O_{24}$... für Humussäure, da ja bereits der Ringkörper eine gewisse Menge dieser Elemente enthält. Ob allerdings dieser Ringkörper in Odéns Ausgangsstoff Torf in dieser Form überhaupt vorhanden war oder ob er beim Herauslösen der Huminsäuren mit Lauge etwa im Rückstand blieb, sind noch andere unbeantwortete Fragen.

[4] Schmuck, A.: a. a. O. 1930, S. 38 [Anm. 4, S. 115]; an dem zitierten Satz wurden einige kleinere Änderungen vorgenommen, um Mißverständnissen vorzubeugen, wie sie das deutsch verfaßte Original infolge von Übersetzungsschwierigkeiten enthält. Abgesehen

„Die Schwierigkeit, aus diesem Komplex, ohne seine völlige Zerstörung, den Eiweißstoff zu isolieren, die Beständigkeit des Verhältnisses zwischen Kohlenstoff und Stickstoff in der Huminsäure, immer wiederkehrende ähnliche Daten des Äquivalentgewichtes, die Basen und andere beständige einförmige physikalisch-chemische Eigenschaften — alles dies weist gleichsam darauf hin, daß der Eiweißstoff oder die nächsten komplizierten Produkte seines Zerfalls in der Huminsäure im chemischen Zusammenhange mit den übrigen Stoffen dieses Komplexes stehen, und daß im Bestande der Huminsäurefraktion gleichsam eine eigenartige, komplizierte Verbindung der Eiweißmolekel (mit mehr oder weniger starken Umwandlungen) mit der charakteristischen stickstofflosen Gruppe (womöglich mit Lignin oder seinen Umsetzungsprodukten) vorhanden sei."

Das Problem für die weitere Forschung liegt also in folgender Richtung: Sieht man den Bodenhumus als bloßes Gemenge von schwarzen Stoffen verschiedener Herkunft und Zusammensetzung an, so gilt es hauptsächlich, die Kenntnis der einen Hauptgruppe, nämlich des N-haltigen Anteils in Zukunft zu vertiefen, nachdem die Forschungen über den N-freien oder N-armen Anteil durch Abtrennung und Untersuchung der Huminsäuren schon einige gute Erfolge gehabt haben. Betrachtet man dagegen den Humus als hochmolekularen Komplex, an dessen Aufbau beide Anteile, der N-freie wie der N-haltige, maßgeblich beteiligt sind, so wird jede mit chemischen Mitteln erfolgende gewaltsame Abtrennung eines dieser Anteile vermutlich die typische Gesamtstruktur des Humus ändern, also nicht so bald die erhoffte Aufklärung bringen, außer man berücksichtigt diesen Gesichtspunkt und versucht, nach Erkennung der Hauptspaltungsstücke auch zum eigentlichen Humuskomplex vorzudringen.

Wege zur Aufklärung der Humuschemie durch Untersuchung nahe verwandter Stoffe.

Die Angliederung dieses Abschnittes an die Besprechung der echten Humusstoffe des Bodens ist deswegen berechtigt und notwendig, weil es sich dabei um sehr umfangreiche Forschungen über „Humussubstanzen" oder um solche mit mehr oder weniger enger Beziehung zu ihnen handelt, die eine wesentliche Hilfe für die fernere Aufklärung der Humuschemie bedeuten können und vielleicht sogar der einzige Weg sind, um zuerst auf Teilgebieten der gesamten Humusfrage zu gesicherten Ergebnissen zu gelangen und durch Vereinigung dieser Beobachtungen und sinngemäße Übertragung auf den Humus des Bodens eine Lösung des vorliegenden Hauptproblems zu erhalten. Die Bodenkundler haben deshalb ebenso Veranlassung, sich mit diesen Forschungen bekannt zu machen, wie es den Chemikern empfohlen werden kann, die besondere Entstehungsweise und Eigenart der Humusstoffe im Erdboden bei ihren analytisch und synthetisch gerichteten Arbeiten nicht außer acht zu lassen.

Es besteht ein Zusammenhang zwischen dem Bodenhumus und der bis jetzt immer noch nicht hinreichend aufgeklärten geologischen Entstehung der fossilen Kohlen, die bekanntlich mit einer Humifizierung abgestorbener Pflanzenmassen begann. Wenn es gelingt, die zwischen Anfangs- und Endstufe dieses lang andauernden Vorgangs erfolgten chemischen Umwandlungen zu finden, wird man wahrscheinlich auch der Konstitutionsfrage der Humusstoffe näher kommen, bzw. ist die Sachlage augenblicklich umgekehrt; die Kohleforscher benutzen die noch einigermaßen bekannten Humuskörper als verbinden-

---

davon ist der Gedankengang von SCHMUCK dadurch etwas anders, daß er eine huminsäureähnliche Humusfraktion im Auge hat und dieser bereits einen sehr komplexen Aufbau zuschreibt.

des Glied zwischen der Endkohle und den vorzeitlichen Pflanzen und beschäftigen sich deshalb mit ihnen und ihrer Entstehung. Diese Ergebnisse und Vergleiche beziehen sich aber meist nur, was einschränkend betont werden muß, auf N-arme Humussubstanzen vom Charakter der Huminsäuren, die nach den Werten ihrer Elementaranalyse ganz gut in die folgende Entwicklungsreihe hineinpassen:

Mittlere Zusammensetzung der Pflanzen — verholzte Pflanzenteile mit wachsendem Grad der Zersetzung (Vermoderung) — Huminsäuren — Torf mit wachsendem Zersetzungsgrad — Braunkohlen — Steinkohlen — Anthrazit.

J. Zolcinski[1] fügt als Anfangs- und Endglieder dieser Kette noch die Zellulose mit in bezug auf die übrigen Stoffe geringstem Kohlenstoffgehalt (44,4%) und den Graphitit mit höchstem Kohlenstoffgehalt (99,9%) hinzu und

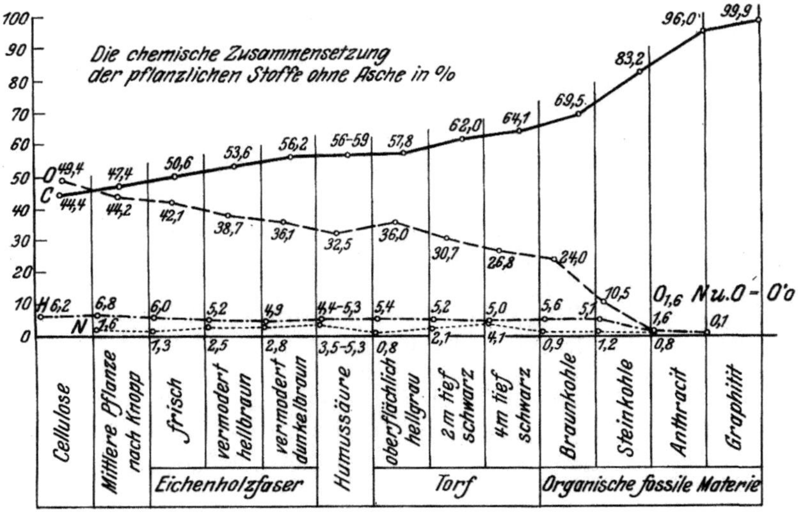

Abb. 14. Der Vorgang der natürlichen Umbildung pflanzlicher organischer Stoffe in geologischen Zeiträumen. (Nach J. Zolcinski[1].)

entwirft aus Durchschnittszahlen aller jener Stoffe das folgende bekannte Bild (Abb. 14).

Man erhält auf diese Weise eine Vorstellung von dem sog. „Inkohlungsvorgang", in dessen Verlauf die Huminsäuren einen wichtigen mittleren Zustand darzustellen scheinen — was man allerdings für die längst verflossenen geologischen Zeiten, in denen es geschah, schwer beweisen kann. Noch nicht gelöst ist dabei die Frage, wie aus dem wesentlich nicht aromatischen, pflanzlichen Ausgangsmaterial der Kohlebildung Stoffe von aromatischem Bau entstanden sind, besonders weil man die Bedingungen, unter denen diese Umwandlung vor Zeiten stattfand, nicht kennt. Aus diesen und anderen Gründen behaupten auch die beiden wichtigsten Theorien der Kohlebildung, die Zellulose- und die Lignintheorie noch neben einander das Feld, nachdem F. Fischer und seine Mitarbeiter überhaupt erst auf das bis dahin fast vergessene Lignin aufmerksam gemacht und es durch eine Fülle von Beweisführungen[2] als Grundstoff der Kohle

[1] Zolcinski, J.: Eine neue genetische physikalisch-chemische Theorie der Bildung des Humus, Torfes und der Kohle. Die Rolle und Bedeutung der biologischen Faktoren bei diesen Vorgängen. Wiss. Arch. Landw. A **4**, 196 (1930). Siehe Kurvenbild dort auf S. 198.

[2] Fischer, F.: Ziele und Ergebnisse der Kohleforschung. Ges. Abh. z. Kenntnis d. Kohle **6**, 501 (1921). — Die Entstehung und die chemische Struktur der Kohle. Z. angew. Chem. **34**, 227 (1921); Entgegnungen von W. Klever, G. Keppeler u. K. G. Jonas: Ebenda

bezeichnet hatten. Die dadurch vorübergehend stark zurückgedrängte Zellulosetheorie erfuhr inzwischen aber durch chemische, biochemische und geologische Überlegungen[1] und nicht zum wenigsten durch den von FISCHER und SCHRADER ausgegangenen Anstoß wieder so viel Beachtung, daß augenblicklich beide Anschauungen mit Recht nebeneinander bestehen und am besten zu einem Gesamtbild der Kohleentstehung aus Lignin und Zellulose vereinigt werden sollten.

Entsprechend dieser geteilten Auffassung finden wir auch die Humusstoffe in verschiedener Weise in den Inkohlungsvorgang eingereiht. Im Modell der Kohlebildung durch Erhitzen von Zellulose unter Luftabschluß nach F. BERGIUS[2] steht die Humussubstanz auf dem Wege zwischen Zellulose und Endkohle in folgender Weise:

$(CH_2O)_x$ Assimilationsprodukt,
↓
$C_6H_{12}O_6$ Hexose (von hier ab ist auch der Parallelvorgang der Kohlebildung über Lignin möglich),
↓
$(C_6H_{10}O_5)_x$ Zellulose, daraus durch Sauerstoffaufnahme und Wasserabspaltung:
↓
$(C_{12}H_{10}O_5)_x$ vorläufiger Endkörper, der bei Behandlung mit Alkali unter Sauerstoffaufnahme mit brauner Farbe in Lösung geht; durch Säure erfolgt Ausfällung eines Huminsäuregemisches, etwa halb und halb bestehend aus alkohollöslicher Hymatomelansäure $C_{12}H_{10}O_5$ und alkoholunlöslicher Humussäure $C_{12}H_8O_6$ (BERGIUS nennt sie Moorhuminsäure). Es wurde eine Übereinstimmung dieser beiden Säuren mit aus Torf gewonnenen Huminsäuren gefunden. Der weitere Zerfall des obigen Endkörpers $(C_{12}H_{10}O_5)_x$ bei $+340^0$ führt unter Kohlendioxydabgabe zu:
↓
$C_{10}H_8O$ Endkohle aus Zellulose.

Ähnlich hält J. MARCUSSON[3] die Huminsäuren für ein Bindeglied zwischen Braunkohle und Zellulose, die in der Form der Oxyzellulose beständig gegen den Abbau durch Mikroorganismen ist und unter hierfür günstigen Bedingungen also stofflich für den Inkohlungsvorgang erhalten bleibt. Man hat dem entgegen-

---

34, 373—375 (1921). — FISCHER, F. u. H. SCHRADER: Entstehung und chemische Struktur der Kohle. Essen 1922. — Was lehrt die Chemie über die Entstehung und die chemische Struktur der Kohle? Naturwiss. **10**, 958 (1922). — Neue Beiträge zur Entstehung und chemischen Struktur der Kohle. Brennstoffchemie **3**, 65 (1922). — Ferner ED. DONATH u. A. LISSNER: Zur Frage der Entstehung der Kohlen. Brennstoffchemie **3**, 231 (1922). — STRACHE, H., H. ZIKES u. G. POLEICH: Zur Frage des Ursprungs des Kohlenstickstoffs. Ebenda **4**, 244 (1923). — STRACHE, H. u. R. LANT: Kohlenchemie. Leipzig 1924. — FUCHS, W.: Die Lignintheorie der Kohle nach ihrem gegenwärtigen Stand. Brennstoffchemie **8**, 187 (1927).

[1] BERGIUS, F.: Die Anwendung hoher Drucke bei chemischen Vorgängen und eine Nachbildung des Entstehungsprozesses der Steinkohle. Halle a. S. 1913; auch Naturwiss. **1**, 410 (1913). — CHARDET, G.: L'évolution du carbon. Rev. gén. chim. pure et appl. **17**, 214 (1914). — WHEELER, R. V. u. D. T. JONES: The constitution of coal. J. chem. Soc. **109**, 107 (1916). — MARCUSSON, J.: Die Vorstufen der Asphalte und Kohlen. Chemiker-Ztg. **44**, 43 (1920). — Die Struktur der Huminsäuren und der Kohlen. Z. angew. Chem. **34**, 437 (1921); **35**, 165 (1922). — Torfzusammensetzung und Lignintheorie. Edenda **38**, 339 (1925). — Lignin- und Oxyzellulosetheorie. Ebenda **39**, 898 (1926; **40**, 48 (1927). — WEYLAND, H.: Die chemischen Vorgänge bei der Entstehung der Kohlen. Naturwiss. **15**, 327, 474 (Bemerkungen von H. TROPSCH), 625 (1927). — BERGIUS, F.: Beiträge zur Theorie der Kohlenentstehung. Ebenda **16**, 1 (1928).

[2] BERGIUS, F.: a. a. O. [Anfang und Schluß der vorigen Anmerkung].

[3] MARCUSSON, J.: a. a. O. 1920—27 [Anm. 1, diese Seite].

gehalten, daß man wohl aus Braunkohle durch Oxydation Huminsäuren gewinnen kann, aber umgekehrt für die Bildung von Braunkohle aus vorzeitlichen Huminsäuren noch kein Beweis vorliegt. Nach J. MARCUSSON[1] zeigt aber das beim Erhitzen von Huminsäuren (aus Torf) bei $+250^0$ unter Abspaltung von Kohlendioxyd und Wasser erhältliche ammoniakunlösliche Produkt im wesentlichen das gleiche Verhalten wie die Hauptbestandteile der Braunkohlen. In diese Beweisführung hinein gehört die weitere Annahme des genannten Autors, daß die Huminsäuren einen peri-Difuranring enthalten, der aber auch als Benzol- oder Hexamethylenring mit Sauerstoff in Brückenstellung in folgender Weise wiedergegeben werden kann:

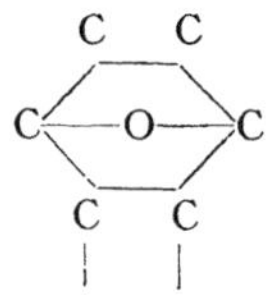
statt
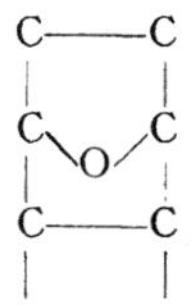

Diese letzte Auffassung zeigt trotz der sonst bestehenden Unterschiede eine gewisse Beziehung zu den aus der Lignintheorie der Kohlebildung abzuleitenden, ganz anders lautenden Folgerungen für die Entstehung von Humusstoffen. Hiernach gehört die Huminsäure in die Entwicklungsreihe: sich zersetzende Pflanzenmasse — Lignin als überdauernder Bestandteil — Huminsäuren — Kohlen[2]. Schon nach der Elementaranalyse zu urteilen, haben Lignin und Huminsäuren eine gewisse Ähnlichkeit, aus der man allerdings noch nichts Näheres über die Struktur schließen kann[3]:

Präparat	Ausgangsmaterial	C	H	O
Genuines Lignin	—	63,1	5,9	31,0
Lignin (WILLSTÄTTER)	Fichte	64,2	5 8	30,3
Lignin (POWELL u. WHITTAKER)	Flachs	63,9	5,8	30,3
Lignin (LEHMANN)	Winterroggenstroh	61,8	5,5	32,7
Lignin (EHRLICH)	Flachs-Pektin	61,7	5,9	32,4
Ligninsäure	Verschiedene Hölzer	60,8	5,7	33,5
Reine Humussäure (SV. ODÉN)	Alte Torfablagerungen	58,2	4,3	Unsichere Differenzwerte, infolge von wechselnden Stickstoff- und Aschengehalten
Reine Hymatomelansäure (SV. ODÉN)	Alte Torfablagerungen	62,2	5,3	
Huminsäure (MERCKS acid. humin)	Technisch aus Torf	58,6	4,9	
Huminsäure (MALKOMESIUS u. ALBERT)	Braunkohle	60,0	4,4	
Huminsäuren I—III (EHLANDT)	Braunkohle	60—63	3,9—4,7	

Ein tatsächlicher engerer Zusammenhang zwischen Lignin und Humusstoffen kann aber nach W. FUCHS aus der bestehenden chemischen Verwandtschaft zwischen Nitrolignin und Nitrohuminsäure gefolgert werden[4]. Nitrolignin ent-

[1] MARCUSSON, J.: Die Synthese der Humine und Huminsäuren. Ber. dtsch. chem. Ges. **54**, 542 (1921). Vgl. die genauere Darstellung, auch der oben nur angedeuteten Formelbilder, im späteren Abschnitt über künstliche Humusstoffe, S. 195.

[2] ODÉN, SV. u. S. LINDBERG: Einige Torfanalysen im Lichte neuzeitlicher Theorien der Kohlebildung. Brennstoffchemie **7**, 165 (1926). — Formelbilder für die Umwandlung von Koniferyl-para-aldehyd in Huminsäuren.

[3] Die Analysen sind entnommen für Lignin aus W. FUCHS: Chemie des Lignins; Berlin 1926 und F. EHRLICH: Über die Chemie des Pektins und seine Beziehungen zur Bildung der Inkrusten der Zellulose; Zellulosechemie **11**, 140, 161 (1930), für Huminsäuren aus Tabelle auf S. 163 des vorliegenden Beitrages.

[4] FUCHS, W.: Über Fortschritte in der Chemie der Huminsäure und der Kohlen. Z. angew. Chem. **41**, 851 (1928). — Über die sogenannte „Nitrohuminsäure". Brennstoffchemie **9**, 178 (1928). Vgl. die schon auf S. 172 erfolgte Besprechung der Nitrohuminsäure.

hält allerdings mehr Stickstoff als Nitrohuminsäure. Gefunden ist damit die Konstitution der Huminsäuren immer noch nicht, denn bekanntlich steht auch für Lignin die Atomgruppierung noch keineswegs fest. Gegenwärtig nimmt man aromatische Struktur, also einen Benzolring, meist als Grundlage der Bildung der Ligninmolekel an, und zwar geschieht dieses gestützt auf die Forschungen der Schulen von P. Klason[1] und von K. Freudenberg[2]. Der letzte schreibt dem Lignin einen Aufbau zu, bei dem im Benzolring Hydroxyl- und Methoxylgruppen, sowie als Seitenkette aliphatische Reste mit Alkoholgruppen in folgender Weise vorkommen:

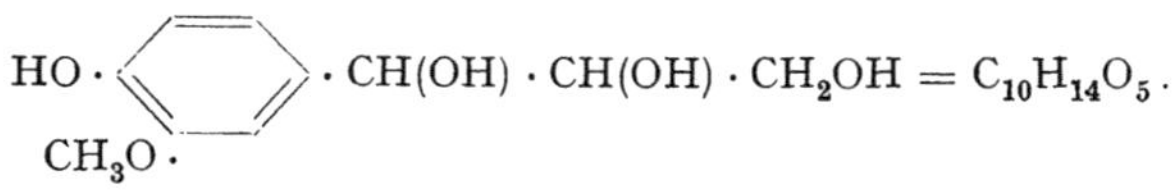

Eine andere Forschergruppe, darunter W. Schrauth[3], K. G. Jonas[4], vermutet dagegen eine Ligninbildung aus Kohlenhydraten der Pflanze auf einem in der Richtung nach dem Oxymethylfurfurol hin verlaufenden Wege:

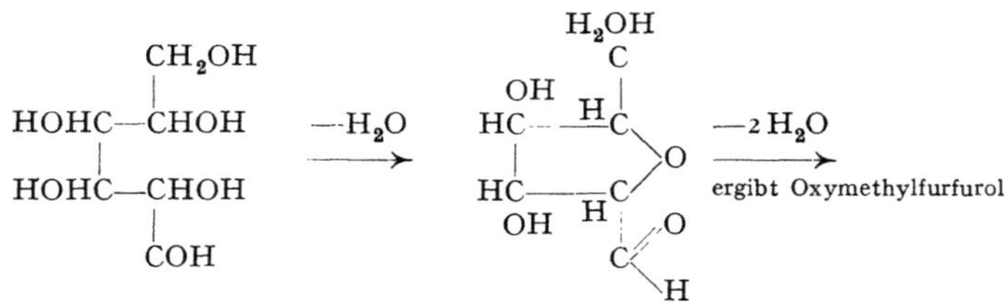

Hexose $C_6H_{12}O_6$ (in einer die Möglichkeit der späteren Ringbildung veranschaulichenden Schreibart)

Anhydrohexose $C_6H_{10}O_5$

K. G. Jonas[5] stellt sich nun eine Ringschlußbildung dreier solcher Anhydrozucker unter weiterer Wasserabspaltung vor; dabei ergibt sich ein Kondensationskörper, der unter Auftreten von schwer zerreißbaren Kohlenstoffverbindungen aus einem hydrierten Sechserring und drei hydrierten Furanringen besteht. Wie man sieht, ist damit für das Lignin ebenfalls eine aromatische Struktur erreicht, wie sie die andere Forschergruppe von Anfang an annimmt. Humussubstanzen als Verwandte von Lignin müßten nun ähnlich gebaut sein. Wie oben schon beschrieben, gelangt J. Marcusson auf einem anderen Wege unmittelbar zu der Anschauung, daß Huminsäuren einen Difuranring (= Sechserring mit Sauerstoffbrücke) enthalten, so daß in den Aufbauelementen eine gewisse Übereinstimmung mit der Ligninableitung nach K. G. Jonas besteht. Es kommt hinzu, daß neuerdings F. Ehrlich[6] für das pflanzliche Pektin, einen Körper mit ausgesprochener Kohlenhydratstruktur, eine Umwandlung in Lignin während des Wachsens und Alterns der Pflanzen für sehr wahrscheinlich hält.

Diese Forschungen drängen also alle auf eine Vermehrung unserer Erkenntnisse hin, die es einmal gestatten wird, die wahren Zusammenhänge zwischen

---

[1] Klason, P.: Beiträge zur Konstitution des Fichtenholzlignins. Ber. dtsch. chem. Ges. **62**, 635, 2523 (1929); **63**, 792, 912, 1548 (1930). Vgl. dort die früheren Beiträge desselben Autors.

[2] Freudenberg, K., H. Zocher u. W. Dürr: Weitere Versuche mit Lignin. Ber. dtsch. chem. Ges. **62**, 1814 (1929). Dort befindet sich auch die frühere Literatur.

[3] Schrauth, W.: Über das Lignin. Z. angew. Chem. **36**, 149 (1923).

[4] Jonas, K. G.: Zur Kenntnis der Lignin- und Huminsubstanzen. Z. angew. Chem. **34**, 28 (1921). — Der Stand der Ligninforschung. Papierfabrikant **59**, 221 (1928).

[5] Jonas, K. G.: a. a. O. 1928, S. 226.

[6] Ehrlich, F.: a. a. O., S. 170 [Anm. 3, S. 191].

frisch assimiliertem Kohlenhydrat vom Typus $(CH_2O)_x$ und der schließlich entstehenden Humussubstanz aufzufinden, und zwar über die heute noch nicht in klare Beziehung zueinander zu bringenden Zwischenstufen: Zucker, Zellulose, Pektin, Lignin nach KLASON bzw. Lignin nach SCHRAUTH. Sowohl die bereits abgeschlossene Entstehung der Kohlen wie die täglich im Boden verlaufende Bildung des Ligninhumusanteils wäre dann um ein gutes Stück weiter aufgeklärt.

Eine Reihe anderer Untersuchungen im vorliegenden Gebiet beschäftigt sich mehr in allgemein-chemischer und technisch-chemischer Richtung mit Fragen des Trockentorfs im Waldbau, d. h. des vertorften Auflagehumus[1], und der Humusbestandteile des Torfes[2] und der Kohlen[3].

Bei der großen Schwierigkeit, aus dem Boden oder aus anderen natürlichen Humusvorkommen überhaupt ein reines, einheitliches und unverändertes Ausgangsmaterial für Konstitutionsforschungen am Humus zu isolieren, ist es nicht verwunderlich, daß die Chemiker schon seit langer Zeit auch synthetisch gewonnene, humusähnliche Stoffe bei ihren Arbeiten vergleichend oder ausschließlich verwenden, um sowohl aus den Eigenschaften der benutzten Ausgangsstoffe, wie auch aus dem Vorgang der Synthese selbst Rückschlüsse auf die Atomgruppierung in den entstehenden schwarzen, amorphen oder harzigen Endsubstanzen zu ziehen und sie auf den natürlichen Humus zu übertragen. Solche humusähnlichen Stoffe waren in der Entwicklung der organischen Chemie oft als unbekannte und unerwünschte Nebenprodukte von Versuchen oder technischen Prozessen mehr zufällig gefunden worden, mit denen man aber wegen ihrer beschränkten Löslichkeit und Unfähigkeit zu kristallisieren vorerst nichts anfangen konnte. Diese bei einer ganzen Reihe von Reaktionen und aus sehr verschiedenen Grundstoffen entstehenden braunen bis schwarzen Körper zeigten jedoch bei weiterer Prüfung ungefähr gleiche chemische und physikalische Eigenschaften und waren, wie man bald herausfand, am ehesten mit den in der Natur sich bildenden, ebenfalls wenig bekannten Humusstoffen und ebenso auch mit den tierischen Pigmenten zu vergleichen.

In alten Versuchen über Salizin und die daraus entstehenden Produkte beschreibt R. PIRIA[4] eine solche künstlich erfolgende Bildung von Humussubstanz, indem er sagt: „Das etwas feuchte Salizylkalium überzieht sich an der Luft schnell mit zuerst grünen, dann endlich schwarz werdenden Flecken. Nach 3—4 Tagen ist die ganze Masse schwarz geworden. Wenn die Veränderung beendigt ist, besitzt die Materie das Aussehen einer kohligen Masse. Bei wiederholtem Behandeln mit Wasser bleibt ein schwarzes, kienrußähnliches Pulver,

[1] WEDEKIND, E.: Die Trockentorffrage vom Standpunkt des Chemikers. Allg. Forst- u. Jagdztg. **1924**, 61. — KÜHN, G.: Chemische Untersuchungen des Trockentorfs. Hannover 1929.

[2] SCHNEIDER, W.: Über das Verhalten der Braunkohlen und Torfe bei Einwirkung von konzentrierter Salzsäure und bei der Destillation mit verdünnter Salzsäure. Ges. Abh. z. Kenntnis d. Kohle 5, 524 (1920). — SCHNEIDER, W. u. A. SCHELLENBERG: Über das Verhalten des Torfes gegen verschiedene für Zellulose charakteristische Lösungsmittel. Ebenda 5 (1920). — KEPPELER, G.: Abschnitt „Torf" in Enzyklopädie der technischen Chemie (F. ULLMANN) **11**, 359 (1922). — WAKSMAN, S. A. u. K. R. STEVENS: Contribution to the chemical composition of peat I—V. Soil Sci. **26**, 113 (1928); **26**, 239 (1928); **27**, 271, 389 (1929); **28**, 315 (1929). — WAKSMAN, S. A.: Chemical composition of peat an the rôle of microorganisms in its formation. Amer. J. Sci. **19**, 32 (1930). — STADNIKOW, G.: Neuere Torfchemie; darin Abschnitt 5: Huminsäuren. Dresden u. Leipzig 1930.

[3] BOUDOUARD, O.: Sur les matières humiques des charbons. C. r. Acad. Sci. Paris **147**, 986 (1908). — MARCUSSON, J.: Asphalt und Kohle. Z. angew. Chem. **32**, 114 (1919). — ERDMANN, E.: Teerbildner der sächsisch-thüringischen Schwelkohlen; 3. Abschnitt: Bedeutung der Huminsäuren für die Kohlebildung. Z. angew. Chem. **34**, 309 (1921).

[4] PIRIA, R.: Untersuchungen über das Salizin und die daraus entstehenden Produkte. Liebigs Ann. **30**, 151 (1839); Zitat von S. 167.

welches geschmacklos, unlöslich im Wasser, leicht löslich in Alkohol, Aether und ätzenden Alkalien ist. Säuren schlagen aus der alkalischen Auflösung die Materie unverändert wieder nieder. Ich nenne diese Materie, ihrer schwarzen Farbe wegen, Melansäure."

In neuerer Zeit ist die Beschäftigung mit synthetischen Humusstoffen noch gewachsen, weil die Untersuchung des verwickelten Stoffgemenges, als das man den natürlichen Bodenhumus erkannt hat, zu schwierig erscheint, wohl aber die Aussicht besteht, durch Nachahmung und Verfolgung der Humusbildung aus wenigen, gut bekannten Grundstoffen unter bekannten Bedingungen den Einzelvorgang richtig zu erkennen und damit dem komplexen Vorgang in der Natur näher zu kommen. Zu diesem Zwecke kommen aber nur solche Synthesen dunkler, amorpher Stoffe besonders in Betracht, welche ihrem Ausgangsmaterial und ihrem Reaktionsmechanismus nach auch in der Natur ablaufen könnten. Sie gliedern sich in drei Hauptgruppen: 1. Humusbildung aus Kohlenhydraten durch Säurehydrolyse; 2. Humusbildung durch Oxydation von Phenolverbindungen; 3. Humusbildung durch Aufeinanderwirken von Aminosäuren und Kohlenhydraten. Nach STRACHE und LANT[1] sollten die auf diese Weise bei chemischen Reaktionen erhaltenen, den natürlichen Humusstoffen mehr oder weniger gleichenden Körper stets das Beiwort „künstlich" tragen oder als „huminoide" Säuren und Stoffe bezeichnet werden.

Eine bekannte einfache, zur ersten der genannten Gruppen gehörige Reaktion ist z. B. die Auflösung von Rohrzucker, $C_{12}H_{22}O_{11}$, in verdünnter Salzsäure und Erwärmung. Es tritt hierbei Zersetzung des Zuckers ein, und schließlich fallen braune bis schwarze „Humusflocken" aus. Das Bezeichnende an dieser Reaktion ist nun, daß sie keine erkennbaren Reaktionsstufen besitzt, die man analytisch erfassen könnte, um so die Umwandlungen schrittweise zu verfolgen. Die Kondensation verläuft vielmehr ziemlich rasch zu Ende, wobei das Molekulargewicht und der Kohlenstoffgehalt der Humussubstanz dauernd wachsen. Alle vorher im Verlauf der Synthese abgetrennten Fraktionen, bei denen nach Farbe, Löslichkeit usw. ein Schluß auf die Konstitution des entstehenden Körpers versucht wurde, sind also nur willkürliche Zwischenpunkte, und die vielen darauf gerichtet gewesenen Versuche haben fast nur noch historischen Wert[2]. O. SCHREINER und P. R. DAWSON[3] fanden ganz zu Anfang einer solchen Reaktion Lävulinsäure $CH_3 \cdot CO \cdot (CH_2)_2 \cdot COOH$ und ferner auch Ameisensäure $H \cdot COOH$. Das übrige dunkle amorphe Produkt war zuerst löslich (= aufteilbar) in Säure; späterhin trat Ausflockung in saurer Lösung ein, es blieb aber noch die Löslichkeit in Alkalien (= Stadium der Huminsäuren); endlich wurde der schwarze

[1] STRACHE, H. u. R. LANT: Kohlenchemie, S. 207. Leipzig 1924.

[2] BRACONNOT, H.: Ann. Chim. et Phys. **12**, 172 (1819). — BOULLAY, P.: Ebenda **43**, 273 (1830). — BOUCHARDET, A.: J. Pharm. **21**, 627 (1835). — MALAGUTI, S.: Liebigs Ann. **17**, 52 (1836). — PÉLIGOT, E.: Ann. Chim. et Phys. **73**, 208 (1838). — STEIN, W.: Liebigs Ann. **30**, 84 (1839). — MULDER, G. J.: J. prakt. Chem. **21**, 203 (1840). — GROTE, A. v. u. B. TOLLENS: Liebigs Ann. **175**, 181 (1875); Ber. dtsch. chem. Ges. **10**, 1440 (1877). — SESTINI, F.: Gazz. chim. Ital. **10**, 121 (1880). — CONRAD, M. u. M. GUTHZEIT: Ber. dtsch. chem. Ges. **18**, 439, 2905 (1885); **19**, 2569, 2844 (1886). — HOPPE-SEYLER, F.: Hoppe-Seylers Z. physiol. Chem. **13**, 66 (1889). — BERTHELOT, M. u. G. ANDRÉ: Ann. Chim. et Phys. [6] **25**, 364, 403, 420 (1892). — DÜLL, G.: Chemiker-Ztg. **19**, 166, 216 (1895). — KIERMAYER, J.. Ebenda **19**, 1003 (1895). — FENTON, H. u. M. GOSTLING: J. chem. Soc. London **75**, 423 (1899); **79**, 361 (1901). — BOTTOMLEY, W. B.: Biochemic. J. **9**, 260 (1915). — BECKLEY, V. A.: J. agricult. Sci. Cambridge **11**, 69 (1921). — HIBBERT, H. u. H. S. HILL: J. Amer. chem. Soc. **45**, 176 (1923). — PUMMERER, K. u. W. GUMP: Ber. dtsch. chem. Ges. **56**, 999 (1923).

[3] SCHREINER, O. u. P. R. DAWSON: The chemistry of humus formation. Proc. and Pap. 1. Internat. Congr. Soil Sci. **3**, 255 (1928). Dort Literaturzusammenstellung.

Stoff ganz unlöslich in allen Lösungsmitteln (= Stadium der Humuskohle, Humine). Für komplexere Kohlenhydrate, etwa Stärke, verläuft die Reaktion ähnlich, und zwar wahrscheinlich über einfachere Zucker als Vorstufen der Humusbildung.

J. MARCUSSON[1], dessen Ausgangspunkt eigentlich war, natürliche, z. B. aus Torf gewonnene Huminsäuren durch chemische Eingriffe so zu verändern, daß sie in Form ihrer Alkalisalze hätten als Seifenersatz gebraucht werden können, was aber nicht gelang, synthetisierte Humine und Huminsäuren aus Furan, Furfurol und Furankarbonsäuren. Er vermutet, daß sich der Reaktionsverlauf in nachstehender Weise vollzieht: Bei der Einwirkung von konzentrierter Salzsäure bildet Furan unter Ringsprengung Succindialdehyd; dieser kondensiert sich unter Wasserabspaltung und unter Bildung eines peri-Difuranringes zu folgendem Körper, dem einfachsten Vertreter der künstlichen Humine, welcher durch Kalischmelze unter Bildung von Karboxylgruppen in Huminsäuren übergeht:

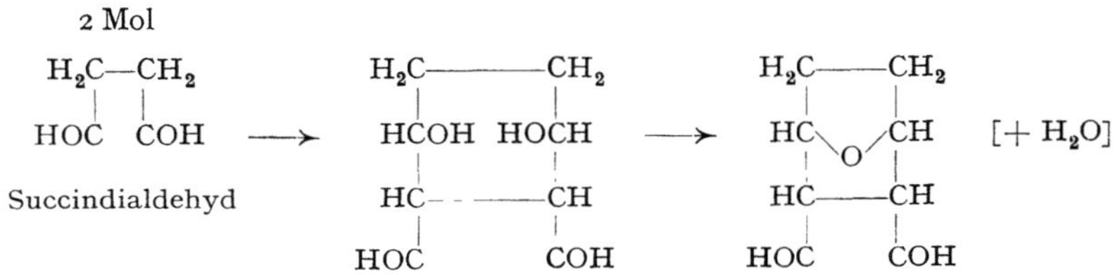

Der so entstehende Körper hat im Vergleich zur Vorstufe die folgende, in den Bereich der Humusstoffe passende Elementarzusammensetzung:

	C	H	O
Succindialdehyd $C_2H_4(CHO)_2$	55,8	7,0	37,2
Kondensationsprodukt $C_8H_{10}O_3$ (unter Austritt von 1 Mol Wasser)	62,3	6,5	31,2

Die Möglichkeit, den Difuranring auch als Sechserring mit Sauerstoffbrücke aufzufassen, zeigt eine gewisse Beziehung dieser hier aus aliphatischen Körpern sich bildenden künstlichen Humine zu den aus Phenolen entstehenden, sicher aromatisch gebauten Humusstoffen der zweiten Gruppe.

Phenole und die mit ihnen verwandten Chinone ergeben unter Bedingungen, welche Oxydation ermöglichen, ebenfalls dunkle, amorphe, schwerlösliche Endkörper[2], so z. B. bei der Oxydation von Phenol mit Kaliumpersulfat in alkalischer Lösung und Fällung des Produkts mit HCl. Bekannt ist die rasche Adsorption von Sauerstoff durch Pyrogallol $C_6H_3(OH)_3$, Hydrochinon $C_6H_4(OH)_2$ (p.), Brenzkatechin $C_6H_4(OH)_2$ (o.) unter Dunkelwerden der Farbe und schließlicher Bildung von braunen bis schwarzen, humusähnlichen Stoffen, die leicht löslich in Alkalien sind. H. und M. STOLTZENBERG beschreiben die entsprechende Umsetzung für Chinone in folgender Weise[3]: „Chinone, die am aromatischen Kern neben den Sauerstoffatomen frei schwingende Wasserstoffatome oder Wasserstoffketten

[1] MARCUSSON, J.: Zur Kenntnis der Huminsäuren. Z. angew. Chem. 31, 237 (1918). — Die Synthese der Humine und Huminsäuren. Ber. dtsch. chem. Ges. 54, 542 (1921). — 6 weitere Arbeiten, a. a. O. 1920—27 [Anm 1, S. 190].

[2] HOPPE-SEYLER, F.: Hoppe-Seylers Z. physiol. Chem. 13, 66 (1889). — ASTRE, C.: C. r. Acad. Sci. Paris 121, 326, 550, 559 (1895). — WILLSTÄTTER, R. u. A. PFANNENSTIEHL: Ber. dtsch. chem. Ges. 37, 4744 (1904). — WILLSTÄTTER, R. u. H. E. MÜLLER: Ebenda 44, 2180 (1911). — HOFMAN, F.: Brennstoffchemie 1, 2 (1920). — ADLER, O.: Biochem. Z. 137, 201 (1923). — SCHREINER, O. u. P. R. DAWSON: a. a. O. 1928 [Anm. 3, S. 194].

[3] STOLTZENBERG, H. u. M. STOLTZENBERG-BERGIUS: Das Formelbild des Benzochinons; thermische Umlagerungen in der Chinonreihe; die physiologische Bedeutung des Chinonhumus. Hoppe-Seylers Z. physiol. Chem. 111, 1 (1920).

tragen, unterliegen unter dem Einfluß von Licht- und Wärmestößen, von Kondensationsmitteln und Hydroxylionen einer Polymerisation. Aus der kristallisationsfreudigen, energiereichen Ausgangsklasse, deren Vertreter in den herrlichsten Farben erstrahlen, entstehen hierbei energiearme, in der Regel amorphe, braune bis schwarze, das Licht gleichmäßig adsorbierende Verbindungen, die in dem Namen Humus ihre treffendste Bezeichnung finden. — Bei der weiten Verbreitung, die die Chinone als Endstufe der über die Phenole führenden Oxydation aromatischer Körper im Haushalte der organischen Natur haben, finden wir ihre Umwandlungsprodukte im Ackerboden als Humusbestandteil, in der Pflanze als Phlobaphen, im Tier als Pigment wieder."

W. ELLER[1] bezeichnet die gesamte besprochene, von ihm sehr sorgfältig untersuchte Stoffgruppe als Phenol-Humin-Säuren und gibt als Schema ihrer Bildung Pyrokatechin → Oxyhydrochinon → Oxychinon → Huminsäuren an. Der Benzolring wird nach seiner Meinung dabei nicht gesprengt, vielmehr wäre im einfachsten Falle die Struktur des entstehenden schwarzen Körpers durch Verbindung von 2 Mol Oxychinon in nachstehend wiedergegebener Weise zu denken:

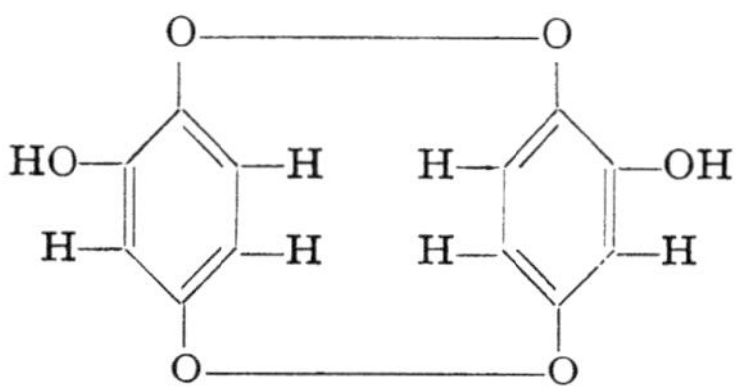

= künstliche Phenolhuminsäure $[C_6H_4O_3]_2$

Die Reduktion von Phenolhuminsäuren mittels Jodwasserstoff und Phosphor liefert Produkte, die denen ähnlich sind, welche R. WILLSTÄTTER und L. KALB[2] bei gleicher Behandlungsweise aus Lignin und auch aus Kohlenhydraten erhielten. Diese Autoren wollten dadurch den Beweis für die aliphatische Struktur des Lignins erbringen, der aber wohl in dieser Form angezweifelt werden kann, weil bei jenem Verfahren infolge der angewandten hohen Temperaturen und Drucke auch aus stark verschieden gebauten Ausgangsstoffen ähnliche Spaltstücke vom Typus $CH_{1,6}$ gewonnen werden können. Deshalb lehnt auch W. ELLER es ab[3], aus seinen Reduktionsversuchen auf eine strukturelle Gleichheit von komplexen Kohlenhydraten, Lignin und Phenolhuminsäuren zu schließen, obwohl die erhaltenen Spaltungsprodukte sich zweifellos nicht grundsätzlich von einander unterscheiden. Man darf aus dieser Sachlage also wohl nur schließen, daß humusartige Stoffe aus Lignin hervorgehen können, und zwar je nach dessen wahrer Struktur entweder auf dem beschriebenen ersten Wege der Kondensation von Furanringen oder nach der zweiten Reaktion durch Zusammentreten von Benzolringen.

W. ELLER beschäftigt sich ferner mit der Synthese stickstoffhaltiger Huminsäuren, indem er von Aminophenolen ausgeht oder N-freie Huminsäuren

---

[1] ELLER, W.: Studien über Huminsäuren. I. Synthetische Darstellung von Huminsäuren. Ber. dtsch. chem. Ges. 53, 1469 (1920); II. Künstliche und natürliche Huminsäuren. Brennstoffchemie 2, 129 (1921); III. Die Synthese der Huminsäuren. Ebenda 3, 49, 55 (1922) (Erwiderung von K. G. JONAS: ebenda S. 52); IV. Darstellung und Eigenschaften künstlicher und natürlicher Huminsäuren. Liebigs Ann. 431, 133 (1923); V. Einwirkung von Salpetersäure auf Huminsäuren. Ebenda 162; VI. Einwirkung von Chlor auf Huminsäuren. Ebenda 177; VII. Einige Eigenschaften und Reaktionen der Huminsäuren. Ebenda 442, 160 (1925).

[2] WILLSTÄTTER, R. u. L. KALB: Über die Reduktion von Lignin und von Kohlehydraten mit Jodwasserstoffsäure und Phosphor. Ber. dtsch. chem. Ges. 55, 2637 (1922).

[3] ELLER, W.: a. a. O. VII. Arbeit [Anm. 1, diese Seite].

verschiedener Herkunft nachträglich mit Ammoniak behandelt. Er gelangt dabei zu Verbindungen, die bei der Destillation mit Kalilauge nur einen Teil des vorhandenen Stickstoffs abspalten. Die Hauptmenge bleibt fest gebunden, und zwar unabhängig davon, ob der Stickstoff im Grundmaterial vorhanden oder erst durch Ammoniakbehandlung eingeführt worden war, wie dies die Zahlen folgender Tabelle zeigen:

N-haltige Huminsäuren, dargestellt aus	Stickstoffgehalt %	Abgespaltene Stickstoffmenge in % der Gesamtmenge
a) Aus Aminophenolen	5,2—5,4	8—9
b) Aus Hydrochinon in ammoniakalischer Lösung	10,2—10,9	13 bzw. 20 bzw. 26
c) Aus N-freien Huminsäuren verschiedener Herkunft durch nachträgliche Behandlung mit Ammoniak:		
Ursprüngliche Huminsäure aus Milchzucker	1,6	30
„ „ „ Hydrochinon	1,8—2,4	30—32
„ „ „ o-Aminophenol[1]	7,5	16

W. Eller schließt daraus auf eine bestimmte chemische Reaktion und, ähnlich wie die Biologen aus der schweren Assimilierbarkeit des Stickstoffs im natürlichen Humus, auf überwiegend konstitutive Bindung des Stickstoffs im Molekül dieser huminoiden Säuren. Ammoniakadsorption spielt dabei also eine untergeordnete Rolle und macht im Höchstfall nur ein Drittel des Vorganges aus. Er ist darin einer Meinung mit P. Stamberger[2] und W. Fuchs[3], die ebenfalls heute eine gewisse Mittelstellung in dieser Frage einnehmen, während früher die Anhänger der Adsorptionsauffassung (Mulder, Detmer, van Bemmelen, Sv. Odén) und die Verfechter einer strukturellen Beteiligung des Stickstoffs im Humusaufbau (Hermann, Eggertz, Dojarenko) sich ohne Verständigung gegenüber standen.

Die Entstehung von dunklen Stoffen durch Oxydation von Aminophenolen ist eine gewisse Parallele zu der natürlichen, biochemisch verlaufenden Melaninbildung aus N-haltigen, zyklisch gebauten Substanzen, bei der die Sauerstoffübertragung durch ein Ferment bewirkt wird. Ob die ungleiche Anfangsstellung des Stickstoffs in den beiden Vorgängen, nämlich am Ringkörper (bei Aminophenolen) bzw. in der Seitenkette (bei den Vorstufen der Melanine, vgl. S. 200) größere Unterschiede in den Endprodukten zur Folge hat, weiß man noch nicht. Man könnte die aus Aminophenolen gewonnenen Stoffe also vielleicht auch als künstliche Melanine bezeichnen. Bei ihnen haben die im Laboratorium verwendeten kräftigen Oxydationsmittel aber erfahrungsgemäß noch besondere, tiefere Veränderungen bewirkt, so daß sie den natürlichen Melaninen, auch von der Stickstofffrage abgesehen, nur ähneln, nicht gleichen[4]. Etwas besser deutbar sind die bei der Säurehydrolyse von Proteinen, z. B. bei der Aminostickstoffbestimmung in Futtermitteln nach der van Slyke-Methode, auftretenden dunkelgefärbten, säureunlöslichen Kondensationskörper[5], die O. Fürth und Fr. Lieben[6]

[1] In diesem Falle Erhöhung des schon vorhandenen N-Gehaltes der Huminsäure durch die Ammoniakbehandlung.

[2] Stamberger, P.: Zur Kenntnis synthetischer Huminsäuren. Festschrift Hönig: Über Naturprodukte, S. 108. Dresden u. Leipzig 1923.

[3] Fuchs, W.: Über das Huminsäureproblem. Ebenda S. 98.

[4] Adler, O.: Darstellung stickstoffhaltiger Melanine. Biochem. Z. **141**, 304 (1923). — Klemm, D.: Huminsäure aus Aminophenolen. Dissert., Jena 1924.

[5] Gortner, R. A.: On the origine of the humin formed by the acid hydrolysis of proteins. J. Amer. chem. Soc. **37**, 1630 (1915); **39**, 2477, 2734 (1917); **42**, 632, 821 (1920); **45**, 550 (1923); **46**, 1224 (1924); J. of biol. Chem. **26**, 177 (1916).

[6] Fürth, O. u. Fr. Lieben: Über die Melanoidinbildung bei der Säurehydrolyse von Proteinen und ihre Abhängigkeit von Tryptophankomplexen. Biochem. Z. **116**, 224 (1921).

im wesentlichen als Umwandlungsprodukte des Tryptophans ansehen und „Melanoidine" nennen; ihnen können aber auch huminoide Stoffe beigemengt sein, je nach der Menge von nebenbei auftretenden Kohlenhydratkomplexen. Das von O. ADLER[1] aus Benzol hergestellte sog. „N-freie Melanin" verdient dagegen diesen Namen nicht, sondern ist vorläufig besser als künstlicher Humus zu bezeichnen und der oben besprochenen Gruppe der Phenolhuminkörper zuzurechnen[2].

Künstliche Humusstoffe von einem dritten Typus erhält man bei der Einwirkung von Aminosäuren und Harnstoff auf Kohlenhydrate in sauren bzw. konzentrierten wäßrigen Lösungen[3]. Reaktionen dieser Art sind die Veranlassung für die dunkelbraune bis schwarze Farbe von Stoffen wie Malz, Melasse, Pumpernickel. Eine Voraussetzung hierbei scheint ähnlich wie beim ersten Typ die vorangehende Bildung von Furfurol zu sein, dessen Aldehydsauerstoff mit der Aminogruppe, bzw. der Amidgruppe bei Harnstoff, reagiert. Der Stickstoff geht dabei in eine gegen chemische und biologische Eingriffe sehr wiederstandsfähige Bindung über, und die ganze Masse schwärzt sich. Nach M. L. ROXAS[4] eignen sich die Aminosäuren in verschiedenem Grade zur Humusbildung, erkennbar an dem Anteil von Stickstoff, welchen sie an den neuen Körper abgeben. Gute Huminbildner beim Erhitzen mit Zucker in 20proz. Salzsäure sind die folgenden; sie seien hier unter Angabe des im Humuskomplex festgehaltenen Stickstoffanteils in Prozent der vorhandenen Stickstoffmenge aufgeführt: Tyrosin 15,0, Cystin 3,1, Arginin 2,3, Lysin 2,6, Histidin 1,8, Tryptophan 71.

Der genannte Autor nimmt an, daß z. B. bei Histidin der hinzutretende Sauerstoff des Furfurols mit labilem Wasserstoff und mit der NH_2-Gruppe unter Entstehung eines hydrierten Pyridinringes reagiert, wodurch die beobachtete Festlegung des Stickstoffs erklärt würde:

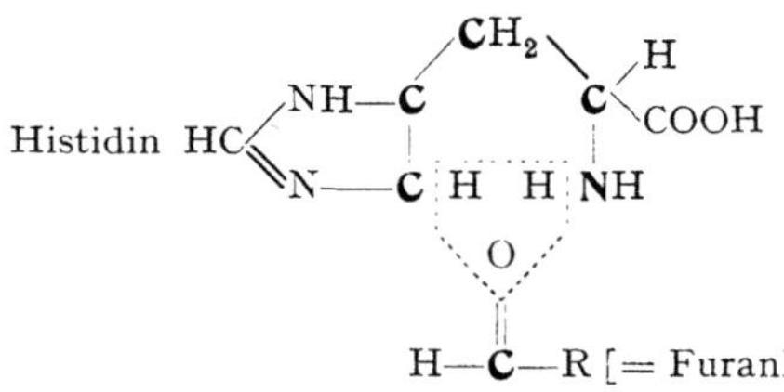

Wie man sieht, haben diese Vorgänge auch eine Beziehung zu der schon erwähnten Säurehydrolyse von Proteinen und den dabei entstehenden dunklen Umwandlungsprodukten von Tryptophan, besonders da es sich um eine Sauerstoffwirkung handelt, so daß man für die zyklisch gebauten Aminosäuren ebenso gut von einer Melanoidinbildung sprechen könnte, in die aber die „huminoide" Umwandlung der vorhandenen Kohlenhydrate mit hineingreift. Diese und die oben schon aufgetretenen Bezeichnungsschwierigkeiten sind in dem Gesamtschema der humusartigen Stoffe auf S. 201 einstweilen so gelöst, daß alle aus den über-

[1] ADLER, O.: Darstellung von Melanin aus Benzol. Biochem. Z. **137**, 201 (1923).

[2] Vgl. Vorschläge zur Vereinheitlichung dieser Bezeichnungen auf S. 199 oben und im Schema auf S. 201.

[3] UDRANSKY, L. v.: Hoppe-Seylers Z. physiol. Chem. **11**, 537 (1887); **12**, 33 (1888). — BENNI, ST.: Z. Naturwiss. **69**, 145 (1896). — SUZUKI, S.: Bull. landw. Inst. Univ. Tokyo **7**, 95, 419, 513 (1906/07). — MAILLARD, L. C.: Genèse des matières proteiques et des matières humiques, Kap. 18—21. Paris 1913; C. r. Acad. Sci. Paris **154**, 66 (1912); **155**, 1554 (1912); **156**, 1159 (1913); **157**, 850 (1913); Ann. Chim. [9] **5**, 258 (1916); **7**, 113 (1917). — BOTTOMLEY, W. B.: Biochemic. J. **9**, 260 (1915). — SCHREINER, O. u. P. R. DAWSON: a. a. O. 1928 [Anm. 3, S. 194].

[4] ROXAS, M. L.: Die Reaktion zwischen Aminosäuren und Kohlenhydraten als eine wahrscheinliche Ursache der Huminbildung. J. of biol. Chem. **27**, 71 (1916).

haupt in Betracht kommenden Grundstoffen entstehenden schwarzen Körper als Humusstoffe bezeichnet werden, außer jenen, die sich aus stickstoffhaltigen zyklischen Stoffen durch direkte Oxydation bilden[1]. Für diese mit am besten untersuchte Gruppe ist der schon eingeführte Name „Melanine", bzw. Melanoidine im Falle der Oxydierung mit chemischen Mitteln, beibehalten worden. Er bezeichnet die echten tierischen und pflanzlichen Pigmente. Für denjenigen Anteil der Humusstoffe des Bodens, der, sofern man ihn vom Gesamtkomplex abtrennen könnte, wegen seiner ganzen Herkunft und Bildungsweise jenen Pigmenten ähnlich sehen müßte, ist deshalb als vorläufiger Name die Doppelbezeichnung „Melaninhumusgruppe" vorgeschlagen und im Rahmen dieses Beitrags verwendet worden.

Die hier beschriebenen Typen der künstlichen Humusbildung im Laboratorium, deren Reaktionsverlauf infolge der Innehaltung bestimmter einfacherer Bedingungen ganz gut zu übersehen ist, können nun in ähnlicher Weise am entsprechenden Ausgangsmaterial pflanzlicher und tierischer Herkunft im Boden auftreten, hier sind sie allerdings wesentlich beeinflußt durch biologische Prozesse. Diese werden gewisse Reaktionen verhindern, wenn die dazu erforderlichen Grundstoffe von den Mikroorganismen vorher angegriffen und aufgebraucht werden, oder aber Umsetzungen in ihrem Verlauf durch Mitwirkung biochemischer Katalysatoren an Stelle reiner chemischer Mittel etwas abändern. Hinzu kommt noch als ebenso wichtig, daß die Reaktionsbedingungen im Boden grundsätzlich andere sind, indem nicht mehr starke Reagenzien, hohe Konzentrationen und hohe Temperaturen wie im Laboratorium in Betracht gezogen werden können, sondern Oxydationsvorgänge über lange Zeiträume, Oberflächenkräfte der Bodenteilchen und die erwähnten biologischen Faktoren, also Fermente, wirksam sind. Es ist damit auch verständlich, daß durch das Parallellaufen von mehreren der oben getrennt beschriebenen Humusbildungsvorgängen im Boden und ferner durch die langen Umsetzungszeiten eine Untersuchung des natürlich gebildeten Humus, wie er in der zufälligen Einzelprobe eines beliebigen Bodens vorliegt, und die Erkennung seines augenblicklichen Zustandes und seiner Eigenschaften sehr erschwert, wenn nicht sogar unmöglich gemacht wird. —

Als nahe Verwandte der Humusstoffe verlangen zuletzt noch die Melanine Aufmerksamkeit. Dieser Sammelname bezeichnet braunschwarze bis schwarz gefärbte Pigmente, die aus stickstoffhaltigen Phenolverbindungen durch enzymatische Oxydation entstehen und hauptsächlich im Tierreich, aber auch bei den Pflanzen gebildet werden. Die Möglichkeit, mit rein chemischen Oxydationsmitteln zu künstlichen Melaninen, „Melanoidinen", zu gelangen, wurde bereits bei den Synthesen schwarzer Stoffe erörtert. Die durchschnittliche Zusammensetzung der Melanine ist[2], verglichen mit den Zahlen eines Komposthumus[3]: C = 56 (53,3), H = 5 (5,6), N = 8—9 (3,6), S = 2, O bildet den Rest. Die Humusanalyse zeigt hierbei durch den niedrigeren N-Gehalt an, daß, wie nicht anders zu erwarten, auch wohl die N-freie Ligninhumusgruppe daran beteiligt ist; aber geeignetere Vergleichszahlen gibt es nicht, und ein Vergleich von Melanin mit N-armen oder N-frei gemachten Humussäuren hätte noch weniger Sinn.

Die Entstehung der Melanine ist bereits durch gute Forschungsarbeiten[4] aufgeklärt worden und verläuft in der Weise, daß Sauerstoff mit Hilfe oxydieren-

---

[1] Ohne Rücksicht darauf, ob der Stickstoff anfänglich am Ring oder in der Seitenkette steht, vgl. S. 197 Mitte.

[2] HEINLEIN, H.: Zur Kenntnis melanotischer Pigmente. Biochem. Z. **154**, 25 (1924).

[3] Die eingeklammerten Zahlen sind aus der Tabelle auf S. 163 entnommen.

[4] BERTRAND, G.: C. r. Acad. Sci. Paris **122**, 1215 (1896); **146**, 304 (1908). — ABDERHALDEN, E. u. Mitarbeiter: Hoppe-Seylers Z. physiol. Chem. **54**, 331 (1907); **57**, 329 (1908);

der Fermente auf ein Chromogen wirkt, d. i. eine Farbstoffvorstufe, aus der durch chemische Umsetzung das schwarze Pigment entsteht. Der Typus einer solchen Reaktion ist z. B. die Einwirkung des Ferments Tyrosinase bei Gegenwart von Luft oder Sauerstoff auf Tyrosin, nämlich 4-Oxyphenylalanin, d. h. also eine Phenolaminosäure, wie sie auch jederzeit als Spaltungsstück beim Eiweißabbau im Boden vorkommen kann, wobei eine Reihe von Farberscheinungen auftreten und sich schließlich das unlösliche Pigment Melanin abscheidet.

Der Reaktionsverlauf zeigt drei Stufen: Oxydation des Tyrosins durch das Ferment zu einer roten Substanz; ihre Entfärbung unter Bildung der unmittelbaren (farblosen) Melaninvorläufer; Oxydation der farblosen Substanz zu Melanin. Dabei wandelt sich Tyrosin erst in das als besonders reaktionsfähig erkannte 3,4-Dioxyphenylalanin und weiter in das entsprechende Chinon um; dann erfolgt eine intramolekulare Umlagerung des Stickstoffs der Seitenkette, nämlich Ringschluß zu einem Indolkörper, und durch weitere Oxydierung die Bildung der roten Substanz. Die dabei vor sich gehende „Festlegung" von Stickstoff, die stark an den entsprechenden Vorgang bei der Humusbildung erinnert, sieht im Formelbild nach H. S. RAPER[1] unter Weglassung der Zwischenstufen wie folgt aus:

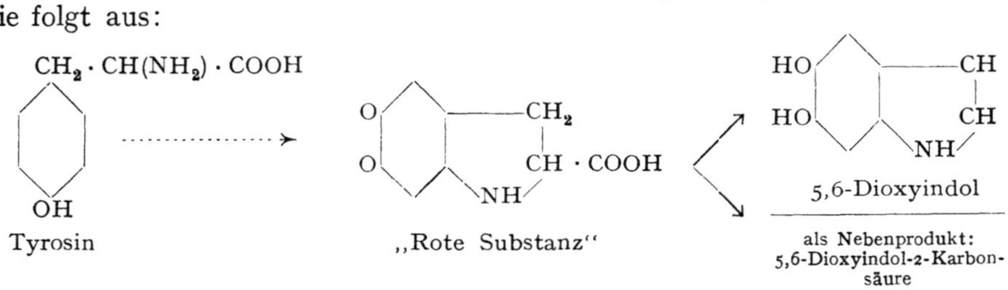

Aus der roten Substanz entsteht als Hauptprodukt 5,6-Dioxyindol $= C_6H_7NO_2$ mit 9,4 % Stickstoff und daraus nach der Hypothese von H. S. RAPER durch Zusammenschluß vieler Molekel die amorphe, ausgesprochen kolloide schwarze Endsubstanz, eben das Melanin. Der Autor zieht dabei Vergleiche mit der Struktur von Anilinschwarz $C_{48}H_{36}N_8$, deren Erklärung trotz des gegenüber Dioxyindol relativ einfacher gebauten Ausgangspunktes Anilin $= C_6H_5NH_2$ recht schwierig war, und warnt daher vor zu frühzeitigen Spekulationen über die Struktur der Melanine, die man an die obigen Vorgänge knüpfen könnte. Noch viel weiter sind wir vorläufig davon entfernt, den Bau der Körper der Melaninhumusgruppe deuten zu können, deren Entstehungsvorgang durch „Umwandlung von Eiweißreststücken pflanzlicher, tierischer, mikrobieller Herkunft durch Enzyme zu dunklen Humusstoffen" erst ganz roh vermutet wird.

A. RIPPEL und seine Mitarbeiter[2] sind bei mikrobiellen Stoffwechselvorgängen auf Erscheinungen gestoßen, die mit der Humusfrage zusammenhängen. Aus Versuchen über die Bedeutung von Eisen, Zink und Kupfer für Aspergillius wird nämlich berichtet: „Nur bei Gegenwart von Kupfer werden in der alkalischen

Fermentforschg. **7**, 85 (1923). — RAPER, H. S. u. Mitarbeiter: Biochemic. J. **17**, 454 (1923); **19**, 92 (1925); **21**, 89 (1926). — MCCANCE, R. A.: Ebenda **19**, 1022 (1925). — SCHMALFUSS, H.: Naturwiss. **15**, 453 (1927).

[1] RAPER, H. S.: Die Einwirkung von Tyrosinase auf Tyrosin. Fermentforschg. **9** (N. F. 2. Jg.), 206 (1927).

[2] RIPPEL, A. u. O. LUDWIG: Die Schwarzfärbung von Azotobacter chroococcum Beij. als Melaninbildung. Cbl. Bakter. II **64**, 161 (1925). — RIPPEL, A.: Mikrobiologische Bodenuntersuchung und ihre Grundlagen. Z. Pflanzenernährg. usw. A **8**, 268 (1926/27); Zitat von S. 271. — BORTELS, H.: Über die Bedeutung von Eisen, Zink und Kupfer für Mikroorganismen. Biochem. Z. **182**, 301 (1927). — RIPPEL, A. u. K. WALTER: Über den Stickstoffgehalt des Aspergillius Ebenda **186**, 474 (1927).

Nährlösung Stoffe gebildet, die man, wie auch den schwarzen Sporenfarbstoff, ihrem ganzen Charakter nach nicht anders bewerten kann als „Humusstoffe". Ohne Kupfer und bei unter optimalen Eisengaben kommt es dagegen zur Bildung eines schönen, bisher nicht bekannten, in Alkali violettroten (wasserlöslichen), in Säure gelben (ätherlöslichen) Farbstoffes, der seinerseits wieder durch Oxydation in humusartigen Zustand übergeht. Es scheint fast sicher, daß hiermit die Bedingungen der Entstehung von Humusstoffen, die ja im Erdboden eine so große Rolle spielen, auf diesem Wege, wenigstens z. T., genauerer Erforschung zugänglich werden." —

Um die im letzten Abschnitt behandelten, dem echten Bodenhumus verwandten Stoffe zu jenem noch einmal in die rechte Beziehung zu setzen und einige Bezeichnungsschwierigkeiten zu klären, wurde das nachstehende allgemeine Schema der Entstehung von schwarzen, amorphen, schwerlöslichen, humusartigen Stoffen entworfen. Wie man sieht, nehmen darin die echten Humusstoffe des Bodens und ebenso auch der jüngeren Humusablagerungen einen ganz bestimmt zu umgrenzenden Platz ein, während ringsumher noch manche anderen, mehr oder weniger gut untersuchten Bildungsmöglichkeiten für Humussubstanzen bestehen bzw. in geologischer Vorzeit bestanden haben, die ja auch vom Verfasser zum Vergleich herangezogen worden sind, immer mit dem Vorbehalt, daß es sich hierbei um ähnliche, aber mit dem Bodenhumus nicht immer identische

Allgemeines Schema der Entstehung von schwarzen, amorphen, schwerlöslichen (humusartigen) Stoffen (Entwurf MAIWALD).

<table>
<tr><th colspan="2" rowspan="2">Aus den Hauptgruppen der Grundstoffe (unten) entstehen auf den Hauptbildungswegen (rechts) die folgenden verschiedenen Gruppen von humusartigen Stoffen:</th><th rowspan="2">Bildung im Laboratorium durch chemische Reaktionen</th><th colspan="3">Bildung in der Natur durch Zerfall von Pflanzen- und Tiersubstanz</th></tr>
<tr><th colspan="2">Augenblickliche Bildungsweise, besonders im Boden</th><th>Bildung in geologischer Vorzeit unter wenig bekannten Bedingungen</th></tr>
<tr><td colspan="2">1. Aus Kohlenhydraten durch (im Laboratorium) schnell oder (in der Natur) langsam erfolgende Kondensation</td><td rowspan="4">Künstliche humusartige Stoffe (huminoide Säuren u. Substanzen); den verschiedenen Grundstoffen entsprechend sind Zusammensetzung u. Eigenschaften der auf den drei Wegen entstehenden Körper auch etwas verschieden[1]</td><td colspan="2" rowspan="2">Natürliche, direkte Humusbildung im Boden auf diesen beiden Wegen wenig wahrscheinlich (oder nach Reaktion 2 nur in unbedeutender Menge möglich) wegen der geringen Beständigkeit der hier in Betracht kommenden Grundstoffe gegen den Abbau durch Mikroorganismen[2]</td><td>Endkohle aus Zellulose (Theorie!) mit entsprechenden Humus-, Torf- und Braunkohlenvorstufen</td></tr>
<tr><td colspan="2">2. Aus dem Aufeinanderwirken von Kohlenhydraten und Aminosäuren</td><td>?</td></tr>
<tr><td rowspan="4">3. Aus zyklischen Körpern (entweder durch deren Oxydation oder im Verlauf von noch unbekannten Reaktionen), und zwar:</td><td rowspan="2">a) Aus N-freien zyklischen Grundstoffen</td><td>Lignin-humus-gruppe</td><td rowspan="3">Hauptanteile der echten Humusstoffe der Böden u. der jüngeren Humusablagerungen</td><td rowspan="4">Endkohle aus Lignin (mit Beimengung von Stickstoff) und entsprechende Humus-, Torf- u. Braunkohlenvorstufen</td></tr>
<tr><td>Gerbstoffhumus</td></tr>
<tr><td rowspan="2">b) aus N-haltigen zyklischen Grundstoffen</td><td rowspan="2">Künstliche Melanine (Melanoidine, mitunter auch als Humuskörper bezeichnet)</td><td>Melanin-humus-gruppe</td></tr>
<tr><td colspan="2">Pigment Melanin</td></tr>
</table>

[1] Entsprechende Namen zu ihrer Unterscheidung haben sich noch nicht einheitlich durchgesetzt (z. B. Vorschlag von W. ELLER für Stoffe aus Reaktion 3a: „Phenolhuminsäuren").

[2] Aber es erfolgt ein Übergang jener organischen Grundstoffe in zyklische Plasmastoffe der Mikroorganismen und dann Humusbildung im Boden in der entsprechenden Gruppe, hauptsächlich als Melaninhumus.

Stoffe handelt. Jedenfalls ist eine Identität in vielen Fällen bisher noch nicht überzeugend bewiesen, aber mitunter zum Schaden der Schlußfolgerungen mancher Einzeluntersuchungen angenommen worden. Ein Blick auf die im Schema zusammengefaßten grundsätzlichen Gesichtspunkte für die Beurteilung von Humuskörpern zeigt am besten, wie sorgfältig hierbei die einzelnen Entstehungsgruppen noch auseinander gehalten werden müssen, wenn man nicht Gefahr laufen will, die bisher vorliegenden exakten Ergebnisse über bestimmte untersuchte Humusstoffe durch eine unangebrachte Verallgemeinerung und Übertragung auf andere Gruppen noch in ihrem Wert zu schmälern.

Zusammenfassender Rückblick.

Die Besprechung der organischen Bestandteile des Bodens erfolgte hier nach großen Teilgebieten geordnet, die absichtlich ziemlich scharf von einander getrennt wurden, um die Vielseitigkeit der noch ungelösten Fragen zu zeigen, welche sich hinter der oft gebrauchten, aber sehr verschwommenen Bezeichnung „Humus" verbergen. Unter diesen Umständen wurde im Anfang auf eine geschichtliche Einführung in das vorliegende Forschungsgebiet verzichtet, denn eine solche wäre nicht viel mehr als eine Aneinanderreihung von im Laufe der Jahre sich immer wieder ändernden und einander widersprechenden Ansichten und Ergebnissen gewesen, noch ohne daß sie eine systematische Ordnung auf Grundlinien des ganzen Gebiets gebracht hätte, die erst innerhalb des Beitrages selbst aufgefunden, festgelegt und dem Leser näherzubringen versucht wurden.

Diese hier angewendeten Grundzüge zur Beurteilung der bisher gewonnenen Versuchsergebnisse sind: Beschränkung auf die organischen Bestandteile im engeren Sinne, welche die „Humusbegleitstoffe" und die echten Humusstoffe des Bodens umfassen, also Abtrennung aller Untersuchungen, die nicht genau diesen Bereich innehalten, sondern etwa im land- und forstwirtschaftlichen Sinne den gesamten „Humus" einschließlich aller Ausgangsstoffe pflanzlicher und tierischer Herkunft im Boden oder aber künstlich im Laboratorium hergestellte Humuspräparate oder endlich das geologische Vorkommen humusartiger Stoffe (Kohlen und ihre Vorstufen) betreffen. Diese nebenher bestehenden Arbeitsrichtungen müssen für sich betrachtet werden und dürfen höchstens zu Vergleichen oder zur Stützung von Ergebnissen der Forschung über echten Bodenhumus dienen. Diese selbst ist nicht einheitlich, sondern methodisch zum mindesten in drei Forschungsrichtungen zu zerlegen, in die organisch-chemische (molekular-chemische), die physikalisch- und kolloid-chemische und die biochemische (mikrobiologische) Arbeitsrichtung. Erst wenn man dies tut, klären sich viele der angeblichen Widersprüche in den Versuchsergebnissen über Bodenhumus, die von verschiedenen Forschern an methodisch verschieden vorbereitetem und untersuchtem Material erhalten wurden, und fügen sich zu einem brauchbaren Gesamtbild zusammen.

Eine geschichtliche Einführung in die Humuschemie müßte also auch in dieser Weise gegliedert sein. Zu ihrer Durchführung ist hier kein Raum mehr. Ein Teil der älteren Literatur ist bereits, der Einstellung des betreffenden Autors entsprechend, gruppenweise an folgenden Stellen verwertet worden:

Für die organisch-chemische Richtung, besonders für das Gebiet der Huminsäuren ist dieses geschehen durch L. GMELIN[1] (alte Humusforschung), durch A. BAUMANN[2], der die Arbeiten über Humussäuren von C. SPRENGEL 1826 bis

[1] GMELIN, L. (Herausgeber K. KRAUT): Handbuch der Chemie 7, II, 4. Aufl. Heidelberg 1866.

[2] BAUMANN, A.: Geschichte der Humussäuren. Mitt. kgl. bayer. Moorkulturanst. 3, 52 (1909); Literatur u. Anm. S. 107—123.

zu R. MIKLAUZ 1908 genau durchspricht, und in Sv. ODÉNS Monographie über die Huminsäuren[1].

Für die kolloid-chemische Richtung hat A. KÖNIG[2] die ältere Literatur über Adsorptionsvorgänge in humosen Medien verarbeitet, und P. EHRENBERGS Werk „Die Bodenkolloide"[3] hat weiteres Material beigebracht.

Für die biochemische Richtung haben F. LÖHNIS[4], C. A. MORROW und R. A. GORTNER[5], welche die Arbeiten über die Chemie des Bodenstickstoffs kritisch beleuchten, Entsprechendes geleistet, und S. A. WAKSMAN hat in der historischen Einleitung[6] zu seinen zahlreichen Arbeiten über den Bodenhumus das Gleiche getan.

Ferner sind in F. GIESECKES Schilderung der Entwicklung der Bodenkunde bis zur Wende des 20. Jahrhunderts[7] zwischen den übrigen behandelten Gebieten auch viele geschichtliche Daten über organische Bestandteile von der Dissertation des Schweden J. G. WALLERIUS (Upsala 1761) ab enthalten. F. CZAPEK[8] bringt ältere Angaben über die Bildung von Huminstoffen aus Zucker, und von O. SCHREINER und P. R. DAWSON[9] stammt ein Überblick über die wichtigsten Synthesen humusartiger Stoffe. Die Arbeiten zur agrikultur- und forstchemischen Seite der Humusfrage sind noch überall verstreut und in sich oft sehr widerspruchsvoll[10]. Es hängt dies vielleicht mit einer Doppelrolle der organischen Bestandteile des Kulturbodens zusammen, auf die auch A. VESTERBERG aufmerksam gemacht hat[11], nämlich daß sie einerseits als Schutzkolloide für Mineralteilchen wirksam sind und durch deren Fortschwemmung eigentlich den physikalischen Zustand des Bodens verschlechtern helfen, andererseits aber für schwere Böden mit ungünstiger Struktur als Verbesserungsmittel gelten.

Eine solche auf mehreren Wegen erfolgende, geschichtliche Darstellung würde für das Jahr 1930 z. B. in drei so ungleiche Auffassungen des Humusproblems münden, wie sie in den Arbeiten von J. ZOLCINSKI[12], A. SCHMUCK[13] und S. A. WAKSMAN[14] enthalten sind. Neben der notwendigen Entwirrung und Ordnung

---

[1] ODÉN, Sv.: Die Huminsäuren (Kap. 2: Geschichtliches, S. 34). Dresden u. Leipzig 1922.

[2] KÖNIG, A.: Über das Absorptionsvermögen humoser Medien. Landw. Jb. **11**, 1 (1882).

[3] EHRENBERG, P.: Die Bodenkolloide, 3. Aufl., S. 52, 72, 123. Dresden u. Leipzig 1922.

[4] LÖHNIS, F.: Handbuch der landwirtschaftlichen Bakteriologie, S. 526, 543, 561. Berlin 1910.

[5] MORROW, C. A. u. R. A. GORTNER: A study of the nitrogen distribution in different soil types. Soil Sci. **3**, 297 (1917); historische Übers. S. 298—306.

[6] WAKSMAN, S. A.: The origin and nature of the soil organic matter or soil "humus". I. Introductory and historical. Soil Sci. **22**, 123 (1926).

[7] GIESECKE, F.: Geschichtlicher Rückblick auf die Entwicklung der Bodenkunde bis zur Wende des 20. Jahrhunderts. BLANCKS Handbuch der Bodenlehre **1**, 28. Berlin **1929**.

[8] CZAPEK, F.: Biochemie der Pflanzen **1**, 3. Aufl., 292. Jena 1922.

[9] SCHREINER, O. u. P. R. DAWSON: The chemistry of humus formation. Proc. and Pap. **1**. Internat. Congr. Soil Sci. **3**, 255 (Washington D. C. 1928).

[10] Vgl. dazu die übrigen Quellenwerke in Anm. 5—13, S. 115 und Anm. 1—5, S. 116.

[11] VESTERBERG, A.: Verh. 2. Internat. agrogeol. Konf. Stockholm **1910**, 23.

[12] ZOLCINSKI, J.: Eine neue genetische physikalisch-chemische Theorie der Bildung des Humus, Torfes und der Kohle. Die Rolle und Bedeutung der biologischen Faktoren bei diesen Vorgängen. Wiss. Arch. Landw. A **4**, 196 (1930) oder Proc. and Pap. 1. Internat. Congr. Soil Sci. **3**, 335 (1928) (nur engl. Zusammenf.) oder Roczn. Nauk Roln. i. Lesn. **16**, 42 (1926/27).

[13] SCHMUCK, A.: Zur Frage vom Chemismus der organischen Stoffe des Bodens. Pedology (Meskau) **25**, 5 (1930).

[14] WAKSMAN, A. S.: Der gegenwärtige Stand der Bodenmikrobiologie und ihre Anwendung auf Bodenfruchtbarkeit und Pflanzenwachstum. Fortschr. naturwiss. Forschg. (hrsg. von E. ABDERHALDEN), N. F. Heft **10** (1930); Abschnitt 4, S. 86: Einige wichtige Probleme, die sich aus der Tätigkeit der Mikroorganismen im Boden ergeben. — WAKSMAN, S. A. u. H. W. REUSSER: Über die chemische Natur und den Ursprung des Humus im Erdboden. Zellulosechemie **11**, 209 (1930).

aller Einzelforschungen in übersichtliche Gruppen wollte der vorliegende Beitrag aber an Stelle vollständiger historischer Aufzählung lieber eine Art von Synthese der wichtigsten vorhandenen Angaben über organische Bodenbestandteile zu einem Gesamtbild geben, das echter bodenkundlicher Einstellung entspricht; denn das Bedürfnis nach solcher Synthese ist nicht weniger berechtigt und ihre versuchsweise Durchführung von Zeit zu Zeit nicht weniger nötig als die für den Fortschritt der Wissenschaft als unentbehrlich niemals bestrittene experimentelle Erforschung der Einzelpunkte des Problems.

Bei einer Beschränkung auf den eigentlichen Bereich der Humusforschung, auf die Beschäftigung mit dem Bodenhumus mit Hilfe von organisch-, kolloid- und biologisch-chemischen Untersuchungsmethoden, ist das Gebiet noch groß genug und enthält folgende Hauptfragen, zu deren Lösung die Zukunft noch viel beitragen muß:

1. Ausgangsstoffe und äußere Bildungsbedingungen:

Ermittelung der organischen Substanzen aus dem Pflanzen- und Tierreich, welche stofflich zur Humusbildung beitragen können; Untersuchung der äußeren (klimatischen, chemischen und biologischen) Bedingungen, welche die Humusbildung beeinflussen und nach verschiedenen Richtungen lenken können.

2. Vorgang und innere Kräfte der Humusbildung:

Untersuchung der Prozesse, in deren Verlauf die organischen Ausgangsstoffe sich in Humussubstanzen verwandeln, und Bestimmung der dabei tätigen Kräfte biologischer und physikalisch-chemischer Natur.

3. Die entstandenen Humuskörper selbst:

Ermittelung ihrer Zusammensetzung und ihres chemischen Aufbaus; Aufsuchung von Beziehungen zu natürlichen und künstlichen, mit ihnen verwandten Stoffen.

4. Vorgänge, die zum Abbau oder (in geologischen Zeiträumen) zur Veränderung der Humuskörper führen.

Die Hauptschwierigkeit für die Durchführung solcher Untersuchungen liegt in der unvermeidlichen komplexen Natur aller Bodenvorgänge. Als Ausweg hat man bisher meist mit chemischen Mitteln eine bestimmte Fraktion des Humusgemenges abgetrennt und diese weiter geprüft, obwohl dabei immer die Gefahr besteht, daß die Substanz inzwischen in ihrer Struktur verändert worden ist. Als Fortschritt sind deshalb die sich jetzt herausbildenden Methoden zu bezeichnen, die nur mit sehr gelinden chemischen Eingriffen arbeiten und eine wenig oder gar nicht veränderte Humussubstanz zur weiteren Untersuchung liefern. Es erscheint nach Tastversuchen einiger Forscher aber auch denkbar, daß man in Zukunft mit bestimmtem einfachen Ausgangsmaterial und unter möglichster Innehaltung von bekannten Versuchsbedingungen auch im Boden, nicht nur wie bei der Humussynthese im Laboratorium, einen bestimmten Humusbildungsvorgang so einleiten und lenken kann, daß man eine natürlich entstandene einheitliche Humussubstanz erhält und ihre Entstehung und Zusammensetzung analytisch verfolgt und feststellt.

Will man eine ziemlich nahe liegende Parallele zur Entwicklung der Eiweißchemie ziehen, so steht die Erforschung des Humuskomplexes kaum erst an der Stelle, wo einst beim Eiweiß die Abbaumethoden nicht mehr näher an das Strukturproblem heranführen konnten, und EMIL FISCHER deshalb vorschlug, den umgekehrten Weg der Synthese von Polypeptiden zu gehen, der für Humusstoffe, mit entsprechenden, erst noch genauer zu findenden Bausteinen ausgeführt, wohl noch schwerer als beim Eiweiß sein wird, sofern man tatsächlich die sehr verwickelten natürlichen Bedingungen des Bodens bei der Humusbildung einhalten oder nachahmen will.

3. Die chemische Gesamtanalyse des Bodens.

Von A. RIESER, Wil (Schweiz).

Unter Bauschanalyse des Bodens versteht man allgemein die Ermittelung der Gesamtzusammensetzung des Bodens und der bodenbildenden Materialien. Der Begriff der Bauschanalyse schließt also einerseits die Bestimmung der Elementarzusammensetzung des Bodens, andererseits aber auch die Bestimmung der sog. Hauptbestandteile des Bodens in sich. Zu den erstgenannten Bestimmungen gehört die Ermittelung des Gehaltes des Bodens an den verschiedenen Bestandteilen, wie SiO_2, Al_2O_3, TiO_2, Fe_2O_3, Mn_3O_4, CaO, MgO, K_2O, Na_2O, SO_3, P_2O_5, CO_2, N usw. Zugleich mit diesen Bestandteilen, die den Mineralteil des Bodens ausmachen, werden bei der Bauschanalyse auch die Aschenbestandteile der Humusstoffe mit bestimmt, die in den Böden unserer Regionen stets in größerer oder kleinerer Menge vorkommen. Da der Gehalt der Humusstoffe den in Mineralbestandteilen im Verhältnis zu denen des eigentlichen Bodens gering ist, solange wenigstens der Humusgehalt nicht erheblich steigt, so ist der Fehler unbedeutend, der gemacht wird, wenn man z. B. den aus dem Humus stammenden Anteil an CaO, MgO u. a. zum gewöhnlichen Mineralbestandteil des Bodens rechnet. Von den einzelnen bei der Bauschanalyse zu bestimmenden Bestandteilen werden in dieser Hinsicht wohl Schwefel und Phosphor und Kalzium und Magnesium die größten Abweichungen von den wahren Verhältnissen ergeben. Je mehr aber der Gehalt des Bodens an organischen Stoffen steigt, um so mehr vergrößert sich bei derartigem Arbeiten dieser Fehler. In dem organischen Teil des Bodens ist der Gehalt an Metallen und Metalloiden relativ recht bedeutend, und deren durch die Bauschanalyse ermittelte Menge kann bei torfigen und moorigen Böden allein die Menge der hervorgehobenen Mineralteile des Bodens bedeutend übertreffen.

Zu den Bestimmungen der Ermittelung der Hauptbodenbestandteile gehören auch diejenigen des Glühverlustes, des hygroskopischen und des chemisch gebundenen Wassers, ferner die Bestimmung der Karbonate, d. h. der mineralischen Kohlensäure aus den Karbonaten und schließlich der organischen Kohlensäure aus den Humusstoffen, woraus sich rechnerisch die Menge an Humusstoffen ermitteln läßt[1]. Zu dieser Gruppe müssen auch jene Bestimmungen gerechnet werden, die nicht zur Ermittelung der Hauptbestandteile des Bodens gezählt werden können, wie z. B. die Bestimmung der Salpetersäure, des Ammoniaks, des Gipses und anderer einfacher Salze des Bodens, die alle wasserlöslich oder wenigstens salzsäurelöslich sind. Diese Bestandteile werden dementsprechend durch getrennte Auszüge zu bestimmen sein, und man ermittelt den Gesamtstickstoff, die Gesamtschwefelsäure und -phosphorsäure nur bei der Bauschanalyse.

Vorbereitung der Substanz zur Analyse.

Zur Bauschanalyse werden für die meisten Bestimmungen nur verhältnismäßig kleine Mengen des Bodens gebraucht. Daher ist es sehr schwierig, eine einwandfreie Mischprobe zu erhalten. Ausgehend von dem Bodenanteil unter 2 mm wird eine genügend große Probe möglichst gut durchmischt und in einem Achatmörser bis zu genügender Feinheit zerrieben. Das früher meist übliche Beuteln ist dagegen zu unterlassen, da hierdurch stets Tuchfasern in die Probe hineingebracht werden. Ein Zerreiben der Körner bis zur Mehlfeinheit ist anzustreben. Ein weiteres Zerkleinern ist oft von Nachteil, da es Anlaß zu größeren Fehlern geben kann, nämlich besonders dann, wenn sich in der zu untersuchenden Probe

[1] Vgl. vorliegenden Bd. S. 144f.

in den noch nicht zerlegten Gesteinsanteilen Zeolithe oder sonstige leicht veränderliche Silikate vorfinden. Sobald die Korngröße unter eine bestimmte Größe sinkt, treten auffallende Veränderungen in der Zusammensetzung ein. Zeolithe und andere wasserhaltige Silikate geben leicht einen Teil ihres Wassers ab oder nehmen in ihrem Gehalt an Feuchtigkeit zu. Noch tiefere Veränderungen werden durch zu feines Zerreiben bei karbonathaltigen und solchen Gesteinen hervorgerufen, die einen bestimmten Gehalt an Ferroeisen aufweisen. Es zeigt sich von einer bestimmten Korngröße an nicht nur ein erhebliches Zurückgehen des Gehaltes an Ferroeisen, sondern es verschwindet auch ein Teil der Kohlensäure. Steigert man den Feinheitsgrad noch weiter, so kann man sogar ein erhebliches Anwachsen der Kohlensäure feststellen. Diese Erscheinungen zeigen die Schwierigkeit der Bereitung einer absolut einwandfreien Analysenprobe. Früher glaubte man dies dadurch zu erreichen, daß man die fein zerriebene Substanz evtl. unter Zuhilfenahme des Vakuums bei 100—110^0 trocknete, um eine konstante Probe zu erlangen[1]. Seit längerer Zeit ist man aber von dieser Methode abgegangen, verwendet stets die lufttrockene Substanz und ermittelt den Feuchtigkeitsgehalt in einer gesonderten Probe. Dieses Verfahren ist nach W. F. HILLEBRAND und F. P. TREADWELL[2] empfehlenswerter, weil das getrocknete Silikatpulver meistens ziemlich hygroskopisch ist und sich infolgedessen durch das Feuchtwerden der eingewogenen Substanz leicht Fehler einschleichen. Nicht einmal das Trocknen über Schwefelsäure im Vakuum bietet eine Sicherheit für die Unveränderlichkeit der Gesteinsprobe, da viele Silikate ihr Wasser schon beim Stehen über Schwefelsäure leicht abgeben. Von der zu untersuchenden Probe stellt man eine größere Menge, etwa 50 g, analysenfertig her und verschließt sie in Gläser mit eingeschliffenem Stopfen bis zum Gebrauch.

Aufschluß der Substanz zur Bestimmung der Einzelbestandteile.

Zur Bestimmung der Gesamtmenge der im Boden befindlichen Bestandteile muß der Boden in Lösung gebracht werden. Dies kann durch Aufschluß des Bodens mit Flußsäure oder durch Schmelzen mit verschiedenen Salzen bewirkt werden. Da sich nur ein kleiner Teil der im Boden vorhandenen Silikate durch Salz- oder Schwefelsäure aufschließen läßt, so ist man gezwungen, einen Aufschluß mit Flußsäure oder mit einem Salzgemisch durchzuführen. Die wohl am meisten angewandte Methode ist der Soda- oder Karbonataufschluß.

Sodaaufschluß[3]. Beim Aufschluß eines Bodens handelt es sich stets darum, die unlöslichen Salze von Polykieselsäuren mit Aluminium, Kalzium, Magnesium usw. in lösliche Alkalisalze der Kieselsäure zu überführen. Zu diesem Zwecke werden ca. 2 g lufttrockene Substanz mit der 4—6fachen Menge an kalzinierter Soda innig vermischt und in einem geräumigen Platintiegel langsam vorerwärmt. Statt der Soda allein kann man ein Gemisch von gleichen Teilen Natrium- und Kaliumkarbonat nehmen, speziell dann, wenn es sich um schwer schmelzbare, reichlich Tonerde enthaltende Proben handelt. Mit Vorteil erhöht man in diesem Falle auch die Zugabe des Schmelzmittels, da man sonst nur schwer oder überhaupt keinen klaren Schmelzfluß erhält. Durch Steigerung der Temperatur erreicht man ein ruhiges Schmelzen, und nachdem die Kohlensäureentwicklung im Tiegel aufhört, erhitzt man noch eine kurze Zeit mit voller Flamme und läßt alsdann den Schmelzfluß unter anfänglichem Umschwenken erkalten, so daß eine dünne Kruste die ganze innere Tiegelwand überzieht, die

[1] TREADWELL, F. P.: Kurzes Lehrbuch der analytischen Chemie, 7. Aufl., 2, 419. Leipzig u. Wien 1917.

[2] HILLEBRAND, W. F.: Analyse der Silikat- und Karbonatgesteine. Leipzig 1910.

[3] TREADWELL, F. P.: Kurzes Lehrbuch der analytischen Chemie, 7. Aufl., 2, 416. 1917.

man nach dem völligen Erkalten leicht durch schnelles Drehen, verbunden mit leichtem Druck, gut aus dem Tiegel in eine hochwandige Kasserole oder in ein Becherglas bringt. Ist der Schmelzkuchen tief grün gefärbt, so ist dies ein Zeichen, daß Mangan in der Schmelze vorhanden ist. Der sich beim Sodaaufschluß vollziehende chemische Vorgang ist folgender: Durch das schmelzende Alkali wird der ganze Silikatverband aufgespalten, die Kieselsäure tritt an das Alkali zu einem Natriumsilikat, Na_2SiO_3, während Aluminium als Aluminat $Al_2(ONa)_6$ löslich wird. Andere Metalle gehen in ihre Oxyde, resp. auch in ihre Karbonate über. Diese Methode ist die allgemein anwendbare und wohl auch die am meisten benutzte, obwohl sie den Nachteil hat, daß sie die Alkalien nicht in einem Aufschluß zu bestimmen erlaubt. Zu deren Ermittelung ist ein weiterer, spezieller Alkaliaufschluß nötig. Doch die Billigkeit der Reagentien, verbunden mit einer hervorragenden Genauigkeit der Methode, haben diese sich dennoch überall einbürgern lassen. Eine weitere, gleichfalls sehr gut anwendbare Methode ist der Flußsäureaufschluß von BERZELIUS[1]. Das Prinzip dieser Methode ist folgendes: Durch die Flußsäure werden die Silikate fast ausnahmslos zerstört. Es bilden sich die Fluoride oder im Beisein von Schwefelsäure die Sulfate der Metalle, während die Kieselsäure als Siliciumtetrafluorid entweicht und die Kieselsäure aus der Differenz zweier Wägungen berechnet wird. Es gibt nur wenige Mineralien, z. B. die der Andalusitgruppe, die sich nicht mit HF allein aufschließen lassen. TREADWELL schmilzt diese mit Fluorammon und glüht stark, wodurch sie zersetzt werden. Der Aufschluß mit HF kann sowohl mit gasförmiger, als auch mit flüssiger, d. h. in Wasser gelöster Flußsäure bewerkstelligt werden. Erstere Methode erfolgt nach J. KÖNIG[2] derart, daß die Substanz mit Schwefelsäure befeuchtet, in einer geräumigen Platinschale ausgebreitet, in einem Bleitopf mit gut aufsitzendem Deckel der Einwirkung von HF-Gas ausgesetzt wird. Die Entwicklung von HF erfolgt durch Einwirkung von konzentrierter Schwefelsäure auf Kalziumfluorid, das sich auf dem Boden des Topfes befindet. Bei einer Temperatur von ca. 60° ist die Zersetzung in 2—3 Tagen beendet. Der Inhalt der Schale wird nach dem Vertreiben der überschüssigen Schwefelsäure mit verdünnter HCl aufgenommen und filtriert. Falls nötig, wird der Prozeß wiederholt. Besser und bedeutend rascher kommt man aber bei Anwendung von flüssiger HF zum Ziel. 2—5 g der feinen Substanz werden in einem Platintiegel mit Wasser befeuchtet und darauf 3—5 cm^3 konzentrierter Schwefelsäure gegeben. Nach dem Erkalten gibt man die nötige Menge HF hinzu, und zwar etwa 10—20 cm^3. Auf diese Weise vermeidet man ein Zerstäuben der Substanz. Unter zeitweiligem Umrühren mit einem Platinspatel läßt man den Tiegel auf dem Wasserbad bei 60—80° stehen, bis sich keine festen Bestandteile mehr wahrnehmen lassen. Die überschüssige Flußsäure und die Schwefelsäure werden nun auf dem Sandbade und über der freien Flamme vertrieben, wobei ein stärkeres Glühen zu vermeiden ist, um nicht unlösliches Oxyd zu bilden. Bei dieser Arbeitsweise gelingt es aber nur selten, alle organischen Stoffe zu oxydieren. Es bleibt ein Teil derselben unverbrannt als Kohle zurück. Alle Bodenbasen, auch das evtl. in einem Säurekomplex vorhandene Eisen und Aluminium, werden durch diese Behandlung in schwefelsaure, evtl. auch z. T. phosphorsaure Salze überführt, während sich die Kieselsäure als Tetrafluorid, SiF_4, verflüchtigt. Der Inhalt des Tiegels wird alsdann mit verdünnter Salzsäure aufgenommen und, falls ein nennenswerter Rückstand übrig bleibt, die ganze Operation wiederholt. Die Anwesenheit von viel Humus erschwert diesen Aufschluß sehr, weil

---

[1] TREADWELL, F. P.: a. a. O. 2, 425.

[2] KÖNIG, J.: Untersuchungen landwirtschaftlich und gewerblich wichtiger Stoffe, 5. Aufl., 1, 65. Berlin 1923.

dabei stets Kohle zurückbleibt, während jedoch bei stärkerem Glühen andererseits wieder Verluste an Alkalien eintreten. Ferner ist es eine unangenehme und langwierige Manipulation, so große Mengen von überschüssiger Schwefelsäure abdampfen zu müssen, wobei ein Verspritzen kaum zu vermeiden ist. Auch bei sorgfältigem Abdampfen bleibt immer noch viel Schwefelsäure übrig, die die nachfolgende Bestimmung der Alkalien sowie die der Phosphorsäure durch die Menge an auszufällendem Sulfat erschwert. Fr. Hinden[1] änderte daher diese Methode dahin ab, daß er den Zusatz von Schwefelsäure unterließ. Er arbeitet folgendermaßen: Zur Analysensubstanz werden vorsichtig die erforderlichen Kubikzentimeter HF gegeben und der Inhalt auf dem Wasserbade eingetrocknet. Falls Karbonate vorhanden sind, müssen diese allerdings vorher abgestumpft werden. Zur eingetrockneten Masse werden nun vorsichtig 25 cm^3 konzentrierte HCl hinzugesetzt, und nach dem Abkühlen wird abermals unter Zusatz von etwas HF langsam eingedampft. Diese Manipulation wird noch mehrere Male wiederholt und nach Aufnahme mit verdünnter HCl wird die Masse filtriert. Es bleibt in der Regel ziemlich viel Kohle und organische Substanz zurück, welche dann verascht wird. Diese Methode beseitigt obige Mißstände und gestattet zudem auch eine Schwefelsäurebestimmung in dem gleichen Aufschluß. Ein weiterer Vorteil gegenüber der Sodamethode besteht in der Möglichkeit, auch die Alkalien gleichzeitig in diesem Aufschluß bestimmen zu können, während allerdings wieder andererseits einige Nachteile mit ihr verbunden sind, denn einmal kann der Aufschluß nicht vollkommen sein, auch ist es kein angenehmes Arbeiten mit der teuren Flußsäure, und schließlich läßt die Methode nur eine indirekte Bestimmung der Kieselsäure zu, obwohl gerade diese von großer Wichtigkeit ist. Falls Fluoride in der Probe zugegen sind, wird die Benutzung der Methode überhaupt schon an und für sich unmöglich, da sich dieselben mit der zugesetzten Flußsäure gleichfalls verflüchtigen. In diesem Falle bleibt nur die Karbonatmethode übrig.

Eine weitere, recht gute Methode des Aufschlusses besitzen wir in der Bleioxydmethode von P. Jannasch[2]. Jannasch berechnete zum Aufschluß von 1 g Silikat 10—12 g gut gereinigtes Bleikarbonat. In einem starken Platintiegel erhitzt er die fein gemischte Substanz mit dem Bleisalz, bis keine Kohlensäure mehr entweicht, wozu ca. 10—15 Minuten erforderlich sind, bringt dann das Gemisch mit der nichtleuchtenden Flamme zum Schmelzen, läßt es abkühlen und bringt den Kuchen in eine Porzellanschale, zersetzt ihn vorsichtig mit Salpetersäure und scheidet die Kieselsäure durch mehrmaliges Eindampfen mit Salpetersäure ab. Diese Methode stammt ursprünglich von Gaston Bong[3], der vorschlug, die Silikate durch Schmelzen mit Mennige aufzuschließen. Sie ist deshalb von besonderem Wert, weil sie auch die Alkalien in einem Aufschluß zu bestimmen gestattet, aber sie besitzt einen großen Nachteil für den Platintiegel, der sich bei Anwesenheit von reduzierenden Substanzen sehr leicht mit Blei legiert, wobei die Legierungsstelle sofort ein Loch in der Tiegelwand hinterläßt. Ferner fallen die Resultate bei dieser Methode, sobald fluorhaltige Mineralien, wie z. B. Topas, in der Substanz vorhanden sind, zu niedrig aus, da sich nach Jannasch das Fluor mit der Kieselsäure verflüchtigen kann. In diesem Falle kann man sie wohl nur noch für die Alkalibestimmung nach der Entfernung des Bleies und der Metalle mit Schwefelwasserstoff anwenden. Im übrigen bietet sie keine Vorteile gegenüber der alten Vorschrift mit Flußsäure oder mit Soda.

---

[1] Hinden, Fr.: Z. anal. Chem. **45**, 332 (1906); vgl. auch Russ. J. Landw. **1915**, 83.

[2] Jannasch, P.: Z. anorg. Chem. **8**, 364 (1895). — Ferner siehe auch Praktischer Leitfaden der Gewichtsanalyse, S. 235. Leipzig 1897.

[3] Bong, Gaston: Z. anal. Chem. **18**, 270 (1879).

Eine weitere Methode der Aufschließung der Silikate mit Borsäure wurde von JANNASCH und HEIDENREICH[1] vorgeschlagen. Die Substanz wird mit der 5—8fachen Menge Borsäure geglüht und aus der Schmelze die Borsäure durch Behandlung mit Methylalkohol und Salzsäure vermittels Destillation entfernt. Eine besondere Schwierigkeit liegt aber darin, alkalifreie Borsäure zu erhalten.

In der Silikatchemie sind noch weitere Verfahren des Aufschlusses bekannt, z. B. dasjenige nach HEMPEL[2], das 0,5 g Substanz mit 10 g basischem Wismutnitrat glüht, wodurch das Nitrat in Oxyd übergeht. Ebenfalls von geringer Bedeutung ist der Aufschluß der Silikate mit wasserfreiem Baryumhydroxyd im Silbertiegel[3]. Diese Verfahren haben zwar den Vorteil, daß sich die Bestimmung aller Bestandteile einschließlich der Alkalien in einem Aufschluß ermöglichen läßt, aber andererseits den Nachteil, daß das Aufschlußmittel in einem so großen Überschuß angewandt werden muß, so daß seine Entfernung erhebliche Schwierigkeiten bereitet. Der Aufschluß mit HF oder der doppelte Aufschluß mit Soda, und für die Alkalien das Verfahren mit HF, bzw. die Methode nach SMITH werden daher meistens bevorzugt werden.

Die Bestimmung der einzelnen Bestandteile.

Die Kieselsäure, SiO_2. Aus der durch Auflösen der Sodaschmelze erhaltenen Lösung wird die Kieselsäure mit HCl nach der Gleichung: $Na_2SiO_3 + 2\,HCl = 2\,NaCl + SiO_2 + H_2O$ abgeschieden. Durch Eindampfen bis zur staubigen Trockne wird erreicht, daß die Kieselsäure in Wasser und Säuren unlöslich wird. Der Trockenrückstand wird eine Stunde bei ca. 130° getrocknet, alsdann mit HCl befeuchtet und mit Wasser aufgenommen und das ganze Verfahren noch zweimal wiederholt. Früher begnügte man sich mit einmaligem Eindampfen, was sich aber als falsch herausgestellt hat[4], denn es verbleiben bis zu 5% der gesamten Kieselsäuremenge noch in Lösung. Beim Trocknen im Trockenschrank ist jedoch darauf zu achten, daß die Temperatur nicht zu hoch steigt, denn über 150° wirkt sie, besonders bei Gegenwart von viel Magnesium, schädlich. GILBERT[5] fand nach dem Trocknen bei hohen Temperaturen bedeutend mehr lösliche Kieselsäure als bei niederer Temperatur, denn die durch Hydrolyse entstandene Magnesia wirkt bei hoher Temperatur auf die Kieselsäure unter Bildung von Magnesiumsilikat ein, welches bei der späteren Behandlung mit HCl unter Abscheidung von löslicher Kieselsäure zersetzt wird. Durch dreimaliges Trocknen wird alle Kieselsäure bis auf Spuren, nämlich etwa 0,15% der gesamten SiO_2 gewonnen. Die ausgeschiedene Kieselsäure wird filtriert und anfangs mit heißer, verdünnter Salzsäure, alsdann mit heißem Wasser bis zur Chlorfreiheit ausgewaschen. Falls die Kieselsäure nicht ganz rein weiß aussieht, so liegt meistens basisches Ferrisalz vor, welches durch zu starkes Trocknen bei zu hoher Temperatur entstanden ist. Durch Betupfen mit konzentrierter HCl bringt man dieses wieder in Lösung. Die Kieselsäure wird naß verbrannt, indem man erst schwach erhitzt, bis das Filter verbrannt ist. Alsdann steigert man die Hitze und glüht mit starker Flamme bis zur Gewichtskonstanz. Hinsichtlich der Temperatur, bei welcher Kieselsäurehydrat völlig entwässert wird, existieren verschiedene Ansichten. Nach LUNGE und MILLBERG genügt die Hitze eines guten Bunsenbrenners[6]. Dies trifft zwar zu, wenn die Kieselsäure erst aus SiF_4 hergestellt

[1] JANNASCH, P. u. O. HEIDENREICH: Z. anorg. Chem. **12**, 208 (1896).
[2] HEMPEL, W.: Z. anorg. Chem. **20**, 496 (1881).
[3] KÖNIG, J.: Untersuchungen landwirtschaftlich und gewerblich wichtiger Stoffe **1**, 66.
[4] HILLEBRAND, W. F.: Analyse der Silikat- und Karbonatgesteine. Leipzig 1910.
[5] GILBERT, JAMES, P.: Z. anal. Chem. **29**, 688 (1890).
[6] LUNGE, A. u. C. MILLBERG: Z. angew. Chem. **1897**, 425.

wird, versagt aber völlig, wenn die Kieselsäure aus dem Boden stammt. Nach HILLEBRAND ist zu diesem Zweck eine weit stärkere Flamme erforderlich[1]. Nach GOOCH, RECKERT und KUZIRIAN[2] genügt ein Glühen von $^1/_2$—$^3/_4$ Stunde mit einem sehr guten Teclubrenner oder mit einem Gebläse, um Gewichtskonstanz zu erlangen. Hauptsächlich, um Spuren von Fremdkörpern, wie Alkali u. dgl., zu verflüchtigen, muß die Temperatur so stark gesteigert werden. Die geglühte Kieselsäure ist nur wenig hygroskopisch. In den meisten Fällen genügt aber der Reinheitsgrad der so gewonnenen Kieselsäure nicht, sondern sie muß noch gereinigt werden, speziell dann, wenn sie durch Säuren aus Silikaten abgeschieden worden ist. Zu diesem Zwecke übergießt man die Kieselsäure mit einigen Tropfen Wasser, fügt einen Tropfen konzentrierter Schwefelsäure hinzu und nach dem Erkalten einige Kubikzentimeter reiner Flußsäure. Eine Zugabe von HF zur trockenen Kieselsäure hat starke Hitzeentwicklung, verbunden mit Substanzverlust, zur Folge. Durch langsames Erwärmen auf dem Sandbad verdampft man die Lösung, raucht die überschüssige Schwefelsäure ab, glüht den Rückstand (der meistens aus etwas Aluminium besteht) zu Al_2O_3 und Fe_2O_3 und bestimmt aus der Differenz der beiden Wägungen die als Tetrafluorid verflüchtigte Kieselsäure. Den Rückstand nimmt man durch Schmelzen mit Kaliumpyrosulfat und Lösen in Wasser wieder auf, indem man ihn zum Filtrate der Kieselsäurefällung gibt. Diese Art der Kieselsäurebestimmung bietet keine weiteren Schwierigkeiten, sie versagt aber dann, wenn fluorhaltige Mineralien in der Probe vorhanden sind. Alsdann darf die Ausfällung der Kieselsäure nicht mit Salzsäure vorgenommen werden, sondern es ist nach der Methode von BERZELIUS zu verfahren[3]. Um einem Entweichen von Tetrafluorid zuvor zu kommen, wird die mit Wasser ausgelaugte Schmelze gut ausgewaschen und im Filtrat, das alle Flußsäure und Kieselsäure enthält, die Kieselsäure durch Ammonkarbonat ausgefällt. Da diese Fällung nicht quantitativ ist, so wird die Lösung mit etwas ammoniakalischer Zinkoxydlösung gekocht, bis alles Ammoniak weg ist. Die letzten Reste der Kieselsäure fallen als Zinksilikat aus und können mit HCl abgeschieden werden. Das ammoniakalische Zinkoxyd, $[Zn(NH_3)_6](OH)_2$, bereitet man am besten durch Auflösen von feuchtem Zinkhydroxyd in Ammoniak. In dem Filtrate von der Kieselsäureabscheidung läßt sich das Fluor leicht als CaF_2 durch Fällung mit überschüssigem Chlorkalzium bestimmen. Der geglühte Niederschlag wird mit Essigsäure aufgenommen, um vorhandenes Karbonat in Lösung zu bringen. Der Rückstand, reines CaF_2, wird schwach geglüht und nach dem Wägen mit Schwefelsäure abgeraucht und auf diese Weise das Fluorid in Sulfat überführt. Die Resultate fallen aber stets etwas zu niedrig aus, weil das Kalziumfluorid etwas in Wasser löslich ist. Nach A. KOCH[4] lösen 100 cm^3 Wasser bei ca. 50—70° 0,0016 g und 100 cm^3 Essigsäure 0,0111 g Kalziumfluorid auf.

Trennung der Sesquioxyde von Mangan und den Erdalkalien. In dem Gesamtfiltrate, das durch die Trennung der Kieselsäure von den übrigen Elementen erhalten worden ist, liegt eine Lösung mit reichlichen Mengen von Sesquioxyden neben Mangan und den Erdalkalien sowie der Magnesia vor. Es handelt sich nun in erster Linie darum, die Sesquioxyde von den übrigen Bestandteilen zu trennen. Dafür gibt es verschiedene Wege. Der einfachste Weg besteht in der Fällung der Sesquioxyde nebst Mangan durch eine warme Lösung von

---

[1] HILLEBRAND, W. F.: J. amer. chem. Soc. **24**, 362 (1902).
[2] GOOCH, F. A., F. C. RECKERT u. S. B. KUZIRIAN: Z. anorg. Chem. **85**, 23 (1914).
[3] BERZELIUS, J.: Poggendorfs Ann. **1**, 169.
[4] KOCH, A. u. F. P. TREADWELL: Z. anal. Chem. **43**, 469. — Vgl. auch A. KOCH: Die Bestimmung des Fluors als CaF_2. Inaug.-Dissert., Basel 1904.

Ammoniak, wie erst kürzlich wieder vorgeschlagen worden ist[1]. Die Schwermetalle werden durch Ammoniak in die Hydroxyde verwandelt und flocken aus. Gegen diese Methode erheben sich aber verschiedene Bedenken, da sie keinen allzu großen Anspruch auf Genauigkeit machen kann, sobald erhebliche Mengen von Kalk und Magnesia, vor allem aber Mangan, vorhanden sind. Letzteres hat nämlich die Eigenschaft, durch Ammoniak nicht vollständig ausgefällt zu werden, sondern wandert bei dieser Trennung auch teilweise zum Kalk und zur Magnesia. Ferner ergeben sich schon Schwierigkeiten bei Anwesenheit von viel Aluminium. Als amphoteres Element kann sich Aluminium sowohl als Säure, als auch als Base verhalten, so daß die Ausfällung fehlerhaft werden kann, da Ammoniak das Hydroxyd teilweise wieder zu lösen vermag. Obwohl Aluminiumhydroxyd als Sol und als Gel existiert, so kann das Sol durch bloßes Kochen nicht in das unlösliche Gel verwandelt werden. Dies geschieht nur bei Anwesenheit von viel Ammonsalzen, welch' letztere aber durch starkes Kochen wieder sauer reagieren und dadurch das Hydroxyd teilweise wieder lösen. Ferner geht in der Kälte schon ein Teil des Gels in die Solform über und entgeht damit der Bestimmung. Ein weiterer Übelstand ist der, daß der voluminöse Niederschlag der Sesquioxyde stets einen bedeutenden Teil an Kalk und an Magnesia rein mechanisch zurückbehält, da diese okkludiert werden. Eine wiederholte Fällung kann diesem Übelstand zwar etwas abhelfen, aber Fehler werden trotzdem stets vorhanden sein, weil ein vollständiges Auswaschen unmöglich ist und die Ammoniaklösung meistens etwas Kohlensäure aus der Luft an sich zieht, wodurch Ammonkarbonat gebildet wird, das den Kalk und die Magnesia z. T. ohne weiteres ausfällt. Jedenfalls ist diese einfache Methode bei chemisch-bodenkundlichen Untersuchungen zu verwerfen, da sie niemals ganz einwandfreie Resultate liefert[2]. Eine weit bessere Methode der Trennung ist das in der gewöhnlichen analytischen Chemie angewandte Verfahren mit frisch bereitetem Schwefelammon[3]. Die stark ammonchloridhaltige Lösung wird mit frischem, karbonatfreiem Schwefelammon versetzt und über Nacht stehen gelassen. Der Niederschlag enthält alle Schwermetalle als Sulfide, Aluminium und Titan als Hydroxyde, indem die primär entstehenden Sulfide sich sofort umsetzen.

$$2\,AlCl_3 + 3\,(NH_4)_2S = Al_2S_3 + 6\,NH_4Cl$$
$$Al_2S_3 + 6\,H_2O = 2\,Al(OH)_3 + 3\,H_2S\,.$$

Die Erdalkalien und die Magnesia bleiben in Lösung. Die Fällung muß bei Anwesenheit von viel Kalk oder Magnesia wiederholt werden. Diese Methode ist zur Trennung sehr gut anwendbar und gibt auch sehr brauchbare Werte. Sie besitzt aber den Nachteil, daß sie längere Zeit beansprucht, nicht nur für die beiden Fällungen, sondern auch für die nachherige Vertreibung des überschüssigen Schwefelwasserstoffes vor der Kalkfällung. Weit schneller und bedeutend angenehmer ist die Trennung der Sesquioxyde samt der Phosphorsäure von Mangan und den Erdalkalien mittels Hydrolyse.

$$(AlFe)Cl_3 + 3\,H_2O \rightleftarrows Al,\,Fe(OH)_3 + 3\,HCl$$
$$3\,HCl + 3\,CH_3COONa = 3\,NaCl + 3\,CH_3COOH\,.$$

Die Lösung der Chloride wird in der Kälte mit Soda neutralisiert. Diese Operation ist ziemlich schwierig, da der Neutralpunkt bei Gegenwart von viel Eisen nur sehr unsicher zu erkennen ist. Man gibt am besten so lange Soda zu,

---

[1] Mitt. internat. bodenkundl. Ges., N. F. **1**, 144 (1925).

[2] BLANCK, E. u. A. RIESER: Beiträge zur Methodik der Bodenauszüge nach der Salzsäure-Methode. J. Landw. **1928**, 26—31.

[3] TREADWELL, F. P.: Kurzes Lehrbuch der analytischen Chemie **2**, 92.

bis sich die ausscheidenden Flocken nur noch schwer wieder lösen, oder gerade bis zur beginnenden Trübung. Hat man den Neutralpunkt nicht erreicht und fällt mit Natriumacetat, so scheiden sich beim Stehen auf dem Wasserbade stets noch weitere Flocken ab, die dann eine Unsicherheit in die Analyse hineinbringen. Auf jedem Fall ist der Schaden geringer, wenn man den Neutralpunkt überschreitet, so daß die Lösung eine Spur alkalisch ist, denn eine etwa ausgefallene Menge Kalk läßt sich durch eine wiederholte Fällung leicht wieder weg bringen. Hat man den günstigsten Punkt erreicht, so gibt man eine gute Portion festes Natriumacetat hinzu, verdünnt stark und kocht auf. Ein 2—3 Minuten dauerndes Kochen genügt vollständig zur Ausfällung. Es wird so rasch als möglich heiß filtriert und mit acetathaltigem Wasser ausgewaschen. Von Wichtigkeit ist der Umstand, daß in der Hitze gearbeitet werden muß, da der Vorgang in der Kälte, wie überhaupt jede Hydrolyse, reversibel ist. Durch die Zugabe von Natriumacetat wird die Wirkung der entstehenden Salzsäure aufgehoben, da die Essigsäure nicht lösend auf die Sesquioxyde wirkt. Wenn dieses Verfahren oft unbefriedigende Resultate liefert, so liegt das keineswegs an der Methode selber, sondern stets daran, daß nicht richtig gearbeitet wird, sei es, daß man nicht richtig neutralisiert oder durch falsches Kochen den ganzen Niederschlag verschleimt hat, wodurch die Filtration sehr erschwert wird und der Niederschlag sogar durch das Filter hindurch geht. Aber stets ist die Trennung von Mangan eine vollständige. Etwa eingeschlossene Mengen von Kalk usw. trennt man durch eine zweite Fällung. Man löst den Niederschlag in heißer, verdünnter Salzsäure auf und fällt diesmal mit frisch destilliertem Ammoniak bei ca. 70°. Wäscht man dann mit verdünntem Ammoniak bis zum Verschwinden der Chlorreaktion aus, so ist die Trennung eine vollständige. Der Niederschlag wird nochmals in verdünnter Salzsäure gelöst und auf 250 cm^3 zur Bestimmung der Summe von Al_2O_3, Fe_2O_3, TiO_2, P_2O_5, wie auch der einzelnen Bestandteile aufgefüllt.

Auf gleichem Prinzip beruht die Trennung der Sesquioxyde von den Erdalkalien und Mangan nach G. WYNKOOP[1] und E. SCHIRM[2]. Die mit Soda neutralisierte Lösung der Chloride wird mit einem Überschuß von Natrium- oder Ammoniumnitrit versetzt und, bis keine Stickoxyde mehr entweichen, aufgekocht. Der Niederschlag fällt ebenso leicht filtrierbar aus wie bei der obigen Methode.

$$2\,AlCl_3 + 6\,HOH \rightleftarrows 2\,Al(OH)_3 + 6\,HCl$$
$$6\,HCl + 6\,NaNO_2 = 6\,NaCl + 6\,HNO_2$$
$$6\,HNO_2 = 3\,H_2O + 3\,NO + 3\,NO_2\,.$$

Es liegt also ebenfalls eine Hydrolyse wie oben vor, und die entstehende Salzsäure wird durch Nitrit abgestumpft, während die dabei entstehende salpetrige Säure zerfällt. Im allgemeinen sind diese beiden Methoden ziemlich gleichwertig. Nur dürfen bei der Nitritmethode nicht zuviel Ammonsalze vorhanden sein, weil diese bei längerem Kochen infolge der Hydrolyse sauer reagieren und damit den Prozeß rückgängig machen. Gerade wegen dieses Übelstandes wird man wohl allgemein der Acetatmethode den Vorzug geben. Die Filtrate beider Fällungen werden nach dem Einengen zusammen gegeben und dienen dann zur Bestimmung des Kalziums.

Trennung und Bestimmung der Sesquioxyde unter sich. Zur Trennung und Bestimmung der Sesquioxyde geht man meistens derartig vor, daß man zunächst die Summe derselben durch Fällung mit NH_3 bestimmt, und dann das Eisen für sich, ebenso die Phosphorsäure und das Titan bestimmt, während das Aluminium rechnerisch aus der Differenz ermittelt wird.

---

[1] WYNKOOP, G.: J. amer. chem. Soc. **19**, 434 (1897).
[2] SCHIRM, E.: Chemiker-Ztg. **1909**, 877.

Das Eisen. Zur Bestimmung des Eisens gibt es mehrere sehr gute, teils gravimetrische, teils titrimetrische und kolorimetrische Methoden. Gravimetrisch handelt es sich darum, eine quantitative Trennung des Eisens von Aluminium usw. zu bewirken. Nach HILLEBRAND und TREADWELL[1] ist die GOOCHsche Methode gravimetrisch die zuverlässigste. Einen aliquoten Teil der auf 250 cm^3 aufgefüllten Sesquioxyde versetzt man mit der dreifachen Menge der Oxyde mit Weinsäure, leitet Schwefelwasserstoff bis zur Sättigung ein, wodurch das dreiwertige Eisen zum zweiwertigen reduziert wird. Eine opaleszierende Trübung zeigt den Endpunkt der Reduktion an. Hierauf macht man mit Ammoniak schwach alkalisch. Alles Eisen fällt als schwarzes Sulfid aus, während Aluminium und Titan in Lösung bleiben. Diese Trennung ist theoretisch sehr interessant, denn sie beruht auf der Bildung von inneren Komplexsalzen, die infolge ihrer anormalen physikalischen Eigenschaften sehr oft zur Ausscheidung, speziell der Schwermetalle, benutzt werden. Während die niedrigere Form der Elemente ausfällt, bleibt die höhere in Lösung und ermöglicht somit eine tadellose Trennung der beiden Elemente. Durch die Zugabe der Weinsäure bilden sich die inneren Komplexsalze folgender Form[2]:

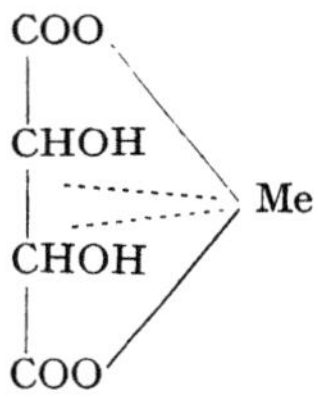

(Al, Fe, Ti).

Durch die Reduktion des dreiwertigen zum zweiwertigen Eisen ist gleichzeitig auch die Nebenvalenzbindung gesprengt worden, das Eisen fällt als Sulfid aus. Der Niederschlag wird mit schwefelammonhaltigem Wasser ausgewaschen und in verdünnter Salzsäure gelöst. Die von dem ausgeschiedenen Schwefel getrübte Lösung wird mit Salpetersäure, oder noch besser mit Wasserstoffsuperoxyd versetzt und unter leichtem Erwärmen aller Schwefel oxydiert und hierauf das oxydierte Eisen mit Ammoniak als Hydroxyd gefällt, dann abfiltriert, gut ausgewaschen, verascht und als Fe_2O_3 gewogen[3]. Obwohl diese Methode viele Operationen in sich schließt, so gibt sie ausgezeichnete Resultate. Schwierigkeiten können sich beim Abfiltrieren des Sulfids, das sehr gern durch das Filter geht, einstellen. Dem kann man aber dadurch begegnen, daß man von Anfang an das Filter mit Schwefelammon benetzt und dadurch eine eventuelle Umladung des Filters bewirkt. Ebenso soll das Filter niemals vollständig auslaufen. Oft versagt auch die spätere Fällung mit NH_3, weil sich das Hydroxyd stets in kolloider Form ausscheidet. Etwas Perhydrol bringt die Ausflockung sicher zustande. Diese Methode hat den Vorteil, überall anwendbar zu sein, auch da, wo die titrimetrischen Schnellmethoden schlecht oder gar nicht anwendbar sind, wie z. B. bei einem hohen Humusgehalt oder Anwesenheit von Peroxyden. Dieser Gang erlaubt noch nebenbei die gravimetrische Bestimmung des Titans durch Trennung vom Aluminium in dem Filtrate der Eisenfällung. Zu diesem Zwecke wird durch Kochen der Flüssigkeit der Schwefelwasserstoff verjagt und durch allmähliche Zugabe kleiner Portionen von Kaliumpermanganat die beigefügte

[1] HILLEBRAND, W. F.: Analyse der Silikat- und Karbonatgesteine. — TREADWELL, F. P.: Kurzes Lehrbuch der analytischen Chemie 2, 99. 1917.

[2] RIESER, A.: Dissert., Zürich 1922. — Vgl. auch TOWER: J. amer. Soc. 24, 1012 (1902) und KAHLENBERG: Z. phys. Chem. 17, 577.

[3] SELCH, E.: Z. anal. Chem. 54, 457 (1915).

Weinsäure zerstört. Eventuell ausfallendes Mangan bringt man mit schwefliger Säure in Lösung, die das ausgeschiedene Manganoxydhydrat wieder reduziert und dadurch auflöst. Versetzt man nunmehr die Lösung mit einem geringen Überschuß von Ammoniak, säuert mit ca. 10 cm^3 Eisessig an und kocht einige Minuten, so fällt das Titan als amorpher Niederschlag des Hydroxyds vollständig aus, ist jedoch stets mit Mangan und Aluminium etwas verunreinigt. Nach gutem Auswaschen mit 7proz. Essigsäure und mit heißem Wasser wird der Niederschlag verglüht. Alsdann schmilzt man das unreine TiO_2 mit der dreifachen Menge Soda zusammen, laugt die Schmelze mit Wasser aus, wodurch Aluminat in Lösung geht, während Natriummetatitanat ungelöst bleibt. Wiederholt man diesen Vorgang nochmals, so bekommt man das Titan frei von Aluminium, löst es in Schwefelsäure und fällt es wie im ersten Fall mit Eisessig und Ammoniak[1].

Um nochmals auf die Eisenbestimmung zurückzukommen, sei erwähnt, daß es oftmals infolge Substanzmangels unmöglich sein wird, mit aliquoten Teilen zu arbeiten. In diesem Falle ist man genötigt, die geglühten Sesquioxyde aufzuschließen. In Säure sind sie unlöslich, dagegen lassen sie sich ziemlich leicht durch Kaliumpyrosulfat oder Kaliumbisulfat aufschließen, wobei das Eisen in Ferrisulfat übergeht[2]. Sehr vorteilhaft sind die titrimetrischen Schnellmethoden, deren es mehrere gibt. Sie beruhen einerseits auf Oxydation des zweiwertigen Eisens und andererseits auf Reduktion des dreiwertigen zu zweiwertigem Eisen. Als Oxydationsmittel wird meistens Kaliumpermanganat angewandt. Dieses zerfällt bekanntlich in saurer Lösung nach der Gleichung: $2\,HMnO_4 = Mn_2O_7 + H_2O$; $Mn_2O_7 = 2\,MnO + 5\,O$. Die Einstellung der Permanganatlösung geschieht am besten mit Natriumoxalat oder mit reiner Oxalsäure nach SÖRENSEN[3].

$$2\,KMnO_4 + 5\,C_2O_4H_2 + 3\,H_2SO_4 = K_2SO_4 + 2\,MnSO_4 + 10\,CO_2 + 8\,H_2O$$

$$\begin{matrix} COOH \\ | \\ COOH \end{matrix} + O = 2\,CO_2 + H_2O\,.$$

Nach MARGUERITE[4] wird das zweiwertige Eisen, am besten als Sulfat in schwefelsaurer Lösung so lange heiß mit der titrierten Permanganatlösung versetzt, bis eine bleibende rötliche Färbung auftritt. Der Verbrauch an Titerlösung läßt den Gehalt an Fe_2O_3 rechnerisch ermitteln. Diese Methode ist unstreitig eine der besten, so lange man mit Eisensulfat arbeitet. Meistens aber hat man eine salzsaure Lösung vor sich. Eine solche Lösung liefert aber stets zu hohe Werte, indem durch die eintretende Oxydation der Salzsäure zu viel Titerlösung verbraucht und somit der Gehalt dann zu hoch errechnet wird[5]. Allerdings findet die Oxydation der Säure nicht direkt durch Permanganat statt, sondern durch ein intermediär entstehendes Peroxyd. Läßt man nämlich Permanganat zu Salzsäure ohne Ferrosalz hinzufließen, so entsteht kein Chlor, auch nicht bei Gegenwart von Ferrieisen. Also muß ein intermediäres Peroxyd die Ursache der Zersetzung der Salzsäure sein. Diesem Übelstande kann aber abgeholfen werden, indem man eine große Menge Manganosalz, am besten Mangansulfat zugibt[6]. ZIMMERMANN erklärt dies damit, daß sich bei der Einwirkung von Permanganat auf das Manganosalz zunächst Mangansuperoxyd bildet, und dieses oxydiert

---

[1] LEDEBUR: Chemiker-Ztg. **9**, 483. — Vgl. F. P. TREADWELL: Lehrbuch **2**, 99.

[2] CLASSEN, AL.: Chemiker-Ztg. **17**, 182 (1877). — Ferner H. BORNTRÄGER: Ztsch. anal. Chem. **38**, 774 (1899).

[3] SÖRENSEN, S. P. L.: Z. anal. Chem. **42**, 352, 513 (1903).

[4] MARGUERITE, P.: Ann. Chem. (3) **18**, 244.

[5] LÖWENTHAL, J. u. E. LENSSEN: Z. anal. Chem. **1**, 329 (1862).

[6] ZIMMERMANN, CL.: B. B. **14**, 779; Ann. Chem. **213**, 302. — Vgl. KESSLER: Poggendorfs Ann. **118**, 41; **119**, 225.

dann wie VOLHARD zeigen konnte[1] das Ferroeisen. Die Vermutung, daß bei Abwesenheit von Manganosalz durch Permanganat zuerst ein Peroxyd des Ferroeisens gebildet wird, konnte durch W. MANCHOT[2] eindeutig nachgewiesen werden. Diese Primäroxyde entstehen stets bei allen Oxydationsprozessen und sind höchst unbeständige, nicht isolierbare Verbindungen, die sofort in die stabile Oxydationsstufe übergehen. Das Manganosalz bildet nach ENGLER den Akzeptor[3], der den freiwerdenden Sauerstoff beim Übergang des Peroxyds in die stabile niedere Form aufnimmt und dadurch schadlos macht. Der ganze Oxydationsvorgang ist also folgender:

$$2\,FeO + O_2 = 2\,FeO_2; \text{ und } 2\,FeO + 2\,FeO_2 = 2\,Fe_2O_3.$$

Die Wirkung des Manganosalzes ist demnach eine doppelte. Sie reguliert einerseits die Reaktionsgeschwindigkeit zwischen Ferroeisen und dem Permanganat durch Bildung von Braunstein, der dann das Eisen oxydiert, andererseits nimmt das Manganosalz den Sauerstoff des Eisenperoxyds ab und oxydiert weiter vorhandenes Ferroeisen. Wesentlich ist, daß das Manganosalz im Überschuß vorhanden ist. Obgleich auf diese Weise ein Ausweg geschaffen ist, um das Eisen in salzsaurer Lösung zu titrieren, so besitzt diese Methode doch einen großen Nachteil gegenüber der Titration in schwefelsaurer Lösung, denn infolge der intensiv gelben Farbe des Ferrichlorids ist der Endpunkt der Reaktion sehr schwer zu erkennen. REINHARDT[4] hat in der Phosphorsäure ein Mittel gefunden, diese Farbe zu entfernen, insofern nämlich die entstehenden Phosphate nahezu farblos sind. Dieses Verfahren eignet sich vortrefflich, wenn das Eisen bereits in zweiwertiger Form vorhanden ist. Meistens aber wird das Eisen zuerst zu reduzieren sein. Dies kann durch Metalle in saurer Lösung geschehen, z. B. mit chemisch reinem Zink, mit dem die Ferrilösung gelinde gekocht wird, bis alles Zink gelöst und die Lösung entfärbt ist[5]. Es darf jedoch kein überschüssiges Zinkmetall in der Lösung vorhanden sein, da sich dann stets etwas metallisches Eisen auf dem Zink niederschlagen wird, das auf diese Weise der Bestimmung entgehen würde. An Stelle von Zink kann man auch Magnesium oder Aluminium, evtl. auch Cadmium nehmen. Aber alle Metalle haben ihre Nachteile. Einmal bringt man bei dieser Art der Reduktion ein fremdes Metall in die Analyse hinein und außerdem sind diese Metalle nie vollständig eisenfrei, so daß durch einen Blindversuch zuerst der Gehalt an Eisen ermittelt werden muß, um eine Korrektur anbringen zu können. Schwerwiegender ist noch der Umstand, daß das Titan dadurch zu seiner niederen Oxydationsstufe, zu Ti_2O_3, reduziert und bei der nachfolgenden Oxydation mit Permanganat natürlich wieder oxydiert wird, wodurch der Verbrauch an Permanganat zu hoch und dementsprechend die Resultate falsch werden. J. H. CAPPS und O. W. BOIES[6] empfehlen die Reduktion des Eisens mit Kadmiumamalgam in schwefelsaurer Lösung vorzunehmen, die aber keinen sicheren Vorteil bietet. Ebenso wenig liefert die Methode von HOENIG[7], der mit Elektrolytsilber reduziert, bessere Resultate. Auf alle Fälle ist es überhaupt besser, kein festes Metall in die Lösung zu bringen. TREADWELL[8] schlägt in diesem Falle als ein gutes Reduktionsmittel das Schwefeldioxyd vor. Er neutralisiert mit Soda, fügt dann SO_2 im Überschuß hinzu und kocht unter gleichzeitigem Durchleiten von Kohlensäure, um den Überschuß des Dioxyds zu vertreiben. Dieses Verfahren ist wohl das ge-

[1] VOLHARD, J.: Ann. Chem. u. Pharm. **198**, 337.
[2] MANCHOT, W.: Ann. Chem. u. Pharm. **325**, 105.
[3] ENGLER, C.: B. B. **33**, 1097.
[4] REINHARDT, C.: Chemiker-Ztg. **13**, 323; Stahl u. Eisen **1884**, 709.
[5] MÜLLER, E. u. G. WEGELIN: Z. anal. Chem. **1912**, 615.
[6] CAPPS, J. H. u. O. W. BOIES: J. of Physiol. Ch. T. **19**, 65.
[7] HOENIG, A.: Z. anal. Chem. 54, 441 (1915).
[8] TREADWELL, F. P.: Lehrbuch der analytischen Chemie **2**, 522.

naueste, wenn wirklich alles Dioxyd entfernt ist. Die alte Methode, mit Schwefelwasserstoff zu reduzieren muß auf alle Fälle vermieden werden, denn sie liefert stets zu hohe Resultate. Der Grund dafür liegt nach Untersuchungen von W. BOLLER[1] darin, daß bei dem zur Entfernung des Schwefelwasserstoffes in der Lösung dienenden Kochen aus dem suspendierten Schwefel stets niedere Oxydationsstufen des Schwefels entstehen, welche dann zu ihrer Oxydation Permanganat verbrauchen, so daß der Verbrauch zu hoch ausfällt. Es ist kaum möglich, den Schwefelwasserstoff durch Kochen so zu entfernen, daß kein Permanganat verbraucht wird. Ein gutes Verfahren wenden REINHARDT und ZIMMERMANN[2] an. Sie reduzieren mit Zinnchlorür in salzsaurer Lösung und entfernen den Überschuß des Zinnchlorürs mit Merkurichloridlösung, setzen dann Mangansulfat zu und titrieren mit Permanganat. Diese Methode gibt auch für die Analyse von Böden ganz gute, verwertbare Resultate. Noch bequemer aber ist die Bestimmung des Eisens vermittelst direkter Reduktionsmethoden, bei denen man von der dreiwertigen Stufe ausgeht. Als Reduktionsflüssigkeit dient eine titrierte Zinnchlorürlösung, die auf eine bestimmte Eisentrichloridlösung eingestellt ist. Dieser Weg wurde von PENNY und WALLACE[3] angegeben und von FRESENIUS[4] verbessert. FRESENIUS titriert das Eisenchlorid mit der Zinnchlorürlösung in der Hitze bis zur Entfärbung, indem er einen kleinen Überschuß hinzufügt und diesen mit Jodlösung, deren Wirkungswert auf Zinnchlorürlösung eingestellt ist, entfernt. Die auf diese Weise genau ermittelte Menge der Zinnchlorürlösung gibt sodann die Eisenmenge wieder. Neuerdings hat C. RUSSO[5] ein vom Verfasser schon vielfach angewandtes Verfahren empfohlen. Es beruht darauf, daß ein Tropfen überschüssige Zinnchlorürlösung eine zugefügte Lösung von Methylenblau sofort entfärbt. Diese Reaktion ist ihrer Art nach, sowie auch der Empfindlichkeit nach der Jodstärkereaktion ähnlich. Die Eisenlösung wird mit starker Salzsäure in erheblichem Überschuß erhitzt und mit einigen Tropfen einer Methylenblaulösung versetzt, wodurch eine smaragdgrüne Farbe entsteht. Sodann titriert man rasch mit der Zinnlösung bis die grüne Farbe verschwindet und einem reinen Blau Platz macht. Von diesem Moment ab gibt man noch vorsichtig einige Tropfen Zinnlösung hinzu, bis die Farbe augenblicklich verschwindet. Die Anzahl der verbrauchten Kubikzentimeter gibt den Gehalt der Lösung an Eisen an. Diese Methode hat den Vorteil, daß man die Titration beliebig oft wiederholen kann. Man oxydiert wieder mit Perhydrol, verjagt den Überschuß daran und titriert abermals mit Zinnchlorür. Sie hat aber den Nachteil, daß sie schon bei Anwesenheit von geringsten Oxydationsmitteln unbrauchbar wird, so dürfen z. B. auch keine Nitrate vorhanden sein, die aber meistens dann zugegen sind, wenn man den Humus mit Salpetersäure vorher oxydiert hat. Sie verhindern einen genauen Umschlag, da das entwickelte Chlor stets wieder auf das Zinnchlorür oxydierend einwirkt, so daß eine zu große Menge desselben verbraucht wird. Eine weitere, ebenfalls leicht anwendbare Methode ist die Bestimmung mit Jod. Man versetzt die salzsaure Lösung mit Jodkali im Überschuß, wobei sich folgende Reaktion abspielt:

$$2\,FeCl_3 + 2\,HJ = 2\,HCl + 2\,FeCl_2 + J_2\,.$$

Das ausgeschiedene Jod wird mit eingestellter Thiosulfatlösung zurücktitriert, bis sich nach einigen Minuten keine Blaufärbung mehr zeigt. Diese Methode

---

[1] BOLLER, W.: Die Reduktion des Eisens mit H_2S, S. 32. Dissert., Zürich 1915.

[2] ZIMMERMANN, CL. u. C. REINHARDT: Chemiker-Ztg. **13**, 323.

[3] PENNY, C. L. u. SH. WALLACE: Dingl. polyt. J. **149**, 440.

[4] FRESENIUS, R.: Z. anal. Chem. **1**, 26 (1862); Lehrbuch, 6. Aufl., **2**, 288. — Vgl. H. MORATH: Z. anorg. Chem. **1**, 211. — H. UELSMANN: Ztsch. anal. Chem. **16**, 50 (1877).

[5] RUSSO, C.: Gazz. chim. Ital. T. **44**, 1.

ist bei allen Bodenauszügen sehr gut anwendbar, da keine Reduktion des Titans dabei stattfindet. Sie gibt ausgezeichnete Resultate[1]. Weitere Verfahren zur Bestimmung von Eisen bieten keine besonderen Vorteile, wie z. B. das elektroanalytische, sowie sonstige Oxydations- und Reduktionsmethoden, sie können infolgedessen unbesprochen bleiben, zumal sie nicht überall bei der Bodenuntersuchung anwendbar sind. Ebenso sind die kolorimetrischen Methoden nur begrenzt anwendbar. Erwähnt sei nur noch die kolorimetrische Methode von L. A. Tschugajew und B. P. Orelkin[2]. Sie beruht darauf, daß Ferrosalze mit Dimethylglyoxim bei Gegenwart von etwas Ammoniak tiefrote Färbungen geben. Die Reaktion ist so empfindlich, daß selbst noch ein Teil Eisen in 1000000000 Teilen Wasser eine Färbung gibt. Erforderlich für ihr Zustandekommen ist das Vorhandensein eines Reduktionsmittels, am besten Hydrazin. Dagegen schadet die Gegenwart des Aluminiums in größerer Menge, da dieses gleichfalls gefärbte Komplexsalze mit den Dioximen gibt. Der Versuch, das Rhodanat für diesen Zweck heranzuziehen, ist nicht geglückt.

Besser dagegen gelingt die kolorimetrische Bestimmung des Titans nach A. Weller[3]. Sie beruht auf der bekannten Erscheinung, daß Titansäure mit Wasserstoffsuperoxyd eine intensive Gelbfärbung hervorruft, und zwar direkt proportional der vorhandenen Titanmenge, während durch vermehrten Zusatz von Wasserstoffsuperoxyd keine Änderung der einmal bestehenden Farbe, die nur von dem Titangehalt abhängig ist, erzeugt wird. Sie ist eine geradezu ideale Erscheinung, um eine Bestimmungsmethode darauf aufzubauen. Die Lösung, welche kolorimetrisch untersucht werden soll, muß mindestens 5 % Schwefelsäure enthalten. Ein Überschuß daran beeinträchtigt die Reaktion keineswegs, nur darf keine Salzsäure im Überschuß vorhanden sein. Die Zugabe von Wasserstoffsuperoxyd bringt die gelbe Färbung hervor, die mit einer bestimmten Titanlösung in einem anderen Kölbchen auf gleichen Intensitätsgrad gebracht wird. Die Vergleichslösung gibt dann bei gleichem Farbton den Gehalt an Titan an. Ungenaue Resultate erhält man nach Hillebrand dann, wenn etwas Flußsäure zugegen ist[4]. Ferner dürfen weder Chrom- noch Vanadinsäuren vorhanden sein, da diese ebenfalls Färbungen mit Wasserstoffsuperoxyd ergeben. Eine kleine Menge Eisen stört die Reaktion nicht, dagegen muß bei starkem Eisengehalt die Eisenfarbe zuerst entfernt werden. Dies kann mit Phosphorsäure geschehen. Bei mindestens 5 % Schwefelsäure stört die Phosphorsäure nicht stark[5], nur muß sie gleichfalls der Vergleichslösung zugesetzt werden. Die Empfindlichkeit ist sehr groß. Nach Weller[6] handelt es sich wahrscheinlich um eine höhere Oxydationsstufe des Titans (TiO_3), die dann die Färbung hervorruft. Sind größere Mengen von Titan vorhanden, so muß das Titan aber gravimetrisch bestimmt werden, wie oben bereits gesagt worden ist. Diese Methode ist sehr umständlich, da man die Weinsäure zerstören muß. Man kann dies umgehen, wenn man aus dem Filtrate des Eisensulfids das Titan nach Thornton[7], ohne vorherige Zerstörung der Weinsäure durch Ansäuern und Fällen mit Nitrosophenylhydroxylamin, dem sog. „Cupferon", bestimmt. Es fällt quantitativ aus und kann durch Glühen als TiO_2 bestimmt werden.

Über das Vorkommen von Titan im Boden läßt sich sagen, daß es stets als Begleiter des Aluminiums auftritt. Es erschwert die Analyse wegen seiner Eigen-

[1] Mohr, Karl: Ann. Chem. u. Pharm. **105**, 53.
[2] Tschugajew, L. A. u. B. P. Orelkin: J. russ. phys. chem. Ges. T. **46**, 1874 (1914).
[3] Weller, A.: B. B. **15**, 25, 92.
[4] Hillebrand, W. F.: J. amer. chem. Soc. **17**, 718 (1895).
[5] Cooke, J. P.: Select Methods, 3. Aufl., S. 121.
[6] Weller, A.: B. B. 2592. — Vgl. W. A. Noyes. Chemiker-Ztg. **15**, 82.
[7] Thornton, jr., W. M.: Chem. Zbl. **1914 I**, 1605.

schaft, sehr leicht in die Metatitansäure überzugehen, ganz erheblich. Diese ist nur sehr schwer wieder in Lösung zu bringen. Hauptsächlich beim Aufnehmen des Eindampfrückstandes zur Abscheidung der Kieselsäure kommt es oft vor, daß sich dieselbe infolge des Zusatzes von zu kaltem oder zu vielem Wasser sehr fein ausscheidet und dann beim Auswaschen durch das Filter geht. Es gelingt nur durch anhaltendes Erwärmen mit starker Salzsäure die Metatitansäure wieder in Lösung zu bringen. Es kommt daher oft vor, daß die Metatitansäure die Kieselsäure verunreinigt und beim Abrauchen mit Flußsäure zurückbleibt. Sie muß alsdann mit Pyrosulfat aufgeschlossen werden.

Das Aluminium. Ein Bestandteil des Bodens, der oft nahe an die Menge der SiO_2 heranreicht, ist das Aluminium. Zwar hat sich die Praxis herausgebildet, dasselbe nicht direkt zu bestimmen, sondern indirekt aus der Differenz zwischen der Summe der Sesquioxyde und Phosphorsäure, sowie der Summe der anderen Bestandteile, wie Eisen, Titan, Phosphorsäure, zu errechnen. Gegen diese Methode kann man eigentlich nichts einwenden, falls die Bestimmung der anderen Bestandteile mit möglichster Genauigkeit ausgeführt ist. Doch wäre es zu begrüßen, wenn man das Aluminium direkt bestimmen würde. An direkten Methoden, die eine genaue Bestimmung gestatten, fehlt es ja nicht. Besonders in Amerika sind solche in Aufnahme gekommen, deren Anwendungsfähigkeit auch bei uns geprüft werden sollte, so zunächst einmal die ältere Methode von CHANCEL[1] Ihr Prinzip ist folgendes: Man hydrolysiert die stark verdünnte neutrale Lösung, macht die freiwerdende Mineralsäure durch Salze flüchtiger Säuren unwirksam und entfernt letztere durch Kochen oder durch Neutralisation.

$$2\,AlCl_3 + 6\,HOH \rightleftarrows 2\,Al(OH)_3 + 6\,HCl$$
$$6\,HCl + 3\,Na_2S_2O_3 = 6\,NaCl + 3\,H_2O + 3\,SO_2 + 3\,S\,.$$

CHANCEL neutralisiert die Lösung der Sesquioxyde mit Soda, verdünnt stark und kocht mit einem Überschuß an Natriumthiosulfat. Durch das entstehende SO_2 wird das Eisen reduziert und bleibt in Lösung, während das Aluminium als Hydroxyd nach obiger Gleichung quantitativ ausfällt. Der Niederschlag enthält stets etwas Schwefel. Dieser wird samt dem Niederschlag vorsichtig verglüht. Diese Methode gibt nach TREADWELL[2] gerne etwas zu tiefe Resultate, da infolge der Reversibilität der Reaktion etwas Aluminium in Lösung bleibt und damit der Bestimmung entgeht. A. STOCK entfernt die entstehende Säure durch ein Gemisch von Kaliumjodid und Kaliumjodat und titriert das freiwerdende Jod mit Thiosulfat zurück[3]. Diese Methode ist ebenfalls gut, versagt aber, sobald Phosphorsäure zugegen ist, da diese mitgefällt wird. Besser, wenn auch schwieriger, ist die Methode von MINNIG[4], die darauf beruht, daß ein Gemisch von Aceton und Acetylchlorid quantitativ das wasserhaltige $AlCl_3\,5\,H_2O$ abscheidet. Die Lösung der Chloride wird auf dem Wasserbade eingeengt und nach dem Erkalten das Fällungsgemisch tropfenweise zu der Lösung hinzugesetzt (Acetylchlorid: Aceton wie 1:4). Das wasserhaltige Aluminiumchlorid setzt sich leicht ab und wird in einen Platin-Gooch-Tiegel filtriert, sorgfältig mit dem Gemisch ausgewaschen und durch Glühen in das Oxyd überführt. Ein starker Überschuß des Fällungsmittels fällt auch etwas Eisen aus, das jedoch durch Auswaschen leicht wieder entfernt werden kann. Aus dem Filtrate kann das Aceton durch Erwärmen leicht verflüchtigt werden. Ein anderer Vorschlag zur Trennung des

[1] CHANCEL, G.: C. r. **46**, 987; Z. anal. Chem. **3**, 391.
[2] TREADWELL, F. P.: Lehrbuch der analytischen Chemie **2**, 72. 1917.
[3] STOCK, A.: B. B. **1900**, 548.
[4] MINNIG, H. D.: Amer. J. Sci. **39**, 197; **40**, 482; Z. anal. Chem. **56**, 58 (1917); **58**, 364 (1919).

Aluminiums wurde von S. PALKIN[1] gemacht. Die Lösung der Eisen- und Aluminiumchloride, die aber nicht mehr als 0,5 g Chloride enthalten soll, wird in einem Erlenmeyer zur Trockne verdampft und bei 120° unter ständigem Zerreiben stark getrocknet. Alsdann wird die Masse mit circa 1 cm^3 absolutem Alkohol, der HCl-Gas enthält, befeuchtet, um evtl. entstandene Oxyde wieder in Chloride zu verwandeln. Dann werden 4 cm^3 Alkohol zugegeben und bis zur völligen Auflösung der Salze erwärmt, darauf etwas eingedampft und nochmals mit HCl-haltigem Alkohol gut durchmischt. Der Kolben wird abgekühlt und das $AlCl_3$ durch Zugabe von Aether als weißer körniger Niederschlag ausgefällt, der mit Aether, der etwas HCl-Alkohol enthält, ausgewaschen wird. Der Niederschlag wird alsdann mit Wasser in ein Glas überführt und nach Zugabe von etwas Ammonnitrat wie gewöhnlich mit Ammoniak als Hydroxyd gefällt und bestimmt. Von Interesse dürfte es sein, daß sogar eine kolorimetrische Bestimmung des Aluminiums ausgearbeitet worden ist, nämlich von F. A. ATACK[2]. Wie bekannt ist, wird Aluminium in der Färberei oft als Beize benutzt und gibt hier mit Alizarin die schönen roten Farben, was auf Bildung eines Komplexsalzes beruht[3]. ATACK benutzt nun Alizarin S, das mit Aluminiumsalzen eine in Essigsäure unlösliche Verbindung, $[C_{14}H_5O_2(OH)_2SO_3]_3Al$, bildet, und das eine purpurrote Farbe besitzt. Zur salzsauren Untersuchungsflüssigkeit werden etwas Glyzerin und Alizarin S hinzugesetzt, mit etwas Wasser verdünnt und mit Ammoniak ganz schwach alkalisch gemacht. Hierauf wird mit Essigsäure bis sich der Farbton nicht mehr ändert versetzt. Dieser wird mit einer in gleicher Art hergestellten Vergleichslösung von bekanntem Al-Gehalt auf gleichen Ton eingestellt. Den schädlichen Einfluß des vorhandenen Eisens kann man beseitigen, indem man vor dem Ammoniakzusatz etwas Nitrat zu der sauren Lösung hinzu fügt. Die Anwendbarkeit dieses Verfahrens für Bodenuntersuchungen muß aber noch erst des näheren geprüft werden.

Die Phosphorsäure. Bei der in der Bodenanalyse angewandten Methodik zur Trennung der Sesquioxyde von den Erdalkalien fällt stets mit diesen auch die Phosphorsäure gebunden an Eisen bei der Hydrolyse aus und muß daher von ihnen getrennt werden. Hierfür stehen aber einwandfreie und gut anwendbare Methoden zur Verfügung. Die am meisten angewandte Bestimmung ist wohl die Fällung der Phosphorsäure nach WOY[4], in Verbindung mit der Methode von B. SCHMITZ[5] als Magnesiumpyrophosphat, welches Verfahren immer angewandt werden kann und wohl die sichersten Resultate gibt, da weder Leicht- noch Schwermetalle irgend welche Hindernisse bieten. Allerdings muß dabei genau nach der von WOY angegebenen Vorschrift gearbeitet werden. WOY versetzt die salpeter- oder schwefelsaure Lösung, die nicht mehr als 0,1 g P_2O_5 enthalten darf, mit Ammonnitrat und Salpetersäure, erhitzt gerade bis zum Sieden und fällt mit einer ebenso erhitzten Lösung vom Ammonmolybdat, worauf sofort ein kanariengelber Niederschlag von Ammonphosphormolybdat ausfällt, welcher nach HUNDESHAGEN[6] stets auf ein Mol P_2O_5 24 Mol MoO_3 enthält. Er ist ständig mit anderen Metallen verunreinigt und muß deshalb umgefällt werden. Das kann durch Lösen in Ammoniak und Wiederausfällen durch Ansäuern, oder durch

[1] PALKIN, S.: J. Ind. Engin. Chem. **9**, 951 (1917).

[2] ATACK, F. A.: J. Soc. chem. Ind. **34**, 936 (1915); Chem. Zbl. **1916 I**, 176; Z. anal. Chem. **58**, 363 (1919).

[3] RIESER, A.: Innere Komplexsalze der seltenen Erden. Dissert., Zürich 1921. — Vgl. P. PFEIFFER: Ann. **398**, 138.

[4] WOY, R.: Chemiker-Ztg. **21**, 442, 469 (1897).

[5] SCHMITZ, B.: Z. anal. Chem. **45**, 512 (1906). — JÄRVINEN, K. K.: Ebenda **44**, 333 (1905). — JÖRGENSEN, G.: Ebenda **45**, 278 (1906).

[6] HUNDESHAGEN, FR.: Z. anal. Chem. **28**, 164 (1889).

Lösen in Ammoniak und Fällen als Magnesiumammoniumphosphat nach SCHMITZ geschehen. Nach A. WERNER ist der gelbe Niederschlag das Salz einer Heteropolysäure[1]. Der Genannte formuliert den Fällungsvorgang folgendermaßen:

$$Na_2HPO_4 + 2\,HNO_3 = H_3PO_4 + 2\,NaNO_3$$
$$H_3PO_4 + 2\,H_2O = H_7PO_6$$
$$12((NH_4)_2MoO_4 + 2\,HNO_3 = H_2MoO_4 + 2\,NH_4NO_3)$$
$$6(2\,H_2MoO_4 = H_2Mo_2O_7 + H_2O)$$
$$H_7PO_6 + 6\,H_2Mo_2O_7 = H_7[P(Mo_2O_7)_6] + 6\,H_2O$$
$$H_7[P(Mo_2O_7)_6] + 3\,NH_4NO_3 = (NH_4)_3H_4[P(Mo_2O_7)_6] + 3\,HNO_3$$

$$Na_2HPO_4 + 23\,HNO_3 + 12\,(NH_4)_2MoO_4 = \mathbf{(NH_4)_3H_4[P(Mo_2O_7)_6]} + 2\,NaNO_3 + 10\,H_2O + 21\,NH_4NO_3.$$

Sieht der gelbe Niederschlag mehr weißlich aus, so ist etwas Molybdänsäure mit ausgefallen. Sie kann durch erneuten Zusatz von Salpetersäure leicht in Lösung gebracht werden. Wenn der nach Vorschrift gefällte Niederschlag wieder mit NH_3 in Lösung gebracht worden ist, so wird mit HCl gerade bis zur Gelbfärbung angesäuert und alsdann Magnesiamischung im Überschuß hinzu gegeben ($MgCl_2$ und NH_4Cl). Darauf wird aufgekocht und das Ganze unter tropfenweiser Zugabe von verdünntem Ammoniak und Umrühren[2] zunächst alkalisch gemacht und dann in großem Überschuß Ammoniak hinzu gefügt. Früher wurde diese Fällung in der Kälte vorgenommen, jedoch H. NEUBAUER und GOOCH haben die Unzweckmäßigkeit dieses Vorgehens nachgewiesen[3]. Die weitere Behandlung des Niederschlages erfolgt wie bei der Magnesia angegeben. Anstatt aber den Niederschlag umzufällen und ihn als Magnesiumammoniumphosphat zu bestimmen, kann man ihn auch nach wiederholter Fällung als Ammonphosphormolybdat weiter verarbeiten. EGGERTZ[4] und FINKENER[5] erhitzen den gelben Niederschlag längere Zeit auf 160—180° und bestimmen aus dem Gewichte des trockenen Niederschlages den Gehalt an P_2O_5 durch Multiplikation mit 0,0378, welches Verfahren aber nach neuen Untersuchungen zu niedrige Werte gibt. HUNDESHAGEN[6] korrigierte den Faktor auf 0,03753, der richtige Werte liefert. Die Erhitzung schließt aber die Gefahr in sich, daß sich der Niederschlag zu leicht verändert und grünlich bis blau durch reduziertes Molybdän wird. Dies geschieht namentlich dann, wenn die Temperatur zu hoch steigt. Gerade wegen der Unsicherheit in der Zusammensetzung des Niederschlages glaubt man jedenfalls den anderen Weg vorziehen zu müssen, der über das Magnesiumammoniumphosphat geht, auch wenn er etwas länger dauert. Zwar gibt es noch andere Fällungsmethoden, von welchen nur die Methode mit Uranylacetat erwähnt sein möge; sie weisen aber keine Vorteile gegenüber obiger Methode auf. Die Molybdänmethode besitzt wie kein anderes Verfahren eine äußerste Vielseitigkeit in der Anwendbarkeit. Einzig bei Gegenwart von Kieselsäure versagt sie, insofern als diese den nämlichen gelben Niederschlag wie die Phosphorsäure bewirkt. Da sich Kieselsäure aber stets in den zu untersuchenden Bodensubstanzen findet, so muß diese immer vorher mit Salzsäure entfernt werden. Ferner gebraucht eine solche Doppelfällung der Phosphorsäure viel Zeit und Gas, so daß man viele Versuche aus-

[1] WERNER, A.: Neuere Untersuchungen auf dem Gebiet der Chemie, S. 144—147. Braunschweig 1913.

[2] NEUBAUER, H.: Z. anorg. Chem. 10, 60. — MEINEKE, C.: Chemiker-Ztg. **20**, 108.

[3] GOOCH, F. A.: Z. anorg. Chem. **20**, 135. — NEUBAUER, HUGO: Z. angew. Chem. **1896**, 439.

[4] EGGERTZ, V.: Jber. J. LIEBIG u. H. KOPP **1860**, 620.

[5] FINKENER, R.: B. B. **11**, 1640; Z. anal. Chem. **21**, 566 (1882).

[6] HUNDESHAGEN, FR.: Z. anal. Chem. **32**, 144.

geführt hat, um ein abgekürztes Verfahren aufzufinden. Das beste derartige Verfahren ist wohl die Fällungsmethode nach LORENZ[1]. Dieser fällt die Phosphorsäure nicht mit gewöhnlichem Ammonmolybdat, sondern unter bestimmten Versuchsbedingungen mit Sulfatmolybdänlösung, d. h. mit Ammonmolybdat, das sowohl Schwefelsäure vom spez. Gew. 1,84, als auch Salpetersäure vom spez. Gew. 1,2 enthält. Der in ziemlich konzentrierter Lösung erzeugte Niederschlag von Phosphorammonmolybdat wird nicht umgefällt, sondern in einen Gooch-Tiegel, und zwar am besten nach NEUBAUER[2] in einen Platin-Gooch-Tiegel, hineingebracht und anfangs mit Chlorammonlösung, dann mit Alkohol ausgewaschen. Zum Schluß wird noch einige Male mit Aether nachgewaschen und der Niederschlag in einem Vakuum-Exsikkator getrocknet. NEUBAUER empfiehlt anstatt Alkohol und Aether das billigere Aceton zu verwenden, das ebenso gute Resultate liefert. Ferner hat man durch Kombination der gravimetrischen mit maßanalytischen Methoden versucht, weitere Kürzungen zu erreichen. So wird der Niederschlag von Phosphorammonmolybdat mit titrierter Lauge gelöst und der Überschuß der Lauge wieder zurücktitriert. NYSSEN wendet titrierte Kalilauge an[3]. Er fügt der mit Salpetersäure angesäuerten Lösung Ammonzitrat nach PETERMANN hinzu, um eine schöne körnige Ausscheidung zu erreichen. Die Ausfällung mit Ammonmolybdat erfolgt in der Kälte durch starkes andauerndes Schütteln. Der Niederschlag wird anfangs mit Salpetersäure dann aber mit gesättigter Phosphorammonmolybdatlösung ausgewaschen, da wegen der nachfolgenden Titration mit Lauge keine sauern Waschmittel angewandt werden können und weil reines Wasser einen zu stark lösenden Einfluß ausübt. Der Niederschlag wird alsdann in überschüssiger, titrierter Kalilauge gelöst und der Überschuß mit titrierter Schwefelsäure unter Anwendung von Phenolphthalein als Indikator zurücktitriert. Diese Methode bietet eine genügend große Sicherheit und kann sehr gut angewandt werden. Ferner hat man versucht, wenigstens das Glühen des Magnesiumammoniumphosphats zu umgehen, da sich dieses ganz gut in titrierter Salzsäure auflösen läßt[4]. Ein anderes Verfahren, nämlich die Fällung der Phosphorsäure mit einem Titanosalz und nachherige Bestimmung des Überschusses an Titanosalz durch Oxydation mit Permanganatlösung, bietet keine weiteren Vorteile[5]. Andere Methoden, die wohl in der reinen Chemie anwendbar sind, versagen aber in der Bodenanalyse und sollen daher nicht erwähnt werden. Anstatt die Phosphorsäure im Gang der Analyse zu bestimmen, kann man diese auch allein durch einen entsprechenden Bodenaufschluß für sich ermitteln. Der Boden wird zu diesem Zwecke entweder mit Salpetersäure oder mit Schwefelsäure im Aufschlußkolben nach KJELDAHL so lange erhitzt, bis eine weiße Lösung resultiert. Diese wird auf ein bestimmtes Volumen aufgefüllt und die Bestimmung der Phosphorsäure wie oben in einem aliquoten Teil vorgenommen[6].

Das Mangan. Nach der Bestimmung bzw. Trennung der Sesquioxyde von den übrigen Bestandteilen wird das Mangan im Filtrat ermittelt. Das nach der doppelten Fällung der Sesquioxyde erhaltene Filtrat, welches das ganze Mangan, sowie das Kalzium und Magnesium enthält, wird etwas eingeengt. Oft scheiden sich aus der acetathaltigen Lösung noch Flocken von Aluminium oder Eisenhydroxyd ab. Diese müssen gesammelt und mit den

---

[1] LORENZ, N. VON: Landw. Versuchsstat. **55**, 183 (1901).
[2] NEUBAUER, H. u. F. LÜCKER: Z. anal. Chem. **51**, 161 (1912).
[3] NYSSEN, P.: An. Soc. agr. **2**, 91 (1901). — SUCHENKO: Russ. J. Landw. **12**, 477.
[4] TREADWELL, F. P.: Lehrbuch der analytischen Chemie, 11. Aufl., **2**, 627. 1923.
[5] TREADWELL, F. P.: Lehrbuch der analytischen Chemie, 11. Aufl., **2**, 628. 1923.
[6] KÖNIG, J.: Untersuchungen landwirtschaftlich und gewerblich wichtiger Stoffe **1**, 55. Berlin 1923.

Sesquioxyden vereinigt werden. Zu dem eingeengten Filtrat wird etwas Brom, oder mit ebenso gutem Erfolg statt dessen Wasserstoffsuperoxyd hinzugefügt und die Lösung schwach ammoniakalisch gemacht. Auf diese Weise wird das Mangan in die höhere Wertigkeitstufe überführt und fällt als Manganoxydhydrat in braunen Flocken aus. Die Fällung tritt nur dann ein, wenn die Lösung nicht zu viel Ammoniak enthält. Man stellt die Lösung am besten auf das Wasserbad, wodurch ein etwaiger Überschuß an Ammoniak verdampft wird. Nach einigen Stunden kann das Mangan abfiltriert werden. Durch Glühen wird das Mangan in Manganomanganit (Manganoxyduloxyd) Mn_3O_4 überführt. Nach Untersuchungen von BELA VON HORVÀTH[1] gibt diese Bestimmungsweise in Böden ganz annehmbare Resultate, obwohl zur Hauptsache infolge der ungünstigen Mengenverhältnisse sehr leicht Fehler eintreten können. Nach R. J. MEYER und K. RETGERS[2] müssen allerdings recht hohe Temperaturen beim Glühen angewandt werden, nämlich solche bis zu 1000°. GOOCH bestätigt dieses und schlägt das Glühen im elektrischen Ofen vor[3]. Anstatt der Wägung des Mangans als Manganomanganit kann man auch das Oxyd in Schwefelsäure lösen und dann als Manganosulfat bestimmen, was sehr gute Resultate liefert[4]. Handelt es sich aber um äußerste Genauigkeit, so muß die weit umständlichere, aber sehr genaue Sulfidbestimmung angewandt werden[5]. Die manganhaltige Lösung wird zu diesem Zweck in der Kälte mit viel Ammonchlorid und frischem Ammonsulfid versetzt und stark verdünnt. Nach 24 Stunden hat sich alles Mangan als fleischfarbiges Mangansulfid abgesetzt. Dieses wird abfiltriert und nach dem Waschen mit Ammonnitratlösung entweder durch Glühen als Mn_3O_4 bestimmt oder als im Wasserstoffstrom gereinigtes Sulfid gewogen. Handelt es sich um die Bestimmung von nur kleinen Manganmengen, so führt die kolorimetrische Ermittelung schnell und genau zum Ziel. M. MARSHALL[6], sowie H. E. WALTERS[7] benutzen zur Überführung des Mangans in Permangansäure das Ammonpersulfat, das ein starkes Oxydationsmittel ist. Bei Gegenwart von einem Katalysator oxydiert dieses glatt bis zur Permangansäure. Die Lösung muß frei von Chloriden und salpetersaueren Salzen sein. Eine evtl. Trübung durch Zugabe von Silbernitrat wird durch Erwärmen entfernt. Beim Erwärmen stellt sich allmählich der rotviolette Farbton ein, der sobald er sich nicht mehr vertieft, mit einer Vergleichslösung von bekanntem Gehalt verglichen wird. Der chemische Vorgang ist folgender:

$$2\,Mn(NO_3)_2 + 5\,(NH_4)_2S_2O_8 + 8\,H_2O = 5\,(NH_4)_2SO_4 + 5\,H_2SO_4 + 4\,HNO_3 + \mathbf{2\,HMnO_4}\,.$$

Nach BELA V. HORVÀTH kann diese Bestimmung auch in schwefelsaurer Lösung durchgeführt werden[8]. Falls die Lösung nach dem Oxydieren nicht rein violett erscheint, sondern einen bräunlichen Farbton aufweist, ist die Oxydation unvollständig, oder es hat sich etwas Braunstein abgeschieden und muß die Bestimmung nochmals wiederholt werden. Hat man das Mangan aus der Lösung ausgeschieden, so geht man an die Trennung des Kalziums und des Magnesiums.

Das Kalzium. Zu diesem Zwecke wird das Filtrat der Manganfällung etwas eingeengt, und falls das Mangan als Sulfid bestimmt und ausgeschieden worden ist, wird durch langsames schwaches Kochen die Flüssigkeit vom vor-

[1] HORVÀTH, BELA v.: Über die quantitative Bestimmung des Mangans im Boden. Z. anal. Chem. **53**, 581 (1914).
[2] MEYER, R. J. u. K. RETGERS: Z. anorg. Chem. **57**, 104.
[3] GOOCH, F. A.: Z. anorg. Chem. **17**, 268.
[4] VOLHARD, J.: Ann. Chem. u. Pharm. **198**, 328. — AUSTIN, M.: Z. anorg. Chem. **17**, 264 (1898).
[5] TREADWELL, F. P.: Lehrbuch **2**, 103. 1917.
[6] MARSHALL, M.: Chem. News **83**, 76. [7] WALTERS, H. E.: Chem. News **84**, 239.
[8] HORVÀTH, BELA v.: Über die quantitative Bestimmung des Mangans im Boden. Z. anal. Chem. **53**, 581 (1914).

handenen Schwefelwasserstoff befreit. Die Ausfällung des Kalziums geschieht am besten als Kalziumoxalat. Die neutrale oder schwach alkalische, am besten ammoniakalische Lösung wird zum Sieden erhitzt und mit einer ebenso heißen Lösung von Ammonoxalat tropfenweise versetzt, bis keine Fällung mehr eintritt. Die Fällung beruht auf der verschiedenen Löslichkeit des Kalzium- und des Magnesiumoxalates. Das Kalziumoxalat ist in heißem Wasser, das einen Überschuß an Ammonoxalat enthält, praktisch unlöslich, während das Magnesiumoxalat ziemlich leicht löslich ist. Nach RICHARDS[1] lösen 100 cm^3 Wasser von 95° 0,00145 g Kalziumoxalat, ammonoxalathaltiges Wasser aber fast nichts. Bei Gegenwart von viel Alkalien, besonders Natrium, und viel Magnesium ist die einfache Fällung selten quantitativ, da oft eine erhebliche Menge von Magnesium, auch wenn die Löslichkeitsgrenze noch lange nicht erreicht ist, vom Kalziumoxalat okkludiert wird. HILLEBRAND[2] löst deshalb den Kalziumoxalatniederschlag wieder in Salzsäure auf und fällt ihn nochmals mit Ammonoxalat und Ammoniak. Versäumt man es, diese Fällung heiß vorzunehmen, so geht der Niederschlag infolge seiner überaus feinen Struktur durch das Filter hindurch. Dies kann durch tropfenweises Zugeben der heißen Ammonoxalatlösung vermieden werden. Durch die ersten Tropfen werden Kristallisationskerne gebildet, an die sich dann die weiteren Moleküle beim Ausfallen anlagern, und auf diese Weise bilden sich gröbere Aggregate, die nicht mehr imstande sind, die Poren des Filters zu durchdringen. Diese Vorsicht erlaubt durch einmalige Fällung das Kalzium vom Magnesium zu trennen[3]. Der abfiltrierte Niederschlag muß mit ammonoxalathaltigem Wasser ausgewaschen werden. Alsdann kann er naß verascht und als CaO gewogen werden. Dabei sind allerdings gewisse Vorsichtsmaßregeln zu erfüllen, da der Ätzkalk bekanntlich sehr leicht wieder Kohlensäure aus der Luft anzieht. Am besten wägt man das CaO in einem Wägegläschen zur Fernhaltung der Kohlensäure. Anstatt den Niederschlag durch Glühen in CaO überzuführen, kann man ihn nach S. GOY[4] auch als getrocknetes Kalziumoxalat, und zwar auf 2 Moleküle Kristallwasser berechnet, abwägen. In diesem Falle filtriert man den Niederschlag durch einen Gooch-Tiegel und trocknet bei 105° 4—5 Stunden. Diese Methode gibt ebenfalls gut brauchbare Resultate. Will man sie aber umgehen, so kann man den Kalk auch als Sulfat bestimmen. Diese Methode eignet sich ganz gut zur Bestimmung der Kalziumsalze organischer Säuren, wie solches hier vorliegt und weshalb von anderer Seite vorgeschlagen wurde[5], die Kalkfällung überhaupt in essigsaurer oder zitronensaurer Lösung vorzunehmen. Das Kalziumsalz wird zu diesem Zwecke verascht und der Ätzkalk in verdünnter Schwefelsäure gelöst, die Lösung in einem Platintiegel eingedampft und die überschüssige Schwefelsäure durch schwaches Glühen verjagt. Ein starkes Glühen kann zu einer bedeutenden Fehlerquelle werden, da hierdurch eine erhebliche Menge des Sulfats verflüchtigt wird[6]. Auch schon durch Fällung kann man das Sulfat aus seiner Lösung abscheiden. Man versetzt diese zu diesem Zwecke mit Schwefelsäure und bringt das Sulfat durch hochprozentigen Alkohol zur Ausscheidung. Neben diesen vollwertigen gravimetrischen Bestimmungsmethoden des Kalziums gibt es auch eine titrimetrische Bestimmungsweise, die an Schnelligkeit und Genauigkeit nichts zu wünschen übrig läßt. Sie beruht darauf, daß sich die freie Oxalsäure sehr leicht durch Permangansäure zu Kohlendioxyd

[1] RICHARDS, T. W.: Z. anorg. Chem. **28**, 85.
[2] HILLEBRAND, W. F.: Die Analyse der Silikat- und Karbonatgesteine, S. 118. Leipzig 1910.
[3] RICHARDS, T. W.: Z. anorg. Chem. **28**, 71.
[4] GOY, S.: Chemiker-Ztg. **37**, 1337 (1913).
[5] PASSON, M.: Z. angew. Chem. **1898**, 776; **1899**, 1153; **1901**, 285.
[6] TREADWELL, F. P.: Lehrbuch der analytischen Chemie, 7. Aufl., S. 63. Leipzig u. Wien 1917.

oxydieren läßt. Der Niederschlag von Kalziumoxalat wird nun mit heißem Wasser gewaschen und in heißer verdünnter Schwefelsäure gelöst. Die dadurch frei gewordene Oxalsäure, die dem CaO äquivalent ist, wird mit titrierter Kaliumpermanganatlösung oxydiert, und zwar oxydieren 2 $KMnO_4$ entsprechend 5 O bzw. $5\,C_2O_4H_2 = 5\,CaO$. Ein violettroter Farbton zeigt das Ende der Reaktion an[1]. Diese Bestimmungsart ist von sehr großer Anwendbarkeit. Nur bei zu großen CaO-Mengen wird sie etwas zweifelhaft. Überhaupt muß man in verschiedenen Fällen den Niederschlag von Kalziumoxalat auch auf Baryum prüfen, da letzteres in sehr vielen Bodenbestandteilen enthalten sein kann. Durch doppelte Fällung des Kalziums wird aber der Niederschlag mit ziemlicher Sicherheit frei von Baryum sein, da das Baryumoxalat bedeutend leichter als Kalzium[2] in Ammonoxalat löslich ist. Zur Prüfung löst man den CaO-Rückstand in Salpetersäure auf und zieht das Kalziumnitrat mit Aetheralkohol aus, während etwa vorhandenes Baryumnitrat unlöslich ist. Ist Baryum anwesend, so muß es in einer besonderen Probe bestimmt werden. Zu diesem Zwecke schließt man eine geringe Menge Substanz mit Schwefelsäure und Flußsäure auf, löst den Rückstand und filtriert von ungelöstem Baryumsulfat ab. Zur Reinigung wird dasselbe mit heißer Schwefelsäure behandelt und alsdann mit Wasser verdünnt. Das Baryumsulfat fällt vollkommen rein aus[3].

Das Magnesium. Das Filtrat der Kalziumfällung enthält nur noch die gesamte Magnesia. Sie wird als Magnesiumammoniumphosphat ausgefällt, resp. als Magnesiumpyrophosphat bestimmt. Um die Fällung ausführen zu können, muß die Lösung eine bedeutende Menge von Ammonsalzen, und zwar Chlorammon enthalten, damit bei Zugabe von Ammoniak die Ausfällung des Magnesiums als Hydroxyd verhindert wird, worauf schon bei der Bestimmung des Kalziums Rücksicht genommen werden kann. Man gibt darum am besten schon vor der Kalziumfällung genügend Chlorammon hinzu. Ferner muß die Lösung salzsauer sein, d. h. das Magnesium muß als Chlorid vorliegen. Durch Zugabe eines Alkaliphosphates bildet sich ein Magnesiumphosphat, das durch Ammoniak als Magnesiumammoniumphosphat, $MgNH_4PO_4$, ausgefällt wird. Arbeitet man in der Kälte, so erhält man nach NEUBAUER[4] je nach den Versuchsbedingungen verschiedene Resultate. Ist die Lösung stark ammoniakalisch, aber arm an Ammonsalzen, so fallen die Resultate zu niedrig aus. Der Niederschlag erweist sich mit dreibasischem Magnesiumphosphat verunreinigt. In neutraler oder ganz schwach ammoniakalischer Lösung fallen dagegen die Resultate zu hoch aus, besonders, wenn zu viel Ammonsalze zugegen sind. In diesem Falle ist Monomagnesiumammoniumphosphat $Mg(NH_4)_4(PO_4)_2$ vorhanden, was bei mäßigem Glühen in Magnesiummetaphosphat übergeht, $Mg(PO_3)_2$. Durch anhaltendes Glühen kann man unter Umständen noch das gewünschte Magnesiumpyrophosphat bekommen, da die starke Hitze P_2O_5 abzuspalten vermag. NEUBAUER empfiehlt daher, die Fällung in schwach saurer Lösung mit einem Überschuß von Natriumphosphat vorzunehmen, dann Ammoniak hinzu zu fügen und stehen zu lassen. Nach K. K. JÄRVINEN[5] gibt aber NEUBAUERS Ausführung ebenfalls stets zu hohe Werte. Ganz anders verhält sich aber die Sachlage, wenn man nach einem Vorschlage von B. SCHMITZ[6] die Fällung des Magnesiumammoniumphosphates in der Hitze

[1] TREADWELL, F. P.: Ebenda S. 531. 1917.
[2] HILLEBRAND, W. F.: J. amer. chem. Soc. **16**, 83.
[3] TREADWELL, F. P.: Lehrbuch der analytischen Chemie **2**, 423. 1917.
[4] NEUBAUER, H.: Z. angew. Chem. **1896**, 439. — Vgl. auch F. A. GOOCH u. M. AUSTIN: Z. anorg. Chem. **20**, 121.
[5] JÄRVINEN, K. K.: Z. anal. Chem. **44**, 333 (1905).
[6] SCHMITZ, B.: Z. anal. Chem. **45**, 512 (1906). — Vgl. auch G. JÖRGENSEN: Ebenda **45**, 278, (1906).

vornimmt. Er versetzt die saure, ammonsalzhaltige Lösung mit einem Überschuß von Natriumphosphat, erhitzt bis zum Sieden und gibt tropfenweise verdünntes Ammoniak bis zur deutlichen Alkalinität hinzu, übersättigt das Ganze mit Ammoniak und läßt ca. 24 Stunden stehen. Nunmehr wird filtriert, der Niederschlag mit $2^1/_2$proz. Ammoniak ausgewaschen und Niederschlag und Filter, wenn möglich getrennt, verascht. Durch Glühen geht das Magnesiumammoniumphosphat in Pyrophosphat über:

$$2\,MgNH_4PO_4 = 2\,NH_3 + H_2O + Mg_2P_2O_7\,.$$

Diese Methode hat allen Prüfungen ausgezeichnet Stand gehalten. Wenn eine genügend große Menge von Ammonsalzen zugegen ist, so begünstigt dieselbe eine schön kristalline Abscheidung des Niederschlages. In der Bodenanalyse wird aber wohl niemals der Niederschlag sofort ausfallen. Meistens scheiden sich kleine Flocken aus, und erst nach längerer Zeit zeigen sich Kristalle an den Wänden des Gefäßes. Diese lassen sich nicht so gut rein weiß verglühen wie der flockig ausgefallene Niederschlag. Die Menge der Magnesia im Boden beträgt meistens nur wenige Prozente. Die Magnesiafällung kann in verschiedenen Variationen vorgenommen werden. So fällt z. B. W. GIBBS[1] aus der neutralen, nicht zu konzentrierten Lösung das Magnesium bei Siedehitze mit Natriumammoniumphosphat als Dimagnesiumphosphat, $MgHPO_4$ aus, welches jedoch durch Zugabe von Ammoniak bald in das gewöhnliche Magnesiumammoniumphosphat übergeht. Auch diese Methode liefert ganz gute Resultate. Um das unbequeme Glühen des Niederschlages zu umgehen, sind mehrere diesbezügliche Versuche unternommen worden. So wird u. a. das ausgefällte Magnesiumammoniumphosphat nicht in das Pyrophosphat überführt, sondern wieder in titrierter Salzsäure zu Magnesiumchlorid aufgelöst, und zwar entspricht 1 Mol. Magnesium 2 Mol. Salzsäure[2]. Der Niederschlag wird wie gewöhnlich mit Ammoniak ausgewaschen und nach der Entfernung des Ammoniaks mit Alkohol getrocknet. Hierauf wird er in Wasser aufgeschwemmt und mit Salzsäure titriert. Indikator ist Methylorange. Statt aber die Titration mit Salzsäure zu Ende zu führen, hat P. HIBBARD[3] vorgeschlagen, den Niederschlag in überschüssiger Salzsäure zu lösen und den Überschuß der Säure mit Lauge unter Anwendung von Methylrot als Indikator zurückzutitrieren, denn letzteres hat einen sehr scharfen Endpunktumschlag für Lauge.

Die Schwefelsäure. Zur Bestimmung der Schwefelsäure kann man verschiedene Wege einschlagen, je nachdem die Analysensubstanz eine Vorbehandlung erfahren hat. Ist der Aufschluß des Bodens mit Flußsäure und Salzsäure bewerkstelligt worden, so kann die Schwefelsäure in dem Filtrat der Magnesiafällung ausgeschieden werden, ohne daß ein neuer Aufschluß angesetzt werden muß. Das gleiche gilt auch für den Fall, daß mit Soda aufgeschlossen wurde und die Kieselsäure ohne Anwendung von Schwefelsäure gereinigt wurde. In allen anderen Fällen aber muß jeweils ein neuer Aufschluß angesetzt werden, sei es mit Flußsäure oder mit Soda. Meistens aber wird man dies umgehen können, da ja fast immer vor der Bauschanalyse ein Auszug mit Salzsäure angesetzt wird, der dann mit Sicherheit alle Sulfate gelöst enthält, wie solches auch für die Phosphorsäure zutrifft. Eine Ausnahme bildet nur etwa vorkommendes Baryumsulfat oder die Gegenwart von unverwittertem Apatit. Jedenfalls muß aber die Lösung des Sulfats dementsprechend vorbereitet werden. Einmal löst sich das

---

[1] GIBBS, W.: Amer. J. Soc. 5, 114.

[2] BAUZIL, L.: J. Pharm. et Chim. 16, 321 (1917). — Vgl. F. W. BRUCKMILLER: J. amer. chem. Soc. 39, 610 (1917).

[3] HIBBARD, P.: J. Ind. and Engin. Chem. 11, 753 (1919).

Baryumsulfat viel leichter in starken Salzlösungen, als in schwach angesäuertem Wasser. Ferner hat das Baryumsulfat nicht nur die Eigenschaft, mitgerissenes Baryumchlorid zu okkludieren, sondern es schließt mit Vorliebe auch Metalle, namentlich Schwermetalle, ein[1]. Infolge des kleineren Molekulargewichtes der Schwermetallsulfate gegenüber Baryumsulfat wiegt dann der geglühte Niederschlag zu wenig. Man entfernt also am besten zuvor diese Metalle durch Fällung mit verdünntem Ammoniak bei ca. 70°, um die Bildung von basischen Salzen zu verhindern[2]. Die Erdalkalien dagegen schaden im allgemeinen weniger, obwohl auch durch sie bei zu großer Menge an Gips eine Störung der Fällung eintritt. Bei der Bodenanalyse handelt es sich wohl meistens darum, die Schwefelsäure in einer Lösung, die neben Alkalien und Erdalkalien auch eine größere Menge von Schwermetallen enthält, zu bestimmen. Am besten wird man hier zum Ziele kommen, wenn wenigstens die Schwermetalle herausgefällt werden. Die Lösung wird dann ziemlich verdünnt, um das Okkludieren herabzusetzen, und es wird sowohl die Untersuchungslösung als auch die Baryumchloridlösung zum Kochen erhitzt und beide in einem Gusse zusammengebracht. Auf diese Weise wird das in der Lösung zurückbleibende Sulfat von okkludierten Fremdkörpern befreit, so daß die Resultate dennoch zuverlässig werden[3]. Um ein allzu feines Ausfallen des Sulfats zu verhindern, wird der Lösung etwas konzentrierte Salzsäure zugesetzt. Nach längerem Stehen, am besten bis über Nacht, wird der Niederschlag abfiltriert, sauer ausgewaschen und verascht. Aus dem Gewicht des Baryumsulfates läßt sich der Gehalt an SO_3 leicht berechnen. Falls man nach der Schwefelsäurebestimmung die Alkalien noch in der nämlichen Lösung bestimmen will, muß man einen Überschuß des Baryumchlorids vermeiden. In der Bodenanalyse wird man am besten derart vorgehen, daß man zugleich mit der Bestimmung der Schwefelsäure, wenn sie in einem besonderen Aufschluß geschieht, auch die Bestimmung der Phosphorsäure verbindet, indem man auf obige Weise die Schwefelsäure zuerst ausfällt und in dem Filtrat derselben die Phosphorsäure nach dem Molybdänverfahren ermittelt. Durch das Aufschließen mit Soda und evtl. mit etwas Salpeter wird auch aller organischer Schwefel mitbestimmt[4], der in der Schmelze zu Sulfat oxydiert wird. Um eine rasche Sulfatbestimmung ausführen zu können, sind auch Methoden ausgearbeitet worden, die eine maßanalytische Bestimmung ermöglichen. F. RASCHIG[5] benutzt die Eigenschaft des Benzidins mit Schwefelsäure eine praktisch unlösliche Verbindung zu bilden, um auf diese Weise die Schwefelsäure zu fällen, er titriert alsdann den Überschuß des Benzidinchlorhydrats mit Lauge zurück. Das Benzidinchlorhydrat ist in Lösung vollständig hydrolytisch gespalten, und es läßt sich das Chlorhydrat, d. h. die Salzsäure, glatt mit Lauge umsetzen, so daß freies Benzidin vorliegt, das auf Phenolphthalein nicht reagiert. Das Sulfat wird also mit Benzidin-HCl im Überschuß versetzt, das Benzidinsulfat fällt aus, während ein dem Sulfat äquivalenter Teil HCl frei wird, der mit Lauge bestimmt wird. Eine andere Reaktion wird von ANDREWS[6] benutzt. Er fällt das Sulfat mit Baryumchromat in salzsaurer Lösung, wodurch ein äquivalenter Teil Chromsäure in Freiheit gesetzt wird, aus. Nach Ausfällung des überschüssigen Chromats

---

[1] JANNASCH, P. u. TH. W. RICHARDS: J. prakt. Chem. **39**, 321.

[2] PATTINSON, H. S.: J. Soc. chem. Ind. **24**, 7. — HINTZ, E. u. H. WEBER: Z. anal. Chem. **45**, 31.

[3] HINTZ, E. u. H. WEBER: Z. anal. Chem. **45**, 31 (1906).

[4] HILLEBRAND, W. F.: Bull. U. S. geol. Surv. **1900**, 73.

[5] RASCHIG, F.: Z. angew. Chem. **1903**, 617, 818. — Vgl. WOLF MÜLLER: B. B. **35**, 1587 (1902). — JOH. MÜLLER u. K. DÜRKES: Z. anal. Chem. **42**, 477 (1903).

[6] ANDREWS, L. W.: Amer. chem. J. **2**, 567. — Vgl. G. BRUHNS: Z. anal. Chem. **45**, 573 (1906). — Vgl. M. REUTER: Chemiker-Ztg. **1898**, 357.

mit Ammoniak wird die freie Chromsäure jodometrisch bestimmt. Die Chromsäure gibt Sauerstoff ab, und dieser setzt aus einer sauren Lösung von Kaliumjodid die entsprechende Menge Jod in Freiheit, das wiederum durch Thiosulfat ermittelt wird, so daß also die bestimmte Jodmenge der durch das Sulfat freigemachten Chromsäure und schließlich auch dem Sulfat selbst entspricht. Beide Methoden sind bis jetzt nicht in der Bodenanalyse angewandt worden, ließen sich aber vielleicht ganz gut verwerten, zumal letztere nur bei kleinen Sulfatmengen anwendbar ist.

Die Alkalien. Da sich die Alkalien nur schlecht im allgemeinen Analysengang mit bestimmen lassen, so muß man zu ihrer Bestimmung einen besonderen Aufschluß zu Hilfe nehmen. Dafür gibt es zwei vorteilhafte Möglichkeiten. Die eine bietet die alte, gewöhnliche Aufschlußmethode mit Flußsäure nach BERZELIUS, wie sie schon anfangs besprochen worden ist. Der nach dem Abrauchen mit Flußsäure erhaltene Rückstand wird in Lösung gebracht und die Alkalien zugleich mit den anderen als Sulfate vorhandenen Metallen durch Baryumchlorid in Chloride verwandelt. Ohne jedoch den Niederschlag abzufiltrieren, wird die Lösung mit Ammoniak und Ammonkarbonat im Überschuß versetzt, wodurch alle Metalle mit Ausnahme des Magnesiums ausgefällt werden. Dieses wird nach dem Eindampfen nach Aufnahme des Rückstandes mit Wasser und Salzsäure, mit Baryumhydroxyd ausgefällt und letzteres wieder wie anfangs entfernt. Nach Wiederholung der ganzen Operation wird die Summe der reinen Alkalichloride, welche dann getrennt werden können, erhalten. Diese Methode gibt gute Resultate, aber sie besitzt den Nachteil, daß das Magnesium besonders ausgefällt werden muß. Ferner lassen sich einige Silikate nicht auf diese Weise aufschließen, sondern müssen mit Fluorammonium geschmolzen werden[1]. Aus diesen Gründen wird heute wohl allgemein die Methode nach L. SMITH angewandt[2]. SMITH geht so vor, daß er die feingepulverte Substanz mit 1 Teil Ammonchlorid und 8 Teilen Kalziumkarbonat zusammen glüht. Dabei gehen alle Alkalien in Chloride und die anderen Metalle in Oxyde über, ebenso auch das Magnesium. Die Kieselsäure verbindet sich mit dem Kalzium zu Kalziumsilikat.

$$2\,KAlSi_3O_8 + 6\,CaCO_3 + 2\,NH_4Cl = 6\,CaSiO_3 + 6\,CO_2 + Al_2O_3 + 2\,KCl + 2\,NH_3 + H_2O\,.$$

Beim Auslaugen der zusammengesinterten Masse gehen die Alkalien gemeinsam mit etwas $CaCl_2$ in Lösung, welch' letzteres mit Ammoniak und Ammonkarbonat wieder entfernt wird. Sind die Alkalien rein, so werden sie als Chloride gewogen und hierauf getrennt. Dies kann entweder nach der Platinmethode oder nach der Perchloratmethode, die beide einwandfreie Resultate liefern, geschehen. Heute wird meistens nur noch die Perchloratmethode angewandt, da sie der anderen an Genauigkeit ebenbürtig und außerdem bedeutend billiger ist. Sie beruht auf der Unlöslichkeit des Kaliumperchlorats in absolutem Alkohol im Gegensatz zum Natriumperchlorat. Sie stammt von SCHLÖSING und WENSE[3]. Nach diesen behandelt man die trockenen Chloride mit Wasser und Perchlorsäure, hergestellt nach KREIDER[4], dampft ein und versetzt die gebildeten Perchlorate mit Alkohol. HAGER und KERN sättigen den Alkohol mit 20proz. Perchlorsäure, um ein Wiederlösen zu verhindern[5]. Am besten erweist es sich aber, den Alkohol nicht mit Perchlorsäure, sondern mit Kaliumperchlorat zu sättigen. Das durch

[1] HINDEN, F.: Z. anal. Chem. 45, 332 (1906).

[2] SMITH, LAWRENCE: Amer. J. chem. Soc. 1, 269; Ann. Chem. u. Pharm. 159, 82. — Vgl. E. MÄKINEN: Z. anorg. Chem. 74, 74.

[3] SCHLÖSING, TH.: Z. anal. Chem. 11, 193, (1872). — WENSE, W.: Z. angew. Chem. 1891, 691; 1892, 233; Z. anal. Chem. 36, 707 (1897).

[4] KREIDER, A.: Z. anorg. Chem. 9, 342.

[5] HAGER, G. u. J. KERN: Landw. Versuchsstat. 87, 365 (1915).

einen Neubauer-Gooch-Tiegel filtrierte Kaliumperchlorat wird bei ca. 120° getrocknet und gewogen. Das Natrium berechnet man aus der Differenz. Anstatt Alkohol zum Auflösen zu verwenden, hat G. Smith[1] vorgeschlagen, die Perchlorate mit gleichen Volumina von normalem Butylalkohol und Aethylacetat bis nahe dem Siedepunkt zu erhitzen und nach dem Erkalten das Kaliumperchlorat abzufiltrieren und zu trocknen. Bei Wiederholung der Operation ist die Trennung eine vollständige. Muß noch eine Trennung des Natriums vom Lithium geschehen, so wird das Natrium aus dem Filtrat der Perchloratfällung mit Salzsäuregas ausgefällt und nach dem Trocknen gewogen oder maßanalytisch bestimmt. Das Lithium kann alsdann als Sulfat bestimmt werden. Nur in Einzelfällen, wo es sich um höchste Genauigkeit oder um eine Schiedsanalyse handelt, wird die Platinmethode angewandt. Auch sie greift auf die Unlöslichkeit des Kaliumplatinchlorids in einer Lösung von hochprozentigem Aethylalkohol zurück, während hierin das Natriumplatinchlorid ziemlich leicht löslich ist. Die Gesamtheit der Alkalichloride, sei sie gewonnen nach der Methode von Berzelius oder von Smith, wird in wenig Wasser gelöst und mit einem kleinen Überschuß einer Lösung von Platinchlorwasserstoffsäure versetzt und langsam bei nicht zu hoher Wasserbadtemperatur beinahe vollständig eingedampft[2]. Die Masse wird dann mit absolutem Alkohol aufgenommen und durch einen Gooch-Tiegel abfiltriert. Zur Auflösung kann sehr gut Methylalkohol genommen werden[3]. Aus dem Gewicht des bei ca. 160° getrockneten Niederschlages, der als K_2PtCl_6 angenommen wird, kann die Menge an Chlorid errechnet werden. Jedoch haben sich dabei Differenzen infolge des Atomgewichtes des Platins ergeben, denn wählt man das neue Atomgewicht von 195,2, so bekommt man stets zu hohe Werte, während nach unzähligen Versuchen fest steht, daß die alte Atomgewichtszahl 196,92, obschon sicher falsch, dennoch richtige Werte gibt. Nach Fresenius[4] kommt nämlich dem obigen Niederschlag nicht ganz die ermittelte Formel zu, sondern er enthält bei vorschriftsmäßigem Arbeiten noch Sauerstoff und Wasserstoff im Molekül, und zwar stets in gleicher Menge. Anstatt den Niederschlag als Kaliumplatinchlorid zu wägen, kann man auch die darin enthaltenen Mengen an Platin zur Bestimmung bringen. Neubauer[5] hat eine solche Methode, die ursprünglich von Finkener[6] stammt, soweit verbessert, daß sie sich als vorteilhaft anwendbar erweist. Er fällt das Kalium bei Gegenwart von Alkohol als Kaliumplatinchlorid und glüht den Niederschlag, wodurch er ein Gemisch von Chlorid und metallischem Platin erhält. Die Salze löst er auf und wägt das im Wasserstoffstrom geglühte Platin. Der Vorteil dieser Methode besteht besonders darin, daß auch Sulfate zugegen sein können, sogar Gips stört den Verlauf nicht. Dagegen muß verhütet werden, daß das Platin in kolloider Form durch das Filter geht, wie dies besonders dann eintritt, wenn die schwerlöslichen Salze mit Salzsäure entfernt worden sind. Solches ist also zu vermeiden[7]. Auf eine noch einfachere Weise läßt sich die Bestimmung als Platin vornehmen, nämlich dann, wenn dieses nicht geglüht, sondern reduziert wird. Dies kann mit Formaldehyd geschehen, oder nach dem Vorgange von Horsch[8], der die Lösung heiß auf dem siedenden

---

[1] Smith, G.: J. amer. chem. Soc. **47**, 762, 774, 1020 (1925).

[2] Treadwell, F. P.: Lehrbuch der analytischen Chemie **2**, 38.

[3] Dupré, F. W.: Beitrag zur Bestimmung des Kaliums als Kaliumplatinchlorid. Inaug.-Dissert., Halle 1893.

[4] Fresenius, R.: Z. anal. Chem. **21**, 234 (1882). — Vgl. Untersuchungen über die Bestimmung des Kaliums als Kaliumplatinchlorid. — Ferner Dupré: a. a. O., Dissert., Halle 1893.

[5] Neubauer, H.: Z. anal. Chem. **39**, 485.

[6] Finkener, R.: Handbuch der Analyse von H. Rose, 6. Aufl., **2**, 923. Leipzig.

[7] Kling, M. u. O. Engels: Z. anal. Chem. **45**, 315.

[8] Horsch: C. r. **168**, 167 (1919).

Wasserbade mit wenig Aethylalkohol tropfenweise versetzt, wodurch sich das Platin als feines Platinschwarz niederschlägt. Es haftet an den Wänden der Platinschale und kann geglüht und gewogen werden. Dies ist besonders dann von Vorteil, wenn sich durch etwa vorhandene Nitrate aus der Platinschale Chlor bzw. Platinchlorid gebildet hat. Letzteres geht dann ebenfalls wieder in Platin über, wodurch der entstehende Fehler sogleich behoben wird. Genauer wird aber auf jeden Fall die Bestimmung und Wägung als Kaliumplatinchlorid an Stelle der Wägung des reduzierten Platins. Aber bei dieser Methode, wie auch bei der Perchloratmethode, muß unter allen Umständen die gleichzeitige Gegenwart von Ammoniak vermieden werden, sei es in der Lösung selbst oder auch nur in der Nähe, z. B. auf dem gleichen Wasserbade, da beide Reagenzien mit Ammoniak die gleichen unlöslichen Fällungen wie das Kalium geben. Der Wunsch nach Vereinfachung und Verkürzung der analytischen Methoden hat in neuerer Zeit auch zur Ausarbeitung brauchbarer maßanalytischer Verfahren geführt. Eine ganze Reihe von Forschern haben sich bemüht, die Reaktion des Kaliums mit Natriumkobaltinitrit zu diesem Zwecke heranzuziehen[1]. Das Doppelsalz Natriumkobaltinitrit, $Na_3[CO(NO_2)_6]$, fällt das Kalium aus seinen Lösungen quantitativ als $KNa_2[CO(NO_2)_6]$ aus, und es gelingt sehr gut, das vorhandene Nitrit mit Permanganat zu dem Nitrat zu oxydieren, während allerdings das dreiwertige Kobalt gleichzeitig zu dem zweiwertigen reduziert wird. Aus dem Verbrauch an Permanganat kann der Gehalt an Kalium errechnet werden. Nach Untersuchungen von POSDJUNIN[2] soll die Zusammensetzung allerdings etwas anders sein, nämlich $K_2Na[CO(NO_2)_6]$, was aber bei sonstiger, ständiger Konstanz des Salzes ohne Belang ist. Arbeitet man in essigsaurer Lösung, insbesondere bei Zugabe von NaCl, so ist dieses stets gewährleistet. Zwar dürfen außer den Alkalien keine anderen Metalle zugegen sein. Die Chloride werden vorsichtig auf dem Wasserbade nahezu bis zur Trockne unter öfterem Zugeben von Essigsäure in kleinem Überschuß eingedampft. Nach dem Erkalten wird das abgeschiedene Kaliumkobaltinitrit durch einen Gooch-Tiegel abfiltriert und mit Kochsalzlösung nachgewaschen und in ein Glas übergespült, in welchem es mit titrierter Permanganatlösung zum Zwecke der Oxydation versetzt wird. Der Verbrauch an Permanganat zeigt den Kaligehalt an. Eine weitere Methode zur Kalibestimmung hat FR. MARSHALL[3] vorgeschlagen. Sie beruht auf der Unlöslichkeit des Kaliumbitartrats in einer gesättigten Lösung von alkoholischer Weinsäure. Die Choride werden in möglichst wenig Wasser gelöst und mit einem Überschuß der gesättigten alkoholischen Weinsäure, welche mit Kaliumbitartrat gesättigt ist, versetzt. Unter öfterem Umrühren wird die Mischung stehen gelassen, und es scheidet sich das unlösliche Kaliumbitartrat als fein kristalliner Niederschlag aus und kann durch einen Gooch-Tiegel abfiltriert werden. Nach dem Trocknen bei ca. 80° wird es gewogen. Diese Methode gibt zwar sehr brauchbare Resultate, doch bietet sie gegenüber den anderen Methoden keine Zeitersparnis, weshalb sie wohl nur selten angewandt wird. Das Natrium wird, wie schon angedeutet, bei der Bodenanalyse nur aus der Differenz berechnet, so daß den Gehaltswerten nur beschränkte Sicherheit zukommt. Da aber das

---

[1] ADIE, R. H. u. T. B. WOOD: Proc. chem. Soc. **16**, 17; J. chem. Soc. London **77**, 1076. — Vgl. E. A. MITSCHERLICH u. H. FISCHER: Landw. Versuchsstat. **76**, 139 (1912); **85**, 139 (1914). — W. DRUSHEL: Z. anorg. Chem. **56**, 223 (1907); **59**, 97. — L. BOSWER: J. Ind. Engin. Chem. **1**, 791. — O. SHEDD: Ebenda **2**, 397. — J. v. D. HORN, v. D. BOS: Chem. Weekbl. **10**, 182. — P. MARTINI: Soc. chim. Ital. **1912**, 113 u. a. m.

[2] POSDJUNIN, E. W.: Zur Bestimmung des Kaliums mit Natriumkobaltinitrit. Mitt. landw. Inst. Saratow **1923**, 1.

[3] MARSHALL, FR.: Die Bestimmung des Kalis als Kaliumbitartrat. Chemiker-Ztg. **1914**, 585, 615.

Natrium in bezug auf die physikalischen und chemischen Eigenschaften des Bodens immerhin eine bedeutende Rolle spielt, so ist es wünschenswert, daß einer direkten Bestimmungsart des Natriums die volle Aufmerksamkeit geschenkt wird. H. PELLET[1] verarbeitet daher das Filtrat vom Kaliumplatinchloridniederschlag noch weiter, indem er zunächst den Alkohol durch Eindampfen auf dem Wasserbade vertreibt. Alsdann versetzt er die Flüssigkeit unter Umrühren mit Natriumformiat, wodurch sich das Platin als Metall ausscheidet und abfiltriert werden kann. Der vollkommen eingetrocknete Rückstand wird mit wenig Wasser und etwas Salzsäure aufgenommen und nach Vertreibung aller Ammonsalze eingedampft und als NaCl gewogen. Eine andere Methode stammt von D. U. HILL[2]. Aus der Lösung der Alkalichloride, die keine Ammonsalze mehr enthalten darf, wird das Kalium nach der Perchloratmethode ausgefällt, das Filtrat aber mit Salzsäuregas gesättigt und etwas eingeengt. Dadurch fällt das Natriumchlorid aus und kann für sich bestimmt werden. Handelt es sich auch um die Bestimmung etwa vorhandenen Lithiums, so wird am besten nach der Vorschrift von WINKLER[3] gearbeitet. Das Filtrat des Kaliniederschlages wird zur Trockne eingedampft und stark getrocknet. Der Rückstand wird mit Amyl- oder Isobutylalkohol aufgenommen, worin das wasserfreie Lithiumchlorid löslich ist. Dieses kann aus der Lösung durch Eindampfen mit Schwefelsäure als Sulfat bestimmt werden. Außer dieser gibt es noch mehrere auf gleichem Prinzip beruhende Methoden, so unter anderen diejenige von KALENBERG und KRAUSSKOPF[4], die mit Pyridin arbeiten, ferner diejenige von PALKIN[5], die verschiedene Verbesserungen vorschlugen. Sämtliche haben aber den Nachteil, daß die Trennung des Kaliums vom Natrium nicht vollständig quantitativ ist, weil stets eine wägbare Menge des Kaliums und Natriums in den besagten organischen Lösungsmitteln löslich ist, während hingegen Lithiumchlorid darin nur unvollständig löslich ist. Die Alkalien werden stets als Oxyde angegeben. Die Bestimmung des Kalis als Kaliumsulfat wird nur selten ausgeführt, da sie trotz guter Resultate ein schwieriges Arbeiten infolge der leichten Flüchtigkeit des Kaliumsulfats erfordert. Zwecks weiterer Vereinfachung haben C. C. MOORE[6], J. HASENBÄUMER[7] und H. NEUBAUER[8], wenn es sich nur um die Bestimmung eines einzelnen Alkalimetalles, z. B. Kali, handelt, abgekürzte Verfahren eingeführt. Sie beruhen meistens auf Fortschaffung der Schwermetalle durch Unlöslichmachung derselben als eine Folge des Glühens des Bodens. Diese Verfahren haben zwar bei Einzeluntersuchungen des Bodens Bedeutung, nicht aber für die Bauschanalyse. Gleicherweise ist die Bestimmung von einzelnen seltenen Metallen, die zwar in den meisten Böden als Begleiter des Aluminiums vorkommen, von untergeordneter Bedeutung. Bezüglich solcher sei auf die Spezialliteratur verwiesen[9].

Der Gesamtschwefel. In stark humushaltigen Böden ist oft mehr Schwefelsäure enthalten, als die Bestimmung der Schwefelsäure durch den Salzsäure-

---

[1] PELLET, H.: Ann. chim. anal. appl. **22**, 179 (1917).
[2] HILL, D. U.: Amer. J. Sci. **40**, 75 (1915).
[3] WINKLER, L. W.: Z. anal. Chem. **52**, 628 (1913).
[4] KAHLENBERG, L. u. F. C. KRAUSKOPF: J. amer. chem. Soc. **1908**, 1104.
[5] PALKIN, S.: J. amer. chem. Soc. **38**, 2326 (1916). — Vgl. L. R. MILFORD: Chem. News **106**, 217. — F. A. GOOCH: Z. anal. Chem. **26**, 354 (1887).
[6] MOORE, C. C.: Z. angew. Chem. **1898**, 559.
[7] HASENBÄUMER, J.: Chemiker-Ztg. **28**, 210 (1904).
[8] NEUBAUER, H.: Landw. Versuchsstat. **63**, 141 (1906.
[9] HILLEBRAND, W. F.: Amer. J. chem. Soc. **6**, 209 (1898). — Zirkon. Bull. U. S. geol. Surv., S. 73. — KNECHT, E. u. EVA HIBBERT: Neue Reduktionsmethoden in der Maßanalyse. Z. angew. Chem. **1913**, 734. — NEUMANN, B. u. R. K. MURPHY: Ebenda **1913**, 413. — ROBINSON, W. O.: Ref. Z. anal. Chem. **58**, 301 (1919).

auszug angibt, da hier der Schwefel in organischer Bindung vorliegt und der Bestimmung somit entgeht. Um ihn in diesen Fällen bestimmen zu können, muß die Substanz aufgeschlossen werden. Dies kann zugleich mit dem Sodaaufschluß der Bauschanalyse geschehen, wodurch der Schwefel in Schwefelsäure überführt wird. Doch versagt diese Methode bei Gegenwart von viel Schwefel in organischer Bindung, weil dann sehr leicht eine Reduktion anstatt der Oxydation eintreten kann. Hierbei entsteht ein Sulfid durch dessen Auflösung in Salzsäure ein Teil des Schwefels als Schwefelwasserstoff entweicht und damit der Bestimmung entgeht. Sicher führt die Methode von HILLEBRAND[1] zum Ziele. Dieser schmilzt die Substanz mit einem Gemisch von Soda und Kalisalpeter zusammen, letzterer oxydiert den Schwefel zu Schwefelsäure, die nach der früher beschriebenen Methode bestimmt wird. Ebenso gut ist auch die alte LIEBIGsche Methode, die statt der Soda Kaliumhydroxyd benutzt[2]. Auch die Oxydation auf nassem Wege gestattet, zum Ziele zu gelangen. Man erwärmt nach der alten CARIUSschen Vorschrift[3] die Bodenprobe in wäßriger Aufschlämmung mit reinem Brom im zugeschmolzenen Bombenrohr so lange unter Umschütteln, bis aller Schwefel oxydiert ist, oder man verfährt nach M. FLEISCHER, der den Boden in einer schwer schmelzbaren Röhre unter Luftzutritt glüht und das gebildete Schwefeldioxyd in eine Vorlage von Kalilauge, die zur Oxydation Brom enthält, treibt[4]. Eine sehr große Anwendbarkeit zum Zwecke der Schwefeloxydation kommt auch der zuerst von J. LEFORT[5] angegebenen Mischung von 3 Teilen Salpetersäure mit 1 Teil Salzsäure, evtl. unter Zusatz von etwas Kaliumchlorat, zu. Sie oxydiert gleichzeitig auch noch etwa vorhandenen Sulfidschwefel. Die Differenz zwischen diesem auf eine der soeben beschriebenen Arten als Sulfat bestimmten Schwefel und dem im Salzsäureauszug erhaltenen ergibt den organischen Schwefel.

Das Chlor. Das Chlorion ist meistens im Boden an Natrium gebunden, oder es ist durch die Düngung in Gestalt eines Alkalisalzes hinein gelangt. Als wasserlöslicher Körper wird das Cl im Wasserauszug bestimmt und mit den Zahlen der Bauschanalyse verrechnet. Aus nämlichem Grunde kann die Gesamtchlorbestimmung durch Aufschluß meistens unterbleiben. Zeigt die mineralogische Untersuchung aber Apatit, Sodalith und solche diese Bestandteile führende Aggregate im Boden an, so muß ein Aufschluß zur Chlorbestimmung durchgeführt werden. Zu diesem Zwecke wird eine Probe mit dem Karbonatgemisch aufgeschlossen, die Schmelze mit Wasser ausgezogen und mit Salpetersäure angesäuert und das Chlor als Silberchlorid gefällt[6]. Falls aber beim Ansäuern etwas Kieselsäure ausfällt, so wird diese mit Ammoniak weiter ausgefällt, abfiltriert und das Chlor nachher abgeschieden. Meistens aber wird der Aufschluß unterbleiben können. Alsdann wird nur ein wäßriger Auszug hergestellt und darin das Chlor, wie oben, mit Silbernitrat gefällt. Das ausgeschiedene Silberchlorid wird entweder, nachdem es im Dunkeln getrocknet worden ist, als solches gewogen, oder es kann durch Glühen im Wasserstoffstrom[7] zu Metall reduziert werden. Sehr schnell kann es auch titrimetrisch nach VOLHARD bestimmt werden. In diesem Fall wird die Chloridlösung mit einem Überschuß an bekannter $AgNO_3$-Lösung versetzt und dieser mit einer Rhodanlösung zurück-

[1] HILLEBRAND, W. F.: Bull. U. S. geol. Surv. **1900**, 73.
[2] TREADWELL, F. P.: Lehrbuch der analytischen Chemie **2**, 317. 1917.
[3] WAHNSCHAFFE, F.: Anleitung zur Bodenuntersuchung, S. 149. 1903.
[4] WAHNSCHAFFE, F.: Anleitung zur Bodenuntersuchung, S. 147. 1903.
[5] LEFORT, J.: Z. anal. Chem. **9**, 81 (1870). — Vgl. E. HINTZ u. H. WEBER: Ebenda **45**, 31 (1906). — G. LUNGE: Z. angew. Chem. **1905**, 149.
[6] HILLEBRAND, W. F.: Bull. U. S. geol. Surv. **1900**, 103.
[7] TREADWELL, F. P.: Lehrbuch der analytischen Chemie **2**, 270. 1917.

titriert. Als Indikator dient Eisenammoniumalaun[1]. Bei großer Chlormenge sind die Resultate gut, bei kleinen Mengen, wie solche im Boden meist nur vorkommen, unzuverlässig, weil das Silberchlorid merklich löslich ist[2], so daß es sich mit Rhodaneisen wieder zu Rhodansilber umsetzt. Dadurch verschwindet die den Endpunkt anzeigende rote Farbe, und es wird zu viel Rhodanlösung verbraucht. Drechsel filtriert deshalb das Silberchlorid ab. E. Alefeld aber zeigte, daß durch Zusatz von Aether das Silberchlorid rasch gerinnt und somit die störende Nebenreaktion unterbunden wird, so daß ein Abfiltrieren nicht nötig ist[3]. Fr. Mohr[4] verwendet dagegen als Indikator Kaliumchromat und titriert mit Silbernitrat zu Ende. Da der erste Tropfen überschüssigen Nitrats infolge der Bildung von Silberchromat eine Rotfärbung hervorruft, kann man den Endpunkt der Titration leicht erkennen. Bei sehr kleinen Chlormengen erhöht man nach Winkler[5] die Genauigkeit durch Zugabe einer größeren Indikatormenge (1 cm^3 10proz. Lösung des Chromats zu je 100 cm^3 Untersuchungslösung). Die Farbe kommt dann deutlich zum Vorschein. Bei allen Methoden ist es aber von Vorteil, wenn man die Schwermetalle entfernt. Auch ist es günstiger, etwa vorhandene Sulfate durch Baryumnitrat in Nitrate zu verwandeln. Beide Arten der Chlorbestimmung geben sehr genaue Resultate.

Mineralische Kohlensäure. Unter der mineralischen Kohlensäure versteht man diejenige Kohlensäure, die an Erdalkalien oder auch an Alkalien und andere Metalle gebunden ist. Ihre Bestimmung kann entweder gravimetrisch, gasvolumetrisch oder auch maßanalytisch geschehen. Gravimetrisch kann auf zweierlei Art vorgegangen werden. Erstens wird aus der gewogenen Substanz das Kohlendioxyd verdrängt und der CO_2-freie Rückstand zurückgewogen, oder zweitens das entwickelte Kohlendioxyd in geeigneten Apparaten aufgefangen und gewogen. Die Differenzmethode läßt ein Analysieren auf trockenem und auch nassem Wege zu. Auf trockenem Wege bestimmt man die Kohlensäure durch Wegglühen, was bei nicht mit Alkalikarbonaten vermischten Kalken möglich ist, denn diese wie Baryumkarbonat lassen sich durch Glühen niemals in Oxyde verwandeln. Für die Bodenanalyse fällt diese Methode jedoch wegen der soeben angeführten Mängel fort. Nach Bunsen[6] wird die Kohlensäure mit Säure ausgetrieben und der CO_2-freie Rückstand gewogen. Die Substanz wird mit der nötigen Säure, aber ohne diese zu berühren, samt der ganzen Apparatur gewogen, alsdann läßt man die Säure auf den Boden einwirken. Nach Beendigung der CO_2-Entwicklung wird abermals gewogen. Die entstandene Differenz zeigt die Kohlensäuremenge an. Diese Methode liefert gute Resultate, wenn es sich um die Bestimmung größerer Mengen von Kohlensäure handelt, sie ist aber bei kleinen und sehr kleinen Kohlensäuremengen, wie sie meistens nur in gewöhnlichen Böden vorkommen, ganz unzuverlässig. In diesem Falle wendet man meistens die direkte Methode der Bestimmung der Kohlensäure an, indem man nicht den Rückstand, sondern die ausgetriebene Kohlensäure wiegt. Auch hierbei versagt die oft angewandte, trockene Bestimmung durch Austreibung der Kohlensäure durch Glühen aus gleichen Gründen. Allein die Modifikation von Fresenius-Classen[7], nach der auf nassem Wege die Kohlensäure aus dem Boden

[1] Treadwell, F. P.: Lehrbuch der analytischen Chemie **2**, 611. 1917.
[2] Drechsel, E.: J. prak. Chem. **15**, 191 (1877); Z. anal. Chem. **16**, 351 (1877).
[3] Alefeld, E.: Z. anal. Chem. **48**, 79 (1909).
[4] Mohr, F., siehe Treadwell: Lehrbuch der analytischen Chemie **2**, 612.
[5] Winkler, L. W.: Z. anal. Chem. **40**, 596 (1901); **53**, 359 (1914).
[6] Treadwell, F. P.: Lehrbuch der analytischen Chemie **2**, 322. 1917.
[7] Fresenius, R.: Quantitative Analyse. — Vgl. G. Kolbe: Ann. Chem. **119**, 129. — Vgl. J. Volhard: Ann. Chem. **176**, 142. — F. P. Treadwell: Lehrbuch der analytischen Chemie **2**, 327.

ausgetrieben, aufgefangen und gewogen wird, gewährt einen genügenden Grad von Zuverlässigkeit. Eine entsprechend große Menge Boden wird in einen Zersetzungskolben eingewogen und nach Entfernung der im Boden und in der Apparatur vorhandenen Luftkohlensäure durch Absaugen langsam mit Säure versetzt. Die ausgetriebene Kohlensäure wird vermittels eines Aspirators durch Schwefelsäure und mit Kohlensäure gesättigtes Chlorkalzium hindurchgesaugt und getrocknet. Die Gewichtszunahme der Absorptionsapparate zeigt die im Boden vorhandene Kohlensäuremenge an. Die Absorptionsgefäße sind entweder mit Natronkalk gefüllt oder es werden auch GEISSLERsche[1] Kaliapparate zu diesem Zwecke verwandt. Durch einen mit Chlorkalzium gefüllten Trockenturm verhindert man den Eintritt von Luftkohlensäure in die gesamte Apparatur. Etwaiger im Boden vorhandener und durch Säure frei gemachter Schwefelwasserstoff wird durch Einschaltung einer Absorptionsröhre, die mit auf Bimstein niedergeschlagenem Kupfersulfat gefüllt ist, entfernt. Meistens nimmt man zur Zersetzung der Karbonate Salzsäure. Falls aber Braunstein oder sonst oxydierende Substanzen zugegen sind, muß von der Anwendung dieser Säure abgesehen werden, da dann freies Chlor gebildet würde, das ebenfalls von den Natronkalkröhren absorbiert wird, wodurch grobe Fehler entstehen können. Ferner oxydiert das entstehende Chlor die meistens im Boden vorhandenen Humusmengen zu Kohlensäure.

H. IMMENDORFF[2] vermeidet dies durch Zugabe von etwas Zinnchlorür, das durch Chlor zu Chlorid umgewandelt wird und damit das freie Chlor bindet. Sicherer aber ist die Zersetzung durch Schwefelsäure, da in diesem Falle eine Zerlegung der Säure ausgeschlossen ist und zudem der Verlauf langsamer und gleichmäßiger vor sich geht, was besonders bei Anwesenheit von großen Kohlensäuremengen vorteilhaft ist. Diese Methode ist sehr verbreitet, muß aber mit Vorsicht angewandt werden. Sie gibt, je konzentrierter die Säure ist und je länger die Flüssigkeit im Sieden gehalten wird, unbefriedigende Werte. Dadurch bewirkte Fehler fallen wohl bei großem Kohlensäuregehalt außer Betracht, spielen aber bei kleinen Mengen eine nicht zu verkennende Rolle, denn bei der Siedetemperatur geht eine langsame, geringe Zersetzung der organischen Substanz, die nicht zu vermeiden ist, vor sich, die mit der Dauer der Operation zunimmt. Um diesen Fehler zu beseitigen, ist vorgeschlagen worden, bei erniedrigtem Druck, nämlich bei ca. 5—10 mm, zu arbeiten[3], und man hat damit gute Erfahrungen gemacht. Unter Beobachtung aller Vorsichtsmaßnahmen gelingt es, diese Methode der CO_2-Bestimmung zu einer der genauesten Bestimmungen zu machen, und selbst bei geringen CO_2-Mengen im Boden läßt sie nichts zu wünschen übrig. Sie kann sowohl bei festen als auch bei flüssigen Körpern angewandt werden.

Der Gesamtstickstoff. Jeder Boden enthält eine gewisse Menge von Stickstoff, sei es als Mineralstickstoff in Form von Salzen oder als organischer Stickstoff in Gestalt von Humusbestandteilen, Eiweiß und Überresten von Lebewesen. Für die Bauschanalyse ist es gleichgültig, in welcher Form er vorliegt. Er wird in seiner Gesamtheit durch Überführung in Ammoniak oder als gasförmiger Stickstoff im Azotometer ermittelt. Zur Bestimmung des Stickstoffes als Ammoniak muß der Boden aufgeschlossen werden, d. h. aller Stickstoff muß in Ammoniak überführt werden. Dies geschieht in der Bodenanalyse durchweg nach der KJELDAHL-Methode und ihren Modifikationen[4]. Die organische Sub-

---

[1] GEISSLER, E.: J. prakt. Chem. **60**, 35.
[2] IMMENDORFF, H.: Z. angew. Chem. **1900**, 1177.
[3] AMOS, A.: J. agricult. Sci. **1**, 322. — Vgl. F. MARR: Ebenda **3**, 155. — E. GAITHER: J. Ind. Engin. Chem. **4**, 611; **5**, 138.
[4] KJELDAHL, J.: Z. anal. Chem. **22**, 366 (1883).

stanz wird durch Oxydationsmittel, wie konzentrierte Schwefelsäure, Kaliumpermanganat usw. vollständig zerstört, verbrannt, und der vorhandene Stickstoff quantitativ in Ammonium, resp. in Ammoniumsulfat umgewandelt, woraus das Ammoniak durch Destillation mit Lauge leicht ausgetrieben und bestimmt werden kann. Sind Nitrate zugegen, so nimmt man nicht Schwefelsäure allein, sondern ein Gemisch von Schwefelsäure und Phenol, Phenolschwefelsäure. WILFARTH[1] gibt auch P_2O_5 zu, während GUNNING und ATTERBERG[2] etwas Kaliumsulfat und als Sauerstoffüberträger metallisches Quecksilber hinzu setzen. Über freier Flamme langsam erhitzt, zersetzt sich die Substanz, während der Kolbeninhalt eine helle Farbe annimmt. Ist der Inhalt weiß geworden, so kann der Aufschluß als beendigt angesehen werden. Die Zugabe von Kaliumsulfat soll den Vorgang des Aufschließens beschleunigen. Die Behauptung KUTSCHERS und STEUDELS[3], daß die Verbrennung mit Schwefelsäure oder auch mit Permanganat bei gewissen Eiweißbasen zu niedrige Resultate gebe, wird von H. MALAFATTI[4] widerlegt. Aber auch FINGERLING und SÖRENSEN[5] kamen mit der einfachen KJELDAHL-Methode zum Ziele und wiesen nach, daß KUTSCHER und STEUDEL nur rein methodische Arbeitsfehler gemacht hatten, indem sie zu wenig Zeit für die Oxydation anwandten. Sind in dem Boden merkliche Mengen von Nitraten vorhanden, so muß etwas anders verfahren werden, um auch den Nitratstickstoff als Ammoniak bestimmen zu können. In diesem Falle wird der Aufschluß nach M. JODLBAUER[6] durch konzentrierte Schwefelsäure unter Zugabe von etwas Zinkstaub und einigen Tropfen Platinchlorid als Katalysator bewerkstelligt, was sehr gute Resultate gibt. Ist der Aufschluß fertig, so wird die Substanz in einen Destillationskolben überführt und das Ammoniak durch Erwärmung mit starker Natronlauge ausgetrieben und in einer Vorlage mit titrierter Schwefelsäure aufgefangen. Um das hineingelangte, unter Umständen schädliche Quecksilber zu entfernen, gibt man Natriumsulfid hinzu, welches das Quecksilber ausfällt. Nach O. BÖTTCHER[7] kann dies durch eine Zugabe von Zinkstaub, der in alkalischer Lösung unter Wasserstoffentwicklung ebenfalls das Quecksilber reduziert und damit ausfällt, umgangen werden. Ein starkes Schäumen wird durch Beigabe von etwas Paraffin verhindert. Geht bei der Destillation nur noch Wasserdampf über, so unterbricht man die Destillation. Nachdem die Flüssigkeit erkaltet ist, wird die überschüssige Schwefelsäure mit Natronlauge zurücktitriert unter Anwendung von Methylorange als Indikator. Zwar läßt sich Methylorange wohl anwenden, wenn man nicht mit Lauge zu Ende titriert, sondern einen absichtlichen Überschuß der Lauge wieder mit Säure beseitigt. Beendet man aber die Titration mit Lauge, so nimmt man als Indikator am besten Methylrot, das, wie kein anderer, einen überaus genauen Umschlagspunkt in Reingelb für Lauge hat[8]. Dieser ist ebenfalls nur wenig empfindlich für Kohlensäure und kann deshalb mit Vorteil angewandt werden. Für die Ammoniakdestillation sind sehr viele verschiedene Apparaturen vorgeschrieben worden, diejenige von MITSCHERLICH ist namentlich für geringe Stickstoff-

[1] WILFARTH, H.: Chemiker-Ztg. **9**, 502 (1885). — Vgl. J. KÖNIG: Untersuchungen landwirtschaftlich und technisch wichtiger Stoffe, 5. Aufl., **1**, 220. 1923.

[2] GUNNING u. A. ATTERBERG: Landw. Versuchsstat. **57**, 15 (1902); **58**, 141 (1903); **59**, 215 (1904).

[3] KUTSCHER, F. u. H. STEUDEL: Z. physiol. Chem. **39**, 12 (1903).

[4] MALFATTI, H.: Z. physiol. Chem. **39**, 467 (1903).

[5] FINGERLING, G. u. S. P. L. SÖRENSEN: Z. physiol. Chem. **40**, 329 (1903); **44**, 429 (1905).

[6] JODLBAUER, M.: Chem. Zbl. **17**, 433; vgl. Landw. Versuchsstat. **35**, 447 (1888); Z. anal. Chem. **26**, 92.

[7] BÖTTCHER, O., vgl. J. KÖNIG: a. a. O., S. 223.

[8] RUPP, E. u. R. LOOSE: Z. anal. Chem. **48**, 572 (1909.

mengen zu empfehlen[1]. Eine günstige Vereinfachung der Destillation bringt L. WINKLER[2], indem er anstatt titrierter Schwefelsäure Borsäure als Vorlageflüssigkeit wählt, welch' letztere ihrem Gehalte nach nicht bestimmt zu sein braucht. Da die Borsäure eine so geringe Wasserstoffionenkonzentration besitzt, daß sie nicht mit Methylorange reagiert, d. h. die Neutralfarbe nicht verändert, so kann das als Borammonium vorliegende Ammoniak direkt mit titrierter Säure bestimmt werden, da erst ein Überschuß der Mineralsäure den Umschlag bewirkt. Ferner kann das Ammoniak nach einem Vorschlage von POUGET[3] auch kolorimetrisch festgestellt werden. Dieser schließt den Boden nach KJELDAHL auf, filtriert und bestimmt das Ammoniak mit einer Vergleichslösung von NESSLERS Reagens. In der Bodenanalyse wird die modifizierte KJELDAHL-Methode fast allein angewandt. Die elementare Stickstoffbestimmung nach DUMAS im Verbrennungsrohr kommt nur selten in Frage.

Der Glühverlust. Unter Glühverlust versteht man bekanntlich die Summe aller jener Bestandteile, die sich bei der Glühhitze verflüchtigen. Zur Feststellung dieser Größe wird eine nicht zu klein bemessene Menge des fein gepulverten Bodens in einer Platinschale langsam erhitzt, bis die organische Substanz verbrannt ist. Alsdann steigert man die Temperatur und glüht stark, bis eine wiederholte Wägung Gewichtskonstanz zeigt. Durch diese Operation verflüchtigen sich: die Feuchtigkeit, das chemisch gebundene Wasser in den Hydroxyden, Kolloiden und Silikaten, desgleichen verbrennen die organischen Stoffe. Die Bestimmung ist einfach, sofern sich nur die genannten Bestandteile im Boden befinden. Bedeutend schwieriger gestaltet sich dieselbe, falls der Boden Mineralstoffe enthält, die sich bei der hohen Temperatur ebenfalls verflüchtigen, wie die Karbonate des Kalkes und der Magnesia. Diese Verbindungen werden beim Glühen sehr oft nur teilweise zersetzt und sind dann natürlich der Anlaß zu erheblichen Fehlern. Um trotzdem ein zuverlässigeres Resultat zu erreichen, lassen sich zwei Wege einschlagen; entweder man glüht so stark, daß die Karbonate wirklich vollständig zersetzt werden, oder man steigert die Temperatur nicht bis zur Zersetzungstemperatur der Karbonate, die ungefähr bei 600—700° liegt. Nach H. MEHRING[4] verglüht man bei gelinder Temperatur die organische Substanz, befeuchtet dann den Rückstand mit etwas Ammonkarbonat, um etwa gebildetes Oxyd wieder in das Karbonat zurückzubilden. Doch ist dieses Verfahren unzulässig, denn es läßt sich oft nicht alle verflüchtigte Karbonatkohlensäure wieder zurückgewinnen, und es halten ferner gewisse Böden eine bestimmte Menge Ammonkarbonat hartnäckig zurück. Im allgemeinen kommt man am besten zum Ziele, wenn man durch sehr starkes Glühen bei hoher Temperatur alle Kohlensäure austreibt und diese in einer gesonderten Probe für sich bestimmt und in Rechnung setzt. Eine weitere Schwierigkeit zeigt sich bei merkbaren Mengen von Alkalichloriden im Boden, da diese zwar ziemlich leicht flüchtig sind, jedoch ihre völlige Austreibung auf unüberwindliche Schwierigkeiten stößt. Man kann sie entweder durch starkes Glühen möglichst zu vertreiben oder durch vorsichtiges schwächeres Glühen zurückzubehalten suchen. Treibt man sie aus, so muß eine besondere Bestimmung für sich gemacht werden. Durch eine Temperatur unter 600° ist man aber sicher, daß sie sich nicht verflüchtigen werden. Eine gewisse Unsicherheit herrscht in beiden Fällen stets, und es muß daher dem Analytiker überlassen bleiben, welchen Weg er einzuschlagen für richtiger hält. Zieht man diese Werte sowie diejenigen der organi-

---

[1] MITSCHERLICH, E. A.: Landw. Jb. **38**, 280 (1909).
[2] WINKLER, L.: Z. angew. Chem. **26**, 231.
[3] POUGET, J.: Bull. Soc. Chim. France **1**, 1173 (1907).
[4] MEHRING, H.: J. Landw. **53**, 229 (1905).

schen Substanz vom Gesamtglühverlust ab, so erhält man mit einiger Sicherheit die Menge des vorhandenen chemisch gebundenen Wassers in Form der Hydroxyde. Um dieses aber direkt zu bestimmen, haben ALBERT und BOGS[1] das HOFFMANNsche Verfahren[2], nämlich die Destillation mit Xylol, vorgeschlagen. Doch führt dies nicht zum Ziele, da sich auf diese Weise nicht alles Wasser fortdestillieren läßt[3]. Ferner wird oft vorhandenes Eisensulfat durch starkes Glühen in Oxyd verwandelt. Die Bestimmung des Glühverlustes kann somit keinen Anspruch auf absolute Genauigkeit machen, sondern nur Anhaltspunkte zur Beurteilung des Bodens geben.

Das hygroskopische Wasser. Als hygroskopisches Wasser oder Feuchtigkeit wird jenes Wasser, das der Boden infolge seiner absorbierenden Kraft und der Luftfeuchtigkeit in sich zurück hält, verstanden. Es läßt sich dieses Wasser leicht bei einer Temperatur von ca. 105^0 im Trockenschrank verflüchtigen. Zur Bestimmung dieser Feuchtigkeit soll der Boden bis zum konstanten Gewicht getrocknet werden, oder bis man eine Zunahme an Gewicht feststellen kann, die von einer beginnenden Oxydation der organischen Substanz herrührt. Die Austrocknung des Bodens wird erheblich beschleunigt, wenn man nach H. PUCHNER einen Ventilationsstrom durch den Trockenschrank ziehen läßt[4]. Ist höchste Genauigkeit erforderlich, so muß das Trocknen über wasserentziehenden Mitteln, wie u. a. Phosphorpentoxyd, vorgenommen werden[5]. Hierfür eignet sich der MITSCHERLICHsche Apparat sehr gut. Leider hat diese an sich ausgezeichnete Trocknungsmethode allerdings den Nachteil, daß sie lange Zeit in Anspruch nimmt.

Die organische Substanz. In allen Böden kommt eine mehr oder weniger große Menge von organischen Stoffen vor, die kurz unter dem Namen Humus zusammengefaßt werden. Der Humus stellt aber ein außerordentlich kompliziertes Gemisch von organischen Verbindungen besonderen Zustandes dar, und es ist daher nur möglich, einen einzigen Bestandteil der Elementarzusammensetzung zu bestimmen, um daraus auf die ganze Masse zu schließen. Man stellt daher den Gehalt an Kohlenstoff als CO_2 fest, er beträgt ca. 58% der Gesamtmasse. Jedoch diese Annahme ist eine reichlich willkürliche, und es gibt eine Menge Ausnahmen, besonders bei Torfböden, wo eine Berechnung auf Grund obiger Annahme vollständig fehl schlägt. Anstatt den Gehalt an gefundener Kohlensäure auf Humus durch Multiplikation mit 0,471 umzurechnen, ist es schon zutreffender, den gefundenen Wert höchstens auf Kohlenstoff auszurechnen. Zur Bestimmung stehen uns zwei Wege offen, nämlich die Ermittelung des Kohlenstoffes durch Elementaranalyse im Verbrennungsrohr[6] oder die Bestimmung der Kohlensäure durch Oxydation auf nassem Wege. Obwohl die erstere Art die genauere ist, so wird sie doch nur selten wegen der experimentellen Schwierigkeiten in der Probeentnahme und Probemenge angewandt. GUSTAVSON[7] hat diese Methode speziell für die Bodenanalyse ausgearbeitet. Falls in den Böden noch mineralische Kohlensäure vorhanden ist, so wird diese entweder zuerst durch Phosphorsäure ausgetrieben oder später durch spezielle Bestimmung ermittelt[8]. Nach

[1] ALBERT, R. u. O. BOGS: Internat. Mitt. Bodenkde. **4**, 181 (1914).
[2] HOFFMANN, J. F.: Wschr. f. Brauerei **12** (1904). — Vgl. C. TH. THÖRNER: Z. angew. Chem. **21**. 148 (1908). — C. G. SCHWALBE: Ebenda **21**, 400 (1908).
[3] KÖNIG, J.: Untersuchungen landwirtschaftlich und gewerblich wichtiger Stoffe **1**, 49.
[4] PUCHNER, H.: Landw. Versuchsstat. **55**, 309 (1901).
[5] RODEWALD, H.: Theorie der Hygroskopizität. Landw. Jb. **1912**, 389—691.
[6] TREADWELL, F. P.: Lehrbuch der analytischen Chemie **2**, 352.
[7] GUSTAVSON, G: Vereinfachung in der organischen Analyse bei der Bestimmung des Kohlenstoffs im Boden. Mitt. land- u. forstw. Petri-Akad. **9**, 65 (1886).
[8] LOGES, G.: Landw. Versuchsstat. **28**, 229 (1883).

P. EHRENBERG[1] gibt bei stark tonigen Böden nur die Verbrennung im Rohr richtige Werte. Die Verbrennung auf nassem Wege nach KNOP[2] läßt sich ebenfalls gut anwenden. Die organische Substanz wird bei Gegenwart von Schwefelsäure in der Hitze durch Chromsäure oxydiert und die entstehende Kohlensäure absorbiert und gewogen. Diese Methode wird meistens mit der Bestimmung der Karbonatkohlensäure vereinigt, indem zuerst die mineralische CO_2 durch Säure ausgetrieben und alsdann Chromsäure zur Oxydation zugesetzt wird. Nach Untersuchungen von BREAZEALE[3] erhält man gute Resultate, besonders bei Gegenwart eines Katalysators, wofür KÖNIG[4] $HgSO_4$ empfiehlt. Weitere Vorschläge sind von ISTSCHEREKOW[5] gemacht worden, der $KMnO_4$ als Oxydationsmittel anwendet. Doch hat diese Methode bloß den Wert, die Oxydierbarkeit des Humus festzustellen, aber nicht eine Bestimmung herbeizuführen, da die Werte nach L. HUTIN stets zu hoch ausfallen. GRÉGOIRE, HENDRIK, CARPIAUX und GERMAIN[6] empfehlen, die Substanz im Sauerstoffstrom zu glühen und das CO_2 in $Ba(OH)_2$ aufzufangen. Ferner benützen S. W. PARR[7], PETTIT und SCHAUB Natriumperoxyd bei Gegenwart von Magnesiumpulver zur Oxydation. Jedoch ist diese Methode wegen der mit der leichten Wasserstoffbildung verbundenen Ungenauigkeiten nicht zu empfehlen.

Die Salpetersäure. Soll die Salpetersäure im Boden bestimmt werden, so geschieht dies im Wasserauszug oder auch direkt durch Reduktion der Bodenprobe nach vorausgegangener Austreibung des Ammoniaks. Für die Reduktion zu Ammoniak stehen verschiedene Wege zur Verfügung. Weit verbreitet ist die Reduktion in alkalischer Lösung mit DEVARDAscher Legierung, ein Verfahren, das sehr gute Resultate liefert und deshalb von verschiedenen Forschern weiter ausgebaut wurde[8]. Im Gegensatz dazu benützt K. ULSCH[9] Eisenspäne in saurer Lösung, ein Verfahren, das dem anderen ebenbürtig ist. Nachdem die Lösung längere Zeit in Ruhe gestanden hat, kann der Stickstoff in eine Vorlage mit bestimmter Säure als Ammoniak hinüberdestilliert werden. Nach O. BÖTTGER[10] geht die Reduktion in alkalischer Lösung besser vor sich, wenn man einige Kubikzentimeter Alkohol hinzu gibt. Diese beiden Verfahren sind wohl für die Bodenanalyse die besten und lassen sich stets anwenden. Zu erwähnen wäre vielleicht noch dasjenige von TH. ARNDT[11], der in neutraler Lösung mit einer Legierung von Cu und Mg reduziert. Weitere Methoden sind wohl vorhanden, aber eignen sich mehr oder weniger schlecht. Nur sei noch eine gravimetrische Nitratbestimmung ohne Reduktion erwähnt, nämlich die Fällung des Nitrats mit Nitron, einem komplizierten organischen Körper nach M. BUSCH[12]. Diese Methode eignet sich jedoch mehr zur Bestimmung der Nitrate in Wasserauszügen. Durch die angeführten Reduktionsmethoden werden aber nicht nur die Nitrate reduziert, sondern auch Nitrite. Immerhin lassen sich Nitrate und Nitrite trennen nach den Verfahren von TH. PFEIFFER und W. SIMMERMACHER, wenn auch nur auf indirektem Wege[13].

---

1 EHRENBERG, P.: Z. anal. Chem. **52**, 408 (1913). 2 KÖNIG, J.: a. a. O., S. 50.

3 BREAZEALE, J. F.: J. amer. chem. Soc. **26**, 29 (1904); Chem. Zbl. **1904 I**, 642.

4 KÖNIG, J.: a. a. O., S. 50. 5 ISTSCHEREKOW, W.: J. exper. Landw. **5**, 55 (1904); **2**, 559.

6 GRÉGOIRE, A., J. HENDRICK, E. CARPIAUX u. E. GERMAIN: Ann. chim. anal. appl. **18**, 1 (1913).

7 PARR, S. W.: J. amer. chem. Soc. **26**, 294 (1904). — Vgl. J. H. PETTIT u. J. O. SCHAUB: Ebenda **26**, 1640 (1904); I, 466 (1905).

8 ALLEN, R.: Zbl. **1915 II**, 362. — POTTER: Ebenda **1915 II**, 1262.

9 ULSCH, K.: Chem. Zbl. **1890 II**, 926; Z. anal. Chem. **1891**, 175.

10 BÖTTCHER, O.: Landw. Versuchsstat. **41**, 165 (1892).

11 ARND, TH.: Z. angew. Chem. **1917**, 169; **1920**, 269.

12 BUSCH, M.: Z. Unters. Nahrgsmitt. usw. **9**, 464 (1905).

13 PFEIFFER, TH. u. W. SIMMERMACHER: Z. anal. Chem. **42**, 612 (1903); Landw. Versuchsstat. **93**, 65 (1919).

Das Ammoniak. Will man die verschiedenen Arten des Stickstoffs im Boden kennen lernen, so beginnt man mit dem Austreiben des Ammoniaks. Zu diesem Zwecke versetzt man die Bodenaufschlämmung mit MgO und destilliert das freigemachte Ammoniak in eine mit titrierter Säure gefüllte Vorlage und bestimmt deren Überschuß durch Rücktitration mit Lauge. Dies ist das am meisten angewandte Verfahren von BOUSSINGAULT[1]. Nach Untersuchungen von B. TARASSOFF[2] gibt diese Methode jedoch zu hohe Ergebnisse bei Humusböden und zu kleine bei Tonböden. Bei der Destillation mit MgO in der Hitze werden nämlich leicht organische Substanzen zersetzt und geben ihren Stickstoff ab. Dieser Übelstand wird durch das Verfahren von SCHLÖSING vermieden. SCHLÖSING[3] zieht den Boden mit 6proz. Salzsäure aus, und zwar nimmt er auf 100 g Boden 400 cm^3 Säure, schüttelt und filtriert ab. In einem aliquoten Teil der Lösung wird alsdann durch Destillation das Ammoniak mit MgO oder auch Kalkmilch bestimmt. Allein durch das Behandeln des Bodens mit Salzsäure, auch wenn man sie schwächer als 6proz. nimmt, wird etwas organische Substanz zerstört und Amide in Ammoniak verwandelt, wodurch die Resultate zu hoch ausfallen. PRJANISCHNIKOW[4] schlägt deshalb vor, den Boden nicht mit Säure auszuziehen, sondern mit 5proz. KCl-Lösung. Dadurch wird die Zersetzung der Aminosäuren usw. umgangen. Diese Methode ist demnach dem ursprünglichen Verfahren SCHLOESINGS vorzuziehen. Anstatt das Ammoniak titrimetrisch zu bestimmen, haben KNOP und Mitarbeiter[5] den Vorschlag gemacht, es volumetrisch als elementaren Stickstoff durch Austreiben mit NaBrO nach der Gleichung: $3\,NaBrO + 2\,NH_3 = 3\,NaBr + 3\,H_2O + 2\,N$ zu ermitteln. Die Anwendbarkeit dieser Methode für die Bodenanalyse muß allerdings noch geprüft werden. Die bereits erwähnte kolorimetrische Bestimmung des Ammoniaks mit NESSLERS Reagens wäre an und für sich recht gut, jedoch scheitert sie meistens an der lästigen Dunkelfärbung der Bodenauszüge.

---

[1] KÖNIG, J.: a. a. O., S. 81.
[2] TARASSOFF, B.: Russ. J. exper. Landw. **15**, 130 (1914).
[3] SCHLOESING, TH., siehe J. KÖNIG a. a. O., S. 225.
[4] PRJANISCHNIKOW, D. N., siehe J. KÖNIG a. a. O., S. 81.
[5] KNOP, W.: Z. anal. Chem. **5**, 40 (1866).

C. Die biologische Beschaffenheit des Bodens.

1. Niedere Pflanzen[1].

Von A. RIPPEL, Göttingen.

Mit 21 Abbildungen.

Systematische Übersicht.

Sehen wir zunächst von den auf S. 333 behandelten Algen ab, einer teils aus makroskopisch, teils aus erst mikroskopisch sichtbaren Formen bestehenden Pflanzengruppe, die relativ weit überwiegend selbständige Ernährung vermittels des Chlorophylls, oder auch teilweise eines verwandten Farbstoffes, zeigt, so verbleibt noch eine ganze Reihe verschiedener Gruppen von Mikroorganismen pflanzlicher Natur. Zusammen mit jenen und niederen tierischen Kleinlebewesen, aber an Bedeutung diese weit übertreffend, bilden sie das Reich der Mikroorganismen. Die Mikrobiologie des Bodens ist die Kenntnis dieser Formen und ihrer Tätigkeit. Das Reich der Mikroorganismen in Boden und Wasser stellt sich im Kreislauf der Stoffe in der Natur quantitativ gleichwertig neben die beiden Reiche der makroskopischen Pflanzen und Tiere. In ihren Wurzeln zusammenhängend und auch heute noch durch Übergänge in systematischem und in physiologischem Sinne verbunden stellen sie doch drei selbständig entwickelte Zweige der Biologie dar. Nichts kann die Bedeutung des Bodens im Rahmen des Naturgeschehens stärker beleuchten als diese Erkenntnis.

Die in Frage kommenden Gruppen von Mikroorganismen sind im folgenden in aller Kürze aufgezählt, wobei noch zu bemerken ist, daß die systematische Einteilung, namentlich, was die Bakterien betrifft, ganz außerordentlich umstritten erscheint, so daß fast jeder Autor sein eigenes System besitzt, was bei allen Benennungen zu beachten ist[2]. Insbesondere sei noch darauf aufmerksam gemacht,

[1] Absolute Vollständigkeit der Literatur konnte und sollte nicht erreicht werden. Es sei insbesondere auf folgende Zusammenfassungen mit eingehenden Literaturangaben verwiesen: F. LAFAR: Handbuch der technischen Mykologie, 2. Aufl., insbesondere Bd. 3. Jena: G. Fischer 1904—07. — F. LÖHNIS: Handbuch der landwirtschaftlichen Bakteriologie. Berlin: Bornträger 1910. — A. KOSSOWICZ: Einführnng in die Agrikulturmykologie. 1. Teil: Bodenbakteriologie. Berlin: Bornträger 1912. — F. CZAPEK: Biochemie der Pflanzen, 2. Aufl. Jena: G. Fischer 1913—21. — S. A. WAKSMAN: Principles of Soil Microbiologie. London: Baillière, Tindall & Cox 1927. — Der gegenwärtige Stand der Bodenmikrobiologie usw. Fortschr. naturwiss. Forschg., hrsg. von ABDERHALDEN, H. 10. Berlin u. Wien: Urban & Schwarzenberg 1930.

[2] Bakteriensysteme sind u. a. in folgenden Büchern gegeben: W. BENECKE: Bau und Leben der Bakterien. Leipzig u. Berlin: B. G. Teubner 1912. — D. H. BERGEY: A manual of determinative bacteriology. Baltimore: Williams & Wilkins Co. 1923. — R. E. BUCHANAN: General systematic bacteriology. Baltimore: Williams & Wilkins Co. 1925. — A. FISCHER: Vorlesungen über Bakterien. Jena: G. Fischer 1903. — A. JANKE: Allgemeine technische Mikrobiologie I. Dresden u. Leipzig: Th. Steinkopff 1924. — F. LAFAR: Handbuch der technischen Mykologie, 2. Aufl. Jena: G. Fischer 1904—07. — K. B. LEHMANN u. R. O. NEUMANN: Bakteriologie, 7. Aufl. München: J. F. Lehmann 1927. — A. MEYER: Die Zelle der Bakterien. Jena: G. Fischer 1912. — H. MIEHE: Bakterien. Handwörterbuch der Naturwissenschaften 1, 777. Jena: G. Fischer 1912. — W. MIGULA: System der Bakterien. Jena: G. Fischer 1897 (Bd. 1), 1900 (Bd. 2). — Hierzu ferner noch u. a.: O. RAHN:

daß die folgende Einteilung der Bakterien, die im wesentlichen nach MIEHE vorgenommen ist, nach rein morphologischen Gesichtspunkten gegeben ist, also physiologische Gesichtspunkte dabei nicht berücksichtigt sind, da sie hierzu gänzlich ungeeignet sein dürften, wenigstens soweit Einteilung zu größeren Gruppen in Frage kommt[1].

I. Eubacterien[2], Bakterien im engeren Sinne (Spaltpilze, Schizomyceten). Es sind stets einzellige z. T. an der Grenze der mikroskopischen Sichtbarkeit stehende, durch Querteilung sich vermehrende Organismen, die allerdings zu kürzeren oder längeren stets unverzweigten Fäden vereinigt bleiben können, welche in diesem Falle jedoch sehr leicht auseinanderfallen, im Gegensatz zu den fest verbundenen Fäden der Pilze. Oder sie sind auch zu lockeren, durch Schleim zusammen gehaltenen Kolonien vereinigt wie namentlich bei den Kokken. Die Zelle ist von einer Zellwand, diese von einer Schleimschicht umschlossen (Abb. 27). Endosporen, im Innern der Zelle gebildete Dauersporen (Abb. 16), die, mit derber Membran umgeben, gegen äußere Einflüsse wie Hitze, Austrocknung, Desinfektionsmittel besonders widerstandsfähig sind, sind teils vorhanden, teils fehlen sie. Dabei bleibt die Sporenmutterzelle unverändert oder schwillt kahn- oder spindelförmig (Clostridium-Form) oder endlich trommelschlägelförmig (Plectridium-Form) an (Abb. 26, 31). Ebenso sind Geißeln als Bewegungsorgane teils vorhanden, teils fehlen sie. Sie sind entweder in Mehrzahl allseitig (peritrich) oder in Einzahl (monotrich) an einem (monopolar) oder je 1 an je 1 Pol (bipolar) angeordnet; endlich stehen sie bei anderen in Mehrzahl zu einem monopolaren oder bipolaren Geißelbüschel zusammen (lophotrich). Bei den Knöllchenbakterien endlich sind mehrere polare Geißeln getrennt inseriert (S. 286 und Abb. 23).

Bei der Familie der Coccaceen, die ohne oder mit Geißeln versehen sind und fast nie Endosporen führen, sind die Zellen kugelig. Bei der Gattung

---

Statistische Studien über die Systeme der Bakterien. Cbl. Bakter. II **46**, 4 (1916). — Versuch einer natürlichen Gruppierung der Bakterien. Ebenda **50**, 273 (1920). — H. RORDORF: Die Geißelfärbung nach Casares-Gil und ihre Anwendung in der Untersuchung über den Wert der Begeißelung für die Erkennung und Systematik der Bakterien. Dissert., Lausanne 1921. — E. G. PRINGSHEIM: Zur Kritik der Bakteriensystematik. Lotos. **71**, 357 (1923). — R. S. BREED: The present status of systematic bacteriology. J. Bacter. **15**, 143 (1928). — A. JANKE: Natürliches Bakteriensystem und biochemische Mikrobenleistungen. Österr. bot. Z. **78**, 97 (1927). — O. RAHN: Contributions to the classification of bacteria. Cbl. Bakter. II **78**, 1 (1929); **79**, 321 (1929); **79**, 338 (1929). — A. JANKE u. H. LACROIX: Entwurf eines natürlichen Systems der Bakterien usw. Ebenda II **79**, 161 (1929). — Zur Bakteriensystematik. Ebenda II **80**, 481 (1930). — R. E. BUCHANAN: The present status of bacterial taxonomy and nomenclature. Proc. internat. Congr. Plant Sci. **1**, 195 (1929). — R. E. BUCHANAN, R. S. BREED u. L. F. RETTGER: A diagrammatic summary of various bacterial classification. J. Bacter. **16**, 387 (1928). — E. PRIBRAM: A contribution to the classification of microorganisms. Ebenda **18**, 361 (1929).

[1] MEYER, A.: Die Zelle der Bakterien. Jena: G. Fischer 1912. — RIPPEL, A.: Über einige Fragen der Oxydation des elementaren Schwefels. Cbl. Bakter. II **62**, 290 (1924). — JANKE, A.: Zur Systematik der Bakterien. Ebenda II **66**, 481 (1926).

[2] Außer in den S. 239 unter Anm. 2 genannten Büchern findet man zusammenfassende Darstellungen der Bakterienmorphologie in folgenden: T. BAUMGÄRTEL: Grundriß der theoretischen Bakteriologie. Berlin: Julius Springer 1924. — W. KRUSE: Allgemeine Mikrobiologie. Leipzig: F. C. W. Vogel 1910. — R. LIESKE: Kurzes Lehrbuch der allgemeinen Bakterienkunde. Berlin: Bornträger 1926. — F. LÖHNIS: Vorlesungen über landwirtschaftliche Bakteriologie, 2. Aufl. Berlin: Bornträger 1926. — A. RIPPEL: Vorlesungen über theoretische Mikrobiologie. Berlin: Julius Springer 1927. — G. DE ROSSI: Microbiologia agraria e tecnica. Torino 1927. — P. G. CHARPENTIER: Les microbes. Paris: Bieder 1927. — J. NOWAK: Documenta microbiologica. Mikrophotographischer Atlas der Bakterien, der Pilze und der Protozoen. I. Teil. Bakterien. Jena: G. Fischer 1928. — F. W. TANNER: Bacteriology. London: Chapman & Hall Lim. 1928. — J. E. GREAVES: Elementary Bacteriology. Philadelphia: W. B. Saunders 1930.

Streptococcus bleiben sie infolge Teilung nach nur einer Richtung des Raumes zu perlschnurartigen Ketten vereinigt, bei Micrococcus erfolgt Teilung nach zwei Richtungen des Raumes zu unregelmäßigen oder regelmäßigen tafelförmigen Gebilden. Bei Sarcina erfolgt Teilung nach drei Richtungen des Raumes zu paketförmigen Gebilden.

Bei der Familie der Bakteriaceen ist die Einzelzelle ein Stäbchen, körperlich gesprochen von der Form einer kürzeren oder längeren Wurst, die manchmal

Abb. 15[1]. Zellformen der Bakterien. (Nach BENECKE.) Vergrößerung 750.

zu kürzeren oder längeren zerbrechlichen Fäden zusammen bleiben. Endosporen sind vorhanden oder fehlen. Die Gattung Bacterium[2] besitzt keine Geißeln, Bacillus[2] ist peritrich, Pseudomonas polar begeißelt.

Bei der Familie der Spirillaceen, mit polarer, oft lophotricher Begeißelung, ohne Endosporen, sind die Einzelzellen korkzieherartig gewunden; bei der Gattung Vibrio findet sich nur $^1/_2$, bei Spirillum ein bis viele Schraubenumgänge.

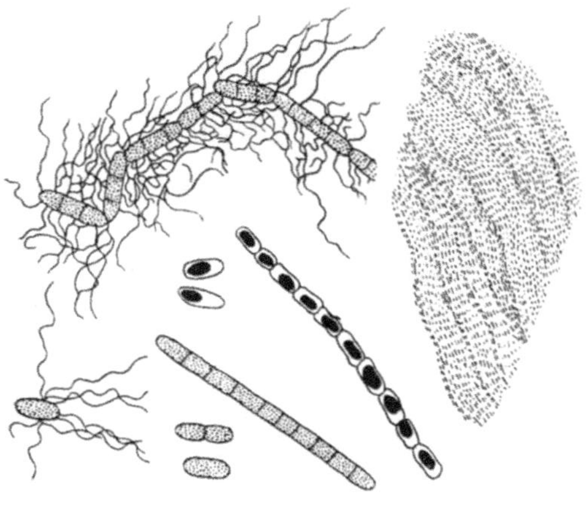

Abb. 16[3]. Entwicklungsformen eines beweglichen, Endosporen bildenden Bakteriums (Bacillus subtilis). (Nach BREFELD.) Vergrößerung 1500.

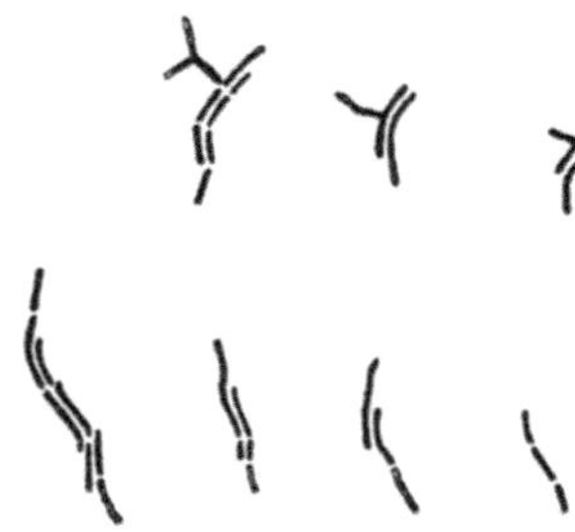

Abb. 17[4]. Mycobacterium tuberculosis. (Nach BENECKE.) Vergrößerung 750.

Abb. 15 zeigt die Bakterienformen, Abb. 16 die Entwicklung einer Form mit Endosporen.

Zu diesen Eubacterien gehört das große Heer der Boden- und Wasser-Bakterien.

II. Mycobacterien sind eine Gruppe von Mikroorganismen, deren Zusammenhang mit den übrigen noch nicht ganz geklärt ist, die aber mit den Actino-

[1] Aus W. BENECKE: Bau und Leben der Bakterien, Abb. 9, S. 31. Leipzig: B. G. Teubner 1912.

[2] Nach einem sonst weitverbreiteten Gebrauch bezeichnet Bacterium die sporenlosen, Bacillus die sporenführenden Formen.

[3] Aus W. BENECKE: a. a. O., Abb. 59, S. 183.

[4] Aus W. BENECKE: a. a. O., Abb. 61, S. 197.

myceten mancherlei Ähnlichkeiten aufweisen. Es sind unregelmäßige, oft „falsch" verzweigte Stäbchen (Abb. 17). Die Gattung Mycobacterium[1] ist in Erde und Mist weitverbreitet[2].

III. Die Actinomyceten[3] sind eine noch wenig bekannte, aber in Erde weitverbreitete, wohl mit den Mycobacterien verwandte Gruppe. Sie haben sehr dünne (nur 1 μ dicke) verzweigte Zellfäden (Abb. 18), die oft sehr leicht zu bakterienähnlichen Bruchstücken zerbrechen. Eigenartig ist das 4-Hyphenstadium. An der Luft werden am Ende bischofstabförmig umgekrümmter Hyphen Luftsporen gebildet (Abb. 19). Die meisten sind, oft lebhaft, gefärbt. Ihre langsam wachsenden Kolonien unterscheiden sich falls Sporen gebildet sind durch das kreidige Aussehen und die feste Konsistenz von den schleimigen Bakterienkolonien. Eine Sonderstellung nimmt der cellulosezersetzende Mycococcus ein (S. 318).

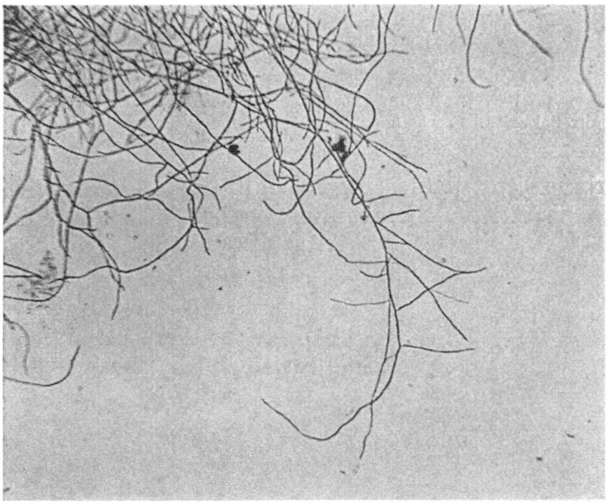

Abb. 18. Mycel eines Actinomyceten. (Original-Phot. R. MEYER.) Vergrößerung 300.

Abb. 19[4]. Luftsporenbildung bei Actinomyceten. (Nach LIESKE.) Vergroßerung 2000.

IV. Bei den Chlamydobacterien bleiben die Einzelzellen zu Fäden verbunden, die durch eine gemeinsame Scheide umhüllt werden. Sie sind unverzweigt oder haben „falsche Verzweigungen". Die Vermehrung erfolgt durch aus der Scheide ausgestoßene Zellen, die sich vorher teilen können und dann als Gonidien bezeichnet werden. Es gehören hierher gewisse Abwässerorganismen, Eisen-[5] (S. 331) und Schwefelbakterien[6] (S. 327), die aber z. T., wie Gallionella, von sehr unsicherer Stellung sind.

V. Die Beggiatoen[6] haben fest verbundene septierte Zellfäden von oft sehr ansehnlichem Durchmesser. Hierher gehören gewisse Schwefelbakterien (S. 330).

---

[1] VIERLING, K.: Morphologische und physiologische Untersuchungen über bodenbewohnende Mycobacterien. Dissert., Heidelberg 1921. — HAAG, F. E.: Die saprophytischen Mycobacterien. Cbl. Bakter. II 71, 1 (1927).

[2] Siehe unten S. 325.

[3] LIESKE, R.: Morphologie und Biologie der Strahlenpilze. Leipzig: Bornträger 1921. Vgl. weiter S. 258. — TEMPEL, E.: Untersuchungen über die Variabilität der Actinomyceten. Arch. f. Mikrobiol. 2, 40 (1931).

[4] Aus R. LIESKE: Morphologie und Biologie der Strahlenpilze, Abb. 44, S. 75. Leipzig: Gebr. Bornträger 1921.

[5] CHOLODNY, N.: Die Eisenbakterien. Jena: G. Fischer 1926. Ferner unten S. 331.

[6] BAVENDAMM, W.: Die farblosen und roten Schwefelbakterien des Süß- und Salzwassers. Jena: G. Fischer 1924. Ferner unten S. 327.

VI. Polyangiden oder Myxobacterien[1], Schleimbakterien, bilden auf Mist von Pflanzenfressern, faulem Holz usw. lebhaft meist orange gefärbte, oft gestielte Fruchtkörperchen, in denen in Cysten runde oder längliche Sporen gebildet werden, die zu Stäbchen auskeimen und als Schwarm weiterkriechen, bis sie wieder Fruchtkörper bilden.

VII. Die Myxomyceten[2], Schleimpilze, bilden ebenfalls lebhaft gefärbte Fruchtkörper von etwas komplizierterem Bau als bei voriger Gruppe, auf ähnlichem Substrat. Aus den Sporen keimt eine mit einer Geißel versehene Schwärmspore, die bald zur Amöbe wird; die Amöben verschmelzen zu einem Plasmodium, aus dem sich wieder die Fruchtkörper entwickeln.

Quantitativ spielt diese und die vorgenannte Gruppe in der Natur keine große Rolle.

VIII. Fungi[3], Pilze. Auf die ungeheuere morphologische Mannigfaltigkeit dieser auch im Boden sehr wichtigen Gruppe kann hier nicht eingegangen werden; es sei auf GÄUMANN verwiesen, und hier nur das Wesentlichste hervorgehoben, soweit gewisse Formengruppen zur Zeit in ihrer bodenkundlichen Bedeutung etwas näher bekannt sind. Außer diesen Formen ist eine sehr große Anzahl wohl im Boden weit verbreitet, aber im wesentlichen in passiver Form, im Dauerzustande, während sie aktiv tätig als Erreger von Pflanzenkrankheiten auftreten, in welcher Form sie ja allerdings ebenfalls in den Kreislauf der Stoffe eingreifen. Unter den vier großen Gruppen der Archimyceten, Phycomyceten, Ascomyceten, Basidiomyceten hat nach unseren heutigen Kenntnissen diejenige der Archimyceten wohl nur pflanzenpathologisches Interesse, ebenso unter den Phycomyceten die Untergruppen der Chytridiales, Parasiten von Algen, und der Oomyceten, Parasiten und auch Saprophyten auf Pflanzen und Tieren, während die zweite Untergruppe der Zygomyceten als Vertreter die zur Familie der Mucoraceen gehörigen wichtigen Bodenpilze der Gattungen Absidia, Cunninghamella, Mortierella, Mucor-, Pilobolus, Rhizopus, Thamnidium, Zygorhynchus usw. aufweist. Wie bei allen Phycomyceten ist das Myzel fast stets querwandlos; die vegetativen Sporen entstehen endogen in Sporangien; der Sexualvorgang besteht in der Kopulation zweier Hyphenäste und Bildung der Zygospore. Die Kopulation tritt nur zwischen verschiedenen Myzelien ein, die sich in dieser Hinsicht, nicht aber morphologisch, unterscheiden (+ und — Myzel). Die übrigen Familien der Phycomyceten sind im wesentlichen Insektenparasiten.

Unter den Ascomyceten, mit dem Ascus als Sexualform, findet man eine ungeheuere Anzahl von Parasiten und Saprophyten in allen Abstufungen. Wichtig ist vor allem die Familie der Saccharomycetaceen, bei denen jede Zelle einen

[1] JAHN, E.: Beitrag zur botanischen Protistologie. I. Die Polyangiden. Leipzig: Bornträger 1924. — KRZEMIENIEWSKA, H. u. S. KRZEMIENIEWSKI: Die Myxobacterien von Polen. Acta Soc. bot. Poloniae **4**, Nr. 1 (1926); **5**, Nr. 1 (1927). Polnisch mit deutscher Zusammenfassung. — Über die Verbreitung der Myxobacterien. Ebenda **5**, Nr. 1 (1927). — Zur Morphologie der Myxobacterienzelle. Ebenda **5**, Nr. 6 (1928). — EMOTO, Y.: Eine Liste der Literatur über die Myxobacterien. Bot. Mag. Tokyo **43**, 229 (1929). — BADIAN, J.: Zur Cytologie der Myxobacterien. Acta Soc. bot. Poloniae **7**, 55 (1930). Außerdem zahlreiche Einzelangaben über Myxobacterienfunde usw.

[2] LISTER, A.: A monograph of the Mycetozoa, 3. Aufl. London (British Museum) 1925. — EMOTO, Y.: A list of the literature on the Myxomycetes. Bot. Mag. Tokyo **43**, 173 (1929). — JAHN, E.: Myxomycetenstudien. 12. Das System der Myxomycetes. Ber. dtsch. bot. Ges. **46**, 8 (1928). — GILBERT, F. A.: Spore germination in the Myxomycetes. Amer. J. Bot. **16**, 421 (1929). — KRZEMIENIEWSKA, H.: Ein Beitrag zur Biologie der Schleimpilze. Acta Soc. bot. Poloniae **6**, 86 (1929). — SCHÜNEMANN, E.: Untersuchungen über die Sexualität der Myxomyceten. Planta **9**, 645 (1930). — Außerdem viele Fundangaben.

[3] GÄUMANN, E.: Vergleichende Morphologie der Pilze. Jena: G. Fischer 1926. Dort weitere Literatur.

Ascus bilden kann; sie umfaßt die zahlreichen Hefen, die man überall im Boden findet, wenn auch ihre aktive Tätigkeit hier sehr zurücktreten dürfte.

Unter den übrigen Ascomyceten, bei denen die Asken in Fruchtkörpern von verschiedenem Bau (Hauptfruchtform) zusammenstehen, ist von wesentlicher Bedeutung die Familie der Aspergillaceen[1] mit den Gattungen Aspergillus, Citromyces, Penicillium usw., die im Boden, vor allem im Waldboden, außerordentlich verbreitet sind und in ihrer vegetativen Form (Nebenfruchtform), wobei die meist lebhaft gefärbten Sporen, Konidien, offen an Konidienträgern ausgebildet werden (Abb. 20), die vornehmlichsten „Schimmelpilze" darstellen.

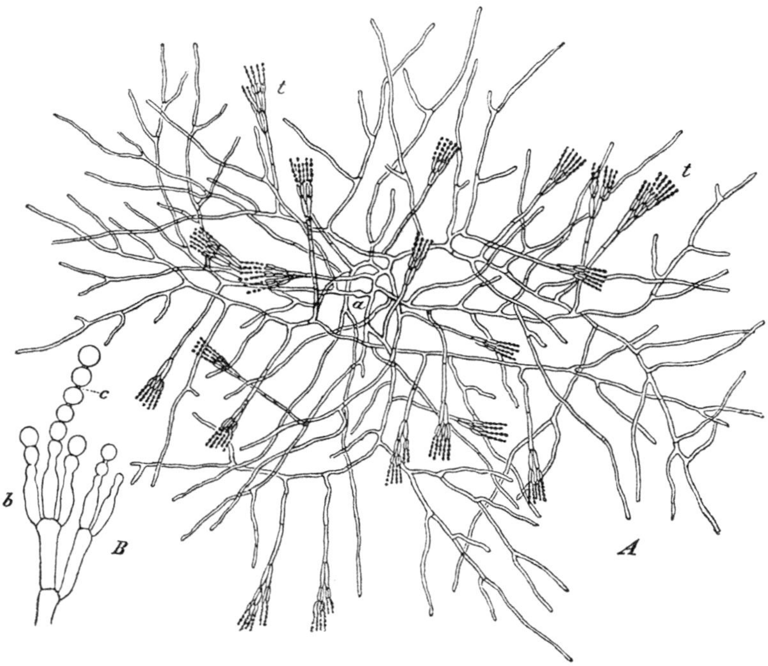

Abb. 20[2]. Typ eines Schimmelpilzes (Penicillium glaucum), Mycel und Konidienträger (dieser links vergrößert). (Nach BREFELD.) Vergrößerung 120 bzw. 730.

Von den Discomyceten, bei denen die Asken am Grunde eines scheibenförmigen Fruchtkörpers stehen, sind als Bodenbewohner durch die Größe der Fruchtkörper auffällig und durch ihr Zusammenleben mit den Wurzeln höhere Pflanzen[3] bemerkenswert die Familien der Elaphomycetaceen, Terfeziaceen (Trüffeln), Pezizaceen und Helvellaceen (Morcheln). Die kleineren Formen dieser Gruppe sind in erster Linie Pflanzenparasiten. Als Bodenbewohner wurde z. B. Pyronema festgestellt.

Das zuletzt Gesagte gilt auch für die große Gruppe der Pyrenomyceten; es sind echte Pflanzenparasiten und Saprophyten auf absterbenden und abgestorbenen Pflanzenteilen, die hin und wieder auch als Bodenbewohner wie Chaetomium, Sordaria festgestellt worden sind.

---

1 THOM, C. u. M. B. CHURCH: The Aspergilli. Baltimore: Williams & Wilkins 1926. — THOM, C.: The Penicillia. London: Baillière, Tindall & Cox 1930.

2 Aus R. KOLKWITZ: Pflanzenphysiologie, 2. Aufl., Abb. 102, S. 153. Jena: G. Fischer 1922.

3 Siehe Mycorrhiza S. 308.

Die vierte Klasse der Basidiomycetes, mit dem Basidium als Sexualform, umfaßt neben den ausgesprochen pathogenen Formen der Rost- und Brandpilze das große Heer der bekannten Holzbewohner des Waldes, Agaricus, Boletus, Fomes, Polyporus usw., in welchem sie eine äußerst wichtige Rolle bei den Stoffumsetzungen spielen[1].

Endlich bleibt noch eine große Anzahl von Pilzen übrig, von denen die Sexualfruchtform (Hauptfruchtform) nicht bekannt ist, sondern nur eine vegetative Sporenfruktifikation (Nebenfruchtform) in verschiedenster Ausgestaltung, und zwar offen als Konidien an Konidienträgern oder in Lagern oder geschlossenen Gehäusen (Pykniden). Die meisten werden zu den Ascomyceten gehören, jedoch sind sie vielleicht z. T. selbständig geworden, indem sie überhaupt keine Sexualorgane mehr ausbilden. Sie werden vorläufig als „Fungi imperfecti" geführt. Zu ihnen gehören, neben vielen auf lebendem und totem Pflanzenmaterial sich findenden Formen, viele verbreitete Bodenpilze z. B. aus folgenden Gattungen: Alternaria, Botrytis, Cephalosporium, Cladosporium, Dematium, Fusarium, Helminthosporium, Macrosporium, Oidium, Sporotrichum, Stemphylium, Torula, Trichoderma, Trichothecium, Verticillium usw.[2].

Allgemeine Vorbemerkungen über die Lebensbedingungen der Mikroorganismen im Boden.

Wie aus den nachfolgenden Ausführungen zur Genüge hervorgehen wird, bedingt eine genaue Analyse der Mikroorganismen des Bodens und ihrer Tätigkeit nicht eine, sondern eine ganze Anzahl verschiedener Methoden, die jeweils den besonderen Lebens- und Ernährungsbedingungen der betreffenden Formen entsprechen müssen. Einige zusammenfassende allgemeine Vorbemerkungen, die später an jeweiliger Stelle weiter ausgeführt sind, erscheinen daher notwendig, auch in Hinsicht auf später zu verwendende Begriffe, während im übrigen auf die S. 239 und S. 249 zitierte zusammenfassende Literatur verwiesen sei.

Der Boden ist als ein Substrat sui generis zu betrachten. Aus vielen Untersuchungen ging hervor, daß im Boden Stoffe oder Bedingungen vorhanden sind, welche in künstlicher Kultur vernachlässigt werden: Das Stickstoffbindungsvermögen von Azotobacter kann in Kultur degenerieren, durch Erdpassage regeneriert werden. Offenbar sind u. a. Humussubstanzen in dieser Richtung wirksam, deren fördernde Wirkung häufig festgestellt wurde, wie z. B. bei der Stickstoffbindung, Nitratbildung. Ebenso wurde häufig, wenn auch nicht stets, eine günstige Wirkung von Bodenextrakt auf die Feststellung der Mikroorganismenzahl beobachtet. Über die Ursachen ist man noch nicht völlig unterrichtet. Auf jeden Fall wirkt sich diese Tatsache sogar dahin aus, daß nicht einmal eine annähernde Feststellung der gesamten Mikroorganismenzahl möglich ist. Man vermag eben heute den Boden als Substrat rein synthetisch, unter absolut durchsichtigen Verhältnissen, noch nicht herzustellen.

Im Boden finden wir ferner Mikroorganismen der verschiedensten Lebensansprüche nebeneinander, von denen allerdings, bei einseitigem Hervortreten einer Bedingung, die betreffende daran angepaßte Mikroorganismengruppe besonders hervortritt. Dabei hängen diese nebeneinander lebenden Organismen von dem Nacheinander ihrer Stoffwechselvorgänge ab, indem der eine dem anderen erst Entwicklungsmöglichkeiten schafft, d. h. der eine von den Stoff-

---

[1] Siehe Mycorrhiza S. 308, Holzzersetzung S. 321.

[2] Vgl. hierzu z. B. Zellulosezersetzung S. 313, Stickstoffbindung S. 307.

wechselprodukten des anderen lebt. Es ist offensichtlich, daß sich dies alles zu einem kaum zu entwirrenden Komplex verflicht.

Einen wesentlichen Faktor für das Leben der Mikroorganismen im Boden bildet das Verhalten zur Kohlenstoffernährung. Im allgemeinen leben die Mikroorganismen, wenn man hier von den Algen absieht, heterotroph, d. h. sie können zum Aufbau ihrer Körpersubstanz nur vorgebildetes organisches Material verwenden, das sie außerdem noch als Energiequelle benutzen. Die Mannigfaltigkeit dieser Stoffe und ihrer Abbauvorgänge spiegelt sich wieder in der Mannigfaltigkeit der diese durchführenden Mikroorganismen. Daneben finden sich jedoch eine Reihe von Formen, die auch für die Umsetzungen im Boden besonders bedeutsam sind, welche autotroph leben, d. h., welche die Kohlensäure zum Aufbau ihrer Körpersubstanz verwenden. Die hierzu notwendige Energie gewinnen sie aus der Oxydation anorganischer Stoffe, von Ammoniak und Nitrit, von Schwefelwasserstoff, elementarem Schwefel und sonstigen oxydierbaren Schwefelverbindungen, von Wasserstoff, von Eisenoxydulverbindungen, von Kohlenmonoxyd, Methan, Oxalsäure. Allerdings vermögen sie nach neueren Untersuchungen auch heterotroph zu leben. Infolge ihres lebhaften Sauerstoffverbrauches findet die Tätigkeit dieser Organismen fast ausschließlich in aëroben Böden statt. Diese Formen arbeiten chemosynthetisch. Ob es photosynthetisch arbeitende Bakterien oder Pilze gibt, welche, wie die grünen Pflanzen, die Energie des Sonnenlichtes zur Reduktion der Kohlensäure verwenden, ist ungewiß. Am ehesten könnte es bei farbstoffbildenden Bakterien, wie namentlich Purpurbakterien, der Fall sein; doch ist auch hier nichts Sicheres nachgewiesen worden[1].

Außer den eigentlichen Ernährungsbedingungen spielen eine Anzahl äußerer Faktoren eine bedeutsame Rolle. Feuchtigkeit wirkt auf die Mikroorganismen sehr verschieden ein. In vegetativem Zustand ertragen Pilze geringeren Feuchtigkeitsgehalt als Bakterien; sie wachsen noch eben bei einer Dampfspannung von 85% (= der Dampfspannung einer 22,6proz. Schwefelsäure), während Bakterien, wie WALTER[2] zeigte, erst von einer solchen von 96% (= 8% Schwefelsäure) an zu wachsen beginnen. In ruhendem Zustand sind die Mikroorganismen erheblich weniger empfindlich gegen Trockenheit. Vegetatives Pilzmyzel stirbt dann allerdings ab; die Pilzsporen können längere Zeit die Austrocknung vertragen. Bei den Bakterien ist es verschieden. Soweit es sich um nicht sporenbildende Formen handelt, sterben einige bei Austrocknung schnell ab, während andere jahrelang am Leben bleiben können, indem offenbar die Zelle als Ganzes in eine Art Dauerzustand übergeht (Azotobacter, Knöllchenbakterien)[3]. Sehr bemerkenswert dabei ist, daß in Erde Trockenheit offenbar besser vertragen wird als dann, wenn die Bakterien offen austrocknen, wie man besonders für die Knöllchenbakterien festgestellt hat. Sehr widerstandsfähig sind jedoch die Endosporen der Bakterien. Man hat in Erde, die in einem 92 Jahre

---

[1] Vgl. J. BUDER: Zur Biologie des Bakteriopurpurins und der Purpurbakterien. Jb. wiss. Bot. 58, 525 (1919).

[2] WALTER, H.: Plasmaquellung und Wachstum. Z. Bot. 16, 353 (1924). — Nach K. J. RUDAKOW [Die Austrocknung des Bodens von mikrobiologischem Standpunkte; Ber. bakter.-agron. Stat. Moskau 24, 15 (1926); russisch mit deutscher Zusammenfassung] sollen beim Austrocknen des Bodens die Bakterien ab-, die Actinomyceten und Schimmelpilze zunehmen.

[3] Es ist dabei zu beachten, daß vegetatives Pilzmyzel, wenn es auch größere Trockenheit ertragen kann als eine vegetative Bakterienzelle, doch bei absolutem Austrocknen schneller zugrunde gehen kann, und zwar infolge des Unvermögens, in eine Dauerform überzugehen (S. 257). Bei Nichtbeachtung dieses Umstandes könnte aus Obigem ein Widerspruch herausgelesen werden.

nicht geöffneten Moosherbar trocken aufbewahrt war in je 1 g derselben noch 90000 lebensfähige Keime sporenbildender Erdbakterien gefunden[1].

Im Erdboden wirkt sich die Feuchtigkeit insbesondere auch in Hinsicht auf die Sauerstoffversorgung aus. Eine übermäßige Feuchtigkeit verdrängt die Luft und damit den Sauerstoff. Es ist das von Einfluß auf die Verteilung der beiden physiologischen Gruppen der Mikrooganismen (in Hinsicht auf den Sauerstoff), der Aëroben, sauerstoffbedürftigen, und der Anaëroben, sauerstoffscheuen. Aërob leben alle Pilze mit Ausnahme der Hefen, unter Bakterien und Actinomyceten findet man alle Typen. Bemerkenswert sind die fakultativ Anaëroben, welche normalerweise aërob leben, aber auch anaërob gedeihen können und dann unter Umständen einen besonderen Stoffwechsel entfalten (Denitrifikation). Wesentlich sind aber noch zwei Punkte. Im Boden scheint nämlich die Sauerstoffversorgung besonders günstig zu liegen, denn man muß bei der künstlichen Kultur verschiedener, besonders sauerstoffliebender Mikroorganismen des Bodens (Azotobacter, Nitrit- und Nitratbildner) die Sauerstoffverhältnisse besonders günstig gestalten, um genügende Entwicklung zu erzielen. Wahrscheinlich bedingen gewisse sauerstoffübertragende Stoffe, die sich reichlich im Boden finden, wie Eisenverbindungen, Humussubstanzen, diese Eigenschaft des natürlichen Bodens.

Sodann ist zu beachten, daß auch im aëroben Boden Anaëroben verbreitet sind (Bac. amylobacter), die in Gegenwart von Aëroben auch bei Luftzutritt zu gedeihen vermögen, wohl deswegen, weil die Aëroben Stoffe unschädlich machen, welche das Gedeihen der Anaëroben hemmen. Ähnliche Zusammenhänge mögen vorliegen, wenn Anaëroben bei Zusatz von Stoffen wie Tierkohle, Erde, Kleie usw. besser wachsen[2], was man auf die Beseitigung wachstumshemmender Stoffe zurückführt. Ferner mag die fördernde Wirkung von Cystin, Pepton usw. auf das aërobe Gedeihen von Anaëroben wohl ähnliche Zusammenhänge zeigen, doch kann hier nicht weiter darauf eingegangen werden[3]. Selbstverständlich treten aber in typisch anaëroben Böden die Anaëroben stärker hervor, wie z. B. im Sumpfboden.

Auch in Hinsicht auf die Temperatur sind die Ansprüche der Mikroorganismen verschieden. Man unterscheidet hier die drei Gruppen der psychrophilen Mikroorganismen mit einem Wachstumsoptimum bei etwa 10^0, mesophilen Mikroorganismen bei etwa $25—35^0$, thermophilen Mikroorganismen bei etwa $50—65^0$, welche Einteilung jedoch nur eine gewisse Abstraktion mit völlig verwischten Grenzen darstellt. Die meisten Mikroorganismen des Bodens, zum wenigsten in gemäßigten Breiten, dürften in die mesophile Gruppe hineingehören, mit deren Ansprüchen auch die für die höheren Gewächse optimalen Temperaturen zuzammenfallen. Überall finden sich aber auch

---

[1] NESTLER, A.: Zur Kenntnis der Lebensdauer der Bakterien. Ber. dtsch. bot. Ges. **28**, 7 (1910). [2] Vgl. W. DORNER: S. 296, Anm. 3.

[3] LENNEP, D. P., ROSS VAN: L'influence des substances fixes sur l'anaërobiose dans les milieux de culture liquides. Fol. microbiol. **1**, 249 (1912). — BUSHNELL, L. D.: Quantitative determination of some of the biochemical changes produced by a saprophytic anaërobe. J. Bacter. **7**, 373 (1922). — KOVÁCS, N.: Untersuchungen über die aërobe Züchtung der obligat anaëroben Bakterien. Cbl. Bakter. I **92**, 580 (1924). — AVERY, O. T. u. H. J. MORGAN: Studies on bacterial nutrition. V. The effect of plant tissue upon the growth ob anaërobic bacilli. J. of exper. Med. **39**, 289 (1924). — NOVY, F. G.: The so-called aërobic growht of anaërobes. Potato respiration. J. inf. Dis. **36**, 343 (1925). — HOSAYA, Y.: A new method for the cultivation on anaërobic bacilli with cysteine in media. Jap. med. World **6**, 83 (1926). — VALLEY, G.: The favorable rôle of Cystin in the cultivation of anaërobic microrganisms. J. Bacter. **17**, 12 (1929). — HALL, J. C.: A review of the development and application of physical and chemical principles in the cultivation of obligately anaerobic bacteria. Ebenda **17**, 258 (1929).

psychrophile und thermophile Formen; die letztgenannten sollen allerdings vornehmlich aus Dünger, also stärker sich erhitzendem, organischem Material, in den Boden gelangen.

Im allgemeinen[1] tötet Erhitzen feuchter Erde auf 80⁰ (Pasteurisieren) alle vegetativen Bakterien- und Pilzentwicklungsstadien, ferner auch die Sporen der Pilze, ab. Sehr widerstandsfähig sind dagegen die Endosporen der Bakterien, die auch in feuchtem Zustand längere Zeit Kochtemperatur vertragen können und durch diese erst nach dem Auskeimen abgetötet werden. Auf diesem Prinzip beruht die fraktionierte Sterilisation von Nährlösungen, welche an drei aufeinanderfolgenden Tagen vorgenommen wird. Auch hier liegen die Verhältnisse im natürlichen Substrat wieder besonders günstig für die Mikroorganismen, denn nach ECKELMANN[2] muß feuchte Erde mindestens an sieben aufeinander folgenden Tagen sterilisiert werden, damit Keimfreiheit erzielt werden kann. Gegen trockene Erhitzung ist die Widerstandsfähigkeit vegetativer sporenloser Bakterienzellen, von Pilzsporen und von Bakterienendosporen, aber nicht von vegetativem Pilzmycel, noch wesentlich gesteigert. Die letztgenannten werden erst durch Erhitzen auf etwa 165⁰ 20—30 Minuten lang mit Sicherheit abgetötet. Zu beachten ist, daß die Fähigkeit zur Austrocknung und die Resistenz gegen Hitze einander parallel gehen.

Von nicht minder großem Einfluß ist die Reaktion des Bodens. Pilze bevorzugen oder vertragen saure, Bakterien neutrale Reaktion. Es wird uns daher immer wieder die Wichtigkeit des Kalkes als neutralisierender Faktor entgegentreten. Daneben aber ist der Boden stets ein Substrat hoher Pufferungsfähigkeit, welcher Umstand sicherlich für das Mikroorganismenleben von allergrößter Bedeutung ist, ohne daß man jedoch heute schon genaue Einzelheiten herausgliedern kann[3]. Sehr wesentlich ist ferner noch, daß im Boden nicht nur eine chemische, sondern auch sozusagen eine biologische Neutralisation stattfinden kann. Namentlich Pilze, die z. T. eine sehr hohe Azidität ($p_H = 1{,}0$) vertragen, werden in gut durchlüftetem Boden organische und z. T. auch anorganische Säuren (Salpetersäure) verarbeiten und einer Aziditätserhöhung auf diesem Wege vorbeugen können. Auch hier weiß man jedoch noch nichts im einzelnen über die tatsächliche Leistung des Bodens in dieser Hinsicht.

Umgekehrt ist jedoch auch zu beachten, daß viele Mikroorganismen Säuren bilden können, sei es organische, wie Buttersäure oder Milchsäure (Bac. amylobacter, Milchsäurebakterien), oder selbst starke anorganische, wie Salpetersäure (Nitratbildner), Schwefelsäure (Schwefelbakterien) durch Oxydation von Ammoniak bzw. Schwefelwasserstoff. Freie Schwefelsäure kann auch durch die Aufnahme des Ammoniaks aus Ammoniumsulfat entstehen. Andererseits können Ammoniakbildung aus organischen stickstoffhaltigen Verbindungen und die Aufnahme des Salpetersäurerestes aus Nitraten zu einer Alkalisierung des Substrates führen.

Allgemeines über Erkennungsmethoden.

Eine genaue, quantitative, Erkennung der Mikroorganismen des Bodens ist, wie aus den obigen Bemerkungen schon hervorging, nicht nur schwierig, sondern zur Zeit noch sozusagen unmöglich[4]. Man erkennt das ohne

[1] Bei Bacillus calfactor liegt nach MIEHE die tödliche Temperatur für die vegetativen Stadien noch über 70⁰ C [H. MIEHE: Die Wärmebildung von Reinkulturen usw. Arch. Mikrobiol. 1, 78 (1930)].

[2] ECKELMANN, E.: Über Bakterien, welche die fraktionierte Sterilisation lebend überdauern. Cbl. Bakter. II 48, 140 (1918).

[3] Vgl. jedoch Azotobacter, Bd. 8 dieses Handbuches.

[4] Vgl. A. RIPPEL: Mikrobiologische Bodenuntersuchung und ihre Grundlagen. Z. Pflanzenernährg. usw. A 8, 268 (1927).

weiteres, wenn man die üblichen Methoden und deren Leistungsfähigkeit betrachtet.

Unmittelbar an die natürlichen Verhältnisse schließt sich die Umsetzungsmethode an, d. h. die, zugleich älteste Methode, welche die durch die Mikroorganismen bewirkten Umsetzungen als Maßstab für deren Tätigkeit nimmt, indem sie die Intensität der im Boden verlaufenden Umsetzungen untersucht oder durch einseitige Darbietung des Stoffes, der untersucht werden soll, diesen einen Vorgang bevorzugt ablaufen läßt. Das geschieht entweder in der Erde selbst oder wie zuerst REMY[1] vorging, durch Einbringen einer gewissen Menge Erde in eine Nährlösung gewünschter Zusammensetzung[2]. Natürlich handelt es sich hierbei weniger um die Erkennung eines einzelnen Organismus bzw. dessen Tätigkeit als vielmehr um die Erkennung der Tätigkeit einer physiologisch gleich arbeitenden Organismengruppe von unter Umständen sehr verschiedenartiger systematischer Zusammensetzung, so z. B. bei der Ammoniakbildung. Nur die Kohlensäurebildung könnte als ein gewisser Maßstab für die Gesamttätigkeit der Mikroorganismen gelten (vgl. weiter unten).

Jedoch ist diese Umsetzungsmethode, trotz ihres bedingten Wertes, eines der wesentlichsten qualitativen Hilfsmittel für die unmittelbare Erkennung der Mikroorganismen, indem durch sie die betreffenden Organismen angereichert werden (Anreicherungs- bzw. Anhäufungskultur, Rohkultur), so daß von ihr ausgehend eine leichtere Reinzüchtung[3] erfolgen kann. Da auf der Umsetzungsmethode die gesamte Kenntnis der im Erdboden sich abspielenden Vorgänge beruht, so soll später in anderem Zusammenhang bei den einzelnen Umsetzungsvorgängen darauf weiter eingegangen und hier nur auf die Punkte hingewiesen werden, die sich auf einen etwaigen Zusammenhang mit der Zahl der vorhandenen Mikroorganismen beziehen.

Zunächst ist zu beachten, daß die Intensität einer Umsetzung, wie z. B. der Ammoniak- oder Kohlensäurebildung, kein unmittelbarer Maßstab für die Menge der beteiligten Mikroorganismen sein kann, da diese Vorgänge durch eine Reihe weiterer Faktoren wie die chemische und physikalische Beschaffenheit des Bodens, die Menge des verfügbaren Umsetzungsmaterials usw. bedingt sind. Dasselbe gilt auch umgekehrt. Denn stellt man in einem gleich behandelten Material dieselbe Intensität der Umsetzungen fest, so bedeutet das nicht etwa auch

---

[1] REMY, TH.: Bodenbakteriologische Studien. Cbl. Bakter. II **8**, 657, 728 (1902).

[2] Eine kritische Zusammenstellung des Wertes von Lösungen und Boden für die methodische Untersuchung der mikrobiologischen Umsetzungen im Boden geben z. B.: F. LÖHNIS u. H. GREEN: Methods in soil bacteriology. VII. Ammonification and nitrification in soil and solution. Cbl. Bakter. II **40**, 457 (1914). — Siehe ferner S. A. WAKSMAN: Microbiological analysis of soil as an index of soil fertility. IV. Ammonia accumulation. Soil Sci. **15**, 49 (1923); V. Methods for the study of nitrification. Ebenda **15**, 241 (1923); VII. Carbon dioxide evolution. Ebenda **17**, 141 (1924); IX. Nitrogen fixation and mannit decomposition. Ebenda **17**, 379 (1924). — Vgl. ferner dieses Handbuch Bd. 8.

[3] Auf die allgemeine mikrobiologische Technik kann hier nicht eingegangen werden; es sei auf die einschlägige Literatur verwiesen, namentlich auf E. ABDERHALDENS Handbuch der biologischen Arbeitsmethoden, 2. Aufl., Abt. XI. 1924—26, insbesondere S. A. WAKSMAN: Methoden der mikrobiologischen Bodenforschung, S. 715. — G. KOSKA: Praktische Anleitung zur Kultur der Mikroorganismen. Stuttgart: Franckh, Mikrokosmos 1924. — A. JANKE u. H. ZICKES: Arbeitsmethoden der Mikrobiologie. Dresden u. Leipzig: Th. Steinkopff 1928. — A. KOCH: Mikrobiologisches Praktikum. Berlin: Julius Springer 1922. — E. KÜSTER: Anleitung zur Kultur der Mikroorganismen, 3. Aufl. Leipzig: B. G. Teubner 1921. — F. LÖHNIS: Landwirtschaftlich-bakteriologisches Praktikum, 2. Aufl. Berlin: Bornträger 1920. — A. MEYER: Praktikum der botanischen Bakterienkunde. Jena: G. Fischer 1903. — Außerdem zahlreiche Bücher mehr medizinischen Inhaltes.

Gleichheit der Mikroorganismenzahl, die ursprünglich vorhanden war, da die Vermehrung der Mikroorganismen so schnell vor sich gehen kann, daß ein evtl. vorhanden gewesener Unterschied sehr bald ausgeglichen wird[1]. Das läßt sich z. B. schön den Angaben HESSELINK VAN SUCHTELENS[2] entnehmen, wonach bei Zusatz von Dextrose zu Boden aus 0—25 bzw. 50—80 cm Tiefe die ursprünglich im Vergleich zum Oberboden nur etwa den zehnten Teil betragende Kohlensäureproduktion des Unterbodens bereits nach 36 Stunden diejenige des Oberbodens nicht nur erreicht, sondern sogar überschritten hatte; die Bakterienzahl des Unterbodens war nach $4^1/_2$ Tagen auf das zehnfache gestiegen, nämlich von 700000 auf 7600000 je 1 g Boden, während die des Oberbodens nahezu gleich geblieben war, nämlich anfangs 5400000, nach $4^1/_2$ Tagen dagegen 6200000 betrug. Sicherlich war die Bakterienzahl schon zu einem früheren Zeitpunkt gestiegen.

Es ist hier ferner noch auf einen weiteren Umstand, nämlich auf die Bedeutung des zeitlichen Verlaufes hinzuweisen. Schon RAHN[3] hat mit Nachdruck darauf hingewiesen, daß eine einmalige Untersuchung oft nicht genügt, sondern der zeitliche Ablauf des Vorganges berücksichtigt werden muß. STAPP[4] hat in Hinsicht auf die Höhe der Stickstoffbindung je Einheit verbrauchter Kohlenstoffquelle ebenfalls die Bedeutung dieses Umstandes hervorgehoben. Sehr instruktiv zeigt sich gleiches in der Arbeit von ESTOR[5], in der diese Frage eingehend behandelt wird. Es zeigte sich hier, daß die Wirkung von Neutralsalzen auf Mikroorganismen einen zeitlich ganz verschiedenen Charakter tragen kann, indem die Entwicklungskurven sich überschneiden können. Auch wirken sich steigende Konzentrationen verschiedener Salze verschieden aus, indem sich z. B. bei Bacillus coli in 1proz. $MgCl_2$-Lösung eine stärkere Bakterienvermehrung zeigt als in äquivalenter NaCl-Lösung, während es bei höheren Konzentrationen umgekehrt ist. Sinngemäß gelten diese äußerst wichtigen Gesichtspunkte für alle mikrobiologischen Vorgänge.

Jedoch läßt sich mit Hilfe des Umsetzungsverfahrens auf andere Weise die Zahl der Mikroorganismen mit einer Methode bestimmen, die besonders dann wertvoll ist, wenn es sich um auf Platten (siehe unten) schwer züchtbare Formen handelt. Sie beruht auf dem Verdünnungsverfahren, dessen sich schon PASTEUR und HANSEN bedienten, bevor die eigentliche Züchtung von Reinkulturen mit Hilfe des gleich zu erwähnenden Plattenverfahrens gelungen war, und das von HILTNER STÖRMER[6] zuerst auf Bodenuntersuchungen angewendet wurde. Man impft von einer Reihe mit gleichen Mengen einer Nährlösung beschickter Erlenmeyerkolben den ersten mit einer bekannten Menge Boden; hieraus ent-

---

[1] Angaben darüber, daß die Intensität eines Vorganges innerhalb weiter Grenzen von der Stärke der Impfung unabhängig ist, finden sich z. B. bei TOR CARLSON: Über Geschwindigkeit und Größe der Hefevermehrung in Würze. Biochem. Z. **57**, 313 (1913). — R. MEYER: Die Abhängigkeit der Wachstumsgröße von der Quantität der Ernährungsfaktoren bei Pilzen. Z. Pflanzenernährg. usw. A **8**, 121 (1926). — P. G. KRISHNA: The course of dextrose metabolism and nitrogen fixation by Azotobacter. Cbl. Bakter. II **76**, 228 (1928).

[2] HESSELINK VAN SUCHTELEN, F. H.: Über die Messung der Lebenstätigkeit der aërobiotischen Bakterien im Boden durch die Kohlensäureproduktion. Cbl. Bakter. II **28** (1910).

[3] RAHN, O.: Die Verwertbarkeit von Kurven zur Deutung biochemischer Vorgänge. Cbl. Bakter. II **28**, 111 (1910). [4] Siehe C. STAPP: S. 302, Anm. 7.

[5] ESTOR, W.: Quantitative Untersuchungen über die Beziehungen zwischen dem Wachstum von Bakterien und Pilzen und der Konzentration einiger Neutralsalze. Cbl. Bakter. II **72**, 411 (1927).

[6] HILTNER, L. u. K. STÖRMER: Studien über die Bakterienflora des Ackerbodens usw. Arb. biol. Abt. ksl. Gesdh.Amtes **3**, 447 (1903).

nimmt man nach kräftigem Umschütteln etwa 1 cm^3 und impft den nächsten Kolben, aus diesem in gleicher Weise den dritten und so fort. Dann wird die Aufschwemmung immer mehr verdünnt, schließlich so weit, daß etwa in 2 cm^3 Flüssigkeit nur eine Mikroorganismenzelle vorhanden ist. Impft man nun in diesem Augenblick zehn neue Kolben wieder mit je 1 cm^3 dieser Verdünnung, so werden fünf steril bleiben, in den fünf anderen wird sich der Organismus entwickeln; es tritt also Ammoniak-, Kohlensäure-, Nitrat- usw. Bildung ein. Man muß diese Verdünnung natürlich durch Ausprobieren feststellen. Durch Zurückrechnen erhält man dann die Zahl der die betreffende Umsetzung bewirkenden Mikroorganismen. Bei Boden ist diese Methode öfters angewendet worden, wie noch gezeigt werden wird.

Die üblichste Methode zur Erkennung und Zählung der Mikroorganismen ist die von ROBERT KOCH erstmalig angewendete Plattenmethode, wobei eine mit Agar-Agar oder Gelatine versetzte Nährlösung mit einer Aufschwemmung von Erde in steriler Flüssigkeit geimpft und in Petrischalen ausgegossen wird. Durch Auszählen wird die Anzahl der sich entwickelnden Kolonien ermittelt und auf die Einheit der Erde umgerechnet. Hierbei spielen Zusammensetzung des Nährbodens, Höhe der Verdünnung usw. eine wesentliche Rolle[1]. Man erkennt das auch aus dem auf S. 253 folgenden Beispiel, wobei auf Nährgelatine und Nähragar ganz verschiedene Bakterienzahlen gefunden werden. FEHÉR[2] nimmt übrigens die Summe der aërob auf Fleischextraktagar- und Fleischextraktgelatineplatten wachsenden Bakterien als Gesamtzahl der aëroben Bakterien an. Daneben hat aber diese Standardzählmethode noch eine ganze Reihe von Mängeln, welche eine quantitative Erfassung der Mikroorganismenzahl verhindern, denn nur ein Teil der Mikroorganismen wächst auf diesem Substrat, in erster Linie schnellwüchsige Formen, deren schnelle Entwicklung diejenige weiterer Keime verhindern kann, was z. B. für alle Actinomyceten gilt, die sich

---

[1] Angaben über alle damit zusammenhängenden Fragen findet man bei: REMY, TH.: S. 262, Anm. 5. — L. HILTNER u. K. STÖRMER: S. 250, Anm. 6. — KRÜGER, W. u. B. HEINZE: S. 265, Anm. 4. — D. ENGBERDING: S. 259, Anm. 1. — R. THIELE: Beiträge zur Methodik der Bodenforschung. Cbl. Bakter. II **11**, 251 (1903). — F. LÖHNIS: Ein Beitrag zur Methodik der bakteriologischen Bodenuntersuchung I. Ebenda II **12**, 262 (1904). — Zur Methodik der bakteriologischen Bodenuntersuchung II. Ebenda **14**, 1 (1905); III **17**, 518 (1907). — F. D. CHESTER: Bacteriological analysis of soils. Del. Agr. Exp. Stat. Bul. **65**, 51 (1904). — E. B. VORHEES u. J. G. LIPMAN: A review of investigations in soil bacteriology. U. S. Dep. Agr. Office Exp. Stat. Bull. **194** (1907). — H. FISCHER: Bakteriologisch-chemische Untersuchungen. Bakteriologischer Teil. Landw. Jb. **38**, 355 (1909). — Zur Methodik der Bakterienzählung. Cbl. Bakter. II **25**, 457 (1910). — J. G. LIPMAN u. P. E. BROWN: Media for the quantitative estimation of soil bacteria. Ebenda II **25**, 447 (1910). — P. E. BROWN: Methods for bacteriological examination of soils. Jowa Agr. Exp. Stat. Res. Bull. **11**, 381 (1913). — H. J. CONN: Culture media for use in the plate method of counting soil bacteria. Cbl. Bakter. **44**, 719 (1916). — R. S. BREED u. W. D. DOTHERRER: The number of colonies allowable on satisfactory agar plates. N. Y. (Geneva) Agr. Exp. Stat. Techn. Bull. **53**, 3 (1916). — R. C. COOK: Quantitative media for the estimation of bacteria in soils. Soil Sci. **1**, 153 (1916). — S. A. WAKSMAN: Bacterial numbers in soils usw. Soil Sci. **1**, 363 (1916). — Microbiological analysis of soil usw. I. The mathematical interpretion of numbers of microorganisms in the soil. Ebenda **14**, 81 (1922); ebenso II. Methods on the study of numbers of microorganisms in the soil. Ebenda **14**, 283 (1922). — Z. N. WYANT: A comparison of the technic recommendad by various authors for quantitative bacteriological analysisof soil. Ebenda **11**, 295 (1921). — A. MAASSEN u. BEHN: Zur Kenntnis der bakteriologischen Bodenuntersuchungen. Arb. biol. Reichsanst. **11**, 399 (1923). — H. G. THORNTON: On the development of a standard agar medium for counting soil bacteria etc. Ann. Appl. Biol. **9**, 241 (1922). — S. A. WAKSMAN u. E. B. FRED: A tentative outline of the plate method for determing the number of microorganisms in the soil. Soil Sci. **14**, 27 (1922). — N. R. SMITH u. S. WORDEN: Plate counts of soil microorganisms. J. agricult. Res. **31**, 501 (1925).

[2] FEHÉR, D.: S. 262, Anm. 5.

sehr langsam entwickeln. Ein gewisses Hilfsmittel bietet das Betupfen der zuerst erscheinenden Kolonien mit Silbernitrat, wodurch sie abgetötet werden und die Entwicklung der später erscheinenden Kolonien nicht mehr beeinträchtigen.

Aber abgesehen von dieser Unterdrückung langsam wachsender Formen gibt es auch eine große Anzahl solcher, die auf derartigem Substrat überhaupt nicht zur Entwicklung gebracht werden können, wie die autotrophen Mikroorganismen (Nitrit- und Nitratbildner usw.), ferner stickstoffbindende und zellulosezersetzende Mikroorganismen usw. Das zeigt sich vor allem in krasser Form, wenn man die Verhältnisse des Waldbodens berücksichtigt. Gerade von denjenigen Pilzen, welche als Mycorrhizapilze die Ernährung der Bäume zu einem großen Teile gewährleisten[1], erhält man auf Zählplatten kein Wachstum, so daß hier ein sehr wesentlicher Teil der Mikroorganismen sicherlich nicht erfaßt wird, ganz abgesehen davon, daß gerade bei diesen Formen mit weitverzweigtem, zusammenhängendem Mycel, auch bei Möglichkeit des Wachstums, keine Zahl angegeben werden könnte, wie bei den Einzelzellen der Bakterien. Endlich wachsen auf den gewöhnlichen Platten nur aërobe Formen, keine anaëroben wie Bacillus amylobacter u. a. Man sieht also, daß man mit dem Plattenzählverfahren überhaupt nur einen Bruchteil der vorhandenen Mikroorganismen erwarten darf. LÖHNIS[2] hat z. B. beim Vergleich des oben beschriebenen Verdünnungsverfahrens mit dem Plattenzählverfahren folgende Zahlen erhalten:

Auf Gelatineplatten	1040000	Keime	je	1 g
Mit dem Verdünnungsverfahren:				
Peptonzersetzende	5000000	,,	,,	1 g
Harnstoffzersetzende	50000	,,	,,	1 g
Denitrifizierende	50000	,,	,,	1 g
Nitrifizierende	2500	,,	,,	1 g
Stickstoffbindende	750	,,	,,	1 g

Das sind also allein fünfmal so viel Peptonzersetzer durch das Verdünnungsverfahren als auf der Gelatine überhaupt wuchsen, obwohl jene auf Gelatine auch gedeihen müßten. Der Grund hierfür mag vielleicht in Änderungen der osmotischen Verhältnisse bei der vor dem Impfen vorzunehmenden Aufschwemmung, in der gegenseitigen Beeinflussung während der Entwicklung und anderen Ursachen zu suchen sein.

Ein weiteres Beispiel von DÜGGELI[3] ergab folgende Zahlen:

---

[1] Vgl. unten S. 308.

[2] LÖHNIS, F.: S. 251, Anm. 1. Cbl. Bakt. **14**.

[3] DÜGGELI, M.: Forschungen auf dem Gebiete der Bodenbakteriologie. Landwirtschaftliche Vorträge. Heft 3. Frausenfeld: HUBER 1921. — Die Bakterien des Waldbodens. Schweiz. Z. Forstw. **74**, 267 (1923). — Ferner S. 260, Anm. 5. — Weitere eingehende mit der Verdünnungsmethode erhaltene Zahlen findet man bei: W. A. MILLARD: Bacteriological tests in soil and dung. Cbl. Bakter. II **31**, 502 (1911). — R. BOKOR: Untersuchungen über die Mikroflora der Waldböden. Ungarisch mit deutscher Zusammenfassung. Erdészeti Kisérletek. **28** (1926). — Die Mikroflora der Szik- (Alkali-) Böden mit Rücksicht auf ihre Fruchtbarmachung. Ebenda **30** (1928). — D. FEHÉR: Untersuchungen über die Kohlenstoffernährung des Waldes. Flora, N.F. **21**, 316 (1927). — D. FEHÉR u. G. SOMMER: Ebenso II. Biochem. Z. **199**, 253 (1928). — Untersuchungen über den zeitlichen Verlauf der Bodenatmung und der Mikrobentätigkeit des Waldbodens. Ebenda **206**, 416 (1929). — Mikrobiologische Untersuchungen über den Stickstoffkreislauf des Waldbodens. Arch. Mikrobiol. **1**, 381 (1930). — Untersuchungen über den zeitlichen Verlauf der Mikrobentätigkeit im Waldboden. Ebenda **1**, 464 (1930). — A. SCHEITZ: Die Wirkung ultravioletter Strahlen auf die Lebensverhältnisse der Bodenbakterien. Ebenda **1**, 577 (1930).

	Keime in 1 g			
	Gartenerde	Wiesenboden	Sumpfboden	Mischwald
Auf Nährgelatine	8400000	8100000	1500000	1900000
,, Nähragar	2800000	3000000	1700000	1200000
,, Glukoseagar in tiefer Schicht (Anaëroben)	280000	620000	2180000	180000
Harnstoffzersetzer	37000	5200	2500	20000
Denitrifizierende	830	850	370	230
Pektinzersetzer	535000	235000	3700	20500
anaërobe Buttersäurebildner	368000	83500	235000	22000
anaërobe Eiweißzersetzer	35000	36800	2000	700
anaërobe Zellulosezersetzer	367	367	11	0,8
aërobe N-Binder	2350	18	17	17
anaërobe N-Binder	5500	370000	67	517
nitrifizierende Bakterien	880	37	34	0

Es geht hieraus also vor allem hervor, daß die Nichtberücksichtigung der Anaëroben ein ganz falsches Bild ergeben kann, wie die Zahlen der anaëroben N-Binder im Wiesenboden und der Anaëroben in Sumpfboden ohne weiteres zeigen.

Noch ein weiterer Punkt ist bei solchen Untersuchungen beachtenswert. Vielfach kommen die Bodenbakterien als kleinere Kolonien (Zooglöen) im Boden vor, die nur schwer zerteilbar sind, wie dies z. B. die unten zu erwähnenden mikroskopischen Untersuchungen des Bodens zeigten. Es scheint das namentlich für stickstoffbindende, nitrifizierende und vielleicht noch unbekannte Bodenbakterien zu gelten; dieser Umstand muß natürlich die Zahl der Mikroorganismen bei dem Plattenzählverfahren und bei dem Verdünnungsverfahren als zu gering erscheinen lassen. Man vergleiche auch die Angaben über die Bakterienzahl in gefrorenem Boden auf S. 261. Andererseits würde man z. B. von Pilzen mit ihrer großen Sporenproduktion sehr viele Kolonien erhalten, woraus aber nicht die im Boden vorhandene Anzahl, sondern nur die unter günstigen Bedingungen mögliche Entwicklung erschlossen werden könnte. Ähnliches gilt für die Entwicklung von Bakterienkolonien aus Endosporen, in welcher Form sie in dem betreffenden Boden zur Zeit der Untersuchung natürlich auch nicht aktiv tätig waren.

Einer weiteren Schwierigkeit begegnet man, wenn Bakterien als Einzelzellen oder in Fadenform vorkommen. Die eine sich aus einer Einzelzelle oder aus einem mehr weniger großen Fadenstück entwickelnde Kolonie wird ein ganz falsches Bild der betreffenden Bakterienzahl ergeben. Auf diese Schwierigkeit beim Vorkommen von Pilzmyzel wurde schon oben S. 252 hingewiesen. Hier hört überhaupt jede Vergleichsmöglichkeit mit der Bakterienzahl auf.

Endlich ist noch, wie CHUDIAKOW[1] zeigte, darauf aufmerksam zu machen, daß die Mikroorganismen von den Bodenteilchen adsorbiert werden, wodurch natürlich ebenfalls die gefundenen Zahlen zu gering ausfallen müssen. Der Boden wirkt etwa wie Tierkohle, mit der man aus Aufschwemmungen Bakterien adsorptiv entfernen kann.

Eine Ergänzung kann das Plattenzählverfahren erhalten durch Verwendung von Spezialkulturmethoden für Anaëroben, durch anaërobe Kultur, für stickstoffbindende Mikroorganismen durch Verwendung N-freier Nährböden, für autotrophe Mikroorganismen durch Verwendung von Kieselsäureplatten, für Pilze durch Verwendung saurer Nährböden usw, wie es ja teilweise bei den oben

[1] CHUDIAKOW: Über die Adsorption der Bakterien durch den Boden. Cbl. Bakter. II **68**. — MINENKOW, A. R.: Adsorption von Bakterien durch verschiedene Bodentypen. Ebenda **78**, 109 (1929). — GURFEIN, L. N.: S. 254, Anm. 5.

genannten Untersuchungen geschehen ist, und worüber weiter auf Spezialliteratur verwiesen sei[1]. Auf alle Fälle ergibt sich also, daß die Feststellung des tatsächlichen Gehaltes eines Bodens an Mikroorganismen heute noch eine sehr schwierige und teilweise unlösbare Aufgabe darstellt.

Eine weitere rohe Methode zur Feststellung des Mikroorganismengehaltes des Bodens ist die Katalaseprobe, die Zersetzung von Wasserstoffsuperoxyd zu Wasser und Sauerstoff. Sie beruht darauf, daß sehr viele Mikroorganismen Katalase, das Wasserstoffsuperoxyd zersetzende Enzym, enthalten. Jedoch können einmal auch andere Bodenbestandteile wie Mangan-, Eisen- und Aluminiumsalze in gleicher Richtung wirken; andererseits gibt es Mikroorganismen wie die meisten Anaëroben, welche keine Katalase enthalten. Auch beim einzelnen Organismus ist der Gehalt daran nach Kultur und Alter verschieden. Also kann diese Methode höchstens ganz rohe Vergleichswerte ergeben[2].

Aus der Unvollkommenheit aller dieser Methoden heraus sind in neuerer Zeit Versuche gemacht worden, durch unmittelbare mikroskopische Beobachtung des Bodens den Mikroorganismengehalt festzustellen, welche Methoden, namentlich die unten von CHOLODNY[3] erwähnte, wertvolle Einblicke in den wirklichen Mikroorganismenzustand des Bodens gewähren dürften. CONN[4] ist zuerst auf diese Weise vorgegangen. Er schätzt die so gefundene Mikroorganismenzahl auf 5—20 mal größer als sie mit dem Plattenzählverfahren, gefunden wird. Später hat WINOGRADSKY[5] diese Methode weiter ausgebaut und den Begriff der ,,autochthonen" Mikroorganismenflora aufgestellt[6]. Danach sollen diejenigen Mikroorganismen, die sich bei dem Plattenzählverfahren entwickeln, in der Hauptsache in Sporenform vorhanden sein und nur bei Zusatz organischer Stoffe zum Boden unter lebhafter Vermehrung ihre Tätigkeit aufnehmen. Jene autochtone Flora des Bodens soll die eigentliche Mikroorganismenflora des Bodens darstellen, welche in dem sich selbst überlassenen Boden, und solchen untersuchte WINOGRADSKY, vorherrscht. Die Organismen sitzen unmittelbar an den Humusbestandteilen des Bodens, und zwar zu kleinen Kolonien von wenigen bis etwa 100 Zellen zusammen. Es handelt sich um kurze Stäbchen und Kokken von oft azotobacterähnlichem Aussehen. Über die Tragweite dieser Beobachtungen läßt sich heute noch kein sicheres Urteil abgeben. Nach CONN und KÜHLMORGEN-HILLE soll es sich meist nur um kokkoide Wuchsformen oder Ruheformen, sonst stäbchenförmiger Bakterien handeln. Ein solches wird jüngst von CONN[7] als Bacterium globiformis beschrieben, das in der Jugend ein Stäbchen, im Alter und bei Nahrungserschöpfung ein Coccus sein soll. Natür-

---

[1] WAKSMAN, S. A.: S. 249, Anm. 3.

[2] Vgl. hierzu Bd. 8 dieses Handbuches (dort findet sich auch diesbezügliche Literatur).

[3] CHOLODNY, N.: Über eine neue Methode zur Untersuchung der Bodenmikroflora. Arch. Mikrobiol. **1**, 620 (1930).

[4] CONN, H. J.: The microscopical study of bacteria and fungi in soil. N. Y. Agr. Exp. Stat. Geneva, Techn. Bull. **64** (1918). — Use of the microscope in studying the activities of bacteria in soil. J. Bacter. **17**, 399 (1929).

[5] WINOGRADSKY, S.: Études sur la microbiologie du sol. I. Ann. Inst. Pasteur **39**, 299 (1925); II. Ebenda **40**, 455 (1925); ferner C. r. Acad. Sci. Paris **187**, 161 (1928). — GURFEIN, L. N.: Über die Möglichkeit der Anwendung der ,,direkten Methode" von WINOGRADSKY usw. Bull. Jard. bot. Princ. U. S. S. R. **26**, 644 (1927).

[6] KOFFMAN, M.: Eine Methode zur direkten Untersuchung der Mikrofauna und der Mikroflora des Bodens. Cbl. Bakter. II **75**, 28 (1928); **78**, 337 (1929), gibt eine für die Untersuchung von Protozoen ausgebaute Methode an, deren weiterer Ausbau zur Untersuchung auf Bakterien usw. in Aussicht gestellt wird. — RICHTER, A. u. V. RICHTER: Mikroskopische Bodenstudien. Arb. Abt. angew. Bot. Landw. Versuchsstat. Saratow **1925**, Nr. 31.

[7] CONN, H. J.: Certain abundant non-spore-forming bacteria in soil. Cbl. Bakter. II **76**, 65 (1928); auch in N. Y. Agr. Exp. Stat., Techn. Bull. **115** (1925); **129** (1927); **138** (1928).

lich kann aber die mikroskopische Untersuchung nichts über die Leistung der beobachteten Mikroorganismen aussagen, so daß also eine physiologische Untersuchung unter allen Umständen ergänzend hinzutreten muß.

Eine weitere sehr brauchbare Methode der direkten Untersuchung der Mikroflora des Bodens hat CHOLODNY[1] in Form der „Bodenplatten- oder Aufwuchsplattenmethode" ausgearbeitet, wobei reine Objektträger in die Erde vergraben und einige Wochen dort belassen werden. Nach Präparation kann die Oberfläche des Objektträgers, der gewissermaßen zu einem Bestandteil des Bodens geworden ist, und auf dessen Oberfläche sich die Mikroflora in natürlicher Lagerung angesiedelt hat, mikroskopiert werden. Diese Methode dürfte noch besser sein als das Abdruckverfahren von ROSSI[2]. Im Gegensatz zu den vorgenannten Autoren fand CHOLODNY in seinen untersuchten Waldböden jedenfalls Stäbchen wie Kokken in gleicher Zahl, auch sporogene Formen, ferner Pilze und Actinomyceten. Die Mikroflora ist relativ artenreich, bei Zugabe von organischer Substanz entwickelt sich eine andere, artenarme Flora.

Einen sehr eingehenden und zugleich lehrreichen Vergleich der verschiedenen Zählmethoden, namentlich in Hinsicht auf die mikroskopischen Methoden von CONN und WINOGRADSKY, wobei sich die des Letzteren als besser erwies, führte kürzlich KÜHLMORGEN-HILLE[3] durch. Das Ergebnis findet sich in nachfolgender Tabelle. Doch zeigen die Zahlen, wie man sieht, keinerlei Zusammenhang weder untereinander noch auch mit der Beschaffenheit des Bodens. Die hohen Zahlen nach der WINOGRADSKY-Methode sollen durch das Mitzählen der vielen toten Keime, namentlich in den konservierenden Moorböden, zustande kommen[4]. Alles weitere zeigt die Tabelle:

Bodenart	Reaktion p_H	Millionen Keime je 1 g Erde nach			
		Plattenverfahren	Peptonverdunnungsverfahren	CONN	WINOGRADSKY
Acker	5,5	19	25	74	180
Acker	5,0	73	100	200	305
Acker	5,7	31	50	133	422
Acker	5,1	8	10	96	407
Sandgrube . .	5,7	54	50	353	594
Garten . . .	4,8	1	2	60	224
Garten . . .	5,8	71	100	57	322
Acker	6,1	22	25	80	302
Acker	5,0	8	25	82	406
Acker	5,2	33	50	91	272
Acker	5,1	31	50	83	257
Acker	4,8	41	50	155	225
Acker	5,5	23	25	40	40
Sumpf	4,6	10	25	90	605
Sumpf	6,0	10	25	115	284
Sumpf	4,9	10	10	122	230
Bruch	4,2	1	2	105	379
Bruch	3,1	1	5	85	352
Bruch	2,8	2	5	101	399

[1] Siehe Anm. 3, S. 254.

[2] ROSSI, G.: Die direkte bakterio-mikroskopische Untersuchung des Ackerbodens. Festschrift z. 70. Geburtstag v. J. STOKLASA, S. 341. Berlin: P. Parey 1928. Mit einem mit einer besonderen Flüssigkeit bestrichenen Objektträger wird ein Bodenabdruck genommen.

[3] KÜHLMORGEN-HILLE, G.: Vergleichende Prüfung der Methoden zur Ermittelung der Keimzahl im Boden. Cbl. Bakter. II **74**, 497 (1928).

[4] Das ist durchaus möglich, wenn man sich die Methode der Pollenanalyse vergegenwärtigt.

Allgemeines über die Zahl und die Verbreitung der Mikroorganismen im Boden.

Bei der Feststellung der Verbreitung und der Zahl der Mikroorganismen im Erdboden sind selbstverständlich die im vorigen Abschnitt geschilderten Unvollkommenheiten der Methoden zu beachten. Die Zahl hängt darüber hinaus natürlich von all den Faktoren ab, welche das Leben der Organismen überhaupt beherrschen. Ganz allgemein läßt sich sagen, daß der Mikroorganismengehalt der Böden von einigen 100000 bis einigen 100 Millionen je 1 g trockener Erde schwankt. Man kann mit Löhnis[1] etwa 50—100000 Algen, mehrere 100000 Pilze einschließlich Hefen[2], 100 Millionen Bakterien, darunter jedoch unter Umständen ein hoher Prozentsatz von Actinomyceten[3], den Waksman[4] auf

[1] Löhnis, F.: Vorlesungen über landwirtschaftliche Bakteriologie, 2. Aufl., S. 85. Berlin: Bornträger 1926.

[2] Von der ungeheuer großen Zahl von Arbeiten, in denen Pilze aus Erdboden beschrieben wurden, können nur einige erwähnt werden; vgl. weiter S. 307, 319. Ferner zahlreiche Angaben in der pflanzenpathologischen Literatur. — Penzig, O.: Funghi agrumicoli. 1882. — Adametz, L.: Untersuchungen über die niederen Pilze der Ackerkrume. Dissert., Leipzig 1886. — Ramann, E., E. Remelé, E. Schellhorn u. M. Krause: Anzahl und Bedeutung der niederen Organismen in Wald- und Moosböden. Z. Forst- u. Jagdwes. **31**, 575 (1899). — Oudemans, C. A. J. A. u. C. J. Koning: Prodrome d'une flore mycologique, obtenue par la culture sur gelatin etc. Arch. néerl. Sci. Exact. et Nat. (2) **7**, 266 (1902). — Faelli, G.: Richerche di bakteriologia agraria nell'agro Romano. Arch. Farmacol. sper. **3**, 1 (1904); ref. Cbl. Bakter. II **14**, 423 (1905). — Hagem, O.: Untersuchungen über norwegische Mucorineen. Vidensk. Selsk. I, Math.-naturwiss. Kl. **7**, 1 (1907); **10**, 1 (1910); Ann. Mycol. **8**, 265 (1910). — Lendner, A.: Les Mucorinées de la Suisse. Bern 1908. — Hall, A. D., N. H. Miller u. C. T. Gimmingham: Nitrification in acid soils. Proc. roy. Soc. London B **80**, 196 (1908). — Jensen, C. N.: Fungus flora of the soil. Cornell Univ. Agr. Exp. Stat. Bull. **315** (1912). — Dale, E.: On the fungi of the soil. Ann. Mycol. **10**, 452 (1912); **12**, 33 (1914). — Traaen, A. E.: Untersuchungen über Bodenpilze aus Norwegen. Nyt. Mag. Naturwiss. Christiania **52**, 21 (1914). — Waksman, S. A.: Soil fungi and their activities. Soil Sci. **2**, 103 (1916); **3**, 565 (1917). — Lindfors, Th.: Einige bemerkenswerte aus Kulturerde isolierte Pilze. Svensk bot. Tidskr. **14**, 267 (1920). — Jasevoli, G.: Contributo alla conoscenza deli Ifomiceti del terenio agrario. Bull. Orto Bot. Napoli **7**, 216 (1923). — Abbot, E. V.: The accurrence and action of fungi in soils. Soil Sci. **16**, 207 (1923). — Coker, W. E. u. H. H. Braxten: New water molds from the soil. J. Elisha Michell Sci. Soc. **42**, 139 (1926). — Nielsen, N.: Fungi isolated from soil etc. Saertry Medd. Gronland (Kopenhagen) **74** (1927). — Fungi isolated from soil etc. Ebenda **74** (1927). — Brierley, W. H., S. T. Jewson u. M. Brierley: The quantitative study of soil fungi. Proc. Pap. First internat. Congr. Soil Sci. **3**, 1 (1927). — Rayllo, A. J.: Materialien zur Kenntnis der Bodenpilze. 1. Mitt. Mitt. Abh. Ackerbau Staatl. Inst. exper. Agron. Leningrad **1928**, Nr. 6 (russisch mit deutscher Zusammenfassung). — Pišpek, P. A.: Les Mucorinées du sol en Yougoslavie. Acta bot. Inst. Bot. Univ. Zagrebensis **4**, 77 (1929) (polnisch mit französischer Zusammenfassung). — Swift, M. E.: Contributions to a mycological flora of local soils. Mycologia **21**, 204 (1929). — Raillo, A.: Beiträge zur Kenntnis der Bodenpilze. Cbl. Bakter. II **78**, 515 (1929). — Janke, A. u. H. Holzer: Über die Schimmelpilzflora des Erdbodens. Ebenda II **79**, 50 (1929). — McLennan, E.: The growth of fungi in soil. Ann. appl. Biol. **15**, 95 (1928). — Swift, E. M.: Contribution to a mycological flora of local soils. Mycologia **21**, 204 (1929). — Pistor, R.: Beiträge zur Kenntnis der biologischen Tätigkeit von Pilzen im Waldboden. Cbl. Bakter. II **80**, 169, 378 (1930). — Arbeiten über den Nachweis von Hefen im Boden: E. C. Hansen: Neue Untersuchungen über den Kreislauf der Hefenarten in der Natur. Cbl. Bakter. II **10**, 1 (1903); **14**, 545 (1905). — Gesammelte theoretische Abhandlungen über Gärungsorganismen. Jena: G. Fischer 1911. — H. Müller-Thurgau: Nachweis von Saccharomyces ellipsoidens im Weinbergsboden. Cbl. Bakter. II **14**, 296 (1905). — A. Klöcker: Deux nouveaux genres de la famille des saccharomycétes. C. r. Labor. Carlsberg **7**, 273 (1909). — E. de Kruyff: Untersuchungen über auf Java einheimische Hefearten. Cbl. Bakter. II **21**, 616 (1908). — R. L. Starkey u. A. T. Henrici: The occurrence of yeast in soil. Soil Sci. **23**, 33 (1927). — W. Nissen: Unters. über d. Vorkommen von Hefen in der Erde usw. Milchw. Forsch. **10**, 30 (1930).

[3] Literatur vgl. S. 258. — Ferner S. A. Waksman: Cultural studies of species of Actinomyces. Soil Sci. **8**, 71 (1919).

[4] Waksman, S. A.: Principles of soil microbiology, S. 40. London: Baillière, Tindall & Cox. 1927.

40% veranschlagt, als ungefähre Durchschnittszahl des Anteils der verschiedenen Gruppen in einem guten Ackerboden angeben. Dazu kommen noch etwa 10000 Protozoen.

Auf einige die Verteilung der verschiedenen Gruppen regelnde Bedingungen wird gleich zurückzukommen sein; es sei hier noch darauf aufmerksam gemacht, daß CONN und WAKSMAN[1] durch direkte mikroskopische Beobachtung feststellen, daß Pilze tatsächlich als Mycel, also in arbeitendem Zustande, im Boden leben, während McLENNAN[1] zwar den gleichen Schluß zieht, aber daraus, daß nach Austrocknen des Bodens weniger Pilze auf Platten gefunden wurden, weil das vegetative Mycel offenbar durch die Austrocknung zerstört war. Es sei noch darauf hingewiesen, daß nach BARTHEL[2] ultravisible Mikroben im Ackerboden nicht vorkommen.

Hinsichtlich der Bakterien sei noch bemerkt, daß vielfach von den Untersuchern gelatineverflüssigende oder sporenbildende besonders gezählt werden[3].

Die Zahl der Mikroorganismen ist zunächst vertikal bedingt. Sie ist im allgemeinen am höchsten in der Tiefe von 5—15 cm, die sich durch größeren Humusreichtum, bessere Durchlüftung den tieferen Schichten gegenüber auszeichnet, aber auch nicht wie die alleroberste Bodenschicht wiederholter Austrocknung unterliegt. Auch die Bestrahlung dürfte bei dieser die Mikroorganismenzahl wieder etwas herabsetzen[4]. Nach der Tiefe zu nimmt die Zahl schnell aber stetig ab, wie folgende Zahlen von WAKSMAN[5] zeigen:

Boden	Tiefe in cm					
	2,5	10	20	30	50	75
Garten	7202000	7737000	3998000	1312000	624000	381000
Obstgarten	8257000	5577000	2863000	1527000	574000	347000
Wiese	10133000	5758000	2850000	1007000	370000	236000
Wald	2088000	1172000	482000	311000	169000	104000

Daß man früher[6] an eine plötzliche, nicht allmähliche Abnahme in der Tiefe glaubte, liegt wohl daran, daß zu große Niveauunterschiede untersucht wurden. DREWES[7] fand einen stark sauren Moorboden bereits von 30 cm Tiefe ab völlig

[1] WAKSMAN, S. A.: Do fungi actually live in the soil and produce mycelium? Science, N. S. **44**, 320 (1916). — The growth of fungi in the soil. Soil Sci. **14**, 153 (1922). — CONN, H. J.: A microscopic method for demonstrating fungi and actinomycetes in soil. Soil Sci. **14**, 149 (1922). — McLENNAN, E.: The growth of fungi in soil. Ann. Appl. Biol. **15**, 95 (1928).

[2] BARTHEL, CH. u. N. BENGTSEN: Medd. Centralanst. Försöksväs. **341** (1928).

[3] Weitere Angaben finden sich auf S. 264. [4] SCHEITZ, A: S. 252, Anm. 3.

[5] WAKSMAN, S. A.: Bacterial numbers in soils, at different dephts and in different seasons of the year. Soil Sci. **1**, 363 (1916).

[6] FRÄNKEL, C.: Untersuchungen über das Vorkommen von Mikroorganismen in verschiedenen Bodenschichten. Z. Hyg. **2**, 521 (1887). — Weitere Angaben über Bakterienzahl und Erdtiefe finden sich u. a. bei: B. PROSKAUER: Über die hygienische und bautechnische Untersuchung des Bodens usw. Z. Hyg. **11**, 22 (1882). — J. REIMERS: Über den Gehalt des Bodens an Bakterien. Ebenda **7**, 315 (1889). — A. CARON: Landwirtschaftlich-bakteriologische Probleme. Landw. Versuchsstat. **45**, 401 (1895). — J. STOKLASA u. A. ERNEST: Über den Ursprung, die Menge und die Bedeutung des Kohlendioxyds im Boden. Cbl. Bakter. II **18**, 723 (1905). — F. D. CHESTER: The bacteriological analysis of soils. Del. Agr. Exp. Stat. Bull. **65** (1904). — W. E. KING u. C. J. T. DORYLAND: The influence of depth of cultivation upon soil bacteria an their activities. Kans. Agr. Exp. Stat. Bull. **161**, 211 (1909). — P. E. BROWN u. R. E. SMITH: Bacteria at different depths of some typical Iowa soils. Iowa Exp. Stat. Res. Bull. **8**, 281 (1912). — P. E. BROWN: Cbl. Bakter. II **37**, 417 (1913). — R. BOKOR: S. 252, Anm. 3. 1926. — R. LIESKE u. E. HOFMANN: Untersuchungen über den Bakteriengehalt in großen Tiefen. Cbl. Bakter. **77**, 305 (1929).

[7] DREWES, K.: S. 259, Anm. 5.

keimfrei. Auch die Verteilung scheint nach der Bodentiefe anders zu werden, insofern als die Actinomyceten zwar absolut ab-, aber relativ zunehmen[1]; was wohl mit ihrem geringeren Sauerstoffbedürfnis zusammenhängt:

Tiefe in cm	Bakterien	Actinomyceten	Actinomyceten in %
2,5	7340000	743000	9,2
10	5300000	933000	15,0
20	2710000	612000	18,4
30	950000	239000	20,1
50	259000	246000	48,7
75	124000	240000	65,6

Allerdings ist zu berücksichtigen, daß sich diese Zahlen nur auf aërobe, auf den Zählplatten wachsenden Arten beziehen. Bei Berücksichtigung der Anaëroben findet denn auch nach der Tiefe zunächst eine Zunahme, dann erst eine, wohl durch Mangel an Kohlenstoffnahrung bedingte, Abnahme statt, wie folgende Zahlen von BOKOR von einem Waldboden bezogen auf je 1 g feuchter Erde zeigen:

	Tiefe in cm					
	2—5	30	60	90	120	150
Aërob auf Agarplatte . . .	2500000	1150000	800000	500000	60000	6000
Anaërob in hoher Zucker-Agar-Schicht	1300000	1800000	2000000	900000	100000	2000
Anaërobe Buttersäurebildner	10000	100000	1000000	100000	10000	100

Jedoch ist zu beachten, daß den aëroben Mikroorganismen im normalen Boden, namentlich also im Acker- und Waldboden, eine besonders große Bedeutung zukommen dürfte. Denn nur unter aëroben Verhältnissen vollziehen sich die mikrobiellen Umsetzungen restlos und in einer Form, wie es dem Gedeihen der von diesen abhängigen höheren Pflanzen am besten entspricht. Das geht schon daraus hervor, daß diejenigen Mikroorganismen, welche die wichtigsten Umsetzungen durchführen, fast ausnahmslos strenge Aëroben sind (Azotobacter, Nitratbildner, Knöllchenbakterien, Ammoniakbildner usw.) in einem späteren Abschnitt[2] wird uns diese Tatsache noch klarer hervortreten. Von 1 m Tiefe ab ist der Boden schon sehr keimarm, weshalb das aus der Tiefe kommende Quellwasser sehr keimarm ist[3]. Auch technisch macht man von dieser natürlichen Filtration zur Reinigung von verschmutztem Oberflächenwasser Gebrauch. Daß bei beschattetem Land (S. 257 Obstgarten) die höchste Keimzahl sich bereits bei 2,5 cm Tiefe, bei besonntem (S. 257 Garten) erst bei 10 cm Tiefe fand, ist aus den Feuchtigkeitsverhältnissen heraus ohne weiteres verständlich. Ebenso ist von diesem Gesichtspunkt aus erklärlich, daß in aridem Boden die Maximalzahl der Mikroorganismen erheblich tiefer, bis zu mehreren Dezimetern Tiefe[4] liegen kann.

Die Bedeutung der Durchlüftung trat schon bei der vertikalen Verbreitung hervor. Die oft festgestellte gesteigerte Kohlensäureproduktion, erhöhte Nitratbildung usw., also aërober Vorgänge[5], dürften im wesentlichen zunächst die unter der Wirkung gesteigerter Durchlüftung vermehrte Mikroorganismentätigkeit anzeigen, was bei längerer Einwirkung und sonstigen günstigen Bedingungen natürlich auch zu einer Steigerung der Mikroorganismenzahl führen muß, wenn

[1] WAKSMAN, S. A. u. R. E. CURTIS: The actinomyces of the soil. Soil Sci. 1, 99 (1916).
[2] Vgl. dieses Handbuch Bd. 8.
[3] KABRHEL [Arch. f. Hyg. 58, 345 (1906] fand allerdings besonders in Waldböden noch bei über 2 m Tiefe reichen Bakteriengehalt.
[4] PEROTTI, R.: Sopra la microflora della Campagna romana. Rendic. Acad. Lincei, sér. 5, 20, 690 (1911). — LIPMAN, C. B.: The distribution and activities of bacteria in soils of the arid region. Agricult. Sci. 1, 7 (1912); 4, 113 (1919). — SNOW, L. M.: A comparative study of the bacterial flora of wind-blown soil. Soil Sci. 21, 143 (1926).
[5] Vgl. dieses Handbuch Bd. 8.

auch diese in kurzfristigen Versuchen nicht immer erkannt werden kann. Hierzu vergleiche man u. a. auch HESSELINK VAN SUCHTELEN[1], bei dessen Untersuchungen jedoch der Dextrosezusatz das Bild stört. Nach BOKOR[2] ist in Waldböden von gleicher Azidität die Zahl der Bakterien dem Humusgehalt und der Luftkapazität parallel.

Auch die Feuchtigkeitsverhältnisse sind von außerordentlicher Bedeutung, wie schon oben bezüglich der Oberflächenverteilung festgestellt wurde. Die Mikroorganismenzahl steigt zunächst bis zu einem Optimum[1], daß etwa demjenigen der Kulturpflanzen entsprechen dürfte, nämlich 70—80% des Wasserfassungsvermögens, wie folgende Übersicht[3] zeigt:

% des Wasserfassungsvermögens	Wasser in % des Bodens	Bakterien Millionen je 1 g Erde
30	6,51	9,98
56	10,85	11,89
65	14,10	16,41
80	17,35	29,96
100	21,69	25,28

Zu hoher Wassergehalt setzt schließlich die Bakterienzahl wieder herab, indem er die Luft verdrängt, also anaërobe Verhältnisse schafft. Die Bildung des Hochmoortorfes ist ein derartiges, von der Natur selbst ausgeführtes Experiment. Auch hier ist jedoch zu bedenken, daß bei diesen Zählungen nicht die streng anaëroben Mikroorganismen erfaßt werden, die, wie aus der S. 253 von DÜGGELI mitgeteilten Tabelle zu ersehen ist, unter Umständen sogar die Zahl der aëroben Mikroorganismen übertreffen kann. Auch auf die von KÜHLMORGEN-HILLE mitgeteilten sehr hohen Keimzahlen in anaëroben Böden, wie sie durch direkte mikroskopische Zählung ermittelt werden, sei hier nochmals hingewiesen, die nach dem genannten Autor allerdings durch tote Individuen verursacht werden.

Ein weiterer sehr wesentlicher Punkt ist die Bodenreaktion. Saure Reaktion hemmt das Bakterienwachstum unbedingt, wenn auch graduell verschieden. Ein saurer Hochmoorboden enthält auch nach Entwässerung nur wenig Bakterien, die erst bei Zufuhr von Kalk in größerer Zahl auftreten. FABRICIUS und FEILITZEN[4] fanden je 1 g feuchte Erde im entwässerten 200300, im neukultivierten und mit Sand und Kalk behandelten Hochmoor 6900400 Keime.

Sehr instruktiv ist folgendes Beispiel nach DREWES[5], wobei verschiedene Stellen eines sauren Moorbodens untersucht wurden:

	Keimzahlen je 1 kg Boden			
p_H nach TRÉNEL	Bakterien	Davon Sporen in %	Pilze	Verhältnis von Bakterien zu Pilzen
2,42	14000	100	34000	etwa 2/5
3,12	36000	91	54000	2/3
3,54	95000	30	110000	1
3,63	205000	15	200000	1
4,18	360000	11	180000	2
4,73	740000	16	210000	3,5

[1] FISCHER, H., O. LEMMERMANN, H. KAPPEN u. E. BLANCK: Bakteriologisch-chemische Untersuchungen. Landw. Jb. **38**, 319 (1909). — ENGBERDING, D.: Vergleichende Untersuchungen über die Bakterienzahl im Ackerboden. Cbl. Bakter. II **23**, 569 (1909). — HESSELINK VAN SUCHTELEN, F. H.: Über die Messung der Lebenstätigkeit der aërobiotischen Bakterien im Boden durch die Kohlensäureproduktion. Cbl. Bakter. II **28**, 1 (1910).

[2] BOKOR, R.: S. 252, Anm. 3. 1926.

[3] ENGBERDING, D.: a. a. O., Tab. 3 auf S. 56.

[4] FABRICIUS, O. u. H. v. FEILITZEN: Über den Gehalt an Bakterien in jungfräulichem und kultiviertem Hochmoorboden usw. Cbl. Bakter. II **14**, 161 (1905).

[5] DREWES, K.: Mikrobiologische Untersuchung eines stark sauren Moorbodens. Cbl. Bakter. II **76**, 114 (1928).

Man sieht also, wie mit dem Sinken der Wasserstoffionenkonzentration die Zahl der Bakterien steigt und gleichzeitig das Verhältnis zu den Pilzen immer weiter wird. Die wenigen bei ganz saurer Reaktion vorhandenen Bakterien sind zudem noch meist in inaktiver Sporenform vorhanden. Sehr resistent ist jedoch der zu den Schwefelbakterien gehörende Thiobacillus thiooxydans, den DREWES auch noch dann fand, wenn sonst jedes vegetative Bakterienleben abgestorben war. Auch die sauren Rohhumusböden der Wälder sind relativ arm an Bakterien[1], sie finden sich hier erst in der darunter liegenden Mineralerde in größerer Menge[2, 3].

Nach BOKOR[4] steigt der Bakteriengehalt von Waldböden in der Reihenfolge: Reine Nadelholzwälder < Reine Laubholzwälder < Mit Laubhölzern vermischte Nadelholzwälder, was auf steigenden Humusgehalt und steigende Luftkapazität zurückgeführt wird; im übrigen wurde auch hier die Reaktion als das Entscheidende gefunden. Einige vergleichende Zahlen von DÜGGELI[5] auf subalpinen und alpinen Böden zeigen folgendes:

	Keime je 1 g Erde		
	Auf Gelatine	Auf Agar	In Zuckeragar (hohe Schicht)
8 Rohhumusböden	350000	360000	9700
53 Rohhumusböden (einschließlich dieser 8)	1130200	789800	19200
8 Ackerböden	12275000	11407000	105000
3 Gartenerden	37000000	54300000	44700
4 Rohhumushaltige Waldböden	452500	429000	92500

Danach ist jedoch die Reaktion allein nicht ausschlaggebend, sondern auch alle anderen Verhältnisse; denn es zeigte

Rohhumusboden von p_H 7,0 auf Gelatine 820000, auf Agar 950000 Keime,
Rohhumusboden von p_H 4,6 auf Gelatine 980000, auf Agar 1100000 Keime,

der saure Boden besitzt also höheren Keimgehalt.

Umgekehrt verhalten sich die Pilze, die in sauren Böden, also auch in Waldböden usw., überwiegen. WAKSMAN[6] fand z. B. in Böden

$$\text{von } p_H = \begin{cases} 4{,}0 \; \ldots \; 100000 \\ 5{,}6 \; \ldots \; 37000 \\ 6{,}6 \; \ldots \; 26000 \end{cases} \text{Pilze je 1 g Erde.}$$

Ähnliches ist wiederholt festgestellt worden. Actinomyceten scheinen, wie folgende Uebersicht[7] zeigt, in der Mitte zwischen Pilzen und Bakterien und Pilzen zu stehen, zwar neutrale bzw. schwach alkalische Reaktion zu lieben, aber auch noch bei schwach saurer gut zu gedeihen.

	Gesamtkeime	Actinomyceten
Bei p_H = 6,2	13600000	6100000
5,6	12600000	6500000
5,1	4800000	1200000
4,8	4000000	900000

Auch die Temperatur gehört zu den lebenswichtigen Faktoren, welche Zahl und Verbreitung der Mikroorganismen bestimmen. Abgesehen davon, daß die Bakterien, namentlich ihre Dauersporen, sehr

[1] Vgl. die folgende Tabelle.
[2] SCHULZ, K.: Die Verbreitung der Bakterien im Waldboden. Dissert., Jena 1913.
[3] Vgl. weitere Einzelangaben S. 258. [4] BOKOR, R.: S. 252, Anm. 3.
[5] DÜGGELI, M.: Studien über den Einfluß von Rohhumus auf die Bakterienflora der Böden. SCHINZ-Festschr. Vjschr. naturforsch. Ges. Zürich **73**, 307 (1928).
[6] WAKSMAN, S. A.: The growth of fungi in the soil. Soil Sci. **14**, 153 (1922).
[7] WAKSMAN, S. A.: The influence of soil reaction upon the growth of Actinomycetes causing potato scab. Soil Sci. **14**, 61 (1922). — JENSEN, H. L.: Actinomyces acidophilus

tiefe Temperaturen ertragen können, glaubte man sogar eine erhöhte Zahl von Bakterien in gefrorenen Böden festgestellt zu haben, was jedoch namentlich durch LOCHHEAD[1] widerlegt wurde, während VASS[2] schon früher zeigte, daß Zertrümmerung der Kolonien bei Gefrieren und Auftauen mehr Bakterien vortäuschte. Allerdings steht bei 0° die Vermehrung der Bakterien nicht still: SCHÖNBRUNN[3] stellte dabei Ammoniak und Nitrat-Bildung fest; sogar bei — 3° vollziehen sich mikrobielle Umsetzungen[4]. Aber im wesentlichen steigert natürlich zunehmende Temperatur bis zum jeweiligen Optimum, das für mitteleuropäische Verhältnisse und die gewöhnlichen Bakterien zwischen 20° und 30° liegen dürfte, Mikroorganismentätigkeit und Zahl. Es muß dabei jedoch berücksichtigt werden, daß die Temperatur vor allem die Entwicklungsgeschwindigkeit steigert, so daß die verfügbare Nahrung auch schneller erschöpft sein muß und unter Umständen ein schnellerer Stillstand oder sogar Rückgang in der Vermehrung infolge von Autolyse stattfinden kann, als bei niedriger Temperatur und langsamer Entwicklung. Ob also die Endwirkung durch die Temperatur stark beeinflußt wird, kann bezweifelt werden, falls sie durch die Zeit kompensiert werden kann, was innerhalb engerer Grenzen sicherlich möglich ist. Deshalb ist es auch nicht verwunderlich, wenn keine Wirkung der Temperatur auf die Bakterienzahl gefunden[5] wurde. Für die natürlichen Verhältnisse ist die Abhängigkeit der Mikroorganismenzahl von der Temperatur noch nicht genau erfaßt. Daß im Frühjahr ein Anstieg der Bakterienzahl dem Winter gegenüber einsetzt, hängt sicherlich z. T. mit der Temperatur zusammen, hat aber wohl auch noch andere Gründe, worauf gleich zurückzukommen sein wird.

Im allgemeinen dürfte es sich bei den Mikroorganismen des Bodens einschließlich der Pilze um solche mittlerer Temperaturansprüche (mesophile) handeln. Jedoch werden auch eigentlich kälteliebende (psychrophile)[6] und wärmeliebende (thermophile)[7] gefunden; man weiß jedoch heute noch nicht, wieweit diese zur

---

n. sp. A. group of acidophilus Actinomycetes isolated from the soil. Soil Sci. **25**, 225 (1928). Diese Formen wachsen bis p_H 2,6 gut.

[1] LOCHHEAD, A. G.: Soil Sci. **21**, 225 (1926). — Vgl. auch F. H. HESSELINK VAN SUCHTELN: S. 259, Anm. 1 und E. DEMOUSSY: Ann. Sci. agron. **46**, 395 (1930).

[2] VASS, A. F.: The influence of low temperature on soil bacteria. Cornell Univ. Exp. Stat. Mem. **27** (1919).

[3] SCHÖNBRUNN, BR.: Über den zeitlichen Verlauf der Nitrifikation usw. Cbl. Bakter. II **56**, 545 (1922).

[4] RUBENTSCHIK, L.: Über die Lebenstätigkeit der Bakterien der Rieselfelder bei niederen Temperaturen. Cbl. Bakter. II **72**, 101 (1927).

[5] ENGBERDING, D.: S. 259, Anm. 1.

[6] Kälteliebende Harnstoffzersetzer mit einem Optimum bei 11—13° C beschreibt: M. W. BEIJERINCK: Anhäufungsversuche mit Ureumbakterien. Cbl. Bakter. II **7**, 33 (1901).

[7] Außer der nachgenannten Literatur vgl. über Thermophile (ältere Literatur bei K. NOACK, S. 262, Anm. 2): G. RUSCHMANN, S. 270, Anm. 2 von S. 269. — L. NÈGRE: Bactéries thermophiles des sables du Sahara. C. r. Soc. Biol. **74**, 814 (1913). — W. MIGULA: Über die Tätigkeit der Bakterien im Waldboden. Forstw. Zbl. **57** (N. F. **35**), 161 (1913). — D. H. BERGEY: Thermophilic bacteria. J. Bacter. **4**, 301 (1919). — L. E. MORRISON u. FR. W. TANNER: Studies on thermophilic bacteria. I. Aërobic thermophilic bacteria from water. J. Bacter. **7**, 343 (1922). — S. R. DAMON u. W. A. FEIRER: Anaërobic sporulating thermophiles. J. Bacter. **10**, 37 (1925). — V. KROHN: Studien über thermophile Schizomyceten. Ann. Acad. Sci. Fennicae, Ser. A **21**, Nr. 3 (1923). Ausführliche ernährungsphysiologische Arbeit. — R. VEILLON: Sur quelques microbes thermophiles strictement anaërobies. Ann. Inst. Pasteur **36**, 422 (1922). — W. A. FEIRER: Studies on some obligate thermophilic bacteriafrom soil. Soil Sci. **23**, 47 (1927). — J. HILDEBRANDT: Beitrag zur Frage der Selbterwärmung des Heus. Cbl. Bakter. II **71**, 440 (1927). — L. A. BLACK u. F. W. TANNER: A study of thermophilic bacteria from the intestinal tract. Ebenda II **75**, 360 (1928). — H. SURAUERS: Über einen aus Baumwollabfällen isolierten thermophilen Bacillus. Beitr. Biol. Pflanz. **16**, 1 (1928). — A. H. ROBERTSON: Thermophilic and thermoduric microorganisms usw. N. Y. State Exp. Stat. Techn. Bull. **131** (1927). — E. J. CAMERON u.

„Normalflora" gehören. Nach Mischustin[1] soll das Temperaturoptimum der Bodenbakterien, gemessen an ihrer Lebenstätigkeit, nach Norden zu geringer werden und mit demjenigen der höheren Pflanzen zusammenfallen. Die vielfach gefundenen Thermophilen (selten 5%, meist unter 1% der Gesamtmikroorganismenzahl) sollen nach diesem Autor ihr Vorkommen lediglich zugeführten Stallmist verdanken; unkultiviertes Land soll keine enthalten. Auch Miehe und Noack[2] glauben, daß ihr Vorkommen an Anhäufungen organischer Massen gebunden sei. Noack konnte allerdings die Feststellung von Koch und Hoffmann[3], wonach die Thermophilen in Erde gegen niedere Temperaturen weniger empfindlich seien, nicht bestätigen, hält aber ein Gedeihen dabei unter noch nicht näher bekannten besonderen Bedingungen für möglich; Golikowa[4] konnte Thermophile allmählich an niedere Temperaturen gewöhnen.

Über die jahreszeitliche Verteilung der Mikroorganismen im Boden ist zu sagen, daß, wie eben schon erwähnt, im Frühjahr die Zahl der Mikroorganismen anzusteigen beginnt, dem im Sommer ein Absinken folgt, das unter Umständen von einem zweiten, kleineren Maximum im Herbst abgelöst wird, worauf ein winterliches Minimum folgt[5]. Das wäre leicht verständlich, wenn eine sommerliche Trockenperiode herrscht, zumal Engberding[6] Parallelität zwischen Wassergehalt und Bakterienzahl des Bodens festgestellt hat; auch von anderen Autoren

---

C. C. Williams: The thermophilic flora of sugar etc. Cbl. Bakter. II **76**, 28 (1928). — C. Coolhaas: Zur Kenntnis der Dissimilation fettsaurer Salze und Kohlehydrate durch thermophile Bakterien. Ebenda **75**, 161, 344; **76**, 38 (1928). — A. Itano u. S. Arakawa: Studies on Bac. thermofibrincolus etc. Ber. Ohara Inst. landw. Forschg. **4**, 265 (1929). — A. Perrier: Sur la présence de certains champignons thermophiles dans le fumier et les matières organique en décomposition. C. r. Acad. Sci. Paris **188**, 1426 (1929). — H. Miehe: Die Wärmebildung von Reinkulturen usw. Arch. Mikrobiol. **1**, 78 (1930). — Über die Selbsterhitzung des Heus. Arb. dtsch. Landw.-Ges. **196**, 2. Aufl. (1930). — Über thermophile Zellulosezersetzung vgl. S. 316.

[1] Mischustin, E.: Untersuchungen über die Temperaturbedingungen für bakteriologische Prozesse im Boden. Cbl. Bakter. II **66**, 328 (1926). — Die thermophilen Bodenbakterien. Ebenda **71**, 416 (1927). — Mischustin fand weniger Thermophile in den russischen subtropischen Böden als weiter nördlich, was er auf die Stallmistdüngung zurückführt. Über das Vorkommen in tropischen Böden vgl. E. de Kruyff: Les bactéries thermophiles dans les Tropiques. Cbl. Bakter. II **26**, 65 (1910). — Nach S. Arrhenius [Die thermophilen Bakterien und der Strahlungsdruck der Sonne. Z. physik. Chem. **130**, 516 (1927)] sollen die Thermophilen durch den Strahlungsdruck der Sonne von höher temperierten Weltkörpern (Venus) auf die Erde gelangen.

[2] Miehe, H.: Die Selbsterhitzung des Heus. Jena: G. Fischer 1907. — Noack, K.: Beiträge zur Biologie der thermophilen Organismen. Jb. wiss. Bot. **51**, 593 (1912).

[3] Koch, A. u. C. Hoffmann: Über die Verschiedenheit der Temperaturansprüche thermophiler Bakterien im Boden und in künstlichen Nährsubstraten. Cbl. Bakter. II **31**, 433 (1911).

[4] Golikowa, S. M.: Zur Frage der Thermobiose. Cbl. Bakter. II **69**, 178 (1926).

[5] Hiltner, L. u. K. Störmer: Studien über die Bakterienflora des Ackerbodens usw. Arb. biol. Abt. ksl. Gesdh.Amt **3**, 445 (1903). — Remy, Th.: Bodenbakteriologische Studien. Cbl. Bakter. II **8**, 657 (1902). — Conn, J.: Bacteria in frozen soil. Ebenda II **28**, 422 (1910); **32**, 70 (1912); **42**, 510 (1915). Die Anschauung dieses Autors über den höheren Bakteriengehalt gefrorener Böden wurde widerlegt; vgl. oben S. 261. — Wojtkiewicz, A.: Beiträge zu bakteriologischen Bodenuntersuchungen. Cbl. Bakter. II **42**, 254 (1915). — Lochhead, A. G.: Microbiological studies of frozen soil. Trans. roy. Soc. Canada **18**, 75 (1924); Soil Sci. **21**, 225 (1926) (siehe oben Conn). — Fehér, D.: Untersuchungen über den zeitlichen Verlauf der Bodenatmung und der Mikrobentätigkeit des Waldbodens. Biochem. Z. **206**, 416 (1929); ferner Arch. Mikrobiol. **1**, 464 (1930). Er fand das Maximum in Waldböden im Juni, Juli; im Frühjahr ein zweites kleineres. Dort auch eingehende Angaben über die jeweilige Verteilung der physiologischen Typen. Unter den gleichmäßigeren Feuchtigkeitsverhältnissen des Waldes dürften vor allem die Temperatur ausschlaggebend sein. — Newton, J. D.: Seasonal fluctuations in numbers of microorganisms and nitrate in Alberta soil. Sci. Agr. **10**, 361 (1930).

[6] Engberding, D.: S. 259, Anm. 1.

wird dem Wassergehalt eine entscheidende Rolle zugesprochen. Doch soll eine solche Periodizität auch unabhängig von äußeren Einflüssen vorhanden sein[1]; hinsichtlich der Angaben über tägliche Schwankungen des Bakteriengehaltes dürften noch Zweifel am Platze sein[2].

Auch die Menge der organischen Substanz ist von ausschlaggebender Bedeutung für die Zahl der vorhandenen Mikroorganismen. Reine Sandböden besitzen den geringsten Keimgehalt, z. T. weniger als 100000 je 1 g Erde, gute Gartenerden und Marscherden den höchsten, mehrere 100 Millionen, dazwischen gibt es natürlich alle Abstufungen. Auf die Bedeutung des Humusgehaltes von Waldböden für die Bakterienzahl nach BOKOR wurde oben S. 260 schon hingewiesen. Künstliche Zufuhr organischer Substanzen steigert die Keimzahl, wie stoffwechsel-physiologisch ja selbstverständlich ist und mehrfach festgestellt wurde. Nach Verschwinden der organischen Substanz geht dann die Keimzahl wieder zurück, wie nebenstehende Übersicht nach ENGBERDING[3] zeigt, wobei die Zahl in Millionen je 1 g feuchter Erde angegeben ist.

Keimzahl nach Tagen	Mit 2% Rohrzucker	Ohne Rohrzucker
Beginn	12,4	
28	373,8	27,17
46	141,35	34,7

Stalldünger und Gründünger wirken durch ihre organische Masse in der gleichen Richtung, auch, wenn der Stalldünger vorher sterilisiert wurde, so daß es sich also tatsächlich um eine Vermehrung der Bodenbakterien handelt[4], wie nachstehende Übersicht nach TEMPLE zeigt:

Bakterien in Erde + Dünger (etwa 250 dz Dünger je ha).

Nach Tagen	Ohne Dünger	Mit Dünger	Nach Tagen	Ohne Dünger	Mit Dünger
2	2227000	2227000	28	7700000	24200000
6	3780000	6000000	33	3630000	6330000
13	6540000	13600000	40	4270000	6330000
20	6750000	11690000	90	3800000	7850000

Aber die verschiedenen Mikroorganismengruppen werden offenbar verschieden beeinflußt, denn nach WAKSMAN und STARKEY[5] begünstigt ein Zusatz von Dextrose die Bakterien, von Zellulose die Pilze, und zwar in diesem Falle noch mehr bei gleichzeitigem Zusatz von Nitraten, von Roggenstroh und Luzerne

[1] LÖHNIS, F.: a. a. O., S. 520. — Erst D. W. CUTLER, L. M. CRUMP u. H. SANDON [A quantitative investigation of the bacterial and protozoan population of the soil etc. Phil. Trans. roy. Soc. London B **211**, 317 (1922)] begründen dies näher; es soll auch bei einem See auf Ceylon mit konstanter Temperatur der Fall sein.

[2] SMITH, N. R. u. S. WORDEN: Plate counts of microorganisms. J. agricult. Res. **31**, 501 (1925). — JOHANSSON, N.: Rhythmische Schwankungen in der Aktivität der Mikroorganismen im Boden. Sv. bot. Tidskr. **23**, 241 (1929). — THORNTON, H. G. u. P. H. H. GRAY: The fluctuations of bacterial numbers and nitrate content of field soils. Proc. roy. Soc. London B **106**, 399 (1930).

[3] ENGBERDING, D.: S. 259, Anm. 1.

[4] TEMPLE, J.: The influence of stall manure upon the bacterial flora of the soil. Cbl. Bakter. II **34**, 204 (1912). — BRISCOE, C. F. u. H. H. HARNED: Bacteriological effects of green manure. Miss. Agr. Exp. Stat. Bull. **168** (1915). — LEMMERMANN, O. u. A. EINECKE: Über die Wirkung einer Beigabe von Stalldünger zur Gründüngung. Mitt. dtsch. Landw.-Ges. **29**, 702 (1914). — EMMERICH, R., W. Graf zu LEININGEN u. O. LOEW: Über schädliche Bakterientätigkeit im Boden und über Bodensäuberung. Cbl. Bakter. II **29**, 668 (1911). — GREAVES, J. E. u. E. G. CARTER: Influence of barnyard manure and water upon bacterial activities of the soil. J. agricult. Res. **6**, 889 (1916); **9**, 293 (1917). — BRIGHT, J. W. u. H. J. CONN: Ammonification of manure in soil. N. Y. Agr. Exp. Stat. Techn. Bull. **67** (1919).

[5] WAKSMAN, S. A. u. R. J. STARKEY: Influence of organic matter upon the development of fungi, actinomycetes and bacteria in the soil. Soil Sci. **17**, 373 (1924).

beide Gruppen, von Blutmehl besonders die Actinomyceten, wie folgende Übersicht nach WAKSMAN und STARKEY zeigt, in der allerdings die Actinomyceten in den Bakterienzahlen enthalten sind:

Behandlung	Nach Tagen	Pilze	Bakterien	Darunter Actinomyceten
Unbehandelt	0	115700	3860000	1260000
0,5% Glykose	2	82000	22200000	1940000
1% Zellulose	17	160000	3600000	600000
1% Zellulose + 0,1% $NaNO_3$	17	4800000	4800000	400000
1% Stroh	10	600000	25200000	200000
1% Blutmehl	12	1438300	473900000	2200000

In anderen Fällen fanden sich in den gleichen aber anders vorgedüngten Böden bei Blutmehl 190900000 bzw. 128700000 Actinomyceten unter 381600000 bzw. 312000000 Bakterien + Actinomyceten.

Nach ENGBERDING[1] wird die Sporenzahl durch Zuckerzusatz trotz der starken Erhöhung der Bakterienzahl nicht erhöht, während nach WINOGRADSKY[2] durch Eiweißsubstanzen gerade die Sporenbildner besonders gefördert werden. Als eine Folge der starken Mikroorganismenvermehrung bei Zufuhr organischer Substanzen kann, falls diese nicht stickstoffhaltig sind, eine intensive Festlegung des löslichen Bodenstickstoffs eintreten[3].

An organischen Substanzen reiche Stoffe sind denn auch besonders reich an Mikroorganismen, falls natürlich die äußeren Bedingungen eine Vermehrung derselben erlauben. In 1 g frischem Rinderdünger konnten z. B. LÖHNIS und SMITH[4] 12 Milliarden Mikroorganismen mittels der Plattenzählmethode nachweisen. Tatsächlich ist sie noch wesentlich höher, wie andere Methoden, z. B. die gravimetrische Bestimmung nach Abzentrifugieren[5] gezeigt haben.

Die Zahl der Mikroorganismen im Boden ist weiterhin auch von der Menge der übrigen, anorganischen, Nährstoffe abhängig, wie ohne weiteres aus der MITSCHERLICHschen Modifikation des alten Minimumgesetzes folgt, und die auch in der von RIPPEL und MEYER[6] veränderten Form für Mikroorganismen gilt, für die Stickstoffe Kalium, Phosphorsäure ebenso unentbehrlich sind wie für die höheren Pflanzen. Die Methoden, welche mit Hilfe von Mikroorganismen das Nährstoffdefizit eines Bodens festzustellen suchen[7], bedeuten ja nichts anderes, als daß eben diese Stoffe als begrenzende Faktoren des Mikroorganismenlebens in Frage kommen können. Man hat teils eine fördernde, teils keine Wirkung der genannten Stoffe auf die Mikroorganismenzahl im Boden gefunden, was natürlich lediglich von der Höhe der ursprünglich verfügbaren Menge abhängt, so daß Einzelangaben unterbleiben können[8]. Es sei noch darauf hingewiesen, daß unter

[1] ENGBERDING, D.: S. 259, Anm. 1. [2] WINOGRADSKY, S.: S. 254, Anm. 5.

[3] Vgl. dieses Handbuch Bd. 8.

[4] LÖHNIS, F. u. J. H. SMITH: Die Veränderungen des Stalldüngers während der Lagerung. Fühlings Landw. Ztg. **63**, 153 (1914). — Weitere Zahlen bei G. RUSCHMANN: S. 270, Anm. 2 von S. 269.

[5] LISSAUER, M.: Über den Bakteriengehalt menschlicher und tierischer Fäzes. Arch. f. Hyg. **58**, 136 (1906).

[6] MITSCHERLICH, E. A.: Das Wirkungsgesetz der Wachstumsfaktoren. Z. Pflanzenernährg. usw. A **1**, 49 (1922). — RIPPEL, A.: Weitere Beiträge zur Kenntnis des Ertraggesetzes. Ebenda A **12**, 38 (1928). — MEYER, R.: Über den Pflanzenertrag als Funktion der Stickstoffgabe und der Wachstumszeit bei Hafer. Ebenda A **10**, 329 (1928). — RIPPEL, A. u. R. MEYER: Ertragsgesetz gegen Wirkungsgesetz. Ebenda A **14**, 1 (1929). — MEYER, R.: Zum Ertragsgesetz bei Aspergillus niger. Arch. Mikrobiol. **1**, 277 (1930).

[7] NIKLAS, H. u. W. BENECKE: Vgl. dieses Handbuch Bd. 8.

[8] ENGBERDING, D.: S. 259, Anm. 1. — FRED, E. B. u. E. B. HART: The effect of phosphates and sulfates on soil bacteria. Cbl. Bakter. II **45**, 379 (1916). — Zahlreiche Arbeiten

den künstlichen Düngemitteln den Chloriden unter Umständen sogar eine schädigende Wirkung zukommen kann, wie solches namentlich DEMETER[1] feststellte. Es ist aber zu beachten, daß die Mikroorganismengruppen ein verschiedenes Verhalten zeigen, wie aus den Arbeiten von BOAS und ESTOR[2] hervorgeht. Auf die angebliche stimulierende Wirkung verschiedener anderer Elemente und Stoffe sei hier nicht eingegangen[3].

Nach dem im vorstehenden Ausgeführten ist es klar, daß auch die Kultur mit ihren den physikalischen-chemischen Zustand des Bodens tief beeinflussenden Maßnahmen von erheblicher Bedeutung für die Anzahl der Mikroorganismen im Boden ist. Die Kalkung tut es durch Herstellung einer neutralen Reaktion, die Bodenbearbeitung versucht es durch Schaffung günstiger Durchlüftungsverhältnisse und Regulierung des Wasserhaushaltes, die Zufuhr von organischer Substanz bewirkt es durch Schaffung eines kohlenstoffreichen Substrates, und auch die anorganischen Düngemittel werden zusammen wirken, um den Boden in ein für die höheren Pflanzen wie für die Mikroorganismen günstiges Substrat zu verwandeln. Das drückt sich auch in der besonders hohen Mikroorganismenzahl solcher fruchtbaren Böden aus.

Hierbei dürfte auch der Pflanzenbestand selbst von einiger Bedeutung sein; doch weiß man heute noch nichts Sicheres darüber, wieweit es sich dabei um direkte oder indirekte Wirkungen handelt, wie z. B. Düngung, Beschattung, Wasserverhältnisse usw. Jedenfalls wird in mehreren Arbeiten in dieser Hinsicht mit Recht zur Vorsicht gemahnt, so daß ein Verweisen auf einschlägige Arbeiten genügen mag[4]. Auch für die Anschauung HILTNERS[5], wonach sich um jede Pflanzenwurzel eine durch eigenartige Mikroorganismen gekennzeichnete „Rhizosphäre" bilden solle, hat sich bisher noch kein Beweis erbringen lassen; wenigstens gehören die von STOKLASA[6] als Mikroorganismen der Rhizospäre bezeichneten

beschäftigen sich mit dem Einfluß von Salzen auf von Mikroorganismen durchgeführte Stoffwechselvorgänge (CO_2-, N_2O_5-Bildung usw.).

[1] DEMETER, K. J.: Über den Einfluß von Kalidüngemitteln auf die Mikroflora des Bodens. Fortschr. Landw. **2**, 69 (1927). — Auch K. SCHARRER u. A. STROBEL: Z. angew. Chem. **39**, 1481 (1926).

[2] BOAS, F.: Das phyletische Anionenphänomen. Jena: G. Fischer 1927. — Beobachtungen über Stammesauslese. Cbl. Bakter. II **78**, 21 (1929). — ESTOR, W.: Quantitative Untersuchungen über die Beziehungen zwischen dem Wachstum von Bakterien und Pilzen und der Konzentration einiger Neutralsalze. Cbl. Bakter. II **72**, 411 (1927).

[3] Vgl. z. B. unten S. 303 ff.

[4] Literatur einschließlich der Verhältnisse bei Brache; über diese vgl. Bd. 9 dieses Handbuches. — CARON, A.: Landwirtschaftlich-bakteriologische Probleme. Landw. Versuchsstat. **45**, 401 (1895). — BURRI, R.: Die Mikroorganismen und ihre Bedeutung für die Ernährung der Pflanzen usw., S. 231. Schweiz. landw. Zbl. **20**, 215 (1901). — STOKLASA, J. u. A. ERNEST: S. 257, Anm. 6. — HILTNER, L. u. K. STÖRMER: S. 262, Anm. 5. — ENGBERDING, D.: S. 259, Anm. 1. — KRÜGER, W. u. B. HEINZE: Untersuchungen über das Wesen der Brache. Landw. Jb. **36**, 383 (1907). — WAITE, H. H. u. D. H. SQUIRES: A comparative study of the bacterial content of soils from fields of corn and alfalfa. Nebr. Agr. Exp. Stat. **24**, Ann. Rep. 160 (1911). — BROWN, P. E.: Bacteriological studies of field soils. II. The effect of continous cropping and various rotations. Jowa Agr. Exp. Stat. Res. Bull. **6** (1912). — GREAVES, J. E.: A study of bacterial activities in origin and cultivated soils. Cbl. Bakter. II **41**, 444 (1914). — LECHAIR, C. A.: The influence of the growth of cowpeas upon some physical, chemical and biological properties of soil. J. agricult. Res. **5**, 439 (1916). — GAINEY, P. L. u. W. W. GIBBS: Bacteriological studies of a soil subjected to different systems of cropping for twenty five years. Ebenda **6**, 953 (1916). — KREUZBURG, H.: Untersuchungen über den Einfluß des Pflanzenbestandes auf das Bakterienleben im Boden. Landw. Jb. **68**, 75 (1928). — KÁŠ, V.: Beitrag zur Methodik der Untersuchung der Verhältnisse in der Rhizosphäre usw. Věstn. československ. Akad. zemed. Prag **5**, 861 (1929).

[5] HILTNER, L.: Über neuere Erfahrungen und Probleme auf dem Gebiete der Bodenbakteriologie und unter besonderer Berücksichtigung der Gründüngung und Brache. Arb. dtsch. Landw.-Ges. **98**, 59 (1904).

[6] STOKLASA, J. u. E. G. DOERELL: Handbuch der physikalischen und biochemischen Durchforschung des Bodens. Berlin: P. Parey 1926.

und isolierten Formen zu den ganz gewöhnlichen Bodenmikroorganismen, sie sind also keineswegs spezifisch. Verständlich wäre natürlich eine gewisse Anhäufung von Mikroorganismen um die Wurzeln, deren absterbenden Wurzelhaare und möglicherweise organischen Ausscheidungsprodukte solches zur Folge haben könnten. In der Tat hat man auch unmittelbar an den Wurzeln mehr Mikroorganismen (Pilze, Bakterien, Actinomyceten) gefunden als entfernter davon, wie z. B. STARKEY[1]. GRÄF[2] fand mehr Bakterien in der Rhizosphäre als in der wurzelfreien Erde und wieder mehr auf der Wurzeloberfläche. WILSON und LYON[3] fanden ferner in bepflanztem Boden 2—10 mal so viel Bakterien unter besonders exakten Versuchsbedingungen, nämlich steriler Boden, sterile Aussaat und Impfung. Die in Symbiose mit höheren Pflanzen lebenden Mikroorganismen sind bei dieser Betrachtung natürlich ausgenommen.

Die Mikroorganismen des Stickstoffumsatzes.

Eiweißzersetzung und Ammoniakbildung.

Es ist hier eine allgemeine Vorbemerkung notwendig. Bei der Zersetzung der Eiweißstoffe sowie der übrigen stickstoffhaltigen organischen Verbindungen, deren Endvorgang die Ammoniakbildung ist, handelt es sich nicht nur um spezifische, vornehmlich einen bestimmten Stoffwechseltypus durchführende Mikroorganismen, wenn auch einige Arten besonders hervortreten, sondern es kommt diese Fähigkeit in höherem oder geringerem Maße allen Mikroorganismen zu. Das hat seinen Grund darin, daß Eiweiß als Bestandteil der lebenden Substanz (Organeiweiß) wie auch als Reservestoff, bei Mikroorganismen hauptsächlich als Volutin[4], wohl keiner Zelle fehlt und namentlich im letztgenannten Falle wieder in den Stoffwechsel einbezogen werden kann, also vorher abgebaut werden muß.

Aber auch das Organeiweiß kann diesem Abbau unterliegen, wie die Autolyse, d. h. die völlige Auflösung der ganzen Organismensubstanz im Alter, wenn die sonstigen Kohlenstoffquellen versiegt sind, zeigt. Ammoniak tritt dabei als Endprodukt des Stickstoffs auf. Eine solche Autolyse tritt jedoch nicht ein, wenn die Körpermasse in Form von Dauerorganen, wie den Endosporen der Bakterien, festgelegt ist. Alles dies ist bei den einzelnen Organismenarten jeweils quantitativ sehr verschieden. Um ein Beispiel von Schimmelpilzen zu nennen, verfällt nach SCHNÜCKE[5] Aspergillus niger kräftig der Autolyse, während dies bei anderen, wie Penicillium, Oidium, nur sehr wenig der Fall ist. Wie weit diese autolytischen Vorgänge im Boden quantitativ eine Rolle spielen, bzw. welche Mikroorganismen hierfür im wesentlichen in Frage kämen, darüber lassen sich zur Zeit noch keinerlei Angaben machen. Diese Vorgänge könnten

---

[1] STARKEY, R. L.: Some influences of the development of higher plants upon the microorganisms in the soil. I. Historical and introduction. II. Influence of the stage of plant growth upon abundance of microorganisms. Soil Sci. **27**, 319, 355 (1929). Hier eingehende Literatur.

[2] GRÄF, G.: Über den Einfluß des Pflanzenwachstums auf die Bakterien im Wurzelbereich. Cbl. Bakter. **82**, 44 (1930).

[3] WILSON, J. K. u. T. L. LYON: The growth of certain microorganisms in planted and unplanted soil. Cornell Univ. Agr. Exp. Stat. Mem. **103** (1926). — HOFFMANN, C. [A contribution to the subject of the factors concerned in soil productivities. Kansas. Univ. Sci. Bull. **9**, 81 (1914)] fand in der den Wurzeln anhängenden Erde mehr Bakterien als in einiger Entfernung davon.

[4] Vgl. A. MEYER: Die Zelle der Bakterien. Jena: G. Fischer 1912.

[5] SCHNÜCKE, H.: Der Phosphorstoffwechsel einiger Pilze mit besonderer Berücksichtigung von Aspergillus niger. Biochem. Z. **153**, 372 (1924). — Vgl. weiter G. BEHR: a. a. O., S. 274, Anm. 8.

sich aber natürlich nur auf den Teil des Stickstoffs erstrecken, welcher in Mikroorganismensubstanz fest gelegt ist. In diese Frage spielt anscheinend auch diejenige nach der Entstehung der Humussubstanzen hinein[1].

Im übrigen vollzieht sich der Abbau der stickstoffhaltigen Substanzen mit der Ammoniakbildung als wesentlichstem Endprodukt dergestalt, daß es sich dabei stets um einen Angriff auf das Kohlenstoffskelett dieser Stoffe handelt, wobei Ammoniak zwangsmäßig frei wird. Nur ein kleiner Teil des Stickstoffs wird hierbei zur Deckung des Stickstoffbedarfes des betreffenden Organismus selbst verbraucht und bleibt, wenigstens zeitweise, in organischer Form erhalten.

Nach dem Gesagten wird also die Aufzählung von Mikroorganismen der Eiweißzersetzung und Ammoniakbildung sich auf einige ausgewählte Typen beschränken müssen. Es sind das vornehmlich solche Arten, welche ihren Kohlenstoffbedarf im allgemeinen nicht aus Kohlenhydraten, sondern aus stickstoffhaltigen Verbindungen decken. Es würden diese also die eigentlichen Fäulnisbakterien sein, wenn man diesen Ausdruck, wie meist üblich, auf die Eiweißzersetzung anwenden will. In Kultur sind diese Organismen durch ihre Fähigkeit zur Gelatineverflüssigung[2] zu erkennen. Neben Ammoniak finden sich ferner mehr oder weniger die übrigen organischen oder anorganischen Endprodukte der Eiweißzertrümmerung, welche z. T. als wesentliche Diagnostica dienen. Die folgende Übersicht zeigt diesen Gang der Zertrümmerung:

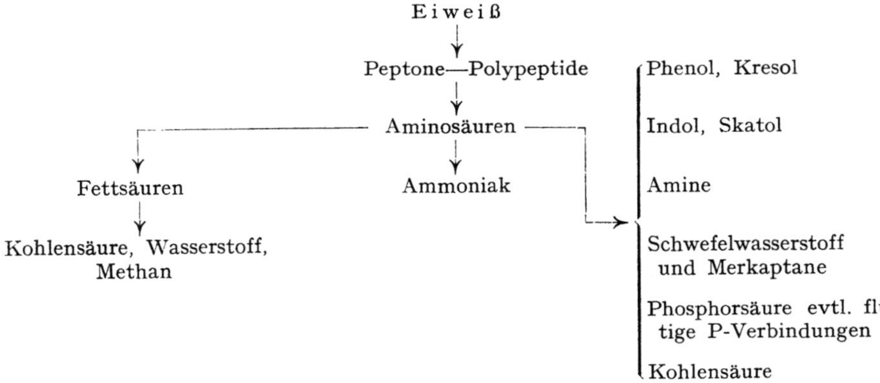

Der wichtigste anaërobe Eiweißzersetzer[3], der Erreger der stinkenden Fäulnis, ist Bacillus putrificus BIENSTOCK, ein 5—6 μ langes, 0,8 μ breites, peritrich begeißeltes Stäbchen mit Endosporen in den trommelschlägelförmig (Plectridium) angeschwollenen Sporenmutterzellen. Es vergärt keinen Zucker, ist also ein typisches Eiweißbakterium. Ihm nahe stehen eine Reihe sehr ähnlicher Bacterien, Bacillus botulinus VAN ERMENGEM, histolyticus WEINBERG et SEGUIN, sporogenes METSCHNIKOFF, verrucosus LEHMANN et SÜSSMANN, deren Abgrenzung von jenem sehr problematisch erscheint, von pathogenen Formen ferner Bacillus tetani NICOLAIER, der Starrkrampferreger, der im

[1] Vgl. Bd. 8 dieses Handbuches.

[2] Vgl. oben S. 257.

[3] HIBLER, E. V.: Untersuchungen über die pathogenen Anaëroben. Jena 1908. — JUNGANO, M. u. A. DISTASO: Les anaërobies. Paris 1910. — Medical Research Committee: Reports of the Committee upon anaerobic bacteria and infections. London 1919. — HELLER, H. H.: Classification of the anaërobic bacteria. Bot. Gaz. **73**, 70 (1922); J. Bacter. **7**, 1 (1922). — REDDISH, G. F. u. L. F. RETTGER: Clostridium putrificum etc. Ebenda **7**, 505 (1922); **8**, 375 (1923); **9**, 321 (1924). — A morphological, cultural and biochemical study of representative spore forming anaërobic bacteria. Ebenda **9**, 13 (1924). — STURGES,

Erdboden verbreitet ist[1]. Auch die Gruppe des Bacillus amylobacter A. M. und BREDEMANN vermag Eiweiß anzugreifen[2].

Der sozusagen typischste Eiweißzersetzer ist Bacillus vulgaris (HAUSER) LEHMANN et NEUMANN (= Proteus vulgaris)[3], ein sehr vielgestaltiges Bakterium, das „Normal"-Stäbchen mit langen, peritrich angeordneten Geißeln von 0,4 bis 0,5 μ Breite und 1,6—4 μ Länge, ohne Endsporen, bildet. Es vergärt ebenfalls keine Kohlenhydrate. Es ist fakultativ anaërob.

Von weiteren aëroben Eiweißzersetzern, auf welche im Boden die Ammoniakbildung hauptsächlich zurückzuführen ist, sind zunächst einige farbstoffführende Bakterien auffällig: Pseudomonas fluorescens (FLÜGGE) LEHMANN et NEUMANN und pyocyaneus (FLÜGGE) LEHMANN et NEUMANN[4], wobei der häufige Zusatz liquefaciens zum Namen des einen auf seine gelatineverflüssigende, eiweißlösende Fähigkeit hinweist, mit 1 polaren Geißel, ohne Endosporen, 0,4 μ breit, 1,4—6 μ lang, beide sehr ähnlich, vielleicht identisch, führen einen in alkalischer Lösung grün, in neutraler oder schwach saurer Lösung blau fluorescierenden Farbstoff, das Bacteriofluorescein, und einen blauen Farbstoff, das Pyocyanin. Bacillus prodigiosus (EHRENBERG) LEHMANN et NEUMANN, das Bakterium der blutigen Hostie, führt das nach außen in kleinen Körnchen abgeschiedene, wasserunlösliche, blutrote Prodigiosin, das in alkalischer Lösung in Kanariengelb umschlägt. Es ist ein peritrich begeißeltes, kürzeres, oft fast kokkenförmiges Stäbchen (bis 1 μ), das aber in Flüssigkeit längere Stäbchen, oft sogar Fäden bildet.

An die Genannten schließen sich weiter als aërobe Eiweißzersetzer die verbreiteten aëroben sporenbildenden Erdbakterien an[5], von denen als bekannteste Arten bzw. Formengruppen hervorgehoben seien:

W. S. u. G. F. REDDISH: Clostridium flabelliferum. A putrefactive anaërobe etc. Ebenda **11**, 37, 189 (1926). — MEAD, M. W. u. C. G. KING: Proteolysis and the selective distruction of amino acids by Cl. sporogenes and Cl. histolyticum. J. Bacter. **17**, 151 (1929). — STURGES, W. S. u. E. T. DRAKE: A complete description of Clostridium putrefaciens (McBRYDE). Ebenda **14**, 175 (1927). — DACK, G. M., W. L. WOOD u. S. A. DEHLER: Proteolytic activitie by Clostridium botulinum usw. J. inf. Dis. **42**, 176 (1928). — MEAD, M. W. u. C. G. KING: Proteolysis etc. by Clostridium sporogenes and Clostridium histolyticus. J. Bacter. **17**, 151 (1929). — K. B. LEHMANN u. R. O. NEUMANN: S. 239, Anm. 2.

[1] NOBLE, W.: Experimental study on the distribution and habitat of the tetanus bacillus. J. inf. Dis. **16**, 132 (1915). — DUBOVSKY, S. J. u. K. F. MEYER: The occurrence of B. tetani in soil and on vegetables. Ebenda **31**, 614 (1922). — TANNER, F. W. u. G. M. DACK: Clostridium botulinum. Ebenda **31**, 92 (1922). — DUBOVSKY, B. J. u. K. F. MEYER: An experimental study of the methods available for the enrichment, demonstration of B. botulinus in specimens of soil. Ebenda **31**, 501 (1922). — PETERSON, E. C. u. J. C. HALL: The isolation of Bac. histolyticus from soil in California. Proc. Soc. exper. Biol. a. Med. **20**, 502 (1923). — The detection of Bac. botulinus and Bac. tetani in soil samples etc. J. Bacter. **9**, 201 (1924). — Die Bedeutung dieser Gruppe für die Zersetzung von Eiweiß wurde namentlich festgestellt von B. BIENSTOCK: Untersuchungen über die Ätiologie der Eiweißfäulnis. Arch. f. Hyg. **36**, 335 (1899); **39**, 390 (1901). — H. TISSIER u. MARTELLY: Recherches sur la putréfaction de la viande de boucherie. Ann. Inst. Pasteur **16**, 865 (1902). — G. SALUS: Zur Biologie der Fäulnis. Arch. f. Hyg. **51**, 97 (1904). — Ferner A. KOSSOWICZ unter Anm. 3.

[2] FULTON, H. L., W. H. PETERSON u. E. B. FRED: The hydrolysis of native proteins by Bac. Granulobacter pectinovorum etc. Cbl. Bakter. II **67**, 1 (1926).

[3] ZEISS: Erg. Hyg. **5**, 698 (1922). Kritisches Sammelreferat. — KOSSOWICZ, A.: Die Bakterien der Fleischkonservenbombage. Cbl. Bakter. II **48**, 41 (1918).

[4] HÜTTIG, C.: Untersuchungen an fluorescierenden Bakterien aus Wasser, Erde und Pflanzen. Ber. dtsch. bot. Ges. **47**, 395 (1929). — LEWIS, J. M.: The distribution of green fluorescent bacteria in soils etc. Cbl. Bakter. II **81**, 368 (1930). — GORBACH, G.: Zur Kenntnis der Bakterienproteasen. Arch. Mikrobiol. **1**, 537 (1930). — JANKE, A. u. H. HOLZER: Probleme des Stickstoffkreislaufes. Biochem. Z. **213**, 141 (1929); **226**, 243 (1930).

[5] GOTTHEIL, O.: Botanische Beschreibung einiger Bodenbakterien. Cbl. Bakter; II **7**, 430 (1901). — NEIDE, E.: Botanische Beschreibung einiger sporenbildender Bakterien.

Gruppe des Bacillus subtilis (F. COHN) mit relativ kleinen Zellen.
,, ,, Bacillus mesentericus (FLÜGGE) LEHMANN et A. NEUMANN mit oft dunkel verfärbten Kolonien.
,, ,, Bacillus mycoides (FLÜGGE) mit fädigem, fast pilzähnlichem und spiraligem Wachstum der Kolonien.
,, ,, Bacillus Megatherium (DE BARY) mit relativ großen Zellen.

Alle sind peritrich begeißelt; die Endosporen liegen in unveränderten Sporenmutterzellen. Von pathogenen Formen gehört noch der unbewegliche Milzbrandbazillus, Bacterium anthracis F. COHN et KOCH, in diese Gruppe der sporenbildenden Eiweißzersetzer.

Hierzu kommen nun eine Reihe nicht sporenbildender Erdbakterien der verschiedensten Gruppen wie Stäbchen, Kokken und Vibrionen. Sie sind alle in ihrem Stoffwechsel noch recht wenig bekannt. Von wirklich einigermaßen bekannten Arten kommen die im Erdboden verbreiteten Milchsäurebakterien in Frage, zunächst Bacillus coli (ESCHERICH) LEHMANN et NEUMANN[1], der verbreitete Darmbewohner, der überall in mit tierischen Exkrementen verunreinigter Erde häufig ist. Wie dieser, so greifen auch die übrigen und eigentlichen Milchsäurebakterien[1] von den Eiweißstoffen in erster Linie das Kasein an. Im übrigen wirken sie kräftig erst auf Peptone bzw. Aminosäuren ein. Auf die biochemisch außerordentlich mannigfaltige Ammoniakbildung aus Aminosäuren kann hier jedoch nicht eingegangen werden[2].

Ebenda **12**, 1 (1904). — CHESTER, F. D.: A review of the Bac. subtilis group of bacteria. Ebenda **13**, 737 (1904). — HOLZMÜLLER, K.: Die Gruppe des Bac. mycoides FLÜGGE. Ebenda **23**, 304 (1909). — FORD, W. W., J. S. LAWRENCE, C. A. LAUBACH u. J. L. RICE: Studies on aërobic spore-bearing non pathogenic bacteria. J. Bacter. **1**, 273, 493 (1916). — CONN, H. J.: A study of Bac. subtilis by means of the classification card. Cbl. Bakter. II **45**, 367 (1916). — STAPP, C.: Botanische Untersuchung einiger neuer Bakterienspecies, welche mit reiner Harnsäure oder Hippursäure als alleinigem organischem Nährstoff auskommen. Ebenda II **51**, 1 (1920). Hier eine tabellarische Übersicht. — PERLBERGER, J.: Über die fermentative Wirkung der Gruppe des Bac. mycoides und seiner nächsten Verwandten auf Kohlenhydrate nebst einigen Bemerkungen über die Morphologie dieser Gruppe. Ebenda **62**, 1 (1924). — NYBERG, C.: Zur Biologie des Bac. mycoides. Acta Soc. Med. Fennicae **12**, fasz. 2 u. 3 (1929).

[1] Einige neuere Literatur: A. STAFFE: Über Eiweißabbau durch Vertreter der Bacterium-Coli-Gruppe. Fortschr. Landw. **3**, 302 (1928). — W. H. PETERSON, S. M. PRUESS u. E. B. FRED: The proteolytic action of certain lactic acid bacteria. J. Bacter. **15**, 165 (1928). — W. C. FRAZIER u. PH. RUPP: Studies on the proteelytic bacteria in milk. I u. II. Ebenda **16**, 57, 65 (1928). — G. HUCKER: Action of the Streptococci upon casein. Cbl. Bakter. II **76**, 321 (1929). — J. E. MINKEWITSCH: Über einige Bodenstämme des Bac. coli usw. Z. Hyg. **111**, 58 (1930). — Die Grundtypen der Bakteriengruppe Coli-Aerogenes und ihre Herkunft. Ebenda **111**, 180 (1930). — J. MAULHARDT: Klassifizierung der in Kot und Milch vorkommenden gramnegativen Milchzucker vergärenden Bakterien. Arch. Mikrobiol. **1**, 165 (1930). — R. W. HAMMER u. V. H. PATIL: Proteolysis by Streptococcus lactis etc. Iowa St. Coll. Agr. Res. Bull. **123** (1930).

[2] Angaben über die bei der Eiweißzersetzung beteiligten Mikroorganismen, namentlich Bakterien, findet man bei: A. MÜNTZ u. H. COUDON: La fermentation ammoniacale de la terre. C. r. Acad. Sci. Paris **116**, 395 (1893). — E. MARCHAL: Sur la production de l'ammoniaque dans le sol par les microbes. Bull. Acad. roy. Sci. Belg. **25**, 728 (1893); **27**, 71 (1895). — S. A. SEVERIN: Die im Miste vorkommenden Bakterien und deren physiologische Rolle bei der Zersetzung desselben. Cbl. Bakter. II **1**, 97 (1895); **3**, 628 (1897); **7**, 369 (1901); **13**, 616 (1904). — A. OLIG: Die Zersetzung pflanzlicher Futter- und Nahrungsmittel durch Bakterien. Dissert., Münster 1903.— Auch J. KÖNIG, A. SPIECKERMANN u. A. OLIG: Cbl. Bakter. II **10**, 535 (1903). — F. D. CHESTER: The bacteriological analysis of soils. Delaware Stat. Bull. **65** (1904). — F. LÖHNIS: Beitrag zur Kenntnis der Stickstoffbakterien. Cbl. Bakter. II **14**, 582 (1905). — S. D. GAGE: Contribution to the biochemistry of sewage purication; the bacteriolysis of peptones and nitrate. J. amer. chem. Soc. **27**, 327 (1905). — J. G. LIPMAN: Chemical and bacteriological factors in the ammonification of soil nitrogen. N. Y. Agr. Exp. Stat. **19**, Ann. Rep., S. 119 (1906). — E. B. VORHEES u. J. G. LIPMAN: A review of investigations in soil bacteriology. Bull. Office Exp. Stat. U. S.

Als besondere physiologische Gruppe sei noch auf thermophile[1] Bakterien hingewiesen, deren häufiges Vorkommen im Dünger ja wohl ohne weiteres auf ihre eiweißzersetzenden Fähigkeiten hinweist. Als Ammoniakbildner kommen dann weiterhin eine große Anzahl von Actinomyceten[2] und von Pilzen[3] in Betracht; die letztgenannten werden ihre Tätigkeit vornehmlich in sauren Humusböden ausüben, wie MÜNTZ und COUDON, MARCHAL[4] gezeigt haben.

Folgendes Beispiel nach MARCHAL[5] mag die Ammoniakbildung aus Eieralbumin unter der Einwirkung verschiedener Mikroorganismen zeigen.

NH_3 nach 20 Tagen bei 30^0 in Prozent des ursprünglich vorhandenen Stickstoffs.

Bac. mycoides	46	Bac. arborescens	19
Proteus vulgaris	36	Bact. fluorescens liquefaciens	16
Bac. mesentericus vulgatus	36	Cephalothecium roseum	37
Sarcina lutea	27	Aspergillus terricola	32
Bac. subtilis	23	Botryotrichum piluliferum	24
Bac. janthinus	23	Stemphylium	5
Bact. fluorescens putidum	22	Actinomyces	21

Auch in den Böden, denen keine organische Substanz zugeführt wird, findet eine langsame Ammoniakbildung statt, die hier nur aus den Humusstoffen erfolgen kann. In sauren Humusböden kommen sicherlich Pilze dafür in Frage; wie weit im übrigen die autochtone Bakterienflora WINOGRADSKYS[6] daran beteiligt ist, bzw. welche schon näher bekannten Bakterien im wesentlichen in Frage kommen, entzieht sich heute noch unserer Kenntnis.

Dep. Agr. **194** (1907). — F. A. BAINBRIDGE: The action of certain bacteria on proteins. J. of Hyg. **11**, 341 (1911). — C. B. LIPMAN u. P. S. BURGESS: Studies on ammonification in soils by pure cultures. Univ. Col. Publ. Agr. Sci. **1**, 141 (1914). — J. A. SPERRY u. L. F. RETTGER: The behavior of bacteria towards purified animal and vegetal proteins. J. of biol. Chem. **20**, 445 (1915). — R. H. ROBINSON u. H. V. TARTAR: The decomposition of protein substances through the action of bacteria. Ebenda **30**, 135 (1917). — N. BERMAN u. L. F. RETTGER: Bacterial nutrition: further studies on the utilization of protein and non protein nitrogen. J. Bacter. **3**, 367 (1918). — H. J. CONN u. J. W. BRIGHT: Ammonification of manure in soil. N. Y. Agr. Exp. Stat. Techn. Bull. **67** (1919). — H. J. CONN u. R. C. COLLISON: A study of certain bacteria involved in the ammonification of manure. N. Y. Agr. Exp. Stat. Bull. **494** (1922). — S. A. WAKSMAN u. S. LOMANITZ: Contribution to the chemistry of decomposition of proteins and amino acids by various groups of microorganisms. J. agricult. Res. **30**, 263 (1925). — G. RUSCHMANN: Vergleichende biologische und chemische Untersuchungen an Stalldüngersorten. Cbl. Bakter. **70**, 214, 383 (1927); **72**, 193 (1927); **73**, 179 (1928); **75**, 182 (1928). — Ferner: P. HIRSCH: Die Einwirkung von Mikroorganismen auf die Eiweißkörper. Berlin: Bornträger 1918. — M. GUGGENHEIM: Die biogenen Amine und ihre Bedeutung für die Physiologie und Pathologie des pflanzlichen und tierischen Stoffwechsels, 2. Aufl. Berlin: Julius Springer 1924. — A. JANKE: DerAminosäureabbau durch Mikroben. Arch. Mikrobiol. **1**, 304 (1930). Ausführliches Sammelreferat!

[1] Vgl. S. 261.

[2] MACÉ, E.: De la décomposition des albuminoides par les Cladothrix. C. r. Acad. Sci. **14**, 147 (1905). — FOUSEK, A.: S. 318, Anm. 3. — MÜNTER, F.: Über Stickstoffumsetzungen einiger Actinomyceten. Cbl. Bakter. II **39**, 561 (1914). — WAKSMAN, S. A.: Studies on the proteolytic enzymes of soil fungi and Actinomyces. J. Bacter. **3**, 509 (1918). — Studies in the metabolism of Actinomycetes. III. Nitrogen metabolism. Ebenda **5**, 1 (1920). — GUITTONNEAU, G.: Sur la production de l'urée au cours de l'ammonification par les Microsiphonées. C. r. Acad. Sci. **178**, 1383 (1924). — JENSEN, H. L.: Decomposition of keratin by soil microorganisms. J. agricult. Sci. **20**, 390 (1930).

[3] MÜNTZ, A., H. COUDON u. E. MARCHAL: S. 269, Anm. 2. — BUTKEWITSCH, W.: Umwandlung der Eiweißstoffe durch die niederen Pilze usw. Jb. wiss. Bot. **38**, 147 (1903). — McLEAN, H. C. u. G. W. WILSON: Ammonification studies with soil fungi. N. Y. Agr. Exp. Stat. Bull. **270** (1914). — WAKSMAN, S. A. u. R. C. COOK: Incubation studies with soil fungi. Soil Sci. **1**, 375 (1916). — WAKSMAN, S. A.: Studies on proteolytic activities of soil microorganisms with special reference to fungi. J. Bacter. **3**, 475 (1918).

[4] Vgl ferner Mycorrhiza S. 308. [5] MARCHAL E.: S. 269, Anm. 2.

[6] WINOGRADSKY, S.: S. 254. — Vgl. auch dieses Handbuch Bd. 8 (RIPPEL).

Ähnliches, wie es allgemein von der Zersetzung der Eiweißstoffe durch Mikroorganismen gesagt wurde, gilt auch für die Zersetzung sonstiger stickstoffhaltiger Stoffe; auch hier sind mehr oder weniger sehr viele Mikroorganismenarten beteiligt, wenn auch einige sich besonders hervorheben, so z. B. bei der Harnstoffzersetzung. Solche Mikroorganismen sind in Erde und Dünger verbreitet[1]. MIQUEL rechnet in Erde 1—2%, in Dünger und Jauche 10% der Keime als Harnstoffzersetzer. In Erde kommt als gut definierte spezifische Art der sporenbildende Bacillus probatus A. M. et VIEHOEVER in Frage, ein peritrich begeißeltes Stäbchen, dessen Sporenmutterzelle spindelförmig (Clostridium) anschwillt. Unter diesem Namen faßte VIEHOEVER[2] verschiedene „Arten" Urobacillus Pasteuri, Urobacillus Leubii, Urobacillus Miquelii, Bacillus Pasteuri u. a. zusammen. Ferner[3] kommen eine Anzahl nicht sporenbildender Bakterien in Frage, so z. B. Stäbchen, Coccus- (diese nach BEIJERINCK kälteliebend) und Sarcina-Arten, die teilweise als Urococcus, Urosarcina bezeichnet sind. Eine scharfe Artumgrenzung dürfte heute noch nicht möglich sein. Auch bei sonst allgemein bekannten Bakterien ist die Fähigkeit der Harnstoffspaltung festgestellt, z. B. bei Bacillus coli, Pseudomonas fluorescens, bei Sporenbildnern, wie Bacillus Megatherium, mycoides[4] usw., ferner bei Pilzen[5], für die Harnstoff überhaupt eine ausgezeichnete Stickstoffquelle ist, bei einer Hefe u. dgl. m. Auch kälteliebende Formen wurden u. a. von BEIJERINCK[3] beschrieben.

Die Harnstoffzersetzung vollzieht sich zumeist aërob; doch fand GEILINGER[6] unter 72 untersuchten Formen in 5,6% der Fälle eine anaërobe Harnstoffzersetzung. Da der Vorgang unter Energiegewinn verläuft,

$$CO(NH_2)_2 + 2\,H_2O = (NH_4)_2CO_3 + 7\,\text{Cal},$$

so liegt die Annahme einer autotrophen Lebensweise nahe; doch fand VIEHOEVER nur ungewisse Andeutungen in dieser Richtung, während CHRISTENSEN[7] für eine Urobacillus Beijerinckii genannte Form dieses sichergestellt hat. Unter allen Umständen jedoch wird ihr Wachstum durch Peptone sehr gefördert, desgleichen fördern auch Humusstoffe. Der Umsatz ist relativ sehr groß.

---

1 Solche Angaben finden sich neuerdings bei M. DÜGGELI und D. FEHÉR: S. 252, Anm. 3.

2 VIEHOEVER, A. B.: Botanische Untersuchung harnstoffspaltender Bakterien usw. Cbl. Bakter. II **39**, 209 (1913).

3 MIQUEL, P.: Die Vergärung des Harnstoffs. In LAFAR: Handbuch der technischen Mykologie, 2. Aufl., **3**, 71. Jena: G. Fischer 1904—06. Wichtige frühere Arbeit: M. W. BEIJERINCK: Anhäufungsversuche mit Ureumbakterien. Cbl. Bakter. II **7**, 33 (1901). — Neuere Literatur über Harnstoffzersetzer: L. RUBENTSCHIK: Über die Lebenstätigkeit der Urobakterien bei einer Temperatur unter 0° C. Cbl. Bakter. II **64**, 166 (1925). — Zur Frage der Beziehungen der Urobakterien zu organischen Verbindungen. Ebenda **65**, 1 (1925). — Über einige neue Urobakterien. Ebenda **66**, 161 (1926). — Über die Einwirkung von Salzen auf die Lebenstätigkeit der Urobakterien. Ebenda **67**, 167 (1926). — Über die Ureasebildung durch Bakterien bei Nichtvorhandensein von Harnstoff. Biochem. Z. **175**, 482 (1926). — Zur Entwicklungsgeschichte einiger Urobakterien usw. Cbl. Bakter. II **68**, 161 (1926). — Verlust und Regeneration des Harnstoffspaltungsvermögens einiger Urobakterien. Ebenda **68**, 327 (1926).

4 LÖHNIS, F. u. W. KUNTZE: Beiträge zur Mikroflora des Stalldüngers. Cbl. Bakter. II **20**, 676 (1908).

5 KOSSOWICZ, A.: Die Zersetzung von Harnstoff, Harnsäure, Hippursäure und Glykokoll durch Schimmelpilze. Z. Gärungsphysiol. **1**, 60 (1912). — In vielen Pilzen kommt ferner Urease, das harnstoffzersetzende Enzym, vor.

6 GEILINGER, H.: Beiträge zur Biologie harnstoffvergärender Mikroorganismen usw. Cbl. Bakter. II **47**, 245 (1917).

7 CHRISTENSEN, H. R.: Über den Einfluß der Humusstoffe auf die Ureumspaltung. Cbl. Bakter. II **27**, 336 (1910).

SÖHNGEN[1] fand auf 10 mg Asparagin als Kohlenstoffquelle 1800 mg Harnstoff zersetzt.

Die Züchtung erfolgt auf Pepton- oder Hefewassergelatine unter Zusatz von 2—5% Harnstoff. Die Kolonien sind von einem Hof von Kristallen von Kalziumkarbonat und Phosphaten umgeben, welche infolge der durch die Ammoniakbildung bedingten alkalischen Reaktion ausfallen. Auch Mono- und Dimethylolharnstoffe sowie Hexamethylentetramin werden von Mikroorganismen zersetzt[2].

Die Zersetzung der in den Exkrementen von Vögeln und Reptilien vorkommenden Harnsäure erfolgt ebenfalls durch aërobe Bakterien und Schimmelpilze[3]. Soweit sporenbildende Bakterien in Frage kommen, wurde diese Frage eingehend von STAPP[4] untersucht, der einige neue, den übrigen sporenbildenden Erdbakterien nahe verwandte Formen beschrieb: Bacillus capri, guano, musculi u. a. Von nicht sporenbildenden Bakterien ist die Fähigkeit der Harnsäurezersetzung u. a. bekannt von Bacillus vulgaris[5], Pseudomonas fluorescens[6]. Bei der Zersetzung tritt Allantoin als Zwischenprodukt auf; als Endprodukte erscheinen Oxalsäure und Harnstoff, welch letzterer dann weiter ammonifiziert wird, was aber anscheinend nicht von allen fraglichen Bakterien durchgeführt werden kann.

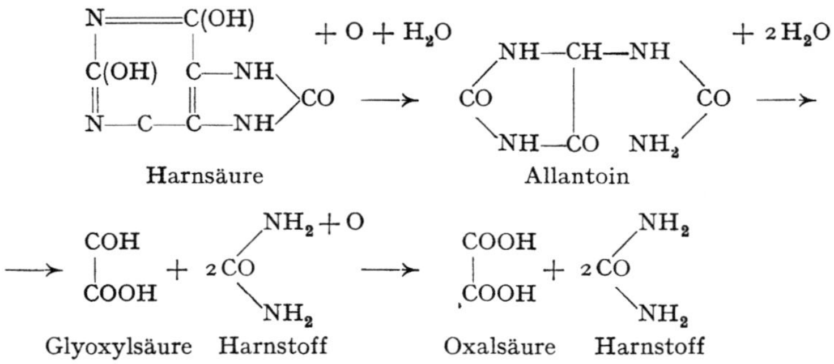

Auch der Harnsäure chemisch verwandte Stoffe wie Guanin, Hypoxanthin, Allantoin, Koffein usw. können nach STAPP von den Harnsäure zersetzenden Bakterien mehr oder weniger gut als Kohlenstoffquelle verwendet werden.

---

[1] SÖHNGEN, N. L.: Ureumspaltung bei Nichtvorhandensein von Eiweiß. Cbl. Bakter. II **23**, 91 (1909).

[2] BLANCK, E. u. F. PREISS: Über die Stickstoffwirkung der sich bei Konservierung der Jauche mit Formalin bildenden Stoffe auf die Pflanzenproduktion. J. Landw. **69**, 33 (1921). — BLANCK, E. u. F. GIESECKE: Mono- und Dimethylolharnstoff in ihrer Wirkung auf die Pflanzenproduktion und ihr Stickstoffumsatz im Boden. Z. Pflanzenernährg. usw. A **2**, 393 (1923). — BLANCK, E., W. GEILMANN u. F. GIESECKE: Die Stickstoffwirkung des Hexamethylentetramins auf die Pflanzenproduktion. J. Landw. **70**, 221 (1922). — TEREG, E.: Kann Hexamethylentetramin als Stickstoffquelle für pflanzliche Organismen verwendet werden? Flora, N. F. **10**, 270 (1918).

[3] KOSSOWICZ, A.: S. 271, Anm. 5. — BIEREMA, M.: Die Assimilation von Ammon-, Nitrat- und Amidstickstoff durch Mikroorganismen. Cbl. Bakter. II **23**, 672 (1909). — MORRIS, J. L. u. E. E. ECKER: Destruction of uric acid by bacteria and molds. J. inf. Dis. **34**, 592 (1924).

[4] STAPP, C.: Botanische Untersuchung einiger neuer Bakterienspezies, welche mit reiner Harnsäure oder Hippursäure als alleinigem organischem Nährstoff auskommen. Cbl. Bakter. II **51**, 1 (1920).

[5] NAVIASKY, P.: Über die Umsetzung von Aminosäuren durch Bac. Proteus. Arch. f. Hyg. **66**, 241 (1908). — MOLTKE, O.: Zur Charakteristik und Eingruppierung der Proteusbazillen usw. Cbl. Bakter. I Orig. **113**, 301 (1929).

[6] LIEBERT, F.: The décomposition of uric acid by bacteria. Acad. Wetenschap. Amsterdam **1909**.

Hippursäure wird von vielen Mikroorganismen angegriffen und in Benzoesäure und Glykokoll gespalten[1], die dann weiter verarbeitet werden:

$$C_6H_5 \cdot CO \cdot NH \cdot CH_2 \cdot COOH + H_2O = C_6H_5 \cdot COOH + NH_2 \cdot CH_2 \cdot COOH.$$

SCHELLMANN[2] isolierte 34 Reinkulturen, aus Jauche, Kot, Schlamm usw., von denen 28 Hippursäure, die übrigen Harnsäure und Harnstoff spalteten. Im allgemeinen sollen die Bakterien entweder Hippursäure oder Harnsäure spalten; alle Harnstoffspalter sollen aber auch Harnsäure spalten können. Auch Pilze[3] kommen als Zersetzer der Hippursäure in Frage.

Eine sehr bemerkenswerte Gruppe von Mikroorganismen beschreibt DEN DOOREN DE JONG[4]; sie sind besonders auf die Verarbeitung von niederen Alkylaminen abgestimmt und wurden von ihm als protaminophage Bakterien bezeichnet, wofür JANKE[5] den Ausdruck Primoraminobakterien einführen will. In diesem Zusammenhange sei auch auf die Verarbeitung von Betain[6] durch Bakterien und Kahmhefen hingewiesen.

Eine sehr wesentliche Rolle in der Natur spielt auch der Abbau der Nucleoproteïde. Ein diesen Abbau durchführendes Bakterium, winzige bewegliche Stäbchen, wurde von KOCH und OELSNER[7] beschrieben. Der von OELSNER gegebene Name Nucleobacter dürfte jedoch wenig geeignet sein, da es sich wohl kaum um einen spezifisch eingestellten Organismus handelt. Die Fähigkeit zur Spaltung von Nucleoproteiden dürfte sehr weit verbreitet sein, wie namentlich das häufige Vorkommen des betreffenden Enzyms, der Nuclease in Pilzen zeigt[8].

Von organischen Stickstoffverbindungen ist noch der Kalkstickstoff (Calciumcyanamid) von einer gewissen Wichtigkeit. Seine Zersetzung vollzieht sich folgendermaßen:

$$\underset{\text{Calciumcyanamid}}{CN \cdot NCa} + 2\,H_2O = \underset{\text{Cyanamid}}{CN \cdot NH_2} + Ca(OH)_2$$

$$\underset{\text{Cyanamid}}{CN \cdot NH_2} + H_2O = \underset{\text{Harnstoff}}{CO(NH_2)_2}$$

$$CO(NH_2)_2 + 2\,H_2O = (NH_4)_2CO_3$$

Die beiden ersten Etappen, die Umwandlung des Calciumcyanamids in Cyanamid und von diesem zu Harnstoff scheint sich im Boden in erster Linie unter der

[1] LEX, R.: Über Fermentwirkung der Bakterien. Zbl. med. Wiss. **10**, 292 (1872). — SEO, Y.: Über die Hippursäurespaltung durch Bakterien usw. Arch. f. exper. Path. **58**, 440 (1908). — STAPP, C.: Siehe Anm. 4, S. 272.

[2] SCHELLMANN, H.: Über die Hippursäure vergärenden Bakterien. Dissert., Göttingen 1912.

[3] SHIBATA, K.: Über das Vorkommen von Amide spaltenden Enzymen bei Pilzen. Beitr. chem. Physiol. u. Path. **5**, 384 (1904). — BIEREMA, M.: S. 272, Anm. 3. — CARBONE, D. u. M. RUSCONI: Su la scissione dell' acido ippurico per opera dei microorganismi dei salumi. Boll. Soc. med. Pavia **15**, V (1910). — KOSSOWICZ, A.: S. 272, Anm. 3.

[4] DEN DOOREN DE JONG, L. E.: Über protaminophage Bakterien. Cbl. Bakter. II **71**, 193 (1927).

[5] JANKE, A.: Über den dissimilatorischen Abbau niederer Alkylamine durch Bakterien. Cbl. Bakter. II **74**, 25 (1928).

[6] Literatur bei A. KOCH u. A. ÖLSNER: Über die Betainspaltung durch die Bakterien des Melasseschlempedüngers „Guanol". Biochem. Z. **94**, 139 (1919).

[7] KOCH, A. u. A. ÖLSNER: Über Nucleoproteid spaltende Bakterien usw. Biochem. Z. **134**, 76 (1922). — Ferner: A. SCHITTENHELM u. F. SCHRÖTER: Über die Spaltung von Hefenucleinsäure durch Bakterien. Z. physiol. Chem. **39**, 203 (1903); **40**, 62 (1903); **41**, 283 (1903); **57**, 21 (1908). — J. STOKLASA: Über den biochemischen Kreislauf des Phosphations im Boden. Cbl. Bakter. II **29**, 385 (1911).

[8] IWANOFF, N.: Nuclease, vorkommend in Schimmelpilzen. Z. Gärungsphysiol. **1**, 60 (1912). — NOGUCHI, J.: Über den Abbau von Nucleinsäuren durch Takadiastase. Biochem. Z. **147**, 255 (1924). — MELIN, E. u. K. HELLEBERG: Über die Aktivität von proteolytischen und verwandten Enzymen einiger als Mycorrhizapilze bekannter Hymenomyceten. Ebenda **157**, 146 (1925).

katalytischen Wirkung verschiedener Bodenbestandteile (Eisen, Mangan usw.) zu vollziehen[1]; doch können Bakterien und Pilze Cyanamid angreifen[2]. Der Harnstoff wird zwar auf dem bekannten Wege in kohlensaures Ammoniak übergeführt; doch sollen nach LÖHNIS[3] in der Hauptsache andere als die bekannten Harnstoffzersetzer daran beteiligt sein, besonders gelbe Kurzstäbchen, die gegen gewisse Stoffe des Kalkstickstoffs resistenter sein sollen als jene. Dicyandiamid $(CN \cdot NH_2)_2$ das sich leicht durch Polymerisation aus dem Cyanamid bildet, ist für Mikroorganismen unangreifbar[4, 5].

Endlich sei noch der Abbau des Chitins erwähnt. BENECKE[6] isolierte Bacillus chitinovorus, ein peritrich begeißeltes Stäbchen, das Chitin zersetzt. Die vielen insektenbewohnenden Pilze, wohl auch die unmittelbar in den Insektenpanzern sitzenden Laboulbeniaceen, dürften wohl ebenfalls in Frage kommen. STÖRMER[7] vermutet, daß das Chitin der Pilze Actinomyceten als Nährstoffquelle dienen könne. In der Autolyse von Aspergillus niger verfällt auch das Chitin zum größten Teil der Auflösung[8], was auf eine weiter verbreitete Fähigkeit der Mikroorganismen zur Chitinzersetzung hindeutet.

Die Mikroorganismen der Nitratbildung.

Im normalen Ackerboden vollzieht sich die Nitratbildung aus Ammoniak wie ein einheitlicher Vorgang, ohne daß Nitrit nachzuweisen ist, was nur unter anomalen Verhältnissen eintritt[9].

Es kommen jedoch zwei Gruppen von Erregern in Frage, von denen die eine Ammoniak zu Nitrit, die andere Nitrit zu Nitrat oxydiert. Die neuere Angabe von SACK[10], wonach es Bakterien geben solle (wie Nitrobacter flavus), die den

---

1 ULPIANI, C.: Sulla trasformazione della calciocianamide nel terren agrario. Nota III. Gaz. chim. Ital. 40, 613 (1910). — KAPPEN, H.: Die Zersetzung des Cyanamids durch mineralische Bodenbestandteile. Fühlings Landw. Ztg. 59, 657 (1910). — Die Katalyse des Cyanamids usw. Habilitationsschrift, Jena 1913.

2 KAPPEN, H.: Versuche zur Züchtung cyanamidzersetzender Bakterien. Cbl. Bakter. II 24, 382 (1909). — Über die Zersetzung des Cyanamids durch Pilze. Ebenda 26, 633 (1910). — LÖHNIS, F.: Die Ammonifikation des Cyanamids. Z. Gärungsphysiol. 5, 15 (1914). — SABASCHNIKOFF, A.: Untersuchungen über Kalkstickstoff und Stickstoffkalk. Mitt. landw. Inst. Halle, H. 9, 77 (1908).

3 LÖHNIS, F.: Über die Zersetzung des Kalkstickstoffs. I. Cbl. Bakter. II 14, 87 (1905). — LÖHNIS, F. u. A. SABASCHNIKOFF: Ebenso II. Ebenda 20, 322 (1908). — LÖHNIS, F. u. R. MOLL: Ebenso III. Ebenda 22, 254 (1909).

4 MOLLER, L.: Die Einwirkung von Dicyandiamid auf das Wachstum verschiedener Mikroorganismen. Biochem. Z. 88, 85 (1918). — Die Angaben von R. PEROTTI [Über die Dicyandiamidbakterien. Cbl. Bakter. II 21, 200 (1908)] bedürfen wohl der Berichtigung.

5 Weitere neuere Literatur: R. W. BELING: Die Giftwirkung des Kalkstickstoffs usw. Landw. Versuchsstat. 102, 1 (1924). — F. E. ALLISON: The effect of cyanamid and related compounds on the number of microorganisms in soil. J. agricult. Res. 28, 1159 (1924). — A. ARLANDER: Note on the decomposition of sodium cyanide. Bot. Gaz. 85, 462 (1928). — J. KUHN u. O. DRECHSEL: Der Einfluß des Kalkstickstoffs auf das Bakterienleben im Boden. Z. Pflanzenernährg. usw. B 7, 105 (1928). — W. KUBIENA: Katalysatorenarmut und Bakteriengehalt des Bodens in bezug zur Düngewirkung des Kalkstickstoffs. Fortschr. Landw. 8, 617 (1929). — A. WOLFF u. G. WOLFF: Über den Einfluß des Kalkstickstoffs auf die Mikroflora des Bodens. Cbl. Bakter. II 81, 221 (1930).

6 BENECKE, W.: Über Bacillus chitinovorus usw. Bot. Ztg. 63, 227 (1905). — FOLPMERS, T.: Die Zersetzung des Chitins usw. Chem. Weekbl. 18, 249 (1921).

7 STÖRMER, K.: Über die Wirkung des Schwefelkohlenstoffs und ähnlicher Stoffe auf den Boden. Cbl. Bakter. II 20, 282 (1908).

8 Nach G. BEHR: Über Autolyse bei Aspergillus niger. Arch. Mikrobiol. 1, 418 (1930).

9 Vgl. Bd. 8 dieses Handbuches.

10 SACK, J.: Nitratbildende Bakterien. Cbl. Bakter. II 62, 15, 77 (1924). — Eine nitritbildende Bakterie. Ebenda 64, 32 (1925). — Nitratbildende Bakterien. Ebenda 64, 37 (1925).

ganzen Vorgang vom Ammoniak bis zum Nitrat durchführen, ist durchaus möglich, bedarf aber aus manchen Gründen[1] der Bestätigung, ebenso die frühere von KASERER[2] bezüglich der Tätigkeit des Bac. nitrator, der Ammoniak bis zur Salpetersäure oxydieren soll.

Nachdem man schon frühzeitig die biologische Natur der Nitratbildung erkannt hatte, und manche Autoren bereits Rohkulturen in Händen hatten, an denen verschiedene Eigenschaften festgestellt werden konnten, hat WINOGRADSKY[3] zuerst Reinkulturen der Bakterien hergestellt. Dieses gelang ihm auf Grund seiner Erfahrungen mit der Züchtung der Schwefel- und Eisenbakterien mit Hilfe von Kieselsäureplatten. Die gewöhnlichen Nährböden aus organischem Material sind wegen der hohen Empfindlichkeit der Bakterien gegen organische Stoffe nicht zu verwenden. Der Grund hierfür ist der, daß diese Bakterien autotroph leben und chemosynthetisch mit Hilfe der frei werdenden Oxydationsenergie die Kohlensäure verarbeiten:

$$NH_3 + 3O = HNO_2 + H_2O + 78{,}3 \text{ Kal.}$$
$$HNO_2 + O = HNO_3 + 21{,}8 \text{ Kal.}$$

Wie namentlich GODLEWSKI[4] gezeigt hat, kommt dabei nicht die in Karbonaten, sondern nur die freie oder in Bikarbonaten gebundene Kohlensäure in Frage. Die Bakterien können jedoch anscheinend auch heterotroph leben und sich an organisches Substrat anpassen, wie KLEIN[5] zeigte.

Nach WINOGRADSKYS Feststellungen handelt es sich bei der ersten Gruppe der Nitritbildner, die Ammoniak zu Nitrit oxydieren, um eine westeuropäische Art, aus schweizer und französischen Böden isoliert, ein kleines Kurzstäbchen von 0,9—1,8 μ Länge mit einer polaren, verhältnismäßig kurzen Geißel: Nitrosomonas europaeus, die nach der oben gegebenen Systematik eigentlich Pseudomonas zu nennen ist; eine osteuropäische Form soll dagegen etwas abweichend sein. ENGEL[6] beschreibt eine besonders bewegliche Form. N. javanensis, die in javanischen und anderen ostasiatischen Böden gefunden wurde, ist etwas kleiner mit sehr langer, bis zu 30 μ betragender Geißel (Abb. 21 a u. b). Aus amerikanischen Böden isolierte er eine größere bis 2 μ Durchmesser große Kokkenform, deren Begeißelung fraglich ist: Sie heißt Nitrosococcus brasiliensis. Auch BONAZZI fand größere und kleinere Kokken[7].

Als Nitratbildner, die das Nitrit zu Nitrat oxydieren, fand WINOGRADSKY nur eine gleich aussehende Form, ein kleines, dünnes, unter 1 μ langes, nur etwa 0,3—0,4 μ dickes, unbewegliches Stäbchen, nämlich Nitrobacter

[1] Vgl. auch RUNOW, W.: S. 276, Anm. 2. — S. LIMBACH [Studien über die Nitratbildung im Boden. Cbl. Bakter. II **78**, 354 (1929)] konnte jedenfalls die Angaben von SACK nicht bestätigen.

[2] KASERER, H.: Über einige neue Stickstoffbakterien mit autotropher Lebensweise. Z. landw. Versuchswes. Österr. **10**, 37 (1907).

[3] WINOGRADSKY, S.: Recherches sur les organismes de la nitrification. Ann. Inst. Pasteur **4**, 213, 257, 760 (1890); **5**, 92, 577 (1891); ferner Arch. Sci. Biol. St. Petersburg **1**, 87 (1892). — WINOGRADSKY, S. u. W. OMELIANSKI: Cbl. Bakter. II **5**, 329 (1899).

[4] GODLEWSKI, E.: Zur Kenntnis der Nitrifikation. Anz. Akad. Wiss. Krakau, Math.-naturwiss. Kl. **1892**, 408; **1895**, 278. — Über die Nitrifikation des Ammoniaks und die Kohlenstoffquellen bei der Ernährung der nitrifizierenden Fermente. Cbl. Bakter. II **2**, 458 (1896).

[5] KLEIN, G. u. F. SVOLBA: Zwischenprodukte bei Assimilation und Atmung entotropher Bakterien. Z. Bot. **19**, 65 (1927).

[6] ENGEL, H.: Weitere Untersuchungen über Nitritbakterien. Planta **12**, 60 (1930). — Ferner: Die Oxydationsleistung der Einzelzelle von Nitrosomonas europaea W. Arch. Mikrobiol. **1**, 445 (1930).

[7] BONAZZI, A.: On nitrification. III. The isolation and the description of the nitrite fermente. Bot. Gaz. **68**, 194 (1919). — Vgl. auch R. PEROTTI: S. 277, Anm. 6.

(Bacterium Nitrobacter, Abb. 22). Die oben schon erwähnten Angaben von SACK über weitere Nitrit- und Nitratbildner bedürfen wohl noch der Bestätigung. ROMELL[1] beschreibt ein schwer züchtbares — eine völlige Reinkultur ist nicht gelungen — Ammoniak oxydierendes Bakterium aus Waldboden, das WINOGRADSKYS Bakterien sehr nahe stehen soll, sich aber dadurch auszeichnete, daß es nur in Form sehr kleiner Zoogloeen auftrat, innerhalb deren sehr kleine Kokken von 0,5 μ Durchmesser paketförmig zusammenliegen.

Es bestehen noch weitere Angaben über nitrat- bzw. nitritbildende Bakterien. RUNOW[2] fand ein sporenloses Stäbchen, MISCHUSTIN[3] 2 sporenbildende thermophile Bakterien, die Ammoniak zu Nitrit oxydieren sollen. Im übrigen gibt es noch weitere Angaben, die zeigen könnten, daß die Fähigkeit der Nitrit- bzw. Nitratbildung auch anderen Bakterien zukommen könnte: VIEHOEVER[4] beobachtete bei harnstoffzersetzenden Bakterien Nitritbildung aus Ammoniak bzw.

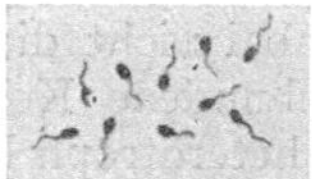

a) Pseudomonas europaea.

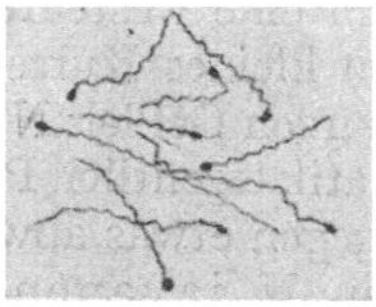

b) Pseudomonas javanensis.

Abb. 21 a und b[5]. Nitratbildner. (Nach WINOGRADSKY.) Vergroßerung 660.

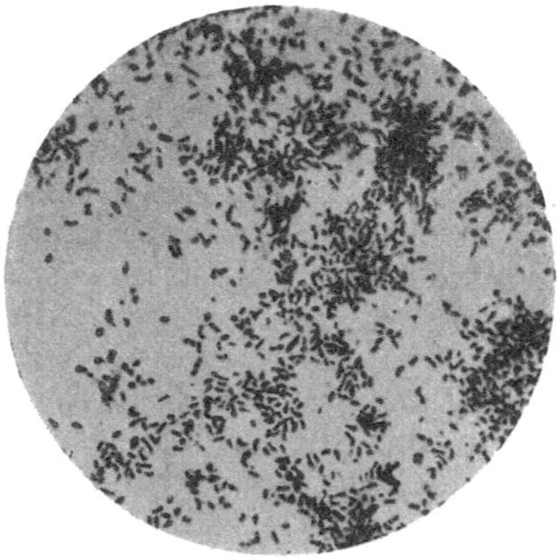

Abb. 22[6]. Nitratbildner, Nitrobakter. (Nach WINOGRADSKY.) Vergrößerung 1000.

Harnstoff, was KLAESER[7] nicht bestätigen konnte. KLEIN und LIMBERGER[8] fanden Nitrit bei Schwefelverbindungen oxydierenden Bakterien. Bei allen solchen Angaben sind die Beobachtungen von BORESCH[9] zu beachten, wonach Ammoniak und Nitrit rein chemisch unter der Wirkung wasserunlöslicher Eisenverbindungen

---

[1] ROMELL, L. G.: Un ferment nitreux forestier (schwedisch mit französischer Zusammenfassung). Medd. Stat. Skogsförsöksanst. Häft **24**, 57 (1928).

[2] RUNOW, E. W.: Die Nitritbildung in organischen Medien auf biologischem Wege. Cbl. Bakter. II **77**, 193 (1929). — Diese Angabe wird auch von J. HEUBÜLT (S. 277, Anm. 9) in Zweifel gezogen.

[3] MISCHUSTIN, E. N.: Zur Frage der Nitritbildung durch Bakterien. Ber. bakter.-agron. Stat. Moskau **24**, 200 (1926) (russisch mit deutscher Zusammenfassung); ref. Bot. Zbl., N. F. **12**, 87 (1928).

[4] VIEHOEVER, A. B.: S. 271, Anm. 2.

[5] Aus S. A. WAKSMAN: Principles of Soil Microbiology, Abb. 7 u. 8, Taf. III. London 1927.

[6] Aus S. WINOGRADSKY in Handbuch der technischen Mykologie, 2. Aufl., Bd. 2, hrsg. von F. LAFAR, Abb. 6, Taf. V. Jena: G. Fischer 1904—07.

[7] KLAESER, M: S. 282, Anm. 9.

[8] KLEIN, G. u. A. LIMBERGER: Zum Kreislauf des Schwefels im Boden. Biochem. Z. **143**, 473 (1923).

[9] BORESCH, K.: Über Oxydationen und Reduktionen von Ammoniumsalzen, Nitriten und Nitraten durch wasserunlösliche Eisenverbindungen. Z. Pflanzenernährg. usw. A **7**, 205 (1926).

oxydiert werden können. Auch LUDWIG[1] fand in sterilen Kulturen Nitratbildung aus Nitrit. Man vergleiche hierzu ferner die unten von GAARDER und HAGEM[2] gemachte Beobachtung über Nitratbildung bei einer die bekannten Bakterien hemmenden Acidität[3].

Zur Kultur für die Nitritbildner benutzt man als flüssiges Substrat eine Lösung von 2 g $(NH_4)_2SO_4$, 2 NaCl, 1 K_2HPO_4, 0,5 $MgSO_4$, 0,4 $FeSO_4$ in 1000 H_2O und mit $MgCO_3$ im Überschuß zur Abstumpfung der gebildeten salpetrigen und Schwefelsäure; für den Nitratbildner dagegen 1000 ccm H_2O mit 1 g $NaNO_2$, 1 Na_2CO_3, 0,5 K_2HPO_4, 0,5 NaCl, 0,4 $FeSO_4$ und 0,3 $MgSO_4$. Man impft mit etwas Erde und bringt nach Eintritt der Nitrat- bzw. Nitritreaktion, die nach 8—14 Tagen erfolgt, einen Tropfen der umgeschüttelten Flüssigkeit in neue sterilisierte Lösung und so fort. Die Bakterien finden sich, soweit sie nicht in der Flüssigkeit umherschwärmen, in der Form kleiner Zoogloeen auf den Bodensatzpartikelchen.

Zur sehr schwierigen Reinkultur auf festem Substrat benutzt man Kieselsäureplatten[4] (WINOGRADSKY), Magnesiagipsplatten[5], Blöcke von Magnesiumkarbonat[6], Platten von gereinigtem (ausgefaultem) Agar[7] und Filtrierpapierscheiben[8]. HEUBÜLT gelang[9] die Reinkultur des Nitritbildners indessen nur nach dem Verdünnungsverfahren; insbesondere erwies sich ein heterotropher Micrococcus als hartnäckiger Begleiter. Mit Erfolg scheint NELSON[10] die Einzellkultur benutzt zu haben. Die Empfindlichkeit gegen organische Stoffe besteht bei schwer angreifbaren Stoffen (Agar, Zellulose) nicht, ist aber bei sonst leicht assimilierbaren sehr groß. Sie werden bereits durch 0,025—0,05% Glucose gehemmt, merkwürdigerweise aber erst durch 10% Fleischbrühe[11]. Der Nitratbildner ist etwas weniger empfindlich als die Nitritbildner, wie verständlich ist, da die Nitritbildung aus Ammoniak ein erheblich höheres Oxydationspotential aufweist als die Nitratbildung aus Nitrit. Alles übrige zeigt die folgende Übersicht nach WINOGRADSKY und OMELIANSKI:

---

[1] LUDWIG, O.: Untersuchungen an Ascochyta Pisi Lib. Beitr. Biol. Pflanz. **16**, 465 (1928).

[2] GAARDER, TH. und O. HAGEM: S. 279, Anm. 13.

[3] Weitere Angaben über andere Formen bei N. V. JOSHI: Mem. Dep. Agr. India bacter. sér. **1**, 85 (1915); ref. Cbl. Bakter. II **47**, 637 (1917) (Actinomyces!). — J. H. ABERSON: Meded. R. H. Land-, Tuin- en Boschborow-School Wageningen **11**, 1 (1916); ref. Cbl. Bakter. II **49**, 484 (1918).

[4] Nach A. BONAZZI: (S. 275, Anm. 7) den folgenden überlegen.

[5] OMELIANSKI, W.: Magnesiagipsplatten als ein neues festes Substrat für die Kultur der Nitrifikationsorganismen. Cbl. Bakter. II **5**, 652 (1899). — MAKRINOV, J.: Magnesiagipsplatten und Magnesiaplatten mit organischer Substanz als sehr geeignetes festes Substrat für die Kultur der Nitrifikationsorganismen. Ebenda **24**, 415 (1910).

[6] PEROTTI, R.: Di una modificazione al metodo di isolamento dei microorganismi della nitrificazione. Rend. Acad. Lincei Rom (5) **14 II**, 228 (1905); **15**, 512 (1906). — Di una forma nitrosante isolata da un terreno di Roma. Ann. di Bot. **3**, 43 (1905); **4**, 213 (1906).

[7] BEIJERINCK, M. W.: Kulturversuche mit Amöben auf festem Substrat. Cbl. Bakter. I **19**, 258 (1896).

[8] OMELIANSKI, W.: Kleinere Mitteilungen über Nitrifikationsmikroben. Cbl. Bakter. II **8**, 785 (1902).

[9] HEUBÜLT, J.: Untersuchungen über Nitritbakterien. Planta **8** (1929). — Vgl. weiter L. RUBENTSCHIK: Zur Nitrifikation bei hohen Salzkonzentrationen. Cbl. Bakter. II **77**, 1 (1929).

[10] NELSON, D. H.: The isolation of some nitrifying organisms. Jowa State Bull. J. Sci. **3**, 113 (1929). — The isolation of Nitrosomonas and Nitrobacter by the single cell technique. Science **71**, 541 (1930). (Bisher für den Verf. noch nicht zugänglich.)

[11] WINOGRADSKY, S. u. W. OMELIANSKI: Über den Einfluß der organischen Substanzen auf die Arbeit der nitrifizierenden Mikroben. Cbl. Bakter. II **5**, 329 (1899).

	Nitritbakterien		Nitratbakterien	
	Hemmende Dosis %	Gänzlich hindernde Dosis %	Hemmende Dosis %	Gänzlich hindernde Dosis %
Glucose	0,025—0,05	0,2	0,05	0,2—0,3
Pepton	0,025	0,2	0,8	1,25
Asparagin	0,05	0,3	0,05	0,5—1,0
Glyzerin	mehr als 0,2	?	0,05	mehr als 1,0
Harnstoff	mehr als 0,2	?	0,5	mehr als 1,0
Natriumacetat	0,5	mehr als 1,5	1,5	3,0
Natriumbutyrat	0,5	mehr als 1,5	0,5	1,0
Fleischbrühe	10,0	20—40	10,5	60,0
Ammoniak	—	—	0,0005	0,015

Diese Empfindlichkeit scheint jedoch durchaus relativ zu sein, wie schon aus der oben erwähnten Feststellung von KLEIN hervorgeht, wonach die Bakterien heterotroph leben können. ASHBY[1] teilt mit, daß sie dem ebenfalls sehr hemmend wirkenden Asparagin gegenüber durch reichliche Lüftung herabgesetzt werden könne, wie auch eine Gewöhnung daran erfolge.

Andererseits wird öfters betont, daß im Erdboden eine solche Empfindlichkeit nicht bestehe[2], wenn auch naturgemäß bei großen Mengen organischer Substanz diese, namentlich die leicht löslichen, erst z. T. zerstört sein müssen, bevor eine stärkere Entwicklung nitratbildender Bakterien einsetzt[3]. Die ebenfalls oft gemachte Beobachtung der fördernden Wirkung organischer Substanzen, wie namentlich von Humussubstanzen[4] usw. dürfte z. T. wohl auf ähnliche Weise mit deren Eigenschaft als Träger von Eisen usw. erklärt werden, wie es bei den stickstoffbindenden Bakterien der Fall ist (S. 304).

Dagegen ist der Nitratbildner ganz außerordentlich empfindlich gegen Ammoniak, das schon in einer Konzentration von 0,0005 % hemmt, was nach BOULANGER und MASSOL[5] jedoch nur für die sich entwickelnde, nicht für die erwachsene Zelle gelten soll.

Die Quantität des Umsatzes ist sehr erheblich, denn nach MEYERHOF[6] werden bei guter Durchlüftung, geeigneter Reaktion und Konzentration der Nährlösung je 1 l Lösung in 24 Stunden bis 4 g Ammoniumsulfat, 4—5 g Nitrit oxydiert. Das Verhältnis des assimilierten Kohlenstoffs zum oxydierten Stickstoff stellte

[1] ASHBY, S. F.: Some observations on nitrification. J. agricult. Sci. **2**, 35, 52 (1907).

[2] STEVENS, F. L. u. W. A. WITHERS: Studies in soil bacteriology. IV. The inhibition of nitrification by organic matter, compared in soils and in solutions. Cbl. Bakter. II **27**, 169 (1910). — Hinsichtlich weiterer Angaben vgl. Bd. 8 dieses Handbuches.

[3] BARTHEL, CHR.: Die Einwirkung organischer Stoffe auf die Nitrifikation und Denitrifikation im Ackerboden. Z. Gärungsphysiol. **4**, 11 (1914). Vgl. weiter dieses Handbuch, Bd. 8.

[4] Nach A. KARPINSKI u. BR. NIKLEWSKI (Über den Einfluß organischer Verbindungen auf den Verlauf der Nitrifikation in unreinen Kulturen. Anz. Akad. Krakau, Math.-naturwiss. Kl. **1907**, 596) sollen außerdem sogar auch geringe Mengen von Zucker, allerdings in Rohkultur, fördern. — Vgl. ferner: ST. v. BAZAREWSKI: Beiträge zur Kenntnis der Nitrifikation und Denitrifikation im Boden. Dissert., Göttingen 1906. — A. MÜNTZ u. E. LAINÉ: Rôle de matière organique dans la nitrification. C. r. Acad. Sci. **142**, 430 (1906). — L. C. COLEMAN: Untersuchungen über Nitrifikation. Cbl. Bakter. II **20**, 401 (1908). — P. MAZÉ: C. r. Acad. Sci. **152**, 1625 (1911). — J. MAKRINOW: S. 277, Anm. 5. — F. LÖHNIS u. H. GREEN: S. 279, Anm. 6. — C. R. WRIGHT: The influence of certain organic materials upon the transformation of soil nitrogen. Cbl. Bakter. II **46**, 74 (1916). — J. E. GREAVES u. E. G. CARTER: Influence of barnyard manure and water upon the bacterial activities of the soil. J. agricult. Res. **6**, 889 (1916). — CHR. BARTHEL: Cbl. Bakter. II **49**, 382 (1919). Vgl. ferner Bd. 8 dieses Handbuches.

[5] BOULANGER, E. und L. MASSOL: S. 279, Anm. 8.

[6] MEYERHOF, O.: Untersuchungen über den Atmungsvorgang nitrifizierender Bakterien. Pflügers Arch. **164**, 353 (1916); **165**, 229 (1916); **166**, 240 (1917).

sich nach WINOGRADSKY[1] bei den Nitritbakterien auf 35, nach ENGEL[2] jedoch auf 70, bei den Nitratbakterien nach MEYERHOF[3] auf 135, es steht also etwa in umgekehrtem Verhältnis zum kalorischen Effekt des betreffenden Vorganges.

Bezüglich des Gaswechsels sei erwähnt, daß man[4] bei den Nitritbildnern das Verhältnis $\frac{O_2}{N_2}$ annähernd $= 3$ gefunden hat, wie es der oben auf S. 275 angegebenen Formel entspricht.

Es sei endlich noch erwähnt, daß bei der Ammoniakoxydation elementarer Stickstoff entstehen kann, was beim Zusammentreffen von Nitrit und Ammoniak rein chemisch selbstverständlich ist[5].

Die Nitratbildung ist natürlich weitgehend von der Sauerstoffversorgung abhängig, wie öfters festgestellt wurde. LÖHNIS und GREEN[6] fanden z. B. bei veränderter Schichthöhe der Nährlösung folgende Zahlen:

Durchmesser/Tiefe	90/1	20/1	6/1	1/1
mg Nitrat-N	10,2	10,2	5,4	0,3

Auch Bewegung der Flüssigkeit[7,8], wie ferner Kultur auf mit Nährlösung benetzten Koksstücken[8] oder langsames Rieselnlassen über Torf oder Tierkohle[9], die mit den Bakterien beimpft waren, erhöhten die Intensität der Nitratbildung erheblich, wohl infolge der durch Oberflächenvergrößerung verbesserten Sauerstoffzufuhr. Sicher hat dieser letzte Umstand auch im natürlichen Substrat eine erhebliche Bedeutung; denn hier wirkt sich ein verminderter Sauerstoffdruck nicht so katastrophal aus, wie man das nach obigen Zahlen erwarten sollte, worauf an anderer Stelle noch einzugehen sein wird[10].

Sehr wesentlich ist, wie schon erwähnt, die Reaktion des Substrates[10]. GAARDER und HAGEM[11] geben folgende Zahlen an:

	Minimum	Optimum	Maximum bei p_H
Nitritbildner . . .	7,0	7,8	8,6
Nitratbildner . . .	6,5	7,1	7,8

Das Intervall ist also, wie schon MEYERHOF[12] zeigte, sehr eng. Eine weitere Folge der Anpassung an neutrale bzw. schwach alkalische Reaktion des Substrates ist das Fehlen dieser Bakterien in sauren Böden[10]. Die Tatsache jedoch, daß gelegentlich in stark sauren Böden Nitratbildung festgestellt wird[13], könnte durch das Vorkommen säureresistenterer Formen erklärt werden, wird jedoch von

[1] WINOGRADSKY, S.: S. 275, Anm. 3.
[2] ENGEL, H.: Die Kohlenstoffassimilation des Nitritbildners. Planta **8**, 423 (1929).
[3] Siehe Anm. 6, S. 278.
[4] GODLEWSKI, E.: S. 275, Anm. 4. — BONAZZI, A.: On nitrification. V. The mechanism of ammonia oxidation. J. Bacter. **8**, 343 (1923).
[5] GODLEWSKI, E.: S. 275, Anm. 4. — SCHLÖSING, TH.: Sur la nitrification de l'ammoniaque. C. r. **109**, 883 (1889).
[6] LÖHNIS, F. u. H. H. GREEN: Methods in soil bacteriology. VII. Ammonification and nitrification in soil and solution. Cbl. Bakter. II **40**, 457 (1914).
[7] BONAZZI, A.: On nitrification. J. Bacter. **4**, 43 (1919).
[8] BOULANGER, E. u. L. MASSOL: Études sur les microbes nitrificateurs. Ann. Inst. Pasteur **17**, 492 (1903); **18**, 181 (1904); C. r. Acad. Sci. **1905**, 687.
[9] MÜNTZ, A. u. E. LAINÉ: Utilisation des tourbières dans la production intensive des nitrates. C. r. Acad. Sci. **142**, 1239 (1906); Ann. Sci. agronom., Ser. 3, **2**, 287 (1906).
[10] Vgl. dieses Handbuch, Bd. 8.
[11] GAARDER, T. u. O. HAGEM: Versuche über Nitrifikation und Wasserstoffkonzentration. Bergens Mus. Aarbook **1919/20**; Naturvidensk. Raekke **1921**, Nr. 6.
[12] MEYERHOF, O.: S. 278, Anm. 6.
[13] GAARDER, T. u. O. HAGEM: Salpetersyredannelse, i udyrket jord. II. Nitrifikationes avhaengighet av vaudstofionkoncentrationen. Medd. Vestlandets forstl. Forsokstat. Bergen **4**, 1 (1928); ref Z. Bot. **21**, 407 (1929).

diesen Autoren, wohl richtiger, auf Inhomogenitäten in dem untersuchten Boden zurückgeführt. Andererseits sind Angaben gemacht worden, wonach die Säure, empfindlichkeit von aus sauren Böden gezüchteten Bakterien geringer sein soll, und sogar eine allmähliche Anpassung an mehr saure oder alkalische Reaktion durch allmähliche Gewöhnung möglich sein soll[1].

Denitrifikation und Nitratreduktion.

Wenn wir auch den Salpeter als das Endprodukt der mikrobiellen Stickstoffumwandlungen im Erdboden betrachten, so kann er andererseits auch wieder durch Mikroorganismen weitere Umwandlungen erfahren. Diese vollziehen sich in zweierlei Richtung: Einmal im Zusammenhang mit der Nitratassimilation, also der Festlegung des Stickstoffs zu Organismeneiweiß, zweitens im Zusammenhang mit der Verwendung der Nitrate als Sauerstoffquelle bei Mangel an freiem Sauerstoff.

Den letztgenannten Fall bezeichnen wir als Denitrifikation. Der Stickstoff wird dabei, wie GAYON und DUPETIT sowie DEHÉRAIN und MAQUENNE[2] zuerst zeigten, durch Mikroorganismen in elementarer Form oder in Form niedrig oxydierter Stickstoffverbindungen frei und entweicht gasförmig, und zwar so stürmisch, daß die Kulturflüssigkeit schäumt. Dieser Vorgang tritt nur bei Sauerstoffmangel ein. Es wird dann mit Hilfe des im Nitrat gebundenen Sauerstoffs eine geeignete Kohlenstoffquelle, die bei Thiobacillus denitrificans[3] durch Schwefel oder eine oxydierbare Schwefelverbindung ersetzt sein kann[4], veratmet, etwa nach folgendem Schema, wobei C Kohlenstoffquelle bedeutet:

$$2\,KNO_3 + C = 2\,KNO_2 + CO_2$$
$$2\,KNO_2 + C = N_2O + K_2CO_3$$
$$2\,N_2O + C = 2\,N_2 + CO_2$$

Von sporenbildenden Bakterien ist bisher nur Bacillus nitroxus durch BEIJERINGK[5] in dieser Hinsicht bekannt geworden, ein bewegliches Stäbchen mit clostridiumförmig anschwellenden Sporenmutterzellen. Hier wurde auch Stickstoffoxydul (N_2O) als Zwischenprodukt nachgewiesen. Bis zu 80% des Gases können bei kräftiger Nitratversorgung und auch bei höherer Temperatur aus N_2O bestehen. Infolge dieser Beobachtung ist auch die früher teilweise übliche Unterscheidung in direkte, d. h. wenn nur elementarer Stickstoff nachweisbar ist, und indirekte Denitrifikation, d. h. wenn außer elementarem Stickstoff auch gasförmige Stickstoff-Sauerstoffverbindungen vorhanden sind, hin-

---

[1] GERRETSEN, F. C.: Het oxydeerend vermogen van den bodem in verband met het nitzuren. Medd. Proefstat. Java Suik. **1921**, Nr. 3. — MEEK, C. S. u. C. B. LIPMAN: The relation of the reaction and salt concentration of the medium to nitrifying bacteria. J. gen. Physiol. **5**, 195 (1922).

[2] GAYON, U. u. G. DUPETIT: Sur les fermentations des nitrates. C. r. **95**, 644 (1882). — Sur la transformation des nitrates en nitrites. Ebenda **95**, 1365 (1882). — Recherches sur la reduction des nitrates. Nancy 1886. — DEHÉRAIN, P. P. u. MAQUENNE: Sur la réduction des nitrates dans la terre arable. C. r. **95**, 691, 732, 854 (1882). — Ferner: A. EHRENBERG: Experimentaluntersuchungen über die Frage nach dem Freiwerden von gasförmigem Stickstoff bei Fäulnisprozessen. Z. physiol. Chem. **11**, 145 (1886). — BR. TACKE: Über die Entwicklung von Stickstoff bei Fäulnis. Landw. Jb. **16**, 917 (1888).

[3] Vgl. S. 331.

[4] Nach NIKLEWSKI (S. 327, Anm. 4. 1913/14) soll Hydrogenomonas agilis anaërob Nitrate mit Wasserstoff denitrifizieren.

[5] BEIJERINCK, M. W. u. D. C. J. MINKMAN: Bildung und Verbrauch von Stickstoffoxydul durch Bakterien. Cbl. Bakter. II **25**, 30 (1910). — SUZUKI, SH.: Über die Entstehung der Stickoxyde im Denitrifikationsprozeß. Ebenda **31**; 27 (1911). — Zum Chemismus vgl. ferner A. J. KLUIJVER u. H. J. L. DONKER: Die Einheit in der Biochemie. Chem. Zelle **13**, 134 (1926).

fällig[1]. Da dieses Stickstoffoxydul sehr leicht seinen Sauerstoff abgibt — es unterhält ja die Verbrennung eines glimmenden Spanes wie freier Sauerstoff — so können unter den anaëroben Verhältnissen der Denitrifikation auch aërobe Bakterien mit Hilfe dieses vom N_2O abgegebenen Sauerstoffs gedeihen, wie BEIJERINCK[2] zeigen konnte. Wie weit ältere Angaben über das Auftreten von Stickoxyd (NO), das an der Luft durch Oxydation in NO_2 übergeht und dann an den rotbraunen Dämpfen kenntlich ist, mit der Denitrifikation zusammenhängen, darüber läßt sich heute nichts aussagen. Es sei bezüglich dessen auf die Literaturzusammenstellung verwiesen[3]. Nach LEBEDEFF[4] bildet allerdings Bacterium Hartlebii, eine ebenfalls denitrifizierende Art, reichlich NO aus Nitrat.

Im übrigen sind eine ziemliche Anzahl nicht sporenbildender denitrifizierender Bakterien beschrieben. MAASSEN[5] fand unter 109 untersuchten Arten 4 mit dieser Fähigkeit. Es handelt sich[6] z.T. um sonst wohlbekannte Arten, wie namentlich Pseudomonas fluorescens und pyocyaneus, ferner um solche, welche noch nicht mit sonst bekannten Arten identifiziert wurden und die unmittelbar aus der Denitrifikation unterliegenden Lösungen isoliert wurden. Bacillus denitrificans und Stutzeri sind zwei bewegliche Arten. Wie man sieht, haben

[1] Der Ausdruck indirekte Denitrifikation wäre höchstens beizubehalten für den Fall, daß rein chemisch aus Nitrit und Ammoniak oder Aminogruppen elementarer Stickstoff abgespalten wird, was seinerseits natürlich eine Folge von Mikroorganismentätigkeit sein kann.

[2] BEIJERINCK, M. W.: a. a. O. — Vgl. dazu auch unten S. 315.

[3] JENSEN, H.: Denitrifikation und Stickstoffentbindung. In LAFAR: Handbuch der technischen Mykologie, 2. Aufl., **3**, 182. Jena: G. Fischer 1904—06.

[4] LEBEDEFF, A. J.: Über die Bildung des Stickoxyds bei dem durch Bac. Hartlebii eingeleiteten Denitrifikationsprozess. Ber. dtsch. bot. Ges. **29**, 327 (1911).

[5] MAASSEN, A.: Die Zersetzung der Nitrate und Nitrite durch die Bakterien. Arb. ksl. Gesdh.Amt **18**, 21 (1901).

[6] Außer der schon zitierten Literatur: E. GILTAY u. G. ABERSON: Denitrifizierende Organismen im Boden. Arch. néerl. **25**, 341 (1892). — R. BURRI u. A. STUTZER: Über Nitrat zerstörende Bakterien usw. Cbl. Bakter. II **1**, 257, 350, 392, 422 (1895); **2**, 473 (1896). — J. SCHIROKIKH: Über einen neuen Salpeter zerstörenden Bazillus. Ebenda **2**, 204 (1896). — S. A. SEVERIN: Zur Frage über die Zersetzung von salpetersauren Salzen durch Bakterien. Ebenda **3**, 504, 554 (1897); **22**, 348 (1909); **25**, 479 (1909). — G. AMPOLA u. E. GARINO: Über die Denitrifikation. Ebenda **2**, 670 (1896); **3**, 309 (1897). — H. JENSEN: Das Verhältnis der denitrifizierenden Bakterien zu einigen Kohlenstoffverbindungen. Ebenda **3**, 622, 689 (1897). — Beiträge zur Morphologie und Biologie der Denitrifikationsbakterien. Ebenda **4**, 401, 449 (1898). — O. KÜNNEMANN: Über denitrifizierende Mikroorganismen. Landw. Versuchsstat. **50**, 65 (1898). — C. HÖFLICH: Vergleichende Untersuchungen über die Denitrifikationsbakterien des Mistes, des Strohes und der Erde. Cbl. Bakter. II **8**, 245, 273, 305, 336, 361, 398 (1902). — E. BAUR: Über zwei denitrifizierende Bakterien aus der Ostsee. Wiss. Meeresunters., Abt. Kiel, N. F. **6**, 11 (1901). — H. R. CHRISTENSEN: Zwei neue fluorescierende Denitrifikationsbakterien. Cbl. Bakter. II **11**, 190 (1904). — C. VAN ITERSON: Anhäufungsversuche mit denitrifizierenden Bakterien. Ebenda **12**, 106 (1904). — W. KUNTZE: Beiträge zur Morphologie und Physiologie der Bakterien. Ebenda **13**, 1 (1904). — M. CINGOLANI: Recherche interno al prozesso della denitrificazione. Staz. Sper. Agr. ital. **41**, 521 (1908); Cbl. Bakter. II **23**, 238 (1909). — S. BIEREMA: Die Assimilation von Ammon-, Nitrat- und Amidstickstoff durch Mikroorganismen. Cbl. Bakter. II **23**, 672 (1909). — W. HENNEBERG: Biologische Studien über die sogenannte Salpetergärung. Landw. Jb. **38**, Erg.-Bd. **5**, 329 (1909). — LEMOIGNE: Bactéries dénitrifiantes des lits percolateurs. C. r. **152**, 1873 (1911). — D. PARLANDT: Über einige denitrifizierende Bakterien aus dem baltischen Meere. Bull. jard. imp. bot. St. Petersburg **11**, 97 (1911). — E. B. FRED: Eine physiologische Studie über die nitratreduzierenden Bakterien. Cbl. Bakter. II **32**, 421 (1911). — A. AMBROZ: Denitrobacterium thermophilum n. spec. usw. Cbl. Bakter. II **37**, 3 (1913). — H. v. CARON: Untersuchungen über die Physiologie denitrifizierender Bakterien. Ebenda **33**, 62 (1912). — SUPNIEWSKI: Untersuchungen über den Stoffwechsel der Stickstoffverbindungen in den Kulturen von Bac. pyocyaneus. Biochem. Z. **154**, 98 (1924). — A. KARLSEN: Denitrification in uncultivated soils. Bergens Mus. Arbok. **1927**, Nr. 4.

sie z. T. ihren Namen nach ihrer Fähigkeit zur Denitrifikation erhalten. Denitrificans greift, jedoch, wie auch einige andere Formen[1], keine Nitrate an, sondern nur Nitrite. Infolgedessen denitrifiziert er nur in Gegenwart anderer Arten, welche Nitrat zu Nitrit zu reduzieren vermögen, wie z. B. Bacillus coli.

Alle diese Bakterien sind fakultativ anaërob; die Denitrifikation ist also nur Ersatz der fehlenden Sauerstoffatmung. Als Kohlenstoffquelle können Zucker, auch Pentosen, Salze organischer Säuren, Alkohol usw. dienen, Zellulose dagegen offenbar nicht, wie auf S. 315 auseinandergesetzt ist, wobei nur für anaëroben Verschluß gesorgt werden muß, und zwar evtl. durch Überschichten mit flüssigem Paraffin. Eine geeignete Nährlösung ist z. B. eine solche von 1000 g H_2O mit 2 g $NaNO_3$, 2 g $MgSO_4$, 2 g K_2HPO_4, 0,2 g $CaCl_2$ und 5 g Zitronensäure, neutralisiert mit Soda.

Die Lösung wird daher sehr stark alkalisch infolge des Freiwerdens der Base des Nitrats und auch derjenigen der evtl. gegebenen organischen Säure. In der Lösung fallen dann nadelförmige Kristalle von basischem Magnesiumphosphat aus[2] ($MgHPO_4 + 3\,H_2O$). Die Alkalität führt schließlich zum Stillstand der Zersetzung, wenn die Konzentration etwa entsprechend 1% Na_2CO_3 beträgt[3]; durch Säureneutralisation kann sie jedoch bis zum Verbrauch des Nitrats in Gang gehalten werden, falls davon größere Mengen gegeben sind. Nur wenige der genannten Bakterien bilden selbst Säure[4] (Essigsäure), sorgen also selbst für Neutralisation.

Gegen freie Säure sind die Bakterien ziemlich empfindlich. Das p_H-Bereich für die Nitratzersetzung[5] ist 5,5—9,8 (Optimum 7,0—8,2), für die Nitritzersetzung 5,5—7,0. Die fraglichen Bakterien sind in Erde, Dünger usw. verbreitet, wie die angegebenen Arbeiten gezeigt haben.

Anhangsweise sei hier noch erwähnt, daß nach einigen Autoren bei der Zersetzung stickstoffhaltiger organischer Substanzen Stickstoffverluste entstehen, welche durch Oxydation von Ammoniak oder organisch gebundenen NH_2-Gruppen zu elementarem Stickstoff erfolgen sollen. Namentlich PFEIFFER[6] hat diese Meinung vertreten. Aber lediglich eine Angabe von DUPONT[7] will bei Bacillus mesentericus ruber das Entstehen von elementarem Stickstoff auf die geschilderte Weise festgestellt haben. Sonst ist über diesen fraglichen Vorgang und ihn durchführende Mikroorganismen nichts bekannt. Es mag daher auf die älteren Zusammenstellungen der Literatur verwiesen werden[8].

Von der Denitrifikation streng zu trennen ist die Nitratreduktion, die vom Nitrat zum Nitrit und unter Umständen bis zum Ammoniak führt. Es ist ein Vorgang, der nach KLAESER[9] lediglich mit der Verarbeitung des Nitratstickstoffs zu organisch gebundenem Stickstoff zusammenhängt, wie denn auch

[1] BURRI, R. u. A. STUTZER, A. MAASSEN, CINGOLANI, M.: S. 281, Anm. 5 u. 6.

[2] HUTCHINSON, H. B.: Über Kristallbildung in Kulturen denitrifizierender Bakterien. Cbl. Bakter. II **16**, 326 (1906). [3] BURRI, R. u. A. STUTZER: S. 281, Anm. 6.

[4] JENSEN, O.: Die Hauptlinien des natürlichen Bakteriensystems. Cbl. Bakter. II **22**, 305 (1909).

[5] ZACHAROWA, T. M.: Prozess of denitrification as dependent from reaction of medium. Trans. Fertilizers Moskau **1923**, Nr. 15; ref. Bot. Zbl., N. F., **5**, 213 (1925).

[6] PFEIFFER, TH., F. FRANKE, C. GÖTZE u. H. THORMANN: Beiträge zur Frage über die bei der Fäulnis stickstoffhaltiger organischer Substanzen entstehenden Umsetzungen. Landw. Versuchsstat. **48**, 189 (1897).

[7] DUPONT, C.: Sur les fermentations aërobies du fumier de ferme. Ann. agronom. **28**, 289 (1902).

[8] BEHRENS, J.: Mykologie des Düngers und des Bodens. In LAFAR: Handbuch der technischen Mykologie, 2. Aufl., **3**, 416ff. Jena: G. Fischer 1904—06. — LÖHNIS, F.: Handbuch der landwirtschaftlichen Bakteriologie, S. 488. Berlin: Bornträger 1910.

[9] KLAESER, M.: Die Reduktion von Nitraten zu Nitriten und Ammoniak durch Bakterien. Cbl. Bakter. II **41**, 365 (1914). — Vgl. auch M. P. KORSSATOWA u. G. W. LOPA-

diese Nitratreduktion quantitativ gering ist. Diese Anschauung dürfte richtig sein, da ja Nitrat bei der Verarbeitung zu Eiweißstickstoff stets reduziert werden muß, wie neuere Untersuchungen gezeigt haben[1].

Aber nach dem Gesagten ist verständlich, daß diese Nitratreduktion sehr verbreitet ist. MAASSEN[2] fand bei 85 von 109 untersuchten Arten, denselben, die oben S. 281 erwähnt wurden, Bildung von Nitrit aus Nitrat. KLAESER untersuchte 28 sporenbildende Erdbakterien und stellte bei 27 die Bildung von Nitrit aus Nitrat fest. Dieser Autor konnte auch die sehr wesentliche Feststellung machen, daß das Entstehen von Nitrit oder Ammoniak bei der gleichen Art weitgehend von den Versuchsbedingungen abhängig sein kann, namentlich von der Reaktion. In alkalischer Lösung wird vorzugsweise Nitrit, in saurer vorzugsweise Ammoniak gebildet. Im übrigen verhalten die einzelnen Arten sich verschieden, so bildeten bei den Versuchen von KLAESER Bacillus tumescens, oxalaticus, graveolens in saurer Lösung Ammoniak ohne Anhäufung von Nitrit, dagegen in alkalischer nur Nitrit, Bac. megatherium, silvaticus, petasites, luteus gaben weder Nitrit noch Ammoniak und wieder andere nur Nitrit, aber kein Ammoniak. Bei anderen Kohlenstoffquellen als Zucker, wofür obige Angaben gelten, war das Bild wieder etwas anders. Von sonstigen nicht sporenbildenden Arten mit der Fähigkeit zur Nitratreduktion seien genannt[3]: Bacillus coli, vulgaris, prodigiosus, Pseudomonas fluorescens und pyocyaneus, Vibrio cholerae, Azotobacter chroococcum[4], ferner Hefen, Schimmelpilze[5], Actinomyceten[6].

Die stickstoffbindenden in Symbiose mit höheren Pflanzen lebenden Mikroorganismen.

Unter den stickstoffbindenden Mikroorganismen unterscheidet man zwei Gruppen. Bei der einen handelt es sich um in Symbiose mit höheren Pflanzen lebende, bei der anderen um freilebende Mikroorganismen. Von den in Symbiose lebenden sind die Knöllchenbakterien[7] der Leguminosen am wichtigsten. Es handelt sich, was aber noch umstritten ist[8], um eine in verschiedene Rassen,

---

TINA: Mechanismus der Nitratreduktion. 1. Mitt. Bull. Acad. U. R. S. S. 7, 505 (1929); ref. Cbl. Bakter. II 82, 265 (1930).

[1] KLEIN, G., A. EIGNER u. H. MÜLLER: Nitratassimilation bei Schimmelpilzen. Z. physiol. Chem. 159, 201 (1926). — KOSTYCHEW, S. u. E. TSWETKOWA: Über die Verarbeitung der Nitrate in organische Stickstoffverbindungen durch Schimmelpilze. Ebenda 11 171 (1921).

[2] MAASSEN, A.: S. 281, Anm. 5.

[3] MAASSEN, A.: S. 281, Anm. 5. — Ferner: P. J. FRANKLAND: The action of some specific microorganisms on nitric acid. Chem. News 57, 89 (1888). — GERLACH u. VOGEL: Über eiweißbildende Bakterien. Cbl. Bakter. II 7, 609 (1901). — J. STOKLASA u. E. VITEK: Beiträge zur Erkenntnis des Einflusses verschiedener Kohlenhydrate und organischer Säuren auf die Metamorphose des Nitrats durch Bakterien. Ebenda 14, 102 (1905). — H. J. CONN u. R. S. BREED: The use of nitrate reduction test in characterizing bacteria. J. Bacter. 4, 267 (1919).

[4] BEIJERINCK, M. W. u. A. VAN DELDEN: Über die Assimilation des freien Stickstoffs durch Bakterien. Cbl. Bakter. II 9, 3 (1902). — KOSTYCHEW, S. u. O. SCHWEZOWA: Weitere Untersuchungen über die Nitratreduktion durch Azotobacter. Planta 2, 527 (1926).

[5] oben, Anm. 1. — LAURENT, E.: Experience sur la réduction des nitrates par les végétaux. Ann. Inst. Pasteur 4, 722 (1890). — WOLFF, K.: Hyg. Rdsch. 9, 541 (1899).

[6] BEIJERINCK, M. W.: Cbl. Bakter. II 6, 1, 8, 193, 204 (1900). — WAKSMAN, S. A.: Studies in the metabolism of actinomycetes. III. Nitrogen metabolism. J. Bacter. 5, 1 (1920).

[7] Zusammenfassende neuere Darstellungen u. a. A. MÜLLER u. C. STAPP: S. 284, Anm. 1, und H. VIERMANN: S. 289, Anm. 6.

[8] Vgl. z. B. J. L. BALDWIN u. E. B. FRED: Nomenclature of the root nodule bacteria. J. Bacter. 17, 141 (1929).

welche morphologisch nicht oder kaum zu unterscheiden sind, gespaltene Form; nur auf gewissen Nährböden sollen geringe Unterschiede auftreten. Physiologisch dagegen unterscheiden sie sich dadurch, daß eine Rasse nur an gewissen Leguminosen Knöllchen bilden kann; eine Vertretbarkeit der Bakterien ist meist nur in geringem Umfange innerhalb des engsten Verwandtschaftskreises möglich mit Ausnahme der Bakterien von Ornithopus und Lupinus, die sich gegenseitig vertreten können, obwohl beide Pflanzen zu ganz verschiedenen Verwandtschaftskreisen (Hedysareen bzw. Genisteen) gehören. MÜLLER und STAPP[1] geben auf Grund eingehender Literaturstudien folgende Rasseneinteilung, die natürlich später weiter zu ergänzen sein wird[2], an, wobei die Artnamen weggelassen sind:

I. Pisum, Vicia. Lens, Lathyrus.
II. Trifolium.
III. Lupinus, Ornithopus.
IV. Medicago, Melilotus, Trigonella.
V. Phaseolus.
VI. Anthyllis, Tetragonolobus, Lotus.
VII. Genista, Acacia, Arachis, Vigna, Cassia, Lespedocia, Mucuna, Baptisia, Desmodium.
VIII. Soja.
IX. Robinia.
X. Onobrychis.
XI. Coronilla.
XII. Amorpha.
XIII. Caragana.
XIV. Strophostyles.

Die Identifizierung eines solchen Stammes erfolgt gewöhnlich durch Impfen steriler Pflanzenkulturen mit einer Reinkultur des zu prüfenden Organismus; doch sind auch serodiagnostische Methoden mit Erfolg angewendet, ihre Bedeutung aber auch bezweifelt worden[3], welche die Ergebnisse der obigen Methode im großen und ganzen bestätigten. Nach MÜLLER und STAPP sollen die einzelnen Rassen auch morphologisch auf besonderen von ihnen angegebenen Nährböden unterschieden werden können.

---

[1] MÜLLER, A. u. C. STAPP: Beiträge zur Biologie der Leguminosenknöllchenbakterien mit besonderer Berücksichtigung ihrer Artverschiedenheit. Arb. biol. Reichsanst. Land- u. Forstw. 14, 455 (1925).

[2] Zum Beispiel soll Dalea einer selbständigen Gruppe angehören: A. L. WHITING, E. B. FRED u. G. HELZ: A study of the root nodule bacteria of wood's clover (Dalea alopecurioides). Soil Sci. 22, 467 (1926).

[3] KLIMMER, M. u. R. KRÜGER: Sind die bei den verschiedenen Leguminosen gefundenen Knöllchenbakterien artverschieden? Cbl. Bakter. II 40, 256 (1914). — KLIMMER, M.: Zur Artverschiedenheit der Leguminosenknöllchenbakterien, festgestellt auf Grund serologischer Untersuchungen. Ebenda 55, 281 (1922). — VOGEL, J. u. H. ZIPFEL: Beiträge zur Frage der Verwandtschaftsverhältnisse der Leguminosenknöllchenbakterien und deren Artbestimmung mittels serologischer Untersuchungsmethoden. Ebenda 54, 13 (1921). — ASO, K. u. S. OKHAWARA: Über die Klassifikation der Bakterien der Leguminosenknöllchen mit Hilfe von Serumreaktionen. Acta IV. Conf. internat. Péd. Rom 3, 192 (1926). — Nach J. W. STEVENS [Can all strains af a specific organism be recognized by agglutination? J. inf. Dis. 33, 557 (1923)] ist die Agglutinationsprobe ungeeignet. — Ferner: A study of various strains of Bac. radicicola from nodules of alfalfa and sweet clover. Soil Sci. 20, 45 (1925). — BIALOSUKNIA, W. u. C. KLOTT: Radania nad. Bakt. radicicola. Roczn. Nauk. Rolniczych. 9, 288 (1923); ref Ber. Physiol. 29, 141 (1925). — BALDWIN, J. L., E. B. FRED u. E. G. HASTINGS: Grouping of legumes according to biological reactions of their seed proteins. Bot. Gaz. 83, 217 (1927). — JIMBO, T.: On the serological classification of the root nodule bacteria of leguminous plants. Bot. Mag. Tokyo 44, 158 (1930).

Jedoch harren hier noch sehr viele Fragen ihrer Lösung. Insbesondere kompliziert sich die Frage dadurch, daß einerseits auf einer Pflanzenart (Soja) verschiedene serologisch verschiedene Rassen vorkommen sollen[1] — man denke hierbei z. B. an die entsprechenden Verhältnisse der physiologischen Rassenbildung bei parasitären Pilzen — andererseits Übergänge von Rassen auf andere Pflanzen beobachtet wurden, wie z. B. bei Vicia Faba und Pisum, bei Soja und Vigna sinensis[2]. Man wird solche Versuche künftighin mit schärferen Methoden anfassen müssen, wie z. B. durch Einzellkulturen, Züchtung der Pflanzen auf Agar[3] usw. Hingewiesen sei in diesem Zusammenhang noch auf die beachtenswerten Feststellungen von RICHMOND[4], wonach bei Phaseolus lunatus und Ph. vulgaris, die verschiedene Rassen besitzen, bei Pfropfung der einen auf die andere, die aus dem Pfropfreis entstandenen Samen Pflanzen liefern sollen, welche mit den Bakterien der Unterlage Knöllchen bilden sollen, was sie normalerweise nicht vermögen.

Die Sammelbezeichnung für alle Rassen ist Bacillus radicicola Beij. Nachdem HELLRIEGEL[5] und Mitarbeiter zuerst einwandfrei die Möglichkeit der Stickstoffbindung durch Leguminosen und die bakterielle Natur dieses Vorganges nachgewiesen hatten, gelang BEIJERINCK[6] die Züchtung der Bakterien aus den Wurzelknöllchen. SCHLÖSING und LAURENT[7] wiesen durch direkte Analyse das Verschwinden des elementaren Stickstoffs in einer der von den Pflanzen verarbeiteten entsprechenden Menge nach. KOSSOWITSCH[8] endlich zeigte, daß nur bei Zufuhr von elementarem N zu den Wurzeln Stickstoff gebunden wird, wodurch Anschauungen, welche eine Beteiligung der oberirdischen Teile der Pflanze behaupteten, erledigt wurden. Solche Anschauungen tauchen jedoch immer wieder auf[9]. BURK[10] stellte im Verfolg früherer Untersuchungen erneut fest, daß dies nicht der Fall ist, wenn Knöllchen fehlen. Auch BEIJERINCK[11] hat behauptet, daß in den Knöllchen kein Stickstoff gebunden würde; doch hat er wahrscheinlich nicht berücksichtigt, daß bei seiner Versuchsanordnung die Knöllchen nicht mit Kohlenhydraten versorgt waren und somit keine Stickstoffbindung eintreten konnte.

Merkwürdigerweise hat man mit einer Stickstoffbindung in Reinkulturen, ganz im Gegensatz zu den Verhältnissen bei Azotobacter und Amylobacter,

---

[1] WRIGHT, W. H.: The nodule bacteria of soybeans. I. Bacteriology of strains. Soil Sci. **20**, 95 (1925).

[2] LEONARD, L. T.: Nodule production kinship between the soybean and cowpea. Soil Sci. **15**, 277 (1923). — SEARS, O. H. u. W. B. CARROLL: Cross inoculation studies with cowpea and soybean nodule bacteria. J. Bacter. **13**, 55 (1927). — Nach A. L. WHITING u. R. HANSEN [Cross-inoculation studies with nodule bacteria of lima beans, navy beans, cowpeas and others of the cowpea group. Soil Sci. **10**, 291 (1920)] sollen die Bakterien von Phaseolus lunatus auch Vigna sinensis infizieren, nicht aber Phaseolus vulgaris.

[3] Methodik bei CH. BARTHEL in S. A. WAKSMAN: S. 249, Anm. 3 (ABDERHALDEN: Arbeitsmethoden).

[4] RICHMOND, TH. E.: Legume inoculation as influenced by stock and scion. Bot. Gaz. **82**, 438 (1926).

[5] HELLRIEGEL, H. u. H. WILFARTH: Untersuchungen über die Stickstoffnahrung der Gramineen und Leguminosen. Beil. z. Z. Ver. Zuckerrübenind. Berlin **1888**.

[6] BEIJERINCK, M. W.: Die Bakterien der Papilionaceenknöllchen. Bot. Ztg. **46**, 725 (1888); **48**, 837 (1890).

[7] SCHLÖSING, TH. u. E. LAURENT: Recherches sur la fixation de l'azote libre par les plantes. C. r. **111**, 750 (1890); **113**, 776, 1095 (1891); **115**, 1017 (1892); Ann. Inst. Pasteur **6**, 65, 824 (1892).

[8] KOSSOWITSCH, P.: Durch welche Organe nehmen die Leguminosen den freien Stickstoff auf? Bot. Ztg. **50**, 697 (1892).

[9] Vgl. RICHMOND: Anm. 4.

[10] BURK, D.: Does the pea plant fix atmospheric nitrogen? Plant Physiol. **2**, 83 (1927).

[11] BEIJERINK, M. W.: The significance of the tubercle bacteria of the Papilionaceae for the host plant. Proc. Sect. Sci. Kon. Akad. Wetensch. Amsterdam **21**, 183 (1918).

kaum Erfolge gehabt; neuere Versuche bestätigten hierin die Ergebnisse älterer[1]. Es müssen hier also wohl die besonderen Verhältnisse des Zusammenlebens von Bakterien und Pflanzen eine Rolle spielen.

Das Bakterium ist ein kleines, 0,5—1,0 μ dickes, 0,9—7,2 μ langes, nicht Sporen bildendes Stäbchen, dessen Maße naturgemäß stark mit dem Medium variieren. Eine neue, als Coccus auftretende Form beschrieb MILOVIDOV[2]. Es ist lebhaft beweglich; die Geißeln stehen polar in Einzahl (Sojabakterien), oder zu mehreren (2—3 bei Lupinen- und Serradella-Bakterien, bei anderen z. T. noch mehr). Doch stehen, wenn mehrere Geißeln vorkommen, diese nicht zu einem Büschel zusammen, sondern getrennt, auf der Schmalseite inseriert[3], was auch BARTHEL[4] schon beobachtete (Abb. 23). Ältere Angaben über eine Gruppierung der Knöllchenbakterien in polar und peritrich begeißelte[5] sind danach wohl zu berichtigen. Als Inhaltstoffe finden sich Fett und Volutin.

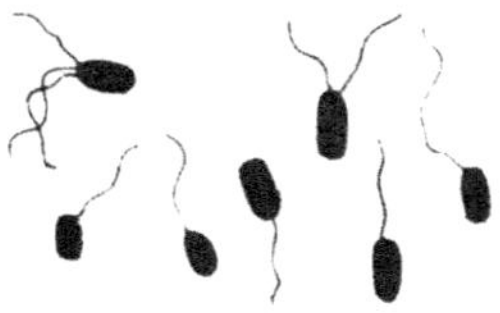

Abb. 23 [6]. Begeißelung der Knollchenbakterien von Robinia, Pseud-Acacia. (Nach MÜLLER u. STAPP.) Vergrößerung 2400.

Die Bakterien gelten als streng aërob, wachsen z. B. nicht in flüssigen Medien[7] nach FEHÉR und BOKOR[8] sollen sie jedoch fakultativ anaërob sein. Gegen Wasserstoffionenkonzentration sind sie verhältnismäßig unempfindlich. BRYAN[9] fand, daß Luzernebak-

[1] Ältere Literatur bei L. HILTNER in F. LAFAR: Handbuch der technischen Mykologie, 2. Aufl., **3**, 50. Jena: G. Fischer 1904—06. — Ferner: G. DE ROSSI: Studi sul microorganismo productore dei tubercoli delle Leguminose. Ann. di Bot. **7**, 617, 653 (1909); Autorref. Cbl. Bakter. II **26**, 263 (1910). — CHR. BARTHEL: Kunna baljväxtbakterier i renkultur fixera atmosfärisk kväve? Medd. Centralanst. försöksväsendet på jordbruksomradet Stockholm **1926**, Nr. 308 (schwedisch mit englischer Zusammenfassung). — G. STIEHR: Beiträge zur Stickstoffsammlungsfrage der Knöllchenbakterien bei der Fortzüchtung auf einem künstlichen Nährsubstrat. Cbl. Bakter. II **71**, 265 (1927). — F. E. ALLISON: Can nodule bacteria of leguminous plants fix atmospheric nitrogen in the absence of the host? J. agricult. Res. **39**, 893 (1929). — E. W. HOPKINS: Studies of nitrogen fixation by the root nodule bacteria of Leguminosae. Soil Sci. **28**, 433 (1929). — M. P. LÖHNIS: Can bacterium radicicola assimilate nitrogen in the absence of the host plant? Ebenda **29**, 37 (1930). — D. BURK: The influence of nitrogen gas upon the organic catalysis of nitrogen fixation by Azotobacter. J. physical. Chem. **34**, 174 (1930). — Nach D. OLARU [C. r. **160**, 280 (1915)] soll Mangan etwas begünstigen. — Vgl. D. OLARU: Rôle du manganèse en agriculture. Son influence sur quelques microbes du sol. Paris: Baillères 1920. — Positive Angaben machen wiederum: E. B. FRED, A. L. WHITING u. E. G. HASTINGS: Root nodule bacteria of Leguminose. Univ. Wisconsin Agr. Exp. Stat. Res. Bull. **72** (1926). — ST. BAZAREWSKI: Recherches sur les bacterioides. Odbitka Roczn. Nauk Rolniczych Leśnych. (polnisch mit französischer Zusammenfassung), T. **17**, Poznań 1927; ref. Cbl. Bakter. II **73** 125 (1928).

[2] MILOVIDOV, P. F.: Ein neuer Leguminosenknöllchenmikrob (Bact. radicicola forma Carmichaeliana. Cbl. Bakter. II **73**, 58 (1928). — Angaben über das Auftreten von Kokkenformen machen noch H. G. THORNTON u. N. GANGULEE: Proc. roy. Soc., sér. B (London) **99**, 427 (1928). — Über die Morphologie vgl. ferner: W. F. BEWLEY u. H. B. HUTCHINSON: On the changes through which the nodule organism passes under cultural conditions. J. agricult. Sci. **10**, 144 (1920). — T. GIBSON: Observations on Bac. radicicola. Ebenda **18**, 76 (1928). — V. KÅŠ: Über die Entwicklungszyklen der Knöllchenbakterien (tschechisch und deutsch). Sborn. čsl. Acad. Zenčd. Prag **2**, 673 (1927). — Im übrigen Literatur bei A. MÜLLER u. C. STAPP: S. 284, Anm. 1.

[3] MÜLLER, A. u. C. STAPP: S. 284, Anm. 1.

[4] BARTHEL, CHR.: Die Geißeln des Bacterium radicicola. Z. Gärungsphysiol. **6**, 13 (1908).

[5] Literaturangabe bei A. MÜLLER u. C. STAPP.

[6] Aus A. MÜLLER u. C. STAPP: Arb. biol. Reichsanst. Land- u. Forstw. **14**, Abb. 17 auf Taf. I (1925).

[7] OCKERBLAD, F. O.: Ann. Rep. State Board Agricult. Bacterial Sect. **1918**, 255; ref. Cbl. Bakter. II **54**, 139 (1921).

[8] FEHÉR, D. u. R. BOKOR: Untersuchungen über die bakterielle Wurzelsymbiose einiger Leguminosenhölzer. Planta **2**, 406 (1926).

[9] BRYAN, O. C.: Effect of different reactions on the growth and nodule formations of soybeans. Soil Sci. **13**, 271 (1922). — Effect of reaction on growth, nodule forma-

terien von p_H 5,0, Rotkleebakterien von p_H 4,5—4,7, Sojabakterien von p_H 3,5 bis 3,9 an absterben; nach VIRTANEN[1] sollen die Bakterien empfindlicher sein als die höheren Pflanzen. Die Temperaturgrenzen sind: Minimum 4,5—6,5°, Optimum 28—30°, Maximum 39—40°. Temperaturen über 50° töten die feuchten Bakterien nach kurzer Zeit ab.

Wenn auch Endosporen fehlen, so ist doch Bac. radicicola verhältnismäßig widerstandsfähig gegen Austrocknung. In lufttrockener Erde bleiben sie längere Zeit am Leben, sind aber gegen Austrocknen im Exsikkator offenbar empfindlicher (MÜLLER und STAPP). Auf Agar in zugeschmolzenen Röhrchen blieben sie 16 Jahre lang am Leben[2]. Angaben über die Wirkung von Giften und Pflanzenschutzmitteln findet man bei MÜLLER und STAPP. Die Beizung geimpfter Leguminosensamen soll den Bakterien nicht schädlich sein[3].

Als Kohlenstoffquellen können in künstlicher Kultur die vier Hexosen, ferner Arabinose und Xylose, Mannit und Glycerin dienen, dagegen sind nicht oder nur sehr wenig geeignet Glykogen und Stärke. Als Stickstoffquelle kann außer elementarem auch gebundener Stickstoff dienen[4]. Von Stoffwechselprodukten wurden geringe Mengen von Brenztraubensäure festgestellt (Luzernebakterien)[5].

Die Bakterien können aus den äußerlich sterilisierten Knöllchen leicht herausgezüchtet werden, so vornehmlich zur Zeit des kräftigsten Wachstums der Pflanze, zu Beginn der Blüte. Sie wachsen gut auf Nährböden mit den angegebenen Stoffen, vornehmlich aber auch auf Pflanzenauszügen (Möhren, Hefe), was aber nach Pflanzenart und Pflanzenteilen verschieden ist; am besten erwies sich Leguminosenwurzelextrakt[6]. Auch aus Erdboden lassen sie sich leicht herauszüchten[7].

An der lebenden Pflanze befinden sich die Bakterien in den charakteristischen Knöllchen der Wurzeln, von denen es, wie TSCHIRCH[8] zuerst beschrieb, zwei Typen gibt: Der eine wird nur durch Lupinus repräsentiert und ist charakterisiert durch

---

tion etc. Ebenda **15**, 23 (1923). — Effect of soils on nodule forming bacteria. Ebenda **15**, 37 (1923).

[1] VIRTANEN, A. J.: Über die Einwirkung der Bodenacidität auf das Wachstum und die Zusammensetzung der Leguminosenpflanze. Biochem. Z. **193**, 300 (1928).

[2] EDWARDS, S. F.: A note on the longevity of some cultures of Bac. radicicola. Abstr. Bacter. **7**, 9 (1923). — STAPP, C.: Zur Frage der Lebens- und Wirksamkeitsdauer der Knöllchenbakterien. Angew. Bot. **6**, 152 (1924). — MONDIJAR, M.: The viability of the nodule bacteria of legumes outside of the plant. Soil Sci. **21**, 93 (1927). — JONES, D. H.: The viability of Rhizobium Leguminosarum etc. J. Bacter. **13**, 55 (1927).

[3] SCHIRMER, K.: Ein Beitrag zur Untersuchung der Wirkungsrelation zwischen Beizung und Impfung bei Leguminosensamen. Fortschr. Landw. **1**, 742 (1926). — Vgl. ferner: Medd. 139, Tidskr. Planteavl. **33**, 510 (1927).

[4] Literatur bei A. MÜLLER u. C. STAPP. — Vgl. ferner L. SCHÖNBERG: Untersuchungen über das Verhalten von Bac. radicicola Beij. gegenüber verschiedenen Kohlenhydraten und in Milch. Cbl. Bakter. II **79**, 205 (1929).

[5] ANDERSON, J. A., W. H. PETERSON u. E. B. FRED: Production of pyruvic acid by nodule bacteria. Soil Sci. **25**, 123 (1928). — BALDWIN, J. L. u. E. B. FRED[(The fermentation character of the root nodule bacteria of the leguminoses. Soil Sci. **24**, 217 (1927)] unterscheiden zwei Gruppen: Säurebildner, peritrich, Alkalibildner, polar begeißelt. — ASO, K. u. U. MURAI: Über die Differenz zwischen der Reaktion der Nährböden nach den Kulturen von Bakterien der Leguminosenknöllchen. Acta IV. Conf. internat. Péd. Rom **3**, 192 (1926). — Vgl. weiter: M. FOOTE, W. H. PETERSON u. E. B. FRED: The fermentation of glucose and xylose by the nodule bacteria. Soil Sci. **28**, 249 (1929).

[6] ALLISON, F. E.: The growth of Bac. radicicola an artificial media containing various plant extrakt. J. agricult. Res. **35**, 915 (1927). — Vgl. im übrigen Literatur bei A. MÜLLER u. C. STAPP: S. 284, Anm. 1 und die bakter. Praktika, S. 249, Anm. 3.

[7] U. a. J. VOGEL u. H. ZIPFEL: S. 284, Anm. 3. — C. B. LIPMAN u. L. W. FOWLER: Isolation of Bac. radicicola from soil. Science (N. S.) **41**, 256 (1915).

[8] TSCHIRCH, A.: Beiträge zur Kenntnis der Wurzelknöllchen der Leguminosen. Ber. dtsch. bot. Ges. **5**, 58 (1887).

die Anschwellung des Wurzelhalses der Pfahlwurzel selbst, an dem die gekröseartigen Wucherungen sitzen. Den zweiten Typus repräsentieren alle anderen Leguminosen; die Knöllchen sitzen dabei in etwas verschiedener Form an den Faserwurzeln; kugelig z. B. bei Phaseolus, oval bei Trifolium, hand- oder korallenförmig bei Pisum, Medicago usw. Knöllchen finden sich bei allen Leguminosen, mit Ausnahme z. B. von Gleditschia, bei der nach DOUGAL[1] die dickwandigen braunen Haare der Wurzel die Infektion verhindern sollen. Doch fanden FEHÉR und BOKOR Knöllchen an Gl. triacanthos. Gemäß dem Sauerstoffbedürfnis der Bakterien finden sich die Knöllchen stets in den besser durchlüfteten oberen Bodenschichten; sie treten auch in Wasserkulturen nie in der Flüssigkeit auf.

Die Infektion der Wurzel, die zur Entstehung der Knöllchen führt, geschieht, wie PRAZMOWSKI[2] für Pisum zeigte, von außen durch die Wurzelhaare bei Lupinus nach VIERMANN[3] durch amyloide Membranstellen der primären Wurzelrinde; bei Pisum geht dieser Vorgang so vor sich, daß die eingedrungenen Bakterien durch das Wurzelhaar in Form eines „Infektionsfadens", einer wohl durch Schleim zu einem Faden zusammengehaltenen Bakterienmasse, vorrückt, bis zu den Zellen der Rinde, wo der Infektionsfaden zerfällt und die Bakterien in die einzelnen Zellen der Wirtspflanze eindringen, indem sie diese gleichzeitig zur Wucherung anregen, wodurch schließlich das Knöllchen entsteht. Kürzlich hat MILOVIDOV[4] drei Typen unterschieden, bei denen die erste Infektion gleichartig verläuft, verschieden aber die sekundären Vorgänge verlaufen:

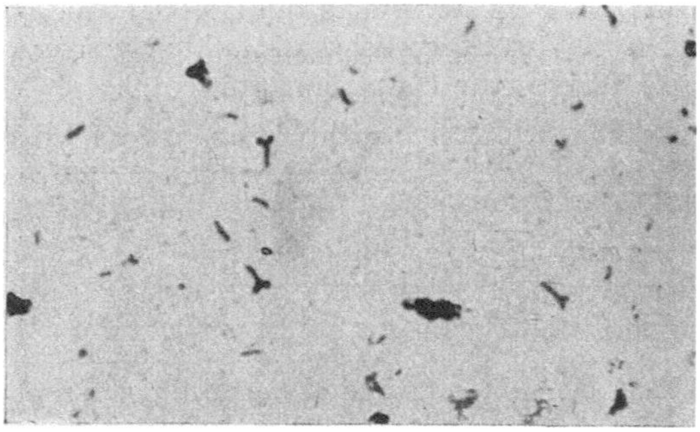

Abb. 24. Verzweigte Involutionsformen (3 Exemplare) der Erbsenbakterien aus Knöllchen. Vergroßerung 800. (Original-Phot. R. MEYER.)

1. Mehrzahl der Leguminosen: Es dringen Infektionsfäden nach einander in die vom Knöllchenmeristem gebildeten Zellen ein.

2. Serradella: Es treten interzelluläre Zooglöen auf; intrazelluläre Fäden besitzen wenig Bedeutung.

3. Lupinus: Das Gewebe der Knöllchen entsteht durch Teilung infizierter Zellen.

In diesen Knöllchen zeigen die Bakterien eine eigenartige Gestalt; als man die Natur dieser Gebilde noch nicht kannte, nannte man sie Bakterioiden. Es sind keulig angeschwollene, lappig verzweigte Gebilde (Abb. 24), mit denen das „Bakterioidengewebe" gänzlich erfüllt ist. Man nahm früher an, daß nur diese Formen Stickstoff binden könnten; doch hat PFEIFFER[5] nachgewiesen, daß auch dann Stickstoff gebunden wird, wenn nur Knöllchen mit normalen Bakterien

[1] DOUGAL, W. B.: Thick-walled root hairs of Gleditschia and related genera. Amer. J. Bot. 8, 171 (1921).

[2] PRAZMOWSKI, AD.: Die Wurzelknöllchen der Erbse. Landw. Versuchsstat. 37, 161 (1890); 38, 5 (1891).

[3] H. VIERMANN: S. 289, Anm. 6.

[4] MILOVIDOV, P. E.: Über einige neue Beobachtungen an Lupinenknöllchen. Cbl. Bakter. II 68, 333 (1926).

[5] PFEIFFER, HEINR.: Die Stickstoffsammlung und die aus ihr zu ziehenden Rückschlüsse auf die Formgestaltung der Knöllchenbakterien. Cbl. Bakter. II 73, 28 (1928).

vorhanden sind, was ausnahmsweise vorkommt. Auch konnte BARTHEL[1] in Reinkultur auch dann keine Stickstoffbindung nachweisen, wenn Bakterioiden auftraten.

In Reinkultur hat man das Auftreten der Bakterioidenform in der Hand durch Zusatz einer Anzahl von Stoffen, wie Phenolen, Säuren, Alkaloiden, Phosphaten, auch Neutralsalzen wie Magnesium- und Cäsiumchlorid. Die einzelnen Rassen verhalten sich nach MÜLLER und STAPP[2] verschieden, was diese Autoren zur mikroskopischen Diagnose benutzen. Bemerkenswert erscheint insbesondere, daß die Bakterioidenform auch durch hohe Konzentration von Kohlenhydraten und Eiweißabbauprodukten hervorgerufen werden kann[3], was den natürlichen Verhältnissen in den Knöllchen entsprechen dürfte[4].

Die Bakterioiden werden teils als normale Wuchsformen aufgefaßt, was wenig wahrscheinlich ist, teils als hypertrophierte Zellen, teils als „Involutionsformen", also teratologische Wuchsformen; doch werden die beiden letztgenannten Begriffe ineinander übergehen. Wesentlich in dieser Hinsicht ist, daß MÜLLER und STAPP in Nachprüfung älterer Versuche feststellten, daß weit fortgeschrittene Bakterioiden nicht mehr vermehrungsfähig sind, was auch BAZAREWSKI[5] fand. Der Auffassung als Involutionsformen steht demnach nichts im Wege.

Was den sonstigen Bau[6] der Bakterienknöllchen betrifft, so ist als wesentlich festzustellen, daß in der das Bakterioidengewebe umgebenden parenchymatischen Rinde Leitbündel verlaufen, welche mit dem Leitbündelstrang der Wurzel in Verbindung stehen (Abb. 25). Meist findet sich Stärke in diesem Parenchym, bei starker Ablagerung auch in den inneren Schichten, jedoch dann in schwächerem Maße. Im übrigen sei auf die Literatur verwiesen.

Die Knöllchen sind sehr stickstoffreich, sie enthalten bis zu 7,44% N_2; der Stickstoff liegt meist in Form von Eiweiß vor[7]. Gegen Ende der Vegetationszeit verarmen die Knöllchen daran; der Gehalt nähert sich dann dem der normalen Wurzel. STOKLASA fand bei *Lupinus luteus* folgende Zahlen in Prozenten der Trockensubstanz.

	Bei Blüte	Bei Fruchtansatz	Bei Reife
Knöllchen	5,2	2,6	1,7
Normale Wurzeln .	1,6	1,8	1,4

[1] BARTHEL, CHR.: S. 286, Anm. 1. [2] MÜLLER, A. u. C. STAPP: S. 284, Anm. 1.

[3] HILTNER, L. u. K. STÖRMER: Neue Untersuchungen über die Wurzelknöllchen der Leguminosen und deren Erreger. Arb. ksl. Gesdh.Amt, Biol. Abt. 3, 151 (1903). — ZIPFEL, H.: Beiträge zur Morphologie und Biologie der Knöllchenbakterien durch Leguminosen. Cbl. Bakter. II **32**, 97 (1912).

[4] Vgl. auch unten S. 290 über die Verdauung der Bakterien. — A. RIPPEL u. H. POSCHENRIEDER: Prinzipielle Bemerkungen zur Stickstoffbindung durch Mikroorganismen. J. Landw. **76**, 101 (1928).

[5] BAZAREWSKI, ST.: S. 286, Anm. 1.

[6] FRANK, R.: Über die Pilzsymbiose der Leguminosen. Berlin: P. Parey 1890. — Weiteres über den Bau der Knöllchen: E. WENDEL: Zur physiologischen Anatomie der Wurzelknöllchen einiger Leguminosen. Beitr. allg. Bot. **1**, 151 (1918). — E. R. SPRATT: A comparative account of the root-nodules of the Leguminosae. Ann. of Bot. **33**, 189 (1919). — H. VIERMANN: Die Wurzelknöllchen der Lupine. Bot. Arch. **25**, 45 (1929). — Vgl. ferner: S. S. KARBUSH: Recherches sur les tubercules radicaux de quelques Papiloniacées alpines. Bull. Soc. bot. France **75**, 674 (1929). — E. F. McCOY: A cytological and histological study of the root nodules of the bean, Phaseolus vulgaris L. Cbl. Bakter. II **79**, 394 (1929). — M. P. LÖHNIS: Investigations upon the ineffectiveness of root nodules on Leguminosae. Ebenda II **80**, 342 (1930). — H. G. THORNTON: The early development of the root nodule of Lucerne (Medicago sativa L.). Ann. of Bot. **44**, 385 (1930).

[7] WHITING, A. L. u. W. R. SCHOONOVER: Nitrogen fixation by cowpeas and nodule bacteria. Soil Sci. **10**, 411 (1920). — WOZAK, H.: Stickstoffgehalt und Stickstoffverteilung in einigen Leguminosen usw. Fortschr. Landw. **4**, 485 (1929).

Im übrigen wird während des Wachstums der Wirtspflanze der zu deren Aufbau notwendige Stickstoff dauernd den Knöllchen entzogen; doch ist unbekannt, in welcher Form das geschieht. Immerhin ist von Wichtigkeit, daß nach VIERMANN[1] zur Zeit der Blüte eine Verdauung der Bakterien einsetzt, die bei der Samenreife beendet ist. Es scheint durchaus möglich, daß die Bakterioiden ähnlichen Vorgängen ihre Entstehung verdanken. Über den zeitlichen Verlauf geben WHITING[2] und WUNSCHIK[3] Auskunft.

Hierbei tritt im Jugendstadium der Pflanzen ein „Hungerstadium" ein[4], bedingt wohl dadurch, daß die Pflanzen selbst infolge des relativ sehr starken

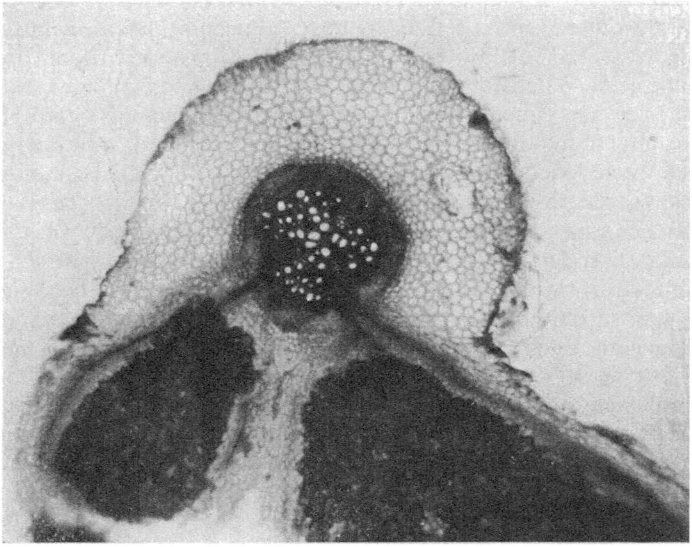

Abb. 25. Schnitt durch ein Erbsenknollchen und die angrenzende Wurzel. Vergrößerung 30. Original-Phot. R. MEYER.

Wachstums die Knöllchen bzw. Bakterien noch nicht genügend mit Kohlenstoff versorgen können.

Durch Zugabe von gebundenem Stickstoff wird die Bildung der Knöllchen unterdrückt[5], doch ist noch nicht bekannt, welches die Ursache hierfür ist. Nach

---

[1] VIERMANN, H.: S. 289, Anm. 6.

[2] WHITING, A. L.: Illinois Agr. Exp. Stat. Bull. **179**, 471 (1915); ref. Cbl. Bakter. II **47**, 638 (1918).

[3] WUNSCHIK, H.: S. 291, Anm. 7. [4] Vgl. H. PFEIFFER: S. 288, Anm. 5.

[5] LAURENT, E.: Observations sur le dévelopment des nodosités radicales chez les Legumineuses. C. r. **133**, 1241 (1901). — MALPEAUX, L.: Ann. agronom. **27**, 65 (1901). — MARCHAL, E.: Influence des sels minéraux nutritifs sur la production des nodosités chez le pois. C. r. **133**, 1032 (1901). — NOBBE, F. u. L. RICHTER: Über den Einfluß des Nitratstickstoffs und der Humussubstanzen auf den Impfungserfolg bei Leguminosen. Landw. Versuchsstat. **56**, 441 (1902); **59**, 167 (1904). — PROUCHA, M. J.: Physiological studies of Bac. radicicola of Canada field pea. Cornell Univ. Agr. Exp. Stat. **5** (1915). — WILSON, J. K.: Physiological studies of Bac. radicicola of soybean etc. Ebenda **386** (1917). — HILLS, T. L.: Influence of nitrates on nitrogen assimilating bacteria. J. agricult. Res. **12**, 183 (1918). — STROWD, W. H.: The relation of nitrates to nodule production. Soil Sci. **10**, 343 (1920). — GIÖBEL, G.: The relation of the soil nitrogen to nodule development and fixation of nitrogen by certain legumes. New. Jers. Agr. Exp. Stat. Bull. **436** (1926). — CHRISTIANSEN-WENIGER, F.: Der Energiebedarf der Stickstoffbindung durch die Knöllchenbakterien usw. Cbl. Bakter. II **58**, 41 (1923). — Über die Beeinflussung der Basenaufnahme durch die Art und Weise der Stickstoffernährung vgl. A. STORCK: Stickstoff-

HILTNER[1] soll der Salpeter derartig wirken, daß er die Ausbildung der stickstoffbindenden Bakterioidenform hemmt, was ganz unwahrscheinlich ist, da ja nach PFEIFFER[2] die Bakterioidenform nicht Vorbedingung zur Stickstoffbindung ist, und es brauchte dann ja auch nicht die Bildung der Knöllchen unterdrückt zu werden. Nach STROWD[3] soll Salpeter die Bakterien von den Pflanzen fern halten, was ebenfalls unwahrscheinlich ist. Nach HILLS[4] sollen zwischen Pflanzenwurzeln und Salpeter unbekannte Reaktionen eintreten, welche die Knöllchenbildung verhindern, eine ebenfalls kaum zu stützende Vorstellung. MÜLLER und STAPP glauben, daß lediglich der Nichtbedarf der mit gebundenem Stickstoff ernährten Pflanzen entscheidend ist, womit ja allerdings über deren Zusammenhänge nichts ausgesagt ist.

Die bekannte praktisch beobachtete und wissenschaftlich bestätigte Erscheinung, daß eine mäßige künstliche Gabe von gebundenem Stickstoff für Leguminosen sehr nützlich ist, steht mit der erwähnten Tatsache der Knöllchenunterdrückung durch gebundenen Stickstoff nicht im Widerspruch, da diese ja geeignet ist, die Pflanzen schneller über das Hungerstadium hinweg zu bringen.

Das Verhältnis der Knöllchenbakterien zur Wirtspflanze wird teils als eine reine Symbiose aufgefaßt, teils glaubt man, wie es vor allem HILTNER[5] getan hat, daß die Bakterien, wenigstens zunächst, als Parasiten auftreten, während sich später eine Art Gleichgewicht zwischen Pflanzen und Bakterien herstellt, subtiles Gleichgewicht nach BEIJERINCK[6], was namentlich WUNSCHIK[7] in neuerer Zeit entwickelt hat. Ob dabei die Pflanze eine gewisse Immunität gewinnen könne, ist zweifelhaft, wie MÜLLER und STAPP[8] überzeugend dartun[9]. Es scheint ja bei Pflanzen überhaupt keine Immunität in tierphysiologischem Sinne vorzukommen[10]. Jedoch scheint es manchmal durch zu starke Impfung bzw. durch zu virulente Bakterien zu einer Schädigung der Wirtspflanze zu kommen; die Ursache der Schädigung sieht WUNSCHIK darin, daß anormale Knöllchen erzeugt werden, die den Pflanzen zu viele Stoffe entziehen, wodurch diese geschwächt und in ihrem Stickstoffverarbeitungsvermögen gestört würde, so daß schließlich auch die Stickstoffbindung der Knöllchen sistiert würde.

Es mag an dieser Stelle noch auf die auffallende Tatsache hingewiesen werden, daß die Mehrzahl der pflanzenpathogenen Bakterien der Gattung Pseudomonas angehört, wie ja auch die Leguminosenbakterien oft nur eine Geißel besitzen. Man möchte versucht sein, eine tiefere Bedeutung darin zu erblicken und es als verständlich anzusehen, daß gerade aus einer so stark pflanzenpathogenen Bakteriengruppe sich die symbiotischen Leguminosenbakterien entwickeln konnten.

---

und Basenverhältnis bei Leguminosen und Gramineen. Bot. Arch. **29**, 34 (1930). — Auch A. RIPPEL u. O. LUDWIG: Ber. dtsch. bot. Ges. **43**, 537 (1926).

[1] HILTNER, L. in LAFAR: Handbuch der technischen Mykologie **3**, 52.

[2] PFEIFFER, H.: S. 288, Anm. 5. [3] STROWD, W. H.: S. 290, Anm. 5.

[4] HILLS, T. L.: S. 290, Anm. 5.

[5] HILTNER, L.: in F. LAFAR: Handbuch der technischen Mykologie **3**, 42 ff.

[6] BEIJERINCK, M. W.: S. 285, Anm. 6.

[7] WUNSCHIK, H.: Erhöhung der Wirksamkeit der Knöllchenerreger unserer Schmetterlingsblütler durch Passieren der Wirtspflanze. Cbl. Bakter. II **64**, 395 (1925). — Vgl. auch: H. G. THORNTON: The influence of the host plant in inducing parasitism in lucerne and clover nodules. Proc. roy. Soc. London B **106**, 110 (1930). — D. CARBONE u. C. ARNAUDI: L'immunita nelle piante. Mailand 1930.

[8] MÜLLER. A. u. C. STAPP: S. 284, Anm. 1.

[9] Vgl. aber: C. CAPPALETI: La forma a bacterioide e l'immunita nelle Leguminose. Renh. Acad. Lincei, 4. Ser. **6**, 533 (1926). — I tubercoli radicoli delle Leguminose considerati nei loro rapporti immunitari e morfologici. Ann. di Bot. **17**, 211 (1928); Proc. internat. Congr. Plant Sci. **1**, 59 (1929).

[10] SARDIÑA, J. R.: Zur Frage der Antikörperbildung bei Pflanzen. Angew. Bot. **8**, 289 (1926).

Eine weitere, mit der eben erörterten im Zusammenhang stehende, Frage ist die, ob es Bakterien von verschiedener Virulenz gibt. Namentlich Wunschik hat in neuerer Zeit sich eingehend mit dieser Frage beschäftigt und will durch wiederholte Pflanzenpassage eine erhebliche Virulenzsteigerung der Bakterien erzielt haben. Mit Recht betont jedoch Behrens[1], daß sich über diese Frage solange nichts aussagen läßt, als bis Versuche vorliegen, die von Einzelkulturen ausgehen. Burke und Burkey[2] stehen auf dem Standpunkt, daß die Bakterien so anpassungsfähig seien und eine Anpassung so schnell verlören, daß eine Steigerung der Virulenz durch Pflanzenpassage zwecklos sei.

Die Ergebnisse von Wunschik konnten denn auch bei einer Nachprüfung durch Stapp[3] nicht bestätigt werden.

Die Menge des von den Leguminosen gebundenen Stickstoffs wird durch das Wachstum der Pflanze selbst nach Bedarf reguliert, es wird also durch die vermittels der übrigen Wachstumsfaktoren erzeugbare Pflanzenmasse bestimmt. Je besser die Vegetationsbedingungen durch Zufuhr von Phosphor, Kalium und evtl. von Kalk gestellt werden, um so mehr Stickstoff wird gebunden. Es soll hier erwähnt werden, daß nach Albrecht[4] Calcium die Infektion fördert, während nach Reincke[5] bei der Kalkempfindlichkeit der gelben Lupine ein Teil der Ursache in der Schädigung der Bakterieninfektion liegt.

Der Stärkereichtum der Knöllchen zeigt, daß die zur Stickstoffbindung nötige Energie von den Pflanzen geliefert wird. Der Schluß von Christiansen-Weniger[6], wonach mit der Autotrophie der Knöllchenbakterien gerechnet wird, ist nicht zulässig, wie von Rippel und Poschenrieder[7] ausgeführt wurde. Die Ammoniakbildung aus elementarem Stickstoff ist zwar ein exothermer Vorgang, der Energie liefern, also ein autotrophes Leben der Bakterien ermöglichen könnte; aber das gilt nur für das Vorhandensein von freiem Wasserstoff, während die Knöllchenbakterien den notwendigen Wasserstoff aus gebundener Form beziehen müssen. Wichtig ist in diesem Zusammenhang noch die Feststellung von Kostychew[8], wonach Leguminosen auf gleicher Blattfläche doppelt so stark assimilieren wie andere Pflanzen, so daß eine genügende Versorgung der Bakterien ohne Beeinträchtigung des Pflanzenwachstums gewährleistet ist.

Von wesentlicher praktischer Bedeutung ist die Verbreitung der Knöllchenbakterien, wobei es sich natürlich um die Verbreitung der jeweiligen Rassen handelt[9]. Sie kommen im allgemeinen nur in solchen Böden vor, welche die Leguminosenart der betreffenden Bakterienrasse tragen. So fehlten z. B. in Europa die Bakterien von Soja hispida, in Ostafrika diejenigen von Pisum usw. Ebenso fehlen z. B. auf neu kultiviertem Hochmoorboden im allgemeinen die Bakterien, wenigstens in Norddeutschland, während sie in Süddeutschland

---

[1] Behrens, J.: Ref. zu der Arbeit von H. Wunschik: Z. Bot. **18**, 201 (1926).

[2] Burke, V. u. L. Burkey: Modifying Rhizobium radicicolum. Soil Sci. **20**, 143 (1925).

[3] Stapp, C.: Die Stickstoffbindung durch Bakterien. Proc. and Pap. first internat. Congr. Soil Sci. **3** (1927). — Die Frage der planmäßigen Erzielung hochwirksamer Leguminosenknöllchenbakterienkulturen. Angew. Bot. **11**, 197 (1929).

[4] Albrecht, W. A. u. F. L. Davis: Physiological importance of calcium in legume inoculation. Bot. Gaz. **88**, 310 (1929). — Relation of calcium to the nodulation of soybeans etc. Soil Sci. **28**, 261 (1929 .

[5] Reincke, R.: Die Kalkempfindlichkeit der gelben Lupine usw. Z. Pflanzenernährg. usw. A **17**, 79 (1930).

[6] Christiansen-Weniger, F.: S. 290, Anm. 5.

[7] Rippel, A. u. H. Poschenrieder: S. 289, Anm. 4.

[8] Kostychew, S.: Studien über Photosynthese. IV. Die CO_2-Assimilation der Leguminosen. Ber. dtsch. bot. Ges. **40**, 112 (1922).

[9] Sie kommen auch auf Grönland vor: N. Nielsen: Gibt es Knöllchenbakterien auf Disko in Grönland? Dansk. bot. Ark. **5**, Nr. 19 (1928).

häufiger zu sein scheinen. Es wird an anderer Stelle[1] nochmals auf diese Frage zurückzukommen sein.

Ergänzend zur Besprechung der Knöllchenbakterien sei noch hinzugefügt, daß vielfach in den Knöllchen auch andere Bakterien festgestellt wurden, wie z. B. Fluorescenten[2], Buttersäurebakterien[3]. Nach FEHÉR und BOKOR[4] soll bei Amorpha fruticosa in den inneren Teilen radicicola, in den äußeren Bac. mycoides sitzen; optimales Wachstum der Pflanze soll erst beim Vorhandensein beider eintreten.

Begreiflicherweise hat man versucht, die Leguminosenbakterien auch an andere Pflanzen anzupassen, jedoch mit völlig negativem Erfolge. Die angeblich positive Angabe von BLUNCK konnte von KORDES[5] nicht bestätigt werden. Dergleichen ist natürlich auch nicht zu erwarten, wie KORDES sehr richtig hervorhebt, da ein solcher Vorgang sich schon längst in der Natur hätte vollziehen müssen. Es sei noch darauf hingewiesen, daß außer an den weiter unten zu besprechenden Pflanzen auch bei den Rhinanthaceen sich Knöllchen an den Wurzeln finden, die aber die Haustorien (Saugorgane) dieser Halbschmarotzer darstellen und jedenfalls bakterienfrei sind[6]. Auch auf die von LEMMERMANN[7] ausgesprochene Ansicht sei hier noch hingewiesen, wonach die Stickstoffbindung in den Knöllchen für die Leguminosen eine Kompensation für das im Vergleich zu Gramineen sehr viel geringere Wasserdurchströmungsvermögen sei, wie es ähnlich STAHL bei den mycotrophen Pflanzen angenommen hat[8].

Ähnliche durch Mikroorganismen verursachte Knöllchen finden sich außer bei den Leguminosen auch an den Wurzeln einiger weiterer Pflanzen, wie Alnus, Casuarina, Ceanothus, Coriaria, Elaeagnus, Hippophae, Myrica, jedoch von etwas anderem Bau. Es sind Nester von dicht zusammengedrängt stehenden Kurzwurzeln, die MIEHE[9] als Rhizothamnien bezeichnet hat. Für Alnus und Elaeagnus haben NOBBE und HILTNER[10] den Beweis erbracht, daß in diesen Knöllchen eine Stickstoffbindung stattfindet. Über die Mikroorganismen besitzt man noch keine Klarheit. Während einige[11] sie als Actinomyceten bezeichnen, stellen andere[12] sie zu Bacillus radicicola, d. h. zu den Leguminosen-

---

[1] Vgl. dieses Handbuch, Bd. 9. [2] BEIJERINCK, M. W.: S. 285, Anm. 6.

[3] RODELLA, A.: Die Knöllchenbakterien der Leguminosen. Cbl. Bakter. II **18**, 458 (1907).

[4] FEHÉR, D. u. R. BOKOR: S. 286, Anm. 8.

[5] BLUNCK, G.: Die Anpassung der Knöllchenbakterien an Nichtleguminosen. Zbl. Bakter. II **51**, 87 (1920); Chemiker-Ztg. **48**, Nr. 122 (1924). — KORDES, H.: Kritische Besprechung der Frage „Impfung der Nichtleguminosen". Z. Pflanzenernährg. usw. B **4**, 382 (1925).

[6] JÜLG, E.: Über das angebliche Vorkommen von Bakterien in den „Wurzelknöllchen" der Rhinanthaceen. Ber. dtsch. bot. Ges. **34**, 427 (1916).

[7] LEMMERMANN, O.: Untersuchungen über einige Ernährungsunterschiede der Leguminosen und Gramineen usw. Landw. Versuchsstat. **67**, 207 (1907).

[8] STAHL, A.: a. a. O., S. 309, Anm. 1.

[9] MIEHE, H.: Anatomische Untersuchungen der Pilzsymbiose bei Casuarina equisetifolia. Flora **111/112**, 43 (1918). — Vgl. ferner R. A. RAO: Casuarina root nodules and nitrogen fixation. Madras Agr. Dep. Yearb. **1923**, 60.

[10] HILTNER, L.: Über die Bedeutung der Wurzelknöllchen von Alnus glutinosa für die Stickstoffernährung dieser Pflanze. Landw. Versuchsstat. **46**, 153 (1896).

[11] SHIBATA, K.: Cytologische Studien über die entotrophen Mycorrhizen. Jb. wiss. Bot. **37**, 643 (1902). — SHIBATA, K. u. M. TAHARA: Studien über die Wurzelknöllchen. Bot. Mag. Tokyo **31**, 157 (1917). — PEKLO, J.: Die pflanzlichen Actinomycosen. Cbl. Bakter. II **27**, 451 (1910). — ARZBERGER, E. G.: The fungous root-tubercles of Ceanothus americanus, Elalagnus argentea and Myrica cerifera. Mo. bot. garden, Ann. Rep. **21**, 60 (1910). — LIESKE, R.: Morphologie und Biologie der Strahlenpilze. Leipzig 1921.

[12] KELLERMANN, K. F.: Nitrogen gathering plants. Yearb. Dep. Agr. U. S. A. **1910**, 213. — BOTTOMLEY, W. B.: The root nodules of Myrica Gale. Ann. of Bot. **26**, 111 (1914). —

bakterien. ARCULARIUS[1] will neuerdings zwei Organismen festgestellt haben, nämlich einen Actinomyceten und ein radicicola-ähnliches Bakterium, womit ja, zutreffendenfalls, der obige Widerspruch geklärt wäre. Doch sind neue Untersuchungen nötig, um Klarheit zu schaffen[2].

Auch bei Podocarpus[3] soll in Wurzelanschwellungen ein Pilz elementaren Stickstoff binden. Erwähnt seien endlich noch die Wurzelanschwellungen von Cycas, in denen Cyanophyceen leben. Manche Autoren glaubten an eine Stickstoffbindung durch diese Algen. Jedoch wurde stets gleichzeitig Azotobacter gefunden, auf den die N_2-Bindung zurückzuführen sein dürfte[4]. Ein gleiches gilt wohl auch für Azolla mit ihrer endophytischen Cyanophycee, für die ebenfalls Stickstoffbindung behauptet wurde[5].

Sehr bemerkenswert ist die Symbiose von Bakterien mit den Blättern gewisser tropischer Pflanzen, wobei wenigstens teilweise Stickstoffbindung nachgewiesen ist. Bei Rubiaceen[6] (Pavetta, Psychrotia, Kraussia), die vornehmlich durch VON FABER untersucht wurden, finden sich Knötchen in der Blattspreite, bei der hauptsächlich von MIEHE[7] untersuchten Ardisia crispa

---

SPRATT, E. R.: The morphologie of the root tubercles of Alnus and Elaeagnus etc. Ebenda 119. — BOTTOMLEY, W. B.: The root nodules of Ceanothus americanus. Ebenda **29**, 605 (1915). — Nach T. J. BURRILL u. R. HANSEN [Is symbiosis possible between legume bacteria and non legume-plants? Illinois Agr. Stat. Bull. **202**, 115 (1917)] handelt es sich jedenfalls nicht um Bac. radicicola.

[1] ARCULARIUS, J. J.: Cytologische Untersuchungen an einigen endotrophen Mycorrhizen. Cbl. Bakter. II **74**, 191 (1928).

[2] Vgl. ferner: H. ZIEGENSPECK: Die cytologischen Vorgänge in den Knöllchen von Hippophae rhamnoides (Sanddorn) und Alnus glutinosa (Erle). Ber. dtsch. bot. Ges. **47**, 50 (1929). — P. A. DANGEARD u. M. L. TRUKA: Sur les phénomènes de symbiose chez le Myrica Gale. Botaniste **21**, 345 (1929).

[3] NOBBE, F. u. L. HILTNER: Die endotrophe Mycorrhiza von Podocarpus und ihre Bedeutung. Landw. Versuchsstat. **51**, 241 (1899). — SPRATT, E. R.: The formation and physiological significance of root nodules in the Podocarpineae. Ann. of Bot. **26**, 801 (1912).

[4] SCHNEIDER, A.: A mutualistic symbiosis of algae and bacteria with Cycas revoluta. Bot. Gaz. **25** (1894). — BOTTOMLEY, W. B.: The association of certain endophytic Cyanophyceae and nitrogen fixing bacteria. Rep. brit. Assoc. Adr. Sci. Sheffield **1911**, 786. — SPRATT, E. R.: Some observations of life history of Anabaena Cycadeae. Ann. of Bot. **25**, 369 (1911). — HARDER, R.: Ernährungsphysiologische Untersuchungen an Cyanophyceen. Z. Bot. **9**, 145 (1917). — Über Cycas siehe weiter: E. R. SPRATT: The root nodules of the Cycadaceae. Ann. of Bot. **29**, 619 (1915). — K. WATANAKE: Studien über die Koralloide von Cycas revoluta. Bot. Mag. Tokyo **38**, 165 (1924). — Kürzlich hat DREWES Stickstoffbindung in Reinkulturen von Blaualgen behauptet; die Versuche, die mehrere Wochen standen, sind jedoch nicht bei Abschluß der Stickstoffverbindungen der Luft angestellt, also nicht beweiskräftig [K. DREWES: Über die Assimilation des Luftstickstoffs durch Blaualgen. Cbl. Bakter. II **76**, 88 (1928); dort noch weitere Literatur].

[5] OES, A.: Über die Assimilation des freien Stickstoffs durch Azolla. Z. Bot. **5**, 145 (1913).

[6] ZIMMERMANN, A.: Über Bakterienknoten in den Blättern einiger Rubiaceen. Jb. wiss. Bot. **37**, 1 (1902). — BOAS, F.: Zwei neue Vorkommen von Bakterienknoten in Blättern von Rubiaceen. Ber. dtsch. bot. Ges. **29**, 416 (1911). — FABER, F. C. v.: Das erbliche Zusammenleben von Bakterien und tropischen Pflanzen. Jb. wiss. Bot. **51**, 285 (1912). — Die Bakteriensymbiose der Rubiaceen. Ebenda **54**, 243 (1914). — GEORGEVITCH, P.: A new case of symbiosis between a bacillus and a plant. Kew Bull. **1916**, Nr. 4, 105. — De la morphologie des microbes des nodules et des feuilles d'une Rubiacee. Pavetta coffa. C. r. Soc. Biol. **79**, 411 (1916). — RAO, R. A.: A preliminary account of symbiotic nitrogen fixation in nonleguminous plant, with special reference to Chomelia asiatica. Agricult. J. India **18**, 132 (1923). — KOŘÍNEK, J.: Ein Beitrag zur Erkenntnis der Psychrotiasymbiose. Cbl. Bakter. II **75**, 52 (1928).

[7] MIEHE, H.: Javanische Studien. Abh. kgl. sächs. Ges. Wiss. Leipzig, Math.-physik. Kl. **32**, IV, 299 (1911). — Die sogenannten Eiweißdrüsen an den Blättern von Ardisia crispa. Ber. dtsch. bot. Ges. **29**, 156 (1911). — Weitere Untersuchungen über die Bakteriensymbiose der Ardisia crispa. I. Die Mikroorganismen. Jb. wiss. Bot. **53**, 1 (1913). — Ebenso. II. Die Pflanze ohne Bakterien. Ebenda **58**, 29 (1917).

(Myrsinaceae) solche Knötchen am Blattrand, die in beiden Fällen von Bakterien erfüllt sind. Es handelt sich hier um zyklische Symbiosen, wobei bereits dem Samen die Bakterien mit gegeben werden, in welchem sie zwischen Embryo und Endosperm liegen. Sie gelangen auf den Vegetationspunkt, von dort zwischen die jungen Blattanlagen und dringen schließlich durch Wasserspalten in das Blatt ein, indem sie diese zu den Bakterienknötchen umformen. Sie bilden dort ähnliche Involutionsformen wie die Leguminosenbakterien. Bei der Blütenanlage gelangen die Bakterien schließlich wieder in die Samen. Bei den Rubiaceen-Bakterien (Mycobacterium Rubiacearum) wurde Stickstoffbindung in Reinkultur festgestellt und auch ein Wachstum der Pflanzen ohne Stickstoffversorgung vom Boden aus bei Gegenwart der Bakterien beobachtet. Bei Ardisia — Bacillus foliicola — sind die Verhältnisse in dieser Hinsicht noch undurchsichtig. Es gelang zwar, die Pflanze bakterienfrei zu züchten, wobei die Achselknospen anstatt auszutreiben, sich zu blumenkohlartigen Gebilden umformten, aber eine Synthese der sterilen Pflanzen und der Bakterien zu normalen Pflanzen gelang noch nicht.

Ferner wurden auf den Blättern von Dioscorea macroura[1] Bakterienknötchen gefunden.

Freilebende stickstoffbindende Mikroorganismen.

Der zuerst bekannt gewordene, freilebende stickstoffbindende Mikroorganismus ist Bacillus amylobacter VAN TIEGH., er ist als solcher 1893 durch WINOGRADSKY[2] beschrieben worden, der das Bakterium Clostridium Pasteurianum nannte. BREDEMANN[3] faßte jedoch unter dem alten Namen Amylobacter eine Reihe von an Originalkulturen geprüften Stämmen als eine Art zusammen, so u. a. das WINOGRADSKY-Bakterium, Clostridium americanum PRINGSHEIM, Cl. α und β HASELHOFF ET BREDEMANN, Bacillus amylobacter I GRUBER, Bacillus saccharobutyricus v. KLECKI, Bacillus der Gasphlegmone, Granulobacter BEIJERINCK, Granulobacter pectinovorum BEIJERINCK ET VAN DELDEN, den Buttersäurebacillus von v. FREUDENREICH und JENSEN. Ferner gehören zu der Sammelart wahrscheinlich noch 14 andere, und unter Umständen noch weitere 9 unvollständig beschriebene,

[1] ORR, M. V.: The leaf glands of Dioscorea macroura Harms. Roy. Bot. Gard. Edinburgh **14**, 57 (1924).

[2] WINOGRADSKY, S.: Sur l'assimilation de l'azote gazeux de l'atmosphère par les microbes. C. r. **116**, 1385 (1893); **118**, 353 (1894). — Recherches sur l'assimilation de l'azote libre de l'atmosphère par les microbes. Arch. Sci. biol. Petersburg **3**, 297 (1895). — Clostridium pasteurianum, seine Morphologie und seine Eigenschaften als Buttersäureferment. Cbl. Bakter. II **9**, 43 (1902).

[3] BREDEMANN, G.: Bacillus amylobacter A. M. et BREDEMANN in morphologischer, physiologischer und systematischer Beziehung usw. Cbl. Bakter. II **23**, 385 (1909). — OMELIANSKY, W. [(Arch. Sci. biol. Petrograd **19**, 209 (1916); **20**, 24 (1916)] stimmt damit nicht überein. — Durch Aërobiose und Unbeweglichkeit soll Bac. amyloaërobius verschieden sein: P. CRIMI: Coltivazione et isolamento di una specie batteria aërobica comportantesi da amilo-batterio e da fermento butirrico. Ann. Staz. sper. malattie infektive del bestiame, Portici **7** (1922). — Ebenso soll ein aërobes „Clostridium aërobicum" nicht zu Bac. amylobacter gehören: ST. ROSENBLATT-LICHTENSTEIN u. H. PRINGSHEIM: Über ein aërobes Stickstoff assimilierendes Clostridium. Cbl. Bakter. II **36**, 468 (1913). — Vgl. ferner zum Stoffwechsel: H. J. L. DONKER: Bijdrage tot de kennis de boterzuur-, butylalkohol- en acetongistingen. Dissert., Delft 1926. — C. NEUBERG u. B. ARINSTEIN: Vom Wesen der Buttersäure- und Butylalkoholgärung. Biochem. Z. **117**, 269 (1921). — BUCHNER, E. u. H. MEISENHEIMER: S. 297, Anm. 2. — E. McCOY, E. B. PETERSON, W. H. u. E. G. HASTINGS: A cultural study of certain anaërobic butyric acid-forming bacteria. J. inf. Dis. **46**, 118 (1930). — H. R. STILES, W. H. PETERON u. E. B. FRED: The nature of the acids produced in the fermentation of maize by Clostridium acetobutylicum. J. of biol. Chem. **84**, 473 (1929).

mit den verschiedensten Namen belegte Stämme, die hier nicht aufgezählt seien[1]. Es erscheint jedoch wichtig, die Hauptbezeichnungen anzuführen, da das Bakterium, ohne Rücksicht auf die grundlegende Arbeit von BREDEMANN, immer wieder unter diesen verschiedenen Bezeichnungen auftaucht. Alle weiter unten aufzuführenden Merkmale können sehr variabel sein, woher die vielen verschiedenen Bezeichnungen stammen. Zum Beispiel war der erwähnte Gasphlegmone-Bacillus eine asporogene, unbewegliche Form, die von BREDEMANN allmählich in die Originalform umgezüchtet werden konnte; variabel ist auch die Fähigkeit der Pectinzersetzung zur Zersetzung milchsaurer Salze, worauf man früher Unterschiede begründet hatte, usw.

Dieses Bakterium ist außerordentlich weit verbreitet und meist noch zahlreicher als Azotobacter. Es kommt bis zu mehreren 100000 in 1 g Erde vor; BREDEMANN fand es in 137 von 152 Erdproben, und zwar Kultur- und Waldböden der tropischen und gemäßigten Zone, im Seesand, Teichboden,

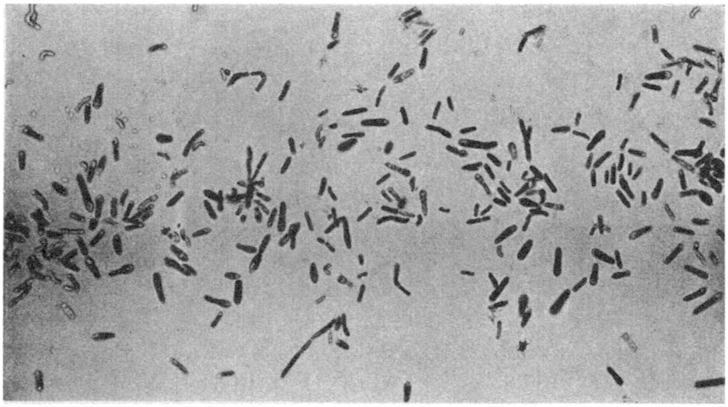

Abb. 26. Bacillus amylobacter, mit Jod behandelt, das den größeren Teil der Zelle blau (hier schwarz) färbt; in der ungefarbten Spitze bilden sich die Sporen. Vergrößerung 800. Original-Phot. R. MEYER.

Moorboden[2]; im Gegensatz zu dem nachfolgend zu besprechenden Azotobacter scheint er demnach sehr viel weniger anspruchsvoll zu sein. Nach DORNER[3] wächst es zwischen p_H 6,9—7,3, aber noch bei p_H 5,7. In Anbetracht der Weiterverbreitung möchte man jedoch glauben, daß es noch weiter nach der sauren Seite geht. Es sind peritrich begeißelte Stäbchen von 1—1,2 μ Breite und 3—12 μ Länge, meist sind sie einzeln, nur auf Agar häufiger zu längeren Ketten ausgebildet. Vor der Sporenbildung schwellen die Sporenmutterzellen kahn- oder

---

[1] Bezüglich der Literatur sei auf G. BREDEMANN verwiesen.

[2] Frühere Literatur bei G. BREDEMANN. — Ferner: S. RICCARDO: Primo contributo alla conorcenza dei Batteri finatori di azoto nei terreni vesuviani. Ann. R. Sci. Sup. Agr. Portici **18**, 1 (1923). — G. TRUFFAUT u. N. BEZSSONOFF: Augmentation du nombre des Clostridium Pastorianum (WINOGRADSKY) dans les terres partiellement sterilisées par le sulfure de calcium. C. r. Acad. Sci. **172**, 1319 (1921). — Sur la prédominance de l'activité des fixateurs anaërobies d'azote dans le sol. Ebenda **181**, 165 (1925). — DÜGGELI, M.: Tabelle S. 253. — C. B. LIPMAN u. P. S. BURGESS: Studies on nitrogen fixation and Azotobacter forms in soils of foreign countries. Cbl. Bakter. II **44**, 481 (1915). — S. WINOGRADSKY: Etudes sur les microbes fixateurs d'azote. Ann. Inst. Pasteur **40**, 455 (1926). — A. F. KARELSKAJA: Die stickstoffbindenden Bodenmikroben in der Unterzone des mächtigen Tschernosems im Gouvernement Woronesh. Nat. and agricult. ar. req. U. S. S. R. Woronesh. **1/2**, 81 (1927); ref. Bot. Zbl., N. F. **12**, 318 (1928).

[3] DORNER, W.: Beobachtungen über das Verhalten der Sporen und vegetativen Formen von Bac. amylobacter A. M. et BREDEMANN bei Nachweis- und Reinzuchtversuchen. Landw. Jb. Schweiz **1924**, 1.

spindelförmig an (Clostridium-Form). Charakteristisch für das Bakterium ist das Vorkommen von Iogen, einem mit Jod wie die Stärke sich blau färbenden Kohlenhydrat, das möglicherweise Amylose wie bei Aspergillus niger[1] darstellt. Es ist entweder in einzelnen Partien verteilt oder erfüllt die ganze Zelle mit Ausnahme der Spitze, in der sich später die Spore bildet. Bei der Sporenbildung wird das Iogen aufgebraucht, was seine Reservestoffnatur anzeigt (Abb. 26). Daneben findet sich noch Glykogen.

Die Sporen, deren Exine oft kleine Zäckchen aufweist und dann denen von Bac. astorosporus ähneln, messen meist $1{,}2 \times 2{,}1\ \mu$. Nach der Sporenreife verquillt die Membran der Sporenmutterzelle nicht immer, wie bei den sonstigen sporenbildenden Bakterien, sondern bleibt oft erhalten und umgibt eine hyaline Substanz, in welcher die Spore eingebettet ist; diese Substanz quillt und reißt so die Membran der Sporenmutterzelle an einem Pol auf, so daß diese dann als tulpenförmige Sporenkapsel die Spore umgibt. Doch ist das nach Bredemann nicht immer der Fall.

Bacillus amylobacter ist streng anaërob; das Maximum der Sporenkeimung wurde zwischen 20 und 33 mg O_2 im Liter (Luft enthält 276 mg) gefunden. Nach Bredemann wurden bei Reinkulturen durch freien Luftzutritt die vegetativen Stäbchen bereits nach 10 Minuten, die Sporen nach 8 Tagen abgetötet. Doch wächst er in Rohkultur zusammen mit aëroben Mikroorganismen selbst auch unter den gewöhnlichen Verhältnissen des freien Luftzutritts.

Er ist das wichtigste Buttersäure bildende Bakterium, neben welcher er noch viele Nebenprodukte, vornehmlich Essigsäure, Butylalkohol, Aethylalkohol, Ameisensäure, Milchsäure bildet, ferner als gasförmige Produkte Kohlensäure und Wasserstoff, die jeweils in wechselnden Mengen und nach den Kulturbedingungen verschieden, wie folgende Übersicht zeigt[2], zugegen sind:

	Es waren gebildet aus 100 g C-Quelle			Es waren gebildet aus 100 g C-Quelle	
	Glycerin	Glucose		Glycerin	Glucose
n-Butylalkohol . .	19,6	0,7	Ameisensäure . .	4,0	3,4
Aethylalkohol . .	10,4	2,8	n-Buttersäure . .	0,7	26,0
Kohlensäure . . .	42,1	48,1	Essigsäure . . .	1,0	7,5
Wasserstoff . . .	1,9	1,6	Milchsäure . . .	3,4	10,0

Ein besonders viel Butylalkohol bildender Stamm wurde Bacillus butylicus genannt[3].

Als Kohlenstoffquellen können die vier bekannten Hexosen, auch Pentosen, wie Arabinose, ferner Disaccharide wie Lactose, Maltose, Rohrzucker, weiter Glycerin, Mannit, Dextrin, Inulin, Stärke, ferner, im Gegensatz zu früheren Anschauungen, milchsaure Salze, endlich auch wohl Pectin, dagegen aber nicht Zellulose verwendet werden. Sie dienen auch als Energiequellen zur Stickstoffbindung.

Winogradsky fand je 1 g verbrauchter Kohlenstoffquelle 2—3 mg gebundenen Stickstoff, Bredemann dagegen bis zu 7 mg. In ähnlicher Höhe bewegen sich auch die von McCoy[4] und seinen Mitarbeitern an 37 Stämmen gefundenen Zahlen. Diese Autoren fanden auch das Verhältnis des gebundenen

[1] Schmidt, D.: Über die Pilzstärke (Amylose) bei Aspergillus niger u. Tgh. usw. Biochem. Z. **158**, 223 (1925).

[2] Buchner, E. u. J. Meisenheimer: Ber. dtsch. chem. Ges. **41**, 1410 (1908).

[3] Lek, J. B. van der: Onderzoekingen over de butylalkoholgisting. Dissert., Delft 1930.

[4] McCoy, E., W. M. Higby u. E. B. Fred: The assimilation of Nitrogen by pure cultures of Clostridium Pasteurianum and related Organisms. Cbl. Bakter. II **76**, 314 (1928).

Stickstoffs zum verbrauchten Zucker zeitlich annähernd konstant. Unter günstigen Bedingungen, namentlich in Symbiose mit anderen Bakterien[1], kann scheinbar noch mehr gebunden werden. In Kultur degeneriert, wie BREDEMANN feststellen konnte, das Stickstoffbindungsvermögen sehr leicht; es kann aber durch „Erdpassage" wieder regeneriert werden. Anscheinend liegen die Verhältnisse hier ähnlich wie solches von Azotobacter zu schildern sein wird.

Auch gebundenen Stickstoff vermag Bac. amylobacter zu assimilieren, stellt dann aber die Stickstoffbindung ein oder setzt sie wenigstens herab, wie folgende Zahlen nach PRINGSHEIM[2] zeigen:

Stickstoff gebunden in g je 1,5 l Nährlösung.

Ohne KNO_3	0,0415
+ 0,02 g KNO_3	0,0330
+ 0,03 g KNO_3	0,0181
+ 0,04 g KNO_3	0,0184

Eine Rohkultur von Amylobakter kann man sich am besten dadurch herstellen, daß man in eine gesunde Kartoffel ein Loch schneidet, dieses mit Erde infiziert und dann von Wasser bedeckt, und zwar das Loch nach unten, bei 30° stehen läßt. Von künstlichen Nährlösungen verwendet man zweckmäßig WINOGRADSKY-Lösung: 0,1% K_2HPO_4, 0,02 $MgSO_4$, 0,001—0,002 NaCl, kleine Mengen $MnSO_4$ und $FeSO_4$, 2—4% Glucose, Kreide im Überschuß. Die Impfung wird mit etwas Erde ausgeführt und bei 30° gearbeitet. Öfteres Überimpfen der 10—15 Minuten auf 75° erhitzten Kultur in neue Nährlösung ist erforderlich. Die endgültige Reinkultur erfolgt in Pyrogallolreagensröhrchen in Agar (Pepton-Hefewasser, + 1% Zucker + 1,5% Agar) oder auf Möhren- oder Kartoffelscheiben im Stickstoffstrom[3]. Nach DORNER[4] wachsen jedoch von ausgesäten Sporen nur 3‰ zu Kolonien aus. Das Wachstum wird durch Zugabe von Tierkohle usw. wesentlich gefördert[5].

Auf eine sehr merkwürdige Beobachtung von BREDEMANN[6] muß hier noch hingewiesen werden. Danach soll öfters ein kokkoider Zerfall der Amylobakter-Stäbchen eintreten; diese Kokken sollen sich jedoch nicht mehr in die typischen Zellen überführen lassen; sie sollen auch sauerstoffbedürftiger sein. Bei der Reinkultur sollen hierdurch oft Schwierigkeiten entstehen.

Das zweite wichtige freilebende stickstoffbindende Bakterium ist Azotobacter chroococcum BEIJERINCK, das vielleicht schon KRÜGER und SCHNEIDEWIND[7] in Händen hatten, aber erst 1901 von BEIJERINCK[8] in Reinkultur gezogen und beschrieben wurde. Es bildet in der Jugend dicke, 4—6 μ im Durchmesser betragende, oft bewegliche Kurzstäbchen mit mehreren polaren Geißeln, die oft zu zweien zusammenliegen; später liegen sie von gemeinsamer Schleimschicht umgeben, zu mehreren in unregelmäßigen Paketen zusammen (Abb. 27). Diese Zellen besitzen dann eine derbe, braun gefärbte (siehe unten) Membran und können wohl als eine Art Dauerform aufgefaßt werden, zumal sie auch das

---

[1] Siehe dieses Handbuch, Bd. 8.

[2] PRINGSHEIM, H.: Zur Stickstoffassimilation in Gegenwart von Salpeter. Cbl. Bakter. II **40**, 21 (1914).

[3] Vgl. die Praktika, S. 249, Anm. 3.

[4] DORNER, W.: S. 296, Anm. 3.

[5] Vgl. auch S. 247.

[6] BREDEMANN, G.: S. 295, Anm. 3. — CUNNINGHAM, A. u. H. JENKINS: Studies on Bacillus amylobacter A. M. et BREDEMANN. J. agricult. Sci. **17**, 109 (1927). — A. CUNNINGHAM: The life-cycle of Bac. saccharobutyricus v. KLECKI. Cbl. Bakter. II **82**, 25 (1930).

[7] KRÜGER, W. u. W. SCHNEIDEWIND: Sind niedere chlorophyllgrüne Algen imstande, den freien Stickstoff der Atmosphäre zu assimilieren usw.? Landw. Jb. **29**, 776 (1900).

[8] BEIJERINCK, M. W.: Über oligonitrophile Mikroben. Cbl. Bakter. II **7**, 561 (1901).— BEIJERINCK, M. W. u. A. VAN DELDEN: Über die Assimilation des freien Stickstoffs durch Bakterien. Ebenda **9**, 3 (1902).

Austrocknen gut vertragen. Bei der Keimung schlüpft nach KRZEMIENIEWSKI das Keimstäbchen aus ihnen heraus, die leere Hülle bleibt zurück. Endosporen werden nicht gebildet; aus pasteurisierten Boden kann Azotobacter nicht herausgezüchtet werden. Jedenfalls widerspricht diese Tatsache der Behauptung von LÖHNIS[1], daß hitzeresistente Sporen vorkämen. Es muß darauf hingewiesen werden, daß der Begriff ,,Spore" nicht immer eindeutig gebraucht wird[2]. Wenn z. B WAKSMAN[3, 4] auf S. 114 seines Werkes außer den beiden[1] genannten Autoren einige wie PRAZMOWSKI usw. erwähnt, die Azotobacter ,,Sporen" zuschreiben, so handelt es sich nicht um Bakterien-Endosporen, sondern darum, daß die obenerwähnten derben, braunen Azotobacter-Zellen als Chlamydosporen in einen gegen Austrocknung widerstandsfähigen Dauer-

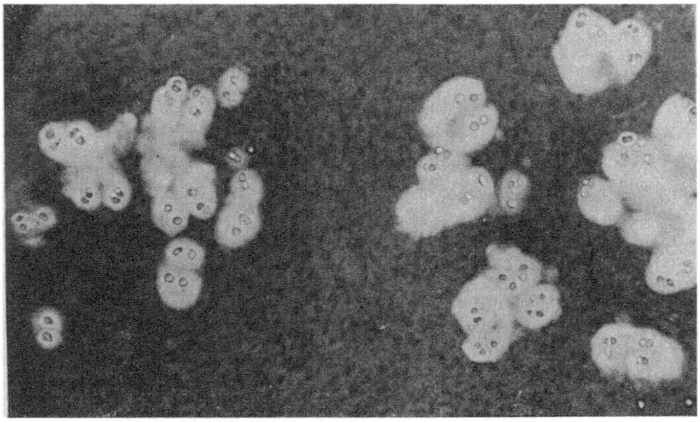

Abb. 27. Azotobacter chroococcum, in Tusche liegend, Zellen von dicker Schleimschicht umgeben. Original-Phot. R. MEYER.

zustand übergegangen sind. Resistenz gegen feuchte Hitze, wie sie den typischen Endosporen der Bakterien zukommt, zeigen diese nicht[4].

[1] LÖHNIS, F. u. J. HANZAWA: Die Stellung von Azotobacter im System. Cbl. Bakter. II **42**, 1 (1914). — Genaue Angaben über die Art und Weise der Erhitzung fehlen. Ein Versuch zeigte dem Verfasser, daß beim Eintauchen eines Röhrchens in ein Wasserbad die Temperatur erst nach 3 Minuten auf annähernd 100° gestiegen war, so daß die Bakterien offenbar nur ganz kurze Zeit wirklich erhitzt waren. Auch konnten bisher noch von keiner anderen Seite Endosporen bestätigt werden. — Nur M. MULVANIA [Observations on Azotobacter. Science (N. S.) **42**, 619 (1915)] erwähnt solche in einer kurzen Notiz, aus der wenig zu ersehen ist. Auch seine Angabe, daß Azotobacter in nahezu reinem Aether wachsen könne, stimmt bedenklich. — Eingehende Arbeiten und zusammenfassende Darstellungen über Azotobacter sind: S. KRZEMIENIEWSKI: Untersuchungen über Azotobacter chroococcum Beij. Anz. Akad. Wiss. Krakau, Math.-naturwiss. Kl. **9**, 929 (1908). — A. PRAZMOWSKI: Azotobacterstudien. I. Morphologie und Cytologie. Ebenda **1912**, 87; Cbl. Bakter. II **33**, 292 (1912). — Azotobacterstudien. II. Physiologie und Biologie. Anz. Akad. Wiss. Krakau, Math.-naturwiss. Kl. **1912**, 855. — C. STAPP u. G. RUSCHMANN: Zur Biologie von Azotobacter. Arb. biol. Reichsanst. Land- u. Forstw. **13**, 305 (1924). — L. NIEMEYER: Azotobacterstudien. Bot. Arch. **7**, 347 (1924).

[2] Vgl. auch C. STAPP u. G. RUSCHMANN: a. a. O., S. 355.

[3] WAKSMAN, S. A.: Principles. cit. S. 239.

[4] Zur Morphologie vgl. noch D. H. JONES: A morphological and cultural study of some Azotobacter. Cbl. Bakter. **38**, 14 (1913). — Further studies with some Azotobacter. Ebenda **42**, 68 (1914). — Further studies on the growth cycle of Azotobacter. J. Bacter. **5**, 325 (1920). — J. G. LIPMAN: Further contributions to the physiologie and morphologie of members of the Azotobacter group. Ann. Rep. New Yersey State agricult. exper. stat. **25**, 237 (1905). — J. BEAUVERIE: Sur la formation de corps endogènes dans les cellules de l'Azotobacter chroococcum. Bull. Soc. bot. France **72**, 1012 (1925).

Eben infolge dieser Dauerformen ist Azotobacter jedoch gegen Trockenheit erheblich widerstandsfähig; er konnte noch aus 3 Jahre 1 Monat alten eingetrockneten Reinkulturen, desgleichen aus 15—20 Jahre trocken aufbewahrter Erde[1] herausgezüchtet werden[2].

Löhnis[3] hat für Azotobacter einen sehr mannigfaltigen Lebenszyklus mit Endosporen, Kokken, Stäbchen, verzweigten Formen, einem plasmodiumähnlichen Zustand (Symplasma) usw. angegeben. Eine Nachprüfung durch Niemeyer[4] konnte jedoch keine Bestätigung der für Löhnis wesentlichen Vorstellungen bringen. Ferner gibt Löhnis „Kopulation" zweier Zellen (Konjunktion) an; auch Niemeyer sah vereinzelt solche Bilder, kann jedoch nichts über deren Natur aussagen. Jedenfalls fehlt noch jeder Beweis dafür, daß es sich um einen Sexualvorgang handelt, wie es Löhnis behauptet.

Als Reservestoffe wurde von Stapp[5] vornehmlich Fett (Glyzerinester) festgestellt; im Aetherextrakt finden sich auch Sterine und wohl Phosphatide. Das Fett wurde von früheren Autoren mit Glykogen verwechselt, das Azotobacter fehlt. Ferner findet sich Volutin[6], dessen Menge je nach der Phosphorernährung sehr schwankt. Die Schleimschicht ergibt nach Stapp bei der Hydrolyse einen rechtsdrehenden Zucker, sie ist stickstoffrei und jedenfalls kein Mucin.

Charakteristisch für Azotobacter ist die braune bis schließlich schwarze Färbung, welche die in der Jugend schleimig weißen Kolonien oder Kahmhäute des Bakteriums im Alter allmählich, wohl infolge von Melaninbildung[7], annehmen. Eine Kahmhaut bildet sich jedoch im allgemeinen nur in Rohkulturen, als dicke, rahmartige Haut auf der Flüssigkeitsoberfläche, nicht aber in Reinkulturen. Jedenfalls spielen Begleitbakterien der Rohkultur eine Rolle bei deren Bildung.

Azotobacter ist sehr streng aërob. In Flüssigkeitskulturen wächst er nur verhältnismäßig schlecht, erheblich besser jedoch, wenn sie in flacher Schicht stark durchlüftet werden[8]. Demzufolge ist das Wachstum auf festen Nährböden

---

[1] Lipman, C. B. u. P. S. Burgess: Studies on nitrogen fixation and Azotobacter forms in soils of foreign countries. Cbl. Bakter. II **44**, 481 (1916).

[2] Stapp, C. u. G. Ruschmann: S. 299, Anm 1. Dort weitere Literatur.

[3] Löhnis, F. u. N. B. Smith: Life cycles of bacteria. J. agricult. Res. **6**, 676 (1916); **23**, 401 (1923).

[4] Niemeyer, L.: Azotobacterstudien. Bot. Arch. **7** 347 (1924). Die Versuche von Niemeyer unter Leitung von Benecke sind sehr exakt mit Einzellkulturen durchgeführt. Es berührt eigenartig, wenn Löhnis in der oben zitierten Arbeit erklärt, daß Einzellkulturen nicht die Bedeutung bei der Lösung derartiger Fragen hätten, die man ihnen allgemein zuschreibt. Es ist damit ein Verzicht auf wissenschaftliche Exaktheit ausgesprochen, der zu den schlimmsten Folgen auf diesem Gebiete führen kann.

[5] Stapp, C.: Über die Reserveinhaltstoffe und den Schleim von Azotobacter chroococcum. Cbl. Bakter. II **61**, 276 (1924).

[6] Außer Stapp siehe B. Issatschenko: Zur Frage über das Vorkommen von Volutin bei Azotobacter chroococcum. Cbl. Bakter. II **57**, 271 (1922). — E. W. Schmidt: Notiz über das Vorkommen von Volutin bei Azotobacter chroococcum. Ebenda **50**, 44 (1920). Der Letztgenannte stellte insbesondere die Behauptung Prazmowskis vom Fehlen des Volutins richtig.

[7] Rippel, A. u. O. Ludwig: Die Schwarzfärbung von Azotobacter chroococcum Beij. als Melaninbildung. Cbl. Bakter. II **64**, 161 (1925). Dort weitere Literatur. — In Lösung farblose Azotobacterzellen bräunen sich nach O. W. Hunter (Anm. 8) beim Filtrieren.

[8] Stoklasa, J.: Beitrag zur Kenntnis der chemischen Vorgänge bei der Assimilation des elementaren Stickstoffs durch Azotobacter und Radiobacter. Cbl. Bakter. II **31**, 484, 620 (1908). — Stapp, C. u. G. Ruschmann: a. a. O. — Hunter, O. W.: Stimulation the growth of Azotobacter by aeration. J. agricult. Res. **23**, 665 (1923). — Protein synthesis by Azotobacter. Ebenda **24**, 263 (1923). — Über den Einfluß des Sauerstoffs und Stickstoffs vgl. ferner: D. Burk: The influence of oxygen gas upon the organic catalysis of nitrogen fixation by Azotobacter. Physic. Chem. **34**, 1195 (1930).

(siehe unten) sehr viel besser. SÖHNGEN[1] verwendete mit Erfolg Filtrierpapierstreifen, die in die Flüssigkeit tauchen; über der Flüssigkeit wächst Azotobacter sehr gut. SIMON[2] empfahl kürzlich die „Füllkörpermethode", Glasperlen mit Nährlösung getränkt; alle diese Maßnahmen bewirken besseren Zutritt des Sauerstoffs.

Die Reinkultur aus solchen Rohkulturen bietet gewisse Schwierigkeiten infolge des Vorhandenseins sehr kleiner Begleitbakterien, die offenbar fest an der verhältnismäßig dicken Schleimschicht von Azotobacter haften: namentlich handelt es sich um eine Bacillus radiobacter genannte Form, ferner um Bacterium aërogenes[3]. BEIJERINCK[4] glaubte denn auch anfänglich, daß eine Stickstoffbindung nur in Symbiose mit diesen Begleitbakterien und dem anfangs ebenfalls anwesenden Bacillus amylobacter stattfände.

Eine geeignete sehr einfache Nährlösung zu Rohkulturen von Azotobacter besteht nach BEIJERINCK[5] aus 2% Mannit, 0,02% K_2HPO_4 (nur das basische Salz ist zu verwenden, das saure KH_2PO_4 ist infolge der sauren Reaktion ungeeignet), und Leitungswasser. STAPP und RUSCHMANN[6] geben als besonders gute Nährlösung konstanter Zusammensetzung folgende an: 2% Mannit oder Rohrzucker, 0,04% KNO_3, 0,08% Calc. glycerinophosph. solub., 0,338% NaCl, 0,01% KCl, 0,054 $MgSO_4$, 0,092% $MgCl_2$ unter Neutralisation; die Nährlösung ist noch besser als der in Amerika viel verwendete ASHBY-Agar[7], vor allem wegen der völligen Durchsichtigkeit. Von Nährlösungen unbekannter Zusammensetzung eignen sich vor allem Möhrensaftagar, neutralisierte Bierwürze u. dgl.[6]. Gutes Wachstum erhält man auch auf mit Nährlösung getränkten Gipsplatten, Platten von kohlensaurem Kalk usw.[6]. Auf Kieselsäureplatten mit Mineralsalzen und mit wenig Erde geimpft erzielt man nach WINOGRADSKY[8] schon fast Reinkulturen. Auf weitere Angaben wird gleich zurückzukommen sein.

Als Kohlenstoffquelle eignen sich Mannit (nicht aber Dulcit und Glycerin), Rohrzucker, Glucose und die übrigen Hexosen, am wenigsten Mannose, Maltose (nicht aber Lactose), Cellobiose, Dextrin, auch Stärke (nicht aber Zellulose[9]). Gut sind zu diesem Zwecke auch Salze organischer Säuren, namentlich Laktate und Butyrate. STAPP und RUSCHMANN[6] stellten fest, daß von 22 geprüften organischen Säuren von A. chroococcum 17 verwertet werden konnten, von A. agile (siehe unten) dagegen nur 8[10]. Es finden sich in der Literatur z. T. jedoch sehr abweichende Angaben, so sollen z. B. auch Pentosen verwertet werden[11]. STAPP und RUSCHMANN glauben[12], daß in manchen Fällen keine wirklichen Reinkulturen vorgelegen haben. Auch Alter, Vorkultur usw. des Impfmaterials spielen eine Rolle, was stets zu beachten ist.

An Stoffwechselprodukten wurden nur Kohlensäure und Wasser gefunden; die Angabe von STOKLASA[11] über das Auftreten von Wasserstoff und organischen

---

[1] SÖHNGEN, N. L.: S. 305, Anm. 3.

[2] SIMON, K.: Über die künstliche Kultur des Azotobacter chroococcum Beij. nach der Füllkörpermethode. Fortschr. Landw. 3, 6 (1928).

[3] Siehe unten S. 307, Anm. 1.

[4] BEIJERINCK, M. W.: S. 298, Anm. 8.

[5] BEIJERINCK: S. 298, Anm. 8.

[6] STAPP, C. u. G. RUSCHMANN: S. 299, Anm. 1.

[7] ASHBY, S. F.: Some observations on the assimilation of atmospheric nitrogen by a free living soil organism, Azotobacter chroococcum of BEIJERINCK. J. agricult. Sci. 2, 35 (1907).

[8] WINOGRADSKY, S.: Sur une méthode pour apprécier le pouvoir fixateur de l'azote dans les terres. C. r. Acad. Sci. 180, 711 (1925).

[9] Vgl. dieses Handbuch, Bd. 8.

[10] Vgl. auch P. L. GAINEY: Sources of energy for Azotobacter with special reference to fatty acids. Ann. Missouri Bot. Garden 15, 113 (1928).

[11] STOKLASA, J.: Beiträge zur Kenntnis der chemischen Vorgänge bei der Assimilation des elementaren Stickstoffs durch Azotobacter und Radiobacter. Cbl. Bakter. II 21, 484, 620 (1908).

[12] STAPP, C. u. G. RUSCHMANN: a. a. O., S. 325.

Säuren ist sicher unrichtig, wie namentlich KRZEMIENIEWSKI[1] und BONAZZI[2] zeigten, bzw. auf Verunreinigungen zurückzuführen (in dieser Arbeit findet sich auch die Angabe über die Eignung von Pentosen als Kohlenstoffquellen). Der Atmungsquotient CO_2/O_2 ist daher, wie KRZEMIENIEWSKI[1] feststellte, bei Glucose als Kohlenstoffquelle annähernd = 1. BONAZZI[3] allerdings fand einen Atmungsquotienten sehr erheblich über 1, was jedoch in Hinsicht auf Kohlensäure als einziges Stoffwechselprodukt schwer verständlich ist.

Die Höhe der Stickstoffbindung beträgt in gutem Durchschnitt 10 mg Stickstoff je 1 g verbrauchte Kohlenstoffquelle. Doch fanden KOCH und SEYDEL[4], daß diese Mengen sehr von dem Alter der Kultur abhängig sind, denn wurden sehr junge Kulturen analysiert, so ergab sich sogar nach 3 Tagen im Mittel 75 mg Stickstoff je 1 g verbrauchte Kohlenstoffquelle. Es würde demnach der Zuckerverbrauch andauern, die Stickstoffbindung dagegen noch andauern, was physiologisch, in Hinsicht auf das Vorauseilen der Stickstoffverarbeitung vor der Substanzproduktion bei den höheren Pflanzen verständlich wäre. HUNTER[5] fand allerdings höchstens 16,1—17,3 mg gebundenen Stickstoff je 1 g verbrauchten Zucker, allerdings bei reichlicher künstlicher Durchlüftung, KOSTYCHEW bei Erdezusatz 25 mg (s. dazu weiter unten), während KRISHNA[6] die Ergebnisse von KOCH und SEYDEL des zeitlichen Einflusses überhaupt nicht bestätigen konnte. STAPP[7] betont sehr richtig die Wichtigkeit der Aufklärung dieses Punktes. Solange nämlich diese Frage nicht geklärt ist, haben auch alle Angaben über die Höhe der Stickstoffbindung je Einheit der verbrauchten Kohlenstoffquelle in ihrer Abhängigkeit von der Quantität der Kohlenstoffquelle, wonach teils kein Einfluß, teils höhere Stickstoffbindung (je Einheit der Kohlenstoffquelle) behauptet wird, je geringer deren absolute Menge ist, keinerlei Bedeutung mehr.

Das erste Assimilationsprodukt bei der Verarbeitung des elementaren Stickstoffs ist das Ammoniak[8], wie aus prinzipiellen Gründen ja auch anzunehmen ist; Azotobacter vermag ja auch Nitrate kräftig zu Ammoniak zu reduzieren[9]. Im übrigen gilt hinsichtlich des Chemismus der Stickstoffbindung das oben auf S. 292 für die Knöllchenbakterien Ausgeführte.

Stickstoff wird von Azotobacter auch in gebundener Form ausgezeichnet verwertet, z. B. Ammoniak, Nitrite, Nitrate, Pepton usw. Sind Ammoniak und Nitrate gleichzeitig vorhanden, so wird, wie es ja bei vielen Mikroorganismen geschieht, Ammoniak zuerst aufgenommen[10]. Ist gebundener Stickstoff vorhanden, so unterbleibt die Stickstoffbindung bzw. wird, je nach der zugegebenen Menge, wie folgendes Beispiel von KOSTYCHEW[11] zeigt, eingeschränkt.

---

[1] KRZEMIENIEWSKI, C.: S. 299, Anm. 1. [2] BONAZZI, A.: Anm. 3.

[3] BONAZZI, A.: Studies on Azotobacter chroococcum Beij. J. Bacter. **6**, 331 (1921).

[4] KOCH, A. u. S. SEYDEL: Versuche über den Verlauf der Stickstoffbindung durch Azotobacter. Cbl. Bakter. II **31**, 570 (1912).

[5] HUNTER: S. 300, Anm. 8.

[6] KRISHNA, P. G.: The course of dextrose metabolism and nitrogen fixation by Azotobacter. Cbl. Bakter. II **76**, 228 (1928).

[7] STAPP, C.: Die Stickstoffbindung durch Bakterien. Proc. and Pap. 4. Internat. Congr. Soil Sci. **3** (1927).

[8] KOSTYCHEW, S., A. RYSKALTCHUK u. O. SCHWEZOWA: Biochemische Untersuchungen an Azotobacter agile. Z. physiol. Chem. **154**, 1 (1926); C. r. Akad. Sci. **180**, 2070 (1925).

[9] BEIJERINCK, M. W. u. A. VAN DELDEN: S. 298, Anm. 8. — STAPP, C. u. G. RUSCHMANN: S. 299, Anm. 1. — STRAŇÁK, FR.: Zur Assimilation des Stickstoffes durch die im Boden frei lebenden Mikroorganismen. Z. Zuckerind. Böhmen **33**, 599 (1909). — KOSTYCHEW, S. u. O. SCHWEZOWA: Weitere Untersuchungen über die Nitratreduktion durch Azotobacter. Planta **2**, 527 (1926).

[10] STAPP, C. u. G. RUSCHMANN: S. 299, Anm. 1.

[11] KOSTYCHEW, S.: Anm. 8. — Ferner D. BURK u. H. LINEWEAVER: The influence of fixed nitrogen on Azotobacter. J. Bacter. **19**, 383 (1930).

mg N je 100 cm³ 2proz. Mannitlösung (mit 15 mg N_2).

Ungeimpft	14,7
Geimpft	16,7
30 mg NH_3-N	30,1

Nach BURK und LINEWEAVER[1] wird die Stickstoffbindung augenblicklich eingestellt, wenn 0,5—1,0 mg gebundener Stickstoff in 100 ccm Lösung vorhanden sind. Merkwürdigerweise war das nur bei Zugabe von Ammoniak oder Nitratstickstoff der Fall, während Pepton die Stickstoffbindung nicht hemmte. Man vergleiche hierzu die Angabe von ZOOND[2], wonach geringe Mengen sterilen, nicht erhitzten Pflanzenextraktes die N-Bindung fördern, während gebundener Stickstoff sie hemmt.

Der Mineralstoffwechsel von Azotobacter dürfte normal sein. Wenn öfters seine besondere Vorliebe für Phosphorsäure hervorgehoben wird[3], so teilt er diese Eigenschaft mit allen Mikroorganismen, für die Phosphor der quantitativ überragende Aschenbestandteil ist. Im übrigen können Spuren der sonstigen Nährstoffe K, Mg, S usw. genügen, so daß sie entbehrlich scheinen könnten. Das gilt für Azotobacter nicht anders wie für die übrigen Bakterien. Im übrigen sei auf die Literaturzusammenfassung bei STAPP und RUSCHMANN[4] verwiesen.

Über den Gehalt von Azotobacter an den genannten Nährstoffen seien folgende Angaben gemacht: Der Gehalt der Trockensubstanz an Eiweiß beträgt nach HOFFMANN[5], KOSTYCHEW[6], HUNTER[7] 11—13%, steigt nach dem zuletzt Genannten bei kräftiger Lüftung auf 31%, beträgt nach LIPMAN[8] und STOKLASA[9] sogar um 70%. Die Unterschiede dürften auf verschiedene Ernährung zurückzuführen sein; so kultivierte z. B. der Letztgenannte auf 20proz Mannitlösung. Der Gehalt an P_2O_5 beläuft sich nach STOKLASA[9] auf 4,93%, nach HOFFMANN[5] auf 2,25%. Den Gehalt an K_2O fand STOKLASA[9] zu 2,4%.

Merkwürdig unempfindlich ist Azotobacter gegen hohe Salzkonzentrationen, wie er ja auch im Meerwasser und in für die Kultur untauglichen Salzböden[10] gefunden wird. KEUTNER und KEDING[11] stellten noch bei 8% Kochsalz Entwicklung fest, STAPP und RUSCHMANN[4] dagegen nur bis wenig über 3%; doch vertrug er nach diesen Autoren noch 10% Magnesiumsulfat.

Über die „normalen" Nährstoffe hinaus sollen noch viele Stoffe die Entwicklung und Stickstoffbindung des Bakteriums anregen, dieses wird von Aluminium[12], Arsen[13], Mangan[14], Uran[15] und auch von radioaktiven Strahlen angegeben. Je-

[1] Vgl. S. 302, Anm. 11.

[2] ZOOND, A.: The relation of combined nitrogen to the physiological activity of Azotobacter. Brit. J. exper. Biol. **4**, 105 (1926).

[3] Siehe hierzu dieses Handbuch, Bd. 8.

[4] STAPP, C u. G. RUSCHMANN: S. 299, Anm. 1.

[5] HOFFMANN, C.: The protein and phosphorus content of Azotobacter cells. Zbl. Bakter. II **36**, 474 (1913).

[6] KOSTYCHEW, S.: S. 302, Anm. 8. [7] HUNTER, O. W.: S. 300, Anm. 8.

[8] LIPMAN, J. G.: S. 299, Anm. 4. [9] STOKLASA, JUL.: S. 300, Anm. 8. [10] S. 306.

[11] BENECKE, W. u. J. KEUTNER: Über stickstoffbindende Bakterien aus der Ostsee. Ber. dtsch. bot. Ges. **21**, 346 (1903). — KEUTNER, J.: Über das Vorkommen und die Verbreitung stickstoffbindender Bakterien im Meere. Dissert., Kiel 1904. — KEDING: Weitere Untersuchungen über stickstoffbindende Bakterien. Wiss. Meeresunters., N. F., Abt. Kiel **9**, 275 (1906).

[12] KASERER, H: S. 304, Anm. 6. — TRUFFAUT, G. u. N. BEZSSONOFF: L'influence de l'aluminium métallique sur l'activité des bactéries fixatrices d'azote. C. r. Acad. Sci. **182**, 663 (1926).

[13] GREAVES, J. E.: Stimulating influence of arsenic upon the nitrogen-fixing organisms in the soil. J. agricult. Res. **6**, 389 (1916).

[14] OLARU, D. A.: Rôle du manganèse en agriculture. Son influence sur quelques microbes du sol. Paris: Baillières 1920.

[15] KAYSER, E.: Influence des radiation lumineuses sur l'Azotobacter. C. r. Acad. Sci. **171**, 969 (1920); **172**, 183, 491, 1133 (1921); Ann. Inst. Nat. Agronom. **16**, 11 (1922). —

doch sind dies alles Angaben, die einer gründlichen, kritischen Durcharbeitung bedürfen[1]. Ganz besonders aber sind, wenn auch nach KOSTYCHEW[2] eine Degeneration von Azotobacter wie bei Bac. amylobacter nicht eintritt, natürliche Humustoffe[3] förderlich, wie zahlreiche Untersuchungen gezeigt haben, während künstliche Zuckerhumate[4] und mit kochender Salzsäure gereinigte natürliche Humate wirkungslos sind. Folgendes Beispiel nach KRZEMIENIEWSKI erläutert dies:

N-Gewinn in mg in 200 cm^3 Nährlösung (3 g Glucose).

	+ 0,16 g Humussäure	+ 0,16 g Ca-Humat	+ 0,16 g Na-Humat	Ohne Humusstoffe
Humusstoffe aus Zucker . .	1,25	2,10	1,38	1,10
,, ,, Erde . . .	9,04	11,17	21,25	

REMY[5] namentlich hat diese Wirkung den anorganischen Bestandteilen, vornehmlich dem Eisen, zugeschrieben, während KASERER[6] noch Aluminium und Silicium hierfür in Betracht zieht. Nach KRZEMIENIEWSKI[7] kann Humus weder als Kohlenstoff- noch als Stickstoffquelle dienen. Die Eisenwirkung wäre verständlich, namentlich, da man auf diesen für die Mikroorganismen notwendigen Nährstoff bisher kaum geachtet hat, dessen Notwendigkeit aber neuerdings durch BORTELS und ROBERG[8] einwandfrei gezeigt worden ist. Man muß dabei aber weiter noch berücksichtigen, daß möglicherweise nicht sowohl die absolute Menge des Eisens das Entscheidende sein könnte, sondern der Umstand, daß es durch

STOKLASA, J. u. J. KŘIČKA: Über den Einfluß des Radiums auf den Metabolismus der Bakterien usw. Cbl. Bakter. II **74**, 161 (1928).

[1] Möglicherweise bedingt die Anwesenheit von irgendwelchen derartigen Stoffen auch, daß Thomasmehl besser als kohlensaurer Kalk zum Neutralisieren einer Nährlösung wirkt: FL. A. MOCKERIDGE: Some conditions influencing the fixation of nitrogen by Azotobacter and the growth of the organism. Ann. of Bot. **26**, 871 (1912).

[2] Vgl. S. 303, Anm. 6.

[3] KRZEMIENIEWSKI, S.: S. 299, Anm. 1. — REMY, TH.: Anm. 5. — STRAŇÁK, FR.: S. 302, Anm. 9. — KASERER, H.: Anm. 6. — PRAZMOWSKI, A.: S. 299, Anm. 1. — SÖHNGEN, N. L.: S. 305, Anm. 3. — KOSTYCHEW, S.: S. 302, Anm. 8. — Außerdem: B. HEINZE: Über die Bildung und Wiederverarbeitung von Glykogen durch niedere pflanzliche Organismen. Cbl. Bakter. II **12**, 43, 177 (1904). — H. WARMBOLD: Untersuchungen über die Biologie stickstoffbindender Bakterien. Landw. Jb. **35**, 1 (1906). — F. LÖHNIS u. N. K. PILLAI: Über stickstoffixierende Bakterien III. Cbl. Bakter. II **20**, 781 (1908). — F. LÖHNIS u. H. H. GREEN: Über die Entstehung und Zersetzung von Humus sowie über dessen Einwirkung auf die Stickstoffassimilation. Ebenda **40**, 52 (1914). — J. HANZAWA: Einige Beobachtungen über die Stickstoffbindung durch Azotobacter in stickstoffarmen Substraten. Ebenda **41**, 573 (1914). — A. CAUDA: Untersuchungen über die Entwicklung des Azotobacter. Staz. sper. agricult. ital. **49**, 125 (1916). — C. B. LIPMAN u. P. S. BURGESS: Studies on nitrogen-fixation and Azotobacter-forms in soils of foreign countries. Cbl. Bakter. II **44**, 481 (1915). — C. B. LIPMAN u. L. J. H. TEAKLE: The fixation of nitrogen by Azotobacter in a displazed solution and in soil residue therefrom. Soil Sci. **19**, 99 (1925). — J. VOICU: L'effet de l'humus à faibles et à fortes doses sur la fixation de l'azote de Azotobacter chroococcum. C. r. Acad. Sci. **176**, 1421 (1923).

[4] Nach H. WARMBOLD: Anm. 3, S. KRZEMIENIEWSKI: S. 299, Anm. 1, LÖHNIS u. PILLAI: Anm. 3. — Nach A. PRAZMOWSKI: S. 299, Anm. 1 sollen sie jedoch die N-Bindung erhöhen.

[5] REMY, TH. u. G. RÖSING: Über die biologische Reizwirkung natürlicher Humusstoffe. Cbl. Bakter. II **30**, 349 (1911).

[6] KASERER, H.: Zur Kenntnis des Mineralstoffwechsels von Azotobacter. Ber. dtsch. bot. Ges. **28**, 208 (1910). — Über die biologische Reizwirkung natürlicher Humusstoffe. Cbl. Bakter. II **31**, 577 (1912).

[7] KRZEMIENIEWSKI, S.: S. 299, Anm. 1. — IWASAKI, K.: Weitere Untersuchungen zur Fixation des Luftstickstoffs durch Azotobacter. Biochem. Z. **226**, 32 (1930).

[8] BORTELS, H.: Über die Bedeutung von Eisen, Zink und Kupfer für Mikroorganismen. Biochem. Z. **182**, 301 (1927). — ROBERG, M.: Über die Wirkung von Eisen-, Zink- und Kupfersalzen auf Aspergillen. Cbl. Bakter. II **74**, 333 (1928).

organische Stoffe wie Humusstoffe in Lösung gehalten werden könnte. Die Beobachtung, daß nur in schwach alkalischer Lösung die Wirkung vorhanden ist, deutet vielleicht darauf hin, denn hier ist die Dispersität größer. Was für das Eisen gilt, dürfte auch für Zink und Kupfer der Fall sein und auch vielleicht für noch weitere Metalle, deren Notwendigkeit noch nicht erwiesen ist.

Einen sehr wesentlichen Fortschritt in dieser Frage scheint BORTELS[1] zu bringen, der durch systematische Untersuchung das Molybdän als wirksamen Bestandteil der Humussubstanzen erkannt hat. Er erhielt folgende Ergebnisse:

Nährlösung	Relative Azotobactermenge
Reinkultur, ohne Zusatz	1,0
,, mit Erdextraktasche	2,0
,, mit 0,0005% Na_2MoO_4 . . .	3,0
Rohkultur, ohne Zusatz	1,8 (1,0)
,, mit Erdextraktasche	3,8 (2,2)
,, mit 0,0005% Na_2MoO_4 . . .	6,8 (3,9)

Die eingeklammerten Zahlen bedeuten die relativen Werte bezogen auf Rohkultur ohne Zusatz gleich 1.

BURK und LINEWEAVER[2] stellten ferner soeben fest, daß für die Stickstoffbindung durch Azotobacter Calcium notwendig sei, wobei es sich nicht etwa um eine Neutralisation handelt. Dieses Element konnte nur durch Strontium ersetzt werden.

Vielfach schreibt man die Rolle der Humusstoffe ganz anderen Eigenschaften, nämlich ihrer kolloidalen Struktur, zu. SÖHNGEN[3] glaubt, daß Sauerstoff und Stickstoff besser adsorbiert würden, zumal auch andere Kolloide gute Wirkung aufweisen. Jedenfalls ist diese Frage, wahrscheinlich ein Komplex von Erscheinungen, noch nicht ganz endgültig geklärt. Aber sie zeigt deutlich, daß offenbar im natürlichen Substrat ganz andere und eben natürlichere Verhältnisse herrschen, als man sie heute noch in künstlicher Kultur herstellen kann, wie oben schon ganz allgemein betont wurde[4].

Sehr wesentlich für das Gedeihen von Azotobacter ist die Reaktion des Mediums[5]. Nach zahlreichen Angaben liegt sein Wachstumsminimum bei rund $p_H = 6,0$, sein Optimum zwischen p_H 7—8. Dem entspricht auch seine Verbreitung in der Natur; er findet sich nur in etwa 50% der Ackerböden, die eine Reaktion von etwa p_H 6,0 aufwärts besitzen, worauf später in anderen Zusammenhange noch näher einzugehen sein wird. Im übrigen hängt seine Verbrei-

[1] BORTELS, H.: Molybdän als Katalysator bei der biologischen Stickstoffbindung. Arch. Mikrobiol. 1, 333 (1930).

[2] BURK, D. u. H. LINEWEAVER: Arch. Mikrobiol. 2, 155 (1931).

[3] SÖHNGEN, N. L.: Einfluß von Kolloiden auf mikrobiologische Prozesse. Cbl. Bakter. II 38, 627 (1913).

[4] Nach J. VOICU [Influence de l'humus sur la sensibilité de l'Azotobacter chroococcum vis-à-vis du bore. C. r. Acad. Sci. 175, 317 (1922)] kann Humus auch durch Adsorption schädlicher Stoffe günstig wirken.

[5] GAINEY, P. L.: Soil reaction and the growth af Azotobacter. J. agricult. Res. 14, 265 (1918). — FRED, E. B. u. A. DAVENPORT: Influence of reaction on nitrogen-assimilating bacteria. Ebenda 14, 317 (1918). — JOHNSON, H. W. u. C. B. LIPMAN: The effect of reaction on the fixation of nitrogen by Azotobacter. Agricult. Sci. 4, 397 (1922). — GAINEY, P. L. u. H. W. BATCHELOR: The influence of hydrogen-ion concentration on the growth and fixation of nitrogen by cultures of Azotobacter. J. agricult. Res. 24, 759 (1923). — YAMAGATA, N. u. A. ITANO: Physiological study of Azotobacter chroococcum, Beijerinckii and vinelandii types. J. Bacter. 8, 526 (1923). — KRISHNA, P. G.: S. 302, Anm. 6. — Vgl. ferner dieses Handbuch, Bd. 8.

tung in der Natur vor allem noch von der Durchlüftung[1] ab; er ist aber von diesen beiden Punkten abgesehen allgemein, so auch in Süßwasser[2] und Meerwasser[3], in Dünen, in für Kultur untauglichen Salzböden[4] usw. verbreitet. Besonders bemerkenswert ist sein Vorkommen mit Algen; er findet sich in dem Schleim der Meeresalgen, z. B. von Fucusarten, ferner auch sehr häufig mit Blaualgen zusammen[5].

Außer der erwähnten hat man noch weitere Azotobacterarten beschrieben, so z. B. Azotobacter agile[6] oder Vinelandi[7] mit etwas größeren Zellen und grün oder rot fluorescierendem Farbstoff, Azotobacter Beijerinckii[7] mit gelben, Azotobacter vitreum[8] mit, auch im Alter, weißen Kolonien. Da aber auch bei dem gewöhnlichen Azotobacter die Färbung sehr von den Kulturbedingungen abhängt, so könnte eine solche Trennung in mehrere Arten z. T. sehr problematisch sein, wie auch LÖHNIS und SMITH sowie STAPP[9] nur die beiden erstgenannten Arten unterscheiden[10]. Hinsichtlich des Stickstoffbindungsvermögens verhalten sie sich alle gleich. Aus Blauschlamm des Genfer Sees in 300 m Tiefe isolierte PALMANS[11] ein stickstoffbindendes Stäbchen, das er Azotobacter Chodati nannte.

Eine Bindung des elementaren Luftstickstoffs ist weiterhin von einer ganzen Anzahl niederer Organismen nachgewiesen bzw. behauptet worden. Historisches Interesse besitzt Bacillus Ellenbachensis (= B. cereus FRANKLAND), ein sporenbildendes Erdbakterium, das sogar in Form eines Impfpräparates — Alinit — in den Handel gebracht wurde. Es erwies sich aber als völlig unfähig zur Stickstoffbindung[12]. Bacillus asterosporus A. M.[13] bindet dagegen bis 3 mg Stickstoff je 1 g verbrauchter Kohlenstoffquelle. Es ist ein fakultativ anaërobes sporenbildendes Erdbakterium; der Name kommt von erhabenen Längsleisten auf der Sporenmembran, die im Querschnitt infolgedessen sternförmig aussehen, her. Auch hier ist Degeneration der Stickstoffbindung in Kultur und Regeneration durch Erdpassage nachgewiesen. Interessant ist auch Bacterium Krakataui[14], das man aus dem vulkanischen, durch den Vulkanausbruch sterilisierten Neuland der Insel Krakatau herausgezüchtet hat, in dem

[1] NIEMEYER, L.: S. 300, Anm. 4.

[2] FISCHER, H.: Über qualitative und quantitative Leistungen stickstoffsammelnder Bakterien im Wasser. Cbl. Bakter. II **46**, 304 (1916).

[3] S. 303, Anm. 11.

[4] KARELSKAJA, A. F.: S. 296, Anm. 2.

[5] Vgl. hierzu S. 294.

[6] BEIJERINCK, M. W. u. A. VAN DELDEN: S. 298, Anm. 8.

[7] LIPMAN, J. G.: Experiments on the transformation and fixation of nitrogen by bacteria. N. Y. Exp. Stat. **24**, 217 (1903); **25**, 237 (1904). — Azotobacter studies. Ebenda **26**, 254 (1905); **29**, 131 (1908).

[8] LÖHNIS, F. u. T. WESTERMANN: Über stickstoffixierende Bakterien. Cbl. Bakter. II **22**, 234 (1908).

[9] LÖHNIS, F. u. N. B. SMITH: S. 300, Anm. 3. — STAPP, C.: S. 302, Anm. 7.

[10] Der Verfasser möchte hier auf eine eigene Beobachtung hinweisen: In einer normalen Azotobacterreinkultur wuchs einst beim Überimpfen dieselbe völlig mit intensiv gelber Farbe; die nächste Überimpfung war wieder normal.

[11] PALMANS, L.: Note sur une azotobactérie trouvé dans le lac de Genève. Bull. Soc. bot. Genf **18**, 161 (1926). — Note sur Azotobacter Chodati. Ebenda **20**, 376 (1928).

[12] STUTZER, A. u. R. HARTLEB: Untersuchungen über die im Alinit enthaltenen Bakterien. Cbl. Bakter. II **4**, 31, 73 (1898). — KRÜGER, W. u. W. SCHNEIDEWIND: Untersuchungen über Alinit. Landw. Jb. **28**, 579 (1899).

[13] BREDEMANN, G.: Untersuchungen über die Variation und das Stickstoffbindungsvermögen des Bac. asterosporus usw. Cbl. Bakter. II **22**, 44 (1908). — Siehe auch BEIJERINCK u. VAN DELDEN unter Anm. 6.

[14] KRUYFF, E. DE: Bull. Dép. Agricult. Indes néerl. Microbiol. **1907**, Nr. 2.

Azotobacter fehlte. Weiterhin werden in der Literatur[1] eine Unmenge der verschiedensten Bakterien, wie Pneumoniebazillen, B. prodigiosus usw., genannt, auch thermophile[2] Arten, denen man eine mäßige Fähigkeit zur Stickstoffbindung zuschreibt. Jedenfalls sind bei den Bakterien diese Verhältnisse noch nicht so untersucht wie das der Bedeutung des Gegenstandes entspricht. Die Möglichkeit einer ziemlich weiten Verbreitung dieser Fähigkeit besteht sicherlich, da ja fast alle Organismen zu Reduktionen befähigt sind. Für eine große Anzahl der Untersuchungen dürfte jedoch gelten, daß die festgestellten Mengen im Vergleich zu den Analysenfehlern zu gering sind, als daß sie Sicherheit gewähren könnten.

Was die übrigen Mikroorganismengruppen betrifft[3], so ist von Actinomyceten[4] keine Stickstoffbindung bekannt geworden. Die neueste Angabe von VELICH[5] bedarf wohl der Nachprüfung. Von Hefe wurde ein Stickstoffbindungsvermögen früher behauptet, später widerlegt[6], selbst der gleiche Autor mußte seine frühere Meinung berichtigen. Nur ältere positive Angaben von Torula sind noch nicht widerlegt[7].

Ebenso schienen zahlreiche ältere Angaben[8] über die Fähigkeit der Stickstoffbindung bei Schimmelpilzen (Aspergillus, Penicillium, Mucor), ferner

---

[1] KOUVALEVSKI: Russ. Arch. Path. **6**, 251 (1898); ref. Cbl. Bakter. I **25**, 771. — LIPMAN, J. G.: Ann. Rep. New Jersey Agr. Exp. Stat. **23**, 231 (1902). — BEIJERINCK, M. W. u. A. VAN DELDEN: Über die Assimilation des freien Stickstoffs durch Bakterien. Cbl. Bakter. II **9**, 3 (1902). — JACOBITZ, E.: Beitrag zur Frage der Stickstoffassimilation durch den Bac. Ellenbachensis α Caron. Z. Hyg. **45**, 97 (1903). — CHESTER, F. D.: Delaware Agr. Exp. Stat. Bull. **66** (1904); Cbl. Bakter. II **13**, 737 (1904). — NEIDE, E.: Botanische Beschreibung einiger sporenbildender Bakterien. Cbl. Bakter. II **12**, 1 ff. (1904). — PEROTTI, R.: Su una nova specie di bacterii oligonitrofili. Ann. di Bot. **4**, 213 (1906). — LÖHNIS, F.: Beiträge zur Kenntnis der Stickstoffbakterien. Cbl. Bakter. II **14**, 594 (1905). — LÖHNIS, F. u. K. N. PILLAI: Über stickstoffixierende Bakterien. Ebenda **19**, 91 (1907); **20**, 799 (1908). — LÖHNIS, F. u. T. WESTERMANN: Ebenso. Ebenda **22**, 234 (1908). — KRUYFF, E. DE: Quelques remarques sur les bactéries aérobes, fixant l'azote libre de l'atmosphère dans les Tropiques. Ebenda **26**, 54 (1910). — FULMER, H. L. u. E. B. FRED: Nitrogen-assimilating organisms in manure. J. Bacter. **3**, 422 (1917). — EMERSON: Soil Sci. **3**, 415 (1917). — BONDORFF, K. A.: Planobacillus nitrifigens n. sp. Den kgl. Vet. og Landboholskr. Aarskr. **1918**, 365. — TRUFFAUT, G. u. N. BEZSSONOFF: Un nouveau bacille fixant d'azote. C. r. Sci. **175**, 544 (1922). — BEIJERINCK, M. W.: Über ein Spirillum, welches freien Stickstoff binden kann? Cbl. Bakter. II **63**, 353 (1925). — ROSSI, G. u. S. RICCARDO: I terreni della regione del Vesuvio et la fissazione dell'azoto. A. IV. Conf. internat. Pédol. **1924**, III, 115 (Rom 1926). — SKINNER, C. E.: The fixation of nitrogen by Bact. aërogenes and related species. Soil Sci. **25**, 195 (1928). — KOPTEWA, S. G.: Bac. Truffauti, ein gasförmiger Stickstoff assimilierender Mikroorganismus. Bull. Jard. bot. princ. U. S. S. R. **29**, 101 (1930).

[2] PRINGSHEIM, H.: Über die Assimilation des Luftstickstoffs durch thermophile Bakterien. Cbl. Bakter. II **31**, 23 (1911).

[3] Über Algen vgl. S. 294.

[4] BEIJERINCK, M. W.: Über Chinonbildung durch Streptothrix chromogena usw. Cbl. Bakter. II **6**, 7 (1900). — GERLACH, M. u. J. VOGEL: Weitere Versuche mit stickstoffbindenden Bakterien. Ebenda **10**, 641 (1903).

[5] VELICH, V.: Věstn. československ. Akad. zeměd. Prag **5**, 584 (1929). Tschechisch mit englischer Zusammenfassung. Danach soll Actinomyces Spinae der verbreitetste thermophile Stickstoffbinder sein.

[6] KOSSOWICZ, A.: Zur Frage der Assimilation des elementaren Stickstoffs durch Hefen und Schimmelpilze. Biochem. Z. **64**, 82 (1914); Z. Gärungsphysiol. **5**, 26 (1914). — LINDNER, P. u. C. W. NAUMANN: Zur Frage der Assimilation des Luftstickstoffs durch Hefen und Pilze. Cbl. Bakter. Orig.-Ref. **40**, 536 (1914); Original: Wschr. Brauerei **30**, 589 (1914).

[7] WILL, H.: Beiträge zur Kenntnis der Sproßpilze ohne Sporenbildung usw. Cbl. Bakter. **34**, 1 (1912). — ZICKES, H.: Über eine den Luftstickstoff assimilierende Hefe: Torula Wiesneri. Sitzgsber. Wien. Akad. **108 I**, 1091 (1909). — SCHECKENBACH, J.: Beiträge zur Kenntnis der Torulaceen usw. Dissert., Erlangen 1911.

[8] FRANK, B.: Die Assimilation freien Stickstoffs usw. Landw. Jb. **21**, 1 (1892). — Die Assimilation des freien Stickstoffs durch die Pflanzenwelt. Bot. Ztg. **51**, 139 (1893). —

anderer erdbewohnender Pilze, wie Macrosporium, Alternaria, Hormodendron usw. größtenteils widerlegt zu sein[1], so daß sie nur für Phoma-Arten[2] heute noch ernsthaft in Betracht zu ziehen war, mit welchem Pilz wir uns allerdings bereits denjenigen Formen nähern, welche in Symbiose mit höheren Pflanzen leben (Mycorrhiza), und die vielleicht unter etwas anderen Gesichtspunkten als die freilebenden Formen zu betrachten sind. Nun hat durch eine eingehende, soeben erschienene Arbeit von SCHOBER[3] diese Frage wieder ein neues Gesicht bekommen, indem mit anscheinend einwandfreier Methodik für Aspergillus niger Stickstoffbindung erwiesen zu sein scheint, wie folgendes Beispiel nach SCHOBER zeigt.

Kultur bei 30—32° C.

	Kulturdauer in Tagen					
	8	16	24	32	40	48
mg Myzel	12,4	24,1	87,4	112,6	140,5	165,2
mg N im Myzel	0,14	0,28	1,01	1,12	1,38	1,45
mg N in Nährlösung . .	0,56	0,78	1,66	2,01	2,19	2,83

Auffallend ist bei diesen wie bei früheren[4] Versuchen die relativ große Menge von gebundenem Stickstoff, die sich in der Nährlösung findet, welche diejenige des Mycels übertrifft.

Mycorrhiza.

Die oben erwähnten Fälle der Wurzelknöllchen, namentlich bei Podocarpus, leiten über zur Mycorrhiza[5]. Die Mehrzahl der höheren Pflanzen lebt mit ihren Wurzeln in mehr oder weniger engem Verhältnis, fakultativ oder obligat, mit Pilzen zusammen. Von der mitteleuropäischen Flora besitzen oder können etwa $^3/_4$ aller Pflanzen verpilzte Wurzeln besitzen, nur einigen Familien, wie z. B. den Cruciferen und Cyperaceen, ferner allen untergetaucht lebenden

BERTHELOT, M.: Recherches nouvelles sur les microorganismes fixateur de l'azote. C. r. Acad. Sci. **116**, 842 (1893). — PURIEWITSCH, K.: Über die Stickstoffassimilation bei den Schimmelpilzen. Ber. dtsch. bot. Ges. **13**, 342 (1895). — SAIDA, K.: Über die Assimilation freien Stickstoffs durch Schimmelpilze. Ebenda **19**, 107 (1901). — TERNETZ, CH.: Über die Assimilation des atmosphärischen Stickstoffs durch Pilze. Jb. wiss. Bot. **44**, 353 (1907). — FRÖHLICH, H.: Stickstoffbindung durch einige auf abgestorbenen Pflanzen häufige Hyphomyceten. Ebenda **45**, 256 (1907). — LATHAM, M. E.: Nitrogen assimilation of Sterigmatocystis nigra etc. Bull. Torrey bot. Club **36**, 235 (1909). — HEINZE, B.: Bodenbakteriologische Untersuchungen. Landw. Jb. **39**, Erg.-Bd. **3**, 314 (1910). — STAHEL, G.: Stickstoffbindung durch Pilze bei gleichzeitiger Ernährung mit gebundenem Stickstoff. Jb. wiss. Bot. **49**, 577 (1911). — LIPMAN, CH. B.: Nitrogen fixation by yeasts and other fungi. J. of biol. Chem. **10**, 169 (1911).

[1] CZAPEK, F.: Untersuchungen über die Stickstoffgewinnung und Eiweißbildung der Schimmelpilze. Beitr. chem. Physiol. u. Path. **2**, 557 (1902). — HEINZE, B.: Über die Stickstoffassimilation durch niedere Organismen. Landw. Jb. **35**, 889 (1907). — GODDARD, H. M.: Can fungi living in agricultural soil assimilate free nitrogen? Bot. Gaz. **56**, 249 (1913). — CHAMBERS, C. O.: The fixation of free nitrogen by certain fungi. Plant world **19**, 175 (1916). — DUGGAR, B. M. u. A. R. DAVIS: Studies in the physiology of the fungi. I. Nitrogen fixation. Ann. Missouri Bot. Garden **3**, 417 (1916).

[2] TERNETZ, CH.: S. 312, Anm. 2. — SCHANDER, R. u. W. FISCHER: Zur Physiologie von Phoma betae. Landw. Jb. **48**, 717 (1915). — Vgl. ferner dieses Handbuch, S. 311 f. — H. SÜCHTING behauptet allerdings soeben wieder Stickstoffbindung bei Schimmelpilzen nachgewiesen zu haben (Mitt. dtsch. Landw.-Ge. **44**, 532 (1929), doch steht die ausführliche Arbeit noch aus.

[3] SCHOBER, R.: Luftstickstoffassimilation und Säurebildung bei Aspergillus niger. Jb. wiss. Bot. **72**, 1 (1930), Tabelle 5, S. 25.

[4] Vgl. Anm. 8, S. 307 (auf S. 308).

[5] Zusammenfassende Literatur über Mycorrhiza bei M. C. RAYNER: Mycorrhiza. London 1927.

Gewächsen, scheinen sie zu fehlen[1]. Hier kann indes nur auf einige wesentliche Punkte hingewiesen werden. Die frühere Unterscheidung von ektotropher und endotropher Mycorrhiza ist nicht mehr ganz streng durchzuführen, so daß MELIN noch die ektendotrophe Mycorrhiza als Zwischenglied einführt.

Mycorrhiza von mehr ektotrophem Typus findet sich namentlich bei den Waldbäumen (Cupuliferen, Betulaceen, Coniferen), und zwar äußerlich kenntlich als ein dichtes Gespinst von Pilzfäden, das die Wurzel umgibt und im übrigen die Humuschicht des Waldes durchzieht (Abb. 28). Das Verhältnis des Pilzes zur Wurzel ist, wie MELIN[2] zeigte, verschieden. An dem gleichen Exemplar können verschiedene Typen vorkommen von dem ektotrophen Typus, bei dem der Pilz nur in die äußersten, subepidermalen, Rindenzellen der Wurzel eindringt, bis zu stärkerer Verpilzung tieferer Rindenschichten, in

Abb. 28[3]. Ektotrophe Mycorrhiza unter Buchenlaub. (Nach RAYNER.)

denen der Pilz auch verdaut wird, wie das bei der endotrophen Mycorrhiza der Fall ist. Auch sind in diesem Falle die Wurzeln etwas angeschwollen. MELIN gelang es auch, die Pilze zu isolieren und die typische Mycorrhiza zu synthetisieren. Sie ist für das Leben der höheren Pflanze nicht unbedingt notwendig. Es handelt sich um die verbreiteten Hutpilze des Waldes, wobei bei einer Baumart verschiedene Pilze als Mycorrhizabildner auftreten können bzw. der

[1] Vgl. E. STAHL: Der Sinn der Mycorrhizabildung. Jb. wiss. Bot. **34**, 539 (1900).

[2] MELIN, E.: Untersuchungen über die Larixmycorrhiza. I. Synthese der Mycorrhiza in Reinkultur. Sv. bot. Tidskr. **16**, 161 (1922). — Ebenso II. Zur weiteren Kenntnis der. Pilzsymbionten. Ebenda **19**, 98 (1925). — Experimentelle Untersuchungen über die Konstitution und Ökologie der Mycorrhiza von Pinus silvestris und Picea abies. Falcks mycol. Unters. u. Ber. **2**, 73 (1923). — Über den Einfluß der Wasserstoffionenkonzentration auf die Virulenz der Wurzelpilze von Kiefer und Fichte. Bot. Notiser **1924**, 38. — Zur Kenntnis der Mycorrhizapilze von Pinus montana. Ebenda **1924**, 69. — Experimentelle Untersuchungen über die Birken- und Espenmycorrhiza und ihre Pilzsymbionten. Sv. bot. Tidskr. **17**, 479 (1924). — Untersuchungen über die Bedeutung der Baummycorrhiza. Jena: G. Fischer 1925. — Studien über die Entwicklung der Nadelbaumpflanze in Rohhumus. II. Die Ausbildung der Mycorrhiza bei der Kiefernpflanze in verschiedenen Rohhumusformen. Medd. Stat. Skogsförsöksanst. **23**, 433 (1927). — HESSELMANN, H.: Ebenso I. Die Bedeutung der Stickstoffmobilisierung in der Rohhumusdecke für die erste Entwicklung der Kiefern- und Fichtenpflanze. Ebenda S. 337. — MASUI, K.: A study of the ectotrophic mycorrhiza of woody plants. Mem. Coll. Sci. Kyoto Imp. Univ., Ser. B **3**, 149 (1927).

[3] Aus M. C. RAYNER: Mycorrhiza, Abb. 51, Taf. VI, S. 162, 163. London 1927.

gleiche Pilz an verschiedenen Bäumen Mycorrhiza bilden kann; bisher sind folgende bekannt (nach MELIN; vgl. weiter MASUI) geworden:

Pinus silvestris: Boletus badius, granulatus, luteus, variegatus, Amanita muscaria, Cortinarius mucosus, Lactarius deliciosus, Russula fragilis.

Pinus montana: Dieselben, außer Amanita muscaria; hinzu tritt Tricholoma virgatum.

Larix europaea: Boletus elegans, luteus, variegatus, Amanita muscaria, Cortinarius camphoratus, Tricholoma psammopus.

Picea abies: Amanita muscaria, Cortinarius balteatus, Lactarius deliciosus.

Populus tremula: Boletus rufus, scaber.

Betula verrucosa: Boletus edulis, rufus, scaber, Amanita muscaria, Tricholoma flavobrunneum.

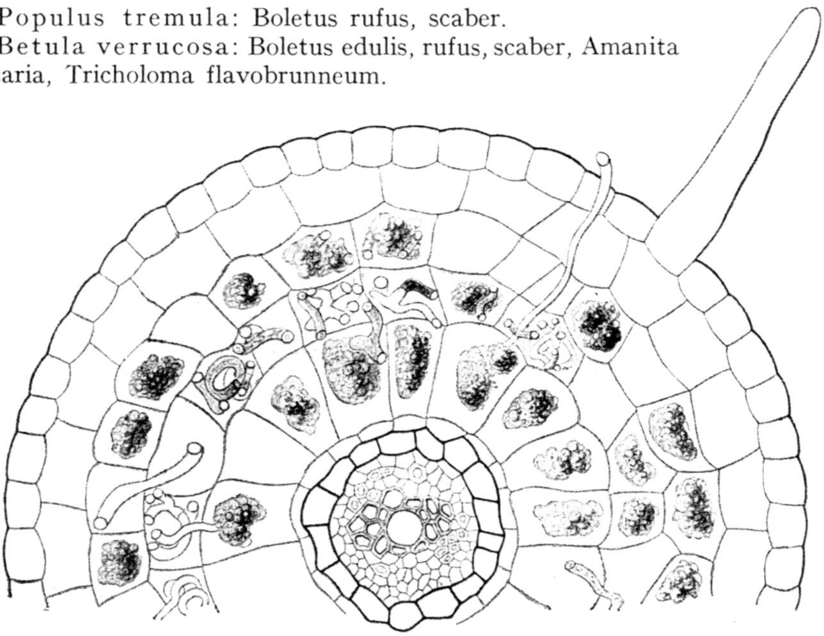

Abb. 29 [1]. Endotrophe Mycorrhiza, Querschnitt durch die Wurzel von Polygala amara. (Nach MARCUSE.) Vergroßerung 240.

Bei der Mycorrhiza des endotrophen Typus, wie er namentlich von Orchideen, Gentianaceen, Ericaceen, Lycopodiaceen usw. gut bekannt ist, findet sich der Pilz in der Hauptsache im Innern, weniger außerhalb, der oft etwas angeschwollenen Wurzel, was aber im einzelnen etwas verschieden ist. Im Innern der Wurzel lassen sich „Pilzwirtzellen", welche den gesunden Pilz zeigen und von dem aus die Infektion in das nächste Jahr übertragen wird, und „Verdauungszellen" unterscheiden, in denen der Pilz einer regelrechten Verdauung seitens der höheren Pflanze unterliegt (Abb. 29). Die jeweilige systematische Stellung der Pilze ist noch völlig unbekannt, vielleicht mit Ausnahme von Calluna. Bezüglich der Einzelheiten sei auf die Literatur verwiesen[2].

In allen Fällen dringt der Pilz von außen her in die Pflanze ein, und zwar bei der Keimung (Abb. 30). Man neigt teilweise sogar, wie bei den Orchideen, zu der

[1] Aus M. MARCUSE: Anatomisch-biologische Beiträge zur Mycorrhizenfrage, Abb. 7 der Tafel. Dissert., Jena 1902.

[2] Außer der Zusammenfassung von M. C. RAYNER (a. a. O.) seien genannt: N. BERNARD: L'évolution dans la symbiose des orchidées et de leurs champignons commensaux. Ann. Sci. natur. bot., sér. 9. **9**, 1 (1909). — H. BURGEFF: Die Wurzelpilze der Orchideen. Jena: G. Fischer 1909.

Ansicht, daß der Pilz zur Keimung der sehr nährstoffarmen Samen, die ohne Pilz nur auf kohlenstoffhaltigem Substrat am Leben bleiben können, unbedingt notwendig sei, wie er das offenbar für das spätere Gedeihen der obligat mycotrophen Pflanzen mit Mycorrhiza von endotrophem Typus ist. Doch scheint der Pilz bei der Keimung nur als Produzent von Enzymen in Frage zu kommen. In Gegenwart von Zucker tritt die Keimung auch ohne Pilz ein[1]. Nur bei Calluna (Ericaceae) scheinen die Verhältnisse nach RAYNER[2] anders zu liegen. Hier handelt es sich danach um eine „zyklische Symbiose"; der Pilzsymbiont durchzieht auch die ganze Pflanze und gelangt zu den Samen, wo er sich in der Samenschale, auf der Testa, findet. Auch die Zugehörigkeit des Pilzes scheint in diesem Falle fest zu stehen: es handelt sich um eine Phoma-Art. In diesem Zusammenhang sei auch noch auf den Fall von Lolium temulentum hingewiesen, wo sich ebenfalls in den Samen ein Pilz und ferner Mycorrhiza findet[3].

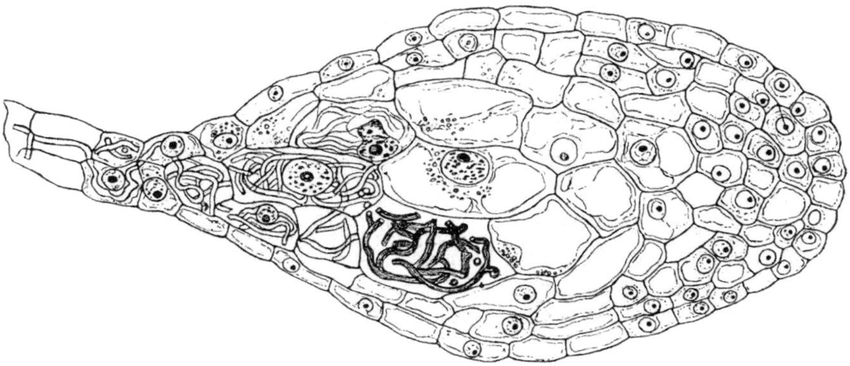

Abb. 30[4]. Endotrophe Mycorrhiza, Keimlingsinfektion einer Orchidee, Laelio Cattleya. (Nach BURGEFF.) Vergrößerung 260.

Es möge hier weiter noch erwähnt werden, daß auch für Kulturpflanzen, Leguminosen, Mais, Weizen, Kartoffeln usw. Mycorrhiza angegeben wird[5], ohne daß jedoch näheres bekannt ist; bei der Kartoffel sind allerdings die gesunden

[1] KNUDSON, L.: Nonsymbiotic germination of orchid seeds. Bot. Gaz. **73**, 1 (1922). — Further observations on nonsymbiotic germination of orchid seeds. Ebenda **77**, 212 (1924). — Physiological study of the symbiotic germination of orchid seeds. Ebenda **79**, 345 (1925). — Physiological investigations on orchid seed germination. Proc. internat. Congr. Plant Sci. **2**, 1183 (1929). — LA GARDE, R. V.: Non symbiotic germination of orchids. Ann. Missouri Bot. Garden **16**, 499 (1929). — QUEDNOW, K. G.: Beiträge zur Frage der Aufnahme gelöster Kohlenstoffverbindungen durch Orchideen und andere Pflanzen. Bot. Arch. **30**, 51 (1930). — RAMSBOTTOM, J.: Orchid mycorrhiza. Proc. internat. Congr. Plant Sci. **2**, 1676 (1929).

[2] RAYNER, M. C.: S. 308, Anm. 5. — Obligate symbiosis in Calluna vulgaris. Ann. of Bot. **29**, 97 (1915). — KNUDSON, L.: Seed germination and growth of Calluna vulgaris. New Phytologist **28**, 369 (1929). — RAYNER, M. C.: Seedling development in Calluna vulgaris. Ebenda **28**, 377 (1929).

[3] McLENNAN, E. J.: The endophytic fungus of Lolium. II. The mycorrhiza etc. Ann. of Bot. **40**, 43 (1926); I in Proc. roy. Soc. Victoria **32** (N. S.), T. 2, 251 (1920). — Auch B. PEYRONEL: Simbiosi fungina tipo Lolium in alcune graminacee dell' genere Festuca, Nuovo Giorn. Bot. Ital. **37**, 643 (1930).

[4] Aus H. BURGEFF: Die Wurzelpilze der Orchideen, Abb. 8, S. 73. Jena: G. Fischer 1909.

[5] PEYRONEL, B.: Prime ricerche sulle micorize endotrofiche etc. Riv. Biol. **5**, 463 (1923); **6**, 17 (1924). — JONES, F. R.: A mycorrhizal fungus in the root of legumes and some other plants. J. agricult. Res. **29**, 459 (1924). — CIFERRI, C.: Preliminary observations on sugar cane mycorrhizae and their relationship to root disease. Phytopathologie **18**, 249 (1928). — McDOUGALL, W. B. u. O. E. GLASGOW: Mycorrhizas of the Compositae. Amer. J. Bot. **16**, 225 (1929). — WHITE, P. R.: Mycorrhiza as a possible determining factor in the distribution of the strawberry. Ann. of Bot. **43**, 535 (1929).

Knollen pilzfrei, nur die Wurzel soll verpilzt sein. Bei dieser Gelegenheit mag auch noch auf die von BERNARD u. a. vertretene Anschauung des Zusammenhanges zwischen Mycorrhiza und Knollenbildung hingewiesen werden. Doch soll bei der Kulturkartoffel, eben infolge dieser Kultur, der Zusammenhang im Gegensatz zu wilden Solanaceen[1] verloren gegangen sein.

Was die Bedeutung der Mykorrhiza betrifft, so liegt natürlich die Vermutung einer Stickstoffbindung sehr nahe. Es scheint sogar für den Pilzsymbionten von Calluna durch Analyse und Kultur der Pflanze ohne Stickstoff bewiesen zu sein[2]. Bei anderen Angaben dagegen sind die Analysenfehler nicht genügend berücksichtigt, wie z. B. bei WOLFF[3], der jüngst Stickstoffbindung durch den Pilzsymbionten einer Orchidee festgestellt haben will. Auch die Angabe von MÜLLER[4], wonach auf den stickstoffarmen, jütländischen Heideflächen die Fichte nur in Gemeinschaft mit der mit endotropher Mycorrhiza versehenen Bergkiefer gedeihen soll, sei hier erwähnt, wenn auch MÖLLER[5] keine Stickstoffbindung des Mycorrhizapilzes feststellen konnte. Andererseits muß in Analogie zu Bacillus radicicola beachtet werden, daß eine in Reinkultur fehlende Stickstoffbindung eines symbiotischen Mikroorganismus noch nichts über dessen tatsächliche Leistung auszusagen braucht.

Bei der typisch ektotrophen Baummycorrhiza hat jedenfalls MELIN[6] durch Kulturversuche mit und ohne Pilz in stickstoffarmem Substrat zeigen können, daß eine Stickstoffbindung nicht stattfindet. Es konnte dagegen für diese sichergestellt werden, daß der Pilz der Pflanze für diese nicht unmittelbar verwertbare Stickstoffverbindungen zugänglich macht, was eine Bestätigung einer schon von FRANK[7] ausgesprochenen Vermutung wäre, nach welcher der Pilz der Pflanze die dieser unzugänglichen Stickstoffverbindungen des Humus aufschließt. STAHL[8] hatte den Sinn der Mycorrhizabildung noch im erweiterten Sinne darin gesehen, daß der Pilz der Pflanze außer Stickstoff auch die übrigen Nährsalze übermittele, was vielleicht ebenfalls Richtiges enthält, so z. B. in Hinsicht auf den Phosphor, der im Humus ähnlich wie der Stickstoff festgelegt sein dürfte.

In diesem Zusammenhang sei auch noch kurz auf die mannigfaltigen Symbiosen zwischen Tieren und pflanzlichen Mikroorganismen hingewiesen[9].

---

[1] BERNARD, N. u. J. MAGROU: Sur les mycorhizes des pommes de terre sauvages. Ann. Sci. natur. bot., 9. sér. **14**, 252 (1911). — BERNARD, N.: Les mycorhizes des Solanum. Ebenda **14**, 235 (1911). — MAGROU, J.: Symbiose et tubérisation. Ebenda 10. sér. **3**, 181 (1921). — CONSTANTIN, J.: Sur l'hérédité acquise. C. r. Acad. Sci. **174**, 1659 (1922). — La dégénérascence des plantes cultivées etc. Ann. Sci. natur. bot., 10. sér. **4**, 267 (1922).

[2] TERNETZ, CH.: Über die Assimilation des atmosphärischen Stickstoffs durch Pilze. Jb. wiss. Bot. **44**, 353 (1907). — DUGGAR, B. M. u. A. R. DAVIS: Studies in the physiology of the fungi. I. Nitrogen fixation. Ann. Missouri Bot. Garden **3**, 413 (1916). — RAYNER, M. CH.: Nitrogen fixation in Ericaceae. Bot. Gaz. **73**, 226 (1922). — The nutrition of mycorrhiza plants. Calluna vulgaris. Brit. J. exper. Biol. **2**, 265 (1925).

[3] WOLFF, H.: Zur Physiologie des Wurzelpilzes von Neottia Nidus avis usw. Jb. wiss. Bot. **66**, 1 (1926).

[4] MÜLLER, P. E.: Über das Verhältnis der Bergkiefer zur Fichte in den jütländischen Heidekulturen. Naturwiss. Z. Forst- u. Landw. **1903**, 220.

[5] MÖLLER, A.: Mycorrhizen und Stickstoffernährung. Ber. dtsch. bot. Ges. **28**, 230 (1906).

[6] MELIN: Bedeutung der Baummycorrhiza, S. 309, Anm. 2. 1925.

[7] FRANK, A. B.: Über die physiologische Bedeutung der Mycorrhiza. Ber. dtsch. bot. Ges. **6**, 248 (1888).

[8] STAHL, E.: S. 309, Anm. 1. — Vgl. ferner: L. REXHAUSEN: Über die Bedeutung der ektotrophen Mycorrhiza für die höheren Pflanzen. Beitr. Biol. Pflanz. **14**, 19 (1920). — A. FUCHS u. H. ZIEGENSPECK: Aus der Monographie der Orchis Traunsteineri. II. Mycorrhiza und Boden. Bot. Arch. **3**, 237 (1923). — M. MATTERN: Die Physiognomie eines Buchenwaldes. Ebenda **22**, 1 (1928).

[9] BUCHNER, P.: Tier und Pflanze im Symbiose, 2. Aufl. Berlin: Gebr. Bornträger 1930.

Die Mikroorganismen der Zersetzung der Zellulose und der übrigen Zellwandbestandteile[1].

Trotz der quantitativ so bedeutsamen Rolle, welche der Zersetzung der pflanzlichen Zellwandbestandteile in der Natur zukommt, besitzt man noch recht wenig sichere Kenntnis von den daran wesentlich beteiligten Mikroorganismen. Das gilt insbesondere zunächst von den Mikroorganismen der Zellulosezersetzung.

Es sind dabei von physiologischen Gesichtspunkten aus zwei Typen zu unterscheiden: Die anaërobe und die aërobe Zersetzung der Zellulose. Es ist heute jedoch noch kaum möglich, beide ganz scharf voneinander zu trennen, wie namentlich die weiter unten zu erwähnenden Versuche von GROENEWEGE zeigen. Doch soll einstweilen diese Einteilung beibehalten werden.

Mit der anaëroben Zersetzung der Zellulose in Flußschlamm und Mist, namentlich der Sumpfgasgärung, hatte man sich schon frühzeitig in chemischem und biologischem Sinne beschäftigt. Die Hauptbeteiligung des Bacillus amylobacter jedoch bei diesem Vorgang, die VAN TIEGHEM[2], allerdings ohne Reinkultur gehabt zu haben, annahm, muß jetzt auf die Zersetzung des Pectins beschränkt werden[3]. GAYON[4] will eine Reinkultur eines kleinen, anaëroben Bakteriums gewonnen haben, der die Methangärung der Zellulose bewirken solle. VAN SENUS[5] endlich stellte zwar fest, daß Bac. amylobacter die eigentliche Zellulose nicht angreife, daß aber die Methangärung in Symbiose mit einem anderen Bakterium, das ebenfalls allein die Zellulose nicht anzugreifen vermöge, erfolge. Diese Angabe hat durchweg Ablehnung gefunden; doch wäre in Hinsicht auf neuere Feststellungen zu prüfen, ob ihr nicht etwas Richtiges, in weiterem Sinne, zugrunde liege[6].

Eingehendere Kenntnisse erlangte man dann durch OMELIANSKI[7] über die Methan- und Wasserstoffgärung der Zellulose. Die Bakterien wurden aus Pferdemist und Newaschlamm isoliert. Durch Erhitzen während 15 Minuten auf 75° C wurde die reine Wasserstoffgärung erhalten, während ohne Erhitzen in der Regel die Methangärung erfolgte. Als sonstige Stoffwechselprodukte wurden in beiden Fällen Kohlensäure und flüchtige organische Säuren, und zwar Essigsäure und Buttersäure in wechselndem Verhältnis, zusammen aber etwa 50% der Zellulosegewichtsmenge festgestellt, wie folgendes Beispiel nach OMELIANSKI zeigt:

---

[1] Zusammenfassende Übersichten: W. OMELIANSKI: Die Zellulosegärung. In LAFAR: Handbuch der technischen Mykologie **3**, 245. — J. BEHRENS: Die Pektingärung. Ebenda S. 269. — C. v. TUBEUF: Holzzerstörende Pilze und Haltbarmachung des Holzes. Ebenda S. 286. — A. RIPPEL: Der biologische Abbau der pflanzlichen Zellmembranen. Angew. Bot. **1**, 78 (1919). — S. A. WAKSMAN u. C. E. SKINNER: The microorganisms concerned in the decomposition of celluloses in the soil. J. Bacter. **12**, 57 (1926). — A. C. THAYSEN u. H. J. BUNKER: The microbiology of cellulose, hemicelluloses, pectin and gums. Oxford Univ. Press. London 1927. 363 S. Eine ausführliche Monographie!

[2] TIEGHEM, PH. VAN: Sur le Bacillus amylobacter et son rôle dans la putréfaction. des tissues végétaux. C. r. Acad. Sc. **88**, 205 (1879); **89**, 25, 1102 (1879).

[3] Vgl. weiter unten S. 320.

[4] GAYON, U.: C. r. Acad. Sci. **98**, 528 (1884).

[5] SENUS, A. H. C. VAN: Bijdr. tot de Kenntnis d. cellulosegisting. Proefschrift, Leiden 1890.

[6] Nach Beobachtungen von R. MEYER und des Verfassers (nicht veröffentlicht) ist B. amylobacter in OMELIANSKI-Rohkulturen scheinbar in großer Zahl vorhanden.

[7] OMELIANSKI, W.: Über die Gärung der Zellulose. Cbl. Bakter. II **8**, 193 (1902). — Über die Trennung der Wasserstoff- und Methangärung der Zellulose. Ebenda II **11**, 369 (1904). — Zur Frage der Zellulosegärung. Ebenda II **36**, 472 (1913).

Von der angewendeten Zellulose wurden in Prozenten von dieser gebildet:

bei der Wasserstoffgärung

Fettsäuren	67 %	(Buttersäure/Essigsäure = 1/1,7)
Kohlensäure	29 %	
Wasserstoff	0,4%	(Wasserstoff/Kohlensäure = 1/3,3)

bei der Methangärung

Fettsäuren	50%	(Buttersäure/Essigsäure = 1/9)
Kohlensäure	43%	
Methan	7%	(Methan/Kohlensäure = 1/2,3).

Bei der Methan- und der Wasserstoffgärung handelt es sich um unbewegliche, niemals Ketten bildende, meist leicht gekrümmte Stäbchen. Die Wasserstoffbakterien messen $0,5 \times 4 - 15\ \mu$, die etwas kleineren Methanbakterien $0,4 \times 5\ \mu$. Endosporen sind in den trommelschlägelförmig angeschwollenen Zellenden vor-

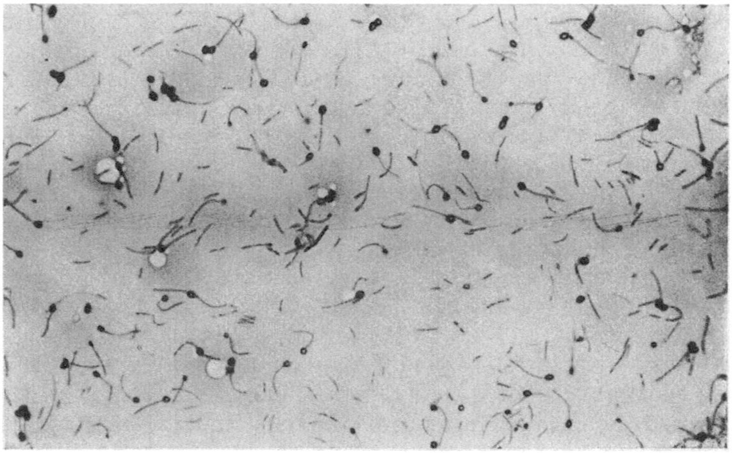

Abb. 31. OMELIANSKI-Bakterien der anaëroben Zellusosezersetzung. Vergrößerung 800. Original-Phot. R. MEYER.

handen; sie besitzen 1,5 bzw. 1 μ Durchmesser. Blaufärbung, das typische Merkmal von Bac. amylobacter, hat OMELIANSKI nicht beobachtet. Als Nährlösung dient eine solche von 1 g K_2HPO_4, 0,5 $MgSO_4$, 1 $(NH_4)_2SO_4$, oder $(NH_4)_2HPO_4$ und eine Spur NaCl sowie Kreide im Überschuß in 1000 cm³ Wasser. Dazu treten in Streifen geschnittenes Filtrierpapier, ein anaërober Verschluß und eine Kultur bei 35°, die Impfung erfolgt mit Pferdemist oder Flußschlamm. Der Beginn des Angriffs erfolgt nicht vor einer Woche. Kulturversuche auf festen Nährböden schlugen fehl (Abb. 31).

OMELIANSKI spricht nirgends davon, absolute Reinkulturen in Händen gehabt zu haben. Nun behaupten aber KELLERMANN und MCBETH[1], aus der von OMELIANSKI selbst bezogenen Originalkultur verschiedene Bakterien herausgezüchtet zu haben, und zwar aus der Wasserstoffkultur zwei zelluloselösende und fünf Nebenbakterien, aus der Methankultur ein zelluloselösendes und zwei Nebenbakterien; die zellulosezersetzenden Bakterien sollen aërob sein; die Gasbildung soll durch die Nebenbakterien erfolgen. Eine Entgegnung von OMELIANSKI[2] konnte diesen gegenteiligen Befund nicht ganz widerlegen, wie eine

[1] KELLERMANN, K. F., J. G. MCBETH, F. M. SCALES u. N. B. SMITH: Identification and classification of cellulose-dissolving bacteria. Cbl. Bakter. II **39**, 502 (1914).

[2] OMELIANSKI, W.: Zur Frage der Zellulosegärung. Cbl. Bakter. II **36**, 472 (1913.)

weitere Erwiderung von LÖHNIS und LOCHHEAD[1] zeigt. Jedenfalls ist die Frage der Methan- und Wasserstoffgärung der Zellulose wieder ganz unklar geworden und erfordert erneute und eingehende Nachprüfung. In diesem Zusammenhang sei erwähnt, daß RUBENTSCHIK[2] in OMELIANSKI-Kulturen Sulfatreduktion zu Schwefelwasserstoff fand und auch eine sulfatreduzierende Spirillum- (Microspira-) Art herauszüchten konnte. Der Verfasser[3] kann diese Beobachtung noch dahin ergänzen, daß teilweise ohne Sulfat keine anaërobe Zellulosezersetzung stattfindet, wodurch auch erklärlich wird, daß bei den Versuchen von OMELIANSKI, der bald Ammonsulfat, bald Ammonphosphat als Stickstoffquelle verwendete, die Zellulosezersetzung zeitlich so sehr verschieden eintrat.

Den OMELIANSKI-Bakterien soll ein von KHOUVINE[4] Bacillus cellulosae dissolvens genannter aus dem Darmkanal von Menschen und Pflanzenfressern isolierter Organismus nahe stehen, ferner der von WERNER[5] Bac. cellulosam fermentans genannte aus dem Darmkanal von Rosenkäferlarven und aus Ameisenhaufen isolierte Organismus. Die von HENNEBERG[6] durch direkte mikroskopische Untersuchung von Darminhalt, Komposterde gefundenen „Zellulosezersetzer" können auf ernsthafte Berücksichtigung keinen Anspruch machen, da keinerlei Kulturversuche angestellt wurden. Nach ELLENBERGER[7] sollen die zelluloselösenden Bakterien des Darmes von denen des Bodens verschieden sein.

Man ist versucht, die soeben geschilderten Verhältnisse der Methan- und Wasserstoffgärung der Zellulose mit der Entwicklung zu vergleichen, welche die Frage der anaëroben Zersetzung der Zellulose bei gleichzeitiger Denitrifikation genommen hat. VAN ITERSON[8] fand unter anaëroben Verhältnissen bei 35^0 in einer mit Kanalschlamm beimpften, Zellulose enthaltenden Lösung (1000 ccm Wasser, 2,5 g KNO_3, 0,5 K_2HPO_4) starke Vergärung der Zellulose bei gleichzeitigem Verschwinden des Salpeters und Auftreten von Nitrit, Kohlensäure und elementarem Stickstoff. Es wurden sporenlose Bakterien festgestellt; Reinkulturversuche blieben erfolglos. RIPPEL[9] vermutete eine Symbiose aërober zellulosezersetzender Bakterien mit denitrifizierenden Bakterien, die jene mit Sauerstoff versorgten, GROENEWEGE[10] kam in eingehenden Versuchen zu derselben Ansicht, so daß also Bakterien, die gleichzeitig denitrifizieren und Zellulose (anaërob) zersetzen, nicht vorzukommen scheinen.

---

[1] LÖHNIS, F. u. G. LOCHHEAD: Über Zellulosezersetzung. Cbl. Bakter. II **37**, 490 (1913). — Das bestätigten auch spätere Untersuchungen: ST. SNIESZKO: Beiträge zur Kenntnis der Zellulose zersetzenden Bakterien. Cbl. Bakter. II **78**, 375 (1929). — C. E. SKINNER: The decomposition of cellulose by type strains of certain bacteria. Ebenda S. 508.

[2] RUBENTSCHIK, L.: Über Sulfatreduktion durch Bakterien bei Zellulosegärungsprodukten als Energiequelle. Cbl. Bakter. II **73**, 483 (1928).

[3] RIPPEL, A.: Nach noch nicht veröffentlichten Untersuchungen.

[4] KHOUVINE, J.: Digestion de la cellulose par la flore intestinale de l'homme. Ann. Inst. Pasteur **37**, 711 (1923). — Le Bacillus cellulosae dissolvens. C. r. Soc. Biol. **94**, 1072 (1926).

[5] WERNER, E.: Der Erreger der Zelluloseverdauung bei der Rosenkäferlarve usw. Cbl. Bakter. II **67**, 297 (1926).

[6] HENNEBERG, W.: Untersuchungen über die Darmflora des Menschen usw. Cbl. Bakter. II **55**, 241 (1922).

[7] ELLENBERGER, W.: Zur Frage der Zelluloseverdauung. Z. physiol. Chem. **96**, 236 (1915/16).

[8] ITERSON, C. VAN: Die Zersetzung der Zellulose durch aërobe Organismen. Cbl. Bakter. II **11**, 689 (1904).

[9] RIPPEL, A.: Der biologische Abbau der pflanzlichen Zellmembranen. Angew. Bot. **1**, 78 (1919).

[10] GROENEWEGE, J.: Untersuchungen über die Zersetzung der Zellulose durch aërobe Bakterien. Bull. jard. bot. Buitenzorg., sér. III **2**, 261 (1920).

Verbreitet ist ferner die anaërobe Zersetzung der Zellulose durch thermophile Bakterien, wie sie von PRINGSHEIM[1], KROULIK[2] und VILJOEN[3] beschrieben wurde. Es handelt sich dabei um Organismen und Vorgänge, die völlig denen der OMELIANSKIschen gleichen, nur daß sie unter thermophilen Bedingungen, also bei einem Optimum von etwa 65^0 verlaufen. Auch hier dürfte eine Nachprüfung sehr erwünscht sein, um so mehr als VILJOEN angibt, daß seine Bakterien bereits nach einer Passage über einen zellulosefreien Nährboden nicht mehr die Fähigkeit zur Zelluloselösung besaßen, was auch COOLHAAS feststellte, der mit Recht betont, daß das Problem der Zellulosezersetzung ungelöst sei.

Um Rohkulturen aërober Zellulosezersetzer zu bekommen, übergießt man Filtrierpapierschnitzel in flacher Schicht und offenem Kolben mit der von VAN ITERSON[4] angegebenen Lösung von 100 ccm Wasser und 0,1 g NH_4Cl, 0,05 K_2HPO_4, 2,0 Kreide in einer Schichthöhe von 0,5—1,0 cm; dazu gibt man 2,0 Filtrierpapier. Oder man legt Filtrierpapierstreifen auf feucht gehaltene Erde oder auf mit Nährlösung angefeuchtete Glasperlen[5]. Bei Verwendung saurer Lösung erhält man hauptsächlich Pilze. VAN ITERSON feuchtet Filtrierpapierscheiben mit einer Lösung von 0,05 NH_4NO_3, 0,05 KH_2PO_4 auf 100 Wasser an. Die Reinzüchtung erfolgt bei Pilzen, nach der üblichen bakteriologischen Technik, bei Bakterien mit Hilfe von Agar- oder Kieselsäureplatten unter Zusatz von aus Schwefelsäure oder Kupferoxydammoniaklösung ausgefällter Zellulose.

Zur Reinzüchtung aërober zellulosezersetzender Bakterien wurde von einer Anzahl Autoren derartiger Agar verwendet und die festgestellten Organismen beschrieben[6]. Um die Kolonien bildeten sich Lösungszonen. Das wurde von OMELIANSKI[7] bestritten, der die Lösungszonen auf Lösung von kohlensaurem Kalk zurückführen wollte, welche Meinung jedoch von LÖHNIS und LOCHHEAD[8] widerlegt wurde. Später haben PRINGSHEIM[9] und CHARPENTIER[10] den OMELIANSKIschen Einwand wieder aufgegriffen; jedoch konnte BOJANOWSKY[11] bei Züchtung auf Kieselsäureplatten erneut die tatsächliche Zelluloselösung zeigen.

---

[1] PRINGSHEIM, H.: Über die Vergärung der Zellulose durch thermophile Bakterien. Cbl. Bakter. II **38**, 513 (1913).

[2] KROULIK, A.: Über thermophile Zellulosevergärer. Cbl. Bakter. II **36**, 339 (1913).

[3] VILJOEN, J. A., E. B. FRED u. W. H. PETERSON: The fermentation of cellulose by thermophilic bacteria. J. agricult. Sci. **16**, 1 (1926). — Ferner: W. H. PETERSON, E. B. FRED u. E. A. MARTEN: The effect of molecular complexity on the end-product formed by Clostridium thermocellu. J. of biol. Chem. **70**, 309 (1926). — C. COOLHAAS: Zur Kenntnis der Dissimilation fettsaurer Salze und Kohlenhydrate durch thermophile Bakterien. Cbl. Bakter. II **75**, 161 (1928). — Ebenso III. Mitt.: Die Dissimilation von Zellulose durch thermophile Bakterien. Ebenda II **76**, 38 (1929). — TETRAULT, P. A.: The fermentation of cellulose at high temperatures. Ebenda II **81**, 28 (1930).

[4] ITERSON, C. VAN: S. 315, Anm. 8. [5] BOKOR, R.: S. 317, Anm. 6.

[6] KELLERMANN, K. F. u. J. G. MCBETH: The fermentation of cellulose. Cbl. Bakter. II **34**, 485 (1912), S. 314, Anm. 1. — LÖHNIS, F. u. G. LOCHHEAD: S. 315, Anm. 1. — MÜTTERLEIN, C.: Studien über die Zersetzung der Zellulose im Boden. Dissert., Leipzig 1913. — MCBETH, J. G. u. F. M. SCALES: The destruction of cellulose by bacteria and filamentous fungi. Bull. U. S. Dep. Bur. Pl. Ind. **266** (1913). — SCALES, F. M.: A new method of precipitating cellulose for cellulose agar. Cbl. Bakter. II **44**, 661 (1915). — MCBETH, J. G.: Studies on the decomposition of cellulose in soils. Soil Sci. **1**, 437 (1916). — BOJANOWSKY, R.: Anm. 11. — WAKSMAN, S. A. u. C. CAREY: The use of the silica gel plata for demonstrating the occurrence and abundance of cellulose-decomposing bacteria. J. Bacter. **12**, 87 (1926). — SANBORN, J. R.: The China blue-aurin-cellulose medium for the physiological study of cellulose destroyers. J. Bacter. **14**, 395 (1927).

[7] OMELIANSKI, W.: S. 314, Anm. 2. [8] LÖHNIS, F. u. G. LOCHHEAD: S. 315, Anm. 1.

[9] PRINGSHEIM, H.: Der biologische Abbau der Zellulose. Angew. Bot. **2**, 217 (1920).

[10] CHARPENTIER, C. A. G.: Studien über den Einfluß des Rindvieh- und Pferdestallmistes auf die Zersetzung der Zellulose im Ackerboden. Akad. Abh., Helsinki 1921.

[11] BOJANOWSKY, R.: Zweckmäßige Neuerungen für die Herstellung eines Kieselsäurenährbodens usw. Cbl. Bakter. II **64**, 222 (1925).

Eine andere Frage allerdings ist die, ob die genannten Autoren tatsächliche Reinkulturen gewonnen hatten. v. GESCHER[1] konnte ebenfalls keine Reinkulturen seiner Zellulosezersetzer erzielen. PRINGSHEIM[2] gibt sogar an, daß er bei keiner von vier von LÖHNIS erhaltenen Kulturen Zellulosezersetzung feststellen konnte. Es soll sich beim Überimpfen auf ein Nicht-Zellulose-Substrat, wie es von den genannten Autoren immer vorgenommen wurde, stets um Begleitbakterien handeln; das ist eine durchaus wahrscheinliche Annahme, der auch alle neueren Anschauungen Rechnung tragen. Es dürfte sich sonach bei fast allen bisher beschriebenen ,,Reinkulturen" aërober zellulosezersetzender Bakterien nicht um Reinkulturen solcher Organismen handeln, vielleicht mit Ausnahme der von GROENEWEGE beschriebenen mit denitrifizierenden Bakterien zusammenlebenden Bakterien. Von einer weiteren Beschreibung sei daher hier abgesehen und auf die oben zitierte Literatur verwiesen[3].

Eine weitere Etappe schien der Befund von HUTCHISON und CLAYTON[4] zu bedeuten, die einen eigenartigen Organismus — ,,Spirochaeta cytophaga" — gefunden haben wollten, welcher der eigentliche Zellulosezersetzer sei. Im wesentlichen wurden ihre Befunde von LÖHNIS, WINOGRADSKY[5], WAKSMAN und DUBOS[2] bestätigt und erweitert, wobei allerdings WINOGRADSKY die Gattungen Cytophaga, Cellvibrio und Cellfalcicula aufstellt, also eine starke Aufteilung vornimmt. Diese ,,Spirochaeta" war auf keinem anderen Substrat zum Wachstum zu bringen als auf eigentlicher Zellulose, auch nicht auf gefällter Zellulose. Dies letzte erklärt sich aber einfach nach BOKOR[6] daraus, daß gefällte Zellulose vor Gebrauch mit Ammoniak behandelt werden muß, da nur auf diese Weise die letzten Spuren von Säure zu entfernen sind. BOKOR hat denn auch anscheinend zum ersten Male absolute Reinkulturen von zellulosezersetzenden Mikroorganismen, die auf keinem anderen Substrat wachsen, erzielt. Es handelt

---

[1] GESCHER, N. v.: Über zellulosezersetzende Bakterien. Faserforschung 2, 28 (1922).

[2] PRINGSHEIM, H. u. ST. LICHTENSTEIN: Zur vermeintlichen Reinkultur der Zellulosebakterien. Cbl. Bakter. II 60, 309 (1924).

[3] Weitere neue Literatur zur Zellulosezersetzung: P. H. H. GRAY u. C. H. CHALMERS: On the stimulating action of certain organic compounds on cellulose decomposition by means of an new aërobic microorganism that attacks both cellulose and agar. Ann. Appl. Biol. 11, 324 (1924). — L. A. BRADLEY u. L. F. RETTGER: Studies on aërobic bacteria commonly concerned in the decomposition of cellulose. J. Bacter. 13, 321 (1927). Auch in dieser Arbeit ist auffallend, daß die Bakterien nur auf organischem Substrat wachsen, was kaum für ihre Natur als Zellulosezersetzer spricht. — J. GRÜSS: Phylloseptie, die Blattfäulnis der Nymphaea alba. Cbl. Bakter. II 74, 214 (1928). Zellwandlösende Kokken. — L. RUBENTSCHIK: Zur Frage der aëroben Zellulosezersetzung bei hohen Salzkonzentrationen. Zbl. Bakter. II 76, 305 (1929). — J. L. SERBINOW: Zur Morphologie und Biologie des Micrococcus Motschutkowski n. sp., Erregers der Zellulosegärung, und seine Rolle in der Natur. Sapiski Odessaer Naturforscherges. 43, 33 (1927). — J. R. SANBORN: Physiological studies of cellulose fermentation. J. Bacter. 16, 315 (1928). — ST. SNIESZKO: Beiträge zur Kenntnis der Zellulose zersetzenden Bakterien. Cbl. Bakter. II 78, 375 (1929). — C. E. SKINNER: The decomposition of cellulose by type strains of certain bacteria. Ebenda II 78, 508 (1929). — A. KALNIŅŠ: Aerobic soil bacteria that decompose cellulose. Acta Univ. Latviensis. Lanksaimniecibas Fakultātes (Riga), I. Ser. 11, 221 (1930). Dieser Autor beschreibt etwa 50 (!) neue Zellulosezersetzer, meist Pseudomonasformen.

[4] HUTCHISON, H. BR. u. J. CLAYTON: On the decomposition of cellulose by an aërobic organism (Spirochaeta cytophaga n. sp.) J. agricult. Sci. 9, 143 (1919).

[5] LÖHNIS, F. u. G. LOCHHEAD: Experiments on the decomposition of cellulose etc. Cbl. Bakter. II 58, 430 (1923). — WINOGRADSKY, S.: Sur l'oxydation de la cellulose dans le sol. C. r. Acad. Sci. 187, 326 (1926). — Études sur la microbiologie du sol. Sur la dégradation de la cellulose dans le sol. Ann. Inst. Pasteur 43, 549 (1929 . — WAKSMAN, S. A. u. R. J. DUBOS: Sur la nature des organismes, qui décomposent la cellulose dans les terres arables. C. r. Acad. Sci. 185, 1226 (1927). — DUBOS, R. J.: The décomposition of cellulose by aerobic bacteria. J. Bacter. 15, 223 (1928).

[6] BOKOR, R.: Mycococcus cytophagus n. spec. Arch. Mikrobiol. 1, 1 (1930).

sich um ein Bakterium, das aber nur sehr langsam angreift, um ein Kurzstäbchen, und um einen eigenartigen, wohl mit den Actinomyceten verwandten Organismus von dünnfädigem, also keine festen Kolonien wie die Actinomyceten bildendem Wachstum, solange er unter guten Ernährungsbedingungen steht; die Fäden zerfallen bald in ihrer ganzen Ausdehnung und in jedem Bruchstück werden Sporen gebildet; da oft das fädige Wachstum fast ganz zurücktritt, macht dann der Organismus den Eindruck eines Coccus (Abb. 32 u. 33). Der Organismus wird als Mycoccus cytophagus zu den Actinomyceten gestellt, wo er eine besondere Gattung bildet. Er ist in Acker- und Waldböden verbreitet, wurde aber von BOKOR in Sandböden nicht gefunden. Die Spirochaeta von HUTCHISON waren solche Fadenbruchstücke; seine „Sporoidform", große Kokken, ist eine Verunreinigung, die sich in allen Rohkulturen findet. Von WAKSMAN konnte eine Originalkultur untersucht werden, angeblich Reinkultur der Spirochaeta, die

Abb. 32[1]. Mycococcus cythophagus, Mycel. (Nach BOKOR.) Vergrößerung 1500.

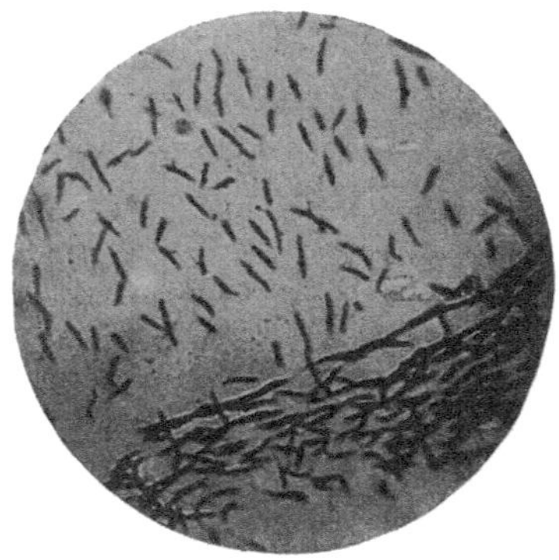

Abb. 33[2]. Mycococcus cythophagus, Fadenzerfall und Sporenbildung. (Nach R. BOKOR.) Vergrößerung 1200.

sich als eine Mischkultur von etwa 5—6 Formen, neben dem erwähnten BOKORschen Organismus erwies. Makroskopisch zeichnet sich die Kultur des Organismus auf Zellulose durch leuchtend orangegelbe Farbe aus.

Es wurde schon erwähnt, daß der BOKORsche Organismus mit den Actinomyceten verwandt zu sein scheint. Von diesen ist, namentlich durch KRAINSKY[3] die Fähigkeit zur Zellulosezersetzung bekannt. Auch von sehr vielen Pilzen ist sie festgestellt worden, darunter von den gewöhnlichen Schimmelpilzen. So fand SCALES[4], daß von 30 Penicillium- und 10 Aspergillusarten nur 7 bzw.

---

[1] Aus R. BOKOR: Arch. Mikrobiol. 1, Abb. 2, S. 13.

[2] Aus R. BOKOR: Arch. Mikrobiol. 1, Abb. 5, S. 15.

[3] FOUSEK, A.: Die Streptotricheen und ihre Bedeutung in der Natur. Mitt. landw. Lehrkanzel, Wien 1, 217 (1912). — KRAINSKY, A.: Die Actinomyceten und ihre Bedeutung in der Natur. Cbl. Bakter. II **41**, 649 (1914). — Ferner: F. M. SCALES: Some filamentons fungi tested for cellulose destroying power. Bot. Gaz. **40**, 149 (1915). — S. A. WAKSMAN u. C. E. SKINNER: Microorganisms concerned in the decomposition of celluloses in the soil. J. Bacter. **12**, 57 (1926). Hiernach haben die Actinomyceten im Boden allerdings nur geringe Bedeutung. — S. A. WAKSMAN u. H. HENKELEKIAN: Cellulose decomposition by various groups of soil microorganisms. 4. Internat. Kongr. Bodenkde. Rom **1926**.

[4] SCALES, F. M.: S. 316, Anm. 6. — REGE, R. D. [Biochemical decomposition of cellulosic material with special reference to the action of fungi. Ann. Appl. Biol. 14, 1 (1927)] fand eine Aspergillusart zur Zellulosezersetzung befähigt.

I auf Zelluloseagar keine zelluloselösenden Fähigkeiten aufwiesen. Im übrigen handelt es sich namentlich (mit Ausnahme der Phycomyceten) um alle die verbreiteten und schon genannten bodenbewohnenden Pilze, insbesondere Hyphomyceten[1], namentlich auch solche, die auf abgestorbenem Laub häufig sind. OTTO fand insbesondere Stemphylium, Mycogone, Stachyobotrys, Trichoderma, Botrytis, Cladosporium, Penicillium. Ferner sind es pflanzenpathogene Formen wie die schon genannte Botrytis, Pseudodematophora[2], Fusarium[3] usw., endlich holzzerstörende Pilze (siehe unten). OTTO fand, daß Hydrat-, Hydro- und Oxyzellulosen gleich gut abgebaut werden.

Was den Anteil dieser verschiedenen Mikroorganismen an der Zersetzung der Zellulose im Boden betrifft, so ist bei unserer geringen Kenntnis der Formen, namentlich unter den Bakterien, wie oben ausgeführt wurde, noch nichts Sicheres darüber zu sagen. Insbesondere sei noch darauf hingewiesen, daß es sich bei Actinomyceten und Pilzen um solche Organismen handelt, welche auch auf jedem anderen Substrat gedeihen, bei dem von BOKOR beschriebenen Organismus jedoch um spezifisch an Zellulose angepaßte Organismen, über deren Verbreitung in der Natur wir noch nichts wissen; man kann also auch noch nichts über ihren quantitativen Anteil aussagen. WAKSMAN[4] meint, daß in sauren Böden Pilze, in neutralen oder alkalischen, in partiell sterilisierten, stickstoffarmen und anaëroben Böden mehr Bakterien und Actinomyceten beteiligt seien. BOKOR[5] glaubt, daß unter aëroben Verhältnissen im wesentlichen nur fädige Formen als kräftige Zellulosezersetzer in Frage kommen. Diese Ansicht wird durch CHOLODNYS[6] direkte mikroskopische Beobachtung gestützt, wonach im Waldboden bei der Zersetzung der Zellulose in erster Linie Pilze beteiligt sein sollen.

Bei der Zellulosezersetzung tritt als schnell verschwindendes Zwischenprodukt Zucker auf, der allerdings normalerweise nicht nachzuweisen ist, da er offenbar sofort weiter verarbeitet wird, aber sich etwa bei Chloroformzusatz anhäuft, wodurch zwar die Lebenstätigkeit des Mikroorganismus lahmgelegt wird, die Enzyme aber weiter arbeiten, wie zuerst BEHRENS[7] für den Pilz Pseudodematophora zeigte. PRINGSHEIM[8] zeigte später für Bakterien, daß es sich

---

[1] ITERSON, C. VAN: S. 315, Anm. 8. — TRAAEN, A. E.: Untersuchungen über Bodenpilze aus Norwegen. Nyt. Mag. Naturwiss. Christiania **52**, 21 (1914). — DASZEWSKA, W.: Étude sur la désagregation de la cellulose dans la terre etc. Bull. Soc. bot. Genf, 8. sér., H. 8, 255 (1913). — MC BETH, J. G. u. F. M. SCALES: The destruction of cellulose by bacteria and filamentous fungi. U. S. Dep. Agr. Bur. Plant Ind. Bull. **266** (1913). — OTTO, H.: Untersuchungen über die Auflösung von Zellulosen und Zellwänden durch Pilze. Beitr. allg. Bot. **1**, 190 (1916). — HEUKELEKIAN, H. u. S. A. WAKSMAN: Carbon and nitrogen transformations in the decomposition of cellulose by filamentous fungi. J. of biol. Chem. **66**, 323 (1925). — Weitere Literatur bei S. A. WAKSMAN u. C. E. SKINNER: S. 318, Anm. 3. — Daß Mucorineen keine Zellulose anzugreifen vermögen, hat insbesondere HAGEM gezeigt: O. HAGEM: Untersuchungen über norwegische Mucorineen. Vidensk. Selsk. I, Math.-naturwiss. Kl. **7**, Nr. 7 (1907); **10**, Nr. 4 (1910); Ann. Mykol. **8**, 265 (1910).

[2] BEHRENS, J.: Untersuchungen über den Wurzelschimmel der Reben. Cbl. Bakter. II **3**, 584 (1897). — Beiträge zur Kenntnis der Obstfäule. Ebenda **4**, 514 (1898).

[3] APPEL, O. u. W. SCHIKORRA: Beiträge zur Kenntnis der Fusarien und der von ihnen hervorgerufenen Pflanzenkrankheiten. Arb. ksl. biol. Reichsanst. Land- u. Forstw. **5**, 155 (1906).

[4] WAKSMAN, S. A.: S. 318, Anm. 3. [5] BOKOR, R.: S. 317, Anm. 6.

[6] CHOLODNY, N.: S. 254, Anm. 3.

[7] BEHRENS, J.: Untersuchungen über den Wurzelschimmel der Reben. Cbl. Bakter. II **3**, 584 (1897). — Weitere Angaben bei W. DASZEWSKA u. H. OTTO: Anm. 1. — Ferner: W. H. PETERSON, S. W. SCOTT u. W. S. THOMPSON: Über den aus Stärke und Zellulose durch gewisse Bakterien gebildeten reduzierenden Zucker. Biochem. Z. **219**, 1 (1930).

[8] PRINGSHEIM, H.: Über den fermentativen Abbau der Zellulose. Z. phys. Chem. **78**, 266 (1912). — Über die Bildung von Azetaldehyd vgl. C. NEUBERG u. R. COHN: Über Zwischenprodukte des bakteriellen Abbaus von Zellulose. Biochem. Z. **139**, 527 (1923).

bei dem Zucker um Cellobiose handelt. Diese Feststellung ist in mancher Hinsicht wichtig, da sie einen gewissen Ausblick auf jene Vorgänge eröffnet, bei denen Organismen, welche keine Zellulose angreifen können, doch in Symbiose mit Zellulosezersetzern offenbar von den Umwandlungsprodukten der Zellulose Nutzen haben, wie es bei der schon erwähnten Symbiose der denitrifizierenden Bakterien mit Zellulosezersetzern (S. 315), ferner bei der Symbiose dieser mit stickstoffbindenden Mikroorganismen, endlich wohl auch für die Verdauung der Zellulose im Körper höherer[1] Tiere, die sicher unter Mitwirkung von Mikroorganismen erfolgt, zutrifft. Auch die Untersuchungen von BUCHNER[2] und seinen Schülern über die Symbiose von holzfressenden Insekten mit Mikroorganismen sind in diesem Zusammenhang zu nennen.

Was die übrigen Zellwandbestandteile betrifft, so wird die Zersetzung von Hemizellulosen wohl durch die gleichen Mikroorganismen erfolgen wie die Zersetzung der Zellulose, wenigstens, was Pilze anbelangt, wie man aus der Arbeit von OTTO[3] entnehmen kann. Auch die in den Zellwänden häufigen Pentosane werden von Schimmelpilzen rasch zerstört[4].

Zu den Hemizellulosen gehört auch der in der bakteriologischen Technik unentbehrliche, aus den Zellwänden indischer Rotalgen gewonnene Agar-Agar, der für die meisten Mikroorganismen unangreifbar ist, aber doch von einigen verflüssigt und verwertet werden kann[5].

Kurz hingewiesen sei noch auf die Zersetzung der Pectinstoffe, die durch Bakterienarten erfolgt, welche die Zellulose nicht zu lösen vermögen. Von den wichtigsten Arten sind Bacillus amylobacter[6], der vielleicht identisch mit Plectridium pectinovorum[7] ist, und Bacillus felsineus[8] als anaërobe, Bacillus asterosporus und mesentericus als fakultativ anaërobe bzw. aërobe Arten zu nennen[9]. Die genannten Bakterien sind infolge dieser Fähigkeit bei

---

[1] ELLENBERGER, W.: Zur Frage der Zelluloseverdauung. Z. physiol. Chem. **96**, 236 (1915). — RIPPEL, A.: Über die angebliche Lösung von Hemizellulosen durch Enzyme höherer Tiere. Landw. Versuchst. **97**, 179 (1921). — WOODMAN, H. E. u. J. STEWART: The mechanism of cellulose digestion in the ruminant organism. II. The transformation of cellulose into glucose by the agency of cellulose-splitting bacteria. J. agricult. Sci. **18**, 713 (1928).

[2] BUCHNER, P.: S. 312, Anm. 9.

[3] OTTO, H.: S. 319, Anm. 1. — Früher hatten H. C. SCHELLENBERG [Untersuchungen über das Verhalten einiger Pilze gegen Hemizellulosen. Flora **98**, 257 (1908)] und H. FRÖHLICH [Stickstoffbindung durch einige auf abgestorbenen Pflanzen häufige Hyphomyceten. Jb. wiss. Bot. **45**, 256 (1907)] geglaubt, daß überhaupt mit sehr wenigen Ausnahmen Pilze nur die in der Zellulose gleichzeitig vorhandenen Hemizellulosen verwerten würden. — LUTZ, L.: Sur les ferments solubles sécretés par les champignons Hyménomycètes. L'hydrolyse des hemicelluloses. C. r. Acad. Sci. Paris **190**, 892 (1930).

[4] SCHMIDT, E. G., W. H. PETERSON u. E. B. FRED: The destruction of pentosans by moulds and other microorganisms. Soil Sci. **15**, 479 (1923).

[5] GRAU, H. H.: Studien über Meeresbakterien. II. Über die Hydrolyse des Agar-Agars durch ein neues Enzym, die Gelase. Bergens Mus. Aarborg **1902**. — BIERNACKI, W.: Bacterium Nenckii Biern., ein neuer den Agar verflüssigender Mikroorganismus. Cbl. Bakter. II **29**, 166 (1911). — GRAY, P. H. H. u. C. H. CHALMERS: S. 317, Anm. 3. — AOI, K. u. J. ORIKURA: On the decomposition of Agar, Xylan etc. Ebenda II **74**, 321 (1928). — LUNDESTAD, J.: Über einige an der norwegischen Küste isolierte Agar spaltende Arten von Meerbakterien. Ebenda II **75**, 321 (1928). Hier Literaturangaben! — SEK, J. B. VAN DER: Vibrio agarliquefaciens. Nederl. Tijdskr. Hyg. **3**, 276 (1929).

[6] BREDEMANN, G.: Bac. amylobacter A. M. et Bredemann usw. S. 295, Anm. 3,

[7] STÖRMER, K.: Über die Wasserröste des Flachses. Cbl. Bakter. II **13**, 35 (1904).

[8] CARBONE, D.: Die industrielle Röste des Flachses mit Bac. felsineus. Faserforschung **2**, 170 (1922) und frühere Veröffentlichungen.

[9] RUSCHMANN, G. u. W. BAVENDAMM: Zur Kenntnis der Rösteerreger Bac. felsineus Carbone und Plectridium pectinovorum. Cbl. Bakter. II **64**, 340 (1925). — Die Flachsröste mit Plectridium pectinovorum (Bac. amylobacter A. M. et Bredemann) und Bac. felsineus

der Röste von Gespinstpflanzen beteiligt, indem sie durch Auflösen der Pectinmittellamelle das Herauslösen der Faser bewirken. Auch viele Pilze vermögen Pectin anzugreifen wie der verbreitete Cladosporium herbarum; auch Mucor-Arten, die ja sonst wie alle Phycomyceten Zellulose nicht angreifen[1], ebenso eine ganze Reihe pflanzenpathogener Formen, welche in ihrer Wirtspflanze denn auch in den ja aus Pectin bestehenden Mittellamellen wachsen[2], besitzen diese Fähigkeit.

Die Zersetzung verholzter Zellmembranen spielt namentlich in Waldböden eine große Rolle. Bakterien scheinen hieran, wohl infolge der sauren Beschaffenheit der Ligninstoffe und deren Abbauprodukten, nur in untergeordnetem Maße beteiligt zu sein. BERTHOLD[3] fand in morschem, zersetztem Holz lediglich Pilze, keine Bakterien. Doch hat PRINGSHEIM[4] einen gewissen Angriff von Bakterien auf die Ligninsubstanzen festgestellt. Auch wurden einige Bakterien isoliert, die auf ligninsaurem Ammoniak wachsen konnten.

Im übrigen wird die Zersetzung der Ligninsubstanzen durch Pilze durchgeführt, und zwar durch Basidiomyceten, vornehmlich Hymenomyceten, deren eingehende Aufzählung hier unterbleiben kann[5]. Es sei nur kurz darauf hingewiesen, daß dabei (siehe WEHMER) im wesentlichen zwei Wege beschritten werden, je nach der Pilzart. Bei der Weißfäule (nach FALCK Korrosin: Polyporus annosus, Trametes Pini) bleibt Zellulose zurück, die Ligninstoffe werden wegoxydiert, bei der Braunfäule (nach FALCK Destruktion: Merulius, Coniophora, Poria, Lenzites) handelt es sich um einen intensiven Humifizierungsprozeß, wobei die Zellulose zerstört wird, während das Lignin mehr oder weniger sekundär verändert zurück bleibt. Auch Schimmelpilze vermögen nach OTTO[6] verholzte Membranen etwas anzugreifen. Auf die Bedeutung des Abbaus der verholzten Membranen für die Humusbildung wird an anderer Stelle zurück zu kommen sein.

Carbone. Ebenda II **65**, 43 (1925). — Ferner über Pectinzersetzung: A. C. SLOEP: Untersuchungen über Pectinsubstanzen und die enzymatische Zersetzung derselben. Dissert., Delft 1928. Holländisch. — G. A. PITMAN u. W. V. CRUESS: Hydrolysis of pectin by various microorganisms. Ind. Eng. Chem. **21**, 1292 (1929). — L. A. BURKEY: (Pectinzersetzende Mikroorganismen). Iowa State Coll. J. Sci. **3**, 57 (1929). — A. SORDELLI u. S. SORIANO: L'isolement du bacillus felsineus etc. C. r. Soc. Biol. **99**, 1515 (1928).

[1] BEHRENS, J.: Über die Taurotte von Flachs und Hanf. Cbl. Bakter. II **10**, 524 (1903).

[2] BARY, A. DE: Über einige Sklerotien und Sklerotienkrankheiten. Bot. Ztg. **44**, 377 (1886). — MARSHALL-WARD, H.: A lily disease. Ann. of Bot. **2**, 319 (1888/89). — LUDWIG, O.: Untersuchungen an Ascochyta Pisi Lib. Beitr. Biol. Pflanz. **16**, 465 (1928).

[3] BERTHOLD, E.: Zur Kenntnis des Verhaltens von Bakterien im Gewebe der Pflanzen. Jb. wiss. Bot. **57**, 387 (1917).

[4] PRINGSHEIM, H. u. W. FUCHS: Über den bakteriellen Abbau von Ligninsäure. Ber. dtsch. chem. Ges. **56**, 2095 (1923). — FALCK, R.: Zwei natürliche Prozesse des Zellulose- und des Ligninabbaus der verholzten Membran durch Bakterien. Zellulosechemie **9**, 1 (1928).

[5] HARTIG, R.: Die Zersetzungserscheinungen des Holzes der Nadelholzbäume und der Eiche usw. Berlin: Julius Springer 1878. — TUBEUF, C. V.: Holzzerstörende Pilze. In F. LAFAR: Handbuch der technischen Mykologie, 2. Aufl., **3**, 286. Jena: G. Fischer 1904—07. — RUDAU, B.: Vergleichende Untersuchungen über die Biologie holzzerstörender Pilze. Beitr. Biol. Pflanz. **13**, 375 (1917). — FALCK, R.: Über korrosive und destruktive Holzzersetzung usw. Ber. dtsch. bot. Ges. **44**, 652 (1926). — FALCK, R. u. W. COORDT: Der Methoxylgehalt beim Lignin- und Zelluloseabbau des Holzes. Ber. dtsch. chem. Ges. **61**, 2101 (1928). — FUCHS, W.: Die Chemie des Lignins. Berlin: Julius Springer 1926. — WEHMER, C.: Lignin und Huminstoffe bei der pilzlichen Holzzersetzung. Ber. dtsch. bot. Ges. **45**, 536 (1927). — WAKSMAN, A. u. K. R. STEVENS: Processes involved in the decomposition of wood etc. J. amer. chem. Soc. **51**, 1187 (1929). Hierzu eine große Literatur über Holzzerstörung, Holzschutz usw.

[6] OTTO, H.: S. 319, Anm. 1.

Die Mikroorganismen des Abbaus der übrigen organischen Stoffe.

Da alle organischen Stoffe im Erdboden schließlich durch Mikroorganismen zerstört werden, so erhellt daraus die überaus große Mannigfaltigkeit dieser Vorgänge bzw. die Mannigfaltigkeit der Tätigkeit der einzelnen Mikroorganismen. Im Erdboden spielen quantitativ die bereits besprochenen Vorgänge eine besonders große Rolle; es ist nunmehr noch verschiedenes Ergänzende hinzu zu fügen.

Erwähnt wurde bereits das Vorkommen von Hefen, den Erregern der Alkoholgärung, von Milchsäurebakterien[1], den Erregern der Milchsäuregärung, an die sich die Propionsäurebakterien[2] anschließen, und des Haupterregers der Buttersäuregärung, Bacillus amylobacter, der gleichzeitig ein wichtiger Stickstoffbinder ist, womit die hauptsächlichen anaëroben Gärungsarten genannt sind. Doch tritt ihre Tätigkeit in dieser Hinsicht im Boden, so intensiv sie an sich verläuft, sicherlich etwas zurück, weil die für sie notwendigen Kohlenstoffverbindungen, namentlich die Zuckerarten, normalerweise nur in geringen Mengen in den Erdboden gelangen, da sie der höheren Pflanze selbst und den Tieren und Menschen als Nähr- und Betriebsstoffe dienen oder von der Pflanze selbst aus den absterbenden Teilen wie den vergilbenden Blättern, von altem Holz u. dgl. herausgezogen werden, um zur Ablagerung in Samen und vegetativen Reservestoffbehältern zu dienen. Für die Stärke gilt ein gleiches, die als Kohlenstoffquelle für die oben erwähnten Gärungsarten nur für Bacillus amylobacter in Betracht kommt, daneben aber für eine ganze Reihe von sonstigen bodenbewohnenden Bakterien, Actinomyceten und Pilzen eine ausgezeichnete Kohlenstoffquelle darstellt. Einzelangaben erscheinen hier überflüssig. Als besonderer Organismus sei nur Bacillus macerans[3] erwähnt, der aus Stärke kristallisierte Zwischenprodukte des Stärkeabbaus, als Endprodukte organische Säuren, Alkohole und Aceton bildet.

Auf eines sei hier jedoch noch aufmerksam gemacht; wie insbesondere MEYERHOF[4] gezeigt hat, kann sich bei reichlicher Lüftung der anaërobe Stoffwechsel direkt umschalten, indem z. B. die Hefe sogar imstande ist, aus Alkohol wieder Kohlehydrat zurückzusynthetisieren und im übrigen aërob zu atmen. Es liegt also durchaus die Möglichkeit vor, daß die Tätigkeit der anaëroben Gärungserreger im gut durchlüfteten Erdboden sich ganz anders abspielt, als wir das nach den Vorgängen im Reagensglas anzunehmen geneigt sind, insbesondere wenn ihnen keine erheblichen Kohlehydratmengen zur Verfügung stehen.

Als eine weitere Stoffgruppe sind die Fette zu nennen. Hier finden wir keine besonderen Organismengruppen, welche ihre Zerstörung bewerkstelligen, sondern diese Eigenschaft ist weit bei Mikroorganismen verbreitet, wie in zahlreichen Arbeiten gezeigt wurde. Es sind vor allem Schimmelpilze, sodann aber viele aërobe Bakterien, von denen als in dieser Hinsicht besonders energisch Pseudomonas fluorescens genannt sei. Die Spaltung zu Glycerin und Fettsäure vollzieht sich auch anaërob, die weitere Verarbeitung dagegen aërob. Sehr bedeutsam ist aber noch, wie SÖHNGEN zeigte, daß Fette auch anaërob zerstört

---

[1] HÜTTIG, C.: Untersuchungen über die säurebildenden Mikroorganismen des Bodens mit besonderer Berücksichtigung der für die Milch wichtigen. Landw. Jb. **65** (1927).

[2] NIEL, C. B. VAN: The propionic acid bacteria. Haarlem 1928.

[3] SCHARDINGER, FR.: Bac. macerans, ein Aceton bildender Rottebacillus. Cbl. Bakter. II **14**, 772 (1905). — Zur Biochemie des Bac. macerans. Ebenda **19**, 161 (1907). — Über die Bildung kristallisierter, FEHLINGsche Lösung nicht reduzierender Körper (Polysaccharide) aus Stärke durch mikrobielle Tätigkeit. Ebenda **22**, 98 (1909). — Bildung kristallisierter Polysaccharide (Dextrine) aus Stärkekleister durch Mikrobien. Ebenda **29**, 188 (1911).

[4] MEYERHOF, O.: Über den Einfluß des Sauerstoffs auf die alkoholische Gärung der Hefe. Biochem. Z. **162**, 43 (1925).

werden können, wenn Nitrate zugegen sind, die denitrifiziert werden, also den notwendigen Sauerstoff liefern. Zu allem übrigen sei auf die Literatur verwiesen[1]. Auch Wachse werden zersetzt, wenn auch schwieriger und unvollkommener als Fette[2].

Von wesentlicher Bedeutung bei dem Umsatz der organischen Substanzen sind noch organische Säuren, die ja, wie wir gesehen haben, z. B. bei der im Erdboden sehr wesentlich in Betracht kommenden Zellulosezersetzung in großen Mengen entstehen. Auch hier handelt es sich jedoch z. T. wenigstens nicht um für besondere Mikroorganismen charakteristische Vorgänge, sondern man kann sagen, daß die Salze organischer Säuren für die meisten Mikroorganismen eine mehr oder weniger gute Kohlenstoffquelle darstellen. Wir müssen also auch hier darauf verzichten, dies für jeden einzelnen Organismus anzugeben und beschränken uns auf einige allgemeine Bemerkungen und besonders charakteristische Vorgänge[3].

Allgemein kann zunächst gesagt werden, daß aërobe Mikroorganismen, die, wie Schimmelpilze, Essigbakterien usw., organische Säuren produzieren, diese auch weiter zu Kohlensäure zu verarbeiten vermögen, namentlich, wenn ihre normale Kohlenstoffquelle erschöpft ist. Aber darüber hinaus sind organische Säuren für sehr viele Mikroorganismen eine z. T. ausgezeichnete Kohlenstoffquelle. Eine Übersicht nach MAASSEN[4] mag ein Bild davon geben. Von 45 untersuchten Arten wurden die angegebenen[4] Säuren folgendermaßen ausgenutzt:

[1] Zusammenfassende Darstellung: G. SELIBER: Bildung und Zersetzung der Fette durch Mikroorganismen. Russ. Monogr. wiss. Inst. Lesshaft Leningrad **1926**. — Von Einzelliteratur sei genannt: O. RAHN: Die Zersetzung der Fette. Cbl. Bakter. II **15**, 421 (1906). — E. DE KRUYFF: Les bactéries hydrolysant et oxydant les graisses. Bull. Dép. Agr. Indes néerl. **9** (1907); ref. Kochs Jber. **18**, 510. — H. HUSS: Eine fettspaltende Bakterie (Bactridium lipolyticum n. sp.) Cbl. Bakter. II **20**, 474 (1908). — N. L. SÖHNGEN: Vetsplitsing door bacterien. Koninkl. Akad. Amsterdam **19**, 689 (1910). — Mikrobenlipase. Ebenda **19**, 1263 (1911). — Thermotolerante Lipase. Ebenda **20**, 126 (1911). — Über fettspaltende Mikroben. Folia microbiol. **1**, 199 (1912). — A. SPIECKERMANN: Die Zersetzung der Fette durch höhere Pilze. I. Der Abbau des Glycerins und die Aufnahme der Fette in die Pilzzelle. Z. Unters. Nahrgsmitt. usw. **23**, 325 (1912). — II. Der Abbau der Fettsäuren. Ebenda **27**, 83 (1914). — O. FLIEG: Fette und Fettsäuren als Material für Bau- und Betriebsstoffwechsel von Aspergillus niger. Jb. wiss. Bot. **81**, 24 (1922). — K. SHIBATA: Zur Frage der Fettzersetzung einiger Saprophyten. J. of Biochem. Tokyo **1**, 249 (1922). — M. STEPHENSON u. M. D. WHETHAM: Fat metabolism of the timothy hay bacillus. Proc. roy. Soc. B **93**, 262 (1922). — L. MICHAELIS u. Y. NAKAHARA: Die fettspaltenden Fermente der Bakterien. Z. Immun. Forschg. **36** (1923). — M. STÄRKLE: Die Methylketone im oxydativen Abbau einiger Triglyzeride (bzw. Fettsäuren) durch Schimmelpilze usw. Biochem. Z. **151**, 371 (1924). — G. SELIBER: La décomposition des graisses par quelques microorganismes. Bull. Inst. Lesshaft **13**, 81 (1927). Russisch mit französischer Zusammenfassung. — A. SEDYCH u. G. SELIBER: Sur la décomposition des graisses par le bacille tuberculeux. Ebenda S. 147. — W. KÜSSNER: Physiologische Untersuchungen über die Ernährung von Penicillium glaucum durch Fette. Bot. Arch. **23**, 197 (1928). — R. H. TURNER: The action of bacteria on fat. 1 u. 2. J. inf. Dis. **44**, 126, 134 (1929). — Nach H. ZICKES [Beitrag zur Kenntnis Fett und Wachs zerstörender Pilze. Cbl. Bakter. II **69**, 161 (1926)] sollen Verunreinigungen die Zersetzung fördern. — Nach M. RUBNER [Notiz über die Zersetzung von Fetten im Boden. Arch. f. Hyg. **91**, 290 (1922)] sollen im Boden nach 12 Jahren erst 38,1% von zugefügtem Butterfett zersetzt worden sein. — Vgl. weiter: H. B. STEUT, V. SUBRAMENANIAM u. TH. H. WALTER: The mechanism of the degradation of fatty acids by mould fungi. III. J. chem. Soc. London **1929**, 1987. — W. M. GUBIN u. L. A. IWANOWA: J. exper. biol. Med. **12**, 360 (1929).

[2] KRUYFF, E. DE: unter Anm. 1. — Vgl. auch H. ZICKES ebenda. — W. O. TAUSSON: Über die Oxydation der Wachse durch Mikroorganismen. Biochem. Z. **193**, 85 (1928).

[3] Ältere Literatur bei W. OMELIANSKI: Organische Säuren als Kohlenstoffquelle für Mikroorganismen. In LAFAR: Handbuch der technischen Mykologie, 2. Aufl., **5**, 633. Jena 1904—10. — Weitere bei CZAPEK, F.: Biochemie. — Für Azotobacter siehe S. 301.

[4] MAASSEN, A.: Beiträge zur Ernährungsphysiologie der Spaltpilze. Die organischen Säuren als Nährstoffe usw. Arb. ksl. Gesdh.Amt **12**, 340 (1896).

Äpfelsäure	von 41 Arten	Oxyessigsäure	von 13 Arten
Citronensäure	„ 38 „	Chinasäure	„ 10 „
Fumarsäure	„ 38 „	Maleïnsäure	„ 9 „
Glycerinsäure	„ 34 „	Malonsäure	„ 8 „
Bernsteinsäure	„ 32 „	Aconitsäure	„ 7 „
Ameisensäure	„ 30 „	Tricarballylsäure	„ 5 „
Milchsäure	„ 30 „	β-Oxybuttersäure	„ 5 „
Schleimsäure	„ 23 „	Mandelsäure	„ 4 „
Weinsäure	„ 21 „	α-Oxyisobuttersäure	„ 0 „
Essigsäure	„ 14 „	Oxalsäure	„ 0 „
Propionsäure	„ 13 „		

Auch die von diesen 45 Arten nicht angegriffene Oxalsäure wird von anderen verwertet, so vom Bac. extorquens[1], der sie verbrennt und von der Verbrennungsenergie autotroph lebt, außerdem von harnstoffzersetzenden Bakterien, Schimmelpilzen usw. Im übrigen ist alles bei den einzelnen Arten sehr verschieden. So verarbeitete in dem obigen Beispiel Pseudomonas fluorescens alle außer Oxalsäure, Bacterium erythrogenes Äpfel-, Citronen-, Weinsäure, Bacillus vulgaris diese drei und außerdem noch Ameisensäure, Bacillus subtilis Äpfel-, Citronen-, Milchsäure usw. Über den Abbau höherer Fettsäuren vgl. SPIECKERMANN[2]. In allen diesen Fällen handelt es sich um eine aërobe Verarbeitung der organischen Säuren, welche zu Kohlensäure und Wasser führt.

Besonders beachtenswert sind nun noch anaërobe Vergärungsarten organischer Säuren, welche zur Entstehung von Methan und Wasserstoff führen. Möglicherweise entstehen diese beiden in der Natur verbreiteten Gase immer auf solche Weise. OMELIANSKI[3] beschrieb das unbewegliche, sporenlose Bacterium formicicum, das Ameisensäure zu Kohlensäure und Wasserstoff, im Verhältnis 1:1 vergärt, aber auch Zucker zu Aethylalkohol, Essigsäure, Ameisensäure, Milchsäure, Bernsteinsäure vergären kann, somit, da Milchsäure hauptsächlich gebildet wird, den Milchsäurebakterien nahe steht, wie denn auch Bacillus coli[4] ebenfalls Ameisensäure zu Wasserstoff und Kohlensäure zu verarbeiten vermag.

Methan wird aus organischen Säuren namentlich durch eine „Pseudosarcina"[5], neben Stäbchenbakterien gebildet, vornehmlich aus Essigsäure, welche also im Verhältnis 1:1 zu Methan und Kohlensäure zerfällt, jedoch auch aus Ameisensäure, ferner auch aus Butter-, Capron-, Capryl-, Caprinsäure, dagegen nicht aus Propionsäure. COOLHAAS[6] beschreibt thermophile (Optimum bei 60° C), dünne 3—6 μ lange sporenbildende Stäbchen, die Essigsäure glatt zu Methan und Kohlensäure vergären, ebenso Ameisensäure (neben geringen Mengen von Wasserstoff), ferner Isobuttersäure, Oxalsäure, Milchsäure, Gluconsäure, schlecht jedoch Propion- und Buttersäure verarbeiten. Auch Rohrzucker wird von ihnen quantitativ zu Kohlensäure und Methan vergoren. Allerdings handelt es sich nicht um absolute Reinkulturen.

---

[1] BASSALIK, K.: Über die Verarbeitung der Oxalsäure durch Bac. extorquens n. spec. Jb. wiss. Bot. **53**, 255 (1913).

[2] SPIECKERMANN, A.: **2**, S. 323, Anm. 1.

[3] OMELIANSKI, W.: Über die Zersetzung der Ameisensäure durch Bakterien. Cbl. Bakter. II **11**, 177 (1904).

[4] NOVAK, J.: Der Einfluß verschiedener Stoffe, besonders der Formiate, auf die Fermentation von Bakterien, hauptsächlich von Bact. coli. Spisy lékařské fak. Masarykovy Univ. **5**, 105 (1927). Tschechisch mit deutscher Zusammenfassung. Ref. Ber. Ges. Phys. **47**, 819 (1929).

[5] MAZÉ, P.: Sur la fermentation forménique et le ferment qui la produit. C. r. Acad. **137**, 887 (1903). — OMÉLIANSKI, W.: Über Methanbildung in der Natur bei biologischen Prozessen. Cbl. Bakter. II **15**, 673 (1906).

[6] COOLHAAS, C.: Zur Kenntnis der Dissimilation fettsaurer Salze und Kohlenhydraten durch Bakterien. Cbl. Bakter. II **75**, 161 (1928).

Zersetzung von Kohlenoxyd, d. h. Oxydation zur Kohlensäure, durch Bakterien ist ebenfalls bekannt. HASEMANN[1] fand Bacterium oligocarbophilum dazu befähigt; es ist aërob und lebt bei der Kohlenoxydverarbeitung autotroph. Auch anaërob kann Kohlenoxyd oxydiert werden unter gleichzeitiger Reduktion von Sulfaten, welche somit den Sauerstoff liefern; jedoch scheint das genannte Bakterium an diesem Vorgang unbeteiligt zu sein.

Verarbeitung sonstiger Kohlenstoffverbindungen. Bacterium oligocarbophilum, das von BEIJERINCK und VAN DELDEN[2] zuerst beschrieben wurde, vermag außer Wasserstoff[3] und Kohlenoxyd auch alle möglichen anderen flüchtigen Kohlenstoffverbindungen (Ameisensäure, Essigsäure, Buttersäure, Formaldehyd, Aceton, Benzol, Xylol) zu verarbeiten, und zwar vermag es, von welcher Eigenschaft auch die Bennenung herrührt, in rein mineralischer Nährlösung (80 H_2O, 20 Leitungswasser, 0,01 K_2HPO_4, 0,01 $NaNO_3$, Spuren $FeCl_3$ und $MgSO_4$) allein mit den in der Luft vorhandenen Spuren dieser Stoffe zu wachsen. Die Morphologie dieses interessanten und verbreiteten Organismus, der im Boden zweifellos eine gewisse Rolle spielt, ist noch nicht ganz aufgeklärt. Während BEIJERINCK ihn als kokkenartiges Kurzstäbchen bezeichnet, soll er nach LANTZSCH[4] überwiegend fädiges Wachstum mit Verzweigungen zeigen und ist daher als Actinomyces benannt. HASEMANN[1] wiederum fand überwiegend $0{,}8 \times 4\,\mu$ große Stäbchen, daneben $0{,}5$—$0{,}8 \times 0{,}8$—$1\,\mu$ große Kurzstäbchen. Es ist unbeweglich, sporenlos, aërob und autotroph, vermag jedoch auch heterotroph zu leben.

Bei der Verarbeitung von Methan hat man zuerst durch SÖHNGEN[5] Bacillus methanicus, ein bewegliches aërobes Kurzstäbchen ($1{,}5$—2.0×2—$3\,\mu$) kennen gelernt; sie kann aber auch durch Pseudomonas fluorescens und wohl auch durch andere Bakterien durchgeführt werden.

Auch sonstige aliphatische und cyklische[6] Kohlenwasserstoffe bis zu festen Paraffinen, Kautschuk, Naphthalin, Phenanthren usw., selbst Kohle, können von Bakterien, Mycobakterien, Actinomyceten und Pilzen verarbeitet werden. Namentlich wachsen, wie SÖHNGEN[7] zeigte, auf mineralischem, den Dämpfen von Petroleum usw. ausgesetztem Substrat eine Anzahl von Mycobakterien. Im einzelnen sei hierüber jedoch auf die Literatur verwiesen[8]. Die

---

[1] HASEMANN, W.: Zersetzung von Leuchtgas und Kohlenoxyd durch Bakterien. Biochem. Z. **184**, 147 (1927). — Auch C. WEHMER: Biochemische Zersetzung des Kohlenoxyds. Ber. dtsch. chem. Ges. **59**, 887 (1926).

[2] BEIJERINCK, M. W. u. A. VAN DELDEN: Über eine farblose Bakterie, deren Kohlenstoffnahrung aus der atmosphärischen Luft herrührt. Cbl. Bakter. II **10**, 33 (1903). — KOBER, B.: Über die Physiologie und Morphologie von Actinomyces oligocarbophilus usw. Cbl. Bakter. II **79**, 370 (1929).

[3] Siehe unten S. 326.

[4] LANTZSCH, K.: Actinomyces oligocarbophilus (Bac. oligocarbophilus Beij.), sein Formwechsel und seine Physiologie. Cbl. Bakter. II **57**, 309 (1922).

[5] SÖHNGEN, N. L.: Über Bakterien, welche Methan als Kohlenstoffnahrung und Energiequelle gebrauchen. Cbl. Bakter. II **15**, 513 (1906).

[6] Bacillus hexacarbovorum erhielt daher den Namen: K. STÖRMER: Über die Wirkung des Schwefelkohlenstoffs und ähnlicher Stoffe auf den Boden. Jber. Ver. angew. Bot. f. 1907 **5**, 113 (1908). — R. WAGNER: Über Benzolbakterien. Z. Gärungsphysiol. **4**, 289 (1914).

[7] SÖHNGEN, N. L.: Benzin, Petroleum, Paraffinöl und Paraffin als Kohlenstoff- und Energiequelle für Mikroben. Cbl. Bakter. II **37**, 595 (1913).

[8] RAHN, O.: Ein Paraffin zersetzender Schimmelpilz. Cbl. Bakter. **16**, 382 (1906). (Ein weißes Penicillium.) — TAUSZ, J. u. M. PETER: Neue Methode der Kohlenwasserstoffanalyse mit Hilfe von Bakterien. Cbl. Bakter. II **49**, 497 (1920). — TAUSSON, W. O.: Zur Frage über Assimilation des Paraffins durch Mikroorganismen. Biochem. Z. **155**, 356 (1925) (namentlich Aspergillus flavus). — Bei der Verarbeitung von Paraffinen sollen Wachse als Zwischenprodukte auftreten; siehe ferner: W. O. TAUSSON: Über die Oxydation der

meisten aromatische Körper angreifenden Mikroorganismen sind von GRAY und THORNTON[1] beschrieben, Mycobakterien, viele Bakterien und darunter auch, was für die genaue Identifizierung sehr wesentlich ist, zwei sporenbildende Arten, Bacillus closterioides und platychoma. Es mag hier noch darauf aufmerksam gemacht werden, daß sich das Studium der Verarbeitung aromatischer Verbindungen nach Ansicht des Verfassers besonders wertvoll in Hinsicht auf die Verarbeitung der Humusstoffe im Boden erweisen wird.

Von wesentlicher Bedeutung in der Natur ist auch noch der Abbau der Gerbstoffe, wenn auch noch nicht viel darüber bekannt ist. Da ihre chemische Natur fast durchweg noch nicht völlig aufgeklärt ist, so hat man fast ausschließlich mit dem in dieser Hinsicht bekannten Tannin gearbeitet. Es ist merkwürdigerweise nur die engere Schimmelpilzgruppe der Penicillium- und Aspergillusarten, die mit Tannin als einziger Kohlenstoffquelle zu wachsen und sie auszunützen vermögen[2], nur v. WOLFF[3] macht die Angabe, daß dies auch für den Mycorrhizapilz von Neottia Nidus avis zutreffen soll. Für Bakterien und Hefen ist es unangreifbar; diesbezügliche Angaben sind nach RIPPEL und KESELING[2] zu berichtigen. Doch kann die Tannin-Eiweiß-Verbindung von Bakterien verwertet werden. Bei den Angaben von KOCH und OELSNER[4], wonach im Boden bei Gegenwart von Tannin mikrobielle Umsetzungen, wenn auch stark gehemmt, stattfinden, ist zu beachten, daß einmal Tannin vom Boden festgelegt wird (Eiweiß- usw.-Verbindungen), ferner aber auch die Tätigkeit von Pilzen derjenigen von Bakterien vorarbeiten kann. Endlich ist zu beachten, daß Tannin hier nicht die einzige Kohlenstoffquelle darstellt, mithin über seine Eignung als Kohlenstoffquelle nicht ohne weiteres etwas ausgesagt werden kann[2]. Selbst holzzerstörende Pilze vermögen nach BAVENDAMM[2] nicht auf Tannin zu wachsen.

Die Mikroorganismen der Umwandlungen anorganischer Stoffe.

Wasserstoffoxydierende Bakterien.

Eine Reihe von aus Erde isolierten Mikroorganismen vermag den elementaren Wasserstoff zu verbrennen und mit Hilfe der gewonnenen Energie auto-

---

Wachse durch Mikroorganismen. Ebenda 193, 85 (1928). — Vgl. auch H. ZICKES: Beitrag zur Kenntnis Fett und Wachs zerstörender Pilze. Cbl. Bakter. II 69, 161 (1926). Danach ist bei Versuchen mit Paraffin usw. auf Verunreinigungen Rücksicht zu nehmen. — N. L. SÖHNGEN u. J. G. FOL: Die Zersetzung des Kautschuks durch Mikroben. Ebenda II 40, 87 (1914) (namentlich Actinomyceten). — O. DE VRIES: Zersetzung von Kautschukkohlenwasserstoff durch Pilze. Ebenda II 74, 22 (1928). — F. TATTERSFIELD: The decomposition of naphtalene in the soil. Ann. Appl. Biol. 15, 57 (1928). — W. O. TAUSSON: Naphthalin als Kohlenstoffquelle für Bakterien. Planta 4, 214 (1927). — Die Oxydation des Phenanthrens durch Bakterien. Ebenda 5 (1928). — F. FISCHER u. W. FUCHS: Über das Wachstum von Schimmelpilzen auf Kohle. II. Mitt. Brennstoffchemie 8, 231, 293 (1927). — W. FUCHS: Über die Einwirkung von Bakterien auf Kohle. Ebenda 8, 324 (1927). — R. LIESKE: Über die Mikrobiologie der Kohlen. Z. angew. Chem. 41, 624 (1928). — TAUSZ, J. u. P. DONATH: S. 327, Anm. 1.

[1] GRAY, P. H. H. u. H. G. THORNTON: Soil bacteria that decompose certain aromatic compounds. Cbl. Bakter. II 73, 74 (1928). — TAUSSON, W. O.: Über die Oxydation der Benzolkohlenwasserstoffe durch Bakterien. Planta 7, 734 (1929). — KLUYVER, A. J.: Über Indol zu Indigo oxydierende Bakterien. Nederl. Tijdschr. Hyg. 3, 308 (1929).

[2] Literatur bei W. BAVENDAMM: Neue Untersuchungen über die Lebensbedingungen holzzerstörender Pilze. II. Gerbstoffversuche. Cbl. Bakter. II 76, 172 (1928). — A. RIPPEL u. J. KESELING: Über tanninzersetzende Mikroorganismen. Arch. Mikrobiol. 1, 60 (1930).

[3] WOLFF, H.: S. 312, Anm. 3.

[4] KOCH, A.: Über die Einwirkung des Laub- und Nadelwaldes auf den Boden und die ihn bewohnenden Pflanzen. Cbl. Bakter. II 41, 545 (1914). — KOCH, A. u. A. ÖLSNER: Einfluß von Fichtenharz und Tannin auf den Stickstoffhaushalt des Bodens usw. Ebenda 45, 107 (1916).

troph zu leben. KASERER[1] isolierte außer Bacillus oligocarbophilus[2], Pseudomonas pantotrophus, ohne Sporen, mit einer polaren Geißel, LEBEDEFF[3] einen Coccus und ein monotrich begeißeltes Stäbchen, NIKLEWSKI[4] Pseudomonas vitrea und flava, beide ohne Sporen mit einer polaren Geißel. GROHMANN[5, 6] endlich isolierte zehn verschiedene Arten aus Boden, konnte ihre allgemeine Verbreitung nachweisen und wahrscheinlich machen, daß darunter eine Anzahl der gewöhnlichen heterotrophen Bakterien gehören, u. a. vielleicht auch Bacillus subtilis, die Fähigkeit also fakultativ ist, wie auch die typischen wasserstoffoxydierenden Bakterien, heterotroph zu leben vermögen. Besonderes Interesse verdient Bacillus pycnoticus, ein peritrich begeißeltes, sporenbildendes Stäbchen mit oft zwei Sporen in der unveränderten Sporenmutterzelle und mit kokkoidem Zerfall der Stäbchen. Doch ist die Kultur dieser Organismen, wie die Versuche von GROHMANN zeigten, äußerst launisch und schlecht reproduzierbar. Alle Bakterien sind aërob. Doch soll nach NIKLEWSKI[4] (1913/14) Pseudomonas agilis auch anaërob bei Gegenwart von Nitraten, die denitrifiziert werden, Wasserstoff oxydieren. GROHMANN konnte solche Bakterien nicht auffinden.

Das Optimum der Wasserstoffionenkonzentration liegt nach RUHLAND[6] bei p_H 6,8—8,1. Nach unten wird die Entwicklung durch die Austreibung der Kohlensäure, nach oben durch die Ausfällung des Eisens gehemmt. Es handelt sich nach RUHLAND um eine echte Knallgasreaktion, nicht um Reduktion der Kohlensäure mit Hilfe des aktivierten Wasserstoffs etwa zu Formaldehyd, wie KASERER und NIKLEWSKI annahmen.

Schwefelbakterien[7].

Unter den Mikroorganismen, welche in den Schwefelumsatz eingreifen, sind drei Gruppen zu unterscheiden: 1. Alle „gewöhnlichen" Mikroorganismen, welche einmal zur Deckung ihres Schwefelbedarfes solche Umwandlungen durch-

---

[1] KASERER, H.: Die Oxydation des Wasserstoffs durch Mikroorganismen. Z. landw. Versuchswes. Österreich **8**, 789 (1905); Autoref. hierzu Cbl. Bakter. II **15**, 573 (1906); ferner ebenda II **16**, 681 (1906). — Dem Bac. oligocarbophilus, dem KASERER die gleiche Fähigkeit zuschrieb, fehlt sie nach K. LANTZSCH: Actinomyces oligocarbophilus etc. Cbl. Bakter. II **57**, 309 (1922); doch stellte W. HASEMANN [Zersetzung von Leuchtgas und Kohlenoxyd durch Bakterien. Biochem. Z. **184**, 147 (1927)] wiederum diese Fähigkeit fest. — Vgl. weiter: J. TAUSZ u. P. DONATH: Über die Oxydation des Wasserstoffs und der Kohlenwasserstoffe mittels Bakterien. Z. physiol. Chem. **190**, 141 (1930).

[2] Siehe oben S. 325.

[3] NABOKICH, A. J. u. A. F. LEBEDEFF: Über die Oxydation des Wasserstoffs durch Bakterien. Cbl. Bakter. II **17**, 350 (1907). — LEBEDEFF, A. J.: Über die Assimilation des Kohlenstoffs bei wasserstoffoxydierenden Bakterien. Ber. dtsch. bot. Ges. **27**, 598 (1909).

[4] NIKLEWSKI, B.: Ein Beitrag zur Kenntnis wasserstoffoxydierender Bakterien. Cbl. Bakter. II **20**, 496 (1908). — Über die Wasserstoffoxydation durch Mikroorganismen. Jb. wiss. Bot. **48**, 111 (1910). — Über die Wasserstoffaktivierung durch Bakterien. Jubiläumsfestschrift f. E. GODLEWSKI, Lemberg. Kosmos **1913**; Orig.-Ref. hierzu Cbl. Bakter. II **40**, 430 (1914).

[5] GROHMANN, G.: Zur Kenntnis wasserstoffoxydierender Bakterien. Cbl. Bakter. II **61**, 256 (1924).

[6] RUHLAND, W.: Aktivierung von Wasserstoff und Kohlensäureassimilation bei Bakterien. Ber. dtsch. bot. Ges. **40**, 180 (1922). — Beiträge zur Physiologie der Knallgasbakterien. Jb. wiss. Bot. **63**, 321 (1924). — Vgl. weiter H. GRZYMIRSKA: Z fizjologji bakteryj wodorowych (Zur Physiologie der Knallgasbakterien). Acta Soc. bot. Polon. **5**, 13 (1928).

[7] Einzeldarstellungen: S. WINOGRADSKY: Beiträge zur Morphologie und Physiologie der Bakterien. Heft 1: Zur Morphologie und Physiologie der Schwefelbakterien. Leipzig: A. Felix 1888. — W. OMELIANSKI: Der Kreislauf des Schwefels. In LAFAR: Handbuch der technischen Mykologie **3**, 214. — H. MOLISCH: Die Purpurbakterien. Jena: G. Fischer 1907. — W. BAVENDAMM: Die farblosen und roten Schwefelbakterien des Süß- und Salzwassers. Pflanzenforschung, H. 2. Jena: G. Fischer 1924.

führen, und sodann darüber hinaus noch Oxydationen, Reduktionen und Abspaltung organisch gebundener SH_2-Gruppen bewirken. 2. Mikroorganismen, welche in besonderem Maße an die Reduktion von Sulfaten zu Schwefelwasserstoff angepaßt sind: Desulfurikation. 3. Die eigentlichen Schwefelbakterien, welche oxydationsfähige Schwefelverbindungen oder elementaren Schwefel oxydieren und mit Hilfe der so gewonnenen Energie die Kohlensäure reduzieren, also chemosynthetisch arbeiten, autotroph leben, was WINOGRADSKY[1] zuerst erkannte.

1. Gruppe: Da wohl die meisten Mikroorganismen aus Sulfaten ihren Schwefelbedarf decken oder decken können, so sind sie damit bei der Festlegung von anorganisch gebundenem zu organisch gebundenem Schwefel beteiligt. Für Fadenpilze und Hefen ist das vielfach nachgewiesen, für Bakterien steht der Nachweis noch aus, aber wohl nur wegen der geringen Schwefelmengen, die notwendig sind, welcher Umstand die Herstellung schwefelfreier Nährlösungen äußerst erschwert. Es dürfte jedenfalls kaum richtig sein, Schwefel als entbehrlich zu bezeichnen, wie es WOLFF[2] kürzlich noch getan hat. Die Verarbeitung von Sulfaten bedingt ferner eine Reduktion. Schwefelwasserstoffbildung aus Sulfaten durch Mikroorganismen ist denn auch mehrfach nachgewiesen worden, ebenso eine solche aus anderen Schwefelverbindungen und aus elementarem Schwefel, z. B. bei Hefe[3].

Schwefelwasserstoff wird ferner von sehr vielen Mikroorganismen bei der Eiweißzersetzung gebildet. Infolge der Zerstörung des Kohlenstoffsskeletts hierbei werden die organisch gebundenen SH_2-Gruppen ganz analog der Ammoniakbildung frei. Bei vielen eiweißzersetzenden Mikroorganismen konnte infolgedessen die Bildung von Schwefelwasserstoff und auch von flüchtigen Schwefelverbindungen (Mercaptan)[4] nachgewiesen werden, wobei nach BLUMENTHAL 23% des im Fibrin enthaltenen Schwefels als Methylmercaptan wiedergefunden werden.

Unter aëroben Verhältnissen wird dieser Schwefelwasserstoff jedoch sofort zu Schwefelsäure oxydiert. Schimmelpilze bilden z. B. aus Cystin kräftig Schwefelsäure, ebenso aus Thioharnstoff[5] usw. Auch elementarer Schwefel kann von

[1] WINOGRADSKY, S.: Über Schwefelbakterien. Bot. Ztg. 45, 489 (1887). — Vgl. ferner BAVENDAMM: a. a. O. und F. KEIL: Beiträge zur Physiologie der farblosen Schwefelbakterien. Beitr. Biol. Pflanz. 11, 335 (1912).

[2] WOLFF, H.: Der Verwendungstoffwechsel säurefester Bakterien V. Biochem. Z. 158, 319 (1925).

[3] BEIJERINCK, M. W.: S. 329, Anm. 3. — NEUBERG, C. u. E. WELDE: Phytochemische Reduktionen. IX. Die Umwandlung von Thiosulfat in Schwefelwasserstoff und Sulfit durch Hefen. Biochem. Z. 67, 111 (1914). — CHOWRENKO, M. A.: Z. physiol. Chem. 80, 253 (1912). — WILL, H. u. H. WANDERSCHECK: Cbl. Bakter. II 16, 303 (1906). — TANNER, FR. W.: J. amer. chem. Soc. 40, 663 (1918).

[4] Einige Literatur: Schwefelwasserstoff: BALISTERI: Die Verbreitung der Schwefelwasserstoffgärung unter den Bakterien. Arch. f. Hyg. 16, 10 (1892). — M. RUBNER: Über den Modus der Schwefelwasserstoffbildung bei Bakterien. Ebenda 16, 53 (1893). — Die Wandlungen des Schwefels im Stoffwechsel. Ebenda S. 78. — T. SASAKI u. J. OTSUKA: Experimentelle Untersuchungen über die Schwefelwasserstoffentwicklung der Bakterien aus Cystin usw. Biochem. Z. 39, 208 (1912). — J. T. MYERS: The production of hydrogen sulfide by bacteria. J. Bacter. 5, 231 (1920). — F. W. TILLEY: Variations in hydrogen sulphide production by bacteria. Ebenda 8, 115 (1923). — E. R. FELLERS, O. E. SHOSTROM u. E. D. CLARK: Hydrogene sulfide determination in bacterial cultures. Ebenda 9, 235 (1924). — M. CH. KAHN: Hydrogen sulphide production by anaerobic spore-bearing bacteria. Ebenda 10, 439 (1925). — Mercaptan: R. PETRI u. A. MAASSEN: Beiträge zur Biologie der krankheitserregenden Bakterien usw. Arb. ksl. Gesdh.Amt 8, 318, 490 (1893). (Schwefelwasserstoff, Mercaptan). — F. BLUMENTHAL: Z. klin. Med. 28, 222 (1895). — J. WOHLGEMUTH: Z. physiol. Chem. 43, 469 (1905). — M. KONDO: Über die Bildung des Mercaptans aus l-Cystin durch Bakterien. Biochem. Z. 136, 198 (1923).

[5] RIPPEL, A.: Notiz über die Verarbeitung von Thioharnstoff durch Aspergillus niger. Biochem. Z. 165, 473 (1925).

Schimmelpilzen wie Aspergillus und Penicillium[1] zu Schwefelsäure oxydiert werden, ebenso von Bakterien wie Pseudomonas fluorescens und Bacillus mycoides, wobei in diesem Falle Hyposulfite als Zwischenprodukte entstehen[2].

2. Gruppe: Desulfurikation. Unter anaëroben Verhältnissen werden organische Stoffe mittels des in Sulfaten gebundenen Sauerstoffes veratmet, wobei das Sulfat zu Schwefelwasserstoff reduziert wird. Dieser Vorgang vollzieht sich in der Natur überall in der Tiefe stehender Gewässer. Der Schwefelwasserstoff setzt sich dabei mit Eisen zu schwarzem Schwefeleisen um, das als charakteristischer schwarzer Schlamm den Boden solcher Gewässer bedeckt und die Tätigkeit solcher Organismen anzeigt. Als vornehmste Süßwasserform kommt Vibrio desulfuricans, als Salzwasserform Sp. aestuaria in Betracht, beide sind etwa $1 \times 4\,\mu$ groß. Sie wurden von BEIJERINCK und VAN DELDEN[3] zuerst rein gezüchtet und bildeten in den Versuchen des Letztgenannten 238 bzw. bis 952 mg Schwefelwasserstoff je 1 l Kulturflüssigkeit. Auch im Erdboden sind solche Bakterien weit verbreitet. Die Desulfurikation entspricht physiologisch völlig der Denitrifikation; während diese aber nur gelegentlich durch aërobe Bakterien bei Sauerstoffmangel, durchgeführt wird, scheint es sich bei der Desulfurikation um spezifisch daran angepaßte, anaërobe Bakterien zu handeln. Auch einen thermophilen Organismus[4] und einen Actinomyceten[5] dieser Art hat man festgestellt.

3. Gruppe: Die eigentlichen Schwefelbakterien sind also diejenigen, welche oxydierbare Schwefelverbindungen oder elementaren Schwefel oxydieren und mit Hilfe der so gewonnenen Energie autotroph leben. Allerdings vermögen sie nach KLEIN[6] wenigstens teilweise auch heterotroph zu leben, so daß eine ganz scharfe Abgrenzung auch dieser Gruppe nicht möglich sein dürfte. Es vollzieht sich folgender Vorgang:

$$2\,H_2S + O_2 = 2\,H_2O + S_2 + 122\ \text{Cal}$$
$$S_2 + 3\,O_2 + 2\,H_2O = 2\,H_2SO_4 + 282\ \text{Cal}\,.$$

Es gehören hierher eine große Anzahl von verschiedenartigen Mikroorganismen, die wiederum zu gewissen physiologischen Gruppen zusammengefaßt werden können.

Gefärbte Schwefelbakterien[7], von einigen Autoren als Thiorhodaceae zusammengefaßt, die Schwefelwasserstoff zu Schwefelsäure oxydieren.

---

[1] ABBOT, E. V.: The occurrence and action of fungi in soils. Soil Sci. **16**, 207 (1923). — RIPPEL, A.: Über einige Fragen der Oxydation des elementaren Schwefels. Cbl. Bakter. II **62**, 290 (1924). — Zur Kenntnis des Schwefelkreislaufes im Erdboden. J. Landw. **76**, 1 (1928).

[2] DEMOLON, A.: Sur le pouvoir sulfoxydant des sols. C. r. **173**, 1408 (1921). — GUITTONNEAU, G.: Sur la formation d'hyposulfites ans dépens du soufre par les microorganismes du sol. Ebenda **180**, 1142 (1925). — Sur la transformation du soufre en sulfate par voie d'association microbienne. Ebenda **181**, 261 (1925). — Sur l'oxydation microbienne du soufre. Ebenda **182**, 661 (1926). — Sur l'oxydation microbienne du soufre au cours de l'ammonication. Ebenda **184**, 45 (1927). — GUITTONNEAU, G., u. J. KEILLING: Sur la solubilisation du soufre élémentaire et la formation des hyposulfites etc. Ebenda **184**, 898 (1927).

[3] BEIJERINCK, M. W.: Über Spirillum desulfuricans als Ursache von Sulfatreduktion. Cbl. Bakter. II **1**, 1 (1895). — DELDEN, A. VAN: Beitrag zur Kenntnis der Sulfatreduktion durch Bakterien. Ebenda II **11**, 81 (1904).

[4] ELION, L.: A thermophilic sulfur reducing bacterium. Cbl. Bakter. II **63**, 58 (1924).

[5] SAWYALOW, W.: Über Schwefelwasserstoffgärung im schwarzen Heilschlamme. Cbl. Bakter. II **39**, 440 (1913).

[6] KLEIN, G., u. F. SVOLBA: Zwischenprodukte bei Assimilation und Atmung autotropher Bakterien. Z. Bot. **19**, 65 (1927).

[7] Außer H. MOLISCH u. W. BAVENDAMM (a. a. O.) vgl. M. SKINE: A contribution to the physiology of the purple sulphur bacteria. New Phytologist **13**, 1 (1914). — J. BUDER: Zur Biologie des Bakteriopurpurins und der Purpurbakterien. Jb. wiss. Bot. **58**, 525 (1919). — J. GICKLHORN: Zur Morphologie und Mikrochemie einer neuen Gruppe der Purpurbakterien. Ber. dtsch. bot. Ges. **39**, 312 (1921). — G. SELIBER: Contribution à la physiologie des bactéries pourprées. Bull. Inst. Lesshaft **6** (1923).

Sie führen Bakteriopurpurin, einen im Cytoplasma gelösten purpurroten Farbstoff, der aus 2 Komponenten besteht, nämlich dem roten Bakterioerythrin, das vielleicht den Karotinoiden nahe steht, und dem grünen Bakteriochlorin, das aber kein Chlorophyll ist. Ob die Bakterien mit Hilfe dieser Farbstoffe, vermittels derer sie durch aktive Bewegung auf Licht reagieren können, photosynthetisch zu arbeiten vermögen, ist nicht nachgewiesen. BUDER[1] glaubt an eine Zerlegung der Kohlensäure, die jedoch lediglich auf Sauerstoffgewinn hinzielen soll; Sauerstoff ist natürlich zur Oxydation unentbehrlich, aber an den Stellen des Vorkommens dieser Bakterien nicht immer reichlich vorhanden. Sie finden sich in gewisser Tiefe stehender Gewässer, also an den Stellen der Schwefelwasserstoffbildung, wo sie sich auf die günstigste Sauerstoff-Schwefelwasserstoff-Konzentration einstellen. Die rote Farbe kann als Anpassung an dieses Medium, unter grünen Wasserpflanzen, gedeutet werden. Der oxydierte Schwefelwasserstoff wird, wie bei der folgenden Gruppe, intermediär als elementarer Schwefel gespeichert.

Als bekannteste Arten seien die oft bohnenförmig gekrümmte Pseudomonas Chromatium (= Chromatium Okenii) mit einer Geißel, 6—6,5 μ, dick, 16 μ lang, neben ähnlichen Formen genannt, sodann verschiedene Spirillum (Thiospirillum-) Arten, z. B. Sp. jenense, das 3,5 μ dick und bis 100 μ lang ist; dazu kommt noch eine große Anzahl weiterer Formen, wie Thiocystis, Thiocapsa, Thiosarcina, Lamprocystis, Thiopedia, Amoebobacter, Thiothece, Thiodictyon, Thiopolycoccus, Rhabdochromatium, Rhodocapsa, Rhodothece, welche Namen schon allein eine Vorstellung von der Mannigfaltigkeit der zugehörigen Vertreter geben mögen.

Farblose Schwefelbakterien: Hierunter fallen wieder sehr verschiedene Formen, zunächst solche, welche den bei der Schwefelwasserstoffoxydation intermediär gebildeten Schwefel, ebenso wie die vorgenannten gefärbten Schwefelbakterien, vorübergehend in der Zelle aufspeichern und im Hungerzustande dann weiter veratmen. Teils sind es Formen, die sich von den gefärbten Schwefelbakterien nur durch das Fehlen des Farbstoffes und von den „gewöhnlichen" Bakterien nur durch den ausgeprägten Schwefelstoffwechsel unterscheiden. Sehr auffallend ist die große Salzwasserform, die auch im Solgraben von Artern a. d. Unstrut vorkommt, Micrococcus thiophysa (Thiophysa volutans), mit kugeligen Zellen von 7—18 μ Durchmesser; Th. macrophysa hat sogar 21—40 μ Durchmesser. Andere Gattungen sind Achromatium, Thiovolum, Thiospira.

In diese gleiche physiologische Gruppe gehören auch einige fädige Formen: Beggiatoa mirabilis, eine ebenfalls im Artener Solgraben vorkommende[2] Salzwasserform, bildet bis zu 50 μ dicke Zellfäden, deren einzelne Zellen breiter als hoch sind. B. alba ist die häufigste auch im Süßwasser verbreitete Form von nur 2,5—5 μ Durchmesser. Die Gattung Thiothrix, die zu den Chlamydobakterien gehört, hat in Th. nivea eine ebenfalls sehr verbreitete Salz- und Süßwasserform, sie besitzt festsitzende, an der Basis knieförmig umgebogene Fäden, die bei nivea an der Basis 2—2,5 μ, an der Spitze 1,4—1,5 μ dick sind.

Andere Formen als die soeben genannten speichern den intermediären Schwefel nicht innerhalb, sondern außerhalb der Zelle. Man rechnet sie daher, wie Bavendamm[3], teilweise auch nicht mehr unter die „echten" Schwefelbakterien. Es sind Bakterien, welche außer durch ihr Vermögen, Schwefelwasserstoff, elementaren Schwefel, ferner auch organische, oxydable Schwefelverbin-

---

[1] BUDER, J.: S. 246, Anm. 1.

[2] KOLKWITZ, R.: Über die Schwefelbakterienflora des Solgrabens von Artern. Ber. dtsch. bot. Ges. **36**, 218 (1918).

[3] BAVENDAMM, W.: S. 327, Anm. 7.

dungen zu verarbeiten[1], durch ihre Fähigkeit, Thiosulfate zu oxydieren, aufgefallen sind. Es wird dabei neben Schwefelsäure elementarer Schwefel oder Tetrathionsäure gebildet:

$$3\,Na_2S_2O_3 + 5\,O = 2\,Na_2SO_4 + Na_2S_4O_6$$
$$Na_2S_2O_3 + O = Na_2SO_4 + S$$

Auch sie leben mit Hilfe der so gewonnenen Energie autotroph. Man bezeichnet sie als Thiosulfat- oder Thionsäurebakterien.

Eine aërobe Form, Thiobacillus thioparus, ein kleines, bewegliches, sporenloses Kurzstäbchen, wurde erst im Salz-[2], dann im Süßwasser[2] aufgefunden. Eine anaërobe sehr bemerkenswerte Form ist Thiobacillus denitrificans[3,4], sie ist ein kleines, bewegliches, sporenloses Stäbchen, das unter anaëroben Verhältnissen in Gegenwart von Nitraten mit deren Sauerstoff elementaren Schwefel, Thiosulfate usw. oxydiert unter Bildung von elementarem Stickstoff:

$$5\,S + 6\,KNO_3 + 2\,CaCO_3 = 3\,K_2SO_4 + 2\,CaSO_4 + 2\,CO_2 + 3\,N_2$$

GEHRING[5] zeigte, daß diese Bakterien in den verschiedensten Bodenarten verbreitet sind. Die beiden vorgenannten Formen gehen wohl, wie die zitierten Untersuchungen gezeigt haben, mit vielen Zwischenformen, ineinander über.

Eine weitere Gruppe aërober Schwefelbakterien oxydiert, außer anderen Schwefelverbindungen, sehr stark elementaren Schwefel. Den eigentlichen Vertreter hat man Thiobacillus thiooxydans[6] genannt, ebenfalls ein autotroph lebendes, kleines bewegliches Stäbchen, dessen Beziehungen zu den beiden vorgenannten noch festzustellen wären. Es säuert durch die Schwefeloxydation das Substrat sehr stark, so daß der p_H-Wert noch unter 1 sinken kann. Außer in amerikanischen Böden wurde es in dänischen und deutschen[7] aufgefunden. In stark alkalischen Böden soll eine nahestehende, aber etwas abweichende Form (Thiobacillus B) vorkommen.

Eisenorganismen.

Unter Eisenorganismen[8] im eigentlichen Sinne versteht man solche Mikroorganismen, welche die Ferroverbindungen des Wassers (Eisenbicarbonat)

[1] JACOBSEN, H. C.: Die Oxydation von elementarem Schwefel durch Bakterien. Folia microbiol. 1, 487 (1912). — Die Oxydation von Schwefelwasserstoff durch Bakterien. Ebenda 3, 155 (1914). — KLEIN, G., u. A. LIMBERGER: Zum Kreislauf des Schwefels im Boden. Biochem. Z. 143, 473 (1923).

[2] NATHANSON, A.: Über eine neue Gruppe von Schwefelbakterien und ihren Stoffwechsel. Mitt. zool. Stat. Neapel 15, 655 (1902).

[3] BEIJERINCK, M. W.: Über die Bakterien, welche sich im Dunkeln mit Kohlensäure als Kohlenstoffquelle ernähren können. Cbl. Bakter. II 11, 593 (1904).

[4] LIESKE, R.: Untersuchungen über die Physiologie denitrifizierender Schwefelbakterien. Ber. dtsch. bot. Ges. 30, 12 (1912); Sitzgsber. Heidelberg. Akad. Wiss., Abt. B 1912, Abh. 6.

[5] GEHRING, A.: Beiträge zur Kenntnis der Physiologie und Verbreitung denitrifizierender Thiosulfatbakterien. Cbl. Bakter. II 42, 402 (1914).

[6] LIPMAN, J. G., S. A. WAKSMAN u. J. S. JOFFE: The oxydation of sulfur by soil microorganisms. Soil Sci. 12, 475 (1921). — WAKSMAN, S. A., u. J. S. JOFFE: Thiobacillus thiooxidans etc. J. Bacter. 7, 239 (1922). — WAKSMAN, S. A.: A solid medium for the isolation and cultivation of Thiobacillus thiooxidans. Ebenda 7, 605 (1922). — Bacteria oxidizing sulfur under acid and alkaline conditions. Ebenda 7, 609 (1922). — WAKSMAN, S. A., u. R. L. STARKEY: On the growth and respiration of sulfur oxidizing bacteria. J. gen. Physiol. 5, 285 (1923).

[7] JENSEN, H. L.: Vorkommen von Thiobacillus thiooxydans in dänischem Boden. Cbl. Bakter. II 72, 242 (1927). — DREWES, K.: Mikrobiologische Untersuchung eines stark sauren Moorbodens. Ebenda II 76, 114 (1928). Vgl. dazu weiter dieses Handbuch Bd. 8.

[8] RULLMANN, W.: Die Eisenbakterien. In LAFAR: Handbuch der technischen Mykologie, 2. Aufl., 3, 193. Jena: G. Fischer 1904—06. — MOLISCH, H.: Die Eisenbakterien. Jena: G. Fischer 1910. — ELLIS, D.: Iron Bacteria. London: Methuen & Co. 1919. — CHOLODNY, N.: Die Eisenbakterien. Jena: G. Fischer 1926.

zu Ferriverbindungen (Eisenoxydhydrat) oxydieren und unter Umständen mit Hilfe der so gewonnenen Energie autotroph zu leben vermögen. Allerdings müßte man z. T. auch von Manganorganismen sprechen, da in analoger Weise Mangano- zu Manganiverbindungen oxydiert werden können, welcher Vorgang sogar überwiegen kann. So fand SCHORLER[1] in den Scheiden von Crenothrix 6—9% Eisenoxyd und 30—60% Manganoxyd. Jedoch alle Organismen, welche überhaupt Eisen auszufällen oder zu lösen vermögen, als Eisenorganismen zu bezeichnen, wie NAUMANN[2] es will, hat keinen Sinn, da diese Fähigkeiten mehr oder weniger jedem Organismus eigen sind, der Alkali oder Säure, und sei es auch nur Kohlensäure, bildet. Man muß obiger Definition von CHOLODNY[3] bzw. der alten Auffassung von WINOGRADSKY zustimmen.

Der Nachweis der Autotrophie wurde durch LIESKE[4] geführt, was jedoch im wesentlichen schon WINOGRADSKY[5] erkannt hatte. Die Eisenablagerungen können ziemlich beträchtlich sein, da der Vorgang verhältnismäßig wenig Energie liefert, und der Umsatz dementsprechend hoch sein muß:

$$4\,FeCO_3 + 6\,H_2O + O_2 = 2\,Fe_2(OH)_6 + 4\,CO_2 + 58\ \text{Cal}.$$

Infolgedessen kommen die fraglichen Organismen in der Natur, in der sie weit verbreitet gefunden wurden, als Ursache von Eisenablagerungen, wie bei Raseneisenerz u. dgl., in Betracht[6].

Es gehören sehr verschiedene Organismen in diese Gruppe[7]. Einfache Eisenbakterien sind Siderocapsa, Kokken oder Kurzstäbchen, die in einer von einem eisenhaltigen Hof umgebenen Gallerte liegen und auf Wasserpflanzen vorkommen, Sideromonas, bei der Kokken oder Kurzstäbchen in einer stark eisenhaltigen Gallerte liegen. Sehr eigenartig ist Gallionella ferruginea (damit identisch Spirophyllum ferrugineum), deren Natur erst kürzlich aufgeklärt wurde[8]. Der kleine, 0,5—0,6 × 1,2—1,5 μ große, bohnenförmige

[1] SCHORLER, B.: Beitrag zur Kenntnis der Eisenbakterien. Cbl. Bakter. II **12**, 681 (1904). — Die Rostbildung in den Wasserleitungsröhren. Ebenda **15**, 564 (1906).

[2] NAUMANN, E.: Über den Begriff „Eisenorganismus". Ber. dtsch. bot. Ges. **46**, 135 (1928). — Siderogene Organismen. Ebenda **46**, 141 (1928). — Vgl. auch J. M. LEWIS: The precipitation of iron compounds from salts of organic acids by some species of Eubacteriales. Cbl. Bakter. II **75**, 45 (1928).

[3] CHOLODNY, N.: Über sogenannte Eisenorganismen usw. Ber. dtsch. bot. Ges. **46**, 317 (1928). — Ferner Anm. 7.

[4] LIESKE, R.: Beitrag zur Kenntnis der Physiologie von Spirillum ferrugineum usw. Jb. wiss. Bot. **49**, 91 (1911). — Zur Ernährungsphysiologie der Eisenbakterien. Cbl. Bakter. II **49**, 413 (1919).

[5] WINOGRADSKY, S.: Über Eisenbakterien. Bot. Ztg. **46**, 262 (1888). — Eisenbakterien als Anorgoxydanten. Cbl. Bakter. II **57**, 1 (1922).

[6] Vgl. dieses Handbuch, Bd. 8 (RIPPEL).

[7] Vgl. CHOLODNY, N.: a. a. O. — Einige weitere Literatur, soweit noch nicht erwähnt, ist folgende: D. ELLIS: Mehrere Arbeiten in Cbl. Bakter. II **19**, 502 (1907); **26**, 321 (1910); **38**, 449 (1913); Proc. roy. Soc. Edinburgh **28** (1908). — J. GICKLHORN: Studien an Eisenorganismnen. 1. Mitt. Sitzgsber. Akad. Wiss. Wien, Math.-naturwiss. Kl., Abt. 1, **129** (1920). — H. MOLISCH: Die Eisenorganismen in Japan. Sci. Rep. Tohoku J. Univ., 4. sér. Biol. **1**, 135 (1925). — E. PÁKH: Die Eisenbakterien Ungarns. Fol. Cryptag. **1**, 201 (1926). — N. CHOLODNY: Beobachtungen über die Mikroflora der Eisen- und Schwefelgewässer des Kaukasus. Trav. Stat. biol. Dniepre 2. Mem. Acad. Sci. Ukraine **3**, 219 (1927). — Zur Kenntnis der Eisenbakterien aus der Gattung Gallionella. Planta **8**, 252 (1929). — New observations on ironbacteria. Acad. Sci. Ukraïne; Arb. biol. Dnjeprstat. **5**, 239 (1930). — E. NAUMANN: Über morphologisch bzw. physiologisch bestimmbare Eisenbakterien. Ber. dtsch. bot. Ges. **47**, 262 (1929). — Streitfragen der Eisenbakterienforschung. Cbl. Bakter. II **78**, 380 (1929). — Die eisenspeichernden Bakterien. Kritische Übersicht der bisher bekannten Formen. Cbl. Bakter. II **78**, 512 (1929). — Die Eisenorganismen. Internat. Rev. d. Hydrobiol. **24**, 81 (1930).

[8] CHOLODNY, N.,: S. 331, Anm. 8. — SUESSENGUTH, K.: Zur Kenntnis der Eisenbakterien der Gallionellagruppe. Cbl. Bakter. II **69**, 327 (1927).

Vegetationskörper sitzt einem 100—200 μ langen, schraubig gewundenen Stiel von Eisenoxydhydrat auf (Abb. 34).

Die übrigen Eisenorganismen haben fädiges Wachstum und gehören zu den Chlamydobacterien. Das Eisenoxydhydrat wird hierbei in die Zellreihe umgebende Scheiden abgelagert. Man unterscheidet u. a. die beiden Gattungen Leptothrix und Crenothrix. Am gemeinsten in der Natur ist Leptothrix ochracea, es sind frei schwimmende Fäden von etwa 3 μ Durchmesser, von denen etwa 1 μ auf die Zelle, das übrige auf die Scheiden entfällt (Abb. 35). Bei L. crassa mit falschen Verzweigungen und dickerem Basisende erreichen die Scheiden bis 15 μ Durchmesser. Crenothrix polyspora (damit identisch Clonothrix fusca) hat 2—9 μ breite, bis einige Millimeter lange Fäden mit sehr dünnen Scheiden. Es ist eine festsitzende Form mit verdicktem, basalem Ende. Die Vermehrung

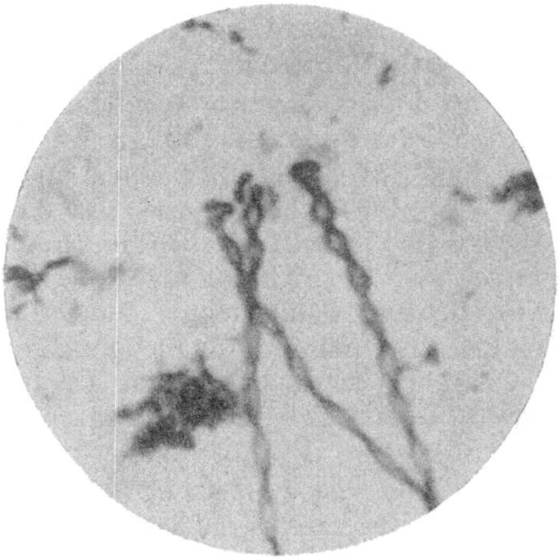

Abb. 34[1]. Eisenbakterien, Gallionella ferruginea. (Nach CHODOLNY.) Vergrößerung 1250.

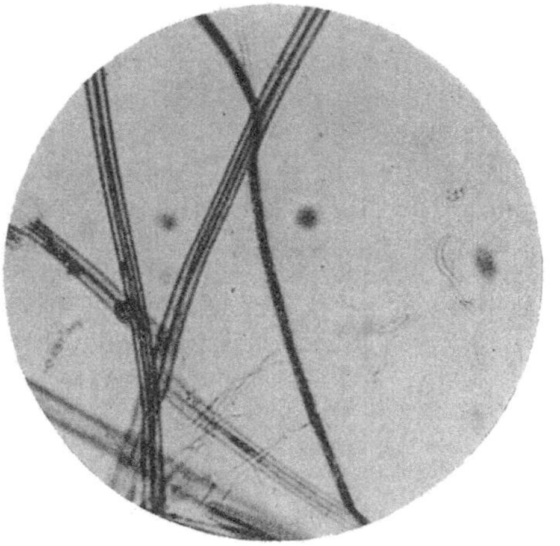

Abb. 35[2]. Eisenbakterien, Leptothrix ochracea. (Nach CHOLODNY.) Vergrößerung 1000.
Rechts: Ein Bakterienfaden ohne Scheiden.
Links: Leere Scheiden.

geschieht durch Mikro- (1—2 μ) oder Makrogonidien (5 μ Durchmesser), die in den keulig verdickten Zellenden gebildet werden. Es sind ferner noch Organismen beschrieben, deren Zugehörigkeit zu den echten Eisenorganismen nach CHOLODNY zweifelhaft ist[3].

Algen.

Algen[4], im weitesten Sinne, spielen im Erdboden, wenn wir von den gesteinsbildenden Algen der Vorzeit absehen, keine große Rolle. Das ergibt sich schon

[1] Aus N. CHOLODNY: Die Eisenbakterien. Pflanzenforschg., H. 4, Abb. 13, Taf. III. Jena: G. Fischer 1926. [2] Aus N. CHOLODNY: a. a. O., Abb. 2, Taf. I.

[3] BRUSSOFF, A.: Ferribacterium duplex usw. Cbl. Bakter. II **45**, 547 (1916). — PERFILJEFF, B.: Zur Mikroflora des Sapropels. Ber. Sapropelkomm. Petrograd, Lief. 1. — NAUMANN, E.: Untersuchungen über die Eisenorganismen Schwedens I. Kungl. Sv. Vetenskapsakad. Handl. I **62**, T. 4 (1921). — NAUMANN, E., u. G. SJÖSTEDT: Untersuchungen aus dem Öresund X. Univ. Arsskrift, N. F., Avd. 2 **19** (1923).

[4] OLTMANNS, FR.: Morphologie und Biologie der Algen, 2. Aufl. Jena: G. Fischer 1923. — BRISTOL-ROACH, B. M.: The present position of our knowledge of the distribution and functions of algae in the soil. Proc. and Pap. 1. Internat. Congr. Soil Sci. **3**, 1 (1927). — Einige Bücher zur Bestimmung der Algen: H. MELCHIOR: Die Algen. In G. LINDAU u. R. PILGER: Kryptogamenflora für Anfänger, 2. Aufl., **4**, 1, 2, 3. Berlin: Julius Springer 1926. — A. PASCHER: Die Süßwasserflora Deutschlands, Österreichs und der Schweiz. Jena: G. Fischer. Verschiedene Bände; erscheint seit 1913. — Zur Züchtungsmethodik vgl. insbesondere: E. KÜSTER: S. 249, Anm. 3. — S. A. WAKSMAN: S. 249, Anm. 3 (bearbeitet

aus folgender Betrachtung. Es sind nämlich einmal Organismen, welche noch sehr stark an das Leben im Wasser angepaßt sind, und andererseits zeichnen sie sich durch das Vorherrschen des photosynthetischen Stoffwechsels aus. In dieser letzten Hinsicht würde ihr Standort die Oberfläche des Bodens, nicht dessen Inneres, sein müssen. Tatsächlich findet man ja auch unter gewissen Umständen die Bodenoberfläche mit einem grünen Algenanflug bedeckt. Aber diese Oberfläche des Bodens unterliegt sehr der Austrocknung, wie ja auch oben betont wurde, daß sich die Maximalzahl der Bakterien erst in einer Tiefe von einigen Zentimetern findet. Ferner wird bei Kulturböden dieser Umstand der Austrocknung der Oberfläche noch durch die ständige Bearbeitung vergrößert, so daß eine ungestörte Algenentwicklung nicht einsetzen kann, während andererseits die Wildböden, sofern Feuchtigkeit und sonstige Umstände günstig sind, zumeist einen dichten Pflanzenwuchs tragen, der wiederum genügende Belichtung verhindert.

Immerhin ist zu beachten, daß auch farblose, also heterotroph lebende Formen vorkommen, wie Euglena-, Polytoma-, Prototheca-Arten, ferner farblose Diatomeen und Peridineen. Es ist ferner in diesem Zusammenhang bemerkenswert, daß BRISTOL-ROACH[1] die grüne Alge Scenedesmus mit Glucose als Kohlenstoffquelle bei vollkommenem Lichtabschluß 7 Wochen kultivieren konnte, ohne daß der Alge das Chlorophyll verloren ging. Derselbe Autor teilt ferner mit, daß sich die im Erdboden gefundenen grünen Algen bis zu 15 cm Tiefe nicht im Ruhezustand befänden. Somit muß also mit einer gewissen Entwicklung und Rolle der Algen im Boden gerechnet werden, wenn ihre Bedeutung wahrscheinlich auch sehr zurücktritt. Jedoch lassen sich darüber noch keine bestimmten Angaben machen.

Einige Algenformen von extremen Lebensansprüchen hat zuerst DIELS[2] beschrieben. Auf den Südtiroler Dolomitriffen findet sich eine Genossenschaft (Cyanocapsetum) von vornehmlich Blaualgen (Gloeocapsa), ferner Trentepohlia aurea und einer Protococcoidee, die 6—8 mm tief in das Gestein eindringen und so zweifellos eine große Rolle bei dessen Verwitterung spielen kann. BACHMANN[3] fand in nie von fließendem Wasser bespülten Kalken verschiedener Herkunft Chrococcaceen in Höhlungen, die sie selbst durch Kalkauflösung gebildet hatten. Es wurden noch weitere derartige Formen beschrieben[2]. Besonders Cyanophyceen spielen, wie FRITSCH[4] für die Tropen zeigte, eine große Rolle bei der Besiedlung vegetationsloser Flächen.

Bei dem sonstigen Vorkommen von Algen auf festem Substrat, wenn man von überrieselten Stellen absieht, handelt es sich zunächst um amphibische Formen, die zufällig durch Trockenlegung überschwemmter Stellen das Wasserleben aufgeben mußten und an der Luft eine Zeitlang namentlich dann zu leben

von BRISTOL-ROACH). — E. G. PRINGSHEIM: Algenkultur — Pilzkultur. In ABDERHALDEN: Handbuch der biologischen Arbeitsmethoden, Abt. 11, T. 2, S. 377. Berlin: Urban & Schwarzenberg 1921. — Kulturversuche mit chlorophyllführenden Mikroorganismen. V. Mitt. Methoden und Erfahrungen. Beitr. Biol. Pflanz. **14**, 283 (1926). — Algenreinkulturen. Eine Liste der Stämme, welche auf Wunsch abgegeben werden. Arch. Protistenkde. **66**, 164 (1929).

[1] BRISTOL-ROACH, B. M.: On the relation of certain soil algae to some soluble carbon compounds. Ann. of Bot. **40**, 149 (1926). — On the influence of light and of glucose on the growth of soil alga. Ebenda **42**, 317 (1928). — Vgl. ferner E. G. PRINGSHEIM: Planta **2**. — H. EILERS: Zur Kenntnis der Ernährungsphysiologie von Stichococcus bacillaris Näg. Rec. trav. bot. néerl. **23**, 362 (1926). — F. GÜNTHER: Über den Bau und die Lebensweise der Euglenen, besonders der Arten E. terricola usw. Arch. Protistenkde. **60**, 511 (1928).

[2] DIELS, L.: Die Algenvegetation der Südtiroler Dolomitriffe. Ber. dtsch. bot. Ges. **32**, 502 (1914). — Vgl. im übrigen dieses Handbuch, Bd. 2, S. 247.

[3] BACHMANN, E.: Kalklösende Algen. Ber. dtsch. bot. Ges. **33**, 45 (1915). — FRÉSNY, P.: Essai sur l'écologie des algues saxicoles aériennes et subaériennes en Normandie. N. Notarisia **1925**, 297.

[4] FRITSCH, F. E.: Proc. roy. Soc. London, ser. B **79** (1907). — The rôle of algal growth in the colonization of new ground etc. Geographic. J. **30**, 531 (1907).

vermögen, wenn das Substrat etwas feucht bleibt. Es sind das[1] die zahlreichen Protococcaceen, auch z. T. Fadenalgen und Diatomeen (Kieselalgen), die sich denn auch überall an feuchten Stellen, auf Felsen, Mauern, Dächern, Bäumen usw. ansiedeln können.

In englischen Böden stellte BRISTOL[2] 24 Blaualgen, 20 Diatomeen und 20 Grünalgen fest, in der Hauptsache Hantschia amphioxys Grun., Trochiscia aspera Hansg., Chlorococcum humicola Rabenh., Bunvilleria exilis Klebs, Ulothrix subtilis Kütz. PETERSEN[3] beobachtete Unterschiede in der Bodenreaktion, denn saure Böden bevorzugen Zygonium ericetorum, Mesotaenium violascens, Coccomyxa, neutrale oder alkalische Böden Mesotaenium macrococcum, Hormidium, Vaucheria. Erwähnt sei noch, daß manche Formen geradezu ihren Namen von ihrem Vorkommen auf Erde haben, wie die auf feuchten Äckern häufige Vaucheria terrestris.

Weiterhin gibt es noch eine Reihe charakteristischer erdbewohnender Formen wie Botrydium[4] Oedocladium, Protonema, Protosiphon, Geosiphon[5], die sogar wurzelartige Gebilde (Rhizoiden) in das Substrat senken und dadurch eine hohe Anpassung an das Landleben zeigen. Die terrestrischen Algenformen vermögen nach FRITSCH[6] Wasserdampf aus der Luft aufzunehmen; das zeigt eine weitere Anpassung an die besonderen Verhältnisse ihres Substrates.

Wie schon hervorgehoben, lassen sich jedoch noch keine quantitativen Angaben über die Beteiligung der Algen an den Vorgängen im Boden machen, weshalb auch hier nur auf wenige Einzelheiten hingewiesen worden ist[7].

---

[1] Vgl. OLTMANNS, FR., S. 333, Anm. 4.

[2] BRISTOL, B. M.: On the algal flora of some desiccated English soils. Ann. of Bot. **34**, 35 (1920). — Vgl. ferner: C. SAUVAGEAU: Sur les Adélophycées du Litosiphon. C. r. Acad. Sci. Paris **186**, 279 (1928). — A. ERCEGOVIĆ: Sur quelques nouveaux types des Cyanophycées lithophytes de la côte adriatique. Arch. Protistenkde. **66**, 164 (1929); **21**, 361 (1930).

[3] PETERSEN, J. B.: Studier over danske aërofile alger. Mem. Akad. roy. Sci. et lettre, Danemark, sér. 7, Sec. d. Sci. **12**, 272 (1915). — WEHRLE, E. [Studien über Wasserstoffionenkonzentrationsverhältnisse und Besiedlung an Algenstandorten in der Umgebung von Freiburg i. Br. Z. Bot. **19**, 209 (1927)] macht Mitteilungen über Beziehungen zwischen Algenvorkommen in Gewässern und der Wasserstoffionenkonzentration. — Ebenso: R. GISTL: Wasserstoffionenkonzentration und Desmidiaceen im Kirchseegebiet. Arch. Mikrobiol. **2**, 23 (1931).

[4] KOLKWITZ, R.: Zur Ökologie und Systematik von Botrydium granulatum (L.) Grev. Ber. dtsch. bot. Ges. **44**, 533 (1926). — MILLER, V.: Untersuchungen über die Gattung Botrydium Wallroth. Ebenda **45**, 151 (1927).

[5] WETTSTEIN, FR. v.: Geosiphon — eine neue, interessante Siphonee. Österr. bot. Z. **65**, 145 (1916). In dem blasenförmigen Vegetationskörper leben Blaualgen (Nostoc).

[6] FRITSCH, F. E.: The moisture relations of terrestrial algae. Ann. of Bot. **36**, 1 (1922). — Ders. u. HAINES, F. M.: Ebenda **37**, 683 (1923). — PUGMALY, A. DE: Sur le vacuome des algues vertes adaptées à la vie aérienne. C. r. Acad. Sci. **178**, 958 (1924). — SCHMID, G.: Zur Ökologie der Luftalgen. Ber. dtsch. bot. Ges. **45**, 518 (1927). — FRAYMOUTH, J.: The moisture relations of terrestrial algae etc. Ann. of Bot. **42**, 75 (1928). — HOWLAND, L. J.: The moisture relations of terrestrial algae. IV. Periodic observations of Trentepohlia aurea Martins. Ebenda **43**, 173 (1929).

[7] Einige neuere Arbeiten über das Vorkommen von Algen in Böden, soweit sie nicht schon zitiert sind (vgl. im übrigen WAKSMAN, S. A.:, S. 239, Anm. 1). — Siehe auch: G. SCHELLENBERG: Bd. 2. — F. ESMARCH: Untersuchungen über die Verbreitung der Cyanophyceen auf und in verschiedenen Böden. Hedwigia **55**, 224 (1914). — F. E. FRITSCH: The terrestrial algae. J. of Biol. **10**, 220 (1922). — B. M. BRISTOL-ROACH: On the algae of some normal English soils. J. agricult. Sci. **17**, 563 (1927). — F. CHODAK: Sur la spécifité des Stichococcus du sol du Parc National. C. r. Soc. Phys. et Hist. Nat. Genf **45**, 26 (1928). — Note préliminaire sur la flore algologique des sols du Parc National. Acta Soc. Helvet. Sci. Nat. **109**, 191 (1928). — A. SCHEITZ: Bodenfloraforschungen. I. Dorozsmaer Nagyszék. Fol. Cryptog. **1**, 627 (1928). — RICHTER, A. u. K. ORLOWA: Quantitative Feststellung der Algenvegetation in den Böden bei Saratow. J. landw. Wiss. Moskau **5**, 315 (1928). — J. B. PETERSEN: The aërial algae of Iceland. Bot. of Iceland **2**, 327 (1928).

2. Höhere Pflanzen in ihrer Einwirkung auf den Boden.

Von **H. LUNDEGÅRDH,** Stockholm.

Mit 21 Abbildungen.

Vom Gesichtspunkt der höheren Pflanzenwelt hat der Boden zwei Hauptaufgaben. Er bildet den Verankerungspunkt der Wurzeln, ohne welchen die frei in die Luft ragenden assimilierenden Teile umfallen würden, und er ist das Nährsubstrat, aus dem die Vegetation die unentbehrlichen anorganischen Nährstoffe aufnimmt. Diese beiden Aufgaben kann nun der Boden je nach den Forderungen der einzelnen Pflanzen und Pflanzengesellschaften in sehr wechselnder Art erfüllen.

Als Boden bezeichnet man vom pflanzenökologischen Standpunkt überhaupt das feste Substrat der Vegetation. Es ist also nicht nur der Sand oder Waldhumus ein Boden, sondern auch der feste Felsen, auf dem sich Algen, Flechten und Moose kärglich einrichten. Desgleichen erweist sich natürlich auch der Schlamm der Seen und Flüsse als Boden, der vielen Wurzeln von Seepflanzen Stütze und Nahrung bietet[1].

Die Aufgabe des Bodens als Nährsubstrat zu diesen, wird natürlich nur in dem Grade erfüllt, als die Bodenteile in Wasser löslich sind und aus chemischen Verbindungen bestehen, die die unentbehrlichen Elemente Kalium, Kalzium, Magnesium, Eisen, Phosphor und Schwefel enthalten. Ein reiner Kalkstein ist also an sich ein vollkommen steriler Boden, weil die Pflanzen nicht nur von Kalzium leben können[2]. Das gleiche gilt von reinen Quarzböden, von reinen Serpentinböden usw. und in gleicher Weise für Mineralböden, die nicht der chemischen Verwitterung unterliegen.

In der Natur wird nun allerdings z. B. auf Kalkgestein im Laufe der Zeit eine Vegetation entstehen. Dies beruht aber darauf, daß den Pflanzen selbst durch vom Wind hergewehte Blätter, Samen, Pilze und Algensporen, die in Spalten oder an Unebenheiten der Gesteinsoberfläche haften, Salze herbeigeschafft werden. Auch kosmischer und irdischer Staub ist ebenfalls eine Quelle von Nahrung für genügsame Pflanzen. Es sollen z. B. Moorpflanzen wie Sphagnum ihren gesamten Mineralstoffbedarf aus der Luft decken[3].

Sobald Pflanzen sich an einem jungfräulichen Mineralboden haben festsetzen können, bearbeiten und verändern sie den Boden, so daß, falls die Bedingungen auch sonst für ein höheres Pflanzenwachstum günstig sind, sich allmählich eine stete Wechselwirkung zwischen organischem und unorganischem Material herausbildet, die für eine dauernde Vegetation in ihrem Verhältnis zum Substrat charakteristisch ist. Es ist die Aufgabe nachstehender Zeilen, diese Wechselwirkung in ihren Einzelheiten zu verfolgen.

Die Beteiligung der höheren Pflanzen an der Bodenbildung.

Vegetation auf Felsenboden. Die Pioniere auf Felsenboden sind die lithophilen Algen und Flechten. Am Meeresstrand, wo die Feuchtigkeit die Ent-

---

[1] Obwohl die grünen Teile der Wasserpflanzen von einer Nährlösung umspült sind, so scheinen jedoch die Nährsalze meist durch die Wurzeln aufgenommen zu werden. Vgl. W. H. PEARSALL: J. Ecology **8**, 163 (1920).

[2] Über das Nährstoffbedürfnis der Pflanzen siehe die Handbücher von W. BENECKE: Pflanzenphysiologie **2** (H. JOST u. W. BENECKE). — E. J. RUSSELL: Soil conditions and plant growth, 4. Ed. 1927. — H. LUNDEGÅRDH: Klima und Boden in ihrer Wirkung auf das Pflanzenleben. 2. Aufl. 1930.

[3] VAGELER, P.: Untersuchungen des Kaligehalts des Moorbodens. 1904. — PAUL, H.: Mitt. bayer. Moorkulturanst. **2**, 106 (1908).

wicklung der Flechtenflora begünstigt, unterscheidet man nach WARMING[1] drei Zonen: 1. Die Maura-Zone, die die untersten, vom Meere periodisch durchnäßten Partien einnimmt, und wo die schwarze Krustenflechte Verrucaria maura (Wahlb.) dominiert; 2. die Placodium-Zone, welche die nächst höheren Partien, die über der direkten Sprühzone liegen, einnimmt, und wo u. a. die gelben Krustenflechten Placodium murale (HOFFM.) und Xanthoria parietina auftreten; 3. die Ramalina-Zone, die eine Reihe von Flechten enthält, sie wird durch die graue Strauchflechte Ramalina scopulorum (RETZ.) charakterisiert (siehe Abb. 36).

Die Flechten nehmen sicherlich ihre anorganische Nahrung zum großen Teil aus dem Meereswasser, das sie entweder direkt überspült (Maura-Zone) oder

Abb. 36. Maritime Flechtenzonen. Grenze des schwarzen Wellengürtels (Verrucaria maura) zum Spritzgurtel. (Nach C. MONTFORT.)

welches bei Sturm in kleinen Tropfen über weite Strecken transportiert wird. Eine gewisse Rolle spielen an vielen Küsten auch die Exkremente der Meeresvögel, die sehr stickstoffreich sind und eine besondere nitrophile oder koprophile Vegetation von Flechten bedingen[2]. Ein Teil der Nährstoffe wird jedoch immer aus der langsam verwitternden Felsenunterlage bezogen. Auch wird die chemische Verwitterung durch die Wirkung der von den Flechten ausgeschiedenen Kohlensäure, sowie von Zersetzungsprodukten der abgestorbenen Teile unterstützt. Hierdurch ist der erste, bescheidene Anfang einer Bodenbildung gegeben[3].

Die höhere Vegetation braucht eine bessere Verankerung als die Felsenoberfläche, auch wenn diese durch Verwitterung rauh und uneben ist. Die Pioniere setzen sich also in den Spalten fest. Charakteristisch für die äußersten Vorläufer der Strandvegetation sind deswegen die zahlreichen Chasmophyten[4] oder Pflanzen,

---

[1] WARMING, E.: Dansk Plantevaekst **1**, 1906. — MONTFORT, C.: Flora, N. F. **21**, 465 (1927).

[2] NIENBURG, W.: Z. Bot. **11**, 1 (1919). — SERNANDER, R.: Sv. bot. Tidskr. **1912**.

[3] Vgl. die Ausführungen E. BLANCKS in Bd. 2 dieses Handbuchs

[4] SCHIMPER, A. F. W.: Pflanzengeographie auf physiologischer Grundlage. 1898. — WARMING, E. u. P. GRÄBNER: Lehrbuch der ökologischen Pflanzengeographie, S. 424. 1918.

die ihre Wurzeln in die Felsenspalten treiben. In diesen Spalten sammeln sich naturgemäß abgerissene Stücke von aufgeworfenem Seetang usw., die nach Vermoderung in Humus übergehen und zusammen mit den abgestorbenen Wurzelteilen der Chasmophyten und den von Wellen und Wind verfrachteten Sandpartikeln kleine Ansammlungen von Erde bilden, die allmählich die Spalten ausfüllen.

Typische Chasmophyten (vgl. Abb. 37), die zugleich Halophyten (Salzpflanzen) sind, sind in Nordeuropa u. a. folgende Blütenpflanzen: Aster tripolium, Silene maritima, Triglochin maritimum, Spergularia marina, Glyceria maritima. Namentlich die letztere, eine für Wellenschlag und periodische Überflutung sehr widerstandsfähige Graspflanze, bildet allmählich dichte

Abb. 37. Statice humilis (bahusiensis), ein typpischer Chasmophyt aus der unteren supralitoralen Zone. Verfasser phot.

Polster oder Wülste über den Spalten. Typische Begleiter dieser Gräser sind ferner noch Juncus Gerardi und Glaux maritima. Die von diesen Pflanzen gebildeten dichten Rasen, wachsen in die Breite und fließen stellenweise zusammen, so daß allmählich eine zusammenhängende Vegetationsschicht entsteht, die auf einer sandigen, humusreichen, von Graswurzeln dicht durchwebten und von diesen zusammengehaltenen, flachgründigen Bodenschicht ruht. In dieser Vegetationsdecke findet dann eine spätere „Sukzession" statt, indem sich Pflanzen einfinden, welche die von den Pionieren zusammengehaltene Bodenschicht weiter ausnützen.

Die hier geschilderte Bodenbildung geht natürlich recht langsam an den stark exponierten Küsten vor sich, weil Hochwasser wie Wellenschlag und Eis im Winter stetig demolierend wirkende Faktoren sind. Es entstehen also in der Vegetationsdecke immerfort Löcher, und die dünne Bodenschicht wird weggespült. In höheren Strandzonen, die vor der unmittelbaren Wirkung des Wassers geschützt sind, schreitet die Eroberung des Felsenbodens schneller fort, und wenn eine geschlossene Vegetationsschicht erst einmal entstanden ist, so pflegt sie sich auch zu halten. Weil aber in diesen höheren Strandzonen die reichlichen organischen Ablagerungen angeschwemmter Seepflanzen, die mineralischen Sedimente des Hochwassers usw. ausbleiben, so schreiten die ersten Stadien der Bodenbildung langsamer fort, und man findet an den nordischen Urgebirgsküsten Jahrtausende alte, nackte „Strandwälle", die von nur ganz vereinzelten, sehr widerstandsfähigen Pflanzen bewohnt sind. Es sind dies meistens Pflanzen mit tiefen Pfahlwurzeln, wie Crambe maritima, oder Rumex crispus, oder Annuellen, wie Atriplex.

Über die am Gletscherrand des westlichen Alaska stattfindende Bodenbildung hat W. S. COOPER[1] berichtet. Als Pioniere treten hier xerophile Moose und kleine Stauden von Epilobium- und Saxifraga-Arten sowie Dryas Drummondii, Salix arctica auf. Allmählich erscheinen Weiden und Erlen-

Abb. 38. Dünenvegetation. Links: Triticum repens. Rechts: Psamma arenaria. Verfasser phot.

gebüsche, die die frei gelegte Zone mit Hilfe ihrer sich bewurzelnden Zweige schnell zum Nadelwald überleiten. Auf den Felsen geht die Besiedelung von den Spalten aus, genau so wie wir es oben für die Meeresküste, geschildert haben. Schotter, Felsblöcke und Tümpel erheben sich niemals über das Pionierstadium.

Über Landbildung und Sukzession in Spitzbergen berichtet WALTON[2] und über den Besiedelungsverlauf eines eben eisfrei gewordenen Gletscherbodens in den Alpen berichten BRAUN-BLANQUET und JENNY[3].

Vegetation auf Sandboden. Die Besiedelung einer bloß gelegten Sandschicht ist insofern einfacher als die Besiedelung von Felsen, weil der Sand ein besseres Substrat für wachsende Wurzeln darbietet. Das für Felsenboden charakteristische Pionierstadium mit Algen, Flechten und Moosen wird auf Sandboden meistens übersprungen. Die Flechten und Moose finden sich erst später ein, wenn

---

[1] COOPER, W. S.: Ecology 4, 93, 223, 355 (1923).

[2] WALTON, B. H.: J. Ecology 10, 109 (1921). — Vgl. auch E. BLANCK, A. RIESER u. H. MORTENSEN: Die wissenschaftlichen Ergebnisse einer bodenkundlichen Forschungsreise nach Spitzbergen im Sommer 1926. Chem. Erde 3, 588 (1928).

[3] BRAUN-BLANQUET, J.: Pflanzensoziologie, S. 266. 1928.

der Boden durch andere Pflanzen „verfestigt“ worden ist. Die Ursache hierfür ist die leichte Beweglichkeit der Sandoberfläche, die überhaupt einen der Besiedelung feindlichen Faktor darstellt. Mineralische Sandböden[1] entstehen durch Sedimentierung an den Meeresküsten, in Seen und an Flußufern. Mächtige Sandschichten bedecken die Wüstenzonen auf beiden Seiten des Äquators in Amerika, Afrika und Asien, und im Innern von Australien. Auch die Lößböden wurden in ähnlicher Weise wie die Dünen an der Meeresküste vom Wind herbeigeführt. Auf den diluvialen, alluvialen und äolischen Sandböden sind eine Reihe von Pflanzengesellschaften entstanden, die große Flächen der festen Erdrinde bedecken.

Die verschiedenen Stadien der Eroberung des Sandbodens durch diePflanzenwelt kann man an der Meeresküste beobachten. Es gibt hier naturgemäß mehrere

Abb. 39. Vegetation von Armeria elongata, Plantago maritima und Glyceria maritima in den Spalten eines fast horizontalen Felsenstrandes am Kattegat. Verfasser phot.

Entwicklungstypen. Wir wollen uns zunächst an den einfachsten Vorgang der Besiedelung der Dünen halten. Dünen bilden sich nicht nur an den Meeresküsten, sie können auch mitten im Lande entstehen, so z. B. an den großen Flüssen, wie an der Donau in Ungarn, ferner im Innern von Deutschland, Dänemark usw. Die Dünenvegetation ist eine typische Trockenvegetation (xerische Vegetation) und erhält an den Meeresküsten nur sekundär einen salzigen (halischen) Charakter. Man nennt diese Vegetation auch „psammophytisch“[2]. Wegen der leichten Beweglichkeit des Dünensandes müssen diejenigen Pflanzen, die sich dort ansiedeln, bestimmte „Anpassungen“ zeigen. Sie müssen vor allem mit dem Vermögen ausgerüstet sein, den Sand zu binden oder Niveauveränderungen folgen zu können, d. h. durch den über sie gehäuften Sand emporwachsen zu können. Man findet also auf den Dünen Pflanzen mit langen, horizontal kriechenden Rhizomen, wie Carex arenaria, Hordeum arenarium, Psamma arenaria, Elymus arenarius, Triticum junceum, Honckenya peploides usw. (Abb. 38, 40).

[1] Vgl. die Ausführungen E. WASMUNDS in Bd. 5 dieses Handbuches.

[2] Siehe E. WARMING: Plantesamfund, Kap. 13. 1895. — Dansk Plantevaekst **2**, 1909. — N. A. SOKOLOW: Die Dünen. 1894. — JOS. WESSELY: Der europäische Flugsand und seine Kultur. 1873. — J. MASSART: Bull. Soc. roy. Bot. Belg. **32** (1893).

Die „Psammeta arenaria“ stellt den wichtigsten Dünenbildner an den Küsten Nordeuropas, und man benutzt sie gewöhnlich zur Bepflanzung und Fixierung von Dünen. Ihre Sprosse sind zu dichten Horsten vereinigt, und es werden geschlossene Assoziationen durch sie gebildet. Die beiden Arten Psamma arenaria und Elymus arenarius, die 0,7—1,0 m hohe Gräser bilden, sammeln zwischen ihren Sprossen und Horsten den vom Winde hinzu getragenen Sand, und so bauen sich die Dünen höher und höher auf (Abb. 42). Es wandern in den „gebundenen“ Sandboden auch noch andere Arten ein, so daß nach und nach, statt der „weißen Dünen“, die „grauen Dünen“ entstehen. Jedoch in den grauen, befestigten Dünen Nordeuropas brauchen nicht alle Pflanzen die typische Kampfform der ersten Pioniere aufzuweisen, weil der Boden nunmehr nicht mehr so beweglich ist.

Abb. 40. Düne mit Elymus arenarius. Insel Fano an der dänischen Nordseeküste. (Nach WARMING-GRAEBNER.)

Je dichter die Pioniere den Sand gebunden haben, um so sicherer können sich andere Pflanzen niederlassen, zumal auch diese die Bedingungen für ihre Nachfolger verbessern. Es entsteht also allmählich eine geschlossene Vegetationsdecke. Die Pflanzen bereiten also selbst einen festen Boden, allerdings gehen hierdurch die Pioniere ihrem Untergang entgegen, weil ihr eigentliches Substrat der offene, gut durchlüftete Sand ist.

Als typische Pflanzen des Übergangsstadiums zum festem Boden sind zu nennen Erophila verna, Teesdalia nudicaulis, Leontodon autumnalis, Hypochaeris radicata, Weingaertneria canescens u. a., ferner Moose (Polytrichum, Ceratodon purpureus, Rhacomitrium u. a.), Flechten und einzelne blaugrüne Algen, deren Rhizoiden bzw. Thalli die Sandkörner verkitten[1]. Alle diese Pflanzen ertragen kein Begrabensein durch den Sand, sie können sich also erst nach dem Pionierstadium einfinden. Durch das Zusammenwirken von Moosen, Flechten und Blütenpflanzen kann der Boden letzten Endes mit einem dicht geschlossenen Teppich bedeckt werden. Gewisse Pflanzen bilden hierbei mehr oder weniger reine Assoziationen, namentlich an Stellen, die durch Wind-

[1] WARMING, E. u. P. GRAEBNER: Lehrbuch der ökologischen Pflanzengeographie, S. 762.

wirkung entblößt worden sind. Zu nennen sind hier Festuca rubra arenaria, Lathyrus maritimus, Jasione montana, Viola tricolor und Erophila verna, ferner viele Moos- und Flechtenarten. Die sich allmählich verdichtende Vegetation veranlaßt eine Bildung und Einlagerung von Humus zwischen den Sandkörnern. Die durch die geschlossene Vegetationsdecke bedingte gleichmäßigere Feuchtigkeit der oberen Bodenschicht ermöglicht die Entwicklung von Bakterien und Pilzhyphen, die die einzelnen Teile noch inniger mit einander verbinden.

Nicht immer wird die Entwicklung der Dünenvegetation mit der Bildung einer zusammenhängenden Pflanzenschicht abgeschlossen, sondern sie geht oftmals in eine Zwergstrauchformation, namentlich in Calluneta vulgaris, die Dünenheide, über. Diese bildet das gewöhnliche Schlußstadium dieses Ve-

Abb. 41. Pioniervegetation von Vicia cracca, Festuca rubra, Triticum repens, Avena elatior u. a. auf einem Geröllboden am Meeresstrand (epilitorale Zone).

getationstyps. Auch Weiden und Empetrum nigrum können eine recht bedeutende Rolle spielen.

Andere Entwicklungswege leiten zu Gebüschformationen von Hippophaë rhamnoides, Populus tremula u. a. hinüber. Endlich können Wälder auf Dünenboden entstehen. Es gibt Beispiele für eine natürliche Bewaldung mit Quercus oder Fagus, meistens sind aber die Dünenwälder Menschenwerk, indem man meistens Nadelbäume, wie Pinus montana und Picea canadensis anpflanzt. Wenn diese den Weg gebahnt haben, können sich auch die gewöhnliche Picea excelsa und Pinus silvestris von selbst einfinden. Ist aber einmal erst ein Wald vorhanden, so steigert sich natürlich die Ablagerung von organischer Substanz auf dem Boden, und zwar u. a., weil die Winde jetzt nicht mehr Laub und Streu wegfegen können.

Durch die Bedeckung des Sandes mit Vegetation wird die Wasserökonomie des Bodens stark geändert. In dem nackten Sand, der große Durchlässigkeit mit unbedeutender Wasserkapazität vereinigt, trocknet die Oberfläche zwischen den

Regengüssen bald aus. Diese oberste trockene Schicht schützt aber die unterliegenden Teile vor zu schnellem Wasserverlust, eine Erscheinung, die in der praktischen Landwirtschaft als das Abbrechen der kapillaren Wasserbahnen bekannt ist. Wegen der geringen Kapazität bleibt aber über dem Grundwasserniveau nur wenig Wasser im schwebenden Zustand.

Verdunstung je Einheit Bodenoberfläche[1].

Beschaffenheit der Erdoberfläche	Relative Verdunstung	Beschaffenheit der Erdoberfläche	Relative Verdunstung
Nackte, rauhe Erdoberfläche . .	106	Klee	254
Nackte, gewellte Erdoberfläche .	128	Roggen	291
Gras	139	Hafer	306

Abb. 42. Sommeraspekt der Ammophila-Medicago marina-Assoziation bei Carnon, nächst Montpellier. (Aus BRAUN-BLANQUET, Pflanzensoziologie. 1928.)

Mit dem Grade der Zunahme der Pflanzen steigt die relative Verdunstung je Einheit Bodenoberfläche bedeutend, wie vorstehende Tabelle zeigt. Es ist dies der Fall, weil durch die Transpiration der Blätter das durch die Wurzeln aufgenommene Wasser der tieferen Schichten nun an die Luft abgegeben wird. Andererseits wird wie oben erwähnt, die oberste Bodenschicht durch die Pflanzendecke vor schneller Austrocknung geschützt, was für den normalen Humifizierungsvorgang wichtig ist. Bei ungünstiger Wasserversorgung des Bodens, nämlich bei seltenen und unzureichenden Niederschlägen, wird durch die Pflanzendecke natürlich eine Austrocknung beschleunigt, das Grundwasserniveau sinkt, und die Vegetation kann sich allmählich in mehr xerischer Richtung entwickeln. Ist jedoch die Entwicklung bis zur Bewaldung vorgeschritten, so schützen die Bäume den Sand vor dem Erwärmen und den Winden und hierdurch vor übermäßiger Transpiration der Untervegetation. In diesem Fall hat sich also der Wasserhaushalt

[1] Aus E. A. MITSCHERLICH: Bodenkunde, S. 161. 1920.

der oberen Bodenschichten sehr gebessert, weil die Bäume ihr Wasser aus dem Grundwasserniveau beziehen.

Auf Grund der physikalischen Eigenschaften des Sandes gedeihen auf den Dünen meistens nur Pflanzen, die tiefgehende, verankernde Wurzeln haben und ferner mit Einrichtungen versehen sind, welche die Transpiration einschränken. In den späteren Stadien der Entwicklung finden sich Pflanzen ein, die wie Moose und Flechten aus der Oberflächenschicht ihr Wasser beziehen. Aber schon in recht frühem Stadium, d. h. also noch innerhalb des Pionierstadiums, finden sich Annuellen ein, die schnell keimen und ihre Entwicklungsperiode im feuchten Frühjahr haben. Hierher gehören z. B. Aira praecox, Bromus mollis, Filago minima, Phleum arenarium, Trifolium arvense. Diese Pflanzen binden mit ihren feinen Wurzeln die Oberflächenschicht, und es halten auch nach dem Absterben die trockenen Wurzelfäden die Sandpartikel zusammen. Es bestehen ähnliche Verhältnisse wie auf den Steppen, wo gleichfalls viele Annuellen auftreten.

Von Einrichtungen, welche die Transpiration einschränken, sind bei den Gräsern Weingaertneria canescens, Festuca ovina, Nardus stricta und bei den Dikotylen Anthyllis vulneraria, Armeria vulgaris, Artemisia campestris, Dianthus deltoides, Eryngium maritimum, Ononis repens usw. in Rasenform oder als niederliegende Sprosse zu nennen. Die meisten Gräser besitzen tief gefurchte Blätter, die sich einrollen können, und kein Gras hat breite, saftige und hellgrüne Blätter aufzuweisen. Dagegen gibt es nur wenige Sukkulenten (Sedum acre). Der eigentümliche Habitus der Dünenpflanzen ist natürlich auch ein Schutz gegen den Wind und den vom Wind bewegten Sand. Interessant ist die Tatsache, daß die Wurzelhaare der grasartigen Pflanzen lange funktionieren. Die Sandkörner haften an den Wurzeln verschiedener Pflanzenarten wie z. B. am Helm (Koeleria glauca) und Strandhafer mit besonderer Kraft und bilden um diese herum Sandröhren. Diese schützen die Wurzeln, falls sie losgerissen werden sollten, gegen Vertrocknung. Es ist dieses ein spezifischer Wüstencharakter des Pflanzenlebens[1].

Der soeben geschilderte Entwicklungsgang der Besiedelung der nordischen Dünen[2] vollzieht sich überall dort, wo sich bloßgelegte Sandflächen vorfinden. Der allgemeine ökologische Charakter der Pflanzen ist überall der gleiche, und die bis zur Bodeneroberung durchzulaufenden Stadien sind in allen Orten die nämlichen. Verschieden sind dagegen natürlicherweise die Arten, die die Sandvegetation zusammensetzen. Es wird auch von den jeweiligen klimatischen Verhältnissen abhängen, wieweit die Entwicklung vor sich geht. Ausschlaggebend hierfür ist immer die Wasserbilanz. Zum Beispiel bleibt in der Wüste die Entwicklung auf dem Pionierstadium stehen, hier kommt es unter dem Einfluß der Vegetation nicht zu irgendeiner weiteren Änderung der Bodeneigenschaften.

Es sei hieran anschließend eine kurze Übersicht über die Sandvegetation in den verschiedenen Ländern gegeben.

In Norddeutschland kommen Sandböden mit Sandvegetation und hier und da mächtige Dünenbildungen vor. Die meisten derselben sind mit Kiefern und Birken bewachsen. Die Vegetation besteht aus vielen Vertretern der Steppenflora und daneben typischen Sandbewohnern, wie z. B. Antennaria dioeca,

[1] VOLKENS, G.: Die Flora der ägyptisch-arabischen Wüste. 1887. — PRICE, R.: New Phytologist 10 (1911). — Unter neueren Arbeiten über die Ökologie der Wüstenpflanzen siehe O. STOCKER: Der Wasserhaushalt ägyptischer Wüsten- und Salzpflanzen. Goebels Bot. Abh. H. 13. Jena 1928.

[2] Über Dünen auf den Färöer siehe C. H. OSTENFELD: Botany of the Färöes B. 1908. — Über Island siehe H. JONSSON: Bot. Tidsskr. 27 (1905). — TH. THORODDSEN: Botany of Iceland 1, T. 2. 1914. — Über die Polargegenden siehe N. HARTZ u. CHR. KRUUSE: Medd. Grönland 30 (1911). — R. POHLE: Acta Horti Petropolitani 21 (1903).

Astragalus arenarius, Dianthus arenarius, Galium verum und Galium mollugo, Helichrysum arenarium, Heliotropium arenarium, Hieracium pilosella und vielen anderen. Mit Ausnahme in der heißesten Zeit zeigt die Vegetation fast das ganze Jahr Blütenschmuck. Grasartige Pflanzen bilden oft größere Bestände; so überziehen z. B. Calamagrostis epigeios, Carex arenaria, Festuca ovina und Festuca rubra, Weingaertneria canescens und auch Rumex acetosella infolge ihrer zahlreichen lebhaft wachsenden Wurzelsprossen große Strecken[1].

Auch im südlichen Europa tritt eine ähnliche Sandvegetation auf, so z. B. auf dem alten Meeresboden der ungarischen Ebenen[2]. Charakteristisch sind auch hier Gräser (z. B. Festuca vaginata) mit meterlangen Rhizomen und tiefgehenden Wurzeln, die den Sand binden. Auf den Dünen Serbiens sind die ersten Ansiedler Annuellen z. B. Polygonum arenarium und Veronica triphyllos, dann folgen Medicago minima, Viola tricolor, Bromus-Arten und schließlich zweijährige und perenne Kräuter. Man hat hier auch die Entwicklung der Sanddünen zur Steppe (Sand-Pußta) beobachtet[3].

Im Rhônetal und in den Jurabergen kommt eine Sandvegetation vor, die große Ähnlichkeit mit der Dünenvegetation zeigt. CHODAT[4] schildert die Dünen am Südufer des Genfer Sees und führt das Wort ,,Garide" ein, um damit eine Vegetation zu kennzeichnen, die mit den französischen Garigues Ähnlichkeit hat und auf aridem Boden vorkommt. Die Pflanzen dieser Vegetation sind xeromorph und haben einen niedrigen Habitus, sie besitzen oft unterirdische Wasserbehälter und ein stark entwickeltes Wurzelsystem. Sträucher wie Juniperus communis, Berberis vulgaris, Ligustrum vulgare sowie Rosa-Arten sind häufig. Ferner kommen eine Reihe von Halbsträuchern und Kräutern vor, die sich auch z. T. in der Landvegetation der Mittelmeerküste wiederfinden.

Von den außereuropäischen Ländern mit Ausnahme von Nordamerika ist die Entwicklung der Sandvegetation weniger eingehend bekannt.

In Afrika begegnet man den extremsten Kampfformen der Sandvegetation in dem großen Wüstengebiet der Sahara, aber es gibt auch ungeheuer große Flächen an den Küsten, die mit Sand bedeckt sind.

Die typische Wüstenvegetation, welche niemals zu einer geschlossenen Pflanzendecke oder zu einer Humusbildung führt und den Entwicklungsgang des Bodens in bestimmte Bahnen leitet, kann hier beiseite gelassen werden. In den vor Austrocknung mehr geschützten Dünen, denn die Dünen der Sahara erreichen z. B. eine Höhe von 100—300 m und sind oft ganz pflanzenleer, kann eine halbstrauchartige Artemisia-Art, A. monosperma, den Boden weithin überziehen. Es kommen auch Pflanzen vor, die ähnlich wie die nordische Psamma arenaria gemeinsam mit den Sandmassen wachsen, wenn diese über ihnen angehäuft werden und auf diese Weise wieder nach oben gelangen. Es leuchtet ein, daß derartige Pflanzen z. T. die Ursache für die Ausbildung der Dünenberge sind, weil sie den Sand mächtig binden. In Deutsch-Südwestafrika gehört eine Cucurbitacee, Acanthosicyos horrida, zu diesem ökologischen Typus. Sie bildet oft undurchdringliche Gebüsche. Ihre Wurzeln können 15 m oder noch länger werden und dringen bis zum Grundwasser vor[5].

---

[1] GRÄBNER, P.: Die Pflanzenwelt Deutschlands. 1909. — Pflanzenleben in den Dünen in F. Solger usw. Dünenbuch. 1910. — REINKE, J.: Wiss. Meeresunters., N. F. 17, Abh. Nr. 5 (1915).

[2] KERNER V. MARILAUN, A.: Das Pflanzenleben der Donauländer. 1863.

[3] ADAMOVIČ, L.: Die Sandsteppen Serbiens. Englers Jb. 26 (1904). — Die Vegetationsverhältnisse der Balkanländer in A. ENGLER u. O. DRUDE: Die Vegetation der Erde 11 (1908).

[4] CHODAT, R.: Bull. Soc. bot. Suisse 12 (1902).

[5] MARLOTH, R.: Englers Bot. Jb. 9 (1888).

Die Dünen der Mittelmeerküste sind von einer Ammophila-Medicago-Assoziation bewachsen. Im gewaltigen Wanderdünengebiet zwischen Kap Sim und Kap Ghir an der südmarokkanischen Küste schiebt sich zwischen die einzelnen, 20 oder mehr Meter hohen Dünen eine äußerst charakteristische Vegetation ein, deren Studium zur rationellen Bekämpfung der Dünenwanderung geführt hat[1]. Sie beginnt auf dem eben von der Wanderdüne verlassenen Bodenstreifen mit einem Pionierstadium von Ononis Tournefortiana. Dann folgt eine dichter zusammengeschlossene Assoziation von Ononis angustissima, die schließlich von einem Gebüsch von Retama Webbii abgelöst wird. Dieses letzte Stadium der Bodenbefestigung kommt aber meistens nicht zum Abschluß, weil neuer Sand heranrückt und den Busch begräbt.

In den transkaspischen Sandsteppen sind Carex physodes und auch Aristida pungens die besten sandbindenden Pflanzen[2]. Auf den Sanddünen der Kirgisensteppen wachsen eine Reihe von Bäumen, wie Pinus, Betula, Populus, Salix und Ulmus. Diese Differenzen der Sandvegetation sind natürlich vom Klima, namentlich aber von dem Wasserfaktor bedingt. Sind die Bedingungen für die Keimung von Baumsamen günstig, und finden die Keimpflanzen noch Zeit, ihre Wurzeln in die Grundwasserschicht hinab zu senden, ehe die Trockenzeit einsetzt, so können sogar Bäume als Pioniervegetation auf Sandboden auftreten.

Von den Sandpflanzen der Küsten des indischen Ozeans ist besonders Spinifex squarrosus, ein blaugrünes, steifes Gras mit weitkriechenden, unterirdischen Ausläufern und schmalen Blättern hervorzuheben, ihre fast kopfgroßen Blütenstände sind kugelförmig, federleicht und haben steife, elastische, lange Ährenstiele, die sich nach allen Seiten auseinander breiten, sie werden in großen Sprüngen hüpfend vom Winde über den Sand hingerollt und streuen bei dieser Bewegung ihre Samen aus (Steppenläufer)[3].

Am eingehendsten wurde die Sandvegetation in Nordamerika studiert. Auf den Dünen des Ufers des Michigansees[4] tritt als Dünenbildner Psamma arenaria auf, ferner sind Agropyrum dasystachum, Elymus canadensis, Calamagrostis longifolia zu nennen und von Sträuchern und Bäumen Salix adenophylla, Salix glaucophylla, Prunus pumila und Populus monilifera. Die letzteren haben herabliegende Zweige, welche, wenn sie von Sand bedeckt werden, Wurzeln treiben, so daß ein sandsammelndes Gebüsch entsteht. An mehr geschützten Stellen entwickelt sich die Vegetation rasch zu einem Wald von Pappeln, Eichen, Eschen, Walnüssen u. a., in dem zahlreiche Lianen klimmen. Die Sandvegetation in Virginia und Nordcarolina ist von KEARNEY[5] beschrieben worden. In den sandigen Gebieten des nördlichen Mexikos bilden sich Dünen, in denen Yucca radiosa die wichtigste sandbindende Pflanze ist. Ihre Wurzeln streichen waagerecht auf eine Entfernung von über 10 m aus. Ihr Stamm kann, ohne zu leiden, vom Sande eingedeckt werden, so hat man bis zu 10 m lange verschüttete Stämme beobachtet[6].

Die Entwicklung der Vegetation auf Sandböden zeigt, wie die gegebene Übersicht lehrt, daß erstens Differenzen hinsichtlich der Artenzusammensetzung,

---

[1] BRAUN-BLANQUET, J.: Pflanzensoziologie, S. 126. 1928.

[2] PAULSEN, O.: The second Danish Pamir Expedition. Kopenhagen 1912. Auszug im J. Ecology **1**, 133.

[3] CLEGHORN, H.: Hookers Lond. J. Bot. 8 (1856). — GOEBEL, K.: Organographie der Pflanzen. 1913.

[4] COWLES, H. C.: Bot. Gaz. **27** (1899); **31** (1901).

[5] KEARNEY, T. H.: Contrib. U. S. Nat. Herb. **5** (1900).

[6] COVILLE, F. V. u. D. T. MAC DOUGAL: Desert Botanical Laboratory of the Carnegie Institution. 1903.

zweitens auch Differenzen im Entwicklungsgang selbst vorhanden sind. Daß die Artenzusammensetzung in verschiedenen Klimagebieten der Erde wechselt, hängt natürlicherweise mit der geographischen Verbreitung der Arten zusammen. Wichtig ist aber, daß der ökologische Typus, die Anpassungsform, überall sehr viele Ähnlichkeiten aufweist. Die Pioniere der Sandfelder sind immer extreme Kampfformen, die den speziellen Lebensbedingungen, wie sie namentlich durch die Beweglichkeit und durch das schnelle Austrocknen des Substrates gegeben sind, angepaßt sein müssen. Die Pioniere binden den Sand und wachsen mit den Sandwellen in die Höhe, aber sie bereiten sich häufig ihren eigenen Untergang, weil sich ihre Sprossen allzuweit vom Grundwasserniveau befinden, so daß sie schließlich zugrunde gehen. In dem Wüstenklima bleibt deshalb alle Besiedelung größerer Strecken ephemer, und nur an Orten, wo die Wasserbilanz des Bodens in richtigem Verhältnis zur Wirkung des Windes steht, kann durch selbsttätige Entwicklung der Vegetation eine geschlossene Pflanzendecke entstehen. Dann hat sich aber auch, wie schon oben hervorgehoben wurde, die Wasserbilanz des Bodens automatisch geändert, und es kann jetzt auf dem alten nur xerische Vegetation tragenden Dünenboden eine mesophytische Waldformation stehen.

Andere Typen der durch die Vegetation bedingten Bodenbildung. Wir haben bisher die zwei extremen Typen Felsen und feinen Sand betrachtet, die beide vom Gesichtspunkt der Salznahrung mager sind. Wir haben erfahren, daß dicht am Meeresufer Nährsalze vom Meereswasser bezogen werden. Nachteilig erweist sich dabei der hohe osmotische Druck und der hohe Chlorgehalt, die nur von besonders angepaßten Pflanzen (Halophyten) vertragen werden. Auch in der Wüste kann der Salzgehalt stellenweise hoch sein (Salzwüste), und dies hindert die Entstehung einer reicheren Vegetation. Wir können hier nicht auf die verwickelten Fragen der halischen und xerischen Pflanzentypen, sowie auf deren physiologische Anpassungsmöglichkeiten eingehen, sondern wollen nur hervorheben, daß es sich in beiden Fällen um extrem ausgebildete Kampfformen handelt, die zwar als Pioniere stark sind, aber unter normaleren Bedingungen leicht der Konkurrenz unterliegen.

Ist der jungfräuliche Boden schon von Anfang an als Pflanzensubstrat günstig, so pflegt auch die Besiedelung auf andere Weise einzusetzen. Während z. B. auf dem Geröllboden der Alpen oder auf den aus eier- bis faustgroßen Steinen bestehenden Strandwällen der schwedischen Urgebirgsküste die Besiedelungsverhältnisse extrem ungünstig sind, so daß nur wenige Arten zur Entwicklung kommen, die eben an die harten Bedingungen angepaßt sind, so schlägt sich auf Brandstellen, auf den nach Seesenkungen usw. trocken gelegten Ufern gleich ein buntes Gewirr von allerlei Pflanzen nieder. In dieser Schlagflora setzt bald ein mörderischer Kampf um den Platz ein, und es entscheiden die jeweiligen klimatischen, edaphischen und biotischen Faktoren darüber, welche von ihnen eine mehr beständige Pflanzengesellschaft zusammensetzen werden.

Auf den schweren, wasserhaltigen Lehmböden der schweizerischen Süßwassermolasse spielt als erster Besiedler Tussilago farfara eine wichtige Rolle. Die Erosionsrinnen und ausgewaschenen Tertiärmergel zwischen Rhône und Ande werden trotz der in der Umgebung befindlichen gewaltigen Menge von Annuellen, die ihre Samen überall hin verbreiten, nicht etwa von diesen, sondern zuerst von Hemikryptophyten und Zwergsträuchern in Beschlag genommen[1]. Es findet also schon bei der Samenkeimung und der Entwicklung der ersten Keimpflanzen eine erhebliche Auslese statt. Wahrscheinlich treten hier unter den edaphischen Faktoren chemische Einflüsse und Durchlüftung in den Vorder-

[1] Braun-Blanquet, J.: a. a. O., S. 266. 1928.

grund, desgleichen findet wohl auch eine gewisse chemische Wirkung der Pflanzen auf einander statt.

S. BIRGER[1] verfolgte den Entwicklungsgang der Vegetation einiger junger, durch Seesenkung entstandener Inseln im Hjälmaren (Schweden). 4 Jahre nach der Senkung hatten auf den Inseln bereits 2 Moose und 113 Phanerogamen Fuß gefaßt, darunter 5 Baumarten zu 40 Individuen. 6 Jahre später fanden sich 12 Flechten, 18 Moose, 184 Phanerogamen, von letzteren 10 als Baumarten. 22 Jahre nach der Senkung zählte man 32 Flechten, 43 Moose, 202 Phanerogamen, und zwar hiervon 14 Bäumchen. Bodenbakterien und Algen wurden nicht erwähnt, meist erscheinen sie aber auf der ersten Stufe, wenn der Boden hinreichend Nahrung enthält.

Am Meeresufer und als erste Besiedler trocken gelegter Salzsümpfe treten Algen auf, die mit ihren verschleimten Zellwänden die Sandpartikel zu einer Kruste zusammenkitten. WARMING[2] unterscheidet als unterste Zone des sandigen Meeresstrandes die „Formation der Sandalgen". Diese bilden meistens eine Schicht wenige Millimeter unter der Oberfläche des durch Wellenschlag und Kapillarwirkung stets feuchten Sandes, und sie tragen zweifellos zu einer gewissen Bindung des Sandes bei. Eine praktische Rolle spielt diese Bindung hier seltener, weil sehr wenige Phanerogamen dem Wellenschlag widerstehen. Man beobachtet jedoch in ruhigeren Buchten eine Besiedelung von Glyceria maritima, Spergularia salina in der Zone der Sandalgen, die (siehe unten) demnach doch zur „Belandung" beitragen.

Als erste Besiedler trocken gelegter mittelmeerischer Salzsümpfe wie auch auf dem Boden ausgetrockneter Süßwassersümpfe trifft man Algen und Bakterien an. Auf der Oberfläche bilden Fadenalgen häufig eine Kruste oder einen Filz, was auch an ruhigen Stellen des Meeresufers beobachtet wird. Diese Kruste dient wahrscheinlich als Keimbett für höhere Pflanzen. Auch auf den neu entstandenen Bimsstein- und Aschendecken der Insel Krakatau traten nach TREUB blaugrüne Algen als Pioniere auf; sie überzogen den leicht verwitternden, nährstoffreichen Boden mit einer schwarzgrünen gallertig-schleimigen Schicht[3].

In ruhigen Meeresbuchten auf flachem, schwach geneigtem Grunde, wo Sedimente aller Art, wie z. B. Sand, Schlamm, rotes Plankton, Tangreste usw. abgesetzt werden, vollzieht sich ein Prozeß, der nicht nur diese Umbildung des Bodens, sondern auch eine vollkommene Neubildung desselben und zugleich des festen Landes hervorruft (vgl. Abb. 43). Diese sog. Marschbildung der nordischen Küste sei von dem in Rede stehenden Gesichtspunkt aus etwas näher betrachtet[4].

Ist die Bewegung des Wassers einigermaßen erheblich, so daß größtenteils nur feiner Sand abgelagert wird, so fängt die Entwicklung mit den typischen auf Sandboden gedeihenden Halophyten an. Unter der Wasserfläche siedelt sich Zostera marina an, die als dichter Rasen oder in zusammenhängenden Assoziationen wächst und mit ihren Rhizomen den Sand mächtig bindet. Zwischen den dicht stehenden schmalen Blättern wird neuer, von dem Wasser herbeigeführter Sand aufgefangen, und man hat hier also ein Gegenstück zu der vorher geschilderten Dünenbildung auf dem festen Lande vor sich. Die Rhizome von Zostera steigen mit dem sich anhäufenden Sand immerfort in die Höhe, bis die Blätter bei der Ebbe aus der Wasseroberfläche hinausragen. Auch Potomogeton

---

[1] BIRGER, S.: Englers Bot. Jb. 38, 3 (1906).

[2] WARMING, E.: Dansk Plantevaekst 1, 69. 1906.

[3] TREUB, M.: Ann. jard. bot. Buitenzorg 7 (1888).

[4] Über die Marschböden siehe E. WARMING: Dansk Plantevaekst 1. 1906. — E. WARMING u. P. GRÄBNER: Lehrbuch der ökologischen Pflanzengeographie. 1918 und die hier zitierte Literatur. — H. LUNDEGÅRDH: Klima und Boden, S. 286. 1925.

pectinatus, Ruppia maritima, Zannichellia palustris u. a. wirken in ähnliche Weise wie Zostera und bilden mit ihr die „Formation der Enaliden".

Ist also durch Zostera die Hebung des Meeresgrundes so weit fortgeschritten, daß Landhalophyten festen Fuß fassen können, so finden sich Salicornia herbacea, Statice-Arten, Glyceria maritima und ähnliche Pflanzen ein, die im Sand fest verankert stehen und dabei auch zeitweise Überflutungen mit Wasser

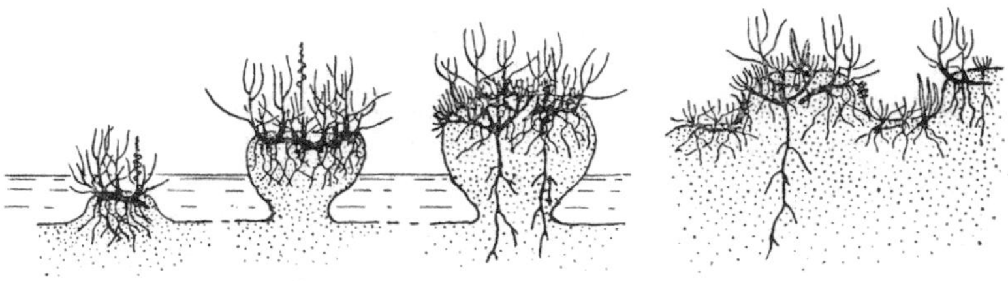

Abb. 43. Diagramm über die Bildung von Triglochin-Bulten und ihre allmähliche Verschmelzung. (Nach YAPP, JOHNS und JONES.)
In *A* und *B* ist nur Triglochin anwesend, in *C* kommt Armeria, in *D* Aster und Gräser hinzu.

ertragen. Nach und nach fangen diese Pflanzen die vom Meere aufgeworfenen und vom Winde landeinwärts getragenen Sandmassen auf. Salicornia bildet eine sehr offene Vegetation (vgl. Abb. 44), dagegen bildet z. B. Glyceria maritima flache Bülten, die zentrifugal wachsen und schließlich miteinander ver-

Abb. 44. Salicornia herbacea und ein Exemplar von Glyceria maritima. Fanö. (Nach WARMING-GRAEBNER.)

schmelzen. Andere Pflanzen finden sich zwischen den Bülten ein, der Boden wird immer ebener, bis endlich ein flacher Grasboden, eine Strandwiese, entstanden ist, in welcher die Konturen der ursprünglichen Bülten verschwunden sind. Unter den Pflanzen, die die Eroberung des Sandbodens vollenden, sind Agrostis stolonifera, Triticum repens, Festuca rubra, Juncus Gerardi, Glaux maritima, Potentilla anserina, Spergularia salina, Sagina maritima, Plantago maritima und viele andere zu nennen.

Die weitere Entwicklung des Sandmarschbodens vollzieht sich in der Weise, daß auf alle diese ein festes Gefüge bildenden Pflanzen nach und nach Sand von den niedrigeren, noch offenen Partien des Strandes gestreut wird. Der Grasboden wächst hierdurch in die Höhe und die verfilzten und zusammengeflochtenen Wurzeln und Rhizome bilden ein festes Gitterwerk von Humus, woselbst sich Bakterien und Pilze einfinden, und wodurch in ferner Zukunft sich ein humushaltiger Sandboden entwickeln kann, der kein schlechter Kulturboden ist, wenn die Wurzeldecke mit dem Pflug durchbrochen und umgewendet wird.

Auch Tang und Algen werden vom Wind über den Grasboden zerstreut und im Herbst und Winter, wenn das Meer die Strandwiesen überflutet, wird Schlamm und Kalk von toten Schalentieren u. dgl. zugeführt, wodurch die Ernährungsverhältnisse verbessert werden. Die Strandwiese stellt somit allmählich eine kräftig wachsende, bunte Pflanzengesellschaft dar, und da der Boden infolge

Abb. 45. Verlandungsgebiet auf Hallands Vaderö (Sudschweden). Verfasser phot.

der Erhebung und der auf ihm stattfindenden starken Transpiration[1] immer trockener wird, kann sich die Wiese sogar zu einer Calluna-Heide entwickeln.

Einen weit fruchtbareren Boden besitzt die Schlickmarsch, die aus einem in feuchtem Zustande zähen Ton gebildet ist. Hierher gehören die großen Strecken der Marschwiesen, welche an geschützten Stellen der Nordseeküste von Dänemark, Deutschland, Holland und England vorkommen.

Auch bei der Ausbildung der Schlickmarschen spielen das Zosteretum und das Salicornietum (Abb. 44) eine entscheidende Rolle, und die Entwicklung verläuft vielfach in ähnlicher Weise, wie es soeben für die Sandmarschen geschildert wurde. Der höhere Nährstoffgehalt des Bodens bedingt jedoch auch in recht frühen Entwicklungsstadien eine reichere Vegetation. Schizophyceen, Rhizoclonium- und Vaucheria-Arten sind auf Tonboden häufig. Unter den Phanerogamen treten auch Pflanzen wie Triglochin maritimum (Abb. 43), Aster tripolium, Statice limonium, Atriplex-Arten, Cochlearia, Scirpus maritimus reichlicher als auf Sandboden auf. Eigentümlich ist das Auftreten von höheren Algen unter den Blütenpflanzen. Es bilden sich Mischassoziationen, z. B. von Pelvetia-Salicornia, Fucus-Aster usw.[2] in den

[1] Vgl. Tab., S. 343.

[2] BAKER, S. M.: J. Linn. Soc. bot. **40** (1912). — COTTON, A. D.: Proc. roy. Irish Acad. **31** (1912).

periodisch überschwemmten Zonen der Strandwiese. Mit der unter der Mitwirkung der Pflanzen stattfindenden Erhebung des Bodens finden sich eine große Menge von Arten ein, unter diesen auch Armeria elongata, Trifolium

Abb. 46. Inneres eines Mangrovesumpfes in Dänisch-Westindien. (Aus Warming-Graebner, Ökologische Pflanzengeographie, 3. Aufl. Berlin: Gebr. Borntraeger 1918). Phot. F. Borgesen.

fragiferum, Artemisia maritima, sowie zahlreiche Gräser (Hordeum-, Festuca-, Poa-Arten), die eine bis 20 cm dicke Rohhumusschicht bilden (vgl. Abb. 45). Durch Kultur dieser Böden erhält man die äußerst fruchtbaren

Marschwiesen. Voraussetzung hierfür ist aber namentlich die Auswaschung des überflüssigen Kochsalzes. Dies geschieht am einfachsten durch die Eindämmung der Wiese. Die Auswaschung wird dann vom Regen besorgt. Die Folge ist, daß die Rohhumusdecke in einen milden, gesättigten Humus übergeht, Regenwürmer finden sich ein, und es entsteht ein lockerer Humusboden[1].

Die hier wiedergegebene Schilderung der Bodenbildung in nordischen Marschgebieten paßt im Prinzip für ähnliche Vorgänge im Polargebiet, Nordamerika, Südafrika, sowie für Salzquellen- und Salzwiesengebiete. Die Pflanzenarten sind natürlich wiederum je nach der geographischen Lage etwas andere, es fällt jedoch die merkwürdig weite Verbreitung von Arten und Gattungen auf, die die Salzwiesen zusammensetzen.

Abb. 47. Verlandung in einem Sußwassersumpf auf der Insel Hallands Väderö. Verfasser phot.

Eine Landbildung an der Meeresküste findet in vielen tropischen Gebieten, wo die Mangrove wächst, statt. Rhizophora-Arten wirken hier als mächtige Pioniere. Tausende ihrer Luftwurzeln schwächen die Macht des Wellenschlages und es sammeln sich vom Meer herbeigeführte organische und unorganische Sedimente an. Hierdurch bereiten die Rhizophoren den Boden für andere Pflanzen der Mangroveformation vor, die nicht so tief in das Meer hinausgehen können. Die Mangroveformation rückt an günstigen Stellen immer weiter vorwärts, und die inneren Teile entwickeln sich zu nichthalophytischem Strandwald, der sogar einen xerischen Charakter haben kann, wie z. B. der Barringtonia-Wald[2].

Auch an Ufern von Flüssen und Seen kann Verlandung beobachtet werden[3] (Abb. 47). Weil die Vegetationsbedingungen hier viel günstiger als am Meeres-

[1] Vgl. P. E. MÜLLER: Studien über die natürlichen Humusformen und deren Einwirkung auf Vegetation und Boden. 1887.

[2] Vgl. Bd. 4 dieses Handbuches, S. 192f.

[3] Über die Besiedelung auf den in der Donau durch Hochwasser gebildeten Sandbänken siehe G. BECK V. MANNEGATTA: Flora von Niederösterreich. 1890—93. — Vgl. auch Bd. 5 dieses Handbuches, S. 97.

ufer sind, wo die Pflanzen gegen Wellen, Wind und Salz zu kämpfen haben, so pflegt die Zahl der Pioniere viel größer zu sein und die Arten dürften mehr vom Zufall abhängen. Ähnliches trifft auf Brandstellen in Wäldern zu. Mehr geregelte Sukzessionen finden bei der Verlandung von Seen und bei dem umgekehrten Vorgang der Versumpfung von Wäldern statt.

Um die Seen und Tümpel der gemäßigten und kaltgemäßigten Gebiete beobachtet man immer eine Zonierung der Vegetation. Unter dem Wasser breiten sich Myriophyllum, Characeen usw. aus; ein Teil dieser Bodenvegetation hat schwimmende Blätter (Potamogeton, Nuphar, Ranunculus). Näher am

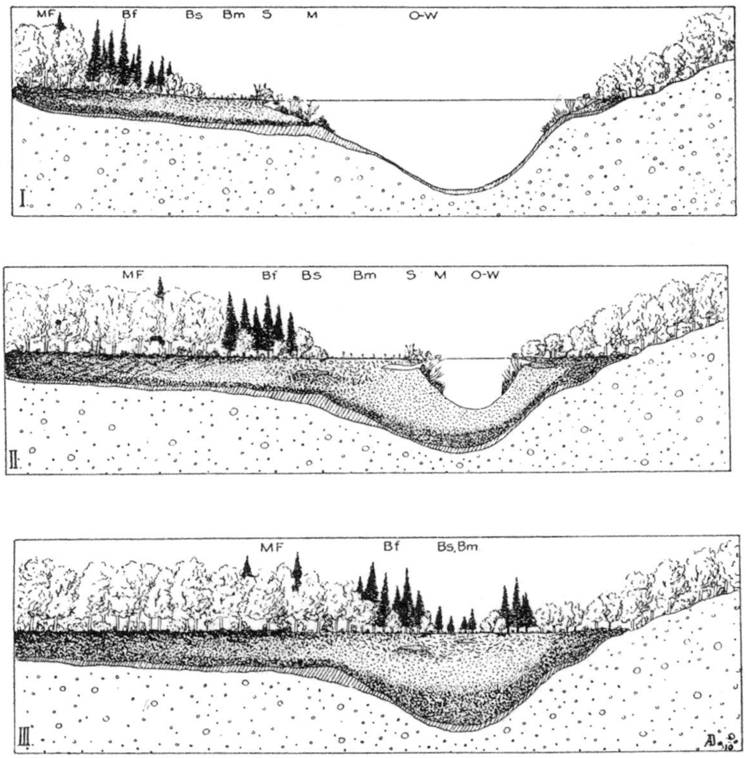

Abb. 48. Diagramm über die Moorbildung in einem See. (Nach A. Dachnowski.)
I = Offenes Wasser, II = Randversandung, III = fertiges Moor.

Ufer steht im seichteren Wasser die eigentliche Sumpfvegetation. Hier bildet die Rohrvegetation die Vortruppe, und zwar sind es hohe, kräftig wachsende Arten, wie Scirpus lacustris, Phragmites communis u. a. Aus diesen üppigen Formationen entstehen massenhaft tote Reste, die sich im Laufe der Zeit nebst anorganischen Teilen, die durch Wasserströmungen und Wind herbeigeführt werden, auf dem Boden des Sees anhäufen. Es hebt sich deswegen allmählich sein Niveau, so daß sich auch andere Pflanzen, die nur seichtes Wasser ertragen, einfinden können, wie z. B. Sparganium- und Carex-Arten, Sium latifolium, Menyanthes trifoliata, Lythrum salicaria, Oenanthe aquatica, Iris, Butomus, Acorus und viele andere. Durch fortwährende Anhäufung von Schlamm und Humus erhebt sich der Boden noch mehr, und man hat nun statt eines Sees ein Wiesenmoor von Carex-, Agrostis-Arten u. a. vor sich, wozu sich zahlreiche andere Gräser und Kräuter gesellen, die auf dem vertorften Sumpfboden schließlich eine Wiese aufbauen, in der auch Weiden- und Erlengebüsch und zuletzt Waldbäume auftauchen.

Der Entwicklungsgang des Verlandungsprozesses kann aber auf früheren Stadien stehen bleiben. Die Sumpfmoore können auch in Sphagnummoore übergehen, in dem Fall, daß Sphagna sich ansiedeln. Auf Grund des ununterbrochenen Höhenwachstums der Sphagnumindividuen und ihrer großen Genügsamkeit hinsichtlich anorganischer Nahrung baut sich das Sphagnummoor immer höher und höher über den Grundwasserstand auf. Hierdurch wird die Oberflächenschicht der Sphagnumdecke auch immer trockener und kann Holzpflanzen beherbergen, es kann sogar die Entwicklung in Richtung nach einer Calluna-Heide nehmen, indem Calluna-, Vaccinium-Arten und andere Heidepflanzen einwandern.

Die Entwicklung der Moore (Abb. 48) ist ein langsamer Vorgang, und die meisten der nordeuropäischen Moore stammen aus der postglazialen Zeit. In Vertiefungen des Moränenbodens, die durch eine dünne Tonschicht von dem Untergrund isoliert wurden, entstanden Seen und Tümpel. Die Entwicklung begann auch hier mit einer Limnäenvegetation und einer vom Rande aus zentripetal fortschreitenden Rohrsumpfvegetation. Die Sphagnen bildeten eine schwimmende Schicht auf der Wasseroberfläche, auf dem Eriophorum, Carices usw. wuchsen. Mit der fortschreitenden Verlandung wurden diese postglazialen Moore von einer typischen Tundrenvegetation überzogen, die als Dryasvegetation bezeichnet wird. Dryas octopetala, Salix reticulata, Salix polaris, Betula nana, Oxyria digyna, Arctostaphylos alpina, Polygonum viviparum u. a. sind hier die kennzeichnenden Pflanzen.

Weitere Veränderungen des Bodens unter dem Einfluß der Vegetation.

Die klimatisch bedingten Haupttypen der Bodenentwicklung. Während der Neubildung des Bodens unter der Mitwirkung der Vegetation, die im vorhergehenden geschildert wurden, sind vor allem gewisse biotische Faktoren wichtig. Beispiele solcher biotischen Erscheinungen sind vegetatives und geschlechtliches Vermehrungsvermögen sowie auch der Wachstumstypus der Individuen, welche die Festigung des Bodens und die Neubildung desselben befördern, wie man es bei den Chasmophyten des Felsenstrandes und bei den mit Wanderrhizomen versehenen Pionieren des Sandbodens findet. Diese erste Phase der Bodenentwicklung wird durch mehr physikalische Vorgänge, wie Sprengwirkung der Chasmophytenwurzeln bzw. Festigung des lockeren Sandes und Festhalten von sich neu auflagernden Teilen charakterisiert. Wenn dann eine zusammenhängende Vegetation unter Mitwirkung der biotischen Faktoren schon entstanden ist, so beginnt die zweite Entwicklungsphase, die durch eine mehr chemische Wechselwirkung zwischen den Pflanzen und der Unterlage gekennzeichnet wird. Zwar finden durch die Wirkung der Pflanzen auch physikalische Änderungen, z. B. hinsichtlich des Grundwasserstandes, statt. In den Vordergrund treten aber die durch den abgelagerten Humus und durch die dicht verfilzten Wurzeln eingeleiteten chemischen Umsetzungen des Bodens, die den ganzen Entwicklungsgang in diese oder jene Richtung leiten können.

Es sei hier gleich betont, daß die Bodenentwicklung natürlich auch von der petrographischen Beschaffenheit der Mineralbestandteile und des Feinheitsgrades und der chemischen und kolloidalen Beschaffenheit der Tonpartikel abhängt, ferner spielt die Wasserbilanz und die Temperatur des Bodens, kurz das Ortsklima, eine wichtige Rolle. Aber trotzdem bleibt doch der Einfluß der Vegetation selbst auf ihr eigenes Substrat unverkennbar, und dieser Einfluß kann in recht weitgehendem Maße die petrographisch-chemische Beschaffenheit des Untergrundes überragen. Wesentlicher ist das Klima, aber es wirkt sehr häufig durch die Vegetation mittelbar auf den Boden ein.

Unter den klimatischen Faktoren bestimmen ja die Temperatur und die Niederschläge die großen Züge der Vegetation, weil die einzelnen Pflanzen ganz spezifische Ansprüche an Wärme und Wasserversorgung stellen. Und wenn z. B. der Wasserfaktor einen bestimmten Vegetationstypus von einem Ort ausschließt, so ist damit natürlich schon ein gewisser Umriß des künftigen Entwicklungsganges der Pflanzendecke und auch hiermit des Bodens gegeben. Aber andererseits kann die Vegetation selbst das Ortsklima bis zu einem gewissen Grade verändern. Wir haben gesehen, wie am Meeresstrand oder bei der Moorbildung während der Verlandungsvorgänge alle Stadien von hydrischer zu xerischer Vegetation durchlaufen werden, die Pflanzen verwandeln, mit anderen Worten den Wasserfaktor des Standortes von ausgesprochen feuchtem bis zu trockenem Charakter. Umgekehrt kann in Steppengebieten an der Grenze von Steppen- und Waldklima der obere Teil des Bodens durch Ausbreitung der Waldvegetation bedeutend feuchter gehalten werden, es folgt also hier eine mesophile Vegetation auf eine xerophile, und es bleiben bei diesen Veränderungen die meteorologischen Faktoren unverändert. Dies beruht darauf, daß der klimatische Wasserfaktor, also vornehmlich die Niederschläge, nicht allein das Feuchtigkeitsklima des Standortes bestimmen, sondern hier kommt auch das Vermögen des Bodens hinzu, das Wasser aufzubewahren oder leicht abzugeben, so daß also für die Ausgestaltung des ökologischen Faktors Wasser außer dem Klima auch die Bodenbeschaffenheit und die sie teilweise bedingende Vegetation verantwortlich ist.

Wenn die Vegetation auf Grund biotischer Verhältnisse, also des ureigenen Eroberungstriebes der Pflanzenwelt die Bodenfeuchtigkeit verändert, so ändert sich folglich das Standortsklima und hierdurch wiederum die Vegetation usw. in stetiger Wechselfolge. Es gibt hier natürlich gewisse Zustände, in welchen sich das Klima, der Boden und die Vegetation ein annäherndes Gleichgewicht halten. Es sind dies die sog. Klimaxe der Sukzession.

Aber dieses Gleichgewicht bleibt nur so lange erhalten, als alle Faktoren konstant bleiben. Wenn sich nur einer von den Faktoren ändert, so tritt die Entwicklung wieder in Erscheinung. Der Boden ändert sich ja unter dem Einfluß der Vegetationsdecke fortwährend, obwohl sich typische Podsol- und Steppenböden Jahrtausende in einigermaßen ähnlichem Zustand erhalten. Das Klima ändert sich auch langsam, es sei bezüglich dessen u. a. an die Eiszeiten erinnert, auch kürzere, wenige Jahrhunderte dauernde Schwankungen dürften vorkommen. Endlich bleiben die biotischen Faktoren niemals konstant, weil gewisse Pflanzen in progressiver geographischer Ausbreitung begriffen sind, wie z. B. die Fichte in den Wäldern Skandinaviens und Arten oder wenigstens „Ökotypen“ dann und wann neugebildet werden oder aber degenerieren, worüber jedoch wenig bekannt ist. Alles ist also in stetem Wandel, und man kann nur mehr oder weniger stabile Zustände unterscheiden, die aber an sich sehr charakteristisch sein können.

Es können natürlich hier nur die typischesten von diesen Entwicklungszuständen des Komplexes Klima — Vegetation — Boden zur näheren Betrachtung herausgegriffen werden. Es wurde oben erwähnt, daß von den klimatischen Faktoren vorwiegend der Wasser- (Feuchtigkeits-) Faktor und die Temperatur für das Verhalten des Komplexes Vegetation — Boden maßgebend sind. Geographisch betrachtet ist keine bestimmte Zonierung des ökologischen Faktors Wasser vorhanden. Ein Blick auf eine Niederschlagskarte der Erde zeigt zwar, daß in der äquatorialen Zone Gebiete mit maximaler jährlicher Regenmenge vorkommen. Aber es ist auch hier auf Grund der hohen Temperatur die Verdunstung hoch, in der Polarzone kann ein äußerst feuchtes Klima durch bedeutend geringere Niederschläge bedingt sein. Andererseits gibt es Kältewüsten, wo der Wassermangel nicht auf mangelnden Niederschlägen, sondern auf der dauernden Gefrorenheit des Bodens beruht. Bekannt ist ferner der Gegensatz zwischen litoralem und kontinentalem Klima, von welchen das erstere eine konstantere Feuchtigkeit und meist auch größere absolute Niederschlagsmengen als das letztere besitzt. Daher sind denn auch in allen Breiten ökologisch trockene und feuchte Ortsklimate anzutreffen.

Wie sich diese Haupttypen des Feuchtigkeitsklimas auf Vegetation und Bodenentwicklung auswirken werden, beruht nun hauptsächlich auf dem Temperaturklima und auch im gewissen Grade auf dem mit diesem in Korrelation stehenden Lichtklima. Temperatur und Licht gehen beide auf die Sonnenstrahlung zurück, und man kann im großen von einem Strahlungsklima sprechen, obwohl im einzelnen ein gewisser Gegensatz zwischen Licht und Temperatur besteht, indem z. B. im nordischen Sommer mehr assimilatorisch wirksames Licht zur Verfügung steht als in südlichen Gebieten, wodurch teilweise die kühlere Temperatur kompensiert wird[1]. Ein wichtiger Ausgleich der zonalen Temperaturunterschiede auf der Erde kommt auch durch die relativ niedrige Lage des Temperaturoptimums der Assimilation zustande[2].

Trotz dieses bemerkenswerten inneren Ausgleichs der Differenzen des Strahlungsklimas, der natürlich durch zahlreiche andere ökologische „Anpassungen" der Pflanzen unterstützt wird, besteht jedoch eine deutliche zonale Gliederung der Vegetation der Erde, die ihrerseits auf die Bodenentwicklung zurückwirkt. Es sind z. B. im Norden und im Höhenklima Vegetationstypen, wie der Fichtenwald, strahlungsklimatisch bedingt, welche besonders stark die Podsolierung des Humusbodens begünstigen. Auch die Mikroflora des Bodens (Bakterien und Pilze), die einen äußerst wichtigen Anteil an den chemischen Umsetzungen in der Humusschicht nehmen, werden durch das Strahlungsklima beeinflußt. Die Verwesung (Mineralisierung) der toten Reste von Pflanzen und Tieren folgt überhaupt einer anderen Temperaturkurve als die Assimilation; die Kurve steigt unterbrochen bis auf 30—40° C oder auch mehr, wodurch mächtige Humusansammlungen in den Tropen viel seltener als in mehr temperierten und kalten Zonen auftreten. Eine ähnliche Temperaturabhängigkeit als die durch Mikroorganismen bewirkte Verwesung zeigen die rein chemischen Prozesse, die die Verwitterung des Mineralbodens besorgen. Hierdurch wird in warmen Klimaten die zur Verfügung stehende Nährstoffkonzentration durchschnittlich höher als in kalten Gebieten, so daß die Vegetation viel geringere Ansprüche an humushaltige Bodenschichten stellt, die in den kälteren Zonen wegen ihres Salzspeicherungsvermögens für üppige Vegetation fast unerläßlich sind. Es ist also kaum möglich, die Bodentypen aus verschiedenen strahlungsklimatischen Zonen in bezug auf ihren Wert für die Vegetation zu vergleichen. Die Pflanzen brauchen Nährstoffe und Wasser, und wenn die Nährstoffe einerseits größtenteils durch fortschreitende chemische Verwitterung des Mineralbodens, andererseits z. T. durch einen Kreislauf von Bodenhumus $\rightleftarrows$ Pflanze zugänglich werden, so ist der Unterschied vom Gesichtspunkt der Vegetation aus nicht sehr groß. Die im Ackerbau durchgeführte Mineraldüngung bietet z. B. ein Mittel, um die nordischen Humusböden in ein Bodengebiet wärmeren Klimas, in dem die Verwitterungssalze im Überschuß vorhanden sind, zu versetzen.

Hauptsächlich sollen in dieser Beziehung die am besten bekannten Grundtypen der Böden humider und arider Klimate näher geschildert werden, nämlich der Podsolboden und der Steppenboden.

[1] LUNDEGÅRDH, H.: Medd. Centralanst. Försöksväsendet Jordbruksområdet, Avd. Landbruksbot. Stockholm **1928**, Nr. 43.

[2] LUNDEGÅRDH, H.: Klima und Boden, Kap. 2. 1930. Biochem. Z. **154**, 195 (1924).

Das Verhältnis zwischen jährlicher Niederschlagsmenge und Verdunstung (Evaporation, vgl. Abb. 49) an einem Ort entscheidet darüber, ob die Verwitterungsprodukte der Mineralteile in dem Boden bleiben, oder ob sie mit dem Sickerwasser weggeführt werden. In dem humiden Klima überwiegt die Niederschlagsmenge über die Evaporation. Es findet deshalb hier eine ununterbrochene Auswaschung statt. Das Grundwasser belädt sich mit den

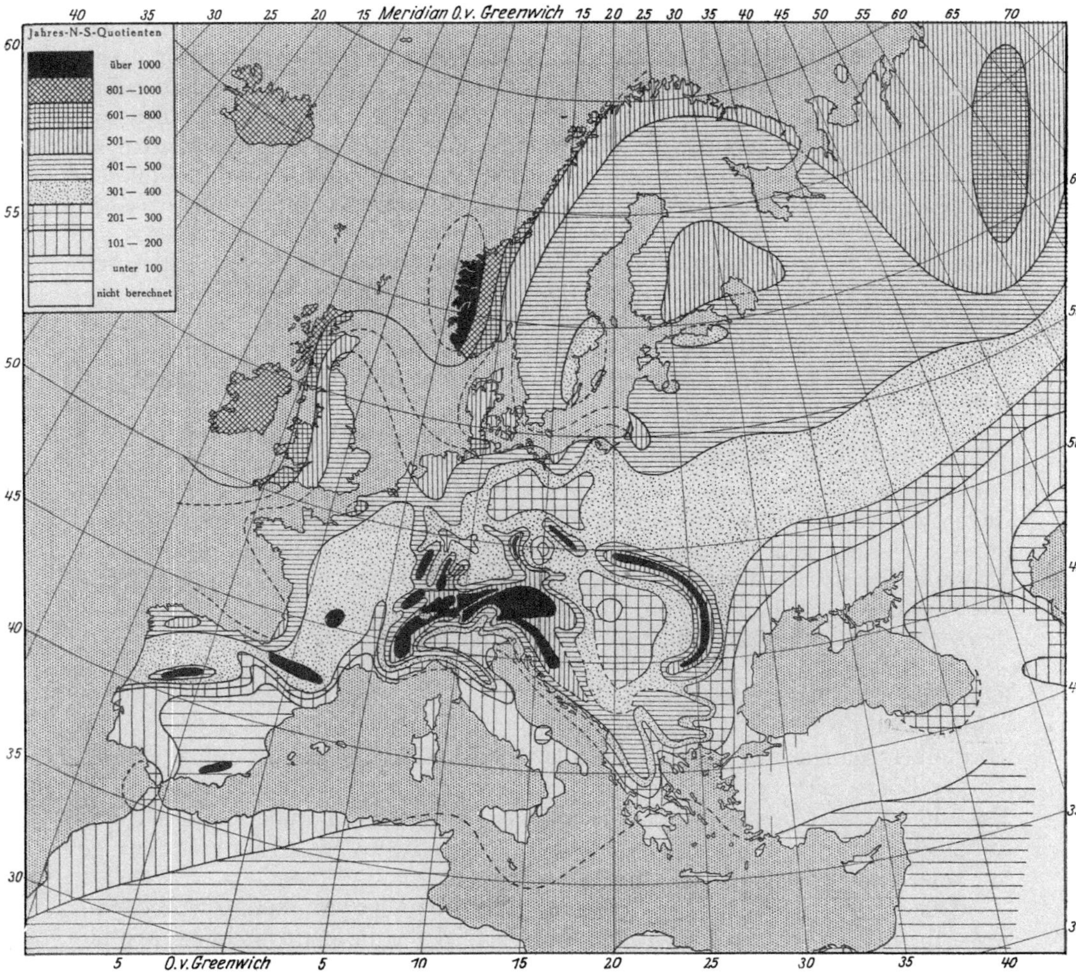

Abb. 49. Karte des Quotienten Niederschlag, Sättigungsdefizit. Der Quotient bestimmt auch z. T. die durchschnittliche Bodenfeuchtigkeit. (Nach A. MEYER aus BRAUN-BLANQUET, Pflanzensoziologie.)

Salzen, und Flüsse und Seen können ein reiches Pflanzenleben dank der ununterbrochenen Auswaschung der humiden Böden unterhalten[1]. Auf den ausgewaschenen Böden wird aber die organische Entwicklung verlangsamt und die Salzarmut hält viele Arten ab, die in bezug auf die Nahrung anspruchsvoller sind (= Eutrophen, die andern nennt man Oligotrophen). Die auf dem Boden

[1] Über die im nordischen Waldgebiet jährlich aus dem Boden herausgelösten Mineralmengen siehe O. TAMM: Medd. Stat. Skogsförsöksanst. Stockholm **17**, Nr. 3 (1920). — Über den Salzgehalt von Flüssen und Seen siehe u. a. HOFMANN-BANG: Bull. geol. Inst. Upsala **6**, 101 (1905). — W. H. PEARSALL: J. Ecology **8**, 171 (1920).

und in dem Boden in Gestalt von Wurzeln abgelagerten toten Pflanzenteile vermodern nur langsam in kälteren Klimaten, und es besteht hier eine Neigung zur Bildung von saueren Humusstoffen, Rohhumus. Die typischen Podsolböden sind in den humiden Gebieten Nordeuropas zu finden.

In dem ariden Klima überwiegt die Verdunstung über die Niederschläge. Der Entwicklungsgang des jungfräulichen Bodens wird deshalb ein ganz anderer sein als in humiden Gebieten, indem die chemischen Verwitterungsprodukte sich in den oberen Bodenschichten anhäufen. In dem nahrungsreichen Boden gedeihen Pflanzen aller Art, aber es wird hier eine Auswahl als Folge des Wassermangels und der hierdurch zeitweise bedingten hohen Bodentemperatur getroffen. Die Vegetation der ariden Böden führt einen nur von kürzeren Regenperioden unterbrochenen Kampf gegen den Wassermangel, was natürlich der Entstehung einer zusammenhängenden Pflanzendecke hinderlich ist. Bei genügender Wasserversorgung, also in Grenzgebieten zwischen aridem und humidem Klima, gehören die ariden Böden zu den fruchtbarsten der Erde, und es ist kein Zufall, daß sich auf denselben die antike Kultur entwickelt hat[1]. Übrigens ist natürlich nicht nur die Jahressumme der Niederschläge, sondern auch die Verteilung derselben im Jahr von Bedeutung. So sind z. B. die im Sommer fallenden Niederschläge viel wichtiger als die winterlichen, die häufig verdunsten oder weggeleitet werden, ohne der Vegetation zugute zu kommen.

Einen Vorsprung hat die Bodenbildung in ariden Gebieten dadurch, daß der Boden von Anfang an mit Nährstoffen angereichert ist, während die Besiedeler der humiden Böden häufig mit Nährstoffmangel zu kämpfen haben. Die Sanddünen, die sich den regenreicheren Küsten entlang hinziehen, sind an sich meistens äußerst arm an Salzen[2], sofern sie nicht so nahe am Strande liegen, daß sie vom Meereswasser überspritzt werden. In gewissen Fällen können im Inlande äolische Niederschläge (Flugstaub) von Vulkanen oder von verwehten Steppenböden usw. leicht assimilierbare Mineralverbindungen herbeiführen.

Rohhumus und Podsolierung. Unter Rohhumus versteht man die halbzersetzten Pflanzenreste, aus welchen durch Niederschläge Salze ausgewaschen worden sind, wodurch die Humusstoffe in sog. adsorptiv ungesättigte, saure Form übergegangen sind. Rohhumusbildung wird überall dort zustande kommen, wo der Boden unter Armut an Kationen, namentlich von Kalzium, leidet. Der Rohhumus bildet in der Regel eine auf den Mineralböden ruhende Decke, die durch Pilzhyphen, Mycelfäden oder Wurzeln und durch die unteren Zweige von Zweigsträuchern usw. zusammengewoben ist.

Der chemische und physikalische Charakter der Rohhumusdecke wird wesentlich durch die Vegetation, die das Material für die Humusbildung abgibt, beeinflußt. Wenn schon das Ausgangsmaterial, die Streu (schwed. Förna) arm an Salzen, namentlich an Kalk, ist und zudem sauer reagiert, so wird die Rohhumusbildung beschleunigt, und ein solches Ausgangsmaterial geht auch bei günstigen Verwesungsbedingungen schwerer in echten Mull (neutralen Humus) über.

HESSELMAN hat neuerdings Reaktion und Kalkgehalt verschiedener Förna-Arten untersucht[3]. Ausgesprochen sauer ist die Förna (Nadeln) der Nadelbäume und die der Zwergsträucher, etwas weniger sauer sind die untersuchten Moosteile, während die Förna der Laubbäume und der Kräuter im allgemeinen eine Reak-

---

[1] HILGARD, E. W.: Soils. 1906. — VAHL, M.: Overs. danske Vidensk. Selsk. **1911**, Nr. 4, 269. — KÖPPEN, W.: Die Klimate der Erde, S. 102. 1923.

[2] Zahlreiche chemische Analysen in E. WARMING: Dansk Plantevaekst **2**. 1909.

[3] HESSELMAN, H.: Medd. Stat. Skogsförsöksanst. Stockholm H. **22**, Nr. 5 (1926).

tion besitzt, die dem Neutralpunkt näher liegt. Zwei Arten, Ahorn und Geranium silvaticum, bilden jedoch auffallende Ausnahmen. Andererseits kann die Reaktion ein und derselben Streu, je nach der Gegend variieren, so bei Birke

Abb. 50. Rohhumusfazies eines Buchenwaldes. Untervegetation: Deschampsia-flexuosa-Assoziation. Der Boden ist ein echter Rohhumus. $p_H = 5{,}8$. Verfasser phot.

zwischen p_H 5,3 und 6,1, bei Buche von 5,3—6,6. Die einer kalkreichen Gegend entstammende Förna ist oft weniger sauer als die entsprechende aus einer kalkarmen Gegend, jedoch erscheint der Aziditätsgrad einer Förna wesentlich abhängig vom Artcharakter der sie zusammensetzenden Pflanze zu sein.

Für den Gang der Humifizierung ist natürlich nicht so sehr die aktuelle Wasserstoffionenkonzentration von Bedeutung als vielmehr der Gehalt an sauren oder basischen Pufferstoffen, den man aus den Titrationskurven ablesen kann. HESSELMAN unterscheidet fünf verschiedene Typen: 1. Solche mit hohem Gehalt an sauren, mit geringem Gehalt an basischen Pufferstoffen: hierher gehört die Förna der nordischen Nadelbäume, ferner die des Wacholders und die mehrerer Zwergsträucher (Calluna, Empetrum, Vaccinium vitis idaea) und Waldmoose (Hylocomium); 2. solche mit mäßigem Gehalt an sauren und mit ziemlich hohem Gehalt an basischen Pufferstoffen; hierher gehört die Förna der meisten unserer Landbäume wie Birke, Erle, Espe, Salweide, auch Buche und Esche, sowie einer Anzahl für den Nadelwald charakteristischer Kräuter; 3. solche mit sehr geringem Gehalt an sauren, aber großem Gehalt an basischen Pufferstoffen, wie Hasel- und vor allem Ulmenförna, sowie die von Mulgedium alpinum und Stachys silvatica; 4. solche mit hohem Gehalt an sauren, gleichzeitig aber hohem Gehalt an basischen Pufferstoffen; dies ist eine heterogene Gruppe, zu der unter den untersuchten Förna-Arten die von Ahorn, Geranium silvaticum, Eiche und Lärche gehören; 5. solche mit überhaupt geringem Gehalt an Pufferstoffen wie die von Deschampsia flexuosa. Wie die Reaktion, so variiert auch der Gehalt an Pufferstoffen etwas mit der Beschaffenheit des Untergrundes, im wesentlichen ist jedoch die betreffende Eigenschaft der Förna als ein Artcharakter zu betrachten.

Die Reaktionszahl und der Gehalt der Förna an basischen und sauren Pufferstoffen üben nun einen sehr großen Einfluß auf die Beschaffenheit der Humusdecke aus[1]. Dieser Einfluß wird natürlich besonders stark an Orten, wo der Humus eine Decke oder Schicht auf dem Mineralboden bildet, also sozusagen, wenn er von chemischen Beeinflussungen seitens der Unterlage abgeschnitten ist. Dies ist z. T. der Fall in den nordischen Nadelwäldern, wo der Podsoltypus des Bodens besonders ausgeprägt ist.

Allen Podsolböden gemeinsam ist die ausgesprochene Schichtung, wobei der Humus unvermittelt auf dem Mineralboden liegt. Ein Teil der sauren Humusstoffe löst sich in dem durchsickernden Niederschlagswasser auf. Die sauren Humussole sind ziemlich unempfindlich gegen Elektrolyte und werden dazu nicht so leicht ausgefällt. Besonders wichtig ist hierbei der Umstand, daß sie als Schutzkolloid wirken, d. h. ihre Anwesenheit verhindert oder verzögert eine Reihe von Ionenreaktionen (z. B. vom Ferriion mit Ferrocyankalium) und auch die gegenseitige Ausfällung von Kolloiden mit verschiedenem Ladungssinn, wie z. B. Kieselsäuresol und kolloidales Aluminiumhydroxyd.

Die unter der Rohhumusdecke liegende obere Schicht des Mineralbodens verwittert langsam, jedoch wird diese Verwitterung durch die chemische und kolloidchemische Wirkung der gelösten Humussäuren erheblich unterstützt. Bei der chemischen Verwitterung, die bekanntlich in der Hauptsache als eine Hydrolyse aufzufassen ist[2], treten die Alkaliionen als Hydroxyd in Freiheit, die Erdalkalien (Ca, Mg) und das Eisen gehen bei genügendem Kohlensäuregehalt als saure Karbonate bzw. als Hydroxydsole in Lösung, und das Aluminiumhydroxyd und die wasserhaltige Kieselsäure treten als kolloidale Gele und Sole auf. Daneben treten allerlei intermediäre chemische oder wohl meistens absorptive Verbindungen aller dieser Stoffe auf. Bei Abwesenheit von Schutzkolloiden ist die Menge dieser absorptiven Verbindungen oder Fällungen ziemlich groß. Namentlich

---

[1] Vgl. auch H. KAPPEN: Landw. Versuchsstat. **1917**, 89. — H. J. PAGE: C. r. 2e commission de l'assoc. internat. de la sc. du sol. Vol. A. 1926.

[2] Siehe E. RAMANN: Bodenkunde, S. 37. 1911. — Vgl. insbesondere Bd. 2 dieses Handb. S. 200f. und ferner auch G. WIEGNER: Boden und Bodenbildung. 1921.

verbinden sich die Sole des Aluminiumhydroxydes und der Kieselsäure zu den sog. Austauschkörpern, die die Hauptmasse des Tons bilden. Der Ton bleibt hierbei als unlösliches Produkt im Boden und erhöht seine Fruchtbarkeit wesentlich. Ist dagegen ein Schutzkolloid, in unserem Fall die saueren Humussole, anwesend, so wird die gegenseitige Ausfällung der Aluminium- und Kieselsäuresole verhindert, diese bleiben fortwährend in Lösung und werden mit dem abwärts fließenden Grundwasser weggeschwemmt. Gleiches gilt für das Eisenhydroxyd, das aus der Verwitterungsschicht vollständig verschwindet, und diese folglich vollkommen entfärbt wird (= Bleicherde, Abb. 51).

Von der Bleicherde gehen im Laufe der Zeit etwa 10—20% des Gewichts in Lösung. Ein Teil der gelösten Stoffe wird von den Pflanzenwurzeln absorbiert und damit in den Kreislauf Pflanzensubstanz—Streudecke—Humus einbezogen. Ein zweiter Teil verschwindet mit dem Grundwasser. Ein dritter Teil wird aber unter der Bleicherde wieder ausgefällt. Es sind vor allem Eisen und Kieselsäure, die in der Orterde (schwedisch „Rostjord") als rot oder braun gefärbte Substanz angereichert werden. Diese kolloidalen Ausfällungen kitten die Sandkörner zusammen, und es entstehen auf diese Weise die sog. Ortsteinbildungen, die die Wasserführung des Bodens verändern und durch ihren mechanischen Widerstand auch häufig das Herabdrängen von Baumwurzeln verhindern[1].

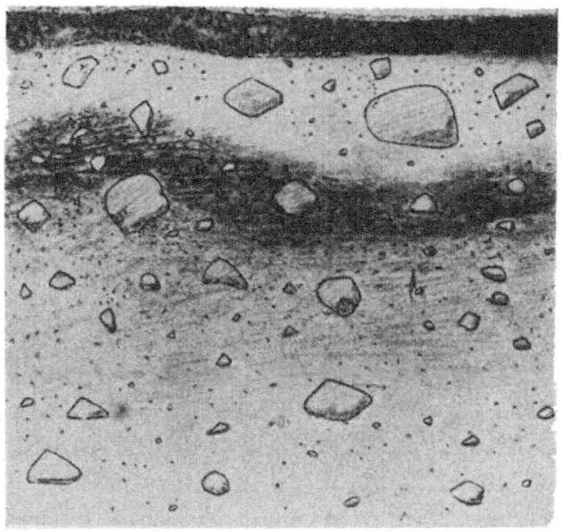

Abb. 51. Schematisches Profil durch einen Podsolboden in Nordschweden. (Nach O. TAMM.)
1 = Streudecke (schw. Förna), 2 = Humusdecke, 3 = Bleicherde, 4 = Anreicherungsschicht (Ortstein), 5 = Unterboden.

Der Grad der Podsolierung wird nun, wie oben erwähnt, im wesentlichen von den Pflanzen, die die Vegetationsdecke zusammensetzen, bestimmt. Man hat auch beobachtet, daß in Nadelholzwäldern die Untervegetation einen gewissen Einfluß ausübt. Am stärksten podsolierend wirkt der Myrtillustypus, danach der Vacciniumtypus. Am schwächsten wirkt der Flechtentypus. Eine Bodenvegetation von Oxalis und Majanthemum trifft man auf unvollständig podsolierten Böden an, es bildet sich hier fast ein echter Mullboden.

Dergleichen örtliche Differenzen im Podsolierungsgrad können auch durch Unterschiede in der Bewegung und im Ionengehalt des Grundwassers erklärt werden. Die Beschaffenheit der Streudecke bildet sozusagen die erste Anlage für die Entwicklung eines Bodens in dieser oder jener Richtung. So hat ein Nadelwaldboden wegen des sauren und kalkarmen Charakters des Förna-Materiales a priori die Neigung, podsoliert zu werden. Aber durch andere Bedingungen kann dieser Entwicklungsgang abgeändert oder jedenfalls gehemmt werden. Die Nadelwälder im Schwarzwald weisen z. B. dünne und lockere Humusdecken auf, trotzdem das Förnamaterial ähnliche Eigenschaften wie in den nordschwedischen Nadelwäldern besitzt, wo mächtige und zähe Rohhumusdecken gebildet werden[2].

[1] Vgl. E. WARMING u. P. GRÄBNER: Ökologische Pflanzengeographie, S. 113, 115. — O. TAMM: Medd. Stat. Skogsförsöksanst. **17** (1920). — E. RAMANN: Bodenkunde, S. 204. 1911. — C. G. T. MORRISON u. B. D. SOTHERS: J. agricult. Sci. **6**, 84 (1914).

[2] Siehe H. HESSELMAN: S. 358, Anm. 3.

Es wirkt also das Klima, und zwar in erster Linie wohl die Temperatur modifizierend auf die durch Mikroorganismen geleiteten Umsetzungen ein. Namentlich scheint der Stickstoffumsatz durch das Temperaturklima stark beeinflußt zu werden. Man darf auch wohl annehmen, daß durch eine höhere Temperatur die Oxydation der Humusstoffe und damit der Humussäuren schneller vor sich geht, was eine weniger mächtige Humusdecke und hierdurch eine schwächere podsolierende Wirkung nach sich zieht. Die Grundwasserverhältnisse wirken in vielfacher Weise ein. Erstens bestimmt das Grundwasserniveau den Wassergehalt und hierdurch auch die Durchlüftung der Humusdecke mit. Für die Durchlüftung erweist sich auch der Sauerstoffgehalt des Grundwassers von wesentlicher Bedeutung. Zweitens kann das Grundwasser, wenn es Kalk enthält, saure Humusstoffe neutralisieren und somit die Entwicklung in Richtung auf die Ausbildung neutraler oder weniger saurer Bodentypen leiten.

Die neutralisierende Wirkung des Grundwassers ist naturgemäß in erster Linie von dem Kalkgehalt des Mineralbodens abhängig, über den oder durch den das Wasser strömt, und so kann es vorkommen, daß durch die Vermittlung des Grundwassers, wenn dieses zeitweise hinreichend hoch steht, die Humusdecke durch den unterliegenden oder in der Nähe befindlichen Mineralboden beeinflußt wird[1]. Auch bei relativ niedrigem Kalkgehalt des Grundwassers kann dennoch ein günstiger Einfluß auf die Humifizierungsprozesse beobachtet werden, nämlich in dem Fall, daß die obersten Schichten zeitweise von dem durchsickernden Wasser durchfeuchtet werden. Die Reaktionszahl und der Kalkgehalt eines solchen Bodens steigen, auch die Nitrifikation wird lebhafter, was einen günstigen Einfluß auf die Waldvegetation hat. Als Untervegetation finden sich hier auch Anemone hepatica und andere Pflanzen ein, die eine mehr neutrale Reaktion vorziehen. Man kann also die Bodenflora auch als Indikator des Bodenzustandes betrachten.

Wir haben bisher hauptsächlich den Einfluß der Waldbäume auf den Boden geschildert, aber auch die Untervegetation, oder wie dies auf Formationen von Heide und Grasboden der Fall ist, zeigt sich die Kraut- und Halbstrauchdecke entscheidend für die Bodeneigenschaften. Während die Waldbäume die Humusdecke durch die Streu, d. h. vornehmlich durch die abgestorbenen Blätter, beeinflussen, so wirken die krautartigen Pflanzen auch stark durch ihre Wurzeln, die in der oberen Bodenschicht verbreitet sind, mit.

Sind die Bedingungen derart, daß typische Rohhumusbildung stattfindet, so wird der Boden in seiner Beschaffenheit allmählich ungünstiger für das Gedeihen von Eutrophen. In der salzarmen Rohhumusdecke werden anspruchsvollere Pflanzen, wie es die Flachwurzler sind, ausgemerzt, und man findet vornehmlich oligotrophe, mehrjährige Gräser oder Kräuter mit Rhizomen (Aira flexuosa, Festuca ovina, Molinia coerulea, Pirola, Monotropa, Majanthemum, Goodyera repens, Trientalis europaea, Eupteris aquilina u. a.), ferner zahlreiche Moose (Hylocomium, Polytrichum u. a.) und Zwergsträucher (Calluna, Vaccinium myrtillus und vitis idaea, Empetrum, im Norden Betula nana, Salices usw.) und auf trockeneren Stellen auch Flechten. Diese reiche und dichte Vegetationsdecke beeinflußt auch sekundär die Beschaffenheit des Bodens, und zwar werden ihre Nachteile als Nährstoffvermittler noch mehr verschärft. Die Pflanzen bereiten sozusagen den Boden für immer extremere Formationen vor.

Die Moose mit ihrem Filz von Wurzelhaaren (Polytrichum, Dicranum scoparium, Funaria hygrometrica u. a.) und die reich verzweigten und

[1] Siehe O. TAMM: Medd. Stat. Skogsförsöksanst. 18 (1921). — H. HESSELMAN: Ebenda 7, 91 (1910); a. a. O. 1926. — K. GLINKA: Typen der Bodenbildung, S. 74. 1914.

verfilzten Wurzeln von Calluna vulgaris und Vaccinium myrtillus tragen stark zur Bildung einer dicht gelagerten und undurchlässigen Humusdecke bei. Die Wurzeln dringen fast gar nicht in den Mineralboden ein, namentlich wenn die Pflanzen dicht stehen. Die Verfilzung der Humusdecke wird besonders im Walde durch zahlreiche Fadenpilze, wie Cladosporium, Trichoderma, Mucorineen und eine Reihe von Hutpilzen, deren Mycel den Waldboden durchzieht, unterstützt. Das Bakterienleben tritt dagegen z. T. stark zurück, und zwar teils infolge der hohen Wasserstoffionenkonzentration, teils auch infolge der periodischen Austrocknung der oberen Schichten an offeneren Stellen, wie z. B. in den Heiden usw.

Je nach der dominierenden Pflanzenart nimmt die Rohhumusdecke ein verschiedenes Aussehen und eine verschiedene Konsistenz an[1]. Eine starke Bildnerin von Rohhumus ist die Heidelbeere (Vaccinium myrtillus). Der von ihr gebildete Humus ist meist locker gelagert und verdichtet sich nur selten zu Trockentorf. Es sind die zahlreichen Kriechtriebe, die die Humusmassen lockern, sie bilden auch ein völliges Netz an der Grenze von Rohhumus und Bleicherde. Die Heidelbeere lebt also fast ganz in der Rohhumusschicht und ist folglich auf die hier zur Verfügung stehenden Nährstoffmengen angewiesen. Die Bildung von Bleicherde usw. scheint unter dem Heidelbeerenhumus schnell fortzuschreiten.

Annähernd dieselbe Wirkung auf die Bodenbildung hat die Preißelbeere (Vaccinium vitis idaea), jedoch wegen des Fehlens von massenhaften Kriechtrieben wird der Rohhumus dichter gelagert, oft verfilzt und nimmt leichter den Charakter von Trockentorf an.

Unter Heidekraut (Calluna vulgaris) entsteht ein tiefschwarzer, speckiger, für Wasser schwer durchlässiger Humus, der in seiner Beschaffenheit wesentlich von dem Humus der meisten anderen Pflanzen abweicht. Die dichte Beschaffenheit des Heidehumus schädigt den Baumwuchs, und es dürfte dies eine der Ursachen dafür sein, weshalb die Heide, wenn sie einmal festen Fuß gefaßt hat, die natürliche Bewaldung verhindert. Weil die Heide ziemlich lichtbedürftig ist, so dringt sie meistens nicht von selbst in den geschlossenenen Wald ein, bevorzugt aber Kahlflächen, die nach unvernünftigem Abtreiben des Waldes entstanden sind. Solchen Eingriffen des Menschen dürfte die Schuld für die Heidebildung entlang der Westküste von Südschweden und für gewisse Gebiete Norddeutschlands zu geben sein.

Die von Halbsträuchern gebildeten Pflanzengesellschaften sind sehr stabil, was darauf beruhen dürfte, daß sie den Boden in eine für ihr eigenes Gedeihen günstige Beschaffenheit umwandeln. Rein mechanisch wird die Keimung übrigens von fremden Pflanzen in dem dichten Rohhumus stark gehemmt, wozu noch Nährstoffarmut und die häufig ungünstige Wasserführung, wie ferner die hohe Wasserstoffionenkonzentration, treten.

Als typische Rohhumusbildner wären endlich noch gewisse Gräser zu nennen, die saure Böden bevorzugen und zu den Oligotrophen zu zählen sind. Sie wählen von vornherein nährstoffarme Böden aus, suchen z. B. Granitfelsen oder aus Moränen gebildete Böden oder saure humose Waldböden auf. Sehr typisch für Lichtungen in Wäldern mit Rohhumus oder deren Randgebiete sind die sog. Angergräser (Deschampsia flexuosa, Festuca ovina u. a. Festuca-Arten, Nardus stricta, Holcus lanatus, Molinia coerulea usw.). Diese Gräser sind mit vielen feinfaserigen Wurzeln, die im Boden ein dichtes Fasernetz bilden, versehen. Der entstandene Rohhumus ist deswegen ziemlich locker und fein-

---

[1] RAMANN, E.: Bodenkunde, S. 467ff. 1911.

körnig und trocknet leicht aus, das sind aber Eigenschaften, die zahlreiche andere Pflanzen fern halten. Dies ist abermals ein Beispiel für den schon hervorgehobenen Satz, daß die Rohhumus bildenden Oligotrophen für sich selbst den Boden gut vorbereiten, aber für andere Pflanzen ungünstig gestalten.

Die Rohhumusbildung stellt sich als ein Endstadium einer Entwicklungskette, die z. B. mit Dünenvegetation oder Verlandungsprozessen beginnen kann, dar[1]. Die Pioniere sind dagegen in Hinsicht auf die nachfolgenden Pflanzen stets solche, die den Boden immer ungünstiger für ihr eigenes Gedeihen verändern. Die Psammophyten, welche den lockeren Sand durch ihre langen Rhizome binden und hierdurch ein ruhigeres Keimbett für zahlreiche Folgepflanzen darstellen, bereiten sich gleichzeitig ihr eigenes Ende, weil sie von der immer anwachsenden Folgevegetation erstickt werden. Gleiches gilt von denjenigen Psammophyten, die typische Dünenbildner sind. Sie veranlassen das Auftürmen von hohen Sandbergen, weil ihre Sprosse immerfort in die Höhe wachsen, aber endlich gehen sie ein, weil die Blätter in zu weite Entfernung von den das Wasser und die Nährsalze aufnehmenden Wurzeln kommen. Die Rohhumusbildner können zwar erst in einem Folgestadium der Bodenbildung festen Fuß fassen, aber dafür halten sie sich um so länger.

Aber auch unter den in ihrem eigenen Rohhumus lebenden Pflanzen gibt es Beispiele für Sukzession, die darauf beruht, daß der Boden unter der Einwirkung der Vegetation immer ungünstigere Eigenschaften annimmt.

Die schnelle Podsolierung unter vielen Rohhumus bildenden Vegetationsdecken leitet zur Bildung des Ortsteins im Unterboden über. Als Folge dieser Bodenverdichtung wird der Baumwuchs zunächst beeinträchtigt, weil die Wurzeln die Ortsteinschicht nicht zu durchdringen vermögen. Es kann deshalb vorkommen, daß jede Generation flacher wurzelt als die vorhergehende[2]. Hierdurch wird natürlich der Waldwuchs beeinträchtigt und die Untervegetation, die flacher wurzelt, nimmt überhand.

Aber diese ungünstige Bodenentwicklung kann noch weiter gehen. Die Ortsteinschicht setzt die natürliche Dränage des Bodens herab und die hierdurch, namentlich im Frühling nach der Schneeschmelze, bedingte Wasserüberfüllung des Bodens wird durch die häufig schlechte Wasserführung der Rohhumusdecke noch mehr verschärft. Der Rohhumus ist zwar selten so undurchlässig für Gase, als man früher angenommen hat, denn die Untersuchungen von ROMELL[3] lehren, daß die Durchlüftung meistens gut ist, solange nicht der Boden an Versumpfung leidet. Infolge der faserigen Struktur der Rohhumusdecke und des Umstandes, daß diese unvermittelt auf dem Mineralboden aufruht, fehlen die durchgehenden kapillaren Bahnen, die z. B. in dem echten Mullboden vorhanden sind und welche die Austrocknung der unteren Bodenschichten, sowie die Durchsickerung der Niederschläge, vermitteln[4]. Die Rohhumusdecke trocknet leicht aus, aber sie schützt dann die Verdunstung aus den unteren Schichten durch ihren Luftgehalt. Diese Verhältnisse gemeinsam mit der Verschlämmung des Untergrundes, ziehen eine allmähliche Versumpfung, die z. B. in nordschwedischen Fichtenwäldern nicht selten ist und auch auf Heiden beobachtet wird, nach sich. Der Wald bzw. die Heide, gehen auf diese Weise allmählich in ein Moor über, denn wenn sich schon Sphagnen eingefunden haben, verhindern diese durch ihre lockere, leicht austrocknende Oberflächenschicht automatisch die weitere Verdunstung

[1] Vgl. oben S. 342.
[2] WARMING, E. u. P. GRÄBNER: Ökologische Pflanzengeographie, S. 584.
[3] ROMELL, L. G.: Medd. Stat. Skogsförsöksanst. **19** (1922).
[4] Siehe E. RAMANN: Bodenkunde, S. 207. 1911. — E. A. MITSCHERLICH: Bodenkunde für Land- und Forstwirte, 4. Aufl., S. 258. 1923.

aus dem Unterboden. Mit der Moorbildung sinkt auch der Nährstoffgehalt des Bodens auf ein Minimum, und die Moorpflanzen sind hauptsächlich auf die durch Flugstaub zugetragenen Mineralstoffe angewiesen.

In dem Moorboden findet eine sehr starke Auslese von Pflanzen statt; teils wirkt hier der Sauerstoffmangel[1], teils die Salzarmut in Verbindung mit hoher Wasserstoffionenkonzentration[2] und teils das ununterbrochene Wachstum der Sphagna ausmerzend auf die meisten Sumpfpflanzen, so daß nur die extremsten Oligotrophen stand zu halten vermögen.

Über die Geschwindigkeit des Podsolierungsprozesses haben u. a. MÜLLER[3], SARAUW[4], EMEIS[5], KEILHACK[6], SCHRÖDER[7] und TAMM[8] Vermutungen oder Berechnungen mitgeteilt. Der letztere findet in Übereinstimmung mit den oben (S. 357) erwähnten Beobachtungen unter Heidevegetation usw., daß die Geschwindigkeit der Podsolierung in naher Beziehung zu der Vegetationsdecke steht. In nordländischen Nadelwäldern beginnt die Bleicherdebildung mit einer 0,5—1,0 cm dicken Schicht. Die Schicht wächst ziemlich schnell und nimmt eine immer hellere Farbe an, doch hat es sich gezeigt, daß selbst nach 100 Jahren die chemischen Veränderungen in der Bleicherdeschicht noch auffallend unbedeutend sind. Erst nach 1000—1500 Jahren scheint eine typisch ausgebildete Bleicherde von 10—20% Auswaschung aufzutreten. Die Podsolierung dürfte nach TAMM selbst unter Vegetationsdecken, die als starke Rohhumusbildner bekannt sind, ein sehr langsam vor sich gehender Prozeß sein.

Fassen wir das über Rohhumusbildung und Podsolierung Gesagte zusammen, so fällt vor allem die große Zahl der hierbei beteiligten ineinander greifenden Faktoren auf. Die allgemeine Bedingung für die Rohhumusbildung ist das Klima. Niedrige Temperatur[9] und hohe Feuchtigkeit begünstigen die Rohhumusbildung, weil einerseits das Bakterienleben und die natürliche Zersetzung herabgesetzt, andererseits die Salze, namentlich der Kalk, aus der Nähe der Humusanteile ausgewaschen werden. Die allgemeinen klimatischen Faktoren bedingen aber auch z. T. die Vegetation, die einen entscheidenden Einfluß auf die Rohhumusbildung hat, teils wegen der chemischen Beschaffenheit der Streudecke, teils wegen der Wachstumsart der Wurzeln und der Dichtigkeit des Bestandes. Der Einfluß der Vegetation kann wiederum durch edaphische Faktoren, vor allem die Bewegung und den Kalkgehalt des Grundwassers eliminiert werden. Auch die durch das Temperaturklima bedingte Zersetzungsgeschwindigkeit übt hier ihren Einfluß aus. Verhältnismäßig gering ist der Einfluß der petrographischen Beschaffenheit der Unterlage. Dies beruht eben auf der ausgesprochenen Schichtung des Rohhumusbodens.

---

[1] HESSELMAN, H.: Medd. Stat. Skogsförsöksanst. **7**, 91 (1910). — MALMSTRÖM, C.: Ebenda **20** (1923). — HESSELMAN, H.: Forstwiss. Zbl. **1928**, 192. — TAMM, O.: Medd. Stat. Skogsförsöksanst. **22** (1925).

[2] Das Wachstumsoptimum von Sphagnum liegt nach M. SKENE [Ann. of Bot. **29**, 65 (1915)] bei einer bedeutend niedrigeren Nährsalzkonzentration als für Mesophyten. — Vgl. auch W. MEVIUS: Z. Bot. **1924**, 660. — D. R. HOAGLAND u. L. T. SHARP: Konzentration der Bodenlösung von Kulturböden. J. agricult. Res. **12**, 369 (1918).

[3] MÜLLER, P. E.: Studien über die natürlichen Humusformen und deren Einwirkung auf Vegetation und Boden, S. 266. 1887.

[4] SARAUW, G. F. L.: Aarbok f. Oldkynd og Historie **13**. 1898. Dänisch.

[5] EMEIS, C.: Waldbauliche Forschungen und Betrachtungen, S. 105. 1876.

[6] KEILHACK, K.: Jb. kgl. preuß. Landesanst. **1911** II, 209.

[7] SCHRÖDER, H.: Z. Forst- u. Jagdwes. **51**, 439 (1919).

[8] TAMM, O.: Medd. Stat. Skogsförsöksanst. **17** (1920).

[9] In den Tropen scheinen Podsolböden nur ausnahmsweise vorzukommen. — Vgl. R. LANG: Internat. Mitt. Bodenkde. **5**, 312 (1915). — Über Sphagnummoore in den Tropen (in 1600 m Höhe ü. M.) siehe F. C. GATES: J. Ecology **3**, 24 (1915). — Vgl. auch Band 4 dieses Handb. S. 184.

Der Mullboden. Der echte Humus ist „adsorptiv gesättigt“, neben neutraler Reaktion und weitgehendem Zersetzungsgrad (vollständiger Vermoderung) besitzt er krümeligen Zustand und hohe Wasserkapazität. Der echte Humus entsteht überall dort, wo die organischen Reste einer vollständigen Verwesung unter genügendem Zutritt von Sauerstoff, und bei Anwesenheit von Neutralsalzen und vor allem von Kalzium, unterworfen sind. Auch die Bildung von neutralem Humus ist von der Beschaffenheit der Streudecke, also dem chemischen Charakter des Ausgangsmaterials, abhängig. Eine genügend hohe Reaktionszahl und eine hinreichende Menge basischer Pufferstoffe erleichtern die normale Verwesung sehr, weil die meisten beteiligten Bakterien ihr Entwicklungsoptimum in annähernd neutraler Reaktion haben. Auch Insekten und Regenwürmer, die die Humusschicht durchwühlen und die Mischung mit dem Mineralboden übernehmen, ertragen zu saure Reaktion nicht. Im neutralen Humus gedeihen aber die Regenwürmer gut und ihnen fällt hier die wichtige Aufgabe zu, den Einfluß des Mineralbodens auf die Humusprozesse ununterbrochen zu erhalten. DARWIN[1] hat berechnet, daß diese Tiere jährlich etwa 24 t Erde pro Hektar durch ihren Darmkanal treiben. Hierdurch wird auch in einem humiden Klima der Entsalzung der oberen Bodenschichten durch Auswaschung entgegengewirkt, weil die mit den Humusteilen vermischten Sandkörner usw. langsam verwittern und Salze abgeben. Damit fällt auch die kolloidale Schutzwirkung, die die sauren Humussole im Podsolboden ausüben, fort, und die frei werdende Kieselsäure und Hydroxyde bilden teils selbst Gele, wie Ton und austauschfähige Körper, teils werden sie von den neutralen Humusteilen festgehalten. Absorbiert werden vornehmlich Kalium, Ammonium und Phosphorsäure, und zwar werden sie stark festgehalten, während Kalzium und Magnesium schwächer absorbiert werden.

Auch die Streudecke selbst enthält natürlich Salze, die bei der Verwesung dem Boden einverleibt werden. Diese Salze werden von der lebenden Pflanze durch die Wurzeln meist aus ziemlicher Tiefe heraufgeholt, namentlich sind es die Blätter, die sich durch hohen Salzgehalt auszeichnen[2]. Aber Salze werden natürlich auch in Holzstämmen und Samen aufgespeichert und gelangen nach der Vermoderung wieder in die obere Bodenschicht. Es findet also ein Kreislauf der Salze von den unteren Bodenteilen über die lebenden Pflanzen in die oberen Bodenteile statt, der zweifelsohne zur Stabilisierung der Vegetation und der Bodeneigenschaften beiträgt. Namentlich beteiligen sich die tief eindringenden Wurzeln sommergrüner Bäume an diesem Kreislauf, dagegen erweist sich in dem typischen Podsolboden, wo nur wenige Wurzeln die Verwitterungsschicht durchsetzen, der Einfluß dieses Kreislaufs viel unbedeutender.

In humiden Gebieten entgehen aber auch die Mullböden nicht der Auswaschung, und es wird in diesem Fall von dem petrographischen Charakter, namentlich dem Kalkgehalt der Mineralteile abhängen, wie lange sie durch Verwitterung die Verluste ersetzen können. Unter ungünstigen Umständen kann deshalb der echte Mullboden in einen Rohhumusboden übergehen. Man beobachtet z. B. solche Übergänge in Laubwäldern, die einen Kampf gegen den Grasboden führen. Vom Buchenwald kann man nach WARMING[3] zwei „Facies“ unterscheiden, und zwar die eine auf Mullboden, die andere auf Rohhumusboden.

Im Buchenwald auf Rohhumusboden ist als Untervegetation die stark rohhumusbildende Aira flexuosa typisch. Bei unvernünftigem Abtrieb, starker

---

[1] DARWIN, CH.: Vegetable Mould and Earthworms. 1881.

[2] Vgl. E. EBERMAYER: Bot. Jber. 1, 8 (1884). — E. RAMANN: Z. Forst- u. Jagdwes. **1898**, 1. — Bodenkunde, S. 149f. 1911. — W. BENECKE u. H. JOST: Pflanzenphysiologie 1, 132. 1924.

[3] Siehe WARMING, E.: S. 337, Anm. 1.

Windwirkung und anderen Eingriffen, die dem Baumwuchs hinderlich sind, verbreiten sich Aira, Majanthemum bifolium, Melampyrum pratense und zahlreiche Moose usw. Die Entwicklung kann sogar in Richtung nach einer Calluna-Heide mit starker Podsolierung gehen. Hier begegnet man also dem entscheidenden Einfluß der Vegetation auf die Bodenentwicklung, der überall dort hervortritt, wo das Klima und die edaphischen Faktoren beiden Bodentypen günstig sein können.

Eine ähnliche Verpodsolierung des Mullbodens kann auch stattfinden, wenn z. B. Bäume mit stark saurer Streu angepflanzt werden oder von selbst einwandern. Selbst sehr geringe Ansammlungen von Larix- oder Picea-Streu verschieben in der Regel das p_H der oberen Bodenschicht nach der sauren Seite hin. So ist z. B. nach NĚMEC und KVAPIL[1] und FRANK[2] der Boden junger Fichtenbestände mit seiner dicken Nadelstreudecke saurer als im Altholz oder in Lichtungen des Waldes. Umgekehrt wird durch neutrale oder schwach alkalische Laubstreu der echte Mullboden erhalten oder hervorgerufen. Nach BRAUN-BLANQUET[3] ergab eine 1—2 cm dicke Schicht unverwester Nadeln von Juniperus nana im Val Scarl bei 2500 m Höhe ein p_H von 6,0. Der unmittelbar darunterliegende Granitboden, worin der Wacholderstrauch wurzelte, hatte dagegen einen p_H-Wert = 5,3. BRAUN-BLANQUET deutet auch auf die Rückwirkung derartiger örtlicher Reaktionsänderungen auf die Untervegetation hin. Durch diesen sekundären Einfluß wird natürlich die Podsolierung noch stärker gekennzeichnet.

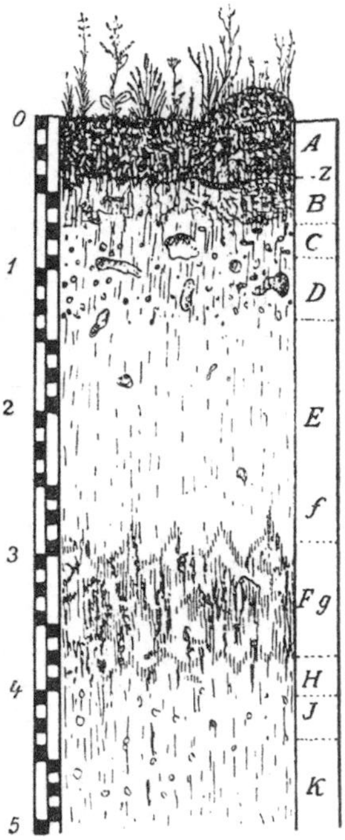

Abb. 52. Profil durch die Schwarzerde in Weleki Anadol. (Nach WYSSOTZKI aus RAMANN 1911.)
A = Oberboden, C = Unterboden, D = Ausscheidungen von $CaCO_3$, E = humusarme Schicht, K = „tote" Bodenschicht.

In ariden Gebieten ist der echte Mullboden klimatisch vorbedingt. Als Typus arider Böden können wir den Steppenboden annehmen, der pflanzenökologisch und -geographisch besonders deswegen interessant ist, weil er auf der Grenze zu den humiden Böden steht und recht große Teile der Landoberfläche der Erde einnimmt. Am besten studiert ist in dieser Beziehung die russische Schwarzerde.

Weil die Niederschläge in den ariden Boden nur bis zu einer gewissen Tiefe eindringen und sich niemals mit dem in der Tiefe liegenden Grundwasser vereinigen, so kann man eine obere lebende, d. h. von Pflanzenwurzeln und niederen Organismen durchzogene, Schicht unterscheiden, die auf einer toten Bodenschicht ruht und welche eine Zone zwischen den oberen Niederschlägen und dem unteren Grundwasser darstellt.

Das Kennzeichen der Schwarzerde (Abb. 52) ist hoher Humusgehalt in koagulierter Form neben hohem Gehalt an Ton. Die Produkte der Mineralverwitterung bleiben nämlich im Boden und halten den Humus in neutralem Zustand, so daß vollständige Verwesung stattfinden kann. Der Ton bildet sich durch gegenseitige Ausfällung der Verwitterungsprodukte Aluminiumhydroxyd und Kieselsäure. Durch den hohen Gehalt an Kolloiden werden die Salze des

[1] NĚMEC, A. u. K. KVAPIL: Z. Forst- u. Jagdwes. **8**, **9** (1925/26).
[2] FRANK, E.: Über Bodenazidität im Walde. 1927.
[3] BRAUN-BLANQUET, J.: Pflanzensoziologie, S. 205. 1928.

Bodenwassers z. T. adsorptiv gebunden, was zweifelsohne den osmotischen Gegendruck senkt, der sonst bei dem Salzreichtum ziemlich hoch sein kann und gegen den die Wurzeln bei ihrer Wasseraufnahme zu arbeiten haben.

Die Steppe hat ihre Hauptvegetationsperiode im Frühling, wenn der Boden durch die winterlichen Niederschläge noch feucht ist. Die Vegetation besteht hauptsächlich aus Gräsern (Festuca ovina, Koeleria cristata, Stipa pennata und andere Stipa-Arten), aber auch Frühjahrspflanzen mit Zwiebeln und Knollen sind charakteristisch, wie Fritillaria, Allium, Scilla, Gagea, Tulipa, Iris, Corydalis, Adonis vernalis usw. Im Hochsommer trocknet die Steppe aus, obwohl manchmal der Sommer die regenreichste Periode ist. Infolge

Abb. 53. Artemisiensteppe zwischen Alicante und Elche. (Nach BRAUN-BLANQUET 1928.)

der großen Hitze und der heftigen Winde ist die Verdunstung sehr hoch, und die heftigen Regengüsse laufen leicht von dem pulvertrockenen Boden ab. Erst die geringe Verdunstung der Herbstzeit läßt eine zweite, schwächere Entwicklungsperiode der Vegetation zu.

Der Wassermangel verhindert meistens die Bildung einer geschlossenen Pflanzendecke, so daß der nackte Boden zwischen dem Rasen hervorblickt (Abb. 53). Trotz der hierauf beruhenden relativ schwachen Humusablagerung kann jedoch, wie beim Tschernosem, der totale Humusgehalt des Bodens hoch werden. Dies dürfte als eine Folge des langen und strengen Winters anzusehen sein, der die Zersetzung des Humus hemmt. Auch bei der partiellen Austrocknung im Hochsommer wird natürlich das Bakterienleben sistiert. Ein Teil der Humusstoffe der oberen Schichten geht in Lösung, wird durch das hindurchsickernde Regenwasser in eine gewisse Tiefe gebracht und fällt hier um die tonigen Bestandteile herum als ein humoser Horizont aus, der die untere Grenze des lebenden Bodens bezeichnet.

Auch Kalziumkarbonat und manchmal Gips werden in dieser Schicht ausgeschieden.

Unter Bedingungen, die für die Verwesungsgeschwindigkeit günstiger sind, wird der Humus der ariden Böden rasch zersetzt. HILGARD fand in den ariden Böden Amerikas im Mittel nur 0,91 % Humus, während die humiden Böden im Mittel 4,58 % aufzuweisen hatten[1].

Die Salzanhäufung in den ariden Böden kann so weit gehen, daß es zur Auskristallisierung der Salze kommen kann. Es entstehen auf diese Weise aride Salzböden (alkali soils). Die meisten Salze rühren von der Verwitterung her. Wahrscheinlich wirken die Pflanzen auch bei dem Salzüberschuß der Oberfläche mit, indem sie durch ihre Wurzeln die Salze aus der Grundwassergegend heraufholen. Nach den Untersuchungen von WEAVER[2] gehen die Pflanzenwurzeln des ariden Präriebodens meistens sehr tief. In der typischen Prärie von Nebraska hatten von 43 Spezies 65 % sehr tiefgehende Wurzeln (5—20′), nur 14 % wurzelten in dem obersten 2′.

Im Vergleich zu den Verhältnissen des Rohhumusbodens hat die Vegetation aber im großen und ganzen einen relativ geringen Einfluß auf die Entwicklung des ariden Bodens, wenn man von dem wichtigen Pionierstadium der mechanischen Bindung des Sandes bei Lößböden u. dgl. absieht. Ein spezifischer Einfluß macht sich in späteren Stadien wohl nur in klimatischen Grenzgebieten bemerkbar. Die Bildung einer geschlossenen Vegetationsdecke verschiebt recht weitgehend die Wasserökonomie eines Bodens und hierdurch auch die chemischen und mikrobiologischen Umsetzungen in demselben, doch sind diese Verhältnisse ziemlich wenig studiert worden. Noch eingreifender wirkt die Bewaldung eines Steppengebietes. Wie OTOTZKI gezeigt hat[3], ist das Grundwasserniveau unter Wald niedriger als unter Steppe, was er darauf zurückführt, daß ein erheblicher Teil der Niederschläge verdunstet, ehe sie den Boden erreichen. Wahrscheinlich beruht das sinkende Grundwasserniveau in noch höherem Grade auf der Transpiration der Bäume, die bekanntlich ihr Wasser aus der Tiefe beziehen. Andererseits schützen die Bäume durch ihre beschattenden und Wind auffangenden Kronen die Bodenoberfläche vor übermäßiger Verdunstung. Die Wasserbilanz der lebenden Bodenschicht wird also entschieden verbessert, und eine mehr mesophile Vegetation kann sich einfinden. Hierdurch ändert sich auch die Bodenentwicklung in der Richtung auf einen humiden Mullboden.

Das Verhältnis von Grasboden zu Wald in Steppen- und Präriegebieten bildet ein arides Gegenstück zu dem Verhältnis von Wald zu Heide in dem humiden Klima. In beiden Fällen ist man trotz vieler Diskussionen und Erklärungsversuche nicht einig über die Ursachen der „Entwaldung“ geworden. Höchst wahrscheinlich kann ein ähnliches Resultat aus verschiedenen Ursachen hervorgehen, und vielfach dürften Feuerbrünste und unvernünftiger Abtrieb des Waldes die Entwicklung der Vegetation in Richtung auf Heiden oder Steppen eingeleitet haben. Wäre z. B. in den Prärien Nordamerikas einmal Wald gewesen, der durch Feuer ausgerottet worden wäre, so würde sich mit dem Verschwinden der schützenden Bäume die Wasserbilanz der oberen Bodenschicht verschlechtert haben. Hierdurch würde natürlich die Keimung und erste Entwicklung der Bäume stark erschwert werden, und mit dem immer dichteren Graswuchs würde auch auf rein mechanische Weise die Keimung fremder Pflanzentypen verringert worden sein. Der Grasboden trägt eine sehr stabile Pflanzengesellschaft, die, wenn sie einmal festen Fuß gefaßt hat, jeder Änderung in Rich-

[1] HILGARD, E. W.: Soils, S. 138. 1906.
[2] WEAVER, J. E.: Publ. Carnegie Inst. **1919**, Nr. 286; **1920**, Nr. 292.
[3] Siehe E. RAMANN: Bodenkunde, S. 577. 1911.

tung auf den Waldwuchs zähe widersteht. Ausschlaggebend für andauernde Waldvegetation scheint eine hinreichende untere Wasserzufuhr aus dem Grundwasser zu sein, und ferner ein gewisser Schutz des Nachwuchses, z. B. genügende Feuchtigkeit der oberen Schichten, die auch bei der Windwirkung aufrecht erhalten wird[1]. In humiden Gebieten wirkt Verpodsolierung des Bodens feindlich auf den sommergrünen Wald, und wenn die klimatischen Verhältnisse den auf Podsolboden stockenden Nadelwald nicht begünstigen, wie z. B. im mitteleuropäischen und südskandinavischen Flachland, so muß der Wald endlich der stark podsolierenden Heide weichen. In ariden Gebieten sind die chemischen Bodenfaktoren immer dem Baumwuchs günstig, hier ist allein die Wasserbilanz entscheidend, die Wirkung der Vegetation auf den Boden und als ein Leiter der Bodenentwicklung tritt hier stark in den Hintergrund, wie überall in den ariden Gebieten, wo normale Verwesung des Humus stattfinden kann.

Spezielle Einflüsse der Vegetation auf die Bodeneigenschaften.

Salzgehalt und Mikrobiologie des Bodens. Weil die Pflanzen ihre notwendigen mineralischen Nährstoffe aus der Bodenlösung[2] aufnehmen, so wird mit der Aktivität des Pflanzenlebens und mit den speziellen Anforderungen der Ökotypen die Konzentration und Zusammensetzung derselben geändert.

Die wachsende Pflanze entzieht der Bodenlösung besonders viel Nitrat, aber auch außerdem alle übrigen unentbehrlichen Ionen, wie die folgende Tabelle zeigt, in der im September und April, d. h. Ende und Anfang der Vegetationsperiode, durchgeführte Analysen mitgeteilt sind. (Nach BURD und MARTIN[3].)

Boden	Datum	p_H	Teile je Million der verdrängten Lösung								
			NO_3	CO_3	SO_4	PO_4	Ca	Mg	Na	K	Total
Nr. 7	30. April 1923	7,4	149	83	561	1,1	242	91	42	21	1190
12,5%	4. Sept. 1923	7,6	58	155	432	0,6	193	47	40	9	935
Feuchtigkeit	28. April 1923	7,6	252	142	699	0,6	336	76	59	12	1527
Nr. 11	30. April 1923	8,2	173	160	671	3,3	222	97	87	41	1454
12,4%	4. Sept. 1923	7,6	16	234	598	1,2	192	64	44	22	1171
Feuchtigkeit	28. April 1923	8,1	263	259	785	2,9	276	94	78	35	1793

Wahrscheinlich findet eine gewisse Diffusionsbewegung der Ionen zu den Wurzeln statt[4], sie scheint aber meistens unbedeutend zu sein[5]. In Rothamsted wurden vom Jahre 1856 gewisse Parzellen eines Grasbodens jährlich gedüngt, andere aber unbehandelt gelassen, trotzdem sieht man immer noch scharfe Grenzen zwischen den Parzellen, was das Fehlen einer wesentlichen, seitlichen Diffusion beweist. Man darf sich deshalb vorstellen, daß die Bodenlösung dadurch regeneriert wird, daß neue Salze, die adsorptiv oder chemisch gebunden waren, nach

[1] Aus der reichen Literatur über diese Fragen, die mehr auf dem Gebiet der Pflanzenökologie liegen, sei angeführt: G. TANFILJEW: Die Waldgrenzen in Südrußland. 1894. — Pflanzengeographische Studien im Steppengebiete. 1898. — P. KOSTYTSCHEW: Der Zusammenhang zwischen den Bodenarten und einigen Pflanzenformationen. Scripta Hort. Bot. Univ. Petropolitanae 3 (1890). — HARSHBERGER, J. W.: Phytogeogr. Survey of North Amerika in A. ENGLER u. O. DRUDE: Die Vegetation der Erde 13 (1911). — WEAVER, J. E.: Root development in the grassland formation. 1920. — E. WARMING u. P. GRÄBNER: Ökologische Pflanzengeographie S. 809. 1918.

[2] Unter Bodenlösung versteht man das im Boden kapillar festgehaltene Wasser. Es wird durch Verdrängung mit Wasser oder durch Druck gewonnen. — Siehe E. J. RUSSELL: Soil conditions and plant growth, 5. Aufl., S. 191. 1927.

[3] BURD, J. S. u. J. C. MARTIN: Soil Sci. 18, 151 (1924).

[4] Vgl. A. L. WHITING: Soil Sci. 19, 287, 459 (1925).

[5] RUSSELL, E. J.: Soil conditions and plant growth, S. 377. 1927.

dem Gesetz der Massenwirkung in Lösung gehen. Diese Regenerierung kann manchmal langsam gehen, so daß die Bodenlösung periodisch verarmt. Die Vegetation selbst sorgt für Erneuerung der Nährsalzquellen, indem die fortwachsenden Wurzelspitzen immer neue Bodenteile aufsuchen.

Während der Vegetationsperiode wird also der Bodenlösung fast alles Nitrat, viel Kalium, Kalzium und Magnesium, aber weniger Phosphat entnommen, weil das letztere aus den Vorräten in den Bodenkolloiden bald wieder erneuert wird. Die Pflanzen stehen deshalb im Anfang der Vegetationsperiode in einer höher konzentrierten Lösung als später, was aber wenig bedeutet, weil meistens in den früheren Entwicklungsstadien mehr anorganische Nahrung aufgenommen wird. BURD[1] hat gezeigt, daß Gerste in den Stadien bis zur Ährenbildung die volle Menge Stickstoff und Kalium aufnimmt. Während der Reife findet dann sogar eine Abnahme des Gehalts an diesen Stoffen statt, was wahrscheinlich darauf beruht, daß diese durch den Regen teilweise aus Blättern und Ähren ausgewaschen werden. Der Boden erhält also einen Teil der anorganischen Stoffe zurück, und vielleicht werden solche in den späteren Stadien auch von den Wurzeln abgegeben[2].

Durch den starken Wechsel im verfügbaren Nährstoffgehalt des Bodens während der Vegetationsperiode werden nicht nur die chemischen Umsetzungen im Boden beeinflußt, sondern auch ganz wesentlich das Mikroorganismenleben, das u. a. von dem Salzbestand der Lösung abhängt. Speziell die Nitrifikation scheint durch die Vegetation erheblich beeinflußt zu werden. Bewachsene Böden enthalten weniger Nitrate als unbewachsene, auch wenn man die von den Pflanzen absorbierten Quantitäten mit in Rechnung zieht[3], wie dies die nachstehende Tabelle erkennen läßt:

Nitratstickstoff in bewachsenem und unbewachsenem Boden nach RUSSELL (in Pfund je Acre).

	Juni 1911		Juli 1912	
	Unbewachsen	Bewachsen	Unbewachsen	Bewachsen
N als Nitrat im Boden	54	15	46	13
N in der Ernte	—	23	—	6
Totalgehalt an N	54	38	46	19
Defizit im bewachsenen Boden	—	16	—	27

Eine derartig hemmende Wirkung der Vegetation auf die Nitrifikation hat man u. a. bei Kartoffeln und Hafer gefunden. Bei anderen Pflanzen, wie Mais, kann umgekehrt eine gewisse Stimulierung beobachtet werden[4].

Die Erschöpfung des löslichen Mineralkapitals im Boden geht natürlich je nach den Ansprüchen und der Dichtigkeit der Vegetation verschieden weit. Getreide absorbiert weniger Nährstoffe als andere Pflanzen. Wie die Tabelle auf S. 372 zeigt, ist ihre totale Produktion von Trockensubstanz ungefähr dieselbe wie bei Klee oder Kohlrüben und größer als bei Wiesenheu und Bohnen, trotzdem entnehmen sie dem Boden nur die halbe Quantität Stickstoff und Kalium und nur ein Drittel der Kalziummenge. Klee nimmt große Mengen Kalium, Kalzium und

[1] BURD, J. S.: J. agricult. Res. **18**, 51 (1919).

[2] Vgl. H. WILFARTH, TH. RÖMER u. G. WIMMER: Landw. Versuchsstat. **63**, 1 (1905). — N. DÉLÉANO: Inst. bot. univ. gen. **1907**, **1908**, 1. — P. MAZÉ: C. r. Paris **153**, 902 (1911).

[3] RUSSELL, E. J.: J. agricult. Sci. **6**, 18 (1914). — LEATHER, J. W.: Mem. Dep. Agricult. India, Chem. Ser. 2 **1912**, 63. — PRESCOTT, J. A.: J. agricult. Sci. **9**, 216 (1919); **10**, 177 (1920).

[4] LYON, T. L. u. J. A. BIZZEL: J. Franklin Inst. Jan. **1911**; J. amer. Soc. Agronom. **15**, 457 (1923).

Magnesium auf, während Mangold viel größere Quantitäten von Stickstoff, Kalium, Natrium, Magnesium, Phosphorsäure und Chlor als irgendwelche anderen Kulturpflanzen bindet.

Leider gibt es keine entsprechenden Untersuchungen über die natürliche Vegetation, aber es leuchtet ohne weiteres ein, daß auch hier große Differenzen vorhanden sein müssen. So kann man wohl allgemein annehmen, daß die Oligotrophen je Jahr und Flächeneinheit weniger Nährsalze aufnehmen als die Eutrophen. Namentlich gilt dieses für die „Salzspezialisten" (Halophyten, Nitratpflanzen), welche sogar gewisse Mineralkomponenten in ihren Geweben aufspeichern. Es besteht hier wieder ein Wechselspiel zwischen der Vegetation und dem Boden, indem einerseits die primären Eigenschaften des Bodens eine Auswahl unter den klimatisch möglichen Pflanzentypen bewirken, andererseits die anspruchsvolleren Pflanzen allmählich den Boden aussaugen und so die Sukzession der Vegetation in Richtung zur Oligotrophenflora veranlassen. Eine solche Sukzession kann man z. B. an Kulturfeldern beobachten, die sich selbst überlassen werden.

Nährstoffquantitäten, die von verschiedenen englischen Kulturpflanzen absorbiert werden (nach WARINGTON)[1].

	Erntegewicht total trocken Pfd.	Total Asche Pfd.	N Pfd.	S Pfd.	K Pfd.	Na Pfd.	Ca Pfd.	Mg Pfd.	P_2O_5 Pfd.	Cl Pfd.	SiO_2 Pfd.
Weizen	4,958	172	50	7,8	28,8	2,6	9,2	7,1	21,1	2,5	96,9
Gerste	3,827	157	49	6,1	35,7	5,0	9,2	6,9	20,7	4,1	68,6
Hafer	3,978	191	52	8,0	46,1	5,4	11,6	8,7	19,4	6,6	85,3
Wiesenheu	2,822	203	49	5,7	50,9	9,2	32,1	14,4	12,3	14,6	56,9
Rotklee	3,763	258	98	9,4	83,4	5,1	90,1	28,2	24,9	9,8	7,0
Bohnen	3,461	157	107	9,3	67,1	2,3	29,2	9,9	29,1	5,4	7,3
Rüben	4,657	364	110	20,9	148,8	24,5	74,0	9,5	33,1	22,1	7,7
Kohlrüben	4,055	238	98	17,8	79,7	32,0	42,4	9,2	21,7	15,1	6,7
Mangold	7,568	680	149	14,0	300,7	118,7	42,9	42,5	52,9	83,1	17,9
Kartoffeln Wurzeln	3,360	127	46	2,7	76,5	3,8	3,4	6,3	21,5	4,4	2,6

In natürlichen Pflanzengesellschaften, bei welchen nach dem Absterben der Individuen die aufgenommenen Salze wieder dem Boden einverleibt werden, bedeutet die periodische Verarmung der Bodenlösung natürlich weniger, sofern der Boden genug kolloide Stoffe enthält, die die Salze während des Herbstes und des Frühlings zurückhalten. Auch ein reges Bakterienleben dient zur temporären Aufspeicherung gewisser Nährstoffe, namentlich von Stickstoff. In gewisser Hinsicht können stark salzbedürftige Pflanzen den Bodenzustand verbessern, weil sie Nährstoffe aus den tieferen Bodenschichten auslösen und aufnehmen und diese nach dem Tode in der oberen Schicht anreichern. Pflanzengesellschaften, die reich an Leguminosen sind, reichern den Boden positiv mit Stickstoff an, was eine entschiedene Verbesserung der Wachstumsmöglichkeiten anderer Pflanzen bedeutet, weil die Leguminosen in ihren Wurzelknöllchen Stickstoff aktiv aufspeichern und nach dem Tode an den Boden abgegeben haben.

Stickstoff gehört ja nicht zu den Mineralbestandteilen des Bodens, sondern stammt letzten Endes aus den organischen Resten oder, vermittelt durch die stickstoffsammelnden Bakterien, aus der Luft. Dieses bewirkt, daß ein Boden erst dann zur Höhe der Fruchtbarkeit kommen kann, wenn er schon eine gewisse Zeitdauer mit einer Vegetation bedeckt gewesen ist, so daß sich hinreichend Stickstoff angereichert hat. Unter den Pionieren auf Sandboden spielen aus

[1] Aus E. J. RUSSELL: Soil conditions and plant growth, S. 401. 1927.

ähnlichem Grunde Leguminosen, z. B. Trifolium-Arten, eine sehr wichtige Rolle. Sie pflegen sich auch in nordischen psammophilen Gesellschaften allmählich dann einzufinden, wenn sich der Boden durch die Tätigkeit der sandbindenden Pflanzen befestigt hat. In der epilitoralen Zone von Südschweden ist Trifolium hybridum auf Sandboden sehr charakteristisch.

In der Landwirtschaft ist bekannt, daß durch die Bedeckung des Bodens mit Vegetation eine erhebliche Anreicherung an Stickstoff (jedoch nicht Nitratstickstoff) stattfindet. Die Stickstoffverluste in brach liegendem Boden scheinen auf der Tätigkeit von Organismen zu beruhen, die gasförmigen Stickstoff produzieren. Diese Verluste werden namentlich sehr groß, wenn der Boden gepflügt, d. h. stark durchlüftet wird[1]. Die Vegetation selbst schafft also bessere Wachstumsbedingungen, indem der Boden in einen Zustand gebracht wird, der die wichtigen Pflanzennährstoffe zurückhält. Es sind hierbei aber klimatische Faktoren und auch die chemische Natur der Streudecke von einschneidender Bedeutung. In einem Podsolboden sind im allgemeinen die Stickstoffverluste höher als in einem Mullboden, die N-Verbindungen gehen auch hier leichter in schwer zugängliche Form über[2].

Die Frage, ob die organischen Bestandteile im Boden an sich eine Bedeutung für das Pflanzenwachstum haben, ist heute noch nicht endgültig beantwortet. Der Verfasser übergeht an dieser Stelle den Kohlensäurefaktor, der uns noch später beschäftigen wird. Gewisse Beobachtungen scheinen darauf hinzudeuten, daß organische Komponenten im Boden stimulierend auf das Wachstum wirken können[3]. Andererseits ist bekannt, daß ununterbrochener Anbau von einer Getreideart oder von Rüben usw. sinkende Ernten zur Folge haben kann. Es ist noch nicht entschieden, ob diese „Ermüdung" des Bodens auf die Ausscheidung von Giftstoffen seitens der Wurzeln, auf eine Beeinflussung der Mikroorganismenpopulation oder auf sekundäre pathologische Vorgänge zurückzuführen ist[4].

Auch die Fälle von Giftwirkung einer Vegetation auf eine andere, so z. B. die Vergiftung von Apfelbäumen durch Grasboden, sind auch noch nicht endgültig untersucht worden. Die Blätter der Bäume vergilben, auch die Früchte verlieren ihre natürliche Farbe. Es scheint hier nicht ausschließlich Durchlüftung, Änderung der Wasserversorgung usw. die Ursache zu sein, sondern man muß mehr spezifische Wirkungen der Vegetation annehmen. Dagegen scheint eine andauernde Vergiftung des Bodens auf diesem Wege nicht stattzufinden.

Im Anschluß an die oben mitgeteilten Beobachtungen über den Einfluß der Vegetationsdecke auf die mikrobiologischen Umsetzungen im Boden seien hier auch die Angaben HILTNERs über die sog. „Rhizosphäre" erwähnt[5]. Man versteht unter diesem Begriff die Tatsache, daß sich Bakterien mit Vorliebe in der nächsten Umgebung der Wurzelspitzen ansiedeln. Die Wurzeln sollen Stoffe ausscheiden, die das Wachstum von Bacterium fluorescens, Azotobacter, Denitrifikanten usw. anregen[6]. Die Bakterientätigkeit im Boden scheint mit

---

[1] Siehe u. a. A. W. BLAIR u. H. C. MC LEAN: Soil Sci. 4, 283 (1917). — F. T. SHUTT: J. agricult. Sci. 3, 335 (1910).

[2] Vgl. H. HESSELMAN: Medd. Stat. Skogsförsöksanst. 22 (1926).

[3] Vgl. O. SCHREINER u. E. C. SHOREY: U. S. Dep. Agricult. Bur. Soils Bull. 74 (1910). — O. SCHREINER u. J. J. SKINNER: Ebenda Bull. 87 (1912).

[4] PICKERING, siehe E. J. RUSSELL: Soil conditions etc., S. 393. — GERICKE: Bot. Gaz. 78, 440 (1924). — E. A. MITSCHERLICH: Landw. Versuchsstat. 81, 469 (1913). — B. E. LIVINGSTON: U. S. Dep. Agricult. Bur. Soils Bull. 36 (1907). — J. F. BREAZEALE: J. amer. Soc. Agronom. 16, 689 (1924).

[5] HILTNER, L.: Arb. dtsch. Landw.-Ges. 98, 69 (1904).

[6] WILSON, J. K.: Phytopathology 10, 425 (1920). — Vgl. B. HANSTEEN-CRANNER: Medd. Norges Landbrugshöjskole 2 (1922).

anderen Worten eine Stimulierung zu erfahren[1]. Auch die Mycorrhizapilze sollen durch organische Stoffe, die von Samen und Keimlingen von Kiefer und Fichte herausdiffundieren, in ihrem Wachstum mehrfach angeregt werden[2]. Ein bedeutender Einfluß auf das Bakterienleben im Boden wird sicher auch durch die schon erwähnten, von der Vegetation verursachten Schwankungen im Salzgehalt, d. h. von der Konzentration der Bodenlösung, verursacht.

Es besteht also eine mannigfache und verwickelte Abhängigkeit der Umsetzungen im Boden von der Vegetation. Neben der geschilderten direkten Beeinflussung der mikrobiologischen Prozesse (Humifizierung, Mineralisierung des Humus, Nitrifikation usw.) durch Stoffe, die von den Pflanzenwurzeln ausgeschieden oder zurückgelassen werden, haben wir im voraufgehenden den entscheidenden Einfluß der von den oberirdischen Pflanzenteilen gelieferten Streudecke kennen gelernt. Die chemische Beschaffenheit der toten Pflanzenreste in Verbindung mit chemischen Einflüssen vom Mineralboden und Grundwasser bestimmen die Zusammensetzung der Mikroorganismenpopulation des Bodens und hierdurch den Weg, den die Humifizierungsprozesse usw. nehmen. Lehrreich ist die Reaktion der Salpeterbakterien auf die Beschaffenheit der Humusdecke[3].

Der echte Mullboden von sommergrünen Wäldern produziert Salpetersäure mit gleicher Intensität wie gute Kulturfelder. In den Mischwäldern von Quercus, Carpinus, Ulmus, Fagus usw. wurden die höchsten Resultate erreicht. Etwas weniger stark, aber immerhin beträchtlich, nitrifizieren nach HESSELMAN die Böden der hygrophilen ,,Laubwiesen", die eine sehr reiche Vegetation haben. Eine mittelstarke Nitrifikation zeigen nach GAARDER und HAGEM die Birkenwälder. Einige Proben blieben jedoch hier bei der Nitritstufe stehen. Die Nadelwaldböden zerfallen nach HESSELMAN in die beiden Gruppen des ,,herbulenten" und des Moostypus. Der erstere ist kalkführend und zeichnet sich durch kräftige Untervegetation aus. Der Boden ist ein echter Mullboden, aber die Nitrifikation scheint bedeutend schwächer als in sommergrünen Wäldern zu sein. In dem Podsolboden der moosreichen Nadelwälder findet keine Nitrifikation statt. GAARDER und HAGEM vermuten, daß bei der Humifizierung entsprechend dem ,,Humussäureweg" keine für die Nitrifikation geeigneten Stickstoffverbindungen (Ammoniakstickstoff) gebildet werden. Bemerkenswert ist aber das vollständige Ausbleiben von Nitrifikation, wenn man ammoniumhaltige Lösungen mit solchem Boden impft. Höchst wahrscheinlich trägt der geringe Salzgehalt zum Nichtzustandekommen der Nitrifikation in sauren Rohhumusböden bei. Dagegen scheint die Wasserstoffionenkonzentration oder der Gehalt an Pufferungsstoffen an sich hierbei keinen entscheidenden Einfluß zu haben.

Der Einfluß der Vegetation auf die Wasserstoffionenkonzentration des Bodens. Wir sind schon mit der Einwirkung der Reaktion und des Puffergehalts der Streudecke auf das p_H der Humusschicht bekannt geworden. Die Vegetation drückt hierdurch ihren Einfluß auf die Bodenentwicklung aus, der nur durch den starken Einfluß anderer Faktoren, wie namentlich dem des Kalkgehaltes des Substrates oder des Bodenwassers modifiziert oder aufgehoben werden kann.

Eine sehr große Zahl von Untersuchungen hat sich mit dem Einfluß der Reaktionszahl auf die Vegetation beschäftigt. Es liegt kein Anlaß vor, auf diese ökologisch-geographische Seite des Problems näher einzugehen, es sei nur be-

[1] NELLER, J. R.: Soil Sci. 13, 139 (1922).

[2] MELIN, E.: Untersuchungen über die Bedeutung der Baummykorrhiza. 1925.

[3] Siehe FR. WEIS: Cbl. Bakter. II 28 (1910). — FR. WEIS u. K. BONDORFF: Det forstl. Forsögsvaesen i Danmark 5, 343. 1917. — FR. WEIS: Medd. dansk Skovforen. Gödningsforsög 1924. — H. HESSELMAN: Medd. Stat. Skogsförsöksanst. 13/14, 297 (1917). — TH. GAARDER u. O. HAGEM: Medd. Vestlandets forstl. försöksstat. 1921, Nr. 4.

tont, daß durch die Auslese von Pflanzen, die nur innerhalb gewisser p_H-Bezirke gedeihen, die durch die vorherrschenden Pflanzen einer Formation einmal entstandene Bodenazidität nachfolgend immer mehr verschärft werden kann, weil immer extremere Vegetationstypen auftreten. Dergleichen Beispiele für eine gradweise Erhöhung der Wasserstoffionenkonzentration, die Hand in Hand mit dem Auftreten von neuen Vegetationstypen geht, gibt es viele. Die klimatischen und edaphischen Faktoren nehmen selbstverständlich auch hieran einen wichtigen Anteil. Namentlich die Intensität der Auswaschungen und der Entkalkung des Humus ist bestimmend für die Verschiebung der Reaktion in saurer Richtung. Aus diesem Grunde findet man im humiden Podsolboden in der Regel eine Abnahme der Wasserstoffionenkonzentration mit der Tiefe. Auch im alpinen Humusboden und im Rendzinaboden sollen nach BRAUN-BLANQUET ähnliche Verhältnisse herrschen (Abb. 54)[1]. Über einem Kalksubstrat erfolgt hier meistens ein plötzlicher Umschlag im p_H-Wert zwischen der Humusschicht und dem Mineralboden (Abb. 55). In den podsolierten Böden von Nordeuropa oder der Alpenregion hat die Rohhumusschicht stets eine hohe, die Bleicherdeschicht eine etwas geringere und die Orterde die geringste Wasserstoffionenkonzentration, wie aus nachfolgender Übersicht hervorgeht:

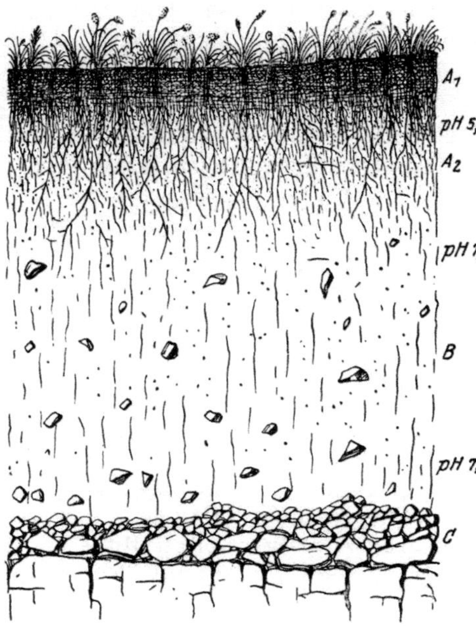

Abb. 54. Profil im Curvuletum-Boden im Ofenpaßgebiet (2500 m). (Nach BRAUN-BLANQUET und JENNY 1926.) A_1 = 2 cm schwarzer Humus, A_2 = 6 cm humose Feinerde, B = 12 cm hellgraue Verwitterungserde, C = Dolomitschutt.

p_H-Änderung in nordischen und alpinen Podsolprofilen.
(Nach BRAUN-BLANQUET. 1928.)

	Rohhumushorizont (A_1)		Auswaschungshorizont (A_2)		Anreicherungshorizont (B)		Verwitterungserde (C)	
	p_H	Tiefe cm	p_H	Tiefe cm	p_H	Tiefe cm	p_H	Tiefe cm
Carex curvula-Ass. auf Rendzinapodsol (Zentralalpen)	5,0	0—35	5,7	35—38	6,5	38—45	7,8	45
Carex curvula-Ass. auf Humuspodsol (Zentralalpen)	5,5	0—3	5,4	3—13	5,4	13—18	6,3	18
Empetrum-Vaccinium-uliginosum-Heide (Zentralalpen)	4,2	2—5	5,0	15				
Larix-Pinus-Mischwald (Zentralalpen)	6,0	0—15	6,4	15—30	6,8	30—50	7,2	55
Calluna-Cladonia-Heide (Sylene, Norwegen)	4,3		4,4		4,7			
Vaccinium myrtillus-Betula pubescens-Wald (Sylene, Norw.)	4,0		4,0		4,7			

[1] BRAUN-BLANQUET, J.: Pflanzensoziologie, S. 147. 1928. — BRAUN-BLANQUET, J. u. H. JENNY: Denkschr. Schweiz. naturforsch. Ges. **63**, 2 (1926). — CHRISTOPHERSEN, E.: Trans. Connect. Acad. Arts a. Sci. **27** (1925).

Ähnliche Beobachtungen wie BRAUN-BLANQUET und JENNY hat WEIS in den dänischen Buchenwäldern gemacht. Diese stocken z. T. auf kalkhaltigem Unterboden, aber die obere Humusschicht hat eine saure bis stark saure Reaktion. Die Proben aus dem Unterboden oder tieferen Schichten des Oberbodens reagierten durchgehends weniger sauer, waren sogar z. T. neutral oder alkalisch[1]. In anderen Fällen kann der p_H-Wert mit der Tiefe konstant bleiben[2]. Allgemeine Regeln über die Wirkung der Vegetation und der klimatischen Faktoren auf die Wasserstoffionenkonzentration gibt es daher nicht.

p_H-Änderung in mediterranen Roterdeprofilen.
(Nach BRAUN-BLANQUET. 1928.)

	Schwach humoser Horizont		Rötlich gefärbter, eisen- (und aluminium-) reicher Horizont		Verwitterungsrohboden	
	p_H	Tiefe cm	p_H	Tiefe cm	p_H	Tiefe cm
Brachypodium raussi auf Jurakalk (Montpellier)	6,8	1—5	6,5—6,5	15—60		
Quercus-ilex-Jungwald auf Kreidekalk (Urgon) (Pont-du-Gard)	7,4	1—2	7,3—7,2	5—25	7,2	50
Quercus-ilex-Busch mit Calluna auf kalkfreiem Silikatgeschiebe (Montpellier)	6,9	1—2	6,6—6,3	10—25	6,2	40—50
Quercus-ilex-Urwald im Atlas bei Azron (1500 m). Unterlage vulkanisch	7,2	2	7,2	10		
Sehr lockerer Quercus-ruber-Bestand auf kalkfreiem Pliozänsand (Kenitra, Marokko)	7,2	2	7,0	10	6,9	30

In den neutralen Roterdeböden im Mittelmeergebiet scheint im Gegensatz zum Podsol mit der Tiefe eine Zunahme der Wasserstoffionenkonzentration stattzufinden (vgl. obige Tabelle). Dies dürfte wohl durch den mehr ariden Charakter dieser Böden zu erklären sein, weil hier infolge der Wirkung der Wurzeln eine Anreicherung von Salzen (also auch von Kalk) in der oberen Bodenschicht stattfindet. Aride Bodentypen haben allgemein alkalische Reaktion.

Daß eine Änderung im aktuellen p_H-Wert des Bodens schnell stattfinden kann, beruht auf dem Pufferzustand. In vielen Podsolböden ist die Menge der sauren Pufferstoffe sehr hoch, diese werden dann energisch den Änderungen des p_H, die durch Pflanzen mit mehr neutraler Streu oder durch anorganische Einwirkungen bedingt sind, widerstehen. Einen lehrreichen Fall schildert BRAUN-BLANQUET[3] aus den Rhätischen Alpen, wo der Flugstaubfall bedeutend ist. Flugstaubmessungen ergaben, daß im Gebiet der Alp Murtér (Val Cluoza) je Jahr und Hektar 50 Doppelzentner kalkreicher Flugstaub zur Ablagerung gelangen. Nach den Berechnungen JENNYS wäre aber mindestens eine 3—5fache Kalkzufuhr erforderlich, um die stark saure Reaktion der Curvuletum-Böden (Carex curvula-Ass.) zu verschieben. Dieser starken Pufferung des Humusbodens ist es nach der Meinung BRAUN-BLANQUETS zuzuschreiben, daß das Curvuletum als Vegetationskomplex der alpinen Stufe auch in Gebieten mit hoher Flugstaubverfrachtung dauernd erhalten bleibt.

[1] WEIS, F.: Medd. dansk skovforen. gödningsforsög. Köbenhavn 1924.
[2] OLSEN, CARSTEN: Dissertation, S. 25. Köbenhavn 1921.
[3] BRAUN-BLANQUET, J.: a. a. O., S. 150. 1928.

Die Entwicklung des Bodens unter dem Einfluß der Vegetation beginnt in den Alpen häufig mit neutraler oder schwach alkalischer Reaktion[1] (Abb. 55). Es reagiert die Streudecke hier meistens sauer, aber Flugstaub und kalkreicher Unterboden reichen anfänglich aus, um die organischen Säuren zu neutralisieren. Es resultiert ein milder, schwarzer, alkalischer Humus, der von Carex firma, C. mu-

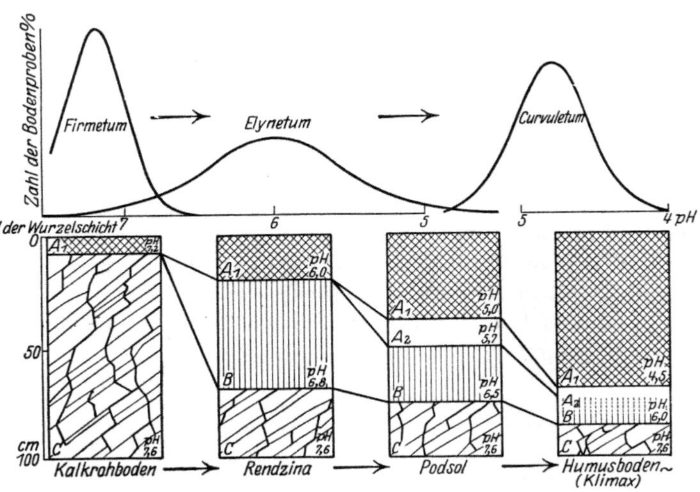

Abb. 55. Bodenbildung und Vegetationsentwicklung auf Kalk im Hochgebirge. (Nach Braun-Blanquet und Jenny 1926.)

cronata, Sesleria coerulea u. a. in Beschlag genommen wird. Regen- und Schmelzwasser bewirken aber eine starke Auswaschung, die durch die starke Kohlensäureproduktion des Humus unterstützt wird. Mit sinkendem Ca-Gehalt des Humus finden sich Horstpflanzen, wie Elyna myosuroides, Agrostis alpina u. a. ein, die saure Laubstreu produzieren, und es resultiert die ziemlich tiefgründige, mäßig saure Rendzina mit einem p_H-Wert von 6,5—5,5. Auf diesem Boden wächst bei kurz dauernder Schneebedeckung eine Elyna-Assoziation, dagegen an Stellen, die lange mit Schnee bedeckt sind, eine solche von Festuca violacea und Trifolium Thalii. Bei der weiteren Entwicklung des Bodens in saurer Richtung (p_H 5,8—5,2) findet sich die ausgeprägt azidophile Horstpflanze Carex curvula ein und hierdurch tritt ein wichtiger Wendepunkt in der Bodenentwicklung ein. Diese Assoziation bildet nämlich sehr viel sauren Humus, wodurch die Auslaugung und Verarmung der oberen Schicht des Mineralbodens kräftig fortschreitet. Der Rendzina-Boden entwickelt sich hierdurch zu einem regelrechten Podsolboden, bis die Sukzession der Vegetation in eine Carex curvula-Assoziation auf

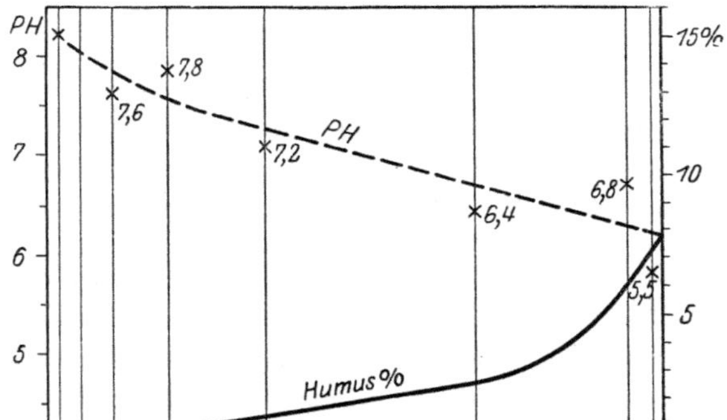

Abb. 56. Humusanreicherung und Versauerung alten Dünenbodens bei Southport im Verlauf von 300 Jahren. (Nach Salisbury.)

[1] Braun-Blanquet, J.: a. a. O., S. 268. 1928.

mächtigen Rohhumusboden endet. Diese Assoziation bildet nach BRAUN-BLANQUET und JENNY den Klimax der alpinen Stufe in den Zentralalpen.

Ein Gegenstück zu dieser irreversiblen Bodenentwicklung mit sinkendem p_H hat SALISBURY[1] von den Dünen der englischen Küste geschildert. Er findet eine mit der Zeit fortschreitende Versauerung alter Dünenböden (Abb. 56). In den ersten Stadien wachsen auf dem kalkhaltigen Dünensande basiphile Arten, wie Carlina vulgaris, Euphorbia paralias, Senecio jacobaea, Gentiana campestris, G. amarella, Chlora perfoliata u. a. In den letzten Stadien fehlen die basiphilen Arten und die azidophile Calluna vulgaris gelangt zur Vorherrschaft. Auch hier geht die steigende Wasserstoffionenkonzentration parallel mit steigendem Humusgehalt (wachsender Humusdecke) siehe Abb. 56. Ferner fand SALISBURY, daß die ältesten Dünen am Meer ein p_H von 6,24, die jüngeren ein p_H von 7,8 hatten. Die Auswaschung umfaßt nicht nur Kalzium, sondern auch Kalium, Magnesium usw., während Phosphate länger im Boden zurückbleiben. Weil aber die Intensität der Auswaschung auch von der Topographie abhängt, so pflegt oben auf den Hügeln der Kalkgehalt und der p_H-Wert niedrig zu sein, um nach unten zu steigen, wie solches nachstehend wiedergegebene Übersicht zeigt:

Auswaschung des Bodens an einem Dünenhügel (nach SALISBURY).

	Tiefe der Probenentnahme in Zoll	Karbonat in Prozent	p_H
A. Gipfel des Hügels, Pteris dominierend .	0—4	0,00—0,002	5,1—5,4
	2—4	0,01—0,04	5,3—6,0
B. Halbwegs, Kalkwiese	0—1	0,68—1,0	7,3
	2—4	1,1—3,2	7,3—7,4
C. Nahe am Fuß, Kalkwiese	0—1	2,1—30	7,4—7,6
	2—4	25—65	7,6
D. Boden eines trockenen Tals, Kalkwiese mit Gebüsch	0—1	12,5	7,5
	2—4	20	7,5

Die Wirkung der Vegetation auf Durchlüftung und Kohlensäureproduktion des Bodens. Die Verwesung der organischen Stoffe im Boden, die größtenteils durch Mitwirkung von Mikroorganismen (Bakterien, Pilze) geschieht, ist im großen und ganzen ein Oxydationsprozeß, der unter Bindung von Luftsauerstoff und Bildung von Kohlensäure vor sich geht. Weil aber die Verwesung nicht am stärksten in der leicht austrocknenden Oberfläche des Bodens ist, sondern etwas unterhalb unter derselben, so wird die Durchlüftung des Bodens demgemäß zu einem Faktor von erheblicher Bedeutung. Die Vegetation beeinflußt die Durchlüftung teils direkt durch die Wurzelatmung, teils indirekt dadurch, daß die Beschaffenheit des Humus chemisch die Intensität und Richtung der mikrobiologischen Umsetzungen, physikalisch die Diffusionsverhältnisse mitbestimmt.

Der Sauerstoffverbrauch und die Kohlensäureproduktion im Boden sind in die oberen, organische Stoffe enthaltenden Schichten verlegt. In einer Tiefe von etwa 1 m unter der Oberfläche sind die meisten Böden fast steril[2], und es sinkt die Keimzahl im allgemeinen rasch mit der Tiefe[3]. Das Optimum ist aber, wie erwähnt, in der Regel in 5—15 cm Tiefe vorhanden, weil die obersten Centi-

[1] SALISBURY, E. J.: J. Ecology **9** (1922); Ann. of Bot. **36** (1922); J. Ecology **13** (1925).
[2] STOKLASA, J. u. E. ERNEST: Cbl. Bakter. II **14**, 725 (1905).
[3] LÖHNIS, F.: Handbuch der landwirtschaftlichen Bakteriologie, S. 511. 1910. — WAKSMAN, S. A.: Soil Sci. **1**, 363 (1916).

meter wegen der periodischen Austrocknung des Substrates für Bakterientätigkeit nicht so geeignet sind.

Untersuchungen von BUCKINGHAM[1] haben u. a. gezeigt, daß die Zufuhr des Sauerstoffs und die Abfuhr der Kohlensäure ausschließlich durch Diffusion aus der Atmosphäre stattfinden. Maßgebend für die Zusammensetzung der Bodenluft ist deshalb einerseits die Geschwindigkeit der Oxydationsprozesse, andererseits der Diffusionswiderstand. Die ökologische Wirkung der Durchlüftung setzt sich aus den Partialwirkungen des Sauerstoff- und des Kohlensäuredruckes zusammen, die keineswegs immer parallel gehen. Die meisten Pflanzen reagieren auf niedrige Sauerstoffkonzentration im Boden durch schlechtes Gedeihen, es wird die Atmung der Wurzeln erschwert, was natürlich hemmend auf das Wachstum der ganzen Pflanze wirkt. Einige Pflanzen, wie Coleus und die Getreidearten[2], werden schon durch eine Senkung des O_2-Druckes um wenige Prozent unvorteilhaft beeinflußt, während andere, wie z. B. gewisse Salix-Arten, wochenlang ohne Sauerstoff leben können[3]. Im allgemeinen sind die Wurzeln der Sumpf- und namentlich der Moorpflanzen an ein fast sauerstoffreies Medium angepaßt.

Ganz spezifisch ist auch die Einstellung der Pflanzen auf die Kohlensäurekonzentration der Bodenluft. Die meisten mesophilen Pflanzen weisen schon mit 1 % Kohlensäure eine beginnende Verzögerung des Wachstums auf[4], während andererseits viele niedrige Organismen, Bakterien und Pilze[5] ohne Schaden sehr hohe Konzentrationen ertragen können. Bemerkenswert ist die Tatsache, daß Kohlensäure wie ein Narkotikum auf viele Samen wirkt. Sie keimen nicht, solange die hohe Kohlensäurekonzentration anhält, erwachen aber aus dem latenten Zustande, sobald die Kohlensäure verschwindet[6].

Wegen der spezifischen Wirkungen des O_2-Defizits und des CO_2-Überschusses im Boden ist es für die Feststellung der Wirkungen auf das Pflanzenleben wichtig, die beiden Faktoren zu bestimmen. Weil jedoch O_2- und CO_2-Gehalt meist umgekehrt variieren[7], so genügt für praktische Zwecke zumeist die Bestimmung des einen Faktors. Am bequemsten und genauesten läßt sich der Kohlensäuregehalt bestimmen[8].

Die Zunahme des Kohlensäuregehalts mit der Tiefe unter der Erdoberfläche erhellt aus folgenden Angaben:

Grasboden (RUSSELL)	1,46%	CO_2	in 15 cm	Tiefe
	1,64%	„	„ 45 cm	„
Ackerboden (RUSSELL)	0,34%	„	„ 15 cm	„
	0,45%	„	„ 45 cm	„
Buchenwaldboden (ROMELL)	0,33%	„	„ 30 cm	„
	0,39%	„	„ 60 cm	„
Sandboden (LUNDEGÅRDH)	0,25%	„	„ 15 cm	„
	0,31%	„	„ 30 cm	„

1 BUCKINGHAM, E.: U. S. Dep. Agricult. Bur. Soils Bull. **25** (1904). — ROMELL, L. G.: Medd. Stat. Skogsförsöksanst. **19** (1922). — LUNDEGARDH, H.: Der Kreislauf der Kohlensäure in der Natur, S. 146. 1924.

2 CANNON, W. A.: Ecology **5**, 319 (1924). — JANERT, H.: Z. Pflanzenernährg. usw. A **2**, 177 (1923).

3 Literatur in F. CLEMENTS: Aeration and air-content. Publ. Carnegie Inst. **1921**, 315. L. G. ROMELL: Dissertation, Stockholm 1922.

4 Literatur in H. LUNDEGÅRDH: Der Kreislauf der Kohlensäure in der Natur, S. 103. 1924. Bot. Notiser Lund **1923**, 25.

5 LUNDEGÅRDH, H.: a. a. O., 1923. — BROWN, W.: Ann. of Bot. **36**, 253 (1922).

6 KIDD, F. u. C. WEST: Ann. of Bot. **31**, 457 (1917). — KIDD, F.: Proc. roy. Soc. **87**, 408 (1914); **89**, 136 (1915).

7 Vgl. L. G. ROMELL: Dissertation 1922.

8 Über die Methodik siehe E. J. RUSSELL u. APPLEYARD: J. agricult. Sci. **7** (1915). — L. G. ROMELL: Dissertation 1922. — LUNDEGÅRDH, H.: Angewandte Botanik, S. 122. 1922.

In sehr großen Tiefen (1—4 m) fand FODOR für gewöhnlich einen Gehalt von 1—4 %, ja, sogar bis zu 8 % Kohlensäure. Die hohe Konzentration in größerer Tiefe beruht auf der mangelhaften Durchlüftung, wogegen die Kohlensäureproduktion (die „Aktivität") am stärksten in den oberen Schichten ist. Folgendes Beispiel zeigt das starke Abfallen der Aktivität in gewissen Böden[1].

CO_2-Produktion in	0—10 cm	Tiefe	0,0502 cm³ pro Säule von 1 cm² Basisfläche u. 1 Std.
„ „	10—20 cm	„	0,0155 cm³ pro Säule von 1 cm² Basisfläche u. 1 Std.
„ „	20—30 cm	„	0,00296 cm³ pro Säule von 1 cm² Basisfläche u. 1 Std.
„ „	30—40 cm	„	0,00166 cm³ pro Säule von 1 cm² Basisfläche u. 1 Std.

Die Bestimmung der absoluten Kohlensäureproduktion wurde in der Weise ausgeführt, daß die mittels eines Bohrers von spezieller Konstruktion[2] herausgeholten Bodensäulen in einem Literkolben 24 Stunden bei konstanter Temperatur gehalten wurden. Die CO_2-Bestimmung erfolgte dann mit Hilfe des volumetrischen Analysenapparates[3].

Als Maß der Durchlüftung des Bodens kann man die Diffusionszahl heranziehen (K), die definiert wird als diejenige Menge Kohlensäure (in Cubiccentimeter), die durch einen Zylinder von 1 cm Höhe und 1 cm² Querschnitt in 1 Sek. befördert wird, wenn das Konzentrationsgefälle 1 Atm. beträgt. Es gilt die approximative Formel

$$K = \frac{(a_2 + a_3) \cdot y_2 \cdot 100}{3600 \cdot (b_2 - b_1)},$$

in welcher $a_2 + a_3$ die durch die Schicht von der Dicke y_2 diffundierende Kohlensäuremenge ist (ausgedrückt in cm³ je eines Zylinders von 1 cm³ Durchschnitt) und b_1 bzw. b_2 den Kohlensäuregehalt (in Volumenprozent) an der oberen und unteren Grenzfläche der Schicht darstellt, für die K bestimmt wird[4].

Sowohl die absolute Kohlensäureproduktion des Bodens als auch sein Diffusionswiderstand (Dichtigkeit, Durchgang für Gase) beruhen nun auf einer Reihe von Umständen, auf die die Vegetation Einfluß hat.

Die totale Kohlensäureproduktion des Bodens (= Bodenatmung) wird bestimmt durch die pro Zeiteinheit und Flächeneinheit abgegebene Gewichtsmenge Kohlensäure[5]. Es hat sich gezeigt, daß die Bodenatmung zwischen etwa 2,0 und 23,4 kg Kohlensäure je Hektar und Stunde variiert. Im allgemeinen scheinen Waldböden mehr als Wiesen- und Ackerböden zu atmen, was wahrscheinlich mit dem gleichmäßigeren Feuchtigkeitsgehalt derselben zusammenhängt. Auch der Humusgehalt besitzt einen Einfluß, insofern als sehr humusarme Sandböden eine niedrige Atmungsintensität aufweisen. Dagegen scheint bei Humusgehalten über 2—4 % ein mehr oder weniger daran nicht so viel zu bedeuten. Es ist nämlich ein chemischer und physikalischer Bodenzustand wichtiger, der erlaubt, daß sich die die Hauptmenge der Kohlensäure produzierenden Mikroorganismen wohlbefinden. Hierzu gehören außer genügender

---

[1] LUNDEGÅRDH, H.: Klima und Boden in ihrer Wirkung auf das Pflanzenleben, S. 264. 1925.

[2] Siehe H. LUNDEGÅRDH: Ark. Bot. (Stockholm) 18 (1923).

[3] Der Apparat, der auch für Bodenatmung usw. benutzt werden kann, ist von H. LUNDEGÅRDH [Ark. Kemi usw. (Stockholm) 9, Nr. 46 (1928)], beschrieben.

[4] Siehe H. LUNDEGÅRDH: Ark. Bot. (Stockholm) 18, 18 (1923). — Kreislauf der Kohlensäure in der Natur, S. 156ff. 1924.

[5] Über die Methodik siehe H. LUNDEGARDH: Der Kreislauf der Kohlensäure in der Natur. S. 144. 1924.

Feuchtigkeit und Sauerstoff auch Nährsalze. Im großen und ganzen wird also die Bodenatmung durch Bedingungen befördert, die auch einen günstigen Einfluß auf das Gedeihen der höheren Pflanzen haben. Bemerkenswert ist jedoch die Tatsache, daß auch Rohhumusböden eine lebhafte Kohlensäureproduktion aufweisen können, was dann wohl auf der Tätigkeit von Pilzen beruht[1]. In der totalen Bodenatmung ist auch die Wurzelatmung mit einbegriffen, die recht beträchtliche Werte erreichen kann[2]. Über ihre Größe gibt folgende Tabelle Aufschluß:

Sandboden (ungedüngt)	2,0 kg	per	1 ha	1	Stunde
Sandboden (ungedüngt, humusreich)	4,0 kg	,,	1 ha	1	,,
Lehmboden (ungedüngt)	4,0 kg	,,	1 ha	1	,,
Lehmboden (humusreich)	4,1 kg	,,	1 ha	1	,,
Waldboden (Buchenwald)	15,1—22,0 kg	,,	1 ha	1	,,
Waldboden (Erlenwald)	11,7—23,4 kg	,,	1 ha	1	,,
Wiesenboden (mager)	3,3 kg	,,	1 ha	1	,,
Tonboden	1,2 kg	,,	1 ha	1	,,

3. Die Tiere (Leben und Wirken der für den Boden wichtigen Tiere).

Von R. W. HOFFMANN, Göttingen.

Mit 16 Abbildungen.

Wie sich in den Gewässern eine reiche Lebewelt tierischer und pflanzlicher Art findet, die durch mannigfaltige Wechselbeziehungen zueinander zu einer biozönotischen Lebensgemeinschaft zusammengeschlossen ist, so bildet auch der Boden ein Medium, in dem zahlreiche tierische und pflanzliche Organismen in gegenseitiger Abhängigkeit ihre Existenz finden. FRANCÉ[3] bezeichnet diese Geobionten, die gewissermaßen ein Gegenstück zum Plankton der Gewässer darstellen, insofern sie wie dessen Vertreter auf ein bestimmtes Milieu angewiesen sind, als Edaphon. Allerdings sind viele Bodenorganismen weit weniger gut gegen die Außenwelt isoliert als die Wasserformen. Prüfen wir die Bodentiere, die uns hier allein interessieren, auf diesen Umstand hin, so finden sich neben typischen Bodenformen, die ihr ganzes Leben im Boden verbringen und hier allein ihre Existenzbedingungen finden (z. B. Regenwürmer, Enchytraeiden, Maulwürfe), andere, die nur während gewisser Jugendstadien im Boden leben, im ausgebildeten Zustand jedoch die Erdoberfläche und die oberirdische Organismenwelt besiedeln (zahlreiche Insekten). Andere Tiere wiederum erlangen nur insofern eine Beziehung zum Boden, als er ihnen als Unterschlupf dient, während ihr Hauptaufenthaltsort, sowie ihr Jagd- und Ernährungsgebiet die Erdoberfläche darstellt, so z. B. zahlreiche Raubtiere. Endlich gibt es Tiere, die durch ihre Lebenstätigkeit an der peripheren Bodenzone, sei es durch Einfluß auf die hier wachsende Pflanzenwelt, sei es durch direkte Bearbeitung der Bodenfläche, eine gewisse Umgestaltung der letzteren hervorrufen (z. B. gewisse Huftiere). Im allgemeinen sind es vorwiegend edaphische Formen, welche nennenswerte Veränderungen des Bodens verursachen.

Leider sind wir über die bodenmodifizierende Tätigkeit der tierischen Organismen im allgemeinen nur sehr wenig unterrichtet. Folgende Tiergruppen

[1] Über die Bodenatmung im Walde siehe auch D. D. FEHÉR: Flora **121** (N. F. **21**) 316 (1927). — L. G. ROMELL: Medd. Stat. Skogsförsöksanst. **24**, 1 (1928). — TH. MEINECKE: Die Kohlenstoffernährung des Waldes. 1927.

[2] Siehe H. LUNDEGÅRDH: Der Kreislauf der Kohlensäure usw., S. 201, 259. 1924.

[3] FRANCÉ, R. H.: Das Edaphon, 2. Aufl. 1921. Die Edaphonforschung, die FRANCÉ propagiert, beschäftigt sich mit der Untersuchung der gegenseitigen Beziehungen der Bodenorganismen und ihren Einwirkungen auf den Boden.

kommen hierfür in Betracht: 1. Protozoen, 2. niedere Würmer (Rotatorien, Nematoden), 3. höhere Würmer (Oligochaeten [Lumbriciden und Enchytraeiden], Polychaeten), 4. Kresbtiere (Asseln, echte Krebse), 5. Bärtiere, 6. Tausendfüßer, 7. Insekten, 8. Spinnen, 9. Mollusken, 10. Wirbeltiere (besonders Säugetiere).

Protozoen.

Prüfen wir zunächst die Kleintierwelt auf ihre Beziehungen zum Boden, so müssen wir gestehen, daß unsere Kenntnisse hierüber, trotz mancherlei Untersuchungen, noch recht dürftig sind. Eine außerordentlich weite Verbreitung im Boden scheinen die Protozoen zu haben. SANDON[1] fand sie selbst in ganz unfruchtbaren Böden. In seinen umfassenden Untersuchungen, die sich auf Bodenproben aller Kontinente beziehen, notiert er an 250 verschiedene Protozoenspezies aus den Gruppen der Flagellaten, Rhizopoden (Amoebina [Nuda und Testacea], Helizoa), sowie Ciliaten, NOWIKOFF[2] fand allein im russischen Ackerboden „als vorläufiges Resultat" 31 Genera mit 39 Spezies von Flagellaten, Rhizopoden und Ciliaten. Berücksichtigt man außerdem das oft zahlenmäßig bedeutende Vorkommen dieser Formen, so ist man geneigt, ihnen einen größeren Einfluß auf den Boden zuzuschreiben. Indessen muß es auffallen, daß die meisten dieser Tiere, wenn nicht alle, auch der Süßwasserfauna angehören. Dieses Resultat läßt sich aus den Arbeiten von NOWIKOFF, FRANCÉ, KOCH[3], KOFFMANN, ALEXEIEFF[4] feststellen. Auch SANDON teilt mit, daß die Majorität der 250 von ihm im Boden gefundenen Protozoenarten an vielen anderen Orten vorkommt, besonders in reich mit organischer Substanz versetzten Wässern. Nur eine kleine Anzahl Formen schien bisher nur im Boden festgestellt zu sein[5]. Bemerkenswert ist weiterhin, daß nach SANDON alle Bodenprotozoen eine universelle Verbreitung besitzen: Dieselben Arten kommen sowohl in Böden der arktischen, der gemäßigten wie der tropischen Zone vor; weder für besondere geographische Bezirke noch für besondere Böden konnten charakteristische Arten nachgewiesen werden. Ferner ist zu beachten, daß es für viele dieser Formen zweifelhaft ist, ob sie wirklich frei, d. h. sich aktiv bewegend und Nahrung aufnehmend, im Boden vorkommen. Es scheint vielmehr eine gesicherte Tatsache zu sein, daß viele, wenn nicht die meisten im Boden vorkommenden Protozoen erst sekundär in diesen gelangt sind. Bekanntlich vermögen sich alle Protozoen, wenn für sie ungünstige Verhältnisse eintreten, zu encystieren. Trocknet nun ein Tümpel oder irgendein Gewässer, das sie enthält, im Sommer ein, so werden ihre Cysten mit Staub und Sandmengen vom Wind weit über die Lande verweht. Ein Beweis hierfür ist die Tatsache, daß sich in jedem Infus, der über irgend welcher organischen Substanz — über Heu, Stroh, Torf, oder was immer es sein möge, angesetzt wird, in kurzer Zeit ein reges, organisches Leben, besonders von Protozoen entfaltet. Ausgangspunkt der Besiedelung des nackten Bodens mit Protozoen sind wohl auch die Moospolster, aus denen eine reiche Protozoenfauna beschrieben worden ist. Erstere haben für die letzteren übrigens nur die Aufgabe, Unterschlupf und Feuchtigkeit zu liefern; zur Ernährung ihrer Protozoenbewohner dienen sie

---

[1] SANDON, H.: The composition and distribution of the Protozoonfauna of the soil. Edinburgh 1927. 253 S.

[2] NOWIKOFF, M.: Die Bodenprotozoen, Heidelberger Akten der v. PORTHEIM-Stiftung 1923, 1—19.

[3] KOCH, G. P.: Soil Protozoa. J. agricult. Res. 4, 511 (1915).

[4] ALEXEIEFF, A.: Coproprotistologie. C. r. Soc. Biol. T. 89, 882 (1923).

[5] Mit dieser Feststellung würden allerdings der größte Teil der sog. Bodenprotozoen aus dem Edaphon, d. h. aus einer in sich abgeschlossenen Lebensgemeinschaft des Bodens, auszuschließen sein.

nicht[1]. Solche Protozoencysten müssen nun fortgesetzt in ungeheurer Menge lebend auf den Boden gelangen, wobei sie unter Umständen außerordentlich extreme klimatische Einwirkungen auszuhalten vermögen. Für manche ist festgestellt worden, daß sie ungeheure Kälte und Trockenheit vertragen können, ohne zugrunde zu gehen. Sowie sie nun wieder in geeignete Lebensverhältnisse geraten, schlüpft der lebende Inhalt im einfachen oder bereits geteilten Zustand aus der Cystenhülle aus und bewegt sich fort. Nur solche Protozoen, welche imstande sind, sich im Boden frei zu entfalten, können natürlich für die Beeinflussung des Bodens in Betracht kommen.

Es ist nun keine leichte Aufgabe, solche aktiven Protozoen nachzuweisen, da hierzu die undurchsichtigen Bodenproben aufgeschwemmt werden müssen, was immer nach einiger Zeit ein Auskriechen der encystierten Formen zur Folge haben muß. Um demnach sicher zu gehen, daß nicht frisch ausgeschlüpfte Tiere das Resultat verfälschen, darf die mikroskopische Untersuchung einer solchen aufgeschwemmten Bodenprobe nur kurze Zeit dauern.

Es dürften von den als Bodenprotozoen angeführten Formen nur relativ wenige Arten aktiv dort vorkommen. Viele Organismen werden zwar bei größeren Regengüssen aus ihren Cysten schlüpfen; sie werden jedoch nicht fähig sein, sich in der feuchten Erde aktiv zu erhalten. Unwahrscheinlich ist dies z. B. für die meisten Ciliaten, weil deren lokomotorischer Cilienapparat, um wirksam zu sein, eine relativ große Wasserschicht verlangt. Dies ist um so auffallender, als bisher sehr viele Ciliatenarten aus Bodenproben gezüchtet werden konnten[2]. In der Tat konnte auch KOFFMANN[3] im Boden keinerlei aktive Ciliaten nachweisen, so daß ihnen nach seiner Ansicht keine nennenswerte Aufgabe in ihm zukommen kann. Das Hauptkontingent aktiver Bodenprotozoen bilden wohl Flagellaten, sowie unbeschalte und beschalte Amöben (Difflugien). Ob die sog. Erdamöben — von GREEF und PENARD wurden sechs verschiedene Arten aufgestellt — sich wirklich im Erdreich aufhalten und nicht viel mehr als sog. Moosamöben im Moos, ist durch die Untersuchungen von GROSSE-ALLERMANN[4] und neuerdings MATTES[5] recht zweifelhaft geworden. Daß besonders Flagellaten als echte Bodenprotozoen vorkommen, beruht auf ihrer Fähigkeit, noch bei sehr geringer Bodenfeuchtigkeit im aktiven, d. h. nicht encystierten Zustand auszuharren; so fanden CUTLER und DIXON[6] Cercomonas crassicauda noch in einem Boden aktiv, der nur $^1/_6$ der Feuchtigkeit seines gesamten Wasserfassungsvermögens besaß.

In welchen Bodenschichten trifft man nun die Protozoen an? SANDON fand im Ackerland die Hauptmenge der Protozoen in einer Tiefe von 10—12 cm, FRANCÉ bei 5 cm. Nach WAKSMANN[7] soll die Erde unterhalb von 12 Zoll frei von Protozoen sein, während FRANCÉ noch in einer Tiefe von 1 m und mehr

---

[1] HEINIS, FR.: Systematik und Biologie der moosbewohnenden Rhizopoden, Rotatorien und Tardigraden der Umgegend von Basel usw. Arch. f. Hydrobiol. u. Planktonkde. 5, H. 2, 81; H. 3, 217 (1910).

[2] Wie weit Cysten von Ciliaten verbreitet werden können und welche Schädigungen sie auszuhalten vermögen, beweist ein Befund FRANCÉs, der in der arabischen Wüste bei Suêz im staubtrockenen Wüstensand solche Cysten fand, die, in Wasser gebracht, nicht näher bestimmbare Ciliaten ausschlüpfen ließen.

[3] KOFFMANN, M.: Beiträge zur Kenntnis der Bodenprotozoen. Acta zool. 7, 277 (1926).

[4] GROSSE-ALLERMANN, W.: Studien über Amoeba terricola Greeff. Arch. Protistenkde. 17, 202 (1909).

[5] MATTES, OTTO: Über Lebensweise, Morphologie und Physiologie von Amoeba sphaeronucleolus Greef und Amoeba terricola Greef. Arch. Protistenkde. 47, 386 (1924).

[6] CUTLER, D. W., u. A. DIXON: The effect of soil storage and water content on the protozoan population. Ann. of appl. Biol. 14, 247 (1927).

[7] WAKSMANN, S.: Studies on soil Protozoa. Soil Sci. 1, 135 (1916).

Bodenprotozoen antraf. Ja, KOFOID[1] fand sogar Amöben noch 20 Fuß unter der Erdoberfläche.

Natürlich hängt die Arten- und Individuenzahl der Protozoen von sehr verschiedenen Einflüssen ab. So sollen nach SANDON für das Vorkommen von Flagellaten, Nacktamöben und Ziliaten das Vorhandensein von Bakterien und aller Faktoren, die günstig für deren Entwicklung sind, wie die Anwesenheit von reichlicher organischer Substanz, ausschlaggebend sein. Temperatur, Feuchtigkeit und Bodenstruktur sollen nur geringe Bedeutung zukommen. Die beschalten Rhizopoden hingegen sollen, im Gegensatz zu den oben erwähnten Formen, zahlreich in sauren Torfböden sein, in denen die Bakterienentwicklung gering ist. Sie fehlen gänzlich, oder sind wenigstens in neutralen oder alkalischen, kultivierten

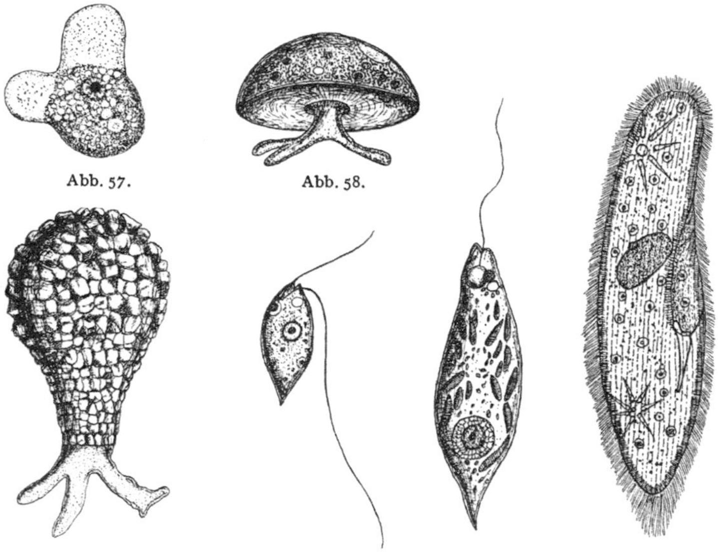

Abb. 57. Abb. 58. Abb. 59. Abb. 60. Abb. 61. Abb. 62.

Abb. 57—62. Eine Auswahl von im Boden vorkommenden Protozoenformen.

Abb. 57—59. Rhizopoden: Abb. 57. Vahlkampfia. Abb. 58. Arcella. Abb. 59. Difflugia.
Abb. 60 u. 61. Flagellaten: Abb. 60. Bodo. Abb. 61. Euglena. Abb. 62. Ciliat: Paramaecium.

Böden sehr selten. Daß aber doch auch allerhand klimatische Faktoren einen bedeutsamen Einfluß auf die Zahl der im Boden vorkommenden Protozoen ausüben können, scheinen die Beobachtungen von FRANCÉ klar zu legen. Danach haben die Rhizopoden unserer Heimat ihr Minimum im Winter. Im Mai erfolgt ein allgemeines Ansteigen ihrer Zahl, das im Juni sein Maximum erfährt; von da an tritt wieder ein Sinken ein, bis der Oktober mit den einsetzenden Herbstregen wieder ein ziemliches Anschwellen ihrer Zahl mit sich bringt. Mit den ersten Nachtfrösten vermindert sich dann die Zahl der Protozoen wieder ganz bedeutend.

Daß neben dieser Periodizität, die durch klimatische Faktoren bedingt sein mag, noch andere numerische Schwankungen bei den Bodenprotozoen zu beobachten sind, wurde zu wiederholten Malen behauptet. Nicht selten läßt sich nämlich nachweisen, daß in aufeinander folgenden Tagen, in denen nahezu dieselben Außenfaktoren, wie Feuchtigkeit und Temperatur, herrschen, die Anzahl

[1] KOFOID, C.: On the relative numbers of Rhizopodes and Flagellates, in the Fauna of Soils. Science, n. s. 42, 937 (1915).

der Bodenprotozoen sehr bedeutend variieren. CUTLER und CRUMP[1] glauben deshalb, daß hierbei innere biologische Faktoren eine Rolle spielen, wie ja auch an Süßwasserinfusorien, namentlich durch amerikanische Untersuchungen, eine physiologisch bedingte Rhythmik, während welcher Depressionszustände und solche erhöhter Fortpflanzungstätigkeit mit einander abwechseln, festgestellt werden konnten.

Es ist nun sehr schwer, die Anzahl der aktiven Protozoen in einer gewissen Bodenmenge festzustellen, auch scheint es, als wenn dies bisher noch nie einwandfrei gelungen ist. Aber auch, wenn man die aktiven und encystierten Protozoen nicht von einander trennt, so ergeben sich für die Zahl der Individuen sehr verschiedene Resultate. Die hierbei angewandte Methodik ist mannigfaltiger Art. Entweder handelt es sich um eine verschieden gehandhabte, direkte Zählung der Einzelindividuen unter dem Mikroskop oder um Berechnungen mit Hilfe der sog. Verdünnungsmethode, bei der eine gewisse Gewichtseinheit von Erde in einem gewissen Prozentsatz sterilisierten Wassers aufgeschwemmt wird. Ergibt nun eine gewisse Verdünnungsstufe bei Impfung einer Nährplatte mit 1 cm^3 Flüssigkeit gerade noch ein Ergebnis, so läßt sich leicht berechnen, welches Minimum von Protozoenindividuen die betreffende Aufschwemmung enthält. Hieraus kann man dann den ungefähren Gehalt der Erdprobe an Protozoen feststellen[2].

Zur Bestimmung der Zahl der aktiven Protozoen wird eine gleich große Bodenprobe derselben Provenienz mit 2% Salzsäure behandelt. Hierdurch sollen alle aktiven Zustände in ihr vernichtet werden und nur die encystierten übrigbleiben. Wird die Zahl der letzteren nun wiederum durch die Verdünnungsmethode festgestellt, so gibt die Differenz aus der ersten und der zweiten Bodenprobe die Zahl der aktiven Protozoen. Es bleibt allerdings unsicher, 1. ob die Salzsäure nicht auch schädigend auf die encystierten Tiere einwirkt und 2. ob sie nicht eine größere Anzahl aktiver Protozoen zum Encystieren veranlaßt.

Bei Ermittelung der absoluten Menge der Bodenprotozoen — also der encystierten und der aktiven Formen zusammengenommen — ergibt sich nun eine recht beträchtliche Anzahl von Individuen, denen man schon einen gewissen Einfluß auf die physikalische und chemische Beschaffenheit des Bodens zutrauen könnte. Nur variieren die bisher angegebenen Zahlen ganz bedeutend. So fand CUTLER in 1 g Erde 100—50000 Amöben, 1000—100000 Flagellaten und höchstens 1000 Ciliaten. FRANCÉ[3] in 1 cm^3 guter Ackererde 50000—100000 Protozoen, in guter Wiesenerde 75000—115000, in guter Gartenerde 300000—100000, in guter Walderde 100000—150000 Individuen. FRANÇOIS PÉREY[4] berechnete sogar für 1 g Gartenerde 1193000 Protozoen.

Bei Betrachtung dieser z. T. sehr hohen Zahlen, darf man nun nicht außer Augen lassen, daß die weitaus meisten Individuen encystierte, d. h. inaktive Formen sind. Im übrigen ist nicht zu vergessen, daß sämtliche Protozoen gegenüber den Bodenbestandteilen nur eine sehr geringe Substanzmenge darstellen dürften. Trotzdem wäre es natürlich möglich, daß die aktiven Individuen durch ihr äußeres Verhalten oder ihren Stoffwechsel einen gewissen Einfluß auf den Boden ausüben. Dieser Gedanke ist in der Tat schon vor 60 Jahren ausgesprochen

[1] CUTLER, D., u. L. CRUMP: Daily periodicity in the numbers of active soil Flagellates, with a brief note on the relation of trophic amoebae and Bacterials numbers. Ann. of appl. Biol. **7**, 11 (1920/21).

[2] CUTLER, D.: A method for estimating the numbers of active protozoa in the soil. J. agricult. Sci. **10**, 135 (1920).

[3] FRANCÉ, R. H.: Studien über edaphische Organismen. Cbl. Bakter. II **32**, 1 (1912).

[4] PÉREY, FR., zit. nach FR. DOFLEIN u. ED. REICHENOW: Protozoenkunde I, 5. Aufl. 1927. — Weitere Zusammenstellungen finden bei sich M. KOFFMANN: a. a. O., S. 315. 1926.

worden. So meinte 1869 ROSENBERG-LIPINSKY[1], die Bodenprotozoen möchten etwas mit der Bodenfruchtbarkeit zu tun haben. Andere Forscher haben sich ähnlich über diese Frage geäußert. Aber erst im Jahre 1909 haben RUSSELL und HUTCHINSON[2] hierüber bestimmte Untersuchungen veröffentlicht, die seiner Zeit sehr großes Aufsehen erregten. Sie sterilisierten Bodenproben partiell, einmal, indem sie dieselben rasch eintrockneten, oder auch, sie eine Zeitlang auf 55 bis 60° C erhitzten, oder endlich, indem sie die Proben mit verschiedenen für Organismen schädlichen Reagenzien, wie Chloroform, Toluol, Schwefelkohlenstoff usw., behandelten. Nach diesen Manipulationen zeigte sich in allen drei Fällen nach einiger Zeit eine Erhöhung der anfänglich vorhandenen Ammonium- und Nitratmengen und hierdurch eine Steigerung der Bodenfruchtbarkeit.

Die seltsame Tatsache, daß eine teilweise Sterilisierung die Bodenfruchtbarkeit vermehrte, führen die Forscher darauf zurück, daß unter diesen Prozeduren die Bodenbakterien weniger leiden als solche Organismen, die sich von ihnen nähren. In ihrer ersten Arbeit denken sie hierbei vor allem an Protozoen, und zwar an Amöben und Infusorien. In ihrer zweiten Arbeit lassen sie diese Frage in der Schwebe. Es bleibt somit unklar, ob hier nicht auch andere Organismen, wie z. B. Pilze, eine Rolle spielen. Ferner ist die Frage noch nicht gelöst, ob nicht durch die Sterilisierung des Bodens dessen ursprüngliche Zusammensetzung verändert wird[3]. In stofflicher Hinsicht ist dieses ja bekannt[4]. Endlich wurde auch festgestellt, daß gewisse wichtige Prozesse im Boden, an welchen spezifische Bakterien beteiligt sind, wie die Stickstoffbindung durch Azotobakter, durch die Anwesenheit von Protozoen nicht vermindert, sondern direkt gefördert werden[5].

Die Auffassung, daß die Bodenprotozoenfauna ein ungünstiges Agens für die Bodenfruchtbarkeit darstelle, da sie den Stickstoffgehalt des Bodens durch Vernichtung der nitrat- und nitritbildenden Bakterien vermindere, ist also nichts weniger als einwandfrei bewiesen, obgleich auch heute noch mancher Forscher dieser Anschauung zuneigt. Immerhin mögen sich die Bodenprotozoen auch dann durch Bearbeitung der feineren Bodenelemente im Sinn einer Durchlüftung und Lockerung des Bodens in gewisser Hinsicht auch als nützlich erweisen[6].

Niedere Würmer.

Rotatorien. In mancher Beziehung verhalten sich die in der Erde vorkommenden Rotatorien oder Rädertiere, die man einstweilen zu den niederen Würmern stellt, ähnlich wie die Bodenprotozoen. Auch sie sind mikroskopisch

[1] v. ROSENBERG-LIPINSKY: Der praktische Ackerbau, S. 27. 1869.

[2] RUSSELL, E. J., u. H. B. HUTCHINSON: The effect of partial sterilisation of soil on the production of plant food. J. agricult. Sci. **3**, 111 (1909); sowie dasselbe Part II. The limitation of bacterial numbers in normal soils and its consequences. Ebenda **5**, 152 (1913); sodann: Soil Protozoa and soil Bacteria. Proc. roy. Soc. London, Ser. B **89**, 76 (1917).

[3] KOPELOFF, S., H. C. LINT u. D. A. COLEMAN: A Review of investigations on soil Protozoa and soil sterilisation. Cbl. Bakter. **46**, 28 (1916).

[4] Vgl. u. a. die Untersuchungen von J. KÖNIG und seinen Mitarbeitern über den Einfluß des Dämpfens des Bodens.

[5] WAKSMAN, S. A.: Der gegenwärtige Stand der Bodenmikrobiologie und ihre Anwendung auf Bodenfruchtbarkeit und Pflanzenwachstum. Fortschr. naturwiss. Forschg., N. F. **1930**, H. 10, 1—116.

[6] CUTLER, WARD u. CRUMP veröffentlichen neuerdings eine kurze Untersuchung (CUTLER, D., Ward u. L. M. CRUMP: Carbon dioxide production in sands and soils in the presence and absence of amoebae. Ann. appl. Biol. **16**, 472—482 [1929]) über den Einfluß der Amöben auf die Kohlensäurebildung in Böden und Sanden, wobei besonders den Beziehungen der Amöben zu den Bakterien Aufmerksamkeit geschenkt wird. Die Resultate der Forscher sind jedoch noch zu wenig geklärt, als daß sie es verdienten, hier schon besprochen zu werden.

kleine Formen, die starke Eintrocknung ertragen können. Eine Encystierung findet hierbei nicht statt. Wohl aber können ihre eingetrockneten Körper ebenso, wie ihre Eier, unter Umständen viele Monate in einer Art Lethargie (Anabiose) verharren. Mit dem Wind können sie dann zusammen mit Staub weit von ihrem ersten Ansiedelungsort entfernt in die Erde gelangen. Auch Tiere, z. B. Schnecken, an denen sie haften, können zur Verbreitung von Rotatorien dienen.

Die auf der Erde vorkommenden Rotatorien gehören vorwiegend der Gruppe Bdelloidea an. Ihre Vertreter hausen für gewöhnlich unter Moosen und Flechten, auf der Erde, oder auf Bäumen, Felsen und Dächern. Sie zeichnen sich vor allen anderen Rotatorien durch ihren wurmartig verlängerten Körper, einen Rüssel und zwei Keimdotterstöcke aus; meistens sind sie augenlos. Die Gruppe, die nach DOBERS[1] 160 Arten zählt, ist in vielen Vertretern kosmopolit. Ursprünglich war sie, wie alle anderen Rotatorien, an das Wasser gebunden. Es gibt auch heute noch eine biologische Gruppe der Bdelloidea, welche die Litoralzone der Gewässer bewohnt, und auch die echten Moosbewohner kommen gelegentlich im Litorale der Gewässer und in Mooren vor. Nach DOBERS haben die heutigen Bodenbewohner das Land erobert, indem sie den Moosen und Flechten folgten. Die Moosbesiedelung durch Windverbreitung von anabiotischen Tieren und Eiern erfolgt offenbar ziemlich rasch. HEINIS[2] untersuchte die Moosbekleidung eines neu errichteten Denkmals aus Granitblöcken. Nach 2 Jahren fand er Mniobia russeola Zel. angesiedelt. DOBERS fand 6 Jahre nach Errichtung eines ebensolchen Denkmals unter den dort neu angesiedelten Moospolstern: Adineta vaga Davis, Philodina vorax Jans, Habrotrocha ligula.

Die moosbewohnenden Rotatorien finden sich nun meist an den Moospflanzen angesiedelt, und zwar die verschiedenen Arten an verschiedene Teile des Mooses (die oberen grünen Teile oder die braunen), ohne daß sie sich von lebenden Bestandteilen des Mooses ernähren. Die Nahrung besteht vielmehr aus Detritus, in denen sich sowohl pflanzliche wie tierische Teile befinden können. Ihr häufiges Vorkommen unter Moospolstern ist also nicht auf Parasitismus, sondern auf den Raumschutz und die Feuchtigkeit der Moospflanzen zurückzuführen. Infolgedessen vermögen diese Rotatorien, wie übrigens auch einige andere Tiere, auch an Stellen vorzukommen, wo sich kein Moos findet. FRANCÉ[3] fand z. B. Rotifer vulgaris Schrk. in Acker- und Gartenerde, sowie in Blumentopferde. Die in der Erde vorkommenden Rotatorien dürften sich von den humosen Bestandteilen des Bodens ernähren.

Das relativ geringe Vorkommen der Rädertiere im Boden selbst läßt sie für den letzteren ohne größere Bedeutung erscheinen.

Bärtiere. Anschließend an die Rotatorien möge hier einiges über die Bärtiere (Tardigrada) gesagt werden. Obgleich sie einer ganz anderen Gruppe[4] angehören, verhalten sie sich biologisch in mancher Beziehung den ersteren recht ähnlich. Wie diese, sind es kleine, 0,1—1 mm Größe erreichende, mit dem bloßen Auge kaum sichtbare Lebewesen, von wurmähnlicher Gestalt, jedoch ausgestattet mit 4 Fußstummeln, die mit Vorliebe an ähnlichen Orten wie die Bdelloidea, d. h. vor allem unter Moospolstern, vorkommen. Sie besitzen in noch weit höherem Maße als die Rotatorien die Fähigkeit, der Austrocknung zu widerstehen

[1] DOBERS, ERNST: Biologie der Bdelloidea. Internat. Rev. d. Hydrobiol. 7. Ser. 7, 1—128 (1915).

[2] HEINIS, F.: Systematik und Biologie der moosbewohnenden Rhizopoden, Rotatorien und Tardigraden der Umgegend von Basel. Arch. f. Hydrobiol. u. Planktonkde. 5, H. 2 u. 3, 157 (1910).

[3] FRANCÉ, R. H.: a. a. O., S. 34. 1921.

[4] Die Tardigraden werden neuerdings zu dem großen Kreis der Articulata gerechnet, und zwar sind sie direkt von den Borstenwürmern (Chaetopoda) abzuleiten.

(Anabiose), um bei Wiederbenetzung zu neuem Leben zu erwachen. Wie bei den Rotatorien gibt es auch bei den Tardigraden Wasserformen und Landformen; aber auch hier werden die letzteren gelegentlich im Wasser angetroffen. Ihre Landanpassung ist ebenso wie bei den Bodenprotozoen und Landrotatorien noch keineswegs völlig fixiert. HEINIS konnte oft die gesamte Tierwelt eines Moosrasens (d. h. Protozoen, Rotatorien und Tardigraden), nach Übergießen mit Wasser und nach Entfernung der Moosteilchen, 8—14 Tage am Leben erhalten.

Die Landformen der Tardigraden scheinen indessen noch viel mehr an die Moos- und Flechtenrasen, gelegentlich auch Phanerogamenpolster (z. B. Sedumarten), gebunden zu sein wie die Rotatorien. FRANCÉ[1] fand nur einmal, im Wiesenboden bei Kufstein, lebende Tardigraden, Eier aber oftmals im Boden[2]. Was die Nahrung der Landtardigraden anbelangt, so besteht sie aus Pflanzen und Detritusteilchen; gelegentlich saugen sie auch Rotatorien aus. Eine ganze Reihe von Tardigradenarten sind kosmopolit. Ihre stärkste Entwicklung, sowohl an Arten als Individuenzahl, erlangen die Bärtierchen in hohen nördlichen und südlichen Breiten, sowie in der gemäßigten Zone. Die Tropen hingegen sind arm an Tardigraden.

Nematoden. Eine ungleich bedeutendere Rolle als die Rotatorien und Tardigraden spielen die Fadenwürmer (Nematoden) für den Boden. Die Nematoden kommen in sehr verschiedenen Medien vor, so, frei lebend in süßem und salzigem Wasser und in der Erde, sodann in faulender pflanzlicher und tierischer Substanz, als Semiparasiten in abgestorbenen und absterbenden Pflanzenteilen, endlich als Parasiten im Körper von Pflanzen und Tieren.

Es ist sehr bezeichnend für die Anpassungsfähigkeit dieser ungeheuer verbreiteten kosmopolitischen Tiergruppe, daß viele Formen in sehr verschiedenen Milieus leben können. So ist vielfach eine reinliche Scheidung zwischen Süßwasser- und Bodenformen, zwischen Fäulnisbewohnern und selbst Parasiten nicht durchzuführen. Bei einer größeren Anzahl von Schmarotzern leben die Jugendstadien in der Erde. Diese erst wandern in ein geeignetes Wirtstier ein. Als entwickelte Geschlechtstiere können sie dann wieder der Erde angehören.

Nach MICOLETZKY[3] gehören wahrscheinlich die Mehrzahl aller Erdnematoden zu den Semiparasiten, die, ohne die Pflanzen ernstlich zu schädigen, biologisch an Wurzeln gebunden sind. Erde ohne Pflanzenwurzeln enthalten fast nur Ruhestadien, zumeist von Fäulnisbewohnern. Nach MARCINOWSKI[4] finden sich in wurzelfreier Erde unter günstigen Bedingungen im Frühjahr pro cm^3 1—2 Nematoden, dagegen in 1 cm^3 Wurzelerde meist die zehnfache Anzahl. Es ist demnach nur die oberste Bodenschicht, in der sich Erdnematoden finden. Hier können sie aber in gewaltiger Menge auftreten. COLB berechnete für ein 40 Ar großes Alluvialfeld Nordamerikas für 15 cm Tiefe an 3 Milliarden Nematoden. MICOLETZKY fand für ein gleich großes Gebiet in Österreich für dieselbe Tiefe einen Mittelwert von 1,2 Milliarden und einen oberen Grenzwert von 3,8 Milliarden, bei Annahme einer gleichmäßigen Verbreitung, was in Wirklichkeit natürlich nicht der Fall ist. Die frei lebenden Nematoden haben im Gegensatz zu den parasitisch lebenden nur eine geringe Körpergröße. Unter 143 von DE MAN[5]

[1] FRANCÉ, R. H.: a. a. O., S. 70. 1921.

[2] Hier dürfte es sich vermutlich um Dauereier handeln, die nach Zugrundegehen des Muttertieres frei werden.

[3] MICOLETZKY, H.: Die frei lebenden Erdnematoden. Arch. Naturgesch. A **1921**, H. 8 u. 9, 1—650.

[4] MARCINOWSKI, K.: Parasitisch und semiparasitisch an Pflanzen lebende Nematoden. Arb. ksl. biol. Anst. Land- u. Forstw. **7**, 1, S. 1 (1910).

[5] MAN, J. G. DE: Die frei in der reinen Erde und im süßen Wasser lebenden Nematoden der niederländischen Fauna, eine systematische Monographie. Leyden 1884.

in seiner Monographie beschriebenen Arten, überschreiten nur 4 die Größe von 5 mm, 12 Formen sind nur bis 0,5 mm lang; 103 Arten haben eine Körperlänge zwischen 0,5 und 2 mm. Die Erdbewohner bleiben, ganz abgesehen von den Parasiten, nicht unerheblich hinter den Süßwasserbewohnern an Größe zurück.

In bezug auf die Reichhaltigkeit an Nematodenindividuen unterscheidet MICOLETZKI, nach abnehmender Zahl angeordnet, folgende Geländefolgen: 1. Wiesensumpf- und Sphagnummoor, 2. Sumpfmoor, 3. Alpenmatte und Alpenweide, 4. Weide der Ebene, 5. Moor ohne Sphagnum, 6. Trockene Mähwiese mit Wurzelgeflecht, 7. Moosrasen der Ebene, 8. Waldhumus und Heide.

Nach FRANCÉ sind die Nematoden im Waldhumus häufiger als im Ackerboden. Da — wie wir hörten — ihr Vorkommen zumeist an das Vorhandensein von Pflanzenwurzeln gebunden ist, so muß ihre Zahl in weitem Maße vom Zustand des Ackers, nämlich von seinem Bestelltsein oder Nichtbestelltsein, abhängen. Bei der außerordentlichen Widerstandskraft der Nematoden gegen äußere Einflüsse dürften überall Nematoden in der Erde vorkommen, wohin Pflanzenwurzeln dringen können. Es ist deshalb nicht zu verwundern, daß FRANCÉ sie noch in großen Höhen, so z. B. am Gornergrat bei Zermatt in 2780 m, fand.

Man kann nach DE MAN die Nematoden des Bodens in omnivage, die in allen Bodenarten vorkommen, und in bodenstete Formen, die an bestimmte Bodenarten gebunden sind, einteilen. So gibt es z. B. nach DE MAN Nematoden, welche sich ausschließlich in feuchtem, reinem Tonboden finden, andere wiederum sind typische Wiesen- oder Moorbewohner. Sicher ist, daß die Bodennematoden in weitem Maße von physikalischen und klimatischen Verhältnissen abhängig sind. Eine der wesentlichsten Lebensbedingungen der Erdnematoden ist Feuchtigkeit. Nach MARCINOWSKI ist trockener, gut besonnter Boden auffällig ärmer an Nematoden als feuchter, schattiger, obgleich Wärme an und für sich die Entwicklung befördert. Viele Nematoden vermögen die Winterkälte zu überstehen. Sie verfallen dabei in eine Art Starrezustand. Taut man hartgefrorene Erde langsam auf, so erhält man nach wenigen Minuten einen Haufen sich lebhaft windender Nematoden. Ähnliche Zustände stellen sich bei andauernder Trockenheit ein. MICOLETZKI sah z. B. in der nördlichen Bukowina, mit ihrem dem russischen Steppenklima verwandten Kontinentalklima, nach 8—10tägiger Sonnenglut und fast fehlendem Tau, zahlreiche Nematoden in Trockenstarre verfallen, aus der sie eine Aufschwemmung mit Wasser oft in wenigen Augenblicken befreite.

Entsprechend der verschiedenen Gunst der Jahreszeiten verhält sich die Art- und Individuenzahl verschieden. SEIDENSCHWANZ[1] untersuchte den Jahreszyklus frei lebender Erdnematoden über Weideboden der Höttinger Alp bei Innsbruck, ungefähr 900 m über der Inntalsohle. Vom Februar erfolgte ein steiles Emporsteigen der Kurve bis zum Monat August, wo das Maximum der Individuenzahl erreicht war; dann setzte ein jäher Absturz bis zum Monat November ein, von wo an wieder ein langsamer Aufstieg zu beobachten war. Im Winter hatte der genannte Forscher nur den zehnten Teil der sommerlichen Anzahl von Tieren im Boden gefunden.

Was nun die Bedeutung der Erdnematoden für den Boden anbelangt, so läßt sie sich zur Zeit noch nicht völlig erkennen. Sie hängt einerseits von ihrer Ernährung und ihrem Stoffwechsel, andererseits von ihrer mechanischen Tätigkeit im Erdboden ab. Während sich die frei lebenden Süßwassernematoden vorwiegend von Detritus ernähren, leben die Erdnematoden vor allem von Pflanzengeweben. Ihr häufiges Auftreten in der Nähe der Pflanzenwurzeln weist ja schon

[1] SEIDENSCHWANZ, L.: Jahreszyklus frei lebender Erdnematoden einer Tiroler Alpenwiese. Arb. zool. Inst. Univ. Innsbruck 1, H. 3, 1—39 (1923).

darauf hin, ebenso die Tatsache, daß ihre höchste Entfaltung in den Herbst fällt, also in die Zeit des Zugrundegehens zahlreicher Pflanzenteile. Endlich ernähren sich viele Erdnematoden auch von tierischen Stoffen. So beobachtete man bei manchen Formen beispielsweise die Einverleibung von Protozoen, Rotatorien, Tardigraden, Stücke von Enchytraeiden und anderen Nematoden — allerdings ist es unsicher, ob diese Art der Ernährung nicht eine nur gelegentliche ist[1].

Bei der allgemeinen Verbreitung und dem massenhaften Vorkommen der Nematoden in den obersten Erdschichten muß ihnen zum mindesten eine Rolle bei der Lockerung und Durchlüftung des Bodens zufallen. Ebenso dürften sie eine gewisse Bedeutung für denselben durch Verschleppung von Pilzsporen und Bakterien, besonders auch nitrifizierenden Bodenbakterien, erlangen.

Höhere Würmer.

Regenwürmer (Oligochaeta). Von allen Organismen, die auf den Boden modifizierend einwirken, stehen zweifellos an erster Stelle die Regenwürmer, d. h. die rein terrestrischen Formen der Oligochaeten. Daß ihre Beziehungen zum Boden der Gegenstand zahlreicher Untersuchungen geworden sind, beruht zum großen Teil auf der Tatsache, daß ein Forscher von dem Range DARWINS auf ihre hohe Bedeutung für die Bildung der Ackererde hingewiesen hat. Schon im Jahre 1837 verlas er in der Geologischen Gesellschaft in London eine Abhandlung[2], in der er mitteilte, daß durch die Tätigkeit von Regenwürmern klein verteilter Mergel und Schlacken, die in Menge über die Oberfläche mehrerer Wiesen zerstreut worden waren, sich, nach Ablauf einiger Jahre, als Schicht mehrere Zoll unter der Rasenfläche vorfanden. Verursacht wurde diese Erscheinung nach seiner Ansicht dadurch, daß die Tiere unaufhörlich ihre Exkremente oberhalb der Bodenfläche ablagerten. DARWIN schloß daraus, daß alle Ackererde schon viele Male den Darm von Regenwürmern passiert habe. Erst im Jahre 1881 erschien DARWINS bekanntes Werk über die Bildung der Ackererde durch die Tätigkeit der Würmer[3], in dem den Regenwürmern u. a. eine entscheidende Einwirkung auf die Bodenfruchtbarkeit zugeschrieben wird.

Alle Regenwürmer halten sich den größten Teil ihres Lebens in der Erde auf, die sie in vertikaler, schiefer oder auch horizontaler Richtung durchwühlen. Diese Wühlarbeit kann auf zweierlei Weise vonstatten gehen. Entweder drängt der Wurm die Erde mit seinem konisch gestalteten, aufblähbaren Vorderende zur Seite — dies geschieht vor allem in lockerer feuchter Erde — oder er frißt sich durch die Erde hindurch. Dies ist immer der Fall, wenn der Boden trocken und hart ist. Das Vorwärtsgleiten in der Erde geschieht durch abwechselnde Kontraktion der Ring- und Längsmuskulatur der Körperwand, wobei an den Leibesringen hervortretende bewegliche Borsten als Sperrvorrichtung wirken. Durch die Tätigkeit der Würmer entstehen die sog. Wurmröhren, in denen die Tiere für gewöhnlich hausen. Die Röhren sind im Innern, wie schon DARWIN beobachtet hat, von einer dünnen Schicht dunkel gefärbter, von den Würmern defäkierter Erde ausgekleidet. Im frischen Zustand sind sie häufig mit kleinen, kugeligen und klebrigen Kotballen besetzt. Die Tiefe, bis zu welcher die Regenwürmer in den Boden dringen, richtet sich im allgemeinen nach dem Gehalt der Bodenschichten an organischer Substanz, außerdem nach der jeweiligen Bodentemperatur und dem Feuchtigkeitsgehalt der Erde; also auch

---

[1] MENZEL, R.: Über die Nahrung der frei lebenden Nematoden und die Art ihrer Aufnahme. Verh. naturforsch. Ges. Basel **31**, 153 (1919/20).

[2] DARWIN, CHARLES: Trans. geol. Soc. **5**, 505, Read Nov. 1, 1837 (1840).

[3] DARWIN, CHARLES: The formation of vegetable mould through the action of worms, S. 1—326. London 1881.

nach der Witterung und der Jahreszeit, endlich aber auch nach der Art. Gewöhnlich leben die mittelgroßen und kleinen Würmer in der Nähe der Oberfläche und scheinen nach RAMANN[1] nur horizontale Gänge anzulegen. Bei Kälte oder Trockenheit dringen sie jedoch mit ihren Röhren in recht tiefe Bezirke vor. DIEM[2] fand allerdings in allen alpinen Böden der Schweiz die Regenwürmer zu jeder Tageszeit meist in 4—8 cm Tiefe. In sehr feuchten Böden lagen sie ganz dicht an der Oberfläche. Vertikale Röhren nach der Tiefe fanden sich fast nie, so daß er nicht glaubt, daß ein häufigerer Wechsel der Würmer nach der Tiefe stattfindet. Wichtig ist, daß nach Angabe desselben Forschers, sowie BRETSCHERS und RIBAUCOURTS, in der Schweiz fast nur kleine und mittlere Regenwürmer vorkommen. Nach DÜGGELI findet diese Beobachtung in dem Umstand ihre Erklärung, daß die größeren Formen im Winter, zufolge bescheidener Bodenmächtigkeit der alpinen Böden, vor der Kälte zu wenig Schutz finden. R. GOETHE[3] fand hingegen an verschiedenen Stellen Deutschlands noch in 1 m Tiefe auf den Quadratmeter 16, 37, 42 und 59 Wurmröhren, die, bei einem Durchmesser von 7—8 mm, 2—3 m in die Tiefe führten. Es dürfte sich hier vorwiegend um die Röhren des großen Regenwurms Lumbricus terrestris L. handeln.

Eine noch viel bedeutendere Tätigkeit entfalten die Regenwürmer in den Steppenländern des südlichen Uralgebietes. WYSSOTZKY[4, 5] fand hier für den Quadratmeter Bodenfläche die Durchschnittszahl von 421 Wurmröhren, von denen die der Allolobophora mariupoliensis bis 8 m in die Tiefe reichten. Wir werden uns hiermit später noch beschäftigen. Am Ende solcher langen Röhren findet sich häufig eine kammerartige Auftreibung mit ziemlich fester Wand, in welcher der Wurm während einer Kälte- und Trockenheitsperiode in zusammengeknäueltem Zustand liegt[6].

Wenn auch die Haupttätigkeit des Regenwurmes zum großen Teil im Erdinnern verläuft, so kommt er doch zu gewissen Zeiten an die Oberfläche, oder verläßt sogar seine Röhre, um frei auf dem Lande zu wandern. Öffnet man einen Regenwurm, so findet man seinen Darm strotzend mit Erde erfüllt. Dieser Erde, die er bei seinen Minierarbeiten aufnimmt, und von deren organischen Bestandteilen er z. T. lebt[7], entledigt er sich regelmäßig — namentlich während der Nachtzeit, indem er sie in Gestalt runder feuchter Ballen am Anfang der Röhre ausstößt. Durch Häufung dieser Produkte entstehen turmartige von einem Gang durchbohrte Bildungen sehr verschiedener Größe. Eine weitere Tätigkeit sehr vieler Regenwurmarten — vielleicht nicht aller —, wobei sie mit der Außenwelt in Beziehung treten, besteht in dem Herbeiholen von allerlei Blättern, Steinchen, Federn und Holzstückchen. Die Blätter dienen ihnen zur Nahrung, wenn auch nicht als Hauptstoff. Mit den übrigen Fremdkörpern kleiden sie häufig den An-

---

[1] RAMANN, E.: Bodenkunde, 3. Aufl. 1911.

[2] DIEM, K.: Untersuchungen über die Bodenfauna der Alpen. Inaug.-Dissert., Zürich 1903.

[3] GOETHE, R.: Einige Beobachtungen über Regenwürmer und deren Bedeutung für das Wachstum der Wurzeln. Jb. nass. Ver. Naturkde. **48**, 27 (1895).

[4] WYSSOTZKY, G.: Die Natur und die Kultur der Pflanzen im veliko-anatolischen Gebiet. Abdruck aus den „Arbeiten der Expedition, welche von dem Forstdepartement unter Leitung von Professor DOKUTSCHOW ausgesandt wurde". St. Petersburg 1898 (russisch).

[5] KOSSOWITSCH, P.: Die Schwarzerde (Tschernosiom). Internat. Mitt. Bodenkde. 1, H. 3/4, 244 (1912).

[6] Siehe auch E. KORSCHELT: Über Ruhezustände der Regenwürmer. Zool. Anz. **64**, 53 (1925).

[7] Von Interesse ist in diesem Zusammenhang die von DJÉMIL gemachte Angabe, daß Regenwürmer auch dann in ihren Darm Erde aufnehmen, wenn man ihnen eine lockere Humussanderde, die sie leicht beim Graben zur Seite schieben können, und dazu viele vegetabilische Nahrungsstoffe darbietet. Der Forscher wirft hierbei die Frage auf, ob nicht vielleicht die Erdeaufnahme für die Würmer eine unbedingte Notwendigkeit sei.

fangsteil oder auch tiefere Partien ihrer Röhren aus. Der Zweck dieser Tätigkeit ist nicht bekannt. KEUP[1] vermutet einen Atavismus, da viele Arten der Anneliden und nahestehende Verwandte der Regenwürmer im Süßwasser, wie z. B. Tubifex rivulorum, die Gewohnheit haben, sich stabile Röhren aus fremdem Material zu bauen.

Ganz aus ihren Röhren kommen die Regenwürmer häufig nach Regenwetter heraus. Vermutlich werden sie dann durch das Wasser, das erstere erfüllt, ausgetrieben, obgleich sie, wie schon DARWIN festgestellt hat, ganz gut einige Tage, nach PERRIER und COMBAULT sogar einige Monate, in reinem Wasser gehalten werden können. Dann sieht man sie wohl auch am Tage auf der Erde herumkriechen. Daß die Würmer in zu feuchten Böden zugrunde gehen, erklärt COMBAULT[2] damit, daß letztere zu wenig Respirationsluft durchlassen. Endlich verlassen die zwitterigen Tiere auch ihre Röhren bei der Begattung. Lumbricus terrestris soll hierbei allerdings häufig noch mit dem Schwanzende in der Röhrenmündung hängen bleiben. — Diese in kurzen Umrissen gegebene Lebenstätigkeit der Regenwürmer schließt nun eine Anzahl bedeutsamer Beziehungen zum Boden in sich ein.

Daß schon die rastlose Durchpflügung der Erde durch die Würmer eine physikalische Veränderung des Bodens im Sinne einer Lockerung, Krümelung und einer allgemeinen Durchmischung seiner humosen und mineralischen Bestandteile hervorzurufen vermag, wird allgemein anerkannt. Eine solche Wirkung kann aber nur dann von größerer Bedeutung sein, wenn die Anzahl der Würmer eine hinreichend große ist. So weit verbreitet nun auch die Regenwürmer auf der Erde sind, so ist es doch sicher, daß ihre Verteilung eine sehr verschiedene ist. So fehlen sie in der ariden Region Amerikas. Nur wenige finden sich in Sandböden oder besonders trockenen Böden und in Kiefernbeständen. Nach RAMANN[3] sollen auch gewisse Grasarten, die einen dichten Filz von Faserwurzeln besitzen, wie Aira flexuosa, und dadurch den Boden stark austrocknen, die Regenwürmer vertreiben. Vielleicht bedingen ähnliche Ursachen die Tatsache, daß die Regenwürmer in Getreidefeldern selten sind. Auch in Torfböden, sowie in Heideland fehlen sie.

In Deutschland ist es die Familie der Lumbriciden mit etwa 20 größeren und kleineren Arten, die für uns in Betracht kommt. Einige der Formen haben eine recht weite Verbreitung, so unser sehr häufiger, größter Regenwurm, Lumbricus terrestris L., der bis 36 cm groß werdend, ganz Europa, die Azoren, Neufundland, Neuengland, Massachusetts, Illinois und Mexiko besiedelt. Eine andere, bei uns ebenfalls häufige Form, L. rubellus Hoffm., kommt in Neuseeland, Sibirien, ganz Europa, Island, Neufundland, Kalifornien[4] vor.

Vertikal können die Regenwürmer ebenfalls eine bedeutende Verbreitung haben, sofern sie nur die ihnen zusagenden Existenzbedingungen finden, so trifft man sie nach BRETSCHER[5] noch in Graubünden in 2600 m Höhe, am Averser Weißhorn. DE RIBAUCOURT berichtet sogar von einem Regenwurmfund aus dem Wallis in 3200 m Höhe (zitiert nach BRETSCHER). In außereuropäischen Gebieten sind Regenwürmer noch in weit bedeutenderer Höhe gefunden worden. So, nach

[1] KEUP, E.: Ernährung und Lebensweise der Regenwürmer in ihrer Bedeutung für die Landwirtschaft. Mitt. dtsch. Landw.-Ges. **28**, 538, 552, 566 (1913).

[2] COMBAULT, A.: Contribution à l'étude de la respiration et de la circulation des Lombriciens. J. de l'Anat. Paris **45**, T. 9, 358—399, 474—534 (1909).

[3] RAMANN, E.: Regenwürmer und Kleintiere im deutschen Waldboden. Internat. Mitt. Bodenkde. **1**, 138 (1911).

[4] MICHAELSEN, W.: Die geographische Verbreitung der Oligochäten, 186 S. Berlin 1903.

[5] BRETSCHER, K.: Über die Verbreitungsverhältnisse der Lumbriciden in der Schweiz. Biol. Cbl. **20**, 703 (1900).

brieflicher Mitteilung von W. MICHAELSEN an den Verfasser, in Afrika auf dem Kilimandjaro in 3800 m, auf dem Elgon in 4105 m, auf dem Ruwenzori in 4600 m Höhe. In Südamerika auf dem Peludo, zwischen Kolumbien und Ecuador, in 4150 m Meereshöhe. Ja, nach FRIEND[1] soll WHYMPER in den Anden Regenwürmer in einer Höhe von 4837 m angetroffen haben. Wie MICHAELSEN noch bemerkt, gehören die Bergformen immer den gleichen Gattungen an, wie die am Fuße der Berge oder Gebirge gefundenen Arten. Auch in jenen Territorien, wo Regenwürmer in größerer Menge vorkommen, kann ihre Zahl außerordentlich wechseln. Hierfür möge die nachfolgende Tabelle, auf welcher die Regenwurmbefunde für je einen Hektar für verschiedene Bodenarten berechnet wurden, einen Beleg geben.

Autor	Bodenarten	Wurmzahl je Hektar
DARWIN[2]	englisches Weideland . . .	67250
HENSEN[3]	fruchtbares Gartenland .	133000
HENSEN[4]	norddeutsches Ackerland .	60000
RAMANN[5]	Kiefernwälder mit Buchen .	60000
BASSALIK[6]	Buchenwald	60000
BRETSCHER[7]	Wiesenland (bei Zürich) .	7000000
,,	Gartenland (bei Zürich) . .	3000000
,,	Fichtenwald (bei Zürich) .	1200000
,,	Wiese bei Cresta Avers . .	22000000
Engl. Regierungsbeamter[8]	Kartum	1330000

Die ungeheure Verschiedenheit der BRETSCHERschen Angaben, gegenüber jenen der übrigen Autoren, findet nur z. T. ihre Erklärung in den besonders sorgfältigen Zählungen des ersteren, wobei auch alle Lumbriciden von nur 1 mm Stärke berücksichtigt wurden; vielmehr dürfte sie größerenteils auf örtliche Differenz physikalischer, biologischer und klimatischer Faktoren zurückzuführen sein. Aus der Zahl der Regenwürmer auf den Grad ihrer Wirksamkeit auf den Boden zu schließen, ist nur bedingt gestattet, denn einerseits hängt letztere von der Wurmgröße ab, die sowohl durch das Alter wie die Art des Tiers bedingt wird, andererseits verhalten sich die Würmer auch biologisch durchaus nicht gleichartig. Ein und dieselbe Anzahl Würmer könnte demnach eine verschiedene Einwirkung auf ein und denselben Boden haben, wenn ihre Größe oder auch nur das Zahlenverhältnis ihrer Arten wechseln würde. Sodann muß bei obigen Zahlen auch berücksichtigt werden, daß die Verteilung der Regenwürmer auf einem größeren Areal keineswegs gleichmäßig ist. Die Berechnung der Würmer eines Hektars aus dem Befund eines Quadratmeters, wie das bei den BRETSCHERschen Zahlen geschehen ist, kann also nie genau den tatsächlichen Verhältnissen entsprechen.

Eine gewisse Bedeutung für die Beurteilung des Einflusses der Würmer auf den Boden hätte die Angabe ihres absoluten Körpergewichtes, da der Wurmkörper als stickstoffhaltige Substanz einen gewissen Dungwert besitzt. Es gibt hierüber verschiedene Angaben. Leider wird bei Gewichtsberechnungen nur in

[1] FRIEND, H.: The story of the british Annelids (Oligochaeta). London 1924.

[2] DARWIN, CH.: a. a. O., S. 158. 1881.

[3] HENSEN, V.: Die Tätigkeit des Regenwurms (Lumbricus terrestris L.) für die Fruchtbarkeit des Erdbodens. Z. Zool. **28**, 354 (1877).

[4] RAMANN, E.: Regenwürmer und Kleintiere in deutschem Waldboden. Internat. Mitt. Bodenkde. **1**, 138 (1911).

[5] HENSEN, V.: Über die Fruchtbarkeit des Erdbodens in ihrer Abhängigkeit von den Leistungen der in der Erdrinde lebenden Würmer. Landw. Jb. **11**, 661 (1892).

[6] BASSALIK, K.: Über Silikatzersetzung durch Bodenbakterien. Z. Gärungsphysiol. **2**, 1 (1913).

[7] BRETSCHER, K.: Mitteilungen über die Oligochätenfauna der Schweiz. Rev. Suisse zool. **8**, 1—44 (1900).

[8] BEAUGÉ, CH.: Les vers de terre et la fertilité du sol. J. Agricult. pratique **76**, T. 23, 506 (1912).

den wenigsten Fällen die Tatsache berücksichtigt, daß ein nicht geringer Teil des Körpergewichts eines Regenwurms auf die Erdmassen in seinem Darm kommt. HENSEN, der diese Fehlerquelle kannte, berechnete für die 133000 Würmer, die er für einen Hektar fruchtbaren Gartenlandes feststellte, ein absolutes Gewicht der gesamten Wurmmasse von 400 kg. Wir werden später auf die evtl. Bedeutung der Wurmkadaver für den Boden noch zu sprechen kommen.

Einen sichtbaren Ausdruck der Tätigkeit der Würmer bieten nun ihre Kotausscheidungen. Wie schon erwähnt wurde, nahm DARWIN an, daß die ganze Masse der Ackererde auf einem jeden Felde im Verlauf einiger weniger Jahre durch den Verdauungskanal der Würmer hindurch geht. Da die Würmer bei diesem Ausscheidungsakt ihren Kot zumeist an der Erdoberfläche deponieren, so werden ununterbrochen Erdmassen aus verschiedenen Tiefen in die Höhe gebracht. Steine, die an der Oberfläche der Erde liegen, sinken allmählich in den Boden ein und werden von Erde überdeckt. An der Dicke der Erdschicht, die über antiken Mosaikböden lagerte, konnte DARWIN die intensive Tätigkeit der Regenwürmer feststellen, die durch die Lücken zwischen den Steinen ihre Kotmassen nach außen warfen (siehe Abb. 63). Wie hoch mag nun die Erdschichte sein, welche die Regenwürmer eines gewissen Areals in einer gewissen Zeiteinheit an die Erdoberfläche befördern? Nach HENSENS[1] Beobachtungen produziert ein Lumbricus terrestris L., wenn er frei hingelegt wird, in 24 Stunden 0,5 g Kotmassen, die zum größten Teil aus Erde bestehen. Wahrscheinlich wird im natürlichen Zustand eher mehr als weniger davon gebildet. Aus späteren Ergebnissen an frei lebenden Würmern[2], gewann er die Durchschnittszahl von 0,882 g Auswurf. Die Kotmassen der Würmer werden übrigens nicht nur am Ende der Röhren abgelegt, sondern z. T. auch an die innere Wandung derselben oder mitten in die lockere Humusdecke. Wie STÖCKLI[3] fand, werden Kotausscheidungen an der Erdoberfläche längere Zeit nicht beobachtet, wenn das Land umgegraben wird. Die Würmer werden dadurch nicht etwa vertrieben, sondern deponieren nur ihren Kot in den durch das Graben entstehenden größeren Bodenhöhlen. Die nachfolgenden Angaben

Abb. 63. Die Tätigkeit der Regenwürmer, dargestellt an einem lotrechten Schnitt durch den Erdboden. (Nach der Originalaufnahme eines Präparats im Hamburger Zoologischen Museum von MICHAELSEN. Von dem Urheber gütigst zur Verfügung gestellt.) Rechts besteht der Boden aus Geröll, links aus humusreicher Erde, die von einer (hell gehaltenen) Sandschicht durchzogen ist. Ehedem überdeckte die Erdoberfläche ein Mosaikpflaster, das rechts noch in der alten Lage vorhanden ist. Die Regenwürmer verschlangen im Lauf der Zeit große Mengen Humuserde und schieden dann ihre Exkremente durch Lücken der Platten nach oben aus. Gleichzeitig durchsetzten sie den Boden mit zahlreichen Röhren. Diese brachen immer wieder zusammen und bewirkten eine stets größer werdende Senkung der Sandschicht und des Kachelpflasters. Durch die klaffenden Lücken zwischen den einzelnen Steinen konnten sie nun selbst nach außen kriechen und ihre Kottürme weit über der ehemaligen Mosaikfläche errichten.

[1] HENSEN, V.: a. a. O., S. 360. 1877.

[2] HENSEN, V.: Über die Fruchtbarkeit des Erdbodens in ihrer Abhängigkeit von den Leistungen der in der Erdrinde lebenden Würmer. Landw. Jb. **11**, 661 (1882).

[3] STÖCKLI, ALOIS: Studien über den Einfluß des Regenwurms auf die Beschaffenheit des Bodens. Landw. Jb. Schweiz **42**, 22 (1928).

sind also eher zu gering als zu hoch geschätzt. Als erster hat DARWIN versucht, die Erdmengen zu berechnen, welche die Regenwürmer eines bestimmten Areals in einem Jahr nach oben bringen. Es werden in nachfolgender Tabelle die Zahlen DARWINS in der Umrechnung auf Kilogramm, Hektar und Zentimeter, wie sie STÖCKLI in seiner Arbeit bringt, wiedergegeben.

Gewicht der von Würmern an die Bodenoberfläche gebrachten Erde (nach DARWIN).

Herkunftsort	Gewicht der Exkremente je Jahr in kg			Dicke der gebildeten Bodenschicht in cm
	je □-Yard	je Acre	je ha	
Umgegend von Nizza	3,06	14,580	36,867	0,22
Feld in Down	3,89	18,120	46,867	0,21
Alte Terrasse in Leith Hill Place	1,58	7,560	19,036	0,22
Leith Hill Common	3,37	16,100	40,602	0,83

Über die Kotproduktion der Würmer hat nun in neuester Zeit auch STÖCKLI ganz eingehende Studien für das Gebiet der Schweiz gemacht. Er untersuchte hierüber eine größere Anzahl von Böden in allen Monaten auf die Dauer von zwei aufeinander folgenden Jahren. Hierbei erwies sich deutlich die Tatsache, daß die Menge der jährlich an die Oberfläche gebrachten Exkremente je nach der Art des Bodens eine verschiedene war, was ja nur in Übereinstimmung mit dem Befund steht, daß auch die Wurmzahl mit der Bodenart variiert. Andererseits zeigten sich aber auch deutliche Differenzen für die einzelnen Monate derselben Böden, was auf klimatische Unterschiede zurückzuführen ist. Da aber auch die klimatischen Faktoren in aufeinander folgenden Jahren stark wechseln können, so ist es verständlich, daß unter Umständen die Gewichtssätze der ausgeworfenen Regenwurmexkremente für denselben Boden stark verschieden sind. Allerdings muß auch berücksichtigt werden, daß, wie DÜGGELI[1] bemerkt, die Menge der von Regenwürmern ausgeworfenen Exkrementenmassen davon abhängig ist, ob den Tieren viel oder wenig pflanzliche Stoffe zur Verfügung stehen. Sind sie im wesentlichen auf die humosen Stoffe des Bodens angewiesen, so werden die Kotmassen größer sein. Andererseits hängt aber auch die Pflanzenproduktion von klimatischen Faktoren ab, und so würde auch in diesem Punkt das Klima eine Rolle spielen. Es möge zunächst eine Tabelle der Befunde eines Jahres für eine größere Anzahl von Böden folgen:

Das Gewicht der je Quadratmeter Bodenfläche ausgeworfenen Regenwurmexkremente im Jahre 1923 in Gramm.

Monat	Nr. 1 Gartenerde	Nr. 2 Dauerwiese	Nr. 3 Dauerwiese	Nr. 4 Waldwiese	Nr. 5 Obstgarten	Nr. 8 Mischwald	Nr. 9 Fichtenwald
Januar	0	0	0	0	0	0	0
Februar	0	0	0	0	0	0	0
März	20	100	250	200	110	120	200
April	45	130	300	450	220	280	300
Mai	15	200	350	200	150	200	100
Juni	0	300	250	300	110	100	50
Juli	0	30	50	160	40	20	0
August	60	0	0	20	20	0	0
September	500	0	100	500	260	0	25
Oktober	290	544	1150	3600	560	200	400
November	150	800	950	1300	260	220	350
Dezember	10	365	200	500	80	60	280
Gesamtmenge	1090	2469	3600	7230	1810	1200	1705

[1] DÜGGELI, M.: Die Wechselbeziehungen zwischen den niederen Organismen und der Fruchtbarkeit unserer Böden. Sammlung d. Vorträge d. 1. Fortbild.-Kurses d. Konf. schweiz. Kulturing. in Zürich **1927**, Brugg, S. 65.

Wir sehen aus dieser Tabelle deutlich zwei jahreszeitliche Minima hervortreten, eines während der kältesten Wintermonate Januar und Februar, während welcher die Regenwurmtätigkeit ganz ruht, sodann ein anderes während der heißesten Zeit im Juli und August, während deren sie fast inhibiert erscheint. Diesen beiden Minima steht ein Maximum in den Herbstmonaten Oktober und November — z. T. auch im September — gegenüber. Es sind also die beiden letzten Monate des meteorologischen Winters, Sommers und Herbstes, welche eine Besonderheit der Tätigkeit der Würmer darstellen. In den zwei letzten Dritteln des meteorologischen Winters kommt es zu keinem Auswerfen von Erde, weil die Tiere durch die Kälte erstarrt sind. Auch der gefrorene Boden ließe eine solche Tätigkeit nicht zu. Im meteorologischen Frühling stellt sich dieselbe mit der wachsenden Wärme immer wieder ein. Der meteorologische Sommer reduziert dann die Tätigkeit wieder fast auf ein Minimum. In der südlichen Hemisphäre können die Würmer hierbei in eine Trockenstarre verfallen. In unseren Breiten dürfte ihre minimale Tätigkeit wohl ihren Hauptgrund in der Trockenheit des Bodens haben. Die Würmer verharren in feuchten Bodenschichten. Endlich in den letzten zwei Dritteln des meteorologischen Herbstes erlangen die Würmer das Maximum ihrer Tätigkeit, weil in dieser Zeit die Feuchtigkeits- und Ernährungsverhältnisse das Optimum der Entwicklung zeigen.

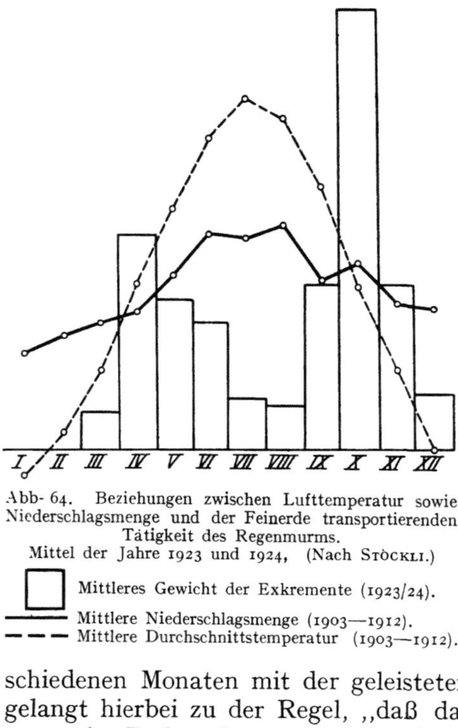

Abb. 64. Beziehungen zwischen Lufttemperatur sowie Niederschlagsmenge und der Feinerde transportierenden Tätigkeit des Regenmurms. Mittel der Jahre 1923 und 1924, (Nach STÖCKLI.)

□ Mittleres Gewicht der Exkremente (1923/24).
—— Mittlere Niederschlagsmenge (1903—1912).
– – – Mittlere Durchschnittstemperatur (1903—1912).

Es sind also zwei Faktoren, welche die Lebenstätigkeit der Würmer entscheidend beeinflussen: der Wassergehalt des Bodens und die Luftfeuchtigkeit. STÖCKLI[1] hat dies in jedem einzelnen Falle seiner Untersuchungen nachgewiesen, indem er die Niederschlagsmengen und die Lufttemperatur des betreffenden Gebietes in den verschiedenen Monaten mit der geleisteten Arbeit der Regenwürmer verglich. Er gelangt hierbei zu der Regel, „daß das klimatische Optimum für den Regenwurm im Boden dann vorhanden ist, wenn sich die Kurven, gebildet aus den monatlichen Niederschlagsmengen und dem monatlichen Temperaturmittel, schneiden, oder wenn die monatliche Niederschlagsmenge in Millimetern das Zweifache der monatlichen Durchschnittstemperatur beträgt. Die nachfolgende graphische Darstellung zeigt die Beziehungen zwischen Lufttemperatur, Niederschlagsmenge und den Exkrementausscheidungen der Regenwürmer für die Waldwiese Niedergösgen (Abb. 64).

Während die klimatischen Verhältnisse von großer Bedeutung für das Vorkommen und die Tätigkeit des Regenwurms sind, konnte häufig kein besonderer Einfluß aus der verschiedenen geologischen Formation geschlossen werden. Regenwürmer in Böden derselben geologischen Formation zeigten gelegentlich ein ganz verschiedenes Verhalten, während solche in geologisch sehr verschiedenen Böden sich ganz ähnlich verhielten. Weder der Gehalt des Bodens an Kalk, Säure, an

[1] STÖCKLI, A.: a. a. O., Abschnitt 3, S. 24—40.

abschlämmbaren Stoffen, noch seine Luftkapazität, hatten irgendeinen Einfluß auf Vorkommen, Zahl und Tätigkeit der Regenwürmer. Im wesentlichen ist es der Wassergehalt des Bodens, welcher Zahl und Verhalten der Würmer bedingt. Man kann allerdings hinzufügen, daß wohl die erste Voraussetzung für ihr Vorkommen und Gedeihen der Gehalt des Bodens an organischen Bestandteilen ist. In einem sterilen Sandboden werden auch bei reichlicher Bewässerung keine Würmer fortkommen können. Wie sehr die Resultate für denselben Boden in zwei aufeinander folgenden Jahren wechseln können, möge folgende Zusammenstellung zeigen. Auf der nachfolgenden Tabelle ist noch einmal die Gesamtmenge der ausgeworfenen Regenwurmexkremente des Jahres 1923 angeführt und darunter die Ergebnisse derselben Örtlichkeiten für das Jahr 1924 gesetzt worden:

Gesamtmenge der auf je einem Quadratmeter ausgeworfenen Regenwurmexkremente in Gramm.

Jahr	Nr. 1 Gartenerde	Nr. 2 Dauerwiese	Nr. 3 Dauerwiese	Nr. 4 Waldwiese	Nr. 5 Obstgarten	Nr. 8 Mischwald	Nr. 9 Fichtenwald
1923	1090	2469	3600	7230	1810	1200	1705
1924	904	4409	3176	7837	3270	2020	2174

Man sieht, daß z. T. ganz gewaltige Verschiedenheiten auftreten, z. B. bei Nr. 2, 5, 8, die wohl hauptsächlich auf verschiedene klimatische Faktoren, besonders Feuchtigkeitsverhältnisse, zurückzuführen sind.

Was nun die Höhe der Bodenschichten anbelangt, welche durch die ausgeworfenen Exkremente im Jahr gebildet werden, so ist das Resultat STÖCKLIS ganz ähnlich, wie dasjenige DARWINS. Es schwankt für 10 Örtlichkeiten zwischen 0,06 und 0,70 cm, wobei die erste Zahl als eine wahrscheinlich durch besondere Bedingungen hervorgerufene, ausnehmend niedrige bezeichnet werden muß. Im Mittel hat die Schicht eine Dicke von 0,28 mm im Jahre 1923 und 0,35 mm im Jahre 1924. Nach STÖCKLIS[1] Beobachtungen stammt die Wurmerde hauptsächlich aus der obersten, 3 cm betragenden Bodenschicht. Er berechnete nun auch für die 10 Örtlichkeiten die Zahl der Jahre, die für die Würmer nötig sind, um diese Bodenschicht zu produzieren. Danach variiert die Zeit zwischen 6,1 bis 27,9 Jahre.

Sehen wir, nach den vorliegenden Angaben, die Regenwürmer in unseren Breiten schon eine ganz bedeutende Wirksamkeit in bezug auf Verlagerungen von Bodenteilen entfalten, so sind ihre Leistungen hierin in den südlichen Ländern — besonders den Tropen — noch viel gewaltiger. Handelt es sich doch hier häufig um ganz riesige Tiere, unter denen solche von $^3/_4$—1 m vorkommen. Bei uns sind die Kottürme, welche die Regenwürmer über dem freien Ende ihrer Röhre errichten, nur wenige Zentimeter hoch, bei tropischen Formen oft 10 und mehr Zentimeter. Bei einer in Kalkutta vorkommenden Perichaeta erreichen sie 8 bis 15 cm Höhe. DARWIN[2] berichtet von Exkrementhaufen südindischer Regenwürmer, die getrocknet bis $^1/_4$ Pfund wogen. Nach Angabe des Zoologen C. KELLER[3] wiegen die Kottürme eines riesigen 80 cm großen Regenwurmes von Madagaskar, den er Geophagus darwini nennt (heute: Kynotus darwini C. KEL.) durchschnittlich 130—150 g. Dieser Forscher fand sogar solche, die in trockenem Zustand 300 g wogen. Ausgebreitet sollen die Wurmexkremente, die im Urwald von Madagaskar an die Oberfläche geschafft werden, im Jahr eine Schicht von 2 cm Dicke ergeben. So erstaunlich eine solche Angabe sein mag, sie erscheint durchaus glaubhaft, ja bescheiden, wenn man berücksichtigt, daß der oben er-

[1] STÖCKLI, A.: a. a. O., S. 22—24. [2] DARWIN Ch.: a. a. O., S. 127.
[3] KELLER, C.: Reisebilder von Ostafrika und Mauagaskar, S. 252. Leipzig 1881.

wähnte riesige Regenwurm in großer Zahl den Boden des Landes bevölkert[1]. Während HENSEN[2] erwähnt, daß unser größter Regenwurm — Lumbricus terrestris L. — in 24 Stunden eine Kotmenge von 0,5—0,7 g ausscheidet, berichtet C. KELLER[3], daß einmal ein ihm überbrachtes lebendes Exemplar von Geophagus darwini innerhalb einer halben Stunde 100 g feuchte Erde auspreßte.

Weniger extreme Verhältnisse, die jedoch jene der europäischen Länder noch bedeutend übertreffen, schildert BEAUGÉ[4], nach den Beobachtungen eines englischen Beamten der Regierung des ägyptischen Sudans von den Regenwürmern des Tals des Weißen Nils. Ihr Hauptwohngebiet liegt 30—60 cm unter der Erdoberfläche. In einer Dezembernacht wurden folgende Auswürfe beobachtet.

1.	je	1 m²	40	Auswürfe	= 200 g
2.	,,	1 m²	58	,,	= 550 g
3.	,,	1 m²	55	,,	= 550 g
4.	,,	1 m²	92	,,	= 750 g

Abb. 65. Der australische Riesenregenwurm Megascolecides australis M'Coy
(Nach CARUS STERNE: Werden und Vergehen. 1900.)

Rechnet man 550 g Auswürfe je Quadratmeter, so ergeben das

[1] Noch viel bedeutender als dieser Geophagus muß der australische Riesenregenwurm Megascolides australis M'Coy auf den Boden wirken (siehe Abb. 65). Er ist etwa 2 m lang und hat einen Durchmesser von 2—3 cm. Ein Bild von Carus Sterne zeigt geradezu phantastische Verhältnisse seiner Erdhöhlen und seiner riesigen kraterartigen Kottürme. Leider konnte der Verfasser keine näheren Details über seine ökologischen Verhältnisse finden.

W. B. SPENCER, der den australischen Riesenregenwurm einer anatomischen Bearbeitung unterzog (W. B. SPENCER: The Anatomy of Megascolides australis [the Giant Earthworm of Gippsland]. Trans. roy. Soc. Victoria 1, Part. 1, 3 [1888]) machte auch eine Reihe von biologischen Angaben. Seltsamerweise glaubt er beobachtet zu haben, daß dieser Riesenwurm keine Kottürme absetzt. Die einen Fuß und mehr hohen Erdkegel, die bisher dafür gehalten wurden, und die auch auf vorliegenden Bilde wiedergegeben sind, stammen nach seinen Untersuchungen von einer großen Landkrabbe, die häufig im Verbreitungsgebiet des Wurmes vorkommt. Dort, wo die Würmer allein hausen, seien auch keine Kothügel vorhanden. Diese Annahme scheint wenig glaubhaft, zumal der Autor nicht sagen kann, was der Wurm mit der immensen Menge Erde macht, die seinen Körper passiert.

Als den größten Oligochaeten überhaupt bezeichnet J. STEPHENSON (STEPHENSON, J.: The Oligochaeta, XIV, 978 S. Oxford 1930) den zu den Glossoscoleciden gehörigen südamerikanischen Rhinodrilus fafner, der eine Länge von 2100 mm und 24 mm Dicke erlangt.

Wie GATES fand, hat die Jahreszeit zuweilen einen bedeutenden Einfluß auf die Länge der Würmer. So soll in Rangoon Drawida longatria während der Regenzeit bis 153 mm, während der kalten Monate bis 90 mm lang werden. Die entsprechenden Maße für Octochaetus birmanicus betragen 117 mm in der nassen Jahreszeit und 65 mm in der trockenen. Entsprechend verändert sich die Dicke der Würmer in beiden Jahreszeiten von 6 mm auf 4 mm.

[2] HENSEN, V.: a. a. O., S. 360. [3] KELLER, C.: a. a. O., S. 250.
[4] BEAUGÉ, Ch.: a. a. O., S. 506. 1912.

für den Hektar 5500 kg in einer Nacht. Er berechnete hieraus, daß der ganze Erdboden bis zu einer Tiefe von 60 cm einmal innerhalb von 27 Jahren durch die Würmer an die Oberfläche befördert wird.

Schon ein einfacher Versuch zeigt, welche bedeutende Volumvermehrung des Bodens die Grabetätigkeit weniger Regenwürmer in kurzer Zeit verursachen muß. WOLLNY[1] setzte 6 Wochen lang ein Gefäß mit Erde der Einwirkung von 5 Regenwürmern aus. Am Ende dieses Zeitraums hatte das Bodenvolumen um 27,5 % zugenommen.

Innerhalb des Regenwurmdarms dürfte nun die aufgenommene Erde eine gewisse Umwandlung erfahren. Daß der Regenwurmkot nicht einfache Ackererde ist, zeigt schon der äußere Anschein; er ist feiner, schlickartiger und auch etwas anders gefärbt als diese. Die einzelnen Partikelchen haften durch Darmsekrete aneinander. Nur so ist es zu verstehen, daß die Exkrementsäulen, namentlich bei trockenem Wetter, eine Zeitlang ihre Form zu erhalten vermögen.

Sodann läßt sich eine mechanische Beeinflussung der mineralischen Bestandteile im Körper des Tieres nachweisen. Der Darmkanal des Regenwurms besteht aus einer größeren Anzahl von Abschnitten, nämlich dem muskulösen Schlundkopf, der Speiseröhre, dem Kropf, dem Muskelmagen, dem Mitteldarm und dem Enddarm. Die sehr kräftigen muskulösen Teile (Schlundkopf und Muskelmagen) wirken nun direkt auf mechanische Weise auf die kleineren Erdpartikel ein. Die Regenwürmer scheinen „absichtlich" größere Steinchen und sonstige feste Körper in ihren Darm aufzunehmen, welche die Fähigkeit seiner muskulösen Abschnitte im Zerdrücken und Zerreiben der Erde unterstützen. Schon DARWIN glaubte feststellen zu können, daß hierbei eckige Steine abgerundet und verkleinert werden. BASSALIK[2] gelang es, diese Tatsache auch experimentell nachzuweisen. Er setzte Regenwürmer in angefeuchtetes Granitpulver von 4 Korngrößen, dazu nur vegetabilische Nahrungsstoffe. Es zeigte sich deutlich eine Zunahme der kleineren Korngrößen. Hierdurch werden nach BASSALIK auch WOLLNYS Ergebnisse, wonach ein mit Regenwürmern bevölkerter Boden eine größere Minerallöslichkeit besitzt, erklärt, da durch das Zermalmen der kleinen Gesteinsteilchen immer neue frische Flächen der Wirkung gesteinslösender Agenzien ausgesetzt werden. In neuerer Zeit konnten auch BLANCK und GIESECKE[3] mittels der Schlämmanalyse nach ATTERBERG nachweisen, daß Bodenteilchen beim Passieren des Wurmkörpers verkleinert werden. Bei einem Lehmsandgemisch hatten die Anteile der Korngröße unter 0,002 mm und die zwischen 0,002—0,006 mm gelegenen durch die Tätigkeit der Würmer eine Erhöhung erfahren. Andererseits konnte für Lehmboden und ein Sandlehmgemisch eine Verkleinerung der Anteile zwischen 0,02—0,06 mm nachgewiesen werden.

STÖCKLI hat dann weiterhin mit Hilfe der Schlämmethode untersucht, „inwieweit es dem Regenwurm gelingt, die Korngrößenzusammensetzung der oberen Schichten eines natürlich gelagerten Bodens zu verändern". Er konnte feststellen, daß tatsächlich eine Verfeinerung der obersten Bodenschicht entsteht, und daß sie durch die Tätigkeit der Regenwürmer zustande kommt, indem diese ihre Exkremente an die Oberfläche ablegen, wo sie eine Ausbreitung erfahren. Die Verfeinerung der mineralischen Bestandteile des Regenwurmkots gegenüber den Bodenbestandteilen beruht nach Ansicht STÖCKLIS auf der schon erwähnten

[1] WOLLNY, E.: Untersuchungen über die Beeinflussung der Fruchtbarkeit der Ackerkrume durch die Tätigkeit der Regenwürmer. Forschgn. Geb. Agriculturphys. 13, 391 (1890).

[2] BASSALIK, K.: a. a. O., S. 4. 1913.

[3] BLANCK, E. u. F. GIESECKE: Über den Einfluß der Regenwürmer auf die physikalischen und biologischen Eigenschaften des Bodens. Z. Pflanzenernährg. usw. B 3, 198 (1924).

mahlenden Wirkung des Darms und einer Art von selektivem Prozeß, der die Würmer veranlaßt, keine Steine über 2 mm Größe aufzunehmen[1].

Je nach der Umwelt des Regenwurms und je nach seinem individuellen Verhalten — ob er nur Erde gefressen hat, oder auch größere Mengen von Vegetabilien — ist der Regenwurmkot verschieden in seiner Zusammensetzung. Hensen[2] untersuchte mikroskopisch die Exkremente von Gartenwürmern, die viele Pflanzenstoffe zu sich nehmen, und fand, daß sie sich nicht wesentlich von zweijähriger Blättererde unterschieden, wie sie der Gärtner durch Vermodernlassen von Blättern mit Zusatz von etwas Sand künstlich herstellt.

Nach Darwin sind die Regenwürmer omnivor. Sie ziehen aus der verschlungenen Erde jede verdauliche Substanz heraus. Experimentell ließ sich nachweisen, daß sie sich Zucker, Süßholz, rohes Fett und Fleisch, vor allem aber halb welke Blätter einverleiben. Indessen ziehen sie gelegentlich auch lebende Pflanzen in ihre Röhren, die sie erst mit einem zersetzenden Schleim beschmieren, um sie dann, wenn sie mazeriert sind, zu verzehren. Einige Formen, wie z. B. Eisenia foetida Sav. leben mit Vorliebe von organischen Zersetzungsprodukten, z. B. Exkrementen, die als Düngemittel unter die Erde gegraben werden. Einen anderen Lumbriciden, Dendrobaena subrubicunda Eis., fand der Autor in großer Zahl in Gartenerde, die stark mit Menschenkot versetzt worden war. Im allgemeinen herrschte früher die Ansicht, daß der Regenwurm aus der Erde nur den organischen Detritus verdaue. Francé[3] und seine Schülerin v. Aichberger wiesen indessen darauf hin, daß der Regenwurm sich mit der Erde, außer Bakterien, fortgesetzt zahlreiche Organismen pflanzlicher und tierischer Art einverleibt, besonders auch viele Mikroorganismen. von Aichberger fand in 1 mm^3 Darminhalt bis 50 Individuen, obgleich nach Francé die Erde, aus welcher die Würmer stammten, als Maximalzahl nur 29 Formen je Kubikmillimeter enthielten. „Kein einziger der gefundenen edaphischen Organismen war im lebenden Zustand". Es handelte sich um alle möglichen Algen, Desmidiaceae, Diatomaceae, Schizophyceae, Pilzmycelien, Pilzsporen, sodann Rhizopoden, Nematoden und sehr viele Cysten tierischer und pflanzlicher Natur. Alle diese Formen zeigten einen korrodierten, angedauten oder gänzlich verdauten Zustand. Gelegentlich waren nur noch die Häute der betreffenden Individuen übrig. Wir müssen also wohl annehmen, daß die Regenwürmer auch aus lebenden Organismen ihre Nahrung zu ziehen vermögen. Daß die Anzahl der Mikroorganismen nach v. Aichberger in der Darmerde je Kubikmillimeter größer gewesen war als in der Außenerde kann nur damit erklärt werden, daß die Regenwürmer von einer anderen Stelle des Institutsgartens herstammten als die auf Mikroorganismen untersuchten Bodenarten.

Die Frage, welche Bestandteile die Hauptnahrung der Regenwürmer bilden, ob im wesentlichen abgefallene Blätter und abgestorbene Wurzeln, oder die organischen Bestandteile der Erde, ist noch nicht völlig entschieden. Für unseren größten Regenwurm, Lumbricus terrestris L., der häufig auch in humus-

[1] Es dürfte wohl klar sein, daß die Beschränkung der aufgenommenen Steine auf eine gewisse Größe nicht durch freie Wahl der Würmer zustande kommt, sondern durch körperliche Verhältnisse — etwa die Größe des Schlundkopfes — verursacht sein müssen. Die tropischen Riesenformen werden deshalb sicher Steine von viel größerem Kaliber in ihren Darm aufnehmen als unsere weit kleineren Würmer.

In Anbetracht der Resultate der obigen vier Autoren dürfte sich die Behauptung Frl. v. Aichbergers, daß die Mineralteilchen im Darm des Regenwurmes auch in dessen hintersten Partien durchschnittlich größer wären als die des umgebenden Bodens (Korngröße im Regenwurmdarm im Mittel, 0,150 gegen 0,060 der Außenerde) als irrig erweisen. (R. v. Aichberger: Untersuchungen über die Ernährung des Regenwurms. Die Kleintierwelt **6**, H. 4/5 [1914]. Schlußartikel fehlt).

[2] Hensen, V.: a. a. O., S. 670. 1882. [3] Francé, R. H.: a. a. O., S. 86. 1921.

armen Böden gefunden wird, erscheint es HENSEN[1] überhaupt nicht wahrscheinlich, daß er von Erde lebt. Andererseits ist es ja sicher, daß die Exkremente reicher an organischen Bestandteilen sind als der von den Würmern bewohnte Boden. Es läßt sich nun leicht nachweisen, daß die Tätigkeit von Würmern einen mageren Boden mit stickstoffhaltigen Substanzen anzureichern vermag. HENSEN setzte zwei Würmer in ein Gefäß mit $3^1/_2$ Kubikfuß Sand und bedeckte die Oberfläche mit einer Lage abgefallener Blätter. Nach $1^1/_2$ Monaten war die Oberfläche des Sandes mit einer 1 cm dicken Schicht Humus aus Wurmexkrementen bedeckt. Im Sand selbst fanden sich zahlreiche Wurmröhren, die z. T. mit einer 3 mm dicken Humuswand versehen waren; eine Anzahl war auch völlig mit Humus erfüllt. Jetzt, meint HENSEN, würden die Pflanzen in diesem Sand haben gedeihen können.

Ähnliche Versuche, aber mit genauen Berechnungen, stellte nun auch BASSALIK[2] an. Er setzte zwei große Regenwürmer in 6450 g sehr bindigen Lehm und legte auf die Oberfläche eine größere Schicht Baumblätter. In 290 Tagen fraßen die Tiere 24,3 g Trockensubstanz; das ist pro Regenwurm im Monat $1^1/_3$ g. Es fanden sich eine Humusschicht von 0,2 cm und zahlreiche durch Kotbelag dunkel gefärbte Wurmröhren. Sodann zeigte die Lehmmasse eine Volumzunahme von 19,2%. Man vergleiche hiermit auch die oben gemachte Angabe WOLLNYS, der bei seinem Experiment eine Erhöhung des Bodenvolumens um 27,5% feststellte[3].

Bei den eben geschilderten Versuchen handelt es sich um solche unter künstlichen Bedingungen. Wie verhalten sich nun die Würmer in bezug auf die Humusmenge freier Böden? STÖCKLI[4] hat auch hier an einer Reihe von Bodenarten Untersuchungen unternommen, die einige Aufschlüsse gewähren. Um den Einfluß der Wurmexkremente auf die Humusbeschaffenheit des Bodens festzustellen, bestimmte er den Gesamthumusgehalt der Wurmerde, sowie denjenigen des Bodens durch die Glühverlustmethode. Die Resultate aus 10 Bodenproben und den zugehörigen Wurmexkrementen ergaben, daß die letzteren bedeutend reicher an Humussubstanzen als die darunter befindlichen Böden bis zu einer Tiefe von 10 cm waren, und zwar enthielten die Exkremente um so mehr Humusbestandteile, je mehr freie Pflanzenbestandteile über den Böden lagerten. Daraus darf ja wohl geschlossen werden, daß die Regenwürmer bedeutende Mengen Pflanzenreste, die auf der Bodenoberfläche liegen, verzehren. Es wurden sodann die Größe der Humusteilchen in gewachsenem Boden mit jenen der darauf befindlichen Regenwurmexkremente bei Anwendung der Methode der Schlämmfraktionen verglichen. Auch hier stellte sich heraus, daß der Wurmkot in allen Fraktionen mehr Humusstoffe enthielt als die obersten 10 cm der darunterliegenden Erdschicht.

Eine hohe Bedeutung für die Zersetzung organischer Substanzen muß die durch die Wurmtätigkeit erzeugte Auflockerung und erhöhte Durchlässigkeit des Wurmbodens für Luft und Wasser haben, vor allem an feuchten Örtlichkeiten, wo ja die Würmer in besonders großer Zahl auftreten[5]. Wie WOLLNY, BLANCK

---

[1] HENSEN, V.: a. a. O., S. 672. 1882. [2] BASSALIK, K.: a. a. O., S. 3.
[3] WOLLNY, E. v.: a. a. O., S. 41. 1897. [4] STÖCKLI, A.: a. a. O., S. 68.
[5] Welche Bedeutung das Vorhandensein von Regenwürmern für die Durchlässigkeit des Bodens für Wasser hat, läßt sich manchmal durch alleinige Beobachtung feststellen. W. HEROLD (Untersuchungen zur Ökologie und Morphologie einiger Landasseln. Z. Morph. u. Ökol. Tiere **4**, 337 [1925]) berichtet im Anschluß an ökologische Studien im Laubwald der Greifswalder Oie, einer etwa 50 ha großen Insel bei Rügen, daß hier, infolge des Fehlens von Maulwürfen und von sonstigen günstigen Verhältnissen sich eine ganz gewaltige Zahl von Regenwürmern im Boden findet. Genauere Untersuchungen ergaben, daß die oberflächlichen Erdschichten durch Regenwurmgänge dichtmaschig kanalisiert waren. Im Verhältnis zu dem geschlossenen Laubdach des Waldes war die Blätterstreu am Boden äußerst spärlich.

und GIESECKE sowie STÖCKLI nachgewiesen haben, zeigt sich deutlich in den Wurmversuchsböden eine Verminderung der Wasserkapazität und eine Erhöhung der Luftkapazität. Die Tatsache, daß die Wasserkapazität der Böden durch die Regenwürmer herabgesetzt wird, scheint, wie BLANCK und GIESECKE[1] betonen, im Widerspruch mit der allgemein vertretenen Ansicht zu stehen, daß mit Abnahme der Korngröße, wie sie ja durch die Darmtätigkeit der Regenwürmer hervorgerufen wird, die Anzahl der kapillar wirkenden Berührungspunkte steigt. Indessen ist die Wasserkapazität auch noch von der Lagerungsart und dem Gehalt an quellbaren Bestandteilen abhängig. Die beiden Forscher glauben deshalb, daß die Bodenteilchen im Regenwurmdarm nicht nur kleiner werden, sondern auch eine besondere Beschaffenheit erlangen, welche sie befähigt, eine dichte schmierige Masse zu bilden, die eine Verkittung und Verstopfung der Kapillaren erzeugt und überhaupt die Lagerverhältnisse des Bodens stark verändert, wodurch eben die Wasserkapazität stark herabgedrückt wird. Besonders die Erhöhung der Luftkapazität ist nun von großer Bedeutung für die Umsetzung im Boden. Die Luftkapazität hängt nach BURGER nicht von den kapillar wirkenden Poren ab, sondern von den größeren Räumen und Spalten des Erdbodens. Zu ihnen gehören auch die Wurmröhren. STÖCKLI[2] berechnete ihr Volumen aus der Menge der je Quadratmeter und Jahr ausgestoßenen Exkremente, wobei er von der Voraussetzung ausging, daß sämtliche Kothäufchen aus der oberen 10 cm starken Bodenschicht stammten, was für die Schweizer Verhältnisse zutrifft. Von dem Volumen der Regenwurmexkremente wurde die nach der BURGERschen Methode ermittelte Luftkapazität des verschlungenen Bodens subtrahiert, um die durch die Wurmtätigkeit bedingte Zunahme der Luftkapazität festzustellen. Es zeigt sich, daß bei den einzelnen Bodenarten in verschiedenem Grad die Luftkapazität der oberen Bodenschichten der minierenden Tätigkeit der Regenwürmer zuzuschreiben ist. Ohne letztere sind die oberen Bodenpartien dauernd der Gefahr ausgesetzt, ihre größeren Hohlräume und damit die Möglichkeit einer leichten Durchlässigkeit für Luft und Wasser zu verlieren. Da hiervon nach WOLLNY[3] die leichte Zersetzlichkeit organischer Substanzen in hohem Grade abhängig ist, so verstehen wir, daß nach Untersuchungen dieses Autors die Kohlensäureentwicklung in wurmhaltigem Boden eine wesentlich intensivere ist als in wurmfreiem, und man kann wiederum hieraus ohne weiteres schließen, daß die Menge der bei dem Zerfall sich bildenden Pflanzennährstoffe im wurmhaltigen Boden ebenfalls größer sein wird als im wurmfreien.

Im Darm des Regenwurms dürften nun die aufgenommenen organischen Bestandteile eine gewisse Veränderung erfahren. Dies kann hervorgerufen werden einerseits durch den Einfluß der stark alkalischen Verdauungssäfte, andererseits durch die Tätigkeit von Mikroorganismen, die entweder schon im Darm vorhanden waren, oder mit den einverleibten Stoffen in ihm aufgenommen wurden und sich hier besonders entfalten konnten. STÖCKLI[4] prüfte nun auch die Veränderungen, welche die vom Regenwurm aufgenommenen Bestandteile im Wurmdarm erlangen. Zu diesem Zweck untersuchte er den Humus der Wurmexkremente und denjenigen des Bodens auf ihren Gehalt an „matière noire“ und an leicht zersetzbaren Bestandteilen. Unter „matière noire“ verstand er mit GRANDEAU die Summe jener Humusstoffe, die sich in ammoniakhaltiger Flüssig-

Überall fanden sich Blätter, die ganz oder teilweise in den Boden gezogen waren. „Es war nun eine für den regenreichen Sommer dieses Jahres sehr auffallende Tatsache, daß im Wäldchen der Oie der Boden einen völlig trockenen Eindruck machte.“ Auch unmittelbar nach einem kräftigen Regen beobachtete der Forscher zu seiner großen Überraschung, daß dieser schwere Boden in kurzer Zeit oberflächlich abgetrocknet war.

[1] BLANCK, E. u. F. GIESECKE: a. a. O., S. 12. [2] STÖCKLI, A.: a. a. O., S. 46.
[3] WOLLNY, E. v.: a. a. O., S. 43. [4] STÖCKLI, A.: a. a. O., S. 107.

keit auflösen, unter leicht zersetzbaren Humusbestandteilen dagegen jene, die mit 30proz. Wasserstoffperoxydlösung zersetzt werden. Es zeigte sich nun, daß der Wurmkot mehr „matière noire“ oder kolloidgelöste Humusstoffe enthielt als die oberen 10 cm, sowie die oberen 3—4 cm Boden. Dagegen war der im Regenwurmkot enthaltene prozentuale Anteil der kolloidgelösten Humusstoffe an Gesamthumus geringer als der in der oberen 10 cm dicken Bodenschicht. Es ist also anzunehmen, daß unter dem Einfluß der Verdauungssäfte des Regenwurmdarmes und wahrscheinlich seiner Bakterienflora eine Vermehrung der kolloidgelösten Humusstoffe seines Kotes stattfindet. Sodann konnte festgestellt werden, daß der Regenwurmkot sowohl prozentual als auch absolut mehr Humusbestandteile enthielt, die sich mit 30proz. Wasserstoffperoxyd zersetzen ließen, als die oberste 4 cm umfassende Bodenschicht, aus der der Hauptanteil der Exkremente herstammte. Auch hier darf also angenommen werden, daß die Zunahme an leicht zersetzlichen Humusbestandteilen in den Exkrementen auf die Tätigkeit der Darmdrüsen und auf die Bakterienflora des Regenwurmkots zurückzuführen ist.

Es hat nun weiterhin WOLLNY[1] auf dem Wege der Analyse die Frage zu lösen gesucht, ob die Menge der löslichen Stickstoffverbindungen und Mineralstoffe in der mit Würmern versehenen Erde größer ist als in der wurmfreien. Seine Ergebnisse zeigt die nachstehende Tabelle:

Versuchsmaterial	Ammoniak %	Salpetersäure %	Stickstoff in Form von Ammoniak %	Stickstoff in Form von Salpetersäure %	Stickstoff in Form von Summa %	Lösliche Mineralstoffe %
A. Erde mit Regenwürmern	0,0200	0,0850	0,01647	0,02204	0,03851	0,08672
Erde ohne Regenwürmer	0,0036	0,1144	0,00285	0,02966	0,03251	0,03267
B. Erde mit Regenwürmern	0,0140	0,0250	0,01147	0,00648	0,01795	0,155338
Erde ohne Regenwürmer	0,0060	0,0440	0,00494	0,01141	0,01635	0,03362

Sie lehrt, daß die Wurmerde mehr Ammoniak, aber weniger Salpetersäure als die wurmfreie Erde lieferte. WOLLNY hat hierdurch den Nachweis geliefert, daß durch die Tätigkeit der Regenwürmer der Reichtum des Bodens an assimilierbaren Nährstoffen eine Erhöhung erfährt. Jedenfalls beruhe dies darauf, daß die organischen Stoffe bei dem Durchgang durch den Tierkörper durch die Verdauungssäfte Veränderungen erfahren, welche für deren Zerfall günstig sind. Es handelt sich hier um monatelang dauernde Topfversuche, wobei die Regenwürmer nur auf die Nahrung angewiesen waren, die sie in der Erde fanden. WOLLNY meint, daß der Betrag der Wirkung unter sonst gleichen Umständen, aber mit der Möglichkeit für die Würmer, sich ihre Nahrung aus abgestorbenen Pflanzenteilen zu verschaffen, noch größer ausfallen würde. Darüber, wie viele von den in die Töpfe eingesetzten Würmern am Ende des Versuchs noch übrig waren, erfahren wir nichts. RUSSELL[2] hat diese Ergebnisse WOLLNYS bei seinen Topfversuchen nicht voll bestätigen können. Er konnte allerdings ebenfalls feststellen, daß der Stickstoffgehalt in den Wurmgefäßen höher war, als in jenen ohne Würmer; aber nur dann, wenn die Würmer zugrunde gegangen waren. Die toten Würmer lieferten sehr schnell Nitrate, während diese durch die lebenden Würmer nur in geringem Maße erzeugt wurden. Im günstigsten Falle liefert ein Wurm während einer langen Periode 10 bis höchstens 20 mg Nitratstickstoff. Nimmt man mit HENSEN 25000 Würmer je Morgen Ackerland an, so würden diese Tiere während einer Wachstumsperiode höchstens 250 g Nitratstickstoff produzieren; das würde etwa $3^1/_2$ Pfund Chilisalpeter entsprechen.

[1] WOLLNY, E. v.: a. a. O., S. 41.

[2] RUSSELL, E. J.: The effect of earthworms on soil productiveness. J. agricult. Sci. 3, 246 (1908—10).

In Übereinstimmung mit RUSSELL fanden auch BLANCK und GIESECKE[1], daß die Regenwürmer bei der Ammoniakbildung im Boden keine wesentliche Rolle spielen. Hingegen konnten sie feststellen, daß durch ihre Tätigkeit die Nitrifikationskraft des Bodens erhöht wird; dies geschieht dadurch, daß die Würmer, wie wir schon gehört haben, die Durchlüftungsverhältnisse des Bodens außerordentlich verbessern und zugleich seine Wasserkapazität deutlich herabsetzen.

Außer einer gewissen Anreicherung der Wurmerde an stickstoffhaltiger Substanz wurde nun auch für sie nach DUSERRE[2] und SALISBURY[3] ein höherer Gehalt an Kalk, besonders kohlensaurem Kalk, festgestellt, als in den oberen Bodenschichten. Derselbe stammt zweifellos aus den sog. MORRENschen Kalkdrüsen, 3 Paar sackförmigen, drüsigen Ausstülpungen der Speiseröhre, die am Hinterende in diese einmünden. Im Muskelmagen und Darm findet man häufig ihre Konkremente. DARWIN[4] glaubt, daß dieser Kalk aus den abgefallenen Blättern stammt, die der Wurm als Nahrung aufnimmt. Die Drüsen seien in erster Linie Exkretionsorgane, die den Körper von den Kalkmassen befreien sollen, in zweiter Linie aber Organe zur Neutralisierung der Humussäuren. Sowohl der Darminhalt wie die ausgeworfenen Exkrementrollen reagieren nach DARWIN sauer. Nach SALISBURY ist der Wurmauswurf im Vergleich mit dem Boden, aus dem er stammt, gewöhnlich weniger sauer oder weniger alkalisch. Manchmal beträgt der Unterschied bis 75 %.

Im Gegensatz zu DARWIN glaubt WIELER[5], daß die Regenwürmer den Kalk direkt aufsuchen, weil sie ihn brauchen, um der organischen Substanz ihren sauren Charakter zu nehmen, und daß ihr Eindringen in tiefere Erdschichten dem Ersatz des Kalkes diene. Auf dieses Kalkbedürfnis sei es auch zurückzuführen, daß sie in Waldböden mit Torf nicht vorkommen. Der Grund läge in der Natur des mineralischen Bodens, d. h. in dessen Kalkarmut. Allerdings fügt er selbst hinzu, daß gegen diese Auffassung das Verhalten des Lumbricus purpurius Eis. spreche, der nach MÜLLER[6] in großer Menge in den Buchenwäldern Jütlands vorkommt, hier aber nicht in der Erde, sondern in der Blätterdecke wohnt.

Daß der Regenwurmkot an Kalk, besonders kohlensaurem Kalk, reicher ist, als die Erde, in der er lebt, hat auch DUSERRE festgestellt. Auch dieser Forscher führt diesen Kalk auf Produkte der Kalkdrüsen zurück. Nach Untersuchungen von KAHSNITZ[7] scheinen diese Mengen jedoch nicht zu genügen, um die Alkalität eines Bodens nachweisbar zu erhöhen, oder einen sauer reagierenden Boden zu mehr neutraler Reaktion zu bringen. Wenn die Würmer auf die Bodenreaktion in der Natur trotzdem einen Einfluß ausüben, so dürfte dies nur ein indirekter sein, etwa, indem sie in dicht gelegene Bodenschichten, über denen leicht eine Wasserstagnation stattfinden kann, durch ihre Röhren Abflußkanäle schaffen. „Andererseits unterbinden die Würmer durch Vergrößerung des Bodenvolumens eine Fäulnis organischer Substanzen, die zur Bildung von Rohhumus und Bodensäuren führen."

---

[1] BLANCK, E., u. F. GIESECKE: a. a. O., S. 4. 1924.

[2] DUSERRE, C.: Über die Einwirkung der Regenwürmer auf die chemische Zusammensetzung des Bodens. Landw. Jb. Schweiz (Bern) 16 (1902).

[3] SALISBURY, E. J.: The influence of earthworms on soil-reaction and the stratification of undisturbed soils. J. Linnean Soc. Botany 46, 415 (1924).

[4] DARWIN, CH.: a. a. O., S. 49.

[5] WIELER, A.: Regenwürmer und Bodenbeschaffenheit. Sitzgsber. naturhist. Ver. preuß. Rheinl. u. Westf. **1913**, 10 (Bonn 1914).

[6] MÜLLER, P. E.: Studien über die natürlichen Humusformen und deren Einwirkung auf Vegetation und Boden, S. 168. Berlin 1887. (In diesen sagt MÜLLER, daß Lumbricus purpurius sich namentlich im Laube und in den obersten Bodenschichten aufhält.)

[7] KAHSNITZ, H. G.: Untersuchungen über den Einfluß der Regenwürmer auf Boden und Pflanze. Bot. Arch. 1, 315 (1922).

Zweifellos haben die Lumbriciden nun auch einen Einfluß auf die biologische Struktur des Bodens, in dem sie sich aufhalten. Das gilt ja bis zu einem gewissen Grad für jeden Geobionten des Edaphons. Bisher sind nur ganz wenige Beziehungen der einzelnen Vertreter dieser Gemeinschaft zueinander bekannt geworden. FRANCÉ[1] stellte eine größere Anzahl von Mikroorganismen aus der Gruppe der Protozoen fest, die im Regenwurmkot ihre Existenzbedingungen fanden. Im hohen Maße bietet nun auch der Regenwurmdarm zahlreichen Organismen Unterkunft und Nährboden. Vor allem handelt es sich hierbei um Bakterien.

Es ist begreiflich, daß zugleich mit der Erde eine Unsumme von Bodenbakterien in den Darm der Würmer aufgenommen werden. Was wird nun aus diesen? KOLKWITZ[2] behauptet zwar: „im ganzen Verlauf des Darmes der Regenwürmer finden sich nur verhältnismäßig wenige Bakterien", und JENSEN[3], daß die Denitrifikationsbakterien in lebenden Regenwürmern getötet werden. Beide Behauptungen haben sich jedoch nicht als richtig erwiesen. BASSALIK[4] konnte nachweisen, daß der Regenwurmdarm sämtliche Bakterien des umgebenden Bodens beherbergt und zu ganz besonderer Entfaltung bringt.

Nitrifizierende und denitrifizierende Bakterien verließen lebend den Darm. Nicht weniger als 64 Bakterienarten konnte BASSALIK im Regenwurmdarm nachweisen[5]. Es wurden dann auch von ihm die quantitativen Verhältnisse der Flora des Darms des Regenwurms (gemeint ist wohl Lumbricus terrestris) geprüft und in Beziehung zu jener des Bodens gebracht. Er fand ein bemerkenswertes Überwiegen der Mikroorganismen (Bakterien, Hefen und Pilze) in den Exkrementen der Würmer gegenüber den zugehörigen Bodenproben. Eine Keimzahl von 11000000 und 20000000 für je 1 g Trockensubstanz zweier Bodenproben standen 52000000 und 64000000 Keime in je 1 g trockener Regenwurmexkremente gegenüber. BASSALIK schloß hieraus, daß die angedauten, organischen Substanzen in Verbindung mit den Sekretstoffen des Regenwurmdarms in ihrer innigen Vermischung mit dem Mineralboden ein besonders günstiges Nährmedium für die erwähnten Mikroorganismen abgeben. Allerdings waren diese Untersuchungen wegen ihrer geringen Zahl nicht überzeugend genug.

Es hat nun in neuester Zeit STÖCKLI[6] ausgedehnte bakteriologische Untersuchungen darüber gemacht, inwieweit die Tätigkeit der Regenwürmer das Gedeihen und die Vermehrung der Bodenbakterien beeinflußt, und er konnte in der Tat für diese Organismen die Befunde BASSALIKS bestätigen. Die folgende Tabelle gibt die Zahl der Bakterien von Gußkulturen aus Regenwurmexkrementen und den zugehörigen Bodenproben an, jedesmal auf je 1 g lufttrockener Erde berechnet.

---

[1] FRANCÉ, R. H.: a. a. O., S. 85.

[2] KOLKWITZ, R.: Beiträge zur Kenntnis der Erdbakterien. Cbl. Bakter. II 5, 670 (1899).

[3] JENSEN, HJALMAR: Beiträge zur Morphologie und Biologie der Denitrifikationsbakterien. Cbl. Bakter. 4, 459 (1898).

[4] BASSALIK, K.: a. a. O., S. 9. 1913.

[5] Wahrscheinlich haben die Bakterien im Darm der Regenwürmer für diesen ihre Bedeutung. E. KEUP (Ernährung und Lebensweise der Regenwürmer in ihrer Bedeutung für die Landwirtschaft. Mitt. dtsch. Landw.-Ges. **28**, 538, 552, 566 [1913]) hält es für sicher, daß sie eine wichtige Rolle bei der Erschließung der Zellulose der pflanzlichen Bestandteile im Darm ausüben. Wie PRINGSHEIM nachgewiesen habe, fänden sich ja in der Erde zahlreiche Bakterien, die diese zur Vergärung bringen. Ohne diese kleinen Helfer vermöge der Regenwurm die Zellulose nicht zu bewältigen. Die Kalkkonkremente der MORRENschen Drüsen hätten in erster Linie die Aufgabe, den Darminhalt alkalisch zu halten, weil die Gärung am besten bei schwach alkalischer oder neutraler Reaktion — weniger ergiebig bei schwach saurer Reaktion — stattfindet.

[6] STÖCKLI, A.: a. a. O., S. 84.

Herkunft der Proben	Boden	Wurmexkremente	Unterschied in %
Dauerwiese	8290000	67350000	+ 712
Dauerwiese	6660000	18300000	+ 175
Waldwiese	6680000	18800000	+ 182
Mischwald	7800000	14890000	+ 91
Fichtenwald . . .	778000	7808000	+ 900

Wir sehen also eine außerordentliche Erhöhung der aeroben Kulturen der Wurmexkremente, gegenüber jenen der zugehörigen Bodenproben. Sie schwanken zwischen 91 und 900 %. Auch die vorwiegend anaerob gedeihenden Spaltpilze erfahren eine gewisse, wenn auch geringere Vermehrung im Regenwurmkot, wie die nachfolgende Tabelle zeigt, welche die Zahl der in hoher Schichtkultur in Zuckeragar angegangenen Kolonien bringt.

Herkunft der Proben	Boden	Wurmexkremente	Unterschied in %
Dauerwiese	489000	979000	+ 100
Dauerwiese	694000	731000	+ 5
Waldwiese	296000	805000	+ 172
Mischwald	339000	585000	+ 73
Fichtenwald . . .	256000	409000	+ 60

Die Zunahme der Spaltpilze im Regenwurmkot beträgt demnach, gegenüber Bodenproben, an 5—172 %. STÖCKLI untersuchte sodann auch mittels quantitativ gehaltener Elektivkulturen, inwieweit die Vertreter einiger wichtiger landwirtschaftlicher Bakteriengruppen durch Passage des Regenwurmdarms an Keimkraft gewinnen oder verlieren. Es konnte festgestellt werden, daß die mittels anaerob verschlossener Milch nachweisbaren Säurebildner der obigen Böden allgemein zunahmen. Auf dem stark sauer reagierenden Fichtenwaldboden betrug die Zunahme sogar + 536 %. Bei allen Wurmexkrementen ließ sich weiterhin eine deutliche Zunahme der Nitrat reduzierenden Spaltpilze nachweisen, ebenso allgemein eine bis 1455 % aufweisende Zunahme der Pektinvergärer, sowie eine deutliche Vermehrung des Bacillus amylobacter.

Wenn wir auch allgemein konstatieren können, daß der Bakteriengehalt der Exkremente stets größer ist als jener der Erde, in dem sich die Würmer befinden, so ist dieses Verhältnis doch großen jahreszeitlichen Schwankungen unterworfen. Die Bakterienzahl in den Kotmassen ist am größten gegenüber jenen des Bodens in den Monaten April, Mai, Oktober und November, also in jenen Zeiten, wo die Würmer die regste Tätigkeit entfalten. Am geringsten ist der Unterschied nach STÖCKLI im Juli. Bei den Regenwurmexkrementen sind die mittels Gelatinegußkulturen nachweisbaren Schwankungen der Keimzahl viel größer als bei den zugehörigen Bodenproben.

Es sind nun nicht nur die Einflüsse der Darmsekrete auf die organischen Substanzen im Boden oder die im Regenwurmdarm durch verschiedene Umstände hervorgerufenen Veränderungen seiner mineralischen und humosen Bestandteile, welche günstig das Gedeihen der Bodenbakterien beeinflussen. So muß z. B. die bodenlockernde und durchlüftende Wühlarbeit der Regenwürmer entwicklungsfördernd auf die aeroben Bakterien wirken. Hierdurch wird einerseits die organische Stoffzersetzung sehr begünstigt, andererseits die Anhäufung von Säuren, wie sie besonders reichlich von Aerobiern geliefert werden, verhindert. Indem die Regenwürmer nun überall in ihren Röhren und auf der Erdoberfläche ihre Kotmassen ausscheiden, tragen sie wesentlich dazu bei, bodenerschließende Bakterien zu verbreiten. Ja, sie ermöglichen es letzteren sogar, zu Bodentiefen vorzudringen, wohin sie, infolge des Mangels an organischer Substanz, nur spärlich oder gar nicht hinzugelangen vermögen, wodurch dann auch solche tieferen Schichten in verstärktem Maße ihrer korrodierenden und zersetzenden Wirkung ausgesetzt werden.

Nachfolgende Abbildung DÜGGELIS[1] gibt hiervon eine gewisse Vorstellung.

Die Wurmröhren können sodann noch auf eine andere Weise indirekt zu örtlichen, physikalischen und chemischen Veränderungen des Bodens führen, indem sie gewissen Gewächsen die Arbeit erleichtern, ihre Wurzeln in tiefere Erdschichten vorzutreiben. Es ist zunächst theoretisch klar, daß dem Wachstum von Pflanzenwurzeln in Wurmröhren nur geringer Widerstand entgegengesetzt wird, und daß ihren feinen Enden in dem reichlich an der Wandung abgeschiedenen Wurmkot ein ausgezeichneter Nährboden dargeboten wird. Hierdurch würde es möglich, daß Wurzeln selbst in Bodenschichten einzudringen vermögen, die sonst, infolge ihrer Härte und des Mangels an stickstoffhaltigen Substanzen, für die Pflanzen unzugänglich sind.

Daß solche Fälle, in denen Wurzeln in Wurmröhren eindringen, vorkommen, ist erwiesen; indessen ist die Frage, ob sie in größerer Häufigkeit auftreten, so daß ihnen eine namhafte Bedeutung zugemessen werden darf, noch nicht endgültig gelöst. HENSEN[2] allerdings berichtet, daß in etwa der Hälfte der nicht ganz frisch gegrabenen Röhren sich Wurzeln von den auf der Oberfläche wachsenden Pflanzen finden. Er wirft sogar die Frage auf, „ob alle Wurzeln, welche sich in dem Untergrund finden, ursprünglich in den Gängen der Würmer gewachsen sind“. Die Wurzeln der Obstbäume wüchsen, soweit sie im Untergrund verlaufen, vertikal nach abwärts und verzweigten sich alsdann horizontal in derselben Tiefe, in welcher die Gänge der Würmer endeten. Daraus schließt HENSEN, daß die Wurzeln ursprünglich den Röhren der Würmer folgten, wenngleich sie sich schließlich vielleicht auch weiter gebohrt haben möchten. Nach seiner Ansicht bahnen die Pfahlwurzeln und alle Wurzeln, die mit dicker Spitze vorwärts wachsen, sich selbst den Weg in den Untergrund. Dagegen könnten die feinen und biegsamen Saugwurzeln den Weg in die Tiefe schwerlich anders gewinnen als durch solche vorgebahnten Wege[3].

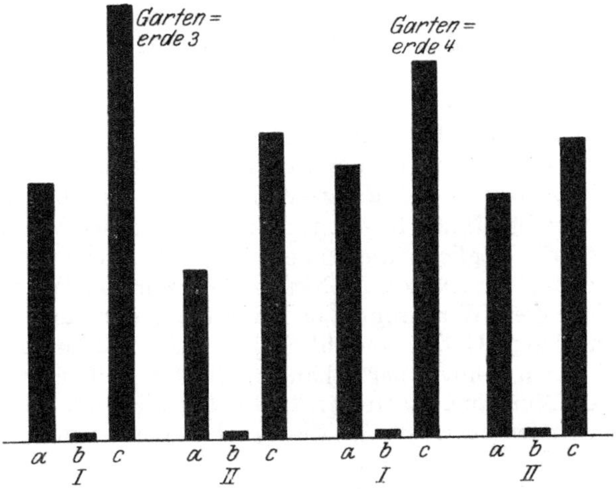

Abb. 66. Graphische Darstellung des Einflusses von Lumbriciden auf die Bakterienflora zweier verschiedener Proben von Erden desselben Gartens in Zurich. Die Höhen der Saulen entsprechen dem Bakteriengehalt von 1 g feuchter Erde.

Ferner bedeutet:

Gartenerde 3:
- *a* = Bakteriengehalt einer Bodenprobe . . . aus 2 cm Tiefe
- *b* = Bakteriengehalt einer Bodenprobe . . . „ 130 cm „
- *c* = Bakteriengehalt einer Bodenprobe aus einer Wurmrohre . . . . „ 130 cm „

Gartenerde 4:
- *a* = Bakteriengehalt einer Bodenprobe . . . aus 2 cm Tiefe
- *b* = Bakteriengehalt einer Bodenprobe . . . „ 110 cm „
- *c* = Bakteriengehalt einer Bodenprobe aus einer Wurmröhre . . . . „ 110 cm „

I Mittels Gußkultur von Nahrgelatine nachweisbare Bakterien.
II „ „ „ Nahragar „ „

[1] DÜGGELI, M.: a. a. O., S. 82. 1927. [2] HENSEN, V.: a. a. O., S. 689. 1882.

[3] KAHSNITZ, H. G. (Untersuchungen über den Einfluß der Regenwürmer auf Boden und Pflanze. Bot. Arch. 1, 315 [1922]) betont hingegen für seine Topfversuche, daß die Pflanzenwurzeln sich nicht nur der Wurmröhren bedienen, um in den Boden vorzudringen.

Gegenüber dieser Ansicht vertritt MITSCHERLICH[1] den umgekehrten Standpunkt, „daß der Regenwurm bei seinen Exkursionen in die tieferen Bodenschichten mehr den absterbenden Wurzeln unserer Tiefwurzler nachgeht, und so die durch diese geschaffenen Hohlräume erweitert, als daß er hier ganz neue Gänge schafft, die er mit Humusstoffen der Krume auspolstert". HEYMONS[2] nimmt hier eine vermittelnde Stellung ein. Er hält solche Fälle für möglich, macht jedoch darauf aufmerksam, daß die Würmer durch Frost und Trockenheit auch an solchen Stellen im Acker- und Wiesenland in die Tiefe getrieben werden, wo ihnen gar keine Tiefenwurzeln zur Verfügung stehen. Anschließend führt er die bereits früher schon zitierten WYSSOTZKYschen[3] Untersuchungen in den Steppenländern des südlichen Uralgebietes an. Die oberen Lagen des Bodens werden hier von fruchtbarer Humuserde gebildet; darunter finden sich Kalkschichten. Der Untergrund besteht aus sehr festem Ton, der von dem gelösten Kalk der oberen Schichten stark imprägniert ist und hierdurch eine fast zementartige Härte angenommen hat. Eine hier vorkommende Regenwurmart (Allolobophora mariupoliensis) wird nun dadurch für die Pflanzenwelt von größter Bedeutung, daß sie bis 8 m in diesen harten Boden 5—7 mm breite mit Wurmkot erfüllte Gänge eintreibt. Ihnen folgen nun die Wurzeln der Steppengewächse, welche hierdurch erst die Möglichkeit erlangen, sich in den Zeiten der Dürre hinreichende Feuchtigkeit zu verschaffen. Selbst die Wurzeln der Waldbäume sind nicht in der Lage, ohne diese Wurmröhren in den festen Untergrund einzudringen. Hiernach würden in diesem Gebiet sowohl Steppe als Wald in ihrer Existenz von der Tätigkeit dieser Regenwürmer abhängen. Andererseits ist es klar, daß hierdurch wiederum den Wurzeln gestattet wird, ihre korrodierende und bodenaufschließende Wirkung in Tiefen zu tragen, in die sie ohne die Wurmröhren nur schwer oder gar nicht hingelangen könnten.

Der Einfluß, den die Regenwürmer auf den Boden ausüben, zeigt sich endlich an dem Gedeihen der Gewächse, die auf ihm kultiviert werden, obgleich es zweifellos sicher steht, daß auch in weiten Gebieten ohne Regenwürmer, wie z. B. in Mazedonien[4], infolge von anderen günstigen Faktoren — schöne, große Ernten zustande kommen können. Zuchtversuche auf regenwurmführenden und regenwurmsterilen Böden müssen nun, bei gleichen äußeren Bedingungen, Vergleichswerte liefern, die hierüber entscheiden. Mit Recht betont allerdings GLEISBERG[5], daß es sehr schwer ist, in Vegetationsgefäßen die Freilandbedingungen für die Regenwürmer herzustellen. In solchen vermögen z. B. die Regenwürmer nur ungenügend ihren Standpunkt zu wechseln. Sie sind deshalb hier der Einwirkung gewisser physikalischer Verhältnisse, wie Feuchtigkeit und Trockenheit, viel intensiver ausgesetzt, als im Freiland. Ebenso sind die Einflüsse dieser anormalen Verhältnisse auf die übrigen Geobionten, die ja wiederum in Wechselwirkung mit den Regenwürmern stehen, in Rechnung zu stellen. Daß die Lebensbedingungen in den Gefäßen häufig ganz andere sind als im Freiland, geht schon aus der Tatsache hervor, daß in fast allen Fällen dieser Experimente die Zahl der eingezwingerten Regenwürmer sich nach wenigen Monaten der Haft stark vermindert hatten, obgleich KORSCHELT[6] nachgewiesen hat, daß sie bei sorgsamer Pflege in der Gefangenschaft bis 10 und mehr Jahre alt werden können. Wie sollte das auch anders sein, da, abgesehen von allen möglichen durch die

[1] MITSCHERLICH, E. A.: Bodenkunde für Land- und Forstwirte, 4. Aufl., S. 105. 1923.
[2] HEYMONS, R.: a. a. O., S. 24. 1923.
[3] WYSSOTZKY, G.: a. a. O. 1898.
[4] Siehe FR. DOFLEIN: Mazedonien. 1921. (S. 119: Regenwürmer und Ackererde in Mazedonien.)
[5] GLEISBERG, W.: Regenwurmprobleme. Angew. Bot. 4, 234 (1922).
[6] KORSCHELT, E.: Lebensdauer, Alter und Tod, 3. Aufl., S. 49. 1924.

engen Gefäße bedingten Benachteiligungen, die Würmer in ihnen nur ungenügend ernährt werden. Durch das Absterben der Würmer muß nun überdies eine, wie wir bereits gesehen haben, Art von Düngung des Bodens geschehen, was natürlich als wachstumfördernd für die Zuchtversuche anzusehen ist. RUSSELL[1] konnte diese Tatsache direkt experimentell bei seinen Zuchten nachweisen[2]. Hierdurch wird aber andererseits die Wirkung der Tätigkeit der Würmer verschleiert. Dies sind einige Ausstellungen, welche die Beweiskraft der Zuchtergebnisse von Kasten- oder Topfkulturen beeinträchtigen; es gibt noch einige andere Bedenken, auf die indessen hier nicht näher eingegangen werden soll. Immerhin sind die Ernteerträgnisse aus einer mit Regenwürmern besetzten Erde in vielen Fällen jenen der Parallelversuche ohne Regenwürmer so sehr überlegen, daß man geneigt ist, erstere nicht nur der besseren Düngung durch die Leiber[3] einiger abgestorbener Regenwürmer, sondern der Tätigkeit der lebenden Tiere zuzuschreiben. Eine Anschauung, die ja durchaus durch die Erfahrungen gestützt wird, welche über die Beeinflussung der Erde durch Regenwürmer mitgeteilt werden konnten.

Nr.	Pflanze	Zahl der Pflanzen	Versuchsanordnung	Zahl der Würmer		Ernte	
				Anfang	Ende	Korner-gewicht g	Stroh, Spreu g
15	Erbse	9	Mit Würmer	100	43	141,5	169,5
		9	Ohne ,,	—	—	113,0	126,0
16	Ackerbohne .	9	Mit ,,	100	39	68,5	59,5
		9	Ohne ,,	—	—	40,5	40,5
17	Roggen . . .	16	Mit ,,	100	28	28,5	53,5
		16	Ohne ,,	—	—	14,7	36,2
18	Raps	9	Mit ,,	100	37	5,40	29,5
		9	Ohne ,,	—	—	2,81	11,5
19	Kartoffel . . .	1	Mit ,,	100	31	2,17	—
		1	Ohne ,,	—	—	92	—
20	Wicke	7	Mit ,,	50	26	18,5	42,0
		7	Ohne ,,	—	—	14,9	34,0
21	Peluschke . .	7	Mit ,,	50	23	9,6	47,0
		7	Ohne ,,	—	—	2,4	35,2
22	Lein	15	Mit ,,	50	21	4,91	21,0
		15	Ohne ,,	—	—	3,32	11,7
						Wurzeln	Blätter
23	Runkelrübe .	1	Mit ,,	50	28	240	95
		1	Ohne ,,	—	—	30	10
30	Wicke	6	Mit ,,	10	6	12,0	28,5
		6	Ohne ,,	—	—	5,0	13,2

Besonders 3 Forscher haben sich experimentell mit der Beeinflussung der Ernteerträgnisse durch Regenwürmer beschäftigt. WOLLNY[4], DJÉMIL[5] und

[1] RUSSELL, E. J.: a. a. O., S. 249.

[2] Es möge hier darauf hingewiesen werden, daß in einem Falle Oligochaeten als Düngemittel eine bedeutsame Rolle zu spielen scheinen. FRIEND, H. (Oaze and Irrigation. Nature **84**, 112 [1910]) berichtet nämlich, daß der Alluvialschlamm des Nils seine Fruchtbarkeit nicht durch das Sediment als solches, sondern durch die ungeheure Menge von Resten von Oligochaeten erlange, die in ihm leben. Allerdings handelt es sich hier nicht um Regenwürmer, sondern um kleine Wasseroligochäten (Tubificidae und Enchytraeiden).

[3] WOLLNY sucht diesen Einwand durch den Hinweis zu entkräften, daß die durch die Würmer hervorgerufenen günstigen Wirkungen bereits in früheren Entwicklungsstadien der Pflanzen sich bemerkbar machten, d. h. zu einer Zeit, wo die Tiere noch am Leben sein mußten, oder die Zersetzung ihrer Leichen noch nicht weit fortgeschritten sein konnte.

[4] WOLLNY, E. v.: Forschg. Agr. Phys. **13**, 381 (1890).

[5] DJÉMIL, MEHEMED: Untersuchungen über den Einfluß der Regenwürmer auf die Entwicklung der Pflanzen. Inaug.-Dissert., Halle 1896.

KAHSNITZ[1]. Alle drei kamen zu positiven Resultaten. Vorstehend sind einige Zusammenstellungen aus den Tabellen WOLLNYS wiedergegeben.

DJÉMILS Untersuchungsergebnisse sind den vorstehenden sehr ähnlich. In einem Punkt fand sich jedoch eine Abweichung: Lein und Rapspflanzen gingen in Zuchtröhren mit schwerem Lehmboden bei Anwesenheit von Regenwürmern zugrunde, oder entwickelten sich nur schlecht, während sie sich in demselben Boden ohne Regenwürmer gut entfalteten. DJÉMIL zieht daraus den Schluß, daß man, um die Wirkung der Würmer auf die Pflanzen zu beurteilen, auch die Qualität des Bodens in Betracht ziehen müsse.

Auch die Pflanzen selbst scheinen eine Wirkung auf Regenwürmer ausüben zu können. So glaubte DJÉMIL feststellen zu können, daß die Wurzeln gewisser Pflanzen, z. B. solche von gewissen Ölpflanzen und Akazienbäumen, Regenwürmer vertreiben, wahrscheinlich durch Geruchsstoffe (wohl besser gesagt Stoffwechselprodukte), die sie erzeugen. Übrigens spricht auch KEUP von einer Abneigung der Würmer gegen Salbei, Thymian, Minze, während sie von Blättern von Zwiebeln, Meerzwiebel, Phlox verna, Meerrettich, wilder Kirsche, Hainbuche besonders angezogen werden.

Endlich konnte auch KAHSNITZ[2] feststellen, daß der Pflanzenertrag bei drei verschiedenen Bodenarten und verschiedenen Versuchspflanzen bei Anwesenheit von Regenwürmern z. T. bedeutend stieg. Er glaubte auch beweisen zu können, daß die Düngung des Bodens durch die Leiber der abgestorbenen Regenwürmer nicht die Ertragssteigerung verursacht haben könnte. In Kulturversuchen, in denen der Boden im einen Fall mit toten Regenwürmern versetzt worden war, im andern nicht, ergaben sich nur unwesentliche Ernteunterschiede. Abgesehen davon glaubt er auch eine solche Düngewirkung dadurch ausgeschaltet zu haben, daß sämtliche Kulturen täglich einmal mit einer von MITSCHERLICH angegebenen Nährlösung bis zur vollen Wasserkapazität begossen wurden. Allerdings stehen die Resultate von KAHSNITZ über die geringe Düngungsfähigkeit der Regenwurmleiber bis zu einem gewissen Grade im Widerspruch mit den schon erwähnten Experimenten von RUSSELL.

Überblicken wir alle bisher über die Regenwürmer in ihrer Beziehung zum Boden in Erfahrung gebrachten Tatsachen, so ist ihre Wirkung auf letzteren im wesentlichen eine physikalische und mechanische, in zweiter Linie eine biologische. Eine eigentliche Umwandlung des Bodens geht von ihnen nicht aus. Auch sind sie nicht die Humuserzeuger, wie das DARWIN im allgemeinen glaubte. Wohl aber trägt ihre Tätigkeit in weitem Maße dazu bei, alle jene Faktoren, welche eine Umwandlung und Erschließung der Bodenelemente bewirken, in die günstigsten Verhältnisse zu versetzen. Somit spielen die Regenwürmer eine nicht unwichtige indirekte Rolle für das Gedeihen der Bodengewächse, besonders in der Kultursteppe. Daß sie jedoch nicht unersetzlich sind, haben wir bereits erfahren: es gibt weite fruchtbare Bodenstrecken in der Welt, die keine Regenwürmer bergen, weil diese dort keine geeigneten Lebensbedingungen finden[3]. Vom biologischen Standpunkt aus betrachtet erscheint der Regenwurm als ein Glied einer reich verzweigten Lebensgemeinschaft — einer Biozönose — teils pflanzlicher, teils tierischer Organismen, die einerseits unter einander, andererseits zum Boden innige Wechselbeziehungen unterhalten. Die Verhältnisse liegen in dieser Hinsicht so verwickelt, daß es wohl niemals gelingen dürfte, sie völlig zu durchschauen.

---

[1] KAHSNITZ, H. G.: a. a. O., S. 318. 1922. [2] KAHSNITZ, H. G.: a. a. O., S. 321.

[3] Um nicht ungerecht gegen DARWIN zu sein, möge betont werden, daß er niemals behauptet hat, daß die Regenwürmer die einzige Ursache für die Bildung der Ackererde darstellen.

Enchytraeiden. Noch eine andere Familie aus der Ordnung der Oligochaeten scheint für Boden und Gewächse von größerer Wichtigkeit zu sein. Es sind die Enchytraeiden. Erst im letzten Jahrzehnt hat man ihnen größere Beachtung in dieser Beziehung geschenkt. Es sind kleine 3—40 mm lange, weißliche oder schwach gelb bis rot gefärbte Oligochaeten von ähnlichem Bau wie die Lumbriciden. Sie leben in der Erde, in dem Süßwasser und am Meeresstrand, oft in ungeheuren Mengen. Sie haben z. T. eine sehr weite Verbreitung; besonders die Meeresstrandformen besiedeln oft ungeheure Gebiete, so z. B. die Vertreter der Gattung Pachydrilus, die sich von Nowaja-Semlja bis Süd-Georgien, das ist etwa $^4/_5$ der größten Entfernung auf der Erde, verbreiten[1]. Hier interessieren vor allem die Bodenbewohner. Sie sind in neuerer Zeit besonders von JEGEN[2] in einer Reihe z. T. umfangreicher Untersuchungen namentlich in ihrem Verhältnis zum Boden und zu gewissen für die Pflanzen sehr schädlichen Nematoden studiert worden. Diese Enchytraeiden kommen im Wiesenboden, im Acker und Gemüseland und in Obstgärten überall dort, wo sich Pflanzenabfall findet, in gewaltigen Mengen vor. Wo sie die geeigneten Lebensbedingungen finden, vermehren sie sich sehr schnell. Hauptbedingung für ihre Existenz ist — außer den nötigen Nährstoffen — hinreichende Feuchtigkeit. Trockenheit vertragen sie sehr schlecht. Sie vermögen sich zwar von der Oberfläche auf 15—20 cm in die Tiefe des Bodens zurückzuziehen, doch sind sie auch hier an das Vorhandensein von genügend Luft und von Pflanzenelementen angewiesen. Lehmige Bodenarten, in denen sie nicht genügend Luft finden können, bergen sie nur in wenigen, oberflächlich sich aufhaltenden Exemplaren. Um ihre Häufigkeit zu dokumentieren, sei hier auf einige Zahlen verwiesen.

BRETSCHER[3] berechnete je Quadratmeter Fläche einer Wiese von Cresta, 1950 m über dem Meere, 80000 Würmer. Am zahlreichsten sind die Formen im Humusboden. Überall ist jedoch ihr Vorkommen abhängig von den jahreszeitlichen Einflüssen — vor allem von Trockenheit, Feuchtigkeit und Temperatur. So fand JEGEN für den Humusboden bestimmter Territorien folgende jahreszeitliche Schwankungen: Frühling 30000—70000, Sommer (trocken) 11800—16000, Sommer (feucht) 28000—50000, Herbst 60000—150000, Winter 50000 bis 120000.

Die für uns wichtigste Fähigkeit der Enchytraeiden besteht darin, daß sie imstande sind, organische Bestandteile, namentlich pflanzliche, in Zersetzung überzuführen und hierdurch in hohem Maße zur Bildung einer Humusschicht beizutragen. Bei diesem Prozeß scheinen zwei Speicheldrüsen, die eine große Menge Sekret produzieren, das durch den Mund nach außen gestoßen wird, eine bedeutsame Rolle zu spielen. Das Sekret dringt tief in bereits abfällige pflanzliche Stoffe ein; es reagiert stark alkalisch und soll vor allem die Existenzbedingungen für die Fäulnisorganismen schaffen, die infolgedessen die organische Substanz leicht angreifen können. Experimente haben erwiesen, daß Böden mit pflanzlichen Stoffen bei Anwesenheit von Enchytraeiden in sehr schneller Zeit eine Humusdecke erhielten. Gesunde Pflanzenteile fallen Enchytraeiden nie an. Ihre Anwesenheit bietet also für Kulturen nie einen Schaden, wohl aber großen Nutzen. JEGEN stellt direkt die These auf: „Je zahlreicher die Enchytraeiden in einem Boden vorhanden sind, desto leistungsfähiger ist letzterer.“ Deshalb

---

[1] Siehe W. MICHAELSEN: Synopsis der Enchytraeiden. Abh. Geb. Naturwiss. d. Naturwiss. Ver. Hamburg **11**, 1 (1889).

[2] Siehe vor allem GEORG JEGEN: Zur Biologie und Anatomie einiger Enchytraeiden. Vjschr. naturforsch. Ges. Zürich **1920**, 100—208.

[3] BRETSCHER, K.: Mitteilungen über die Oligochaetenfauna der Schweiz. Rev. Suisse zool. **8**, 1 (1900).

schlägt er auch direkt zur Verbesserung des Bodens eine Düngung mit Enchytraeiden vor.

Neben der Fähigkeit, die Zersetzung von organischen Stoffen zu begünstigen, besitzen die Enchytraeiden, ebenso wie die Lumbriciden, die Eigenschaft, durch ihre zahllosen Röhren den Boden zu durchlüften und zu lockern. Es ist klar, daß die Eigenschaften dieser Würmer bei ihrer enormen Zahl von größerer Bedeutung für den Boden sein müssen, wenn auch ihr Wirkungsbereich schon wenige Zentimeter unter der Bodenoberfläche aufhört. Es würde vielleicht aus letzterem Grunde doch zu weit gehen, wenn wir mit JEGEN annähmen, daß die Wirkung der Tätigkeit der Enchytraeiden diejenige der Regenwürmer weit überträfe[1].

Polychaeten (Beispiel: Arenicola). Man hat die Tätigkeit der erdbewohnenden Oligochaeten jener eines andern Anneliden, des marinen Polychaeten Arenicola marina L., verglichen. Dieser etwa 20 cm große Sand- oder Köterwurm lebt an fast allen Küsten Europas, oft in ungeheurer Zahl. Wie der Regenwurm ernährt er sich von den organischen Bestandteilen des Bodens, die er mit großen Mengen Sandes verschlingt. Im Gegensatz zu diesem sitzt er nach WESENBERG-LUND[2] in einer u-förmig gebogenen Röhre dauernd fest. Betrachtet man ein von Wasser entblößtes Watt näher, so erblickt man Millionen und Abermillionen von Sandwurmhügeln. Es sind die den Kottürmen der Regenwürmer zu vergleichenden Ausscheidungen des Tieres. Neben den Exkrementhügeln finden sich trichterförmige Bildungen von 4—6 cm Breite und 3—5 cm Tiefe. Sie stellen das Ende der Wurmröhre dar, dem der Kopf genähert ist. Durch den Trichter saugt der Wurm die Sandoberfläche und hiermit eine reiche Fauna und Flora zusammen mit allerhand organischem Detritus und überdies viel Sand in sich ein. Das ganze Gemisch wird im Darmtraktus des Tieres ausgelaugt und dann zusammen mit großen Mengen Schleims wieder ausgeschieden.

Nach WESENBERG-LUND ist die Wirksamkeit der Arenicola eine ganz andere als die des Regenwurms: Zunächst durchwühlt sie nicht ihr Medium wie dieser, sondern bleibt ruhig an einer Stelle sitzen; auch bringt sie nicht Erde aus tieferen Bezirken nach oben, sondern verschlingt nur nach eingetretener Überströmung der Watten die alleroberste Schicht des Bodens mit ihrer reichen Lebewelt. Trotz allem hat sie eine gewisse vorbereitende Wirkung bei der Bildung der fruchtbaren Marscherde. Wenn die Flutwelle über die Watten hinströmt, stürzt sie zuerst die Kothäufchen um. Hierbei werden die dunkleren organischen Teilchen mitgenommen, wohingegen der Sand liegen bleibt. Der Wurm stellt also einen materialsortierenden Faktor dar, durch dessen Tätigkeit die in den Watten lagernden leichteren Stoffe — das sind aber vorwiegend solche organischer Herkunft, sowie Lehmpartikelchen — von einander getrennt werden. Dieser „Schlick" wird von der Flutwelle dem Lande zugetrieben und sammelt sich an manchen Stellen in einem breiten Gürtel um dasselbe an. So wie sich an manchen Stellen der Küste Sandwatten bilden, die während der Ebbe sichtbar werden, so an anderen Stellen Schlickwatten. Aus ihnen geht das fruchtbare Marschgebiet hervor. Zu der Umwandlung der Schlickwatten in Marschgebiet tragen nun wiederum Tiere bei.

Hiermit können wir zugleich die Würmer verlassen und uns einer neuen Gruppe, den Arthropoden, zuwenden.

---

[1] Als Anmerkung möge hier wenigstens erwähnt werden, daß die Enchytraeiden in manchen Fällen einen Schutz gegen gewisse gefährliche Pflanzenfeinde der Nematodengruppe darstellen, insofern sie diese durch ihr Sekret töten und hierdurch eine Gesundung der betreffenden Pflanzen ermöglichen.

[2] WESENBERG-LUND, C.: Umformungen des Erdbodens. Beziehungen zwischen Dammerde, Marsch, Wiesenland und Schlamm. Prometeus 16, Nr. 816, 561, Nr. 817 (1905).

Arthropoden.

Krebse. Nach WESENBERG-LUND[1] ist es an den Nordseeküsten ein etwa 2 cm großer Krebs, der Amphipode Corophium grossipes, der ganz besonders zur Bildung der Marschen beiträgt. Er lebt in 3—6 cm großen hufeisenförmigen Gängen in der Schlickdecke. Im Gegensatz zu Arenicola ist es ein äußerst bewegliches Tier, das bei beginnender Flut sein Versteck verläßt und sich nun kriechend oder schwimmend über die Flutzone hinbewegt. Tritt die Ebbe ein, so suchen die Krebschen wieder eine Röhre auf oder graben sich eine neue. Mit Klümpchen des Schlicks, die ihnen auch als Nahrung dienen, werden dann die Röhrenöffnungen verschlossen. Ähnlich wie der Regenwurm kleidet das Tier seine Röhren mit Kot aus. Hierdurch wird aber zugleich ein gewisser Zusammenhalt verliehen. Und da Milliarden über Milliarden Korophiumindividuen ihre Röhren dicht neben einander ziehen, so werden hierdurch bedeutenden Mengen von Schlick eine gewisse Festigkeit verliehen, und man darf wohl annehmen, daß diese Tätigkeit der Krebse, wo immer sie vorkommen, ein sehr wesentliches Agens unter den zahlreichen Faktoren bildet, auf welche die Marschbildung zurückzuführen ist. An anderen Stellen, wo an den Küsten gewaltige Schlickmassen abgelagert werden, sind es vor allem Pflanzen, welche das Material festhalten. Daneben spielen aber auch wieder Tiere eine bedeutsame Rolle, besonders gewisse Strandschnecken, wie Hydrobia, Rissoa, Littorina, deren Schleim den Schlick festhält, wenn die Fluten das Material wieder mit sich reißen wollen. Die ebenfalls in ungeheurer Menge auftretenden Schnecken lassen den Schlick ihren Darmkanal passieren. Noch in einer Tiefe von 12 Zoll kann man die Exkremente dieser Tiere im Schlick nachweisen. So stellt denn der Marschboden, ähnlich wie die Dammerde, eine Exkrementschicht dar, und es dürfte wohl auch hier der Beweis zu liefern sein, daß dieser Umstand einen nicht unwesentlichen Faktor für die Fruchtbarkeit des Bodens bildet.

In anderer Weise, wie der Amphipode Korophium, spielen an der arabischen Küste des Roten Meeres die Sandkrabben (Ocypodidae) bei der Neugewinnung von Boden für die Vegetation eine Rolle. Sie graben hier in einer Zone von etwa 200—300 m, teils vor, teils hinter dem untergetauchten Riff, maulwurfsgangähnliche Höhlen. Die hierbei ausgeworfenen Sandmassen bilden oft Hügel von 20—25 cm Höhe und 1 m Durchmesser. Überall auf den Riffen findet sich dieser feine Sand. Er bildet eine Vorbedingung für die Ansiedlung von Vegetation, die hier eintreten kann, weil das Küstengebiet in ununterbrochener Hebung begriffen ist. Ohne die Krabben wäre das über Wasser gehobene Riff für eine Ansiedlung von Pflanzen so lange ungünstig, bis durch langsame Verwitterung eine hinreichende Decke fruchtbarer Erde erzeugt worden wäre[2]. Die Wühlarbeiten der Krabben beschleunigen diesen Prozeß nun ganz außerordentlich. Neben den Sandkrabben hausen am Strand noch Myriaden von Eremitenkrebsen (Coenobita), die ebenfalls Löcher in die Riffe bohren. Beide Formen leben von den Aasmassen, welche die Brandung an die Küste wirft. Ihre Exkremente, die Produkte ihrer periodischen Häutungen, sowie ihre abgestorbenen Leiber bilden einen wesentlichen Bestandteil der Stickstoffmengen, welche einer reichen Strandflora die Existenz ermöglicht.

C. KELLER[3] hat in seiner Studie über verschiedene vegetationsbefördernde Organismen auch das Mangrovegebiet in den Kreis seiner Beobachtungen gezogen. Es liegt in der Strandzone verschiedener tropischer Meere der Alten und Neuen

---

[1] WESENBERG-LUND, C.: a. a. O., S. 577.
[2] KELLER, CONRAD: Reisebilder aus Ostafrika und Madagaskar, S. 54. Leipzig 1887.
[3] KELLER, C.: a. a. O., S. 265.

Welt und zeichnet sich dadurch aus, daß es täglich und periodisch mit salzigem Wasser überflutet wird. Fast immer handelt es sich um ein Areal, wo größere Ströme in das Meer ausmünden und sich Lagunenbildungen finden, oder auch, wo ruhige Meeresarme sich in das Land erstrecken. Hier erheben sich dann auf weit reichenden horizontal verlaufenden Wurzeln die kurzen knorrigen Stämme der Mangroven, die sehr verschiedenen Arten angehören können. Zur Zeit der Flut dringen nun die Meereswellen in diese Mangrovewaldungen ein, wobei die dem Lorbeerbaum ähnlichen Bäume bis zu den Kronen in das Wasser tauchen. Zwischen ihren Wurzeln findet sich nun eine eigenartige Humusschicht, in der sich während der Ebbezeit ein reiches Tierleben tummelt: Besonders sind es wieder zahlreiche Eremitenkrebse und Sandkrabben, wie Aratus, Ocypoda, Sesarma, Cyclograpsus und Gelasimus, die hier ihr Wesen treiben. Der Humus wird nun z. T. von den Küsten her durch Gewässer herbei transportiert, teils wird er an Ort und Stelle von den Humusbewohnern produziert. Daß die stickstoffhaltigen Substanzen nicht von der Flut weggeschwemmt werden, verhindern zum großen Teil die Krebse. Ähnlich wie die Regenwürmer durchpflügen sie die Humusschichten nach allen Richtungen. Und ebenso wie diese bringen sie welke Blätter, die sie behend von den Bäumen abkneifen, in ihre 12—15 cm tiefen Erdlöcher. Die Krabben des Mangrovegebietes müssen überdies bei ihrer großen Zahl eine bedeutende Menge von Stickstoffsubstanz darstellen. Über kurz oder lang wird diese ebenso wie ihre Abgänge und die organischen Teile, die sie vergraben, dem Boden beigemengt werden. Nur auf diese Weise ist es möglich, daß der fortgesetzten Gefahr des Ausgelaugtwerdens des Bodens durch die Flutwellen ein wirksamer Widerstand entgegengesetzt wird, so daß sich hier, trotz aller geschilderten Nachteile, eine üppige Vegetationsdecke entwickeln kann.

Wenn man die humosen Bodenarten einer mikroskopischen Untersuchung unterzieht, so findet man ganz allgemein, daß ein wesentlicher Teil ihrer Substanz aus Kot- und Körperbestandteilen von Tieren besteht. Schon DARWIN hat ja nachgewiesen, daß vielfach die gesamte Ackererde eines Territoriums immer wieder den Darm von Regenwürmern passiert. In den aus dem feuchten Medium entstehenden humosen Bodenarten spielen, wie wir oben sahen, andere Organismen eine ähnliche Rolle. Über solche koprogenen tierischen Bodenbildungen hat v. POST[1] eine interessante Arbeit geschrieben. Er fand auf dem Grund klarer reiner Gewässer, Quellen, Bäche und Seen, auf Sand oder Lehm, Schlammschichten von einigen Zoll bis zu mehreren Fuß Mächtigkeit, die aus fein verteilten Algenresten Diatomeenschalen, Resten von Schalen von Crustaceen, Insektenlarven und anderen tierischen Elementen bestanden. Im wesentlichen handelt es sich hier um Kotmassen, vermischt mit den Resten abgestorbener Tiergenerationen.

Untersucht man mikroskopisch Moorboden, so findet man große Mengen fein verteilter Pflanzengewebe, Diatomeenschalen in wechselnder Zahl und eine sehr große Menge von Wassertierresten, Arthropodenlarven, Crustaceen, Mollusken, Infusorien. Etwa $^1/_5$—$^1/_6$ des Moors besteht aus Chitinresten. Auch hier sind die Pflanzenelemente ehemalige Bestandteile von Tierkot.

Der Torf unterscheidet sich vom Moor durch seinen Gehalt an nicht zernagten Pflanzenresten. Diese sind wiederum eingebettet in eine moorartige, überwiegend aus Tierkot bestehende Masse.

---

[1] v. POST, H.: Nutidius Koprogena Bildningar: Gyttja, Dy, Torf och Mella. Kong. sv. Vetensk. akad. Handling, Nyd F. **4** (1861/62). — Eine Übersicht über die wesentlichen Resultate der schwedisch geschriebenen Arbeit gibt E. RAMANN unter dem Titel: Die v. POSTschen Arbeiten über Schlamm, Moor, Torf und Humus. Landw. Jb. **17**, 405 (1888). — Siehe auch H. STREMME: Grundzüge der praktischen Bodenkunde, S. 51. Berlin 1926.

Der Mull in seinen verschiedenen Abarten, vor allem als Waldhumus, birgt eine gewaltige Fauna, der ein wesentlicher Anteil an der Verarbeitung der Pflanzenstoffe zukommt. Hier sind es neben den schon behandelten Regenwürmern, die häufig in sehr bedeutenden Mengen vorkommen, sowie Fadenwürmern, Schnecken und allerhand Mikroorganismen, vor allem Vertreter aus der Gruppe der Tracheaten, wie Tausendfüßler, Spinnentiere und vor allem Insekten, die den Mull in allen Richtungen durchwühlen und mit ihren Gängen durchsetzen. Gelegentlich kommt es einmal vor, daß die zu den Krebsen gehörigen Asseln eine wichtige Rolle bei der Verarbeitung der Laubstreu spielen, wie in einem von HEYMONS[1] für Glomeris marginata geschilderten Fall. Eine andere Kugelassel, die OETTLI[2] bei Quinten (St. Gallen) in ungeheurer Zahl hinter jeder losen Felsplatte oder auch in Globulariarasen beobachtete, bildete hier ein wesentliches Moment zur Humusverschleppung, indem sie ihre Eier einzeln in kugelrunde Erdklümpchen von $2^1/_2$ mm legte. Offenbar ist jedes Kügelchen dazu bestimmt, vom Wind oder vom Regen weggeführt zu werden und so zur Verbreitung der sehr trägen Art zu dienen.

Bereits in oberen Boden- und Humusschichten finden sich nicht selten Vertreter aus der Gruppe der Myriapoda. Unter ihnen wohnen die Tausendfüßler (Chilopoda) häufig in feuchten humosen Böden. Sie ernähren sich hier von pflanzlichen Abfällen. Besonders die artenreiche Gruppe der Juliden sind typische Verzehrer von verwesenden Pflanzenstoffen. Nach C. KELLER[3] lebt z. B. auf Réunion eine Art — Julus corallinus —, die oft in ungeheuren Mengen unter abgestorbenem Laub vorkommt und durch Umwandlung der Blätter in fruchtbaren Humus von erheblichem Nutzen sein soll.

Im Darm der Juliden finden sich meist, wenn auch nicht immer, erdige und mineralische Bestandteile. Ganz ähnlich verhalten sich die in unseren Buchenwäldern häufigen Glomeriden, die sich sehr gefräßig von den sich zersetzenden Blättern ernähren, nebenbei aber auch ihren Darm mit Mineralsubstanzen vollfüllen[4]. Gegenüber diesen beiden häufigsten Chilognathenfamilien der humosen Erddecke unserer Breiten treten andere Familien, auch die Polydesmiden, an Zahl und Bedeutung für den Boden zurück.

Die Chilopoden sind im Gegensatz zu den Chilognathen räuberische Tiere, die sich von sehr verschiedenartiger Beute — bei uns von Regenwürmern, Spinnentieren, Insekten — ernähren. Geophiliden und Lithobiiden kommen unter Steinen, in hohlen Bäumen, jedoch auch in mehr oder minder feuchtem Waldboden vor, wo sie durch ihre Gänge und Höhlen zu dessen Auflockerung und Durchlüftung beitragen können.

Als integrierender Bestandteil der Oberflächen- und Bodenfauna bezeichnet DIEM[5] die zu den Spinnentieren gehörigen Milben (Acarina). Sie leben hier je nach Art und Milieu bald auf der Oberfläche, bald in Erdlöchern, oder auch bei trockenem leichten Boden in tieferen Schichten. Hierher gehört z. B. der auf Waldboden wohnende Gamasus crassipes L. Ohne eigentliche Humusfresser zu sein, leben viele der Milben von sich zersetzenden, vegetabilischen Stoffen. Milben bilden häufig einen ungeheuren Prozentsatz der gesamten Bodenfauna. Nach Untersuchungen von V. DOGIEL und G. EFRE-

---

[1] HEYMONS, R.: a. a. O., S. 7. 1923.

[2] OETTLI, MAX: Beiträge zur Ökologie der Felsflora. Jb. St. Gall. naturwiss. Ges., Vereinsjahr **1903**, 260.

[3] KELLER, C.: a. a. O., S. 259.

[4] PLATEAU, F.: Recherches sur les phénomènes de la digestion et sur la structure de l'appareil digestif chez les Myriapodes de Belgique. Mém. Acad. roy. Belg. **1878**, 1.

[5] DIEM, K.: Untersuchungen über die Bodenfauna der Alpen. Jb. St. Gall. naturwiss. Ges., Vereinsjahr **234** (1901/02 [03]).

MOFF[1] betrugen die Milben in einem Fichtenwaldboden 79% der gesamten tierischen Bevölkerung. Ähnliche Verhältnisse fanden sich nach V. DOGIEL[2] und seiner Schule auch in der Wiesen- und Feldfauna. Auf jeden Fall bilden nicht die Insekten, sondern die Milben die individuenreichste Metazoengruppe im Boden. Allerdings sind die Milben nur relativ kleine Formen, so daß sie als Einzelwesen genommen, weit weniger leisten als die Insekten. Auch echte Spinnen (Araneiden) kommen als Bodenbewohner in Betracht, z. B. die auf Waldboden herumstreifenden Lykosiden, vor allem aber jene Formen, wie die in den Mittelmeerländern vorkommenden Atypidae, die Höhlen und Gänge in ihm bereiten; doch treten sie im allgemeinen zu vereinzelt auf, um von wesentlicher Bedeutung für die Bodenverhältnisse zu werden.

Insekten. In ganz hervorragender Weise ist nun die Insektengruppe an der Bearbeitung und Veränderung des Bodens beteiligt. Gleich die niedrigsten Formen, die Collembolen oder Springschwänze, kleine, höchstens wenige Millimeter große flügellose Insekten, spielen hierin vielleicht eine bedeutsame Rolle; schon durch ihre ganz ungeheure Individuenzahl, in der sie im Insektenreich an allererster Stelle stehen. Gelegentlich treten sie an gewissen Örtlichkeiten in Milliarden und Abermilliarden auf. HANDSCHIN[3] berichtet von Wanderzügen, woselbst die Körper der kaum millimetergroßen Tierchen Komplexe von mehreren 100 m^2 in zentimeterhohen Schichten bedeckten. Viele Collembolen (in Deutschland gibt es etwa 150 Arten) leben auf Wald- oder Feldboden, oder auch in tieferen Schichten. In bezug auf die Nahrung sind sie vielfach Spezialisten. Manche ernähren sich von Sporen, Pilzen oder irgendwelchem andern lebenden Pflanzengewebe. Viele sind aber auch echte Aas- und Humusfresser, besonders die auf der Waldstreu lebenden Formen, und hier dürften sie im Sinn einer Zersetzung und Verarbeitung der organischen Stoffe wirksam sein. Von den vielen Tausenden von Arten der kurzflügeligen Käferfamilie der Staphyliniden lebt eine große Anzahl als Imago auf dem Boden oder in den oberen Bodenschichten, namentlich, wo sich vermodernde Stoffe, Mist oder Aas vorfinden. Sehr häufig wohnen wenigstens die Larven in der Erde. Dies gilt auch für die eben besprochenen Staphyliniden, sodann für viele Elateriden. Hierher gehören z. B. die so gefürchteten Drahtwürmer, die allerhand Triebe, Wurzeln und oberirdische Pflanzenteile auch von Kulturpflanzen befallen, aber durch ihre Gänge in der Erde und das Einpflügen von stickstoffhaltigen Substanzen eine gewisse Kompensation für ihre schädliche Tätigkeit aufweisen.

Ein großes Kontingent von bodenbewohnenden Larvenformen liefert die umfangreiche Käfergruppe der Lamellicornia. Es sind meist größere Tiere, deren Larven häufig bedeutendere Dimensionen annehmen. Als Paradigma der Larvenform diene der Engerling, d. h. die Maikäferlarve, eine dicke madenartige Larve mit braunem chitinisierten Kopf, 3 Paar Beinen am Thoracalabschnitt und einem dicken weißlichen und ventralwärts eingekrümmten, geringelten Hinterleib. Viele dieser Lamellicornialarven sind, wenigstens im frühen Jugendstadium, Humusfresser. Auf späteren Stadien ernähren sie sich dann von allerlei unterirdischen Trieben und Wurzeln.

Eine wichtige Familie bilden die Scarabaeiden, die eine große Reihe von Unterfamilien enthält, deren Vertreter sich von Aas und Exkrementen ernähren.

---

[1] Zitiert nach K. FRIEDRICHS: Die Grundfragen und Gesetzmäßigkeiten der land- und forstwirtschaftlichen Zoologie 1, 386. 1930.

[2] DOGIEL, V.: Quantitative studies in terrestrial Fauna. Rev. zool. Russe 4, 148 (1924).

[3] HANDSCHIN, EDUARD: Collembola in Biologie der Tiere, hrsg. von PAUL SCHULZE, 25, 7—56. 1926.

Sie haben für den Boden eine doppelte Bedeutung, einmal, indem sie ihn durch ihre Gänge aufwühlen und durchlüften, und dann dadurch, daß sie unter Umständen große Mengen stickstoffhaltiger Substanzen in ihm vergraben. Letztere dienen entweder ihnen selbst oder ihren Larven zur Ernährung. Ein solches Verhalten zeigen z. B. die Geotrupinae, Coprinae und Aphodiinae. Nicht selten fabrizieren beide Geschlechter zusammen, oder nur das Männchen als Nahrungsvorrat für sich selbst, eine Pille aus Dung (Futterpille), die von letzterem in einen unter oder neben der Pille gegrabenen Gang von oft einem halben Meter Länge zusammen mit dem Weibchen versenkt wird. Oder eine vom Weibchen gefertigte Pille wird von ihm bis 30 cm tief in einen Gang versenkt, dann zu einer Brutbirne umgeformt und schließlich mit einem Ei beschickt. Die auskriechende Larve ernährt sich dann von den Dungstoffen bis zu ihrer vollen Entwicklung. Ein berühmtes Beispiel hierfür bietet der heilige Scarabaeus der Ägypter[1].

Zu den Scarabaeiden gehört auch der Maikäfer, dessen umfangreiche Larve, wenn sie in großer Menge auftritt, sehr wesentliche Translokationen von Erdmassen hervorrufen kann. KIENITZ[2] machte hierüber sehr eingehende Beobachtungen an Engerlingen, die mit Erde zwischen zwei planparallelen, verstellbaren Glastafeln gehalten wurden. Hierbei entdeckte er die eigentümliche Fortbewegungsart des Tieres. Dasselbe stemmt zu diesem Zweck das dicke Ende des Hinterleibes fast senkrecht gegen die Wand der Erdhöhle, in der es sich befindet, kratzt nun die Erde an der Stelle fort, wohin es vorwärts kriechen will und schafft sie nach rückwärts in den freien Raum, welcher zwischen dem angestemmten Hinterleib, dem Vorderkörper und der dem Bauch des Tieres gegenüberliegenden Wand der Erdhöhle gebildet wird. „Dann zieht der Engerling den Hinterkörper an, drängt gleichzeitig den Kopf und Vorderleib, die er dem Bauch zukehrt, gegen den Erdballen vor, zieht inzwischen den Hinterleib ganz neben dem Erdklumpen heraus, stemmt ihn auf der entgegengesetzten Seite des letzteren wieder fest gegen die Wand der Höhle, hält nun den Erdballen mit den 6 Füßen, schiebt ihn mit großer Gewandtheit nach hinten und füllt damit einen Teil des eben durchlaufenen Ganges wieder auf[3].“ Es erfolgt also bei dieser merkwürdigen Vorwärtsbewegung ein fortwährendes Rotieren, bei dem der Rücken einmal oben und einmal unten liegt. Der Engerling verhindert dabei das Auftreten von langen Gängen, indem er immer wieder den hinteren Teil der Röhre mit der losgekratzten Erde zumauert. Auf jeden Fall bearbeitet die Larve die Erde so gründlich, meint der Genannte, wie kein Kulturwerkzeug es vermag; dabei werden Kotballen von Hanfkorngröße in Menge hinterlassen und eingegraben. Allerdings wird der evtl. Nutzen dieser Tätigkeit reichlich durch die großen Schädigungen an den unterirdischen Teilen vieler Kulturpflanzen aufgewogen.

Es würde uns viel zu weit führen, wenn wir auch nur die größeren Gruppen grabender und minierender Insekten flüchtig behandelten. Es sei nur noch an gewisse Schabenarten (Blattidae), wie z. B. dem im tropischen Amerika gesellig lebenden Pycnoscelus surinamensis L. erinnert, der tagsüber in selbstgescharrten Höhlen in den oberen Bodenschichten sitzt. Jede dieser Gruben hat etwa die Ausdehnung seines Insassen. Die einzelnen Wohnungen sind durch zylindrische Gänge miteinander verbunden. „Schräg aufwärtsführende Stollen gestatten es

[1] HEYMONS, R., u. H. v. LENGERKEN: Biologische Untersuchungen an Coprophagen Lamellicorniern. I. Nahrungserwerb und Fortpflanzungsbiologie der Gattung Scarabaeus. Z. Morph. u. Ökol. Tiere **14**, 531 (1929).

[2] KIENITZ, M.: Beiträge zur Kenntnis der Entwicklung des Maikäfers. Z. Forst- u. Jagdwes. **24**, 99 (1892).

[3] Es bleibt allerdings dahingestellt, ob diese Bewegungen nicht zum Teil durch die Glasplatten hervorgerufen wurden.

den Tieren, jederzeit an die Bodenoberfläche und zur Nahrungssuche ins Freie zu gelangen[1]." Auch die Grillenfamilie hat grabende Vertreter. Zum Beipsiel die Feldgrille (Gryllus campestris L.) und die Maulwurfsgrille (Gryllotalpa vulgaris L.), welche beide Gänge im Erdboden anlegen. Bekannt wegen ihrer grabenden Tätigkeit sind auch die Grabwespen (Sphegiden). Sie bauen für ihre Brut Röhren mit anschließenden Nestkammern in die Erde.

Keine dieser Formen erlangen jedoch als Einzelorganismen eine ähnliche Wichtigkeit für den Boden wie die Ameisen und die Termiten. Allerdings haben beide Gruppen ihre größte Entfaltung in den Tropen. Während sich Ameisen in allen Ländern zwischen beiden Polkreisen vorfinden, beginnt das Gebiet der Termiten erst im südlichen Europa.

Ameisen (Formicidae). Die Ameisen gehören zu den weitverbreitetsten Organismen der Erde. Ihrer bedeutenden Anzahl — bisher sind an 5000 Arten beschrieben worden — steht eine gewaltige Individuenmenge gegenüber. Für gewisse Formicanester ist die Einwohnerzahl auf mehrere 100000 Bewohner berechnet worden[2]. Dazu kommt, daß solche Kolonien unter Umständen viele Zweignester besitzen, die alle mit einander in Verbindung stehen. McCook fand z. B. in der Prärie für eine Formica exsectoides-Kolonie von 450 m^2 1300—1800 Zweignester. In solchen Fällen handelt es sich dann um Millionenstaaten. Es ist begreiflich, daß die Tätigkeit dieser sehr emsigen und ungeheuer muskelkräftigen Tiere — namentlich, wenn sie in der Erde arbeiten — für die Umformung des Bodens von großer Wichtigkeit werden kann. Wir haben hier drei verschiedene Wirkungsweisen zu verzeichnen: 1. Die Düngung des Bodens durch Einbringung von stickstoffhaltigen Substanzen fremder Herkunft und eigene Stoffwechselprodukte. 2. Die Aufschließung und Durchlüftung des Bodens durch das Anlegen von Gängen. 3. Die Translokation von Erdschichten.

Für uns kommen vor allem Formen mit Erdnestern in Betracht. Die Erdnester können nun auf sehr mannigfache Art gebaut sein. Escherich[3] unterscheidet 4 Arten. 1. Rein unterirdisch minierte Nester. 2. Sogenannte Kraternester, die mit einem vulkanartigen Erdaufbau beginnen. 3. Nester unter Steinen beginnend, die sich natürlich in die Erde erstrecken und 4. rein oberirdische Erdnester, die aus Erdmaterial bestehen und an Pflanzenteilen befestigt sind.

In den einfachsten Fällen bestehen die Erdnester, wie bei den Ponerinen, aus oberflächlich in die Erde gegrabenen Gängen. Sehr häufig erreichen sie jedoch bedeutendere Tiefen von 1 m und mehr. Durchschneidet man ein solches Nest, so findet man ein mehr oder weniger dichtes Gewirr von Gängen und Kammern. Diese letzteren können die verschiedensten Produkte bergen, so z. B. bei den verschiedenen Arten von Ernteameisen (Messor, Aphaenogaster) allerhand Körnerfrüchte, stickstoffreiche Wurzelknöllchen. Andere Arten (Myrmecocystusarten) bringen die Körper von allerhand erlegten Beutetieren, wie z. B. fremden Ameisen, Spinnen, Käferlarven u. dgl. in ihre Vorratskammern. Andere Räume dienen bei Vertretern dieser Gattung zur Beseitigung unbrauchbarer Stoffe, u. a. auch der Exkrete. Bei den pilzzüchtenden Attaarten werden in einem Fall ungeheure Mengen von zerkauten Laubmassen in die Erde gebracht, und in Kammern in bis kindskopfgroßen Massen aufgeschichtet. Auf ihnen züchten diese Tiere einen Pilz, der, infolge des Abbeißens der Luftmycelien durch die Wirte, eine Unmenge kleiner stickstoffhaltiger Körperchen — sog. Kohlrabi —

[1] Saupe, R.: Zur Kenntnis der Lebensweise der Riesenschabe Blabera fusca, Brunner und der Gewächshausschabe Pycnoscelus surinamensis L. Z. angew. Entomol. **14**, 461 (1929).

[2] Adlerz berechnete die Bewohnerzahl eines großen Nestes der Formica rufa auf 502000 Individuen.

[3] Escherich, K.: Die Ameise, 2. Aufl. 348 S. 1917.

entstehen läßt, von denen sie leben. Die ausgelaugten Blattsubstanzen werden von Zeit zu Zeit von den Ameisen nach außen gebracht.

Welche Menge organischer Bestandteile ein einziges Ameisenvolk herbeizubringen vermag, lehrt übrigens schon der oberirdische Teil des Nestes verschiedener Waldameisen aus der Formicagruppe. Am bekanntesten sind die sog. Ameisenhaufen der F. rufa. Sie setzen sich aus allerhand trockenen, vegetabilischen Bestandteilen aus der Umgebung zusammen. Kommt die Form in Nadelwäldern vor, so besteht der Haufen manchmal fast ausschließlich aus Nadeln und kleinen Zweigstückchen. Welche Dimensionen Ameisenhaufen gelegentlich annehmen können, beweist ein Bericht WASMANNS[1], der einmal in der Nähe von Luxemburg ein solches oberirdisches Nest der F. rufa von $1^1/_2$ m Höhe und $17^1/_2$ m Umfang fand (s. Abb. 67). Es ist begreiflich, daß diese Mengen von organischen Bestandteilen früher oder später einmal dem Boden zugute kommen. Dabei darf nicht vergessen werden, daß sich an das oberirdische Nest ein unterirdisches anschließt, handelt es sich doch hier um sog. kombinierte Nester (vgl. ESCHERICH)[2]. Welche gewaltige Menge allein tierischer Substanzen Ameisen verbrauchen können, beweist eine Berechnung FORELS, wonach die Bewohner eines großen Ameisennestes täglich an 100000 größere Insekten verbrauchen. Vor längerer Zeit hat KRAUSSE[3] die mechanische Arbeit der deutschen Formica fusca cinerea Mayr auf Sandboden studiert und ist hierbei zu recht beachtenswerten Resultaten gekommen. Er fand, daß die Tiere einer besiedelten Fläche von 100 m² in einem Jahr 528 kg Sand aus ihren Löchern an die Erdoberfläche brachten.

Abb. 67. Nesthaufen von Formica rufa L. (Nach ESCHERICH: Die Ameise, 2. Aufl. 1917.)

Wie wichtig die Arbeit der Ameisen für die Vegetation sein kann, berichtet STÄGER[4]. Ohne ihre Tätigkeit, meint er, müsse das Erdreich vielerorts veröden, weil es zu fest werden würde. Gerade in den Magermatten, wo die Regenwürmer größtenteils fehlen, ersetzt die Ameise deren mangelnde Tätigkeit. In Betracht kommen vor allem die Wiesenameise Lasius flavus, die Rasenameise Tetramorirn caespitum und die schwarze Ameise Formica fusca. Durch ihre Arbeit verwandeln sie den steinigen Boden in ertragreiche Wiese, allerdings auf Kosten ihres eigenen Daseins, denn sobald ihnen der Boden zu humushaltig wird,

[1] Zitiert nach ESCHERICH, S. 148. [2] ESCHERICH, K.: a. a. O., S. 108.
[3] KRAUSSE, A.: Die mechanische Einwirkung von Formica fusca cinerea Mayr (For) auf Sandboden. Naturwiss. Wschr., N. F. 15, 371 (1916).
[4] STÄGER, R.: Erlebnisse mit Insekten. Die Ameise als Landschaftsgärtnerin, S. 62. Zürich 1919.

verlassen sie ihn, um an anderem Ort ihre Pionierarbeit zu beginnen. Ähnlich wie die Regenwürmer bringen auch die Ameisen Stein und Geröll zum Einsinken in die Erde. Wie die Ameisensiedelungen in ausgiebiger Weise modifizierend auf die Vegetation einwirken können, hat STÄGER[1] an anderm Ort sehr anschaulich geschildert, worauf hier besonders hingewiessn sein möge.

Durch ihre Hügelbildungen, gemeinschaftlich mit ihrem Einfluß auf die Vegetation, können gewisse Ameisen sodann direkt am Verlandungsprozeß von Sümpfen beteiligt sein, wie HOLMGREN[2] für Formica exsecta Nyl nachgewiesen hat. Auf ihren Nestern siedelt sich zuerst Sphagnum an; später folgen eine ganze Reihe anderer Moor- und Torfgewächse. Das Einwandern von Pflanzen in die Nester, besonders Polytrichum strictum, veranlaßt nun die Ameisen immer wieder auszuwandern und andere Hügel zu bauen, was zu immer neuen Ansatzpunkten für die Moor- und Torfvegetation führt.

Was die Minierung des Bodens durch Ameisen anbelangt, so kann sie sehr bedeutsame Folgen für letzteren haben. Hierüber berichtet SAPPER[3] für Blattschneiderameisen (Atta) in Süd- und Mittelamerika folgendes: „Dort, wo diese Ameisen hausen, bedeckt den Boden meist keine Vegetation. Der letztere ist aber durch die ausgedehnten Gänge der Sompopos bis zur ansehnlichen Tiefe durchlöchert. Hierdurch erlangen die Sickerwässer einen sehr erleichterten Zutritt zum geologischen Untergrund. Und sie können deshalb an solchen Stellen eine viel intensivere Wirkung ausüben als an anderen, wo der unversehrte tonige Boden wie eine schützende Hülle den Untergrund bedeckt."

Das Vorhandensein von Attasiedlungen läßt sich übrigens häufig schon an der Bodenfarbe erkennen. So zeichnet sich in der Alta Verapaz und ähnlichen Gebieten der Tonboden, in dem Sompopos hausen oder ehemals gehaust haben, durch eine rote Färbung vor den gelben oder braunen Residualböden des dortigen Kalkgebirges aus. SAPPER läßt es dahingestellt sein, ob die rote Färbung durch die Bildung ameisensauren Eisens oder durch Oxydationsprozesse hervorgerufen wird. Dem Verfasser scheint hier noch eine weitere Erklärungsmöglichkeit zu bestehen, und hiermit kommen wir auf die dritte Wirkung der Ameisentätigkeit — der Translokation von Bodenelementen — wie sie für Vertreter derselben Ameisengattung beschrieben worden sind. Vielleicht handelte es sich in dem SAPPERschen Fall der Andersfärbung der von Ameisen bewohnten Erdschichten um Bodenbestandteile, welche von den Tieren aus tieferen Lagen nach oben befördert worden waren. Daß solche Dinge vorkommen, beweist eine Mitteilung des bekannten Zoologen H. v. IHERING[4]. Bei einer Exkursion in der Provinz Rio Grande do Sul in Brasilien traf der genannte Forscher nämlich auf ein Stück Weideland, das von einem frisch ausgehobenen, mehrere Fuß tiefen Graben abgegrenzt war. Der Boden ist an jener Stelle, wie zumeist auch in der weiteren Umgebung, aus Sand gebildet. Unter diesem folgt in einer Tiefe von 4 Fuß oder etwas mehr eine Schicht schweren roten Lehms. An jenem Graben war nun das Frappante, daß hier der Lehm in einer etwa 1 cm dicken Schicht zu oberst lag. Eine nähere Untersuchung ergab, daß die Urheber dieser Umkehrung der normalen Lagerungsfolge Ameisen der Art Atta cephalotes waren. Es handelt sich also auch hier um Blattschneiderameisen, die in großen Bruträumen auf gekauter Blatt-

[1] STÄGER, R.: Die Bedeutung der Ameise in der Pflanzengeographie. Mitt. naturforsch. Ges. Bern **1925**, 51.

[2] HOLMGREN, N.: Ameisen (Formica exsecta Nyl) als Hügelbildner in Sümpfen. Zool. Jb., Systematik **20**, 353 (1904).

[3] SAPPER, K.: Über die geologische Bedeutung der tropischen Vegetationsformationen in Mittelamerika und Südmexiko, S. 1—37. Habilitationsschrift, Leipzig 1900.

[4] IHERING, H. v.: Über Schichtenbildung durch Ameisen. Neues Jb. Min., Geol. u. Paläont. **1**, 156 (1882).

masse Pilze züchten. Die Bruträume liegen bei dieser Art in mehreren Etagen übereinander und finden sich sehr tief — 4 oder 5 Fuß — in der Erde. Sie nehmen einen bedeutenden Raum in Anspruch, der durch Entfernung der Erde hergestellt wird. Letztere wird von den Ameisen in kleinen linsen- bis erbsengroßen Kugeln mit Speichel zusammengeballt und über den Nestern ausgebreitet. Hierdurch wird der Boden um 1 oder mehrere Dezimeter in ziemlich gleichmäßiger Schicht erhöht. Das Areal, das eine einzige Kolonie hierbei modifiziert, kann die Ausdehnung eines mäßig großen deutschen Wohnhauses bilden. Haben mehrere Kolonien ihren Wohnsitz neben einander, so kann diese Umschichtung des Bodens eine ganz beträchtliche Ausdehnung gewinnen. Stellen wir uns vor, daß diese im tropischen Amerika außerordentlich verbreiteten und zahlreichen großen Ameisen in einer Gegend jahrelang am Werke sind, so kann ihre Tätigkeit eine gänzliche Umgestaltung des Bodens hervorrufen.

Aber die minierenden Gänge der Ameisen können noch weit tiefer, als in dem geschilderten Fall angegeben wurde, in den Boden eindringen. So sollen bei der texanischen Atta fervens Galerien bis zu 15 Fuß Tiefe gegraben werden. Mc Cook fand überdies 6 Fuß unter der Erdoberfläche Tunnels bis zu einer Länge von 120 Fuß. Während des Sommers arbeiteten die Tiere in oberen Erdschichten und brachten nur schwarzen Humus herauf, während der rauhen Jahreszeit gingen sie jedoch in die Tiefe und brachten das Material der unteren Schichten, ja selbst das Bohrmehl des unterstehenden Kalkfelsens nach oben. Lincecum berichtet noch wunderbarere Tatsachen von Atta (Oecodoma) texana, einer in der Prärie lebenden pilzzüchtenden Blattschneiderameise. Diese Tiere bedürfen für ihre Zuchten eine gewisse Feuchtigkeit; um diese zu erlangen, treiben sie häufig lange Schächte bis zum Grundwasser. In einem Fall hatte eine Kolonie 2 Schächte von 6 und 12 Zoll Durchmesser bis zum Grundwasser in der Tiefe von 30 Fuß vorgetrieben[1].

Ähnliche Erfahrungen, wie die geschilderten, hat auch Passarge[2] für die Kalahari gemacht. In diesem ungeheuren Wüstengebiet handelt es sich ausschließlich um minierende Ameisen. Die beim Graben der Höhlen und Gänge losgelöste Erde wird von den Tieren an die Oberfläche geschafft und hier entweder regellos herumgestreut oder in Form von sehr verschieden großen Wällen und Ringen um die Öffnung gelagert (siehe Abb. 68). Die Zahl der Sandringe ist geradezu enorm. Passarge glaubt, daß es in den Sandfeldern keine 10 m im Quadrat gibt, wo man nicht einige Ameisenringe findet[3]. „Zuweilen gleicht der Boden auf viele, viele Kilometer hin einem Sieb“, so durchlöchert ist er von großmündigen Gängen, die im Zentrum von 10—20 cm breiten Sandringen einmünden. Ebenso wie die amerikanischen Formen machen auch die Kalahariameisen, wenn die Bodenschicht nur geringe Tiefe hat, an einer unterliegenden Gesteinsschicht nicht Halt. Sie dringen in deren Spalten ein und lösen zahlreiche Gesteinsteile ab, die sich dann in den Sandwällen auf der Oberfläche wiederfinden. Diese Tätigkeit wird sehr ausdrucksvoll, wenn es sich um Kalkstein handelt, der dann in weißen Ringen auf dem roten Sand abgelagert wird. In einem Fall handelte es sich um massenhafte Kalksteinstücke von 5—8 mm Länge. Passarge[4] nimmt an, daß die Ameisen noch bei 2 m Tiefe Gesteinselemente an

[1] Marshall, W.: Leben und Treiben der Ameisen, S. 62. Leipzig 1889.

[2] Passarge, S.: Die Kalahari, S. 293. Berlin 1914.

[3] Leider hat Passarge keine Artbestimmungen vornehmen lassen. Nach der Beschreibung der Nester mit ihren Ringwällen und dem Vorkommen im Wüstensand kann man wohl auf gewisse Vertreter der Ernteameisen (Messor) schließen. Da die Bilder Passarges nicht besonders charakteristisch sind, sei umstehend die Abbildung typischer Kraternester einer verwandten Art wiedergegeben.

[4] Passarge, S.: a. a. O., S. 294.

die Oberfläche bringen. Der Beweggrund für das Minieren in Gesteinsmassen dürfte ebenfalls das Bedürfnis nach Feuchtigkeit sein, die sich hier in den Spalten länger als im losen Sand hält.

Termiten. Vielleicht noch bedeutendere Veränderungen vermögen die Termiten oder weißen Ameisen auf der Erdoberfläche hervorzurufen. Sie gehören einer besonderen Insektengruppe an, die HANDLIRSCH[1] neuerdings als Isoptera in die Nähe der Schaben (Blattoidea) stellt. Auf jeden Fall haben sie gar nichts mit Ameisen zu tun, die zu den Hymenopteren gehören. Weit auffallender noch als die Ameisenbauten sind die oberirdischen Termitenbauten. Sie stellen die größten Tiernester dar, die existieren. Eutermes pyriformis, eine australische Art, kann z. B. einen bis 6 m hohen Erdbau errichten. An manchen Orten der Erde, wie in Australien, treten solche Nester in so gewaltiger Menge

Abb. 68. Kraternester von Moellerius versicolor in der Wüste von Arizona. (Nach M. W. WHEELER: Ants. New York 1910.)

und Größe auf, daß sie die Konfiguration des Bodens völlig zu ändern vermögen, so daß man geradezu von Termitenstädten gesprochen hat (siehe Abb. 69). Auch in den offenen Savannen Zentralafrikas ist der Boden auf weite Strecken durch breitbasige, grasbedeckte Termitenhügel uneben gemacht[2]. Diese Nester sind nun nicht etwa lose Erdhaufen, sondern besitzen häufig steinartige Härte. Will man ihr Inneres bloßlegen, so bedarf man hierzu einer Spitzhacke. Oft genügt nicht einmal eine solche, und man muß dann zu Pulver und Dynamit schreiten.

Die Art der Nester ist außerordentlich verschieden. Es gibt rein oberirdische Nester und rein unterirdische. Viele sind z. T. oberirdisch und z. T. unterirdisch. Sodann gibt es Nester, die nur einige Zentimeter hoch sind, und andere wieder, die viele Meter Höhe erreichen. Ebenso ist das Material sehr verschieden. In dem einen Fall besteht es aus Erde, die durch Sekretmassen zu einer steinharten Substanz verbunden ist. Im anderen ist der Grundstoff Holz, das ebenfalls durch Drüsensubstanz zu einer papiermachéartigen Masse verarbeitet ist. Man spricht dann von Kartonnestern. Endlich gibt es auch gemischte Nester, die aus Karton-

[1] HANDLIRSCH, ANTON: Handbuch der Zoologie, gegr. von W. KÜKENTHAL, hrsg. von TH. KRUMBACH, 4, 620 (1929).

[2] WHEELER, W. M.: Social life among the insects, S. 262. London 1923.

stoff und Erde zusammengesetzt sind. Uns interessieren vor allem die Erdnester, sowie die Erdkartonnester, die mit dem Boden in inniger Beziehung stehen. Leider gestattet der Raum nicht, weder auf die komplizierten inneren Verhältnisse der Nester noch auf die Bedeutung und Ausbildung der einzelnen Individualtypen näher einzugehen. Hierüber unterrichten am besten die beiden Werke von ESCHERICH[1, 2]. Soviel sei jedoch gesagt, daß sich in jedem Nest ein Labyrinth unregelmäßig verlaufender Gänge und Kammern befindet, die zu sehr verschiedenen Zwecken dienen. In den sog. konzentrierten Nestern findet sich eine zentral gelegene Königszelle, in welchem der König und die Königin mit ihrem Hofstaat hausen. Um diese herum liegen konzentrisch angeordnete Räume, die den verschiedensten Zwecken dienen, z. B. als Bruträume für Eier und Larven, als Vorratsräume, als Räume zur Pilzzucht und als solche, wo sich vorwiegend er-

Abb. 69. Termitenstadt aus Nordqueensland. (Nach W. SAVILLE-Kent: The Naturalist in Australia. 1897.)

wachsene Individuen befinden. Gegen die Außenwelt ist das Nest meist durch eine feste Haut, die nur zu gewissen Zeiten zur Entlassung von jungen Geschlechtstieren eröffnet wird, abgegrenzt. Außerdem finden sich bei gewissen großen Nestern Schornsteine zur Durchlüftung, die in umfangreiche Schächte führen. Was die Form der Nester anbelangt, so ist sie sehr verschieden. Sieht man von den auf Bäumen befindlichen Nestern ab, und betrachtet nur die Oberbauten auf der Erde, so gibt es hügelige, turmförmige, kugelige, viereckige Bauten, ja sogar solche von der Form ungeheurer Pilze.

Es ist begreiflich, daß durch die Tätigkeit der Termiten große Mengen Erde aus der Tiefe nach oben geschafft werden. Häufig haben die Erdnester die Farbe des umgebenden Bodens, sind also braunschwarz, wenn der letztere aus Humus besteht, gelb, wenn Lehmboden das Nest umgibt. Indessen kommt es auch vor, daß die Farbe des Nestes mit dem umgebenden Boden kontrastiert. Dann wurden Bodenbestandteile, wie wir das bei den Ameisen gesehen haben, aus tieferen Schichten nach oben geführt. Leider ist man über die Art des Arbeitens der Termiten im Boden noch immer sehr ungenügend unterrichtet. Dort, wo eine

[1] ESCHERICH, K.: Die Termiten. Leipzig 1909.
[2] ESCHERICH, K.: Termitenleben auf Ceylon, XXXII u. 261 S. Jena 1911.

rein minierende Tätigkeit besteht, wie bei den Arten, die nicht konzentrierte Nester anfertigen, dürfte der Boden in erhöhtem Maße Luft und Wasser zugänglich sein. Daß dem Boden durch die Stoffwechselvorgänge der unterirdisch lebenden Termiten, sowie durch ihre Pilzzuchten und Nahrungsvorräte große Mengen organischer Substanzen zugeführt werden, ist klar. Berücksichtigt man die gewaltigen oberirdischen Erdbauten vieler Termiten, so bedeutet dies überdies die Dislokation bedeutender Erdmassen. DRUMMOND[1,2] glaubte hieraus die Folgerung ziehen zu können, daß die Termiten für den Boden der Tropen eine ähnliche Bedeutung hätten, wie die Regenwürmer für die meisten Gebiete der Erde. Man muß jedoch ESCHERICH zustimmen, wenn er darauf aufmerksam macht, daß ein großer Unterschied vorhanden ist zwischen der Erde, die den Darm der Würmer passiert hat, und jener, die zu Termitenbauten dient. Erstere ist locker und, wie wir gesehen haben, in mancherlei Hinsicht für Pflanzenkulturen geeigneter geworden. Die Termitenerde hingegen, mag sie nun den Darm der Tiere passiert haben, oder direkt zur Bauarbeit verwendet worden sein, ist durch Drüsensekrete zu einer steinartigen Substanz erhärtet, für die es längerer Zeiten bedarf, um wieder zur lockeren Erde zu werden.

Die bisher besprochenen Termitennester sind also von Anfang an feste Gebilde. ESCHERICH[3] erwähnt z. B. ausdrücklich, bei der Schilderung der Genese der oberirdischen Bauten ceylonischer Hügeltermiten, daß sie fast von Anfang an, d. h. wenige Tage nach ihrer Entstehung, feste Gebäude darstellen, denen für längere Zeit Regen und Wind kaum etwas anhaben können. Ganz anders scheinen indessen die Verhältnisse für die Termitenbauten der Kalahari zu liegen. Nach PASSARGES[4] Darstellung gibt es hier zwar auch hohe Bauten mit gewaltigen Türmen und Kuppeln, die aus harter, verkitteter Erde bestehen und nur sehr langsam zerstört werden. Sie kommen indessen in der Kalahari nur vereinzelt vor. Bodenkundlich viel wichtiger sind die kleinen Termitenkegel, die massenhaft entstehen und ebenso schnell wieder verschwinden. Anfangs fassen sie nur wenige Kubikzentimeter Erde, um schnell zu Haufen von 3, 5, 8, ja 25 und mehr Liter Sand anzuwachsen. Das Material besteht aus linsen- und erbsengroßen Sandkügelchen, die bei der Berührung zerfallen. An der Basis des Sandhaufens mündet ein aus dem Boden senkrecht aufsteigender, 20—60 cm langer und 3—5 mm dicker Gang. An dessen Mündung schließt sich eine 4—8 mm dicke Röhre aus leicht verkittetem Sand an, die senkrecht in dem Sandhaufen emporsteigt. Bei größeren Haufen findet man mehrere verzweigte Röhren. Diese Termitenkegel kommen oft in ungeheurer Zahl vor; so fand der Genannte nordöstlich von Gautsirra, auf einem Quadrat von 10 m Seitenlänge, 251 solcher Haufen, die zusammen etwa 50 l Sand enthalten mochten. Die Kegel werden durch Regen sehr schnell zerstört. PASSARGE glaubte schließen zu dürfen, daß sie mit dem letzten Regen, der vor einem Monat gefallen war, aufgeworfen worden waren, so daß in einem Monat je Quadratmeter 500 cm^3 Sand aus der Tiefe nach oben geschafft worden waren. Auf das Jahr berechnet, bedeutet dies für das ganze Gebiet eine ganz gewaltige Translokation der oberen Bodenschichten.

Daß Termiten ebenso wie Ameisen imstande sind, in Gestein einzudringen und hiervon Material nach oben zu bringen, lehrte die Beobachtung. In einem Fall drangen die Termiten durch eine dünne Kalkschicht im Boden in unter-

[1] DRUMMOND, H.: Ont the termite as the tropical analogue of the earthworm. Proc. roy. Soc. Edinbourgh 13, 137 (1886).

[2] DRUMMOND, H.: Tropical Afrika VI. The white ants. A theorie. London 5. Ed. 1891. — Inner-Afrika, S. 119—181. Gotha: F. A. Perthes 1890.

[3] ESCHERICH, K.: a. a. O., S. 70. 1911.

[4] PASSARGE, S.: Die Kalahari (S. 288: Die Bodentiere der Kalahari und ihre geologische Bedeutung). Berlin 1904.

liegende zersetzte Grauwacke. Dies dokumentierte sich äußerlich in einem Kegel aus weißer Kalkerde mit linsengroßen eckigen Kalkstücken, dessen Spitze aus hell leuchtender Roterde bestand.

Was die oberirdischen festen Termitennester anbelangt, so ist es sicher, daß sie fruchtbare Erde liefern. Das beweist schon die Tatsache, daß ältere Termitenhügel häufig ganz von Gewächsen übergrünt sind. Auf die hervorragende Bedeutung der Termiten als Bodenverbesserer weisen auch die Beobachtungen von FRIEDRICH SPELLIG[1], besonders an Termes bellicosus hin. Er schreibt: „Auf dem riesigen unfruchtbaren Hochplateau von Unyamwezi ist es zu einem nicht geringen Teil den Termiten zuzuschreiben, wenn die Mais- und Hirsefelder der Eingeborenen erträgliche Ernten liefern.“ Der Boden ist meist ein grobkörniges Verwitterungsprodukt des granitenen Untergrundes. Er ist an und für sich wenig fruchtbar, und eine Verbesserung der Humusschicht durch Düngung ist dem Neger unbekannt. Hier helfen nun die Termiten, indem sie Hügel an Hügel und Burg an Burg türmen und gewaltige Massen eines fetten fruchtbaren Lehms aus der Tiefe nach oben führen, den sie zu ihren Bauten verarbeiten. „Wie Inseln der Fruchtbarkeit liegen überall zerstreut in den sonst mageren Hirsefeldern die Termitenhügel da, dunkelgrün und dicht bewachsen.“

Aber noch auf andere Weise verbessern die Termiten den Boden — durch ihre fabelhafte Fähigkeit, organische Stoffe zu beseitigen. Nichts ist vor ihrem Fraß sicher. In wenigen Tagen oder Wochen fressen sie einen großen Baumstamm auf. Von ihrem Nest aus führen sie lange aus Kot gefertigte Gänge — sog. gedeckte Galerien — zu dem betreffenden organischen Gegenstand hin —; mag das nun ein gefallener Baumstamm sein, eine faulende Frucht, oder eine Tierleiche. Alle diese Gegenstände bedecken sie mit einer Kotschicht, unter der sie in der Verborgenheit die betreffenden Objekte zerstören und auffressen. Ebenso bauen sie häufig lange, weitverzweigte Galerien an den Stämmen und Zweigen noch lebender Bäume entlang. Alles was welk und absterbend ist, fällt hier den Tieren zum Opfer[2]. Dafür, welche ungeheure Verbreitung diese Termitengalerien an manchen Orten der Erde haben können, gibt DRUMMOND ein Beispiel. Einmal war er meilenweit über die waldbedeckten Hügel des Plateaus zwischen dem Nyassa- und Tanganyika-See gewandert. Jeder Baum, den er hier antraf — ohne Ausnahme — war mit Termitengalerien bedeckt.

Alle diese aufgenommenen Stoffe werden nun in Kot verwandelt, der wiederum zum Aufbau von Galerien und Nestern verwendet wird. In letzter Instanz kommen jedoch die hierzu verwandten Materialien wieder dem Erdboden zugute. Den 2—3 Monate anhaltenden tropischen Regengüssen, die mit einer kaum vorstellbaren Gewalt auf die Erde herabstürzen — so berichtet DRUMMOND von Zentralafrika — vermögen auf die Dauer auch die härtesten Termitennester und Galerien nicht standzuhalten. Sie erliegen allmählich der Denudation. So trifft man häufig Bäume, deren Stämme und Zweige gewisse unregelmäßige Flecken zeigen, die ehedem durch Termitengalerien hervorgerufen wurden. Ihre erdigen Bestandteile sind jedoch schon längst weggespült worden. Wenn man die gewaltige Individuenzahl der Termiten berücksichtigt — DRUMMOND vergleicht das tro-

---

[1] SPELLIG, FR.: Vom Nutzen der Termiten. Kosmos **21**, 352 (1914).

[2] DRUMMOND (a. a. O.) schildert anschaulich, wie verschieden einer der großen Wälder der Rocky Mountains oder der Weststaaten Amerikas im Vergleich zu einem südafrikanischen Forst aussieht. In ersterem ist der Boden brusthoch von niedergebrochenen Ästen, Stämmen und aller Art verwesender Substanz bedeckt, so daß häufig eine Fortbewegung unmöglich wird. In einem afrikanischen Forst hingegen sieht man nicht einen gestürzten Stamm, nicht einen abgebrochenen Zweig. Es sieht so aus, als wenn er täglich von unsichtbaren Elfen ausgekehrt würde, und in der Tat verhält es sich auch so, nur sind es nicht Elfen, sondern Termiten.

pische Afrika mit einer einzigen ungeheuren Termitenstadt —, so muß man bekennen, daß der Vergleich ihrer Wirkung auf den Boden mit jener der Regenwürmer — wenigstens für jene Gegenden, wo sie ihre größte Entwicklung nehmen, d. h. den Tropen — nicht unberechtigt erscheint. Erst eingehende Spezialuntersuchungen können jedoch dieser Annahme eine wissenschaftlich einwandfreie Basis verleihen.

Ganz neuerdings faßt P. VAGELER[1] seine Erfahrungen über die bodenverbessernde Tätigkeit der Termiten mit folgenden Worten zusammen: „Die Termiten ... beeinflussen die chemische Zersetzung der Bodensubstanz in zwei Richtungen. In ihren oft mehrere Meter großen Bauten, die viele Hohlräume umschließen, bringen sie große Bodenmassen an die Luft und befördern dadurch in sehr erheblichem Maße die Oxydation des Bodenmaterials. Man kann direkt sagen, daß sie im großen Stile bodenkundlich den Beweis erbracht haben, daß sehr viele Grauerden der heißen Klimate und erst recht viele Gelberden keine klimatischen Sonderbildungen, sondern Abkömmlinge oder Vorstufen normaler Roterden sind. Denn sehr häufig sind im ringsum grauen Gelände die Termitenbauten ausgesprochen rot, oxydiert. Die landläufige Annahme, daß in Fällen, wo die Termitenbauten diese Farbe zeigen, Roterden im Untergrunde lägen, ist fast regelmäßig falsch. Die Roterde ist hier das Ergebnis der Tätigkeit der Termiten, die die Entwicklung oder Rückentwicklung zu diesem Stadium den Grau- und Gelberden durch Beförderung der Durchlüftung möglich machen. In sehr vielen Gegenden, besonders im afrikanischen Grauerdegebiet, beschränkt sich trotz der Gefahr durch Termitenfraß der Ackerbau der Eingeborenen ausgesprochen auf an Termitenbauten reiche roterdige Flecken, oft sogar auf abgetragene Termitenhaufen. Maßgebend dafür ist allerdings neben den für den Eingeborenen sympathischen physikalischen Eigenschaften der Roterde, daß diese Termitenroterden, wie man sogar analytisch leicht feststellen kann, meistens erheblich reicher an Pflanzennährstoffen sind als die graue Umgebung, als Resultat des Lebens und besonders der Pilzzüchterei der Termitenarten, die den Boden bereichert. In Indien hat man sich diese spezielle Zusammensetzung der Termitenhaufen sogar im Großbetrieb mit teilweise durchschlagendem Erfolge nutzbar gemacht. In derselben Richtung bewegt sich der Einfluß der Ameisen, bleibt aber hinter dem der Termiten weit zurück."

Wirbeltiere.

Sehen wir von den Fischen ab, die ja dem flüssigen Medium angehören, so finden sich unter allen übrigen Wirbeltiergruppen hier und da Arten, welche zu dem Boden nähere Beziehungen eingehen.

Amphibien. Unter den Amphibien sind es besonders die Blindwühler (Gymonphionen), fußlose, wurmartig langgestreckte, weiche Tiere, die ähnlich wie Regenwürmer in den obersten Bodenschichten der tropischen Regionen der Alten und Neuen Welt leben. Ihr Bodenleben ist noch wenig erforscht; auch kommen sie in relativ zu geringer Zahl vor, um für den Boden von Bedeutung zu sein. Letzteres gilt auch für die bodenbewohnenden Lurche. Als Beispiel sei die Geburtshelferkröte (Alytes obstetricans Laur.), die mehrere Meter tiefe Gänge in den Boden graben kann, genannt, allerdings hält sie sich hierin nur vorübergehend auf. Der Nahrungserwerb geschieht meist im Freien. Ein typischer Grablurch ist auch unsere Knoblauchkröte (Pelobates fuscus Laur.). Während der Brunst-

[1] VAGELER, P.: Grundriß der tropischen und subtropischen Bodenkunde, S. 122. Berlin 1930.

periode lebt sie zwar im Wasser, in der übrigen Zeit aber auf dem Land. Mit Hilfe eines Grabsporns an ihren Hinterfüßen kann sie sich sehr schnell und geschickt in lockere Erde oder Sand eingraben. Diese Beispiele mögen für die Amphibien genügen.

Reptilien. Unter den Reptilien graben sich manche Schildkröten, vor allem Landschildkröten, in den Boden ein. Besonders eine in Nordamerika vorkommende Landschildkröte (Testudo polyphemus Daud.) von 20—30 cm Länge gräbt sich eine 3—5 m lange Höhle in die Erde, in welcher sie sich fast dauernd aufhält. Auch unter den Eidechsen gibt es manche grabenden Formen. Die meisten begnügen sich allerdings mit natürlichen Erdlöchern und Felsspalten oder auch Höhlen und Gängen anderer Tiere. Andere graben sich bei Gefahr in Sand ein, wie verschiedene Geckonen. Dies tut auch der Agame Uromastix acanthinurus Bell, der in der Sahara, in Ägypten und Arabien vorkommt, sowie die zu den Iguaniden gehörige seltsame Phrynosoma cornutum Harl., eine stachelige breitbäuchige Eidechse, die vornehmlich die trockenen und sandigen Hochebenen Nordmexikos bewohnt und hier während der kühleren Tageszeiten im Sand eingescharrt ruht. Im tropischen Afrika, Amerika, Westindien und den Mittelmeerländern kommt ferner die Familie der Amphisbaenidae vor, deren Vertreter wurmförmige Gestalt und meist gar keine Extremitäten mehr besitzen. Sie graben sich mit ihrer Schnauze in feuchte Erde und liegen hier in langen engen Gängen. Viele halten sich in Termiten- und Ameisenhaufen auf, deren Bewohner ihnen zur Nahrung dienen. Direkt als Wühlechsen bezeichnet man die artenreiche Familie der Scinciden, von denen allerdings eine ganze Anzahl nicht wühlen. Nicht nur die Bewohner der Sandwüsten, sondern auch solche von lockerer Erde haben die Gabe, sich erstaunlich schnell in den Erdboden einzugraben und sich dann dicht unter der Oberfläche fortzubewegen. Um auch von den Schlangen einige Grabtiere zu nennen, so sind es hier besonders die Typhlopiden, kleine wurmförmige, blinde Formen, die vorwiegend in den Äquatorialländern der Erde vorkommen und hier zumeist unterirdisch im Boden, nach Art der Regenwürmer, hausen und nur nach Regengüssen für kürzere oder längere Zeit an die Oberfläche kommen. Ein ähnliches Leben führen Vertreter der Gattung Cylindrophis aus der Familie der Ilysiidae, die in Indien, auf den großen Sundainseln, Borneo und Celebes vorkommen und schließlich auch die ebenfalls in Indien lebenden Uropeltiden, die etwa 1 m tief unter der Erdoberfläche hausen.

Allen diesen grabenden Amphibien- und Reptilienformen kommt nur wenig Bedeutung für den Boden zu, weil ihre Zahl relativ gering ist; auf jeden Fall unvergleichlich viel geringer als die Zahl der im Boden lebenden Würmer und Arthropoden. Meistens wissen wir auch von ihrem unterirdischen Leben nur sehr wenig, vor allem auch kaum etwas Näheres über ihre Einwirkung auf den Boden.

Damit kommen wir nun zu der letzten Tiergruppe mit in der Erde lebenden Vertretern, es sind dies die Säugetiere.

Säugetiere. Wenn auch ihre Wirksamkeit nicht entfernt mit jener der wirbellosen Bodentiere verglichen werden kann, so gibt es doch immerhin unter ihnen Arten, die in so großer Individuenzahl auftreten, daß sie ziemlich ausgedehnte zusammenhängende Landstriche nicht unwesentlich beeinflussen können. In der Hauptsache dürfte es sich bei ihnen um Wirkungen handeln, wie sie das Umpflügen und Unterminieren von Erdmassen mit sich bringen. Später werden wir dann vernehmen, daß auch oberirdisch lebende Tiere durch ihr Verhalten die Struktur und die geologischen Verhältnisse des Erdbodens beeinflussen können.

Grabende und unterirdisch lebende Tiere gibt es in mehreren Säugetiergruppen, so z. B. bei den Beuteltieren (Marsupialia). Hier graben sich z. B. die zu den Macropodinae gehörigen Känguruhratten eine Höhlung in den Boden, zur Aufnahme ihres aus Gras bereiteten Nestes. Eine ausgesprochene Grabform bildet der Wombat (Phascolomys), aus der Familie der Phascolarctidae, ein etwa dachsgroßes Tier mit Grabfüßen und Grabkrallen. Seine verschiedenen Arten leben in den Wäldern Australiens. Sie fertigen sich hier tiefe Gänge an, die zu umfangreichen Höhlen führen, in denen sie ihre Nächte zubringen.

Eine weit wichtigere Rolle als bei den Beuteltieren spielt das Graben bei den Insektivoren, der primitivsten Gruppe der Placentatiere. Sie enthält in der Familie Soricidae die kleinsten aller Säugetiere, die Spitzmäuse. Die Soriciden umschließen ungefähr die Hälfte aller Arten der ganzen Ordnung. Viele derselben führen ein unterirdisches Leben, indem sie sich entweder selbst Löcher und Gänge graben oder Bauten anderer Tiere zu ihren Zwecken benutzen. So arten- und zum Teil individuenreich nun auch die Spitzmäuse sind, so spielen sie doch für den Boden nur eine sehr geringe Rolle, da sie zwar regional weit verbreitet, territorial jedoch an gewisse Örtlichkeiten und Verhältnisse gebunden sind, so daß ihre grabende Lebensweise kaum an der Konfiguration weiter Bodenflächen zur Geltung kommt. Eine andere weitverbreitete Familie der Insectivoren, welche grabende Individuen enthält, sind die Erinaceidae. Ein typischer Repräsentant derselben ist unser Igel (Erinaceus). Die Tiere sind nicht ausgesprochene Minierer, wenn sie sich auch vielfach in Steppe, Kulturland und Wald Höhlen und Gänge bereiten, in denen sie sich namentlich während des Winters aufhalten, um dann in einen katalepsieartigen Starrezustand zu verfallen. Obgleich sie größere Vertreter enthalten, üben sie doch nirgends einen merklichen Einfluß auf den Boden aus, denn dazu sind sie schon zu individuenarm.

Abb. 70. Talpa europaea L. (Nach W. BERNATZ: Der Engerling und der Maulwurf auf der Wiese. Munchen 1869.)

Die für uns wichtigste Familie der Insectivoren bilden die Talpidae. Unter ihnen sind die Vertreter der Unterfamilie Talpinae exquisite Bodentiere, die in ihrer ganzen Organisation an das Bodenleben angepaßt sind. In der zweiten Unterfamilie Desmaninae tritt die Grabfunktion wieder zurück. Es finden sich in ihr u. a. schwimmende und oberirdisch lebende Arten. Die uns vor allem interessierenden Talpinen sind gedrungene Formen von walzenförmigem Bau. Der Kopf geht äußerlich scheinbar ohne Hals in den Rumpf über. Die rüsselförmige Schnauze enthält eine eigene Verknöcherung, die eine beim Erdschaufeln erlangte Erwerbung darstellt. Die Hand, als Hauptgrabapparat, ist stark verbreitert und mit der Volarfläche nach hinten gerichtet. Sie besitzt, als eine Art sechsten Strahl, einen großen sichelförmigen Sesamknochen. Die Ohren sind winzig und in Pelz versteckt; sie sind durch Muskeln verschließbar. Endlich sind die Augen sehr klein (siehe Abb. 70). Der italienische Maulwurf, Talpa caeca Sav., ist sogar blind, da die Lidränder seiner Augen verwachsen sind.

Die Maulwürfe sind außerordentlich weit verbreitet. Sie finden sich im größten Teil Europas und Afrikas, in Nordamerika und Südafrika. Sie sind vorwiegend Bewohner des ebenen Landes — besonders der Kultursteppe. Das, was sie für uns besonders interessant macht, ist ihre außerordentlich rege Tätigkeit. Sie äußert sich einerseits im Ausgraben von Gängen, andererseits im Auswerfen von sog. Maulwurfshaufen. Bei dem nordamerikanischen Maulwurf Scalops aquaticus L. laufen die Gänge häufig so dicht unter der Erdoberfläche hin, daß die obere

Wand sich galerieartig über dem Boden hervorwölbt[1] (siehe Abb. 71). Hierdurch konnte man beobachten, daß ein Tier auf einen Zug einen 60—70 m langen Gang graben kann. Da diese Leistung in 24 Stunden vollbracht wird und immer wieder neue Gänge angelegt werden, so kann man ermessen, welche Umschichtungen von Erde ein einziger Maulwurf vornimmt. Doch wollen wir uns zum deutschen Maulwurf wenden und auf ihn etwas näher eingehen, einmal, weil er das wichtigste grabende deutsche Säugetier ist, und dann, weil seine Tätigkeit noch am besten von allen grabenden Säugern studiert ist. Talpa europaea L. ist das verbreitetste deutsche Säugetier. Er kommt überall vor, und wo ihm nicht zu sehr nachgestellt wird, vermehrt er sich ganz gewaltig. Seine weitere Verbreitung geht über ganz Europa mit Ausnahme von Irland und einigen Inseln, sodann vom Kaukasus bis nach Hochasien und zum Amur und Japan, ebenso ist er in Nordafrika zu Haus. Die beste moderne Schilderung des Maulwurflebens stammt von HAUCHECORNE[2].

Abb. 71. Die galerieartigen, uber den Erdboden hervorragenden Gänge des nordamerikanischen Maulwurfs Scapanus townsendi. (Nach H. SCHEFFER. 1922. Zitat unten.) Links ein Durchschnitt durch einen Haufen und ein Stuck Gang.

Solange der Boden nicht gefroren ist, gräbt er unaufhörlich horizontale Gänge unter der Erdoberfläche. Ihre Tiefe wechselt mit der Art des Bodens, sowie mit dessen durch die Jahreszeit bedingten größerem oder geringerem Feuchtigkeitsgehalt. In Garten- und Ackerland liegen die Gänge schon in 10—20 cm Tiefe, im Wiesenboden in 20—40 cm. Im Winter gräbt der Maulwurf meist in 40—60 cm Tiefe. Häufig hört seine Tätigkeit auch bei Frost noch nicht auf. Gelegentlich sieht man seine Haufen im frisch gefallenen Schnee, ja, er kann dann längere Strecken zwischen Erdboden und Schnee Röhren minieren. Die Gänge sind im Durchschnitt rund bis queroval. Sie besitzen etwa eine Höhe von 5—6 cm bei 6 cm Breite. Beim Graben bohrt der Maulwurf seinen zurückgezogenen Kopf in die weiche Erde ein, dabei dreht und schiebt sich der walzenartige Körper wie ein Bohrer in die Erde. Die nach vorn gerichteten breiten Grabhände reißen gleichzeitig dicht neben dem Rüssel den Boden auf, während die Hinterbeine unausgesetzt die frei werdende Erde nach hinten schaufeln. Letztere wird dann in abwechselnden Abständen seitlich und oberhalb der Röhre nach außen gestoßen und bildet so die bekannten Maulwurfshügel. Jedes Tier, das Männchen sowohl als auch das Weibchen, macht sich einen besonderen Bau. Das Nest, in dem sich der Maulwurf während der Ruhezeit aufhält, ist ein mit Moosblättern oder Mist ausgepolsterter Raum. Nur auf feuchtem und sumpfigem Boden liegt nach L. E. ADAMS das Nest in einem Hügel. Derselbe kann unter Umständen be-

[1] SCHEFFER, THEO H.: American moles as agricultural pests and as fur producers. Contrib. Bur. Biol. Surv. **1922**.
[2] HAUCHECORNE, F.: Studien über die wirtschaftliche Bedeutung des Maulwurfs (Talpa europaea). Z. Morph. u. Ökol. Tiere **9**, 439 (1927).

trächtliche Dimensionen besitzen. So fand HAUCHECORNE[1] einmal auf nassem Torfboden einen Nesthügel von 1,70 m Durchmesser und 0,90 m Höhe. In allen anderen Fällen fand ADAMS das Nest 5—15 cm unter der gewöhnlichen Erdoberfläche. Von dem Nest führt ein kürzerer oder längerer, oft schraubenförmig gewundener Gang aufwärts, durch den der Maulwurf die ausgegrabene Erde nach oben schafft[2]. Ein anderer, der sog. Laufgang, leitet meist in gerader Linie in das Jagdgebiet. Von ihm gehen von Strecke zu Strecke Seitengänge aus, die sich wieder und wieder verzweigen und mit einander in Verbindung treten können. Das Retikulum von Röhren, das hierdurch zustande kommt, ist das eigentliche Jagdgebiet. Es wird unaufhörlich vergrößert und erweitert und kann sich über ein ganz beträchtliches Territorium erstrecken. HAUCHECRONE[3] beobachtete, daß an einer Röhre täglich 10—20 m zugelegt werden. Das Jagdgebiet ist häufig schon äußerlich an der großen Zahl von Maulwurfshügeln, die über ihm liegen, erkennbar. Der Maulwurf durchpirscht es jeden Tag mehrmals, wobei er alle Regenwürmer und Insektenlarven, die er antrifft, auffrißt.

Wenn man bedenkt, daß schon ein einziger Maulwurf mit seinem Gewirr von Gängen im Laufe von Wochen und Monaten eine ganz bedeutende Minierarbeit leistet, so muß man die Wirkung der unzähligen Maulwürfe, die ein größeres Gebiet bevölkern, ziemlich hoch anschlagen[4]. Dies erkennt auch RAMANN[5] an, der die Maulwürfe als „die wichtigsten Tiere für Bodenbearbeitung in unseren Gegenden" erklärt. Leider gibt es keinerlei eingehende bodenkundliche Untersuchungen über den Maulwurf. Man findet höchstens in den Lehrbüchern einige Reflexionen über die Einwirkung seiner Tätigkeit auf den Boden. Daß sie eine gewisse Durchmischung, Lockerung und Krümelung desselben erzeugen muß, ist klar. Häufig bringt der Maulwurf auch allerlei Material, wie Sand, Kalk und Lehm aus tieferen Schichten nach oben. Die Gänge dürften überdies das Eindringen von Luft und Wasser in den Boden erleichtern und hierdurch zu dessen Aufschließung beitragen.

Der Maulwurf übt aber auch noch eine indirekte Wirkung auf den Boden aus, indem er als typisches Edaphontier fast ausschließlich auf dessen Organismenwelt angewiesen ist. Leider handelt es sich bei seiner Nahrung um das bodenkundlich wichtigste Tier, den Regenwurm. Wohl ist es festgestellt, daß er auch in zweiter und dritter Linie Insekten, Larven, Tausendfüßler, Schnecken und noch einiges andere frißt; in erster Linie sind aber Regenwürmer seine Speise, an manchen Stellen sogar fast ausschließlich. BERNATZ[6] berichtet z. B. daß er, so viel er auch auf Wiesen gefangene Maulwürfe öffnete, stets im Magen nur Stücke von zerbissenen Regenwürmern gefunden habe. In kalten Wintermonaten soll sich der Maulwurf, der kein Winterschläfer ist, Vorräte von Regenwürmern sammeln, denen er die vorderen Segmente abgebissen hat. DAHL[7] fand einmal in einem Winternest und bis $1^1/_2$ m davon in den Gängen entfernt 1280 Regenwürmer von 2,13 kg Gewicht, die auf die erwähnte Weise verstümmelt waren. Sie waren alle in den festen Wänden in Partien zu etwa 10 Stück gleichsam eingemauert[8].

---

[1] HAUCHECORNE: a. a. O., S. 473.
[2] BREHMS Tierleben, Säugetiere 1, 4. Aufl., 306. 1912.
[3] HAUCHECORNE: a. a. O., S. 472.
[4] Nach E. BRASS (Aus dem Reich der Pelze. Berlin 1925) kommen jährlich 4—5 Mill. Maulwurfsfelle in den Handel, so daß der Maulwurfsfang vielfach als eigenes Gewerbe betrieben wird.
[5] RAMANN, E.: Bodenkunde, 3. Aufl., S. 493. Berlin 1911.
[6] BERNATZ, W.: Der Engerling und der Maulwurf auf der Wiese. München 1809.
[7] DAHL, F.: Die Nahrungsvorräte des Maulwurfs. Zool. Anz. **14**, 9 (1891).
[8] DAHL, F.: Über Nahrungsvorräte im Bau des Maulwurfs. Schr. naturwiss. Ver. Schlesw.-Holst. 6, 111 (1886).

Wenn man derartige Tatsachen in Betracht zieht und die weitere, daß nach einem Experiment RÖRIGS[1] ein Maulwurf täglich das $1^1/_2$fache seines Körpergewichtes an Nahrung verzehrte, so muß er als starker Vernichter der Regenwürmer auch dessen mannigfaltige Einwirkungen auf den Boden zerstören oder wenigstens stark einschränken.

Weitere drei Tierordnungen, die sämtlich grabende Formen enthalten, über deren Grabetätigkeit und bodenwichtige Bedeutung jedoch nur sehr wenig bekannt ist, sind folgende: Die Pholidota (Schuppentiere), die Xenarthra, bei denen die Familie der Dasipodidae (Gürteltiere) gräbt und endlich die Tubulidentata, dargestellt durch das Erdferkel (Orycteropus). Von allen diesen Formen kommen nur die Gürteltiere an manchen Örtlichkeiten häufiger vor. Sie leben in sandigen, wenig mit Pflanzen bewachsenen Territorien Südamerikas und ernähren sich meist von Ameisen, Termiten und sonstigen Insekten. Sie graben sich zur Unterkunft für den Tag einfache Baue, die sie meist in der Nacht wieder verlassen.

Nagetiere (Rodentia). Weit wichtiger für die Bodenkunde sind die Nagetiere. Sie bilden die größte aller Säugetiergruppen. An 35 % aller Säuger gehört ihr an. Eine ganze Anzahl ihrer Vertreter sind kosmopolit. Betrachtet man die Duplicidentata, so trifft das Gleiche für die Hasen (Leporidae) zu. Es gibt keine Gegend der Welt, wo gegenwärtig nicht Hasen vorkommen. Wo sie ursprünglich fehlten, wie in Australien, sind sie von den Menschen später eingeführt worden. Unter ihnen ist das Kaninchen, das in verschiedene Gattungen zerfällt, die eigentlich grabende Form. Unser Kaninchen (Oryctolagus cuniculus L.) kann als Beispiel dienen. Seine Vorderextremitäten sind gegenüber jenen der Hasen im engeren Sinn für die Grabfunktion verstärkt. Es liebt sandigen Boden. Dort an Waldrändern, mit Vorliebe an sonnigen Kiefernbeständen, legt es seine ziemlich tiefgehenden, einfachen Höhlen an, von denen mehrere wieder in sich verzweigende Röhren ausgehen, die schließlich nach außen münden. Die Tiere vermehren sich außerordentlich. Die Paarung geschieht vom Winter bis in den Spätherbst. Jährlich erfolgen 4—8 Würfe von 3—8 Jungen, die mit 6 Monaten schon wieder fortpflanzungsfähig sind. Da für jeden Wurf von den Weibchen ein neuer Bau gegraben wird, so bedeutet dies eine außerordentliche Minierarbeit[2].

Exquisite Gräber enthält auch die Familie der Marmotidae, zu welcher die Murmeltiere gehören. Erwähnt sei der nordamerikanische Präriehund (Cynomys socialis Raf), ein etwa 40 cm großes, gesellig lebendes Tier, das früher unglaublich zahlreich, jetzt aber schon an vielen Orten zurückgedrängt, an manchen Stellen jedoch noch sehr häufig vorkommt[3]. Mehrere Tiere wohnen in einem Bau, vor dessen Mündung stets ein Berg ausgegrabener Erde liegt. In manchen Gegenden von Texas kann man tagelang an solchen Hügeln vorbeireiten. Das Nest besteht aus einer ovalen Kammer, an welche sich ein etwa 4 m langer horizontaler Gang anschließt, der ganz plötzlich einen Knick macht und sich dann etwa ebenso lang vertikal nach oben erstreckt, wo er ausmündet. Es ist selbstverständlich, daß diese Wühlarbeiten großen Einfluß auf Boden und Pflanzenwelt haben müssen. Darüber ist aber nichts näheres bekannt.

---

[1] RÖRIG, G.: Untersuchungen über den Nahrungsverbrauch insektenfressender Vögel und Säugetiere. Ber. landw. Inst. Univ. Königsberg **1**, 1. Mitt., S. 1—20 (1898).

[2] BLASIUS, J. H.: Naturgeschichte der Säugetiere Deutschlands, S. 428. Braunschweig 1857. 549 S.

[3] Nicht überall wirkt die Kultur reduzierend auf frei lebende Tiere. So verursachten die immer weiter vordringenden Anpflanzungen geradezu die Ausbreitung und numerische Zunahme des nordamerikanischen Murmeltieres [Marmota monax (L.)], weil ihm hierdurch neue und reichere Futterquellen erstanden (siehe JAMES SILVER: Woodchuck Control in the eastern states. Bur. Biol. Surv. Leaflet **1928**, Nr. 21).

Dasselbe gilt für eine andere nordamerikanische Nagerfamilie, die der Geomyidae, das sind die sog. Taschenmäuse, die jederseits am Kopf eine von außen eingestülpte, innen behaarte Backentasche besitzen. Sie sehen wie große Maulwürfe aus, besitzen jedoch frei aus dem Munde hervorstehende Nagezähne. Sie leben ähnlich wie der Maulwurf, indem sie Gänge und Kammern (allerdings auch Vorratskammern) graben und Haufen aufwerfen. Besonders in der guten Jahreszeit kann ihre Grabetätigkeit sehr bedeutend sein.

Die wichtigste und zugleich arten- und individuenreichste Familie unter allen Rodentien ist die der Muridae. Sie hat viele kosmopolite Vertreter. Ihre Vermehrung ist meist eine ganz gewaltige: 5—20 Würfe im Jahr sind nichts Seltenes. Viele unter ihren Arten haben eine grabende Lebensweise, so die Unterfamilie der Cricetinae, unter denen unser Hamster [Cricetus cricetus (L)] die repräsentative Form darstellt. Nach MAX WEBER kommen allein in Amerika, wo sie die dort fehlenden Mäuse vertreten, über 500 Arten dieser Unterfamilie vor[1]. Nicht alle sind grabende Tiere; eine Anzahl ist z. B. an das Wasserleben angepaßt. Wahrscheinlich ist der Hamster eine zu uns aus dem Osten eingewanderte Steppenform. Bei uns besiedelt er die Kultursteppe. Hier haust das etwa 25—30 cm große Tier auf sandigem, manchmal steinigem oder fettem Boden. In etwa 1—2 m Tiefe findet sich seine Wohnkammer mit schräger Ausgangs- und senkrechter Eingangsröhre und einer oder mehreren durch Röhren mit der Wohnkammer verbundenen Vorratskammern. Beide Geschlechter leben in getrennten Bauten. Auch die Jungen graben sich schon wenige Monate nach ihrer Geburt eine eigene Wohnung. Der Hamster fällt, etwa in der zweiten Hälfte des Oktobers, nachdem er seine Eingangsröhren verstopft hat, in einen Starrezustand, aus dem er jedoch mehrfach im Winter erwachen kann. Dann frißt er von seinen aus Feldfrüchten, Wurzeln, Hülsenfrüchten, Getreide bestehenden Vorräten, die bis einen Zentner betragen können. Da er sich sehr stark vermehrt, denn er wirft zweimal im Jahre 2—16 Junge, so kommt er häufig noch, trotz aller Vernichtungsschlachten, die ihm seine vielen Feinde liefern, in großer Menge vor. Es gibt auch heute noch Gegenden in Deutschland, wo gelegentlich in einem Jahr aus einer einzigen Gemarkung 100000 Hamster gegen Prämien eingeliefert werden. Nur in Deutschland wird sein Fell verarbeitet. Hierzu werden 2 Millionen Tiere verbraucht. Aus diesen Angaben mag hervorgehen, daß sein Einfluß auf den Boden nicht ganz unbedeutend sein kann, obgleich hierüber keine speziellen Untersuchungen gemacht worden sind[2].

Eine für uns wichtige Unterfamilie der Muriden bilden die Wühlmäuse (Microtinae), die eine große Menge kleiner mäuseähnlicher Arten enthalten. Sie bewohnen vor allem die nördliche Hemisphäre; sie werden aber auch noch in Zentralamerika und im nördlichen Indien angetroffen. In Europa erreichen sie das Mittelmeergebiet[3]. Es mögen zwei Formen als Beispiel dienen, die Scheermaus und die Feldmaus.

Die Scheermaus (Arvicola amphibius L.) hat Rattengröße. Sie kommt in zwei biologischen Typen vor. Die eine lebt ausschließlich in der Erde, es ist die Scheermaus im engeren Sinn, die andere, die Wasserratte, lebt in unmittelbarer Nähe von Wasserläufen und fertigt stets einen Gang an, der unterhalb des Spiegels in das Wasser einmündet. Die Scheermaus hat in gewisser Weise eine maulwurfsähnliche Lebensweise. Sie legt sich unter einem Erdhaufen im Ackerland ihr Nest

---

[1] WEBER, MAX: Die Säugetiere 2, 283. Jena 1928. 898 S.

[2] Siehe auch J. H. BLASIUS: a. a. O., S. 309 und J. H. BRASS: a. a. O., S. 736.

[3] GIESECKE, F. [Bodenkundliche Beobachtungen in Anatolien und Ostthrazien. Chem. Erde 4, 555, 556 (1930)] berichtet über die Unterminierung des Bodens in weiten Strecken der lycaonischen Salzsteppe (Inneranatolien).

an, das reich mit trockenem Gras ausgepolstert ist. Von diesem Nest gehen strahlenförmig mehrere Erdröhren nach verschiedenen Richtungen aus. Manche Gänge der Scheermaus sind Hunderte von Metern lang. Sie ziehen sich meist dicht an der Erdoberfläche hin. Bei diesen Grabereien werfen die Tiere auch Erdhaufen aus, die jedoch weniger regelmäßig als die des Maulwurfs sind, und bei denen auch größere Erdbrocken ausgeworfen werden. Die Scheermäuse sind omnivor. Während jedoch die Wasserratte, entsprechend ihrem Wasseraufenthalt, ziemlich häufig Tiernahrung zu sich nimmt, lebt die Scheermaus fast ausschließlich von Vegetabilien. Im Herbst trägt sie sich Vorräte zusammen, vorwiegend Knollen, Wurzeln und stärkehaltige Feldfrüchte, wie Erbsen, Bohnen, Kartoffeln, Getreide und Mais. Doch legen sie sich keine besonderen Vorratskammern dafür an. Bei niederer Temperatur verfallen die Scheermäuse in eine Art Schlaf. Ihre Vermehrung ist sehr bedeutend. Häufig haben sie im Jahr 3 bis 4 Würfe von 2—7 Jungen.

Die Feldmaus, Microtus arvalis Pal, ein mit Schwanz etwa 14 cm großes Tierchen, lebt nach WEBER[1] nicht eigentlich subterran, wenigstens kann sie ihre Lebensweise außerordentlich modifizieren. Im Sommer wohnt sie meist auf Feld und Wiese, doch zieht sie sich häufig auch nach menschlichen Wohnungen, namentlich dorthin, wo größere Mengen Nahrungsstoffe aufgespeichert sind. Die Feldmaus ist über ganz Mitteleuropa und große Teile von Nordeuropa verbreitet. Vom atlantischen Ozean bis zum Ural und bis zum westlichen Sibirien reicht ihr Verbreitungsgebiet. Südlich geht sie bis nach Persien und Asien.

Die Feldmaus macht sich etwa einen halben Meter unter der Erde ein Nest[2], das mit Grashalmen und Moos ausgepolstert wird. In anderen Fällen liegt das Nest dicht unter der Oberfläche, zuweilen von dichtem Gras umgeben, sogar unmittelbar auf dem Boden. Ihre Erdwohnungen haben häufig 4—6 Eingangsöffnungen. Selten sind ihre Baue ohne Nahrungsvorräte. Sie ernähren sich fast ausschließlich von Vegetabilien, Getreide, Rüben, Kartoffeln, Hülsenfrüchten u. dgl. Im Herbst halten sie sich vielfach unter Getreidehaufen auf. Trotz ihrer vielen Feinde — besonders Bussarde jagen sie — ist ihre Vermehrung häufig ganz gewaltig. Sie werfen 5—7 mal 4—8 Junge. Die Jungen der ersten Würfe sollen im Herbst schon wieder fortpflanzungsfähig sein. Die Feldmäuse sind soziale Tiere. Gelegentlich können sie in so ungeheurer Menge auftreten, daß man keinen Fuß auf den Boden von Feldern setzen kann, ohne eine Mäuseröhre[3] zu berühren. BREHM[4] berichtet von einem Mäusejahr, wo in einem einzigen Bezirk in Zabern in 14 Tagen 1570000 Mäuse gefangen wurden. Man stelle sich vor, welche ungeheure Wühlarbeit allein diese Tiere verrichtet haben mußten. (Vgl. Abb. 72).

Nur kurz erwähnen will ich die Bathyergidae, eine ausschließlich afrikanische Familie, die südlich der Sahara beheimatet ist und deren Vertreter, ähnlich wie die Maulwürfe, im Innern der Erde leben. Wie diese haben sie rudimentäre Augen und Ohren, einen kurzen Schwanz und einen mit einer Grabkralle versehenen Daumen.

Zum Schluß sei noch ein gewaltiger Gräber aus der Gruppe der Nagetiere angeführt, nämlich der Stammvater unserer Meerschweinchen: Cavia cutleri Ben., aus der Familie der über ganz Südamerika verbreiteten Caviidae. Das Tier lebt ebensowohl im Tiefland, als auf den Hochebenen. Von Guyana bis

[1] WEBER, M.: a. a. O., S. 285.

[2] Daß sie unter Umständen weit tiefer gehen kann, beweist eine Beobachtung MATSCHIES, der auf einem Gut bei Teterow in Mecklenburg 2,75 m tiefe Nester unserer Feldmaus an einem abgerutschten Abhang feststellen konnte (siehe S. PASSARGE: Die Kalahari, S. 290. Berlin 1904).

[3] BLASIUS, J. H.: a. a. O., S. 386. 1854.

[4] BREHMS Tierleben, Säugetiere 2, 4. Aufl., 303. 1914.

Argentinien soll es überall vorkommen und in manchen Hochländern Boliviens so zahlreich sein, daß in weiten Landstrichen der ganze Erdboden von ihm unterminiert ist[1]. Trotz seiner Häufigkeit ist über seine ökologischen Verhältnisse nur wenig bekannt.

Von den übrigen Säugetierordnungen liefern nur noch die Raubtiere einige grabende Vertreter. Sie leben jedoch nie in so großer Zahl nebeneinander, daß sie eine wesentliche Einwirkung auf größere Bodenflächen ausüben könnten.

Zwei Familien kommen vor allem in Betracht: Die Caniden und die Musteliden. Von ihnen lebt je ein grabender Repräsentant in Deutschland, nämlich unser Rotfuchs (Canis vulpes L.) und unser Dachs (Meles meles L.).

Abb. 72. Kleefeld von Mäusen abgefressen und durchlöchert. (Aufgenommen von F. KLANDER.)

Der Fuchs ist das verbreitetste Raubtier der nördlichen Hemisphäre; er geht von der Baumgrenze von Skandinavien bis Kamtschatka südlich bis Mexiko, Marokko und Indien. Die Südgrenze seines Vorkommens in Afrika ist der Nordrand der Sahara. Unser europäischer Rotfuchs ist in zahlreichen Varietäten über Europa und Asien verbreitet; in Deutschland fehlt er nirgends. In der Regel lebt der Fuchs in Wäldern. Wenn er es haben kann, zieht er in schon vorhandene alte Fuchsbaue oder in alte Dachsröhren, die er gelegentlich sogar, wenn sie sehr ausgedehnt sind, mit seinem Verfertiger oder Kaninchen teilt. Daß er durchaus nicht auf dauernden Höhlenaufenthalt angewiesen ist, ist sicher. Zu gewissen Jahreszeiten zieht er sogar den ungebundenen Aufenthalt im Dickicht, Röhricht oder in Kornfeldern vor. Während der Paarungszeit und im Winter wohnt er jedoch stets unter der Erde. Andere Fuchsarten, wie der asiatische Steppenfuchs (Alopex corsac L.) leben auch dann oberirdisch. Die eigentliche Fuchswohnung besteht aus einer runden Wohnkammer, von der mehrere z. T. verzweigte Röhren ausgehen, immer findet sich ein Haupteingang.

[1] BREHM: a. a. O. **2**, 4. Aufl., 145. 1914.

Während der Fuchs nur notgedrungen einen eigenen Bau konstruiert, ist der Dachs der geborene Höhlenbauer. Unser Dachs (Meles meles L.) ist der einzige europäische Vertreter der Dachse (Melinae). Er ist ein großer Marder, der sich an das Erdleben angepaßt hat. Er kommt fast in ganz Europa, jedoch nicht in der arktischen Zone vor. Im Süden findet er sich noch in Italien. In Asien treffen wir ihn selbst in Tibet; auch im Kaukasus ist er noch häufig. Der Dachs liebt es, sich an bewaldeten Abhängen einzugraben. Sein weich ausgepolsterter Kessel nimmt, wenn es sich um ein Weibchen handelt, die Mutter mit ihren 3—5 Jungen auf; er liegt etwa 1,5—2 m unter der Erdoberfläche. Zu dem Kessel führen eine größere Anzahl von Röhren, von denen manche bis 10 m lang sind. Einige dienen zur Sicherung, andere als Luftlöcher. Nur eine oder zwei werden befahren. Der Dachs ist ein ausgezeichneter Gräber. In wenigen Minuten ist er imstande, sich einzugraben. Es liegt jedoch auf der Hand, daß diese grabenden Raubtiere, bei ihrem isolierten Vorkommen, für den Boden nur sehr geringe Bedeutung haben.

Es ist nun nicht nur das unterirdische Graben der Säugetiere allein, das für den Boden von Bedeutung werden kann; auch eine Verletzung der oberirdischen Schichten kann wichtige Veränderungen am Boden hervorrufen. Solche entstehen z. B. durch das Wühlen wilder wie domestizierter Schweine. Die hierdurch hervorgerufenen Bodenverwundungen wirken ganz bedeutend auf dessen Lockerung. Luft und Wasser erreichen infolgedessen viel leichteren Zutritt zum Mineralboden. Auf ähnliche Weise, wenn auch nicht in gleichem Maße, können Hufe größerer Tiere auf den Boden und damit auf die Bäume des Waldes wirken. „Natürliche Verjüngung und reichlicher Anflug der Kiefer", erwähnt RAMANN[1], „findet sich fast nur in solchen Gebieten, die sehr reichen Wildstand haben, oder in denen Waldweide geübt wird."

Auch auf dem bearbeiteten Ackerboden können Huftiere in nützlicher Weise strukturändernd einwirken. Das Walzen des Bodens, nach Einbringung des Saatgutes, geschieht bekanntlich, um Bodenschluß, d. h. eine Zusammenlagerung des Bodens bis zur Pflugsohle zu erreichen. MANGELSDORFF[2] hat nun kürzlich die Walzwirkung mit der Drucksonde untersucht. Er stellt hierbei fest, daß das Walzen meist nur eine Wirkung ausübte, die sehr dicht unter der Oberfläche aufhört. Etwa von 7,5—10 cm an nimmt sie ganz schnell ab. Trotzdem wurde stets beobachtet, daß der Bodenschluß im Laufe der Bestellungsarbeit eintrat. Die Annahme lag nahe, hierfür die Tritte der Zugtiere verantwortlich zu machen. Untersuchungen MANGELSDORFFs über die Wirkung der Huftritte, ergaben nun tatsächlich, daß durch sie und natürliches Absacken, Bodenschluß erreicht wird. „Bei einem Arbeitsgang verdichteten ein Paar Pferde im Durchschnitt 2,7—5,5% der bearbeiteten Bodenoberfläche."

Einen bedeutsamen Faktor bei der Bodenbildung stellen die großen Säugetierherden dar, welche die gewaltigen, spärlich bewachsenen Ebenen im Süden Afrikas und in anderen Kontinenten bevölkern. Mit Recht betont VAGELER[3], daß es schon an und für sich für den Boden einer Grasflur nicht gleichgültig sein kann, wenn er jahraus, jahrein von Tausenden und Abertausenden von Hufen durchwühlt wird. Weht über das so gelockerte Material der Wind[4], so führt er in Massen die feinen tonigen Teilchen des Bodens mit sich, um sie vielleicht an irgend einer anderen Stelle als Löß niederzulegen, während der Sand zurückbleibt.

---

[1] RAMANN, E.: Bodenkunde, 3. Aufl., S. 494. 1911.

[2] MANGELSDORFF, G. E.: Experimentelle Beiträge zur Bodenbearbeitung. Landw. Jb. **69**, 485 (1929).

[3] VAGELER, P.: Physikalische und chemische Vorgänge bei der Bodenbildung in den Tropen. Fühlings Landw. Ztg. **59** (1910).

[4] Vgl. F. GIESECKE: a. a. O., S. 558 und Anm. 1 auf derselben Seite.

Sehr interessante Tatsachen berichtet PASSARGE[1] über die bodenumbildende Wirkung der Säugetiere in der Kalahari. Auf sie sollen jene eigentümlichen muldenförmigen Einsenkungen zurückzuführen sein, die über das ganze Chansefeld ungleichmäßig zerstreut sind. Besonders zahlreich treten sie dort auf, wo sich viel Kalk befindet. Daher bezeichnet man sie auch als Kalkpfannen. Sie sind meist rund oder oval und besitzen einen Durchmesser von 50—1200 m. Der Pfannenboden besteht entweder aus dem Grundgestein der Chanseschichten, hauptsächlich Grauwacken, aus Pfannensandstein oder aus beiden Gesteinen. Der Pfannenrand steigt 1—3 m hoch, bei tiefen Pfannen vielleicht sogar bis 10 m, und besteht aus hartem Sinterkalk mit Sinterstruktur. Die Pfannen können nun entweder leer oder mit verschiedenem Material angefüllt sein. So enthalten sie z. B. Pfannenkalktuff. An der Oberfläche ist der Kalktuff erhärtet, in der Tiefe ist er dagegen feucht und weich. Er ist vermutlich aus Ausscheidungen von Pflanzen im lokalen Becken der Pfanne entstanden. Sodann können in der Pfanne Geröllmassen, Sand und Erde vorkommen. Auch diese Pfannenfüllung ist meist nicht primären Herkommens, sondern durch die Zerstörung anderer Gesteine entstanden. Die Gerölle bestehen aus Sinterkalk, Kalktuff, Chalcedon, Pfannensandstein und z. T. aus Grauwacke. Endlich können die durch den Boden und die Kalkumrandung gebildeten Krater teilweise oder ganz von Wasser ausgefüllt sein. Teiche mit Quellwasser sind nur bei Anwesenheit reichlichen Kalktuffs vorhanden. Abgesehen von Regenfällen ist die Wassermenge von der Mächtigkeit des Kalktuffs abhängig.

PASSARGE[2] glaubt nun nachweisen zu können, daß diese Pfannenkrater von früheren gewaltigen Säugetierherden, die hier zur Tränke kamen, geschaffen worden sind. Wenn auch heute noch die Grasflächen Südafrikas große Säugetiermengen besitzen, so können sie sich doch nicht entfernt mit der Zahl jener vergleichen, die vor 80—90 Jahren dort vorkamen. Aber noch immer läßt sich das Verhalten der Tiere an diesen vielbesuchten Wasserbecken studieren, um daraus Schlüsse zu ziehen.

Während der Regenzeit, wo sich im Sandfeld der Kalahari in den kleinen Vleys viel Wasser vorfindet, sind die großen Säugetiere über das ganze Land zerstreut. Zur Zeit der Trockenheit aber, vor allem in den heißesten Monaten, August bis November, können nur wenige Tiere wegen der Dürre in den Steppen bleiben. Sie machen dann häufig gewaltige Wanderungen, um zu diesen Wasserstellen, die für sie lebensnotwendig sind, zu gelangen. Sobald dann wieder Regen fällt, und frisches Gras aufschießt, verteilt sich das Wild wieder in den weiten Steppen. Viele der großen Säuger kommen in ganzen Herden zu den Tränken, so alle möglichen Arten von Antilopen, Zebras, Büffel. Auch Elefanten kamen früher in Scharen bis zu 50 Stück auf einmal an ein Wasserloch; ebenso Nashörner in Trupps von 12 und mehr Individuen. Viele der Tiere trinken nicht nur Wasser; sie begeben sich direkt in das Becken, in das sie auch defäzieren und urinieren. Eine ganze Anzahl der Tiere, wie z. B. die Büffel, die Nashörner und die Elefanten, wälzen sich im Schlamm und führen damit eine ganze Schlammschicht auf ihrem Körper mit weg. Ebenso müssen sämtliche Tiere mit dem Trinkwasser eine große Menge von Kalk aus dem Kalktuff der Pfanne, sowie von dem aufgewirbelten Schlamm in ihren Körper aufnehmen. Der Substanzverlust der Kalkpfanne wird um so bedeutender sein, je spärlicher die Wassermenge ist. Ist hingegen ein Teich von Regen und Quellwasser erfüllt, so wird ihm beim Saufen viel weniger festes Material entzogen. Wichtig ist es, zu wissen, daß selbst an einer kleinen Wasseransammlung ungeheure Mengen von Individuen saufen

[1] PASSARGE, S.: a. a. O., S. 873. [2] PASSARGE, S.: a. a. O., S. 307.

können, da alle Tiere die großen Gefahren kennen, die sie an diesen gemeinschaftlichen Sammelorten erwarten und infolgedessen die Zeit ihres Aufenthalts daselbst auf ein Minimum beschränken. Nehmen wir nun an, daß ein Becken mit weichem Kalktuffboden allmählich sich leert, so entblößt sich die Randzone von Wasser. Der Kalktuff wird hier zu einer harten Gesteinsmasse, die der Zerstörung mehr und mehr Widerstand entgegensetzt. Die Füße der zur Tränke ziehenden Tiere durchwühlen, zermalmen und zerkleinern die noch weichen Stellen des Beckens. Der Wind führt dann schließlich den getrockneten Kalktuffstaub mit sich. Dieses Moment, sowie das Wegführen des Schlamms beim Trinken und als Schlammdecke auf dem Körper von im Schlamm sich wälzenden Tieren kann dann im Laufe von vielen Jahren zu jenen eigentümlichen oben geschilderten Kraterbildungen führen.

PASSARGE[1] hat nun noch in einem sehr sorgfältigen Verfahren versucht, die ungefähre Zeit zu ermitteln, die dazu nötig war, um durch das Verhalten der Tiere solche Pfannenkrater hervorzurufen. Er fand hierbei für die Erzeugung von 4 Kesseln von 10000—30000 m^3 Inhalt 416—1300 Jahre. Wir haben es hier also mit relativ recht geringen Zeiträumen zu tun, innerhalb welcher durch große Tiere eine ganz respektable Wirkung erzielt worden ist. Und doch dürfte sie verschwindend gering sein, im Vergleich zu jener, welche die Milliarden und Abermilliarden kleiner Bodentiere jahraus, jahrein, Tag für Tag und Stunde für Stunde vollbringen. Die vorliegenden Blätter zeigen, wie gering unsere Kenntnisse auf diesem Gebiet noch sind. Für die Bodenkunde wartet hier noch ein reiches fruchtbares Gebiet der Erschließung.

[1] PASSARGE, S.: a. a. O., S. 321.

Namenverzeichnis.

Aaltonen, V. T. 52, 123, 176.
Aarnio, B. 14, 109, 155, 176.
Abbot, E. v. 256, 329.
Abderhalden, E. 114, 115, 182, 199, 202, 239, 249, 285, 334.
Aberson, G. 281.
— J. H. 18, 277.
Achard, F. K. 113, 163.
Adametz, L. 256.
Adamovič, L. 345.
Adams, L. E. 429, 430.
Adie, R. H. 229.
Adler, O. 195, 197, 198.
Adlerz 418.
Agafonoff, V. 143.
Aichberger, v. 400.
Albert, R. 119, 163, 173, 191, 236.
Albrecht, W. A. 292.
Alefeld, E. 232.
Alexeieff, A. 382.
Allam, F. 99.
Allen, R. 237.
Allison, F. E. 182, 274, 286, 287.
Alten, F. 79, 80, 81, 176.
Alway, F. J. 119, 165.
Ambroz, A. 281.
Amos, A. 233.
Ampola, G. 281.
Anderson, A. 84.
— J. A. 184, 287.
— M. S. 22, 23, 83, 85.
André, G. 115, 163, 194.
Andrews, L. W. 226.
— T. M. 127.
Aoi, K. 320.
Appel, O. 319.
Appleman, C. O. 122.
Appleyard 379.
Arakawa, S. 182, 262.
Arcularius, J. J. 294.
Arinstein, B. 295.
Arlander, A. 274.
Arnaudi, C. 251.
Arnd, Th. 99, 104, 168, 180, 237.
Arntz, E. 98.
Arrhenius, S. 262.
Arzberger, E. G. 293.
Aschan, O. 176.
Aschmann, C. 147.
Ashby, S. F. 278, 301.
Ashley, H. E. 85.
Aso, K. 121, 167, 284, 287.
Astre, C. 195.
Attack, F. A. 219.
Atterberg, A. 6, 45, 54, 81, 97, 234, 299.
Austin, M. 222, 224.
Auten, J. T. 167.
Avery, O. T. 247.

Bach, M. 121.
Bachmann, E. 334.
— W. 84.
Badian, J. 243.
Bahr, F. 53, 96, 152, 172, 176.
Bainbridge, F. A. 270.
Baker, S. M. 350.
Baldwin, J. L. 283, 284, 287.
Balisteri 328.
Balks, R. 121.
Barbier, G. 179.
Baren, J. M. van 38.
Barthel, Chr. 184, 257, 278, 285, 286, 289.
Bary, A. de 321.
Bassalik, K. 324, 393, 399, 401, 405.
Batchelor, H. W. 305.
Batham, H. N. 186.
Baumann, A. 52, 157, 168, 175, 180, 202.
Baumgärtel, T. 240.
Baur, E. 281.
Bauzil, L. 225.
Bavendamm, W. 242, 320, 326, 327, 328, 329, 330.
Bayliss, W. M. 179.
Bazarewski, St. von 278, 286, 289.
Beaugé, Ch. 393, 398.
Beauverie, J. 299.
Bechhold, H. 87.
Beck v. Mannegatta, G. 352.
Becke 36, 44.
Becker, A. 98.
Beckley, V. A. 172, 194.
Beekmann, E. H. M. 25, 26.
Behn 251.
Behr, G. 266, 274.
Behrend, F. 20, 21.
Behrens, H. 35.
— J. 282, 292, 313, 319, 321.
— W. 26.
Beijerinck, M. W. 133, 261, 271, 277, 280, 281, 283, 285, 291, 293, 298, 301, 302, 306, 307, 325, 328, 329, 331.
Beling, R. W. 62, 80, 274.
Bemmelen, J. M. 9, 12, 13, 15, 16, 17, 18, 47, 49, 50, 51, 59, 96, 108, 109, 111, 144, 164, 166, 174, 175, 197.
Benade, W. 145, 146.
Benecke, W. 239, 241, 264, 274, 300, 303, 336, 366.
Bengtsen, N. 184, 257.
Benni, J. B. de 113.
— St. 198.
Benton, T. H. 164, 167.
Berg, G. 20, 21.
Bergly, D. H. 239, 261.
Bergius, F. 190, 195.
Bergmann, M. 129.
Berlin, K. 171.
Berman, N. 270.
Bernatz, W. 428, 430.
Bernard, N. 310, 312.
Berthelot, M. 163, 194, 308.
Berthold, E. 321.
Bertrand, G. 199.
Berzelius, J. J. 150, 169, 170, 171, 207, 210, 227, 228.
Besemer, L. 83.
Beutell, A. 21.
Bewley, W. F. 286.
Bezssonoff, N. 296, 303, 307.
Bialosuknia, W. 284.
Biedermann, R. 8, 11.
Bienstock, B. 268.
Bierema, M. 272, 273, 281.
Biernacki, W. 320.
Biilmann, E. 136.
Birger, S. 348.

Bishop, E. S. 165.
Bizzel, J. A. 371.
Blacher, C. 148.
Black, L. A. 261.
Blair, A. W. 373.
Blanck, E. 1, 6, 7, 14, 20, 37, 65, 70, 77, 79, 80, 81, 97, 98, 99, 117, 120, 121, 168, 176, 203, 211, 259, 272, 337, 339, 399, 401, 402, 404.
Blaschke, K. 21.
Blasius, J. H. 431, 432, 433.
Blohm, G. 122.
Blumenthal, F. 328.
Blunck, G. 293.
Boas, F. 131, 265, 294.
Boding-Wieger, B. 97, 154.
Bodländer, G. 98.
Bogs, O. 236.
Böhm, J. 51.
Boies, O. W. 215.
Bojanowsky, R. 316.
Bokor, R. 252, 257, 258, 259, 260, 286, 288, 293, 316, 317, 318, 319.
Boller, W. 216.
Bonazzi, A. 275, 277, 279, 302.
Bondorff, K. 307, 374.
Bong, G. 208.
Boresch, K. 276.
Börgesen, F. 351.
Borkowski, R. 145.
Born, M. 61.
Bornträger, H. 214.
Bortels, H. 200, 304, 305.
Bos, v. d. 229.
Boswer, L. 229.
Böttcher, O. 234, 237.
Bottomley, W. B. 161, 194, 198, 293, 294.
Bouchardet, A. 194.
Boudouard, O. 193.
Boujoucos, G. J. 83.
Boulanger, E. 278.
Boullay, P. 194.
Boussingault, J. 122, 238.
Braconnot, H. 194.
Bradfield, R. 22.
Bradley, L. A. 317.
Bragg 61.
Brass, E. 430.
— J. H. 432.
Braun-Blanquet, J. 339, 343, 346, 347, 357, 367, 368, 375, 376, 377, 378.
Brauns, R. 15, 35, 40.
Braxten, H. H. 256.
Bray, M. W. 127.
Breazeale, J. F. 237, 373.
Bredemann, G. 295, 296, 297, 298, 306, 320.
Breed, R. S. 240, 251, 283.
Brefeld 241, 244.
Brehm, A. E. 430, 433, 434.
— H. 80.
Bretscher, K. 391, 392, 393, 411.
Brierley, M. 256.
— W. B. 139.
— W. H. 256.
Bright, J. W. 263, 270.
Briscoe, C. F. 263.
Bristol-Roasch, B. M. 333, 334, 335.
Broegger 42.
Bronner, Joh. P. 8.
Brown, B. E. 156.
— P. E. 182, 251, 257, 265.
— W. 379.
Bruckmiller, F. W. 225.
Bruhns, G. 226.
Brun, A. 25.
Brussoff, A. 333.
Brustlein, F. 8.
Buchanan, R. E. 239, 240.
Buchner, P. 295, 297, 312, 320.
Buckingham, E. 379.
Buckman, H. O. 116.
Buder, J. 246, 329, 330.
Bühn, Th. 148.
Bunker, H. J. 313.
Bunsen, R. 232.
Burd, J. S. 370, 371.
Burgeff, H. 310, 311.
Burger 402.
Burgess, P. S. 123, 270, 296, 300, 304.
Burk, D. 285, 286, 300, 302, 303, 305.
Burke, V. 292.
Burkey, L. 292, 321.
Burri, R. 265, 281, 282.
Busch, M. 237.
Burrill, T. J. 294.
Bushnell, L. D. 247.
Butkewitsch, W. 270.

Cameron, E. J. 261.
— F. K. 85, 142.
Cannon, W. A. 379.
Cappaleti, C. 291.
Capps, J. H. 215.
Carbone, D. 273, 291, 320.
Carey, C. 316.
Carlson, T. 250.
Caron, A. 257, 265.
— H. v. 281.
Carpiaux, E. 237.
Carroll, W. B. 285.
Carter, E. G. 263, 278.
Cauda, A. 121, 304.
Chalmers, C. H. 317, 320.
Chambers, C. O. 308.
Chancel, G. 218.
Chardet, G. 190.
Charpentier, C. 184, 316.
— P. G. 240.
Chester, F. D. 251, 257, 269, 307.
Chodak, F. 335.
Chodat, R. 345.
Cholodny, K. 242, 254, 255, 319, 331, 332, 333.
Chowrenko, M. A. 328.
Christensen, H. R. 182, 271, 281.
Christiansen-Weniger, F. 290, 292.
Christophersen, E. 375.
Chudiakow 253.
Church, M. B. 244.
Ciferri, C. 311.
Cingolani, M. 281, 282.
Clark, N. A. 161.
— E. D. 328.
Classen, Al. 214, 232.
Clayton, J. 317.
Cleghorn, H. 346.
Clements, F. 379.
Cobb, N. A. 136.
Coehn, A. 92.
Cohn, R. 319.
Coker, W. E. 256.
Coleman, D. A. 386.
— L. C. 278.
Collison, R. C. 270.
Combault, A. 392.
Conn, H. J. 251, 254, 255, 257, 262, 263, 269, 270, 283.
Conrad, M. 194.
Constantin, J. 312.
Cook, R. C. 251, 270.
Cooke, J. P. 217.
Coolhaas, C. 262, 316, 324.
Cooper, W. S. 339.
Coordt, W. 321.
Cornu, F. 16, 17, 85.
Cotton, A. D. 350.
Coudon, H. 269, 270.
Coville, V. W. 346.
Cowles, H. C. 346.
Crimi, P. 295.
Crowther, E. M. 83, 165.
Cruess, W. V. 321.
Crump, L. M. 263, 385, 386.
Cunningham, A. 298.
Curtis, R. E. 133, 258.
Cushman, A. S. 56.
Cutler, D. W. 263, 383, 385, 386.
Czapek, F. 115, 203, 239, 308, 323.
Czermak, W. 83.

Dachnowski, A. 353.
Dack, G. M. 268.
Dafert, F. W. 13.
Dahl, F. 430.
Dale, E. 256.
Damon, S. R. 261.
Dangeard, P. A. 294.

Darwin, Ch. 136, 366, 390, 392, 393, 394, 395, 397, 399, 400, 404, 410, 414.
Daszewska, W. 319.
Davenport, A. 305.
Davis, A. R. 308, 312.
— F. L. 292.
Davrischewa, E. A. 167.
Dawson, P. R. 113, 194, 195, 198, 203.
Debye, P. 61.
Degtjareff, W. Th. 96.
Dehérain, P. 133, 280.
Dehler, S. A. 268.
Déléano, N. 371.
Delden, A. van 283, 298, 302, 306, 307, 325, 329.
Demeter, K. J. 265.
Demolon, A. 179, 329.
Demoussy, E. 261.
Den Dooren de Jong, L. E. 273.
Densch, A. 121, 168.
Detmer, W. 8, 9, 13, 113, 162, 163, 169, 170, 197.
Diels, L. 334.
Diem, K. 391, 419.
Dietrich, Th. 12, 37.
Distaso, A. 267.
Dittler, E. 85.
Dittrich, M. 14.
Dixon, A. 383.
Djémil, M. 391, 409, 410.
Dobers, E. 387.
Dobrescu, J. M. 80.
Doelter, C. 20.
Doerell, E. G. 143, 265.
Doflein, Fr. 385, 408.
Dogiel, V. 415, 416.
Dojarenko, A. G. 122, 165, 197.
Dokutschow 391.
Donath, Ed. 190.
— P. 326, 327.
Dönhoff, G. 122.
Donker, H. J. L. 280, 295.
Dorner, W. 247, 296, 298.
Doryland, C. J. T. 257.
Dotherrer, W. D. 251.
Dougal, W. B. 288.
Drake, E. T. 268.
Dratschew, S. M. 165.
Drechsel, E. 232.
— O. 274.
Drewes, K. 257, 259, 260, 294, 331.
Drude, O. 345, 370.
Drummond, H. 424, 425.
Drushel, W. 229.
Dubos, R. J. 184, 317.
Dubovsky, S. J. 268.
Duclaux, I. 51.
Duggar, B. M. 308, 312.
Dumas 235.
Dumont, J. 6, 66, 166.
Dupetit, G. 280.
Dupont, C. 282.
Dupré, F. W. 228.
Duserre, C. 404.
Düggeli, M. 252, 259, 260, 271, 296, 391, 395, 407.
Düll, G. 194.
Dürkes, K. 226.
Dürr, W. 192.

Ebermayer, E. 366.
Eckelmann, E. 248.
Ecker, E. E. 272.
Edwards, S. F. 287.
Efremoff, G. 415.
Eggertz, C. G. 163, 164, 197.
— V. 220.
Ehlandt, H. K. 163, 173, 191.
Ehrenberg, A. 280.
— P. 5, 47, 48, 53, 54, 55, 56, 57, 65, 71, 72, 73, 74, 75, 78, 79, 81, 83, 85, 96, 97, 115, 123, 133, 152, 172, 176, 186, 203, 237.
Ehrlich, F. 181, 191, 192.
Eichhorn 12.
Eichinger, A. 71.
Eigner, A. 283.
Eilers, H. 334.
Einecke, A. 263.
Eitel, W. 21.
Elbert, W. 121.
Elion, L. 329.
Ellenberger, W. 315, 320.
Eller, W. 154, 196, 197, 201.
Ellis, D. 331, 332.
Emeis, C. 365.
Emerson 307.
Emich, F. 26, 35.
Emmerich, R. 263.
Emmerling, A. 85.
Emoto, Y. 243.
Engberding, D. 251, 259, 261, 262, 263, 264, 265.
Engel, H. 182, 275, 279.
Engels, O. 99, 228.
Engler, A. 345, 370.
— C. 215.
Ercegović, A. 335.
Erdmann, E. 193.
Ernest, A. 257, 265, 378.
Ernst 42.
Escherich, K. 418, 419, 423, 424.
Esmarch, F. 335.
Estor, W. 250, 265.
Euler, O. 115.

Faber, F. C. von 294.
— H. 147.
Fabricius, O. 259.
Faelli, G. 256.
Fajans, K. 61.
Falck, R. 123, 127, 133, 136, 321.
Fanto 148.
Faxén, H. 94.
Fehér, D. 121, 122, 123, 251, 252, 262, 271, 288, 293, 381.
Feichtinger 12.
Feilitzen, H. v. 259.
Feirer, W. A. 261.
Fellers, E. R. 328.
Fenton, H. 194.
Fick, J. C. 79, 99.
Fickendey, E. 176.
Fingerling, G. 234.
Finkener, R. 220, 228.
Fischer, A. 239.
— B. 58, 64, 84.
— E. 204.
— F. 129, 157, 189, 190, 326.
— G. 53, 155, 156, 176.
— H. 121, 229.
— Hugo 251, 259, 306.
— M. H. 108.
— W. 308.
Fittbogen, J. 186.
Fleischer, M. 231.
Flieg, O. 323.
Floess, R. 83.
Fodor 380.
Fol, J. G. 326.
Folpmers, E. 274.
Foote, M. 287.
Ford, W. W. 269.
Forel, O. 419.
Fousek, A. 270, 318.
Fowler, L. W. 287.
Francé, R. H. 381, 382, 383, 384, 385, 387, 388, 389, 400, 405.
Frank, B. 133, 307, 312.
— E. 367.
— R. 289.
— L. 123.
Franke, F. 282.
Fränkel, C. 257.
Frankland, P. F. 48, 283.
Fraps, G. S. 164, 167.
Fraymouth, J. 335.
Frazier, W. C. 269.
Freed, E. B. 251, 264, 268, 269, 281, 283, 284, 286, 287, 295, 297, 305, 307, 316, 320.
Fremy, E. 127.
Fresenius, L. 65, 121.
— R. 216, 228, 232.
Frésny, P. 334.
Freudenberg, K. 192.
Freundlich, H. 58, 60, 74, 105, 106, 107, 108.
Frey, J. 12.
Friedel, G. 20.
Friedländer, R. 123.
Friedrichs, K. 416.

Friend, H. 393, 409.
Fritsch, A. 129.
— F. E. 334, 335.
Fröhlich, H. 308, 320.
Frosterus, B. 5.
Fruwirth, C. 37.
Fry, W. H. 23, 38, 40, 43, 85.
Fuchs, A. 312.
— C. 35, 40.
— W. 137, 148, 157, 172, 173, 187, 190, 191, 197, 321, 326.
Fudge, J. F. 167.
Fulmer, H. L. 307.
Fulton, H. L. 268.
Fürth, O. 197.

Gaarder, Th. 277, 279, 374.
Gage, S. D. 369.
Gainey, P. L. 265, 301, 305.
Gaither, E. 233.
Galecki, A. v. 93.
Gallay, R. 61, 63, 67, 69, 71, 73, 75, 76, 78, 81, 99, 100, 102, 103.
Gangulee, N. 286.
Ganssen (Gans), R. 5, 14, 15, 18, 19, 49, 58, 59, 60, 106, 109.
Garino, E. 281.
Garnti, V. 86.
Gates 398.
— F. C. 365.
Gaulis, M. 129.
Gaumann, E. 243.
Gayon, U. 280, 313.
Gazerri 8.
Gedroiz, K. K. 6, 21, 22, 23, 49, 85, 178.
Gehring, A. 98, 121, 331.
Geilinger, H. 271.
Geilmann, W. 79, 168, 272.
Geissler, E. 233.
Georgevitch, P. 294.
Gericke 373.
— S. 81.
Gerlach, M. 283, 307.
Germain, E. 237.
Gerretsen, F. C. 280.
Gescher, N. v. 317.
Gessner, H. 61, 67, 180.
Gibbs, W. 225, 265.
Gibson, T. 286.
Gicklhorn, J. 329, 332.
Giesecke, F. 4, 40, 57, 82, 97, 99, 120, 203, 272, 399, 402, 404, 432, 435.
Gilbert, F. A. 243.
— J. 209.
Gile, P. L. 5, 22, 23, 84, 85.
Gillespie, L. J. 181.
Giltay, E. 281.
Gimmingham, C. T. 256.
Giöbel 290.
Gistl, R. 335.
Given, G. 57, 97, 98.
Glasgow, O. E. 311.
Gleisberg, W. 408.
Glinka, K. 14, 362.
Gmelin, L. 202.
Goddard, H. M. 308.
Godlewski, E. 275, 279, 327.
Goebel, K. 346.
Goethe, R. 391.
Golikowa, S. M. 262.
Gooch, F. A. 210, 220, 222, 224, 230.
Gorbach, G. 268.
Górski, M. 85.
Gortner, R. A. 121, 164, 167, 197, 203.
Gostling, M. 194.
Gottheil, O. 268.
Götze, C. 282.
Goy, S. 223.
Gräbner, P. 337, 341, 345, 348, 349, 361, 364, 370.
Gräf, G. 266.
Grafe, V. 115.
Graham, R. P. D. 43, 44.
Grand, L. 85.
Grandeau, L. 2, 6, 97, 98, 145, 146, 155, 157, 163, 164, 166, 402.
Grätz 94.
Grau, H. H. 320.
Gray, P. H. H. 263, 317, 320, 326.
Greaves, J. E. 123, 240, 263, 265, 278, 303.
Greef 383.
Green, H. H. 123, 249, 278, 279, 304.
Grégoire, A. 237.
Grinten, van der 95.
Groenewege, J. 313, 315, 317.
Groh, A. W. 69.
Grohmann, G. 327.
Grosse-Allermann, W. 383.
Grosskopf, W. 126, 128, 129.
Grote, A. v. 194.
Grüss, J. 317.
Grzymirska, H. 327.
Gubin, W. M. 323.
Guggenheim, M. 270.
Guittoneau, G. 270, 329.
Gully, E. 52, 157, 168, 175, 180.
Gump, W. 194.
Gunning 234.
Günther, F. 334.
Gurfein, L. N. 253, 254.
Gustavson, G. 236.
Guthzeit, M. 194.

Haag, F. E. 242.
— W. 127.
Haber, F. 50.
Hagem, O. 256, 277, 279, 319, 374.
Hager, G. 45, 46, 53, 65, 70, 71, 72, 73, 74, 76, 77, 78, 79, 82, 83, 98, 101, 104, 171, 227.
Hahn, F. v. 92.
Hahne, E. 99.
Heines, F. M. 335.
Hall, A. D. 56, 79, 133, 256.
— J. C. 247, 268.
Hammer, R. W. 269.
Hamner, N. C. 164.
Handlirsch, A. 422.
Handschin, E. 416.
Hann, F. 121.
Hansen 250.
— C. E. 256.
— R. 285, 294.
Hansteen-Cranner, B. 373.
Hanzawa, J. 299, 304.
Harder, R. 294.
Hardy, W. B. 51, 98.
Harmer, P. M. 119.
Harned, H. H. 263.
Harshberger, J. W. 370.
Hart, E. B. 264.
Hartig, R. 321.
Hartleb, R. 306.
Hartz, N. 344.
Haselhoff, E. 37, 121.
Hasemann, W. 325, 327.
Hasenbäumer, J. 40, 56, 57, 71, 85, 121, 230.
Hassler, C. 85.
Hastings, G. E. 284, 286, 295.
— W. H. 295.
Hauchecorne, F. 429, 430.
Haussendorf, E. 121.
Haynes, J. D. 78.
Heiden, E. 10, 79.
Heidenreich, O. 209.
Heimann, H. 179.
Heimstädt, O. 92.
Heine, E. 15.
Heinis, Fr. 383, 387, 388.
Heinlein, H. 199.
Heinrich, Fr. 83.
Heinze, B. 251, 265, 304, 308.
Helbig, M. 121.
Helleberg, K. 273.
Heller, H. H. 267.
Hellriegel, H. 54, 285.
Helz, G. 284.
Hempel, W. 209.
Hendrick, J. 38, 237.
Henneberg, W. 8, 281, 315.
Henrici, A. T. 256.
Hensen, V. 136, 393, 394, 398, 400, 401, 403, 407.
Hermann, R. 150, 163, 169, 170, 197.

Herold, W. 401.
Hesselink van Suchtelen, F. H. 250, 259, 261.
Hesselman, H. 121, 123, 309, 358, 360, 361, 362, 365, 373, 374.
Heubult, J. 276, 277.
Heukelekian, H. 133, 135, 184, 318, 319.
Heyer, R. 89.
Heymons, R. 408, 415, 417.
Hibbard, P. 225.
Hibbert, Eva 230.
— H. 194.
Hibler, E. v. 267.
Higby, W. M. 297.
Hildebrandt, J. 261.
Hilgard, E. W. 98, 157, 165, 358, 369.
Hill, D. U. 230.
— H. H. 121.
— H. S. 194.
Hille 254, 255, 259.
Hillebrand, W. F. 206, 209, 210, 213, 217, 223, 224, 226, 230, 231.
Hills, T. L. 290, 291.
Hiltner, L. 250, 251, 262, 265, 286, 289, 291, 293, 294, 373.
Himmelbauer, A. 17.
Hinden, Fr. 208, 227.
Hintz, E. 226, 231.
Hirsch, P. 270.
Hissink, D. J. 18, 20, 73, 81, 98, 105, 143, 181, 182.
Hlasiwetz, H. 129.
Hoagland, D. R. 365.
Hoenig, A. 197, 215.
Höflich, C. 281.
Hoff, W. 85.
Hoffmann, C. 262, 266, 303.
— J. F. 236.
— R. 83.
— R. W. 381.
— W. 38.
Hofman, F. 195.
Hofmann-Bang 357.
Hofmann, E. 257.
Hofmeister 61.
Hofstetter, J. 129.
Holmes, R. S. 523.
Holmgren, N. 420.
Holzer, H. 256, 268.
Holzmüller, K. 269.
Hopkins, E. W. 286.
Hoppe-Seyler, F. 124, 127, 170, 194, 195.
Horn, J. v. d. 229.
Horsch 228.
Horváth, B. v. 98, 222.
Hosaya, Y. 247.
Houben 148.
Howland, L. J. 335.
Hübenthal 79.
Huber 252.
Hucker, G. 269.
Hümmelchen, W. 54.
Hundeshagen, Fr. 219, 220.
Hunter, O. W. 300, 302, 303.
Huss, H. 323.
Hutchinson, H. B. 282, 286, 317, 318, 386.
Hutin, L. 237.
Huttig, C. 268, 322.
Huytable 8.

Ihering, H. v. 420.
Ihle 38.
Immendorff, H. 233.
Issatschenko, B. 300.
Istscherekow, W. 237.
Itano, A. 182, 262, 305.
Iterson, C. van 281, 315, 316, 319.
Iwanoff, N. 273.
Iwanow, D. W. 22, 178.
Iwanowa, L. A. 323.
Iwasaki, K. 304.

Jacobitz, E. 307.
Jacobsen, H. C. 331.
Jaffa, M. E. 165.
Jahn, E. 243.
Janert, H. 82, 379.
Janke, A. 239, 240, 249, 256, 268, 270, 273.
Jannasch, P. 208, 209, 226.
Järvinen, K. K. 219, 224.
Jasevoli, G. 133, 256.
Jegen, G. 136, 411, 412.
Jenkins, H. 298.
Jenny, H. 62, 63, 64, 77, 105, 107, 165, 339, 375, 376, 377, 378.
Jensen, C. N. 256.
— H. 281.
— Hj. 405.
— H. L. 182, 260, 270, 331.
— O. 282.
Jessen, W. 182.
Jewson, S. T. 256.
Jimbo, T. 284.
Jodidi, S. L. 159, 166.
Jodlbauer, M. 234.
Joffe, J. S. 78, 331.
Johannsen, A. 30.
Johansson, N. 263.
Johns 349.
Johnson, H. W. 305.
Jolivet 85.
Jonas, K. G. 189, 192, 196.
Jones 349.
— D. H. 287, 299.
— D. T. 190.
— Fr. R. 311.
Jonsson, H. 344.
Jörgensen, G. 219, 224.
Joseph, A. F. 22, 75, 79, 142.
Joski, N. V. 277.
Jost, H. 336, 366.
Jung, E. 121.
Jungano, M. 267.
Julg, E. 293.

Kabrhel 258.
Kahlenberg, L. 213, 230.
Kahn, M. Ch. 28.
Kahsnitz, H. G. 404, 407, 410.
Kalb, L. 196.
Kalminš, A. 317.
Kappen, H. 19, 46, 49, 53, 54, 58, 60, 64, 79, 81, 84, 179, 180, 181, 259, 274, 360.
Karbush, S. S. 289.
Karelskaja, A. F. 296, 306.
Karlsen, A. 281.
Karpinskaja, N. 48, 179.
Karpinski, A. 278.
Karrer, P. 97, 145.
Káš, V. 266, 286.
Kaserer, H. 275, 303, 304, 327.
Katz, J. R. 20, 74, 108.
Kawamura 179.
Kayser, E. 303.
Kearney, T. H. 346.
Keding 303.
Keen, B. A. 83.
Keese, H. 168.
Keil, F. 328.
Keilhack, K. 365.
Keilling, J. 329.
Keller, C. 397, 398, 413, 415.
Kellermann, K. F. 293, 314, 316.
Keppeler, G. 148, 150, 189, 193.
Kern, J. 227.
Kerner von Marilaun 345.
Keseling, J. 326.
Kessler 214.
Keup, E. 392, 405, 410.
Keutner, J. 303.
Khouvine, J. 315.
Kidd, F. 379.
Kienitz, M. 417.
Kiermayer, J. 194.
Kiesel, A. 148.
King, C. G. 268.
— W. E. 257.
Kirpal, A. 148.
Kjeldahl, J. 178, 221, 233, 235.
Klaeser, M. 276, 282, 283.
Klander, F. 168, 434.
Klason, P. 192, 193.
Kleberg, Th. 121.
Klein 31.
— G. 275, 276, 278, 283, 329, 331.
Klemm, D. 197.
Klever, W. 189.

Kley, P. D. C. 35.
Klimmer, M. 284.
Kling, M. 228.
Klöcker, A. 256.
Klott, C. 284.
Kluijver, A. J. 280, 326.
Knecht, E. 230.
Knickmann, E. 121.
Knop, W. 11, 12, 237, 238.
Knudson, L. 311.
Kobell, F. v. 40.
Kober, B. 325.
Koch, A. 210.
— Alf. 249, 262, 273, 302, 326.
— G. P. 382.
— Rob. 251.
Koffmann, M. 254, 382, 383, 385.
Kofoid, C. 384.
Kolbe, G. 232.
Kolkwitz, R. 244, 330, 335, 405.
Kondo, M. 328.
König, A. 174, 203.
— J. 40, 56, 57, 71, 85, 97, 121, 128, 145, 207, 209, 220, 234, 236, 237, 238, 269, 386.
Koning, C. J. 133, 256.
Kopeloff, S. 386.
Kopp, H. 220.
Köppen, W. 358.
Koptewa, S. G. 317.
Kordes, H. 293.
Kořinek, J. 294.
Kornfeld, G. 58, 59, 60, 63, 106.
Korschelt, E. 391, 408.
Korschew, P. 163, 173, 179.
Korssatowa, M. P. 282.
Koska, G. 249.
Kossowicz, A. 133, 239, 268, 271, 272, 273, 307.
Kossowitsch, P. S. 115, 140, 142, 285, 391.
Kostychew, S. 283, 292, 302, 303, 304.
Kostytschew, P. 133, 370.
Kotzmann, L. 96, 145.
Kouvalevski 307.
Kovacs, N. 247.
Krafft, G. 37.
Kramsky, A. 318.
Krause, M. 256.
Krausse, A. 419.
Krausskopf, F. C. 230.
Kraut, K. 202.
Krawkow, S. 126.
Kreider, A. 227.
Kreulen, D. J. W. 172, 173.
Kreuzburg, H. 266.
Křička, J. 304.
Krishna, P. G. 250, 302, 305.
Kroecker 106.
Krohn, V. 261.
Kroulik, A. 315.
Krüger, R. 284.
— W. 74, 251, 265, 298, 306.
Krumbach, Th. 422.
Kruse, W. 240.
Kruuse, Chr. 344.
Kruyff, E. de 256, 262, 306, 307, 323.
Kruyt, H. R. 95.
Krzemieniewska, H. 243.
Krzemieniewski, A. 304.
— C. 302.
— S. 243, 299, 304.
Kubiena, W. 274.
Kudriawzewa, A. 186.
Kühlmorgen, G. 254, 255, 259.
Kuhn, A. 92.
Kuhn, J. 274.
Kühn, G. 193.
Kühne, A. 186.
— M. 129.
Kükenthal, W. 422.
Künnemann, O. 281.
Kuntze, W. 271, 281.
Kuron, H. 84, 178.
Kürschner, K. 127.
Küssner, W. 323.
Küster, E. 26.
— E. 249, 333.
Kutscher, F. 234.
Kuzirian, S. B. 210.
Kvapil, K. 367.

Lacroix, H. 240.
Lafar, F. 239, 271, 276, 281, 282, 286, 291, 313, 321, 323, 327, 331.
La Garde, R. V. 311.
Lainé, E. 278, 279.
Lambruschini 8.
Lang, R. 365.
Lant, R. 190, 194.
Lantzsch, K. 325, 327.
Lapicque-Barbé 145.
Larsson, G. 152, 153.
Lassaulx 31.
Latham, M. E. 308.
Lathrop, E. C. 134, 159.
Laubach, C. A. 269.
Laurent, E. 283, 285, 290.
Lawrence, J. S. 269.
Leather, J. W. 371.
Lebedeff, A. J. 281, 327.
Lechair, C. A. 265.
Ledebur 214.
Leeden, R. van der, 17, 85.
Lefort, J. 231.
Lehmann 191.
— K. B. 239, 268.
Leighty, W. R. 183.
Leiningen, W. Graf zu, 85, 168, 263.
Lek, J. B. van der 297.
Lemberg, J. 12.
Lemmermann, O. 65, 121, 122, 182, 259, 263, 293.
Lemoigne 281.
Lendner, A. 256.
Lengerken, H. v. 417.
Lennep, D. 247.
Lenssen, E. 214.
Leonard, L. T. 285.
Leopold, H. 172.
Lewis, J. M. 268, 332.
Lex, R. 273.
Lieben, Fr. 197.
Liebert, F. 272.
Liebig, J. v. 8, 123, 220.
Liesegang, H. 49.
Lieske, R. 240, 242, 257, 293, 326, 331, 332.
Limbach, S. 275.
Limberger, A. 276, 331.
Lincecum 421.
Linck, G. 41.
Lindau, G. 333.
Lindberg, S. 148, 191.
Lindfors, Th. 256.
Lindner, P. 307.
Lineweaver, H. 302, 303, 305.
Lint, H. C. 386.
Lipman, C. B. 165, 258, 270, 280, 287, 296, 300, 304, 305, 308.
— J. G. 251, 269, 299, 303, 306, 307, 331.
Lissauer, M. 264.
Lissner, A. 190.
Lister, A. 243.
Livingston, B. E. 373.
Lochhead, A. G 261, 262, 315, 316, 317.
Loges, G. 236.
Logwinowa, S. 186.
Lohmann, W. 65, 70.
Löhnis, F. 115, 118, 122, 123, 168, 203, 239, 240, 249, 251, 252, 256, 263, 264, 269, 271, 274, 278, 279, 282, 299, 300, 304, 306, 307, 315, 316, 317, 378.
— M. P. 286, 289.
Lomanitz, S. 270.
Loose, R. 234.
Lopatina, G. W. 282.
Lorenz, N. v. 221.
Löwenthal, J. 214.
Lucas, R. 87.
Lücker, F. 221.
Ludorf, W. 40.
Ludwig, O. 200, 277, 291, 300, 321.
Lundegårdh, H. 122, 336, 348, 356, 379, 380, 381.
Lundestad, J. 320.
Lunge, A. 209.
— G. 231.

Luther, H. 79, 98.
Lutz, L. 320.
Lyon, T. L. 116, 123, 266, 371.

Maassen, A. 251, 261, 282, 283, 323, 328.
Macé, E. 270.
Mach, F. 161.
Magers, H. 122.
Magrou, J. 312.
Maillard, L. 198.
Maiwald, K. 84, 97, 113, 118, 119, 138, 157, 201.
Mäkinen, E. 227.
Makrinov, J. 277, 278.
Malafatti, H. 234.
Malaguti, S. 194.
Malkomesius, Ph. 163, 173, 191.
Mallard 20.
Malmström, C. 365.
Malpeaux, L. 290.
Man, J. G. de 388, 389.
Manchot, W. 215.
Mangelsdorff, J. E. 435.
Maquenne 280.
Marbut, C. F. 120, 123.
Marchal, E. 269, 270, 290.
Marcinowski, K. 388, 389.
Marcuse, M. 310.
Marcusson, J. 157, 190, 191, 192, 193, 195.
Marguerite, P. 214.
Marloth, R. 345.
Marr, F. 233.
Marshall, Fr. 229.
— M. 222.
— W. 421.
Marshal-Ward, H. 321.
Martelly 268.
Marten, E. A. 316.
Martin 167.
— J. C. 370.
Martini, P. 229.
Masui, K. 309, 310.
Maschhaupt, J. G. 98.
Massart, J. 340.
Massol, L. 278, 279.
Mattern, M. 161, 312.
Mattes, O. 383.
Matschies 433.
Mattson, S. E. 22, 49, 50, 69, 84, 93, 98, 101.
Maulhardt, J. 269.
Mausberg, A. 71, 76, 78, 79, 81, 99, 104.
Mayer, Ad. 98, 115, 130, 132.
Mazé, P. 278, 324, 371.
McBain, J. W. 179.
McBeth, J. G. 314, 316, 319.
McBryde 268.
McCance, R. A. 200.
McCarthey, G. R. 97.
McCaughey, W. J. 38, 40, 43.
McCook 418.
McCoy, E. F. 289, 295, 297.
McDougal, D. T. 346.
McDougall, W. B. 311.
McLean, H. C. 78, 270, 373.
McLennan, E. 256, 257, 311.
McRuer, W. G. 142.
Mead, M. W. 268.
Meek, C. S. 280.
Mehring, H. 235.
Meinecke, Th. 381.
Meineke, C. 220.
Meisenheimer, H. 259, 257.
Melchior, H. 333.
Melin, E. 122, 152, 153, 167, 273, 309, 310, 312, 374.
Menzel, R. 390.
Merkenschlager, F. 131.
Merkle, F. G. 121.
Merwin, H. E. 21.
Mevius, W. 365.
Meyer, A. 239, 240, 249, 266.
— Alf. 357.
— D. 6.
— K. F. 268.
— R. 242, 250, 264, 288, 290, 296, 299, 313, 314.
— R. J. 122.
Meyerhof, O. 278, 279, 322.
Michaelis, L. 60, 85, 323.
Michaelsen, W. 392, 393, 394, 411.
Michel-Lévy 26.
Michelet 163.
Micoletzky, H. 388, 389.
Middleton, H. E. 23, 85.
Miehe, H. 143, 239, 240, 248, 262, 293, 294.
Migula, W. 239, 241.
Miklauz, R. 203.
Milch, L. 14.
Milford, L. R. 230.
Millard, W. A. 252.
Millberg, C. 209.
Miller, N. H. 256.
— V. 335.
Milovidov, P. F. 286, 288.
Minenkow, A. R. 179, 253.
Minkewitsch, J. E. 269.
Minkman, D. C. J. 280.
Minnig, H. D. 218.
Miquel, P. 271.
Mirtsch, H. 83.
Mischustin, E. 262, 276.
Mitscherlich, E. A. 37, 54, 81, 82, 83, 84, 106, 229, 234, 235, 264, 343, 364, 373, 408, 410.
Mockeridge, Fl. A. 304.
Moeller, W. 130.
Mohr, F. 232.
— K. 217.
Molisch, H. 327, 329, 331, 332.
Moll, R. 274.
Moller, L. 274.
Möller, A. 116, 121, 312.
Moltke, O. 272.
Mondijar, M. 287.
Montfort, C. 337.
Moore, C. C. 230.
Morath, H. 216.
Morgan, H. J. 247.
Morris, J. L. 272.
Morrison, C. G. T. 361.
— L. E. 261.
Morrow, C. A. 164, 203.
Mortensen, H. 339.
Mulder, G. J. 8, 9, 10, 150, 162, 169, 170, 194, 197.
Müller, A. 283, 284, 286, 287, 289, 291.
— E. 87, 215.
— H. 66, 99.
— H. 283.
— H. E. 195.
— Joh. 226.
— P. E. 312, 352, 365, 404.
— Wolf 226.
Müller-Thurgau, H. 256.
Mulvania, M. 299.
Münter, F. 270.
Müntz, A. 269, 270, 278, 279.
Murai, U. 287.
Murphy, R. K. 230.
Mütterlein, C. 316.
Myers, J. T. 328.

Nabikich, A. J. 327.
Nakahara, Y. 323.
Nathanson, A. 331.
Nath Puri, A. 83.
Naumann, C. W. 307.
— E. 332, 333.
Naviasky, P. 272.
Nawlands, G. 38.
Négre, L. 261.
Neide, E. 268, 307.
Neller, J. R. 374.
Nelson, D. H. 277.
Němec, A. 121, 167, 367.
Nestler, A. 247.
Neubauer, H. 220, 221, 224, 228, 230.
Neuberg, C. 295, 319, 328.
Neugebohrn, A. 83, 84, 99, 111, 112.
Neumann, B. 230.
— R. O. 239, 268.
Newton 30.
— J. D. 262.
Niclassen 51.
Niel, C. B. van 322.
Nielsen, N. 256, 292.
Niemeyer, L. 299, 300, 306.
Nienburg, W. 337.
Nikitinsky, J. 186.
Niklas, H. 78, 98, 264.
Niklewski, Br. 278, 280, 327.

Nilson 164.
Nissen, W. 256.
Noack, K. 261, 262.
Nobbe, F. 290, 294.
Noble, W. 268.
Noguchi, J. 273.
Nolte, O. 81, 98.
Nostitz, A. von 76.
Novák, V. 22.
Novy, F. G. 247.
Nowak, J. 240, 324.
Nowikoff, M. 382.
Nyberg, C. 269.
Nyssen, P. 221.

Oakley, H. B. 75, 79.
Ockerblad, F. O. 286.
Odén, Sv. 52, 53, 83, 95, 96, 98, 109, 110, 111, 113, 146, 148, 150, 151, 152, 153, 155, 157, 159, 162, 163, 168, 169, 170, 171, 172, 173, 176, 179, 180, 181, 187, 191, 197, 203.
Oebbeke, K. 40.
Oelsner, A. 273, 326.
Oertzen, A. v. 48.
Oes, A. 294.
Oettli, M. 415.
Okhawara, S. 284.
Olaru, D. 286, 303.
Oldershausen, E. v. 79.
Olig, A. 269.
Ollech, v. 114, 140.
Olsen, C. 376.
Oltmanns, Fr. 333, 335.
Omelianski, W. 275, 277, 295, 313, 314, 315, 316, 323, 324, 327.
Orelkin, B. P. 217.
Orikura, J. 320.
Orlowa, K. 335.
Orr, M. V. 295.
Ostenfeld, C. H. 344.
Ostwald, Wi. 24, 103.
— Wo. 15, 74, 87, 88, 89, 92, 93, 101, 102, 103, 104, 108, 174, 175, 176.
Ototzki 369.
Otsuka, J. 328.
Otto, H. 319, 320, 321.
Oudemans, C. A. J. A. 256.

Page, H. J. 115, 145, 153, 360.
Pákh, E. 332.
Palkin, S. 219, 230.
Palmann, H. 64.
Palmans, L. 306.
Parker, F. W. 167.
Parks 82.
Parlandt, D. 281.
Parr, S. W. 237.
Pascher, A. 333.
Passarge, S. 421, 424, 433, 436, 437.
Passon, M. 223.
Pasteur, L. 250.
Pate, W. W. 83.
Patil, V. H. 269.
Patten, H. E. 85.
Pattinson, H. S. 226.
Paul, H. 336.
Paulsen, O. 346.
Pearsall, W. H. 336, 357.
Peklo, J. 293.
Pelet, L. 85, 86.
Péligot, E. 194.
Pellet, H. 230.
Penard 383.
Penny, C. L. 216.
Penzig, O. 256.
Perfiljeff, B. 333.
Perlberger, J. 269.
Pérey, Fr. 385.
Perotti, R. 258, 274, 275, 277, 307.
Perrier, A. 262, 392.
Peter, M. 325.
Petermann, A. 174, 221.
Peters, E. 8.
Petersen, J. B. 335.
Peterson, E. B. 295.
— E. C. 268.
— E. J. 122.
— W. H. 268, 269, 287, 295, 316, 319, 320.
Petri, R. 328.
Pettit, J. H. 237.
Peyronel, B. 311.
Pfannenstiel, A. 195.
Pfeiffer, H. 288, 290, 291.
— K. 83.
— P. 219.
— Th. 123, 237, 282.
Pichler, F. 121.
Pickering 373.
Pictet, A. 129.
Piedzicki, S. v. 98.
Pierre, W. H. 167.
Pieters, A. J. 121.
Piettre 145.
Pillas, N. K. 304, 307.
Pilger, R. 333.
Piria, R. 193.
Pišpek, P. A. 256.
Pistor, R. 124, 256.
Pitman, G. A. 321.
Pitsch, O. 163, 164.
Plateau, F. 415.
Pohle, R. 344.
Pojarlieff, G. 129.
Poleich, G. 190.
Popp, M. 182.
Poschenrieder, H. 289, 292.
Posdjunin, E. W. 229.
Post, H. v. 414.
Potter, R. S. 164, 166, 167, 237.
Pouget, J. 235.
Powell 191.
Prazmowski, A. 288, 299, 300, 304.
Preiss, F. 6, 272.
Prescott, J. A. 371.
Prianischnikow, D. N. 21, 116, 167, 238.
Pribram, E. 240.
Price, R. 344.
Pringsheim, E. G. 240, 334.
— H. 137, 295, 298, 307, 316, 317, 319, 321, 405.
Proskauer, B. 257.
Proucha, M. J. 290.
Pruss, S. M. 269.
Puchner, H. 6, 236.
Pugmaly, A. de 335.
Pummerer, K. 194.
Puriewitsch, K. 308.

Quednow, K. G. 311.
Quincke 30.

Rahn, O. 239, 240, 250, 323, 325.
Ramann, E. 13, 52, 59, 60, 65, 115, 119, 133, 136, 256, 360, 361, 363, 364, 366, 367, 369, 391, 392, 393, 414, 430, 435.
Ramsbottom, J. 311.
Rao, R. A. 293, 294.
Raper, R. S. 200.
Raschig, F. 226.
Rautenberg, F. 10, 11.
Rayllo, A. J. 256.
Rayner, M. C. 308, 309, 310, 311, 312.
Read, J. W. 144, 145.
Reckert, F. C. 210.
Reddish, G. F. 267, 268.
Rege, R. D. 318.
Rehorst, K. 117.
Reichenow, Ed. 385.
Reimers, J. 257.
Reincke, R. 292.
Reinhardt, C. 215, 216.
Reinhold 61.
Reinitzer, F. 186.
Reinke, J. 345.
Remelé, E. 256.
Remy, Th. 123, 249, 251, 262, 304.
Renner, W. 65, 70, 79, 98.
Retgers, K. 222.
Rettger, L. F. 240, 267, 270, 317.
Reusser, H. W. 203.
Reuter, C. 133.
— M. 226.
Rexhausen, L. 312.
Ribaucourt, de 391, 392.
Riccardo, S. 296, 307.
Rice, J. L. 269.
Richards, T. W. 223, 226.
Richmond, Th. E. 284.

Richter, A. 254, 335.
— L. 290.
— V. 254.
Ridgell, R. H. 144, 145.
Rigostand, L. 167.
Riesenfeld 61.
Rieser, A. 205, 211, 213, 219, 339.
Rindell, A. 160.
Rinne, F. 20, 21.
Rippel, A. 167, 200, 239, 240, 248, 264, 270, 289, 291, 292, 300, 313, 315, 320, 326, 328, 329, 332.
Rjasanow, B. 179.
Robert, M. 394.
Robertson, R. H. 261.
Robinson, C. S. 159.
— R. H. 270.
— W. O. 23, 84, 142, 145, 230
Rodella, A. 293.
Rodewald, H. 82, 83, 236.
Rohland, P. 5, 85, 98.
Romberg, G. v. 83.
Romell, L. G. 276, 364, 379, 381.
Römer, A. 123, 186.
— Th. 38, 371.
Rona, P. 60.
Rordorf, H. 240.
Rörig, G. 431.
Rosenberg-Lepinsky, von 386.
Rosenblatt-Lichtenstein, St. 295, 317.
Rosenbusch, H. 23, 30.
Rösing, G. 304.
Ross, P. van 247.
Rossi, G. de 240, 255, 286, 307.
Rostworowski, Graf S. 19.
Rothmund, V. 58, 59, 60, 63, 106.
Roxas, M. L. 198.
Rubentschik, L. 261, 271, 277, 315, 317.
Rubner, M. 130, 323, 328.
Rudakow, K. J. 246.
Rudau, B. 321.
Ruhland, W. 327.
Rullmann, W. 331.
Rump, E. 128.
Runow, W. 275, 276.
Rupp, E. 234.
— Ph. 269.
Ruschmann, G. 261, 264, 270, 299, 300, 301, 302, 303, 320.
Ruskoni, M. 273.
Russel, J. R. 123, 142.
Russell, E. J. 80, 336, 370, 371, 372, 373, 379, 386, 403, 404, 409, 410.
Russo, C. 216.
Ryskaltschuk, A. 302.
Sabaschnikoff, A. 274.
Sachse, R. 98.
Sack, J. 274, 275.
Sahlbom 71.
Saida, K. 308.
Salisbury, E. J. 377, 378, 404.
Salus, G. 268.
Sanborn, J. R. 316, 317.
Sandon, H. 263, 382, 383, 384.
Sannels, Ch. 78.
Sapper, K. 420.
Sarauw, G. F. L. 365.
Sardiña, J. R. 281.
Sasaki, T. 328.
Sauerlandt, W. 121.
Saupe, R. 418.
Sauvageau, C. 335.
Saville, W. 423.
Sawyalow, W. 329.
Scales, F. M. 314, 316, 318, 319.
Schaile, O. 182.
Schander, R. 308.
Schardinger, Fr. 322.
Scharrer, K. 78, 98, 265.
Schaub, J. O. 237.
Scheckenbach, J. 307.
Scheeffer, F. 83.
Scheerer, Th. 98.
Scheffer, F. 65, 70.
— H. 429.
Scheitz, A. 252, 257, 335.
Schellenberg, A. 172, 193.
— H. E. 320.
— G. 335.
Schellhorn, E. 256.
Schellmann, H. 273.
Schermbeek, A. J. van 175.
Scheumann, K. H. 21.
Schikorra, W. 319.
Schimper, A. F. W. 337.
Schirm, E. 212.
Schirmer, K. 287.
Schirokikh, J. 281.
Schittenhelm, A. 273.
Schjeldrup, H. 21.
Schloesing, Th. 2, 6, 57, 97, 98, 176, 227, 238, 279, 385.
Schmalfuss, H. 200.
Schmid, G. 335.
Schmidt, E. G. 320.
— E. W. 186, 300.
— G. C. 106.
Schmitz, B. 219, 220, 224.
Schmoeger, M. 166.
Schmuck, A. 115, 116, 134, 163, 187, 188, 203.
Schneider, A. 294.
— F. 15.
— W. 193.
Schneidewind, W. 298, 306.
Schmücke, A. 266.
Schober, R. 308.
Schollenberger, C. J. 144, 145.
Schönberg, L. 287.
Schönbrunn, Br. 261.
Schoonover, W. R. 289.
Schorler, B. 332.
Schrader, H. 129, 154, 190.
Schrauth, W. 192, 193.
Schreiner, O. 113, 152, 153, 156, 159, 160, 194, 195, 198, 203, 373.
Schröder, Fr. 42, 43.
— H. 365.
— K. 48.
Schroeder van der Kolk, J. L. C. 25, 26.
Schröter, F. 273.
Schucht, F. 3, 98, 143.
Schultz, K. 260.
Schulze, F. 144.
— H. 67.
— P. 416.
Schwalbe, C. E. 148.
— C. G. 236.
Schwarz, Rob. 48, 49.
Scott, S. W. 319.
Sears, O. H. 285.
Sebelien, J. 163.
Sedych, A. 323.
Seelhorst, C. v. 79.
Seidenschwanz, L. 389.
Sek, J. B. van der 320.
Seki, T. 17.
Selch, E. 213.
Seliber, G. 323, 329.
Semiatschensky, P. 126.
Semiganowski, N. 148.
Senus, A. H. C. van 213.
Seo, Y. 273.
Serbinow, J. L. 317.
Sernander, R. 337.
Sestini, F. 6, 194.
Seydel, S. 302.
Severin, S. A. 269, 281.
Shaw, W. M. 164, 167.
Sharp, L. T. 365.
Shedd, O. 229.
Shibata, K. 273, 293, 323.
Shorey, E. C. 118, 149, 152, 153, 158, 159, 160, 183, 373.
Shostrom, O. E. 328.
Shutt, F. T. 373.
Sieber 148.
Sieden, F. 85.
Siedentopf, H. 102.
'Sigmond, A. A. J. von 20.
Silver, J. 431.
Simakov, W. N. 49.
Simmermacher, W. 237.
Simon, K. 96, 155, 173, 301.
Singer, F. 60.

SJOLLEMA, B. 85, 86, 98.
SJÖRSTEDT, G. 333.
SKINE, M. 175, 329, 365.
SKINNER, J. J. 159, 161, 373.
— K. E. 307, 313, 315, 317, 318, 319.
SLOEP, A. C. 321.
SLYKE, VAN 197.
SMITH, G. F. 228.
— J. H. 264.
— Lawrence 209, 227.
— N. B. 300, 306, 314.
— N. R. 251, 263.
— R. E. 257.
SMOLIK, L. 22, 164.
SMOLUCHOWSKI, M. VON 94.
SMIESZKO, ST. 315, 317.
SNOW, L. M. 258.
SNYDER, R. S. 166.
SÖHNGEN, N. L. 272, 301, 305, 322, 323, 325, 326.
SOKOLOW, N. A. 340.
SOKOLOWSKI, A. N. 155, 177.
SOLGER, F. 345.
SOMMER, G. 252.
SOMMERFELD, E. 20.
SORDELLI, A. 321.
SÖRENSEN, S. P. L. 214, 234.
SORIANO, S. 321.
SOTHERS, B. D. 361.
SPANGENBERG, K. 25.
SPEK, JAC, VAN DER 182.
SPELLIG, FR. 425.
SPENGEL, A. 59.
SPERRY, J. A. 271.
SPIECKERMANN, A. 269, 323, 324.
SPRATT, E. R. 289, 294.
SPRENCER, W. B. 398.
SPRENGEL, C. 113, 164, 169, 170, 202.
SPRING, W. 109.
SPRINGER, U. 96, 97, 141, 144, 145, 146, 147, 155.
SQUIRES, D. H. 265.
STADNIKOW, G. 163, 173, 179, 193.
STAFFE, A. 269.
STÄGER, R. 419, 420.
STAHEL, G. 308.
STÄHELIN, C. 129.
STAHL, A. 293.
— E. 309, 312.
STAMBERGER, P. 157.
STAPP, C. 250, 269, 272, 273, 283, 284, 286, 287, 289, 291, 292, 299, 300, 301, 302, 303, 306.
STARKEY, R. J. 263, 264.
— R. L. 122, 256, 266, 331.
STÄRKLE, M. 323.
STEBUTT, A. 114.
STEIN, W. 194.
STEINER, A. 176.
STEINRIEDE, FR. 13, 23, 26, 27, 31, 32, 33, 35, 36, 42.
STEMPEL, G. 83.
STEPHENSON, J. 398.
— M. 323.
STERNE, CARUS 398.
STEUDEL, H. 234.
STEUT, H. B. 323.
STEVENS, F. L. 278.
— J. W. 284.
— K. R. 124, 193, 321.
STEWART, J. 320.
— ROB. 164.
STIEHR, G. 286.
STILES, H. R. 295.
STINY, I. 23, 26, 30.
STOCK, A. 218.
STOCKER, O. 344.
STOCKFISCH, K. 145, 146.
STÖCKLI, A. 394, 395, 396, 397, 399, 401, 402, 405, 406.
STOHMANN, F. 8.
STOKLASA, J. 114, 143, 167, 182, 255, 257, 265, 273, 283, 289, 300, 301, 303, 304, 378.
STOKLASSA, G. 21.
STOLTZENBERG, H. 195.
— M. 195.
STORCK, A. 290.
STÖRMER, K. 250, 251, 262, 265, 274, 289, 320, 325.
STRACHE, H. 190, 194.
STRAŇÁK, FR. 302, 304.
STRAW 98.
STREHL, R. 11.
STREMME, H. 5, 14, 16, 17, 18, 49, 109, 414.
STRENG 35.
STROBEL, A. 78, 98, 265.
STROWD, W. H. 290, 291.
STUART, GL. L. 175.
STURGES, W. S. 267.
STUTZER, A. 281, 282, 306.
SUBRAMENANIAM, V. 323.
SUCHENKO 221.
SÜCHTING, H. 53, 121, 123, 168, 175, 180, 186, 308.
SUESSENGUTH, K. 332.
SULLIVAN, M. X. 160.
SUPNIEWSKI 281.
SURAUERS, H. 261.
SUZUKI, S. 166, 198, 280.
SVOLBA, F. 275, 329.
SWIFT, M. E. 256.
SYKORA, J. 161.

TACKE, BR. 53, 71, 99, 104, 120, 130, 163, 168, 175, 180, 280.
TAHARA, M. 293.
TALLMANN, H. 54.
TAMM, O. 257, 360, 362, 365.
TANFILJEW, G. 370.
TANNER, F. W. 240, 261, 268, 328.
TARASSOFF, B. 238.
TARTAR, H. V. 270.
TATTERSFIELD, F. 326.
TAUSSON, W. O. 323, 325, 326.
TAUSZ, J. 325, 326, 327.
TEAKLE, L. J. H. 304.
TEMPEL, E. 242.
TEMPLE, J. 263.
TENNEY, F. G. 124, 134.
TEREG, E. 272.
TERNETZ, CH. 308, 312.
TETRAULT, P. A. 316.
THAER, W. 96, 176.
THAYSEN, A. C. 313.
THIEL, A. 103, 155.
THIELE, R. 251.
THIESSEN, P. A. 108.
THOM, C. 244.
THOMPSON, H. S. 8.
— W. S. 319.
THORMANN, H. 282.
THORNE, CH. E. 121.
THÖRNER, C. TH. 236.
THORNTON, H. G. 251, 263, 286, 289, 291, 326.
THORNTON JR., W. M. 217.
THORODDSEN, TH. 244.
THUGUTT, ST. J. 16.
TIEGHEM, PH. VAN 313.
TILLEY, F. W. 328.
TISCHER, E. A. 109.
TISSIER, H. 268.
TJULIN, A. TH. 177.
TOLLENS, B. 148, 163, 194.
TOWER 213.
TRAAEN, A. E. 256, 315.
TREADWELL, F. P. 206, 207, 210, 211, 213, 214, 215, 218, 221, 222, 223, 224, 228, 231, 232, 236.
TRÉNEL, M. 19.
TREUB, M. 348.
TROPSCH, H. 129, 190.
TRUFFAUT, G. 296, 303, 307.
TRUKA, M. L. 294.
TRUOG, E. 161.
TRUSSOW, A. G. 126, 127, 130, 134.
TSCHIRCH, A. 287.
TSCHUGAJEW, L. A. 217.
TSWETKOWA, E. 283.
TUBEUF, C. V. 313, 321.
TUORILA, P. 66, 67, 89, 90, 92, 94, 99, 100, 102.
TURNER, R. H. 323.

UDRAMSKY, L. V. 198.
UELSMANN, H. 216.
ULLIK, F. 12.
ULPIANI, C. 274.
ULSCH, K. 237.
UNGERER, E. 89, 90.

VAGELER, P. 62, 83, 336, 426, 435.
VAHL, M. 358.
VALMARI, J. 166.
VALLEY, G. 247.
VASS, A. F. 261.
VATER, H. 121.
VEGARD, L. 21.
VEILLON, R. 261.
VELICH, V. 307.
VERNANDER, N. B. 155, 177.
VESTERBERG, A. 203.
VIEHÖEVER, A. B. 271, 276.
VIERLING, K. 242.
VIERMANN, H. 283, 288, 289, 290.
VILJOEN, J. A. 316.
VINCENT, V. 180.
VIERTANEN, A. J. 287.
VITEK, E. 283.
VOGEL, J. 283, 284, 287, 307.
VOICU, J. 304, 305.
VOLHARD, J. 215, 222, 231, 232.
VOLKENS, G. 344.
VORHEES, E. B. 251, 269.
VRIES, O. DE 326.

WACH, J. T. 60.
WACHE, R. 5, 83, 109.
WAGNER, R. 325.
WAHNSCHAFFE, F. 3, 98, 143, 231.
WAITE, H. H. 265.
WAKSMAN, S. A. 113, 115, 121, 122, 124, 125, 126, 131, 133, 134, 135, 137, 147, 153, 157, 168, 182, 184, 185, 193, 203, 239, 249, 251, 254, 256, 257, 258, 260, 263, 264, 270, 276, 283, 285, 299, 313, 316, 317, 318, 319, 321, 331, 333, 335, 378, 383, 386.
WALLACE, SH. 216.
WALLERIUS, J. G. 203.
WALTER, H. 246.
— K. 200.
— TH. H. 323.
WALTERS, E. H. 160, 222.
WALTON, B. H. 339.
WANDERSCHECK, H. 328.
WARD 386.
WARINGTON 372.
WARMBOLD, H. 304.
WARMING, E. 337, 340, 341, 348, 349, 358, 361, 364, 366, 370.
WASMANN 419.
WASMUND, E. 340.
WATANAKE, K. 294.
WAY, J. T. 8, 58.
WEAVER, J. E. 369, 370.
WEBER, H. 226, 231.
— MAX 432, 433.
WEDEKIND, E. 193.
WEGELIN, G. 215.
WEHMER, C. 127, 129, 133, 321, 325.
WEHRLE, E. 335.
WEHRMANN, O. 98.
WEIGEL, O. 21.
WEINSCHENK, E. 23, 26, 30.
WEIR, W. 165.
WEIS, FR. 374, 376.
WELDE, E. 328.
WELLER, A. 217.
WENDEL, E. 289.
WENSE, W. 227.
WERNER, A. 220.
— E. 315.
WESENBERG-LUND, C. 412, 413.
WESSELY, JOS. 340.
WEST, C. 379.
WESTERMANN, T. 306, 307.
WESTGREN, A. 92.
WETTSTEIN, FR. V. 335.
WEYL 148.
WEYLAND, H. 190.
WHEELER, M. W. 422.
— R. V. 190.
WHETHAM, M. D. 323.
WHITE, P. R. 311.
WHITFIELD, B. W. 142.
WHITING, A. L. 284, 285, 286, 289, 290, 370.
WHITNEY, M. 58.
WHITTAKER 191.
WHYMPER 393.
WICHNER, FR. 145.
WIEGNER, G. 8, 18, 19, 20, 46, 48, 49, 50, 58, 59, 60, 61, 62, 64, 66, 67, 68, 73, 75, 80, 81, 89, 92, 98, 99, 100, 105, 106, 107, 180, 360.
WIELER, A. 175, 404.
WIESSMANN, H. 121, 122.
WILEY, H. W. 143.
WILFARTH, H. 234, 285, 371.
WILKINSON, J. A. 85.
WILL, H. 307, 328.
WILLIAMS, C. C. 262.
— W. R. 85.
WILLIGEN, P. C. VAN DER 95.
WILLSTÄTTER, R. 191, 195, 196.
WILSON, B. D. 123.
— G. W. 270.
— J. K. 123, 266, 290, 373.
WIMMER, G. 371.
WINKLER, S. W. 230, 232, 235.
WINOGRADSKY, S. 184, 185, 254, 255, 264, 270, 275, 276, 277, 279, 295, 296, 297, 301, 317, 327, 328, 332.
WINOKUROW, M. A. 178.
WINTERSTEIN, E. 133.
WIRBEL 167.
WISE, L. E. 160, 181.
WITHERS, W. A. 278.
WOHLGEMUTH, J. 328.
WOJTKIEWICZ, A. 262.
WOLFF, A. 274.
— E. 144.
— G. 274.
— H. 312, 326, 328.
— K. 283.
WOLLNY, E. V. 74, 114, 130, 140, 399, 401, 402, 403, 409, 410.
WOLTERSDORF, J. 62.
WOOD, T. B. 229.
— W. L. 268.
WOODMAN, H. E. 320.
WORDEN, S. 251, 263.
WOY, R. 219.
WOZAK, H. 289.
WRANGELL, M. V. 116, 167.
WRIGHT, C. R. 278.
— W. H. 285.
WÜLFING, E. A. 13, 23, 30.
WUNSCHIK, H. 290, 291, 292.
— J. 19.
WYANTZ, Z. N. 251.
WYNKOOP, G. 212.
WYSSOTZKY, G. 367, 391, 408.

YAMAGATA, N. 305.
YAPP 349.

ZACHAROW, A. 116.
ZACHAROWA, T. M. 282.
ZAMBONINI, F. 20.
ZAPFF, L. 168.
ZEISEL 148.
ZEISS 268.
ZEMPLÉN, G. 115.
ZICKES, H. 249, 307, 323, 326.
ZIEGENSPECK, H. 294, 312.
ZIKES, H. 190.
ZIMMERMANN, A. 294.
— CL. 214, 216.
ZIPFEL, H. 284, 287, 289.
ZOCHER, H. 192.
ZOLCINSKI, J. 123, 189, 203.
ZOOND, A. 303.
ZSIGMONDY, R. 48, 50, 51, 64, 83, 84, 88, 89, 102, 109, 111.
ZUNKER, F. 83.
ZYL, J. P. VAN 70, 82, 99.

Sachverzeichnis.

Absorption, Kolloide und 15.
— von Farbstoffen durch Aggregate 33, 84f.
— wasserhaltige Doppelsilikate als Ursache der 10f.
— — Silikate als Ursache der 8f., 21.
— Zeolithe und 7.
Absorptionsverbindungen vgl. austauschfähige Körper, Kolloide, Zeolithe.
— austauschfähige Verbindungen als 49.
— Doppelsilikate als 18.
— Humusstoffe als 51.
— Kennzeichnung 16.
— Verwitterung und 16.
— Verwitterungskomplex als Gemisch von 18.
— Zusammensetzung nach MULDER 9.
Actinomyceten, Ähnlichkeit mit Mycobakterien 242.
— als Ammoniakbildner 270.
— an Pflanzenwurzeln 266.
— Anzahl im Boden 256.
— Bodenreaktion und Zellulosezersetzung durch 319.
— Charakteristik 242.
— Chitin der Pilze als Nährstoffquelle für 274.
— Desulfurikation und 329.
— Reaktion und 260.
— Stickstoffbindung und 307.
— Verwandtschaft gewisser zellulosezersetzender Bakterien mit 318.
adsorbierender Bodenkomplex 177, 178.
— Abhängigkeit von Jahreszeiten 178, 179.
— Adsorptionswirkung auf Bakterien durch 179.
— adsorptiver Mineralanteil des 21, 177.
— Aluminosilikate im 21, 22.
— Bodenbildung und 177.
— Charakteristik 21, 176, 177.
— Gleichsetzung des mineralischen Anteils mit Tonfraktion 22.
adsorbierender Bodenkomplex, gröbere Bodenfraktionen und 22.
— Humatanteil des 21, 176.
— Humine und 150.
— kalkhaltiger — als Faktor guter Bodenstruktur 177.
— Primärteichen des 21.
— Schlammfraktion als 177.
— Sekundärteilchen des 21.
— Verwitterung und 22.
— Zusammensetzung des organischen Anteils des 178.
Adsorption, apolare 60.
— bei Humusstoffen 174.
— der Bakterien durch Boden 48, 253.
— Kolloidgehalt und Wasser- 84.
— polare 60.
— von Bakterien durch adsorbierenden Bodenkomplex 179.
— von Farbstoffen vgl. Farbstoffadsorption.
adsorptionsfähige Gelgemenge 20.
Adsorptionsisotherme 59, 62, 105.
Adsorptionsverdrängung, Theorie der 180.
Adsorptionsversuche zur Erforschung bodenkolloidchemischer Fragen 105f.
Adsorptionswasser im Eisenoxydgel 51.
— im Hygroskopizitätswasser 84.
— Kolloidgehalt des Bodens und 84.
Adsorptionszersetzung, Theorie der 180.
adsorptiver Mineralanteil im adsorbierenden Bodenkomplex 21, 177.
— Charakteristik 21.
— Wechselwirkung mit Humusanteil 176, 177.
Aeroben als physiologische Gruppe der Mikroorganismen 247.
— Azotobakter als 247, 300.
Aeroben, Bedeutung für Wald- und Ackerboden 258.
— Eiweißzersetzer als 268.
— Knöllchenbakterien als 286.
— Nitratbildner als 247.
— Nitritbildner als 247.
Agar-Agar, Gewinnung 320.
— Unangreifbarkeit durch Mikroorganismen 320.
Aggregate, Absorption von Farbstoffen durch 33.
— als Anhäufungen von Einzelmineralien 33.
agronomische Einheiten und Bodenkonstituenten 1.
Algen 333—335.
— als erste Besiedler ausgetrockneter Sümpfe 348.
— als Vegetationspioniere 336.
— Anpassung an Landleben 334, 335.
— Anzahl im Boden 256, 335.
— Bedeutung für Besiedlung vegetationsloser Flächen 334.
— Bedeutung für Verwitterung 334.
— lithophile 336.
— Sand- 348.
— Verbreitung in Böden 335.
— Verwitterung und 334.
— Zählung der Arten in Böden 335.
Alkaliböden 78.
— Beziehung zwischen Salzgehalt und organischen Stoffen bei 142.
— Entstehung 369.
— Salzanhäufung in 369.
— Thiobazillus B in 331.
Alkalien, Bestimmung der 227—230.
— Bodenstrukturveränderung durch 73.
— Durchlässigkeitsverminderung durch 71.
— Wasserkapazitätserniedrigung durch 77.
— zur Extraktion der Humusstoffe 146, 147, 150f.
alkali soils 369.

Alkohol, Humussäuren, unlöslich in 151.
— Hymatomelansäure, löslich in 151, 172.
— in Humusbegleitstoffen 160.
Allophan als Gemenge von Tonerde- und Kieselsäuregel 16.
— als Hauptbestandteil der Argillitoide 17.
— als Zersetzungsprodukt des Lehms 17.
Allophanoide 17.
allophanoider Anteil der Böden als Nährstoffträger 16.
Allophantone 16.
— Ähnlichkeit mit Zeolithen 17.
— als kolloide Modifikation der Zeolithe 17.
— zeolithische Verbindungen und 18.
Aluminatsilikate, Gemeinsames mit Zeolithen 18.
— in Zeolithen 15.
Aluminium, Bestimmung des 218, 219.
— Erhöhung der Stickstoffbindung des Azotobakters durch 303.
— mikrochemische Untersuchung auf 35.
— Titan als ständiger Begleiter des 217.
— Trennung von Eisen 213.
— Vorkommen im Boden 49.
Aluminiumhydrat, Arten der im Mineralreich vorkommenden 50.
— Überführung des Sols in Gel bei Analyse 211.
Aluminium-Kieselsäuregel als zeolithähnliche Körper 49.
— Charakteristik 49.
— Entstehung bei chemischer Verwitterung 360.
Aluminiumoxyd-Eisenoxydgel, Bestimmung 98.
Aluminiumsilikate, Austauschkörper aus 361.
— Entstehung durch chemische Verwitterung 360.
— kolloidale, als chemische Verbindungen 18.
Alumosilikate im adsorbierenden Bodenkomplex 21, 22.
— Kolloidton und 22.
— Zeolithe und 15.
Ameisen 418—422.
— Bedeutung für Vegetation 419, 420.
— Einwirkung auf Boden 418.
— Lebensweise 418f.
Ameisen, mechanische Arbeit durch 419.
— Verbreitung 418.
— weiße, vgl. Termiten.
Ammoniak, Actinomyzeten und Bildung des 270.
— Bestimmung des 238.
— Bildung durch mikrobielle Umsetzungen 266 bis 274.
— Eiweißzersetzer und Bildung des 268.
— Empfindlichkeit der Nitratbildner gegen 278.
— Gehalt in wurmhaltigen Böden 403.
— kolorimetrische Bestimmung des 238.
— mikrobielle Bildung in sauren Humusböden 270.
— Pilze und Bildung des 270.
— zur Dispergierung der Krümel bei Schlämmanalysen 81.
Ammoniumsalze, Einfluß auf die Bodenstruktur 79, 80.
— Zellulosezersetzung und 315.
Amöben 383.
— Anzahl im Boden 385.
Amphibien 426.
Amylobakter vgl. Bacillus amylobacter.
Anabiose der Bärtiere 387, 388.
— der Rotatorien 387.
Anaeroben als physiologische Gruppe der Mikroorganismen 247.
— Bacillus amylobacter als 297.
— Eiweißzersetzer als 267.
— fakultative 247, 282, 286.
— Spezialkulturmethoden bei 253.
Anhäufungskultur 249.
anorganische Bodenbestandteile 1—112, 205—238.
— Bestimmung der 205 bis 238.
— Einfluß auf Mikroorganismengehalt 264.
— Wirkung auf Azotobakter 304.
— Zurückgabe von den Pflanzen während der Reife 371.
Anreicherungskultur 249.
Antilopen 436.
apolare Adsorption 60.
Argillite 13.
— als Bezeichnung für austauschfähige Bodenkörper 13.
— Bestandteile der 18.
Argillitoide, Allophan als Hauptbestandteil 17.
— als Zersetzungsprodukt des Lehms 17.
— Bestandteile 18.
aride(n) Böden, Einfluß der Vegetation auf 369.
— Humusgehalt 369.
— Nährstoffe in 358.
— Reaktion der 376.
— Salzanreicherung in 369.
— Steppenboden als Typus der 356.
— Stickstoffgehalt im Humus der 165.
— Tiefgang der Wurzeln in 369.
— Vegetation der 358.
arides Klima, Vegetation im 358.
— Verdunstung im 358.
Arthropoden, Einwirkung auf Boden 413—426.
Ascomyceten, Charakteristik der 243, 244.
Asseln 415.
ATTERBERGsche Schlämmanalyse, Basenaustausch der Fraktionen der 57.
— Ermittlung der zerkleinernden Tätigkeit der Regenwürmer durch 389.
— Geeignetheit zur Gewinnung des Tons 97.
— Hygroskopizität der Fraktionen der 57.
— Rohton der—, Zusammensetzung 6, 7.
— STOKEsche Formel und 90.
— Zusammensetzung der Fraktionen der 4, 5.
Ätzkalk und Bodengare 70.
Auflagehumus in der Humuseinteilung 119.
Auflagetorf 119.
Aufschluß, Bariumhydroxyd zum 209.
— Bleioxydmethode beim 208.
— Borsäure zum 209.
— der Bodensubstanz bei der Bauschanalyse 206—209.
— Flußsäure- 207, 208.
— Karbonat- 206.
— Soda- 206, 207.
— Wismutnitrat zum 209.
Austauschazidität 180, 181.
austauschfähige Körper als Adsorptionsverbindungen 49.
— Argillit als Bezeichnung für 13.
— Bodenzeolithe als fälschliche Bezeichnung für 5, 7.

austauschfähige Körper, Entstehung bei Verwitterung 361.
— Geolith als Bezeichnung für 13.
— Humus als 53.
— Regenwürmer und 365.
— Ton und 5.
— zeolithartige Substanzen als 53.
Austauschzeolithe als Gele 19.
— als Träger des Basenaustausches 19.
— Formel für 20.
— Untersuchung des Basenaustausches der 105.
autotrophe Lebensweise der Bakterien 246.
— der eigentlichen Schwefelbakterien 329.
— der Harnstoffzersetzer 271.
— Spezialkulturen zum Studium der 253.
Autoxydation der Humusstoffe 154.
Azidität vgl. Bodenreaktion, Reaktion.
— des sauren Humus und Schwefelkreislauf 168.
— Menge des Humus und 149.
— Schwefelsäure und 179.
— Titrations- von Humus 180.
Azotobacter 299 (Abb.)
— als freilebender stickstoffbindender Mikroorganismus 298f.
— als streng aerob 300.
— Ammoniak als erstes Assimilationsprodukt des 302.
— Arten 306.
— Charakteristik 298—306.
— Dauerformen 299, 300.
— Dauerzustand des 246.
— Färbung des 300.
— Gehalt an Nährstoffen 303.
— Höhe der Stickstoffbindung des 302.
— Humusstoffe in ihrer Wirkung auf 304, 305.
— Kohlenstoffquelle des 301.
— Melaninbildung und Farbe des 300.
— Mineralstoffwechsel des 303.
— Molybdän des Humus und 305.
— Notwendigkeit des Calciums für 305.
— Reaktion des Nährstoffmediums und 305.
— Reservestoffe des 300.
Azotobacter, Resistenz gegen Trockenheit 300.
— Roh- und Reinkulturen für 300, 301.
— starkes Sauerstoffbedürfnis des 247.
— Stickstoffbindungsvermögen in künstlichen Kulturen 245.
— Stoffwechselprodukte des 301.
— Unempfindlichkeit gegen Salzkonzentration 303.
— Verbreitung des 305, 306.
— Verwertung des Stickstoffs durch 302.

Bacillus amylobacter, Assimilation von gebundenem Stickstoff 298.
— — als freilebender, stickstoffbindender Mikroorganismus 295.
— — als aerob 297.
— — Beteiligung an Zellulosezersetzung 313.
— — gebundener Stickstoff und Stickstoffbindung durch 298.
— — Kennzeichnung 295, 296 (Abb.)
— — künstliche Nährlösung für 298.
— — Stoffwechselprodukte des 297.
— — Verbreitung 296.
— — Wasserstoffionenkonzentration und 296.
— radicicola 285.
— vulgaris 268.
Bakterien vgl. Mikroorganismen.
— Abbau der Nucleoproteide durch 273.
— Adsorption durch adsorsorbierenden Bodenkomplex 179.
— Adsorption durch Boden 48, 253.
— aerobe 247.
— als Emulsionskolloid 247.
— als erste Besiedler ausgetrockneter Sümpfe 348.
— anaerobe 247.
— an Pflanzenwurzeln 266, 373.
— Anregung des Wachstums durch Wurzelausscheidungen 373.
— Anzahl im Boden 256.
— Aufspeicherung von Nährstoffen aus dem Boden 372.
— Bedeutung für Humusbildung 133.
Bakterien, Beeinflussung durch Strahlungsklima 356.
— Bodengare und 69.
— Bodenreaktion und 248, 259.
— Chlamydo- vgl. Chlamydobakterien.
— Dauerzustand der 246.
— denitrifizierende 281, 282.
— der anaeroben Zellulosezersetzung 313f.
— der Methangärung 314.
— der Wasserstoffgärung 314.
— Einfluß des Humus auf 53.
— Einteilung der 239f.
— Eisen vgl. Eisenbakterien.
— Erd- vgl. Erdbakterien.
— Eu- 240, 241.
— Fäulnis- vgl. Fäulnisbakterien.
— farbstoffbildende vgl. farbstoffbildende Bakterien.
— fettzersetzende 322, 323.
— Gehalt der Waldböden an 260.
— Hippursäurezersetzung durch 273.
— im Regenwurmdarm 405.
— Kalk und Wachstum der 253.
— Knöllchen- vgl. Knöllchenbakterien.
— Kohlensäurekonzentration und 379.
— künstliche Kulturen von — im Vergleich zum Boden 245.
— Ligninzersetzung durch 321.
— Milchsäure- 269.
— Myco- vgl. Mycobakterien.
— Myxo- vgl. Myxobakterien.
— nitrifizierende vgl. nitrifizierende Bakterien.
— Omelianski- 314 (Abb.).
— Parallelität zwischen Wassergehalt und Anzahl an 262.
— Pektinstoffzersetzung durch 320, 321.
— Primoramino- 273.
— protaminophage 273.
— Purpur- 246.
— Reaktion des Bodens und Zelluloseabbau durch 319.
— Rohhumusböden, arm an 260.
— säurebildende 248.
— Schleim- 243.
— Schwefel- vgl. Schwefelbakterien.

Bakterien, Schwefeloxydation durch 328, 329.
— Thionsäure- 331.
— Thionsulfat- 331.
— Unangreifbarkeit der Gerbstoffe durch 326.
— wasserstoffoxydierende 326, 327.
— Zellformen der 241 (Abb.).
— Zersetzung des Betains durch 273.
— Zurücktreten im Humus 313.
Bakterioiden 288, 289.
Bakterioidengewebe 288.
Bariumhydroxyd zum Aufschluß der Silikate 209.
Bärtiere, Anabiose der 387, 388.
— Vorkommen der 388.
Basen, Reaktionen auf Humussubstanz mit 169.
— Trennung der organischen Substanz durch 150f.
— Wirkung auf Dispersitätsgrad 47.
Basenaustausch 58—65, vgl. Absorption.
— Adsorptionsisotherme und 62, 105.
— als chemischer Vorgang 59.
— als Diffusion 59.
— als Ionenreaktion 59.
— Austauschzeolithe als Träger der 19.
— Baseneintausch und 62f.
— beim Humus 53.
— der kristallisierten Zeolithe 84.
— Formel für den Verlauf des 59.
— Gesetzmäßigkeiten der 58f., 105.
— hoher — der feinsten Bodenbestandteile 57.
— Ionenhydratation und 61, 67.
— Kolloide und 16f.
— Natur der den — erzeugenden Körper 7f.
— Untersuchung auf 105.
— Zeolithe als Ursache des 11.
Baseneintausch 62f.
Bauschanalyse 205—238.
— Aufschluß des Bodens zur 206—209.
— Bestimmung der einzelnen Bestandteile bei der 209f.
— Reibfeinheit der Proben zur 205, 206.
— Vorbereitung des Bodens zur 205, 206.
Bauxit 50.
Beggiatoen, Charakteristik 242.
— gewisse Schwefelbakterien als 242, 330.
Benetzungswärme zur Ermittlung der Bodenoberfläche 82, 83.
Blattschneiderameise 420, 421.
Blaualgen 334, 335.
Bleicherde, Bildung unter Heidelbeerhumus 363.
— Charakteristik 361.
— Entstehung 360, 361.
— Orterde unter 361.
— Ortstein unter 361.
— Profil 361 (Abb.).
— Reaktion 375.
— Schnelligkeit der Bildung der 365.
— Vegetation und 361.
Bleioxydmethode zum Aufschluß des Bodens 208.
Boden, „adsorptiver Mineralanteil" des 21, 177.
— Algen im 333—336.
— Alkali- vgl. Alkaliböden.
— als disperses System 45f., 65.
— als Nährsubstrat 336.
— als reversible Dispersion 46.
— Ameisen und 418—422.
— Amphibien und 426, 427.
— anorganische Bestandteile des 1—112, 205—238.
— Anzahl der Protozoen im 385.
— aride vgl. aride Böden.
— Arthropoden, Wirkung auf 413—426.
— Bärtiere in 387, 388.
— Beziehungen zwischen Salzgehalt und Mikrobiologie des 370—374.
— biologische Beschaffenheit des 239—335.
— biologische Neutralisation des 248.
— chemische Beschaffenheit der organischen Bestandteile des 139f.
— chemische Gesamtanalyse des 205—238 vgl. Bauschanalyse.
— dispersoide Eigenschaften des vgl. Dispersität.
— dispersoider Zustand des — und seine Erkennung 45f.
— Durchlässigkeit des, vgl. Durchlässigkeit.
— Durchlüftung des, vgl. Durchlüftung.
Boden, Einwirkung höherer Pflanzen auf 336—381.
— Einzelkornstruktur des, vgl. Bodenstruktur.
— Elektrolytgehalt des, vgl. Elektrolytgehalt.
— Enchytraeiden und 411, 412.
— Felsen- vgl. Felsenboden.
— Gleichgewicht zwischen Vegetation, Klima und 355.
— höhere Würmer im 390 bis 412.
— Huftiere und 435—437.
— „Humat"-Anteil des 21, 176, 177.
— humide vgl. humide Böden.
— Humus- vgl. Humusboden.
— Insekten und 416—426.
— Kohlensäureüberschuß des 379.
— Kohlenstoffbestimmung des vgl. Kohlenstoffbestimmung.
— Kolloidbestandteile und deren Erkennung 45 bis 112.
— kolloide Eigenschaften des vgl. Kolloide.
— künstliche Bakterienkulturen im Vergleich zum 245.
— Krebse und 413—416.
— Leben und Wirken der Tiere im 381—437.
— mechanische Zusammensetzung des vgl. mechanische Analyse.
— Mikroorganismen im vgl. Mikroorganismen.
— Mineralbestandteile und deren Erkennung 23—45.
— Moor- vgl. Moorboden.
— Mull- 366—370.
— Nagetiere und 431—434.
— Nematoden im 388—390.
— niedere Pflanzen des 239 bis 335.
— niedere Würmer im 386 bis 390.
— organische Bestandteile des 113—204.
— Podsol- vgl. Podsolböden.
— podsolierter vgl. podsolierter Boden.
— Polychaeten im 412.
— Protozoen im 382—386.
— Rädertierchen im 386, 387.
— Raubtiere und 434, 435.
— Regenwürmer im 390 bis 410.

Boden, Reptilien und 427.
— Rohhumus- vgl. Rohhumusböden.
— Rotatorien im 386, 387.
— Salz- vgl. Salzboden.
— Sand- vgl. Sandboden.
— Sauerstoffdefizit des 379.
— Säugetiere und 427f.
— Schlick- vgl. Schlickböden.
— Sodakrankheit des 78.
— Termiten im 422—426.
— ultramechanischer Anteil des 21.
— Veränderung unter Einfluß der Vegetation 354 bis 370.
— Wald- vgl. Waldböden.
— Wasserkapazität des vgl. Wasserkapazität.
— Wirbeltiere, Wirkung auf 426—437.
— Wirkung der Vegetation auf Durchlüftung und Kohlensäureproduktion des 378—381.
— Würmer im 386—412.
— „Zeolithanteil" des 21.
Bodenanalyse vgl. Bodenuntersuchung.
Bodenarten, Bodenkonstituenten und Bezeichnung der 2.
— Nematoden und 389.
— Regenwürmer und 392.
Bodenatmung 380, 381.
— als Maß für Humusbildung 122.
— in verschiedenen Böden 381.
— Wurzelatmung als Teil der 381.
Bodenbestandteile, Adsorption der Bakterien durch 48, 253.
— anorganische 1—112.
— Basenaustauschvermögen der 57.
— Bestimmung der Menge und Beschaffenheit der organischen 143—149.
— Bestimmung der mineralogischen Zusammensetzung 38—45.
— Eigenschaften der kolloiden 98f.
— Ermittlung der chemischen Zusammensetzung 205—238.
— Ermittlung der Größe durch Schlämmanalyse 81.
— Gehalt der Böden an organischen 139—143.
Bodenbestandteile, kolloide 45—112.
— Natur der hauptsächlichsten 1—23.
Bodenbildung am Gletscherrand 339.
— an Flüssen und Seen 352f.
— an tropischen Meeresküsten 352.
— Eigenschaften des Humus und 52.
— Einfluß höher Pflanzen auf 336—354.
— in nordischen Marschgebieten 348—352.
— Regenwürmer in ihrer Bedeutung für 390f.
— Vegetationsentwicklung auf Kalk und 377.
— Wirkung der Rohhumusbildung auf 362f.
Bodendispersität vgl. Dispersität.
Bodeneigenschaften, Koagulationsvorgänge und 65 bis 71.
— physikalische vgl. physikalische Bodeneigenschaften.
— spezielle Einflüsse der Vegetation auf 370—380.
— Vegetation und 355.
Bodenermüdung 373.
Bodenfarbe, Eisen, Humusstoffe und 50.
— Veränderung durch Termiten 423, 426.
Bodenfraktionen vgl. Fraktionen.
— chemische Zusammensetzung 4—7, 56.
— Hygroskopizität der 57.
— Nährstoffgehalt und 40.
— Pflanzenwurzeln und 45.
— Veränderung durch Regenwürmer 399.
Bodengare, Ätzkalk und 70.
— Bodenbakterien und 69.
— Kalk und 69, 70.
— Wasserkapazität und 77.
Bodenkonstituenten, Bodenarten und 2.
— Definition 1.
— Einteilung 1.
— Ermittlung vgl. Untersuchung.
— Grand als 3.
— Grus als 3.
— Humus als 1.
— Kalk als 1.
— Kies als 3.
— organische Substanz als 1.
— Sand als 1.
— Steine als 1.
— Ton als 1, 5.
Bodenkonrtituenten, Untersuchung über die Natur der vgl. Untersuchung.
— Wasser als 1.
Bodenkörner, Bestimmung der Dichte der 41f.
— Gang der mineralogischen Untersuchung der 40.
— Untersuchung der Texturverhältnisse 23.
— Zerkleinerung durch Regenwürmer 399.
Bodenluft, Einfluß auf Oxydationsprozesse 379.
Bodenminerale, Art und Menge der 39.
— Bauschanalyse bei der Ermittlung der 205f.
— chemische Untersuchung der 33—36.
— Erkennung der 36—45.
— Einbettungsmethoden bei der Untersuchung der 25f.
— Ermittlung der Farbe und Durchsichtigkeit 24.
— Erschöpfung durch Vegetation 371.
— Feststellung der Lichtbrechung 24f.
— Löslichkeitsbestimmung 33, 34.
— mikrochemische Untersuchung der 33—36.
— Nährstoffgehalt und 37, 38.
— nachschaffende Bodenkraft und 37.
— optische Untersuchung 23—33.
— spezifisches Gewicht der 41.
— Untersuchung auf Einschlüsse 23.
Bodenoberfläche, Bestimmung der äußeren 84.
— Ermittlung durch Benetzungswärme 82, 83.
— — durch Hygroskopizität 83, 84.
— Veränderung durch Wurmtätigkeit 399.
Bodenpilze vgl. Pilze.
— Zugehörigkeit vieler — zu „Fungi imperfecti" 245.
Bodenreaktion vgl. Reaktion, Wasserstoffionenkonzentration.
— Abhängigkeit der zellulosezersetzenden Mikroorganismen von 319.
— Änderung in Podsolböden 375.
— Einfluß auf Mikroorganismen 248, 259, 260.

Bodenreaktion, Einwirkung auf Verhältnis von Pilzen zu Bakterien 260.
— Mikroorganismengehalt und 255 (Tab.).
— Nitrifikation und 362.
— Veränderung durch Regenwürmer 404.
— Wirkung auf Vegetation 374.
Bodenstruktur, Beeinflussung durch organische Bestandteile 203.
— Beschaffenheit der zeolithähnlichen Substanzen und 69.
— Düngemittel in ihrer Wirkung auf 79, 80.
— Einfluß von Na-Ionen auf 73, 75, 76.
— Ionenhydratation und 74 bis 79.
— Kalkdüngung und 46, 69, 70, 76.
— Koagulationsvorgänge und 65—71.
— Peptisation und 45.
— Quellung und 74—79.
— Schlämmanalyse und 82.
— Superphosphat und 79.
— Thomasmehlwirkung auf 79.
— Veränderung durch Regenwürmer 392.
— Wasserkapazität und 77.
— Wirkung des Humus auf 53.
Bodentypen und Vegetation 354f.
Bodenuntersuchung vgl. Untersuchung.
— chemische 205—238.
— mechanische vgl. mechanische Bodenanalyse.
— mineralogische 38—45.
Bodenzeolithe vgl. Zeolithe.
— als chemische Verbindungen 21.
— als falsche Bezeichnung für austauschfähige Körper 5, 7, 21, 23.
— als kolloide Form kristalloider Zeolithe 16.
— als Mischung von Kolloiden 21.
— Aluminatsilikate in 15.
— Bildung 10.
— chemische Formel für 20.
— Natur der 7f.
— Tonerdedoppelsilikate in 15.
— Zustandsform 11, 15.
Borsäure zum Aufschluß der Silikate 209.
Brechungsexponent 24.
Brechungsindex 24.
Brechungskoeffizient 24.
Brownsche Bewegung, feinste Sande und 55.
— Feststellung der Teilchengröße aus 92.
— perikinetische Koagulation und 66.
Büffel 436.

Calcium vgl. Kalk.
— Bestimmung des 222 bis 224.
— gravimetrische Bestimmung 222, 223.
— mikrochemische Untersuchung auf 35.
— Notwendigkeit für Stickstoffbindung durch Azotobacter 305.
— titrimetrische Bestimmung 223, 224.
— Trennung der Sesquioxyde von 210—212.
Cellulose vgl. Zellulose.
chemische Untersuchung der Böden 205—238.
— der Bodenminerale 33 bis 36.
— der echten Humusstoffe des Bodens 161f.
— des humifizierten Anteils der organischen Substanz 141, 145f.
— des Humus 149f.
— der Humusbegleitstoffe 153, 159.
— der nach Schlösing-Grandeau gewonnenen Tonanteile 6.
— der organischen Bestandteile 139f., 236.
— der Schlämmfraktionen nach Atterberg 4, 5.
— zur Aufklärung der Humuschemie 188f.
chemische Verwitterung, Hydrolyse und 360.
— Unterstützung durch Flechten 337.
chemische Zusammensetzung, Bedeutung der mineralogischen und 38.
— echte Humusstoffe 161.
— Ermittlung der — des Bodens 205—238.
— Humusbegleitstoffe 158 bis 161.
— Humusfraktion und Dispersitätsgrad 177.
— Kolloidton 57.
— organische Bodenbestandteile 158—201.
— Schlämmfraktionen nach Atterberg 4, 5, 56.
chemische Zusammensetzung, Ton nach Atterberg 6, 7.
— — nach Schlösing-Grandeau 6.
— Verwitterungssilikat nach van Bemmelen 17.
chemosynthetisch arbeitende Mikroorganismen 246.
Chilipoden 415.
Chitin der Pilze als Nährstoffquelle für Actinomyceten 274.
— mikrobieller Abbau des 274.
Chlamydobakterien, Charakteristik 242.
— Zugehörigkeit gewisser Eisenbakterien zu 242, 333.
— — — Schwefelbakterien zu 242.
Chlor, Bestimmung des 231, 232.
— gravimetrische Bestimmung 231.
— titrimetrische Bestimmung 232.
chromatophiler Charakter der Aggregate 33.
— der Kolloide 33, 84f.
Ciliaten 382f.
— Anzahl im Boden 385.
Collembolen 416.
Cyanamid, Bildung bei Kalkstickstoffzersetzung 273.
— Di- 274.
— Mikroorganismen und 274.
Cyanderivate als Humusbegleitstoffe 160.

Dachs 435.
Dehydratation, Humifizierung durch 115.
Denitrifikation als mikrobieller Vorgang 280.
— anaerobe Zellulosezersetzung bei gleichzeitiger 315, 320.
— Arten der Mikroorganismen der 280—282.
— Desulfurikation und 329.
denitrifizierende Bakterien, aerobe Zellulosezersetzer in Symbiose mit 315.
— als fakultativ anaerob 282.
— Arten 281, 282.
— freie Säuren und 282.
— im Regenwurmdarm 405.
— Nährlösung für 282.
Desulfurikation 328.
— Charakteristik 329.
— Denitrifikation und 329.
Dialysatoren 88, 89.
Dialyse 88, 89.

Diaspor 50.
Diatomeen 335.
Dichte, Bestimmung 41f.
— der Mineralien 41.
— Indikatoren bei der Bestimmung der 41.
Dicyandiamid, Unangreifbarkeit durch Mikroorganismen 274.
Diffusion, Basenaustausch als 59.
— Gasaustausch durch 379.
Diffusionszahl als Maß der Durchlüftung 380.
dilutes Pigment 24.
disperses System, Boden als 45f.
— mono- 66.
— poly- 66.
Dispersion, Boden als reversible 46.
Dispersität, Bodeneigenschaften und 46.
— Bodenoberfläche als Maß der 82f.
— Feststellung der Veränderung der 100.
— Hygroskopizität zur Bestimmung der Veränderung der 80.
— Schlämmanalyse und 80f.
— Untersuchung der Boden- 80f.
— Viskosimetrie zur Bestimmung der Veränderung der 80.
— Wirkung der Basen auf 47.
dispersoide(r) Bodenanteile, allgemeine Untersuchungsmethoden 87f.
— Eigenschaften des Bodens, Untersuchungen 80f.
— Zustand des Bodens, Erkennung 45f.
Dispersitätsgrad, adsorbierte Nährstoffe und 71.
— chemische Zusammensetzung der Humusfraktion und 177.
— der kolloiden Humusstoffe 52.
— Humus und Veränderung des — der Böden 53.
— Untersuchungsmethoden zur Bestimmung der Veränderungen des 80f.
— Veränderungen durch Düngung 104.
— Verlauf der Flockung und 102.
doppelbrechende Körper 26f.
Doppelbrechung 26, 29f.
Doppelsilikate als Absorptions- und Kolloidverbindung 18.
Doppelsilikate, wasserhaltige, als Ursache der Absorption 10, 11.
Druckkonzentrationsdiagramm, Ermittlung der Struktur der Bodengele durch 108—112.
— Verfahren zur Bestimmung des 109—112.
Dünen, Auswaschung des Bodens auf 378.
— Bildung der 341, 342.
— Humusanreicherung und Azidität von 377.
— Pflanzen auf 340f.
— Wälder auf 342.
Düngemittel, Dispersitätsänderungen durch 104.
— Einfluß verschiedener — auf Bodenstruktur 79, 80.
— Mikroorganismen und organische 263, 264.
Durchlässigkeit des Bodens, Bestimmung der 104.
— Einfluß der Erd- und Alkalisalze auf 71, 76.
— Veränderung durch Wurmtätigkeit 401.
Durchlüftung des Bodens, Azotobacterverbreitung und 306.
— Diffusionszahl als Maß der 380.
— durch Ameisen 418.
— Enchytraeiden und 412.
— Mikroorganismenzahl 257 bis 259.
— Sauerstoffgehalt des Grundwassers und 362.
— Rohhumus und 364.
— Verbesserung durch Regenwurmtätigkeit 404.
— Wirkung der Vegetation auf 378—381.

„Echte" Humusstoffe, Abbaufähigkeit der 124.
— Ausgangsmaterial zum Studium der chemischen Natur der 149.
— Bestimmung der Menge der 141.
— Charakteristik 117, 118.
— chemische Beschaffenheit der 161f.
— Definition 118.
— Ermittelung durch Extraktion 119f.
— Extraktionsmethoden zur Darstellung der 149.
— Gang der Isolierung der 150.
— humifizierte Substanz und 119.
„Echte" Humusstoffe, Kohlenstoff-Stickstoff-Verhältnis in 183.
— Unangreifbarkeit durch Acetylbromid 145.
— Zusammensetzung der 118
Eidechsen 427.
Einbettungsmethoden bei der Untersuchung, Arten der Flüssigkeiten bei 26.
— der Mineralien 25f.
Einschlüsse, Untersuchung auf — der Bodenkörner 23.
Einteilung, Bodenkonstituenten 1.
— kolloide Bodenbestandteile 47.
— Mikroorganismen 240f.
— — nach Sauerstoffbedarf 247.
— Nematoden 389.
— Rassen der Knöllchenbakterien 284.
Einzelkornstruktur, Eigenschaften 45.
— Folgen der 72.
— Kleinlebewesen und 45, 72.
Eisen, Bestimmung des — im Boden 213.
— Bodenfarbe und 50.
— gravimetrische Bestimmung 213, 214.
— kolorimetrische Bestimmung 217.
— mikrochemische Untersuchung auf 35.
— titrimetrische Bestimmung 213, 214.
— Trennung von Aluminium 213.
— Wirkung auf Azobacter 304.
Eisenbakterien 333 (Abb.).
— Arten der 332, 333.
— Ferroverbindungen, oxydierende 331f.
— Zugehörigkeit gewisser — zu Chlamydobakterien 242, 333.
Eisenglanz 51.
Eisenoxyd, Humussäure als Schutzkolloid für 51.
— kolloides 47, 50, 51.
— Wanderung durch Humusschutzwirkung 52, 361.
Eisenoxydgel, Adsorptionswasser im 51.
— Bestimmung des 98.
Eiweiß, Abbaustufen des Humus 166.
— Ammoniak als Endprodukt der Zersetzung des 267.

Eiweiß, Fäulnisbakterien bei der Zersetzung des 267.
— Gehalt des Azotobacter an 303.
— mikrobielle Umwandlung des schwefelhaltigen 168.
— Schwefelwasserstoff bei Zersetzung des 328.
— Zersetzung durch mikrobielle Tätigkeit 266—274.
Eiweißzersetzer, aerobe 268, 269.
— anaerobe 267, 268.
— Bacillus vulgaris als typischer 268.
— Milchsäurebakterien als 269.
— Schwefelwasserstoffbildung durch 328.
— sporenbildende Erdbakterien als aerobe 268, 269.
— thermophile Bakterien als 270.
Elefanten 436.
Elektrolytgehalt der Böden,
— Ausflockung und 98f.
— Einfluß auf verschieden feine Suspensionen 102.
— Koagulationsversuche u. natürlicher 99.
— Koagulationswirkung bei verschiedenem 101.
— Schlämmanalyse und 81.
Emulsionskolloid 72.
— Kleinlebewesen als 47.
— Kolloidton als 58.
Emulsoide, hydrophile vgl. hydrophile Emulsoide.
— lyophile vgl. lyophile Emulsoide.
Enchytraeiden, Anzahl im Boden 411.
— Einwirkung auf Boden 411, 412.
— Verbreitung 411.
— Zersetzung der organischen Substanz durch 411.
Encystierung der Protozoen 383.
Engerlinge 416, 417.
Entwaldung als Grund der Heidebildung 363.
— Ursachen der 369.
Entwässerungsisotherme 109.
Erdalkalien vgl. Kalk, Calcium, Bariumhydroxyd.
— Trennung der Sesquioxyde von 210—212.
Erdamöben 383.
Erdbakterien, Harnstoffzersetzung durch sporenbildende 272.
— nicht sporenbildende 269.
— Nitratreduktion durch 283.
Erdbakterien, sporenbildende — als aerobe Eiweißzersetzer 268, 269.
Erde, Bleich- vgl. Bleicherde.
— Ort- vgl. Orterde.
— Rot- vgl. Roterde.
— Schwarz- vgl. Schwarzerde.
— Ton- vgl. Tonerde.
Erdferkel 431.
Erdnematoden vgl. Nematoden.
Eremitenkrebse 413, 414.
Eruptivgestein, Zeolithe in 20.
Eubakterien, Charakteristik 240, 241.
Extraktion, Bestimmung der Humusstoffe durch 146.
— chemische Umformung des Humuskomplexes bei der 154.
— Darstellung der Humusstoffe durch 149.
— Ermittelung der echten Humuskörper durch 119.
— Gewinnung von Humusstoffen durch 95, 96.

Fadenalgen 335.
Fadenpilze, Verfilzung des Humus durch 363.
Fadenwürmer vgl. Nematoden.
Farbenfolge der Interferrenzfarben 30, 31.
farbliebender Charakter der Aggregate 33.
— der Kolloide 33, 84f.
Farbstoffadsorption als Maß für Gehalt an Kolloiden 84—86.
— Ursache der 85.
farbstoffbildende Bakterien als aerobe Eiweißzersetzer 268.
— beim Umsatz des Schwefels 329, 330.
— Ernährungsbedingungen 246.
Färbung der Bodenminerale, Entstehung 24.
— Untersuchung 24.
Farbvergleicher für die Interferrenzfarben 30.
Fäulnisbakterien als Eiweißzersetzer 267.
— Gelatineverflüssigung durch 267, 268.
feinste Sande als Kolloide 54, 55.
— Brownsche Bewegung und 55.
feinste Sande in der Einteilung der Bodenkolloide 47.
— Oberflächengröße 54.
Feldgrille 418.
Feldmäuse 433.
Feldspatresttone 16.
Felsenboden, Algen als Pioniere auf 336.
— Flechten als Pioniere auf 336, 337.
— Pioniere auf 336, 337.
— Vegetation auf 336, 339.
Fettsäuren, Abbau der 324.
— als Humusbegleitstoffe 160.
— als Spaltungsprodukt der Fette durch Mikroorganismen 322.
— bei der Eiweißzersetzung 267.
Feuchtigkeit, Bestimmung der — des Bodens 236.
— Einwirkung auf Azotobacter 246.
— — auf Mikroorganismen 246.
— Sauerstoffversorgung für Mikroorganismen und 247.
Filter, Porenweite 87.
— Ultra- vgl. Ultrafilter.
Flagellaten 382f.
— als Hauptkontingent aktiver Bodenprotozoen 383.
— Anzahl im Boden 385.
— Resistenz gegen Trockenheit 383.
Flechten als Pioniere auf Felsen 336, 337.
— als Übergangspflanzen auf Sandböden 341, 342.
— Deckung des Nährstoffbedarfs der 337.
— maritime Zonen der 337 (Abb.)
Fluor, Erkennung in Mineralien 36.
Flußsäureaufschluß des Bodens 207, 208.
Forchhammer, Kaolinformel nach 6.
— Tonformel nach 7.
Formel für Austauschzeolithe 20.
— für den Verlauf des Basenaustausches 59.
— für Humusstoffe 180.
— für kolloide Aluminiumsilikate 18.
— Kaolin- 6.
— Stokessche 89, 90.
— Ton- 7.
Formverhältnisse, Untersuchung auf — der Bodenkörner 23.

Förna vgl. Waldstreu.
Fraktion(en) des Bodens, adsorbierender Bodenkomplex und gröbere 22.
— Basenaustauschvermögen der 57.
— chemische Zusammensetzung 4, 5, 56.
— Fruchtbarkeit und 57.
— Hygroskopizität der 57.
— mineralogische Untersuchung nach Trennung der 39.
— Nährstoffgehalt und 40.
— Pflanzenwurzeln und 45.
— Ton- vgl. Tonfraktion.
— Wassergehalt der 56.
— Zentrifugieren und 89, 90.
— Zusammensetzung der Ton- 6, 7.
freilebende, stickstoffbindende Mikroorganismen 295 bis 308.
Fruchtbarkeit des Bodens,
— Beeinflussung durch Bodenprotozoen 386.
— Erhöhung der — durch Ton 361.
— Fraktionen und 57.
— Regenwürmer und 390.
— Vegetationsbedeckung u. 372, 373.
Fuchs 434, 435.
Fulvosäuren 152.
— als Sammelname für leichtlösliche Humusstoffe 171.
— als wasserlösliche Huminsäuren 150.
— in der Einteilung Sven Odéns 95.

Garide 345.
Gel(e), Austauschzeolithe als 19.
— Dialyse zur Reinigung der 88, 89.
— Eisenoxyd- 51, 98.
— Koagulation und Peptisation bei 71.
— Tonerde- 50, 98, vgl. Tonerdegel.
— Überführung des Aluminiumsols in — bei Analyse 211.
— Untersuchung der Struktur der Boden- 108—112.
— Verwitterung und Entstehung der 55, 56, 360.
— von Kieselsäure-Aluminiumoxyd als zeolithähnliche Verbindungen 49.
— Wirkung der Basen auf 47.
Gelatineverflüssigung durch aerobe Eiweißzersetzer 268.
Gelatineverflüssigung durch Fäulnisbakterien 267.
Gelgemenge, adsorptionsfähige 20.
— Aluminiumoxyd-Kieselsäure- 49, 360.
Geolithe als Bezeichnung für austauschfähige Körper 13.
Gerbstoffe, mikrobieller Abbau 326.
Gerbstoffhumus 130, 134.
gesättigter Humus vgl. milder Humus.
— Einfluß auf Boden und Pflanze 53, 366f.
— Entstehung 366.
— im ariden Boden 367.
gewöhnliches Licht, Untersuchung im 23—28.
Glühverlust, Bestimmung der organischen Substanz durch 143.
— Bestimmung des 235, 236.
Goethit 51.
Grabwespe 418.
Grand, Begriffsbestimmung 3.
Grillen 418.
Grus, Begriffsbestimmung 3.
Gürteltiere 431.

Halloysit als Gemenge von Tonerde- und Kieselsäuregel 16.
Hamster 432.
Hardysche Regel 66.
Harnsäure, Harnstoff als Endprodukt der Zersetzung der 272.
— Zersetzung durch mikrobielle Tätigkeit 272.
Harnstoff, Abbau des 271, 272, 274.
— als Endprodukt der Harnsäurezersetzung 272.
— Bildung bei Kalkstickstoffzersetzung 273.
— Derivate des — als Humusbegleitstoffe 160.
— Einfluß auf Bodenstruktur 80.
— mikrobielle Umsetzung des 271, 272.
— Zersetzung der Derivate des 272.
Hasen 431.
Heidebildung, Entwaldung als Ursache der 363.
Hemizellulose bei der Hydrolyse 124.
— bei der Zersetzung organischer Substanz 125.
— Pilze und Zersetzung der 320.
— Zersetzung der 320.
heteropolare Verbindungen,
— Charakteristik 60.
— Permutoide als 60.
heterotrophe Lebensweise der Mikroorganismen 246.
— der Nitrat- und Nitritbildner 278.
— der Wasserstoff oxydierenden Bakterien 327.
— gewisser Algen 334.
heterozyklische Verbindungen als Humusbegleitstoffe 160.
Hippursäure, Zersetzung durch Mikroorganismen 273.
Hofmeistersche Reihe 60, 61, 77.
Huftiere, Einwirkung auf Boden 435—437.
Humat(e), Anteil des Bodens als Teil des adsorbierenden Bodenkomplexes 21, 177, 178.
— Erhalt der Huminsäuren aus 150.
— Wirkung auf Azotobacter 304.
— Bildung bei Neutralsalzzersetzung 54.
humide Böden, Humusgehalt in 369.
— Nährstoffmangel der 358.
— Podsolböden als typische 358.
— Stickstoffgehalt im Humus der 165.
humides Klima, Auswaschung der Mullböden in 366.
— Verdunstung im 357.
humifizierte Substanz, Bestimmung der 97, 145f.
— echte Humuskörper und 119.
Humifizierung, Analysengang beim Studium der 124f.
— Braunfäule als 321.
— Dehydratation als Prinzip der 115.
— der Hauptgruppen der Pflanzenkörper 126, 127.
— Fehlen der Nitrifikation bei 374.
— Grundwasser und 362.
— Kohlenstoff-Stickstoff-Verhältnis der organischen Masse und 183.
— Lignin und 187.
— Melaninhumus und 187.
— Verlauf der 137.
— Volumenverminderung der organischen Substanz bei 135.
— Wasserstoffionenkonzentration und 360.

Humifizierung, Zunahme des Humusgehalts bei proportionaler Abnahme des Lignins bei 128.
Humine, adsorbierender Bodenkomplex und 150.
— als alkaliunlöslicher Teil der Humusstoffe 150.
— Entstehung bei Zellulosezersetzung 184, 185.
— Kohlenstoffgehalt der 150.
Humingerbung 130.
„huminoide" Säuren 194.
Huminsäure 113.
— Ähnlichkeit mit Ligninen 191.
— als alkalilöslicher Teil der Humusstoffe 150.
— als Bindeglied zwischen Braunkohle und Zellulose 190.
— chemische Zusammensetzung 162.
— Elementarzusammensetzung 191.
— Entstehung bei Zellulosezersetzung 184, 185.
— Erhalt aus Humaten 150.
— Fulvosäuren als wasserlösliche 150.
— Gewinnung durch Extraktion 150.
— Inkohlungsvorgang und 189.
— Konstitutionsforschung 192.
— Moor- 190.
— nicht wasserlösliche 150.
— Nitro- 172, 173, 191, 192.
— Phenol- 196.
— „rohe Humussäure" als wasserunlösliche 150.
— Synthese stickstoffhaltiger 196f.
— wasserlösliche 150.
Humus, Abbau des Stickstoffs des 186.
— als Bezeichnung für organische Bodenbestandteile 117.
— als Bodenkonstituent 1.
— als Nährstoff für Kleinlebewesen 69.
— als Schutzkolloid 74.
— Anreicherung an — und Azidität von Dünenböden 377.
— Atmungsintensität und Gehalt an 380.
— Auflage- 119.
— Aziditätsbestimmung und Menge des 149.
— Bakterienzahl und Gehalt an 260.
Humus, Basenaustausch und 53.
— Bestimmung des 145f.
— Beziehung zur Entstehung der fossilen Kohlen 188, 189.
— Definition nach Biilmann 136.
— Dispersitätsgrad und chemische Zusammensetzung der Fraktionen des 177, 178.
— Einfluß der Beschaffenheit der Waldstreu auf 358, 359, 360.
— Eiweißabbaustufen des 166.
— Ermittelung durch Extraktionsverfahren 146f.
— Gehalt in ariden Böden 369.
— — in humiden Böden 369.
— gesättigter vgl. gesättigter Humus.
— Gewinnung einer „Pseudolösung" von 155.
— hohe Wasserkapazität des echten 366.
— in Schwarzerde 367.
— Kalk und 70.
— Kohlensäureentstehung bei Bildung und Abbau des 122.
— kolloider — als hydrophiles Kolloid 52, 53.
— Melanin- vgl. Melaninhumus.
— milder vgl. milder Humus.
— neutraler 358, vgl. Mull.
— Parallelität zwischen Kohlensäureproduktion und Gehalt an 152.
— Phosphor und Schwefel im 166f.
— Quellungserscheinungen beim 74, 107.
— Reaktion und Bakterien im 363.
— Roh- vgl. Rohhumus.
— saurer vgl. saurer Humus.
— Schutzwirkung der sauren Sole des 360.
— Silikataufschluß durch Flußsäure bei Anwesenheit von 207, 208.
— Stickstoffgehalt des 134, 165.
— Stickstofformen in Fraktionen des 178.
— Temperatur und Oxydation des 362.
— Titrationsazidität des 180.
— Trennung des Stickstoffs im 165, 166.
— Verfilzung des 363.
Humusbegleitstoffe, Bestandteile 117.
— Charakteristik 117.
— chemische Zusammensetzung der 158—161.
— in Mineralböden 159, 160.
Humusbildung, Abhängigkeit von Vegetation 358.
— Art der Beteiligung von Mikroorganismen bei 132.
— aus Öl, Fetten, Wachsen 130.
— Bedeutung der Pilze und Bakterien für 133.
— Beteiligung der Enchytraeiden bei 411.
— Bodenatmung als Maß für 122, 380.
— Eignung der Aminosäuren zur 198.
— Einfluß der im Boden lebenden Tiere auf 136.
— Gliederung der 194.
— Hauptprozesse bei 137.
— Mechanismus der 127f.
— mikrobielle Mitwirkung bei 131.
— Mitwirkung der Kleinlebewesen bei 155.
— Nachahmung der 194.
— Schema der 138.
— stoffliche Umsetzungen bei 134f.
— Typen der künstlichen 194f.
— Verbleib des Stickstoffs bei 122.
— Verlauf der 52, 120f.
— Vorstufen zur 135, 136, 137.
— Wüstenvegetation und 345.
— Zelluloseumbildung und 183—185.
Humusboden, Ammoniakbildung in sauren 270.
— jahreszeitliche Schwankung der Enchytraeiden im 411.
— Pilze im sauren 270.
— Roh- vgl. Rohhumusboden.
— Theorie der Adsorptionsverdrängung bei 180.
— — der Adsorptionszersetzung bei 180.
Humuskohle als alkaliunlöslicher Teil der Humusstoffe 150.
— als Sammelname für schwerlösliche Humusstoffe 171.
— Entstehung bei Zellulosezersetzung 184, 185.

Humuskohle in der Einteilung SVEN ODÉNS 95.
Humussäuren als dreibasische Säure 169.
— als Schutzkolloid für Eisen 51, 361.
— als Schutzkolloid für Tonerde 50, 361.
— als typische Säure 169.
— als vierbasische Säure 171.
— Azidität 180, 181.
— Beziehung zu Pektinstoffen 181.
— Elementarzusammensetzung 191.
— Frage nach der Existenz der 115.
— Gewinnung der 151.
— Herstellung reiner 96.
— in der Einteilung SVEN ODÉNS 95.
— Kohlenstoffgehalt der 151.
— Neutralsalzzersetzung der 54, 179, 180.
— Normalität der 179.
— Regenwürmer und Neutralisation der 404.
— „rohe" 150, 152.
— Säurecharakter der 172.
— Temperatur und Oxydation der 362.
— Übergang in Hymatomelansäure 171.
— unlöslich in Alkohol 151.
— Verwitterung und 360.
— Wirkung auf Azotobacter 304.
Humusstoffe vgl. Humus, Humussubstanz.
— Adsorptionserscheinungen bei 174.
— allgemeine Formelbezeichnung für saure 180.
— Analysengang zur Untersuchung der 153, 154.
— Autoxydation der 154.
— Bauschanalyse und Ermittlung der Aschenbestandteile der 205.
— Dispersitätsgrad in Abhängigkeit von Entstehung und Alter 52.
— echte 117, vgl. echte Humusstoffe.
— Ernährung der Rotatorien von 387.
— Extraktion und chemische Umformung der 154.
— förderlich für Azotobacter 304.
— Fulvosäuren als Sammelname für leicht lösliche 171.
— Gewinnung von 149—158.
Humusstoffe, Humuskohle als Sammelname für schwer lösliche 171.
— Inkohlungsvorgang und 198f.
— Melanine und 199.
— Schema der Bildung von 138.
— Synonymitätstabelle 169 bis 171.
— Vergleich der Methoden zur Bestimmung der 141, 142.
Humussubstanzen, Abbau fertig gebildeter 124.
— als Absorptionsverbindungen 51.
— als kolloide Zerteilungen 51.
— als typische Kolloide 52.
— Bestimmung der kolloiden 95—97.
— Bodenbildung und 52.
— Bodenfarbe und 50.
— chemische Zusammensetzung 162, 163 (Tab.), 164f.
— Dispersitätsgrad der 52.
— Einteilung nach SVEN ODÉN 95.
— Extraktionsverfahren für Gewinnung der 95, 96.
— Gewinnung der kolloiden 95—97.
— Herstellung reiner 96.
— kolloide 47, 51—54.
— Schutzwirkung von kolloiden 51, 176, 361.
— Tonerdeauswaschung und 49, 361.
Hydrargillit im Mineralreich 50.
— in Tropen 49.
Hydratwasser, Glühverlustbestimmung und 143.
— im Hygroskopizitätswasser 84.
— im Tonerdegel 50.
hydrophile Emulsoide, Humus als 52.
hydrophile Kolloide 72.
— Humus als 52, 53.
— Quellungserscheinungen bei 74.
hygroskopisches Wasser, Bestimmung des 236.
Hygroskopizität, Adsorptionshüllen und 97.
— der verschiedenen Bodenfraktionen 57.
— Dicke der Molekülschichten und 83.
— zur Bestimmung der Bodenoberfläche 83, 84.
— — der Dispersitätsänderungen 80.
Hygroskopizitätswasser, Dicke der Molekülschicht des 83.
— Zusammensetzung des 84.
Hymatomelansäure, Eigenschaften der 172.
— Elementarzusammensetzung 191.
— Entstehung 171, 172.
— Erhalt der Huminsäuren aus Salzen der 150, 151.
— in der Einteilung SVEN ODÉNS 95.
— Kohlenstoffgehalt der 151, 172.
— löslich in Alkohol 151, 172.
— Pyro- 172.
— Übergang in Humussäure 171.
Indikatoren bei der Dichtebestimmung der Bodenminerale 41f.
— Bodenflora als — des Bodenzustandes 362.
Inkohlungsvorgang 189f.
Insekten als Nahrung der Ameisen 419.
— Beteiligung an Humusbildung 136.
— Bodenreaktion und 366.
— Einfluß auf Boden 416 bis 418.
Interferrenzfarben 29f.
— Farbenfolge der 30, 31.
— Farbvergleicher für 30.
Involutionsformen bei Bakterioiden 289.
Ionenhydratation, Basenaustausch und 61, 67.
— Beziehungen zur Bodenstruktur 74—79.
— Wassergehalt der Böden und 77.
— — der Permutite und 77.
Ionenreaktionen, Basenaustausch als 59.
isotrope Minerale, Verhalten gegen polarisiertes Licht 29, 32.
isozyklische Verbindungen als Humusbegleitstoffe 160.

Jahres-N-S-Quotient, Karte 357.
Jahreszeiten, adsorbierender Bodenkomplex in Abhängigkeit von 178, 179.
— Enchytraeiden und 411.
— Mikroorganismen und 262.
— Tätigkeit der Regenwürmer und 391, 396.
— Zahl der Bodenprotozoen und 384.

Jahreszeiten, Zahl der Nematoden und 389.
Jauche, Einfluß auf Bodenstruktur 80.

Kalium, Bestimmung des 227 bis 230.
— mikrochemische Untersuchung auf 36.
Kalk vgl. Calcium.
— als Bodenkonstituent 1.
— als Koagulationsmittel 65.
— Anreicherung der Wurmerde an 404.
— Ätz- vgl. Ätzkalk.
— Bakteriengehalt des Bodens und 259, 265.
— Bodengare und 69, 70.
— Bodenstruktur und Düngung mit 46, 76, 98, 99.
— Humus und 70.
— Krümelstruktur und 69.
— Nitrifikation und Gehalt an 362.
— Reaktion der Förna und Gehalt an 358.
— Veränderung der Filtriergeschwindigkeit des Bodens durch 88.
Kalkdrüsen, MORRENsche 404.
Kalkstickstoff, Einfluß auf Bodenstruktur 80.
— Harnstoffbildung bei Zersetzung des 273.
— mikrobielle Umsetzung des 273.
Kalktonerdesilikate als Ursache der Absorption 14.
Kaninchen 431.
Kaolin, Ton und 55.
— Volumvermehrung durch Quellung 74.
— Zusammensetzung des Rohtons verglichen mit 6f.
Kaolinformal nach FORCHHAMMER 6.
Karbonataufschluß zur Bestimmung der Silikate 206—209.
Katalaseprobe zur Feststellung des Mikroorganismengehaltes 255.
Kataphoresebewegung der Teilchen, Messung 93.
Kies, Begriffsbestimmung 3.
Kieselalgen 335.
Kieselsäure, Aluminiumgel 49.
— Bestimmung der kolloiden 98.
— Bestimmung im Boden 209, 210.
Kieselsäure, Gehalt der verschiedenen Korngrößen an 5.
— im Sandanteil des Bodens 4.
— kolloide 48, 49.
— Trennung von Quarz 98.
Kieselsäurehydratverbindungen als Zeolithe 9.
Kleinlebewesen vgl. Bakterien, Mikroorganismen, Pilze.
— als Emulsionskolloid 47.
— Einzelkornstruktur und 45, 72.
— Humus als Nährstoff für 69.
— in der Einteilung der Bodenkolloide 47.
— Mitwirkung bei Humusbildung 115.
Klima, arides vgl. arides Klima.
— Auswirkung auf Vegetation 356.
— Einfluß auf Zahl der Bodenprotozoen 384.
— Gleichgewicht zwischen Boden, Vegetation und 355.
— humides vgl. humides Klima.
— Nematodenanzahl und 389.
— Orts- vgl. Ortsklima.
— Regenwürmer und 391, 396.
— Rohhumusbildung und 365.
— Strahlungs- vgl. Strahlungsklima.
Klimaxe der Sukzession 355.
Knöllchenbakterien als fakultativ anaerob 286.
— als streng aerob 286.
— Bau der 288f.
— Dauerzustand der 246.
— Feuchtigkeit und 246.
— Rasseneinteilung der 284.
— Temperatur und 287.
— Unempfindlichkeit gegen Wasserstoffionenkonzentration 286, 287.
— Verbreitung der 292.
— Verschiedenheit der Arten der 283—285.
— Vertretbarkeit der 284.
Koagulation, Arten der 66.
— beim Gel und Sol 71.
— beim Kochen des Bodens 81.
— einer Tonsuspension 100.
— Einwirkung auf Bodengefüge 65—71.
Koagulation, Gesetzmäßigkeiten bei der 66.
— HARDYsche Regel der 66.
— Kalk als Mittel zur 65, 66.
— orthokinetische 66.
— perikinetische 66.
— Verminderung der Teilchenzahl bei 102.
Koagulationsversuche 98f.
— Herstellung der Suspensionen für 99.
— mit Hilfe der Viskosimetrie 103.
— — des Ultramikroskops 102.
Koagulationswirkung verschiedener Elektrolyte 101.
Kohlehydrate, Ligninbildung aus 192.
Kohlenoxyd, bakterielle Umsetzung 325.
Kohlensäure als Endprodukt des mikrobiellen Fettabbaus 324.
— als Maßstab für mikrobielle Tätigkeit 249.
— als Stoffwechselprodukt der Methangärung 313.
— — der Wasserstoffgärung 313.
— — des Azotobacters 301.
— bakterielle Entstehung aus Kohlenoxyd 325.
— bei der Eiweißzersetzung 267.
— Bestimmung der mineralischen 232, 233.
— — der organischen Substanz auf Grund der Bestimmung der 144.
— Derivate der — als Humusbegleitstoffe 160.
— Entstehung und Bildung bei Abbau des Humus 122.
— Humusgehalt und Produktion der 122.
Kohlensäureproduktion des Bodens, Bestimmung der 380.
— der Rohhumusböden 381.
— Einstellung der Pflanzen auf 379.
— Erhöhung durch Wurmtätigkeit 402.
— in oberen Bodenschichten 378.
— Mikroorganismen und 69, 380.
— Wirkung der Vegetation auf 378—381.
— Zunahme mit Bodentiefe 379, 380.
Kohlensäureüberschuß, Wirkung auf Vegetation 379.

Kohlenstoffbestimmung bei verschiedenen Böden 144, 145.
— Faktor der — zur Berechnung der organischen Substanz 142.
— organische Substanz, ermittelt durch 119.
Kohlenstoffernährung der Knöllchenbakterien 287.
— der Mikroorganismen 246.
— des Amylobacter 297.
— des Azotobacter 301.
— organische Salze zur — der Mikroorganismen 323.
— Zahl der Mikroorganismen und 258.
Kohlenstoffgehalt der Humine 150.
— der Humussäure 151.
— der Hymatomelansäure 151, 172.
— der Melanine 199.
— in Böden 144, 145.
— in den bei der Humusextraktion erhaltenen Fraktionen 153.
— Stickstoffgehalt und — organischer Substanz 182, 183.
Kolloidanteil des Bodens 45 bis 112.
— allgemeine Untersuchungsmethoden 87f.
— Bestimmung durch Farbstoffadsorption 33, 84–86.
— Einteilung 47.
— Erkennung 45f.
— Studium der Eigenschaften des 98.
— ultramechanischer Anteil und 21.
— Wasseradsorption und 84.
Kolloide, Absorption und 15f.
— — von Farbstoffen durch 33, 84f.
— chromatophiler Charakter der 33.
— Einwirkung auf Azotobacter 305.
— Emulsions- vgl. Emulsionskolloide.
— Ermittelung durch Farbstoffadsorption 84—86.
— gegenseitige Ausfällung von 101, 102.
— Größenordnung 55.
— hoher Gehalt der Schwarzerden an 367.
— Humusstoffe als typische 52.
— hydrophile vgl. hydrophile Kolloide.
— Kleinlebewesen als Emulsions- 47.
Kolloide, lyophile vgl. lyophile Kolloide.
— Schutz- vgl. Schutzkolloide.
— Untersuchung der Quellung der Boden- 107, 108.
— Untersuchungsmethoden der Boden- 80f.
— Verwitterung und 47, 360.
kolloide(r) Allophan als Bestandteil der Argillitoide 17.
— Aluminatsilikate, Gemeinsames mit Zeolithen 18.
— Aluminiumsilikate als chemische Verbindungen 18.
— Eigenschaften des Bodens, Untersuchung auf 80f.
— Eisenoxyd 47, 50, 51.
— Farbstoffe 85.
— feinste Sande 47, 54, 55.
— Humussubstanzen 47, 51 bis 54, 95—97.
— Kieselsäure 47—49, 98.
— Kleinlebewesen 47, 48.
— Ton 47, 55—58, 97, 98.
— Tonerde 47, 49, 50.
— zeolithische Silikate 19, 47.
Kolloidton, adsorbierender Komplex und 22.
— als Emulsionskolloid 58.
— chemische Zusammensetzung des 7, 57.
— Eigenschaften 58.
— Feststellung des Quellungsdrucks des 108.
— Gehalt des Tons an 57.
— Gewinnung 97.
— in der Nomenklatur der Korngrößen 55.
— Quellungserscheinungen bei 74, 107.
koprophile Vegetation von Flechten 337.
Korngröße des Bodens, Einteilung 55.
— Ermittelung durch Mikroskop 91, 92.
— Kolloid- und Rohton in der Nomenklatur der 55.
— Pflanzenwurzeln und 45.
— Schlämmanalyse zur Bestimmung der 81.
— Veränderung durch Regenwurmtätigkeit 399.
— Zentrifugieren und 89, 90.
— Zusammensetzung 4f., 56.
Korund 50.
Köterwurm 412.
Krebse, Einwirkung auf Boden 413—416.
Kristalle, optisch einachsige 27, 32.
Kristalle, optisch zweiachsige 27, 28, 32, 33.
Krümelstruktur vgl. Bodenstruktur.
— des echten Humus 366.
— Kalk und 69.
— Zerstörung der — durch Alkalikarbonate 73, 74.

Lehm, Allophan und Argillitoide als Zersetzungsprodukte des 17.
— als Bodenkonstituent 1.
— Volumenvermehrung durch Quellung 74.
— Vorhandensein von Zeolithen im 17.
Licht, gewöhnliches, vgl. gewöhnliches Licht.
— polarisiertes, vgl. polarisiertes Licht.
— reflektiertes, vgl. reflektiertes Licht.
Lichtbrechung, Einbettungsmethoden 25.
— Ermittelung der Stärke der 24f.
Lignin, Abnahme des — bei Humifizierung 128.
— Ähnlichkeit mit Huminsäure 191.
— als Grundstoff der Kohle 189, 190.
— Angreifbarkeit durch Bakterien 321.
— Arten der — zersetzenden Mikroorganismen 321.
— Atomgruppierung 192.
— Bildung aus Kohlehydraten 192.
— Elementarzusammensetzung 191.
— Humifizierung und 187.
— Humusstoffe als Gemisch von Eiweißstoffen und 127.
— Löslichkeitsstufen 128.
— Zersetzung durch Pilze 321.
lyophile Emulsoide, Humus als 52.
— Kolloide, Humus als 52.

Magnesium, Bestimmung des 224, 225.
— Einwirkung auf Boden 71, 76.
— gravimetrische Bestimmung 224.
— mikrochemische Untersuchung auf 36.
— titrimetrische Bestimmung 225.
Maikäfer 417.

Mangan, Bestimmung des 221, 222.
— Trennung der Sesquioxyde von 210—212.
Manganmikroorganismen 332.
Mangroveformation 352.
Marschbildung 348—350.
— Bedeutung der Polychaeten für 412.
Marschwiesen 351, 352.
matière noire 163.
— als Nährstoffquelle für Pflanzen 164.
— Gleichsetzung mit aktivem Bodenkomplex 177.
— Stickstoff und 165.
Maulwürfe, Bodendurcharbeitung durch 430.
— Grabtiefe 429.
— Lebensweise 428.
— Verbreitung 428, 429.
Maulwurfsgrille 418.
mechanische Bodenanalyse bei der Vorbereitung zur mineralogischen Untersuchung 39.
— chemische Zusammensetzung der Fraktionen der 4—7.
— Einteilung der Korngrößen der 55.
— Dispergierung der Krümel bei 81.
— Hygroskopizität der Fraktionen der 57.
Melanin als Sammelname für dunkle Pigmente 199.
— Charakteristik 131.
— chemische Zusammensetzung 199.
— Entstehung 199f.
Melaninbildung 131, 197.
— Änderung der Farbe des Azotobacters durch 300.
— oxydierende Fermente bei 130, 132.
Melaninhumus 131, 187.
Melanoidine 198.
— als künstliche Melanine 199.
Mergel als Bodenkonstituent 2.
mesophile Mikroorganismen 247, 261.
Metazeolithe 20.
Methan, bakterielle Verarbeitung des 325.
— Bildung aus organischen Säuren 324.
— Entstehung durch mikrobielle Tätigkeit 324.
Methangärung, Bakterien der 314.
— der Zellulose 313.
Methangärung, Stoffwechselprodukte bei der 314.
mikrobielle(r) Abbau des Chitins 274.
— Aufschließung der organischen Masse 137.
— Mitwirkung bei Humusbildung 131f.
— Schwefelwasserstoffbildung aus Eiweiß 328.
— — aus Sulfaten 328.
— Tätigkeit und Humusforschung 182.
— Umsetzung des Eiweiß 266—270.
— — des Harnstoffs 271, 272.
— — des Kalkstickstoffs 273.
— Umsetzungsmethode 249.
— Umwandlung des Schwefels aus Eiweiß 168.
Mikrobiologie des Bodens, Charakteristik 239.
— Salzgehalt und 370—374.
mikrochemische Reaktionen 33.
— auf verschiedene Ionen 35, 36.
— der Bodenminerale 33 bis 36.
— erforderliche Gerätschaften bei 35.
Mikroorganismen 239, vgl. Bakterien, Pilze.
— aerobe vgl. Aeroben.
— Allgemeines über Lebensbedingungen der — im Boden 245—248.
— als Nahrung für Regenwürmer 400.
— Ammoniakbildung durch 266—274.
— anaerobe vgl. Anaeroben.
— Änderung der Arten mit der Bodentiefe 258.
— an Pflanzenwurzeln 266.
— autotrophe Lebensweise der 246.
— biokatalytische Beteiligung bei Humusbildung 132.
— Bodengare durch 69.
— Bodenreaktion und 248, 259, 260.
— chemosynthetisch arbeitende Formen 246.
— denitrifizierende vgl. denitrifizierende Bakterien.
— der Nitratbildung 274 bis 280.
— der Nitratreduktion 282, 283.
— der Zellulosezersetzung 313—321.
Mikroorganismen, des Schwefelumsatzes 327—331.
— des Stickstoffumsatzes 266 bis 308.
— Einfluß der Wärme auf 248.
— — organischer Düngemittel auf 263.
— Einteilung der 240f.
— — nach Sauerstoffbedarf 247.
— Einwirkung der Feuchtigkeit auf 246.
— Eisen- 331—333.
— Eiweißzersetzung durch 266—274.
— Erkennungsmethoden 248f.
— fettzersetzende 322.
— freilebende stickstoffbindende 295—308.
— Gerbstoff abbauende 326.
— Harnstoffzersetzung durch 271, 272.
— Hemizellulose zersetzende 320.
— heterotrophe Lebensweise der 246.
— Hilfsmittel zur Erkennung des 249f.
— Hippursäurezersetzung durch 273.
— im Regenwurmdarm 405.
— jahreszeitliche Verteilung der 262.
— Kohlensäurebildung als Maßstab für die Tätigkeit der 249.
— Kohlensäurekonzentration im Boden und 379.
— Kohlensäureproduktion durch 69, 380.
— Kohlenstoffernährung der 246.
— Kohlenwasserstoffe angreifende 325.
— künstliche Kulturen von — im Vergleich zum Boden 245.
— Lignin zersetzende 321.
— Mangan- 332.
— mesophile vgl. mesophile Mikroorganismen.
— Mitwirkung bei Humusbildung 131, 132.
— Pektinstoff zersetzende 320.
— Pentosane zerstörende 320.
— photosynthetisch arbeitende Formen 246.
— Produktion organischer Säuren durch aerobe 323.
— psychrophile vgl. psychrophile Mikroorganismen.

Mikroorganismen, Salzgehalt und 371.
— säurebildende 248.
— Schwefelbedarf der 328.
— stickstoffbindende 283f.
— stoffliche Beteiligung bei Humusbildung 132.
— Tannin zersetzende 326.
— thermophile vgl. thermophile Mikroorganismen.
— Thiosulfat oxydierende 331.
— Unangreifbarkeit des Agar-Agar durch 320.
— — des Dicyandiamids durch 274.
— Verbreitung der 256—266.
— vorbereitende Beteiligung bei Humusbildung 132.
— Vorliebe für Phosphorsäure der 303.
— Wasserstoff oxydierende 326, 327.
— Zellulosezugabe und 263.
— Zersetzung verholzter Zellmembranen durch 321.
Mikroorganismengehalt des Bodens 248f., 256—266.
— Abdruckverfahren 255.
— anorganische Nährstoffe und 264.
— Aufwuchtungsplattenmethode 255.
— Bestimmungsergebnisse 255 (Tab.).
— Bodenplattenmethode 255.
— Bodenreaktion und 255 (Tab.).
— Einfluß der Temperatur auf 260—262.
— Feuchtigkeitsverhältnisse und 259.
— Katalaseprobe 254.
— Menge der organischen Substanz und 263f.
— mikroskopische Beobachtung 254.
— Plattenmethoden 251f.
— Spezialkulturen 254.
— Umsetzungsmethode 249f.
— Verdünnungsverfahren 250, 251.
— vertikale Bedingtheit des 257 (Tab.), 258.
Mikroskop, Bodenuntersuchung auf Mikroorganismen mittels 254.
— Ermittelung der Teilchengröße der Bodenkörner durch 91, 92.
— Feststellung von Pilzen als Zellulosezersetzer mittels 319.
Mikroskop, Untersuchung der organischen Bodenbestandteile mittels 156.
— — des Mineralanteils im Boden 23f.
Mikroüberführungsapparat nach MATTSON 93.
Milchsäurebakterien als Eiweißzersetzer 269.
— Milchsäuregärung durch 322.
Milben 415.
milder Humus 366.
— Bakterienleben und 53.
— Bodenstruktur und 53.
— Pflanzenwachstum und 53.
Mineralbestandteile des Bodens, Art und Menge der 39.
— Bauschanalyse bei der Untersuchung der 205 bis 238.
— chemische Untersuchung der 33—36, 205—238.
— erhöhte Löslichkeit durch Wurmtätigkeit 399.
— Erkennung der 36—45.
— Ermittelung der Farbe und Durchsichtigkeit 24.
— Erschöpfung durch Vegetation 371.
— Feststellung der Lichtberechnung 25.
— isotrope —, Verhalten gegen das polarisierte Licht 32.
— Löslichkeitsbestimmung 33, 34.
— Methoden zur Erkennung 23—45.
— mikrochemische Reaktionen der 33—36.
— nachschaffende Bodenkraft und 37.
— Nährstoffgehalt und 37, 38.
— optische Untersuchung 23 bis 33.
— spezifisches Gewicht der 41.
— Untersuchung auf Einschlüsse 23.
— — der Zusammensetzung 33—36, 205—238.
mineralogische Bodenuntersuchung, chemische und 38.
— Gang der 38—45.
— mechanische Analyse zur Vorbereitung der 39.
— Vorbereitung zur 39, 40.
— Zweckmäßigkeit der 38.
Moder in der Gliederung ALBERTS 119.
monodisperses System, Charakteristik 66.
Monone 46, 68.
— Schlämmanalyse zur Bestimmung der 81.
Montmorillonit als Gemenge von Tonerde- und Kieselsäuregel 16.
Moor(e) als reinste Humusbildung 120.
— Entwicklung der 353 (Abb.), 354, 364.
— Nährstoffgehalt der 365.
— Sphagnum- 354.
— Sumpf- 354.
— Vegetation der 353, 354.
— Wiesen- 353.
Moorboden, Bacillus amylobacter im 296.
— Bestimmung der organischen Substanz bei 148.
— hohe Wasserstoffionenkonzentration im 365.
— Mikroorganismengehalt auf 259 (Tab.).
— Pflanzenauslese im 365.
— zur Herstellung reiner Humussubstanzen 96.
Moorhuminsäure 190.
Moorpflanzen, Mineralstoffbedarf aus Luft 336, 365.
Moortorf zur Herstellung reiner Humussubstanzen 96.
Moosamöben 383.
MORRENsche Kalkdrüsen 404.
Mull 358.
Mullböden 366—370.
— Anreicherung der Salpetersäure im 374.
— Auswaschung der — im humiden Klima 366.
— Übergang in Rohhumusboden 366, 367.
— Verpodsolierung des 367.
Murmeltiere 431.
Mycobakterien, Ähnlichkeit mit Actinomyceten 242.
— Charakteristik 241, 242.
— Verarbeitung von Kohlenwasserstoffen durch 325, 326.
Mycorrhiza 308—312.
— Charakteristik 309f.
— Einteilung 310.
— ektotropher Typus 309.
— endotropher Typus 310, 311.
— Stickstoffbindung und 312.
Myxobakterien, Charakteristik 243.
Myxomyceten, Charakteristik 243.

Nachschaffende Kraft, Mineralbestand des Bodens und 37.
Nagetiere, Einwirkung auf Boden 431—434.
Nährstoff(e), Aufspeicherung durch Bakterien 372.
— Deckung des Bedarfs der Flechten an 337.
— Größe des Entzugs durch Pflanzen 370.
— Menge der durch Pflanzen festgelegten 372 (Tab.).
Nährstoffgehalt arider Böden 358.
— Bedeutung des — für Pflanzen 336.
— bei verschiedener Dispersion 46.
— des Azotobacters 303.
— Dispersitätsverringerung und 71.
— humider Böden 358.
— im Moorboden 365.
— in verschiedenen Fraktionen 40.
— Mineralbestand des Bodens und 37, 38.
— Wechsel während der Vegetationsperiode 371.
Nährstofflösung für denitrifizierende Bakterien 282.
— für Knöllchenbakterien 287.
— für Rohkulturen aerober Zellulosezersetzer 316.
— — — des Azotobacter 301.
— für Wasserstoffbakterien 314.
— zur Kultur der Nitritbildner 277.
— zur Zucht des Amylobacter 298.
Nashorn 436.
Natrium, Ermittlung durch Bauschanalyse 227—230.
— mikrochemische Untersuchung auf 35.
Nematoden, Anzahl im Boden 388, 389.
— Bedeutung für Boden 390.
— Einteilung der 389.
— Ernährung von tierischen Stoffen 390.
— Klimaeinwirkung auf 389.
— Verbreitung der 388, 390.
Neutralsalzzersetzung durch Humussäuren 54, 181.
— Humuskonstitution und 179.
niedere Pflanzen im Boden 239—335.
— Tiere im Boden 386 bis 390.
Nitratbildner 276 (Abb.).
Nitratbildner, Abhängigkeit von Sauerstoffversorgung 279.
— als aerobe Mikroorganismen 247.
— Arten der 275.
— Empfindlichkeit gegen Ammoniak 278.
— — gegen organische Stoffe 275, 277, 278.
— Fehlen in sauren Böden 279.
— Quantität des Umsatzes durch 278, 279.
— Reaktion des Substrates und 279.
Nitratbildung vgl. Nitratbildner.
— Beeinflussung durch Vegetation 371.
— bei verschiedenen Pflanzenarten 374.
— bei Zersetzung organischer Substanz 122, 123.
— Bodenreaktion und 362.
— Erhöhung durch Regenwürmer 404.
— Fehlen bei Humifizierung 374.
— Kalkgehalt des Bodens und 362.
— Mangel in sauren Rohhumusböden 374.
Nitratreduktion, Art der Mikroorganismen der 283.
— Reaktion und 283.
Nitrifikation vgl. Nitratbildung.
nitrifizierende Bakterien vgl. Nitratbildner.
— im Regenwurmdarm 405.
— Mineralisierung des organischen Stickstoffs durch 122, 123.
— Nährlösung für 277.
— Quantität des Umsatzes durch 278, 279.
— Zweiteilung der die Nitrifikation auflösenden 274.
Nitritbildner als aerobe Mikroorganismen 247.
— Arten der 275, 276.
— Empfindlichkeit gegen organische Stoffe 275, 277, 278.
— Fehlen in sauren Böden 279.
— Kulturmedium für 277.
— Quantität des Umsatzes durch 278, 279.
— Reaktion des Substrates und 279.
— Wachstumshemmung durch ätherlösliche Humusstoffe 161.
Nitrobacter 275, 276 (Abb.).
Nitrohuminsäure 172, 173.
— Ähnlichkeit mit Nitrolignin 191, 192.
Nitrolignin 191, 192.
nitrophile Vegetation von Flechten 337.
Nitrophoska, Einfluß auf Bodenstruktur 80.
Nuclease in Pilzen 273.
Nucleobacter 273.
Nucleoproteide, mikrobielle Zersetzung der 273.

Omelianski-Bakterien 314 (Abb.).
optisch einachsige Kristalle 27, 32.
— zweiachsige Kristalle 27, 28, 32, 33.
optische Untersuchung der Bodenminerale 23—33.
— im gewöhnlichen Licht 23—28.
— im polarisierten Licht 28 bis 33.
organische Säuren, Abbau durch Pilze 133.
— Ausnutzung der — durch Mikroorganismen 324 (Tab.).
— Entstehung bei Zellulosezersetzung 323.
— Methanbildung bei Zersetzung der 324.
— Salze der — als Kohlenstoffquelle für Mikroorganismen 323.
— Wasserstoffentstehung bei Zersetzung der 324.
organische Substanz 113 bis 204, vgl. Humus.
— Abbau durch Mikroorganismen 266—326, 378.
— Abbauprodukte der 117, 125.
— adsorbierender Bodenkomplex und 21, 177, 178.
— als Bodenkonstituent 1.
— als Nahrung für Polychaeten 412.
— Ameisen und 419.
— Ausgangsstoffe für die 117.
— Bedeutung der Regenwürmer für die Zersetzung der 401.
— — für Pflanzenwachstum 373.
— Beseitigung durch Termiten 425.
— Bestandteile der 116.
— Bestimmung auf Grund des organischen Stickstoffes 145.

organische Substanz, Bestimmung der Menge und Beschaffenheit der 143 149, 236, 237.
— — durch Oxydation 144.
— Bildungsweise der 116f.
— chemische Beschaffenheit der 158—201.
— Empfindlichkeit der Nitrit- und Nitratbildner gegen 275, 277, 278.
— Ermittlung des humifizierten Anteils der 145f.
— exakte Ermittlung der 144.
— Faktoren bei der Zersetzung der 126.
— Formen der im Boden vorkommenden 52.
— Gehalt der Böden an 139 bis 143.
— Gliederung der — des Waldbodens 119.
— Glühverlust zur Ermittlung der 143.
— Herkunft der 116f.
— Kohlenstoff-Stickstoff-Verhältnis in 182, 183.
— Mikroorganismenzahl und Gehalt an 263f.
— Mineralisierung des Stickstoffs bei Zersetzung der 122.
— natürliche Umbildung in geologischen Zeiträumen 189 (Abb.).
— Reichtum der — an Bakterien 264.
— Richtigkeit des Faktors bei der Bestimmung der 144, 145.
— Schema der Umwandlung der 138.
— Untersuchung auf — mittels Mikroskop 156.
— Veränderung im Darm des Regenwurms 402.
— Zersetzung durch Enchytraeiden 411.
— Zerstörung durch Tiere 136.
— Zustandsformen der 157 (Tab.).
Orterde 361.
— Reaktion 375.
orthokinetische Koagulation 66.
Ortsklima, Veränderung durch Vegetation 355.
Ortstein 361.
— Bildung unter Rohhumus 364.
— Bodenverdichtung durch 364.
Pektinstoffe, Angreifbarkeit durch Pilze 321.
— Beziehung zu Humussäuren 181.
— im wasserlöslichen Teil bei Humifizierung 124.
— Zersetzung durch Bakterien 320, 321.
Pentosanbestimmung nach Tollens 148.
Pentosane bei Zersetzung organischer Substanz 125.
— Löslichkeitsstufen der 128.
— Zerstörung durch Schimmelpilze 321.
Peptisation beim Gel und Sol 71.
— durch Alkalikarbonate 74.
— ungünstige Bodenstruktur als Folge der 45, 71—74.
— Voraussetzungen für die 72.
Peptisationsversuch 98f.
— mit Hilfe der Viskosimetrie 103.
perikinetische Koagulation 66.
— Brownsche Bewegung und 66.
Permutit(e) als Ausgangsprodukt zum Studium des Basenaustausches 58.
— — — zu Adsorptionsversuchen 107.
— hoher Wassergehalt der 57.
— Gegensatz zu Zeolithen 21.
— Ionenhydratation und Wassergehalt der 77.
— Zeolithe und 19.
Permutoide 58.
— als chemische Verbindungen 59.
— als heteropolare Verbindungen 60.
Pflanzen vgl. Vegetation.
— Abhängigkeit der Exkrementproduktion der Regenwürmer von 395.
— Abhängigkeit der Podsolierung von 361.
— als Nahrung für Regenwürmer 400.
— Anpassung der Dünen 340f.
— Arten der Rohhumus bildenden 363.
— Bedeutung des Bodens für 336.
— Einfluß der Regenwürmer auf die Produktion der 408—410.
— — des Humus auf 53.
— Einzelkornstruktur und 72.
Pflanzen, Entzug an Nährstoffen aus dem Boden durch 370.
— in ihrer Einwirkung auf Boden 336—381.
— Marschbildung und 348 bis 350.
— matière noire als Nährstoff der 164.
— Nährstofflösung in 371.
— Nährstoffmengen in 372 (Tab.).
— niedere vgl. niedere Pflanzen.
— physikalische Eigenschaften des Sandes und 344.
— Verfestigung des Sandbodens durch 340.
Pflanzenwurzeln, Anregung des Bakterienlebens durch Ausscheidungen der 373.
— Bodenmüdigkeit und Ausscheidung von Giftstoffen durch 373.
— Einzelkornstruktur und 45.
— Knöllchenbakterien und 288.
— Mikroorganismen an 266, 373.
— Nematoden in Abhängigkeit von 388, 389.
— Ortsteinbildung und 361, 364.
Sprengwirkung der 338, 354.
— Wurmröhren und 407, 408.
Phenolhuminsäuren 196.
Phlobaphene 129.
Phosphate, Bestimmung in der Bauschanalyse 219, 220.
— mikrochemische Untersuchung auf 36.
Phoshporsäure, Bestimmung bei der Bauschanalyse 219—221.
— Eiweißzersetzung und 267.
— Gehalt in Schwarzerde 167.
— gravimetrische Methoden zur Bestimmung der 219, 220.
— maßanalytische Methoden zur Bestimmung der 221.
— Mikroorganismen und 303.
— Vorliebe des Azotobacters für 303.
photosynthetisch arbeitende Mikroorganismen 246.
physikalische Bodeneigenschaften, Pflanzen und 344.
— saurer Humus und 53.
— Veränderung durch Regenwürmer 392, 407.
Pigment, dilutes 24.

Pilze vgl. Fungi.
— Abbau der Zellulose in sauren Böden durch 319.
— — organischer Säuren durch 133.
— als Ammoniakbildner 270.
— Angreifbarkeit der Pektinstoffe durch 321.
— an Pflanzenwurzeln 266, 373.
— Anzahl im Boden 256.
— Bedeutung für Humusbildung 133.
— Beeinflussung durch Strahlungsklima 356.
— Boden- vgl. Bodenpilze.
— Bodenreaktion und 248, 259, 260.
— Charakteristik 243.
— Faden- vgl. Fadenpilze.
— Hippursäurezersetzung durch 273.
— im Regenwurmdarm 405.
— Kohlensäurekonzentration und 379.
— Kohlensäureproduktion der Rohhumusböden und 381.
— Ligninzersetzung durch 321.
— Nuclease in 273.
— photosynthetisch arbeitende Formen der 246.
— Reaktion und 133.
— Schimmel- vgl. Schimmelpilze.
— Schleim- vgl. Schleimpilze.
— Spezialkulturen bei 253.
— Zellulosezersetzung durch 318.
Plattenmethode 251.
— Einflüsse bei 252f.
— zur Bestimmung der Zahl der Protozoen 385.
Pleochroismus 28f.
Podsolboden als typischer humider Boden 358.
— Nitrifikation in 374.
— schematisches Profil 361 (Abb.).
— Veränderung des 355.
— Wasserstoffionenkonzentration im Profil des 375.
podsolierter Boden, Analysen über organischen Stickstoff des 165, 166.
— Wasserstoffionenkonzentration im Profil des 375.
Podsolierung, Abhängigkeit von Vegetation 361.
— des Mullbodens 366, 367.
— Geschwindigkeit der 365.
— Ortsteinbildung unter 364.
— Rohhumus und 358—365.
Podsolierung, Wald und 370.
polar(e) Adsorption 60.
— hetero- 60.
— Verbindungen 60.
Polarisationswinkel 28.
polarisiertes Licht, Bestimmung der Mineralien in 28—33.
— Ermittlung im konvergenten 31.
— Untersuchung im parallelen 28, 29.
— zwischen zwei Nicols 29.
— Verhalten isotroper Minerale gegen 32.
— — optisch einachsiger Minerale gegen 32.
— — — zweiachsiger Minerale gegen 32, 33.
Polyangiden, Charakteristik 243.
Polychaeten 412.
polydisperses System, Charakteristik 66.
Polyone 65, 68.
Präriehund 431.
Primärteilchen des adsorbierenden Komplexes 21.
— gröbere Bodenfraktionen und 22.
Primoraminobakterien 273.
protaminophage Bakterien 273.
Protone 46, 65.
Protozoen, Anzahl im Boden 257.
— Arten der im Boden vorkommenden 382, 384 (Abb.).
— Beeinflussung der Bodenfruchtbarkeit durch 386.
— — der Stickstoffdüngung durch 386.
— Bestimmung der Anzahl der aktiven 385.
— Bodentiefe und Vorkommen der 383.
— Einfluß auf Humusbildung 136.
— — des Klimas auf Zahl der 384.
— Encystierung der 382.
— Ermittlung der Gesamtmenge der 385.
— Nachweis der aktiven 383, 385.
— Verbreitung im Boden 382.
Purpurbakterien 246.
Pyrohymatomelansäure 172.

Quarz, Sand und 3, 4.
— Trennung von Kieselsäure 98.
— Vorkommen im Boden 39.
Quellung, Bestimmung der äußeren Bodenoberfläche und 84.
— Beziehungen zur Bodenstruktur 74—79.
— der Humuskolloide 53.
— der hydrophilen Kolloide 74.
— Ermittlung der 107, 108.
— Veränderung der Viskosität durch 108.
— Volumvermehrung bei 74, 75.
— Vorbedingungen für 74.

Rädertierchen, Anabiose der 387.
— Arten der im Boden vorkommenden 387.
— Verbreitung der 387.
— Wirkung im Boden 386, 387.
Rasenameise 419.
Reaktion, Azotobacterwachstum und 305.
— Boden- vgl. Bodenreaktion.
— denitrifizierende Bakterien und 282.
— der Förna und Kalkgehalt 358.
— in Podsolprofilen 375.
— in Roterdeprofilen 376.
— Insekten und 366.
— Nitratreduktion und 283.
— Nitrit- und Nitratbildner in Abhängigkeit von 279, 280.
— Regenwürmer und 366.
— Pilze und 133.
reflektiertes Licht, Untersuchung der Mineralien im 24.
Regenwürmer als Nahrung für Maulwürfe 430.
— Anzahl der im Boden vorkommenden 393.
— Arten der 392.
— Bedeutung für Bodenbildung 390f.
— — für die Zersetzung organischer Substanz 401.
— Bodenreaktion und 366.
— Düngewert der 393, 410.
— Durcharbeitung des Bodens durch 399.
— Einfluß auf biologische Struktur des Bodens 405.
— Einwirkung auf Bildung austauschfähiger Körper 365.
— — auf Pflanzenproduktion 408—410.
— Erdmengenbewegung durch 366.

Regenwürmer, Ernährung 391, 400, 401.
— Erhöhung der Minerallöslichkeit durch 399.
— Exkrementproduktion 395, 397.
— Gewicht der 394.
— im Boden 390—410.
— Kohlensäureproduktion
— des Bodens und 402.
— Korngrößenveränderung durch 399.
— Leben im Boden 390.
— Lebensweise 391, 392.
— Luftkapazitätserhöhung durch 402.
— Menge der durch — gebildeten Bodenschicht 395, 397.
— Mikroorganismen als Nahrung der 400.
— Pflanzenwurzeln und 407.
— physikalische Bodenveränderung durch 392.
— Tätigkeit im Erdboden 394 (Abb.).
— Tiefe des Eindringens im Boden 390.
— transportierende Tätigkeit 395f.
— Trockenheit und 392.
— Veränderung der Bodenoberfläche durch 399.
— Verbreitung 392.
— vertikale Verbreitung 392, 393.
— Volumvermehrung durch 399, 401.
— Wasserkapazitätsverminderung durch 402.
Regenwurmröhren, Anzahl der 391.
— Bakteriengehalt einer Bodenprobe aus 407.
— Tiefe der 390, 391.
Reinzüchtung 249.
Reptilien 427.
reversible Dispersion, Boden als 46.
Rhenaniaphosphat, Einfluß auf Bodenstruktur 79.
Rhizopoden 382.
— Einfluß der Jahreszeiten auf Zahl der 384.
Rohhumus, Bildung in humiden Gebieten 358.
— Charakteristik 358.
— Durchlüftung und 364.
— Heidelbeere als Bildnerin des 363.
— in der Gliederung ALBERTS 119.
— Klima und 365.
— Pflanzen als Bildner des 363.
Rohhumus, Podsolierung und 358—365.
— Reaktion 375.
— Tonerdeauswaschung und 49, 361.
— Vegetation und Charakter des 358.
Rohhumusböden, Armut an Bakterien 260.
— Fehlen der Nitrifikation in 374.
— Pilze und Kohlensäureproduktion der 381.
— Reichtum an Pilzen 260.
— Übergang der Mullböden in 366.
Rohkultur 249.
Rohton vgl. Ton, Kolloidton.
— hohe Dispersität des 46.
— in der Nomenklatur der Korngrößen 6, 7, 55.
— Übereinstimmung mit FORCHHAMMERscher Formel 7.
— zeolithartige Substanzen in 57.
— Zusammensetzung des nach ATTERBERG gewonnenen 6, 7.
Rotatorien, Anabiose der 387.
— Arten der im Boden vorkommenden 387.
— Verbreitung der 387.
— Wirkung auf Boden 386, 387.
Roterde, Reaktion 376.
— Termiten- 426.
Rubinglimmer 51.

Salpetersäure, Bestimmung der 237.
— im wurmhaltigen Boden 403.
— Produktion im echten Mullboden 374.
Salz, Anreicherung in ariden Böden 369.
— Armut in Moorböden 365.
— Einfluß auf Mikroorganismen 371.
— Mikrobiologie des Bodens in Beziehung zum Gehalt an 370—374.
— Reichtum in Blättern 366.
Salzböden, Anreicherung von Salzen in 369.
— Entstehung 369.
— Vorkommen von Azotobacter in 306.
Salzwiesen 352.
Salzwüste 347.
Sand(e) als Bodenkonstituent 1.
— feinste vgl. feinste Sande.
— Kieselsäure im 4, 5.
Sandalgen 348.
Sandboden, Entstehung 340.
— Größe der Bodenatmung im 381.
— Kohlensäuregehalt 379.
— Regenwürmer und 392.
— Vegetation auf 339—347.
— Verfestigung durch Pflanzen 340.
Sandkrabben 413.
Sandwurm 412.
Sauerstoff, Bedürfnis der Knöllchenbakterien an 288.
— Bodenfeuchtigkeit und Versorgung der Mikroorganismen mit 247.
— Bodentiefe und Bedarf der Mikroorganismen an 258.
— Einteilung der Mikroorganismen nach Bedarf an 247.
— Mangel im Moorboden 365.
— Nitratbildung und 279.
Sauerstoffdefizit, Wirkung auf Pflanzen 379.
Säugetiere, bodenumbildende Wirkung in der Wüste 436, 437.
— Einfluß auf Boden 427 bis 437.
— Einwirkung auf Bodenstruktur 435.
— Huftritte der — und Bodenschluß 435.
— Zusammenwirkung des Windes mit der Tätigkeit der 435.
Säurecharakter der Humussäure 172.
— der Humussubstanzen 175.
— des sauren Humus 53.
saurer Humus, Auswaschung der Tonerde durch 49, 52.
— Bildung im humiden Klima 358.
— physikalische Bodenbeschaffenheit und 53.
— Säurecharakter des 53.
— Sol des, Unempfindlichkeit gegen Elektrolyte 52, 360.
— Wanderung des Eisenoxyds durch 52.
Schabenarten 417.
Scheermaus 432, 433.
Schildkröte 427.
Schimmelpilze 244.
— Angreifbarkeit verholzter Membranen durch 321.
— Cystinabbau durch 328.
— Fett zersetzende 322.

Schimmelpilze, Harnsäurezersetzung durch 272.
— Schwefeloxydation durch 328, 329.
— Stickstoffbindung durch 307.
— Tanninzersetzung durch 326.
— Zellulosezersetzung durch 318.
— Zerstörung der Pentosane durch 320.
Schlammfraktion, Adsorptionswirkungen auf Bakterien 179.
— als Teil des adsorbierenden Bodenkomplexes 177.
Schlämmanalyse, Ammoniak zur Dispergierung der Krümel bei 81.
— Bestimmung des Tons durch 4—7, 97.
— Bodenstruktur und 82.
— Elektrolytgehalt der Böden und 81.
— nach ATTERBERG vgl. ATTERBERGsche Schlämmanalyse.
— nach SCHLOESING-GRANDEAU vgl. SCHLOESING-GRANDEAU.
— nach WIEGNER vgl. WIEGNERsche Schlämmanalyse.
— Vorbereitungsmethoden zur 81.
— zur Bestimmung der Bodendispersitätsveränderung 80.
— — der Größe der Monone 81.
— — der Korngröße 81.
Schleimbakterien 243.
Schleimpilze 243.
Schlickböden, Polychaeten und Bildung der 412.
— Strandschnecken und 413.
SCHLOESING-GRANDEAU-Methode, modifiziert von E. ARNTZ 98.
— Verfahren zur Ermittlung der Bodenkonstituenten 2, 3.
— — — des Humus 2, 146.
— Zusammensetzung des Tons nach 6.
Schuppentiere 431.
Schutzkolloide, Humus als 53, 74.
— Humussäuren als 50, 52, 360f.
Schutzwirkung, Bleicherdeentstehung und 361.
— der sauren Humussole 53, 360.
— Podsolierung und 361.
Schutzwirkung von Humuskolloiden auf Ton 176, 361.
— Wanderung des Eisens und Tons bei Humus- 52, 361.
Schwarzerde, hoher Gehalt an Kolloiden 367.
— Kennzeichnung 367, 368.
— Phophorsäuregehalt der 167.
— Profil 367 (Abb.).
— Stickstoff im Humus der 165.
Schwefel als Gegenmittel gegen „Sodakrankheit" 78.
— als Humusbestandteil 167.
— Bedarf der Mikroorganismen an 328.
— Bestimmung des Gesamt- 230, 231.
— Festlegung durch Mikroorganismen 328.
— in Humus 166.
— mikrobielle Umwandlung zu Schwefelsäure 328, 329.
— Umsetzung durch Mikroorganismen 168.
Schwefelbakterien 327—331.
— Einteilung 327—331.
— farblose 330, 331.
— gefärbte 329, 330.
— Zugehörigkeit gewisser — zu Beggiatoen 242.
— — — — zu Chlamydobakterien 242.
Schwefelsäure als Endprodukt der mikrobiellen Umwandlung des Eiweißschwefels 168.
— Bedeutung für Alkaliböden 78.
— — für Verwitterung 168.
— Bestimmung der 225 bis 227.
— Bildung aus Cystin durch Schimmelpilze 328.
— Bodenazidität und 179.
— gravimetrische Bestimmung 225, 226.
— Humuszersetzung und 168.
— mikrobielle Entstehung aus elementarem Schwefel 328, 329.
— Oxydation des Schwefelwasserstoffs zu 328.
— titrimetrische Bestimmung 226, 227.
Schwefelwasserstoff, Bildung bei Eiweißzersetzung 267, 328.
— mikrobielle Entstehung aus Sulfaten 328.
Schwefelwasserstoff, Oxydation unter aeroben Verhältnissen 328.
Schweine 435.
Sekundärteilchen des adsorbierenden Bodenkomplexes 21.
— gröbere Bodenfraktionen und 22.
Sesquioxyde, Trennung der — von Mangan und Erdalkalien 210—212.
— — unter sich 212—220.
Silikate, Aluminat- vgl. Aluminatsilikate.
— Aluminium- vgl. Aluminiumsilikate.
— Alumo- vgl. Alumosilikate.
— Aufschluß der 206—209.
— Doppel- vgl. Doppelsilikate.
— Entstehung der zeolithischen 19.
— Ermittlung der Zusammensetzung der 205—238.
— Kalktonerde vgl. Kalktonerdesilikate.
— mikrochemische Untersuchung auf 36.
— Tonerdedoppel- vgl. Tonerdedoppelsilikate.
— Verwitterungs- vgl. Verwitterungssilikat.
— wasserhaltige — als Ursache der Absorption 8f., 11, 21.
Sodaaufschluß des Bodens 206.
„Sodakrankheit" der Böden 78.
Sol(e), Dialyse zur Reinigung der 88, 89.
— Gewinnung von — von bestimmter Größenordnung 89.
— Koagulation und Peptisation bei 71.
— Schutzwirkung saurer Humus- 52, 360.
— STOKESsche Formel zur Bestimmung der Größe der 90.
— Überführung des Aluminium- in Gel bei Analyse 211.
— Ultramikroskopie und Zustandsänderungen in 102.
— Wirkung der Basen auf 47.
Spaltultramikroskop 95, 102.
spezifisches Gewicht der Bodenkörner, Bestimmung 41f.
— der Bodenminerale 41f.

Spezifisches Gewicht, Indikatoren bei der Bestimmung des 41.
Sphagnummoore 354.
Spinnentiere 415.
Spitzmäuse 428.
Springschwänze 416.
Stärke der Doppelbrechung 26, 29f.
— der Lichtbrechung 24f.
Steine als Bodenkonstituenten 1.
— Begriffsbestimmung 1, 3.
— Unterschied von Sand und Ton 1.
Steppenboden als Typus arider Böden 356, 367.
— Schwarzerde als 367.
— Vegetation der 368.
— Vegetationsdecke und 355.
— Veränderung des 355.
Steppenfuchs 436.
Stickstoff, Abbau des — im Humus 186.
— Anreicherung durch Vegetationsbedeckung 372, 373.
— Bestimmung der organischen Substanz auf Grund des organischen 145.
— Bestimmung des Gesamt- 232—235.
— des Harnstoffs und Mikroorganismen 271, 272.
— Formen des — in Humusfraktionen 178.
— Gehalt der Melanine an 139.
— — des Humus an 134.
— Humusgehalt und 165.
— Kohlenstoffverhältnis zu — in organischer Substanz 182, 183.
— Mineralisierung bei Zersetzung der organischen Substanz 122, 123.
— Umsetzung bei Humusbildung 134f.
— Trennung des Humus- 165, 166.
— Verbleib bei Humusbildung 122.
— Verhältnis zu Kohlenstoff bei Abbau organischer Substanz 123.
— Verluste in brachliegenden Böden 373.
stickstoffbindende Mikroorganismen, Anreicherung an Stickstoff im Boden durch 372.
— freilebende 295—308.
— in Symbiose mit höheren Pflanzen 283f.
stickstoffbindende Mikroorganismen, Knöllchenbakterien als 283, vgl. Knöllchenbakterien.
— Spezialkulturen für 253.
Stickstoffbindungsvermögen, Azotobacter und die Höhe des 302, 303.
— Beeinflussung durch Protozoen 386.
— bei Schmmelpilzen 307.
— Calcium und — des Azotobacters 305.
— der Mycorrhiza 312.
— des Amylobacter bei gebundenem Stickstoff 298.
— Gleichheit der Azotobacterarten im 306.
— von Aspergillus niger 308.
— von Azotobacter in Abhängigkeit von Nährkultur 245.
Stoffwechselprodukt(e), Brenztraubensäure als — der Knöllchenbakterien 287.
— des Amylobacter 297.
— des Azotobacter 301.
— der Harnsäurezersetzung 272.
— der Methangärung 313.
— des mikrobiellen Stärkeabbaus 322.
— der Verarbeitung organischer Säuren 324.
— der Wasserstoffgärung 314.
— der Zellulosezersetzung 313, 314.
STOKEsche Formel zur Bestimmung der abgeschlämmten Bodenanteile 90.
— — der Teilchen von Suspensionen und Solen 90.
— — der zentrifugierten Korngrößen 89.
Strahlungsklima, Einfluß auf Mikroflora des Bodens 356.
Strandschnecken 413.
Struktur des Bodens vgl. Bodenstruktur.
— Einfluß des Humus auf 53.
— Kalkdüngung und 46, 69, 70.
— Peptisation und 71—74.
— ungünstige — als Folge der Peptisation 45.
Sumpfmoore 354.
Sumpfvegetation 354.
Superphosphat, Einfluß auf Bodenstruktur 79.
Suspensionen, Einfluß der Elektrolytmenge auf Teilchenzahl verschiedener 102.
— Gewinnung von — von bestimmter Größenordnung 89.
— Herstellung für Koagulationsversuche 99, 100.
— STOKEsche Formel zur Bestimmung der Größe der 90.
— Ultramikroskopie und Zustandsänderungen in 102.
Symbiose aerober zellulosezersetzender Bakterien mit denitrifizierenden Bakterien 315, 320.
— bei allen Leguminosen 288.
— holzfressender Insekten mit Mikroorganismen 320.
— Infektion der Wurzeln und Verlauf der 288f.
— stickstoffbindende Mikroorganismen in — mit höheren Pflanzen 283.
— Verhältnis der Knöllchenbakterien zur Wirtspflanze als reine 291.
— von Bakterien mit den Blättern tropischer Pflanzen 294.
— zyklische 295, 311.

Tannin, mikrobielle Umsetzung 326.
Taschenmäuse 432.
Tausendfüßler 415.
Temperatur, Abhängigkeit der Vegetation von 355.
— Beziehungen zwischen Niederschlagsmenge, transportierender Tätigkeit der Regenwürmer und 396.
— Einfluß auf mikrobielle Umsetzungen 362.
— Einwirkung auf Mikroorganismen 260—262.
— Knöllchenbakterien und 287.
— Oxydation des Humus und 362.
Termiten als Bodenverbesserer 425.
— Beeinflussung der chemischen Zersetzung der Bodensubstanz durch 426.
— Erdbewegung durch 423, 424.
— Fruchtbarkeit der Nester der 425.
— Lebensweise 422—424.
— Nährstoffreichtum der Bauten der 426.
Termitenroterden 426.

Texturverhältnisse der Bodenminerale, Untersuchung 23.
thermophile, anaerobe Zellulosezersetzung durch — Bakterien 316.
— Bakterien als Eiweißzersetzer 270.
— Mikroorganismen 247, 261, 262.
— Organismen bei Desulfurikation 329.
— Stäbchen als Methanvergärer 324.
Thionsäurebakterien 331.
Thiorhodaceae 329.
Thiosulfatbakterien 331.
Thomasmehl, Einfluß auf Bodenstruktur 79.
Tiere, Bär- vgl. Bärtiere.
— Einfluß auf Boden 381 bis 437.
— — auf Humusbildung 136.
— Huf- vgl. Huftiere.
— Leben im Boden 381 bis 437.
— Räder- vgl. Rotatorien.
Titan als ständiger Begleiter des Aluminiums im Boden 217.
— gravimetrische Bestimmung 217, 218.
— kolorimetrische Bestimmung 217.
Titrationsazidität beim Humus 180.
Ton vgl. Rohton, Kolloidton.
— Allophan- 16.
— als Bodenkonstituent 1.
— ATTERBERGsche Schlämmanalyse und 97.
— austauschfähige Körper und 5.
— Beschaffenheit 4, 5.
— Bestimmung in Böden 97.
— Bestimmung nach SCHLOESING-GRANDEAU 3.
— Erhöhung der Fruchtbarkeit durch 361.
— Feldspatrest- 16.
— Gehalt an Kolloidton 57.
— hoher Gehalt der Schwarzerde an 367.
— in der Einteilung der Bodenkolloide 47.
— Kaolin und 55.
— Kolloid- vgl. Kolloidton.
— Quellungserscheinungen beim 74, 107.
— wasserhaltige Silikate als Ursache der Absorption des 8.
— Zusammensetzung des nach ATTERBERG gewonnenen 6, 7.
Ton, Zusammensetzung des nach SCHLOESING-GRANDEAU gewonnenen 6.
Tonerdedoppelsilikate in Zeolithen 15.
Tonerdegel, Bestimmung des 98.
— Rohhumus und 49.
— Verbreitung 49.
— Wasser im 50.
Tonerde, kolloide 49, 50.
— in der Einteilung der Bodenkolloide 47.
— Hydrat der — in Tropen 49.
— Wanderung durch Humusschutzwirkung 52.
Tonerdekieselsäuregel, Charakteristik 49.
— Vorkommen im Boden 16.
Tonformel nach FORCHHAMMER 7.
Tonfraktion, adsorbierender Bodenkomplex und 22.
— Vernachlässigung bei mineralogischer Untersuchung 39.
Torf als reinste Humusbildung 120.
— als Ausgangsmaterial zur Gewinnung von Humusstoffen 150.
— Auflage- 119.
— Bestimmung der organischen Substanz des 148.
Totalreflektion 25.
Trockenheit, Empfindlichkeit der Algen gegen 334.
— — der Regenwürmer gegen 396.
— Resistenz des Azotobacter gegen 300.
— — der Flagellaten gegen 383.
— — der Rotatorien gegen 387.

Ultrafilter für Kolloidanalysen 87.
— Herstellung einfacher 87, 88.
— Kalkung des Bodens und Filtriergeschwindigkeit durch 88.
ultramechanischer Bodenanteil 21.
Ultramikroskop, Bestimmung der Teilchengröße durch 92.
— — der Wanderungsgeschwindigkeit im 93.
— Koagulation und 102.
— Nachweis von Zustandänderungen durch 102.
— Spalt- 95.
Umsetzungsmethode bei mikrobiologischen Untersuchungen 249.
— Einflüsse bei 250.
— Verdünnungsmethode und 250, 251.
Umtauschisotherme 62, 107.
Untersuchung auf Algenarten in Böden 335.
— auf Anzahl der aktiven Protozoen 385.
— auf Basenaustauschvermögen 105.
— auf Einschlüsse in Mineralien 23.
— auf Farbe und Durchsichtigkeit der Bodenminerale 24.
— auf Gehalt, Menge und Beschaffenheit der organischen Bestandteile 139 bis 149.
— auf Mikroorganismen 248f.
— auf Zahl der Mikroorganismen im Boden 256f.
— chemische — der Bodenminerale 33—36.
— der absoluten Kohlensäureproduktion des Bodens 380.
— der Bodendispersität 80.
— der chemischen Zusammensetzung 205—238.
— der Form- und Texturverhältnisse der Mineralien 23.
— der Größe der Durchlüftung 380, 381.
— der Lichtbrechung 24f.
— der organischen Bodenmasse 154.
— der Podsolierungsgeschwindigkeit 365.
— der Quellung der Bodenkolloide 107, 108.
— der Reaktionsänderungen im Podsolprofil 375.
— — — im Roterdeprofil 376.
— der Struktur der Bodengele 108—112.
— Ermittelung der chemischen Zusammensetzung durch Gesamt- 205—238.
— im gewöhnlichen Licht 23 bis 28.
— im konvergenten, polarisierten Licht 31.
— im parallelen, polarisierten Licht 28, 29.
— — — — — zwischen zwei Nicols 29.
— im polarisierten Licht 28 bis 33.
— im reflektierten Licht 24.

Untersuchung, mechanische Boden- vgl. mechanische Bodenanalyse.
— mikrochemische — der Bodenminerale 33—36.
— mineralogische Boden- 38 bis 45.
— optische — der Bodenminerale 23—33.
— über Humifizierung 124f.
— Zweckmäßigkeit der mineralogischen 38.

Vegetation, Ameisen und 419, 420.
— an tropischen Meeresküsten 352.
— Änderung des Bodens durch 355.
— auf Felsenboden 336 bis 339.
— auf Sandboden 339—347.
— Auswirkung des Klimas auf 356.
— Bodenbeschaffenheit und 355.
— Bodenbildung und Entwicklung der — auf Kalk 377.
— der ariden Böden 358.
— der Moore 353, 354.
— der norddeutschen Sandböden 344, 345.
— der Steppenböden 368.
— der südeuropäischen Sandböden 345.
— der Sümpfe 353, 354.
— der Wüste 345.
— Einfluß auf Entwicklung des ariden Bodens 369.
— Entwicklungsgang der — auf jung entstandenen Inseln 348.
— Erschöpfung des löslichen Mineralkapitals durch 371.
— Geschwindigkeit der Podsolierung in Beziehung zur 365.
— Gleichgewicht zwischen Boden, Klima und 355.
— Humusbildung und Art der 358.
— in Abhängigkeit vom Klima 355.
— klimatisch bedingte Bodentypen und 354f.
— koprophile — von Flechten 337.
— Marschbildung und 348 bis 350.
— Nitrifikation und 371.
— nitrophile — von Flechten 337.
— Podsolierungsgrad in Abhängigkeit von 361.
Vegetation, psammophytische 340.
— spezielle Einflüsse auf Bodeneigenschaften 370 bis 381.
— Veränderung des Ortsklimas durch 355.
— Wirkung auf Durchlüftung und Kohlensäureproduktion des Bodens 378—381.
Verbreitung, Algen in Böden 335.
— Ameisen 418.
— Azotobacter 305, 306.
— Bacillus amylobacter 296.
— Bärtiere 388.
— Enchytraeiden 411.
— Knöllchenbakterien 292.
— Maulwürfe 429.
— Mikroorganismen im Boden 256—266.
— Nematoden 388—390.
— Protozoen im Boden 382.
— Regenwürmer 392.
— Schwefelbakterien 330, 331.
— Rotatorien 387.
— vertikale — der Regenwürmer 392, 393.
Verdünnungsverfahren 250, 251.
— zur Feststellung des Gehalts an Protozoen 385.
Verdunstung im ariden Klima 358.
— im humiden Klima 357.
— Verhältnis zum jährlichen Niederschlag zu 356.
— Verschiedenheit durch Vegetation 343.
Verwitterung, Absorptionsverbindungen und 16.
— adsorbierender Bodenkomplex und 22.
— Bedeutung der Algen für 334, 336.
— — der Schwefelsäure für 168.
— Bildung von Zeolithen bei Feldspat- 15.
— chemische — vgl. chemische Verwitterung.
— Entstehung der Gele durch 56.
— — zeolithartiger Substanzen durch 13.
— Kolloide und 47.
— Sprengwirkung der Pflanzenwurzeln und 338, 354.
— wasserhaltige Silikate und 11.
Verwitterungskomplex als Gemisch von Absorptionsverbindungen 18.
Verwitterungssilikat nach VAN BEMMELEN, Ähnlichkeit mit MULDERscher Zeolithformel 9.
— Zusammensetzung 17.
Viskosimeter, Beschreibung 103.
Viskosimetrie, Feststellung von Zustandsänderungen und 100.
— zur Bestimmung der Bodendispersitätsveränderung 80.
Viskosität, Charakteristik 103.
— Flockung und 103.
— Veränderung durch Quellung 108.
— zur Feststellung von Zustandsänderungen 100.
Volumen des Bodens, Einfluß der Quellung auf 74.
— Vermehrung durch Regenwurmtätigkeit 399, 404.
Volumenverminderung bei Humusbildung 135.

Wachs, Humusbildung aus 130.
— mikrobielle Zersetzung des 323.
Wald, Boden und 369.
— Podsolierung und 370.
Waldameise 419.
Waldböden, Anzahl der Bodenprotozoen im 385.
— Bacillus amylobacter im 296.
— Bakteriengehalt 260.
— Größe der Bodenatmung der 381.
— Humusgehalt und Bakterienzahl 260, 263.
— Zellulosezersetzung durch Pilze im 319.
Waldstreu als organisches Ausgangsmaterial 119.
— Bestimmung der organischen Substanz bei 148.
— Charakter des Rohhumus in Abhängigkeit von 358.
— Gehalt an Pufferstoffen 360.
— in der Gliederung ALBERTS 119.
— Reaktion und Kalkgehalt der 358, 359.
— Wasserstoffionenkonzentration und Humifizierung der 360.
Wanderungsgeschwindigkeit, Apparat zur Bestimmung der 93.
— Bestimmung der 93.
— Ermittelung durch Mikroskop 93.

Wärme, Abhängigkeit der Vegetation von 355.
— Einfluß der — auf Mikroorganismen 248.
Wasser, Adsorptions- vgl. Adsorptionswasser.
— als Bodenkonstituent 1.
— Hydrat- vgl. Hydratwasser.
— Hygroskopizitäts- vgl. Hygroskopizitätswasser.
— im Tonerdegel 50.
Wasserführung bei verschiedener Dispersion 46.
Wassergehalt der Böden und Ionenhydratation 77.
— der verschiedenen Bodenfraktionen 56.
— hoher — der Zeolithe 57.
— Parallelität zwischen Bakterienzahl und 262.
— Regenwurmtätigkeit und 396, 397.
wasserhaltige Aluminiumsilikate, Gemeinsames mit Zeolithen 18.
— Doppelsilikate als Ursache der Absorption 10—12.
— Kalktonerdesilikate als Ursache der Absorption 14.
— Silikate als Träger der Absorptionserscheinungen 8, 11, 13, 21.
Wasserkapazität bei verschiedener Dispersion 46.
— Bestimmung zur Ermittelung der Zustandsänderungen 104.
— Bodenstruktur und 77.
— Einzelkornstruktur und 72.
— Flagellaten und 383.
— geringe — des Sandes 342.
— Herabsetzung durch Regenwurmtätigkeit 402, 404.
— hohe — des echten Humus 366.
— Mikroorganismenzahl und 259 (Tab.).
Wasserratte 432, 433.
Wasserstoffgärung aus organischen Säuren 324.
— Bakterien der 314.
— der Zellulose 313.
— Stoffwechselprodukte bei der 314.
Wasserstoffionenkonzentration vgl. Bodenreaktion.
— Bacillus amylobacter und 296.
— Beeinflussung der Nitrifikation durch 374.
— Einfluß auf Verhältnis von Bakterien zu Pilzen 260.
Wasserstoffionenkonzentration, der Vegetation auf 374—378.
— hohe — im Moorboden 365.
— in Roterdeprofil 376.
— Unempfindlichkeit der Knöllchenbakterien gegen 286, 287.
— Vegetation und Änderung der — bei Podsolböden 375.
— Wasserstoff oxydierende Bakterien und 327.
Wasserstoff oxydierende Bakterien 326, 327.
WIEGNERsche Schlämmanalyse, Elektrolytgehalt der Böden und 81.
Wiesenameise 419.
Wiesenmoor 353.
Wismutnitrat zum Aufschluß der Silikate 209.
Wühlmäuse 432.
Würmer, Beteiligung an Humusbildung 136.
— Draht- 416.
— Faden- vgl. Nematoden.
— höhere — im Boden 390 bis 412.
— Köter- 412.
— niedere — im Boden 386 bis 390.
— Regen- vgl. Regenwürmer.
— Sand- 412.
Wurzelatmung als Teil der Bodenatmung 381.
— Einfluß auf Durchlüftung 378.
Wüstenvegetation, Humusbildung und 345.
— typische 345.

Zebra 436.
Zellmembran, Angreifbarkeit durch Schimmelpilze 321.
— Zersetzung durch Mikroorganismen 321.
Zellulose, Einfluß auf Mikroorganismen 263.
— Hemi- vgl. Hemizellulose.
— Huminsäure als Bindeglied zwischen Braunkohle und 190, 191.
— Methangärung der 313.
— Umsetzung in Abhängigkeit vom Kohlenstoff-Stickstoff-Verhältnis 183, 184.
— Wasserstoffgärung der 313.
Zellulosezersetzung, aerobe, Symbiose mit denitrifizierenden Bakterien 315, 320.
Zellulosezersetzung, anaerobe 313.
— anaerobe — bei gleichzeitiger Denitrifikation 315.
— Bakterien der 314f.
— Beteiligung des Amylobacters an 313.
— durch Pilze 318.
— durch Schimmelpilze 318.
— durch thermophile Bakterien 316.
— Entstehung organischer Säuren durch 323.
— in neutralen Böden durch Bakterien 319.
— in sauren Böden durch Pilze 319.
— Mikroorganismen der 313f.
— OMELIANSKI-Bakterien der 314 (Abb.).
— Reinkulturen für aerobe 316.
— Rohkulturen für aerobe 316.
— Stoffwechselprodukte der 313, 314.
— Zucker als Zwischenprodukt bei der 319.
Zentrifugieren des Bodens und STOKESsche Formel 89, 90.
— Gewinnung bestimmter Bodenfraktionen durch 89.
Zeolithanteil des Bodens 21.
zeolithartige Substanzen, Absorption und 5, 7.
— als chemische Verbindungen 59.
— als heteropolare Verbindungen 60.
— Aluminiumkieselsäuregele als 49.
— aus Hydratisierung von Feldspaten 13.
— Basenaustausch der kristallisierten 84.
— Entstehung durch Verwitterung 13.
— Rohton und 57.
— Vorkommen im Boden 14.
Zeolithe, Absorption und 5.
— Absorptionsvermögen der 14.
— Ähnlichkeit mit Allophantonen 17.
— Allophantone als kolloide Form der 17.
— als Produkt von Tiefenzersetzungserscheinungen 20.
— als Ursache des Basenaustausches 11.
— Aluminatsilikate in 15.

Zeolithe, Alumosilikate als 15.
— Austausch 19.
— austauschfähige Körper als 5, 7.
— Bildung im Boden 10.
— Bodenzeolithe als kolloide Form kristalloider 16, 64.
— Gegensatz zu Permutiten 21.
— Gemeinsames mit Aluminatsilikaten 18.
— hoher Wassergehalt der 57.
— in Eruptivgesteinen 20.
— Kieselsäurehydratverbindungen als 9.
— kristallographische Ausbildung der 20.
Zeolithe, Meta- 20.
— Natur der 7f.
— Permutit und 19.
— Tonerdedoppelsilikate als 15.
— Verwitterung und Bildung der 13, 15.
— Vorkommen im Boden 14, 15, 17.
— — im Lehm 17.
— Zusammensetzung nach MULDER 9.
Zeolithformel, Ähnlichkeit mit VAN BEMMELENS Verwitterungssilikat 9.
— nach MULDER 9.
zeolithische Silikate 18.
— Entstehung 19.
zeolithische Silikate in der Einteilung der Bodenkolloide 47.
Zucker als Humusbegleitstoff 160.
— als Zwischenprodukt bei der Zellulosezersetzung 319.
Zusammensetzung, chemische vgl. chemische Zusammensetzung.
— der echten Humusstoffe 118.
— der Humusbegleitstoffe 117.
— der organischen Bodenbestandteile 116.
— des Hygroskopizitätswassers 84.

Verlag von Julius Springer / Berlin

Handbuch der Bodenlehre

Herausgegeben von

Dr. **E. Blanck**

o. ö. Professor und Direktor des agrikulturchemischen und bodenkundlichen Instituts der Universität Göttingen

Übersicht über die weiteren Bände

1. Teil: Allgemeine oder wissenschaftliche Bodenlehre.

Band I: **Die naturwissenschaftlichen Grundlagen der Lehre von der Entstehung des Bodens.** Bearbeitet von Professor Dr. E. Blanck, Göttingen, Dr. H. Fesefeldt, Göttingen, Dr. F. Giesecke, Göttingen, Dr. G. Hager, Bonn, Dr. F. Heide, Göttingen, Professor Dr. W. Meigen, Gießen, Professor Dr. S. Passarge, Hamburg, Professor Dr. H. Philipp, Köln, Dr. K. Rehorst, Breslau, Dr. L. Rüger, Heidelberg. Mit 29 Abbildungen. VIII, 335 Seiten. 1929. RM 27.—; gebunden RM 29.60

Band II: **Die Verwitterungslehre und ihre klimatologischen Grundlagen.** Bearbeitet von Professor Dr. E. Blanck, Göttingen, Professor Dr. K. Knoch, Berlin, Dr. K. Rehorst, Breslau, Professor Dr. G. Schellenberg, Göttingen, Professor Dr. J. Schubert, Eberswalde, Dr. E. Wasmund, Langenargen (Bodensee). Mit 50 Abbildungen. VI, 314 Seiten. 1929. RM 29.60; gebunden RM 32.—

Band III: **Die Lehre von der Verteilung der Bodenarten an der Erdoberfläche. Regionale und zonale Bodenlehre.** Bearbeitet von Professor Dr. E. Blanck, Göttingen, Dr. F. Giesecke, Göttingen, Professor Dr. H. Harrassowitz, Gießen, Professor Dr. H. Jenny, Columbia (U. S. A.), Geheimrat Professor Dr. G. Linck, Jena, Professor Dr. W. Meinardus, Göttingen, Professor Dr. H. Mortensen, Göttingen, Professor Dr. A. A. J. von 'Sigmond, Budapest, Professor Dr. H. Stremme, Danzig. Mit 61 Abbildungen und 3 Tafeln. VIII, 550 Seiten. 1930. RM 54.—; gebunden RM 57.—

Band IV: **Aklimatische Bodenbildung und fossile Verwitterungsdecken.** Bearbeitet von Professor Dr. E. Blanck, Göttingen, Dr. F. Giesecke, Göttingen, Professor Dr. H. Harrassowitz, Gießen, Professor Dr. H. Niklas, Weihenstephan, Geheimrat Professor Dr. Br. Tacke, Bremen. Mit 32 Abbildungen. VIII, 334 Seiten. 1930. RM 36.—; gebunden RM 39.—

Band V: **Der Boden als oberste Schicht der Erdoberfläche.** Bearbeitet von Dr. F. Giesecke, Göttingen, Professor Dr. A. Kumm, Braunschweig, Professor Dr. S. Passarge, Hamburg, Professor Dr. L. Rüger, Heidelberg, Geheimrat Professor Dr. K. Sapper, Würzburg, Professor Dr. H. Stremme, Danzig-Langfuhr, Dr. E. Wasmund, Langenargen (Bodensee). Mit 103 Abbildungen. VII, 483 Seiten. 1930. RM 52.—; gebunden RM 55.—

Band VI: **Die physikalische Beschaffenheit des Bodens.** Bearbeitet von Professor Dr. A. Densch, Landsberg a. d. Warthe, Dr. F. Giesecke, Göttingen, Professor Dr. M. Helbig, Freiburg i. Br., Professor Dr. V. F. Heß, Graz, Professor Dr. J. Schubert, Eberswalde, Professor Dr. F. Zunker, Breslau. Mit 104 Abbildungen. VIII, 423 Seiten. 1930. RM 43.60; gebunden RM 46.60

2. Teil: Angewandte oder spezielle Bodenkunde (Technologie des Bodens).

Band VIII: **Der Kulturboden und die Bestimmung seines Fruchtbarkeitszustandes.** In Vorbereitung.

Band IX: **Bonitierung und Kartierung des Bodens.** In Vorbereitung.

Band X: **Die Maßnahmen zur Kultivierung des Bodens. Die Bedeutung des Bodens in technischer Hinsicht.** In Vorbereitung.

Die Bodenazidität nach agrikulturchemischen Gesichtspunkten dargestellt. Von Professor Dr. **H. Kappen,** Direktor des Instituts für Chemie an der Landwirtschaftlichen Hochschule Bonn-Poppelsdorf. Mit 35 Abbildungen und 1 farbigen Tafel. VII, 363 Seiten. 1929. RM 36.—; gebunden RM 38.80

Bodenkundliches Praktikum. Von Dr. **Eilh. Alfred Mitscherlich,** o. ö. Professor der Landwirtschaftlichen Pflanzenbaulehre an der Universität Königsberg i. Pr. Mit 15 Abbildungen. VII, 36 Seiten. 1927.
RM 2.40; mit Schreibpapier durchschossen RM 3.—

Lehrbuch der Mikrochemie. Von Dr. phil. h. c., Dr.-Ing. e. h. **Friedrich Emich,** o. Professor an der Technischen Hochschule Graz, w. Mitglied der Akademie der Wissenschaften Wien. Zweite, gänzlich umgearbeitete Auflage. Mit 83 Textabbildungen. XII, 274 Seiten. 1926. RM 16.50; gebunden RM 18.60

Mikrochemisches Praktikum. Eine Anleitung zur Ausführung der wichtigsten mikrochemischen Handgriffe, Reaktionen und Bestimmungen mit Ausnahme der quantitativen organischen Mikroanalyse. Von Dr. phil. h. c., Dr.-Ing. e. h. **Friedrich Emich,** o. Professor an der Technischen Hochschule Graz, w. Mitglied der Akademie der Wissenschaften Wien. Zweite Auflage. Mit einem Abschnitt über Tüpfelanalyse von Dr. Fritz Feigl, Privatdozent an der Universität Wien. Mit 83 Abbildungen. XII, 157 Seiten. 1931. RM 12.80

Die quantitative organische Mikroanalyse. Von Dr. med. und Dr. phil. h. c. **Fritz Pregl,** o. ö. Professor der Medizinischen Chemie und Vorstand des Medizinisch-Chemischen Instituts an der Universität Graz, Korr. Mitglied der Akademie der Wissenschaften in Wien. Dritte, durchgesehene, wesentlich vermehrte und zum Teil umgearbeitete Auflage. Mit 51 Textabbildungen. XII, 256 Seiten. 1930. Gebunden RM 19.80

Handbuch der Pflanzenernährung und Düngerlehre. Unter Mitwirkung zahlreicher Fachwissenschaftler herausgegeben von Dr. **F. Honcamp,** o. Professor an der Landesuniversität und Direktor der Landwirtschaftlichen Versuchsstation Rostock i. M.

2. Band: **Düngemittel und Düngung.** Mit 285 Abbildungen. XII, 919 Seiten. 1931. RM 86.—; gebunden RM 89.80

Pflanzensoziologie. Grundzüge der Vegetationskunde. Von Dozent Dr. **J. Braun-Blanquet,** Montpellier. (Band VII der „Biologischen Studienbücher".) Mit 168 Abbildungen. X, 330 Seiten. 1928. RM 18.—; gebunden RM 19.40

Der Waldbau. Vorlesungen für Hochschul-Studenten. Von Dr. phil. **Alfred Möller †,** weiland Professor der Botanik, Oberforstmeister und Direktor der Forstakademie Eberswalde.

Erster Band: **Naturwissenschaftliche Grundlagen des Waldbaues.** Mit einem Bildnis, 6 farbigen und 15 schwarzen Tafeln sowie 60 Textabbildungen. Nach dem Tode Alfred Möllers bearbeitet und herausgegeben von Helene Möller geb. Soenke und Dr. phil. Erhard Hausendorff, Preußischem Oberförster in Grimnitz, U./M. XIV, 560 Seiten. 1929. Gebunden RM 42.—

GPSR Compliance

The European Union's (EU) General Product Safety Regulation (GPSR) is a set of rules that requires consumer products to be safe and our obligations to ensure this.

If you have any concerns about our products, you can contact us on ProductSafety@springernature.com

In case Publisher is established outside the EU, the EU authorized representative is:

Springer Nature Customer Service Center GmbH
Europaplatz 3
69115 Heidelberg, Germany

Batch number: 10683525

Printed by Printforce, the Netherlands